소방설비
기사 [기계편] 필기

시대에듀

합격에 윙크[Win-Q]하다

Win-Q

[소방설비기사 기계편] 필기

Always with you

사람이 길에서 우연하게 만나거나 함께 살아가는 것만이 인연은 아니라고 생각합니다.
책을 펴내는 출판사와 그 책을 읽는 독자의 만남도 소중한 인연입니다.
시대에듀는 항상 독자의 마음을 헤아리기 위해 노력하고 있습니다.
늘 독자와 함께하겠습니다.

머리말

현대 문명의 발전은 물질적인 풍요와 안락한 삶을 추구하게 하는 반면, 급속한 변화를 보이는 현실 때문에 어느 때보다도 소방안전의 필요성을 더 절실히 느끼게 합니다.

발전하는 산업구조와 복잡해지는 도시의 생활 속에서 화재로 인한 재해는 대형화될 수밖에 없으므로 소방설비의 자체점검강화, 홍보의 다양화, 소방인력의 고급화로 화재를 사전에 예방하여 재해를 최소화해야 하는 것이 무엇보다 중요합니다.

그래서 저자는 소방설비기사 · 산업기사의 수험생 및 소방설비업계에 종사하는 실무자를 위한 소방 관련 서적의 필요성을 절실히 느끼고 본 도서를 집필하게 되었습니다. 또한, 국내외의 소방 관련 자료를 입수하여 정리하였고, 다년간 쌓아온 저자의 소방 학원의 강의 경험과 실무 경험을 토대로 도서를 편찬하였습니다.

이 책의 특징

❶ 강의 시 수험생이 가장 어려워하는 소방유체역학을 출제기준에 맞도록 쉽게 해설하였으며, 구조 및 원리를 개정된 화재안전성능기준 · 화재안전기술기준에 맞게 수정하였습니다.

❷ 한국산업인력공단의 출제기준을 토대로 예상문제를 다양하게 수록하였습니다.

❸ 최근 개정된 소방 관계 법규에 맞게 수정하였습니다.

부족한 점에 대해서는 계속 보완하여 좋은 수험서가 되도록 노력하겠습니다.
이 한 권의 책이 수험생 여러분의 합격에 작은 발판이 될 수 있기를 기원합니다.

편저자 씀

시험안내

개 요

건물이 점차 대형화, 고층화, 밀집화 되어감에 따라 화재 발생 시 진화보다는 화재의 예방과 초기진압에 중점을 둠으로써 국민의 생명, 신체 및 재산을 보호하는 방법이 더 효과적인 방법이다. 이에 따라 소방설비에 대한 전문인력을 양성하기 위하여 자격제도를 제정하게 되었다.

진로 및 전망

❶ 소방공사, 대한주택공사, 전기공사 등 정부투자기관, 각종 건설회사, 소방전문업체 및 학계, 연구소 등으로 진출할 수 있다.

❷ 산업구조의 대형화 및 다양화로 소방대상물(건축물 · 시설물)이 고층 · 심층화되고, 고압가스나 위험물을 이용한 에너지 소비량의 증가 등으로 재해 발생 위험요소가 많아지면서 소방과 관련한 인력수요가 늘고 있다. 소방설비 관련 주요 업무 중 하나인 화재 관련 건수와 그로 인한 재산피해액도 당연히 증가할 수밖에 없어 소방 관련 인력에 대한 수요는 증가할 것으로 전망된다.

시험일정

구분	필기원서접수 (인터넷)	필기시험	필기합격 (예정자)발표	실기원서접수	실기시험	최종 합격자 발표일
제1회	1월 하순	2월 중순	3월 중순	3월 하순	4월 하순	6월 중순
제2회	4월 중순	5월 초순	6월 초순	6월 하순	7월 하순	9월 초순
제3회	6월 중순	7월 초순	8월 초순	9월 초순	10월 중순	12월 중순

※ 상기 시험일정은 시행처의 사정에 따라 변경될 수 있으니, www.q-net.or.kr에서 확인하시기 바랍니다.

시험요강

❶ 시행처 : 한국산업인력공단

❷ 관련 학과 : 대학 및 전문대학의 소방학, 건축설비공학, 기계설비학, 가스냉동학, 공조냉동학 관련 학과

❸ 시험과목

  ㉠ 필기 : 소방원론, 소방유체역학, 소방관계법규, 소방기계시설의 구조 및 원리

  ㉡ 실기 : 소방기계시설 설계 및 시공 실무

❹ 검정방법

  ㉠ 필기 : 객관식 4지 택일형, 과목당 20문항(2시간)

  ㉡ 실기 : 필답형(3시간)

❺ 합격기준

  ㉠ 필기 : 100점을 만점으로 하여 과목당 40점 이상, 전 과목 평균 60점 이상

  ㉡ 실기 : 100점을 만점으로 하여 60점 이상

검정현황

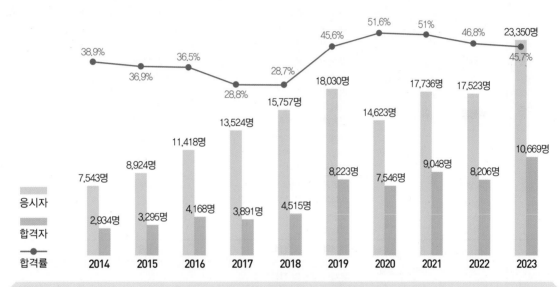

응시자
합격자
합격률

필기시험

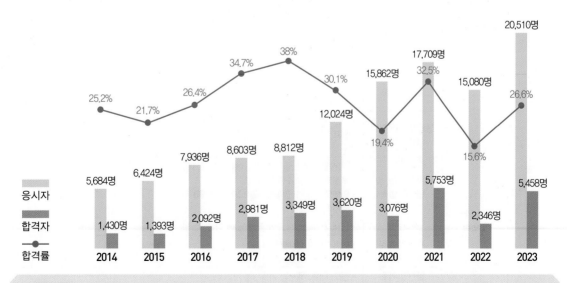

응시자
합격자
합격률

실기시험

시험안내

출제기준

필기과목명	주요항목	세부항목	세세항목	
소방원론	연소이론	연소 및 연소현상	• 연소의 원리와 성상 • 열 및 연기의 유동의 특성 • 연소물질의 성상	• 연소생성물과 특성 • 열에너지원과 특성 • LPG, LNG의 성상과 특성
	화재현상	화재 및 화재현상	• 화재의 정의, 화재의 원인과 영향 • 화재 진행의 제요소와 과정	• 화재의 종류, 유형 및 특성
		건축물의 화재현상	• 건축물의 종류 및 화재현상 • 건축구조와 건축내장재의 연소 특성 • 피난공간 및 동선계획	• 건축물의 내화성상 • 방화구획 • 연기확산과 대책
	위험물	위험물안전관리	• 위험물의 종류 및 성상 • 위험물의 방호계획	• 위험물의 연소특성
	소방안전	소방안전관리	• 가연물 · 위험물의 안전관리 • 소방시설물의 관리유지 • 소방시설물 관리	• 화재 시 소방 및 피난계획 • 소방안전관리계획
		소화론	• 소화원리 및 방식 • 소화설비의 작동원리 및 점검	• 소화부산물의 특성과 영향
		소화약제	• 소화약제이론 • 약제유지관리	• 소화약제 종류와 특성 및 적응성
소방유체 역학	소방유체역학	유체의 기본적 성질	• 유체의 정의 및 성질 • 밀도, 비중, 비중량, 음속, 압축률 • 유체의 점성 및 점성측정	• 차원 및 단위 • 체적탄성계수, 표면장력, 모세관현상 등
		유체정역학	• 정지 및 강체유동(등가속도) 유체의 압력 변화, 부력 • 마노미터(액주계), 압력측정 • 평면 및 곡면에 작용하는 유체력	
		유체유동의 해석	• 유체운동학의 기초, 연속방정식과 응용 • 베르누이 방정식의 기초 및 기본응용 • 에너지 방정식과 응용 • 수력기울기선, 에너지선 • 유량측정(속도계수, 유량계수, 수축계수), 피토관, 속도 및 압력측정 • 운동량 이론과 응용	
		관 내의 유동	• 유체의 유동 형태(층류, 난류), 완전발달유동 • 관 내 유동에서의 마찰손실	• 무차원수, 레이놀즈수, 관 내 유량측정 • 부차적 손실, 등가길이, 비원형관손실
		펌프 및 송풍기의 성능 특성	• 기본개념, 상사법칙, 비속도, 펌프의 동작(직렬, 병렬) 및 특성곡선, 펌프 및 송풍기 종류 • 펌프 및 송풍기의 동력 계산 • 수격, 서징, 캐비테이션, NPSH, 방수압과 방수량	
	소방 관련 열역학	열역학 기초 및 열역학 법칙	• 기본개념(비열, 일, 열, 온도, 에너지, 엔트로피 등) • 물질의 상태량(수증기 포함) • 열역학 제1법칙(밀폐계, 교축과정 및 노즐) • 열역학 제2법칙	
		상태변화	• 상태 변화(폴리트로픽 과정 등)에 따른 일, 열, 에너지 등 상태량의 변화량	
		이상기체 및 카르노사이클	• 이상기체의 상태방정식 • 가역사이클 효율	• 카르노사이클 • 혼합가스의 성분
		열전달 기초	• 전도, 대류, 복사의 기초	

필기과목명	주요항목	세부항목	세세항목
소방관계 법규	소방기본법	소방기본법, 시행령, 시행규칙	• 소방기본법 • 소방기본법 시행규칙	• 소방기본법 시행령
	화재의 예방 및 안전관리에 관한 법	화재의 예방 및 안전관리에 관한 법, 시행령, 시행규칙	• 화재의 예방 및 안전관리에 관한 법률 • 화재의 예방 및 안전관리에 관한 시행령 • 화재의 예방 및 안전관리에 관한 시행규칙
	소방시설 설치 및 관리에 관한 법	소방시설 설치 및 관리에 관한 법, 시행령, 시행규칙	• 소방시설 설치 및 관리에 관한 법률 • 소방시설 설치 및 관리에 관한 시행령 • 소방시설 설치 및 관리에 관한 시행규칙
	소방시설공사업법	소방시설공사업법, 시행령, 시행규칙	• 소방시설공사업법 • 소방시설공사업법 시행령 • 소방시설공사업법 시행규칙
	위험물안전관리법	위험물안전관리법, 시행령, 시행규칙	• 위험물안전관리법 • 위험물안전관리법 시행령 • 위험물안전관리법 시행규칙
소방기계 시설의 구조 및 원리	소방기계시설 및 화재안전성능기준 · 화재안전기술기준	소화기구	• 소화기구의 화재안전성능기준 · 화재안전기술기준 • 설치대상과 기준, 종류, 특징, 동작원리 및 기타 관련 사항
		옥내 · 외 소화전설비	• 옥내소화전설비의 화재안전성능기준 · 화재안전기술기준 및 기타 관련 사항 • 옥외소화전설비의 화재안전성능기준 · 화재안전기술기준 및 기타 관련 사항 • 설치대상과 기준, 종류, 특징, 동작원리 및 기타 관련 사항
		스프링클러설비	• 스프링클러설비의 화재안전성능기준 · 화재안전기술기준 및 기타 관련 사항 • 간이스프링클러소화설비의 화재안전성능기준 · 화재안전기술기준 및 기타 관련 사항 • 화재조기진압용 스프링클러설비의 화재안전성능기준 · 화재안전기술기준 기타 관련 　사항 • 설치대상과 기준, 종류, 특징, 동작원리 및 기타 관련 사항
		포소화설비	• 포소화설비의 화재안전성능기준 · 화재안전기술기준 • 설치대상과 기준, 종류, 특징, 동작원리 및 기타 관련 사항
		이산화탄소, 할론, 할로겐화합물 및 불활성기체 소화설비	• 이산화탄소소화설비의 화재안전성능기준 · 화재안전기술기준 및 기타 관련 사항 • 할론소화설비의 화재안전성능기준 · 화재안전기술기준 기타 관련 사항 • 할로겐화합물 및 불활성기체소화설비의 화재안전성능기준 · 화재안전기술기준 기타 　관련 사항 • 불활성기체소화설비의 화재안전성능기준 · 화재안전기술기준 기타 관련 사항 • 설치대상과 기준, 종류, 특징, 동작원리 및 기타 관련 사항
		분말소화설비	• 분말소화설비의 화재안전성능기준 · 화재안전기술기준 • 설치대상과 기준, 종류, 특징, 동작원리 및 기타 관련 사항
		물분무 및 미분무소화설비	• 물분무 및 미분무소화설비의 화재안전성능기준 · 화재안전기술기준 • 설치대상과 기준, 종류, 특징, 동작원리 및 기타 관련 사항
		피난구조설비	• 피난기구의 화재안전성능기준 · 화재안전기술기준 • 인명구조기구의 화재안전성능기준 · 화재안전기술기준 및 기타 관련 사항
		소화용수설비	• 상수도소화용수설비 • 소화수조 및 저수조의 화재안전성능기준 · 화재안전기술기준 및 기타 관련 사항
		소화활동설비	• 제연설비의 화재안전성능기준 · 화재안전기술기준 및 기타 관련 사항 • 특별피난계단 및 비상용승강기 승강장제연설비 • 연결송수관설비의 화재안전성능기준 · 화재안전기술기준 • 연결살수설비의 화재안전성능기준 · 화재안전기술기준 및 기타 관련 사항 • 연소방지시설의 화재안전성능기준 · 화재안전기술기준
		기타 소방기계설비	기타 소방기계설비의 화재안전성능기준 · 화재안전기술기준

구성 및 특징

01 소방원론

제1장 | 화재론

제1절 화재의 종류, 원인 및 폭발 등

핵심이론 01 화재의 정의와 특성

(1) 화재의 정의

① 자연 또는 인위적인 원인에 의해 물체를 연소시키고 인간의 신체, 재산, 생명의 손실을 초래하는 재난

② 사람의 의도에 반하여 출화 또는 방화에 의하여 불이 발생하고 확대되는 현상

③ 불이 그 사용목적을 넘어 다른 곳으로 연소하여 사람들이 예기치 않는 경제상의 손실을 가져오는 현상

(2) 화재위험성의 상호관계

제반사항	위험성
온도, 압력	높을수록 위험
인화점, 착화점, 융점, 비점	낮을수록 위험
연소범위	넓을수록 위험
연소속도, 증기압, 연소열	클수록 위험

10년간 자주 출제된 문제

밀폐된 내화건물의 실내에 화재가 발생했을 때 그 실내의 환경변화에 대한 설명 중 틀린 것은?

① 기압이 강하된다.
② 산소가 감소된다.
③ 일산화탄소가 증가한다.
④ 이산화탄소가 증가한다.

[해설]
실내에 화재가 발생하면 기압은 증가하고 산소는 감소한다.

정답 ①

핵심이론 02 화재의 종류

(1) 일반화재

목재, 종이, 합성수지류 등의 일반가연물의 화재

급 수	A급	B급	C급	D급	K급
화재의 종류	일반화재	유류화재	전기화재	금속화재	주방화재
표시색	백 색	황 색	청 색	무 색	–

(2) 유류화재

제4류 위험물

① 특수인화물 : 산화프로필렌

② 제1석유류 : MEK(메틸에

③ 알코올류 : 메서 포화 1개에 알코올도 포

④ 제2석유류 : 에틸셀로솔브

⑤ 제3석유류 : 글리콜 등

⑥ 제4석유류 :

⑦ 동식물유류 :

※ 유류화재 확대

핵심이론 03 가연성 가스의 폭발범위

(1) 폭발범위(연소범위)

가연성 물질이 기체상태에서 공기와 혼합하여 일정농도 범위 내에서 연소가 일어나는 범위

① 하한값(하한계) : 연소가 계속되는 최저의 용량비

② 상한값(상한계) : 연소가 계속되는 최대의 용량비

조 건	위험성
상한값이 높을수록	위험하다.
하한값이 낮을수록	위험하다.
연소범위가 넓을수록	위험하다.

(2) 공기 중의 폭발범위(연소범위)

종 류	하한계[%]	상한계[%]
아세틸렌(C_2H_2)	2.5	81.0
수소(H_2)	4.0	75.0
일산화탄소(CO)	12.5	74.0
이황화탄소(CS_2)	1.0	50.0
다이에틸에터($C_2H_5OC_2H_5$)	1.7	48.0
에틸렌(C_2H_4)	2.7	36.0
황화수소(H_2S)	4.3	45.0

(3) 위험도(Degree of Hazards)

위험도 $H = \dfrac{U - L}{L}$

여기서, U : 폭발상한계, L : 폭발하한계

(4) 혼합가스의 폭발한계값

$$L_m = \dfrac{100}{\dfrac{V_1}{L_1} + \dfrac{V_2}{L_2} + \dfrac{V_3}{L_3} + \cdots + \dfrac{V_n}{L_n}}$$

여기서, L_m : 혼합가스의 폭발한계(하한값, 상한값의 [vol%])

V_1, V_2, V_3, $\cdots$, V_n : 가연성 가스의 용량 [vol%]

L_1, L_2, L_3, $\cdots$, L_n : 가연성 가스의 하한값 또는 상한값[vol%]

10년간 자주 출제된 문제

3-1. 물질의 연소범위와 화재 위험도에 대한 설명으로 틀린 것은?

① 연소범위의 폭이 클수록 화재 위험이 높다.
② 연소범위의 하한계가 낮을수록 화재 위험이 높다.
③ 연소범위의 상한계가 높을수록 화재 위험이 높다.
④ 연소범위의 하한계가 높을수록 화재 위험이 높다.

3-2. 황화수소의 폭발한계는 얼마인가?(상온, 상압)

① 4.0~75.0[%]
② 4.3~45.0[%]
③ 2.5~81.0[%]
④ 2.1~9.5[%]

3-3. 다음 물질 중 공기 중에서의 연소범위가 가장 넓은 것은?

① 뷰테인
② 프로페인
③ 메테인
④ 수 소

3-4. 혼합가스가 존재할 경우 이 가스의 폭발하한치를 계산하면?(단, 혼합가스는 프로페인 70[%], 뷰테인 20[%], 에테인 10[%]로 혼합되었으며 각 가스의 폭발하한치는 프로페인 2.1, 뷰테인 1.8, 에테인 3.0으로 한다)

① 2.10
② 3.10
③ 4.10
④ 5.10

[해설]

3-1

연소범위
• 연소범위가 넓을수록 위험하다.
• 하한값이 낮을수록 위험하다.
• 온도와 압력을 증가하면 하한값은 불변, 상한값은 증가하므로 위험하다.

3-2

황화수소의 폭발한계 : 4.3~45.0[%]

3-3

수소의 연소범위 : 4.0~75.0[%]로 가장 넓다.

3-4

혼합가스의 폭발하한값

$$L_m = \dfrac{100}{\dfrac{V_1}{L_1} + \dfrac{V_2}{L_2} + \dfrac{V_3}{L_3}}$$

$$= \dfrac{100}{\dfrac{70}{2.1} + \dfrac{20}{1.8} + \dfrac{10}{3.0}} = 2.09$$

정답 3-1 ④ 3-2 ② 3-3 ④ 3-4 ①

핵심이론

필수적으로 학습해야 하는 중요한 이론들을 각 과목별로 분류하여 수록하였습니다.

시험과 관계없는 두꺼운 기본서의 복잡한 이론은 이제 그만! 시험에 꼭 나오는 이론을 중심으로 효과적으로 공부하십시오.

10년간 자주 출제된 문제

출제기준을 중심으로 출제 빈도가 높은 기출문제와 필수적으로 풀어보아야 할 문제를 핵심이론당 1~2문제씩 선정했습니다. 각 문제마다 핵심을 찌르는 명쾌한 해설이 수록되어 있습니다.

과년도 기출문제

지금까지 출제된 과년도 기출문제를 수록하였습니다. 각 문제에는 자세한 해설이 추가되어 핵심 이론만으로는 아쉬운 내용을 보충 학습하고 출제경향의 변화를 확인할 수 있습니다.

2018년 제1회 과년도 기출문제

제1과목 소방원론

01 다음의 가연성물질 중 위험도가 가장 높은 것은?

① 수 소
② 에틸렌
③ 아세틸렌
④ 이황화탄소

해설

연소범위

종 류	연소범위[%]	종 류	연소범위[%]
수 소	4.0~75	아세틸렌	2.5~81
에틸렌	2.7~36	이황화탄소	1.0~50

위험도(H)

$$H = \frac{U-L}{L} = \frac{폭발상한값 - 폭발하한값}{폭발하한값}$$

• 수소 $H = \frac{75-4.0}{4.0} = 17.75$

• 에틸렌 $H = \frac{36-2.7}{2.7} = 12.33$

• 아세틸렌 $H = \frac{81-2.5}{2.5} = 31.4$

• 이황화탄소 $H = \frac{50-1.0}{1.0} = 49.0$

02 상온, 상압에서 액체인 물질은?

① CO_2
② Halon 1301
③ Halon 1211
④ Halon 2402

해설

상온에서 물질 상태

종 류	상 태	종 류	상 태
CO_2	기 체	Halon 1211	기 체
Halon 1301	기 체	Halon 2402	액 체

03 0[℃], 1[atm] 상태에서 뷰테인(C_4H_{10}) 1[mol]을 완전연소시키기 위해 필요한 산소의 [mol]수는?

① 2
② 4
③ 5.5
④ 6.5

해설

뷰테인의 연소반응식
$C_4H_{10} + 6.5O_2 \rightarrow 4CO_2 + 5H_2O$

04 다음 그림 곡선으로

① a
③ c

해설

표준 화재 온
• a : 목조건
• d : 내화건

2024년 제1회 최근 기출복원문제

제1과목 소방원론

01 플래시오버(Flash Over) 현상을 바르게 나타낸 것은?

① 에너지가 느리게 집적되는 현상
② 가연성가스가 방출되는 현상
③ 가연성가스가 분해되는 현상
④ 폭발적인 착화현상

해설

플래시오버(Flash Over) : 폭발적인 착화현상, 순발적인 화재확대 현상

02 화재하중을 나타내는 단위는?

① [kcal/kg]
② [℃/m²]
③ [kg/m²]
④ [kg/kcal]

해설

화재하중
• 정의 : 단위면적당 가연성 수용물의 양으로서 건물 화재 시 발열량 및 화재의 위험성을 나타내는 용어이고, 화재의 규모를 결정하는 데 사용된다.
• 화재하중 계산

$$Q = \frac{\sum(G_t \times H_t)}{H \times A} = \frac{Q_t}{4,500 \times A} [kg/m^2]$$

여기서, G_t : 가연물의 질량
H_t : 가연물의 단위발열량[kcal/kg]
H : 목재의 단위발열량(4,500[kcal/kg])
A : 화재실의 바닥면적[m²]
Q_t : 가연물의 전발열량[kcal]

03 연기감지기가 작동할 정도의 연기농도는 감광계수로 얼마 정도인가?

① 1.0[m⁻¹]
② 2.0[m⁻¹]
③ 0.1[m⁻¹]
④ 10[m⁻¹]

해설

연기농도와 가시거리

감광계수[m⁻¹]	가시거리[m]	상 황
0.1	20~30	연기감지기가 작동할 때의 정도
0.3	5	건물내부에 익숙한 사람이 피난에 지장을 느낄 정도
0.5	3	어두침침한 것을 느낄 정도
1	1~2	거의 앞이 보이지 않을 정도
10	0.2~0.5	화재 최성기 때의 정도

04 아세틸렌가스를 저장할 때 사용되는 물질은?

① 벤 젠
② 톨루엔
③ 아세톤
④ 에틸알코올

해설

아세틸렌가스의 충전
• 용제 : 아세톤, 다이메틸폼아미드(DMF)
• 희석제 : 질소, 메테인, 일산화탄소, 에틸렌 등

05 초기 소화용으로 사용되는 소화설비가 아닌 것은?

① 옥내소화전설비
② 물분무설비
③ 분말소화설비
④ 연결송수관설비

해설

연결송수관설비 : 본격적인 소화활동설비

최근 기출복원문제

최근에 출제된 기출문제를 복원하여 가장 최신의 출제경향을 파악하고 새롭게 출제된 문제의 유형을 익혀 처음 보는 문제들도 모두 맞힐 수 있도록 하였습니다.

최신 기출문제 출제경향

- 한계산소농도
- 위험물이 물과 반응 시 발생하는 가스
- 할론소화약제의 화학식
- 위험도 계산
- 피난방향
- 레이놀즈수
- 상사법칙
- 공동현상
- 펌프의 효율
- 위험물의 보관기간
- 소방안전관리자의 선임기준, 선임자격
- 정기점검 대상인 제조소 등
- 소방시설공사업의 등록기준
- 소화기구의 능력단위
- 스프링클러헤드 설치 제외 장소
- 할론분사헤드의 방사압력

- 화재하중
- 표면연소
- 연소생성물
- 자연발화의 조건
- 질량 유량
- 동력의 공식
- 레이놀즈수
- 할론 1211의 화학식
- 건축허가 등의 동의대상물
- 화재예방강화지구
- 종합점검 대상
- 방염대상물품의 설치장소
- 지하구의 화재안전기술기준
- 물분무소화설비의 토출량
- 연결송수관설비의 배관 기준
- 포소화설비의 혼합방식

2021년	2022년	2023년	2024년
4회	4회	2회	2회

- 제거소화
- 자연발화의 종류
- 피난행동의 특성
- 안전구획
- 피난경로의 특성
- 위험물의 성질
- 체적탄성계수
- 상사법칙
- 대류의 열전달계수
- 방염대상물품의 설치장소
- 2급 소방안전관리대상물
- 종합점검 대상
- 분말소화약제량
- 피난기구의 설치개수
- 성능시험배관 설치기준

- 제1류 위험물
- 자연발화 방지대책
- 분말소화약제
- 연소범위
- 중량유량
- 전동기의 용량
- 레이놀즈수
- 공동현상
- 상주공사감리 대상
- 위험물제조소의 주의사항
- 예방규정 대상
- 건축허가 등의 동의대상물
- 연결송수관설비의 설치기준
- 소화기 설치개수
- 스프링클러설비의 방수량
- 물분무소화설비의 펌프 토출량

표 준 주 기 율 표
Periodic Table of the Elements

표기법:

원자 번호
기호
원소명(국문)
원소명(영문)
일반 원자량
표준 원자량

1	2	3	4	5	6	7	8	9	10	11	12	13	14	15	16	17	18
1 **H** 수소 hydrogen 1.008 [1.0078, 1.0082]																	2 **He** 헬륨 helium 4.0026
3 **Li** 리튬 lithium 6.94 [6.938, 6.997]	4 **Be** 베릴륨 beryllium 9.0122											5 **B** 붕소 boron 10.81 [10.806, 10.821]	6 **C** 탄소 carbon 12.011 [12.009, 12.012]	7 **N** 질소 nitrogen 14.007 [14.006, 14.008]	8 **O** 산소 oxygen 15.999 [15.999, 16.000]	9 **F** 플루오린 fluorine 18.998	10 **Ne** 네온 neon 20.180
11 **Na** 소듐 sodium 22.990	12 **Mg** 마그네슘 magnesium 24.305 [24.304, 24.307]											13 **Al** 알루미늄 aluminium 26.982	14 **Si** 규소 silicon 28.085 [28.084, 28.086]	15 **P** 인 phosphorus 30.974	16 **S** 황 sulfur 32.06 [32.059, 32.076]	17 **Cl** 염소 chlorine 35.45 [35.446, 35.457]	18 **Ar** 아르곤 argon 39.95 [39.792, 39.963]
19 **K** 포타슘 potassium 39.098	20 **Ca** 칼슘 calcium 40.078(4)	21 **Sc** 스칸듐 scandium 44.956	22 **Ti** 타이타늄 titanium 47.867	23 **V** 바나듐 vanadium 50.942	24 **Cr** 크로뮴 chromium 51.996	25 **Mn** 망가니즈 manganese 54.938	26 **Fe** 철 iron 55.845(2)	27 **Co** 코발트 cobalt 58.933	28 **Ni** 니켈 nickel 58.693	29 **Cu** 구리 copper 63.546(3)	30 **Zn** 아연 zinc 65.38(2)	31 **Ga** 갈륨 gallium 69.723	32 **Ge** 저마늄 germanium 72.630(8)	33 **As** 비소 arsenic 74.922	34 **Se** 셀레늄 selenium 78.971(8)	35 **Br** 브로민 bromine 79.904 [79.901, 79.907]	36 **Kr** 크립톤 krypton 83.798(2)
37 **Rb** 루비듐 rubidium 85.468	38 **Sr** 스트론튬 strontium 87.62	39 **Y** 이트륨 yttrium 88.906	40 **Zr** 지르코늄 zirconium 91.224(2)	41 **Nb** 나이오븀 niobium 92.906	42 **Mo** 몰리브데넘 molybdenum 95.95	43 **Tc** 테크네튬 technetium	44 **Ru** 루테늄 ruthenium 101.07(2)	45 **Rh** 로듐 rhodium 102.91	46 **Pd** 팔라듐 palladium 106.42	47 **Ag** 은 silver 107.87	48 **Cd** 카드뮴 cadmium 112.41	49 **In** 인듐 indium 114.82	50 **Sn** 주석 tin 118.71	51 **Sb** 안티모니 antimony 121.76	52 **Te** 텔루륨 tellurium 127.60(3)	53 **I** 아이오딘 iodine 126.90	54 **Xe** 제논 xenon 131.29
55 **Cs** 세슘 caesium 132.91	56 **Ba** 바륨 barium 137.33	57-71 란타넘족 lanthanoids	72 **Hf** 하프늄 hafnium 178.49(2)	73 **Ta** 탄탈럼 tantalum 180.95	74 **W** 텅스텐 tungsten 183.84	75 **Re** 레늄 rhenium 186.21	76 **Os** 오스뮴 osmium 190.23(3)	77 **Ir** 이리듐 iridium 192.22	78 **Pt** 백금 platinum 195.08	79 **Au** 금 gold 196.97	80 **Hg** 수은 mercury 200.59	81 **Tl** 탈륨 thallium 204.38 [204.38, 204.39]	82 **Pb** 납 lead 207.2	83 **Bi** 비스무트 bismuth 208.98	84 **Po** 폴로늄 polonium	85 **At** 아스타틴 astatine	86 **Rn** 라돈 radon
87 **Fr** 프랑슘 francium	88 **Ra** 라듐 radium	89-103 악티늄족 actinoids	104 **Rf** 러더포듐 rutherfordium	105 **Db** 더브늄 dubnium	106 **Sg** 시보귬 seaborgium	107 **Bh** 보륨 bohrium	108 **Hs** 하슘 hassium	109 **Mt** 마이트너륨 meitnerium	110 **Ds** 다름슈타튬 darmstadtium	111 **Rg** 뢴트게늄 roentgenium	112 **Cn** 코페르니슘 copernicium	113 **Nh** 니호늄 nihonium	114 **Fl** 플레로븀 flerovium	115 **Mc** 모스코븀 moscovium	116 **Lv** 리버모륨 livermorium	117 **Ts** 테네신 tennessine	118 **Og** 오가네손 oganesson

57 **La** 란타넘 lanthanum 138.91	58 **Ce** 세륨 cerium 140.12	59 **Pr** 프라세오디뮴 praseodymium 140.91	60 **Nd** 네오디뮴 neodymium 144.24	61 **Pm** 프로메튬 promethium	62 **Sm** 사마륨 samarium 150.36(2)	63 **Eu** 유로퓸 europium 151.96	64 **Gd** 가돌리늄 gadolinium 157.25(3)	65 **Tb** 터븀 terbium 158.93	66 **Dy** 디스프로슘 dysprosium 162.50	67 **Ho** 홀뮴 holmium 164.93	68 **Er** 어븀 erbium 167.26	69 **Tm** 툴륨 thulium 168.93	70 **Yb** 이터븀 ytterbium 173.05	71 **Lu** 루테튬 lutetium 174.97
89 **Ac** 악티늄 actinium	90 **Th** 토륨 thorium 232.04	91 **Pa** 프로트악티늄 protactinium 231.04	92 **U** 우라늄 uranium 238.03	93 **Np** 넵투늄 neptunium	94 **Pu** 플루토늄 plutonium	95 **Am** 아메리슘 americium	96 **Cm** 퀴륨 curium	97 **Bk** 버클륨 berkelium	98 **Cf** 캘리포늄 californium	99 **Es** 아인슈타이늄 einsteinium	100 **Fm** 페르뮴 fermium	101 **Md** 멘델레븀 mendelevium	102 **No** 노벨륨 nobelium	103 **Lr** 로렌슘 lawrencium

참조) 표준 원자량은 2011년 IUPAC에서 결정한 새로운 형식을 따른 것으로 [ ] 안에 표시된 숫자는 2 종류 이상의 안정한 동위원소가 존재하는 경우에 지각 시료에서 발견되는 자연 존재비의 분포를 고려한 표준 원자량의 범위를 나타낸 것임. 자세한 내용은 https://iupac.org/what-we-do/periodic-table-of-elements/을 참조하기 바람.

© 대한화학회, 2018

이 책의 목차

빨리보는 간단한 키워드

PART 01 | 핵심이론

CHAPTER 01	소방원론	002
CHAPTER 02	소방유체역학	051
CHAPTER 03	소방관계법규	095
CHAPTER 04	소방기계시설의 구조 및 원리	248

PART 02 | 과년도 + 최근 기출복원문제

2018년	과년도 기출문제	394
2019년	과년도 기출문제	463
2020년	과년도 기출문제	529
2021년	과년도 기출문제	592
2022년	과년도 기출문제	658
2023년	과년도 기출복원문제	723
2024년	최근 기출복원문제	780

빨리보는 간단한 키워드 ————————

빨간키

#합격비법 핵심 요약집　　　#최다 빈출키워드　　　#시험장 필수 아이템

▌ 화재의 종류

구 분 　　급 수	A급	B급	C급	D급	K급
화재의 종류	일반화재	유류화재	전기화재	금속화재	주방화재
표시색	백 색	황 색	청 색	무 색	–

▌ 가연성 가스의 폭발범위

- 하한계가 낮을수록 위험하다.
- 상한계가 높을수록 위험하다.
- 연소범위가 넓을수록 위험하다.
- 온도(압력)가 상승할수록 위험하다(압력이 상승하면 하한계는 불변, 상한계는 증가. 단, 일산화탄소는 압력 상승 시 연소범위가 감소).

▌ 공기 중의 폭발범위

가 스	하한계[%]	상한계[%]	가 스	하한계[%]	상한계[%]
아세틸렌(C_2H_2)	2.5	81.0	에틸렌	2.7	36.0
수소(H_2)	4.0	75.0	메테인(CH_4)	5.0	15.0
일산화탄소(CO)	12.5	74.0	프로페인(C_3H_8)	2.1	9.5

▌ 혼합가스의 폭발한계값

$$L_m = \frac{100}{\dfrac{V_1}{L_1} + \dfrac{V_2}{L_2} + \dfrac{V_3}{L_3} + \cdots + \dfrac{V_n}{L_n}}$$

여기서, L_m : 혼합가스의 폭발한계(하한값, 상한값[vol%])

$V_1,\ V_2,\ V_3,\ \cdots,\ V_n$: 가연성 가스의 용량[vol%]

$L_1,\ L_2,\ L_3,\ \cdots,\ L_n$: 가연성 가스의 하한값 또는 상한값[vol%]

▌연소의 정의

가연물이 공기 중에서 산소와 반응하여 열과 빛을 동반하는 급격한 산화현상

▌연소의 색과 온도

색 상	담암적색	암적색	적 색	휘적색	황적색	백 색	휘백색
온도[℃]	520	700	850	950	1,100	1,300	1,500 이상

▌연소의 3요소

- 가연물
- 산소공급원
- 점화원
- 순조로운 연쇄반응(연소의 4요소)

※ 질소가 가연물이 아닌 이유 : 산소와 반응은 하나 흡열반응을 하기 때문

▌고체의 연소

종 류	정 의	물질명
증발연소	고체 가열 → 액체 → 액체 가열 → 기체 → 기체가 연소하는 현상	황, 나프탈렌, 왁스, 파라핀
분해연소	연소 시 열분해에 의해 발생된 가스와 공기가 혼합하여 연소하는 현상	석탄, 종이, 목재, 플라스틱
표면연소	연소 시 열분해에 의해 가연성 가스는 발생하지 않고 그 물질 자체가 연소하는 현상(작열연소)	목탄, 코크스, 금속분, 숯
내부연소(자기연소)	그 물질이 가연물과 산소를 동시에 가지고 있는 가연물이 연소하는 현상	나이트로셀룰로스, 셀룰로이드

▌액체의 연소

종 류	정 의	물질명
증발연소	액체를 가열하면 증기가 되어 증기가 연소하는 현상	아세톤, 휘발유, 등유, 경유

▌열 량

- 0[℃]의 물 1[g]이 100[℃]의 수증기로 되는 데 필요한 열량 : 639[cal]
- 0[℃]의 얼음 1[g]이 100[℃]의 수증기로 되는 데 필요한 열량 : 719[cal]

▌인화점(Flash Point)

- 가연성 액체의 위험성의 척도
- 가연성 증기를 발생할 수 있는 최저의 온도

▌ 발화점(Ignition Point)

가연성 물질에 점화원을 접하지 않고도 불이 일어나는 최저의 온도

▌ 자연발화 방지법

- 습도를 낮게 할 것
- 주위의 온도를 낮출 것
- 통풍을 잘 시킬 것
- 불활성 가스를 주입하여 공기와 접촉을 피할 것

▌ 증기비중(Vapor Specific Gravity)

$$증기비중 = \frac{분자량}{29} (공기의 \ 평균분자량 ≒ 29)$$

▌ 연소생성물이 인체에 미치는 영향

가 스	현 상
CH_2CHCHO(아크롤레인)	석유 제품이나 유지류가 연소할 때 생성
SO_2(아황산가스)	황을 함유하는 유기화합물이 완전 연소 시에 발생
H_2S(황화수소)	황을 함유하는 유기화합물이 불완전 연소 시에 발생, 달걀 썩는 냄새가 나는 가스
CO_2(이산화탄소)	연소가스 중 가장 많은 양을 차지, 완전연소 시 생성
CO(일산화탄소)	불완전 연소 시에 다량 발생, 혈액 중의 헤모글로빈(Hb)과 결합하여 혈액 중의 산소운반을 저해하여 사망

▌ 열의 전달

- 전 도
- 대 류
- 복사(Radiation) : 화재 시 열의 이동에 가장 크게 작용하는 열
  ※ 슈테판 - 볼츠만(Stefan-Boltzmann) 법칙
  복사열은 절대온도차의 4제곱에 비례하고 열전달 면적에 비례한다.

▌ 보일오버(Boil Over)

- 중질유 탱크에서 장시간 조용히 연소하다가 탱크의 잔존기름이 갑자기 분출(Over Flow)하는 현상
- 유류탱크 바닥에 물 또는 물-기름에 에멀션이 섞여 있을 때 화재가 발생하는 현상

▌ 플래시오버(Flash Over)

가연성 가스를 동반하는 연기와 유독가스가 방출하여 실내의 급격한 온도 상승으로 실내 전체가 순간적으로 연기가 충만하는 현상, 폭발적인 착화현상, 순발적인 연소확대현상

- 발생시기 : 성장기에서 최성기로 넘어가는 분기점
- 최성기시간 : 내화구조는 60분 후(950[℃]), 목조건물은 10분 후(1,100[℃]) 최성기에 도달

▍연기의 이동속도

방 향	수평방향	수직방향	실내계단
이동속도	0.5~1.0[m/s]	2.0~3.0[m/s]	3.0~5.0[m/s]

▍연기농도와 가시거리

감광계수[m⁻¹]	가시거리[m]	상 황
0.1	20~30	연기감지기가 작동할 때의 정도
10	0.2~0.5	화재 최성기 때의 정도

▍건축물의 화재성상

건축물의 종류	목조건축물	내화건축물
화재성상	고온단기형	저온장기형

▍목조건축물의 화재 발생 후 경과시간

풍속[m/s] \ 화재진화과정	발화 → 최성기	최성기 → 연소낙하	발화 → 연소낙하
0~3	5~15분	6~19분	13~24분

▍내화건축물의 화재 진행과정

초 기 → 성장기 → 최성기 → 종 기

▍화재하중의 계산

$$Q = \frac{\sum (G_t \times H_t)}{H \times A} = \frac{Q_t}{4,500 \times A} [\text{kg/m}^2]$$

여기서, G_t : 가연물의 질량[kg]

H_t : 가연물의 단위발열량[kcal/kg]

H : 목재의 단위발열량(4,500[kcal/kg])

A : 화재실의 바닥면적[m²]

Q_t : 가연물의 전발열량[kcal]

▌ 위험물의 성질 및 소화방법

유별＼항목	성 질	소화방법
제1류 위험물	산화성 고체	물에 의한 냉각소화(무기과산화물은 건조된 모래에 의한 질식소화)
제2류 위험물	가연성 고체	물에 의한 냉각소화(금속분류는 건조된 모래에 의한 질식소화)
제3류 위험물	자연발화성 및 금수성 물질	건조된 모래에 의한 소화
제4류 위험물	인화성 액체	질식소화
제5류 위험물	자기반응성 물질	주수소화
제6류 위험물	산화성 액체	주수소화

▌ 건축물의 내화구조

구 분	기 준
모든 벽	• 철근콘크리트조 또는 철골·철근콘크리트조로서 두께가 10[cm] 이상인 것 • 골구를 철골조로 하고 그 양면을 두께 4[cm] 이상의 철망모르타르로 덮은 것
기둥(작은 지름이 25[cm] 이상인 것)	• 철골을 두께 6[cm] 이상의 철망모르타르 또는 두께 7[cm] 이상의 콘크리트 블록·벽돌 또는 석재로 덮은 것 • 철골을 두께 5[cm] 이상의 콘크리트로 덮은 것
바 닥	철근콘크리트조 또는 철골·철근콘크리트조로서 두께가 10[cm] 이상인 것

▌ 방화구조

- 철망모르타르로서 바름두께가 2[cm] 이상인 것
- 석고판 위에 시멘트모르타르 또는 회반죽을 바른 것으로서 그 두께의 합계가 2.5[cm] 이상인 것
- 시멘트모르타르 위에 타일을 붙인 것으로서 그 두께의 합계가 2.5[cm] 이상인 것
- 심벽에 흙으로 맞벽치기한 것

▌ 방화벽

- 내화구조로서 홀로 설 수 있는 구조일 것
- 방화벽의 양쪽 끝과 윗쪽 끝을 건축물의 외벽면 및 지붕면으로부터 0.5[m] 이상 튀어 나오게 할 것
- 방화벽에 설치하는 출입문의 너비 및 높이는 각각 2.5[m] 이하로 하고 해당 출입문에는 60분 + 방화문 또는 60분 방화문을 설치할 것

▌ 건축물의 주요구조부

벽, 기둥, 바닥, 보, 지붕, 주계단

▌ 피난대책의 일반적인 원칙

- 피난경로는 간단 명료하게 할 것
- 피난구조설비는 고정식 설비를 위주로 할 것
- 피난수단은 원시적 방법에 의한 것을 원칙으로 할 것
- 2방향 이상의 피난통로를 확보할 것

▌ 피난동선의 특성

- 수평동선과 수직동선으로 구분한다.
- 가급적 단순형태가 좋다.
- 상호 반대방향으로 다수의 출구와 연결되는 것이 좋다.
- 어느 곳에서도 2개 이상의 방향으로 피난할 수 있으며 그 말단은 화재로부터 안전한 장소여야 한다.

▌ 건축물의 피난방향

수평방향의 피난	복 도
수직방향의 피난	승강기(수직동선), 계단(보조수단)

▌ 피난시설의 안전구획

종 류	1차 안전구획	2차 안전구획	3차 안전구획
해당 부분	복 도	전실(계단부속실)	계 단

▌ 피난방향 및 경로

구 분	구 조	특 징
T형		피난자에게 피난경로를 확실히 알려주는 형태
X형		양방향으로 피난할 수 있는 확실한 형태
H형		중앙코어방식으로 피난자의 집중으로 패닉현상이 일어날 우려가 있는 형태
Z형		중앙복도형 건축물에서의 피난경로로서 코어식 중 제일 안전한 형태

화재 시 인간의 피난 행동 특성

- 귀소본능 : 평소에 사용하던 출입구나 통로 등 습관적으로 친숙해 있는 경로로 도피하려는 본능
- 지광본능 : 화재 발생 시 연기와 정전 등으로 가시거리가 짧아져 시야가 흐리면 밝은 방향으로 도피하려는 본능
- 추종본능 : 화재 발생 시 최초로 행동을 개시한 사람에 따라 전체가 움직이는 본능
- 퇴피본능 : 연기나 화염에 대한 공포감으로 화원의 반대방향으로 이동하려는 본능
- 좌회본능 : 좌측으로 통행하고 시계의 반대 방향으로 회전하려는 본능

소화효과

- 물(봉상 : 옥내소화전설비와 옥외소화전설비, 적상 : 스프링클러설비)방사 : 냉각효과
- 무상(물분무소화설비)주수 : 질식, 냉각, 희석, 유화효과
- 포 : 질식, 냉각효과
- 이산화탄소 : 질식, 냉각, 피복효과
- 할론 : 질식, 냉각, 부촉매효과
- 할로겐화합물 및 불활성기체
  - 할로겐화합물 : 질식, 냉각, 부촉매효과
  - 불활성기체 : 질식, 냉각효과
- 분말 : 질식, 냉각, 부촉매효과

화학포소화약제

$Al_2(SO_4)_3 \cdot 18H_2O + 6NaHCO_3 \rightarrow 2Al(OH)_3 + 3Na_2SO_4 + 6CO_2 + 18H_2O$

기계포소화약제

- 포소화약제의 물성

약 제	pH	비 중	농 도	
			저발포용	고발포용
합성계면활성제포	6.5~8.5	0.9~1.2	3[%]형, 6[%]형	1[%]형, 1.5[%]형, 2[%]형
수성막포(AFFF)	6.0~8.5	1.0~1.15	3[%]형, 6[%]형	–
내알코올형포	6.0~8.5	0.9~1.2	3[%]형, 6[%]형	–
플루오린화단백포	–	–	3[%]형, 6[%]형	–
단백포	6.0~7.5	1.1~1.2	3[%]형, 6[%]형	–

- 팽창비 $= \dfrac{\text{방출 후 포의 체적[L]}}{\text{방출 전 포수용액의 체적(포원액 + 물)[L]}}$

  $= \dfrac{\text{방출 후 포의 체적[L]}}{\dfrac{\text{원액의 양[L]}}{\text{농도[%]}}}$

▌ 이산화탄소소화약제의 성상

- 상온에서 기체이다.
- 가스비중은 공기보다 1.52배(44/29) 무겁다.
- 화학적으로 안정하고 가연성, 부식성도 없다.

▌ 이산화탄소소화약제의 물성

구 분	물성치	구 분	물성치
화학식	CO_2	증발잠열	576.5[kJ/kg]
삼중점	−56.3[℃]	임계온도	31.35[℃]
임계압력	72.75[atm]	충전비	1.5 이상

▌ 할론소화약제의 구비조건

- 기화되기 쉬운 저비점 물질이어야 한다.
- 공기보다 무겁고 불연성이어야 한다.
- 증발 잔유물이 없어야 한다.

▌ 할론소화약제의 성상

약 제	분자식	분자량	적응화재
할론 1301	CF_3Br	148.9	B, C급
할론 1211	CF_2ClBr	165.4	A, B, C급
할론 1011	CH_2ClBr	129.4	B, C급
할론 2402	$C_2F_4Br_2$	259.8	B, C급

- 할론소화약제의 소화효과 : F < Cl < Br < I
- 할론소화약제의 전기음성도 : F > Cl > Br > I

▌ 할론소화약제의 명명법

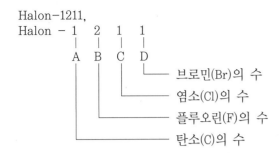

Halon−1211,
Halon − 1 2 1 1
          A B C D

┌─── 브로민(Br)의 수
├─── 염소(Cl)의 수
├─── 플루오린(F)의 수
└─── 탄소(C)의 수

▌ 분말소화약제의 물성

종 류	주성분	착 색	적응화재	열분해 반응식
제1종 분말	탄산수소나트륨($NaHCO_3$)	백 색	B, C급	$2NaHCO_3 \rightarrow Na_2CO_3 + CO_2 + H_2O$
제2종 분말	탄산수소칼륨($KHCO_3$)	담회색	B, C급	$2KHCO_3 \rightarrow K_2CO_3 + CO_2 + H_2O$
제3종 분말	제일인산암모늄($NH_4H_2PO_4$) 인산암모늄, 인산염	담홍색	A, B, C급	$NH_4H_2PO_4 \rightarrow HPO_3 + NH_3 + H_2O$
제4종 분말	탄산수소칼륨 + 요소 $KHCO_3 + (NH_2)_2CO$	회 색	B, C급	$2KHCO_3 + (NH_2)_2CO \rightarrow K_2CO_3 + 2NH_3 + 2CO_2$

▌ **유체의 정의**

- 이상유체 : 점성이 없는 비압축성 유체
- 실제유체 : 점성이 있는 압축성 유체, 유동 시 마찰이 존재하는 유체

▌ **단 위**

- 온 도

  $[K] = 273.16 + [℃]$

- 힘

  $1[kg_f] = 9.8[N] = 9.8 \times 10^5[dyne]$

- 일

  $1[J] = 1[N \cdot m] = [kg \cdot m/s^2] \times [m] = [kg \cdot m^2/s^2]$

  $1[erg] = 1[dyne \cdot cm] = [g \cdot cm/s^2] \times [cm] = [g \cdot cm^2/s^2]$

- 부 피

  $1[m^3] = 1,000[L]$

  $1[L] = 1,000[cm^3]$

- 압 력

  $1[atm] = 760[mmHg]$

  $\qquad = 10.332[mH_2O](mAq) = 1,033.2[cmH_2O] = 10,332[mmH_2O]$

  $\qquad = 1.0332[kg_f/cm^2] = 10,332[kg_f/m^2]$

  $\qquad = 1,013[mbar]$

  $\qquad = 0.101325[MPa] = 101.325[kPa](kN/m^2) = 101,325[Pa](N/m^2)$

- 점 도

  $1[p](poise) = 1[g/cm \cdot s] = 0.1[kg/m \cdot s] = 1[dyne \cdot s/cm^2] = 100[cp]$

  $1[cp](centi\ poise) = 0.01[g/cm \cdot s] = 0.001[kg/m \cdot s]$

  ※ 물의 점도(25[℃]) = 1[cp](= 0.01[g/cm \cdot s])

- 동점도 $1[stokes] = 1[cm^2/s]$

  ※ 동점도 $\nu = \dfrac{\mu}{\rho}$ (μ : 절대점도, ρ : 밀도)

- 비중량

$$\gamma = \frac{1}{\nu} = \frac{P}{RT} = \rho g$$

여기서, γ : 비중량($[N/m^3]$, $[kg_f/m^3]$)

ν : 비체적$[m^3/kg]$

P : 압력($[N/m^2]$, $[kg_f/m^2]$)

R : 기체상수

T : 절대온도$[K]$

ρ : 밀도$[kg/m^3]$

- 물의 비중량(γ) = $1[g_f/cm^3]$ = $1,000[kg_f/m^3]$ = $9,800[N/m^3]$ = $9.8[kN/m^3]$
- 액체의 비중량 $\gamma = S \times 9,800[N/m^3]$

- 밀 도

물의 밀도(ρ) = $1[g/cm^3]$ = $1,000[kg/m^3]$ = $1,000[N \cdot s^2/m^4]$ = $102[kg_f \cdot s^2/m^4]$

- 비체적

단위질량당 체적, 즉 밀도의 역수$\left(V_s = \frac{1}{\rho}\right)$

■ Newton의 점성법칙

- 난 류

전단응력은 점성계수와 속도구배에 비례한다.

전단응력 $\tau = \frac{F}{A} = \mu \frac{du}{dy}$

여기서, τ : 전단응력$[dyne/cm^2]$

F : 힘$[dyne]$

A : 단면적$[cm^2]$

$\frac{du}{dy}$: 속도구배(속도기울기)

- 층 류

수평 원통형 관 내에 유체가 흐를 때 전단응력은 중심선에서 0이고 반지름에 비례하면서 관 벽까지 직선적으로 증가한다.

전단응력 $\tau = \frac{P_A - P_B}{l} \cdot \frac{r}{2}$

여기서, τ : 전단응력$[dyne/cm^2]$

l : 길이$[cm]$

r : 반경$[cm]$

▌ 물체의 무게

$W = \gamma V$

여기서, γ : 비중량($[\text{N/m}^3]$, $[\text{kg}_f/\text{m}^3]$)　　　　　V : 물체가 잠긴 체적$[\text{m}^3]$

▌ 엔트로피

$\Delta S = \dfrac{dQ}{T} [\text{cal/g} \cdot \text{K}]$

여기서, dQ : 변화한 열량$[\text{cal/g}]$　　　　　T : 절대온도$[\text{K}]$

• 가역과정에서 엔트로피는 0이다($\Delta S = 0$).
• 비가역과정에서 엔트로피는 증가한다($\Delta S > 0$).
• 등엔트로피 과정은 단열가역과정이다.

▌ 유체의 흐름

• 정상류 : 임의의 한 점에서 속도, 온도, 압력, 밀도 등의 평균값이 시간에 따라 변하지 않는 흐름

$\dfrac{\partial u}{\partial t} = 0, \ \dfrac{\partial \rho}{\partial t} = 0, \ \dfrac{\partial p}{\partial t} = 0, \ \dfrac{\partial T}{\partial t} = 0$

• 비정상류 : 임의의 한 점에서 속도, 온도, 압력, 밀도 등이 시간에 따라 변하는 흐름

$\dfrac{\partial u}{\partial t} \neq 0, \ \dfrac{\partial \rho}{\partial t} \neq 0, \ \dfrac{\partial p}{\partial t} \neq 0, \ \dfrac{\partial T}{\partial t} \neq 0$

▌ 연속방정식

• 질량유량 등

종 류	질량유량	중량유량	체적유량
공 식	$\overline{m} = A_1 u_1 \rho_1 = A_2 u_2 \rho_2$	$G = A_1 u_1 \gamma_1 = A_2 u_2 \gamma_2$	$Q = A_1 u_1 = A_2 u_2$
용어 설명	$\overline{m}$: 질량유량$[\text{kg/s}]$ A : 단면적$[\text{m}^2]$ u : 유속$[\text{m/s}]$ ρ : 밀도$[\text{kg/m}^3]$	G : 중량유량($[\text{N/s}]$, $[\text{kg}_f/\text{s}]$) A : 단면적$[\text{m}^2]$ u : 유속$[\text{m/s}]$ γ : 비중량($[\text{N/m}^3]$, $[\text{kg}_f/\text{m}^3]$)	Q : 체적유량$[\text{m}^3/\text{s}]$ A : 단면적$[\text{m}^2]$ u : 유속$[\text{m/s}]$

• 비압축성 유체

$\dfrac{u_2}{u_1} = \dfrac{A_1}{A_2} = \left(\dfrac{D_1}{D_2}\right)^2, \ u_2 = u_1 \times \left(\dfrac{D_1}{D_2}\right)^2$

여기서, u : 유속$[\text{m/s}]$　　　　　A : 단면적$[\text{m}^2]$
　　　　　D : 내경$[\text{m}]$

※ 유속의 기호는 u 또는 V로 병용 표기됩니다.

▌ 베르누이 방정식

$$\frac{u_1^2}{2g} + \frac{P_1}{\gamma} + Z_1 = \frac{u_2^2}{2g} + \frac{P_2}{\gamma} + Z_2 = \text{Const}$$

여기서, u : 유속[m/s]
$\quad\quad Z$: 높이[m]

P : 압력[N/m^2, kg$_f$/m^2]
g : 중력가속도(9.8[m/s^2])

$\dfrac{u^2}{2g}$: 속도수두, $\dfrac{P}{\gamma}$: 압력수두, Z : 위치수두

▌ 힘

$$F = Q\rho u$$

여기서, F : 힘[N, kg$_f$]
$\quad\quad Q$: 유량[m^3/s]
$\quad\quad \rho$: 밀도(물 : 1,000[N・s^2/m^4] = 102[kg$_f$・s^2/m^4]
$\quad\quad u$: 유속[m/s]

▌ 상태방정식

• 이상기체 상태방정식

$$PV = nRT = \frac{W}{M}RT, \quad \rho = \frac{PM}{RT}$$

여기서, P : 압력[atm]
$\quad\quad V$: 부피[m^3]
$\quad\quad n$: 몰수 $= \left(\dfrac{무게}{분자량} = \dfrac{W}{M} \right)$
$\quad\quad R$: 기체상수(0.08205[atm・m^3/kg-mol・K])
$\quad\quad T$: 절대온도(273 + [℃])
$\quad\quad \rho$: 밀도[kg/m^3]

※ 기체상수(R)의 값
① 0.08205[L・atm/g-mol・K]
② 0.08205[m^3・atm/kg-mol・K]
③ 8.314×10^7[erg/g-mol・K]

• 완전기체 상태방정식

$$PV = WRT, \quad P = \frac{W}{V}RT, \quad \rho = \frac{P}{RT}$$

여기서, P : 압력($[\text{N/m}^2]$, $[\text{kg}_\text{f}/\text{m}^2]$)

　　　　V : 부피$[\text{m}^3]$

　　　　W : 무게$[\text{kg}]$

　　　　ρ : 밀도$[\text{kg/m}^3]$

　　　　R : 기체상수$\left(\dfrac{848}{M}[\text{kg} \cdot \text{m/kg} \cdot \text{K}]\right)$

> **기체상수(R)**
> • 공기의 기체상수 = 287$[\text{J/kg} \cdot \text{K}]$ = 287$[\text{N} \cdot \text{m/kg} \cdot \text{K}]$ = 29.27$[\text{kg}_\text{f} \cdot \text{m/kg} \cdot \text{K}]$
> • 질소의 기체상수 = 296$[\text{J/kg} \cdot \text{K}]$

　　　　T : 절대온도($273 + [℃]$)

※ 완전기체 : $P = \rho RT$를 만족시키는 기체

▌ 보일-샤를의 법칙

기체가 차지하는 부피는 압력에 반비례하고 절대온도에 비례한다.

$$\frac{P_1 V_1}{T_1} = \frac{P_2 V_2}{T_2}, \quad V_2 = V_1 \times \frac{P_1}{P_2} \times \frac{T_2}{T_1}$$

여기서, P : 압력$[\text{atm}]$　　　　　　　　　　V : 부피$[\text{m}^3]$

　　　　T : 절대온도$[\text{K}]$

▌ 체적탄성계수

압력 P일 때 체적 V인 유체에 압력을 ΔP만큼 증가시켰을 때 체적이 ΔV만큼 감소한다면 체적탄성계수(K)는

$$K = -\frac{\Delta P}{\Delta V / V} = \frac{\Delta P}{\Delta \rho / \rho}$$

여기서, P : 압력$[\text{atm}]$　　　　　　　　　　V : 체적$[\text{m}^3]$

　　　　ρ : 밀도$[\text{kg/m}^3]$　　　　　　　　$\Delta V / V$: 체적변화(무차원)

※ 압축률 $\beta = \dfrac{1}{K}$

▌ 절대압력

완전진공을 기준으로 측정한 압력

• 절대압 = 대기압 + 계기압력

• 절대압 = 대기압 − 진공압력

▌ 유체의 마찰손실

다르시-바이스바흐(Darcy-Weisbach) 식 : 곧고 긴 배관에서의 손실수두계산에 적용

$$H = \frac{\Delta P}{\gamma} = \frac{flu^2}{2gD}$$

여기서, H : 마찰손실[m]

ΔP : 압력차($[N/m^2]$, $[kg_f/m^2]$)

γ : 비중량(물의 비중량 = $9{,}800[N/m^3]$, $1{,}000[kg_f/m^3]$)

f : 관마찰계수

l : 관의 길이[m]

u : 유속[m/s]

g : 중력가속도($9.8[m/s^2]$)

D : 내경[m]

▌ 레이놀즈수

$$Re = \frac{Du\rho}{\mu} = \frac{Du}{\nu}$$

여기서, Re : 레이놀즈수 D : 내경[cm]

u : 유속[cm/s] ρ : 밀도[g/cm³]

μ : 점도[g/cm·s] ν : 동점도$\left(\dfrac{\mu}{\rho} = [cm^2/s]\right)$

※ 임계레이놀즈수
- 상임계레이놀즈수 : 층류에서 난류로 변할 때의 레이놀드수($Re = 4{,}000$)
- 하임계레이놀즈수 : 난류에서 층류로 변할 때의 레이놀드수($Re = 2{,}100$)

▌ 유체흐름의 종류

- 유체의 흐름구분
  - 층류 : $Re < 2{,}100$
  - 임계영역 : $2{,}100 < Re < 4{,}000$
  - 난류 : $Re > 4{,}000$
- 임계레이놀즈수

$$2{,}100 = \frac{Du\rho}{\mu} = \frac{Du}{\nu}$$

∴ 임계유속 $u = \dfrac{2{,}100\mu}{D\rho} = \dfrac{2{,}100\nu}{D}$

■ 직관에서의 마찰손실

- 층류(Laminar Flow)

  매끈하고 수평관 내를 층류로 흐를 때는 Hagen-Poiseulle법칙이 적용

  $$H = \frac{\Delta P}{\gamma} = \frac{128\mu l Q}{\gamma \pi D^4}$$

  여기서, ΔP : 압력차([N/m^2], [kg$_f$/m^2])

  　　　　γ : 비중량(물의 비중량 = 9,800[N/m^3], 1,000[kg$_f$/m^3])

  　　　　μ : 점도[g/m · s]

  　　　　l : 관의 길이[m]

  　　　　D : 관의 내경[m]

- 난류(Turbulent Flow)

  불규칙적인 유체는 Fanning법칙이 적용

  $$H = \frac{\Delta P}{\gamma} = \frac{2fl u^2}{g_c D}$$

  여기서, ΔP : 압력차([N/m^2], [kg$_f$/m^2])

  　　　　γ : 비중량(물의 비중량 = 9,800[N/m^3], 1,000[kg$_f$/m^3])

  　　　　f : 관마찰계수

  　　　　l : 관의 길이[m]

  　　　　g_c : 중력가속도(9.8[m/s^2])

  　　　　D : 관의 내경[m]

구 분	층 류	난 류
레이놀즈수	2,100 이하	4,000 이상
흐 름	정상류	비정상류
전단 응력	$\tau = \dfrac{P_A - P_B}{l} \cdot \dfrac{\gamma}{2}$	$\tau = \dfrac{F}{A} = \mu \dfrac{du}{dy}$
관마찰계수	$f = \dfrac{64}{Re}$	$f = 0.3164 Re^{-\frac{1}{4}}$

- 관마찰계수(f)

  - 층류 : 상대조도와 무관하며 레이놀즈수만의 함수이다.

  - 임계영역 : 상대조도와 레이놀즈수의 함수이다.

  - 난류 : 상대조도와 무관하다.

▎ 무차원수

명 칭	무차원식	물리적인 의미
Reynold수	$Re = \dfrac{Du\rho}{\mu}$	관성력/점성력
Eluer수	$Eu = \dfrac{\Delta P}{\rho u^2}$	압축력/관성력
Weber수	$We = \rho\,\dfrac{Lu^2}{\sigma}$	관성력/표면장력
Cauch수	$Ca = \dfrac{\rho u^2}{K}$	관성력/탄성력
Froude수	$Fr = \dfrac{u}{\sqrt{gL}}$	관성력/중력

▎ 유체의 압력 측정

- U자관 Manometer의 압력차

$$\Delta P = \frac{g}{g_c} R(\gamma_A - \gamma_B)$$

여기서, R : Manometer 읽음

γ_A : 유체의 비중량

γ_B : 물의 비중량($9,800[\mathrm{N/m^3}]$, $1,000[\mathrm{kg_f/m^3}]$)

※ Manometer의 종류 : U자관, 경사마노미터, 압력차계

- 시차액주계 : 두 탱크의 지점 간 압력을 측정하는 장치

$$P_A + \gamma_1 h_1 = P_B + \gamma_2 h_2 + \gamma_3 h_3$$

여기서, P_A, P_B : A, B점의 압력

γ : 물의 비중량($9,800[\mathrm{N/m^3}]$, $1,000[\mathrm{kg_f/m^3}]$)

h : 높이[m]

▎ 유량 측정

- 벤투리미터(Venturi Meter) : 유량 측정이 정확하고, 설치비가 고가이며 압력손실이 적은 배관에 적합하다.

$$Q = \frac{C_v A_2}{\sqrt{1 - \left(\dfrac{D_2}{D_1}\right)^4}} \sqrt{\frac{2g(\rho_1 - \rho_2)R}{\rho_2}} \; [\mathrm{m^3/s}]$$

- 오리피스미터(Orifice Meter) : 설치하기는 쉬우나 압력손실이 큰 배관에 적합하다.

$$Q = \frac{C_o A_2}{\sqrt{1 - \left(\dfrac{D_2}{D_1}\right)^4}} \sqrt{\frac{2g(\rho_1 - \rho_2)R}{\rho_2}} \; [\mathrm{m^3/s}]$$

- 위어(Weir) : 다량의 유량을 측정할 때 사용한다.
- 로터미터(Rotameter) : 유체 속에 부자를 띄워서 직접 눈으로 유량을 읽을 수 있는 장치

▌유속 측정

- 피토관(Pitot Tube) : 유체의 국부속도를 측정하는 장치

$u = k\sqrt{2gH}$

여기서, u : 유속[m/s]

$\quad\quad k$: 속도정수

$\quad\quad g$: 중력가속도(9.8[m/s^2])

$\quad\quad H$: 수두[m]

- 피토-정압관(Pitot-static Tube) : 동압을 이용하여 유속을 측정하는 장치

▌펌프의 성능

펌프 2대 연결 방법		직렬 연결	병렬 연결
성 능	유량(Q)	Q	$2Q$
	양정(H)	$2H$	H

▌펌프의 양정

- 흡입양정 : 흡입수면에서 펌프의 중심까지의 거리
- 토출양정 : 펌프의 중심에서 최상층의 송출 수면까지의 수직거리
- 실양정 : 흡입수면에서 최상층의 송출 수면까지의 수직거리(흡입양정 + 토출양정)
- 전양정 : 실양정 + 관부속품의 마찰손실수두 + 직관의 마찰손실수두

▌펌프의 동력

항 목 \ 종 류	수동력	축동력	전동력
공 식	$P[\text{kW}] = \gamma \cdot Q \cdot H$	$P[\text{kW}] = \dfrac{\gamma \cdot Q \cdot H}{\eta}$	$P[\text{kW}] = \dfrac{\gamma \cdot Q \cdot H}{\eta} \times K$
기호설명	γ : 물의 비중량(9.8[kN/m^3]) Q : 유량[m^3/s] H : 양정[m]	γ : 물의 비중량(9.8[kN/m^3]) Q : 유량[m^3/s] H : 양정[m] η : 펌프의 효율	γ : 물의 비중량(9.8[kN/m^3]) Q : 유량[m^3/s] H : 양정[m] η : 펌프의 효율 K : 여유율(전달계수)

▌ 펌프 관련 공식

- 펌프의 상사법칙

  - 유량 $Q_2 = Q_1 \times \dfrac{N_2}{N_1} \times \left(\dfrac{D_2}{D_1}\right)^3$

  - 양정 $H_2 = H_1 \times \left(\dfrac{N_2}{N_1}\right)^2 \times \left(\dfrac{D_2}{D_1}\right)^2$

  - 동력 $P_2 = P_1 \times \left(\dfrac{N_2}{N_1}\right)^3 \times \left(\dfrac{D_2}{D_1}\right)^5$

  여기서, N : 회전수[rpm]

              D : 내경[mm]

- 압축비

  $r = \sqrt[\varepsilon]{\dfrac{P_2}{P_1}}$

  여기서, ε : 단수, P_1 : 최초의 압력, P_2 : 최종의 압력

- 비교 회전도

  $N_S = \dfrac{N \cdot Q^{1/2}}{\left(\dfrac{H}{n}\right)^{3/4}}$

▌ 펌프에서 발생하는 현상

- 공동현상(Cavitation) : 펌프의 흡입 측 배관 내의 수온상승으로 물이 수증기로 변화하여 물이 펌프로 흡입되지 않는 현상

  - 발생원인

    ① 펌프의 마찰손실, 흡입 측 수두(양정), 회전수(임펠러속도)가 클 때

    ② 펌프의 흡입관경이 작을 때

    ③ 펌프의 설치위치가 수원보다 높을 때

    ④ 펌프의 흡입압력이 유체의 증기압보다 낮을 때

    ⑤ 유체가 고온일 때

  - 방지대책

    ① 펌프의 마찰손실, 흡입 측 수두(양정), 회전수(임펠러 속도)를 작게 할 것

    ② 펌프의 흡입관경이 크게 할 것

    ③ 펌프의 설치위치가 수원보다 낮게 할 것

    ④ 펌프의 흡입압력이 유체의 증기압보다 높게 할 것

    ⑤ 양흡입 펌프를 사용할 것

- 수격현상(Water Hammering) : 밸브를 차단할 때 유체가 감속되어 운동에너지가 압력에너지로 변하여 유체 내의 고압이 발생하여 압력변화를 가져와 벽면을 타격하는 현상
  - 발생원인
    - ① 펌프를 갑자기 정지시킬 때
    - ② 정상운전일 때 액체의 압력변동이 생길 때
    - ③ 밸브를 급히 개폐할 때
  - 방지대책
    - ① 관로 내의 관경을 크게 한다.
    - ② 관로 내의 유속을 낮게 한다.
    - ③ 압력강하의 경우 Fly Wheel을 설치한다.
    - ④ 수격방지기를 설치하여 적정압력을 유지한다.
    - ⑤ Air Chamber를 설치한다.
- 맥동현상(Surging) : 펌프의 입구 측의 진공계나 연성계와 토출 측의 압력계가 심하게 흔들려 유체가 일정하지 않은 현상
  - 발생원인
    - ① 펌프의 양정곡선($Q-H$)이 산모양의 곡선으로 상승부에서 운전하는 경우
    - ② 유량조절밸브가 수조의 후방에 위치할 때
    - ③ 배관 중에 외부와 접촉할 수 있는 공기탱크나 물탱크가 있을 때
    - ④ 흐르는 배관의 개폐밸브가 잠겨 있을 때
    - ⑤ 운전 중인 펌프를 정지시킬 때
  - 방지대책
    - ① 펌프 내의 양수량을 증가한다.
    - ② 임펠러의 회전수를 변화시킨다.
    - ③ 배관 내의 공기를 제거한다.
    - ④ 관로의 유속을 조절한다.
    - ⑤ 배관 내의 불필요한 수조를 제거한다.

제1장 │ 소방기본법, 영, 규칙

▌ 목 적

- 화재를 예방·경계·진압
- 화재, 재난·재해 구조·구급활동
- 국민의 생명·신체 및 재산 보호
- 공공의 안녕 질서 유지와 복리증진에 이바지

▌ 용어 정의

- 소방대상물 : 건축물, 차량, 선박(항구 안에 매어둔 선박), 선박 건조 구조물, 산림, 그 밖의 인공 구조물 또는 물건
- 관계인 : 소방대상물의 소유자·관리자 또는 점유자
- 소방대(消防隊) : 화재를 진압하고 화재, 재난·재해, 그 밖의 위급한 상황에서의 구조·구급활동 등을 하기 위하여 소방공무원, 의무소방원, 의용소방대원으로 구성된 조직체

▌ 종합상황실의 보고 발생사유

- 사망자 5인 이상, 사상자 10인 이상 발생한 화재
- 이재민이 100인 이상 발생한 화재
- 재산 피해액이 50억원 이상 발생한 화재

▌ 소방장비 등에 대한 국고보조 대상

- 소방활동장비 및 설비
  - 소방자동차
  - 소방헬리콥터 및 소방정
  - 소방전용통신설비 및 전산설비
  - 그 밖에 방화복 등 소방활동에 필요한 소방장비
- 소방관서용 청사의 건축

▌ 소방용수시설의 설치 및 관리

• 소화용수시설(소화전, 급수탑, 저수조)의 설치, 유지·관리 : 시·도지사
• 소방용수시설 설치기준
  - 소방대상물과의 수평거리
    ① 주거지역, 상업지역, 공업지역 : 100[m] 이하
    ② 그 밖의 지역 : 140[m] 이하
  - 소방용수시설별 설치기준
    ① 소화전의 설치기준 : 소화전의 연결금속구 구경은 65[mm]로 할 것
    ② 급수탑의 개폐밸브 : 지상에서 1.5[m] 이상 1.7[m] 이하
  - 저수조의 설치기준
    ① 지면으로부터의 낙차가 4.5[m] 이하일 것
    ② 흡수 부분의 수심이 0.5[m] 이상일 것
    ③ 흡수관의 투입구가 사각형의 경우에는 한 변의 길이가 60[cm] 이상, 원형의 경우에는 지름이 60[cm] 이상일 것

▌ 소방업무의 상호응원협정 사항

• 소방활동에 관한 사항
  - 화재의 경계·진압활동
  - 구조·구급업무의 지원
  - 화재조사활동
• 응원출동대상지역 및 규모
• 소요경비의 부담에 관한 사항
  - 출동대원의 수당·식사 및 의복의 수선
  - 소방장비 및 기구의 정비와 연료의 보급
  - 그 밖의 경비
• 응원출동의 요청방법
• 응원출동훈련 및 평가

▌ 소방신호

• 정의 : 화재예방, 소방활동 또는 소방훈련을 위하여 사용되는 신호
• 소방신호의 종류와 방법

신호 종류	발령 시기	사이렌 신호
경계신호	화재예방상 필요하다고 인정되거나 화재위험 경보 시 발령	5초 간격을 두고 30초씩 3회
발화신호	화재가 발생한 때 발령	5초 간격을 두고 5초씩 3회
해제신호	소화활동이 필요없다고 인정되는 때 발령	1분간 1회
훈련신호	훈련상 필요하다고 인정되는 때 발령	10초 간격을 두고 1분씩 3회

▐ 소방자동차 전용구역의 설치대상

- 아파트 중 세대수가 100세대 이상인 아파트
- 기숙사 중 3층 이상의 기숙사

▐ 소방활동구역

- 소방활동구역의 설정 및 출입제한권자 : 소방대장
- 소방활동구역의 출입자
  - 소방활동구역 안에 있는 소방대상물의 소유자·관리자 또는 점유자
  - 전기·가스·수도·통신·교통의 업무에 종사하는 사람으로서 원활한 소방활동을 위하여 필요한 사람
  - 의사·간호사, 그 밖의 구조·구급업무에 종사하는 사람
  - 취재인력 등 보도업무에 종사하는 사람
  - 수사업무에 종사하는 사람
  - 그 밖에 소방대장이 소방활동을 위하여 출입을 허가한 사람

▐ 벌 칙

- 5년 이하의 징역 또는 5천만원 이하의 벌금
  - 소방대가 화재진압·인명구조 또는 구급활동을 방해하는 행위를 한 사람
  - 소방자동차의 출동을 방해한 사람
  - 사람을 구출하는 일 또는 불을 끄거나 불이 번지지 않도록 하는 일을 방해한 사람
  - 정당한 사유 없이 소방용수시설 또는 비상소화장치를 사용하거나 소방용수시설 또는 비상소화장치의 효용을 해하거나 그 정당한 사용을 방해한 사람
- 3년 이하의 징역 또는 3천만원 이하의 벌금
  강제처분(사용제한) 규정에 따른 처분을 방해한 자 또는 정당한 사유 없이 그 처분에 따르지 않은 자
- 300만원 이하의 벌금
  강제처분(토지처분, 차량 또는 물건 이동, 제거)의 규정에 따른 처분을 방해한 사람 또는 정당한 사유 없이 그 처분에 따르지 않은 자
- 100만원 이하의 벌금
  - 정당한 사유없이 소방대의 생활안전활동을 방해한 자
  - 정당한 사유 없이 소방대가 현장에 도착할 때까지 사람을 구출하는 조치 또는 불을 끄거나 불이 번지지 않도록 하는 조치를 하지 않은 사람
- 500만원 이하의 과태료
  화재 또는 구조·구급이 필요한 상황을 거짓으로 알린 사람
- 20만원 이하의 과태료
  불을 피우거나 연막 소독을 실시한 자가 소방서장에게 신고를 하지 않아서 소방자동차를 출동하게 한 사람

제2장 ┃ 화재의 예방 및 안전관리에 관한 법률(화재예방법), 영, 규칙

▌용어 정의

- 예방 : 화재의 위험으로부터 사람의 생명·신체 및 재산을 보호하기 위하여 화재발생을 사전에 제거하거나 방지하기 위한 모든 활동
- 소방관서장 : 소방청장, 소방본부장 또는 소방서장
- 화재예방강화지구 : 특별시장·광역시장·특별자치시장·도지사 또는 특별자치도지사(이하 "시·도지사")가 화재발생 우려가 크거나 화재가 발생할 경우 피해가 클 것으로 예상되는 지역에 대하여 화재의 예방 및 안전관리를 강화하기 위해 지정·관리하는 지역

▌화재의 예방 및 안전관리의 기본계획 등의 수립·시행

- 화재의 예방 및 안전관리의 기본계획의 수립·시행권자 : 소방청장
- 기본계획 수립·시행시기 : 5년마다
- 기본계획, 시행계획 및 세부시행계획의 수립·시행에 필요한 사항 : 대통령령

▌화재안전조사

- 화재안전조사 실시권자 : 소방관서장(소방청장, 소방본부장, 소방서장)
- 화재안전조사 대상
  ① 자체점검이 불성실하거나 불완전하다고 인정되는 경우
  ② 화재예방강화지구 등 법령에서 화재안전조사를 하도록 규정되어 있는 경우
  ③ 화재예방안전진단이 불성실하거나 불완전하다고 인정되는 경우
  ④ 국가적 행사 등 주요 행사가 개최되는 장소 및 그 주변의 관계 지역에 대하여 소방안전관리 실태를 조사할 필요가 있는 경우
  ⑤ 화재가 자주 발생하였거나 발생할 우려가 뚜렷한 곳에 대한 조사가 필요한 경우
  ⑥ 재난예측정보, 기상예보 등을 분석한 결과 소방대상물에 화재의 발생 위험이 크다고 판단되는 경우
  ⑦ ①부터 ⑥까지에서 규정한 경우 외에 화재, 그 밖의 긴급한 상황이 발생할 경우 인명 또는 재산 피해의 우려가 현저하다고 판단되는 경우

▌화재안전조사의 방법, 절차 등

- 화재안전조사를 실시하려는 경우
  - 조사내용 : 조사대상, 조사기간, 조사사유
  - 통지방법 : 우편, 전화, 전자메일, 문자전송

- 화재안전조사의 방법 및 절차 등에 필요한 사항 : 대통령령
- 화재안전조사 연기신청
  - 연기신청 시기 : 화재안전조사 시작 3일 전까지
  - 제출처 : 소방관서장(소방청장, 소방본부장, 소방서장)
  - 승인여부 결정 : 제출받은 소방관서장은 3일 이내 승인여부 결정 통보

▌ 화재안전조사위원회의 위원

- 구 성
  - 위원 : 위원장 1명을 포함 7명 이내의 위원
  - 위원장 : 소방관서장
- 위원의 자격
  - 과장급 직위 이상의 소방공무원
  - 소방기술사
  - 소방시설관리사
  - 소방 관련 분야의 석사 이상 학위를 취득한 사람
  - 소방 관련 법인 또는 단체에서 소방 관련 업무에 5년 이상 종사한 사람
  - 소방공무원 교육훈련기관, 학교 또는 연구소에서 소방과 관련한 교육 또는 연구에 5년 이상 종사한 사람

▌ 화재예방조치 등

- 화재예방강화지구 및 이에 준하는 대통령령으로 정하는 장소에서의 금지행위
  - 모닥불, 흡연 등 화기의 취급
  - 풍등 등 소형열기구 날리기
  - 용접·용단 등 불꽃을 발생시키는 행위
  - 그 밖에 대통령령으로 정하는 화재 발생 위험이 있는 행위
- 옮긴 물건 등에 대한 보관기간 및 보관기간 경과 후 처리 등에 필요한 사항 : 대통령령
- 보일러, 난로, 건조설비, 가스·전기시설, 그 밖에 화재 발생 우려가 있는 대통령령으로 정하는 설비 또는 기구 등의 위치·구조 및 관리와 화재예방을 위하여 불을 사용할 때 지켜야 하는 사항 : 대통령령

▌ 화재예방조치의 명령

- 명령권자 : 소방관서장
- 옮긴 물건 등에 대한 보관기간 및 보관기간 경과 후 처리 등에 필요한 사항
  - 옮긴 물건 등을 보관하는 경우에는 그날부터 14일 동안 해당 소방관서의 인터넷 홈페이지에 그 사실을 공고해야 한다.
  - 옮긴 물건 등의 보관기간은 공고기간의 종료일 다음 날부터 7일까지로 한다.

▌특수가연물의 종류

품 명		수 량
면화류		200[kg] 이상
나무껍질 및 대팻밥		400[kg] 이상
넝마 및 종이부스러기		1,000[kg] 이상
사류(絲類)		1,000[kg] 이상
볏짚류		1,000[kg] 이상
가연성 고체류		3,000[kg] 이상
석탄·목탄류		10,000[kg] 이상
가연성 액체류		2[m^3] 이상
목재가공품 및 나무부스러기		10[m^3] 이상
고무류·플라스틱류	발포시킨 것	20[m^3] 이상
	그 밖의 것	3,000[kg] 이상

▌특수가연물의 저장기준

- 특수가연물을 쌓아 저장하는 경우(다만, 석탄·목탄류를 발전용으로 저장하는 경우에는 제외)
  - 품명별로 구분하여 쌓을 것
  - 특수가연물을 쌓아 저장하는 기준

구 분	살수설비를 설치하거나 방사능력 범위에 해당 특수가연물이 포함되도록 대형수동식소화기를 설치하는 경우	그 밖의 경우
높 이	15[m] 이하	10[m] 이하
쌓는 부분의 바닥면적	200[m^2] (석탄·목탄류의 경우에는 300[m^2]) 이하	50[m^2] (석탄·목탄류의 경우에는 200[m^2]) 이하

- 특수가연물을 저장·취급하는 장소의 표지내용 : 품명, 최대저장수량, 단위부피당 질량 또는 단위체적당 질량, 관리책임자 성명·직책, 연락처, 화기취급의 금지표지

▌화재예방강화지구 지정

- 지정권자 : 시·도지사
- 지정지구
  ① 시장지역
  ② 공장·창고가 밀집한 지역
  ③ 목조건물이 밀집한 지역
  ④ 노후·불량건축물이 밀집한 지역
  ⑤ 위험물의 저장 및 처리시설이 밀집한 지역
  ⑥ 석유화학제품을 생산하는 공장이 있는 지역

⑦ 산업입지 및 개발에 관한 법률에 따른 산업단지

⑧ 소방시설·소방용수시설 또는 소방출동로가 없는 지역

⑨ 물류시설의 개발 및 운영에 관한 법률에 따른 물류단지

⑩ 그 밖에 ①부터 ⑨까지에 준하는 지역으로서 소방관서장이 화재예방강화지구로 지정할 필요가 있다고 인정하는 지역

▌화재예방강화지구의 화재안전조사

• 조사권자 : 소방관서장

• 조사내용 : 소방대상물의 위치·구조 및 설비

• 조사횟수 : 연 1회 이상

▌소방안전관리자(소방안전관리보조자) 선임, 해임

• 선임권자 : 관계인

• 선임신고 : 선임한 날부터 14일 이내에 소방본부장 또는 소방서장에게 신고

• 재선임 : 30일 이내

• 소방안전관리자 선임신고 기준

 − 신축·증축·개축·재축·대수선 또는 용도변경으로 해당 특정소방대상물의 소방안전관리자를 신규로 선임해야 하는 경우 : 해당 특정소방대상물의 사용승인일(건축물의 경우에는 건축물을 사용할 수 있게 된 날)

 − 증축 또는 용도변경으로 인하여 특정소방대상물이 소방안전관리대상물로 된 경우 또는 특정소방대상물의 소방안전관리 등급이 변경된 경우 : 증축공사의 사용승인일 또는 용도변경 사실을 건축물관리대장에 기재한 날

 − 관리의 권원이 분리된 특정소방대상물의 경우 : 관리의 권원이 분리되거나 소방본부장 또는 소방서장이 관리의 권원을 조정한 날

 − 소방안전관리자의 해임, 퇴직 등으로 해당 소방안전관리자의 업무가 종료된 경우 : 소방안전관리자가 해임된 날, 퇴직한 날 등 근무를 종료한 날

▌선임된 소방안전관리자 정보의 게시

• 소방안전관리대상물의 명칭 및 등급

• 소방안전관리자의 성명 및 선임일자

• 소방안전관리자의 연락처

• 소방안전관리자의 근무 위치(화재수신기 또는 종합방재실을 말한다)

▌ 소방안전관리자 선임대상물

구 분	기 준
특급 소방안전관리대상물	• 50층 이상(지하층은 제외)이거나 지상으로부터 높이가 200[m] 이상인 아파트 • 30층 이상(지하층을 포함)이거나 지상으로부터 높이가 120[m] 이상인 특정소방대상물(아파트는 제외) • 연면적이 10만[m²] 이상인 특정소방대상물(아파트는 제외)
1급 소방안전관리대상물	• 30층 이상(지하층은 제외)이거나 지상으로부터 높이가 120[m] 이상인 아파트 • 연면적 15,000[m²] 이상인 특정소방대상물(아파트 및 연립주택은 제외) • 지상층의 층수가 11층 이상인 특정소방대상물(아파트는 제외) • 가연성 가스를 1,000[t] 이상 저장·취급하는 시설

▌ 특정소방대상물의 관계인과 소방안전관리대상물의 소방안전관리자 업무

업무 내용	소방안전 관리대상물	특정소방 대상물의 관계인	업무대행 기관의 업무
1. 피난계획에 관한 사항과 대통령령으로 정하는 사항이 포함된 소방계획서의 작성 및 시행	○	–	–
2. 자위소방대 및 초기대응체계의 구성, 운영 및 교육	○	–	–
3. 소방시설 설치 및 관리에 관한 법률에 따른 피난시설, 방화구획 및 방화시설의 관리	○	○	○
4. 소방시설이나 그 밖의 소방 관련 시설의 관리	○	○	○
5. 소방훈련 및 교육	○	–	–
6. 화기 취급의 감독	○	○	–
7. 행정안전부령으로 정하는 바에 따른 소방안전관리에 관한 업무수행에 관한 기록·유지(제3호·제4호 및 제6호의 업무)	○	–	–
8. 화재발생 시 초기대응	○	○	–
9. 그 밖에 소방안전관리에 필요한 업무	○	○	–

▌ 건설현장 소방안전관리대상물

• 신축·증축·개축·재축·이전·용도변경 또는 대수선을 하려는 부분의 연면적의 합계가 15,000[m²] 이상인 것
• 신축·증축·개축·재축·이전·용도변경 또는 대수선을 하려는 부분의 연면적이 5,000[m²] 이상인 것으로서 다음에 해당하는 것
  – 지하층의 층수가 2개층 이상인 것
  – 지상층의 층수가 11층 이상인 것
  – 냉동창고, 냉장창고 또는 냉동·냉장창고

▌ 화재예방안전진단 대상

- 공항시설 중 여객터미널의 연면적이 1,000[m^2] 이상인 공항시설
- 철도시설 중 역 시설의 연면적이 5,000[m^2] 이상인 철도시설
- 도시철도시설 중 역사 및 역 시설의 연면적이 5,000[m^2] 이상인 도시철도시설
- 항만시설 중 여객이용시설 및 지원시설의 연면적이 5,000[m^2] 이상인 항만시설
- 전력용 및 통신용 지하구 중 공동구
- 연면적이 5,000[m^2] 이상인 발전소

▌ 벌 칙

- 3년 이하의 징역 또는 3천만원 이하의 벌금
  - 화재안전조사 결과에 따른 조치명령을 정당한 사유 없이 위반한 자
  - 소방안전관리자(소방안전관리보조자)의 선임명령을 정당한 사유 없이 위반한 자
- 1년 이하의 징역 또는 1천만원 이하의 벌금
  - 소방안전관리자 자격증을 다른 사람에게 빌려주거나 빌리거나 이를 알선한 자
  - 화재예방안전진단기관(이하 "진단기관")으로부터 화재예방안전진단을 받지 않은 자
- 300만원 이하의 벌금
  - 소방안전관리자, 총괄소방안전관리자 또는 소방안전관리보조자를 선임하지 않은 자
  - 소방안전관리자에게 불이익한 처우를 한 관계인

제3장 | 소방시설 설치 및 관리에 관한 법률(소방시설법), 영, 규칙

▌용어 정의

- 무창층 : 지상층 중 다음 요건을 갖춘 개구부(건축물에서 채광·환기·통풍 또는 출입 등을 위하여 만든 창·출입구, 그 밖에 이와 비슷한 것)의 면적의 합계가 해당 층의 바닥면적의 1/30 이하가 되는 층
  - 크기는 지름 50[cm] 이상의 원이 통과할 수 있을 것
  - 해당 층의 바닥면으로부터 개구부 밑부분까지의 높이가 1.2[m] 이내일 것
  - 도로 또는 차량이 진입할 수 있는 빈터를 향할 것
  - 화재 시 건축물로부터 쉽게 피난할 수 있도록 창살이나 그 밖의 장애물이 설치되지 않을 것
  - 내부 또는 외부에서 쉽게 부수거나 열 수 있을 것
- 피난층 : 곧바로 지상으로 갈 수 있는 출입구가 있는 층

▌물분무 등 소화설비(9종류)

물분무소화설비, 미분무소화설비, 포소화설비, 이산화탄소소화설비, 할론소화설비, 할로겐화합물 및 불활성기체소화설비, 분말소화설비, 강화액소화설비, 고체에어로졸소화설비

▌소화활동설비

- 제연설비
- 연결송수관설비
- 연결살수설비
- 비상콘센트설비
- 무선통신보조설비
- 연소방지설비

▌특정소방대상물의 구분

- 근린생활시설
  - 슈퍼마켓과 일용품 등의 소매점으로 바닥면적의 합계가 1,000[m^2] 미만인 것
  - 휴게음식점, 제과점, 일반음식점, 기원, 노래연습장 및 단란주점(바닥면적의 합계가 150[m^2] 미만인 것에 한함)
  - 의원, 치과의원, 한의원, 침술원, 접골원, 조산원, 산후조리원, 안마원(안마시술소 포함)
- 문화 및 집회시설
  - 집회장 : 예식장, 공회당, 회의장, 마권장 외 발매소, 마권 전화투표소로서 근린생활시설에 해당되지 않는 것

– 관람장 : 경마장, 경륜장, 경정장, 자동차 경기장, 체육관 및 운동장으로 관람석의 바닥면적의 합계가 1,000[m²] 이상인 것

– 전시장 : 박물관, 미술관, 과학관, 문화관, 체험관, 기념관, 산업전시장, 박람회장, 견본주택

• 의료시설

– 병원 : 종합병원, 병원, 치과병원, 한방병원, 요양병원

– 격리병원 : 전염병원, 마약진료소

– 정신의료기관

– 장애인 의료재활시설

• 노유자시설

– 노인 관련 시설 : 노인주거복지시설, 노인의료복지시설, 노인여가복지시설, 재가노인복지시설(재가장기요양기관을 포함), 노인보호전문기관, 노인일자리지원기관, 학대피해노인 전용쉼터

– 아동 관련 시설 : 아동복지시설, 어린이집, 유치원(병설유치원은 포함)

• 업무시설

– 공공업무시설 : 국가 또는 지방자치단체의 청사와 외국공관의 건축물로서 근린생활시설에 해당하지 않는 것

– 일반업무시설 : 금융업소, 사무소, 신문사, 오피스텔로서 근린생활시설에 해당하지 않는 것

– 주민자치센터(동사무소), 경찰서, 지구대, 파출소, 소방서, 119안전센터, 우체국, 보건소, 공공도서관, 국민건강보험공단

▌ 건축허가 등의 동의

• 건축허가 등의 동의권자 : 시공지 또는 소재지 관할 소방본부장 또는 소방서장

• 건축허가 등의 동의대상물의 범위

– 연면적이 400[m²] 이상인 건축물

① 학교시설 : 100[m²] 이상

② 노유자시설 및 수련시설 : 200[m²] 이상

③ 정신의료기관(입원실이 없는 정신건강의학과 의원은 제외) : 300[m²] 이상

④ 장애인 의료재활시설 : 300[m²] 이상

– 지하층 또는 무창층이 있는 건축물로서 바닥면적이 150[m²](공연장의 경우에는 100[m²]) 이상인 층이 있는 것

– 차고·주차장으로 사용되는 바닥면적이 200[m²] 이상인 층이 있는 건축물이나 주차시설

– 승강기 등 기계장치에 의한 주차시설로서 자동차 20대 이상을 주차할 수 있는 시설

• 건축허가 등의 동의 여부에 대한 회신

– 접수한 날로부터 : 5일 이내

– 특급 소방안전관리대상물 : 10일 이내

– 동의요구서 및 첨부서류 보완기간 : 4일 이내

▌ 내진설계의 소방시설

- 옥내소화전설비
- 스프링클러설비
- 물분무 등 소화설비

▌ 성능위주설계를 해야 하는 특정소방대상물의 범위

- 연면적 20만[m^2] 이상인 특정소방대상물(아파트 등은 제외)
- 50층 이상(지하층은 제외)이거나 지상으로부터 높이가 200[m] 이상인 아파트 등
- 30층 이상(지하층을 포함)이거나 지상으로부터 높이가 120[m] 이상인 특정소방대상물(아파트 등은 제외)
- 연면적 3만[m^2] 이상인 철도 및 도시철도시설, 공항시설
- 창고시설 중 연면적 10만[m^2] 이상인 것 또는 지하층의 층수가 2개 층 이상이고 지하층의 바닥면적의 합계가 3만[m^2] 이상인 것
- 하나의 건축물에 영화상영관이 10개 이상인 특정소방대상물

▌ 소화기구

연면적 33[m^2] 이상, 가스시설, 전기저장시설, 문화재, 터널, 지하구

▌ 주거용 주방자동소화장치

아파트 등 및 오피스텔의 모든 층

▌ 옥내소화전설비

- 연면적이 3,000[m^2] 이상, 지하층·무창층(축사 제외) 또는 층수가 4층 이상인 것 중 바닥면적이 600[m^2] 이상
- 지하가 중 터널의 경우 길이가 1,000[m] 이상

▌ 스프링클러설비

- 층수가 6층 이상인 경우는 모든 층
- 지하가(터널 제외)로서 연면적이 1,000[m^2] 이상
- 조산원, 산후조리원, 정신의료기관, 종합병원, 병원, 치과병원, 한방병원 및 요양병원, 노유자시설, 숙박이 가능한 수련시설, 숙박시설로 바닥면적의 합계가 600[m^2] 이상

▌ 간이스프링클러설비

- 공동주택 중 연립주택 및 다세대주택
- 근린생활시설로 사용하는 바닥면적의 합계가 1,000[m²] 이상인 것은 모든 층
- 근린생활시설 중 의원, 치과의원 및 한의원으로서 입원실이 있는 시설
- 조산원 및 산후조리원으로서 연면적 600[m²] 미만인 시설
- 복합건축물로서 연면적 1,000[m²] 이상인 것은 모든 층

▌ 물분무 등 소화설비

- 항공기 및 항공기 격납고
- 건축물의 내부에 설치된 차고·주차장으로서 차고 또는 주차의 용도로 사용되는 바닥면적의 합계가 200[m²] 이상
- 전기실, 발전실, 변전실, 축전지실, 통신기기실, 전산실로서 바닥면적이 300[m²] 이상

▌ 단독경보형감지기

- 교육연구시설 또는 수련시설 내에 있는 기숙사 또는 합숙소로서 연면적 2,000[m²] 미만
- 연면적 400[m²] 미만의 유치원
- 공동주택 중 연립주택 및 다세대주택

▌ 자동화재탐지설비

- 공동주택 중 아파트 등·기숙사 및 숙박시설의 경우에는 모든 층
- 층수가 6층 이상인 건축물의 경우에는 모든 층
- 근린생활시설(목욕장은 제외), 의료시설(정신의료기관 또는 요양병원은 제외), 위락시설, 장례시설 및 복합건축물로서 연면적 600[m²] 이상
- 노유자 생활시설의 경우에는 모든 층
- 판매시설 중 전통시장

▌ 자동화재속보설비

방재실 등 화재수신기가 설치된 장소에 24시간 화재를 감시할 수 있는 사람이 근무하고 있는 경우에는 자동화재속보설비를 설치하지 않을 수 있다.

- 노유자 생활시설
- 노유자시설로서 바닥면적이 500[m²] 이상인 층이 있는 것
- 수련시설(숙박시설이 있는 것만 해당)로서 바닥면적 500[m²] 이상

- 보물 또는 국보로 지정된 목조건축물
- 근린생활시설 중 의원, 치과의원 및 한의원으로서 입원실이 있는 시설, 조산원 및 산후조리원
- 판매시설 중 전통시장

▌ 피난구조설비

- 피난기구 : 피난층, 지상 1층, 지상 2층(노유자시설 중 피난층이 아닌 지상 1층과 지상 2층은 제외), 층수가 11층 이상인 층과 가스시설, 터널, 지하구를 제외한 특정대상물의 모든 층
- 공기호흡기의 설치대상
  - 수용인원 100명 이상의 문화 및 집회시설 중 영화상영관
  - 판매시설 중 대규모점포
  - 운수시설 중 지하역사
  - 지하가 중 지하상가
  - 이산화탄소소화설비를 설치해야 하는 특정소방대상물

▌ 소화활동설비

- 제연설비
  - 문화 및 집회시설, 종교시설, 운동시설 중 무대부의 바닥면적이 200[m^2] 이상인 경우에는 해당 무대부
  - 지하가(터널 제외)로서 연면적이 1,000[m^2] 이상인 것
- 연결송수관설비
  - 층수가 5층 이상으로서 연면적 6,000[m^2] 이상
  - 지하층을 포함한 층수가 7층 이상인 경우에는 모든 층
  - 터널의 길이가 1,000[m] 이상
- 연결살수설비
  - 판매시설, 운수시설, 창고시설 중 물류터미널로서 바닥면적의 합계가 1,000[m^2] 이상
  - 지하층으로서 바닥면적의 합계가 150[m^2] 이상[국민주택 규모 이하의 아파트(대피시설 사용하는 것만 해당)]의 지하층과 학교의 지하층은 700[m^2] 이상

▌ 소급적용대상

- 다음 소방시설 중 대통령령 또는 화재안전기준으로 정하는 것
  - 소화기구
  - 비상경보설비
  - 자동화재탐지설비
  - 자동화재속보설비
  - 피난구조설비

- 다음 소방시설 중 대통령령 또는 화재안전기준으로 정하는 것
  - 공동구 : 소화기, 자동소화장치, 자동화재탐지설비, 통합감시시설, 유도등 및 연소방지설비
  - 전력 또는 통신사업용 지하구 : 소화기, 자동소화장치, 자동화재탐지설비, 통합감시시설, 유도등 및 연소방지설비
  - 노유자시설 : 간이스프링클러설비, 자동화재탐지설비, 단독경보형감지기
  - 의료시설 : 스프링클러설비, 간이스프링클러설비, 자동화재탐지설비, 자동화재속보설비

▌ 소방시설을 설치하지 않을 수 있는 특정소방대상물 및 소방시설의 범위

구 분	특정소방대상물	설치하지 않을 수 있는 소방시설
화재 위험도가 낮은 특정소방대상물	석재, 불연성금속, 불연성 건축재료 등의 가공공장·기계 조립공장 또는 불연성 물품을 저장하는 창고	옥외소화전 및 연결살수설비
화재안전기준을 달리 적용해야 하는 특수한 용도 또는 구조를 가진 특정소방대상물	원자력발전소, 중·저준위 방사성폐기물의 저장시설	연결송수관설비 및 연결살수설비

▌ 숙박시설의 수용인원 산정방법

- 침대가 있는 숙박시설 : 종사자수 + 침대의 수(2인용 침대는 2인으로 산정)
- 침대가 없는 숙박시설 : 종사자수 + (숙박시설 바닥면적의 합계 ÷ 3$[m^2]$)

▌ 중앙소방기술심의위원회 심의사항

- 화재안전기준에 관한 사항
- 소방시설의 구조 및 원리 등에서 공법이 특수한 설계 및 시공에 관한 사항
- 소방시설의 설계 및 공사감리의 방법에 관한 사항
- 소방시설공사의 하자를 판단하는 기준에 관한 사항
- 신기술·신공법 등 검토·평가에 고도의 기술이 필요한 경우로서 중앙위원회에 심의를 요청한 사항
- 그 밖에 소방기술 등에 관하여 대통령령으로 정하는 사항

▌ 방염성능기준 이상의 실내장식물 등을 설치해야 하는 특정소방대상물

- 근린생활시설 중 의원, 조산원, 산후조리원, 체력단련장, 공연장 및 종교집회장
- 건축물의 옥내에 있는 시설로서 다음의 시설
  - 문화 및 집회시설
  - 종교시설
  - 운동시설(수영장은 제외)
- 의료시설, 교육연구시설 중 합숙소, 노유자시설, 숙박이 가능한 수련시설, 숙박시설, 방송국 및 촬영소, 다중이용업소
- 층수가 11층 이상인 것(아파트 등은 제외)

■ 방염처리대상 물품(제조 또는 가공 공정에서 방염처리를 한 물품)

- 창문에 설치하는 커튼류(블라인드 포함)
- 카 펫
- 두께가 2[mm] 미만인 벽지류(종이벽지는 제외)
- 전시용 합판·목재 또는 섬유판, 무대용 합판·목재 또는 섬유판
- 암막·무대막(영화상영관에 설치하는 스크린과 가상체험체육시설장업에 설치하는 스크린 포함)
- 섬유류 또는 합성수지류 등을 원료로 하여 제작된 소파·의자

■ 방염성능기준

- 버너의 불꽃을 제거한 때부터 불꽃을 올리며 연소하는 상태가 그칠 때까지 시간 : 20초 이내(잔염시간)
- 버너의 불꽃을 제거한 때부터 불꽃을 올리지 않고 연소하는 상태가 그칠 때까지 시간 : 30초 이내(잔신시간)
- 탄화면적 : 50[cm^2] 이내, 탄화길이 : 20[cm] 이내
- 불꽃에 의하여 완전히 녹을 때까지 불꽃의 접촉 횟수 : 3회 이상

■ 종합점검 대상

- 해당 특정소방대상물의 소방시설 등이 신설된 경우(최초점검)
- 스프링클러설비가 설치된 특정소방대상물
- 물분무 등 소화설비(호스릴방식의 물분무 등 소화설비만을 설치한 경우는 제외)가 설치된 연면적 5,000[m^2] 이상인 특정소방대상물(위험물제조소 등을 제외)
- 단란주점영업과 유흥주점영업, 영화상영관, 비디오물감상실업, 복합영상물제공업(비디오물소극장업은 제외), 노래연습장업, 산후조리원업, 고시원업, 안마시술소의 다중이용업의 영업장이 설치된 특정소방대상물로서 연면적이 2,000[m^2] 이상인 것
- 제연설비가 설치된 터널
- 공공기관으로 연면적이 1,000[m^2] 이상인 것으로서 옥내소화전설비 또는 자동화재탐지설비가 설치된 것

■ 소방시설관리업의 등록

- 소방시설관리업의 등록 및 등록사항의 변경신고 : 시·도지사
- 등록사항의 변경신고 : 변경일로부터 30일 이내
- 소방시설관리업의 지위승계 : 지위를 승계한 날부터 30일 이내에 시·도지사에게 신고

▌ 형식승인 소방용품

- 소화설비를 구성하는 제품 또는 기기
  - 소화기구(소화약제 외의 것을 이용한 간이소화용구는 제외)
  - 자동소화장치
  - 소화설비를 구성하는 소화전, 관창, 소방호스, 스프링클러헤드, 기동용 수압개폐장치, 유수제어밸브 및 가스관선택밸브
- 경보설비를 구성하는 제품 또는 기기
  - 누전경보기 및 가스누설경보기
  - 경보설비를 구성하는 발신기, 수신기, 중계기, 감지기 및 음향장치(경종만 해당)
- 피난구조설비를 구성하는 제품 또는 기기
  - 피난사다리, 구조대, 완강기(지지대 포함), 간이완강기(지지대 포함)
  - 공기호흡기(충전기를 포함)
  - 피난구유도등, 통로유도등, 객석유도등 및 예비전원이 내장된 비상조명등
- 소화용으로 사용하는 제품 또는 기기
  - 소화약제
    ① 상업용 주방자동소화장치
    ② 캐비닛형 자동소화장치
    ③ 포소화설비
    ④ 이산화탄소소화설비
    ⑤ 할론소화설비
    ⑥ 할로겐화합물 및 불활성기체소화설비
    ⑦ 분말소화설비
    ⑧ 강화액소화설비
    ⑨ 고체에어로졸소화설비
  - 방염제(방염액·방염도료 및 방염성 물질)

▌ 소방용품의 내용연수

- 내용연수를 설정해야 하는 소방용품 : 분말 형태의 소화약제를 사용하는 소화기
- 내용연수 : 10년

▌ 벌 칙

- 5년 이하의 징역 또는 5,000만원 이하의 벌금

  소방시설에 폐쇄·차단 등의 행위를 한 자

- 7년 이하의 징역 또는 7,000만원 이하의 벌금

  소방시설을 폐쇄·차단하여 사람을 상해에 이르게 한 때

- 10년 이하의 징역 또는 1억원 이하의 벌금

  소방시설을 폐쇄·차단하여 사람을 사망에 이르게 한 때

- 3년 이하의 징역 또는 3,000만원 이하의 벌금

  - 관리업의 등록을 하지 않고 영업을 한 자

  - 소방용품의 형식승인을 받지 않고 소방용품을 제조하거나 수입한 자

  - 소방용품의 제품검사를 받지 않은 자

- 1년 이하의 징역 또는 1,000만원 이하의 벌금

  - 소방시설 등에 대하여 스스로 점검을 하지 않거나 관리업자 등으로 하여금 정기적으로 점검하게 하지 않은 자

  - 소방시설관리사증을 다른 자에게 빌려주거나 빌리거나 이를 알선한 자

  - 동시에 둘 이상의 업체에 취업한 자

  - 관리업의 등록증이나 등록수첩을 다른 자에게 빌려주거나 빌리거나 이를 알선한 자

- 300만원 이하의 과태료

  - 방염대상물품을 방염성능기준 이상으로 설치하지 않은 자

  - 관계인에게 점검 결과를 제출하지 않은 관리업자 등

  - 점검 결과를 보고하지 않거나 거짓으로 보고한 자

제4장 │ 소방시설공사업법(공사업법), 영, 규칙

▌ 용어 정의

- 소방시설업 : 소방시설설계업, 소방시설공사업, 소방공사감리업, 방염처리업
- 소방시설설계업 : 소방시설공사에 기본이 되는 공사계획, 설계도면, 설계 설명서, 기술계산서 및 이와 관련된 서류를 작성(이하 "설계")하는 영업

▌ 소방시설업

- 소방시설업의 등록 : 시·도지사(특별시장, 광역시장, 특별자치시장, 도지사 또는 특별자치도지사)
  ※ 등록요건 : 자본금(개인인 경우에는 자산평가액), 기술인력
- 소방시설업의 등록신청 첨부서류가 내용이 명확하지 않는 경우 서류 보완기간 : 10일 이내

▌ 변경신고 등

- 등록사항 변경신고 : 중요사항을 변경할 때에는 30일 이내에 시·도지사에게 신고
- 지위승계 시 : 상속일, 양수일 또는 합병일로부터 30일 이내에 시·도지사에게 신고

▌ 등록취소 및 영업정지

- 등록취소 및 영업정지 처분 : 시·도지사
- 등록의 취소와 시정이나 6개월 이내의 영업정지
  - 거짓이나 그 밖의 부정한 방법으로 등록한 경우(등록취소)
  - 등록기준에 미달하게 된 후 30일이 경과한 경우
  - 등록 결격사유에 해당하게 된 경우(등록취소)
  - 등록을 한 후 정당한 사유 없이 1년이 지날 때까지 영업을 시작하지 않거나 계속하여 1년 이상 휴업한 때
  - 영업정지 기간 중에 소방시설공사 등을 한 경우(등록취소)
  - 소속 감리원을 공사현장에 배치하지 않거나 거짓으로 한 경우
  - 동일인이 시공과 감리를 함께 한 경우

▌ 과징금 처분

- 과징금 처분권자 : 시·도지사
- 영업정지가 그 이용자에게 심한 불편을 주거나 그 밖에 공익을 해칠 우려가 있는 때에는 영업정지 처분에 갈음하여 부과되는 과징금 : 2억원 이하

▌ 소방시설설계업

업종별 \ 항목		기술인력	영업범위
전문 소방시설 설계업		• 주된 기술인력 : 소방기술사 1명 이상 • 보조기술인력 : 1명 이상	모든 특정소방대상물에 설치되는 소방시설의 설계
일반 소방시설 설계업	기계분야	• 주된 기술인력 : 소방기술사 또는 기계분야 소방설비기사 1명 이상 • 보조기술인력 : 1명 이상	• 아파트에 설치되는 기계분야 소방시설(제연설비는 제외)의 설계 • 연면적 3만[m^2](공장의 경우에는 1만[m^2]) 미만의 특정소방대상물(제연설비가 설치되는 특정소방대상물을 제외)에 설치되는 기계분야 소방시설의 설계 • 위험물제조소 등에 설치되는 기계분야 소방시설의 설계
	전기분야	• 주된 기술인력 : 소방기술사 또는 전기분야 소방설비기사 1명 이상 • 보조기술인력 : 1명 이상	• 아파트에 설치되는 전기분야 소방시설의 설계 • 연면적 3만[m^2](공장의 경우에는 1만[m^2]) 미만의 특정소방대상물에 설치되는 전기분야 소방시설의 설계 • 위험물제조소 등에 설치되는 전기분야 소방시설의 설계

▌ 소방시설공사업

업종별 \ 항목		기술인력	자본금(자산평가액)	영업범위
전문 소방시설 공사업		• 주된 기술인력 : 소방기술사 또는 기계분야와 전기분야의 소방설비기사 각 1명(기계·전기분야의 자격을 함께 취득한 사람 1명) 이상 • 보조기술인력 : 2명 이상	• 법인 : 자본금 1억원 이상 • 개인 : 자산평가액 1억원 이상	특정소방대상물에 설치되는 기계분야 및 전기분야의 소방시설의 공사·개설·이전 및 정비
일반 소방시설 공사업	기계분야	• 주된 기술인력 : 소방기술사 또는 기계분야 소방설비기사 1명 이상 • 보조기술인력 : 1명 이상	• 법인 : 자본금 1억원 이상 • 개인 : 자산평가액 1억원 이상	• 연면적 10,000[m^2] 미만의 특정소방대상물에 설치되는 기계분야 소방시설의 공사·개설·이전 및 정비 • 위험물제조소 등에 설치되는 기계분야 소방시설의 공사·개설·이전 및 정비
	전기분야	• 주된 기술인력 : 소방기술사 또는 전기분야 소방설비기사 1명 이상 • 보조기술인력 : 1명 이상	• 법인 : 자본금 1억원 이상 • 개인 : 자산평가액 1억원 이상	• 연면적 10,000[m^2] 미만의 특정소방대상물에 설치되는 전기분야 소방시설의 공사·개설·이전 및 정비 • 위험물제조소 등에 설치되는 전기분야 소방시설의 공사·개설·이전 및 정비

▌완공검사를 위한 현장확인 대상 특정소방대상물

- 문화 및 집회시설, 종교시설, 판매시설, 노유자시설, 수련시설, 운동시설, 숙박시설, 창고시설, 지하상가, 다중이용업소
- 다음의 어느 하나에 해당하는 설비가 설치되는 특정소방대상물
  - 스프링클러설비 등
  - 물분무 등 소화설비(호스릴 방식의 소화설비는 제외)
- 연면적 10,000[m²] 이상이거나 11층 이상인 특정소방대상물(아파트는 제외)
- 가연성 가스를 제조·저장 또는 취급하는 시설 중 지상에 노출된 가연성 가스탱크의 저장용량의 합계가 1,000[t] 이상인 시설

▌공사의 하자보수

- 관계인은 규정에 따른 기간 내에 소방시설의 하자가 발생한 때에는 공사업자에게 그 사실을 알려야 하며, 통보를 받은 공사업자는 3일 이내에 이를 보수하거나 보수 일정을 기록한 하자 보수계획을 관계인에게 서면으로 알려야 한다.
- 하자보수 보증기간
  - 2년 : 피난기구, 유도등, 유도표지, 비상경보설비, 비상조명등, 비상방송설비 및 무선통신보조설비
  - 3년 : 자동소화장치, 옥내소화전설비, 스프링클러설비, 간이스프링클러설비, 물분무 등 소화설비, 옥외소화전설비, 자동화재탐지설비, 상수도소화용수설비 및 소화활동설비(무선통신보조설비는 제외)

▌소방공사감리의 종류 및 대상

- 상주공사감리
  - 연면적 3만[m²] 이상의 특정소방대상물(아파트는 제외)에 대한 소방시설의 공사
  - 지하층을 포함한 층수가 16층 이상으로서 500세대 이상인 아파트에 대한 소방시설의 공사
- 일반공사감리 : 상주공사감리에 해당하지 않은 소방시설의 공사

▌소방공사감리원의 배치기준

감리원의 배치기준		소방시설공사 현장의 기준
책임감리원	보조감리원	
행정안전부령으로 정하는 특급감리원 중 소방기술사	행정안전부령으로 정하는 초급감리원 이상의 소방공사감리원(기계분야 및 전기분야)	• 연면적 20만[m²] 이상인 특정소방대상물의 공사 현장 • 지하층을 포함한 층수가 40층 이상인 특정소방대상물의 공사 현장
행정안전부령으로 정하는 특급감리원 이상의 소방공사감리원(기계분야 및 전기분야)	행정안전부령으로 정하는 초급감리원 이상의 소방공사감리원(기계분야 및 전기분야)	• 연면적 3만[m²] 이상 20만[m²] 미만인 특정소방대상물(아파트는 제외)의 공사 현장 • 지하층을 포함한 층수가 16층 이상 40층 미만인 특정소방대상물의 공사 현장
행정안전부령으로 정하는 고급감리원 이상의 소방공사감리원(기계분야 및 전기분야)	행정안전부령으로 정하는 초급감리원 이상의 소방공사감리원(기계분야 및 전기분야)	• 물분무 등 소화설비(호스릴 방식의 소화설비는 제외) 또는 제연설비가 설치되는 특정소방대상물의 공사 현장 • 연면적 3만[m²] 이상 20만[m²] 미만인 아파트의 공사 현장
행정안전부령으로 정하는 중급감리원 이상의 소방공사감리원(기계분야 및 전기분야)		연면적 5천[m²] 이상 3만[m²] 미만인 특정소방대상물의 공사 현장
행정안전부령으로 정하는 초급감리원 이상의 소방공사감리원(기계분야 및 전기분야)		• 연면적 5천[m²] 미만인 특정소방대상물의 공사 현장 • 지하구의 공사 현장

▌도급계약의 해지 사유

• 소방시설업이 등록취소되거나 영업정지된 경우

• 소방시설업을 휴업하거나 폐업한 경우

• 정당한 사유 없이 30일 이상 소방시설공사를 계속하지 않은 경우

• 하도급의 통지를 받은 경우 그 하수급인이 적당하지 않다고 인정되어 하수급인의 변경을 요구하였으나 정당한 사유 없이 따르지 않은 경우

▌벌 칙

• 3년 이하의 징역 또는 3,000만원 이하의 벌금

  – 소방시설업의 등록을 하지 않고 영업을 한 자

  – 부정한 청탁을 받고 재물 또는 재산상의 이익을 취득하거나 부정한 청탁을 하면서 재물 또는 재산상의 이익을 제공한 자

• 1년 이하의 징역 또는 1,000만원 이하의 벌금

  – 영업정지처분을 받고 그 영업정지기간에 영업을 한 자

  – 감리업자의 업무규정을 위반하여 감리를 하거나 거짓으로 감리한 자

  – 감리업자가 공사감리자를 지정하지 않은 자

  – 공사감리 결과의 통보 또는 공사감리 결과보고서의 제출을 거짓으로 한 자

  – 도급받은 소방시설의 설계, 시공, 감리를 하도급한 자

  – 하도급받은 소방시설공사를 다시 하도급한 자

- 300만원 이하의 벌금
  - 다른 자에게 자기의 성명이나 상호를 사용하여 소방시설공사 등을 수급 또는 시공하게 하거나 소방시설업의 등록증이나 등록수첩을 빌려준 자
  - 소방시설공사 현장에 감리원을 배치하지 않은 자
  - 소방시설공사를 다른 업종의 공사와 분리하여 도급하지 않은 자
  - 자격수첩 또는 경력수첩을 빌려준 사람
  - 소방기술자가 동시에 둘 이상의 업체에 취업한 사람
- 100만원 이하의 벌금
  - 소방시설업자 및 관계인의 보고 및 자료제출, 관계서류 검사 또는 질문 등 위반하여 보고 또는 자료제출을 하지 않거나 거짓으로 한 자
  - 소방시설업자 및 관계인의 보고 및 자료제출, 관계서류 검사 또는 질문 등 규정을 위반하여 정당한 사유 없이 관계 공무원의 출입 또는 검사·조사를 거부·방해 또는 기피한 자

제5장 ┃ 위험물안전관리법(위험물관리법), 영, 규칙

▌ 용어 정의

- 위험물 : 인화성 또는 발화성 등의 성질을 가지는 것으로서 대통령령이 정하는 물품
- 제조소 등 : 제조소, 저장소, 취급소(일반취급소, 판매취급소, 이송취급소, 주유취급소)

▌ 위험물 및 지정수량

위험물				지정수량
유 별	성 질	품 명		
제4류	인화성 액체	특수인화물		50[L]
		제1석유류(아세톤, 휘발유 등)	비수용성 액체	200[L]
			수용성 액체	400[L]
		알코올류(탄소원자의 수가 1~3개)		400[L]
		제2석유류(등유, 경유 등)	비수용성 액체	1,000[L]
			수용성 액체	2,000[L]
		제3석유류(중유, 크레오소트유 등)	비수용성 액체	2,000[L]
			수용성 액체	4,000[L]
		제4석유류(기어유, 실린더유 등)		6,000[L]
		동식물유류		10,000[L]

▌ 위험물시설의 설치 및 변경 등

- 제조소 등을 설치·변경 시 허가권자 : 시·도지사
- 위험물의 품명·수량 또는 지정수량의 배수 변경 시 : 변경하고자 하는 날의 1일 전까지 시·도지사에게 신고
- 지정수량 미만인 위험물 저장 또는 취급 : 시·도의 조례
- 허가를 받지 않고 신고를 하지 않고 제조소 등을 설치 또는 변경할 수 있는 경우
  - 주택의 난방시설(공동주택의 중앙난방시설을 제외)을 위한 저장소 또는 취급소
  - 농예용·축산용 또는 수산용으로 필요한 난방시설 또는 건조시설을 위한 지정수량 20배 이하의 저장소

▌ 완공검사

- 완공검사권자 : 시·도지사(소방본부장 또는 소방서장에게 위임)
- 제조소 등의 완공검사 신청시기
  - 지하탱크가 있는 제조소 등의 경우 : 해당 지하탱크를 매설하기 전
  - 이동탱크저장소의 경우 : 이동저장탱크를 완공하고 상치설치장소(이하 "상치장소")를 확보한 후
  - 이송취급소의 경우 : 이송배관 공사의 전체 또는 일부를 완료한 후
  - 전체 공사가 완료된 후에는 완공검사를 실시하기 곤란한 경우
    ① 위험물설비 또는 배관의 설치가 완료되어 기밀시험 또는 내압시험을 실시하는 시기
    ② 배관을 지하에 설치하는 경우에는 시·도지사, 소방서장 또는 기술원이 지정하는 부분을 매몰하기 직전
    ③ 기술원이 지정하는 부분의 비파괴시험을 실시하는 시기
  - 제조소 등의 경우 : 제조소 등의 공사를 완료한 후

▌ 제조소 등 설치자의 지위승계

제조소 등의 설치자의 지위를 승계한 자는 승계한 날부터 30일 이내에 시·도지사에게 신고

▌ 제조소 등의 용도 폐지신고

제조소 등의 용도를 폐지한 때에는 용도를 폐지한 날부터 14일 이내에 시·도지사에게 신고

▌ 제조소 등의 과징금 처분

- 과징금 처분권자 : 시·도지사
- 과징금 부과금액 : 2억원 이하

▌ 위험물안전관리자

- 선임 : 관계인
- 안전관리자 해임, 퇴직 시 : 해임하거나 퇴직한 날부터 30일 이내에 안전관리자 재선임
- 안전관리자 선임 시 : 14일 이내에 소방본부장, 소방서장에게 신고
- 안전관리자 직무 미시행·미선임 시 업무 : 위험물의 취급에 관한 자격취득자 또는 대리자

▌ 탱크안전성능시험자

- 등록 : 시·도지사
- 갖추어야 할 사항 : 기술능력, 시설, 장비

▌예방규정을 정해야 할 제조소 등

- 지정수량의 10배 이상의 위험물을 취급하는 제조소
- 지정수량의 100배 이상의 위험물을 저장하는 옥외저장소
- 지정수량의 150배 이상의 위험물을 저장하는 옥내저장소
- 지정수량의 200배 이상의 위험물을 저장하는 옥외탱크저장소
- 암반탱크저장소
- 이송취급소
- 지정수량의 10배 이상의 위험물을 취급하는 일반취급소. 다만, 제4류 위험물(특수인화물을 제외)만을 지정수량의 50배 이하로 취급하는 일반취급소(제1석유류·알코올류의 취급량이 지정수량의 10배 이하인 경우)로서 다음의 어느 하나에 해당하는 것을 제외한다.
  - 보일러·버너 또는 이와 비슷한 것으로서 위험물을 소비하는 장치로 이루어진 일반취급소
  - 위험물을 용기에 옮겨 담거나 차량에 고정된 탱크에 주입하는 일반취급소

▌정기점검 대상인 제조소 등

- 예방규정을 정해야 하는 제조소 등
- 지하탱크저장소
- 이동탱크저장소
- 위험물을 취급하는 탱크로서 지하에 매설된 탱크가 있는 제조소, 주유취급소, 일반취급소

▌자체소방대

- 자체소방대 설치 대상
  - 제4류 위험물의 최대수량의 합이 지정수량의 3,000배 이상을 취급하는 제조소 또는 일반취급소(다만, 보일러로 위험물을 소비하는 일반취급소는 제외)
  - 제4류 위험물의 최대수량이 지정수량의 50만배 이상을 저장하는 옥외탱크저장소
- 자체소방대를 두는 화학소방차 및 인원

사업소의 구분	화학소방차	자체소방대원의 수
제조소 또는 일반취급소에서 취급하는 제4류 위험물의 최대수량의 합이 지정수량의 3,000배 이상 12만배 미만인 사업소	1대	5인
제조소 또는 일반취급소에서 취급하는 제4류 위험물의 최대수량의 합이 지정수량의 12만배 이상 24만배 미만인 사업소	2대	10인
제조소 또는 일반취급소에서 취급하는 제4류 위험물의 최대수량의 합이 지정수량의 24만배 이상 48만배 미만인 사업소	3대	15인
제조소 또는 일반취급소에서 취급하는 제4류 위험물의 최대수량의 합이 지정수량의 48만배 이상인 사업소	4대	20인
옥외탱크저장소에 저장하는 제4류 위험물의 최대수량이 지정수량의 50만배 이상인 사업소	2대	10인

▌ 화학소방자동차에 갖추어야 하는 소화능력 및 설비의 기준

화학소방자동차의 구분	소화능력 및 설비의 기준
포수용액 방사차	포수용액의 방사능력이 매분 2,000[L] 이상일 것
	소회약액탱크 및 소회약액혼합장치를 비치할 것
	10만[L] 이상의 포수용액을 방사할 수 있는 양의 소화약제를 비치할 것
분말 방사차	분말의 방사능력이 매초 35[kg] 이상일 것
	분말탱크 및 가압용 가스설비를 비치할 것
	1,400[kg] 이상의 분말을 비치할 것
제독차	가성소다 및 규조토를 각각 50[kg] 이상 비치할 것

▌ 벌 칙

- 1년 이상 10년 이하의 징역
  - 제조소 등 또는 허가를 받지 않고 지정수량 이상의 위험물을 저장 또는 취급하는 장소에서 위험물을 유출·방출 또는 확산시켜 사람의 생명·신체 또는 재산에 대하여 위험을 발생시킨 자
- 7년 이하의 금고 또는 7,000만원 이하의 벌금
  - 업무상 과실로 제조소 등 또는 허가를 받지 않고 지정수량 이상의 위험물을 저장 또는 취급하는 장소에서 위험물을 유출·방출 또는 확산시켜 사람의 생명·신체 또는 재산에 대하여 위험을 발생시킨 자
- 3년 이하의 징역 또는 3,000만원 이하의 벌금
  - 저장소 또는 제조소 등이 아닌 장소에서 지정수량 이상의 위험물을 저장 또는 취급한 자
- 1,500만원 이하의 벌금
  - 위험물의 저장 또는 취급에 관한 중요기준에 따르지 않은 자
  - 변경허가를 받지 않고 제조소 등을 변경한 자
  - 제조소 등의 완공검사를 받지 않고 위험물을 저장·취급한 자
  - 안전관리자를 선임하지 않은 관계인으로서 허가를 받은 자
- 1,000만원 이하의 벌금
  - 위험물의 취급에 관한 안전관리와 감독을 하지 않은 자
  - 안전관리자 또는 그 대리자가 참여하지 않은 상태에서 위험물을 취급한 자
  - 변경한 예방규정을 제출하지 않은 관계인으로서 허가를 받은 자
  - 위험물의 운반에 관한 중요기준에 따르지 않은 자
  - 요건을 갖추지 않은 위험물운반자
  - 규정을 위반한 위험물운송자
  - 관계인의 정당한 업무를 방해하거나 출입·검사 등을 수행하면서 알게 된 비밀을 누설한 자
- 500만원 이하의 과태료
  - 품명 등의 변경신고를 기간 이내에 하지 않거나 허위로 한 자
  - 지위승계신고를 기간 이내에 하지 않거나 허위로 한 자

- 제조소 등의 폐지신고 또는 안전관리자의 선임신고를 기간 이내에 하지 않거나 허위로 한 자
- 위험물의 운송에 관한 기준을 따르지 않은 자
- 예방규정을 준수하지 않은 자

▌ 위험물제조소의 위치·구조 및 설비의 기준

- 위험물제조소의 안전거리

안전거리	해당 대상물
50[m] 이상	유형문화재, 기념물 중 지정문화재
30[m] 이상	• 학 교 • 병원급 의료기관(종합병원, 병원, 치과병원, 한방병원, 요양병원) • 극장, 공연장, 영화상영관, 유사한 시설로서 300명 이상의 인원을 수용할 수 있는 것 • 복지시설, 어린이집, 정신건강증진시설, 수용인원 20명 이상의 인원을 수용할 수 있는 것
20[m] 이상	고압가스, 액화석유가스, 도시가스를 저장 또는 취급하는 시설
10[m] 이상	주거 용도에 사용되는 것
5[m] 이상	사용전압 35,000[V]를 초과하는 특고압가공전선
3[m] 이상	사용전압 7,000[V] 초과 35,000[V] 이하의 특고압가공전선

- 위험물제조소의 보유공지

취급하는 위험물의 최대수량	공지의 너비
지정수량의 10배 이하	3[m] 이상
지정수량의 10배 초과	5[m] 이상

- 위험물제조소의 표지 및 게시판
  - 표지 및 게시판

구 분	설치 및 표시
표 지	• 표지 : 한 변의 길이 0.3[m] 이상, 다른 한 변의 길이 0.6[m] 이상인 직사각형 • 표지바탕 : 바탕은 백색, 문자는 흑색
게시판	• 게시판 : 한 변의 길이 0.3[m] 이상, 다른 한 변의 길이 0.6[m] 이상인 직사각형 • 게시판 바탕 : 바탕은 백색, 문자는 흑색 • 게시판 기재 : 유별, 품명, 저장최대수량, 취급최대수량, 위험물 안전관리자의 성명 또는 직명, 주의사항

  - 주의사항

품 명	주의사항	게시판 표시
제2류 위험물(인화성 고체) 제3류 위험물(자연발화성 물질) 제4류 위험물, 제5류 위험물	화기엄금	적색바탕에 백색문자
제1류 위험물(알칼리금속의 과산화물) 제3류 위험물(금수성 물질)	물기엄금	청색바탕에 백색문자
제2류 위험물	화기주의	적색바탕에 백색문자

- 환기설비
  - 환기 : 자연배기방식
  - 급기구의 설치 및 크기

구 분	기 준
급기구의 설치	바닥면적 150[m²]마다 1개 이상
급기구의 크기	800[cm²] 이상

- 정전기 제거설비
  - 접지에 의한 방법
  - 공기 중의 상대습도를 70[%] 이상으로 하는 방법
  - 공기를 이온화하는 방법
- 피뢰설비
  - 지정수량의 10배 이상(제6류 위험물은 제외)

▌ 옥내저장소의 위치 · 구조 및 설비의 기준

- 옥내저장소의 안전거리 제외 대상
  - 지정수량의 20배 미만의 제4석유류, 동식물유류를 저장 · 취급하는 옥내저장소
  - 제6류 위험물을 저장 · 취급하는 옥내저장소
- 옥내저장소의 구조 및 설비
  - 저장창고는 위험물 저장을 전용으로 하는 독립된 건축물로 하고 지면에서 처마까지의 높이가 6[m] 미만인 단층건물로 하고 그 바닥을 지반면보다 높게 해야 한다.
  - 지정수량의 10배 이상의 저장창고(제6류 위험물은 제외)에는 피뢰침을 설치할 것

▌ 옥외탱크저장소의 위치 · 구조 및 설비의 기준

- 옥외탱크저장소의 안전거리 : 위험물제조소의 안전거리와 동일함
- 옥외탱크저장소의 보유공지

저장 또는 취급하는 위험물의 최대수량	공지의 너비
지정수량의 500배 이하	3[m] 이상
지정수량의 500배 초과 1,000배 이하	5[m] 이상
지정수량의 1,000배 초과 2,000배 이하	9[m] 이상
지정수량의 2,000배 초과 3,000배 이하	12[m] 이상
지정수량의 3,000배 초과 4,000배 이하	15[m] 이상
지정수량의 4,000배 초과	해당 탱크의 수평단면의 최대지름과 높이 중 큰 것과 같은 거리 이상 (30[m] 초과는 30[m], 15[m] 미만은 15[m])

- 옥외탱크저장소의 방유제
  - 용량 : 방유제 안에 탱크가 하나인 때에는 그 탱크용량의 110[%] 이상, 2기 이상인 때에는 그 탱크 중 용량이 최대인 것의 110[%] 이상으로 할 것
  - 높이 : 0.5[m] 이상 3[m] 이하, 두께 : 0.2[m] 이상, 지하매설깊이 : 1[m] 이상
  - 방유제 내의 면적 : 80,000[m²] 이하
  - 방유제 내에 최대설치 개수 : 10기 이하(인화점이 200[℃] 이상은 예외)

▎ 이동탱크저장소의 위치·구조 및 설비의 기준

- 이동탱크저장소의 표지
  - 부착위치
    ① 이동탱크저장소 : 전면상단 및 후면상단
    ② 위험물운반차량 : 전면 및 후면
  - 규격 및 형상 : 60[cm] 이상×30[cm] 이상의 횡형(가로형) 사각형
  - 색상 및 문자 : 흑색바탕에 황색의 반사도료 "위험물"이라 표기할 것

▎ 주유취급소의 위치·구조 및 설비의 기준

- 주유취급소의 주유공지
  주유취급소에는 고정주유설비의 주위에는 주유를 받으려는 자동차 등이 출입할 수 있도록 너비 15[m] 이상, 길이 6[m] 이상의 콘크리트 등으로 포장한 공지를 보유할 것
- 주유취급소의 표지 및 게시판
  - 주유 중 엔진정지 : 황색바탕에 흑색문자
  - 화기엄금 : 적색바탕에 백색문자

▎ 제조소 등에 경보설비의 설치기준

제조소 등의 구분	제조소 등의 규모, 저장 또는 취급하는 위험물의 종류 및 최대수량 등	경보설비
제조소 및 일반취급소	• 연면적 500[m²] 이상인 것 • 옥내에서 지정수량의 100배 이상을 취급하는 것(고인화점 위험물만을 100[℃] 미만의 온도에서 취급하는 것을 제외) • 일반취급소로 사용되는 부분 외의 부분이 있는 건축물에 설치된 일반취급소(일반취급소와 일반취급소 외의 부분이 내화구조의 바닥 또는 벽으로 개구부 없이 구획된 것을 제외)	자동화재탐지설비
자동화재탐지설비 설치대상에 해당하지 않는 제조소 등	지정수량의 10배 이상을 저장 또는 취급하는 것	자동화재탐지설비, 비상경보설비, 확성장치 또는 비상방송설비 중 1종 이상

CHAPTER 04 소방기계시설의 구조 및 원리

▌ 소화기의 분류

- 소형소화기 : 능력단위 1단위 이상
- 대형소화기 : 능력단위가 A급 : 10단위 이상, B급 : 20단위 이상, 아래 표에 기재한 충전량 이상

종 별	충전량	종 별	충전량
포소화기	20[L] 이상	분말소화기	20[kg] 이상
강화액소화기	60[L] 이상	할론소화기	30[kg] 이상
물소화기	80[L] 이상	이산화탄소소화기	50[kg] 이상

※ 축압식 분말소화기의 정상 압력 범위 : 0.7~0.98[MPa]

▌ 자동차용 소화기

강화액소화기(안개모양으로 방사), 포소화기, 이산화탄소소화기, 할론소화기, 분말소화기

▌ 소화기의 사용온도

종 류	강화액소화기	분말소화기	그 밖의 소화기
사용온도	-20~40[℃]	-20~40[℃]	0~40[℃]

▌ 옥내소화전설비의 수원

- 수원의 용량

① 29층 이하 : $N \times 2.6[\text{m}^3]$(130[L/min] × 20[min] = 2,600[L] = 2.6[m³], 호스릴 옥내소화전설비를 포함)

② 30층 이상 49층 이하 : $N \times 5.2[\text{m}^3]$(130[L/min] × 40[min] = 5,200[L] = 5.2[m³])

③ 50층 이상 : $N \times 7.8[\text{m}^3]$(130[L/min] × 60[min] = 7,800[L] = 7.8[m³])

여기서, N : 가장 많이 설치된 층의 소화전 개수(29층 이하 : 2개, 30층 이상 : 5개)

- 옥상수조 제외 대상

- 지하층만 있는 건축물
- 고가수조를 가압송수장치로 설치한 경우
- 수원이 건축물의 최상층에 설치된 방수구보다 높은 위치에 설치된 경우
- 건축물의 높이가 지표면으로부터 10[m] 이하인 경우
- 가압수조를 가압송수장치로 설치한 경우

가압송수장치

- 지하수조(펌프)방식

  - 펌프의 토출량

    $Q = N \times 130[\text{L/min}]$(호스릴 옥내소화전설비를 포함)

    여기서, N : 가장 많이 설치된 층의 소화전 개수(29층 이하 : 2개, 30층 이상 : 5개)

    ※ 옥내소화전설비의 규정 방수량 : 130[L/min] 이상, 방수압력 : 0.17[MPa] 이상

  - 펌프의 양정

    $H = h_1 + h_2 + h_3 + 17$(호스릴 옥내소화전설비를 포함)

    여기서, H : 전양정[m]

    h_1 : 낙차(실양정, 펌프의 흡입양정 + 토출양정)[m]

    h_2 : 배관의 마찰손실수두[m]

    h_3 : 호스의 마찰손실수두[m]

    17 : 노즐 선단(끝부분)의 방수압력 환산수두

  - 물올림장치(호수조, 물마중장치, Priming Tank)

    수원의 수위가 펌프보다 낮은 위치에 있을 때 설치한다.

    ① 물올림수조의 유효수량 : 100[L] 이상(100[L], 200[L]의 2종류)

    ② 설치장소 : 수원이 펌프보다 낮게 설치되어 있을 때

    ③ 설치이유 : 펌프케이싱과 흡입 측 배관에 항상 물을 충만하여 공기고임현상을 방지하기 위하여

  - 순환배관

    펌프 내의 체절운전 시 공회전에 의한 수온상승을 방지하기 위하여 설치하는 배관

    ① 순환배관의 구경 : 20[mm] 이상

    ② 분기점 : 체크밸브와 펌프 사이에 분기

    ③ 설치이유 : 체절운전 시 수온상승 방지

  - 성능시험배관

    ① 분기점 : 펌프의 토출 측 개폐밸브 이전에 분기

    ② 설치이유 : 정격부하 운전 시 펌프의 성능을 시험하기 위하여

    ③ 펌프의 성능 : 체절운전 시 정격토출압력의 140[%]를 초과하지 않고 정격토출량의 150[%]로 운전 시에 정격토출압력의 65[%] 이상이어야 한다.

  - 압력챔버(기동용 수압개폐장치)

    ① 압력챔버의 용량 : 100[L] 이상

    ② 설치이유 : 충압펌프와 주펌프의 기동과 규격방수압력 유지

    ③ Range : 펌프의 정지점

    ④ Diff : Range에 설정된 압력에서 Diff에 설정된 만큼 떨어졌을 때 펌프가 작동하는 압력의 차이

- 고가수조방식

  건축물의 옥상에 물탱크를 설치하여 낙차의 압력을 이용하는 방식

  $H = h_1 + h_2 + 17$(호스릴 옥내소화전설비를 포함)

  여기서, H : 필요한 낙차[m]

  h_1 : 호스의 마찰손실수두[m]

  h_2 : 배관의 마찰손실수두[m]

▌ 배 관

- 펌프의 흡입 측 배관에는 버터플라이 밸브를 설치할 수 없다.
- 펌프의 토출 측 주배관의 구경은 유속이 4[m/s] 이하가 될 수 있는 크기 이상으로 할 것
- 옥내소화전 방수구와 연결되는 가지배관의 구경은 40[mm](호스릴은 25[mm]) 이상으로 할 것
- 주배관 중 수직배관의 구경은 50[mm](호스릴은 32[mm]) 이상으로 할 것
  ※ 연결송수관설비의 배관과 겸용할 경우
  - 주배관의 구경 : 100[mm] 이상
  - 방수구로 연결되는 배관 구경 : 65[mm] 이상

▌ 옥내소화전함 등

- 옥내소화전함의 구조
  - 위치표시등 : 부착면과 15° 이하의 각도로 10[m] 이상의 거리에서 식별 가능, 평상시 적색등 점등
  - 기동표시등 : 평상시에는 소등, 주펌프 기동 시에만 적색등 점등
- 옥내소화전 방수구의 설치기준
  - 방수구(개폐밸브)는 특정소방대상물의 층마다 설치하되, 해당 특정소방대상물의 각 부분으로부터 방수구까지의 수평거리는 25[m](호스릴 옥내소화전설비를 포함) 이하가 되도록 할 것(복층형 공동주택은 세대의 출입구가 설치된 층에만 설치할 수 있음)
- 바닥으로부터 1.5[m] 이하가 되도록 할 것
  ※ 옥내소화전설비의 유효반경 수평거리 25[m] 이하

▌ 방수량 및 방수압력 측정

옥내소화전의 수가 2개 이상일 때는 2개를 동시에 개방하여 노즐 선단(끝부분)에서 $D/2$(D : 내경)만큼 떨어진 지점에서 방수압력과 방수량(토출량)을 측정한다.

$Q = 0.6597CD^2\sqrt{10P}$

여기서, Q : 토출량[L/min] C : 유량계수

D : 내경[mm] P : 방수압력[MPa]

▌ 옥외소화전설비의 수원

수원 = $N \times 7[\text{m}^3](7,000[\text{L}])$

여기서, N : 옥외소화전 개수(최대 2개)

▌ 옥외소화전설비의 지하수조(펌프)방식

- 펌프의 토출량

$Q = N \times 350[\text{L/min}]$

여기서, N : 옥외소화전 개수(최대 2개)

※ 옥외소화전설비의 규정방수량 : 350[L/min], 방수압력 : 0.25[MPa] 이상

- 펌프의 양정

$H = h_1 + h_2 + h_3 + 25$

여기서, H : 전양정[m]

$\quad\quad h_1$: 호스의 마찰손실수두[m]

$\quad\quad h_2$: 배관의 마찰손실수두[m]

$\quad\quad h_3$: 낙차(실양정, 펌프의 흡입양정 + 토출양정)[m]

$\quad\quad 25$: 노즐 선단(끝부분)의 방수압력 환산수두

▌ 옥외소화전함

옥외소화전설비에는 옥외소화전으로부터 5[m] 이내에 소화전함을 설치해야 한다.

소화전의 개수	소화전함의 설치기준
옥외소화전이 10개 이하	옥외소화전마다 5[m] 이내에 1개 이상 설치
옥외소화전이 11개 이상 30개 이하	11개 소화전함을 각각 분산 설치
옥외소화전이 31개 이상	옥외소화전 3개마다 1개 이상 설치

▌ 스프링클러설비의 종류

구 분	종 류	습 식	건 식	부압식	준비작동식	일제살수식
헤 드		폐쇄형	폐쇄형	폐쇄형	폐쇄형	개방형
배 관	1차 측	가압수	가압수	가압수	가압수	가압수
	2차 측	가압수	압축공기	부압수	대기압	대기압
경보밸브		자동경보밸브 (알람체크밸브)	건식밸브	준비작동밸브	준비작동밸브	일제개방밸브 (델류즈밸브)
감지기 유무		없 음	없 음	단일회로	교차회로	교차회로
시험장치		있 음	있 음	있 음	없 음	없 음

▌ 스프링클러설비의 수원

- 폐쇄형 스프링클러설비의 수원
  - 29층 이하 : $N \times 1.6[\text{m}^3] (80[\text{L/min}] \times 20[\text{min}] = 1,600[\text{L}] = 1.6[\text{m}^3])$
  - 30층 이상 49층 이하 : $N \times 3.2[\text{m}^3] (80[\text{L/min}] \times 40[\text{min}] = 3,200[\text{L}] = 3.2[\text{m}^3])$
  - 50층 이상 : $N \times 4.8[\text{m}^3] (80[\text{L/min}] \times 60[\text{min}] = 4,800[\text{L}] = 4.8[\text{m}^3])$

스프링클러설비의 설치장소		기준개수	수 원
10층 이하인 특정소방대상물 (지하층 제외)	공장으로서 특수가연물저장, 취급	30	$30 \times 1.6[\text{m}^3] = 48[\text{m}^3]$
	근린생활시설, 판매시설, 운수시설, 복합건축물 (판매시설이 설치된 복합건축물)	30	$30 \times 1.6[\text{m}^3] = 48[\text{m}^3]$
	헤드의 부착높이 8[m] 이상	20	$20 \times 1.6[\text{m}^3] = 32[\text{m}^3]$
	헤드의 부착높이 8[m] 미만	10	$10 \times 1.6[\text{m}^3] = 16[\text{m}^3]$
11층 이상인 특정소방대상물(지하층 제외), 지하가, 지하역사		30	$30 \times 1.6[\text{m}^3] = 48[\text{m}^3]$
아파트 (공동주택의 화재안전기술기준)	아파트	10	$10 \times 1.6[\text{m}^3] = 16[\text{m}^3]$
	각 동이 주차장으로 서로 연결된 경우의 주차장	30	$30 \times 1.6[\text{m}^3] = 48[\text{m}^3]$
창고시설(랙식 창고를 포함한다. 라지드롭형 스프링클러헤드 사용)		30	$30 \times 1.6[\text{m}^3] = 48[\text{m}^3]$

- 개방형 스프링클러설비의 수원
  - 헤드의 개수가 30개 이하

    수원 = 헤드 수 $\times 1.6[\text{m}^3]$
  - 헤드의 개수가 30개 초과

    수원[L] = 헤드 수 $\times K\sqrt{10P} \times 20[\text{min}]$

    여기서, K : 상수(15[mm] : 80, 20[mm] : 114)

    P : 방수압력[MPa]
- 펌프의 토출량 = 헤드 수 $\times 80[\text{L/min}]$

▌ 스프링클러설비의 가압송수장치

- 가압송수장치의 설치기준

구 분	방수량	방수압력
스프링클러 소화설비	80[L/min]	0.1[MPa] 이상 1.2[MPa] 이하

- 가압송수장치의 종류[지하수조(펌프)방식]

  펌프의 양정 $H = h_1 + h_2 + 10$

  여기서, H : 전양정[m]

  h_1 : 낙차(실양정, 펌프의 흡입양정 + 토출양정)[m]

  h_2 : 배관의 마찰손실수두[m]

▌ 스프링클러헤드의 배치

- 헤드의 배치기준
  - 스프링클러는 천장, 반자, 천장과 반자 사이 덕트, 선반 등에 설치해야 한다. 단, 폭이 9[m] 이하인 실내에 있어서는 측벽에 설치해야 한다.
  - 무대부, 연소우려가 있는 개구부 : 개방형 스프링클러헤드를 설치한다.
- 조기반응형 스프링클러헤드 설치 대상물
  - 공동주택·노유자시설의 거실
  - 오피스텔·숙박시설의 침실
  - 병원·의원의 입원실

설치장소			설치기준
폭 1.2[m]를 초과하는 천장, 반자, 천장과 반자 사이, 덕트, 선반, 기타 이와 유사한 부분	무대부, 특수가연물을 저장 또는 취급하는 장소		수평거리 1.7[m] 이하
	내화구조		수평거리 2.3[m] 이하
	비내화구조		수평거리 2.1[m] 이하
아파트 등의 세대			수평거리 2.6[m] 이하
랙식 창고	라지드롭형 스프링클러헤드 설치	특수가연물을 저장·취급	수평거리 1.7[m] 이하
		내화구조	수평거리 2.3[m] 이하
		비내화구조	수평거리 2.1[m] 이하
	라지드롭형 스프링클러헤드(습식, 건식 외의 것)		랙 높이 3[m] 이하마다

- 헤드의 배치형태
  - 정사각형(정방형)

    $S = 2R\cos 45°, \qquad S = L$

    여기서, S : 헤드의 간격, R : 수평거리[m], L : 배관간격
  - 직사각형(장방형)

    $S = \sqrt{4R^2 - L^2}, \quad L = 2R\cos\theta$
- 헤드의 설치기준
  - 폐쇄형 헤드의 표시온도

설치장소의 최고주위온도	표시온도	설치장소의 최고주위온도	표시온도
39[℃] 미만	79[℃] 미만	64[℃] 이상 106[℃] 미만	121[℃] 이상 162[℃] 미만
39[℃] 이상 64[℃] 미만	79[℃] 이상 121[℃] 미만	106[℃] 이상	162[℃] 이상

  - 스프링클러헤드와 부착면과의 거리 : 30[cm] 이하
  - 스프링클러헤드의 반사판이 그 부착면과 평행하게 설치
  - 배관, 행거, 조명기구 등 살수를 방해하는 것이 있는 경우에는 그 밑으로 30[cm] 이상 거리를 둘 것

- 헤드의 설치 제외 대상물
  - 계단실(특별피난계단의 부속실 포함), 경사로, 승강기의 승강로, 비상용승강기의 승강장, 파이프덕트, 덕트피트(파이프·덕트를 통과시키기 위한 구획된 구멍에 한함), 목욕실, 수영장(관람석 부분은 제외), 화장실, 직접 외기에 개방되어 있는 복도 등 유사한 장소
  - 발전실, 변전실, 변압기, 기타 이와 유사한 전기설비가 설치되어 있는 장소
  - 병원의 수술실, 응급처치실 등
  - 영하의 냉장창고의 냉장실 또는 냉장창고의 냉동실
  - 가연성 물질이 존재하지 않는 방풍실

▌ 유수검지장치 및 방수구역

- 일제개방밸브가 담당하는 방호구역 : 3,000[m²]
- 하나의 방호구역은 2개층에 미치지 않아야 한다.
- 유수검지장치의 설치 : 0.8[m] 이상 1.5[m] 이하
- 개방형 스프링클러설비에서 하나의 방수구역을 담당하는 헤드의 수 : 50개 이하

▌ 스프링클러설비의 배관

- 가지배관
  - 가지배관의 배열은 토너먼트 방식이 아니어야 한다.
  - 한쪽 가지배관에 설치하는 헤드의 개수 : 8개 이하
- 교차배관
  - 교차배관의 구경 : 40[mm] 이상
  - 습식설비 부압식 스프링클러설비 외의 설비에는 수평주행배관의 기울기 : 1/500 이상
  - 습식설비 부압식 스프링클러설비 외의 설비에는 가지배관의 기울기 : 1/250 이상
  - 청소구 : 교차배관의 말단에 설치

▌ 간이스프링클러설비의 가압송수장치

- 정격토출압력 : 가장 먼 가지배관에서 2개(영 별표 4 제1호 마목 2) 가), 6), 8)에 해당하는 경우에는 5개)의 간이헤드를 동시에 개방할 경우 간이헤드 선단(끝부분)의 방수압력은 0.1[MPa] 이상

> [간이스프링클러설비 설치대상물(영 별표 4, 제1호 마목의 대상물)]
> 2) 가) 근린생활시설로서 사용하는 부분의 바닥면적의 합계가 1,000[m²] 이상인 것은 모든 층
> 6) 숙박시설로서 사용되는 바닥면적의 합계가 300[m²] 이상 600[m²] 미만인 시설
> 8) 복합건축물(영 별표 2, 제30호 나목의 복합건축물만 해당)로서 연면적이 1,000[m²] 이상인 것은 모든 층

- 간이헤드의 방수량 : 50[L/min] 이상

▌ 간이스프링클러설비의 배관 및 밸브의 설치순서

- 상수도직결형일 경우

  수도용 계량기 → 급수차단장치 → 개폐표시형 밸브 → 체크밸브 → 압력계 → 유수검지장치(압력스위치 등) → 2개의 시험밸브

- 펌프 등의 가압송수장치를 이용하는 경우

  수원 → 연성계 또는 진공계 → 펌프 또는 압력수조 → 압력계 → 체크밸브 → 성능시험배관 → 개폐표시형 밸브 → 유수검지장치 → 시험밸브

- 캐비닛형 가압송수장치를 이용하는 경우

  수원 → 연성계 또는 진공계 → 펌프 또는 압력수조 → 압력계 → 체크밸브 → 개폐표시형 밸브 → 2개의 시험밸브

▌ 간이스프링클러설비의 송수구 및 비상전원

- 송수구의 구경 : 65[mm]의 단구형 또는 쌍구형으로 하고 송수배관의 안지름은 40[mm] 이상으로 할 것
- 송수구의 설치 : 0.5[m] 이상 1[m] 이하
- 송수구 가까운 부분에 자동배수밸브 및 체크밸브를 설치할 것
- 비상전원 : 10분[영 별표 4, 제1호 마목 2) 가) 또는 6)과 8)에 해당하는 경우 20분]

▌ 화재조기진압용 스프링클러설비

- 설치장소의 구조

  - 층의 높이 : 13.7[m] 이하

  - 천장의 기울기 : 168/1,000을 초과하지 말 것(초과 시 반자를 지면과 수평으로 할 것)

- 수 원

  $$Q = 12 \times 60 \times k\sqrt{10P}$$

  여기서, Q : 수원의 양[L]

  　　　　k : 상수[L/min/(MPa)$^{1/2}$]

  　　　　P : 헤드 선단(끝부분)의 압력[MPa]

- 가지배관의 배열

  - 토너먼트 배관 방식이 아닐 것

  - 가지배관 사이의 거리 : 2.4[m] 이상 3.7[m] 이하

  - 천장의 높이가 9.1[m] 이상 13.7[m] 이하인 경우 : 2.4[m] 이상 3.1[m] 이하

- 헤 드

  - 하나의 방호면적 : 6.0[m^2] 이상 9.3[m^2] 이하

  - 헤드의 작동온도는 74[℃] 이하일 것

- 설치 제외
  - 제4류 위험물
  - 타이어, 두루마리 종이 및 섬유류, 섬유제품 등

▌ 드렌처설비의 설치기준

- 드렌처헤드는 개구부 위측에 2.5[m] 이내마다 1개를 설치해야 한다.
- 제어밸브의 설치 : 바닥으로부터 0.8[m] 이상 1.5[m] 이하
- 수원 = 설치헤드 수 × 1.6[m^3]

※ 드렌처설비의 규정 방수량 : 80[L/min], 규정방수압력 : 0.1[MPa]

▌ 물분무소화설비 펌프의 토출량 및 수원

소방대상물	펌프의 토출량[L/min]	수원[L]
특수가연물	바닥면적(최소 50[m^2]) × 10[L/min · m^2]	바닥면적(최소 50[m^2]) × 10[L/min · m^2] × 20[min]
차고 · 주차장	바닥면적(최소 50[m^2]) × 20[L/min · m^2]	바닥면적(최소 50[m^2]) × 20[L/min · m^2] × 20[min]
절연유봉입변압기	바닥면적을 제외한 표면적 합계 × 10[L/min · m^2]	바닥 부분 제외한 표면적 합계 × 10[L/min · m^2] × 20[min]
케이블트레이 · 케이블덕트	바닥면적[m^2] × 12[L/min · m^2]	바닥면적[m^2] × 12[L/min · m^2] × 20[min]

▌ 포소화설비의 수원 및 약제량

구 분	저장량	수원의 양
① 고정포방출구	$Q = A \times Q_1 \times T \times S$ Q : 포소화약제의 양[L] A : 저장탱크의 액표면적[m^2] Q_1 : 단위포소화수용액의 양[L/m^2 · min] T : 방출시간[min] S : 포소화약제 사용농도[%]	$Q_w = A \times Q_1 \times T \times (1-S)$
② 보조소화전	$Q = N \times S \times 8,000$[L] Q : 포소화약제의 양[L] N : 호스 접결구수(3개 이상일 경우 3개) S : 포소화약제의 사용농도[%]	$Q_w = N \times 8,000$[L] $\times (1-S)$
③ 배관보정	가장 먼 탱크까지의 송액관(내경 75[mm] 이하 제외)에 충전하기 위하여 필요한 양 $Q = V \times S \times 1,000[\text{L/m}^3] = \frac{\pi}{4}d^2 \times l \times S \times 1,000[\text{L/m}^3]$ Q : 포소화약제의 양[L] V : 송액관 내부의 체적[m^3]($\frac{\pi}{4}d^2 \times l$) S : 포소화약제 사용농도[%]	$Q_w = V \times 1,000 \times (1-S)$

※ 고정포방출방식 약제저장량 = ① + ② + ③

▌포헤드

- 팽창비율에 의한 분류

팽창비	포방출구의 종류
팽창비가 20 이하(저발포)	포헤드, 압축공기포헤드
팽창비가 80 이상 1,000 미만(고발포)	고발포용 고정포방출구

- 포워터 스프링클러헤드 : 바닥면적 8[m²]마다 헤드 1개 이상 설치
- 포헤드 : 바닥면적 9[m²]마다 헤드 1개 이상 설치

▌포혼합장치

- 펌프 프로포셔너방식 : 펌프의 토출관과 흡입관 사이의 배관 도중에 설치한 흡입기에 펌프에서 토출된 물의 일부를 보내고, 농도조정밸브에서 조정된 포소화약제의 필요량을 포소화약제 저장탱크에서 펌프 흡입 측으로 보내어 이를 혼합하는 방식
- 라인 프로포셔너방식 : 펌프와 발포기의 중간에 설치된 벤투리관의 벤투리작용에 따라 포소화약제를 흡입·혼합하는 방식
- 프레셔 프로포셔너방식 : 펌프와 발포기의 중간에 설치된 벤투리관의 벤투리작용과 펌프 가압수의 포소화약제 저장탱크에 대한 압력에 따라 포소화약제를 흡입·혼합하는 방식
- 프레셔 사이드 프로포셔너방식 : 펌프의 토출관에 압입기를 설치하여 포소화약제 압입용 펌프로 포소화약제를 압입시켜 혼합하는 방식
- 압축공기포 믹싱챔버방식 : 물, 포소화약제 및 공기를 믹싱챔버로 강제주입시켜 챔버 내에서 포수용액을 생성한 후 포를 방사하는 방식

▌포소화설비의 기동장치

- 포소화설비의 수동식 기동장치
  - 기동장치의 조작부 : 0.8[m] 이상 1.5[m] 이하
  - 차고, 주차장 : 방사구역마다 1개 이상 설치
  - 항공기 격납고 : 방사구역마다 2개 이상 설치
- 포소화설비의 자동식 기동장치
  - 폐쇄형 스프링클러헤드는 표시온도가 79[℃] 미만의 것을 사용하고 1개의 스프링클러헤드의 경계면적은 20[m²] 이하로 할 것
  - 부착면의 높이는 바닥으로부터 5[m] 이하로 할 것

▌ 이산화탄소소화설비 저장용기와 용기밸브

- 저장용기의 충전비

$$\text{충진비} = \frac{\text{용기의 내용적[L]}}{\text{약제의 중량[kg]}}(\text{고압식} : 1.5 \text{ 이상 } 1.9 \text{ 이하, 저압식} : 1.1 \text{ 이상 } 1.4 \text{ 이하})$$

  ※ CO_2는 68[L]의 용기에 약제의 충전량은 45[kg]이다(충전비 : 1.5).

- 저압식 저장용기
  - 저압식 저장용기에는 안전밸브와 봉판을 설치할 것
    ① 안전밸브 : 내압시험압력의 0.64배부터 0.8배까지의 압력에서 작동
    ② 봉판 : 내압시험압력의 0.8배부터 내압시험압력에서 작동
  - 저압식 저장용기에는 2.3[MPa] 이상 1.9[MPa] 이하에서 작동하는 압력경보장치를 설치할 것
  - 저압식 저장용기에는 −18[℃] 이하에서 2.1[MPa] 이상의 압력을 유지하는 자동냉동장치를 설치할 것
  - 저장용기는 고압식은 25[MPa], 저압식은 3.5[MPa] 이상의 내압시험에 합격한 것으로 할 것

- 저장용기의 설치기준(할론, 분말저장용기와 동일)
  - 방호구역 외의 장소에 설치할 것(단, 방호구역 내에 설치한 경우에는 피난 및 조작이 용이하도록 피난구 부근에 설치)
  - 온도가 40[℃] 이하이고, 온도 변화가 작은 곳에 설치할 것
  - 직사광선 및 빗물이 침투할 우려가 없는 곳에 설치할 것
  - 방화문으로 구획된 실에 설치할 것
  - 용기의 설치장소에는 해당 용기가 설치된 곳임을 표시하는 표지를 할 것
  - 용기 간의 간격은 점검에 지장이 없도록 3[cm] 이상의 간격을 유지할 것
  - 저장용기와 집합관을 연결하는 연결배관에는 체크밸브를 설치할 것

- 안전장치
  저장용기와 선택밸브 또는 개폐밸브 사이에는 내압시험압력 0.8배에서 작동하는 안전장치를 설치해야 한다.

▌ 이산화탄소소화설비의 분사헤드

방출방식	기 준
전역방출방식	방출압력 고압식 : 2.1[MPa], 저압식 : 1.05[MPa]
국소방출방식	30초 이내 약제 전량 방출
호스릴방식	하나의 노즐당 약제 방사량 : 60[kg/min] 이상, 저장량 : 90[kg] 이상

▌ 이산화탄소소화설비의 자동식 기동장치

- 7병 이상 저장용기를 동시에 개방할 때에는 2병 이상의 전자개방밸브를 부착할 것
- 가스 압력식 기동장치의 설치기준
  - 용기에 사용하는 밸브는 25[MPa] 이상의 압력에 견딜 수 있을 것
  - 안전장치의 작동압력 : 내압시험압력의 0.8배부터 내압시험압력 이하

■ 이산화탄소소화설비의 소화약제량

- 전역방출방식

  - 표면화재 방호대상물(가연성 가스, 가연성 액체)

  ※ 탄산가스 저장량[kg]

  = 방호구역 체적[m^3] × 소요가스양[kg/m^3] × 보정계수 + 개구부 면적[m^2] × 가산량(5[kg/m^2])

[전역방출방식(표면화재)의 소요가스양]

방호구역 체적	체적당 소화약제량(소요가스양)[kg/m^3]	약제저장량의 최저한도량
45[m^3] 미만	1.00	45[kg]
45[m^3] 이상 150[m^3] 미만	0.90	45[kg]
150[m^3] 이상 1,450[m^3] 미만	0.80	135[kg]
1,450[m^3] 이상	0.75	1,125[kg]

  ※ 자동폐쇄장치가 설치되지 않은 경우에는 개구부 면적과 가산량을 계산해야 한다.

  - 심부화재 방호대상물(종이, 목재, 석탄, 섬유류, 합성수지류)

[전역방출방식(심부화재)의 소요가스양]

방호대상물	체적당 소화약제량[kg/m^3]	설계농도[%]
유압기기를 제외한 전기설비, 케이블실	1.3	50
체적 55[m^3] 미만의 전기설비	1.6	50
서고, 전자제품창고, 목재가공품창고, 박물관	2.0	65
고무류·면화류 창고, 모피창고, 석탄창고, 집진설비	2.7	75

- 호스릴방식

  호스릴 이산화탄소의 하나의 노즐에 대하여 약제저장량 : 90[kg] 이상

■ 할론소화설비의 저장용기

- 축압식 저장용기의 압력

약 제	압 력	충전가스
할론 1211	1.1[MPa] 또는 2.5[MPa]	질소(N_2)
할론 1301	2.5[MPa] 또는 4.2[MPa]	질소(N_2)

- 저장용기의 충전비

약 제	할론 2402	할론 1211	할론 1301
충전비	가압식 : 0.51 이상 0.67 미만	0.7 이상 1.4 이하	0.9 이상 1.6 이하
	축압식 : 0.67 이상 2.75 이하		

- 가압용 저장용기

  2[MPa] 이하의 압력으로 조정할 수 있는 압력조정장치를 설치할 것

▌ 할론소화설비(전역방출방식)의 소화약제량

할론가스 저장량[kg] = 방호구역 체적$[m^3]$ × 소요가스양$[kg/m^3]$ + 개구부 면적$[m^2]$ × 가산량$[kg/m^2]$

소방대상물 또는 그 부분		소화약제의 종별	체적당 소화약제량(소요가스양) $[kg/m^3]$	가산량(개구부의 면적 $1[m^2]$당 소화약제의 양)
차고 · 주차장 · 전기실 · 통신기기실 · 전산실 · 기타 이와 유사한 전기설비가 설치되어 있는 부분		할론 1301	0.32 이상 0.64 이하	2.4[kg]
특수가연물을 저장 · 취급하는 소방대상물 또는 그 부분	가연성 고체류 · 가연성 액체류	할론 2402	0.40 이상 1.10 이하	3.0[kg]
		할론 1211	0.36 이상 0.71 이하	2.7[kg]
		할론 1301	0.32 이상 0.64 이하	2.4[kg]
	면화류 · 나무껍질 및 대팻밥 · 넝마 및 종이부스러기 · 사류 · 볏짚류 · 목재 가공품 및 나무부스러기를 저장 · 취급하는 것	할론 1211	0.60 이상 0.71 이하	4.5[kg]
		할론 1301	0.52 이상 0.64 이하	3.9[kg]
	합성수지류를 저장 · 취급하는 것	할론 1211	0.36 이상 0.71 이하	2.7[kg]
		할론 1301	0.32 이상 0.64 이하	2.4[kg]

※ 자동폐쇄장치가 설치되지 않은 경우에는 개구부 면적과 가산량을 계산해야 한다.

▌ 할론소화설비의 분사헤드의 방출압력

약 제	할론 2402	할론 1211	할론 1301
방출압력	0.1[MPa]	0.2[MPa]	0.9[MPa]

▌ 할로겐화합물 및 불활성기체의 종류

소화약제	화학식
퍼플루오로뷰테인(FC-3-1-10)	C_4F_{10}
하이드로클로로플루오로카본혼화제(HCFC BLEND A)	HCFC-123($CHCl_2CF_3$) : 4.75[%] HCFC-22($CHClF_2$) : 82[%] HCFC-124($CHClFCF_3$) : 9.5[%] $C_{10}H_{16}$: 3.75[%]
클로로테트라플루오로에테인(HCFC-124)	$CHClFCF_3$
펜타플루오로에테인(HFC-125)	CHF_2CF_3
헵타플루오로프로페인(HFC-227ea)	CF_3CHFCF_3
트라이플루오로아이오다이드(FIC-13I1)	CF_3I
불연성 · 불활성기체 혼합가스(IG-541)	N_2 : 52[%], Ar : 40[%], CO_2 : 8[%]
불연성 · 불활성기체 혼합가스(IG-55)	N_2 : 50[%], Ar : 50[%]
도데카플루오로-2-메틸펜테인-3-원(F K-5-1-12)	$CF_3CF_2C(O)CF(CF_3)_2$

▌ 할로겐화합물 및 불활성기체소화약제의 저장용기

- 온도가 55[℃] 이하이고 온도 변화가 작은 곳에 설치할 것
- 재충전 또는 교체 시기 : 약제량 손실이 5[%] 초과 또는 압력손실이 10[%] 초과 시(단, 불활성기체소화약제는 압력손실이 5[%] 초과 시)

▌ 할로겐화합물 및 불활성기체소화약제량 산정

- 할로겐화합물소화약제

$$W = \frac{V}{S} \times \frac{C}{100 - C}$$

여기서, W : 소화약제의 무게[kg]

V : 방호구역의 체적[m³]

S : 소화약제별 선형상수$(K_1 + K_2 \times t)$[m³/kg]

※ t : 방호구역의 최소예상온도[℃]

C : 체적에 따른 소화약제의 설계농도[%]

- 불활성기체소화약제

$$X = 2.303 \frac{V_S}{S} \times \log10 \frac{100}{100 - C}$$

여기서, X : 공간 체적당 더해진 소화약제의 부피[m³/m³]

V_s : 20[℃]에서 소화약제의 비체적[m³/kg]

S : 소화약제별 선형상수$(K_1 + K_2 \times t)$[m³/kg]

※ t : 방호구역의 최소예상온도[℃]

C : 체적에 따른 소화약제의 설계농도[%]

▌ 할로겐화합물 및 불활성기체소화약제의 사용금지 장소

- 사람이 상주하는 곳으로 최대허용 설계농도를 초과하는 장소
- 위험물안전관리법 시행령 별표 1의 제3류 위험물 및 제5류 위험물을 사용하는 장소

▌ 분말소화설비의 소화약제저장량

- 전역방출방식

분말 저장량[kg] = 방호구역 체적[m³] × 소요가스양[kg/m³] + 개구부 면적[m²] × 가산량[kg/m²]

약제의 종별	소요가스양[kg/m³]	가산량[kg/m²]
제1종 분말	0.60	4.5
제2종 또는 제3종 분말	0.36	2.7
제4종 분말	0.24	1.8

※ 자동폐쇄장치가 설치되지 않은 경우에는 개구부 면적과 가산량을 계산해야 한다.

- 호스릴방식

호스릴 분말소화설비의 유효반경 : 수평거리 15[m] 이하

▌ 분말소화설비의 저장용기

- 저장용기의 충전비

약 제	제1종 분말	제2종·제3종 분말	제4종 분말
충전비[L/kg]	0.8	1.0	1.25

- 안전밸브 설치
  - 가압식 : 최고사용압력의 1.8배 이하
  - 축압식 : 내압시험압력의 0.8배 이하

▌ 분말소화설비의 가압용 가스용기

- 가압용 가스용기를 3병 이상 설치한 경우에는 2개 이상의 용기에 전자개방밸브를 부착해야 한다.
- 배관 청소에 필요한 가스는 별도의 용기에 저장한다.
- 분말 용기에 도입되는 압력을 감압시키기 위하여 2.5[MPa] 이하의 압력에서 조정이 가능한 압력조정기를 설치해야 한다.

▌ 분말소화설비의 정압작동장치

- 기 능

  주밸브를 개방하여 분말소화약제를 적절히 내보내기 위하여 설치한다.

- 분말소화설비의 배관
  - 동관 사용 시 : 고정압력 또는 최고사용압력의 1.5배 이상의 압력에 견딜 것
  - 저장용기 등으로부터 배관의 굴절부까지의 거리는 배관 내경의 20배 이상으로 할 것
  - 주밸브에서 헤드까지의 배관의 분기는 토너먼트 방식으로 할 것
    ※ 토너먼트 방식으로 하는 이유 : 방사량과 방사압력을 일정하게 하기 위하여

▌ 소화용수설비의 소화수조 등

- 소화수조의 저수량

소방대상물의 구분	기준면적[m²]
1층 및 2층의 바닥면적의 합계가 15,000[m²] 이상인 소방대상물	7,500
그 밖의 소방대상물	12,500

※ 저수량 = 바닥면적[m²] ÷ 기준면적[m²](소수점 이하는 1로 본다) × 20[m³]

- 소화용수시설의 저수조 설치기준
  - 지면으로부터 낙차가 4.5[m] 이하일 것
  - 흡수 부분의 수심이 0.5[m] 이상일 것
  - 소방펌프자동차가 쉽게 접근할 수 있도록 할 것
  - 흡수에 지장이 없도록 토사 및 쓰레기 등을 제거할 수 있는 설비를 갖출 것

- 흡수관의 투입구가 사각형의 경우에는 한 변의 길이가 60[cm] 이상, 원형의 경우에는 지름이 60[cm] 이상일 것
- 저수조에 물을 공급하는 방법은 상수도에 연결하여 자동으로 급수되는 구조일 것
  ※ 채수구의 설치위치 : 지면으로부터 높이가 0.5[m] 이상 1.0[m] 이하

▌ 소화용수설비의 가압송수장치

소화수조 또는 저수조가 지표면으로부터의 깊이가 4.5[m] 이상인 지하에 있는 경우에는 아래 표에 의하여 가압송수장치를 설치해야 한다.

소요수량	20[m³] 이상 40[m³] 미만	40[m³] 이상 100[m³] 미만	100[m³] 이상
가압송수장치의 1분당 양수량	1,100[L] 이상	2,200[L] 이상	3,300[L] 이상
채수구의 수	1개	2개	3개

▌ 제연설비의 제연구획

- 하나의 제연구역의 면적을 1,000[m²] 이내로 할 것
- 거실과 통로(복도를 포함)는 각각 제연구획할 것
- 통로상의 제연구역은 보행중심선의 길이가 60[m]를 초과하지 않을 것
- 하나의 제연구역은 직경 60[m] 원 내에 들어갈 수 있을 것

▌ 제연설비의 배출풍도

- 배출풍도는 아연도금강판 등 내식성·내열성이 있는 것으로 하며, 불연재료의 단열재로 단열처리할 것
- 배출풍도의 강판의 두께는 0.5[mm] 이상으로 할 것
- 배출기의 풍속은 다음과 같다.
  - 배출기의 흡입 측 풍도 안의 풍속 : 15[m/s] 이하
  - 배출 측 풍도 안의 풍속 : 20[m/s] 이하
- 유입풍도 안의 풍속 : 20[m/s] 이하

▌ 배출기의 용량

$$P\,[\text{kW}] = \frac{Q \times P_r}{6,120 \times \eta} \times K = \frac{Q[\text{m}^3/\text{s}] \times P_r[\text{kN}/\text{m}^3]}{\eta} \times K$$

여기서, Q : 풍량[m³/min] P_r : 풍압([mmAq], [kN/m²])

η : 효율[%] K : 여유율(전달계수)

▌ 특별피난계단의 계단실 및 부속실 제연설비(특피제연설비) 차압 등

- 제연구역과 옥내와의 사이에 유지해야 하는 최소 차압은 40[Pa](옥내에 스프링클러설비가 설치된 경우에는 12.5[Pa]) 이상으로 해야 한다.
- 제연설비가 가동되었을 경우 출입문의 개방에 필요한 힘은 110[N] 이하로 해야 한다.
- 출입문이 일시적으로 개방되는 경우 개방되지 않은 제연구역과 옥내와의 차압은 기준에 따른 차압의 70[%] 이상이어야 한다.

제연구역		방연풍속
계단실 및 그 부속실을 동시에 제연하는 것 또는 계단실만 단독으로 제연하는 것		0.5[m/s] 이상
부속실만 단독으로 제연하는 것	부속실 또는 승강장이 면하는 옥내가 거실인 경우	0.7[m/s] 이상
	부속실이 면하는 옥내가 복도로서 그 구조가 방화구조(내화시간이 30분 이상인 구조를 포함한다)인 것	0.5[m/s] 이상

▌ 연결송수관설비의 가압송수장치

- 펌프의 토출량은 2,400[L/min] 이상(계단식 아파트는 1,200[L/min] 이상)으로 할 것
- 펌프의 양정은 최상층에 설치된 노즐 선단(끝부분)의 압력이 0.35[MPa] 이상으로 할 것

  ※ 습식 설비 : 높이 31[m] 이상 또는 11층 이상인 소방대상물

▌ 연결송수관설비의 송수구

- 송수구는 연결송수관의 수직배관마다 1개 이상을 설치할 것
- 송수구 부근의 설치순서

구 분	설치순서
습 식	송수구 → 자동배수밸브 → 체크밸브
건 식	송수구 → 자동배수밸브 → 체크밸브 → 자동배수밸브

- 구경 : 65[mm]의 쌍구형
- 설치높이 : 0.5[m] 이상 1[m] 이하

▌ 연결송수관설비의 방수구

- 방수구는 그 소방대상물의 층마다 설치해야 한다(단, 아파트의 1층, 2층은 제외).
- 11층 이상의 부분에 설치하는 방수구는 쌍구형으로 해야 한다. 단, 아파트의 용도로 사용되는 층과 스프링클러설비가 유효하게 설치되어 있고 방수구가 2개소 이상 설치된 층에는 단구형으로 할 수 있다.
- 방수구의 호스접결구는 바닥으로부터 높이 0.5[m] 이상 1[m] 이하의 위치에 설치해야 한다.
  - 연결송수관설비의 방수구 구경 : 65[mm]의 것
  - 연결송수관설비의 주배관 구경 : 100[mm] 이상

▌ 연결살수설비의 송수구 등

- 송수구는 구경 65[mm]의 쌍구형으로 할 것(단, 살수헤드 수가 10개 이하는 단구형)
- 폐쇄형 헤드 사용 : 송수구 → 자동배수밸브 → 체크밸브의 순으로 설치
- 개방형 헤드 사용 : 송수구 → 자동배수밸브

  ※ 개방형 헤드의 하나의 송수구역에 설치하는 살수헤드의 수 : 10개 이하

▌ 연결살수설비의 배관

하나의 배관에 부착하는 연결살수설비 전용헤드의 개수	1개	2개	3개	4개 또는 5개	6개 이상 10개 이하
배관의 구경[mm]	32	40	50	65	80

- 한쪽 가지배관의 설치 헤드의 개수 : 8개 이하
- 개방형 헤드 사용 시 수평주행배관은 헤드를 향하여 상향으로 1/100 이상의 기울기로 설치

▌ 연결살수설비의 살수헤드 거리

- 연결살수설비 전용헤드 : 3.7[m] 이하
- 스프링클러헤드 : 2.3[m] 이하

▌ 지하구

- 연소방지설비 전용헤드를 사용하는 경우

하나의 배관에 부착하는 연소방지설비 전용헤드의 개수	1개	2개	3개	4개 또는 5개	6개 이상
배관의 구경[mm]	32	40	50	65	80

- 연소방지설비의 배관
  - 교차배관 : 가지배관 밑에 수평으로 설치 또는 가지배관 밑에 설치
  - 교차배관의 구경 : 40[mm] 이상
  - 수평주행배관 : 4.5[m] 이내마다 1개 이상 설치
- 헤 드
  - 헤드 간의 수평거리

헤드의 종류	연소방지설비 전용헤드	스프링클러헤드
수평거리	2[m] 이하	1.5[m] 이하

  - 소방대원의 출입이 가능한 환기구·작업구마다 지하구의 양쪽방향으로 살수헤드를 설정하되 한쪽방향의 살수구역의 길이는 3[m] 이상으로 할 것

- 송수구
  - 구경 : 65[mm]의 쌍구형
  - 설치위치 : 지면으로부터 0.5[m] 이상 1[m] 이하

▌ 피난구조설비의 종류

- 피난기구 : 피난사다리, 완강기, 구조대, 미끄럼대, 피난교, 피난용트랩, 간이완강기, 공기안전매트, 다수인 피난장비, 승강기식피난기 등
- 피난유도선, 유도등(피난구유도등, 통로유도등, 객석유도등), 유도표지
- 인명구조기구[방열복 또는 방화복(안전모, 보호장갑, 안전화 포함), 공기호흡기, 인공소생기]
- 비상조명등 및 휴대용 비상조명등

▌ 완강기

사용자의 몸무게에 따라 자동적으로 내려올 수 있는 기구 중 사용자가 교대하여 연속적으로 사용할 수 있는 것
- 완강기의 구성 부분 : 속도조절기, 로프, 벨트, 속도조절기의 연결부, 연결금속구
- 최대사용자수 : 완강기의 최대사용하중 ÷ 1,500[N]

▌ 피난기구의 적응성

설치장소별 구분 \ 층 별	1층	2층	3층	4층 이상 10층 이하
노유자시설	미끄럼대·구조대·피난교·다수인피난장비·승강식피난기	미끄럼대·구조대·피난교·다수인피난장비·승강식피난기	미끄럼대·구조대·피난교·다수인피난장비·승강식피난기	구조대[1]·피난교·다수인피난장비·승강식피난기
의료시설·근린생활시설 중 입원실이 있는 의원·접골원·조산원	–	–	미끄럼대·구조대·피난교·피난용트랩·다수인피난장비·승강식피난기	구조대·피난교·피난용트랩·다수인피난장비·승강식피난기
다중이용업소의 안전관리에 관한 특별법 시행령 제2조에 따른 다중이용업소로서 영업장의 위치가 4층 이하인 다중이용업소	–	미끄럼대·피난사다리·구조대·완강기·다수인피난장비·승강식피난기	미끄럼대·피난사다리·구조대·완강기·다수인피난장비·승강식피난기	미끄럼대·피난사다리·구조대·완강기·다수인피난장비·승강식피난기
그 밖의 것			미끄럼대·피난사다리·구조대·완강기·피난교·피난용트랩·간이완강기[2]·공기안전매트[3]·다수인피난장비·승강식피난기	피난사다리·구조대·완강기·피난교·간이완강기[2]·공기안전매트[3]·다수인피난장비·승강식피난기

[1] 구조대의 적응성은 장애인 관련 시설로서 주된 사용자 중 스스로 피난이 불가한 자가 있는 경우에 따라 추가로 설치하는 경우에 한한다.
[2], [3] 간이완강기의 적응성은 숙박시설의 3층 이상에 있는 객실에, 공기안전매트의 적응성은 공동주택에 추가로 설치하는 경우에 한한다.

▌피난기구의 개수 설치기준

소방대상물	설치기준(1개 이상)
숙박시설·노유자시설 및 의료시설	바닥면적 500[m²]마다
위락시설·문화 및 집회시설·운동시설·판매시설 및 복합용도의 층	바닥면적 800[m²]마다
계단실형 아파트	각 세대마다
그 밖의 용도의 층	바닥면적 1,000[m²]마다

※ 숙박시설(휴양콘도미니엄은 제외)은 추가로 객실마다 완강기 또는 2 이상의 간이완강기를 설치할 것

▌피난구유도등

- 피난구유도등은 바닥으로부터 높이 1.5[m] 이상으로서 출입구에 인접하도록 설치해야 한다.
- 거실 각 부분으로부터 쉽게 도달할 수 있는 출입구에는 피난구유도등을 설치할 필요가 없다.

▌통로유도등

- 통로유도등의 설치기준

유도등	설치위치	설치장소
복도통로유도등	복 도	구부러진 모퉁이 및 보행거리 20[m]마다, 바닥으로부터 1[m] 이하
거실통로유도등	거실의 통로	구부러진 모퉁이 및 보행거리 20[m]마다, 바닥으로부터 1.5[m] 이상
계단통로유도등	경사로참 또는 계단참마다	바닥으로부터 1[m] 이하

- 구부러지지 않는 복도 또는 통로로서 길이가 30[m] 미만인 복도 또는 통로에는 통로유도등을 설치할 필요가 없다.

▌용도별 유도등 및 유도표지

설치장소	유도등 및 유도표지의 종류
1. 공연장·집회장(종교집회장 포함)·관람장·운동시설	• 대형피난구유도등
2. 유흥주점영업시설(유흥주점영업 중 손님이 춤을 출 수 있는 무대가 설치된 카바레, 나이트클럽 또는 그 밖에 이와 비슷한 영업시설만 해당)	• 통로유도등 • 객석유도등
3. 위락시설·판매시설·운수시설·관광숙박업·의료시설·장례식장·방송통신시설·전시장·지하상가·지하철역사	• 대형피난구유도등 • 통로유도등
4. 숙박시설(제3호의 관광숙박업 외의 것)·오피스텔	• 중형피난구유도등
5. 제1호부터 제3호까지 외의 지하층·무창층 또는 11층 이상	• 통로유도등
6. 제1호부터 제5호까지 외의 건축물로서 근린생활시설·노유자시설·업무시설·발전시설·종교시설(집회장 용도는 제외)·교육연구시설·수련시설·공장·창고시설·교정 및 군사시설(국방·군사시설 제외)·자동차정비공장·운전학원 및 정비학원·다중이용업소·복합건축물·아파트	• 소형피난구유도등 • 통로유도등
7. 그 밖의 것	• 피난구유도표지 • 통로유도표지

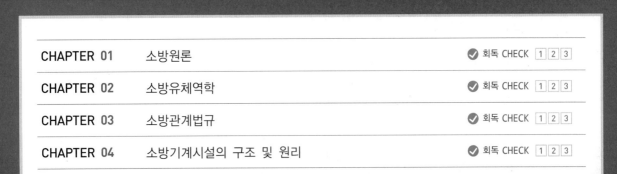

CHAPTER 01	소방원론	✔ 회독 CHECK 1 2 3
CHAPTER 02	소방유체역학	✔ 회독 CHECK 1 2 3
CHAPTER 03	소방관계법규	✔ 회독 CHECK 1 2 3
CHAPTER 04	소방기계시설의 구조 및 원리	✔ 회독 CHECK 1 2 3

PART

01

핵심이론

#출제 포인트 분석   #자주 출제된 문제   #합격 보장 필수이론

01 CHAPTER 소방원론

제1장 | 화재론

제1절 화재의 종류, 원인 및 폭발 등

핵심이론 01 화재의 정의와 특성

(1) 화재의 정의

① 자연 또는 인위적인 원인에 의해 물체를 연소시키고 인간의 신체, 재산, 생명의 손실을 초래하는 재난

② 사람의 의도에 반하여 출화 또는 방화에 의하여 불이 발생하고 확대되는 현상

③ 불이 그 사용목적을 넘어 다른 곳으로 연소하여 사람들이 예기치 않는 경제상의 손실을 가져오는 현상

(2) 화재위험성의 상호관계

제반사항	위험성
온도, 압력	높을수록 위험
인화점, 착화점, 융점, 비점	낮을수록 위험
연소범위	넓을수록 위험
연소속도, 증기압, 연소열	클수록 위험

10년간 자주 출제된 문제

밀폐된 내화건물의 실내에 화재가 발생했을 때 그 실내의 환경변화에 대한 설명 중 틀린 것은?

① 기압이 강하한다.
② 산소가 감소된다.
③ 일산화탄소가 증가한다.
④ 이산화탄소가 증가한다.

|해설|

실내에 화재가 발생하면 기압은 증가하고 산소는 감소한다.

정답 ①

핵심이론 02 화재의 종류

(1) 일반화재

목재, 종이, 합성수지류 등의 일반가연물의 화재

구 분 급 수	A급	B급	C급	D급	K급
화재의 종류	일반화재	유류화재	전기화재	금속화재	주방화재
표시색	백 색	황 색	청 색	무 색	–

(2) 유류화재

제4류 위험물의 화재

① 특수인화물 : 에터, 이황화탄소, 아세트알데하이드, 산화프로필렌 등

② 제1석유류 : 휘발유, 아세톤, 콜로디온, 벤젠, 톨루엔, MEK(메틸에틸케톤), 초산에스터류, 의산에스터류 등

③ 알코올류 : 메틸알코올, 에틸알코올, 프로필알코올로서 포화 1개에서 3개까지의 포화 1가 알코올로서 변성알코올도 포함한다.

④ 제2석유류 : 등유, 경유, 의산, 초산, 메틸셀로솔브, 에틸셀로솔브 등

⑤ 제3석유류 : 중유, 크레오소트유, 글리세린, 에틸렌글리콜 등

⑥ 제4석유류 : 기어유, 실린더유, 윤활유 등

⑦ 동식물유류 : 건성유, 반건성유, 불건성유

　※ 유류화재 시 주수소화 금지 이유 : 연소면(화재면) 확대

(3) 전기화재

전기화재는 양상이 다양한 원인 규명의 곤란이 많은 전기가 설치된 곳의 화재

※ 전기화재의 발생원인 : 합선(단락), 과부하, 누전, 스파크, 배선불량, 전열기구의 과열

(4) 금속화재

① 제1류 위험물 : 알칼리금속의 과산화물(Na_2O_2, K_2O_2)
② 제2류 위험물 : 마그네슘(Mg), 철분(Fe), 금속분(Al, Zn)
③ 제3류 위험물 : 칼륨(K), 나트륨(Na), 황린(P_4), 탄화칼슘(CaC_2) 등 물과 반응하여 가연성 가스(수소, 아세틸렌, 메테인, 포스핀)를 발생하는 물질의 화재

(5) 산불화재

① 지표화(地表火) : 바닥의 낙엽이 연소하는 형태
② 수관화(樹冠火) : 나뭇가지부터 연소하는 형태
③ 수간화(樹幹火) : 나무기둥부터 연소하는 형태
④ 지중화(地中火) : 바닥의 썩은 나무에서 발생하는 유기물이 연소하는 형태

핵심이론 03 | 가연성 가스의 폭발범위

(1) 폭발범위(연소범위)

가연성 물질이 기체상태에서 공기와 혼합하여 일정농도 범위 내에서 연소가 일어나는 범위

① 하한값(하한계) : 연소가 계속되는 최저의 용량비
② 상한값(상한계) : 연소가 계속되는 최대의 용량비

조 건	위험성
상한값이 높을수록	위험하다.
하한값이 낮을수록	위험하다.
연소범위가 넓을수록	위험하다.

(2) 공기 중의 폭발범위(연소범위)

종 류	하한계[%]	상한계[%]
아세틸렌(C_2H_2)	2.5	81.0
수소(H_2)	4.0	75.0
일산화탄소(CO)	12.5	74.0
이황화탄소(CS_2)	1.0	50.0
다이에틸에터($C_2H_5OC_2H_5$)	1.7	48.0
에틸렌(C_2H_4)	2.7	36.0
황화수소(H_2S)	4.3	45.0

(3) 위험도(Degree of Hazards)

위험도 $H = \dfrac{U - L}{L}$

여기서, U : 폭발상한계, L : 폭발하한계

(4) 혼합가스의 폭발한계값

$$L_m = \dfrac{100}{\dfrac{V_1}{L_1} + \dfrac{V_2}{L_2} + \dfrac{V_3}{L_3} + \cdots + \dfrac{V_n}{L_n}}$$

여기서, L_m : 혼합가스의 폭발한계(하한값, 상한값의 [vol%])

V_1, V_2, V_3, $\cdots$, V_n : 가연성 가스의 용량 [vol%]

L_1, L_2, L_3, $\cdots$, L_n : 가연성 가스의 하한값 또는 상한값[vol%]

10년간 자주 출제된 문제

3-1. 물질의 연소범위와 화재 위험도에 대한 설명으로 틀린 것은?
① 연소범위의 폭이 클수록 화재 위험이 높다.
② 연소범위의 하한계가 낮을수록 화재 위험이 높다.
③ 연소범위의 상한계가 높을수록 화재 위험이 높다.
④ 연소범위의 하한계가 높을수록 화재 위험이 높다.

3-2. 황화수소의 폭발한계는 얼마인가?(상온, 상압)
① 4.0~75.0[%]
② 4.3~45.0[%]
③ 2.5~81.0[%]
④ 2.1~9.5[%]

3-3. 다음 물질 중 공기 중에서의 연소범위가 가장 넓은 것은?
① 뷰테인
② 프로페인
③ 메테인
④ 수 소

3-4. 혼합가스가 존재할 경우 이 가스의 폭발하한치를 계산하면?(단, 혼합가스는 프로페인 70[%], 뷰테인 20[%], 에테인 10[%]로 혼합되었으며 각 가스의 폭발하한치는 프로페인 2.1, 뷰테인 1.8, 에테인 3.0으로 한다)
① 2.10
② 3.10
③ 4.10
④ 5.10

|해설|

3-1
연소범위
• 연소범위가 넓을수록 위험하다.
• 하한값이 낮을수록 위험하다.
• 온도와 압력을 증가하면 하한값은 불변, 상한값은 증가하므로 위험하다.

3-2
황화수소의 폭발한계 : 4.3~45.0[%]

3-3
수소의 연소범위 : 4.0~75.0[%]로 가장 넓다.

3-4
혼합가스의 폭발하한값

$$L_m = \dfrac{100}{\dfrac{V_1}{L_1} + \dfrac{V_2}{L_2} + \dfrac{V_3}{L_3}}$$

$$= \dfrac{100}{\dfrac{70}{2.1} + \dfrac{20}{1.8} + \dfrac{10}{3.0}} = 2.09$$

정답 3-1 ④ 3-2 ② 3-3 ④ 3-4 ①

(1) 폭발의 개요

① 폭발(Explosion) : 밀폐된 용기에서 갑자기 압력상승으로 인하여 외부로 순간적인 많은 압력을 방출하는 것으로 폭발속도는 0.1~10[m/s]이다.

② 폭굉(Detonation)

  ㉠ 정의 : 발열반응으로서 연소의 전파속도가 음속보다 빠른 현상으로 속도는 1,000~3,500[m/s]이다.

  ㉡ 폭굉유도거리(DID) : 최초의 완만한 연소가 격렬한 폭굉으로 발전할 때까지의 거리

  ※ 폭굉유도거리가 짧아지는 요인

- 압력이 높을수록
- 관경이 작을수록
- 관 속에 장애물이 있는 경우
- 점화원의 에너지가 강할수록
- 정상연소속도가 큰 혼합물일수록

③ 폭연(Deflagration) : 발열반응으로서 연소의 전파속도가 음속보다 느린 현상

(2) 폭발의 분류

① 물리적인 폭발

  ㉠ 화산의 폭발

  ㉡ 은하수 충돌에 의한 폭발

  ㉢ 진공용기의 파손에 의한 폭발

  ㉣ 과열 액체의 비등에 의한 증기폭발

② 화학적인 폭발

  ㉠ 산화폭발 : 가스가 공기 중에 누설 또는 인화성 액체 탱크에 공기가 유입되어 탱크 내에 점화원이 유입되어 폭발하는 현상

  ㉡ 분해폭발 : 아세틸렌, 산화에틸렌, 하이드라진과 같이 분해하면서 폭발하는 현상

  ㉢ 중합폭발 : 사이안화수소와 같이 단량체가 일정 온도와 압력으로 반응이 진행되어 분자량이 큰 중합체가 되어 폭발하는 현상

③ 가스폭발 : 가연성 가스가 산소와 반응하여 점화원에 의해 폭발하는 현상

④ 분진폭발 : 공기 속을 떠다니는 아주 작은 고체 알갱이(분진 : 75[μm] 이하의 고체입자로서 공기 중에 떠 있는 분체)가 적당한 농도 범위에 있을 때 불꽃이나 점화원으로 인하여 폭발하는 현상

  ㉠ 분진폭발의 특성

- 가스폭발에 비해 일산화탄소(CO)의 양이 많이 발생한다.
- 발화에 필요한 에너지가 크다.
- 초기의 폭발은 작지만 2차, 3차 폭발로 확대된다.

  ㉡ 종류 : 알루미늄, 마그네슘, 아연분말, 농산물, 플라스틱, 석탄, 황

  ※ 분진폭발하지 않는 물질 : 소석회, 생석회, 시멘트분

4-1. 디토네이션(Detonation)에 대한 설명이다. 틀린 것은?

① 발열반응으로서 연소의 전파속도가 그 물질 내에서의 음속보다 느린 것을 말한다.
② 물질 내 충격파가 발생하여 반응을 일으키고 또한 그 반응을 유지하는 현상이다.
③ 충격파에 의해 유지되는 화학반응현상이다.
④ 반응의 전파속도가 그 물질 내에서의 음속보다 빠른 것을 말한다.

4-2. 물리적 폭발에 해당하는 것은?

① 분해폭발   ② 분진폭발
③ 증기운폭발   ④ 수증기폭발

4-3. 다음 중 분진폭발의 위험성이 가장 낮은 것은?

① 소석회   ② 알루미늄분
③ 석탄분말   ④ 밀가루

|해설|

4-1
• Detonation(폭굉)은 전파속도가 그 물질 내에서의 음속보다 빠르다.
• Deflagration(폭연)은 발열반응으로서 연소의 전파속도가 그 물질 내에서의 음속보다 느린 것

4-2
물리적 폭발 : 수증기폭발

4-3
분진폭발 : 황, 알루미늄분, 석탄분말, 마그네슘분, 밀가루 등
※ 분진폭발 하지 않는 물질 : 소석회[$Ca(OH)_2$], 생석회(CaO), 시멘트분

정답 4-1 ① 4-2 ④ 4-3 ①

핵심이론 01 │ 연 소

(1) 연소의 정의
가연물이 공기 중에서 산소와 반응하여 열과 빛을 동반하는 급격한 산화현상

(2) 연소의 색과 온도

색 상	담암적색	암적색	적 색	휘적색	황적색	백적색	휘백색
온도[℃]	520	700	850	950	1,100	1,300	1,500 이상

(3) 연소의 3요소

① **가연물** : 목재, 종이, 석탄, 플라스틱 등과 같이 산소와 반응하여 발열반응을 하는 물질
  ㉠ 가연물의 조건
    • 열전도율이 작을 것
    • 발열량이 클 것
    • 표면적이 넓을 것
    • 산소와 친화력이 좋을 것
    • 활성화 에너지가 작을 것
  ㉡ 가연물이 될 수 없는 물질
    • 산소와 더 이상 반응하지 않는 물질
      CO_2, H_2O, Al_2O_3 등
    • 질소 또는 질소산화물
      산소와 반응은 하나 흡열반응을 하기 때문
    • 0(18)족 원소(불활성기체)
      헬륨(He), 네온(Ne), 아르곤(Ar), 크립톤(Kr), 제논(Xe), 라돈(Rn)
② **산소공급원** : 산소, 공기, 제1류 위험물, 제5류 위험물, 제6류 위험물
③ **점화원** : 전기불꽃, 정전기불꽃, 충격마찰의 불꽃, 단열압축, 나화 및 고온표면 등

1-1. 다음 중 연소와 가장 관계 깊은 화학반응은?

① 중화반응
② 치환반응
③ 환원반응
④ 산화반응

1-2. 화재에서 휘적색 불꽃의 온도는 약 몇 [℃]인가?

① 500
② 950
③ 1,300
④ 1,500

1-3. 가연물질의 구비조건 중 옳지 않은 것은?

① 열전도율이 커야 한다.
② 발열량이 커야 한다.
③ 산소와 친화력이 좋아야 한다.
④ 산소와의 표면적이 넓어야 한다.

1-4. 질소(N_2)가 불에 타지 않는 이유는?

① 흡열반응을 하기 때문에
② 연소 시 화염이 없기 때문에
③ 연소성이 대단히 적기 때문에
④ 발열반응을 하지만 발열량이 적기 때문에

1-5. 가연물인 동시에 산소공급원을 가지고 있는(자기연소) 위험물은?

① 제1류 위험물
② 제2류 위험물
③ 제5류 위험물
④ 제6류 위험물

|해설|

1-1

연소 : 가연물이 공기 중에서 산소와 반응하여 열과 빛을 동반하는 급격한 산화현상

1-2
색과 온도

색 상	담암적색	암적색	적 색	휘적색	황적색	백적색	휘백색
온도[℃]	520	700	850	950	1,100	1,300	1,500 이상

1-3

열전도율이 작아야 연소가 잘 된다.

1-4

질소는 산소와 반응은 하지만, 흡열반응을 하기 때문에 불에 타지 않는다.

1-5

자기연소성 물질(산소 + 가연물) : 제5류 위험물

정답 1-1 ④ 1-2 ② 1-3 ① 1-4 ① 1-5 ③

핵심이론 02 │ 연소의 종류 및 현상

(1) 고체의 연소

① 표면연소 : 목탄, 코크스, 숯, 금속분 등이 열분해에 의하여 가연성 가스를 발생하지 않고 그 물질 자체가 연소하는 현상

② 분해연소 : 석탄, 종이, 목재, 플라스틱 등의 연소 시 열분해에 의해 발생된 가스와 공기가 혼합하여 연소하는 현상

③ 증발연소 : 황, 나프탈렌, 왁스, 파라핀, 제4류 위험물 등과 같이 고체를 가열하면 열분해는 일어나지 않고 고체가 액체로 되어 일정온도가 되면 액체가 기체로 변화하여 기체가 연소하는 현상

④ 자기연소(내부연소) : 제5류 위험물인 나이트로셀룰로스, 질화면 등 가연물과 산소를 동시에 가지고 있는 가연물이 연소하는 현상

(2) 액체의 연소

① 증발연소 : 아세톤, 휘발유, 등유, 경유와 같이 액체를 가열하면 증기가 되어 증기가 연소하는 현상

② 액적연소 : 벙커C유와 같이 가열하여 점도를 낮추어 버너 등을 사용하여 액체의 입자를 안개상으로 분출하여 연소하는 현상

(3) 기체의 연소

① 확산연소 : 수소, 아세틸렌, 프로페인, 뷰테인 등 화염의 안정 범위가 넓고 조작이 용이하여 역화의 위험이 없는 연소

② 폭발연소 : 밀폐된 용기에 공기와 혼합가스가 있을 때 점화되면 연소속도가 증가하여 폭발적으로 연소하는 현상

③ 예혼합연소 : 가연성 기체와 공기 중의 산소를 미리 혼합하여 연소하는 현상

2-1. 숯, 코크스가 연소하는 형태는 다음 중 어느 것인가?

① 표면연소   ② 자기연소
③ 증발연소   ④ 분해연소

2-2. 분해연소의 형태를 보여주지 않는 물질은?

① 목 재   ② 경 유
③ 석 탄   ④ 종 이

2-3. 촛불의 연소형태에 해당하는 것은?

① 표면연소   ② 분해연소
③ 증발연소   ④ 자기연소

2-4. 가연물의 주된 연소형태를 잘못 연결한 것은?

① 자기연소 - 석탄   ② 분해연소 - 목재
③ 증발연소 - 황   ④ 표면연소 - 숯

2-5. 공기의 요동이 심하면 불꽃이 노즐에 정착하지 못하고 떨어지게 되어 꺼지는 현상을 무엇이라 하는가?

① 역 화   ② 블로오프
③ 불완전 연소   ④ 플래시오버

2-1

표면연소 : 숯, 코크스, 목탄, 금속분

2-2

경유 : 증발연소

2-3

증발연소 : 황, 나프탈렌, 촛불, 파라핀 등과 같이 고체를 가열하면 열분해는 일어나지 않고 고체가 액체로 되어 일정온도가 되면 액체가 기체로 변화하여 기체가 연소하는 현상

2-4

연소형태

종 류	연소형태
자기연소	나이트로셀룰로스, 셀룰로이드 등, 제5류 위험물
분해연소	종이, 목재, 석탄, 플라스틱
증발연소	황, 나프탈렌, 파라핀, 왁스, 제4류 위험물
표면연소	목탄, 코크스, 숯, 금속분

2-5

블로오프(Blow-off) : 선화상태에서 연료가스의 분출속도가 증가하거나 주위 공기의 유동이 심하면 화염이 노즐에서 연소하지 못하고 떨어져서 화염이 꺼지는 현상

정답 2-1 ① 2-2 ② 2-3 ③ 2-4 ① 2-5 ②

핵심이론 03 │ 연소에 따른 제반사항

(1) 비열(Specific Heat)

① 1[g]의 물체를 1[℃] 올리는 데 필요한 열량[cal]

② 1[lb]의 물체를 1[℉] 올리는 데 필요한 열량[BTU]

※ 물을 소화약제로 사용하는 이유 : 비열과 증발잠열이 크기 때문

(2) 잠열(Latent Heat)

어떤 물질이 온도는 변하지 않고 상태만 변화할 때 발생하는 열($Q = \gamma \cdot m$)

① 증발잠열 : 액체가 기체로 될 때 출입하는 열 (물의 증발잠열 : 539[cal/g])

② 융해잠열 : 고체가 액체로 될 때 출입하는 열 (물의 융해잠열 : 80[cal/g])

(3) 현열(Sensible Heat)

어떤 물질이 상태는 변화하지 않고 온도만 변화할 때 발생하는 열($Q = m C_p \Delta t$)

※ 0[℃]의 물 1[g]이 100[℃]의 수증기로 되는 데 필요한 열량 : 639[cal]

$$Q = m C_p \Delta t + \gamma \cdot m$$
$$= 1[g] \times 1[cal/g \cdot ℃] \times (100 - 0)[℃] + 539[cal/g] \times 1[g]$$
$$= 639[cal]$$

※ 0[℃]의 얼음 1[g]이 100[℃]의 수증기로 되는 데 필요한 열량 : 719[cal]

$$Q = \gamma_1 \cdot m + m C_p \Delta t + \gamma_2 \cdot m$$
$$= (80[cal/g] \times 1[g]) + (1[g] \times 1[cal/g \cdot ℃] \times (100 - 0)[℃]) + (539[cal/g] \times 1[g])$$
$$= 719[cal]$$

(4) 인화점(Flash Point)

① 휘발성 물질에 불꽃을 접하여 발화될 수 있는 최저의 온도

② 가연성 증기를 발생할 수 있는 최저의 온도

(5) 발화점(Ignition Point)

가연성 물질에 점화원을 접하지 않고도 불이 일어나는 최저의 온도

① 자연발화의 형태
- ㉠ 산화열에 의한 발화 : 석탄, 건성유, 고무분말
- ㉡ 분해열에 의한 발화 : 나이트로셀룰로스
- ㉢ 미생물에 의한 발화 : 퇴비, 먼지
- ㉣ 흡착열에 의한 발화 : 목탄, 활성탄
- ㉤ 중합열에 의한 발화 : 사이안화수소
- ※ 자연발화의 형태 : 산화열, 분해열, 미생물, 흡착열

② 자연발화의 조건
- ㉠ 주위의 온도가 높을 것
- ㉡ 열전도율이 작을 것
- ㉢ 발열량이 클 것
- ㉣ 표면적이 넓을 것

③ 자연발화 방지법
- ㉠ 습도를 낮게 할 것
- ㉡ 주위의 온도를 낮출 것
- ㉢ 통풍을 잘 시킬 것
- ㉣ 불활성 가스를 주입하여 공기와 접촉을 피할 것

(6) 연소점(Fire Point)

어떤 물질이 연소 시 연소를 지속할 수 있는 최저온도로서 인화점보다 10[℃] 높다.

※ 온도의 순서 : 인화점 < 연소점 < 발화점

(7) 증기밀도(Vapor Density)

$$증기밀도 = \frac{분자량}{22.4[L]} \ (0[℃], 1기압일 \ 때)$$

(8) 증기비중(Vapor Gravity)

$$증기비중 = \frac{분자량}{공기의 \ 평균 \ 분자량} = \frac{분자량}{29}$$

① 공기의 조성 : 산소(O_2) 21[%], 질소(N_2) 78[%], 아르곤(Ar) 등 1[%]

② 공기의 평균 분자량
$$= (32 \times 0.21) + (28 \times 0.78) + (40 \times 0.01) = 28.96$$
$$\fallingdotseq 29$$

10년간 자주 출제된 문제

3-1. 0[℃]의 물 1[g]이 100[℃]의 수증기가 되려면 몇 [cal]가 필요한가?

① 539　　　　　　② 639
③ 719　　　　　　④ 819

3-2. 비열이 0.9[cal/g · ℃]인 500[g]의 가연물을 50[℃]에서 300[℃]까지 올리려고 한다. 이 물질의 열용량은 얼마인가? (단, 단위는 [kcal]이다)

① 22.5　　　　　　② 112.5
③ 135　　　　　　④ 155

3-3. 휘발성 물질에 불꽃을 접하여 발화될 수 있는 최저온도를 무엇이라 하는가?

① 인화점　　　　　② 발화점
③ 자연발화점　　　④ 연소점

3-4. 햇볕에 장시간 노출된 기름걸레가 자연발화하였다. 그 원인으로 가장 적당한 것은?

① 산소의 결핍　　　② 산화열 축적
③ 단열 압축　　　　④ 정전기 발생

3-5. 다음 중 자연발화 조건이 아닌 것은?

① 열전도율이 클 것　　② 발열량이 클 것
③ 주위의 온도가 높을 것　④ 표면적이 넓을 것

|해설|

3-1

$$Q = mC\Delta t + \gamma \cdot m$$
$$= 1[g] \times 1[cal/g \cdot ℃] \times (100 - 0)[℃] + 539[cal/g] \times 1[g]$$
$$= 639[cal]$$

3-2

$$Q = mC\Delta t = 500[g] \times 0.9[cal/g℃] \times (300-50)[℃]$$
$$= 112,500[cal]$$
$$= 112.5[kcal]$$

여기서, m : 질량[g]

　　　　C : 비열

　　　　Δt : 온도차

3-3

인화점(Flash Point)

• 휘발성 물질에 불꽃을 접하여 발화될 수 있는 최저의 온도
• 가연성 증기를 발생할 수 있는 최저의 온도

3-4

기름걸레는 햇볕에 장시간 방치하면 산화열의 축적으로 자연발화한다.

3-5

자연발화의 조건

• 열전도율이 작을 것
• 발열량이 클 것
• 주위의 온도가 높을 것
• 표면적이 넓을 것

정답 3-1 ②　3-2 ②　3-3 ①　3-4 ②　3-5 ①

핵심이론 04 | 연소생성물 및 열에너지

(1) 연소생성물

가 스	현 상
CH₂CHCHO (아크롤레인)	석유제품이나 유지류가 연소할 때 생성
SO₂ (아황산가스)	황을 함유하는 유기화합물이 완전 연소 시에 발생
H₂S (황화수소)	황을 함유하는 유기화합물이 불완전 연소 시에 발생 달걀 썩는 냄새가 나는 가스
CO₂ (이산화탄소)	연소가스 중 가장 많은 양을 차지, 완전 연소 시 생성
CO (일산화탄소)	불완전 연소 시에 다량 발생, 혈액 중의 헤모글로빈 (Hb)과 결합하여 혈액 중의 산소운반 저해하여 사망
HCl (염화수소)	PVC와 같이 염소가 함유된 물질의 연소 시 생성

(2) 열에너지(열원)의 종류

① 화학열

　㉠ 연소열 : 어떤 물질이 완전히 산화되는 과정에서 발생하는 열

　㉡ 분해열 : 어떤 화합물이 분해할 때 발생하는 열

　㉢ 용해열 : 어떤 물질이 액체에 용해될 때 발생하는 열

　㉣ 자연발화

② 전기열

　㉠ 저항열 : 도체에 전류가 흐르면 전기저항 때문에 전기에너지의 일부가 열로 변할 때 발생하는 열

　㉡ 유전열 : 누설전류에 의해 절연물질이 가열하여 절연이 파괴되어 발생하는 열

　㉢ 유도열 : 도체 주위에 변화하는 자장이 존재하면 전위차를 발생하고 이 전위차로 전류의 흐름이 일어나 도체의 저항 때문에 발생하는 열

　㉣ 정전기열 : 정전기가 방전할 때 발생하는 열

　㉤ 아크열

③ 기계열

　㉠ 마찰열 : 두 물체를 마주대고 마찰시킬 때 발생하는 열

　㉡ 압축열 : 기체를 압축할 때 발생하는 열

　㉢ 마찰스파크열 : 금속과 고체물체가 충돌할 때 발생하는 열

10년간 자주 출제된 문제

4-1. 다음 연소생성물 중 인체에 가장 독성이 높은 것은?

① 이산화탄소　　　　　② 일산화탄소

③ 황화수소　　　　　　④ 포스겐

4-2. 화재 시 발생되는 연소가스 중 적은 양으로는 인체에 거의 해가 없으나 많은 양을 흡입하면 질식을 일으키며, 소화약제로도 사용되는 가스는?

① CO　　　　　　　　② CO_2

③ H_2O　　　　　　　④ H_2

4-3. 독성이 매우 높은 가스로서 석유제품, 유지 등이 연소할 때 생성되는 가스는?

① 사이안화수소　　　　② 암모니아

③ 포스겐　　　　　　　④ 아크롤레인

4-4. 화재 시 발생하는 연소가스 중에서 황분이 포함되어 있는 물질의 불완전 연소에 의해 발생하는 가스는?

① H_2SO_4　　　　　　② H_2S

③ SO_2　　　　　　　④ $PbSO_4$

4-5. 다음 항목 중 화학열이라고 할 수 없는 것은?

① 연소열　　　　　　　② 분해열

③ 압축열　　　　　　　④ 용해열

4-6. 다음 중 기계적 점화원으로만 되어 있는 것은?

① 마찰열, 기화열　　　② 용해열, 연소열

③ 압축열, 마찰열　　　④ 정전기열, 연소열

|해설|

4-1

허용농도 : 공기 중에 노출된 작업자의 신체에 해가 없는 범위에서의 농도

종 류	이산화탄소	일산화탄소	황화수소	포스겐
허용농도[ppm]	5,000	50	10	0.1

4-2

이산화탄소(CO_2)는 연소가스 중 가장 많은 양을 차지하며 적은 양으로 거의 인체에 해가 없으나 다량이 존재할 때 호흡속도를 증가시켜 질식을 일으키며, 불연성 가스이므로 소화약제로도 사용한다.

4-3

아크롤레인(CH_2CHCHO)은 석유제품, 유지류 등이 연소 시 생성하는 가스로서 자극성이 크고 맹독성이다.

4-4

황이 함유된 물질의 연소
• 불완전 연소할 때 : 황화수소(H_2S)가 발생
• 완전 연소할 때 : 아황산가스(SO_2)가 발생

4-5

화학열은 화학반응이 이루어질 때 열효과를 나타내는 것인데 압축열은 기계적 열원이다.

4-6

기계열
• 마찰열 : 두 물체를 마주대고 마찰시킬 때 발생하는 열
• 압축열 : 기체를 압축할 때 발생하는 열
• 마찰스파크열 : 금속과 고체물체가 충돌할 때 발생하는 열

정답 4-1 ④　4-2 ②　4-3 ④　4-4 ②　4-5 ③　4-6 ③

(1) 열의 전달

① 전도(Conduction) : 하나의 물체가 다른 물체와 직접 접촉하여 전달되는 현상

※ 푸리에(Fourier)법칙

고체, 유체에서 서로 접하고 있는 물질분자 간에 열이 직접 이동하는 열전도와 관련된 법칙

$$q = kA\frac{dt}{dl}[\text{kcal/h}]$$

여기서, k : 열전도도$[\text{kcal/m} \cdot \text{h} \cdot \text{℃, W/m} \cdot \text{℃}]$

A : 열전달면적$[\text{m}^2]$

dt : 온도차$[\text{℃}]$

dl : 미소거리$[\text{m}]$

※ 전도열 : 화재 시 화원과 격리된 인접 가연물에 불이 옮겨 붙는 것

② 대류(Convection)

화로에 의해서 방 안이 더워지는 현상은 대류현상에 의한 것이다.

$$q = hA\Delta t$$

여기서, h : 열전달계수$[\text{kcal/m}^2 \cdot \text{h} \cdot \text{℃}]$

A : 열전달면적$[\text{m}^2]$

Δt : 온도차$[\text{℃}]$

③ 복사(Radiation)

양지바른 곳에 햇볕을 쬐면 따뜻함을 느끼는 현상

※ 슈테판-볼츠만(Stefan-Boltzmann)법칙

복사열은 절대온도의 4제곱에 비례하고 열전달면적에 비례한다.

(2) 유류탱크(가스탱크)에서 발생하는 현상

① 보일오버(Boil Over)

㉠ 중질유탱크에서 장시간 조용히 연소하다가 탱크의 잔존기름이 갑자기 분출(Over Flow)하는 현상

㉡ 유류탱크 바닥에 물 또는 물-기름에 에멀션이 섞여 있을 때 화재가 발생하는 현상

② 슬롭오버(Slop Over) : 물이 연소유의 뜨거운 표면에 들어갈 때 기름표면에서 화재가 발생하는 현상

10년간 자주 출제된 문제

5-1. Fourier법칙(전도)에 대한 설명으로 틀린 것은?

① 이동열량은 전열체의 단면적에 비례한다.
② 이동열량은 전열체의 두께에 비례한다.
③ 이동열량은 전열체의 열전도도에 비례한다.
④ 이동열량은 전열체 내·외부의 온도차에 비례한다.

5-2. Stefan-Boltzmann의 법칙에서 복사열은 절대온도의 몇 제곱에 비례하는가?

① 2   ② 3
③ 4   ④ 5

5-3. 표면온도가 350[℃]에서 전기히터를 가열하여 750[℃]가 되었다. 복사열은 몇 배로 증가하였는가?

① 1.64배   ② 2배
③ 4배   ④ 7.27배

5-4. 중질유탱크에서 장시간 조용히 연소하다 탱크 내의 잔존 기름이 갑자기 분출하는 현상을 무엇이라고 하는가?

① 보일오버(Boil Over)
② 플래시오버(Flash Over)
③ 슬롭오버(Slop Over)
④ 프로스오버(Froth Over)

5-1

Fourier법칙(전도)

$$q = -kA\frac{dt}{dl}\,[\text{kcal/h}]$$

여기서, k : 열전도도[kcal/m · h · ℃]

$\quad\quad\quad A$: 열전달면적[m²]

$\quad\quad\quad dt$: 온도차[℃]

$\quad\quad\quad dl$: 미소거리[m]

5-2

복사열은 절대온도의 4제곱에 비례한다.

5-3

복사열은 절대온도의 4제곱에 비례한다.

350[℃]에서 열량을 Q_1

750[℃]에서 열량을 Q_2

$$\frac{Q_2}{Q_1} = \frac{(750+273)^4\,[\text{K}]}{(350+273)^4\,[\text{K}]}$$

$$= \frac{1.095 \times 10^{12}}{1.506 \times 10^{11}} = 7.27\text{배}$$

5-4

보일오버(Boil Over) : 중질유탱크에서 장시간 조용히 연소하다 탱크 내의 잔존 기름이 갑자기 분출하는 현상

정답 5-1 ② 5-2 ③ 5-3 ④ 5-4 ①

제3절 열 및 연기의 이동과 특성

핵심이론 01 | 불(열)의 성상

(1) 플래시오버(Flash Over)

① 가연성 가스를 동반하는 연기와 유독가스가 방출하여 실내의 급격한 온도 상승으로 실내 전체에 순간적으로 연기가 충만해지는 현상

② 옥내화재가 서서히 진행되어 열이 축적되었다가 일시에 화염이 크게 발생하는 상태

③ 발생시기 : 성장기에서 최성기로 넘어가는 분기점

④ 발생시간 : 화재 발생 후 6~7분경

⑤ 실내의 온도 : 800~900[℃]

⑥ 산소의 농도 : 10[%]

⑦ 최성기시간 : 내화구조는 60분 후(950[℃]), 목조건물은 10분 후(1,100[℃]) 최성기에 도달

(2) 플래시오버에 미치는 영향

① 개구부의 크기(개구율)

② 내장재료

③ 화원의 크기

④ 가연물의 종류

⑤ 실내의 표면적

⑥ 건축물의 형태

(3) 플래시오버의 지연대책

① 두꺼운 내장재 사용

② 열전도율이 큰 내장재 사용

③ 실내에 가연물 분산 적재

④ 개구부 많이 설치

(4) 플래시오버 발생시간의 영향

① 가연재료가 난연재료보다 빨리 발생한다.

② 열전도율이 작은 내장재가 빨리 발생한다.

③ 내장재의 두께가 얇은 것이 빨리 발생한다.

1-1. 건축물에 화재가 발생하여 일정 시간이 경과하게 되면 일정 공간 안에 열과 가연성 가스가 축적되고 한순간에 폭발적으로 화재가 확산되는 현상을 무엇이라 하는가?

① 보일오버현상
② 플래시오버현상
③ 패닉현상
④ 리프팅현상

1-2. 일반적으로 화재의 진행상황 중 플래시오버는 어느 시기에 발생하는가?

① 화재 발생 초기
② 성장기에서 최성기로 넘어가는 분기점
③ 성장기에서 감쇠기로 넘어가는 분기점
④ 감쇠기 이후

1-3. 플래시오버(Flash Over)의 지연대책으로 바른 것은?

① 두께가 얇은 내장재료를 사용한다.
② 열전도율이 큰 내장재료를 사용한다.
③ 주요구조부를 내화구조로 하고 개구부를 크게 설치한다.
④ 실내 가연물은 대량 단위로 집합 저장한다.

1-4. 플래시오버에 영향을 미치는 것이 아닌 것은?

① 내장재료의 종류
② 화원(火源)
③ 실의 개구율(開口率)
④ 열원(熱源)의 종류

|해설|

1-1
플래시오버현상 : 가연성 가스를 동반하는 연기와 유독가스가 방출하여 실내의 급격한 온도상승으로 실내 전체가 순간적으로 연기가 충만하는 현상

1-2
플래시오버는 성장기에서 최성기로 넘어가는 분기점에서 발생한다.

1-3
플래시오버(Flash Over)의 지연대책
• 두꺼운 내장재 사용
• 열전도율이 큰 내장재 사용
• 실내의 가연물을 분산 적재
• 개구부를 많이 설치

1-4
플래시오버에 미치는 영향
• 개구부의 크기
• 내장재료
• 화원의 크기
• 가연물의 종류
• 실내의 표면적

정답 1-1 ② 1-2 ② 1-3 ② 1-4 ④

핵심이론 02 | 연기의 성상

(1) 연기의 이동속도

방 향	수평방향	수직방향	실내계단
이동속도	0.5~1.0[m/s]	2.0~3.0[m/s]	3.0~5.0[m/s]

(2) 연기유동에 영향을 미치는 요인

① 연돌(굴뚝)효과
② 외부에서의 풍력
③ 공기유동의 영향
④ 건물 내 기류의 강제이동
⑤ 비중차
⑥ 공조설비

(3) 연기가 인체에 미치는 영향

① 질 식
② 인지능력 감소
③ 시력장애

(4) 연기의 제어방법

① 희석 : 내부의 연기는 외부로 배출하고, 외부의 신선한 공기를 유입하여 위험 수준 이하로 희석시키는 방법
② 배기 : 스모크샤프트와 같이 내부의 연기를 외부로 배출시키는 방법
③ 차단 : 출입문, 벽, 댐퍼 등 차단물을 설치하는 방법과 방호대상물과 연기체류장소 사이의 압력차를 이용하는 방법으로 연기가 들어오지 못하도록 차단하는 것이다.

(5) 연기농도와 가시거리

감광계수[m⁻¹]	가시거리[m]	상 황
0.1	20~30	연기감지기가 작동할 때의 정도
0.3	5	건물 내부에 익숙한 사람이 피난에 지장을 느낄 정도
0.5	3	어둠침침한 것을 느낄 정도
1	1~2	거의 앞이 보이지 않을 정도
10	0.2~0.5	화재 최성기 때의 정도

2-1. 화재 발생 시 발생하는 연기에 대한 설명으로 틀린 것은?

① 연기의 유동속도는 수평방향이 수직방향보다 빠르다.
② 동일한 가연물에 있어 환기지배형 화재가 연료지배형 화재에 비하여 연기발생량이 많다.
③ 고온상태의 연기는 유동확산이 빨라 화재전파의 원인이 되기도 한다.
④ 연기는 일반적으로 불완전 연소 시에 발생한 고체, 액체, 기체 생성물의 집합체이다.

2-2. 건물화재 시 연기가 건물 밖으로 이동하는 주된 요인이 아닌 것은?

① 굴뚝효과
② 건물 내부의 냉방 작동
③ 온도 상승에 따른 기체의 팽창
④ 기후조건

2-3. 연기감지기가 작동할 정도의 연기농도는 감광계수로 얼마 정도인가?

① 1.0[m⁻¹]   ② 2.0[m⁻¹]
③ 0.1[m⁻¹]   ④ 10[m⁻¹]

2-4. 화재 최성기 때의 정도의 연기농도는 감광계수로 얼마정도인가?

① 1.0[m⁻¹]   ② 2.0[m⁻¹]
③ 0.1[m⁻¹]   ④ 10[m⁻¹]

|해설|

2-1

연기의 유동속도

방 향	수평방향	수직방향	계단실 내
이동속도	0.5~1.0[m/s]	2~3[m/s]	3~5[m/s]

2-2

건물 내부의 냉방 작동은 연기의 이동요인이 아니다.

2-3, 2-4

연기농도와 가시거리

감광계수[m⁻¹]	가시거리[m]	상 황
0.1	20~30	연기감지기가 작동할 때의 정도
10	0.2~0.5	화재 최성기 때의 정도

정답 2-1 ① 2-2 ② 2-3 ③ 2-4 ④

| 제4절 | 건축물의 화재성상 |

핵심이론 01 목조건축물의 화재

(1) 열전도율
목재의 열전도율은 콘크리트나 철재보다 적다.

(2) 목재의 연소과정

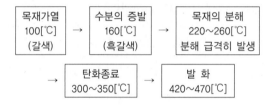

(3) 목조건축물의 화재 진행과정

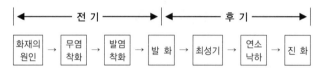

※ 무염 착화 : 가연물이 연소하면서 재로 덮힌 숯불모양으로 불꽃 없이 착화하는 현상

※ 발염 착화 : 무염상태의 가연물에 바람을 주어 불꽃이 발생되면서 착화하는 현상

(4) 목조건축물의 화재온도 표준곡선
① 목조건축물의 경과시간

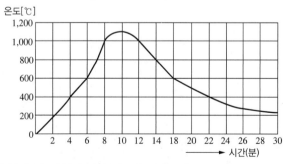

② 풍속에 따른 연소시간

풍속[m/s]	발화 → 최성기	최성기 → 연소낙하	발화 → 연소낙하
0~3	5~15분	6~19분	13~24분

(5) 목조건축물의 화재원인
① 접염 : 화염 또는 열의 접촉에 의하여 불이 옮겨 붙는 것
② 복사열 : 복사파에 의하여 열이 고온에서 저온으로 이동하는 것
③ 비화 : 화재현장에서 불꽃이 날아가 먼 지역까지 발화하는 현상

(6) 출화의 종류
① 옥내출화
　　㉠ 천장 및 벽 속 등에서 발염 착화할 때
　　㉡ 불연천장인 경우 실내에서는 그 뒤판에 발염 착화할 때
　　㉢ 가옥구조일 때 천장판에서 발염 착화할 때
② 옥외출화
　　㉠ 창, 출입구 등에서 발염 착화할 때
　　㉡ 목재가옥에서는 벽, 추녀 밑의 판자나 목재에 발염 착화할 때

1-1. 다음 그림에서 목조건축물의 화재온도-표준곡선으로 옳은 것은?

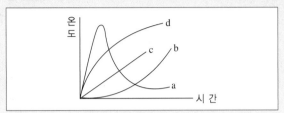

① a
② b
③ c
④ d

1-2. 화재 발생 시 건축물의 화재를 확대시키는 주 요인이 아닌 것은?

① 비 화
② 복사열
③ 화염의 접촉(접염)
④ 흡착열에 의한 발화

|해설|

1-1

화재온도-표준곡선
• a : 목조건축물(고온단기형)
• d : 내화건축물(저온장기형)

1-2

건축물 화재의 확대요인 : 접염, 비화, 복사열

정답 1-1 ① 1-2 ④

핵심이론 02 │ 내화건축물의 화재

(1) 내화건축물의 화재성상

내화건축물의 화재성상은 저온장기형이다.

※ 건축물의 화재성상
• 내화건축물의 화재성상 : 저온장기형
• 목조건축물의 화재성상 : 고온단기형

(2) 내화건축물의 화재의 진행과정

※ 성장기 : 개구부 등 공기의 유통구가 생기면 연소가 급격히 진행되어 실내는 순간적으로 화염에 가득 휩싸이는 시기

(3) 내화건축물의 표준시간-온도곡선

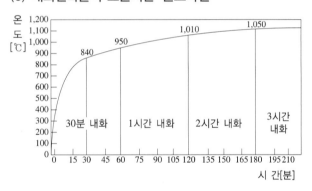

2-1. 건축물의 화재성상 중 내화건축물의 화재성상으로 옳은 것은?

① 저온장기형
② 고온단기형
③ 고온장기형
④ 저온단기형

2-2. 내화구조의 표준시간-온도곡선에서 화재 발생 후 1시간이 경과할 경우 내부온도는 약 몇 [℃] 정도 되는가?

① 225[℃]
② 625[℃]
③ 840[℃]
④ 950[℃]

|해설|

2-1

화재성상

• 목조건축물 : 고온단기형
• 내화건축물 : 저온장기형

2-2

내화건축물의 표준시간-온도곡선의 내부온도

시 간	30분 후	1시간 후	2시간 후	3시간 후
온 도	840[℃]	950[℃]	1,010[℃]	1,050[℃]

정답 2-1 ① 2-2 ④

핵심이론 03 │ 화재하중 및 화재가혹도

(1) 화재하중

단위면적당 가연성 수용물의 양으로서 건물화재 시 발열량 및 화재의 위험성을 나타내는 용어이고, 화재의 규모를 결정하는 데 사용된다.

$$Q = \frac{\sum(G_t \times H_t)}{H \times A} = \frac{Q_t}{4,500 \times A}\,[\mathrm{kg/m^2}]$$

여기서, G_t : 가연물의 질량

H_t : 가연물의 단위발열량[kcal/kg]

H : 목재의 단위발열량(4,500[kcal/kg])

A : 화재실의 바닥면적[m²]

Q_t : 가연물의 전발열량[kcal]

[소방대상물의 화재하중]

소방대상물	주택·아파트	사무실	창 고	시 장	도서실	교 실
화재하중 [kg/m²]	30~60	30~150	200~1,000	100~200	100~250	30~45

(2) 화재가혹도(화재심도, Fire Severity)

① 발생한 화재가 해당 건물과 그 내부의 수용 재산 등을 파괴하거나 손상을 입히는 능력의 정도로서 주수율 [L/m²·min]을 결정하는 인자이다.

② 화재 시 최고온도와 그때의 지속시간은 화재의 규모를 판단하는 중요한 요소가 된다.

※ 화재가혹도 = 최고온도 × 지속시간

③ 화재가혹도가 크면 그만큼 건물과 기타 재산의 손실은 커지고, 화재가혹도가 작으면 그 손실은 작아지는 것이다.

3-1. 화재실 혹은 화재공간의 단위바닥면적에 대한 등가가연물량의 값을 화재하중이라 하며 식으로 표시할 경우에는 $Q = \sum(G_t \cdot H_t)/H \cdot A$와 같이 표현할 수 있다. 여기서 H는 무엇을 나타내는가?

① 목재의 단위발열량
② 가연물의 단위발열량
③ 화재실 내 가연물의 전체 발열량
④ 목재의 단위발열량과 가연물의 단위발열량을 합한 것

3-2. 다음 중 화재하중을 나타내는 단위는?

① [kcal/kg]
② [℃/m²]
③ [kg/m²]
④ [kg/kcal]

|해설|

3-1
H : 목재의 단위발열량(4,500[kcal/kg])

3-2
화재하중의 단위는 [kg/m²]이다.

정답 3-1 ① 3-2 ③

핵심이론 04 | 화재 발생 시 나타나는 현상

(1) 백드래프트(Back Draft)

① 정의 : 밀폐된 공간에서 화재 발생 시 산소 부족으로 불꽃을 내지 못하고 가연성 가스만 축적되어 있는 상태에서 갑자기 문을 개방하면 신선한 공기 유입으로 폭발적인 연소가 시작되는 현상으로 감쇠기에 발생한다.

② Back Draft의 발생현상
  ㉠ 건물 벽체의 도괴
  ㉡ 농연 발생 및 분출
  ㉢ Fire Ball의 형성

③ Flash Over와 Back Draft의 비교

구분\n항목	Flash Over	Back Draft
정의	가연성 가스를 동반하는 연기와 유독가스가 방출하여 실내의 급격한 온도 상승으로 실내 전체로 확산되어 연소하는 현상	밀폐된 공간에서 소방대가 화재진압을 위하여 화재실의 문을 개방할 때 신선한 공기유입으로 실내에 축적되었던 가연성 가스가 폭발적으로 연소함으로써 화재가 폭풍을 동반하여 실외로 분출되는 현상
발생시기	성장기(1단계)	감쇠기(3단계)
조건	• 산소농도 : 10[%]\n• CO₂/CO = 150	실내가 충분히 가열하여 다량의 가연성 가스가 축적할 때
공급요인	열의 공급	산소의 공급
폭풍 혹은 충격파	수반하지 않는다.	수반한다.
피해	• 인접 건축물에 대한 연소 확대 위험\n• 개구부에서 화염 혹은 농연의 분출	• Fire Ball의 형성\n• 농연의 분출
방지대책	• 가연물의 제한\n• 개구부의 제한\n• 천장의 불연화\n• 화원의 억제	• 폭발력의 억제\n• 격리 및 환기\n• 소화

(2) 롤오버(Roll Over)

화재 발생 시 천장 부근에 축적된 가연성 가스가 연소범위에 도달하면 천장 전체의 연소가 시작하여 불덩어리가 천장을 굴러다니는 것처럼 뿜어져 나오는 현상

4-1. Back Draft에 관한 설명 중 옳지 않은 것은?

① 가연성 가스의 발생량이 많고 산소의 공급이 일정하지 않는 경우에 발생한다.
② 내화건물의 화재 초기에 작은 실에서 많이 발생한다.
③ 화염이 숨쉬는 것처럼 분출이 반복되는 현상이다.
④ 공기의 공급이 원활한 경우에는 발생하지 않는다.

4-2. 화재 발생 시 천장부근에 축적된 가연성 가스가 연소범위에 도달하면 천장 전체의 연소가 시작하여 불덩어리가 천장을 굴러다니는 것처럼 뿜어져 나오는 현상을 무엇이라 하는가?

① 보일오버(Boil Over)
② 롤오버(Roll Over)
③ 백드래프트(Back Draft)
④ 플래시오버(Fash Over)

|해설|

4-1
백드래프트(Back Draft)
• 정의 : 밀폐된 공간에서 화재 발생 시 산소 부족으로 불꽃을 내지 못하고 가연성 가스만 축적되어 있는 상태에서 갑자기 문을 개방하면 신선한 공기 유입으로 폭발적인 연소가 시작되는 현상으로 감쇠기에 발생한다.
• Back Draft의 발생현상
 – 건물 벽체의 도괴
 – 농연 발생 및 분출
 – Fire Ball의 형성

4-2
롤오버(Roll Over)에 대한 설명이다.

정답 4-1 ② 4-2 ②

핵심이론 01 | 화재의 위험성

(1) 발화성(금수성) 물질

황린, 나트륨, 칼륨, 금속분(마그네슘, 아연), 카바이드(탄화칼슘) 등 일정온도 이상에서 착화원이 없어도 스스로 연소하거나 물과 접촉하여 가연성 가스를 발생하는 물질

(2) 인화성 물질

이황화탄소, 에터, 아세톤, 가솔린, 등유, 경유, 중유 등 액체표면에서 증발된 가연성 증기와의 혼합기체에 의한 폭발 위험성을 가진 물질

(3) 가연성 물질

15[℃], 1[atm]에서 기체상태인 가연성 가스
• 불연성 가스 : 질소, 이산화탄소, 18족 원소, 수증기
• 조연성 가스 : 자신은 연소하지 않고 연소를 도와주는 가스(산소, 공기, 플루오린, 염소 등)

(4) 산화성 물질

제1류 위험물(산화성 고체)과 제6류 위험물(산화성 액체)

(5) 폭발성 물질

TNT(트라이나이트로톨루엔), 피크르산, 나이트로메테인 등 나이트로기($-NO_2$)가 있는 물질로서 강한 폭발성을 가진 물질
① 물리적인 폭발 : 화산폭발, 진공용기의 과열폭발, 증기폭발
② 화학적 폭발 : 산화폭발, 분해폭발, 중합폭발, 가스폭발

1-1. 가연성 가스가 아닌 것은?

① 일산화탄소
② 프로페인
③ 수 소
④ 아르곤

1-2. 조연성 가스로만 나열되어 있는 것은?

① 질소, 플루오린, 수증기
② 산소, 플루오린, 염소
③ 산소, 이산화탄소, 오존
④ 질소, 이산화탄소, 염소

|해설|

1-1

가연성 가스 : 일산화탄소, 프로페인, 수소

※ 아르곤(Ar) : 0족 원소(불활성기체)

1-2

조연성 가스 : 자신은 연소하지 않고 연소를 도와주는 가스(산소, 공기, 플루오린, 염소)

※ 이산화탄소, 수증기 : 불연성 가스

정답 1-1 ④ 1-2 ②

핵심이론 02 | 위험물의 종류 및 성상

(1) 제1류 위험물

구 분	내 용
성 질	산화성 고체
품 명	① 아염소산염류, 염소산염류, 과염소산염류 ② 무기과산화물, 브로민산염류, 질산염류 ③ 아이오딘산염류, 과망가니즈산염류, 다이크로뮴산염류 등
소화방법	물에 의한 냉각소화(무기과산화물은 건조된 모래에 의한 질식소화)

(2) 제2류 위험물

구 분	내 용
성 질	가연성 고체(환원성 물질)
품 명	① 황화인, 적린, 황 ② 철분, 마그네슘, 인화성 고체 ③ 금속분
성 상	금속분은 물이나 산과 접촉 시 가연성 가스인 수소를 발생한다.
소화방법	물에 의한 냉각소화(금속분은 건조된 모래에 의한 질식소화)

(3) 제3류 위험물

구 분	내 용
성 질	자연발화성 및 금수성 물질
품 명	① 칼륨, 나트륨, 알킬알루미늄, 알킬리튬 ② 황린, 알칼리금속 및 알칼리토금속 ③ 유기금속화합물, 칼슘 또는 알루미늄의 탄화물류
소화방법	건조된 모래에 의한 소화(황린은 주수소화 가능)

(4) 제4류 위험물

구 분	내 용
성 질	인화성 액체
품 명	① 특수인화물(다이에틸에터, 아세트알데하이드, 산화프로필렌 등) ② 제1석유류(아세톤, 가솔린, 피리딘, 사이안화수소, 메틸에틸케톤 등) ③ 제2석유류(등유, 경유, 클로로벤젠, 테레핀유, o, m, p-크실렌, 초산, 의산 등) ④ 제3석유류(중유, 크레오소트유, 나이트로벤젠, 아닐린, 글리세린, 에틸렌글리콜 등) ⑤ 제4석유류(기어유, 실린더유, 가소제, 윤활유 등) ⑥ 알코올류(메틸알코올, 에틸알코올, 프로필알코올, 변성알코올) ⑦ 동식물유류(건성유, 반건성유, 불건성유)
소화방법	포, CO₂, 할론, 할로겐화합물 및 불활성기체, 분말에 의한 질식소화(수용성 액체는 알코올용 포로 소화)

※ 제4류 위험물 주수소화 금지이유 : 화재면(연소면) 확대

(5) 제5류 위험물

구 분	내 용
성 질	자기반응성(내부연소성) 물질
품 명	① 유기과산화물 ② 질산에스터류(나이트로셀룰로스, 나이트로글리세린, 셀룰로이드 등) ③ 나이트로화합물(TNT, 피크르산) ④ 나이트로소화합물 ⑤ 아조화합물, 다이아조화합물, 하이드라진유도체
소화방법	주수소화

(6) 제6류 위험물

구 분	내 용
성 질	산화성 액체
품 명	과염소산, 과산화수소, 질산
소화방법	주수소화

2-1. 제1류 위험물로서 그 성질이 산화성 고체인 것은?

① 아염소산염류 ② 과염소산
③ 금속분류 ④ 셀룰로이드류

2-2. 다음 중 연소 시 아황산가스를 발생시키는 것은?

① 적 린 ② 황
③ 트라이에틸알루미늄 ④ 황 린

2-3. 다음 물질 중 물과 반응하여 가연성 기체를 발생하지 않는 것은?

① 칼 륨 ② 인화아연
③ 산화칼슘 ④ 탄화알루미늄

2-4. 물을 사용하여 소화가 가능한 물질은?

① 트라이메틸알루미늄 ② 나트륨
③ 칼 륨 ④ 적 린

2-5. 제3류 위험물 중 자연발화성만 있고 금수성이 없기 때문에 물속에 보관하는 물질은?

① 알킬리튬 ② 황 린
③ 칼 륨 ④ 알루미늄 탄화물류

2-6. 알킬알루미늄의 소화에 가장 적합한 소화약제는?

① 마른모래 ② 분무상의 물
③ 할 론 ④ 이산화탄소

2-7. 탄화칼슘이 물과 반응 시 발생하는 가연성 가스는?

① 메테인 ② 포스핀
③ 아세틸렌 ④ 수 소

2-8. 다음 위험물 중 특수인화물이 아닌 것은?

① 아세톤 ② 다이에틸에터
③ 산화프로필렌 ④ 아세트알데하이드

2-9. 동식물유류에서 "아이오딘값이 크다"라는 의미와 가장 가까운 것은 무엇인가?

① 불포화도가 높다. ② 불건성유이다.
③ 자연발화성이 낮다. ④ 산소와의 결합이 어렵다.

2-1

제1류 위험물(산화성 고체) : 아염소산염류, 염소산염류, 과염소산염류, 질산염류 등

2-2

연소반응식

- 적린 $4P + 5O_2 \rightarrow 2P_2O_5$
- 황 $S + O_2 \rightarrow SO_2$
- 트라이에틸알루미늄
  $2(C_2H_5)_3Al + 21O_2 \rightarrow Al_2O_3 + 12CO_2 + 15H_2O$
- 황린 $P_4 + 5O_2 \rightarrow 2P_2O_5$

※ 아황산가스(SO_2), 오산화인(P_2O_5)

2-3

물과 반응식

- $2K + 2H_2O \rightarrow 2KOH + H_2$
- $Zn_3P_2 + 6H_2O \rightarrow 3Zn(OH)_2 + 2PH_3$
- $CaO + H_2O \rightarrow Ca(OH)_2 + Q\,kcal$
- $Al_4C_3 + 12H_2O \rightarrow 4Al(OH)_3 + 3CH_4$

※ 수소(H_2), 포스핀(PH_3), 메테인(CH_4) : 가연성 가스

2-4

물과 반응식

종 류	유 별	물과 반응
트라이메틸알루미늄	제3류 위험물	$(C_2H_5)_3Al + 3H_2O$ $\rightarrow Al(OH)_3 + 3C_2H_6 \uparrow$
나트륨	제3류 위험물	$2Na + 2H_2O \rightarrow 2NaOH + H_2$
칼 륨	제3류 위험물	$2K + 2H_2O \rightarrow 2KOH + H_2$
적 린	제2류 위험물	물과 반응하지 않음

∴ 적린은 주수소화가 가능하다.

2-5

황린(P_4)은 자연발화성 물질로서 물속에 저장한다.

2-6

알킬알루미늄의 소화약제 : 마른모래, 팽창질석, 팽창진주암

2-7

탄화칼슘(카바이드)은 물과 반응하면 수산화칼슘[소석회, $Ca(OH)_2$]과 아세틸렌(C_2H_2)가스를 발생한다.
$CaC_2 + 2H_2O \rightarrow Ca(OH)_2 + C_2H_2 \uparrow$

2-8

제4류 위험물의 특수인화물 : 다이에틸에터, 산화프로필렌, 아세트알데하이드, 이황화탄소 등

※ 아세톤 : 제4류 위험물 제1석유류

2-9

아이오딘값이 크면

- 불포화도가 높다.
- 건성유이다.
- 자연발화성이 높다.
- 산소와 결합이 쉽다.

정답 2-1 ① 2-2 ② 2-3 ③ 2-4 ④ 2-5 ② 2-6 ① 2-7 ③ 2-8 ① 2-9 ①

제1절 **건축물의 내화성상[건축물의 피난·방화구조 등의 기준에 관한 규칙]**

핵심이론 01 건축물의 내화구조, 방화구조

(1) 내화구조(건피방 제3조)

내화 구분		내화구조의 기준
벽	모든 벽	① 철근콘크리트조 또는 철골·철근콘크리트조로서 두께가 10[cm] 이상인 것 ② 골구를 철골조로 하고 그 양면을 두께 4[cm] 이상의 철망모르타르로 덮은 것 ③ 두께 5[cm] 이상의 콘크리트 블록·벽돌 또는 석재로 덮은 것 ④ 철재로 보강된 콘크리트블록조·벽돌조 또는 석조로서 철재에 덮은 콘크리트블록 등의 두께가 5[cm] 이상인 것 ⑤ 벽돌조로서 두께가 19[cm] 이상인 것 ⑥ 고온·고압의 증기로 양생된 경량기포콘크리트패널 또는 경량기포콘크리트블록조로서 두께가 10[cm] 이상인 것
	외벽 중 비내력벽	① 철근콘크리트조 또는 철골·철근콘크리트조로서 두께가 7[cm] 이상인 것 ② 골구를 철골조로 하고 그 양면을 두께 3[cm] 이상의 철망모르타르 또는 두께 4[cm] 이상의 콘크리트 블록·벽돌 또는 석재로 덮은 것 ③ 철재로 보강된 콘크리트블록조·벽돌조 또는 석조로서 철재에 덮은 콘크리트블록 등의 두께가 4[cm] 이상인 것 ④ 무근콘크리트조·콘크리트블록조·벽돌조 또는 석조로서 두께가 7[cm] 이상인 것
기 둥 (작은 지름이 25[cm] 이상인 것)		① 철근콘크리트조 또는 철골·철근콘크리트조 ② 철골을 두께 6[cm] 이상의 철망모르타르로 덮은 것 ③ 철골을 두께 7[cm] 이상의 콘크리트 블록·벽돌 또는 석재로 덮은 것 ④ 철골을 두께 5[cm] 이상의 콘크리트로 덮은 것
바 닥		① 철근콘크리트조 또는 철골·철근콘크리트조로서 두께가 10[cm] 이상인 것 ② 철재로 보강된 콘크리트블록조·벽돌조 또는 석조로서 철재에 덮은 두께가 5[cm] 이상인 것 ③ 철재의 양면을 두께 5[cm] 이상의 철망모르타르 또는 콘크리트로 덮은 것

(2) 방화구조(건피방 제4조)

① 철망모르타르로서 그 바름두께가 2[cm] 이상인 것
② 석고판 위에 시멘트모르타르 또는 회반죽을 바른 것으로서 그 두께의 합계가 2.5[cm] 이상인 것
③ 시멘트모르타르 위에 타일을 붙인 것으로서 그 두께의 합계가 2.5[cm] 이상인 것
④ 심벽에 흙으로 맞벽치기한 것

10년간 자주 출제된 문제

1-1. 다음 중 내화구조에 해당되는 것은?
① 두께 1.2[cm] 이상의 석고판 위에 석면 시멘트판을 붙인 것
② 철근콘크리트의 벽으로서 두께가 10[cm] 이상인 것
③ 철망모르타르로서 그 바름두께가 2[cm] 이상인 것
④ 심벽에 흙으로 맞벽치기 한 것

1-2. 내화구조의 철근콘크리트조 기둥은 그 작은 지름을 최소 몇 [cm] 이상으로 하는가?
① 10
② 15
③ 20
④ 25

1-3. 내화구조의 건축물이라고 할 수 없는 것은?
① 철골조의 계단
② 철근콘크리트조의 지붕
③ 철근콘크리트조로서 두께 10[cm] 이상의 벽
④ 철골·철근콘크리트조로서 두께 5[cm] 이상의 바닥

1-4. 방화구조에 대한 기준으로 틀린 것은?
① 철망모르타르로서 그 바름두께가 2[cm] 이상일 것
② 두께 2.5[cm] 이상의 석고판 위에 시멘트모르타르를 붙일 것
③ 두께 2[cm] 이상의 암면보온판 위에 석면시멘트판을 붙일 것
④ 심벽에 흙으로 맞벽치기 한 것

1-1

내화구조 : 철근콘크리트의 벽으로서 두께가 10[cm] 이상인 것

1-2

내화구조의 기준

내화구분	내화구조의 기준
기 둥 (작은 지름이 25[cm] 이상인 것)	① 철근콘크리트조 또는 철골·철근콘크리트조 ② 철골을 두께 6[cm] 이상의 철망모르타르로 덮은 것 ③ 철골을 두께 7[cm] 이상의 콘크리트 블록·벽돌 또는 석재로 덮은 것 ④ 철골을 두께 5[cm] 이상의 콘크리트로 덮은 것

1-3

내화구조의 바닥 : 철근콘크리트조 또는 철골·철근콘크리트조로서 두께가 10[cm] 이상인 것

1-4

방화구조

구조 내용	방화구조의 기준
철망모르타르 바르기	바름두께가 2[cm] 이상인 것
• 석고판 위에 시멘트모르타르, 회반죽을 바른 것 • 시멘트모르타르 위에 타일을 붙인 것	두께의 합계가 2.5[cm] 이상인 것
심벽에 흙으로 맞벽치기한 것	그대로 모두 인정됨

정답 1-1 ② 1-2 ④ 1-3 ④ 1-4 ③

핵심이론 02 | 건축물의 방화벽, 방화문, 주요구조부 등

(1) 방화벽(건피방 제21조)

화재 시 연소의 확산을 막고 피해를 줄이기 위해 주로 목조건축물에 설치하는 벽

① 내화구조로서 홀로 설 수 있는 구조일 것

② 방화벽의 양쪽 끝과 윗쪽 끝을 건축물의 외벽면 및 지붕면으로부터 0.5[m] 이상 튀어 나오게 할 것

③ 방화벽에 설치하는 출입문의 너비 및 높이는 각각 2.5[m] 이하로 하고, 해당 출입문에는 60분 + 방화문 또는 60분 방화문을 설치할 것

(2) 방화문(건축법 시행령 제64조)

구 분	정 의
60분 + 방화문	연기 및 불꽃을 차단할 수 있는 시간이 60분 이상이고, 열을 차단할 수 있는 시간이 30분 이상인 방화문
60분 방화문	연기 및 불꽃을 차단할 수 있는 시간이 60분 이상인 방화문
30분 방화문	연기 및 불꽃을 차단할 수 있는 시간이 30분 이상 60분 미만인 방화문

(3) 주요구조부

주요구조부 : 내력벽, 기둥, 바닥, 보, 지붕틀, 주계단

※ 주요구조부 제외 : 사잇벽, 사잇기둥, 최하층의 바닥, 작은 보, 차양, 옥외계단

(4) 불연재료 등

① 불연재료 : 콘크리트, 석재, 벽돌, 기와, 철강, 알루미늄, 유리, 시멘트모르타르, 회 등 불에 타지 않는 성질을 가진 재료로서 국토교통부령으로 정하는 기준에 적합한 구조

② 준불연재료 : 불연재료에 준하는 성질을 가진 재료로서 국토교통부령으로 정하는 기준에 적합한 구조

2-1. 건축물에 설치하는 방화벽이 갖추어야 할 기준으로 틀린 것은?

① 내화구조로서 홀로 설 수 있는 구조일 것
② 방화벽의 양쪽 끝과 위쪽 끝을 건축물의 외벽면 및 지붕면으로부터 0.1[m] 이상 튀어 나오게 할 것
③ 방화벽에 설치하는 출입문의 너비는 2.5[m] 이하로 할 것
④ 방화벽에 설치하는 출입문의 높이는 2.5[m] 이하로 할 것

2-2. 건축물에 설치하는 방화문에 대한 설명으로 옳은 것은?

① 60분＋방화문은 연기 및 불꽃을 차단할 수 있는 시간이 60분 이상이고, 열을 차단할 수 있는 시간이 60분 이상인 방화문이다.
② 60분 방화문은 연기 및 열을 차단할 수 있는 시간이 60분 이상인 방화문이다.
③ 60분 방화문은 연기 및 불꽃을 차단할 수 있는 시간이 30분 이상인 방화문이다.
④ 60분＋방화문은 연기 및 불꽃을 차단할 수 있는 시간이 60분 이상이고, 열을 차단할 수 있는 시간이 30분 이상인 방화문이다.

2-3. 건축물의 주요구조부가 아닌 것은?

① 차 양   ② 보
③ 기 둥   ④ 바 닥

| 해설 |

2-1
방화벽의 양쪽 끝과 위쪽 끝을 건축물의 외벽면 및 지붕면으로부터 0.5[m] 이상 튀어 나오게 할 것

2-2
본문 참조

2-3
주요구조부 : 내력벽, 기둥, 바닥, 보, 지붕틀, 주계단

정답 2-1 ② 2-2 ④ 2-3 ①

핵심이론 03 │ 건축물의 방화구획

(1) 방화구획의 기준(건피방 제14조)

구획의 종류		구획기준
면적별 구획	10층 이하	• 바닥면적 1,000[m²] • 자동식소화설비(스프링클러설비)설치 시 3,000[m²]
	11층 이상	• 바닥면적 200[m²] • 자동식소화설비(스프링클러설비)설치 시 600[m²] • 내장재가 불연재료의 경우 500[m²] • 내장재가 불연재료면서 자동식소화설비 (스프링클러설비)설치 시 1,500[m²]
층별 구획		매 층마다 구획(지하 1층에서 지상으로 직접 연결하는 경사로 부위는 제외)

※ 연소확대 방지를 위한 방화구획
• 층별 또는 면적별로 구획
• 위험용도별 구획
• 방화댐퍼설치

(2) 방화구획의 구조

① 방화구획으로 사용되는 60분＋방화문 또는 60분 방화문은 언제나 닫힌 상태를 유지하거나 화재로 인한 연기의 발생 또는 온도 상승에 의하여 자동으로 닫히는 구조로 할 것
② 급수관, 배전반 기타의 관이 방화구획 부분을 관통하는 경우에는 그 관과 방화구획과의 틈을 시멘트모르타르 기타 불연재료로 메울 것
③ 방화댐퍼를 설치할 것

3-1. 건축물에 설치하는 방화구획의 설치기준 중 스프링클러설비를 설치한 11층 이상의 층은 바닥면적 몇 [m²] 이내마다 방화구획을 해야 하는가?(단, 벽 및 반자의 실내에 접하는 부분의 마감은 불연재료가 아닌 경우이다)

① 200[m²]

② 600[m²]

③ 1,000[m²]

④ 3,000[m²]

3-2. 연소확대 방지를 위한 방화구획과 관계없는 것은?

① 일반승강기의 승강장 구획

② 층별 또는 면적별 구획

③ 용도별 구획

④ 방화댐퍼

3-3. 건물 내부를 방화구획해야 하는데 그에 따른 효과로 볼 수 없는 것은?

① 인접구역으로의 화재확대 방지

② 플래시오버의 억제

③ 화재의 제한

④ 화재진압 효과의 증대

|해설|

3-1

11층 이상 방화구획의 기준은 스프링클러설비가 설치된 자동식소화설비는 600[m²] 이내마다 방화구획해야 한다.

3-2

연소확대 방지를 위한 방화구획과 관계 : 층별, 면적별, 용도별 구획, 방화댐퍼 등

3-3

방화구획에 따른 효과

• 인접으로의 화재확대 방지

• 화재의 제한

• 화재진압효과의 증대

정답 **3-1** ② **3-2** ① **3-3** ②

핵심이론 01 | 건축물의 방화대책

(1) 건축물 전체의 불연화

① 내장재의 불연화

② 일반설비의 배관, 기자재, 보랭재의 불연화

③ 가연물의 수납 적재, 가연물의 양 규제

(2) 건축물의 방재계획

① 부지선정 및 배치계획 : 소화활동 및 구조활동을 위해서 충분한 광장 확보

② 단면계획

  ㉠ 화염이 다른 층으로 이동하지 못하도록 구획

  ㉡ 상하층 간의 배관 및 장치 등의 관통으로 발생되는 공간 : 내화재료로 메워 줄 것

  ㉢ 상하층을 관통하는 계단 : 명확한 2방향의 피난 원칙 적용

③ 재료계획

  ㉠ 내장재, 외장재, 마감재 등 : 불연성능, 내화성능

  ㉡ 장식물 등 : 불연성능

④ 평면계획

  ㉠ 화재에 의한 피해를 작은 범위로 한정하기 위한 것(방화구획을 작게 한다)

  ㉡ 방화벽, 방화문 등을 방화구획의 경계 부분에 설치하여 화재를 차단

  ㉢ 소방대의 진입, 통로, 피난 : 명확한 2방향 이상의 피난 동선을 확보

⑤ 입면계획

  ㉠ 벽과 개구부가 가장 큰 요소 : 화재예방, 소화, 구출, 피난, 연소방지 등의 계획 수립

  ㉡ 이웃 건물과 접해 있는 개구부 : 방화셔터, 방화문 등을 설치

  ㉢ 진입구 확보 : 원활한 소화 및 구출활동

  ㉣ 발코니 또는 옥외계단 설치 : 원활한 피난

건물 신축 시 방재기능의 요인으로 고려해야 할 동선 계획과 관계가 먼 것은?

① 명쾌한 피난통로의 확보
② 각 기능 단위의 유기적 연결
③ 두 방향 피난통로 확보
④ 이해하기 쉬운 평면 계획

|해설|

동선 계획
• 명쾌한 피난통로의 확보
• 두 방향 피난통로 확보
• 이해하기 쉬운 평면 계획

정답 ②

핵심이론 02 │ 건축물의 안전대책

(1) 피난대책의 일반적인 원칙

① 피난경로는 간단명료하게 할 것
② 피난구조설비는 고정식 설비를 위주로 할 것
③ 피난수단은 원시적 방법에 의한 것을 원칙으로 할 것
④ 두 방향 이상의 피난통로를 확보할 것

(2) 피난동선의 특성

① 수평동선과 수직동선으로 구분한다.
② 가급적 단순형태가 좋다.
③ 상호 반대방향으로 다수의 출구와 연결되는 것이 좋다.
④ 어느 곳에서도 2개 이상의 방향으로 피난할 수 있으며 그 말단은 화재로부터 안전한 장소이어야 한다.

(3) 피난대책의 원칙

① Fool Proof : 비상시 머리가 혼란하여 판단능력이 저하되는 상태로 누구나 알 수 있도록 문자나 그림 등을 표시하여 직감적으로 작용하는 것
② Fail Safe : 하나의 수단이 고장으로 실패하여도 다른 수단에 의해 구제할 수 있도록 고려하는 것으로 양방향 피난로의 확보와 예비전원을 준비하는 것 등

(4) 건축물의 피난 계획

① 피난동선을 일상생활 동선과 같이 계획
② 평면계획에 대한 복잡성 지양
③ 두 방향 이상의 피난로 확보
④ 막다른 골목 및 미로 지양
⑤ 피난 경로의 내장재 불연화
⑥ 초고층 건축물의 체류공간 확보

(5) 피난방향

① 수평방향의 피난 : 복도
② 수직방향의 피난 : 승강기(수직동선), 계단(보조수단)

(6) 피난시설의 안전구획

① 1차 안전구획 : 복도

② 2차 안전구획 : 계단부속실(전실)

③ 3차 안전구획 : 계단

(7) 피난방향 및 경로

구 분	구 조	특 징
T형	← → ↓	피난자에게 피난경로를 확실히 알려주는 형태
X형	← → ↑↓	양방향으로 피난할 수 있는 확실한 형태
H형	← → ← →	중앙코어방식으로 피난자의 집중으로 패닉현상이 일어날 우려가 있는 형태
Z형	← →┐└ →	중앙복도형 건축물에서의 피난경로로서 코어식 중 제일 안전한 형태

(8) 제연방법

① 희석 : 외부로부터 신선한 공기를 불어 넣어 내부의 연기의 농도를 낮추는 것

② 배기 : 건물 내·외부의 압력차를 이용하여 연기를 외부로 배출시키는 것

③ 차단 : 연기의 확산을 막는 것

(9) 화재 시 인간의 피난행동 특성

① 귀소본능 : 평소에 사용하던 출입구나 통로 등 습관적으로 친숙해 있는 경로로 도피하려는 본능

② 지광본능 : 화재 발생 시 연기와 정전 등으로 가시거리가 짧아져 시야가 흐리면 밝은 방향으로 도피하려는 본능

③ 추종본능 : 화재 발생 시 최초로 행동을 개시한 사람에 따라 전체가 움직이는 본능(많은 사람들이 달아나는 방향으로 무의식적으로 안전하다고 느껴 위험한 곳임에도 불구하고 따라가는 경향)

④ 퇴피본능 : 연기나 화염에 대한 공포감으로 화원의 반대방향으로 이동하려는 본능

⑤ 좌회본능 : 좌측으로 통행하고 시계의 반대방향으로 회전하려는 본능

2-1. 피난대책의 일반적인 원칙이 아닌 것은?

① 피난경로는 간단명료하게 한다.

② 피난설비는 고정식 설비보다 이동식 설비를 위주로 설치한다.

③ 간단한 그림이나 색채를 이용하여 표시한다.

④ 두 방향의 피난통로를 확보한다.

2-2. 피난계획의 일반원칙 중 Fool Proof 원칙이란 무엇인가?

① 한 가지가 고장이 나도 다른 수단을 이용하는 원칙

② 두 방향의 피난동선을 항상 확보하는 원칙

③ 피난수단을 이동식 시설로 하는 원칙

④ 피난수단을 조작이 간편한 원시적 방법으로 하는 원칙

2-3. 다음 중 2차 안전구획에 속하는 것은?

① 복 도

② 계단부속실(계단전실)

③ 계 단

④ 피난층에서 외부와 직면한 현관

2-4. 다음 중 피난자의 집중으로 패닉현상이 일어날 우려가 가장 큰 형태는 어느 것인가?

① T형

② X형

③ Z형

④ H형

2-5. 갑작스런 화재 발생 시 인간의 피난 특성으로 틀린 것은?

① 본능적으로 평상시 사용하는 출입구를 사용한다.

② 최초로 행동을 개시한 사람을 따라서 움직인다.

③ 공포감으로 인해서 빛을 피하여 어두운 곳으로 몸을 숨긴다.

④ 무의식 중에 발화 장소의 반대쪽으로 이동한다.

| 해설 |

2-1

피난대책의 일반원칙

- 피난경로는 간단명료하게 할 것
- 피난설비는 고정식 설비를 위주로 할 것
- 피난수단은 원시적 방법에 의한 것을 원칙으로 할 것
- 2방향 이상의 피난통로를 확보할 것

2-2

- Fool Proof : 비상시 머리가 혼란하여 판단능력이 저하되는 상태로 누구나 알 수 있도록 문자나 그림 등을 표시하여 직감적으로 작용하는 것
- Fail Safe : 하나의 수단이 고장으로 실패하여도 다른 수단에 의해 구제할 수 있도록 고려하는 것으로 양 방향 피난로의 확보와 예비전원을 준비하는 것 등이다.

2-3

피난시설의 안전구획

안전구획	1차 안전구획	2차 안전구획	3차 안전구획
구 분	복 도	전실(계단부속실)	계 단

2-4

피난방향 및 경로

구 분	구 조	특 징
T형		피난자에게 피난경로를 확실히 알려주는 형태
X형		양방향으로 피난할 수 있는 확실한 형태
H형		중앙코어방식으로 피난자의 집중으로 패닉현상이 일어날 우려가 있는 형태
Z형		중앙복도형 건축물에서의 피난경로로서 코어식 중 제일 안전한 형태

2-5

지광본능 : 공포감으로 인해서 밝은 방향으로 도피하려는 본능

정답 2-1 ② 2-2 ④ 2-3 ② 2-4 ④ 2-5 ③

제3절 소화원리 및 방법

핵심이론 01 | 소화의 원리

(1) 소화의 원리

연소의 3요소 중 어느 하나를 없애 소화하는 방법

(2) 소화의 종류

① **냉각소화** : 화재현장에 물을 주수하여 발화점 이하로 온도를 낮추어 소화하는 방법

② **질식소화** : 공기 중 산소의 농도를 21[%]에서 15[%] 이하로 낮추어 소화하는 방법

※ 질식소화 시 산소의 유효한계농도 : 10~15[%]

③ **제거소화** : 화재현장에서 가연물을 없애주어 소화하는 방법

※ 표면연소는 불꽃연소보다 연소속도가 매우 느리다.

④ **화학소화(부촉매효과)** : 연쇄반응을 차단하여 소화하는 방법

ⓐ 화학소화방법은 불꽃연소에만 한한다.

ⓑ 화학소화제는 연쇄반응을 억제하면서 동시에 냉각, 산소희석, 연료제거 등의 작용을 한다.

ⓒ 화학소화제는 불꽃연소에는 매우 효과적이나 표면연소에는 효과가 없다.

⑤ **희석소화** : 알코올, 에터, 에스터, 케톤류 등 수용성 물질에 다량의 물을 방사하여 가연물의 농도를 낮추어 소화하는 방법

⑥ **유화효과** : 물분무소화설비를 중유에 방사하는 경우 유류표면에 엷은 막으로 유화층을 형성하여 화재를 소화하는 방법

⑦ **피복효과** : 이산화탄소약제 방사 시 가연물의 구석까지 침투하여 피복하므로 연소를 차단하여 소화하는 방법

소화약제		소화효과
물 봉상(옥내소화전설비, 옥외소화전설비)		냉각효과
물 적상(스프링클러설비)		냉각효과
물 무상(물분무소화설비)		질식, 냉각, 희석, 유화효과
포		질식, 냉각효과
이산화탄소		질식, 냉각, 피복효과
할론, 분말		질식, 냉각, 부촉매효과
할로겐화화합물 및 불활성기체	할로겐화합물	질식, 냉각, 부촉매효과
	불활성기체	질식, 냉각효과

10년간 자주 출제된 문제

1-1. 다음 위험물 중 주수소화가 부적절한 것은?

① NaClO₃ ② P
③ TNT ④ Na₂O₂

1-2. 일반적으로 공기 중 산소농도를 몇 [vol%] 이하로 감소시키면 연소상태의 질식소화가 가능하겠는가?

① 15 ② 21
③ 25 ④ 31

1-3. 소화방법 중 제거소화에 해당하지 않는 것은?

① 산불이 발생하면 화재의 진행방향을 앞질러 벌목함
② 방 안에서 화재가 발생하면 이불이나 담요로 덮음
③ 가스화재 시 밸브를 잠가 가스흐름을 차단함
④ 불타고 있는 장작더미 속에서 아직 타지 않은 것을 안전한 곳으로 운반

1-4. 연쇄반응을 차단하여 소화하는 약제는?

① 물
② 포
③ 할론 1301
④ 이산화탄소

1-5. 연소의 4요소 중 자유활성기(Free Radical)의 생성을 저하시켜 연쇄반응을 중지시키는 소화방법은?

① 제거소화 ② 냉각소화
③ 질식소화 ④ 억제소화

|해설|

1-1
소화방법

물질명	NaClO₃	P	TNT	Na₂O₂
명칭	염소산 나트륨	적린	트라이나이 트로톨루엔	과산화 나트륨
유별	제1류 위험물 염소산염류	제2류 위험물	제5류 위험물 나이트로 화합물	제1류 위험물 무기 과산화물
소화방법	냉각소화	냉각소화	냉각소화	질식소화 (마른모래)

1-2
질식소화 : 공기 중의 산소의 농도를 21[%]에서 15[%] 이하로 낮추어 소화하는 방법
※ 질식소화 시 산소의 유효 한계농도 : 10~15[%]

1-3
방 안에서 화재가 발생하면 이불이나 담요로 덮어 소화하는 방법은 질식소화이다.

1-4
부촉매효과 : 연쇄반응을 차단하는 것으로 할론, 분말소화약제

1-5
억제소화 : 자유활성기(Free Radical)의 생성을 저하시켜 연쇄반응을 중지시키는 소화방법

정답 1-1 ④ 1-2 ① 1-3 ② 1-4 ③ 1-5 ④

(1) 소화기의 분류

① 축압식 소화기 : 미리 용기에 압력을 축압한 것

② 가압식 소화기 : 별도로 이산화탄소 가압용 봄베 등을 설치하여 그 가스압으로 약제를 송출하는 방식

(2) 소화기의 종류

① 물소화기

    ㉠ 펌프식 : 수동펌프를 설치하여 물을 방출하는 방식

    ㉡ 축압식 : 압축공기를 넣어서 압력으로 물을 방출하는 방식

    ㉢ 가압식 : 별도로 이산화탄소 등의 가스를 가압용 봄베에 설치하여 그 가스 압력으로 물을 방출하는 방식

② 산·알칼리소화기 : 전도식, 파병식, 이중병식

    $2NaHCO_3 + H_2SO_4 \rightarrow Na_2SO_4 + 2CO_2 + 2H_2O$

③ 강화액소화기 : 축압식, 가스가압식

④ 포소화기 : 전도식, 파괴전도식

    $6NaHCO_3 + Al_2(SO_4)_3 \cdot 18H_2O$

    $\rightarrow 3Na_2SO_4 + 2Al(OH)_3 + 6CO_2 + 18H_2O$

⑤ 할론소화기 : 할론 1301, 할론 1211, 할론 2402

    ※ 할론 1301 : 소화효과가 가장 크고 독성이 가장 적다.

⑥ 이산화탄소소화기 : 액화탄산가스를 봄베에 넣고 여기에 용기밸브를 설치한 것

⑦ 분말소화기 : 축압식, 가스가압식

    ㉠ 축압식 : 용기에 분말소화약제를 채우고 방출압력원으로 질소가스가 충전되어 있는 방식(제3종 분말 사용)

    ㉡ 가스가압식 : 탄산가스로 충전된 방출압력원의 봄베는 용기 내부 또는 외부에 설치되어 있는 방식(제1종·제2종 분말 사용)

10년간 자주 출제된 문제

전기시설 등에 방사 후 이물질로 인한 피해를 방지하기 위해서 사용하는 소화기는 무엇인가?

① 분말소화기

② 포말소화기

③ 강화액소화기

④ 이산화탄소소화기

|해설|

전기시설 : 이산화탄소소화기, 할론소화기

정답 ④

제1절 물(水, H_2O)소화약제

핵심이론 01 | 물소화약제의 장단점

(1) 장 점

① 인체에 무해하여 다른 약제와 혼합하여 수용액으로 사용할 수 있다.

② 가격이 저렴하고 장기 보존이 가능하다.

③ 냉각의 효과가 우수하며 무상주수일 때는 질식, 유화 효과가 있다.

(2) 단 점

① 0[℃] 이하의 온도에서는 동파 및 응고현상으로 소화 효과가 적다.

② 방사 후 물에 의한 2차 피해의 우려가 있다.

③ 전기(C급)화재나 금속(D급)화재에는 적응성이 없다.

④ 유류화재 시 물약제를 방사하면 연소면 확대로 소화효 과는 기대하기 어렵다.

(3) 특 성

① 비열(1[cal/g · ℃])과 증발잠열(539[cal/g])이 크다.

② 열전도계수가 크다.

③ 점도가 낮다.

10년간 자주 출제된 문제

1-1. 다음 중 소화약제로서 물을 사용하는 주된 이유는?

① 질식작용
② 증발잠열
③ 연소작용
④ 제거작용

1-2. 1기압, 100[℃]에서의 물 1[g]의 기화잠열은 몇 [cal] 인가?

① 425
② 539
③ 647
④ 734

1-3. 다음 중 비열이 가장 큰 것은?

① 물
② 금
③ 수 은
④ 철

| 해설 |

1-1

물은 비열과 증발(기화)잠열이 크기 때문에 소화약제로 사용한다.

※ 물의 비열 : 1[ca/g · ℃], 물의 증발잠열 : 539[cal/g]

1-2

물의 기화잠열 : 539[cal/g]

1-3

물의 비열은 1[cal/g · ℃]로서 가장 크다.

정답 1-1 ② 1-2 ② 1-3 ①

(1) 방사방법

① 봉상주수(옥내소화전설비, 옥외소화전설비)

② 적상주수(스프링클러설비)

③ 무상주수(물분무소화설비)

(2) 소화원리

냉각작용에 의한 소화효과가 가장 크며 증발하여 수증기로 되므로 원래 물의 용적의 약 1,700배의 불연성 기체로 되기 때문에 가연성 혼합기체의 희석작용도 하게 된다.

※ 물의 성상

- 물의 밀도 : $1[g/cm^3] = 1,000[kg/m^3]$
- 화학식 : H_2O(분자량 : 18)
- 부피 : 22.4[L](표준상태에서 1[g-mol]이 차지하는 부피)

(3) 첨가제

물의 소화성능을 향상시키기 위해 첨가하는 첨가제

① 침투제 : 물의 표면장력을 감소시켜서 침투성을 증가시키는 Wetting Agent

② 증점제 : 물의 점도를 증가시키는 Viscosity Agent로서 Sodium Carboxy Methyl Cellulose가 있다.

③ 유화제 : 기름의 표면에 유화(에멀션)효과를 위한 첨가제(분무주수)

2-1. 소화약제 중 강화액소화약제의 응고점은 몇 [℃] 이하이어야 하는가?

① 20[℃]

② −20[℃]

③ 30[℃]

④ −30[℃]

2-2. 강화액에 대한 설명으로 옳은 것은?

① 침투제가 첨가된 물을 말한다.

② 물에 첨가하는 계면활성제의 총칭이다.

③ 물이 고온에서 쉽게 증발하게 하기 위해 첨가한다.

④ 알칼리 금속염을 사용한 것이다.

| 해설 |

2-1

강화액소화약제의 응고점 : −20[℃] 이하

2-2

강화액은 알칼리 금속염의 수용액에 황산을 반응시킨 약제이다.

$$H_2SO_4 + K_2CO_3 \rightarrow K_2SO_4 + H_2O + CO_2 \uparrow$$

정답 2-1 ② 2-2 ④

핵심이론 01 | 포소화약제의 장단점, 구비조건

(1) 장 점

① 인체에는 무해하고 약제방사 후 독성 가스의 발생 우려가 없다.

② 가연성 액체 화재 시 질식, 냉각의 소화위력을 발휘한다.

(2) 단 점

① 동절기에는 유동성을 상실하여 소화효과가 저하된다.

② 단백포의 경우는 침전부패의 우려가 있어 정기적으로 교체 충전해야 한다.

③ 약제방사 후 약제의 잔유물이 남는다.

(3) 포소화약제의 구비조건

① 포의 안정성과 유동성이 좋을 것

② 독성이 적을 것

③ 유류와의 접착성이 좋을 것

10년간 자주 출제된 문제

포소화약제가 갖추어야 할 조건이 아닌 것은?

① 부착성이 있을 것
② 유동성과 내열성이 있을 것
③ 응집성과 안정성이 있을 것
④ 소포성이 있고 기화가 용이할 것

|해설|

포소화약제가 갖추어야 할 조건
• 부착성이 있을 것
• 유동성과 내열성이 있을 것
• 응집성과 안정성이 있을 것

정답 ④

핵심이론 02 | 포소화약제의 종류 및 성상

(1) 화학포소화약제

화학포소화약제는 외약제인 탄산수소나트륨(중탄산나트륨, $NaHCO_3$)의 수용액과 내약제인 황산알루미늄[$Al_2(SO_4)_3$]의 수용액과 화학반응에 의해 이산화탄소를 이용하여 포(Foam)를 발생시킨 약제이다.

① 화학반응식

$6NaHCO_3 + Al_2(SO_4)_3 \cdot 18H_2O$

$\rightarrow 3Na_2SO_4 + 2Al(OH)_3 + 6CO_2 + 18H_2O$

② 기포안정제 : 카세인, 젤라틴, 사포닌 등

(2) 기계포소화약제(공기포소화약제)

① 혼합비율에 따른 분류

구 분	약제 종류	약제 농도	팽창비
저발포용	단백포	3[%], 6[%]	20배 이하
	합성계면활성제포	3[%], 6[%]	
	수성막포	3[%], 6[%]	
	내알코올용포	3[%], 6[%]	
	플루오린화단백포	3[%], 6[%]	
고발포용	합성계면활성제포	1[%], 1.5[%], 2[%]	80배 이상 1,000배 미만

※ 단백포 3[%] : 단백포약제 3[%]와 물 97[%]의 비율로 혼합한 약제

※ 팽창비 $= \dfrac{\text{방출 후 포의 체적[L]}}{\text{방출전 포 수용액의 체적(원액 + 물)[L]}}$

$= \dfrac{\text{방출 후 포의 체적[L]}}{\text{원액의 양[L]} \over \text{농도[\%]}}$

② 포소화약제에 따른 분류

　㉠ 단백포소화약제 : 단백질을 가수분해한 것을 주원료로 하는 포소화약제로서 특이한 냄새가 나는 끈끈한 흑갈색 액체이다.

[포소화약제의 물성표]

종류 물성	단백포	합성계면 활성제포	수성막포	알코올 용포
pH(20[℃])	6.0~7.5	6.5~8.5	6.0~8.5	6.0~8.5
비중(20[℃])	1.1~1.2	0.9~1.2	1.0~1.15	0.9~1.2

　㉡ 합성계면활성제포소화약제 : 합성계면활성제를 주원료로 하는 포소화약제(수성막포에서 정하는 것은 제외한다)이다.

　㉢ 수성막포소화약제 : 미국의 3M사가 개발한 것으로 일명 Light Water라고 한다. 합성계면활성제를 주원료로 하는 포소화약제 중 기름 표면에서 수성막을 형성하는 포소화약제로서 물과 혼합하여 사용한다. 성능은 단백포소화약제에 비해 약 300[%] 효과가 있으며 필요한 소화약제의 양은 1/3 정도에 불과하다.

　　※ AFFF(Aqueous Film Forming Foam) : 수성막포

　㉣ 알코올용포(내알코올용포)소화약제 : 단백질 가수분해물이나 합성계면활성제 중에 지방산금속염이나 타계통의 합성계면활성제 또는 고분자 겔 생성물 등을 첨가한 포소화약제로서 위험물안전관리법 시행령 별표 1의 위험물 중 알코올류, 에터류, 에스터류, 케톤류, 알데하이드류, 아민류, 나이트릴류 및 유기산 등(알코올류 등) 수용성 용제의 소화에 사용하는 약제

　　※ 알코올용포 : 알코올, 에스터 등 수용성 액체에 적합

　㉤ 플루오린화단백포소화약제 : 단백포에 플루오린계 계면활성제를 혼합하여 제조한 것으로서 플루오린의 소화효과는 포소화약제 중 우수하나 가격이 비싸 잘 유통되지 않고 있다.

(3) 25[%] 환원시간시험

채취한 포에서 환원하는 포수용액량이 실린더 내의 포에 함유되어 있는 전 포수용액량의 25[%](1/4) 환원에 요하는 시간으로 분으로 나타낸다. 물의 유지능력 정도, 포의 유동성을 특별히 표시한 것이다.

포소화약제의 종류		25[%] 환원시간[분]
포 수용액	단백포소화약제	1
	합성계면활성제포소화약제	3
	수성막포소화약제	1
방수포용 포		2

2-1. 포소화약제의 적응성이 있는 것은?

① 칼륨 화재　　　　② 알킬리튬 화재
③ 가솔린 화재　　　④ 인화알루미늄 화재

2-2. 포소화약제 중 고팽창포로 사용할 수 있는 것은?

① 단백포　　　　　② 플루오린화단백포
③ 내알코올용포　　④ 합성계면활성제포

2-3. 수성막포소화약제의 독성에 대한 설명으로 틀린 것은?

① 내열성이 우수하여 고온에서 수성막의 형성이 용이하다.
② 기름에 의한 오염이 적다.
③ 다른 소화약제와 병용하여 사용이 가능하다.
④ 불소계 계면활성제가 주성분이다.

2-4. 에터, 케톤, 에스터, 알데하이드, 카복실산, 아민 등과 같은 가연성인 수용성 용매에 유효한 포소화약제는?

① 단백포　　　　　② 수성막포
③ 플루오린화단백포　④ 내알코올용포

2-1

포소화약제 : 제4류 위험물(가솔린)에 적합

※ 칼륨, 알킬리튬, 인화알루미늄이 물과 반응 : 가연성 가스 발생

2-2

공기포소화약제의 혼합비율에 따른 분류

구 분	약제 종류	약제 농도
고발포용	합성계면활성제포	1[%], 1.5[%], 2[%]

2-3

수성막포소화약제의 특징

• 내유성과 유동성이 우수하며 방출 시 유면에 얇은 물의 막인 수성막을 형성한다.
• 내열성이 약하다.
• 기름에 의한 오염이 적다.
• 플루오린화단백포, 분말 이산화탄소와 함께 사용이 가능하다.
• 플루오린계 계면활성제가 주성분이다.

2-4

내알코올용포 : 에터, 케톤, 에스터 등 수용성 가연물의 소화에 가장 적합한 소화약제

※ 수용성 액체 : 물과 잘 섞이는 액체

정답 **2-1** ③ **2-2** ④ **2-3** ① **2-4** ④

제3절　**이산화탄소소화약제**

핵심이론 01　**이산화탄소소화약제의 성상**

(1) 이산화탄소의 특성

① 상온에서 기체이며 그 가스비중(공기 = 1.0)은 1.52로 공기보다 무겁다.

② 무색무취로 화학적으로 안정하고 가연성·부식성도 없다.

③ 이산화탄소는 화학적으로 비교적 안정하다.

④ 고농도의 이산화탄소는 인체에 독성이 있다.

⑤ 액화가스로 저장하기 위하여 임계온도(31.35[℃]) 이하로 냉각시켜 놓고 가압한다.

⑥ 저온으로 고체화한 것을 드라이아이스라고 하며 냉각제로 사용한다.

(2) 이산화탄소의 물성

구 분	물성치	구 분	물성치
화학식	CO_2	승화점	−78.5[℃]
분자량	44	임계압력	72.75[atm]
비중(공기 = 1)	1.52	임계온도	31.35[℃]
삼중점	−56.3[℃] (0.42[MPa])	증발잠열[kJ/kg]	576.5

(3) 온도에 따른 이산화탄소의 압력변화

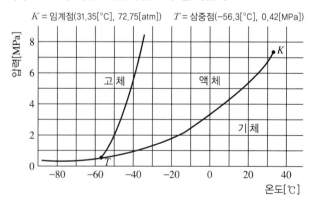

K = 임계점(31.35[℃], 72.75[atm])　　T = 삼중점(−56.3[℃], 0.42[MPa])

[온도에 따른 압력변화]

1-1. 이산화탄소에 관한 다음 설명 중 틀린 것은?

① 액화이산화탄소는 그 비중이 물보다 1.5배 크다.
② 기체상태의 이산화탄소는 공기보다 무겁다.
③ 이산화탄소는 대기압하의 상온에서 무색무취의 기체이다.
④ 이산화탄소는 35[℃]의 온도에서는 액체상태로 존재할 수 없다.

1-2. 이산화탄소소화설비의 단점이 아닌 것은?

① 인체의 질식이 우려된다.
② 소화약제의 방출 시 인체에 닿으면 동상이 우려된다.
③ 소화약제의 방사 시 소리가 요란하다.
④ 전기의 부도체로서 전기절연성이 높다.

1-3. 이산화탄소에 대한 설명으로 틀린 것은?

① 불연성 가스로서 공기보다 무겁다.
② 임계온도는 97.5[℃]이다.
③ 고체의 형태로 존재할 수 있다.
④ 상온, 상압에서 기체상태로 존재한다.

|해설|

1-1
기체이산화탄소는 비중이 공기보다 1.52배($44/29 = 1.517$) 크다.
※ **임계온도** : 기체를 액화할 수 있는 최고온도(CO_2 : 31.35[℃])

1-2
이산화탄소소화설비의 단점
• 소화 시 질식의 우려가 있다.
• 방사 시 액체상태를 영하로 저장하였다가 기화되므로 동상의 우려가 있다.
• 이산화탄소 방사 시 소음이 크다.
• 고압 저장하므로 주의를 요한다.

1-3
이산화탄소의 임계온도 : 31.35[℃]

정답 1-1 ① 1-2 ④ 1-3 ②

핵심이론 02 │ 이산화탄소소화약제의 품질 및 측정법

(1) 이산화탄소의 품질기준

열에 의해 부식성이나 독성이 없어야 하며 이산화탄소는 고압가스 안전관리법에 적용을 받으므로 충전비는 1.50 이상이 되어야 한다.

종 별	함량[vol%]	수분[wt%]	특 성
1종	99.0 이상	–	무색무취
2종	99.5 이상	0.05 이하	–
3종	99.5 이상	0.005 이하	–

※ 주로 제2종(함량 99.5[%] 이상, 수분 0.05[%] 이하)을 주로 사용하고 있다.

(2) 약제량측정법

① **중량측정법** : 용기밸브 개방장치 및 조작관 등을 떼어 낸 후 저울을 사용하여 가스용기의 총중량을 측정한 후 용기에 부착된 중량표(명판)와 비교하여 기재중량과 계량중량의 차가 충전량의 10[%] 이내가 되어야 한다.
② **액면측정법** : 액화가스미터기로 액면의 높이를 측정하여 CO_2약제량을 계산한다.
   ※ 임계온도 : 액체의 밀도와 기체의 밀도가 같아지는 31.35[℃]이다.
③ 비파괴검사법

(3) 이산화탄소의 농도

$$CO_2[\%] = \frac{21 - O_2[\%]}{21} \times 100$$

여기서, O_2 : 산소의 농도

(4) 이산화탄소소화약제의 소화효과

① 산소의 농도를 21[%]를 15[%]로 낮추어 이산화탄소에 의한 질식효과
② 증기비중이 공기보다 1.52배로 무겁기 때문에 이산화탄소에 의한 피복효과

③ 이산화탄소가스 방출 시 기화열에 의한 냉각효과

※ 이산화탄소의 소화효과 : 질식, 피복, 냉각효과

10년간 자주 출제된 문제

2-1. 화재 시 이산화탄소를 사용하여 화재를 진압하려고 할 때 산소의 농도를 13[vol%]로 낮추어 화재를 진압하려면 공기 중 이산화탄소의 농도는 약 몇 [vol%]가 되어야 하는가?

① 18.1
② 28.1
③ 38.1
④ 48.1

2-2. 이산화탄소소화약제의 소화효과와 관계가 없는 것은?

① 질식효과
② 냉각효과
③ 가압소화
④ 화염에 대한 피복작용

|해설|

2-1

이산화탄소의 이론적 최소소화농도[%]

$CO_2[\%] = \dfrac{21 - O_2[\%]}{21} \times 100$

$= \dfrac{21 - 13}{21} \times 100 = 38.1[\%]$

2-2

이산화탄소 소화효과 : 질식, 냉각, 피복효과

정답 2-1 ③ **2-2** ③

핵심이론 01 | 할론소화약제의 개요

(1) 할론소화약제의 개요

할론이란 플루오린(F), 염소(Cl), 브로민(Br) 및 아이오딘(I) 등 할로겐족 원소를 하나 이상 함유한 화학 물질을 말한다. 할로겐족 원소는 다른 원소에 비해 높은 반응성을 갖고 있어 할론은 독성이 적고 안정된 화합물을 형성한다.

(2) 오존파괴지수(ODP)

어떤 물질의 오존파괴능력을 상대적으로 나타내는 지표를 ODP(Ozone Depletion Potential, 오존파괴지수)라 한다. 이 ODP는 기준 물질로 CFC-11(CFC$_3$)의 ODP를 1로 정하고 상대적으로 어떤 물질의 대기권에서의 수명, 물질의 단위질량당 염소나 브로민 질량의 비, 활성 염소와 브로민의 오존파괴능력 등을 고려하여 그 물질의 ODP가 정해지는데 그 계산식은 다음과 같다.

※ ODP = $\dfrac{\text{어떤 물질 1[kg]이 파괴하는 오존량}}{\text{CFC-11 1[kg]이 파괴하는 오존량}}$

(3) 지구온난화지수(GWP)

일정무게의 CO_2가 대기 중에 방출되어 지구온난화에 기여하는 정도를 1로 정하였을 때 같은 무게의 어떤 물질이 기여하는 정도를 GWP(Global Warming Potential, 지구온난화지수)로 나타내며, 다음 식으로 정의된다.

※ GWP = $\dfrac{\text{물질 1[kg]이 기여하는 온난화 정도}}{CO_2 \text{ 1[kg]이 기여하는 온난화 정도}}$

1-1. 할론에 의한 피해의 척도와 관계없는 것은?

① 지구의 온난화지수
② 오존층의 파괴지수
③ 분해열에 의한 복사열지수
④ 치사농도

1-2. 소화약제 중 오존파괴지수가 가장 큰 것은?

① 할론 1011
② 할론 1301
③ 할론 1211
④ 할론 2402

|해설|

1-1
할론에 의한 피해의 척도
• 지구의 온난화지수
• 오존층의 파괴지수
• 치사농도

1-2
할론 1301은 오존파괴지수(ODP)가 13.1로 가장 크다.

정답 1-1 ③ 1-2 ②

핵심이론 02 | 할론소화약제의 특성

(1) 할론소화약제의 특성

① 변질분해가 없다.
② 전기부도체이다.
③ 금속에 대한 부식성이 적다.
④ 연소 억제작용으로 부촉매 소화효과가 훌륭하다.
⑤ 값이 비싸다는 단점이 있다.

(2) 할론소화약제의 구비조건

① 비점이 낮고 기화되기 쉬울 것
② 공기보다 무겁고 불연성일 것
③ 증발잔유물이 없어야 할 것

(3) 할론소화약제의 물성

물성 \ 종류	할론 1301	할론 1211	할론 2402
분자식	CF_3Br	CF_2ClBr	$C_2F_4Br_2$
분자량	148.9	165.4	259.8
임계온도[℃]	67.0	153.8	214.6
임계압력[atm]	39.1	40.57	33.5
상태(20[℃])	기 체	기 체	액 체
오존층파괴지수	14.1	2.4	6.6
증기비중	5.1	5.7	9.0

※ 소화효과 : F < Cl < Br < I
전기음성도 : F > Cl > Br > I

(4) 명명법

할론이란 할로겐화탄화수소(Halogenated Hydrocarbon)의 약칭으로 탄소 또는 탄화수소에 플루오린, 염소, 브로민이 함께 포함되어 있는 물질을 통칭하는 말이다. 예를 들면, 할론 1211은 CF_2ClBr로서 메테인(CH_4)에 2개의 플루오린(F) 원자, 1개의 염소(Cl) 원자 및 1개의 브로민(Br) 원자로 이루어진 화합물이다.

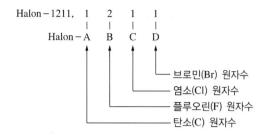

Halon − 1211, 1   2   1   1
                        | | | |
Halon − A   B   C   D
                        │   │   │   └── 브로민(Br) 원자수
                        │   │   └────── 염소(Cl) 원자수
                        │   └────────── 플루오린(F) 원자수
                        └────────────── 탄소(C) 원자수

10년간 자주 출제된 문제

2-1. 할로겐화합물소화약제의 특성으로 옳지 않은 것은?

① 비점이 낮다.
② 할로겐원소의 부촉매효과는 염소가 제일 크다.
③ 기화되기 쉽다.
④ 공기보다 무겁고 불연성이다.

2-2. 상온, 상압에서 액체인 물질은?

① CO_2
② Halon 1301
③ Halon 1211
④ Halon 2402

2-3. 할로겐원소의 소화효과가 큰 순서대로 배열된 것은?

① I > Br > Cl > F
② Br > I > F > Cl
③ Cl > F > I > Br
④ F > Cl > Br > I

2-4. 할로겐족원소 중 전기음성도가 가장 큰 것은?

① F
② Br
③ Cl
④ I

|해설|

2-1
할로겐화합물소화약제의 특성(구비조건)
• 저비점 물질로서 기화되기 쉬울 것
• 공기보다 무겁고 불연성일 것
• 증발 잔유물이 없을 것
※ 소화효과 : F < Cl < Br < I
　전기음성도 : F > Cl > Br > I

2-2
상온에서의 성상

종 류	CO_2	Halon 1301	Halon 1211	Halon 2402
상 태	기 체	기 체	기 체	액 체

2-3
할로겐원소 소화효과 : I > Br > Cl > F

2-4
전기음성도 : F > Cl > Br > I

정답 2-1 ② 　2-2 ④ 　2-3 ① 　2-4 ①

(1) 할론 1301 소화약제

메테인(CH₄)에 플루오린(F) 3원자와 브로민(Br) 1원자가 치환되어 있는 약제로서 분자식은 CF_3Br이며 분자량은 148.9이다. BTM(Bromo Trifluoro Methane)이라고도 한다.

$$
\begin{array}{ccc}
& H & \\
| & \\
H - C - H & \longrightarrow & F - C - Br \\
| & \\
& H &
\end{array}
$$

상온(21[℃])에서 기체이며 무색무취로 전기전도성이 없으며 공기보다 약 5.1배(148.9/29 = 5.13배) 무거우며 21[℃]에서 약 1.4[MPa]의 압력을 가하면 액화될 수 있다. 할론 1301은 고압식[4.2MPa]과 저압식(2.5[MPa])으로 저장하는데 할론 1301 소화설비에서 21[℃] 자체증기압은 1.4[MPa]이므로 고압식으로 저장하면 나머지 압력(4.2 − 1.4 = 2.8[MPa])은 질소가스를 충전하여 약제를 전량 외부로 방출하도록 되어 있다. 이 약제는 할론소화약제 중에서 독성이 가장 약하고 소화효과는 가장 좋다. 적응화재는 B급(유류) 화재, C급(전기) 화재에 적합하다.

※ 할론 1301 소화약제는 인체에 대한 독성이 가장 약하고 소화효과가 가장 좋다.

(2) 할론 1211 소화약제

메테인에 플루오린(F) 2원자, 염소(Cl) 1원자, 브로민(Br) 1원자가 치환되어 있는 약제로서 분자식은 CF_2ClBr이며 분자량은 165.4이다. BCF(Bromo Chloro Difluoro Methane)라 한다.

$$
\begin{array}{ccc}
& H & & Cl \\
| & & | \\
H - C - H & \longrightarrow & F - C - F \\
| & & | \\
& H & & Br
\end{array}
$$

상온에서 기체이며, 공기보다 약 5.7배 무거우며, 비점은 −4[℃]로서 이 온도에서 방출 시에는 액체 상태로 방사된다. 적응화재는 유류화재, 전기화재에 적합하다.

※ 휴대용 소형소화기 : 할론 1211, 할론 2402

(3) 할론 1011 소화약제

메테인에 염소 1원자, 브로민 1원자가 치환되어 있는 약제로서 분자식은 CH_2ClBr이며 분자량은 129.4이다. CB(Chloro Bromo Methane)이라 한다. 할론 1011은 상온에서 액체이며 증기비중(공기 = 1)은 4.5이다.

$$
\begin{array}{ccc}
& H & & Cl \\
| & & | \\
H - C - H & \longrightarrow & H - C - H \\
| & & | \\
& H & & Br
\end{array}
$$

※ 상온에서 액체 : 할론 1011, 할론 2402

(4) 할론 2402 소화약제

에테인(C₂H₆)에 플루오린 4원자와 브로민 2원자를 치환한 약제로서 분자식은 $C_2F_4Br_2$이며 분자량은 259.8이다. FB(Tetra Fluoro Dibromo Ethane)라 한다.

$$
\begin{array}{ccc}
H \; H & & F \; F \\
| \; | & & | \; | \\
H - C - C - H & \longrightarrow & Br - C - C - Br \\
| \; | & & | \; | \\
H \; H & & F \; F
\end{array}
$$

적응화재는 유류화재, 전기화재의 소화에 적합하다.

(5) 사염화탄소소화약제

메테인에 염소 4원자를 치환시킨 약제로서 공기, 수분, 탄산가스와 반응하면 포스겐($COCl_2$)이라는 독가스를 발생하기 때문에 실내에 사용을 금지하고 있으며, 이 약제는 CTC(Carbon Tetra Chloride)라 한다. 사염화탄소는 무색투명한 휘발성 액체로서 특유한 냄새와 독성이 있다.

※ 사염화탄소의 화학반응식

- 공기 중 : $2CCl_4 + O_2 \rightarrow 2COCl_2 + 2Cl_2$
- 습기 중 : $CCl_2 + H_2O \rightarrow COCl_2 + 2HCl$
- 탄산가스 중 : $CCl_4 + CO_2 \rightarrow 2COCl_2$
- 금속접촉 중 : $3CCl_4 + Fe_2O_3 \rightarrow 3COCl_2 + 2FeCl_2$
- 발연황산 중 : $2CCl_4 + H_2SO_4 + SO_3$
$\rightarrow 2COCl_2 + S_2O_5Cl_2 + 2HCl$

(6) 할론소화약제의 소화효과

① 물리적 효과 : 기체 및 액체 할론의 열 흡수, 액체 할론이 기화할 때와 할론이 분해할 때 주위의 열을 뺏는 공기 중 산소농도를 묽게 해주는 희석효과 공기 중 산소 농도를 16[%] 이하로 낮추어 준다.

② 화학적 효과 : 연소과정은 자유 Radical이 계속 이어지면서 연쇄반응이 이루어지는데 이 과정에 할론약제가 접촉하면 할론이 함유하고 있는 브로민(취소)이 고온에서 Radical형태로 분해되어 연소 시 연쇄반응의 원인물질인 활성자유 Radical과 반응하여 연쇄반응의 꼬리를 끊어주어 연소의 연쇄반응을 억제시킨다.

※ 할론소화약제의 소화

- 소화효과 : 질식, 냉각, 부촉매효과
- 소화효과의 크기 : 사염화탄소 < 할론 1011 < 할론 2402 < 할론 1211 < 할론 1301

3-1. 할론(Halon) 1301의 분자식은?

① CH_2Cl ② CH_3Br
③ CF_2Cl ④ CF_3Br

3-2. 할로겐화합물 소화설비에서 Halon 1211 약제의 분자식은?

① CBr_2ClF ② CF_2BrCl
③ CCl_2BrF ④ BrC_2ClF

3-3. 다음 중 증기비중이 가장 큰 것은?

① 이산화탄소 ② 할론 1301
③ 할론 2402 ④ 할론 1211

|해설|

3-1
할로겐화합물소화약제

종 류	할론 1301	할론 1211	할론 2402	할론 1011
분자식	CF_3Br	CF_2ClBr	$C_2F_4Br_2$	CH_2ClBr
분자량	148.9	165.4	259.8	129.4

3-2
할로겐화합물소화약제

종 류	할론 1112	할론 1211	할론 1121	할론 2111
분자식	CBr_2ClF	CF_2BrCl	CCl_2BrF	BrC_2ClFH_3

3-3
분자량

종 류	이산화탄소	할론 1301	할론 2402	할론 1211
분자식	CO_2	CF_3Br	$C_2F_4Br_2$	CF_2ClBr
분자량	44	148.9	259.8	165.4

증기비중

$$증기비중 = \frac{분자량}{29}$$

- 이산화탄소 = 44/29 = 1.52
- 할론 1301 = 148.9/29 = 5.13
- 할론 2402 = 259.8/29 = 8.95
- 할론 1211 = 165.4/29 = 5.70

정답 3-1 ④ 3-2 ② 3-3 ③

제5절 할로겐화합물 및 불활성기체소화약제

핵심이론 01 | 소화약제의 개요 및 특성

(1) 소화약제의 개요

소화약제는 할로겐화합물(할론 1301, 할론 2402, 할론 1211 제외) 및 불활성기체로서 전기적으로 비전도성이며 휘발성이 있거나 증발 후 잔여물을 남기지 않는 소화약제 인데 전기실, 발전실, 전산실 등에 설치한다.

(2) 소화약제의 정의

① 할로겐화합물소화약제 : 플루오린(F), 염소(Cl), 브로민(Br) 또는 아이오딘(I) 중 하나 이상의 원소를 포함하고 있는 유기화합물을 기본성분으로 하는 소화약제

② 불활성기체소화약제 : 헬륨(He), 네온(Ne), 아르곤(Ar) 또는 질소(N_2)가스 중 하나 이상의 원소를 기본성분으로 하는 소화약제

③ 충전밀도 : 용기의 단위용적당 소화약제의 중량의 비율

(3) 약제의 종류

소화약제	화학식
퍼플루오로뷰테인 (이하 "FC-3-1-10"이라 한다)	C_4F_{10}
하이드로클로로플루오로카본 혼화제 (이하 "HCFC BLEND A"라 한다)	$HCFC-123(CHCl_2CF_3)$: 4.75[%] $HCFC-22(CHClF_2)$: 82[%] $HCFC-124(CHClFCF_3)$: 9.5[%] $C_{10}H_{16}$: 3.75[%]
클로로테트라플루오로에테인 (이하 "HCFC-124"라 한다)	$CHClFCF_3$
펜타플루오로에테인 (이하 "HFC-125"라 한다)	CHF_2CF_3
헵타플루오로프로페인 (이하 "HFC-227ea"라 한다)	CF_3CHFCF_3
트라이플루오로메테인 (이하 "HFC-23"이라 한다)	CHF_3
헥사플루오로프로페인 (이하 "HFC-236fa"라 한다)	$CF_3CH_2CF_3$

소화약제	화학식
트라이플루오로이오다이드 (이하 "FIC-13 I1"이라 한다)	CF_3I
불연성·불활성기체 혼합가스 (이하 "IG-01"이라 한다)	Ar
불연성·불활성기체 혼합가스 (이하 "IG-100"이라 한다)	N_2
불연성·불활성기체 혼합가스 (이하 "IG-541"이라 한다)	N_2 : 52[%], Ar : 40[%], CO_2 : 8[%]
불연성·불활성기체 혼합가스 (이하 "IG-55"라 한다)	N_2 : 50[%], Ar : 50[%]
도데카플루오로-2-메틸펜테인-3-원 (이하 "FK-5-1-12"라 한다)	$CF_3CF_2C(O)CF(CF_3)_2$

(4) 소화약제의 특성

① 할로겐화합물(할론 1301, 할론 2402, 할론 1211은 제외) 및 불활성기체로서 전기적으로 비전도성이다.

② 휘발성이 있거나 증발 후 잔여물은 남기지 않는 액체이다.

③ 할론소화약제 대처용이다.

(5) 약제의 구비조건

① 독성이 낮고 설계농도는 NOAEL 이하일 것

② 오존파괴지수(ODP), 지구온난화지수(GWP)가 낮을 것

③ 소화효과 할론소화약제와 유사할 것

④ 비전도성이고 소화 후 증발잔유물이 없을 것

⑤ 저장 시 분해하지 않고 용기를 부식시키지 않을 것

1-1. 할로겐화합물 및 불활성기체소화약제 중 HCFC-22를 82[%] 포함하고 있는 것은?

① IG-541
② HFC-227ea
③ IG-55
④ HCFC BLEND A

1-2. 소화설비에 적용되는 할로겐화합물 및 불활성기체소화약제가 아닌 것은?

① IG-100
② HFC-125
③ FC-3-1-10
④ HCFC-125

1-3. 불활성기체소화약제 중에서 IG-541의 혼합가스 성분비는?

① Ar 52[%], N_2 40[%], CO_2 8[%]
② N_2 52[%], Ar 40[%], CO_2 8[%]
③ CO_2 52[%], Ar 40[%], N_2 8[%]
④ N_2 10[%], Ar 40[%], CO_2 50[%]

|해설|

1-1

할로겐화합물 및 불활성기체소화약제의 종류

소화약제	화학식
하이드로클로로플루오로카본 혼화제 (이하 "HCFC BLEND A"라 한다)	HCFC-123($CHCl_2CF_3$) : 4.75[%] HCFC-22($CHClF_2$) : 82[%] HCFC-124($CHClCF_3$) : 9.5[%] $C_{10}H_{16}$: 3.75[%]

1-2

HFC-125 : 할로겐화합물 및 불활성기체소화약제이다.
※ HCFC-125는 없고 HFC-125는 있다.

1-3

IG-541의 혼합가스 성분비 : N_2 52[%], Ar 40[%], CO_2 8[%]

정답 1-1 ④ **1-2** ④ **1-3** ②

핵심이론 02 | 소화약제의 구분 및 소화효과

(1) 할로겐화합물계열

① 분 류

계 열	정 의	해당 물질
HFC(Hydro Fluoro Carbons) 계열	C(탄소)에 F(플루오린)와 H(수소)가 결합된 것	HFC-125, HFC-227ea, HFC-23, HFC-236fa
HCFC(Hydro Chloro Fluoro Carbons) 계열	C(탄소)에 Cl(염소), F(플루오린), H(수소)가 결합된 것	HCFC-BLEND A, HCFC-124
FIC(Fluoro Iodo Carbons) 계열	C(탄소)에 F(플루오린)와 I(아이오딘)가 결합된 것	FIC-13I1
FC(PerFluoro Carbons) 계열	C(탄소)에 F(플루오린)가 결합된 것	FC-3-1-10, FK-5-1-12

② 명명법

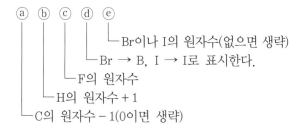

ⓐ → C의 원자수 - 1(0이면 생략)
ⓑ → H의 원자수 + 1
ⓒ → F의 원자수
ⓓ → Br → B, I → I로 표시한다.
ⓔ → Br이나 I의 원자수(없으면 생략)

[예 시]
• HFC계열(HFC-227, CF_3CHFCF_3)
 ⓐ → C의 원자수(3 - 1 = 2)
 ⓑ → H의 원자수(1 + 1 = 2)
 ⓒ → F의 원자수(7)
• HCFC계열(HCFC-124, $CHClFCF_3$)
 ⓐ → C의 원자수(2 - 1 = 1)
 ⓑ → H의 원자수(1 + 1 = 2)
 ⓒ → F의 원자수(4)
  - 부족한 원소는 Cl로 채운다.
• FIC계열(FIC-13 I1, CF_3I)
 ⓐ → C의 원자수(1 - 1 = 0, 생략)
 ⓑ → H의 원자수(0 + 1 = 1)
 ⓒ → F의 원자수(3)
 ⓓ → I로 표기
 ⓔ → I의 원자수(1)
• FC계열(FC-3-1-10, C_4F_{10})
 ⓐ → C의 원자수(4 - 1 = 3)
 ⓑ → H의 원자수(0 + 1 = 1)
 ⓒ → F의 원자수(10)

(2) 불활성기체 계열

① 분 류

종 류	화학식
IG-01	Ar
IG-100	N_2
IG-55	N_2(50[%]), Ar(50[%])
IG-541	N_2(52[%]), Ar(40[%]), CO_2(8[%])

② 명명법

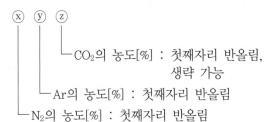

x y z

CO_2의 농도[%] : 첫째자리 반올림,
생략 가능

Ar의 농도[%] : 첫째자리 반올림

N_2의 농도[%] : 첫째자리 반올림

[예시]
- IG-01
  - x → N_2의 농도(0[%] = 0)
  - y → Ar의 농도(100[%] = 1)
  - z → CO_2의 농도(0[%]) : 생략
- IG-100
  - x → N_2의 농도(100[%] = 1)
  - y → Ar의 농도(0[%] = 0)
  - z → CO_2의 농도(0[%] = 0)
- IG-55
  - x → N_2의 농도(50[%] = 5)
  - y → Ar의 농도(50[%] = 5)
  - z → CO_2의 농도(0[%]) : 생략
- IG-541
  - x → N_2의 농도(52[%] = 5)
  - y → Ar의 농도(40[%] = 4)
  - z → CO_2의 농도(8[%] → 10[%] = 1)

(3) 소화효과

① 할로겐화합물소화약제 : 질식, 냉각, 부촉매효과
② 불활성기체소화약제 : 질식, 냉각효과

핵심이론 01 | 소화약제의 개요 및 성상

(1) 분말소화약제의 개요

분말소화약제는 방습가공을 한 나트륨 및 칼륨의 탄산수소염(중탄산염) 기타의 염류 또는 인산염류·황산염류 그 밖의 방염성을 가진 염류(인산염류 등)로서 제1종 분말~제4종 분말소화약제가 있다. 제1종 분말소화약제는 식용유화재(K급 화재)에 적합하다.

(2) 분말소화약제의 성상

① 제1종 분말소화약제

항 목	성 상
주성분	탄산수소나트륨(중탄산나트륨)
화학명	$NaHCO_3$
착 색	백 색
적응화재	B급, C급 화재
소화효과	질식, 냉각 부촉매효과
열분해 반응식	• 1차 분해반응식(270[℃]) $2NaHCO_3 \rightarrow Na_2CO_3 + CO_2 + H_2O$ • 2차 분해반응식(850[℃]) $2NaHCO_3 \rightarrow Na_2O + 2CO_2 + H_2O$
기 타	식용유화재 : 주방에서 발생하는 식용유화재에는 가연물과 반응하여 비누화현상을 일으킨다.

※ 비누화현상 : 알칼리와 작용하면 가수분해되어 그 성분의 산의 염과 알코올이 생성되는 현상

② 제2종 분말소화약제

항 목	성 상
주성분	탄산수소칼륨(중탄산칼륨)
화학명	$KHCO_3$
착 색	담회색
적응화재	B급, C급 화재
소화효과	질식, 냉각 부촉매효과
열분해 반응식	• 1차 분해반응식(190[℃]) $2KHCO_3 \rightarrow K_2CO_3 + CO_2 + H_2O$ • 2차 분해반응식(590[℃]) $2KHCO_3 \rightarrow K_2O + 2CO_2 + H_2O$
기 타	소화능력이 제1종 분말소화약제보다 약 1.67배 크다.

③ 제3종 분말소화약제

항 목	성 상
주성분	제일인산암모늄(인산암모늄, 인산염)
화학명	$NH_4H_2PO_4$
착 색	담홍색
적응화재	A급, B급, C급 화재
소화효과	질식, 냉각 부촉매효과
열분해 반응식	• 1차 분해반응식(190[℃]) $NH_4H_2PO_4 \rightarrow NH_3 + H_3PO_4$(인산, 오쏘인산) • 2차 분해반응식(215[℃]) $2H_3PO_4 \rightarrow H_2O + H_4P_2O_7$(피로인산) • 3차 분해반응식(300[℃]) $H_4P_2O_7 \rightarrow H_2O + 2HPO_3$(메타인산) ※ $NH_4H_2PO_4 \rightarrow HPO_3 + NH_3 + H_2O$
기 타	소화능력이 제1종, 제2종 분말소화약제보다 약 20~30[%]가 크다.

④ 제4종 분말소화약제

항 목	성 상
주성분	탄산수소칼륨(중탄산칼륨) + 요소
화학명	$KHCO_3 + (NH_2)_2CO$
착 색	회 색
적응화재	B급, C급 화재
소화효과	질식, 냉각 부촉매효과
열분해 반응식	$2KHCO_3 + (NH_2)_2CO \rightarrow K_2CO_3 + 2NH_3\uparrow + 2CO_2\uparrow$
기 타	소화능력이 가장 크다.

1-1. 제1종 분말소화약제인 탄산수소나트륨은 어떤 색으로 착색되어 있는가?

① 백 색
② 담회색
③ 담홍색
④ 회 색

1-2. 제2종 분말소화약제가 열분해 되었을 때 생성되는 물질이 아닌 것은?

① CO_2
② H_2O
③ H_3PO_4
④ K_2CO_3

1-3. 소화분말의 주성분이 제일인산암모늄인 분말소화약제는?

① 제1종 분말소화약제
② 제2종 분말소화약제
③ 제3종 분말소화약제
④ 제4종 분말소화약제

1-4. 분말소화약제 중 담홍색으로 착색하여 사용하는 것은?

① 탄산수소나트륨
② 탄산수소칼륨
③ 제일인산암모늄
④ 탄산수소칼륨과 요소와의 혼합물

1-5. 분말소화약제 중 A급, B급, C급 화재에 모두 사용할 수 있는 것은?

① Na_2CO_3
② $NH_4H_2PO_4$
③ $KHCO_2$
④ $NaHCO_3$

1-6. 제3종 분말소화약제의 열분해 시 생성되는 물질과 관계가 없는 것은?

① NH_3
② HPO_3
③ H_2O
④ CO_2

|해설|

1-1
제1종 분말소화약제(탄산수소나트륨) : 백색

1-2
제2종 분말소화약제의 열분해 반응식
$2KHCO_3 \rightarrow K_2CO_3 + CO_2 + H_2O$

1-3
제3종 분말소화약제 : 제일인산암모늄($NH_4H_2PO_4$)

1-4
제3종 분말소화약제의 착색 : 담홍색

1-5
제3종 분말소화약제의 적응화재 : A급, B급, C급 화재

1-6
제3종 분말소화약제의 열분해 반응식
$NH_4H_2PO_4 \rightarrow HPO_3 + NH_3 + H_2O$

정답 1-1 ① 1-2 ③ 1-3 ③ 1-4 ③ 1-5 ② 1-6 ④

(1) 분말약제의 기준

항목 \ 종류	제1종 분말	제2종 분말	제3종 분말
순도	90[%] 이상	92[%] 이상	75[%] 이상
첨가제	8[%] 이하	8[%] 이하	–
탄산나트륨 함량	2[%] 이하	–	–
물에 대한 용해성	–	–	용해분 : 20[wt%] 이하 불용해분 : 5[wt%] 이하
수분 함유율	0.2[wt%] 이하	0.2[wt%] 이하	0.2[wt%] 이하

※ 수분함유율[%] $= \dfrac{건조\ 전\ 무게 - 건조\ 후\ 무게}{건조\ 전\ 무게} \times 100[\%]$

(2) 분말약제의 입도

분말소화약제의 분말도는 입도가 너무 미세하거나 너무 커도 소화성능이 저하되므로 미세도의 분포가 골고루 되어야 한다.

(3) 분말소화약제의 소화효과

① 제1종 분말과 제2종 분말

 ㉠ 이산화탄소와 수증기에 의한 산소차단에 의한 질식효과

 ㉡ 이산화탄소와 수증기 발생 시 흡수열에 의한 냉각효과

 ㉢ 나트륨염(Na^+)과 칼륨염(K^+)의 금속이온에 의한 부촉매효과

※ 분말약제의 소화효과 : 질식, 냉각, 부촉매효과

② 제3종 분말

 ㉠ 열분해 시 암모니아와 수증기에 의한 질식효과

 ㉡ 열분해에 의한 냉각효과

 ㉢ 유리된 암모늄염(NH_4^+)에 의한 부촉매효과

 ㉣ 메타인산(HPO_3)에 의한 방진작용(가연물이 숯불 형태로 연소하는 것을 방지하는 작용)

 ㉤ 탈수효과

2-1. 분말소화약제의 소화효과가 아닌 것은?

① 방사열의 차단효과

② 부촉매효과

③ 제거효과

④ 발생한 불연성 가스에 의한 질식효과

2-2. 분말소화약제 분말입도의 소화성능에 관한 설명으로 옳은 것은?

① 미세할수록 소화성능이 우수하다.

② 입도가 클수록 소화성능이 우수하다.

③ 입도와 소화성능과는 관련이 없다.

④ 입도가 너무 미세하거나 너무 커도 소화성능이 저하된다.

2-3. 분말소화약제의 취급 시 주의사항으로 틀린 것은?

① 습도가 높은 공기 중에 노출되면 고화되므로 항상 주의를 기울인다.

② 충전 시 다른 소화약제와 혼합을 피하기 위하여 종별로 각각 다른 색으로 착색되어 있다.

③ 실내에서 다량 방사하는 경우 분말을 흡입하지 않도록 한다.

④ 분말소화약제와 수성막포를 함께 사용할 경우 포의 소포 현상을 발생시키므로 병용해서는 안 된다.

|해설|

2-1

분말소화약제의 소화효과

• 방사열의 차단효과

• 칼륨염, 나트륨염, 암모늄염에 의한 부촉매효과

• 발생한 불연성 가스에 의한 질식효과

• 흡수열 또는 열분해에 의한 냉각효과

2-2

분말 입도가 너무 미세하거나 너무 커도 소화성능이 저하되므로 20~25[μm]의 크기로 골고루 분포되어 있어야 한다.

2-3

분말소화약제는 수성막포를 함께 사용할 수 있다.

정답 2-1 ③ 2-2 ④ 2-3 ④

제1장 | 소방유체역학

핵심이론 01 유체의 정의 및 단위

(1) 유체(流體)의 종류

① 유 체
  ○ 액체와 기체상태로 존재하는 물질
  ○ 전단력을 받았을 때 저항하지 못하고 연속적으로 변형하는 물질

② 압축성 유체 : 체적이 변화하는 성질을 가지는 유체 (기체)

③ 비압축성 유체 : 체적이 변화하지 않는 성질을 가지는 유체(액체)

④ 이상유체 : 점성이 없는 비압축성인 유체

(2) 유체의 단위

① SI(국제단위계 : International System of Unit)단위계
  : SI단위계 7개의 단위를 기본단위로 채용한 것이다.
  ○ 길이[m]
  ○ 질량[kg]
  ○ 시간[s]
  ○ 전류[A]
  ○ 온도[K]
  ○ 광도[cd(칸델라)]
  ○ 몰[mol]

② 단위와 차원 : 차원은 각 단위가 측정값에 어떻게 서로 연관되어 있는지를 나타내는 지수이다.

차 원	중력단위 (차원)	절대단위 (차원)
길 이	$[m]$ (L)	$[m]$ (L)
시 간	$[s]$ (T)	$[s]$ (T)
질 량	$[kg \cdot s^2/m]$ ($FL^{-1}T^2$)	$[kg]$ (M)
힘	$[N]$ (F)	$[kg \cdot m/s^2]$ (MLT^{-2})
밀 도	$[N \cdot s^2/m^4]$ ($FL^{-4}T^2$)	$[kg/m^3]$ (ML^{-3})
압 력	$[N/m^2]$ (FL^2)	$[kg/m \cdot s^2]$ ($ML^{-1}T^{-2}$)
속 도	$[m/s]$ (LT^{-1})	$[m/s]$ (LT^{-1})
가속도	$[m/s^2]$ (LT^{-2})	$[m/s^2]$ (LT^{-2})
점성계수	$[N \cdot s/m^2]$ ($FL^{-2}T$)	$[kg/m \cdot s]$ ($ML^{-1}T^{-1}$)

③ 온 도
  ○ $[°C] = \dfrac{5}{9}([°F] - 32)$

  ○ $[°F] = 1.8[°C] + 32$

  ○ $[K] = 273 + [°C]$

  ○ $[R] = 460 + [°F]$

④ 힘
  ○ $[dyne] = [g \cdot cm/s^2]$

  ○ $[N] = [kg \cdot m/s^2]$

  ○ $1[N] = 10^5[dyne]$

  $1[kg_f](kg중) = 9.8[N] = 9.8 \times 10^5[dyne]$

⑤ 열 량
  ○ $1[BTU]$(British Thermal Unit) $= 252[cal]$

  ○ $1[CHU]$(Centigrade Heating Unit) $= 1.8[BTU]$

  ○ $1[kcal] = 3.968[BTU] = 2.205[CHU]$

  $1[cal] = 4.184[J] = 0.427[kg \cdot m]$

⑥ 압 력

압력 $P = \dfrac{F}{A}$

여기서, F : 힘, A : 단면적

$1[\text{atm}] = 760[\text{mmHg}] = 10.332[\text{mH}_2\text{O}](\text{mAq})$

$\qquad = 1,013[\text{mb}] = 1.013[\text{bar}]$

$\qquad = 1.0332[\text{kg}_\text{f}/\text{cm}^2] = 10,332[\text{kg}_\text{f}/\text{m}^2]$

$\qquad = 1,013 \times 10^3[\text{dyne}/\text{cm}^2]$

$\qquad = 101,325[\text{Pa}, \ \text{N}/\text{m}^2]$

$\qquad = 101.325[\text{kPa}, \ \text{kN}/\text{m}^2]$

$\qquad = 0.101325[\text{MPa}, \ \text{MN}/\text{m}^2]$

$\qquad = 14.7[\text{Psi} = \text{lb}_\text{f}/\text{in}^2]$

⑦ 부 피

　㉠ $1[\text{gal}] = 3.785[\text{L}]$

　㉡ $1[\text{m}^3] = 1,000[\text{L}] = 1,000,000[\text{cm}^3]$

⑧ 점도(점성계수)

　㉠ 동점도 $\nu = \dfrac{\mu}{\rho}[\text{cm}^2/\text{s}, \ \text{m}^2/\text{s}]$

　㉡ $1[\text{p}](\text{poise}) = 1[\text{g}/\text{cm}\cdot\text{s}] = [\text{dyne}\cdot\text{s}/\text{cm}^2]$

$\qquad\qquad\qquad = 100[\text{cp}] = 0.1[\text{kg}/\text{m}\cdot\text{s}]$

　㉢ $1[\text{cp}](\text{centi poise}) = 0.01[\text{g}/\text{cm}\cdot\text{s}] = 0.001[\text{kg}/\text{m}\cdot\text{s}]$

⑨ 비중 : 물 4[℃]를 기준으로 하였을 때 물체의 무게

비중$(S) = \dfrac{물체의 \ 무게}{4[℃]의 \ 동체적의 \ 물의 \ 무게} = \dfrac{\gamma}{\gamma_w}$

⑩ 비중량

$\gamma = \dfrac{1}{\nu} = \dfrac{P}{RT} = \rho g$

여기서, γ : 비중량$([\text{N}/\text{m}^3], \ [\text{kg}_\text{f}/\text{m}^3])$

$\qquad \nu$: 비체적$[\text{m}^3/\text{kg}]$

$\qquad P$: 압력$([\text{N}/\text{m}^2], \ [\text{kg}_\text{f}/\text{m}^2])$

$\qquad R$: 기체상수

$\qquad T$: 절대온도$[K]$

$\qquad \rho$: 밀도$[\text{kg}/\text{m}^3]$

　㉠ 물의 비중량 $= 1[\text{g}_\text{f}/\text{cm}^3] = 1,000[\text{kg}_\text{f}/\text{m}^3]$

$\qquad\qquad\qquad = 9,800[\text{N}/\text{m}^3]$

　㉡ 액체의 비중량 $\gamma = S \times 9,800[\text{N}/\text{m}^3]$

⑪ 밀도 : 단위체적당 질량(W/V)

물의 밀도 $\rho = 1[\text{g}/\text{cm}^3] = 1,000[\text{kg}/\text{m}^3]$

$\qquad\qquad = 1,000[\text{N}\cdot\text{s}^2/\text{m}^4](절대단위)$

$\qquad\qquad = 1,000/9.8$

$\qquad\qquad = 102[\text{kg}_\text{f}\cdot\text{s}^2/\text{m}^4](중력단위)$

⑫ 비체적 : 단위질량당 체적(V/W)

$V_s = \dfrac{1}{\rho}$

⑬ 동력 : 단위시간당 일

$1[\text{W}] = 1[\text{J}/\text{s}] = 1[\text{N}\cdot\text{m}/\text{s}]$

$\qquad = \dfrac{1\left[\dfrac{\text{kg}\cdot\text{m}}{\text{s}^2}\times\text{m}\right]}{[\text{s}]} = 1[\text{kg}\cdot\text{m}^2/\text{s}^3]$

⑭ 힘의 단위

　㉠ 절대단위

$\quad F = ma$

여기서, m : 질 량

$\qquad a$: 가속도

　　• C.G.S단위$[\text{cm}\cdot\text{g}\cdot\text{s}]$

$1[\text{dyne}]$: $1[\text{g}]$의 물체에 $1[\text{cm}/\text{s}^2]$의 가속도를 주는 힘

　　• M.K.S단위$[\text{m}\cdot\text{kg}\cdot\text{s}]$

$1[\text{N}]$: $1[\text{kg}]$의 물체에 $1[\text{m}/\text{s}^2]$의 가속도를 주는 힘

　㉡ 중력단위

$\quad F = mg$

여기서, g : 중력가속도

　　• C.G.S단위

$1[\text{g중}](\text{g}_\text{f})$: $1[\text{g}]$의 물체에 $980[\text{cm}/\text{s}^2]$의 중력가속도를 주는 힘

　　• M.K.S단위

$1[\text{kg중}](\text{kg}_\text{f})$: $1[\text{kg}]$의 물체에 $9.8[\text{m}/\text{s}^2]$의 중력가속도를 주는 힘

1-1. 유체에 관한 설명 중 옳은 것은?

① 실제유체는 유동할 때 마찰손실이 생기지 않는다.
② 이상유체는 높은 압력에서 밀도가 변화하는 유체이다.
③ 유체에 압력을 가한 뒤 체적이 줄어드는 유체는 압축성 유체이다.
④ 압력을 가해도 밀도변화가 없으며 점성에 의한 마찰손실만 있는 유체가 이상유체이다.

1-2. 화씨온도 200[°F]는 섭씨온도[℃]로 약 얼마인가?

① 93.3
② 186.6
③ 279.9
④ 392

1-3. 다음 중 점성계수의 차원은?(단, F는 힘, L은 길이, T는 시간의 차원이다)

① $FL^{-2}T^{-1}$
② $FL^{-3}T^{-2}$
③ $FL^{-2}T$
④ $FTL^{-1}T$

1-4. 점성계수의 단위로 사용되는 푸아즈(Poise)의 환산 단위로 옳은 것은?

① $[cm^2/s]$
② $[N \cdot s^2/m^2]$
③ $[dyne/cm \cdot s]$
④ $[dyne \cdot s/cm^2]$

1-5. 점성계수가 0.9[poise]이고 밀도가 950[kg/m³]인 유체의 동점성 계수는 약 몇 [stoke]인가?

① 9.47×10^{-2}
② 9.47×10^{-4}
③ 9.47×10^{-1}
④ 9.47×10^{-3}

1-6. 수두 100[mmAq]로 표시되는 압력은 몇 [Pa]인가?

① 0.098
② 0.98
③ 9.8
④ 980

1-7. 소방 펌프차가 화재 현장에 출동하여 그곳에 설치되어 있는 수조에서 물을 흡입하였다. 이때 진공계가 45[cmHg]을 표시하였다면 손실을 무시할 때 수면에서 펌프까지의 높이는 약 몇 [m]인가?

① 6.12
② 0.61
③ 5.42
④ 0.54

1-8. 중력가속도가 2[m/s²]인 곳에서 무게가 8[kN]이고 부피가 5[m³]인 물체의 비중은 약 얼마인가?

① 0.2
② 0.8
③ 1.0
④ 1.6

1-9. 수은의 비중이 13.55일 때 비체적은 몇 [m³/kg]인가?

① 13.55
② $\frac{1}{13.55} \times 10^{-3}$
③ $\frac{1}{13.55}$
④ 13.55×10^{-3}

1-10. 동력(Power)의 차원을 옳게 표시한 것은?(단, M : 질량, L : 길이, T : 시간을 나타낸다)

① ML^2T^{-3}
② L^2T^{-1}
③ $ML^{-1}T^{-1}$
④ MLT^{-2}

1-11. 다음 중 동일한 액체의 물성치를 나타낸 것이 아닌 것은?

① 비중이 0.8
② 밀도가 800[kg/m³]
③ 비중량이 7,840[N/m³]
④ 비체적이 1.25[m³/kg]

|해설|

1-1
유 체
• 실제유체 : 유동 시 마찰이 존재하는 유체
• 이상유체 : 점성이 없는 비압축성 유체
• 압축성 유체 : 유체에 압력을 가하면 체적이 줄어드는 유체

1-2
섭씨온도[℃]

$$섭씨온도[℃] = \frac{5}{9}([°F] - 32) = \frac{5}{9}(200 - 32) = 93.33[℃]$$

1-3
점성계수의 차원 $= FL^{-2}T = [dyne \cdot s/cm^2]$

1-4
$1[poise] = 1[g/cm \cdot s]$
$[dyne \cdot s/cm^2] = [g \cdot cm/s^2] \times [s/cm^2] = [g/cm \cdot s](poise)$
※ $[dyne] = [g \cdot cm/s^2]$

1-5
동점성계수

$$\nu = \frac{\mu}{\rho}$$

여기서, μ(절대점도) $= 0.9[poise] = 0.9[g/cm \cdot s]$
$\quad\quad\quad \rho$(밀도) $= 950[kg/m^3] = 0.95[g/cm^3]$

$$\therefore \nu = \frac{\mu}{\rho} = \frac{0.9[g/cm \cdot s]}{0.95[g/cm^3]} = 0.947[cm^2/s] = 0.947[stoke]$$

1-6

표준대기압

$1[\text{atm}] = 1,033.2[\text{cmH}_2\text{O}]$

$\qquad = 10,332[\text{mmH}_2\text{O}](\text{mmAq})(물기둥의 높이)$

$\qquad = 101,325[\text{Pa}](\text{N/m}^2)$

$\qquad = 101,325[\text{kPa}](\text{kN/m}^2)$

$\qquad = 0.101325[\text{MPa}](\text{MN/m}^2)$

$\therefore \dfrac{100[\text{mmAq}]}{10,332[\text{mmAq}]} \times 101,325[\text{Pa}] = 980.69[\text{Pa}]$

1-7

$45[\text{cmHg}] \div 76[\text{cmHg}] \times 10.332[\text{mH}_2\text{O}] = 6.12[\text{m}]$

1-8

물체의 비중

$\gamma = \rho g$

$\rho = \dfrac{\gamma}{g} = \dfrac{\dfrac{8 \times 1,000[\text{N}]}{5[\text{m}^3]}}{2[\text{m/s}^2]} = 800[\dfrac{\text{N} \cdot \text{s}^2}{\text{m}^4}]$

$\therefore \text{비중} = \dfrac{800[\text{N} \cdot \text{s}^2/\text{m}^4]}{1,000[\text{N} \cdot \text{s}^2/\text{m}^4]} = 0.8$

1-9

비체적(V_s)

$V_s = \dfrac{1}{\rho} = \dfrac{1}{13,550[\text{kg/m}^3]} = \dfrac{1}{13.55} \times 10^{-3}[\text{m}^3/\text{kg}]$

(비중이 13.55이면 밀도(ρ) $= 13.55[\text{g/cm}^3] = 13,550[\text{kg/m}^3]$)

1-10

동력 : 단위시간당 일

$1[\text{W}] = 1[\text{J/s}] = 1[\text{N} \cdot \text{m/s}] = \dfrac{1\left[\dfrac{\text{kg} \cdot \text{m}}{\text{s}^2} \times \text{m}\right]}{[\text{s}]}$

$\qquad = 1[\text{kg} \cdot \text{m}^2/\text{s}^3] = \dfrac{\text{ML}^2}{\text{T}^3} = \text{ML}^2\text{T}^{-3}$

1-11

비중 0.8이라면

• 밀도 $= 0.8[\text{g/cm}^3] = 800[\text{kg/m}^3]$

• 비중량 $= 0.8 \times 9,800[\text{N/m}^3] = 7,840[\text{N/m}^3]$

• 비체적 $= \dfrac{1}{\rho} = \dfrac{1}{800} = 0.00125[\text{m}^3/\text{kg}]$

정답 1-1 ③ 1-2 ① 1-3 ③ 1-4 ④ 1-5 ③ 1-6 ④ 1-7 ① 1-8 ②
1-9 ② 1-10 ① 1-11 ④

핵심이론 02 | **법 칙**

(1) 뉴턴의 운동법칙

① 제1법칙(관성의 법칙) : 물체는 외부에 힘을 가하지 않는 한 정지해있던 물체는 계속 정지해 있고 운동하고 있던 물체는 계속 운동상태를 유지하려는 성질이 있다.

$\Sigma F = 0, \qquad 속도 = \text{Constant}$

② 제2법칙(가속도의 법칙) : 물체에 힘을 가하면 가속도가 생기고 가한 힘의 크기는 질량과 가속도에 비례한다.

$F = ma$

여기서, F : 힘[dyne, N]

$\qquad m$: 질량[kg]

$\qquad a$: 가속도[m/s^2]

③ 제3법칙(작용·반작용의 법칙) : 물체에 힘을 가하면 다른 물체에는 반작용이 나타나고 동일 작용선상에는 크기가 같다.

(2) 뉴턴의 점성법칙

① 난류일 때 : 전단응력은 점성계수와 속도구배에 비례한다.

$\tau = \dfrac{F}{A} = \mu\dfrac{du}{dy}$

여기서, τ : 전단응력[dyne/cm^2]

$\qquad \mu$: 점성계수[dyne · s/cm^2]

$\qquad \dfrac{du}{dy}$: 속도구배

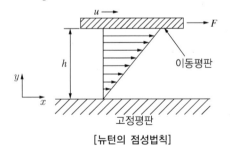

[뉴턴의 점성법칙]

② 층류일 때 : 수평원통형 관 내에 유체가 흐를 때 전단응력은 중심선에서 0이고 반지름에 비례하면서 관 벽까지 직선적으로 증가한다.

$$\tau = \frac{dp}{dl} \cdot \frac{r}{2} = \frac{P_A - P_B}{l} \cdot \frac{r}{2}$$

여기서, P : 압 력

l : 길 이

r : 반지름

③ 뉴턴의 점성법칙을 만족하는 유체를 뉴턴유체, 점성법칙을 만족하지 못한 유체를 비뉴턴유체라 하며, 뉴턴유체는 속도 구배에 관계없이 점성계수가 일정하다.

④ 유체의 전단 특성

액체의 점성계수는 온도 증가에 따라 감소하고 기체의 점성계수는 온도증가에 따라 증가한다.

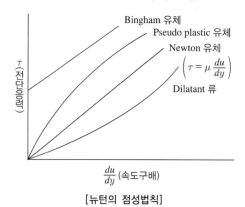

[뉴턴의 점성법칙]

(3) 열역학의 법칙

① 열역학 제0법칙 : 고온에서 저온으로 이동하여 두 물체가 평형을 유지한다.

② 열역학 제1법칙(에너지보존의 법칙) : 기체에 공급된 열에너지는 기체 내부에너지의 증가와 기체가 외부에 한 일의 합과 같다.

공급된 열에너지 $Q = \Delta U + P\Delta V = \Delta W$

여기서, U : 내부에너지

$P\Delta V$: 일

ΔW : 기체가 외부에 한 일

③ 열역학 제2법칙

㉠ 열은 외부에서 작용을 받지 않고 저온에서 고온으로 이동시킬 수 없다.

㉡ 열을 완전히 일로 바꿀 수 있는 열기관을 만들 수 없다(열효율이 100[%]인 열기관은 만들 수 없다).

㉢ 자발적인 변화는 비가역적이다.

㉣ 엔트로피는 증가하는 방향으로 흐른다.

④ 열역학 제3법칙 : 순수한 물질이 1[atm]하에서 완전히 결정상태이면 그의 엔트로피는 0[K]에서 0이다.

(4) 보일-샤를의 법칙

① 보일의 법칙(Boyle's Law) : 기체의 부피는 온도가 일정할 때 압력에 반비례한다.

T = 일정, $PV = k$

여기서, P : 압 력

V : 부 피

② 샤를의 법칙(Charles's Law) : 압력이 일정할 때 기체가 차지하는 부피는 절대온도에 비례한다.

$$\frac{V_1}{T_1} = \frac{V_2}{T_2}$$

③ 보일-샤를의 법칙(Boyle-Charles's Law) : 기체가 차지하는 부피는 압력에 반비례하고 절대온도에 비례한다.

$$\frac{P_1 V_1}{T_1} = \frac{P_2 V_2}{T_2}, \quad V_2 = V_1 \times \frac{P_1}{P_2} \times \frac{T_2}{T_1}$$

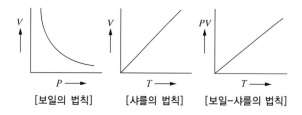

[보일의 법칙]　　[샤를의 법칙]　　[보일-샤를의 법칙]

2-1. 뉴턴의 점성법칙에 대한 옳은 설명으로 모두 짝지은 것은?

> ㉠ 전단응력은 점성계수와 속도기울기의 곱이다.
> ㉡ 전단응력은 점성계수에 비례한다.
> ㉢ 전단응력은 속도기울기에 반비례한다.

① ㉠, ㉡
② ㉡, ㉢
③ ㉠, ㉢
④ ㉠, ㉡, ㉢

2-2. 실내온도 15[℃]에서 화재가 발생하여 900[℃]가 되었다면 기체의 부피는 약 몇 배로 팽창되었는가?(단, 압력은 1기압으로 일정하다)

① 2
② 4
③ 6
④ 8

2-3. 피스톤-실린더로 구성된 용기 안에 온도 638.5[K], 압력 1,372[kPa] 상태의 공기(이상기체)가 들어있다. 정적과정으로 이 시스템을 가열하여 최종 온도가 1,200[K]이 되었다. 공기의 최종 압력은 약 몇 [kPa]인가?

① 730
② 1,372
③ 1,730
④ 2,579

2-4. 공기가 1[MPa], 0.01[m³], 130[℃]의 상태에서 0.2 [MPa], 0.05[m³]로 변하였을 때 공기의 온도는 몇 [K]인가?

① 399.23
② 401.21
③ 403.15
④ 405.34

|해설|

2-1
뉴턴의 점성법칙

• 전단응력은 점성계수와 속도기울기의 곱이다($\tau = \dfrac{F}{A} = \mu \dfrac{du}{dy}$).

• 전단응력은 점성계수와 속도기울기에 비례한다.

2-2
샤를의 법칙을 이용하면

$$V_2 = V_1 \times \frac{T_2}{T_1} = 1 \times \frac{(273+900)[\mathrm{K}]}{(273+15)[\mathrm{K}]} = 4.07$$

2-3
최종 압력

$$P_2 = P_1 \times \frac{T_2}{T_1} = 1,372[\mathrm{kPa}] \times \frac{1,200[\mathrm{K}]}{638.5[\mathrm{K}]} = 2,578.54[\mathrm{kPa}]$$

2-4
보일-샤를의 법칙을 적용하면

$$T_2 = T_1 \times \frac{P_2}{P_1} \times \frac{V_2}{V_1} = (273.15+130)[\mathrm{K}] \times \frac{0.2}{1} \times \frac{0.05}{0.01}$$
$$= 403.15[\mathrm{K}]$$

정답 2-1 ① 2-2 ② 2-3 ④ 2-4 ③

(1) 체적탄성계수

압력이 P일 때 체적 V인 유체에 압력을 ΔP만큼 증가시켰을 때 체적이 ΔV만큼 감소한다면 체적탄성계수(K)는

$$K = -\frac{\Delta P}{\Delta V/V} = \frac{\Delta P}{\Delta \rho/\rho}$$

여기서, P : 압 력

V : 체 적

ρ : 밀 도

$\Delta V/V$: 무차원

K : 압력단위

※ 압축률 $\beta = \dfrac{1}{K}$

• 등온변화일 때 $K = P$

• 단열변화일 때 $K = kP$

여기서, k : 비열비

(2) 모세관 현상(Capillarity in Tube)

액체 분자들 사이의 응집력과 고체면에 대한 부착력의 차이에 의하여 관 내 액체표면과 자유표면 사이에 높이 차이가 나타나는 현상으로 응집력이 부착력보다 크면 액면이 내려가고, 부착력이 응집력보다 크면 액면이 올라간다.

$$h = \frac{\Delta p}{\gamma} = \frac{4\sigma\cos\theta}{\gamma d}$$

여기서, σ : 표면장력[dyne/cm = N/m]

θ : 접촉각

γ : 물의 비중량

d : 내 경

g : 중력가속도($9.8[\mathrm{m/s^2}]$)

(3) 표면장력(Surface Tension)

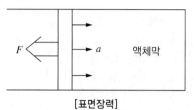

[표면장력]

액체표면을 최소로 작게 하는 데 필요한 힘으로 온도가 높고 농도가 크면 표면장력은 작아진다.

$$\sigma = \frac{\Delta P \cdot d}{4}$$

여기서, σ : 표면장력([dyne/cm], [N/m])

ΔP : 압력차

d : 내 경

3-1. 유체의 압축률에 관한 설명으로 옳은 것은?

① 압축률 = 밀도 × 체적탄성계수
② 압축률 = 1 / 체적탄성계수
③ 압축률 = 밀도 / 체적탄성계수
④ 압축률 = 체적탄성계수 / 밀도

3-2. 어떤 액체가 0.01[m³]의 체적을 갖는 강체 실린더 속에서 50[kPa]의 압력을 받고 있다. 이때 압력이 100[kPa]으로 증가되었을 때 액체의 체적이 0.0099[m³]으로 축소되었다면 이 액체의 체적탄성계수 K는 몇 [kPa]인가?

① 500　　　　　　② 5,000
③ 50,000　　　　　④ 500,000

3-3. 용기 속의 물에 압력을 가했더니 물의 체적이 0.5[%] 감소하였다. 이때 가해진 압력은 몇 [Pa]인가?(단, 물의 압축률은 5×10^{-10}[1/Pa]이다)

① 10^7　　　　　　② 2×10^7
③ 10^9　　　　　　④ 2×10^9

3-4. 지름의 비가 1 : 2인 2개의 모세관을 물속에 수직으로 세울 때 모세관 현상으로 물이 관속으로 올라가는 높이의 비는?

① 1 : 4　　　　　　② 1 : 2
③ 2 : 1　　　　　　④ 4 : 1

3-5. 그림과 같이 매끄러운 유리관에 물이 채워져 있을 때 모세관 상승높이(h)는 약 몇 [m]인가?

|조건|
- 표면장력 $\sigma = 0.073$[N/m]
- $R = 1$[mm]
- 매끄러운 유리관의 접촉각 $\theta \approx 0°$

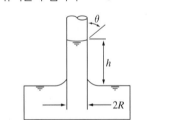

① 0.007　　　　　　② 0.015
③ 0.07　　　　　　④ 0.15

|해설|

3-1

압력이 P일 때 체적 V인 유체에 압력을 ΔP만큼 증가시켰을 때 체적이 ΔV만큼 감소한다면 체적탄성계수(K)는

$$K = -\frac{\Delta P}{\Delta V / V} = \frac{\Delta P}{\Delta \rho / \rho}$$

여기서, P : 압력
　　　　V : 체적
　　　　ρ : 밀도
　　　　$\Delta V / V$: 무차원
　　　　K : 압력단위

※ 압축률 $\beta = \dfrac{1}{K}$

3-2

체적탄성계수

$$K = -\frac{\Delta P}{\dfrac{\Delta V}{V}} = -\frac{(100-50)[kPa]}{\dfrac{(0.0099-0.01)[m^3]}{0.01[m^3]}} = 5,000[kPa]$$

3-3

체적탄성계수 $K = \left(-\dfrac{\Delta P}{\Delta V / V}\right)$, 압축률 $\beta = \dfrac{1}{K}$

압력변화 $\Delta P = -K\dfrac{\Delta V}{V} = -\dfrac{1}{\beta}\dfrac{\Delta V}{V}$

$$= -\frac{1}{5 \times 10^{-10}} \times (-0.005) = 10^7[Pa]$$

3-4

모세관의 상승높이는 관의 지름에 반비례한다.

$$\frac{1}{1} : \frac{1}{2} = 2 : 1$$

3-5

상승높이(h)

$$h = \frac{4\sigma \cos\theta}{\gamma d}$$

여기서, σ : 표면장력[N/m]
　　　　θ : 각도
　　　　γ : 비중량(9,800[N/m³])
　　　　d : 직경[m]

$$\therefore h = \frac{4 \times 0.073[N/m] \times \cos0}{9,800[N/m^3] \times 0.002[m]} = 0.0149[m]$$

정답 3-1 ②　3-2 ②　3-3 ①　3-4 ③　3-5 ②

(1) 카르노사이클(Carnot Cycle)

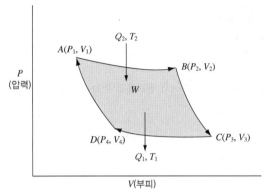

[카르노사이클]

① 등온팽창(A → B)

$$Q_2 = RT_2\ln\frac{V_2}{V_1} = RT_2\ln\frac{P_1}{P_2}$$

② 단열팽창(B → C)

$$W_2 = \Delta E = C_v(T_1 - T_2)$$

③ 등온압축(C → D)

$$Q_1 = W_3 = RT_1\ln\frac{V_4}{V_3} = RT_1\ln\frac{P_3}{P_4}$$

④ 단열압축(D → A)

$$W_4 = C_v(T_1 - T_2)$$

∴ 전 Cycle의 일 $W = RT_2\ln\dfrac{V_2}{V_1} + RT_1\ln\dfrac{V_4}{V_3}$

$$= R(T_2 - T_1)\ln\frac{V_2}{V_1}$$

(2) 카르노사이클의 특징

① 가역 사이클이다.

② 공급열량과 방출열량의 비는 고온부의 절대온도와 저온부의 절대온도 비와 같다.

③ 이론 열효율은 고열원 및 저열원의 온도만으로 표시된다.

④ 두 개의 등온변화와 두 개의 단열변화로 구성된 사이클이다.

(3) 카르노사이클의 열효율

$$\eta = 1 - \frac{T_2}{T_1}$$

10년간 자주 출제된 문제

4-1. 다음 [보기]는 열역학적 사이클에서 일어나는 여러 가지의 과정이다. 이들 중 카르노사이클에서 일어나는 과정을 모두 고른 것은?

| 보기 |
| ㉠ 등온압축　　　　　　　　㉡ 단열팽창 |
| ㉢ 정적압축　　　　　　　　㉣ 정압팽창 |

① ㉠　　　　　　　　　② ㉠, ㉡
③ ㉡, ㉢, ㉣　　　　　④ ㉠, ㉡, ㉢, ㉣

4-2. 카르노사이클이 800[K]의 고온열원과 500[K]의 저온열원 사이에서 작동한다. 이 사이클에 공급하는 열량이 사이클당 800[kJ]이라 할 때 한 사이클당 외부에 하는 일은 약 몇 [kJ]인가?

① 200　　　② 300　　　③ 400　　　④ 500

4-3. 카르노사이클이 1,000[K]의 고온 열원과 400[K]의 저온 열원 사이에서 작동할 때 사이클의 열효율은 얼마인가?

① 20[%]　　② 40[%]　　③ 60[%]　　④ 80[%]

| 해설 |

4-1

카르노사이클 : 등온팽창 → 단열팽창 → 등온압축 → 단열압축

4-2

카르노사이클의 효율

$$\eta = \frac{W}{Q_H} = \frac{T_H - T_L}{T_H}$$

∴ 외부에 하는 일

$$W = Q_H \times \frac{T_H - T_L}{T_H} = 800[\text{kJ}] \times \frac{800[\text{K}] - 500[\text{K}]}{800[\text{K}]}$$
$$= 300[\text{kJ}]$$

4-3

카르노사이클의 열효율

$$\eta = 1 - \frac{T_2}{T_1} = 1 - \frac{400[\text{K}]}{1,000[\text{K}]} = 0.6 = 60[\%]$$

정답 4-1 ②　4-2 ②　4-3 ③

(1) 엔트로피(Entropy)

계(系)가 가역적으로 흡수한 열량을 그때의 절대온도로 나눈 값

$$S = \frac{Q}{T} \quad \Delta S = \frac{\Delta Q}{T} [\text{cal/g} \cdot \text{K}]$$

여기서, ΔQ : 변화한 열량[cal/g]

$\quad\quad\quad T$: 절대온도[K]

• 가역 과정에서 엔트로피는 0이다($\Delta S = 0$).
• 비가역 과정에서 엔트로피는 증가한다($\Delta S > 0$).
• 등엔트로피 과정은 단열 가역 과정이다.

 ※ 가역 과정 : 항상 평형상태를 유지하면서 변화하는 과정

(2) 엔탈피(Enthalpy)

$$H = E + PV$$

$$Q = \Delta H = C_p \Delta T$$

여기서, E : 내부에너지

$\quad\quad\quad P$: 절대 압력

$\quad\quad\quad V$: 부 피

$\quad\quad\quad Q$: 열 량

$\quad\quad\quad C_p$: 비 열

$\quad\quad\quad T$: 온 도

(3) 특성치

① 시량 특성치(Extensive Property, 용량성 상태량) : 양에 따라 변하는 값(부피, 엔탈피, 엔트로피, 내부에너지)

② 시강 특성치(Intensive Property, 강도성 상태량) : 양에 관계없이 일정한 값(온도, 압력, 밀도)

5-1. 등엔트로피 과정에 해당하는 것은?

① 가역 단열 과정
② 가역 등온 과정
③ 비가역 단열 과정
④ 비가역 등온 과정

5-2. 가역 단열 과정에서 엔트로피 변화 ΔS는?

① $\Delta S > 1$
② $0 < \Delta S < 1$
③ $\Delta S = 1$
④ $\Delta S = 0$

5-3. 이상기체의 등엔트로피 과정에 대한 설명 중 틀린 것은?

① 폴리트로픽 과정의 일종이다.
② 가역 단열 과정에서 실현된다.
③ 온도가 증가하면 압력이 증가한다.
④ 온도가 증가하면 비체적이 증가한다.

5-4. 다음 중 시강 특성치에 해당하지 않는 것은?

① 온 도 　　　② 밀 도
③ 압 력 　　　④ 부 피

|해설|

5-1
가역 단열 과정 : 등엔트로피 과정

5-2
가역 단열 과정에서 엔트로피 변화는 $\Delta S = 0$이다.

5-3
이상기체의 등엔트로피 과정
• 가역 단열 과정이다.
• 폴리트로픽 과정의 일종이다.
• 온도가 증가하면 압력이 증가한다.
• 온도가 증가하면 비체적이 감소한다.

5-4
시강 특성치(Intensive Property, 강도성 상태량) : 양에 관계없이 일정한 값(온도, 압력, 밀도)

정답 5-1 ① 5-2 ④ 5-3 ④ 5-4 ④

| 핵심이론 **06** | 유체의 압력 |

(1) 유체의 압력

① 대기압(Atmospheric Pressure) : 우리가 숨 쉬고 있는 공기가 지구를 싸고 있는 압력을 대기압이라 한다. 0[℃], 1[atm]을 표준대기압이라 한다.

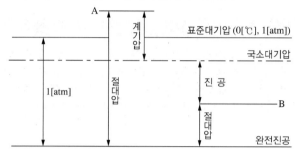

[압력측정의 척도]

② 계기압력(Gauge Pressure) : 국소대기압을 기준으로 해서 측정한 압력

③ 절대압력(Absolute Pressure) : 절대진공(완전진공)을 기준으로 해서 측정한 압력

※ 절대압 = 대기압 + 게이지압

절대압 = 대기압 - 진공

(2) 물속의 압력

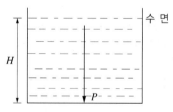

탱크나 해저 밑에서 받는 압력 P는

$P = P_o + \gamma H$

여기서, P_o : 대기압

γ : 물의 비중량($9,800[N/m^3]$, $1,000[kg_f/m^3]$)

H : 수두[m]

10년간 자주 출제된 문제

6-1. 진공압력이 40[mmHg]일 경우 절대압력은 몇 [kPa]인가?

① 5.33   ② 106.6

③ 96   ④ 3.94

6-2. 국소대기압이 102[kPa]인 곳의 기압을 비중 1.59, 증기압 13[kPa]인 액체를 이용한 기압계로 측정하면 기압계에서 액주의 높이는?

① 5.71[m]   ② 6.55[m]

③ 9.08[m]   ④ 10.4[m]

6-3. 뚜껑이 닫힌 밀폐 탱크 속에 비중이 0.8인 기름이 깊이 3[m]만큼 차 있고, 그 위에 가스가 100[kPa] 압력으로 누르고 있다면, 탱크 밑면이 받는 유체압은 몇 [kPa]인가?

① 123.5   ② 182.6

③ 216.4   ④ 274.2

|해설|

6-1

절대압력 = 대기압력 - 진공압력

$$= 101.325[kPa] - \frac{40[mmHg]}{760[mmHg]} \times 101.325[kPa]$$

$$= 95.99[kPa]$$

6-2

액주의 높이

$$H = \frac{P}{\gamma}$$

여기서, $P = 102 - 13 = 89[kPa, \ kN/m^2]$

$\gamma = 1.59 \times 9.8[kN/m^3]$

※ 비중 = 1.59

$= 1.59 \times 9,800[N/m^3]$

$= 1.59 \times 9.8[kN/m^3]$

$$\therefore \ H = \frac{P}{\gamma} = \frac{89[kN/m^2]}{1.59 \times 9.8[kN/m^3]} = 5.71[m]$$

6-3

$P = P_o + P_g = \gamma H + P_g$

$= (0.8 \times 9.8[kN/m^3] \times 3[m]) + 100[kPa]$

$= 123.52[kPa]$

정답 6-1 ③   6-2 ①   6-3 ①

(1) 이상기체 상태방정식

① 이상기체(Ideal Gas)

　㉠ 분자 상호 간 인력을 무시한다.

　㉡ 분자가 차지하는 부피는 전 부피에 비하여 작아서 무시할 수 있다.

　㉢ 점성이 없는 비압축성 유체

② 이상기체 상태방정식

　1[mol]에 대해서는 $PV = nRT$

$$PV = nRT = \frac{W}{M}RT$$

여기서, P : 압력[atm]

　　　　V : 부피[L, m^3]

　　　　n : [mol]수(무게/분자량)

　　　　W : 무게[g, kg]

　　　　M : 분자량

　　　　R : 기체상수(아래 참조)

　　　　T : 절대온도(273 + [℃])

　※ 기체상수(R)의 값

　　• 0.08205[L·atm/g-mol·K](주로 사용)

　　• 0.08205[m^3·atm/kg-mol·K](주로 사용)

　　• 1.987[cal/g-mol·K]

　　• 8.314×10^7[erg/g-mol·K]

(2) 완전기체(Perfect Gas)

$PV_s = RT$ 또는 $\frac{P}{\rho} = RT$를 만족시키는 기체

$$\frac{P}{\rho} = RT, \quad \frac{P}{\frac{W}{V}} = RT \quad \therefore PV = WRT$$

여기서, P : 압력　　　V : 부피

　　　　W : 무게　　　R : 기체상수

　　　　T : 절대온도

※ 기체상수(R)와 분자량(M)과의 관계

$$R = \frac{848}{M}[\text{kg}_f \cdot \text{m/kg} \cdot \text{K}] = \frac{8,312}{M}[\text{N} \cdot \text{m/kg} \cdot \text{K}]$$

※ 공기의 기체상수

$R = 29.27[\text{kg}_f \cdot \text{m/kg} \cdot \text{K}] = 286.8[\text{N} \cdot \text{m/kg} \cdot \text{K}]$

$= 286.8[\text{J/kg} \cdot \text{K}]$

10년간 자주 출제된 문제

7-1. 체적 2,000[L]의 용기 내에서 압력 0.4[MPa], 온도 55[℃]의 혼합기체의 체적비가 각각 메테인(CH_4) 35[%], 수소(H_2) 40[%], 질소(N_2) 25[%]이다. 이 혼합기체의 질량은 약 몇 [kg]인가?(단, 일반기체상수는 8.314[kJ/kmol·K]이다)

① 3.11　　　　　　　② 3.53
③ 3.93　　　　　　　④ 4.52

7-2. 온도 150[℃], 95[kPa]에서 2[kg/m^3]의 밀도를 갖는 기체의 분자량은?(단, 일반기체상수는 8,314[J/kmol·K]이다)

① 26　　　　　　　　② 70
③ 74　　　　　　　　④ 90

7-3. 공기는 산소와 질소의 혼합가스로 체적의 1/5이 산소이고 나머지는 질소이다. 표준상태(0[℃], 760[mmHg])에서 공기의 밀도는 몇 [kg/m^3]인가?

① 24.4　　　　　　　② 1.29
③ 0.43　　　　　　　④ 13.4

7-4. 압력이 1.38[MPa], 온도가 38[℃]인 공기의 밀도는 약 몇 [kg/m^3]인가?(단, 일반기체상수는 8.314[kJ/kmol·K], 공기의 분자량은 28.97이다)

① 14.2　　　　　　　② 15.5
③ 16.8　　　　　　　④ 18.1

7-1

이상기체 상태방정식

$$PV = \frac{W}{M}RT$$

여기서, P(압력) = $0.4 \times 1,000$[kPa]

V(부피) = $2,000$[L] = 2[m³]

W(무게) : [kg]

M(평균 분자량) = 분자량 × 농도

$= (16 \times 0.35) + (2 \times 0.4) + (28 \times 0.25)$

$= 13.4$[kg/kg-mol]

> **[분자량]**
>
> 메테인(CH₄) : 16   수소(H₂) : 2   질소(N₂) : 28

R(기체상수) = 8.314[kJ/kg-mol · K]

T(절대온도) = $273 + [℃] = 273 + 55 = 328$[K]

$$\therefore W = \frac{PVM}{RT} = \frac{(0.4 \times 1,000) \times 2 \times 13.4}{8.314 \times 328} = 3.93[\text{kg}]$$

※ [J] = [N · m], [kJ] = [kN · m], [kPa] = [kN/m²], [kmol] = [kg-mol]

7-2

이상기체 상태방정식

$$PV = \frac{W}{M}RT, \quad PM = \frac{W}{V}RT = \rho RT, \quad M = \frac{\rho RT}{P}$$

여기서, P : 압력(95[kPa] = 95,000[Pa])

V : 부피[m³]

n : mol수(무게/분자량)

W : 무게

M : 분자량

R : 기체상수

    (8,314[J/kg-mol · K] = 8,314[N · m/kg-mol · K])

T : 절대온도(273 + 150[℃] = 423[K])

ρ : 밀도(2[kg/m³])

$$\therefore M = \frac{\rho RT}{P} = \frac{2 \times 8,314 \times 423}{95,000} = 74.03[\text{kg/kg-mol}]$$

※ [kmol] = [kg-mol] 같다고 보고 풀이하세요.

7-3

이상기체 상태방정식

$$PV = \frac{W}{M}RT, \quad PM = \frac{W}{V}RT = \rho RT, \quad \rho = \frac{PM}{RT}$$

여기서, P(압력) = 760[mmHg] = 1[atm]

M(분자량) = $(32 \times 0.2) + (28 \times 0.8) = 28.8$

> 문제에서 산소 20[%](1/5), 질소 80[%](4/5)
> 분자량은 산소 O₂ = 32, 질소 N₂ = 280이다.

R(기체상수) = $0.08205 \dfrac{[\text{m}^3 \cdot \text{atm}]}{[\text{kg-mol} \cdot \text{K}]}$

T(절대온도) = $273 + 0[℃] = 273$[K]

$$\therefore \rho = \frac{PM}{RT} = \frac{1 \times 28.8}{0.08205 \times 273} = 1.29[\text{kg/m}^3]$$

7-4

$$\frac{P}{\rho} = RT \text{에서}$$

여기서, P : 압력(1.38×10^6[Pa = N/m²])

R : 8.314[kJ/kmol · K] = 8.314×10^3[J/kmol · K]

$= 8.314 \times 10^3$[N · m/kmol · K]

T : 절대온도(273 + 38[℃] = 311[K])

$$\therefore \text{밀도 } \rho = \frac{P}{RT} = \frac{1.38 \times 10^6}{\dfrac{8.314 \times 10^3}{28.97} \times (273 + 38)} = 15.46[\text{kg/m}^3]$$

※ 단위환산

$$\rho = \frac{P}{RT} = \left[\frac{\dfrac{\text{N}}{\text{m}^2}}{\dfrac{\text{N} \cdot \text{m/kg-mol} \cdot \text{K}}{\text{kg/kg-mol}} \times \text{K}} \right] = [\text{kg/m}^3]$$

정답 7-1 ③   7-2 ③   7-3 ②   7-4 ②

핵심이론 01 | 작용하는 힘 및 부력

(1) 수평면에 작용하는 힘

$$F = \gamma h A = \rho g h A$$

여기서, γ : 비중량($[\text{kg}_\text{f}/\text{m}^3]$, $[\text{N}/\text{m}^3]$)

h : 깊이[m]

A : 면적$[\text{m}^2]$

ρ : 밀도$[\text{kg}/\text{m}^3]$

g : 중력가속도($9.8[\text{m}/\text{s}^2]$)

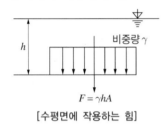

[수평면에 작용하는 힘]

(2) 경사면에 작용하는 힘

$$F = \gamma y A \sin\theta$$

여기서, γ : 비중량

y : 면적의 도심

A : 면 적

θ : 경사진 각도

압력중심 y_p 는

$$y_p = \frac{I_C}{yA} + y$$

경사면에 작용하는 힘의 작용점인 압력중심은 도심보다 항상 아래에 있다.

(3) 곡면에 작용하는 힘

① 수평분력 : 연직평면에 곡면을 투영했을 때 투영평면에 작용하는 전압력으로 계산하고 힘의 작용점은 투영면적의 압력중심과 같다.

$$F = \gamma \overline{h} A$$

② 수직분력 : 곡면이 떠받치고 있는 유체의 무게와 같고 힘의 작용점은 유체의 무게를 지닌다.

$$F = \gamma V$$

(4) 부 력

① 부력 : 정지된 유체에 잠겨 있거나 떠있는 물체는 수직 상방으로 유체에 의해 받는 힘

$$F = \gamma V$$

여기서, γ : 비중량$[\text{N}/\text{m}^3]$

V : 물체가 잠긴 체적$[\text{m}^3]$

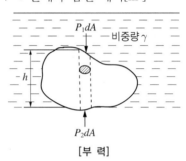

[부 력]

② 부심 : 유체의 잠긴 체적의 중심

※ Archimedes의 원리 : 부력의 크기는 물체가 유체 속에 잠긴 체적에 해당하는 유체의 무게와 같고 그 방향은 수직상방이다.

10년간 자주 출제된 문제

1-1. 폭 1.5[m], 높이 4[m]인 직사각형 평판이 수면과 40[℃]의 각도로 경사를 이루는 저수지의 물을 막고 있다. 평판의 밑변이 수면으로부터 3[m] 아래에 있다면, 물로 인하여 평판이 받는 힘은 몇 [kN]인가?(단, 대기압의 효과는 무시한다)

① 44.1

② 88.2

③ 103

④ 202

1-2. 아래 그림과 같은 폭이 3[m]인 곡면의 수문 AB가 받는 수평분력은 약 몇 [N]인가?

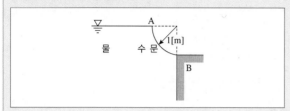

① 7,350

② 14,700

③ 23,079

④ 29,400

1-3. 그림과 같이 반지름이 0.8[m]이고 폭이 2[m]인 곡면 AB가 수문으로 이용된다. 물에 의한 힘의 수평성분의 크기는 약 몇 [kN]인가?

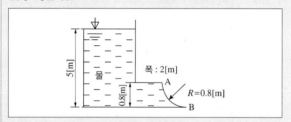

① 72.1

② 84.7

③ 90.2

④ 95.4

|해설|

1-1

평판이 받는 힘

$F = \gamma \bar{h} A$

여기서, A(평판의 면적) $= 1.5[m] \times \dfrac{3[m]}{\sin 40°} = 7[m^2]$

$\therefore F = 9,800 \left[\dfrac{N}{m^3} \right] \times \dfrac{3[m]}{2} \times 7[m^2] = 102,900[N] = 102.9[kN]$

1-2

수평분력 F는 곡면 AB의 수평투영면적에 작용하는 힘과 같다.

$\therefore F = \gamma \bar{h} A = 9,800[N/m^3] \times 0.5[m] \times (1[m] \times 3[m])$

$\quad = 14,700[N]$

1-3

수평성분의 크기

$F_H = \gamma \bar{h} A$

$= 9,800[N/m^3] \times \left\{ (5 - 0.8)[m] + \dfrac{0.8}{2}[m] \right\} \times (0.8 \times 2)[m^2]$

$= 72,128[N] = 72.13[kN]$

정답 1-1 ③ 1-2 ② 1-3 ①

(1) 토리첼리의 식(Torricelli's Equation)

① 유체의 속도는 수두의 제곱근에 비례한다. 수정계수 C_v를 사용하여 유속에 C_v를 곱하여 주면 된다.

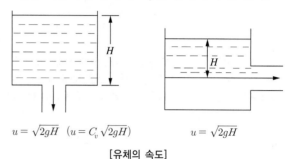

$u = \sqrt{2gH} \quad (u = C_v \sqrt{2gH})$ $u = \sqrt{2gH}$

[유체의 속도]

② 토출부가 측면일 때

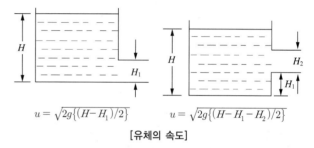

$u = \sqrt{2g\{(H - H_1)/2\}}$ $u = \sqrt{2g\{(H - H_1 - H_2)/2\}}$

[유체의 속도]

(2) 파스칼의 원리

밀폐된 용기에 들어있는 유체에 작용하는 압력의 크기는 변하지 않고 모든 방향으로 전달된다. 수압기는 Pascal의 원리를 이용한 것이다.

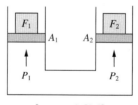

[Pascal의 원리]

$\dfrac{F_1}{A_1} = \dfrac{F_2}{A_2}, \quad P_1 = P_2$

여기서, F_1, F_2 : 가해진 힘

$\quad\quad\quad A_1$, A_2 : 단면적

2-1. 소방호스의 노즐로부터 유속 4.9[m/s]로 방사되는 물 제트에 피토관의 흡입구를 갖다 대었을 때, 피토관의 수직부에 나타나는 수주의 높이는 약 몇 [m]인가?(단, 중력가속도는 9.8[m/s²]이고, 손실은 무시한다)

① 0.25

② 1.22

③ 2.69

④ 3.69

2-2. 그림에서 두 피스톤의 지름이 각각 30[cm]와 5[cm]이다. 큰 피스톤에 무게 500[N]을 놓아서 1[cm]만큼 움직이면, 작은 피스톤에는 얼마의 힘이 발생되며 몇 [cm]나 움직이겠는가?

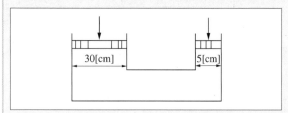

① 1[N], 1[cm]

② 5[N], 5[cm]

③ 10[N], 30[cm]

④ 13.9[N], 36[cm]

2-3. 수압기에서 피스톤의 반지름이 각각 20[cm]와 10[cm]이다. 작은 피스톤에서 19.6[N]의 힘을 가하면 큰 피스톤에는 몇 [N]의 하중을 올릴 수 있는가?

① 4.9

② 9.8

③ 68.4

④ 78.4

|해설|

2-1

유 속

$$u = \sqrt{2gH}$$

여기서, u : 유 속

g : 중력가속도

H : 수주의 높이

$$\therefore H = \frac{u^2}{2g} = \frac{(4.9[\text{m/s}])^2}{2 \times 9.8[\text{m/s}^2]} = 1.225[\text{m}]$$

2-2

피스톤에 작용하는 힘

파스칼의 원리를 적용하면 $P_1 = P_2$이다.

$\dfrac{F_1}{A_1} = \dfrac{F_2}{A_2}$ 이므로

$$F_2 = F_1 \frac{A_2}{A_1} = 500[\text{N}] \times \frac{\frac{\pi}{4} \times (5[\text{cm}])^2}{\frac{\pi}{4} \times (30[\text{cm}])^2} = 13.9[\text{N}]$$

큰 피스톤이 움직인 거리 s_1, 작은 피스톤이 움직인 거리 s_2라 하면

$$A_1 s_1 = A_2 s_2$$

$$\therefore s_2 = s_1 \times \frac{A_1}{A_2} = 1[\text{cm}] \times \frac{\frac{\pi}{4}(30[\text{cm}])^2}{\frac{\pi}{4}(5[\text{cm}])^2} = 36[\text{cm}]$$

2-3

Pascal의 원리에서 피스톤 A_1의 반지름을 r_1, 피스톤 A_2의 반지름을 r_2라 하면

$\dfrac{F_1}{A_1} = \dfrac{F_2}{A_2}$ 이므로

$$\frac{19.6[\text{N}]}{\pi(5[\text{cm}])^2} = \frac{F_2}{\pi(10[\text{cm}])^2}$$

$$\therefore F_2 = \frac{19.6[\text{N}] \times \pi(10[\text{cm}])^2}{\pi(5[\text{cm}])^2}$$

$$= 78.4[\text{N}]$$

정답 2-1 ② **2-2** ④ **2-3** ④

핵심이론 01 | 흐름의 상태

(1) 유체의 흐름

① 정상 유동 : 유동장 내 임의의 한 점에서 속도(u), 온도(T), 압력(p), 밀도(ρ) 등의 평균값이 시간에 따라 변하지 않는 흐름

$$\frac{\partial u}{\partial t} = \frac{\partial \rho}{\partial t} = \frac{\partial p}{\partial t} = \frac{\partial T}{\partial t} = 0$$

② 비정상 유동 : 유동장 내 임의의 한 점에서 유체의 흐름의 특성이 시간에 따라 변하는 흐름

$$\frac{\partial u}{\partial t} \neq \frac{\partial \rho}{\partial t} \neq \frac{\partial p}{\partial t} \neq \frac{\partial T}{\partial t} \neq 0$$

(2) 유선, 유적선, 유맥선

① 유선(流線) : 유동장 내의 모든 점에서 속도벡터의 방향과 일치하도록 그려진 가상곡선

$$\frac{dx}{u} = \frac{dy}{v} = \frac{dz}{w}$$

② 유적선(流跡線) : 한 유체 입자가 일정기간 동안에 움직인 경로

③ 유맥선(流脈線) : 공간 내의 한 점을 지나는 모든 유체 입자들의 순간궤적

10년간 자주 출제된 문제

유선에 대한 설명 중 옳은 것은?
① 한 유체입자가 일정기간 내에 움직여 간 경로를 말한다.
② 모든 유체 입자의 순간적인 부치를 말하며 연속하는 물질의 체적 등을 말한다.
③ 유동장 내의 모든 점에서 속도 벡터에 접하는 가상적인 선이다.
④ 유동장이 모든 점에서 속도 벡터에 수직한 방향을 갖는 선이다.

|해설|

유선(流線) : 유동장 내의 모든 점에서 속도 벡터의 방향과 일치하도록 그려진 가상곡선

정답 ③

핵심이론 02 | 연속방정식

(1) 유체의 연속방정식

연속방정식은 질량보존의 법칙을 유체유동에 적용한 방정식이다.

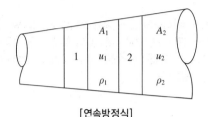

[연속방정식]

① 질량유량(질량 유동률)

$$\overline{m} = A_1 u_1 \rho_1 = A_2 u_2 \rho_2 [\mathrm{kg/s}]$$

여기서, A : 면적[$\mathrm{m^2}$]

$\quad\quad\quad u$: 유속[m/s]

$\quad\quad\quad \rho$: 밀도[$\mathrm{kg/m^3}$]

② 중량유량

$$G = A_1 u_1 \gamma_1 = A_2 u_2 \gamma_2 ([\mathrm{N/s}],\ [\mathrm{kg_f/s}])$$

여기서, γ : 비중량($[\mathrm{N/m^3}]$, $[\mathrm{kg_f/m^3}]$)

③ 체적유량(용량)

$$Q = A_1 u_1 = A_2 u_2 [\mathrm{m^3/s}]$$

④ 비압축성 유체

유체의 유속은 단면적에 반비례하고 지름의 제곱에 반비례한다.

$$\frac{u_2}{u_1} = \frac{A_1}{A_2} = \left(\frac{d_1}{d_2}\right)^2,\ u_2 = u_1 \times \left(\frac{d_1}{d_2}\right)^2$$

2-1. 안지름이 15[cm]인 소화용 호스에 물이 질량유량 100[kg/s]로 흐르는 경우 평균유속은 약 몇 [m/s]인가?

① 1
② 1.41
③ 3.18
④ 5.66

2-2. 안지름 30[cm]의 원 관 속을 절대압력 0.32[MPa], 온도 27[℃]인 공기가 4[kg/s]로 흐를 때 이 원 관 속을 흐르는 공기의 평균속도는 약 몇 [m/s]인가?(단, 공기의 기체상수 R = 287[J/kg · K]이다)

① 15.2
② 20.3
③ 25.2
④ 32.5

2-3. 평균속도 4[m/s]로 지름 75[mm]인 관로 속을 물이 흐르고 있을 때 중량유량은 몇 [N/s]인가?

① 165.2
② 169.2
③ 173.2
④ 176.2

2-4. 액체가 일정한 유량으로 파이프를 흐를 때 유체속도에 대한 설명으로 틀린 것은?

① 관 단면적에 반비례한다.
② 유량에 비례한다.
③ 관 지름에 반비례한다.
④ 관 지름의 제곱에 반비례한다.

2-5. 안지름 25[cm]인 파이프 속으로 물이 5[m/s]의 유속으로 흐른다. 하류에서 파이프의 안지름이 10[cm]로 축소되었다면 이 부분에서의 유속은 몇 [m/s]인가?

① 5.5
② 12.5
③ 25.25
④ 31.25

|해설|

2-1

평균유속

$\overline{m} = Au\rho$

여기서, $\overline{m}$: 질량유량[kg/s], A : 면적[m²], u : 유속[m/s], ρ : 밀도[kg/m³]

$$\therefore \ u = \frac{\overline{m}}{A\rho} = \frac{100[\text{kg/s}]}{\frac{\pi}{4} \times d^2 \times \rho} = \frac{100[\text{kg/s}]}{\frac{\pi}{4} \times (0.15[\text{m}])^2 \times 1,000[\text{kg/m}^3]}$$

$$= 5.66[\text{m/s}]$$

2-2

공기의 평균속도

$$\overline{m} = Au\rho, \qquad u = \frac{\overline{m}}{A\rho}$$

• 밀도(ρ)를 구하면

이상기체 상태방정식 $\dfrac{P}{\rho} = RT$에서

$$\therefore \ \text{밀도} \ \rho = \frac{P}{RT} = \frac{0.32 \times 10^6 \left[\dfrac{\text{N}}{\text{m}^2}\right]}{287\left[\dfrac{\text{N} \cdot \text{m}}{\text{kg} \cdot \text{K}}\right] \times (273+27)[\text{K}]}$$

$$= 3.72[\text{kg/m}^3]$$

※ [J] = [N · m]

• 평균속도

$$u = \frac{\overline{m}}{A\rho} = \frac{4[\text{kg/s}]}{\frac{\pi}{4} \times (0.3[\text{m}])^2 \times 3.72\left[\dfrac{\text{kg}}{\text{m}^3}\right]} = 15.21[\text{m/s}]$$

2-3

중량유량

$G = Au\gamma$

여기서, A : 면적[m²], u : 유속[m/s], γ : 비중량[N/m³]

$$\therefore \ G = \frac{\pi}{4}d^2 \times u \times \gamma$$

$$= \frac{\pi}{4}(0.075[\text{m}])^2 \times 4[\text{m/s}] \times 9,800[\text{N/m}^3]$$

$$= 173.18[\text{N/s}]$$

2-4

$$Q = uA = u \times \frac{\pi}{4}d^2, \qquad u = \frac{Q}{A} = \frac{Q}{\frac{\pi}{4}d^2} = \frac{4Q}{\pi d^2}$$

$\therefore$ 유체속도(u)는 단면적과 관 지름의 제곱에 반비례, 유량에 비례한다.

2-5

유 속

$$\frac{u_2}{u_1} = \left(\frac{d_1}{d_2}\right)^2$$

$$u_2 = u_1 \times \left(\frac{d_1}{d_2}\right)^2 = 5[\text{m/s}] \times \left(\frac{25}{10}\right)^2 = 31.25[\text{m/s}]$$

정답 2-1 ④ 2-2 ① 2-3 ③ 2-4 ③ 2-5 ④

핵심이론 03 │ 오일러 방정식 및 베르누이 방정식

(1) 오일러의 운동방정식(Euler's Equations of Motion)

$$\frac{dP}{\rho} + VdV + gdZ = 0$$

※ 오일러 방정식 적용조건
- 정상 유동
- 유선을 따라 입자가 운동할 때
- 유체의 마찰이 없을 때(점성력이 0이다)

(2) 베르누이 방정식(Bernoulli's Equation)

① 그림과 같이 유체의 관의 단면 1과 2를 통해 정상적으로 유동하고 있다고 한다. 이상유체라 하면 에너지보존법칙에 의해 다음과 같은 방정식이 성립된다.

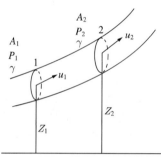

[베르누이 방정식]

$$\frac{u_1^2}{2g} + \frac{P_1}{\gamma} + Z_1 = \frac{u_2^2}{2g} + \frac{P_2}{\gamma} + Z_2 = \text{Const}$$

여기서, u : 유체평균속도[m/s]

P : 압력[N/m^2]

Z : 높이[m]

γ : 비중량(9,800[N/m^3])

$\frac{u^2}{2g}$: 속도수두(Velocity Head)

$\frac{P}{\gamma}$: 압력수두(Pressure Head)

Z : 위치수두(Potential Head)

② 유체의 마찰을 고려하면, 즉 비압축성 유체일 때의 방정식

$$\frac{u_1^2}{2g} + \frac{P_1}{\gamma} + Z_1 = \frac{u_2^2}{2g} + \frac{P_2}{\gamma} + Z_2 + \Delta H$$

여기서, ΔH : 에너지손실수두(損失水頭)

(3) 유체의 운동량 방정식

① 운동량 수정계수(β)

$$\beta = \frac{1}{AV^2} \int_A u^2 dA$$

여기서, A : 단면적[m^2]

V : 평균속도[m/s]

u : 국부속도[m/s]

dA : 미소단면적[m^2]

② 운동에너지 수정계수(α)

$$\alpha = \frac{1}{AV^3} \int_A u^3 dA$$

여기서, A : 단면적[m^2]

V : 평균속도[m/s]

u : 국부속도[m/s]

dA : 미소단면적[m^2]

10년간 자주 출제된 문제

3-1. 베르누이 방정식을 적용할 수 있는 조건으로 구성된 것은?

① 비압축성 흐름, 점성 흐름, 정상 유동
② 압축성 흐름, 비점성 흐름, 정상 유동
③ 비압축성 흐름, 비점성 흐름, 비정상 유동
④ 비압축성 흐름, 비점성 흐름, 정상 유동

3-2. 베르누이의 정리 $\left(\frac{P}{\rho} + \frac{V^2}{2} + gZ = \text{Constant}\right)$가 적용되는 조건이 될 수 없는 것은?

① 압축성의 흐름이다.
② 정상 상태의 흐름이다.
③ 마찰이 없는 흐름이다.
④ 베르누이 정리가 적용되는 임의의 두 점은 같은 유선상에 있다.

3-3. 경사진 관로의 유체흐름에서 수력기울기선의 위치로 옳은 것은?

① 언제나 에너지선보다 위에 있다.

② 에너지선보다 속도수두만큼 아래에 있다.

③ 항상 수평이 된다.

④ 개수로의 수면보다 속도수두만큼 위에 있다.

3-4. 관 내 물의 속도가 12[m/s], 압력이 103[kPa]이다. 속도수두(H_V)와 압력수두(H_P)는 각각 약 몇 [m]인가?

① $H_V = 7.35$, $H_P = 9.8$

② $H_V = 7.35$, $H_P = 10.5$

③ $H_V = 6.52$, $H_P = 9.8$

④ $H_V = 6.52$, $H_P = 10.5$

3-5. 수면의 수직하부 H에 위치한 오리피스에서 유출하는 물의 속도수두는 어떻게 표시되는가?(단, 속도계수는 C_V이고, 오리피스에서 나온 직후의 유속은 $u = C_V\sqrt{2gH}$로 표시된다)

① $C_V H$ ② $C_V H_2$

③ $C_V^2 H$ ④ $2C_V H$

3-6. 그림에서 탱크차가 받는 추력은 약 몇 [N]인가?(단, 노즐의 단면적은 0.03[m²]이며 마찰은 무시한다)

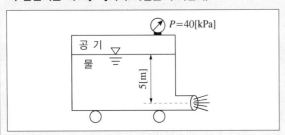

① 800   ② 1,480

③ 2,700   ④ 5,340

|해설|

3-1

베르누이 방정식이 적용되는 조건

• 비압축성 흐름

• 비점성 흐름

• 정상 유동

3-2

베르누이 정리가 적용되는 조건

• 비압축성 흐름

• 정상 상태의 흐름

• 마찰이 없는 흐름

3-3

수력구배선(수력기울기선)은 항상 에너지선보다 속도수두 $\left(\dfrac{u^2}{2g}\right)$ 만큼 아래에 있다.

• 전수두선 : $\dfrac{P}{\gamma} + \dfrac{u^2}{2g} + Z$를 연결한 선

• 수력구배선 : $\dfrac{P}{\gamma} + Z$를 연결한 선

3-4

수 두

• 속도수두 $= \dfrac{u^2}{2g} = \dfrac{(12[\text{m/s}])^2}{2 \times 9.8[\text{m/s}^2]} = 7.35[\text{m}]$

• 압력수두 $= \dfrac{P}{\gamma} = \dfrac{103[\text{kPa} = \text{kN/m}^2]}{9.8[\text{kN/m}^3]} = 10.51[\text{m}]$

※ 물의 비중량(γ) = 9,800[N/m³]
                   = 9.8[kN/m³]

3-5

속도수두 $H = \dfrac{u^2}{2g} = \dfrac{(C_V\sqrt{2gH})^2}{2g} = C_V^2 H$

3-6

베르누이 방정식을 적용하면

$$\dfrac{P_1}{\gamma} + \dfrac{u_1^2}{2g} + Z_1 = \dfrac{P_2}{\gamma} + \dfrac{u_2^2}{2g} + Z_2$$

$$\dfrac{40 \times 10^3[\text{N/m}^2]}{9,800[\text{N/m}^3]} + 0 + 5[\text{m}] = 0 + \dfrac{u_2^2}{2 \times 9.8[\text{m/s}^2]} + 0$$

$$9.082 = \dfrac{u_2^2}{2 \times 9.8}$$

노즐의 출구속도 $u_2 = \sqrt{2 \times 9.8 \times 9.082} = 13.34[\text{m/s}]$

유량 $Q = Au = 0.03[\text{m}^2] \times 13.34[\text{m/s}] = 0.4[\text{m}^3/\text{s}]$

추력 $F = Q\rho u = 0.4[\text{m}^3/\text{s}] \times 1,000[\text{N} \cdot \text{s}^2/\text{m}^4] \times 13.34[\text{m/s}]$
          = 5,336[\text{N}]

정답 3-1 ④   3-2 ①   3-3 ②   3-4 ②   3-5 ③   3-6 ④

핵심이론 **04** | 추력 및 속도

(1) 탱크의 노즐에 의한 추진

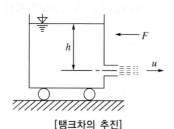

[탱크차의 추진]

$$u = \sqrt{2gh}, \qquad F = Q\rho u, \qquad Q = uA$$

추력 $F = \rho A u^2 = \rho A (2gh) = 2\gamma A h$

(2) 제트기의 추진

추력 $F = Q_2 \rho_2 u_2 - Q_1 \rho_1 u_1$

(3) 로켓의 추진

추력 $F = Q\rho u$

여기서, u : 분사속도$[\mathrm{m/s}]$

$\qquad Q$: 유량$[\mathrm{m^3/s}]$

$\qquad \rho$: 밀도$[\mathrm{kg/m^3}]$

(4) 압력파의 전파속도

$$a = \sqrt{\frac{dp}{d\rho}} = \sqrt{\frac{K}{\rho}}$$

(5) 단열과정일 때 음속

$$a = \sqrt{\frac{K}{\rho}} = \sqrt{kRT}\ (\text{기체상수 } R : [\mathrm{N \cdot m/kg \cdot K}])$$

$$\quad = \sqrt{kgRT}\ (\text{기체상수 } R : [\mathrm{kg_f \cdot m/kg \cdot K}])$$

4-1. 지름이 5[cm]인 소방 노즐에서 물 제트가 40[m/s]의 속도로 건물 벽에 수직으로 충돌하고 있다. 벽이 받는 힘은 약 몇 [N]인가?

① 320
② 2,451
③ 2,570
④ 3,141

4-2. 출구 단면적이 0.02[m²]인 수평 노즐을 통하여 물이 수평 방향으로 8[m/s]의 속도로 노즐 출구에 놓여있는 수직평판에 분사될 때 평판에 작용하는 힘은 몇 [N]인가?

① 80
② 1,280
③ 2,560
④ 12,544

4-3. 그림과 같이 수조의 밑 부분에 구멍을 뚫고 물을 유량 Q 로 방출시키고 있다. 손실을 무시할 때 수위가 처음 높이의 1/2 로 되었을 때 방출되는 유량은 어떻게 되는가?

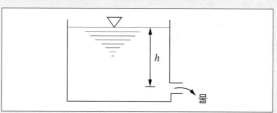

① $\dfrac{1}{\sqrt{2}}Q$
② $\dfrac{1}{2}Q$
③ $\dfrac{1}{\sqrt{3}}Q$
④ $\dfrac{1}{3}Q$

4-4. 그림과 같은 물 탱크에 수면으로부터 6[m] 되는 지점에 직경 15[cm]가 되는 노즐이 있을 경우 유출하는 유량은 몇 [m³/s]인가?(단, 손실은 무시한다)

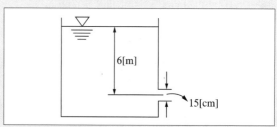

① 0.191
② 0.591
③ 0.766
④ 10.8

4-1

벽에 받는 힘

$F = \rho Q u = \rho u A u$

여기서, F : 힘[N, kg$_f$]

ρ : 밀도(1,000[N · s^2/m^4])

Q : 유량[m^3/s]

u : 속도[m/s]

$\therefore F = 1,000 \times \left(40 \times \frac{\pi}{4} \times 0.05^2\right) \times 40 = 3,141.59[\text{N}]$

※ 단위환산

$F = \rho u A u$

$= \frac{[\text{N} \cdot \text{s}^2]}{[\text{m}^4]} \times \frac{[\text{m}]}{[\text{s}]} \times \frac{[\text{m}^2]}{1} \times \frac{[\text{m}]}{[\text{s}]}$

$= [\text{N}]$

4-2

힘(F)

$F = Q\rho u$

여기서, Q(유량) $= uA = 8[\text{m/s}] \times 0.02[\text{m}^2] = 0.16[\text{m}^3/\text{s}]$

ρ(밀도) $= 1,000[\text{N} \cdot \text{s}^2/\text{m}^4]$

$\therefore F = Q\rho u$

$= 0.16[\text{m}^3/\text{s}] \times 1,000[\text{N} \cdot \text{s}^2/\text{m}^4] \times 8[\text{m/s}]$

$= 1,280[\text{N}]$

4-3

유속 $u = \sqrt{2gh}$ 에서 방출유속 $u_2 = \sqrt{2g\left(\frac{1}{2}h\right)}$ 이다.

유량 $Q = Au = A\sqrt{2gh}$ 에서

방출유량 $Q_2 = A\sqrt{2g\left(\frac{1}{2}h\right)} = \frac{1}{\sqrt{2}}Q$

4-4

유속 $u = \sqrt{2gh} = \sqrt{2 \times 9.8[\text{m/s}^2] \times 6[\text{m}]} = 10.84[\text{m/s}]$

유량 $Q = uA = 10.84[\text{m/s}] \times \frac{\pi}{4}(0.15[\text{m}])^2 = 0.191[\text{m}^3/\text{s}]$

정답 4-1 ④ 4-2 ② 4-3 ① 4-4 ①

제4절 | 유체의 유동 및 측정

핵심이론 01 | 레이놀즈수 및 유체의 흐름

(1) 레이놀즈수(Reynolds Number, Re)

$Re = \dfrac{Du\rho}{\mu} = \dfrac{Du}{\nu}$ [무차원]

여기서, D : 관의 내경[cm]

u(유속) $= \dfrac{Q}{A}$

$= \dfrac{4Q}{\pi D^2} \left[\overline{m} = Au\rho \text{에서 } u = \dfrac{\overline{m}}{A\rho}\right]$

ρ : 유체의 밀도[g/cm^3]

μ : 유체의 점도[g/cm · s]

ν(동점도) : 절대점도를 밀도로 나눈 값

$\left(\dfrac{\mu}{\rho} = [\text{cm}^2/\text{s}]\right)$

※ 자주 출제되는 문제 유형

- 물의 점도와 밀도가 주어지지 않고 "유체가 물이다"로 주어지는 문제
  - 물의 점도 : 1[cp] = 0.01[g/cm · s]을 대입
  - 물의 밀도 : 1[g/cm^3]을 대입
- 동점도가 주어지고 레이놀즈수 구하는 문제
- 레이놀즈수를 구하여 흐름의 종류(층류, 난류)를 구분하는 문제
- 층류일 때 관마찰계수 구하는 문제

(2) 유체흐름의 종류

① 층류(Laminar Flow) : 유체입자가 질서정연하게 층과 층이 미끄러지면서 흐르는 흐름으로서 레이놀즈수가 2,100 이하일 때 층류라 한다.

② 난류(Turbulent Flow) : 유체 입자들이 불규칙하게 운동하면서 흐르는 흐름을 말하며 레이놀즈수가 4,000 이상일 때를 난류라 한다.

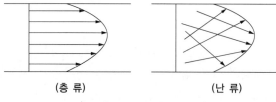

(층류)　　　　　　(난류)

[유체의 흐름]

레이놀즈수	$Re < 2,100$	$2,100 < Re < 4,000$	$Re > 4,000$
유체의 흐름	층 류	전이영역(임계영역)	난 류

(3) 임계레이놀즈수

① 상임계레이놀즈수

　층류에서 난류로 변할 때의 레이놀즈수(4,000)

② 하임계레이놀즈수

　난류에서 층류로 변할 때의 레이놀즈수(2,100)

③ 레이놀즈수가 2,100일 때의 임계유속

$$Re = \frac{Du\rho}{\mu} = \frac{Du}{\nu}$$

$$2,100 = \frac{Du\rho}{\mu} = \frac{Du}{\nu}$$

임계유속 $u = \dfrac{2,100\mu}{D\rho} = \dfrac{2,100\nu}{D}$

(4) 관마찰계수(f)

① **층류** : 관마찰계수는 상대조도와 무관하며 레이놀즈수만의 함수이다.

② **임계영역** : 관마찰계수는 상대조도와 레이놀즈수의 함수이다.

③ **난류** : 관마찰계수는 상대조도에 무관하다.

　※ 관마찰계수 : 상대조도와 레이놀즈수의 함수

(5) 속도분포식

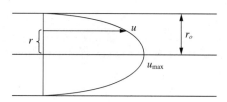

$$u = u_{\max}\left[1 - \left(\frac{r}{r_o}\right)^2\right]$$

여기서, $u_{\max}$: 중심유속

　　　r : 중심에서의 거리

　　　r_o : 중심에서 벽까지의 거리

1-1. 비중이 0.8, 점성계수가 0.03[kg/m·s]인 기름이 안지름 450[mm]의 파이프를 통하여 0.3[m³/s]의 유량으로 흐를 때 레이놀즈수는?(단, 물의 밀도는 1,000[kg/m³]이다)

① 5.66×10^4 ② 2.26×10^4
③ 2.83×10^4 ④ 9.04×10^4

1-2. 비중이 2인 유체가 지름 10[cm]인 곧은 원 관에서 층류로 흐를 수 있는 유체의 최대 평균속도는 몇 [m/s]인가?(단, 임계레이놀즈(Reynolds)수는 2,000이고, 점성계수 = 2[N·s/m²]이다)

① 20 ② 40
③ 200 ④ 400

1-3. 동점성계수가 0.6×10^{-6}[m²/s]인 유체가 내경 30[cm]인 파이프 속을 평균유속 3[m/s]로 흐른다면 이 유체의 레이놀즈수는 얼마인가?

① 1.5×10^6 ② 2.0×10^6
③ 2.5×10^6 ④ 3.0×10^6

1-4. 온도가 37.5[℃]인 원유가 0.3[m³/s]의 유량으로 원 관에 흐르고 있다. 레이놀즈수가 2,100일 때 관의 지름은 약 몇 [m]인가?(단, 원유의 동점성계수는 6×10^{-5}[m²/s]이다)

① 1.25 ② 2.45
③ 3.03 ④ 4.45

1-5. 안지름 50[mm]인 관에 동점성계수 2×10^{-3}[cm²/s]인 유체가 흐르고 있다. 층류로 흐를 수 있는 최대유량은 약 얼마인가?(단, 임계레이놀즈수는 2,100으로 한다)

① 16.5[cm³/s] ② 33[cm³/s]
③ 49.5[cm³/s] ④ 66[cm³/s]

1-6. 파이프 내 정상 비압축성 유동에 있어서 관마찰계수는 어떤 변수들의 함수인가?

① 절대조도와 반지름
② 절대조도와 상대조도
③ 레이놀즈수와 상대조도
④ 마하수와 코시수

|해설|

1-1

레이놀즈수(Reynolds Number, Re)

$$Re = \frac{Du\rho}{\mu} \ [\text{무차원}]$$

여기서, D(관의 내경) : 0.45[m](450[mm])

$$u(\text{유속}) = \frac{Q}{A} = \frac{4Q}{\pi D^2} = \frac{4 \times 0.3[\text{m}^3/\text{s}]}{\pi \times (0.45[\text{m}])^2} = 1.89[\text{m/s}]$$

$$\rho(\text{유체의 밀도}) : 0.8[\text{g/cm}^3] = 800[\text{kg/m}^3]$$

$$\mu(\text{유체의 점도}) : 0.03[\text{kg/m·s}]$$

$$\therefore Re = \frac{Du\rho}{\mu} = \frac{0.45[\text{m}] \times 1.89[\text{m/s}] \times 800[\text{kg/m}^3]}{0.03[\text{kg/m·s}]} = 22,680$$

1-2

레이놀즈수

$$Re = \frac{Du\rho}{\mu}, \qquad u = \frac{Re \cdot \mu}{D\rho}$$

여기서, D : 관의 내경[m]

$$u(\text{유속}) = \frac{Q}{A} = \frac{4Q}{\pi D^2}$$

$$\rho : \text{유체의 밀도}[\text{kg/m}^3]$$

$$\mu(\text{유체의 점도}) = 2[\text{N·s/m}^2] = 2\frac{\left[\text{kg} \cdot \dfrac{\text{m}}{\text{s}^2} \cdot \text{s}\right]}{[\text{m}^2]}$$

$$= 2[\text{kg/m·s}]$$

$$\therefore u = \frac{Re \cdot \mu}{D\rho} = \frac{2,000 \times 2[\text{kg/m·s}]}{0.1[\text{m}] \times 2,000[\text{kg/m}^3]} = 20[\text{m/s}]$$

1-3

$$Re = \frac{Du}{\nu} = \frac{0.3[\text{m}] \times 3[\text{m/s}]}{0.6 \times 10^{-6}[\text{m}^2/\text{s}]} = 1.5 \times 10^6$$

1-4

관의 지름

$$Re = \frac{Du}{\nu} = \frac{D \times \dfrac{Q}{\frac{\pi}{4}D^2}}{\nu} = \frac{4Q}{\pi D\nu}$$

$$\therefore D = \frac{4Q}{Re \cdot \pi \cdot \nu} = \frac{4 \times 0.3[\text{m}^3/\text{s}]}{2,100 \times \pi \times 6 \times 10^{-5}[\text{m}^2/\text{s}]} = 3.03[\text{m}]$$

1-5

$$Re = \frac{Du}{\nu}$$

$$u = \frac{Re \cdot \nu}{D} = \frac{2,100 \times 2 \times 10^{-3}[\text{cm}^2/\text{s}]}{5[\text{cm}]} = 0.84[\text{cm/s}]$$

$$\therefore Q = uA = u \times \frac{\pi}{4}D^2 = 0.84 \times \frac{\pi}{4}(5[\text{cm}])^2 = 16.5[\text{cm}^3/\text{s}]$$

1-6

관마찰계수(f)는 상대조도와 레이놀즈수만의 함수이다.

정답 1-1 ②　1-2 ①　1-3 ①　1-4 ③　1-5 ①　1-6 ③

(1) 유체의 관마찰손실

Darcy-Weisbach식 : 수평관을 정상적으로 흐를 때 적용

$$H = \frac{\Delta P}{\gamma} = \frac{flu^2}{2gD}[\text{m}]$$

여기서, H : 마찰손실[m]

ΔP : 압력차([N/m²], [kg$_f$/m²])

γ : 유체의 비중량([N/m³], [kg$_f$/m³])

f : 관의 마찰계수

l : 관의 길이[m]

u : 유체의 유속[m/s]

D : 관의 내경[m]

(2) 관의 상당길이(Equivalent Length of Pipe)

관 부속품이 직관의 길이에 상당하는 상당길이는 Darcy-Weisbach식을 이용한다.

$$H = \frac{flu^2}{2gD} \text{에서} \quad \frac{fLeu^2}{2gD} = K\frac{u^2}{2g}$$

상당(등가)길이 $Le = \frac{KD}{f}$

여기서, K : 부차적 손실계수

D : 관의 내경

f : 관마찰계수

(3) 직관에서 마찰손실

① 층류(Laminar Flow) : 매끈한 수평관 내를 층류로 흐를 때는 Hagen-Poiseuille법칙이 적용된다.

㉠ 손실수두 $H = \frac{\Delta P}{\gamma} = \frac{128\mu lQ}{\gamma\pi D^4}$

㉡ 유량 $Q = \frac{\Delta P\pi D^4}{128\mu l}$

여기서, ΔP : 압력차([N/m²], [kg$_f$/m²])

Q : 유량[m³/s]

γ : 유체의 비중량([N/m³], [kg$_f$/m³])

l : 관의 길이[m]

μ : 유체의 점도[kg/m·s]

D : 관의 내경[m]

② 난류(Turbulent Flow) : 유체의 흐름이 일정하지 않고 불규칙하게 흐르는 흐름으로서 Fanning법칙이 적용된다.

$$H = \frac{\Delta P}{\gamma} = \frac{2flu^2}{gD}$$

여기서, H : 손실수두[m]

ΔP : 압력차([N/m²], [kg$_f$/m²])

γ : 유체의 비중량([N/m³], [kg$_f$/m³])

f : 관의 마찰계수

l : 관의 길이[m]

u : 관의 유속[m/s]

D : 관의 내경[m]

[층류와 난류의 비교]

구 분	층 류	난 류
Re	2,100 이하	4,000 이상
흐 름	정상류	비정상류
전단응력	$\tau = -\frac{dp}{dl}\cdot\frac{r}{2}$ $= \frac{P_A - P_B}{l}\cdot\frac{r}{2}$	$\tau = \mu\frac{du}{dy}$
평균속도	$u = \frac{1}{2}u_{max}$	$u = 0.8u_{max}$
손실수두	Hagen-Poiseuille's Law $H = \frac{128\mu lQ}{\gamma\pi D^4}$	Fanning's Law $H = \frac{2flu^2}{gD}$
속도분포식	$u = u_{max}\left[1 - \left(\frac{r}{r_o}\right)^2\right]$	-
관마찰계수	$f = \frac{64}{Re}$	$f = 0.3164Re^{-\frac{1}{4}}$

2-1. 직경 25[cm]의 매끈한 원 관을 통해서 물을 초당 100[L]를 수송하고 있다. 관의 길이 5[m]에 대한 손실수두는?(관마찰계수 f 는 0.03이다)

① 약 0.013[m]　　　　② 약 0.13[m]
③ 약 1.3[m]　　　　　④ 약 13[m]

2-2. 지름이 150[mm] 관을 통해 소방용수가 흐르고 있다. 평균유속이 5[m/s]이고 50[m] 떨어진 두 지점 사이의 수두손실이 10[m]라고 하면 이 관의 마찰계수는?

① 0.0235　　　　　② 0.0315
③ 0.0351　　　　　④ 0.0472

2-3. 어떤 밸브가 장치된 지름 20[cm]인 원 관에 4[℃]의 물이 2[m/s]의 평균속도로 흐르고 있다. 밸브의 앞과 뒤에서의 압력차가 7.6[kPa]일 때 이 밸브의 부차적 손실계수 K 와 등가길이 Le 는?(단, 관의 마찰계수는 0.02이다)

① $K = 3.8$, $Le = 38$[m]
② $K = 7.6$, $Le = 38$[m]
③ $K = 38$, $Le = 3.8$[m]
④ $K = 38$, $Le = 7.6$[m]

2-4. 부차적 손실계수가 5인 밸브가 관에 부착되어 있으며 물의 평균유속이 4[m/s]인 경우 이 밸브에서 발생하는 부차적 손실수두는 몇 [m]인가?

① 61.3　　　　　② 6.13
③ 40.8　　　　　④ 4.08

2-5. 원 관 속의 흐름에서 관의 직경, 유체의 속도, 유체의 밀도, 유체의 점성계수가 각각 D, V, ρ, μ 로 표시될 때 층류 흐름의 마찰계수 f 는 어떻게 표현될 수 있는가?

① $\dfrac{64\mu}{DV\rho}$　　　　② $\dfrac{64\rho}{DV\mu}$

③ $\dfrac{64\mu\rho}{DV}$　　　　④ $\dfrac{64\mu\rho}{DV^2}$

2-6. 길이가 400[m]이고 유동단면이 20[cm]×30[cm]인 직사각형관에 물이 가득 차서 평균속도 3[m/s] 흐르고 있다. 이때 손실수두는 몇 [m]인가?(단, 관마찰계수는 0.01이다)

① 2.38　　　　　② 4.76
③ 7.65　　　　　④ 9.52

2-7. 지름 150[mm]인 원 관에 비중이 0.85, 동점성계수가 1.33×10^{-4}[m²/s]인 기름이 0.01[m³/s]의 유량으로 흐르고 있다. 이때 관마찰계수는 약 얼마인가?

① 0.1　　　　　② 0.12
③ 0.14　　　　　④ 0.16

2-8. 레이놀즈수가 1,200인 유체가 매끈한 원 관 속을 흐를 때 관마찰계수는 얼마인가?

① 0.0254　　　　② 0.00128
③ 0.0059　　　　④ 0.053

|해설|

2-1

다르시-바이스바흐 방정식

$$H = \frac{flu^2}{2gD}[\text{m}]$$

여기서, H : 마찰손실[m]

　　　　f : 관의 마찰계수(0.03)

　　　　l : 관의 길이(5[m])

　　　　D : 관의 내경(0.25[m])

　　　　u : 유체의 유속[m/s]

$$= \frac{Q}{A} = \frac{0.1[\text{m}^3/\text{s}]}{\frac{\pi}{4}(0.25[\text{m}])^2} = 2.04[\text{m/s}]$$

$$\therefore H = \frac{flu^2}{2gD} = \frac{0.03 \times 5[\text{m}] \times (2.04[\text{m/s}])^2}{2 \times 9.8[\text{m/s}^2] \times 0.25[\text{m}]} = 0.127[\text{m}]$$

2-2

다르시-바이스바흐 방정식

$$H = \frac{P}{\gamma} = \frac{flu^2}{2gD}, \qquad f = \frac{H2gD}{lu^2}$$

여기서, f : 관마찰계수

　　　　l : 길이(50[m])

　　　　u : 유속(5[m/s])

　　　　g : 중력가속도(9.8[m/s²])

　　　　D : 내경(0.15[m])

$$\therefore f = \frac{H2gD}{lu^2} = \frac{10[\text{m}] \times 2 \times 9.8[\text{m/s}^2] \times 0.15[\text{m}]}{50[\text{m}] \times (5[\text{m/s}])^2} = 0.0235$$

2-3

베르누이 방정식을 적용하면

• 부차적 손실계수 K

$$\frac{7.6[\text{kPa}]}{101.325[\text{kPa}]} \times 10.332[\text{m}] + K\frac{(2[\text{m/s}])^2}{2 \times 9.8[\text{m/s}^2]} = 0$$

$$\therefore K = 3.8$$

• 등가길이

$$Le = \frac{KD}{f} = \frac{3.8 \times 0.2[\text{m}]}{0.02} = 38[\text{m}]$$

2-4

부차적 손실수두

$$H = K\frac{u^2}{2g}$$

$$= 5 \times \frac{(4[\text{m/s}])^2}{2 \times 9.8[\text{m/s}^2]} = 4.08[\text{m}]$$

2-5

층류일 때 관마찰계수

$$f = \frac{64}{Re} = \frac{64}{\dfrac{DV\rho}{\mu}} = \frac{64\mu}{DV\rho}$$

2-6

손실수두

$$H = \frac{flu^2}{2gD} = \frac{0.01 \times 400 \times (3)^2}{2 \times 9.8 \times 0.24} = 7.65[\text{m}]$$

여기서, D(내경) $= 4Rh = 4 \times 6 = 24[\text{cm}] = 0.24[\text{m}]$

수력반경 $Rh = \dfrac{20 \times 30}{20 \times 2 + 30 \times 2} = 6[\text{cm}]$

2-7

관마찰계수

먼저 레이놀즈수를 구하여 층류와 난류를 구분하여 관마찰계수를 구한다.

$$Re = \frac{Du}{\nu}[\text{무차원}]$$

여기서, D : 관의 내경(0.15[m])

$$u(유속) = \frac{Q}{A} = \frac{4Q}{\pi D^2} = \frac{4 \times 0.01[\text{m}^3/\text{s}]}{\pi \times (0.15[\text{m}])^2} = 0.57[\text{m/s}]$$

ν(동점도) : $1.33 \times 10^{-4}[\text{m}^2/\text{s}]$

$$\therefore Re = \frac{Du}{\nu} = \frac{0.15 \times 0.57}{1.33 \times 10^{-4}} = 642.86(층류)$$

층류일 때 관마찰계수

$$f = \frac{64}{Re} = \frac{64}{642.86} = 0.099 = 0.1$$

2-8

레이놀즈수가 1,200이면 층류이므로 층류일 때

$$Re = \frac{64}{Re} = \frac{64}{1,200} = 0.0533$$

핵심이론 03 | 수력반경 및 무차원수

(1) 수력반경

$$R_h = \frac{A}{l}$$

여기서, R_h : 수력반경

$\quad\quad A$: 단면적

$\quad\quad l$: 길이

① 원 관일 때

$$R_h = \frac{\pi d^2/4}{\pi d} = \frac{d}{4} \quad 혹은 \quad d = 4R_h$$

② 사각형 수로

$$R_h = \frac{A}{l} = \frac{가로 \times 세로}{(가로 \times 2) + (세로 \times 2)}$$

③ 상대조도와 레이놀즈수와 관계식

㉠ $Re = \dfrac{du}{\nu} = \dfrac{u4R_h}{\nu} = \dfrac{du\rho}{\mu} = \dfrac{u\rho 4R_h}{\mu}$

㉡ 상대조도 $\left(\dfrac{e}{d}\right) = \dfrac{e}{4R_h}$ (e는 조도계수)

(2) 무차원수

명 칭	무차원식	물리적 의미
레이놀즈수	$Re = \dfrac{Du\rho}{\mu} = \dfrac{Du}{\nu}$	$Re = \dfrac{관성력}{점성력}$
오일러수	$Eu = \dfrac{\Delta P}{\rho u^2}$	$Eu = \dfrac{압축력}{관성력}$
웨버수	$We = \dfrac{\rho L u^2}{\sigma}$	$We = \dfrac{관성력}{표면장력}$
코시수	$Ca = \dfrac{\rho u^2}{K}$	$Ca = \dfrac{관성력}{탄성력}$
마하수	$Ma = \dfrac{u}{c}$ (c : 음속)	$Ma = \dfrac{유속}{음속}$
프루드수	$Fr = \dfrac{u}{\sqrt{gL}}$	$Fr = \dfrac{관성력}{중력}$

3-1. 한 변의 길이가 l인 정사각형 단면의 수력직경(D_h)은? (단, P는 유체의 젖은 단면 둘레의 길이, A는 관의 단면적이며, $D_h = \dfrac{4A}{P}$ 로 정의한다)

① $\dfrac{l}{4}$　　　　　② $\dfrac{l}{2}$

③ l　　　　　　④ $2l$

3-2. 프루드(Froude)수의 물리적인 의미는?

① $\dfrac{관성력}{탄성력}$　　　　② $\dfrac{관성력}{중력}$

③ $\dfrac{압축력}{관성력}$　　　　④ $\dfrac{관성력}{점성력}$

3-3. 웨버수(Weber Number)의 물리적 의미는?

① $\dfrac{관성력}{압력}$　　　　② $\dfrac{관성력}{점성력}$

③ $\dfrac{관성력}{표면장력}$　　　④ $\dfrac{관성력}{탄성력}$

|해설|

3-1

수력직경(D_h)

정사각형의 한 변의 길이가 l이므로

$$D_h = \frac{4A}{P} = \frac{4(l \times l)}{2(l+l)} = \frac{4l^2}{4l} = l$$

3-2

프루드수 $Fr = \dfrac{관성력}{중력}$

3-3

웨버수 $We = \dfrac{관성력}{표면장력}$

정답 3-1 ③　3-2 ②　3-3 ③

핵심이론 04 │ 압력 측정

(1) U자관 Manometer의 압력차

$$\Delta P = \frac{g}{g_c} R(\gamma_A - \gamma_B)$$

여기서, R : Manometer 읽음[m]

γ_A : 유체의 비중량([N/m^3], [kg$_f$/m^3])

γ_B : 물의 비중량([N/m^3], [kg$_f$/m^3])

(2) 피에조미터(Piezometer)

탱크나 어떤 용기 속의 압력을 측정하기 위하여 수직으로 세운 투명관으로서 유동하고 있는 유체에서 교란되지 않는 유체의 정압을 측정하는 피에조미터와 정압관이 있다.

※ 피에조미터와 정압관 : 유동하고 있는 유체의 정압 측정

(3) 액주계

① 수은기압계

대기압을 측정하기 위한 기압계로서

$$P_o = P_v + \gamma h$$

여기서, P_o : 대기압

P_v : 수은의 증기압(적어서 무시할 정도임)

γ : 수은의 비중량[N/m^3]

h : 수은의 높이

② 액주계 $P_A = \gamma_2 h_2 - \gamma_1 h_1$

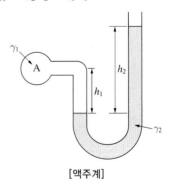

[액주계]

③ 시차액주계

두 개의 탱크의 지점 간의 압력을 측정하는 장치이다. 그림에서

$$P_A + \gamma_1 h_1 = P_B + \gamma_2 h_2 + \gamma_3 h_3$$

- A점의 압력(P_A)

  $$P_A = P_B + \gamma_2 h_2 + \gamma_3 h_3 - \gamma_1 h_1$$

- B지점의 압력(P_B)

  $$P_B = P_A + \gamma_1 h_1 - \gamma_2 h_2 - \gamma_3 h_3$$

- 압력차 $\Delta P(P_A - P_B) = \gamma_2 h_2 + \gamma_3 h_3 - \gamma_1 h_1$

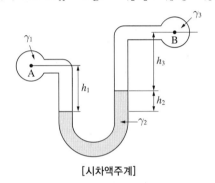

[시차액주계]

4-1. 그림과 같이 기름이 흐르는 관에 오리피스가 설치되어 있고 그 사이의 압력을 측정하기 위해 U자형 차압 액주계가 설치되어 있다. 이때 두 지점 간의 압력차($P_x - P_y$)는 약 몇 [kPa]인가?

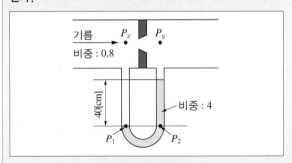

① 28.8 ② 15.7
③ 12.5 ④ 3.14

4-2. 그림의 액주계에서 밀도 $\rho_1 = 1,000[\text{kg/m}^3]$, $\rho_2 = 13,600[\text{kg/m}^3]$, 높이 $h_1 = 500[\text{mm}]$, $h_2 = 800[\text{mm}]$일 때 관 중심 A의 계기압력은 몇 [kPa]인가?

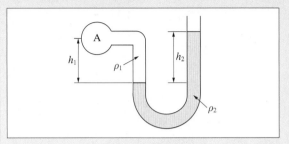

① 101.7 ② 109.6
③ 126.4 ④ 131.7

4-3. 그림과 같은 액주계에서 $h_1 = 380[\text{mm}]$, $h_3 = 150[\text{mm}]$일 때 압력 $P_A = P_B$가 되는 h_2는 몇 [mm]인가?(단, 각각의 비중은 $S_1 = 0.82$, $S_2 = 13.6$, $S_3 = 0.820$이다)

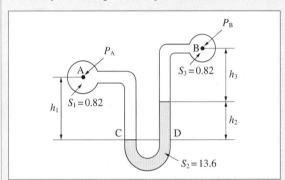

① 11.4 ② 13.9
③ 22.7 ④ 31.9

4-1

압력차(ΔP)

$$\Delta P = \frac{g}{g_c} R (\gamma_A - \gamma_B)$$

여기서, R : 마노미터 읽음

γ_A : 액체의 비중량

γ_B : 유체의 비중량

$$\begin{aligned}\therefore \Delta P &= R(\gamma_A - \gamma_B) \\ &= 0.4[\text{m}] \times \{(4 \times 9.8[\text{kN/m}^3]) - (0.8 \times 9.8[\text{kN/m}^3])\} \\ &= 12.54[\text{kN/m}^2 = \text{kPa}]\end{aligned}$$

4-2

$$P_A + \gamma_1 h_1 = P_B + \gamma_2 h_2$$

$$\begin{aligned}P_A &= P_B + \gamma_2 h_2 - \gamma_1 h_1 \\ &= (13.6 \times 9.8[\text{kN/m}^3] \times 0.8[\text{m}]) - (1 \times 9.8[\text{kN/m}^3] \\ &\quad \times 0.5[\text{m}]) \\ &= 101.72[\text{kN/m}^2 = \text{kPa}]\end{aligned}$$

4-3

h_2를 구하면

$$P_A + \gamma_1 h_1 = P_B + \gamma_2 h_2 + \gamma_3 h_3$$

$$P_A - P_B = \gamma_2 h_2 + \gamma_3 h_3 - \gamma_1 h_1$$

여기서, P_A와 P_B가 같으므로

$$\begin{aligned}0 &= (13.6 \times 9,800[\text{N/m}^3] \times h_2) + (0.82 \times 9,800[\text{N/m}^3] \times 0.15[\text{m}]) \\ &\quad - (0.82 \times 9,800[\text{N/m}^3] \times 0.38[\text{m}])\end{aligned}$$

$$h_2 = 0.01387[\text{m}] = 13.87[\text{mm}]$$

정답 4-1 ③　4-2 ①　4-3 ②

핵심이론 05 │ 유량 및 유속측정

(1) 유량측정

① 벤투리미터(Venturi Meter)

　㉠ 단면이 축소하는 부분에서 유체를 가속시켜 압력 변화를 일으켜 유량을 측정하는 장치이다.

　㉡ 유량측정이 정확하고 설치비가 많이 든다.

　㉢ 압력손실이 가장 적다.

　㉣ 정확도가 높다.

　　• 유 속

$$u = \frac{C_v}{\sqrt{1 - \left(\frac{D_2}{D_1}\right)^4}} \sqrt{\frac{2g(\rho_1 - \rho_2)R}{\rho_2}} \, [\text{m/s}]$$

　　• 유 량

$$Q = \frac{C_v A_2}{\sqrt{1 - \left(\frac{D_2}{D_1}\right)^4}} \sqrt{\frac{2g(\rho_1 - \rho_2)R}{\rho_2}} \, [\text{m}^3/\text{s}]$$

② 오리피스미터(Orifice Meter)

　㉠ 관의 이음매 사이에 끼워 넣은 얇은 판으로 된 구조이다.

　㉡ 설치하기는 쉽고, 가격이 싸다.

　㉢ 교체가 용이하고, 고압에 적당하다.

　㉣ 압력손실이 가장 크다.

　　• 유 속

$$u = \frac{C_o}{\sqrt{1 - \left(\frac{D_2}{D_1}\right)^4}} \sqrt{\frac{2g(\rho_1 - \rho_2)R}{\rho_2}} \, [\text{m/s}]$$

　　• 유 량

$$Q = \frac{C_o A_2}{\sqrt{1 - \left(\frac{D_2}{D_1}\right)^4}} \sqrt{\frac{2g(\rho_1 - \rho_2)R}{\rho_2}} \, [\text{m}^3/\text{s}]$$

③ 위어(Weir) : 개수로에서 다량의 유량을 측정할 때 사용한다.

④ 로터미터(Rotameter) : 유체 속에 부자(Float)를 띄워서 유량을 직접 눈으로 읽을 수 있도록 되어 있고 측정 범위가 넓게 분포되어 있으며 두 손실이 작고 양이 일정하다.

(2) 유속측정

① 피토관(Pitot Tube) : 피토관은 정압과 동압을 이용하여 국부속도를 측정하는 장치

$$u = \sqrt{2gh} \, [\text{m/s}]$$

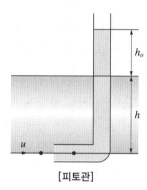

[피토관]

② 시차액주계 : 피에조미터와 피토관을 결합하여 유속을 측정하는 장치

$$u = \sqrt{2gR\left(\frac{\gamma_2}{\gamma_1} - 1\right)} \, [\text{m/s}]$$

여기서, γ_1 : 물의 비중량

γ_2 : 수은의 비중량

③ 피토-정압관(Pitot-Static Tube) : 선단과 측면에 구멍이 뚫려 있어 전압과 정압의 차이, 즉 동압을 이용하여 유속을 측정하는 장치

$$u_1 = c\sqrt{2gR\left(\frac{\gamma_2}{\gamma_1} - 1\right)} \, [\text{m/s}]$$

여기서, c : 보정계수

γ_1 : 물의 비중량

γ_2 : 수은의 비중량

5-1. 다음 중 배관의 유량을 측정하는 계측 장치가 아닌 것은?

① 로터미터(Rotameter)
② 유동노즐(Flow Nozzle)
③ 마노미터(Manometer)
④ 오리피스(Orifice)

5-2. 파이프 내를 흐르는 유체의 유량을 측정하는 장치가 아닌 것은?

① 벤투리미터　　　　② 사각위어
③ 오리피스미터　　　④ 로터미터

5-3. 유량측정 장치 중에서 단면이 점차로 축소 및 확대하는 관을 사용하여 축소하는 부분에서 유체를 가속하여 압력강하를 일으킴으로써 유량을 측정하는 것은?

① 오리피스미터　　　② 벤투리미터
③ 로터미터　　　　　④ 위 어

5-4. 다음 중 국소유속을 측정할 수 있는 장치는?

① 오리피스　　　　　② 벤투리미터
③ 피토관　　　　　　④ 위 어

5-5. 피토(Pitot) 정압관을 이용하여 흐르는 물의 속도를 측정하려고 한다. 액주계에는 비중이 13.6인 수은이 들어 있고 액주계에서 수은의 높이 차가 30[cm]일 때 흐르는 물의 속도는 몇 [m/s]인가?(단, 피토 정압관의 보정계수는 0.94이다)

① 2.3　　　　　　　② 4.5
③ 7.2　　　　　　　④ 8.1

5-1

마노미터는 압력을 측정하는 장치이다.

5-2

사각위어 : 개수로와 같이 다량의 유량을 측정하는 장치

5-3

벤투리미터 : 단면이 점차로 축소 및 확대하는 관을 사용하여 축소하는 부분에서 유체를 가속하여 압력강하를 일으킴으로써 유량을 측정하는 장치

5-4

피토관 : 정압과 동압을 이용하여 국부속도를 측정하는 장치

5-5

피토-정압관의 유속

$$u = C \times \sqrt{2gR\left(\frac{\gamma_2}{\gamma_1} - 1\right)}$$

$$= 0.94\sqrt{2 \times 9.8[\text{m/s}^2] \times 0.3[\text{m}] \times \left(\frac{13.6 \times 9,800[\text{N/m}^3]}{1 \times 9,800[\text{N/m}^3]} - 1\right)}$$

$$= 8.09[\text{m/s}]$$

정답 5-1 ③ **5-2** ② **5-3** ② **5-4** ③ **5-5** ④

핵심이론 06 ┃ 점성계수 및 비중량 측정

(1) 점성계수의 측정

① **낙구식 점도계** : 스토크스법칙을 기초로 한 것으로 작은 강구를 일정한 속도(V)로 액체 속에서의 거리(L)를 낙하하는 데 걸리는 시간(t)을 측정하여 점성계수를 구한다.

- 항력 $D = 3\pi\mu Vd$

- 점성계수 $\mu = \dfrac{d^2(\gamma_s - \gamma_l)}{18\,V}$

여기서, γ_s : 강구의 비중량[N/m^3]

γ_l : 액체의 비중량[N/m^3]

② **세이볼트 점도계** : 용기에 액체를 채우고 하단부의 구멍을 열어 가는 모세관을 통하여 액체를 배출시키는 데 걸리는 시간을 측정하여 동점성계수를 계산한다.

③ **맥마이클 점도계** : 토크 측정장치와 연결하여 측정장치에 걸린 토크는 뉴턴의 점성법칙을 이용하여 점성계수를 구한다.

※ 점도계

- 맥마이클(MacMichael) 점도계, 스토머(Stomer) 점도계 : 뉴턴의 점성법칙
- 오스트발트(Ostwald) 점도계, 세이볼트(Saybolt) 점도계 : 하겐-포아젤법칙
- 낙구식 점도계 : 스토크스법칙

(2) 비중량의 측정

① **비중병**

액체의 비중량 $\gamma = \rho g = \dfrac{W_2 - W_1}{V}$

여기서, W_1 : 비중병의 무게

W_2 : 비중병 + 액체의 무게

V : 액체의 체적

ρ : 액체의 밀도

② 비중계

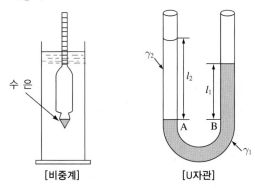

[비중계] [U자관]

10년간 자주 출제된 문제

6-1. 다음 중 뉴턴의 점성법칙을 기초로 한 점도계는?

① 맥마이클(MacMichael) 점도계
② 오스트발트(Ostwald) 점도계
③ 낙구식 점도계
④ 세이볼트(Saybolt) 점도계

6-2. 낙구식 점도계는 어떤 법칙을 이론적 근거로 하는가?

① Stokes의 법칙
② Newton의 점성법칙
③ Hagen-Poiseuille의 법칙
④ Boyle의 법칙

6-3. 점성계수를 직접 측정하는 데 적합한 것은?

① 피토관(Pitot Tube)
② 슈리렌법(Schlieren Method)
③ 벤투리미터(Venturi Meter)
④ 세이볼트법(Saybolt Method)

6-4. 낙구식 점도계에서 측정되는 점성계수(μ)와 낙구의 속도(V)의 관계는?

① $\mu \propto V$ ② $\mu \propto V^2$
③ $\mu \propto \dfrac{1}{V}$ ④ $\mu \propto \dfrac{1}{\sqrt{V}}$

|해설|

6-1
맥마이클(MacMichael) 점도계 : 뉴턴의 점성법칙

6-2
낙구식점도계 : Stokes의 법칙

6-3
점성계수측정
• 맥마이클 점도계 : 뉴턴의 점성법칙
• 오스트발트 점도계, 세이볼트 점도계 : 하겐-포아젤법칙
• 낙구식 점도계 : 스토크스법칙

6-4
낙구식 점도계의 점성계수

$$\mu = \frac{d^2(\gamma_s - \gamma_l)}{18V}$$

여기서, d : 강구의 지름
　　　　γ_s : 강구의 비중량[N/m³]
　　　　γ_l : 액체의 비중량[N/m³]
　　　　V : 낙하속도

정답 6-1 ①　6-2 ①　6-3 ④　6-4 ③

핵심이론 01 | 배관 및 관부속품

(1) 배관(Pipe, Tube)

① 스케줄수 : 관의 두께를 표시하는 것으로 클수록 배관의 관은 두껍다. 주로 소화설비의 배관에서는 고압의 경우 스케줄 No 80, 저압의 경우는 40 이상의 것을 사용하고 아연도금처리가 된 것을 사용해야 한다.

- $\text{Schedule No} = \dfrac{\text{내부 작업압력}[\text{kg/m}^2]}{\text{재료의 허용응력}[\text{kg/m}^2]} \times 1,000$

- 재료의 허용응력 $= \dfrac{\text{인장강도}}{\text{안전율}}$

② 강관의 표시방법

   ㉠ 배관용 탄소강강관(흑관은 백색, 백관은 녹색으로 표시)

	Ⓚ	SPP	E	50A	2021	6
상표	한국공업규격 표시기호	관종류	제조 방법	호칭 방법	제조년월일	

   ㉡ 압력배관용 탄소강관

	Ⓚ	SPPS	S	H	2021.6	150A	SCH40~6
상표	한국공업규격 표시기호	관종류	제조 방법	제조년월일		호칭 방법	스케줄 길이 번호

(2) 관 부속품(Pipe Fitting)

① 두 개의 관을 연결할 때

   ㉠ 관을 고정하면서 연결 : 플랜지(Flange), 유니언(Union)

   ㉡ 관을 회전하면서 연결 : 니플(Nipple), 소켓(Socket), 커플링(Coupling)

② 관선의 직경을 바꿀 때 : 리듀서(Reducer), 부싱(Bushing)

③ 관선의 방향을 바꿀 때 : 엘보(Elbow), Y자관, 티(Tee), 십자(Cross)

④ 유로(관선)를 차단할 때 : 플러그(Plug), 캡(Cap), 밸브(Valve)

⑤ 지선을 연결할 때 : 티(Tee), Y자관, 십자(Cross)

(3) 관마찰손실

배관의 마찰손실은 주손실과 부차적손실로 구분한다.

- 주손실 : 관로마찰에 의한 손실
- 부차적손실 : 급격한 확대, 축소, 관부속품에 의한 손실

① 축소관일 때

   손실수두 $H = k\dfrac{u_2^2}{2g}[\text{m}]$

   여기서, k : 축소손실계수

   g : 중력가속도($9.8[\text{m/s}^2]$)

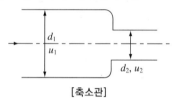

[축소관]

② 확대관일 때

   손실수두 $H = k\dfrac{(u_1 - u_2)^2}{2g} = k'\dfrac{u_1^2}{2g}$

   여기서, k' : 확대손실계수

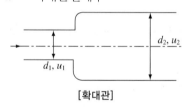

[확대관]

1-1. 관로의 다음과 같은 변화 중 부차적인 손실에 속하지 않는 것은?

① 관료의 급격한 확대 　　② 부속품 설치
③ 관로의 급격한 축소 　　④ 관로의 마찰

1-2. 지름 30[cm]인 원형 관과 지름 45[cm]인 원형 관이 급격하게 면적이 확대되도록 직접 연결되어 있을 때 작은 관에서 큰 관 쪽으로 매초 230[L]의 물을 보내면 연결부의 손실수두는 약 몇 [m]인가?(단, 면적이 A_1에서 A_2로 급확대 될 때 작은 관을 기준으로 한 손실계수는 $\left(1 - \dfrac{A_1}{A_2}\right)^2$ 이다)

① 0.025 　　　　　　② 0.125
③ 0.135 　　　　　　④ 0.167

1-3. 부차적 손실계수 $K = 2$인 관 부속품에서의 손실수두가 2[m]라면 이때의 유속은 약 몇 [m/s]인가?

① 4.43 　　　　　　② 3.14
③ 2.21 　　　　　　④ 2.00

1-4. 부차적 손실계수가 5인 밸브가 관에 부착되어 있으며 물의 평균유속이 4[m/s]인 경우, 이 밸브에서 발생하는 부차적 손실수두는 몇 [m]인가?

① 61.3 　　　　　　② 6.13
③ 40.8 　　　　　　④ 4.08

|해설|

1-1
관로의 마찰손실은 주손실이다.

1-2
확대관의 손실수두
$Q = uA$

$$u_1 = \frac{Q}{A} = \frac{0.23[\text{m}^3/\text{s}]}{\frac{\pi}{4}(0.3[\text{m}])^2} = 3.26[\text{m/s}]$$

$$u_2 = \frac{Q}{A} = \frac{0.23[\text{m}^3/\text{s}]}{\frac{\pi}{4}(0.45[\text{m}])^2} = 1.45[\text{m/s}]$$

$$\therefore \ H = k\frac{(u_1 - u_2)^2}{2g} = \frac{(3.26 - 1.45)^2}{2 \times 9.8[\text{m/s}^2]} = 0.167[\text{m}]$$

1-3
부차적 손실수두
$$H = K\frac{u^2}{2g}, \qquad u = \sqrt{\frac{2gH}{K}}$$

$$\therefore \ u = \sqrt{\frac{2gH}{K}} = \sqrt{\frac{2 \times 9.8[\text{m/s}^2] \times 2[\text{m}]}{2}} = 4.43[\text{m/s}]$$

1-4
부차적 손실수두
$$H = K\frac{u^2}{2g} = 5 \times \frac{(4[\text{m/s}])^2}{2 \times 9.8[\text{m/s}^2]} = 4.08[\text{m}]$$

정답 **1-1** ④ 　**1-2** ④ 　**1-3** ① 　**1-4** ④

핵심이론 01 | 펌프의 종류

(1) 펌프의 종류

① 원심펌프(Centrifugal Pump) : 날개의 회전차(Impeller)에 의한 원심력에 의하여 압력 변화를 일으켜 유체를 수송하는 펌프

  ㉠ 안내깃에 의한 분류

   • 벌류트펌프(Voulte Pump)

    – 회전차(Impeller) 주위에 안내깃이 없고, 바깥둘레에 바로 접하여 와류실이 있는 펌프

    – 양정이 낮고 양수량이 많은 곳에 사용한다.

   • 터빈펌프(Turbine Pump)

    – 회전차(Impeller)의 바깥둘레에 안내깃이 있는 펌프

    – 원심력에 의한 속도에너지를 안내날개(안내깃)에 의해 압력에너지로 바꾸어 주기 때문에 양정이 높은 곳 즉 방출압력이 높은 곳에 적절하다.

  ㉡ 흡입에 의한 분류

   • 단흡입펌프(Single Suction Pump) : 회전차의 한쪽에서만 유체를 흡입하는 펌프

   • 양흡입펌프(Double Suction Pump) : 회전차의 양쪽에서 유체를 흡입하는 펌프

[왕복펌프와 원심펌프의 특징]

항 목 \ 종 류	왕복펌프	원심펌프
구 분	피스톤펌프, 플런저펌프	벌류트펌프, 터빈펌프
구 조	복잡하다.	간단하다.
수송량	적다.	크다.
배출속도	불연속적	연속적
양정거리	크다.	작다.

※ 원심펌프의 전효율

  ηp = 체적효율 × 기계효율 × 수력효율

② 왕복펌프 : 실린더 속의 피스톤, 플랜지 등 왕복직선운동에 의해 실린더 내를 진공으로 하여 액체를 흡입하여 소요압력을 가함으로써 액체의 정압력 에너지를 공급하여 수송하는 펌프

  ㉠ 피스톤의 형상에 의한 분류

   • 피스톤펌프(Piston Pump) : 저압의 경우에 사용

   • 플런저펌프(Plunger Pump) : 고압의 경우에 사용

  ㉡ 실린더 개수에 의한 분류

   • 단식펌프

   • 복식펌프

③ 축류펌프 : 회전차(Impeller)의 날개를 회전시킴으로써 발생하는 힘에 의하여 압력에너지를 속도에너지로 변화시켜 유체를 수송하는 펌프

  ㉠ 비속도가 크다.

  ㉡ 형태가 작기 때문에 값이 싸다.

  ㉢ 설치면적이 적고 기초공사가 용이하다.

  ㉣ 구조가 간단하다.

④ 회전펌프 : 회전자를 이용하여 흡입송출밸브 없이 유체를 수송하는 펌프로서 기어펌프, 베인펌프, 나사펌프, 스크루펌프가 있다.

(2) 펌프의 성능

펌프 2대 연결 방법		직렬 연결	병렬 연결
성 능	유량(Q)	Q	$2Q$
	양정(H)	$2H$	H

1-1. 펌프에 대한 설명 중 틀린 것은?

① 회전식 펌프는 대용량에 적당하며 고장수리가 간단하다.
② 기어펌프는 회전식 펌프의 일종이다.
③ 플런저펌프는 왕복식 펌프이다.
④ 터빈펌프는 고양정, 대용량에 적합하다.

1-2. 펌프 본체 중의 액체가 외부로 누설되는 것을 방지하기 위한 장치와 관계없는 것은?

① 글랜드패킹 방식
② 메커니컬 실(Mechanical Seal) 방식
③ 오일실 방식
④ 다이어프램 방식

1-3. 동일한 성능의 두 펌프를 직렬 또는 병렬로 연결하는 경우의 주된 목적은?

① 직렬 : 유량 증가, 병렬 : 양정 증가
② 직렬 : 유량 증가, 병렬 : 유량 증가
③ 직렬 : 양정 증가, 병렬 : 유량 증가
④ 직렬 : 양정 증가, 병렬 : 양정 증가

1-4. 성능이 같은 두 대의 소화펌프를 양정이 H[m]인 것을 병렬로 연결하였을 때의 양정은?

① $0.5H$[m]
② H[m]
③ $1.5H$[m]
④ $2H$[m]

|해설|

1-1
회전식 펌프는 소용량에 적당하다.

1-2
펌프의 액체 누설 방지 : 패킹과 실(Seal)

1-3
펌프의 성능

펌프 2대 연결 방법		직렬 연결	병렬 연결
성 능	유량(Q)	Q	$2Q$
	양정(H)	$2H$	H

1-4
병렬로 2대를 연결하면 유량은 2배, 양정은 변하지 않는다.

정답 1-1 ① 1-2 ④ 1-3 ③ 1-4 ②

핵심이론 02 | 펌프의 동력 등

(1) 전동기의 용량

① 풀이방법 Ⅰ

$$P[\text{kW}] = \frac{0.163 \times Q \times H}{\eta} \times K$$

여기서, 0.163 : $1,000 \div 60 \div 102$

Q : 유량[m³/min]

H : 전양정[m]

η : 펌프효율

K : 전달계수(여유율)

② 풀이방법 Ⅱ

$$P[\text{kW}] = \frac{\gamma \times Q \times H}{\eta} \times K$$

여기서, γ : 물의 비중량(9.8[kN/m³])

Q : 유량[m³/s]

H : 전양정[m]

η : 펌프효율

K : 전달계수(여유율)

③ 풀이방법 Ⅲ

$$P[\text{kW}] = \frac{\gamma \times Q \times H}{102 \times \eta} \times K$$

여기서, γ : 물의 비중량(1,000[kg$_f$/m³])

Q : 유량[m³/s]

④ 내연기관의 용량

$$P[\text{HP}] = \frac{\gamma \times Q \times H}{76 \times \eta} \times K$$

여기서, γ : 물의 비중량(1,000[kg$_f$/m³])

Q : 유량[m³/s]

H : 전양정[m]

η : 펌프의 효율(만약 모터의 효율이 주어지면 나누어준다)

K : 전동기 전달계수

※ 단 위

$1[\text{HP}] = 76[\text{kg}_\text{f} \cdot \text{m/s}]$

$1[\text{PS}] = 75[\text{kg}_\text{f} \cdot \text{m/s}]$

$1[\text{kW}] = 102[\text{kg}_\text{f} \cdot \text{m/s}]$

(2) 펌프의 축동력

축동력 $L_s = \dfrac{\gamma Q H}{76 \times \eta}[\text{HP}], \qquad L_s = \dfrac{\gamma Q H}{102 \times \eta}[\text{kW}]$

(3) 펌프의 수동력

수동력 $L_w = \dfrac{\gamma Q H}{76}[\text{HP}], \qquad L_w = \dfrac{\gamma Q H}{102}[\text{kW}]$

여기서, L_w : 수동력

γ : 유체의 비중량$[\text{kg}_\text{f}/\text{m}^3]$

10년간 자주 출제된 문제

2-1. 동력(Power)의 차원을 옳게 표시한 것은?(단, M : 질량, L : 길이, T : 시간을 나타낸다)

① ML^2T^{-3} ② L^2T^{-1}

③ $ML^{-1}T^{-1}$ ④ MLT^{-2}

2-2. 펌프에 의하여 유체에 실제로 주어지는 동력은?(단, L_w : 동력[kW], γ : 물의 비중량[N/m³], Q : 토출량[m³/min], H : 전양정[m], g : 중력가속도[m/s²])

① $L_w = \dfrac{\gamma Q H}{102 \times 60}$ ② $L_w = \dfrac{\gamma Q H}{1,000 \times 60}$

③ $L_w = \dfrac{\gamma Q H g}{102 \times 60}$ ④ $L_w = \dfrac{\gamma Q H g}{1,000 \times 60}$

2-3. 펌프의 양수량 0.8[m³/min], 관로의 전손실수두 5[m]인 펌프의 중심으로부터 4[m] 지하에 있는 물을 25[m]의 송출 액면에 양수하고자 할 때 펌프의 축동력은 몇 [kW]인가?(단, 펌프의 효율은 80[%]이다)

① 5.56 ② 4.74

③ 4.09 ④ 6.95

2-4. 전양정 80[m], 토출량 500[L/min]인 물을 소화펌프가 있다. 펌프효율 65[%], 전달계수(K) 1.1인 경우 필요한 전동기의 최소동력은 약 몇 [kW]인가?

① 9 ② 11

③ 13 ④ 15

2-5. 정용적형 베인펌프에 있어서 회전속도가 1,500[rpm]이고 송출압력 6.86[MPa], 송출량 53[L/min]일 때, 소비된 축동력은 7.4[kW]이다. 이 펌프의 전효율은 몇 [%]인가?

① 94.6 ② 81.8

③ 80.3 ④ 79.8

|해설|

2-1

동력 : 단위시간당 일

$$1[\text{W}] = 1[\text{J/s}] = 1[\text{N} \cdot \text{m/s}] = \dfrac{1\left[\dfrac{\text{kg} \cdot \text{m}}{\text{s}^2} \times \text{m}\right]}{[\text{s}]}$$

$$= 1[\text{kg} \cdot \text{m}^2/\text{s}^3] = \dfrac{\text{ML}^2}{\text{T}^3} = \text{ML}^2\text{T}^{-3}$$

2-2

전동기 용량

$$P[\text{kW}] = \dfrac{\gamma \times Q \times H}{1,000 \times 60 \times \eta} \times K$$

여기서, γ : 물의 비중량[N/m³]

Q : 방수량[m³/min]

H : 펌프의 양정[m]

η : 펌프의 효율

K : 전달계수(여유율)

2-3

축동력

$$P[\text{kW}] = \dfrac{\gamma \times Q \times H}{\eta}$$

여기서, γ : 물의 비중량(9.8[kN/m³])

Q : 양수량(0.8/60[m³/s] = 0.0133333[m³/s])

H : 전양정(25 + 4 + 5 = 34[m])

η : 펌프의 효율(80[%] = 0.8)

$\therefore P = \dfrac{9.8 \times 0.0133333 \times 34}{0.8} = 5.55[\text{kW}]$

2-4

전동기의 용량

$$P[\text{kW}] = \frac{\gamma \times Q \times H}{\eta} \times K$$

여기서, γ : 물의 비중량($9.8[\text{kN/m}^3]$)

$\quad\quad\quad Q$: 정격토출량($0.5/60[\text{m}^3/\text{s}]$)

$\quad\quad\quad H$: 전양정($80[\text{m}]$)

$\quad\quad\quad \eta$: 펌프의 효율(0.65)

$\quad\quad\quad K$: 동력전달계수(1.1)

$$\therefore P[\text{kW}] = \frac{\gamma \times Q \times H}{\eta} \times K = \frac{9.8 \times 0.5/60 \times 80}{0.65} \times 1.1$$

$$= 11.06[\text{kW}]$$

2-5

펌프의 전효율

축동력 $P = \dfrac{\gamma Q H}{\eta}$, $\quad\quad \eta = \dfrac{\gamma Q H}{P}$

여기서, P : 축동력($7.4[\text{kW}] = 7.4[\text{kJ/s}]$)

$\quad\quad\quad \gamma$: 비중량($9.8[\text{kN/m}^3]$)

$\quad\quad\quad Q$: 유량($53 \times 10^{-3}/60[\text{m}^3/\text{s}]$)

$\quad\quad\quad H$: 전양정$\left(\dfrac{6.86 \times 10^3[\text{kPa}]}{101.325[\text{kPa}]} \times 10.332[\text{m}] = 699.51[\text{m}]\right)$

$\quad\quad\quad \eta$: 효율[%]

$$\therefore \eta = \frac{9.8 \times (53 \times 10^{-3}/60) \times 699.51}{7.4} = 0.8183 \Rightarrow 81.8[\%]$$

정답 2-1 ① 2-2 ② 2-3 ① 2-4 ② 2-5 ②

핵심이론 03 │ 비교회전도 및 상사법칙

(1) 비교회전도(Specific Speed)

$$N_s = \frac{N \cdot Q^{1/2}}{\left(\dfrac{H}{n}\right)^{3/4}} = \frac{N \cdot \sqrt{Q}}{\left(\dfrac{H}{n}\right)^{3/4}}$$

여기서, N : 회전수[rpm]

$\quad\quad\quad Q$: 유량[m^3/min]

$\quad\quad\quad H$: 양정[m]

$\quad\quad\quad n$: 단 수

(2) 펌프의 상사법칙

① 유 량

$$Q_2 = Q_1 \times \frac{N_2}{N_1} \times \left(\frac{D_2}{D_1}\right)^3$$

② 전양정

$$H_2 = H_1 \times \left(\frac{N_2}{N_1}\right)^2 \times \left(\frac{D_2}{D_1}\right)^2$$

③ 동 력

$$P_2 = P_1 \times \left(\frac{N_2}{N_1}\right)^3 \times \left(\frac{D_2}{D_1}\right)^5$$

여기서, N : 회전수[rpm]

$\quad\quad\quad D$: 내경[mm]

10년간 자주 출제된 문제

3-1. 원심펌프의 비속도(N_s)를 표현한 식으로 맞는 것은?(단, Q는 유량, N은 펌프의 분당 회전수, H는 전양정)

① $N_s = \dfrac{N\sqrt{H}}{Q^{\frac{3}{4}}}$

② $N_s = \dfrac{N\sqrt{Q}}{H^{\frac{4}{3}}}$

③ $N_s = \dfrac{Q\sqrt{N}}{H^{\frac{3}{4}}}$

④ $N_s = \dfrac{N\sqrt{Q}}{H^{\frac{3}{4}}}$

3-2. 원심 팬이 1,700[rpm]으로 회전할 때 전압은 155[mmAq], 풍량은 240[m³/min]이다. 이 팬의 비교회전도는?(단, 공기의 밀도는 1.2[kg/m³]이다)

① 502   ② 652
③ 687   ④ 827

3-3. 유량이 2[m³/min]인 5단 펌프가 2,000[rpm]에서 50[m]의 양정이 필요하다면 비속도[m³/min · rpm · m]는?

① 403   ② 503
③ 425   ④ 525

3-4. 양정 220[m], 유량 0.025[m³/s], 회전수 2,900[rpm]인 4단 원심펌프의 비교회전도(비속도)는 얼마인가?

① 176   ② 167
③ 45   ④ 23

3-5. 펌프의 상사성을 유지하면서 회전수는 변함없이 직경을 두 배로 증가시킬 때의 설명으로 틀린 것은?

① 유량은 8배로 증가한다.
② 수두는 4배로 증가한다.
③ 동력은 16배로 증가한다.
④ 효율은 변함없다.

3-6. 소화펌프의 회전수가 1,450[rpm]일 때 양정이 25[m], 유량이 5[m³/min]이었다. 펌프의 회전수를 1,740[rpm]으로 높일 경우 양정[m]과 유량[m³/min]은?(단, 회전차의 직경은 일정하다)

① 양정 : 17, 유량 : 4.2   ② 양정 : 21, 유량 : 5
③ 양정 : 30.2, 유량 : 5.2   ④ 양정 : 36, 유량 : 6

|해설|

3-1

비속도, 비교회전도(Specific Speed)

$$N_s = \frac{N \cdot Q^{1/2}}{\left(\dfrac{H}{n}\right)^{3/4}} = \frac{N\sqrt{Q}}{H^{\frac{3}{4}}}$$

여기서, N : 회전수[rpm]

Q : 유량[m³/min]

H : 양정[m]

n : 단 수

3-2

비교회전도

$$N_s = \frac{N \cdot Q^{1/2}}{H^{3/4}}$$

$$= \frac{1,700 \times (240)^{1/2}}{\left(\dfrac{\dfrac{155[\text{mmAq}]}{10,332[\text{mmAq}]} \times 10,332[\text{kg/m}^2]}{1.2[\text{kg/m}^3]}\right)^{3/4}} = 687.37$$

3-3

비교회전도

$$N_s = \frac{N\sqrt{Q}}{\left(\dfrac{H}{n}\right)^{3/4}} = \frac{2,000 \times \sqrt{2}}{\left(\dfrac{50}{5}\right)^{3/4}} = 502.97[\text{m}^3/\text{min} \cdot \text{rpm} \cdot \text{m}]$$

3-4

비교회전도

$$N_s = \frac{N \cdot Q^{1/2}}{\left(\dfrac{H}{n}\right)^{3/4}} = \frac{2,900 \times (0.025 \times 60[\text{m}^3/\text{min}])^{1/2}}{\left(\dfrac{220}{4}\right)^{3/4}} = 175.86$$

3-5

펌프의 상사법칙

• 유 량

$$Q_2 = Q_1 \times \left(\frac{D_2}{D_1}\right)^3 = 1 \times \left(\frac{2}{1}\right)^3 = 8\text{배}$$

• 수두(양정)

$$H_2 = H_1 \times \left(\frac{D_2}{D_1}\right)^2 = 1 \times \left(\frac{2}{1}\right)^2 = 4\text{배}$$

• 동 력

$$P_2 = P_1 \times \left(\frac{D_2}{D_1}\right)^5 = 1 \times \left(\frac{2}{1}\right)^5 = 32\text{배}$$

3-6

펌프의 상사법칙

• 양 정

$$H_2 = H_1 \times \left(\frac{N_2}{N_1}\right)^2 = 25 \times \left(\frac{1,740}{1,450}\right)^2 = 36[\text{m}]$$

• 유 량

$$Q_2 = Q_1 \times \frac{N_2}{N_1} = 5 \times \left(\frac{1,740}{1,450}\right) = 6.0[\text{m}^3/\text{min}]$$

정답 3-1 ④ 3-2 ③ 3-3 ② 3-4 ① 3-5 ③ 3-6 ④

핵심이론 04 | 흡입양정 및 압력손실 등

(1) 흡입양정(NPSH)

① 유효흡입양정(NPSH$_{av}$; Available Net Positive Suction Head)

펌프 자체와는 무관하게 흡입 측 배관 또는 시스템에 의하여 결정되는 양정이다. 유효흡입양정은 펌프 흡입구 중심으로 유입되는 압력을 절대압력으로 나타낸다.

㉠ 흡입 NPSH(부압수조방식, 수면이 펌프 중심보다 낮을 경우)

유효 NPSH $=$ H$_a$ $-$ H$_p$ $-$ H$_s$ $-$ H$_L$

여기서, H$_a$: 대기압두[m]

H$_p$: 포화수증기압두[m]

H$_s$: 흡입실양정[m]

H$_L$: 흡입 측 배관 내의 마찰손실수두[m]

㉡ 압입 NPSH(정압수조방식, 수면이 펌프 중심보다 높을 경우)

유효 NPSH $=$ H$_a$ $-$ H$_p$ $+$ H$_s$ $-$ H$_L$

② 필요흡입양정(NPSH$_{re}$; Required Net Positive Suction Head)

펌프의 형식에 의하여 결정되는 양정으로 펌프를 운전할 때 공동현상을 일으키지 않고 정상운전에 필요한 흡입양정이다.

㉠ 비속도에 의한 양정

$$N_s = \frac{N\sqrt{Q}}{\left(\dfrac{H}{n}\right)^{3/4}}$$

$$H(\text{필요흡입양정}) = \left(\frac{N\sqrt{Q}}{N_s}\right)^{\frac{4}{3}}$$

㉡ Thoma의 캐비테이션 계수 이용법

NPSH$_{re} = \sigma \times H$

여기서, σ : 캐비테이션 계수

H : 펌프의 전양정[m]

③ NPSH$_{av}$와 NPSH$_{re}$ 관계식

㉠ 설계조건 : NPSH$_{av}$ $\geq$ NPSH$_{re}$ $\times$ 1.3

㉡ 공동현상이 발생하는 조건 : NPSH$_{av}$ $<$ NPSH$_{re}$

㉢ 공동현상이 발생되지 않는 조건 : NPSH$_{av}$ $>$ NPSH$_{re}$

(2) 배관 1[m]당 압력손실

Hagen-William's 방정식

$$\Delta P_m = 6.053 \times 10^4 \times \frac{Q^{1.85}}{C^{1.85} \times D^{4.87}}$$

여기서, ΔP_m : 배관 1[m]당 압력손실[MPa/m]

D : 관의 내경[mm]

Q : 관의 유량[L/min]

C : 조도(Roughness)

설비 \ 배관	주철관	흑관	백관	동관
습식 스프링클러설비	100	120	120	150
건식 스프링클러설비	100	100	120	150
준비작동식 스프링클러설비	100	100	120	150
일제살수식 스프링클러설비	100	100	120	150

(3) 펌프의 압축비와 단수 계산식

압축비 $r = \sqrt[\varepsilon]{\dfrac{P_2}{P_1}}$

여기서, ε : 단 수

P_1 : 최초의 압력

P_2 : 최종의 압력

4-1. 펌프의 흡입양정이 4[m]이고 흡입관로의 손실수두가 2[m]일 때 NPSH는 약 몇 [m]인가?(단, 수면은 표준대기압(101.3[kPa]) 상태이고, 이때의 포화수증기압은 3,300[Pa]이다)

① 10   ② 2
③ 6   ④ 4

4-2. 저수조의 소화수를 흡상 시 펌프의 유효흡입양정(NPSH)으로 적합한 것은?(단, P_a : 흡입수면의 대기압, P_v : 포화증기압, γ : 비중량, H_a : 흡입실양정, H_L : 흡입손실수두)

① $NPSH = P_a/\gamma + P_v/\gamma - H_a - H_L$
② $NPSH = P_a/\gamma - P_v/\gamma + H_a - H_L$
③ $NPSH = P_a/\gamma - P_v/\gamma - H_a - H_L$
④ $NPSH = P_a/\gamma - P_v/\gamma - H_a + H_L$

|해설|

4-1

NPSH = 대기압두 – 흡입양정 – 포화수증기압두 – 전 손실수두

$$= 10[m] - 4[m] - \frac{3,300[Pa]}{101,325[Pa]} \times 10.332[m] - 2[m]$$

$$= 3.66[m]$$

※ 1[atm] = 101.325[kPa] = 101,325[Pa] = 10.332[mH$_2$O]

4-2

흡상 시 펌프의 유효흡입양정 $NPSH = P_a/\gamma - P_v/\gamma - H_a - H_L$

정답 4-1 ④ 4-2 ③

핵심이론 05 | 펌프에서 발생하는 공동현상

(1) 공동현상(Cavitation)의 정의

Pump의 흡입 측 배관 내에서 발생하는 것으로 배관 내의 수온 상승으로 물이 수증기로 변화하여 물이 Pump로 흡입되지 않는 현상

(2) 발생원인

① Pump의 흡입 측 수두가 클 때
② Pump의 마찰손실이 클 때
③ Pump의 Impeller 속도가 클 때
④ Pump의 흡입관경이 작을 때
⑤ Pump 설치위치가 수원보다 높을 때
⑥ 관 내의 유체가 고온일 때
⑦ Pump의 흡입압력이 유체의 증기압보다 낮을 때

(3) 발생현상

① 소음과 진동 발생
② 관정 부식
③ Impeller의 손상
④ Pump의 성능저하(토출량, 양정, 효율감소)

(4) 방지대책

① Pump의 흡입 측 수두, 마찰손실을 적게 한다.
② Pump Impeller 속도(회전수)를 적게 한다.
③ Pump 흡입관경을 크게 한다.
④ Pump 설치위치를 수원보다 낮게 한다.
⑤ Pump 흡입압력을 유체의 증기압보다 높게 한다.
⑥ 양흡입 Pump를 사용한다.
⑦ 양흡입 Pump로 부족 시 펌프를 2대로 나눈다.

5-1. 공동현상(Cavitation)에 대한 설명으로 맞는 것은?

① 흐르는 물을 갑자기 정지시킬 때 수압이 급격히 변화하는 현상을 말한다.
② 유로의 어느 부분의 압력이 대기압과 같아지면 수중에 증기가 발생하는 현상을 말한다.
③ 유로의 어느 부분의 압력이 그 수온의 포화증기압보다 낮아지면 수중에 증기가 발생하는 현상을 말한다.
④ 펌프의 입구와 출구의 진공계, 압력계의 지침이 흔들리고 동시에 송출유량이 변화하는 현상을 말한다.

5-2. 공동현상의 발생 원인과 가장 관계가 먼 것은?

① 관 내의 수온이 높을 때
② 펌프의 흡입 양정이 클 때
③ 펌프의 설치위치가 수원보다 낮을 때
④ 관내의 물의 정압이 그때의 증기압보다 낮을 때

5-3. 원심펌프의 공동현상 방지대책과 거리가 먼 것은?

① 펌프의 설치 위치를 낮춘다.
② 펌프의 회전수를 높인다.
③ 흡입관의 관경을 크게 한다.
④ 단흡입 펌프는 양흡입 펌프로 바꾼다.

5-4. 펌프의 캐비테이션을 방지하기 위한 방법으로 틀린 것은?

① 흡입양정을 짧게 한다.
② 흡입손실수두를 줄인다.
③ 펌프의 회전속도를 높여 흡입속도를 크게 한다.
④ 2대 이상의 펌프를 사용한다.

|해설|

5-1

공동현상 : Pump의 흡입 측 배관 내에서 발생하는 것으로 배관 내의 수온 상승으로 물이 수증기로 변화하여 물이 Pump로 흡입되지 않는 현상

5-2

Pump 설치위치가 수원보다 높을 때 공동현상이 발생한다.

5-3, 5-4

Pump의 흡입 측 수두, 마찰손실, Impeller 속도(회전수)를 적게 하면 공동현상을 방지할 수 있다.

정답 5-1 ③ 5-2 ③ 5-3 ② 5-4 ③

| 핵심이론 06 | 펌프에서 발생하는 현상 |

(1) 수격현상(Water Hammering)

① 정의 : 유체가 유동하고 있을 때 정전 혹은 밸브를 차단할 경우 유체가 감속되어 운동에너지가 압력에너지로 변하여 유체 내의 고압이 발생하고 유속이 급변화하면서 압력 변화를 가져와 관로의 벽면을 타격하는 현상
② 발생원인
　㉠ Pump의 운전 중에 정전에 의해서
　㉡ Pump의 정상 운전일 때의 액체의 압력변동이 생길 때
③ 방지대책
　㉠ 관로의 관경을 크게 하고 유속을 낮게 한다.
　㉡ 압력강하의 경우 Fly Wheel을 설치한다.
　㉢ 조압수조(Surge Tank) 또는 수격방지기(Water Hammering Cushion)를 설치한다.
　㉣ Pump 송출구 가까이 송출밸브를 설치하여 압력상승 시 압력을 제어한다.

(2) 맥동현상(Surging)

① 정의 : Pump의 입구와 출구에 부착된 진공계와 압력계의 침이 흔들리고 동시에 토출유량이 변화를 가져오는 현상
② 발생원인
　㉠ Pump의 양정곡선($Q-H$)이 산(山) 모양의 곡선으로 상승부에서 운전하는 경우
　㉡ 유량조절밸브가 배관 중 수조의 위치 후방에 있을 때
　㉢ 배관 중에 수조가 있을 때
　㉣ 배관 중에 기체상태의 부분이 있을 때
　㉤ 운전 중인 Pump를 정지할 때
③ 방지대책
　㉠ Pump 내의 양수량을 증가시키거나 Impeller의 회전수를 변화시킨다.
　㉡ 관로 내의 잔류공기 제거하고 관로의 단면적 유속·저장을 조절한다.

6-1. 물이 파이프 속을 꽉 차서 흐를 때 정전 등의 원인으로 유속이 급격히 변하면서 물에 심한 압력변화가 생기고 큰 소음이 발생하는 현상을 무엇이라 하는가?

① 수격작용   ② 서 징
③ 캐비테이션   ④ 실 속

6-2. 배관 내에 흐르는 물의 수격현상(Water Hammering) 방지대책이 아닌 것은?

① 관로 내의 유속을 낮게 한다.
② 펌프에 플라이휠(Fly Wheel)을 설치한다.
③ 조압수조(Surge Tank)를 설치한다.
④ 관로의 관경을 작게 한다.

6-3. 수격작용을 방지하는 대책으로 관계가 없는 것은?

① 유량을 증가시킨다.
② 밸브 개폐 속도를 낮춘다.
③ 펌프의 회전수를 일정하게 조정한다.
④ 서지 탱크를 관로에 설치한다.

6-4. 펌프 입구의 연성계 및 출구의 압력계 지침이 흔들리고 송출유량도 주기적으로 변화하는 이상현상은?

① 공동현상(Cavitation)
② 수격작용(Water Hammering)
③ 맥동현상(Surging)
④ 언밸런스(Unbalance)

|해설|

6-1

수격작용(Water Hammering) : 유체가 감속되어 운동에너지가 압력에너지로 변하여 유체 내의 고압이 발생하고 유속이 급변화하면서 압력 변화를 가져와 큰 소음이 발생하는 현상

6-2, 6-3
수격현상의 방지대책
• 관로의 관경을 크게 하고 유속을 낮게 한다.
• 압력강하의 경우 Fly Wheel을 설치한다.
• 조압수조 또는 수격방지기(WHC)를 설치한다.
• Pump 송출구 가까이 송출밸브를 설치하여 압력상승 시 압력을 제어한다.
• 펌프의 회전수를 일정하게 조정한다.

6-4
맥동현상 : 펌프 입구의 연성계 및 출구의 압력계 지침이 흔들리고 송출유량도 주기적으로 변화하는 현상

정답 6-1 ① 6-2 ④ 6-3 ① 6-4 ③

CHAPTER 03 소방관계법규

제1장 | 소방기본법, 영, 규칙

제1절 총칙

핵심이론 01 | 목적 및 정의

(1) 목적(법 제1조)

① 화재를 예방·경계·진압
② 화재, 재난, 재해, 그 밖의 위급한 상황에서의 구조·구급활동
③ 국민의 생명·신체 및 재산 보호
④ 공공의 안녕 및 질서유지와 복리증진에 이바지함

(2) 정의(법 제2조)

① **소방대상물** : 건축물, 차량, 선박(항구 안에 매어둔 선박만 해당), 선박건조구조물, 산림, 그 밖의 인공구조물 또는 물건
② **관계지역** : 소방대상물이 있는 장소 및 그 이웃지역으로서 화재의 예방·경계·진압, 구조·구급 등의 활동에 필요한 지역
③ **관계인** : 소방대상물의 소유자, 관리자, 점유자
④ **소방본부장** : 특별시·광역시·특별자치시·도 또는 특별자치도(시·도)에서 화재의 예방·경계·진압·조사 및 구조·구급 등의 업무를 담당하는 부서의 장
⑤ **소방대**(消防隊) : 화재를 진압하고 화재, 재난·재해 그 밖의 위급한 상황에서의 구조·구급활동 등을 하기 위하여 구성된 조직체로서 소방공무원, 의무소방원, 의용소방대원을 말한다.
⑥ **소방대장**(消防隊長) : 소방본부장 또는 소방서장 등 화재, 재난·재해 그 밖의 위급한 상황이 발생한 현장에서 소방대를 지휘하는 사람

10년간 자주 출제된 문제

1-1. 다음 중 소방기본법의 목적과 거리가 먼 것은?

① 화재를 예방·경계하고 진압하는 것
② 건축물의 안전한 사용을 통하여 안락한 국민생활을 보장해 주는 것
③ 화재, 재난·재해로부터 구조·구급활동하는 것
④ 공공의 안녕 및 질서유지와 복리증진에 기여하는 것

1-2. 다음 중 소방기본법에서 사용하는 용어의 정의로 옳지 않은 것은?

① 소방대장이란 소방본부장이나 소방서장 등 화재, 재난·재해, 그 밖의 위급한 상황이 발생한 현장에서 소방대를 지휘하는 사람을 말한다.
② 관계지역이란 소방대상물이 있는 장소 및 그 이웃지역으로서 화재의 예방·경계·진압, 구조·구급 등의 활동에 필요한 지역을 말한다.
③ 소방대상물이란 건축물, 차량, 항해하는 선박, 선박건조구조물, 산림, 그 밖의 인공구조물 또는 물건을 말한다.
④ 소방본부장이란 특별시·광역시 또는 도에서 화재의 예방·경계·진압·조사 및 구조구급 등의 업무를 담당하는 부서의 장을 말한다.

1-3. 다음 중 소방기본법상의 소방대상물에 포함되지 않는 것은?

① 산 림
② 항해 중인 선박
③ 선 박
④ 선박건조구조물

1-4. 소방기본법상 소방대상물의 소유자 · 관리자 또는 점유자로 정의되는 자는?

① 관리인　　　　　　② 관계인
③ 사용자　　　　　　④ 등기자

1-5. 화재를 진압하고, 화재 · 재난 · 재해 그 밖의 위급한 상황에서의 구조 · 구급활동을 위하여 소방공무원, 의무소방원, 의용소방대원으로 구성된 조직체를 무엇이라 하는가?

① 구조, 구급대
② 의무소방대
③ 소방대
④ 의용소방대

|해설|

1-1
소방기본법의 목적
• 화재를 예방 · 경계 · 진압
• 구조 · 구급활동
• 국민의 생명 · 신체 및 재산 보호
• 공공의 안녕 및 질서유지와 복리증진에 이바지

1-2
소방대상물 : 건축물, 차량, 선박(항구 안에 매어둔 선박만 해당), 선박건조구조물, 산림, 그 밖의 인공구조물 또는 물건

1-3
항해 중인 선박, 운항 중인 항공기 : 소방대상물이 아니다.

1-4
관계인 : 소방대상물의 소유자, 점유자, 관리자

1-5
소방대 : 소방공무원, 의무소방원, 의용소방대원으로 구성된 조직체

정답 1-1 ②　1-2 ③　1-3 ②　1-4 ②　1-5 ③

핵심이론 02 ┃ 소방기관 및 종합상황실 등

(1) 소방기관의 설치(법 제3조, 제6조)

① **소방업무** : 시 · 도의 화재 예방 · 경계 · 진압 및 조사, 소방안전교육 · 홍보와 화재, 재난 · 재해, 그 밖의 위급한 상황에서의 구조 · 구급 등의 업무

② 소방업무를 수행하는 소방본부장 또는 소방서장의 지휘 · 감독권자 : 시 · 도지사

③ 소방업무에 대한 책임 : 시 · 도지사

④ 소방업무를 수행하는 소방기관의 설치에 필요한 사항 : 대통령령
　※ 소방업무에 관한 종합계획 : 국가가 5년마다 수립 · 시행

⑤ 소방업무 종합계획에 포함 사항
　㉠ 소방서비스의 질 향상을 위한 정책의 기본방향
　㉡ 소방업무에 필요한 체계의 구축, 소방기술의 연구 · 개발 및 보급
　㉢ 소방업무에 필요한 장비의 구비
　㉣ 소방전문인력 양성
　㉤ 소방업무에 필요한 기반조성
　㉥ 소방업무의 교육 및 홍보(소방자동차의 우선 통행 등에 관한 홍보를 포함한다)

(2) 119종합상황실(법 제4조, 규칙 제3조)

① 119종합상황실 설치 · 운영권자 : 소방청장, 소방본부장, 소방서장

② 119종합상황실의 설치와 운영에 필요한 사항 : 행정안전부령

③ 보고라인
　소방서의 종합상황실 → 소방본부 종합상황실 → 소방청의 종합상황실에 각각 보고
　㉠ 사망자 5인 이상, 사상자 10인 이상 발생한 화재
　㉡ 이재민이 100인 이상 발생한 화재
　㉢ 재산피해액이 50억원 이상 발생한 화재

ⓔ 관공서, 학교, 정부미도정공장, 국가유산(문화재), 지하철, 지하구의 화재

ⓜ 관광호텔, 11층 이상인 건축물, 지하상가, 시장, 백화점, 지정수량의 3,000배 이상의 위험물제조소 등(제조소·저장소·취급소), 5층 이상이거나 객실 30실 이상인 숙박시설, 5층 이상이거나 병상 30개 이상인 종합병원, 정신병원·한방병원·요양소, 연면적이 15,000[m²] 이상인 공장, 화재예방강화지구에서 발생한 화재

ⓗ 철도차량, 항구에 매어둔 총 톤수가 1,000[t] 이상인 선박, 항공기, 발전소 또는 변전소에서 발생한 화재

ⓢ 가스 및 화약류의 폭발에 의한 화재

ⓞ 다중이용업소의 화재

ⓩ 통제단장의 현장지휘가 필요한 재난상황

ⓒ 언론에 보도된 재난상황

(3) 소방박물관 등(법 제5조)

① 소방박물관의 설립·운영권자 : 소방청장
② 소방체험관의 설립·운영권자 : 시·도지사

(4) 소방의 날 제정과 운영(법 제7조)

① 제정이유 : 국민의 안전의식과 화재에 대한 경각심을 높이고 안전문화를 정착시키기 위하여
② 제정일 : 매년 11월 9일

10년간 자주 출제된 문제

2-1. 관할 구역 안에서 발생하는 화재, 재난, 재해 그 밖의 위급한 상황에 있어서 필요한 소방업무를 성실히 수행해야 하는 자는?

① 시·도지사
② 소방청장
③ 행정안전부장관
④ 소방본부장

2-2. 화재 발생 시 소방서는 소방본부의 종합상황실에, 소방본부는 소방청의 종합상황실에 보고해야 하는 바, 사상자가 얼마 이상일 경우 이에 해당되는가?

① 사상자가 5인 이상 발생한 화재
② 사상자가 7인 이상 발생한 화재
③ 사상자가 10인 이상 발생한 화재
④ 사상자가 20인 이상 발생한 화재

2-3. 소방서와 종합상황실 실장이 서면·팩스 또는 컴퓨터통신 등으로 소방본부의 종합상황실에 보고해야 하는 화재가 아닌 것은?

① 사상자가 10인 발생한 화재
② 이재민이 100인 발생한 화재
③ 관공서·학교·정부미도정공장의 화재
④ 재산피해액이 10억원 발생한 화재

2-4. 화재현장에서의 피난 등을 체험할 수 있는 소방체험관의 설립·운영권자는?

① 시·도지사
② 소방청장
③ 소방본부장 또는 소방서장
④ 한국소방안전원장

| 해설 |

2-1

관할 구역 안에서 발생하는 화재, 재난, 재해, 그 밖의 위급한 상황에 있어서 필요한 소방업무를 성실히 수행해야 하는 자 : 시·도지사

2-2, 2-3

상황보고

• 보고절차 : 소방서 → 소방본부의 종합상황실, 소방본부의 종합상황실 → 소방청의 종합상황실

• 보고해야 하는 화재
  - 사망자가 5인 이상, 사상자가 10인 이상 발생한 화재
  - 이재민이 100인 이상 발생한 화재
  - 재산피해액이 50억원 이상 발생한 화재
  - 관공서, 학교, 정부미도정공장, 국가유산(문화재), 지하철, 지하구의 화재 등

2-4

설립·운영권자

• 소방박물관 : 소방청장
• 소방체험관 : 시·도지사

핵심이론 01 ｜ 소방력 및 국고보조

(1) 소방력의 기준(법 제8조)

① 소방기관이 소방업무를 수행하는 데 필요한 인력과 장비 등(소방력)에 관한 기준 : 행정안전부령

② 관할 구역의 소방력을 확충하기 위하여 필요한 계획의 수립·시행권자 : 시·도지사

(2) 소방장비 등에 대한 국고보조(법 제9조, 영 제2조)

① 국가는 소방장비의 구입 등 시·도의 소방업무에 필요한 경비의 일부를 보조한다.

② 국고보조의 대상사업의 범위와 기준 보조율 : 대통령령

③ 소방활동장비 및 설비의 종류 및 규격 : 행정안전부령

④ 국고보조의 대상

　㉠ 소방활동장비와 설비의 구입 및 절차
　　• 소방자동차
　　• 소방헬리콥터 및 소방정
　　• 소방전용통신설비 및 전산설비
　　• 그 밖의 방화복 등 소방활동에 필요한 소방장비

　㉡ 소방관서용 청사의 건축(건축물을 신축·증축·개축·재축(再築)하거나 건축물을 이전하는 것)

　※ 소방의(소방복장)는 국고보조 대상이 아니다.

(3) 소방활동장비 및 설비의 규격(규칙 제5조)

① 소방활동장비 및 설비의 종류 및 규격 : 별표 1의2 참고

② 국고보조산정을 위한 기준가격

　㉠ 국내조달품 : 정부고시가격

　㉡ 수입물품 : 조달청에서 조사한 해외시장의 시가

　㉢ 정부고시가격 또는 조달청에서 조사한 해외시장의 시가가 없는 물품 : 2 이상의 공신력 있는 물가조사기관에서 조사한 가격의 평균가격

1-1. 소방기본법에 따른 소방력의 기준에 따라 관할 구역의 소방력을 확충하기 위하여 필요한 계획을 수립하여 시행해야 하는 자는?

① 소방서장
② 소방본부장
③ 시·도지사
④ 행정안전부장관

1-2. 소방기관이 소방업무를 수행하는 데 필요한 인력과 장비 등에 관한 기준은 어느 것으로 정하는가?

① 대통령령
② 행정안전부령
③ 시·도의 조례
④ 행정안전부 고시

1-3. 소방장비 등에 대한 국고보조 대상사업의 범위와 기준 보조율은 무엇으로 정하는가?

① 총리령
② 대통령령
③ 시·도의 조례
④ 국토교통부령

1-4. 국가가 시·도의 소방업무에 필요한 경비의 일부를 보조하는 국고보조의 대상이 아닌 것은?

① 소방의(소방복장)
② 공중방수탑차
③ 소방관서용 청사
④ 소방헬리콥터

1-5. 국가가 시·도의 소방업무에 필요한 경비의 일부를 보조하는 국고보조 대상이 아닌 것은?

① 소방용수시설　　　　② 소방전용통신설비
③ 소방자동차　　　　　④ 소방헬리콥터

1-6. 다음 중 소방활동장비 및 설비의 종류·규격과 국고보조 산정을 위한 기준가격을 정하는 것은?

① 소방기본법
② 소방기본법 시행규칙
③ 소방청예규
④ 시·도의 조례

1-1

소방력의 기준에 따라 관할 구역의 소방력을 확충하기 위하여 필요한 계획·수립권자 : 시·도지사

1-2

소방업무를 수행하는 데 필요한 인력과 장비 등(소방력, 消防力)에 관한 기준 : 행정안전부령

1-3

국고보조 대상사업의 범위와 기준 보조율 : 대통령령

1-4

소방의(소방복장)는 국고보조 대상이 아니다.

1-5

본문 참조

1-6

소방활동장비 및 설비의 종류 및 규격과 국고보조산정 기준가격 : 행정안전부령

정답 1-1 ③ 1-2 ② 1-3 ② 1-4 ① 1-5 ① 1-6 ②

핵심이론 02 │ 소방용수시설

(1) 소방용수시설의 설치 및 관리(법 제10조, 규칙 제6조, 별표 3)

① 소화용수시설 및 비상소화장치의 설치, 유지·관리 : 시·도지사

② 소방용수시설 : 소화전, 급수탑, 저수조

③ 수도법에 따라 소화전을 설치하는 일반수도사업자는 소화전을 유지·관리해야 한다.

④ 소방용수시설과 비상소화장치의 설치 기준 : 행정안전부령

⑤ 소방용수시설 설치의 기준

　㉠ 소방대상물과의 수평거리

　　• 주거지역, 상업지역, 공업지역 : 100[m] 이하

　　• 그 밖의 지역 : 140[m] 이하

　㉡ 소방용수시설별 설치기준

　　• 소화전의 설치기준 : 상수도와 연결하여 지하식 또는 지상식의 구조로 하고 소방호스와 연결하는 소화전의 연결금속구의 구경은 65[mm]로 할 것

　　• 급수탑의 설치기준

　　　- 급수배관의 구경 : 100[mm] 이상

　　　- 개폐밸브의 설치 : 지상에서 1.5[m] 이상 1.7[m] 이하

　　• 저수조의 설치기준

　　　- 지면으로부터의 낙차가 4.5[m] 이하일 것

　　　- 흡수 부분의 수심이 0.5[m] 이상일 것

　　　- 소방펌프자동차가 쉽게 접근할 수 있을 것

　　　- 흡수에 지장이 없도록 토사 및 쓰레기 등을 제거할 수 있는 설비를 갖출 것

　　　- 흡수관의 투입구가 사각형의 경우에는 한 변의 길이가 60[cm] 이상, 원형의 경우에는 지름이 60[cm] 이상일 것

　　　- 저수조에 물을 공급하는 방법은 상수도에 연결하여 자동으로 급수되는 구조일 것

(2) 소방용수시설 및 지리조사(규칙 제7조)

① 조사권자 : 소방본부장 또는 소방서장

② 조사횟수 : 월 1회 이상

③ 조사내용

    ㉠ 소방용수시설에 대한 조사

    ㉡ 소방대상물에 인접한 도로의 폭, 교통상황, 도로주변의 토지의 고저, 건축물의 개황, 그 밖의 소방활동에 필요한 지리조사

④ 조사결과 보관 : 2년간

(3) 비상소화장치(영 제2조의2)

① 설치대상

    ㉠ 화재의 예방 및 안전관리에 관한 법률 제18조 제1항에 따라 지정된 화재예방강화지구

    ㉡ 시·도지사가 규정에 따른 비상소화장치의 설치가 필요하다고 인정하는 지역

② 설치기준 : 비상소화장치의 설치기준에 관한 세부 사항은 소방청장이 정한다.

10년간 자주 출제된 문제

2-1. 소방활동에 필요한 소방용수시설은 누가 설치하고 유지·관리해야 하는가?

① 시·도지사
② 소방본부장이나 소방서장
③ 수자원공사
④ 행정안전부

2-2. 다음 중 소방기본법상 소방용수시설이 아닌 것은?

① 저수조
② 급수탑
③ 소화전
④ 고가수조

2-3. 소방용수시설 중 소화전과 급수탑의 설치기준으로 틀린 것은?

① 소화전은 상수도와 연결하여 지하식 또는 지상식의 구조로 할 것
② 소방용호스와 연결하는 소화전의 연결금속구의 구경은 65[mm]로 할 것
③ 급수탑 급수배관의 구경은 100[mm] 이상으로 할 것
④ 급수탑의 개폐밸브는 지상에서 1.5[m] 이상 1.8[m] 이하의 위치에 설치할 것

2-4. 소방용수시설은 소방대상물과의 수평거리가 국토의 계획 및 이용에 관한 법률에 의한 공업지역에 있어서는 몇 [m] 이하가 되도록 설치해야 하는가?

① 100
② 120
③ 140
④ 200

2-5. 소방용수시설의 저수조에 대한 기준으로 맞지 않는 것은?

① 지면으로부터 낙차가 6[m] 이하일 것
② 흡수부분의 수심이 0.5[m] 이상일 것
③ 소방펌프자동차가 용이하게 접근할 수 있을 것
④ 흡수에 지장이 없도록 토사 및 쓰레기 등을 제거할 수 있는 설비를 갖출 것

|해설|

2-1

소방용수시설의 유지·관리 : 시·도지사

2-2

소방용수시설 : 소화전, 저수조, 급수탑

2-3

급수탑의 개폐밸브 설치 : 지상에서 1.5[m] 이상 1.7[m] 이하

2-4

소방용수시설의 설치거리
• 공업지역, 상업지역, 주거지역 : 100[m] 이하
• 그 밖의 지역 : 140[m] 이하

2-5

저수조는 지면으로부터의 낙차가 4.5[m] 이하로 한다.

정답 2-1 ① 2-2 ④ 2-3 ④ 2-4 ① 2-5 ①

(1) 소방업무의 응원(법 제11조, 규칙 제8조)

① 소방본부장이나 소방서장은 소방활동을 할 때에 긴급한 경우에는 이웃한 소방본부장 또는 소방서장에게 소방업무의 응원(應援)을 요청할 수 있다.

② 소방업무의 상호응원협정사항

　㉠ 소방활동에 관한 사항

　　• 화재의 경계·진압 활동

　　• 구조·구급 업무의 지원

　　• 화재조사활동

　㉡ 응원출동 대상지역 및 규모

　㉢ 소요경비의 부담에 관한 사항

　　• 출동대원의 수당·식사 및 의복의 수선

　　• 소방장비 및 기구의 정비와 연료의 보급

　　• 그 밖의 경비

　㉣ 응원출동의 요청방법

　㉤ 응원출동훈련 및 평가

(2) 소방력의 동원(법 제11조의2, 규칙 제8조의2)

① 각 시·도지사에게 소방력을 동원할 것을 요청할 수 있는 사람 : 소방청장

② 동원 요청 내용

　㉠ 동원을 요청하는 인력 및 장비의 규모

　㉡ 소방력 이송 수단 및 집결장소

　㉢ 소방활동을 수행하게 될 재난의 규모, 원인 등 소방활동에 필요한 정보

핵심이론 01 │ 소방활동, 소방지원활동, 생활안전활동 등

(1) 소방활동(법 제16조)

① 정의 : 화재, 재난·재해, 그 밖의 위급한 상황이 발생하였을 때에는 소방대를 현장에 신속하게 출동시켜 화재진압과 인명구조·구급 등 소방에 필요한 활동

② 지휘권자 : 소방청장, 소방본부장, 소방서장

(2) 소방지원활동(법 제16조의2, 규칙 제8조의4)

① 활동권자 : 소방청장, 소방본부장, 소방서장

② 활동 내용

ㄱ 산불에 대한 예방·진압 등 지원활동

ㄴ 자연재해에 따른 급수·배수 및 제설 등 지원활동

ㄷ 집회·공연 등 각종 행사 시 사고에 대비한 근접대기 등 지원활동

ㄹ 화재, 재난·재해로 인한 피해복구 지원활동

ㅁ 그 밖에 행정안전부령으로 정하는 활동

　• 군·경찰 등 유관기관에서 실시하는 훈련지원활동

　• 소방시설 오작동 신고에 따른 조치활동

　• 방송제작 또는 촬영 관련 지원활동

(3) 생활안전활동(법 제16조의3)

① 활동권자 : 소방청장, 소방본부장, 소방서장

② 생활안전활동 내용

ㄱ 붕괴, 낙하 등이 우려되는 고드름, 나무, 위험 구조물 등의 제거활동

ㄴ 위해동물, 벌 등의 포획 및 퇴치 활동

ㄷ 끼임, 고립 등에 따른 위험제거 및 구출 활동

ㄹ 단전사고 시 비상전원 또는 조명의 공급

ㅁ 그 밖에 방치하면 급박해질 우려가 있는 위험을 예방하기 위한 활동

(4) 소방교육·훈련(법 제17조)

① 실시권자 : 소방청장, 소방본부장, 소방서장

② 소방교육·훈련대상자

ㄱ 어린이집의 영유아

ㄴ 유치원의 유아

ㄷ 학교의 학생

ㄹ 장애인복지시설에 거주하거나 해당 시설을 이용하는 장애인

(5) 소방안전교육사(법 제17조의2, 제17조의3)

① 실시권자 : 소방청장

② 소방안전교육사는 소방안전교육의 기획·진행·분석·평가 및 교수업무를 수행한다.

③ 결격사유

ㄱ 피성년후견인

ㄴ 금고 이상의 실형을 선고받고 그 집행이 끝나거나(집행이 끝난 것으로 보는 경우를 포함한다) 집행이 면제된 날부터 2년이 지나지 않은 사람

ㄷ 금고 이상의 형의 집행유예를 선고받고 그 유예기간 중에 있는 사람

ㄹ 법원의 판결 또는 다른 법률에 따라 자격이 정지되거나 상실된 사람

④ 소방안전교육사 배치기준(영 별표 2의3)

배치대상	배치기준(단위 : 명)
소방청	2 이상
소방본부	2 이상
소방서	1 이상
한국소방안전원	본회 : 2 이상 시·도지부 : 1 이상
한국소방산업기술원	2 이상

1-1. 화재, 재난·재해, 그 밖의 위급한 상황이 발생하였을 때에는 소방대를 현장에 신속하게 출동시켜 화재진압과 인명구조·구급 등 소방에 필요한 활동을 하게 해야 한다. 이에 해당하지 않는 사람은?

① 소방청장
② 소방본부장
③ 시·도지사
④ 소방서장

1-2. 소방청장·소방본부장 또는 소방서장은 공공의 안녕질서 유지 또는 복리증진을 위하여 필요한 경우 소방활동을 하게 할 수 있다. 소방지원활동 내용에 해당되지 않는 것은?

① 산불에 대한 예방·진압 등 지원활동
② 집회·공연 등 각종 행사 시 사고에 대비한 근접대기 등 지원활동
③ 군·경찰 등 유관기관에서 실시하는 훈련지원 활동
④ 단전사고 시 비상전원 또는 조명의 공급

1-3. 소방청장·소방본부장 또는 소방서장은 신고가 접수된 생활안전 및 위험제거 활동(화재, 재난·재해, 그 밖의 위급한 상황에 해당하는 것은 제외한다)에 대응하기 위하여 소방대를 출동시켜 활동하는 생활안전 활동내용에 해당되지 않는 것은?

① 붕괴, 낙하 등이 우려되는 고드름, 나무, 위험 구조물 등의 제거활동
② 화재, 재난·재해로 인한 피해복구 지원활동
③ 군·경찰 등 유관기관에서 실시하는 훈련지원 활동끼임, 고립 등에 따른 위험제거 및 구출 활동
④ 위해동물, 벌 등의 포획 및 퇴치 활동

│해설│

1-1
소방활동 지휘권자 : 소방청장, 소방본부장, 소방서장

1-2
소방지원활동 내용 : 본문 참조

1-3
생활안전활동 내용 : 본문 참조

정답 **1-1** ③ **1-2** ④ **1-3** ②

핵심이론 02 │ 소방신호 및 화재 등의 통지

(1) 소방신호(법 제18조, 규칙 제10조, 별표 4)

① 정의 : 화재예방, 소방활동 또는 소방훈련을 위하여 사용되는 신호

② 소방신호의 종류와 방법 : 행정안전부령

③ 소방신호의 종류와 방법

신호 종류	발령 시기	타종신호	사이렌 신호
경계 신호	화재예방상 필요하다고 인정되거나 화재위험 경보 시 발령	1타와 연 2타를 반복	5초 간격을 두고 30초씩 3회
발화 신호	화재가 발생한 때 발령	난 타	5초 간격을 두고 5초씩 3회
해제 신호	소화활동이 필요 없다고 인정할 때 발령	상당한 간격을 두고 1타씩 반복	1분간 1회
훈련 신호	훈련상 필요하다고 인정할 때 발령	연 3타 반복	10초 간격을 두고 1분씩 3회

④ 소방신호 방법의 종류 : 타종신호, 사이렌 신호, 통풍대, 기, 게시판

　㉠ 소방신호의 방법은 그 전부 또는 일부를 함께 사용할 수 있다.

　㉡ 게시판을 철거하거나 통풍대 또는 기를 내리는 것으로 소방활동이 해제되었음을 알린다.

　㉢ 소방대의 비상소집을 하는 경우에는 훈련신호를 사용할 수 있다.

(2) 화재 등의 통지(법 제19조)

① 화재현장 또는 구조·구급이 필요한 사고현장을 발견한 사람은 그 현장의 상황을 소방본부, 소방서 또는 관계 행정기관에 지체 없이 알려야 한다.

② 다음의 어느 하나에 해당하는 지역 또는 장소에서 화재로 오인할 만한 우려가 있는 불을 피우거나 연막(煙幕) 소독을 실시하려는 자는 시·도의 조례로 정하는 바에 따라 관할 소방본부장이나 소방서장에게 신고해야 한다.

㉠ 시장지역

㉡ 공장·창고가 밀집한 지역

㉢ 목조건물이 밀집한 지역

㉣ 위험물의 저장 및 처리시설이 밀집한 지역

㉤ 석유화학 제품을 생산하는 공장이 있는 지역

㉥ 그 밖에 시·도의 조례로 정하는 지역 또는 장소

※ 20만원 이하의 과태료(법 제57조) : 위의 지역에서 화재로 오인할 우려가 있는 불을 피우거나, 연막소독을 하려는 자가 관할 소방본부장 또는 소방서장에게 신고를 하지 않아 소방자동차를 출동하게 한 자

10년간 자주 출제된 문제

2-1. 화재예방, 소방활동, 소방훈련을 위하여 사용되는 신호를 무엇이라 하는가?

① 소방신호
② 대피신호
③ 훈련신호
④ 구급신호

2-2. 소방신호에서 화재예방, 소화활동, 소방훈련을 위하여 사용되는 신호의 종류와 방법은 무엇으로 정하는가?

① 지방자치령
② 대통령령
③ 행정안전부령
④ 시·도의 조례

2-3. 이상기상(異常氣相)의 예보나 특보가 있을 때 화재위험을 알리는 소방신호로 알맞은 것은?

① 비상신호
② 화재위험신호
③ 발화신호
④ 경계신호

2-4. 다음 중 소방신호의 종류 및 방법으로 적절하지 않은 것은?

① 경계신호는 화재 발생 지역에 출동할 때 발령
② 발화신호는 화재가 발생한 때 발령
③ 해제신호는 소화활동이 필요 없다고 인정되는 때 발령
④ 훈련신호는 훈련상 필요하다고 인정되는 때 발령

2-5. 소방신호의 종류가 아닌 것은?

① 경계신호
② 해제신호
③ 훈련신호
④ 구급신호

2-6. 소방자동차가 사이렌을 사용할 수 없는 조건은?

① 거리가 먼 화재현장의 출동
② 물차의 화재현장 출동
③ 지휘차의 화재훈
④ 펌프차가 진화한 후 소방서에 돌아올 때

|해설|

2-1
소방신호 : 화재예방, 소방활동, 소방훈련을 위하여 사용되는 신호

2-2
소방신호의 종류 및 방법 : 행정안전부령

2-3, 2-4
경계신호 : 화재예방상 필요하다고 인정 또는 화재위험 경보 시 발령한다.

2-5
소방신호의 종류 : 경계신호, 해제신호, 훈련신호, 발화신호

2-6
펌프차가 진화한 후 소방서에 돌아올 때 사이렌을 사용할 수 없다.

정답 2-1 ① 2-2 ③ 2-3 ④ 2-4 ① 2-5 ④ 2-6 ④

(1) 소방활동 등(법 제21조, 영 제7조의12, 제7조의14)

① 소방자동차의 우선통행

  ㉠ 모든 차와 사람은 소방자동차(지휘를 위한 자동차 및 구조·구급차를 포함)가 화재진압 및 구조·구급활동을 위하여 출동을 할 때에는 이를 방해하여서는 안 된다.

  ㉡ 소방자동차가 화재진압 및 구조·구급활동을 위하여 출동하거나 훈련을 위하여 필요한 때에는 사이렌을 사용할 수 있다.

② 소방자동차 전용구역 설치대상

  ㉠ 아파트 중 세대수가 100세대 이상인 아파트

  ㉡ 기숙사 중 3층 이상의 기숙사

③ 소방자동차 전용구역 방해행위의 기준

  ㉠ 전용구역에 물건 등을 쌓거나 주차하는 행위

  ㉡ 전용구역의 앞면, 뒷면 또는 양 측면에 물건 등을 쌓거나 주차하는 행위. 다만, 주차장법 제19조에 따른 부설주차장의 주차구획 내에 주차하는 경우는 제외한다.

  ㉢ 전용구역 진입로에 물건 등을 쌓거나 주차하여 전용구역으로의 진입을 가로막는 행위

  ㉣ 전용구역 노면표지를 지우거나 훼손하는 행위

  ㉤ 그 밖의 방법으로 소방자동차가 전용구역에 주차하는 것을 방해하거나 전용구역으로 진입하는 것을 방해하는 행위

(2) 소방활동구역(법 제23조, 제24조, 영 제8조)

① 소방활동구역의 설정 및 출입제한권자 : 소방대장

② 소방활동의 종사 명령권자 : 소방본부장·소방서장, 소방대장

③ 소방활동구역의 출입자

  ㉠ 소방활동구역 안에 있는 소방대상물의 소유자, 관리자, 점유자

  ㉡ 전기, 가스, 수도, 통신, 교통의 업무에 종사하는 자로서 원활한 소방활동을 위하여 필요한 사람

  ㉢ 의사·간호사, 그 밖의 구조·구급업무에 종사하는 사람

  ㉣ 취재인력 등 보도업무에 종사하는 사람

  ㉤ 수사업무에 종사하는 사람

  ㉥ 그 밖에 소방대장이 소방활동을 위하여 출입을 허가한 사람

(3) 강제처분(법 제25조)

① 소방본부장, 소방서장 또는 소방대장은 사람을 구출하거나 불이 번지는 것을 막기 위하여 필요할 때에는 화재가 발생하거나 불이 번질 우려가 있는 소방대상물 및 토지를 일시적으로 사용하거나 그 사용의 제한 또는 소방활동에 필요한 처분을 할 수 있다.

② 소방본부장, 소방서장 또는 소방대장은 사람을 구출하거나 불이 번지는 것을 막기 위하여 긴급하다고 인정할 때에는 ①에 따른 소방대상물 또는 토지 외의 소방대상물과 토지에 대하여 ①에 따른 처분을 할 수 있다.

③ 소방본부장, 소방서장 또는 소방대장은 소방활동을 위하여 긴급하게 출동할 때에는 소방자동차의 통행과 소방활동에 방해가 되는 주차 또는 정차된 차량 및 물건 등을 제거하거나 이동시킬 수 있다.

(4) 피난명령 등(법 제26조, 제27조)

① 화재, 재난·재해, 그 밖의 위급한 상황이 발생하여 사람의 생명을 위험하게 할 것으로 인정할 때에는 일정한 구역을 지정하는 피난명령권자 : 소방본부장, 소방서장 또는 소방대장

② 화재 진압 등 소방활동을 위하여 필요할 때에는 소방용수 외에 댐·저수지 또는 수영장 등의 물을 사용하거나 수도(水道)의 개폐장치 등을 조작할 수 있는 조치명령권자 : 소방본부장, 소방서장 또는 소방대장

3-1. 다음 중 소방자동차 전용구역 설치대상에 해당하는 것은?

① 아파트 중 세대수가 50세대 이상인 아파트
② 아파트 중 세대수가 100세대 이상인 아파트
③ 기숙사 전층
④ 2층 이상의 기숙사

3-2. 화재가 발생하여 소방대가 화재현장에 도착할 때까지 그 소방대상물의 관계인이 조치해야 할 사항으로 옳지 않은 것은?

① 소화작업   ② 교통정리작업
③ 연소방지작업   ④ 인명구조작업

3-3. 화재, 재난·재해, 그 밖의 위급한 상황이 발생한 현장에는 소방활동에 필요한 사람으로 그 구역에 출입하는 것을 제한할 수 있다. 다음 중 소방활동구역의 설정권자는?

① 소방청장   ② 시·도지사
③ 소방대장   ④ 시장, 군수

3-4. 다음 중 소방활동 구역에 출입할 수 있는 자는?

① 소방활동구역 밖에 있는 소방대상물의 소유자, 관리자 또는 점유자
② 한국소방산업기술원에 종사하는 자
③ 의사·간호사, 그 밖의 구조·구급업무에 종사하는 자
④ 수사업무에 종사하지 않는 검찰 공무원

|해설|

3-1
소방자동차 전용구역 설치대상
• 아파트 중 세대수가 100세대 이상인 아파트
• 기숙사 중 3층 이상의 기숙사

3-2
관계인의 소방활동 : 소화작업, 인명구조작업, 연소방지작업

3-3
소방활동구역의 설정권자 : 소방대장

3-4
의사·간호사, 그 밖의 구조·구급업무에 종사하는 자 : 소방활동구역 출입자

정답 3-1 ② 3-2 ② 3-3 ③ 3-4 ③

제4절   한국소방안전원

핵심이론 01 | 한국소방안전원의 설립 등

(1) 한국소방안전원(법 제40조, 제40조의2)

① 설립목적 : 소방기술과 안전관리기술의 향상 및 홍보, 그 밖의 교육·훈련 등 행정기관이 위탁하는 업무의 수행과 소방 관계 종사자의 기술 향상을 위하여
② 설립 시 절차 : 소방청장의 인가를 받아 설립
③ 소방기술과 안전관리의 기술 향상을 위하여 매년 교육 수요조사를 실시하여 교육계획을 수립하고 소방청장의 승인을 받아야 한다.
④ 소방안전원의 사업계획 및 예산에 관하여는 소방청장의 승인을 얻어야 한다.

(2) 소방안전원의 업무(법 제41조)

① 소방기술과 안전관리에 관한 교육 및 조사·연구
② 소방기술과 안전관리에 관한 각종 간행물 발간
③ 화재예방과 안전관리의식의 고취를 위한 대국민 홍보
④ 소방업무에 관하여 행정기관이 위탁하는 업무
⑤ 소방안전에 관한 국제협력
⑥ 그 밖에 회원에 대한 기술지원 등 정관으로 정하는 사항

1-1. 소방기본법령상 한국소방안전원의 업무가 아닌 것은?

① 소방기술과 안전관리에 관한 교육 및 조사·연구
② 소방시설 및 위험물 안전에 관한 조사·연구
③ 소방기술과 안전관리에 관한 각종 간행물 발간
④ 화재예방과 안전관리 의식의 고취를 위한 대국민 홍보

1-2. 소방안전관리업무 등에 관한 강습은 누가 실시하는가?

① 시·도지사
② 소방서장
③ 한국소방안전원장
④ 한국소방산업기술원장

|해설|

1-1
소방시설 및 위험물 안전에 관한 조사·연구는 한국소방안전원의 업무가 아니다.

1-2
소방안전관리업무의 강습 실시권자 : 한국소방안전원장

정답 1-1 ② 　1-2 ③

핵심이론 01 | 벌 칙

(1) **5년 이하의 징역 또는 5,000만원 이하의 벌금**(법 제50조)

① 제16조 제2항을 위반하여 다음의 어느 하나에 해당하는 행위를 한 사람

　㉠ 위력(威力)을 사용하여 출동한 소방대의 화재진압, 인명구조 또는 구급활동을 방해하는 행위

　㉡ 소방대가 화재진압, 인명구조 또는 구급활동을 위하여 현장에 출동하거나 현장에 출입하는 것을 고의로 방해하는 행위

　㉢ 출동한 소방대원에게 폭행 또는 협박을 행사하여 화재진압, 인명구조 또는 구급활동을 방해하는 행위

　㉣ 출동한 소방대의 소방장비를 파손하거나 그 효용을 해하여 화재진압, 인명구조 또는 구급활동을 방해하는 행위

② 소방자동차의 출동을 방해한 사람

③ 사람을 구출하는 일 또는 불을 끄거나 불이 번지지 않도록 하는 일을 방해한 사람

④ 정당한 사유 없이 소방용수시설 또는 비상소화장치를 사용하거나 소방용수시설 또는 비상소화장치의 효용을 해치거나 그 정당한 사용을 방해한 사람

(2) **3년 이하의 징역 또는 3,000만원 이하의 벌금**(법 제51조)
강제처분을 방해한 자 또는 정당한 사유 없이 그 처분에 따르지 않은 자

(3) **300만원 이하의 벌금**(법 제52조)
토지처분, 차량 또는 물건 이동, 제거의 규정에 따른 처분을 방해한 자 또는 정당한 사유 없이 그 처분에 따르지 않은 자

(4) 100만원 이하의 벌금(법 제54조)

① 정당한 사유 없이 소방대의 생활안전활동을 방해한 자
② 정당한 사유 없이 소방대가 현장에 도착할 때까지 사람을 구출하는 조치 또는 불을 끄거나 불이 번지지 않도록 하는 조치를 하지 않은 사람
③ 피난명령을 위반한 사람
④ 정당한 사유 없이 물의 사용이나 수도의 개폐장치의 사용 또는 조작을 하지 못하게 하거나 방해한 자
⑤ 가스, 전기, 위험물의 공급, 차단 등 필요한 조치를 정당한 사유 없이 방해한 자

10년간 자주 출제된 문제

1-1. 소방자동차가 화재진압이나 인명구조를 위하여 출동할 때 소방자동차의 출동을 방해한 자의 벌칙으로 알맞은 것은?

① 10년 이하의 징역 또는 5,000만원 이하의 벌금에 처함
② 5년 이하의 징역 또는 5,000만원 이하의 벌금에 처함
③ 3년 이하의 징역 또는 2,000만원 이하의 벌금에 처함
④ 2년 이하의 징역 또는 1,500만원 이하의 벌금에 처함

1-2. 다음 중 소방기본법상의 벌칙으로 5년 이하의 징역 또는 5,000만원 이하의 벌금에 해당하지 않는 것은?

① 소방자동차가 화재진압 및 구조·구급활동을 위하여 출동할 때 그 출동을 방해한 자
② 사람을 구출하거나 불이 번지는 것을 막기 위하여 소방대상물 및 토지의 사용제한의 강제처분을 방해한 자
③ 화재 등 위급한 상황이 발생한 현장에서 사람을 구출하거나 불을 끄거나 불이 번지지 않도록 하는 일을 방해한 자
④ 정당한 사유 없이 소방용수시설의 효용을 해하거나 그 정당한 사용을 방해한 자

1-3. 소방기본법에 따른 벌칙의 기준이 다른 것은?

① 정당한 사유 없이 불장난, 모닥불, 흡연, 화기 취급, 풍등 등 소형 열기구 날리기, 그 밖에 화재예방상 위험하다고 인정되는 행위의 금지 또는 제한에 따른 명령에 따르지 않거나 이를 방해한 사람
② 소방활동 종사 명령에 따른 사람을 구출하는 일 또는 불을 끄거나 불이 번지지 않도록 하는 일을 방해한 사람
③ 정당한 사유 없이 소방용수시설 또는 비상소화장치의 효용을 해치거나 그 정당한 사용을 방해한 사람
④ 출동한 소방대의 소방장비를 파손하거나 그 효용을 해하여 화재진압·인명구조 또는 구급활동을 방해하는 행위를 한 사람

1-4. 정당한 사유 없이 소방대가 현장에 도착할 때까지 사람을 구출하는 조치를 하지 않은 사람에 대한 벌칙은?

① 200만원 이하의 과태료
② 100만원 이하의 벌금
③ 200만원 이하의 벌금
④ 300만원 이하의 벌금

|해설|

1-1
소방자동차의 출동을 방해한 자는 5년 이하의 징역 또는 5,000만원 이하의 벌금

1-2
사람을 구출하거나 불이 번지는 것을 막기 위하여 소방대상물 및 토지의 사용제한의 강제처분을 방해한 자는 3년 이하의 징역 또는 3,000만원 이하의 벌금에 처한다.

1-3
벌칙 기준
①은 200만원 이하의 벌금이고 나머지는 5년 이하의 징역 또는 5,000만원 이하의 벌금이다.

1-4
정당한 사유 없이 소방대가 현장에 도착할 때까지 사람을 구출하는 조치 또는 불을 끄거나 불이 번지지 않도록 하는 조치를 하지 않은 사람 : 100만원 이하의 벌금

정답 1-1 ② 1-2 ② 1-3 ① 1-4 ②

핵심이론 02 | 과태료

(1) 500만원 이하의 과태료(법 제56조)

① 화재 또는 구조·구급이 필요한 상황을 거짓으로 알린 사람

② 정당한 사유 없이 제20조 제2항을 위반하여 화재, 재난·재해, 그 밖의 위급한 상황을 소방본부, 소방서 또는 관계 행정기관에 알리지 않은 관계인

(2) 200만원 이하의 과태료(법 제56조)

① 한국119청소년단 또는 이와 유사한 명칭을 사용한 자

② 법 제21조 제3항을 위반하여 소방자동차의 출동에 지장을 준 자

③ 소방활동구역을 출입한 사람

④ 한국소방안전원 또는 이와 유사한 명칭을 사용한 자

(3) 100만원 이하의 과태료(법 제56조)

전용구역에 차를 주차하거나 전용구역의 진입을 가로막는 등의 방해 행위를 한 자

(4) 20만원 이하의 과태료(법 제57조)

다음 지역에서 화재로 오인할 우려가 있는 불을 피우거나, 연막소독을 실시하는 사람이 소방본부장이나 소방서장에게 신고하지 아니하여 소방자동차를 출동하게 한 사람

① 시장지역

② 공장·창고가 밀집한 지역

③ 목조건물이 밀집한 지역

④ 위험물의 저장 및 처리시설이 밀집한 지역

⑤ 석유화학제품을 생산하는 공장이 있는 지역

(5) 과태료 개별기준(영 별표 3)

위반 행위	근거 법조문	과태료 금액(만원)		
		1회	2회	3회 이상
법 제17조의6 제5항을 위반하여 한국119청소년단 또는 이와 유사한 명칭을 사용한 경우	법 제56조 제2항 제2호의 2	100	150	200
법 제19조 제1항을 위반하여 화재 또는 구조·구급이 필요한 상황을 거짓으로 알린 경우	법 제56조 제1항 제1호	200	400	500
정당한 사유 없이 법 제20조 제2항을 위반하여 화재, 재난·재해, 그 밖의 위급한 상황을 소방본부, 소방서 또는 관계 행정기관에 알리지 않은 경우	법 제56조 제1항 제2호	500		
법 제21조 제3항을 위반하여 소방자동차의 출동에 지장을 준 경우	법 제56조 제2항 제3호의2	100		
법 제21조의2 제2항을 위반하여 전용구역에 차를 주차하거나 전용구역의 진입을 가로막는 등의 방해행위를 한 경우	법 제56조 제3항	50	100	100
법 제23조 제1항을 위반하여 소방활동구역을 출입한 경우	법 제56조 제2항 제4호	100		
법 제44조의3을 위반하여 한국소방안전원 또는 이와 유사한 명칭을 사용한 경우	법 제56조 제2항 제6호	200		

2-1. 화재 또는 구조·구급이 필요한 상황을 거짓으로 알린 사람에 대한 과태료는?

① 100만원 이하
② 200만원 이하
③ 300만원 이하
④ 500만원 이하

2-2. 화재 또는 구조·구급이 필요한 상황을 거짓으로 알린 자가 3회 위반 시 과태료 금액은?

① 200만원
② 300만원
③ 400만원
④ 500만원

2-3. 정당한 사유 없이 법 제20조 제2항을 위반하여 화재, 재난·재해, 그 밖의 위급한 상황을 소방본부, 소방서 또는 관계행정기관에 알리지 않은 경우, 과태료 금액은?

① 200만원
② 300만원
③ 400만원
④ 500만원

2-4. 전용구역에 차를 주차하거나 전용구역의 진입을 가로막는 등의 방해 행위를 한 경우 2회 위반 시 과태료 금액은?

① 100만원
② 200만원
③ 300만원
④ 500만원

|해설|

2-1

화재 또는 구조·구급이 필요한 상황을 거짓으로 알린 사람 : 500만원 이하의 과태료

2-2

과태료(영 별표 3)

위반 행위	근거 법조문	과태료 금액(만원)		
		1회	2회	3회 이상
화재 또는 구조·구급이 필요한 상황을 거짓으로 알린 경우	법 제56조 제1항 제1호	200	400	500

2-3

본문 참조

2-4

본문 참조

정답 2-1 ④ 2-2 ④ 2-3 ④ 2-4 ①

제1절   총 칙

핵심이론 01 ┃ 목적 및 정의

(1) 목적(법 제1조)

① 화재로부터 국민의 생명·신체 및 재산을 보호

② 공공의 안전과 복리 증진에 이바지함

(2) 정의(법 제2조, 영 제2조)

① 예방 : 화재의 위험으로부터 사람의 생명·신체 및 재산을 보호하기 위하여 화재발생을 사전에 제거하거나 방지하기 위한 모든 활동

② 안전관리 : 화재로 인한 피해를 최소화하기 위한 예방, 대비, 대응 등의 활동

③ 화재안전조사 : 소방청장, 소방본부장 또는 소방서장(이하 "소방관서장"이라 한다)이 소방대상물, 관계지역 또는 관계인에 대하여 소방시설 등이 소방 관계 법령에 적합하게 설치·관리되고 있는지, 소방대상물에 화재의 발생 위험이 있는지 등을 확인하기 위하여 실시하는 현장조사·문서열람·보고요구 등을 하는 활동

④ 화재예방강화지구 : 특별시장·광역시장·특별자치시장·도지사 또는 특별자치도지사(이하 "시·도지사"라 한다)가 화재발생 우려가 크거나 화재가 발생할 경우 피해가 클 것으로 예상되는 지역에 대하여 화재의 예방 및 안전관리를 강화하기 위해 지정·관리하는 지역

10년간 자주 출제된 문제

1-1. 소방관서장에 해당하지 않는 사람은?

① 소방청장
② 소방본부장
③ 시·도지사
④ 소방서장

1-2. 화재예방강화지구를 지정할 수 있는 사람은?

① 소방청장
② 소방본부장
③ 시·도지사
④ 소방서장

|해설|

1-1
소방관서장 : 소방청장, 소방본부장, 소방서장

1-2
화재예방강화지구 지정권자 : 시·도지사

정답 1-1 ③   1-2 ③

핵심이론 01 | 화재의 예방 및 안전관리의 기본계획 등의 수립·시행

(1) 화재의 예방 및 안전관리의 기본계획 등이 수립·시행(법 제4조, 영 제3조)

① 화재의 예방 및 안전관리의 기본계획의 수립·시행권자 : 소방청장

② 기본계획 수립·시행시기 : 5년마다

③ 기본계획의 포함사항

ㄱ 화재예방정책의 기본목표 및 추진방향

ㄴ 화재의 예방과 안전관리를 위한 법령·제도의 마련 등 기반 조성

ㄷ 화재의 예방과 안전관리를 위한 대국민 교육·홍보

ㄹ 화재의 예방과 안전관리 관련 기술의 개발·보급

ㅁ 화재의 예방과 안전관리 관련 전문인력의 육성·지원 및 관리

ㅂ 화재의 예방과 안전관리 관련 산업의 국제경쟁력 향상

ㅅ 그 밖에 대통령령으로 정하는 화재의 예방과 안전관리에 필요한 사항

• 화재발생 현황

• 소방대상물의 환경 및 화재위험특성 변화 추세 등 화재예방 정책의 여건 변화에 관한 사항

• 소방시설의 설치·관리 및 화재안전기준의 개선에 관한 사항

• 계절별·시기별·소방대상물별 화재예방대책의 추진 및 평가 등에 관한 사항

• 그 밖에 화재의 예방 및 안전관리와 관련하여 소방청장이 필요하다고 인정하는 사항

④ 기본계획, 시행계획 및 세부시행계획의 수립·시행에 필요한 사항 : 대통령령

(2) 시행계획의 수립·시행(영 제3조~제5조)

① 시행계획 : 기본계획을 수립하기 위한 계획

② 시행계획 수립권자 : 소방청장

③ 시행계획 수립기간 : 계획 시행 전년도 10월 31일까지

④ 기본계획 및 시행계획 통보기간 : 소방청장은 중앙행정기관의 장과 시·도지사에게 시행 전년도 10월 31일까지

⑤ 세부시행계획 : 통보받은 관계 중앙행정기관의 장 및 시·도지사는 세부시행계획을 수립하여 계획 시행 전년도 12월 31일까지 소방청장에게 통보해야 한다.

10년간 자주 출제된 문제

1-1. 화재의 기본계획 수립·시행은 누가 하는가?

① 소방청장 　　　　　② 소방본부장 또는 소방서장

③ 시·도지사 　　　　　④ 행정안전부장관

1-2. 화재의 기본계획을 몇 년마다 수립·시행해야 하는가?

① 1년 　　　　　② 2년

③ 3년 　　　　　④ 5년

1-3. 화재의 기본계획에 포함되지 않는 사항은?

① 화재예방정책의 기본목표 및 추진방향

② 소방시설의 설치·관리 및 화재안전기준의 개선에 관한 사항

③ 화재의 예방과 안전관리를 위한 대국민 교육·홍보

④ 계절별·시기별·소방대상물별 화재예방대책의 추진 및 평가 등에 관한 사항

|해설|

1-1

화재의 기본계획 수립·시행권자 : 소방청장

1-2

기본계획 수립·시행시기 : 5년마다

1-3

본문 참조

정답 1-1 ① 1-2 ④ 1-3 ②

핵심이론 02 | 기본계획 및 시행계획의 수립 · 시행에 필요한 실태조사

(1) 실태조사(법 제5조)

① 실태조사권자 : 소방청장

② 실태조사항목

  ㉠ 소방대상물의 용도별 · 규모별 현황

  ㉡ 소방대상물의 화재의 예방 및 안전관리 현황

  ㉢ 소방대상물의 소방시설 등 설치 · 관리 현황

  ㉣ 그 밖에 기본계획 및 시행계획의 수립 · 시행을 위하여 필요한 사항

③ 실태조사의 방법 및 절차 등에 필요한 사항의 기준 : 행정안전부령

(2) 통계의 작성 및 관리(법 제6조, 영 제6조)

① 작성권자 : 소방청장

② 통계의 작성 · 관리 항목

  ㉠ 소방대상물의 현황 및 안전관리에 관한 사항

  ㉡ 소방시설 등의 설치 및 관리에 관한 사항

  ㉢ 다중이용업 현황 및 안전관리에 관한 사항

  ㉣ 제조소 등 현황

  ㉤ 화재발생 이력 및 화재안전조사 등 화재예방 활동에 관한 사항

  ㉥ 실태조사 결과

  ㉦ 화재예방강화지구의 현황 및 안전관리에 관한 사항

  ㉧ 어린이, 노인, 장애인 등 화재의 예방 및 안전관리에 취약한 자에 대한 지역별 · 성별 · 연령별 지원 현황

  ㉨ 소방안전관리자 자격증 발급 및 선임 관련 지역별 · 성별 · 연령별 현황

  ㉩ 화재예방안전진단 대상의 현황 및 그 실시 결과

  ㉪ 소방시설업자, 소방기술자 및 소방시설관리업 등록을 한 자의 지역별 · 성별 · 연령별 현황

핵심이론 01 | 화재안전조사

(1) 화재안전조사(법 제7조)

① 화재안전조사 실시권자 : 소방관서장(소방청장, 소방본부장, 소방서장)

② 개인의 주거(실제 주거용도로 사용되는 경우에 한정한다)에 대한 화재안전조사는 관계인의 승낙이 있거나 화재발생의 우려가 뚜렷하여 긴급한 필요가 있는 때에 한정한다.

③ 화재안전조사 대상

ㄱ 자체점검이 불성실하거나 불완전하다고 인정되는 경우

ㄴ 화재예방강화지구 등 법령에서 화재안전조사를 하도록 규정되어 있는 경우

ㄷ 화재예방안전진단이 불성실하거나 불완전하다고 인정되는 경우

ㄹ 국가적 행사 등 주요 행사가 개최되는 장소 및 그 주변의 관계 지역에 대하여 소방안전관리 실태를 조사할 필요가 있는 경우

ㅁ 화재가 자주 발생하였거나 발생할 우려가 뚜렷한 곳에 대한 조사가 필요한 경우

ㅂ 재난예측정보, 기상예보 등을 분석한 결과 소방대상물에 화재의 발생 위험이 크다고 판단되는 경우

ㅅ ㄱ부터 ㅂ까지에서 규정한 경우 외에 화재, 그 밖의 긴급한 상황이 발생할 경우 인명 또는 재산 피해의 우려가 현저하다고 판단되는 경우

④ 화재안전조사의 항목 : 대통령령

(2) 화재안전조사의 항목(영 제7조)

① 화재의 예방조치 등에 관한 사항

② 소방안전관리 업무 수행에 관한 사항

③ 피난계획의 수립 및 시행에 관한 사항

④ 소화·통보·피난 등의 훈련 및 소방안전관리에 필요한 교육에 관한 사항

⑤ 소방자동차 전용구역의 설치에 관한 사항

⑥ 시공, 감리 및 감리원의 배치에 관한 사항

⑦ 소방시설의 설치 및 관리에 관한 사항

⑧ 건설현장 임시소방시설의 설치 및 관리에 관한 사항

⑨ 피난시설, 방화구획 및 방화시설의 관리에 관한 사항

⑩ 방염에 관한 사항

⑪ 소방시설 등의 자체점검에 관한 사항

(3) 화재안전조사의 방법 및 절차(영 제8조)

① 조사의 종류

ㄱ 종합조사 : 화재안전조사 항목 전부를 확인하는 조사

ㄴ 부분조사 : 화재안전조사 항목 중 일부를 확인하는 조사

② 조사방법

ㄱ 조사권자 : 소방관서장(소방청장, 소방본부장 또는 소방서장)

ㄴ 조사내용 : 조사대상, 조사기간, 조사사유

ㄷ 조사계획 공개기간 : 7일 이상

③ 조사연기사유(영 제9조)

ㄱ 재난이 발생한 경우

ㄴ 관계인의 질병, 사고, 장기출장의 경우

ㄷ 권한 있는 기관에 자체점검기록부, 교육·훈련일지 등 화재안전조사에 필요한 장부·서류 등이 압수되거나 영치되어 있는 경우

ㄹ 소방대상물의 증축·용도변경 또는 대수선 등의 공사로 화재안전조사를 실시하기 어려운 경우

④ 화재안전조사 연기신청(규칙 제4조)

ㄱ 연기신청시기 : 화재안전조사 시작 3일전까지

ㄴ 제출처 : 소방관서장(소방청장, 소방본부장, 소방서장)

ⓒ 승인여부 결정 : 제출받은 소방관서장은 3일 이내
　　　승인여부 결정 통보

⑤ 화재안전조사의 방법 및 절차 등에 필요한 사항 : 대통
　 령령(법 제8조)

⑥ 화재안전조사 조치명령에 따른 손실보상권자 : 소방청
　 장, 시·도지사(법 제15조)

|해설|

1-1

화재안전조사권자 : 소방관서장(소방청장, 소방본부장, 소방서장)

1-2

화재안전조사 : 본문 참조

1-3

화재안전조사 내용 : 조사대상, 조사기간, 조사사유

1-4

개인주거는 관계인의 승낙없이는 화재안전조사를 할 수 없다.

1-5

화재안전조사의 방법 및 절차 등 : 대통령령

정답 1-1 ② 1-2 ③ 1-3 ④ 1-4 ④ 1-5 ①

10년간 자주 출제된 문제

1-1. 특정소방대상물의 화재안전조사권자로 옳은 것은?

① 시장, 군수　　　　　② 소방관서장

③ 시·도지사　　　　　④ 행정안전부장관

1-2. 특정소방대상물의 화재안전조사를 실시하는 경우에 해당
되지 않는 것은?

① 자체점검이 불성실하거나 불완전하다고 인정되는 경우

② 화재예방안전진단이 불성실하거나 불완전하다고 인정되는
　 경우

③ 화재, 재난 등 인명 피해가 크지 않은 경우

④ 국가적 행사 등 주요 행사가 개최되는 장소 및 그 주변의
　 관계 지역에 대하여 소방안전관리 실태를 조사할 필요가 있
　 는 경우

1-3. 특정소방대상물의 화재안전조사 내용에 해당되지 않는
것은?

① 조사대상　　　　　② 조사기간

③ 조사사유　　　　　④ 조사방법

1-4. 소방관서장은 특정소방대상물의 소방시설 등이 소방관계
법령에 적합하게 설치·관리되고 있는지에 대하여 화재안전조
사를 실시하는 데 관계인의 승낙이 필요한 곳은?

① 음식점　　　　　　② 기숙사

③ 의료원　　　　　　④ 개인주거

1-5. 화재안전조사의 방법 및 절차 등에 필요한 사항은 무엇으
로 정하는가?

① 대통령령　　　　　② 행전안전부령

③ 시·도의 조례　　　④ 시행규칙

핵심이론 02 | 화재안전조사단, 화재안전조사위원회

(1) 화재안전조사단 편성·운영(법 제9조)

① 중앙화재안전조사단 : 소방청

② 지방화재안전조사단 : 소방본부 및 소방서

(2) 화재안전조사단 편성·운영(영 제10조)

① 조사단(중앙화재안전조사단, 지방화재안전조사단)의 구성

   ㉠ 인원 : 단장 포함 50명 이내

   ㉡ 단원의 임명권자 : 소방관서장

② 조사단원의 자격

   ㉠ 소방공무원

   ㉡ 소방업무와 관련된 단체 또는 연구기관 등의 임직원

   ㉢ 소방 관련 분야에서 전문적인 지식이나 경험이 풍부한 사람

(3) 화재안전조사위원회(법 제10조, 영 제11조)

① 화재안전조사위원회의 구성·운영 등에 필요한 사항 : 대통령령

② 구 성

   ㉠ 위원 : 위원장 1명을 포함 7명 이내의 위원

   ㉡ 위원장 : 소방관서장

③ 위원의 자격

   ㉠ 과장급 직위 이상의 소방공무원

   ㉡ 소방기술사

   ㉢ 소방시설관리사

   ㉣ 소방 관련 분야의 석사 이상 학위를 취득한 사람

   ㉤ 소방 관련 법인 또는 단체에서 소방 관련 업무에 5년 이상 종사한 사람

   ㉥ 소방공무원 교육훈련기관, 학교 또는 연구소에서 소방과 관련한 교육 또는 연구에 5년 이상 종사한 사람

④ 위원의 해임(해촉) 사유

   ㉠ 심신장애로 직무를 수행할 수 없게 된 경우

   ㉡ 직무와 관련된 비위사실이 있는 경우

   ㉢ 직무태만, 품위손상이나 그 밖의 사유로 위원으로 적합하지 않다고 인정되는 경우

   ㉣ 위원 스스로 직무를 수행하기 어렵다는 의사를 밝히는 경우

⑤ 위원의 임기 : 2년(한차례 연임 가능)

10년간 자주 출제된 문제

2-1. 화재안전조사단의 설명으로 틀린 것은?

① 소방청에는 중앙화재안전조사단을 편성하여 운영할 수 있다.

② 소방서에는 지방화재안전조사단을 편성하여 운영할 수 있다.

③ 중앙화재안전조사단의 인원은 단장을 포함 30명 이내의 단원으로 성별을 고려하여 구성한다.

④ 소방시설관리사는 화재안전조사위원회의 위원으로 임명될 수 있다.

2-2. 화재안전조사위원회의 위원이 될 수 없는 사람은?

① 소방공무원 교육훈련기관에서 소방과 관련한 교육 또는 연구에 3년 이상 종사한 사람

② 과장급 직위 이상의 소방공무원

③ 소방 관련 법인 또는 단체에서 소방 관련 업무에 5년 이상 종사한 사람

④ 소방 관련 분야의 박사 학위를 취득한 사람

|해설|

2-1

중앙화재안전조사단의 인원 : 단장을 포함 50명 이내

2-2

본문 참조

정답 2-1 ③   2-2 ①

(1) 화재안전조사 결과에 따른 조치명령(법 제14조, 영 제14조)

① 조치명령권자 : 소방관서장(소방청장, 소방본부장, 소방서장)

② 조치시기 : 소방대상물의 위치·구조·설비 또는 관리의 상황이 화재예방을 위하여 보완될 필요가 있거나 화재가 발생하면 인명 또는 재산의 피해가 클 것으로 예상되는 때

③ 조치내용 : 소방대상물의 개수(改修)·이전·제거, 사용의 금지 또는 제한, 사용폐쇄, 공사의 정지 또는 중지

④ 조치명령으로 인하여 손실을 입은 자의 보상 : 소방청장 또는 시·도지사

⑤ 소방청장 또는 시·도지사가 손실을 보상하는 경우에는 시가(時價)로 보상해야 한다.

(2) 화재안전조사 결과 공개(법 제16조, 영 제15조)

① 공개내용

㉠ 소방대상물의 위치, 연면적, 용도 등 현황

㉡ 소방시설등의 설치 및 관리 현황

㉢ 피난시설, 방화구획 및 방화시설의 설치 및 관리 현황

㉣ 그 밖에 대통령령으로 정하는 사항

• 제조소 등 설치 현황

• 소방안전관리자 선임 현황

• 화재예방안전진단 실시 결과

② 화재안전조사 결과를 공개하는 경우 공개 절차, 공개 기간 및 공개 방법 등에 필요한 사항 : 대통령령

③ 화재안전조사 결과 공개(영 제15조)

㉠ 공개권자 : 소방관서장

㉡ 공개장소 : 해당 소방관서 인터넷 홈페이지, 전산시스템

㉢ 공개기간 : 30일 이상

㉣ 이의신청 : 관계인은 공개 내용 등을 통보받은 날부터 10일 이내

㉤ 신청인에게 통보 : 소방관서장은 이의신청을 받은 날부터 10일 이내

10년간 자주 출제된 문제

3-1. 특정소방대상물의 화재안전조사 결과에 따른 조치명령을 할 수 있는 자는?

① 소방관서장
② 행정안전부장관
③ 소방안전원장
④ 시·도지사

3-2. 소방관서장은 특정소방대상물의 화재안전조사 결과에 따른 조치명령으로 인하여 손실을 입은 자는 그 손실에 따른 보상을 해야 하는 바, 해당되지 않은 사람은?

① 특별시장
② 도지사
③ 소방본부장
④ 광역시장

3-3. 화재안전조사 결과를 공개하는 경우 공개 절차, 공개 기간 및 공개 방법 등에 필요한 사항의 기준은?

① 시·도의 조례
② 고 시
③ 행정안전부령
④ 대통령령

|해설|

3-1
화재안전조사 결과에 따른 조치권자 : 소방관서장(소방청장, 소방본부장 또는 소방서장)

3-2
손실보상을 해야 하는 자 : 소방청장, 시·도지사

3-3
본문 참조

정답 3-1 ① 3-2 ③ 3-3 ④

핵심이론 01 | 화재예방조치 등

(1) 화재예방조치 등(법 제17조, 영 제16조)

① 화재예방강화지구 및 이에 준하는 대통령령으로 정하는 장소에서의 금지행위
   ㉠ 모닥불, 흡연 등 화기의 취급
   ㉡ 풍등 등 소형열기구 날리기
   ㉢ 용접·용단 등 불꽃을 발생시키는 행위
   ㉣ 그 밖에 대통령령으로 정하는 화재 발생 위험이 있는 행위
   • 제조소 등
   • 고압가스 안전관리법 제3조 제1호에 따른 저장소
   • 액화석유가스의 안전관리 및 사업법 제2조 제1호에 따른 액화석유가스의 저장소·판매소
   • 수소경제 육성 및 수소 안전관리에 관한 법률 제2조 제7호에 따른 수소연료공급시설 및 같은 조 제9호에 따른 수소연료사용시설
   • 총포·도검·화약류 등의 안전관리에 관한 법률 제2조 제3항에 따른 화약류를 저장하는 장소

② 옮긴 물건 등에 대한 보관기간 및 보관기간 경과 후 처리 등에 필요한 사항 : 대통령령

③ 보일러, 난로, 건조설비, 가스·전기시설, 그 밖에 화재 발생 우려가 있는 대통령령으로 정하는 설비 또는 기구 등의 위치·구조 및 관리와 화재 예방을 위하여 불을 사용할 때 지켜야 하는 사항 : 대통령령

(2) 화재예방조치의 명령(법 제17조)

① 명령권자 : 소방관서장
② 명령내용
   ㉠ (1)의 ①에 해당하는 행위의 금지 또는 제한
   ㉡ 목재, 플라스틱 등 가연성이 큰 물건의 제거, 이격, 적재 금지 등

   ㉢ 소방차량의 통행이나 소화 활동에 지장을 줄 수 있는 물건의 이동
      ※ ㉡, ㉢ 물건의 소유자, 관리자 또는 점유자를 알 수 없는 경우 소속 공무원으로 하여금 그 물건을 옮기거나 보관하는 등 필요한 조치를 하게 할 수 있다.

③ 옮긴 물건 등에 대한 보관기간 및 보관기간 경과 후 처리 등에 필요한 사항(영 제17조)
   ㉠ 옮긴 물건 등의 종류
      • 목재, 플라스틱 등 가연성이 큰 물건의 제거, 이격, 적재 금지 등
      • 소방차량의 통행이나 소화 활동에 지장을 줄 수 있는 물건의 이동
   ㉡ 옮긴 물건 등을 보관하는 경우 : 그날부터 14일 동안 해당 소방관서의 인터넷 홈페이지에 그 사실을 공고해야 한다.
   ㉢ 옮긴 물건 등의 보관기간은 공고기간의 종료일 다음 날부터 7일까지로 한다.

(3) 불을 사용하는 설비의 관리기준 등(영 제18조)

① 종 류
   ㉠ 보일러
   ㉡ 난 로
   ㉢ 건조설비
   ㉣ 가스·전기시설
   ㉤ 불꽃을 사용하는 용접·용단 기구
   ㉥ 노(爐)·화덕설비
   ㉦ 음식조리를 위하여 설치하는 설비
② 불을 사용할 때 지켜야 할 사항 : 대통령령

③ 불을 사용할 때 지켜야 하는 시설별 기준(영 별표 1)

시 설	지켜야 할 사항
보일러	① 경유·등유 등 액체연료 사용 시 지켜야 할 사항 　㉠ 연료탱크는 보일러 본체로부터 수평거리 1[m] 이상의 간격을 두어 설치할 것 　㉡ 연료탱크에는 화재 등 긴급상황이 발생하는 경우 연료를 차단할 수 있는 개폐밸브를 연료탱크로부터 0.5[m] 이내에 설치할 것 　㉢ 연료탱크 또는 보일러 등에 연료를 공급하는 배관에는 여과장치를 설치할 것 　㉣ 사용이 허용된 연료 외의 것을 사용하지 않을 것 ② 기체연료를 사용 시 지켜야 할 사항 　㉠ 보일러를 설치하는 장소에는 환기구를 설치하는 등 가연성 가스가 머무르지 않도록 할 것 　㉡ 연료를 공급하는 배관은 금속관으로 할 것 　㉢ 화재 등 긴급 시 연료를 차단할 수 있는 개폐밸브를 연료용기 등으로부터 0.5[m] 이내에 설치할 것 　㉣ 보일러가 설치된 장소에는 가스누설경보기를 설치할 것 ③ 화목(火木) 등 고체연료를 사용 시 지켜야 할 사항 　㉠ 고체연료는 보일러 본체와 수평거리 2[m] 이상 간격을 두어 보관하거나 불연재료로 된 별도의 구획된 공간에 보관할 것 　㉡ 연통은 천장으로부터 0.6[m] 떨어지고, 연통의 배출구는 건물 밖으로 0.6[m] 이상 나오도록 설치할 것 　㉢ 연통의 배출구는 보일러 본체보다 2[m] 이상 높게 설치할 것 　㉣ 연통이 관통하는 벽면, 지붕 등은 불연재료로 처리할 것 　㉤ 연통재질은 불연재료로 사용하고 연결부에 청소구를 설치할 것 ④ 보일러 본체와 벽·천장 사이의 거리는 0.6[m] 이상이어야 한다.
난 로	① 연통은 천장으로부터 0.6[m] 이상 떨어지고, 연통의 배출구는 건물 밖으로 0.6[m] 이상 나오게 설치해야 한다. ② 가연성 벽·바닥 또는 천장과 접촉하는 연통의 부분은 규조토 등 난연성 또는 불연성의 단열재로 덮어씌워야 한다.
불꽃을 사용하는 용접·용단 기구	① 용접 또는 용단 작업장 주변 반경 5[m] 이내에 소화기를 갖추어 둘 것 ② 용접 또는 용단 작업장 주변 반경 10[m] 이내에는 가연물을 쌓아두거나 놓아두지 말 것. 다만, 가연물의 제거가 곤란하여 방화포 등으로 방호조치를 한 경우는 제외한다.
음식조리를 위하여 설치하는 설비	① 주방설비에 부속된 배출덕트(공기 배출통로)는 0.5[mm] 이상의 아연도금강판 또는 이와 같거나 그 이상의 내식성 불연재료로 설치할 것 ② 주방시설에는 동물 또는 식물의 기름을 제거할 수 있는 필터 등을 설치할 것 ③ 열을 발생하는 조리기구는 반자 또는 선반으로부터 0.6[m] 이상 떨어지게 할 것 ④ 열을 발생하는 조리기구로부터 0.15[m] 이내의 거리에 있는 가연성 주요구조부는 단열성이 있는 불연재료로 덮어 씌울 것

1-1. 소방본부장은 화재의 예방상 위험하다고 인정되는 행위를 하는 사람에 대하여 명령을 할 수 있는데 그 명령 사항이 될 수 없는 것은?

① 모닥불·흡연 등 화기취급의 금지 또는 제한
② 풍등 등 소형열기구 날리기 제한
③ 용접·용단 등 불꽃을 발생시키는 행위의 금지
④ 보일러 굴뚝의 매연의 제한

1-2. 소방관서장은 옮긴 물건을 보관하는 경우에는 며칠 동안 소방관서의 인터넷 홈페이지에 그 사실을 공고해야 하는가?

① 7일　　　　　　　　　② 14일
③ 30일　　　　　　　　④ 60일

1-3. 화재의 예방 및 안전관리에 관한 법률상 옮긴 물건은 해당 소방관서의 인터넷 홈페이지에 공고하고 보관기간은 공고기간의 종료일 다음 날부터 며칠까지로 하는가?

① 3일　　　　　　　　　② 5일
③ 7일　　　　　　　　　④ 14일

1-4. 보일러에 경유·등유 등 액체연료를 사용하는 경우에 연료탱크에는 화재 등 긴급 상황이 발생하는 경우 연료를 차단할 수 있는 개폐밸브를 연료탱크로부터 몇 [m] 이내에 설치해야 하는가?

① 0.5[m]　　　　　　　② 0.6[m]
③ 1.0[m]　　　　　　　④ 1.5[m]

1-5. 화재예방을 위하여 보일러는 본체와 벽·천장과 최소 몇 [m] 이상의 거리를 두어야 하는가?

① 0.5[m]　　　　　　　② 0.6[m]
③ 1[m]　　　　　　　　④ 1.5[m]

1-6. 보일러, 난로, 건조설비, 가스·전기시설, 그 밖에 화재 발생 우려가 있는 설비 또는 기구 등의 위치·구조 및 관리와 화재 예방을 위하여 불을 사용할 때 지켜야 하는 사항은 무엇으로 정하는가?

① 대통령령　　　　　　② 행전안전부령
③ 시·도의 조례　　　　④ 시행규칙

1-1

본문 참고

1-2

옮긴 물건의 보관 및 처리

• 물건을 보관하는 경우 : 소방관서장은 그날부터 14일 동안 해당 소방관서의 인터넷 홈페이지에 공고
• 물건의 보관기간 : 공고기간 종료일 다음날부터 7일까지

1-3

본문 참조

1-4

경유·등유 등 액체연료를 사용하는 경우에 연료탱크에는 화재 등 긴급 상황이 발생하는 경우 연료를 차단할 수 있는 개폐밸브를 연료탱크로부터 0.5[m] 이내에 설치할 것

1-5

보일러와 벽·천장 사이의 거리는 0.6[m] 이상 되도록 해야 한다.

1-6

불을 사용할 때 지켜야 하는 사항 : 대통령령

정답 1-1 ④ 1-2 ② 1-3 ③ 1-4 ① 1-5 ② 1-6 ①

핵심이론 02 | 특수가연물

(1) 특수가연물의 종류(법 제17조, 영 별표 2)

① 화재가 발생하는 경우 불길이 빠르게 번지는 고무류, 플라스틱류, 석탄, 목탄 등 대통령령으로 정하는 특수가연물의 저장 및 취급의 기준 : 대통령령

② 종 류

품 명		수 량
면화류		200[kg] 이상
나무껍질 및 대팻밥		400[kg] 이상
넝마 및 종이부스러기		1,000[kg] 이상
사류(絲類)		1,000[kg] 이상
볏짚류		1,000[kg] 이상
가연성 고체류		3,000[kg] 이상
석탄·목탄류		10,000[kg] 이상
가연성 액체류		2[m³] 이상
목재가공품 및 나무부스러기		10[m³] 이상
고무류·플라스틱류	발포시킨 것	20[m³] 이상
	그 밖의 것	3,000[kg] 이상

(2) 특수가연물의 저장기준(법 제17조, 영 별표 3)

① 특수가연물을 쌓아 저장하는 경우(다만, 석탄·목탄류를 발전용으로 저장하는 경우에는 제외한다)

  ㉠ 품명별로 구분하여 쌓을 것

  ㉡ 특수가연물을 쌓아 저장하는 기준

구 분	살수설비를 설치하거나 방사능력 범위에 해당 특수가연물이 포함되도록 대형수동식소화기를 설치하는 경우	그 밖의 경우
높 이	15[m] 이하	10[m] 이하
쌓는 부분의 바닥면적	200[m²] (석탄·목탄류의 경우에는 300[m²]) 이하	50[m²] (석탄·목탄류의 경우에는 200[m²]) 이하

• 실외에 쌓아 저장하는 경우 쌓는 부분이 대지경계선, 도로 및 인접 건축물과 최소 6[m] 이상 간격을 둘 것. 다만, 쌓는 높이보다 0.9[m] 이상 높은 내화구조 벽체를 설치한 경우는 그렇지 않다.

- 실내에 쌓아 저장하는 경우 주요구조부는 내화구조이면서 불연재료여야 하며, 다른 종류의 특수가연물과 같은 공간에 보관하지 않을 것. 다만, 내화구조의 벽으로 분리하는 경우는 그렇지 않다.
- 쌓는 부분 바닥면적의 사이는 실내의 경우 1.2[m] 또는 쌓는 높이의 1/2 중 큰 값 이상으로 간격을 두어야 하며, 실외의 경우 3[m] 또는 쌓는 높이 중 큰 값 이상으로 간격을 둘 것

② 특수가연물 표시

　ⓐ 표지내용
- 품 명
- 최대저장수량
- 단위부피당 질량 또는 단위체적당 질량
- 관리책임자 성명·직책
- 연락처
- 화기취급의 금지표시

　ⓑ 표지의 규격

특수가연물	
화기엄금	
품 명	면화류
최대저장수량(배수)	5,000[kg](25배)
단위부피당 질량 (단위체적당 질량)	000[kg/m³]
관리자(직책)	○ ○ ○(팀장)
연락처	010-000-0000

10년간 자주 출제된 문제

2-1. 다음 중 특수가연물에 해당되지 않는 것은?

① 나무껍질 500[kg]
② 가연성 고체류 2,000[kg]
③ 목재가공품 15[m³]
④ 가연성 액체류 3[m³]

2-2. 화재의 예방 및 안전관리에 관한 법률상 특수가연물의 품명별 수량 기준으로 틀린 것은?

① 플라스틱류(발포시킨 것) : 20[m³] 이상
② 가연성 액체류 : 2[m³] 이상
③ 넝마 및 종이 부스러기 : 400[kg] 이상
④ 볏짚류 : 1,000[kg] 이상

2-3. 특수가연물을 쌓아 저장하는 기준이 아닌 것은?

① 품명별로 구분하여 쌓을 것
② 쌓는 높이는 20[m] 이하가 되도록 할 것
③ 살수설비를 설치한 경우 쌓는 부분의 바닥면적은 200[m²] 이하가 되도록 할 것
④ 실외에 쌓아 저장하는 경우 쌓는 부분이 대지경계선, 도로 및 인접 건축물과 최소 6[m] 이상 간격을 둘 것

2-4. 특수가연물을 저장 또는 취급하는 장소에 설치하는 표지의 기재사항이 아닌 것은?

① 품 명　　　　　　② 안전관리자 성명
③ 최대저장수량　　　④ 화기취급의 금지표시

|해설|

2-1
가연성 고체류가 3,000[kg]이면 특수가연물이다.

2-2
특수가연물 : 넝마 및 종이 부스러기 1,000[kg] 이상

2-3
본문 참조

2-4
본문 참조

정답 2-1 ②　2-2 ③　2-3 ②　2-4 ②

(1) 화재예방강화지구 지정(법 제18조)

① 지정권자 : 시·도지사

② 지정지구

 ㉠ 시장지역

 ㉡ 공장·창고가 밀집한 지역

 ㉢ 목조건물이 밀집한 지역

 ㉣ 노후·불량건축물이 밀집한 지역

 ㉤ 위험물의 저장 및 처리시설이 밀집한 지역

 ㉥ 석유화학제품을 생산하는 공장이 있는 지역

 ㉦ 산업입지 및 개발에 관한 법률 제2조 제8호에 따른 산업단지

 ㉧ 소방시설·소방용수시설 또는 소방출동로가 없는 지역

 ㉨ 물류시설의 및 운영에 관한 법률 제2조 제6호에 따른 물류단지

 ㉩ 그 밖에 ㉠부터 ㉨까지에 준하는 지역으로서 소방관서장이 화재예방강화지구로 지정할 필요가 있다고 인정하는 지역

(2) 화재예방강화지구의 화재안전조사(영 제20조)

① 조사권자 : 소방관서장

② 조사내용 : 소방대상물의 위치·구조 및 설비

③ 조사횟수 : 연 1회 이상

(3) 화재예방강화지구의 소방훈련 및 교육(영 제20조)

① 실시주기 : 연 1회 이상 실시

② 훈련 및 교육 통보 : 소방관서장은 관계인에게 훈련 및 교육 10일 전까지 통보

(4) 화재예방강화지구 관리대장(영 제20조)

① 작성관리권자 : 시·도지사

② 작성주기 : 매년

③ 작성내용

 ㉠ 화재예방강화지구의 지정 현황

 ㉡ 화재안전조사의 결과

 ㉢ 소방설비 등(소화기구, 소방용수시설 또는 그 밖에 소방에 필요한 설비)의 설치(보수, 보강 포함) 명령 현황

 ㉣ 소방훈련 및 교육의 실시 현황

 ㉤ 그 밖에 화재예방 강화를 위하여 필요한 사항

(5) 화재안전영향평가(법 제21조, 제22조)

① 평가권자 : 소방청장

② 화재안전영향평가의 방법·절차·기준 등에 필요한 사항 : 대통령령

③ 화재안전영향평가심의회

 ㉠ 구성·운영권자 : 소방청장

 ㉡ 위원장 1명을 포함하여 12명 이내의 위원으로 구성

④ 화재안전영향평가의 포함 사항(영 제21조)

 ㉠ 법령이나 정책의 화재위험 유발요인

 ㉡ 법령이나 정책의 소방대상물의 재료, 공간, 이용자의 특성 및 화재 확산경로에 미치는 영향

 ㉢ 법령이나 정책의 화재피해에 미치는 영향 등 사회경제적 파급효과

 ㉣ 화재위험 유발요인을 제어 또는 관리할 수 있는 법령이나 정책의 개선방안

⑤ 화재안전취약자에 대한 지원의 대상·범위·방법 및 절차 등에 필요한 사항 : 대통령령

⑥ 화재안전취약자의 지원대상(영 제24조)

 ㉠ 국민기초생활보장법에 따른 수급자

 ㉡ 장애인복지법에 따른 중증장애인

 ㉢ 한부모가족지원법에 따른 지원 대상자

 ㉣ 노인복지법에 따른 홀로 사는 노인

 ㉤ 다문화가족지원법에 따른 다문화가족의 구성원

 ㉥ 그 밖에 화재안전에 취약하다고 소방관서장이 인정하는 사람

3-1. 화재발생 우려가 크거나 화재가 발생할 경우 피해가 클 것으로 예상되는 지역에 대하여 화재예방강화지구의 지정은 누가 하는가?

① 시·도지사   ② 소방안전기술위원회
③ 의용소방대장   ④ 한국소방안전원

3-2. 다음 중 화재예방강화지구의 지정지구가 아닌 것은?

① 시장지역
② 공장·창고가 밀집한 지역
③ 주택이 밀집한 지역
④ 위험물의 저장 및 처리시설이 밀집한 지역

3-3. 다음 중 화재예방강화지구의 지정지구가 아닌 것은?

① 시장지역
② 노후·불량건축물이 밀집한 지역
③ 목조건물이 밀집한 지역
④ 소방출동로가 있는 지역

3-4. 화재예방강화지구 안의 소방대상물의 위치·구조 및 설비 등에 대한 화재안전조사 실시 주기는?

① 월 1회 이상   ② 분기별 1회 이상
③ 반기별 1회 이상   ④ 연 1회 이상

3-5. 소방관서장은 소방상 필요한 훈련 및 교육을 실시하려는 경우에는 화재예방강화지구 안의 관계인에게 훈련 또는 교육 며칠 전까지 그 사실을 통보해야 하는가?

① 5일   ② 7일
③ 10일   ④ 14일

3-6. 화재안전영향평가심의회의 구성은 위원장 1명을 포함하여 위원이 몇 명 이내로 구성되어야 하는가?

① 5명   ② 10명
③ 12명   ④ 15명

|해설|

3-1
화재예방강화지구의 지정권자 : 시·도지사

3-2
본문 참조

3-3
소방출동로가 없는 지역은 화재예방강화지구의 지정지역이다.

3-4
화재예방강화지구 안의 화재안전조사 : 연 1회 이상

3-5
소방관서장은 훈련 및 교육을 실시하려는 경우에는 화재예방강화지구 안의 관계인에게 훈련 또는 교육 10일 전까지 그 사실을 통보해야 한다.

3-6
위원장 1명을 포함하여 12명 이내의 위원으로 구성한다.

정답 3-1 ①   3-2 ③   3-3 ④   3-4 ④   3-5 ③   3-6 ③

제5절 · 소방대상물의 소방안전관리

핵심이론 01 · 특정소방대상물의 소방안전관리

(1) 특정소방대상물의 소방안전관리(법 제24조)

① 소방안전관리자(소방안전관리보조자) 선임 : 관계인
② 소방안전관리업무 대행 시 : 감독할 수 있는 사람을 지정하여 소방안전관리자로 선임하고 선임된 날부터 3개월 이내에 강습교육을 받아야 한다.
③ 소방안전관리자 및 소방안전관리보조자의 선임 대상별 자격 및 인원기준 : 대통령령
④ 소방안전관리자 및 소방안전관리보조자의 선임 절차 등 그 밖에 필요한 사항 : 행정안전부령

(2) 소방안전관리자(소방안전관리보조자) 선임, 해임(법 제26~27조)

① 선임권자 : 관계인
② 선임신고 : 선임한 날부터 14일 이내에 소방본부장 또는 소방서장에게 신고
③ 재선임 : 30일 이내
④ 소방안전관리자 선임신고 기준(규칙 제14조)
　㉠ 신축·증축·개축·재축·대수선 또는 용도변경으로 해당 특정소방대상물의 소방안전관리자를 신규로 선임해야 하는 경우 : 해당 특정소방대상물의 사용승인일(건축물의 경우에는 건축물을 사용할 수 있게 된 날)
　㉡ 증축 또는 용도변경으로 인하여 특정소방대상물이 소방안전관리대상물로 된 경우 또는 특정소방대상물의 소방안전관리 등급이 변경된 경우 : 증축 공사의 사용승인일 또는 용도변경 사실을 건축물 관리대장에 기재한 날
　㉢ 특정소방대상물을 양수, 경매, 환가, 압류재산의 매각이나 그 밖에 이에 준하는 절차에 의하여 관계인의 권리를 취득한 경우 : 해당 권리를 취득한 날 또는 관할 소방서장으로부터 소방안전관리자 선임 안내를 받은 날(다만, 새로 권리를 취득한 관계인이 종전의 특정소방대상물의 관계인이 선임신고 한 소방안전관리자를 해임하지 않는 경우는 제외)
　㉣ 관리의 권원이 분리된 특정소방대상물의 경우 : 관리의 권원이 분리되거나 소방본부장 또는 소방서장이 관리의 권원을 조정한 날
　㉤ 소방안전관리자의 해임, 퇴직 등으로 소방안전관리자의 업무가 종료된 경우 : 소방안전관리자가 해임된 날, 퇴직한 날 등 근무를 종료한 날
　㉥ 소방안전관리업무를 대행하는 자를 감독할 수 있는 사람을 소방안전관리자로 선임한 경우로서 그 업무 대행 계약이 해지 또는 종료된 경우 : 소방안전관리업무 대행이 끝난 날
　㉦ 소방안전관리자 자격이 정지 또는 최소된 경우 : 소방안전관리자 자격이 정지 또는 취소된 날
⑤ 소방안전관리보조자 선임신고 기준(규칙 제16조)
　㉠ 신축·증축·개축·재축·대수선 또는 용도변경으로 해당 소방안전관리대상물의 소방안전관리보조자를 신규로 선임해야 하는 경우 : 해당 소방안전관리대상물의 사용승인일
　㉡ 소방안전관리대상물을 양수, 경매, 환가, 압류재산의 매각이나 그 밖에 이에 준하는 절차에 의하여 관계인의 권리를 취득한 경우 : 해당 권리를 취득한 날 또는 관할 소방서장으로부터 소방안전관리보조자 선임 안내를 받은 날(다만, 새로 권리를 취득한 관계인이 종전의 특정소방대상물의 관계인이 선임신고 한 소방안전관리보조자를 해임하지 않는 경우는 제외)
　㉢ 소방안전관리보조자를 해임, 퇴직 등으로 해당 소방안전관리보조자의 업무가 종료된 경우 : 소방안전관리보조자가 해임된 날, 퇴직한 날 등 근무를 종료한 날

(3) 선임된 소방안전관리자 정보(현황표)의 게시(규칙 제15조, 별표 2)

① 소방안전관리대상물의 명칭 및 등급
② 소방안전관리자의 성명 및 선임일자
③ 소방안전관리자의 연락처
④ 소방안전관리자의 근무위치(화재수신기 또는 종합방재실을 말한다)

[소방안전관리자 현황표]

소방안전관리자 현황표(대상명 :   )
이 건축물의 소방안전관리자는 다음과 같습니다. □ 소방안전관리자 :   (선임일자 : 년 월 일) □ 소방안전관리대상물 등급 :   급 □ 소방안전관리자 근무위치(화재수신기 위치) : 화재의 예방 및 안전관리에 관한 법률 제26조 제1항에 따라 이 표지를 붙입니다.
소방안전관리자 연락처 :

(4) 소방안전관리자 선임대상물, 선임자격 등(영 별표 4)

구 분	항 목	기 준
특급 소방안전 관리 대상물	선임 대상물	• 50층 이상(지하층은 제외)이거나 지상으로부터 높이가 200[m] 이상인 아파트 • 30층 이상(지하층을 포함)이거나 지상으로부터 높이가 120[m] 이상인 특정소방대상물(아파트는 제외) • 연면적이 10만[m²] 이상인 특정소방대상물(아파트는 제외)
	선임자격	다음 어느 하나에 해당하는 사람으로서 특급 소방안전관리자 자격증을 발급받은 사람 • 소방기술사 또는 소방시설관리사의 자격이 있는 사람 • 소방설비기사의 자격을 취득한 후 5년 이상 1급 소방안전관리대상물의 소방안전관리자로 근무한 실무경력(업무 대행 시 소방안전관리자로 선임되어 근무한 경력은 제외)이 있는 사람 • 소방설비산업기사의 자격을 취득한 후 7년 이상 1급 소방안전관리대상물의 소방안전관리자로 근무한 실무경력이 있는 사람 • 소방공무원으로 20년 이상 근무한 경력이 있는 사람 • 소방청장이 실시하는 특급 소방안전관리대상물의 소방안전관리에 관한 시험에 합격한 사람
	선임인원	1명 이상
1급 소방안전 관리 대상물	선임 대상물	• 30층 이상(지하층은 제외)이거나 지상으로부터 높이가 120[m] 이상인 아파트 • 연면적 15,000[m²] 이상인 특정소방대상물(아파트 및 연립주택은 제외) • 지상층의 층수가 11층 이상인 특정소방대상물(아파트는 제외한다) • 가연성 가스를 1,000[t] 이상 저장·취급하는 시설
	선임자격	다음 어느 하나에 해당하는 사람으로서 1급 소방안전관리자 자격증을 발급받은 사람 또는 특급 소방안전관리자 자격증을 발급받은 사람 • 소방설비기사 또는 소방설비산업기사의 자격이 있는 사람 • 소방공무원으로 7년 이상 근무한 경력이 있는 사람 • 소방청장이 실시하는 1급 소방안전관리대상물의 소방안전관리에 관한 시험에 합격한 사람
	선임인원	1명 이상
2급 소방안전 관리 대상물	선임 대상물	• 옥내소화전설비, 스프링클러설비, 물분무등소화설비(호스릴방식은 제외)를 설치해야 하는 특정소방대상물 • 가스 제조설비를 갖추고 도시가스사업의 허가를 받아야 하는 시설 또는 가연성 가스를 100[t] 이상 1,000[t] 미만 저장·취급하는 시설 • 지하구 • 공동주택(옥내소화전설비, 스프링클러설비가 설치된 공동주택으로 한정한다) • 보물 또는 국보로 지정된 목조건축물
	선임자격	다음 어느 하나에 해당하는 사람으로서 2급 소방안전관리자 자격증을 받은 사람 • 위험물기능장·위험물산업기사 또는 위험물기능사 자격이 있는 사람 • 소방공무원으로 3년 이상 근무한 경력이 있는 사람 • 소방청장이 실시하는 2급 소방안전관리대상물의 소방안전관리에 관한 시험에 합격한 사람 • 특급 또는 1급 소방안전관리대상물의 소방안전관리자 자격증을 발급받은 사람
	선임인원	1명 이상
3급 소방안전 관리 대상물	선임 대상물	• 간이스프링클러설비(주택 전용 간이스프링클러설비는 제외)를 설치해야 하는 특정소방대상물 • 자동화재탐지설비를 설치해야 하는 특정소방대상물

구 분	항 목	기 준
3급 소방안전 관리 대상물	선임자격	다음 어느 하나에 해당하는 사람으로서 3급 소방안전관리자 자격증을 받은 사람 • 소방공무원으로 1년 이상 근무한 경력이 있는 사람 • 소방청장이 실시하는 3급 소방안전관리대상물의 소방안전관리에 관한 시험에 합격한 사람 • 특급 소방안전관리대상물, 1급 소방안전관리대상물 또는 2급 소방안전관리대상물의 소방안전관리자 자격증을 발급받은 사람
	선임인원	1명 이상

(5) 소방안전관리보조자 선임대상물, 선임자격 등(영 별표 5)

항 목	기 준	선임인원
선임 대상물	300세대 이상인 아파트	1명 300세대마다 1명 이상 추가로 선임
	연면적이 15,000[m^2] 이상인 특정소방대상물(아파트 및 연립주택은 제외)	1명 1만 5천[m^2] 마다 1명 이상 추가로 선임
	다음의 어느 하나에 해당하는 특정소방대상물 – 공동주택 중 기숙사 – 의료시설 – 노유자시설 – 수련시설 – 숙박시설(숙박시설로 사용되는 바닥면적의 합계가 1,500[m^2] 미만이고 관계인이 24시간 상시 근무하고 있는 숙박시설은 제외)	1명 해당 특정소방대상물이 소재하는 지역을 관할하는 소방서장이 야간이나 휴일에 해당특정소방대상물이 이용되지 않는다는 것을 확인한 경우에는 소방안전관리보조자를 선임하지 않을 수 있음
선임 자격	• 특급 소방안전관리대상물, 1급 소방안전관리대상물, 2급 소방안전관리대상물 또는 3급 소방안전관리대상물의 소방안전관리자 자격이 있는 사람 • 국가기술자격법 국가기술자격의 직무분야 중 건축, 기계제작, 기계장비설비·설치, 화공, 위험물, 전기, 전자 및 안전관리에 해당하는 국가기술자격이 있는 사람 • 공공기관의 소방안전관리에 관한 규정에 따른 강습교육을 수료한 사람 • 특급 소방안전관리대상물, 1급 소방안전관리대상물, 2급 소방안전관리대상물 또는 3급 소방안전관리대상물의 소방안전관리에 대한 강습교육을 수료한 사람 • 소방안전관리대상물에서 소방안전 관련 업무에 2년 이상 근무한 경력이 있는 사람	

(6) 소방안전관리업무 전담대상물(영 제26조)

① 특급 소방안전관리대상물
② 1급 소방안전관리대상물

※ 특급과 1급 소방안전관리대상물에 선임된 소방안전관리자는 전기·가스·위험물 등의 안전관리업무에 종사할 수 없다(법 제24조).

1-1. 특정소방대상물의 소방안전관리자를 선임해야 하는 자로 옳은 것은?

① 관계인
② 소방서장
③ 소방본부장
④ 시·도지사

1-2. 소방안전관리자를 선임한 날부터 며칠 이내에 소방서장에게 신고해야 하는가?

① 7일
② 10일
③ 14일
④ 30일

1-3. 특정소방대상물의 관계인이 소방안전관리자를 해임한 경우 재선임 신고를 며칠 이내에 해야 하는가?(단, 해임한 날부터 기준일로 한다)

① 10일 이내
② 20일 이내
③ 30일 이내
④ 40일 이내

1-4. 소방안전관리자 선임신고 기준으로서 틀린 것은?

① 신축이나 증축한 경우에는 특정소방대상물의 사용승인일을 기준으로 한다.
② 증축 또는 용도변경으로 인하여 특정소방대상물이 소방안전관리대상물로 된 경우에는 특정소방대상물의 사용승인일을 기준으로 한다.
③ 관리의 권원이 분리된 특정소방대상물의 경우에는 관리권원이 시작된 날을 기준으로 한다.
④ 소방안전관리자를 해임한 경우에는 소방안전관리자가 해임된 날을 기준으로 한다.

1-5. 소방안전관리자의 정보(현황표)를 게시하는 내용으로 틀린 것은?

① 소방안전관리대상물의 등급
② 소방안전관리자의 연락처
③ 소방안전관리자의 근무위치
④ 소방펌프의 위치

1-6. 특급 소방안전관리대상물에 해당하지 않는 것은?

① 50층 이상(지하층은 제외)이거나 지상으로부터 높이가 200 [m] 이상인 아파트

② 30층 이상(지하층은 제외)인 특정소방대상물(아파트는 제외)

③ 지상으로부터 높이가 120[m] 이상인 특정소방대상물(아파트는 제외)

④ 연면적이 10만[m²] 이상인 특정소방대상물(아파트는 제외)

1-7. 특급 소방안전관리대상물 안전관리자의 선임자격에 충족되는 사람은?

① 소방설비기사의 자격을 취득한 후 3년 이상 1급 소방안전관리대상물의 소방안전관리자로 근무한 실무경력이 있는 사람

② 소방설비산업기사의 자격을 취득한 후 5년 이상 1급 소방안전관리대상물의 소방안전관리자로 근무한 실무경력이 있는 사람

③ 소방공무원으로 20년 이상 근무한 경력이 있는 사람

④ 소방청장이 실시하는 1급 소방안전관리대상물의 소방안전관리에 관한 시험에 합격한 사람으로서 실무경력이 5년 이상인 사람

1-8. 1급 소방안전관리대상물의 기준에 해당하지 않는 것은?

① 30층 이상(지하층을 제외)인 아파트

② 지상으로부터 높이가 120[m] 이상인 아파트

③ 층수가 10층 이상인 특정소방대상물(아파트는 제외)

④ 연면적 15,000[m²] 이상인 특정소방대상물(아파트 및 연립주택은 제외)

1-9. 1급 소방안전관리대상물에 대한 기준이 아닌 것은?

① 연면적 15,000[m²] 이상인 특정소방대상물(아파트는 제외)

② 150세대 이상으로서 승강기가 설치된 공동주택

③ 가연성 가스를 1,000[t] 이상 저장·취급하는 시설

④ 30층 이상(지하층은 제외)이거나 지상으로부터 높이가 120[m] 이상인 아파트

1-10. 가연성 가스를 저장·취급하는 시설로서 1급 소방안전관리대상물의 가연성가스 저장·취급 기준으로 옳은 것은?

① 100[t] 미만

② 100[t] 이상 1,000[t] 미만

③ 500[t] 이상 1,000[t] 미만

④ 1,000[t] 이상

1-11. 2급 소방안전관리대상물의 소방안전관리자 선임 기준으로 틀린 것은?

① 위험물기능장 자격이 있는 사람

② 소방공무원으로 3년 이상 근무한 경력이 있는 자

③ 의용소방대원으로 2년 이상 근무한 경력이 있는 자

④ 위험물산업기사 자격이 있는 사람

1-12. 3급 소방안전관리대상물에 해당하는 것은?

① 간이스프링클러설비(주택 전용 간이스프링클러설비를 포함)를 설치해야 하는 특정소방대상물

② 자동화재탐지설비를 설치해야 하는 특정소방대상물

③ 옥내소화전설비를 설치해야 하는 특정소방대상물

④ 제연설비를 설치해야 하는 특정소방대상물

|해설|

1-1

소방안전관리자(소방안전관리보조자) 선임권자 : 관계인

1-2

선임신고 : 선임한 날부터 14일 이내

1-3

소방안전관리자

• 해임신고 : 의무사항이 아니다.

• 재선임기간 : 해임 또는 퇴직한 날부터 30일 이내

• 선임신고 : 선임한날부터 14일 이내

• 누구에게 : 소방본부장 또는 소방서장

1-4

본문 참조

1-5

본문 참조

1-6

특급 소방안전관리대상물 : 30층 이상(지하층 포함)인 특정소방대상물(아파트는 제외)

1-7

본문 참조

1-8

1급 소방안전관리대상물 : 11층 이상인 특정소방대상물(아파트 및 연립주택은 제외)

1-9

공동주택(옥내소화전설비, 스프링클러설비가 설치된 공동주택으로 한정) : 2급 소방안전관리대상물

핵심이론 02 | **소방안전관리업무**

(1) 특정소방대상물의 관계인과 소방안전관리대상물의 소방안전관리자 업무(법 제24조, 영 제29조)

업무 내용	소방안전관리대상물	특정소방대상물의 관계인	업무 대행 기관의 업무
1. 피난계획에 관한 사항과 대통령령으로 정하는 사항이 포함된 소방계획서의 작성 및 시행	○	–	–
2. 자위소방대 및 초기대응 체계의 구성, 운영 및 교육	○	–	–
3. 소방시설 설치 및 관리에 관한 법률 제16조에 따른 피난시설, 방화구획 및 방화시설의 관리	○	○	○
4. 소방시설이나 그 밖의 소방 관련 시설의 관리	○	○	○
5. 소방훈련 및 교육	○	–	–
6. 화기취급의 감독	○	○	–
7. 행정안전부령으로 정하는 바에 따른 소방안전관리에 관한 업무수행에 관한 기록·유지(제3호·제4호 및 제6호의 업무를 말한다)	○	–	–
8. 화재발생 시 초기대응	○	○	–
9. 그 밖에 소방안전관리에 필요한 업무	○	○	–

(2) 소방안전관리업무 수행에 관한 기록 작성주기(규칙 제10조)

① 작성·관리주기 : 월 1회 이상
② 업무 수행에 관한 기록 보관 : 기록을 작성한 날부터 2년간

(3) 소방계획서 작성 시 포함사항(영 제27조)

① 소방안전관리대상물의 위치·구조·연면적·용도 및 수용인원 등 일반 현황
② 소방안전관리대상물에 설치한 소방시설·방화시설, 전기시설·가스시설 및 위험물시설의 현황
③ 화재 예방을 위한 자체점검계획 및 대응대책
④ 소방시설·피난시설 및 방화시설의 점검·정비계획

⑤ 피난층 및 피난시설의 위치와 피난경로의 설정, 화재안전취약자의 피난계획 등을 포함한 피난계획

⑥ 방화구획, 제연구획, 건축물의 내부 마감재료 및 방염대상물품의 사용현황과 그 밖의 방화구조 및 설비의 유지·관리계획

⑦ 관리의 권원이 분리된 특정소방대상물의 소방안전관리에 관한 사항

⑧ 소방훈련·교육에 관한 계획

⑨ 소방안전관리대상물의 근무자 및 거주자의 자위소방대 조직과 대원의 임무(화재안전취약자 피난 보조 임무를 포함)에 관한 사항

⑩ 화기 취급 작업에 대한 사전 안전조치 및 감독 등 공사 중 소방안전관리에 관한 사항

⑪ 소화에 관한 사항과 연소 방지에 관한 사항

⑫ 위험물의 저장·취급에 관한 사항(예방규정을 정하는 제조소 등은 제외)

⑬ 소방안전관리에 대한 업무 수행에 관한 기록 및 유지에 관한 사항

⑭ 화재발생 시 화재경보, 초기소화 및 피난유도 등 초기대응에 관한 사항

⑮ 소방본부장 또는 소방서장이 소방안전관리대상물의 위치·구조·설비 또는 관리 상황 등을 고려하여 소방안전관리에 필요하여 요청하는 사항

(4) 소방안전관리자 자격취소 및 정지(법 제31조)

① 자격취소
  ㉠ 거짓이나 그 밖의 부정한 방법으로 소방안전관리자 자격증을 발급받은 경우
  ㉡ 소방안전관리자 자격증을 다른 사람에게 빌려준 경우

② 1년 이하의 자격정지
  ㉠ 소방안전관리업무를 게을리한 경우
  ㉡ 실무교육을 받지 않은 경우
  ㉢ 이 법 또는 이 법에 따른 명령을 위반한 경우

(5) 소방안전관리자 자격의 정지 및 취소 기준(규칙 별표 3)

위반사항	근거 법령	행정처분기준		
		1차 위반	2차 위반	3차 이상 위반
거짓이나 그 밖의 부정한 방법으로 소방안전관리자 자격증을 발급받은 경우	법 제31조 제1항 제1호	자격취소		
법 제24조 제5항에 따른 소방안전관리업무를 게을리한 경우	법 제31조 제1항 제2호	경고 (시정명령)	자격정지 (3개월)	자격정지 (6개월)
법 제30조 제4항을 위반하여 소방안전관리자 자격증을 다른 사람에게 빌려준 경우	법 제31조 제1항 제3호	자격취소		
제34조에 따른 실무교육을 받지 않은 경우	법 제31조 제1항 제4호	경고 (시정명령)	자격정지 (3개월)	자격정지 (6개월)

10년간 자주 출제된 문제

2-1. 화재의 예방 및 안전관리에 관한 법률상 소방안전관리대상물의 관계인의 업무가 아닌 것은?

① 소방훈련 및 교육
② 피난시설, 방화구획 및 방화시설의 유지·관리
③ 소방시설 및 그 밖의 소방시설의 유지·관리
④ 화기취급의 감독

2-2. 특정소방대상물(소방안전관리대상물은 제외)의 관계인과 소방안전관리대상물의 소방안전관리자의 업무가 아닌 것은?

① 화기취급의 감독
② 자체소방대의 운용
③ 소방 관련 시설의 유지·관리
④ 피난시설, 방화구획 및 방화시설의 유지·관리

2-3. 화재의 예방 및 안전관리에 관한 법률상 소방안전관리대상물의 소방계획서에 포함되어야 하는 사항이 아닌 것은?

① 예방규정을 정하는 제조소 등의 위험물 저장·취급에 관한 사항
② 소방시설·피난시설 및 방화시설의 점검·정비계획
③ 특정소방대상물의 근무자 및 거주자의 자위소방대 조직과 대원의 임무에 관한 사항
④ 방화구획, 제연구획, 건축물의 내부 마감 재료 및 방염대상물품의 사용현황과 그 밖의 방화구조 및 설비의 유지·관리계획

2-4. 화재의 예방 및 안전관리에 관한 법률상 자격정지 및 취소 기준으로 틀린 것은?

① 거짓이나 그 밖의 부정한 방법으로 소방안전관리자 자격증을 발급받은 경우에는 1차 위반 시 취소이다.

② 소방안전관리업무를 게을리한 경우에는 2차 위반 시 자격정지 3개월이다.

③ 소방안전관리자 자격증을 다른 사람에게 빌려준 경우에는 1차 위반 시 취소이다.

④ 실무교육을 받지 않은 경우 2차 위반 시 자격정지 6개월이다.

|해설|

2-1

본문 참조

2-2

자위소방대의 조직은 소방안전관리자의 업무이다.

2-3

본문 참조

2-4

실무교육을 받지 않은 경우 2차 위반 시 자격정지 3개월이다.

정답 2-1 ① 2-2 ② 2-3 ① 2-4 ④

핵심이론 03 │ 소방안전관리업무의 대행

(1) 소방안전관리업무 대행의 대상 및 범위(영 제28조)

① 소방안전관리업무 대행의 대상

ㄱ 지상층의 층수가 11층 이상인 1급 소방안전관리대상물(연면적 15,000[m²] 이상인 특정소방대상물과 아파트는 제외)

ㄴ 2급 소방안전관리대상물

ㄷ 3급 소방안전관리대상물

② 소방안전관리업무 대행의 범위

ㄱ 피난시설, 방화구획 및 방화시설의 관리

ㄴ 소방시설이나 그 밖의 소방 관련 시설의 관리

(2) 소방안전관리업무 대행 인력의 배치기준(규칙 별표 1)

① 소방안전관리등급 및 설치된 소방시설에 따른 대행 인력의 배치 등급

소방안전관리대상물의 등급	설치된 소방시설의 종류	대행 인력의 기술 등급
1, 2급	스프링클러설비, 물분무 등 소화설비, 제연설비	중급점검자 이상 1명 이상
	옥내소화전설비, 옥외소화전설비	초급점검자 이상 1명 이상
3급	자동화재탐지설비, 간이스프링클러설비	초급점검자 이상 1명 이상

[비 고]

1. 소방안전관리대상물의 등급은 영 별표 4에 따른 소방안전관리대상물의 등급을 말한다.

2. 대행인력의 기술등급은 소방시설공사업법 시행규칙 별표 4의2에 따른 소방기술자의 자격 등급에 따른다.

3. 연면적 5천[m²] 미만으로서 스프링클러설비가 설치된 1급 또는 2급 소방안전관리대상물의 경우에는 초급점검자를 배치할 수 있다. 다만, 스프링클러설비 외에 제연설비 또는 물분무 등 소화설비가 설치된 경우에는 그렇지 않다.

4. 스프링클러설비에는 화재조기진압용 스프링클러설비를 포함하고, 물분무 등 소화설비에는 호스릴(Hose Reel) 방식은 제외한다.

ㄱ 고급점검자 : 소방설비기사 취득한 후 경력 5년 이상 또는 소방설비산업기사 취득한 후 경력 8년 이상

ㄴ 중급점검자 : 소방설비기사 취득한 사람 또는 소방설비산업기사 취득한 후 경력 3년 이상

ⓒ 초급점검자 : 소방설비산업기사 취득한 사람

② 하나의 특정소방대상물의 면적별 배점기준표(아파트 제외)

대행 인력 1명의 1일 소방안전관리업무 대행 업무량은 표에서 산정한 배점을 합산하여 산정하며, 이 합산점수는 8점(1일 한도점수)을 초과할 수 없다.

소방 안전관리 대상물의 등급	연면적	대행 인력 등급별 배점		
		초급 점검자	중급 점검자	고급 점검자 이상
3급	전 체	0.7		
1급 또는 2급	1,500[m²] 미만	0.8	0.7	0.6
	1,500[m²] 이상 3,000[m²] 미만	1.0	0.8	0.7
	3,000[m²] 이상 5,000[m²] 미만	1.2	1.0	0.8
	5,000[m²] 이상 10,000[m²] 이하	1.9	1.3	1.1
	10,000[m²] 초과 15,000[m²] 이하	–	1.6	1.4

비고 : 주상복합아파트의 경우 세대부를 제외한 연면적과 세대수에 종합점검 대상의 경우 32, 작동점검 대상의 경우 40을 곱하여 계산된 값을 더하여 연면적을 산정한다. 다만 환산한 연면적이 15,000[m²]를 초과한 경우에는 15,000[m²]로 본다.

③ 아파트 배점기준표

소방 안전관리 대상물의 등급	세대 구분	대행 인력 등급별 배점		
		초급 점검자	중급 점검자	고급 점검자 이상
3급	전 체	0.7		
1급 또는 2급	30세대 미만	0.8	0.7	0.6
	30세대 이상 50세대 미만	1.0	0.8	0.7
	50세대 이상 150세대 미만	1.2	1.0	0.8
	150세대 이상 300세대 미만	1.9	1.3	1.1
	300세대 이상 500세대 미만	–	1.6	1.4
	500세대 이상 1,000세대 미만	–	2.0	1.8
	1,000세대 초과	–	2.3	2.1

3-1. 소방안전관리대상물 중 소방안전관리업무를 대행할 수 없는 대상물은?

① 11층 이상이고 연면적 15,000[m²] 이상인 1급 소방안전관리대상물
② 20층인 아파트
③ 2급 소방안전관리대상물
④ 3급 소방안전관리대상물

3-2. 소방안전관리대상물 중 소방안전관리업무 대행의 범위에 해당하는 것은?

① 소방계획서의 작성 및 시행
② 자위소방대 및 초기대응체계의 구성, 운영 및 교육
③ 피난시설, 방화구획 및 방화시설의 관리
④ 소방훈련 및 교육

3-3. 소방안전관리등급 및 소방시설별 업무 대행 기술자 배치 기준으로 틀린 것은?

① 스프링클러설비가 설치된 1급 소방안전관리대상물 – 중급점검자 배치
② 연면적 5천[m²] 미만으로서 스프링클러설비가 설치된 1급 소방안전관리대상물 – 초급점검자 배치
③ 옥내소화전설비가 설치된 2급 소방안전관리대상물 – 초급점검자 배치
④ 제연설비가 설치된 2급 소방안전관리대상물 – 초급점검자 배치

3-4. 2급 소방안전관리대상물인 아파트(세대수 350세대)에 중급점검자인 소방안전관리 대행 인력이 1일 업무량으로 맞는 것은?

① 5개 대상물   ② 6개 대상물
③ 8개 대상물   ④ 10개 대상물

3-1

업무대상제외

- 11층 이상이고 연면적 15,000[m²] 이상인 1급 소방안전관리대
  상물
- 30층 이상인 아파트(아파트는 30층 이상이면 1급 소방안전관리
  대상물이다)

3-2

소방안전관리업무 대행의 범위

- 피난시설, 방화구획 및 방화시설의 관리
- 소방시설이나 그 밖의 소방 관련 시설의 관리

3-3

스프링클러설비, 제연설비, 물분무 등 소화설비가 설치된 1, 2급
소방안전관리대상물은 중급점검자 이상을 배치해야 한다.

3-4

대행 인력 1명이 1일 소방안전관리업무 대행 업무량은 합산점수
8점을 초과할 수 없다.

소방 안전관리 대상물의 등급	세대 구분	대행 인력 등급별 배점		
		초급 점검자	중급 점검자	고급 점검자 이상
3급	전 체		0.7	
1급 또는 2급	30세대 미만	0.8	0.7	0.6
	30세대 이상 50세대 미만	1.0	0.8	0.7
	50세대 이상 150세대 미만	1.2	1.0	0.8
	150세대 이상 300세대 미만	1.9	1.3	1.1
	300세대 이상 500세대 미만	–	1.6	1.4
	500세대 이상 1,000세대 미만	–	2.0	1.8
	1,000세대 초과	–	2.3	2.1

중급점검자가 아파트(세대수 350세대)를 업무 대행을 하고자 할
때에는 배점이 1.6이고 합산점수가 8점을 초과할 수 없으므로
1.6×5개 대상물＝8.0이다.

∴ 중급점검자가 아파트 350세대인 특정소방대상물에는 1일에
5개 대상물을 업무 대행할 수 있다.

정답 3-1 ① 3-2 ③ 3-3 ④ 3-4 ①

핵심이론 04 | 건설현장 소방안전관리

(1) 건설현장 소방안전관리(법 제29조)

신축·증축·개축·재축·이전·용도변경 또는 대수선하
는 경우에는 소방안전관리자로서 교육을 받은 사람을 소방
시설공사 착공 신고일부터 건축물 사용승인일까지 소방안
전관리자로 선임하고 소방본부장 또는 소방서장에게 신고
해야 한다.

(2) 건설현장 소방안전관리대상물(영 제29조)

① 신축·증축·개축·재축·이전·용도변경 또는 대
   수선을 하려는 부분의 연면적의 합계가 15,000[m²]
   이상인 것

② 신축·증축·개축·재축·이전·용도변경 또는 대
   수선을 하려는 부분의 연면적이 5,000[m²] 이상인 것
   으로서 다음에 해당하는 것
   ㉠ 지하층의 층수가 2개층 이상인 것
   ㉡ 지상층의 층수가 11층 이상인 것
   ㉢ 냉동창고, 냉장창고 또는 냉동·냉장창고

**(3) 건설현장 소방안전관리대상물의 소방안전관리자의
   업무**(법 제29조)

① 건설현장의 소방계획서의 작성

② 임시소방시설의 설치 및 관리에 대한 감독

③ 공사진행 단계별 피난안전구역, 피난로 등의 확보와
   관리

④ 건설현장의 작업자에 대한 소방안전 교육 및 훈련

⑤ 초기대응체계의 구성·운영 및 교육

⑥ 화기취급의 감독, 화재위험작업의 허가 및 관리

⑦ 그 밖에 건설현장의 소방안전관리와 관련하여 소방청
   장이 고시하는 업무

4-1. 건설현장 소방안전관리대상물에 해당하지 않는 것은?

① 증축을 하려는 부분의 연면적의 합계가 15,000[m²] 이상인 것
② 지하층의 층수가 2개층이고 신축하려는 연면적이 5,000[m²] 이상인 것
③ 지상층의 층수가 10개층이고 신축하려는 연면적이 5,000[m²] 이상인 것
④ 냉동창고로서 연면적이 5,000[m²] 이상인 것

4-2. 건설현장 소방안전관리대상물의 소방안전관리자의 업무에 해당하지 않는 것은?

① 소방계획서의 작성
② 임시소방시설의 설치 및 관리에 대한 감독
③ 작업자에 대한 소방안전 교육 및 훈련
④ 자체소방대의 운용

|해설|

4-1
본문 참조
4-2
본문 참조

정답 4-1 ③ 4-2 ④

핵심이론 05 | 소방안전관리자의 자격

(1) 소방안전관리자의 자격 및 자격증의 발급(법 제30조)

① 자격증 발급권자 : 소방청장
② 소방안전관리자의 자격
　㉠ 소방청장이 실시하는 소방안전관리자 자격시험에 합격한 사람
　㉡ 다음에 해당하는 사람으로서 대통령령으로 정하는 사람
　　• 소방안전과 관련한 국가기술자격증을 소지한 사람
　　• 소방안전과 관련한 국가기술자격증 중 일정 자격증을 소지한 사람으로서 소방안전관리자로 근무한 실무경력이 있는 사람
　　• 소방공무원 경력자
　　• 기업활동 규제완화에 관한 특별조치법에 따라 소방안전관리자로 선임된 사람(소방안전관리자로 선임된 기간에 한정한다)

(2) 소방안전관리자(소방안전관리보조자)에 대한 교육
　(법 제34조, 영 제33조)

① 강습교육
　㉠ 소방안전관리자의 자격을 인정받으려는 사람으로서 특급, 1급, 2급, 3급, 공공기관의 소방안전관리대상물의 소방안전관리자가 되려는 사람
　㉡ 소방안전관리업무 대행 시 소방안전관리자로 선임되고자 하는 사람
　㉢ 건설현장에 소방안전관리자로 선임되고자 하는 사람
② 실무교육
　㉠ 특정소방대상물에 선임된 소방안전관리자 및 소방안전관리보조자
　㉡ 소방안전관리업무 대행 시 선임된 소방안전관리자

5-1. 소방안전관리자의 자격증을 받은 사람으로서 소방안전관리자 자격에 해당되지 않는 사람은?

① 시·도지사가 실시하는 소방안전관리자 자격시험에 합격한 사람
② 소방안전과 관련한 국가기술자격증을 소지한 사람
③ 소방공무원 경력자
④ 기업활동 규제완화에 관한 특별조치법에 따라 소방안전관리자로 선임된 사람

5-2. 소방안전관리자의 자격의 취소 및 1년 이하의 자격정지에 대한 내용으로 틀린 것은?

① 거짓이나 그 밖의 부정한 방법으로 소방안전관리자 자격증을 발급받은 경우는 자격취소이다.
② 소방안전관리업무를 게을리한 경우에는 1년 이하의 자격정지이다.
③ 소방안전관리자 자격증을 다른 사람에게 빌려준 경우에는 자격취소이다.
④ 실무교육을 받지 않은 경우에는 자격취소이다.

│해설│

5-1
소방안전관리자의 자격 : 소방청장이 실시하는 소방안전관리자 자격시험에 합격한 사람

5-2
본문 참조

정답 5-1 ① 5-2 ④

핵심이론 06 | 관리의 권원이 분리된 특정소방대상물의 소방안전관리

(1) 관리의 권원이 분리된 특정소방대상물의 관리의 권원별 소방안전관리자 선임대상(법 제35조, 영 제35조)

① 복합건축물(지하층을 제외한 11층 이상 또는 연면적 30,000[m²] 이상인 건축물)
② 지하가(지하의 인공구조물 안에 설치된 상점 및 사무실, 그 밖에 이와 비슷한 시설이 연속하여 지하도에 접하여 설치된 것과 그 지하도를 합한 것을 말한다)
③ 그 밖에 대통령령으로 정하는 특정소방대상물(판매시설 중 도매시장, 소매시장, 전통시장)

(2) 관리의 권원이 분리된 경우 소방안전관리자의 선임기준(영 제34조)

① 법령 또는 계약 등에 따라 공동으로 관리하는 경우 : 하나의 관리권원으로 보아 소방안전관리자 1명 선임
② 화재수신기 또는 소화펌프(가압송수장치 포함)가 별도로 설치된 경우 : 각각 하나의 관리권원으로 보아 각각 소방안전관리자 1명 선임
③ 하나의 화재수신기 및 소화펌프가 설치된 경우 : 하나의 관리권원으로 보아 소방안전관리자 1명 선임

(3) 피난유도 안내정보의 제공 방법(규칙 제35조)

① 연 2회 피난안내 교육을 실시하는 방법
② 분기별 1회 이상 피난안내 방송을 실시하는 방법
③ 피난안내도를 층마다 보기 쉬운 위치에 게시하는 방법
④ 엘리베이터, 출입구 등 시청이 용이한 장소에 피난안내 영상을 제공하는 방법

6-1. 관리의 권원이 분리된 특정소방대상물의 경우 그 관리의 권원별 소방안전관리자를 선임해야 하는 대상물이 아닌 것은?

① 지하층을 제외한 11층 이상인 복합건축물
② 연면적이 30,000[m²] 이상인 복합건축물
③ 전통시장
④ 문화 및 집회시설

6-2. 피난유도 안내정보의 제공 방법으로 틀린 것은?

① 연 1회 이상 피난안내 교육을 실시하는 방법
② 분기별 1회 이상 피난안내 방송을 실시하는 방법
③ 피난안내도를 층마다 보기 쉬운 위치에 게시하는 방법
④ 엘리베이터, 출입구 등 시청이 용이한 장소에 피난안내 영상을 제공하는 방법

| 해설 |

6-1
본문 참조

6-2
본문 참조

정답 6-1 ④ 6-2 ①

핵심이론 07 | 소방안전관리대상물의 소방훈련 등

(1) 소방안전관리대상물의 소방훈련과 교육(법 제37조, 영 제39조, 규칙 제36조)

① 훈련 및 교육 실시권자 : 관계인
② 실시횟수 : 연 1회 이상
③ 소방훈련 및 교육 실시결과 제출 대상
　㉠ 대상 : 특급과 1급 소방안전관리대상물
　㉡ 제출 : 소방훈련 및 교육을 한 날부터 30일 이내에 소방본부장 또는 소방서장에게 제출
④ 불시 소방훈련과 교육 대상 : 의료시설, 교육연구시설, 노유자시설
⑤ 소방훈련과 교육결과 보관기간 : 실시한 날부터 2년간 보관

(2) 공공기관의 소방안전관리업무(법 제39조)

① 소방안전관리자의 자격·책임 및 선임 등
② 소방안전관리의 업무 대행
③ 자위소방대의 구성·운영 및 교육
④ 근무자 등에 대한 소방훈련 및 교육
⑤ 그 밖에 소방안전관리에 필요한 사항

7-1. 소방안전관리대상물의 소방훈련과 교육에 대한 설명으로 틀린 것은?

① 소방안전관리대상물의 관계인은 근무자에게 소방훈련을 해야 한다.
② 소방훈련은 연 1회 이상 해야 한다.
③ 2급 소방안전관리대상물은 소방훈련 및 교육을 실시한 결과를 소방서장에게 제출해야 한다.
④ 1급 소방안전관리대상물은 소방훈련 및 교육을 한 날부터 30일 이내에 소방본부장 또는 소방서장에게 제출해야 한다.

7-2. 특정소방대상물의 근무자에게 불시에 소방훈련과 교육 대상이 아닌 것은?

① 업무시설
② 의료시설
③ 교육연구시설
④ 노유자시설

|해설|

7-1
소방훈련 및 교육 실시결과 제출 대상 : 특급과 1급 소방안전관리대상물

7-2
불시 소방훈련과 교육 대상 : 의료시설, 교육연구시설, 노유자시설

정답 7-1 ③ 7-2 ①

제6절 특별관리시설물의 소방안전관리

핵심이론 01 소방안전 특별관리시설물의 안전관리

(1) 소방안전 특별관리시설물의 종류(법 제40조)

① 공항시설
② 철도시설
③ 도시철도시설
④ 항만시설
⑤ 초고층 건축물 및 지하연계 복합건축물
⑥ 수용인원 1,000명 이상인 영화상영관
⑦ 전력용 및 통신용 지하구
⑧ 전통시장으로서 대통령령으로 정하는 전통시장(점포가 500개 이상인 전통시장)
  ㉠ 발전사업자가 가동 중인 발전소
  ㉡ 물류창고로서 연면적 10만[m²] 이상인 것
  ㉢ 가스공급시설

(2) 소방안전 특별관리 기본계획(영 제42조)

① 기본계획 수립권자 : 소방청장
② 절차 : 5년마다 수립하여 시·도지사에 통보
③ 특별관리 기본계획의 포함 사항
  ㉠ 화재예방을 위한 중기·장기 안전관리정책
  ㉡ 화재예방을 위한 교육·홍보 및 점검·진단
  ㉢ 화재대응을 위한 훈련
  ㉣ 화재대응과 사후 조치에 관한 역할 및 공조체계

소방안전 특별관리시설물의 기준에 해당하지 않는 것은?

① 수용인원 1,000명 이상인 영화상영관
② 점포가 500개 이상인 전통시장
③ 철도시설
④ 물류창고로서 연면적 20만[m²] 이상인 것

|해설|

본문 참조

정답 ④

(1) 화재예방안전진단의 대상(영 제43조)

① 여객터미널의 연면적이 $1,000[\text{m}^2]$ 이상인 공항시설

② 철도시설 중 역 시설의 연면적이 $5,000[\text{m}^2]$ 이상인 철도시설

③ 도시철도시설 중 역사 및 역 시설의 연면적이 $5,000[\text{m}^2]$ 이상인 도시철도시설

④ 여객이용시설 및 지원시설의 연면적이 $5,000[\text{m}^2]$ 이상인 항만시설

⑤ 전력용 및 통신용 지하구 중 공동구

⑥ 연면적이 $5,000[\text{m}^2]$ 이상인 발전소

(2) 화재예방안전진단의 범위(법 제41조, 영 제45조)

① 화재위험요인의 조사에 관한 사항

② 소방계획 및 피난계획 수립에 관한 사항

③ 소방시설 등의 유지·관리에 관한 사항

④ 비상대응조직 및 교육훈련에 관한 사항

⑤ 화재 위험성 평가에 관한 사항

⑥ 그 밖에 화재예방진단을 위하여 대통령령으로 정하는 사항

  ㉠ 화재 등의 재난발생 후 재발방지 대책의 수립 및 그 이행에 관한 사항

  ㉡ 지진 등 외부 환경 위험요인 등에 대한 예방·대비·대응에 관한 사항

  ㉢ 화재예방안전진단 결과 보수·보강 등 개선 요구 사항 등에 대한 이행여부

(3) 화재예방안전진단의 실시절차(영 제44조)

소방안전관리대상물이 건축되어 소방안전 특별관리대상물에 해당하게 된 경우 관계인은 완공검사를 받은 날부터 5년이 경과한 날이 속하는 해에 최초의 화재예방안전진단을 받아야 한다.

(4) 화재예방안전진단의 실시주기(영 제44조)

① 안전등급이 우수(A)인 경우 : 안전등급을 통보받은 날부터 6년이 경과한 날이 속하는 해

② 안전등급이 양호(B), 보통(C)인 경우 : 안전등급을 통보받은 날부터 5년이 경과한 날이 속하는 해

③ 안전등급이 미흡(D), 불량(E)인 경우 : 안전등급을 통보받은 날부터 4년이 경과한 날이 속하는 해

10년간 자주 출제된 문제

2-1. 화재의 예방 및 안전관리를 체계적·효율적으로 수행하기 위하여 화재예방안전진단을 받아야 하는데 화재예방안전진단의 대상의 기준이 아닌 것은?

① 여객터미널의 연면적이 $5,000[\text{m}^2]$ 이상인 공항시설

② 철도시설 중 역 시설의 연면적이 $5,000[\text{m}^2]$ 이상인 철도시설

③ 도시철도시설 중 역사 및 역 시설의 연면적이 $5,000[\text{m}^2]$ 이상인 도시철도시설

④ 여객이용시설 및 지원시설의 연면적이 $5,000[\text{m}^2]$ 이상인 항만시설

2-2. 화재예방안전진단의 실시주기의 기준으로 맞는 것은?

① 안전등급이 우수인 경우 : 안전등급을 통보받은 날부터 7년이 경과한 날이 속하는 해

② 안전등급이 양호인 경우 : 안전등급을 통보받은 날부터 6년이 경과한 날이 속하는 해

③ 안전등급이 보통인 경우 : 안전등급을 통보받은 날부터 5년이 경과한 날이 속하는 해

④ 안전등급이 불량인 경우 : 안전등급을 통보받은 날부터 3년이 경과한 날이 속하는 해

| 해설 |

2-1
여객터미널의 연면적이 $1,000[\text{m}^2]$ 이상인 공항시설은 화재예방안전진단 대상기준이다.

2-2
본문 참조

정답 2-1 ① 2-2 ③

핵심이론 01 │ 벌 칙

(1) 3년 이하의 징역 또는 3천만원 이하의 벌금(법 제50조)

① 화재안전조사 결과에 따른 조치명령을 정당한 사유 없이 위반한 자

② 소방안전관리자(소방안전관리보조자)의 선임명령을 정당한 사유 없이 위반한 자

③ 화재예방안전진단 결과에 따라 보수·보강 등의 조치가 필요하다고 인정하는 경우에는 관계인이 보수·보강 등의 조치명령을 정당한 사유 없이 위반한 자

④ 거짓이나 그 밖의 부정한 방법으로 진단기관으로 지정을 받은 자

(2) 1년 이하의 징역 또는 1천만원 이하의 벌금(법 제50조)

① 관계인의 정당한 업무를 방해하거나, 조사업무를 수행하면서 취득한 자료나 알게 된 비밀을 다른 사람 또는 기관에게 제공 또는 누설하거나 목적 외의 용도로 사용한 자

② 소방안전관리자 자격증을 다른 사람에게 빌려 주거나 빌리거나 이를 알선한 자

③ 화재예방 진단기관으로부터 화재예방안전진단을 받지 않은 자

(3) 300만원 이하의 벌금(법 제50조)

① 화재안전조사를 정당한 사유 없이 거부·방해 또는 기피한 자

② 화재예방 조치명령을 정당한 사유 없이 따르지 않거나 방해한 자

③ 소방안전관리자, 총괄소방안전관리자 또는 소방안전관리보조자를 선임하지 않은 자

④ 소방시설·피난시설·방화시설 및 방화구획 등이 법령에 위반된 것을 발견하였음에도 필요한 조치를 할 것을 요구하지 않은 소방안전관리자

⑤ 소방안전관리자에게 불이익한 처우를 한 관계인

⑥ 업무를 수행하면서 알게 된 비밀을 이 법에서 정한 목적 외의 용도로 사용하거나 다른 사람 또는 기관에 제공하거나 누설한 자

10년간 자주 출제된 문제

1-1. 3년 이하의 징역 또는 3천만원 이하의 벌금에 해당하지 않는 것은?

① 화재안전조사 결과에 따른 조치명령을 정당한 사유 없이 위반한 자

② 화재예방 진단기관으로부터 화재예방안전진단을 받지 않은 자

③ 화재예방안전진단 결과에 따라 보수·보강 등의 조치가 필요하다고 인정하는 경우에는 관계인이 보수·보강 등의 조치명령을 정당한 사유 없이 위반한 자

④ 거짓이나 그 밖의 부정한 방법으로 진단기관으로 지정을 받은 자

1-2. 소방안전관리자 자격증을 다른 사람에게 빌려 주거나 빌리거나 이를 알선한 자에 대한 벌칙은?

① 3년 이하의 징역 또는 3천만원 이하의 벌금

② 1년 이하의 징역 또는 1천만원 이하의 벌금

③ 500만원 이하의 벌금

④ 300만원 이하의 벌금

1-3. 300만원 이하의 벌금에 해당하지 않는 것은?

① 화재예방안전진단 결과를 제출하지 않은 자

② 소방안전관리자를 선임하지 않은 자

③ 소방안전관리자에게 불이익한 처우를 한 관계인

④ 화재예방 조치명령을 정당한 사유 없이 따르지 않거나 방해한 자

|해설|

1-1

화재예방안전진단을 받지 않은 자 : 1년 이하의 징역 또는 1,000만원 이하의 벌금

1-2, 1-3
본문 참조

정답 1-1 ②　1-2 ②　1-3 ①

핵심이론 02 | 과태료

(1) 300만원 이하의 과태료(법 제52조)

① 정당한 사유 없이 화재의 제17조 제1항(예방조치 등) 각 호의 어느 하나에 해당하는 행위를 한 자
② 소방안전관리자를 겸한 자(특급, 1급 소방안전관리대상물에 전기, 가스, 위험물의 안전관리자를 겸직한 경우)
③ 소방안전관리업무를 하지 않는 특정소방대상물의 관계인 또는 소방안전관리대상물의 소방안전관리자
④ 소방안전관리업무의 지도·감독을 하지 않은 자
⑤ 건설현장 소방안전관리대상물의 소방안전관리자의 업무를 하지 않은 소방안전관리자
⑥ 피난유도 안내정보를 제공하지 않은 자
⑦ 소방훈련 및 교육을 하지 않은 자
⑧ 화재예방안전진단 결과를 제출하지 않은 자

(2) 200만원 이하의 과태료(법 제52조)

① 불을 사용할 때 지켜야 하는 사항 및 특수가연물의 저장 및 취급 기준을 위반한 자
② 소방설비 등의 설치 명령을 정당한 사유 없이 따르지 않은 자
③ 소방안전관리자를 기간 내에 선임신고를 하지 않거나 소방안전관리자의 성명 등을 게시하지 않은 자
④ 건설현장 소방안전관리자를 기간 내에 선임신고를 하지 않은 자
⑤ 소방훈련 및 교육 결과를 제출하지 않은 자(30일 이내)

(3) 100만원 이하의 과태료(법 제52조)

실무교육을 받지 않은 소방안전관리자 및 소방안전관리보조자

(4) 과태료 부과기준(영 별표 9)

위반행위	과태료 금액(단위 : 만원)		
	1차 위반	2차 위반	3차 이상 위반
정당한 사유없이 화재예방 조치행위를 한 경우	300		
특수가연물 저장 및 취급기준을 위반한 경우	200		
소방안전관리자를 겸한 경우	300		
소방안전관리업무를 하지 않은 경우	100	200	300
실무교육을 받지 않은 경우	50		
소방훈련 및 교육을 하지 않은 경우	100	200	300

10년간 자주 출제된 문제

2-1. 화재의 예방 및 안전관리에 관한 법률에 따른 소방안전관리업무를 하지 않은 특정소방대상물의 관계인에게는 몇 만원 이하의 과태료를 부과하는가?

① 100만원
② 200만원
③ 300만원
④ 500만원

2-2. 200만원 이하의 과태료 처분에 해당되지 않은 것은?

① 불을 사용할 때 지켜야 하는 사항 및 특수가연물의 저장 및 취급 기준을 위반한 자
② 소방안전관리자를 기간 내에 선임신고를 하지 않거나 소방안전관리자의 성명 등을 게시하지 않은 자
③ 실무교육을 받지 않은 소방안전관리자 및 소방안전관리보조자
④ 소방훈련 및 교육 결과를 제출하지 않은 자

2-3. 소방안전관리업무를 하지 않은 경우 1차 위반 시 과태료 금액은?

① 50만원
② 100만원
③ 200만원
④ 300만원

|해설|

2-1
소방안전관리업무를 하지 않은 관계인 : 300만원 이하의 과태료

2-2
실무교육을 받지 않은 소방안전관리자 및 소방안전관리보조자 : 100만원 이하의 과태료

2-3
소방안전관리업무를 하지 않은 경우
• 1차 위반 : 100만원
• 2차 위반 : 200만원
• 3차 위반 : 300만원

정답 2-1 ③ 2-2 ③ 2-3 ②

핵심이론 01 | 목적 및 정의

(1) 목적(법 제1조)

① 소방시설 등의 설치·관리와 소방용품 성능관리에 필요한 사항을 규정

② 국민의 생명·신체 및 재산을 보호

③ 공공의 안전과 복리증진에 이바지함

(2) 정의(법 제2조, 영 제2조)

① 소방시설 : 소화설비·경보설비·피난구조설비·소화용수설비, 그 밖의 소화활동설비로서 대통령령으로 정하는 것

② 소방시설 등 : 소방시설과 비상구, 그 밖에 소방 관련 시설로서 대통령령으로 정하는 것(방화문 및 자동방화셔터)

③ 무창층 : 지상층 중 다음 요건을 갖춘 개구부(건축물에서 채광·환기·통풍 또는 출입 등을 위하여 만든 창·출입구, 그 밖에 이와 비슷한 것)의 면적의 합계가 해당 층의 바닥면적의 1/30 이하가 되는 층

  ⊙ 크기는 지름 50[cm] 이상의 원이 통과할 수 있을 것

  ⓒ 해당 층의 바닥면으로부터 개구부 밑부분까지의 높이가 1.2[m] 이내일 것

  ⓒ 도로 또는 차량이 진입할 수 있는 빈터를 향할 것

  ⓔ 화재 시 건축물로부터 쉽게 피난할 수 있도록 창살이나 그 밖의 장애물이 설치되지 않을 것

  ⓜ 내부 또는 외부에서 쉽게 부수거나 열 수 있을 것

④ 피난층 : 곧바로 지상으로 갈 수 있는 출입구가 있는 층

⑤ 소방용품 : 소방시설 등을 구성하거나 소방용으로 사용되는 제품 또는 기기로서 대통령령으로 정하는 것

1-1. 다음 용어의 정의에 대한 설명 중 옳지 않은 것은?

① 피난층이란 곧바로 지상으로 갈 수는 없지만 출입구가 있는 층을 의미한다.

② 비상구란 화재발생 시 지상 또는 안전한 장소로 피난할 수 있는 가로 75[cm] 이상, 세로 150[cm] 이상 크기의 출입구를 의미한다.

③ 무창층이란 개구부의 합계의 면적이 해당 층의 바닥면적의 30분의 1 이하가 되는 층을 말한다.

④ 소방시설 등이란 소방시설과 비상구, 그 밖에 소방 관련 시설로서 대통령령으로 정하는 것을 말한다.

1-2. "무창층"이란 지상층 중 개구부의 면적의 합계가 해당 층의 바닥면적의 30분의 1 이하가 되는 층을 말한다. 다음 중 개구부의 요건으로 맞지 않는 것은?

① 해당 층의 바닥면으로부터 개구부 밑부분까지의 높이가 1.5[m] 이내일 것

② 크기는 지름 50[cm] 이상의 원이 통과할 수 있을 것

③ 도로 또는 차량이 진입할 수 있는 빈터를 향할 것

④ 내부 또는 외부에서 쉽게 부수거나 열 수 있을 것

1-3. 무창층에서 개구부라 함은 해당 층의 바닥면으로부터 개구부 밑부분까지의 높이가 몇 [m] 이내를 말하는가?

① 1.0[m]   ② 1.2[m]

③ 1.5[m]   ④ 1.7[m]

1-4. 다음은 소방시설 설치 및 관리에 관한 법률에서 사용하는 용어의 정의에 관한 사항이다. ( )에 들어갈 내용으로 알맞은 것은?

소방용품이란 소방시설 등을 구성하거나 소방용으로 사용되는 제품 또는 기기로서 ( )으로 정하는 것을 말한다.

① 대통령령   ② 행정안전부령

③ 소방청장령   ④ 시의 조례

핵심이론 02 | 소방시설의 종류(영 제3조, 별표 1)

(1) 소화설비

물 또는 그 밖의 소화약제를 사용하여 소화하는 기계·기구 또는 설비

① 소화기구
　㉠ 소화기
　㉡ 간이소화용구 : 에어로졸식 소화용구, 투척용 소화용구, 소공간용 소화용구 및 소화약제 외의 것을 이용한 간이소화용구
　㉢ 자동확산소화기

② 자동소화장치
　㉠ 주거용 주방자동소화장치
　㉡ 상업용 주방자동소화장치
　㉢ 캐비닛형 자동소화장치
　㉣ 가스 자동소화장치
　㉤ 분말 자동소화장치
　㉥ 고체에어로졸 자동소화장치

③ 옥내소화전설비(호스릴 옥내소화전설비를 포함)

④ 스프링클러설비 등
　㉠ 스프링클러설비
　㉡ 간이스프링클러설비(캐비닛형 간이스프링클러설비를 포함)
　㉢ 화재조기진압용 스프링클러설비

⑤ 물분무 등 소화설비
　㉠ 물분무소화설비
　㉡ 미분무소화설비
　㉢ 포소화설비
　㉣ 이산화탄소소화설비
　㉤ 할론소화설비
　㉥ 할로겐화합물 및 불활성기체(다른 원소와 화학반응을 일으키기 어려운 기체)소화설비
　㉦ 분말소화설비
　㉧ 강화액소화설비

ⓩ 고체에어로졸소화설비

⑥ 옥외소화전설비

(2) 경보설비

화재발생 사실을 통보하는 기계·기구 또는 설비

① 단독경보형감지기

② 비상경보설비

ㄱ 비상벨설비

ㄴ 자동식 사이렌설비

③ 자동화재탐지설비

④ 시각경보기

⑤ 화재알림설비

⑥ 비상방송설비

⑦ 자동화재속보설비

⑧ 통합감시시설

⑨ 누전경보기

⑩ 가스누설경보기

(3) 피난구조설비

화재가 발생할 경우 피난하기 위하여 사용하는 기구 또
는 설비

① 피난기구

ㄱ 피난사다리

ㄴ 구조대

ㄷ 완강기

ㄹ 간이완강기

ㅁ 그 밖에 화재안전기준으로 정하는 것(미끄럼대,
피난교, 공기안전매트, 다수인 피난장비, 승강식
피난기 등)

② 인명구조기구

ㄱ 방열복, 방화복(안전모, 보호장갑, 안전화 포함)

ㄴ 공기호흡기

ㄷ 인공소생기

③ 유도등

ㄱ 피난유도선

ㄴ 피난구유도등

ㄷ 통로유도등

ㄹ 객석유도등

ㅁ 유도표지

④ 비상조명등 및 휴대용 비상조명등

(4) 소화용수설비

화재를 진압하는 데 필요한 물을 공급하거나 저장하는
설비

① 상수도 소화용수설비

② 소화수조, 저수조, 그 밖의 소화용수설비

(5) 소화활동설비

화재를 진압하거나 인명구조활동을 위하여 사용하는 설비

① 제연설비

② 연결송수관설비

③ 연결살수설비

④ 비상콘센트설비

⑤ 무선통신보조설비

⑥ 연소방지설비

10년간 자주 출제된 문제

2-1. 다음 소방시설 중 소화설비에 속하지 않는 것은?

① 옥내소화전설비

② 스프링클러설비

③ 소화약제에 의한 간이소화용구

④ 연결살수설비

2-2. 소방시설을 구분하는 경우 소화설비에 해당되지 않는 것은?

① 스프링클러설비   ② 제연설비

③ 자동확산소화기   ④ 옥외소화전설비

2-3. 다음은 소방시설에 대한 분류이다. 잘못된 것은?

① 소화설비 : 옥내소화전설비, 옥외소화전설비
② 소화활동설비 : 비상콘센트설비, 제연설비, 연결송수관설비
③ 피난구조설비 : 자동식사이렌, 구조대, 완강기
④ 경보설비 : 자동화재탐지설비, 누전경보기, 자동화재속보설비

2-4. 소방시설의 종류에 대한 설명으로 옳은 것은?

① 소화기구, 옥외소화전설비는 소화설비에 해당된다.
② 유도등, 비상조명등은 경보설비에 해당된다.
③ 소화수조, 저수조는 소화활동설비에 해당된다.
④ 연결송수관설비는 소화용수설비에 해당된다.

2-5. 소방시설 중 물분무 등 소화설비에 해당하지 않는 것은?

① 미분무소화설비　② 할론소화설비
③ 고체에어로졸소화설비　④ 비상콘센트설비

2-6. 소방시설 중 경보설비에 해당하지 않는 것은?

① 누전경보기　② 자동화재속보설비
③ 유도등 또는 유도표지　④ 비상방송설비

2-7. 다음 중 소방시설의 경보설비에 속하지 않는 것은?

① 자동화재탐지설비 및 시각경보기
② 통합감시시설
③ 무선통신보조설비
④ 자동화재속보설비

2-8. 소방시설 중 화재를 진압하거나 인명구조 활동을 위하여 사용하는 설비로 나열된 것은?

① 상수도 소화용수설비, 연결송수관설비
② 연결살수설비, 제연설비
③ 연소방지설비, 피난설비
④ 무선통신보조설비, 통합감시시설

|해설|

2-1
연결살수설비 : 소화활동설비

2-2
제연설비 : 소화활동설비

2-3
경보설비 : 비상경보설비(비상벨, 자동식사이렌)

2-4
소방시설의 분류

종류	소화기구, 옥외소화전설비	유도등, 비상조명등	소화수조, 저수조	연결송수관설비
분류	소화설비	피난구조설비	소화용수설비	소화활동설비

2-5
비상콘센트설비 : 소화활동설비

2-6
유도등 또는 유도표지 : 피난구조설비

2-7
무선통신보조설비 : 소화활동설비

2-8
소화활동설비 : 화재를 진압하거나 인명구조 활동을 위하여 사용하는 설비(제연설비, 연결살수설비)

정답 2-1 ④　2-2 ②　2-3 ③　2-4 ①　2-5 ④　2-6 ③　2-7 ③　2-8 ②

(1) 공동주택

① **아파트 등** : 주택으로 쓰이는 층수가 5층 이상인 주택

② **연립주택** : 주택으로 쓰이는 1개 동의 바닥면적(2개 이상의 동을 지하주차장으로 연결하는 경우에는 각각의 동으로 본다) 합계가 660[m²]를 초과하고 층수가 4개층 이하인 주택

③ **다세대주택** : 주택으로 쓰이는 1개 동의 바닥면적(2개 이상의 동을 지하주차장으로 연결하는 경우에는 각각의 동으로 본다) 합계가 660[m²] 이하이고 층수가 4개층 이하인 주택

④ **기숙사** : 학교 또는 공장 등의 학생 또는 종업원 등을 위하여 쓰는 것으로서 1개 동의 공동취사 시설 이용 세대수가 전체의 50[%] 이상인 것(학생복지주택, 공공매입주택 중 독립된 주거의 형태를 갖추지 않은 것을 포함)

(2) 근린생활시설

① 슈퍼마켓과 일용품(식품, 잡화, 의류, 완구, 서적, 건축자재, 의약품, 의료기기 등) 등의 소매점으로서 같은 건축물에 해당 용도로 쓰는 바닥면적의 합계가 1,000[m²] 미만인 것

② 휴게음식점, 제과점, 일반음식점, 기원, 노래연습장 및 단란주점(단란주점은 같은 건축물에 해당 용도로 쓰는 바닥면적의 합계가 150[m²] 미만인 것만 해당)

③ 이용원, 미용원, 목욕장 및 세탁소

④ 의원, 치과의원, 한의원, 침술원, 접골원, 조산원, 산후조리원 및 안마원(의료안마시술소를 포함)

⑤ 공연장(극장, 영화상영관, 연예장, 음악당, 서커스장, 비디오물감상실업의 시설, 비디오물소극장업의 시설), 종교집회장(교회, 성당, 사찰, 기도원, 수도원, 수녀원, 제실, 사당) 해당 용도로 쓰는 바닥면적의 합계가 300[m²] 미만인 것

⑥ 건축물에 해당 용도로 쓰는 바닥면적의 합계가 500[m²] 미만인 것

    ㉠ 탁구장, 테니스장, 체육도장, 체력단련장, 에어로빅장, 볼링장, 당구장, 실내낚시터, 가상체험체육시설업, 물놀이형 시설

    ㉡ 금융업소, 사무소, 부동산중개사무소, 결혼상담소 등 소개업소, 출판사, 서점

    ㉢ 제조업소, 수리점

    ㉣ 청소년게임제공업 및 일반게임제공업의 시설, 인터넷컴퓨터게임시설제공업의 시설, 복합 유통게임제공업의 시설

    ㉤ 사진관, 표구점, 학원(바닥면적의 합계가 500[m²] 미만인 것만 해당), 독서실, 고시원(독립된 주거의 형태를 갖추지 않은 것으로서 같은 건축물에 해당 용도로 쓰는 바닥면적의 합계가 500[m²] 미만인 것을 말한다)

(3) 문화 및 집회시설

① 공연장으로서 근린생활시설에 해당하지 않는 것(바닥면적의 합계가 300[m²] 이상인 것)

② **집회장** : 예식장, 공회당, 회의장, 마권장외 발매소, 마권 전화투표소 및 그 밖에 이와 비슷한 것으로서 근린생활시설에 해당하지 않는 것

③ **관람장** : 경마장, 경륜장, 경정장, 자동차 경기장, 그 밖에 이와 비슷한 것과 체육관 및 운동장으로서 관람석의 바닥면적의 합계가 1,000[m²] 이상인 것

④ **전시장** : 박물관, 미술관, 과학관, 문화관, 체험관, 기념관, 산업전시장, 박람회장, 견본주택

⑤ **동·식물원** : 동물원, 식물원, 수족관

(4) 의료시설

① **병원** : 종합병원, 병원, 치과병원, 한방병원, 요양병원

② **격리병원** : 전염병원, 마약진료소

③ 정신의료기관

④ 장애인 의료재활시설

　※ 의료시설 : 한방병원, 마약진료소, 정신의료기관, 장애인의료재활시설

(5) 노유자시설

① **노인 관련 시설** : 노인주거복지시설, 노인의료복지시설, 노인여가복지시설, 주·야간보호서비스나 단기보호서비스를 제공하는 재가노인복지시설(재가장기요양기관을 포함), 노인보호전문기관, 노인일자리지원기관, 확대피해노인 전용쉼터

② **아동 관련 시설** : 아동복지시설, 어린이집, 유치원(학교의 병설유치원은 포함)

③ **장애인 관련 시설** : 장애인거주시설, 장애인지역 사회재활시설(장애인 심부름센터, 한국수어통역센터, 점자도서 및 녹음서 출판시설 등 장애인이 직접 그 시설 자체를 이용하는 것을 주된 목적으로 하지 않는 시설은 제외), 장애인직업재활시설

④ **정신질환자 관련 시설** : 정신재활시설(생산품 판매시설을 제외), 정신요양시설

⑤ **노숙인 관련 시설** : 노숙인복지시설(노숙인일시보호시설, 노숙인자활시설, 노숙인재활시설, 노숙인요양시설 및 쪽방상담소만 해당), 노숙인종합지원센터

(6) 업무시설

① **공공업무시설** : 국가, 지방자치단체의 청사와 외국공관의 건축물로서 근린생활시설에 해당하지 않는 것

② **일반업무시설** : 금융업소, 사무소, 신문사, 오피스텔 및 그 밖에 이와 비슷한 것으로서 근린생활시설에 해당하지 않는 것

③ 주민자치센터(동사무소), 경찰서, 지구대, 파출소, 소방서, 119안전센터, 우체국, 보건소, 공공도서관, 국민건강보험공단

④ 마을회관, 마을공동작업소, 마을공동구판장

⑤ 변전소, 양수장, 정수장, 대피소, 공중화장실

　※ 업무시설 : 오피스텔

(7) 위락시설

① 단란주점으로서 근린생활시설에 해당하지 않는 것

② 유흥주점

③ 유원시설업(遊園施設業)의 시설(근린생활시설에 해당하는 것은 제외)

④ 무도장 및 무도학원

⑤ 카지노영업소

(8) 항공기 및 자동차 관련 시설

① 항공기 격납고

② 차고, 주차용 건축물, 철골 조립식 주차시설(바닥면이 조립식이 아닌 것을 포함) 및 기계장치에 의한 주차시설

③ 세차장, 폐차장

④ 자동차 검사장, 자동차 매매장, 자동차정비공장

⑤ 운전학원, 정비학원

⑥ 다음 건축물을 제외한 건축물의 내부에 설치된 주차장

　㉠ 단독주택

　㉡ 공동주택 중 50세대 미만인 연립주택 또는 50세대 미만인 다세대주택

(9) 방송통신시설

① 방송국(방송프로그램 제작시설 및 송신·수신·중계시설을 포함)

② 전신전화국

③ 촬영소

④ 통신용 시설

(10) 지하가와 지하구

① **지하가** : 지하가의 인공구조물 안에 설치되어 있는 상점, 사무실, 그 밖에 이와 비슷한 시설이 연속하여 지하도에 면하여 설치된 것과 그 지하도를 합한 것

　㉠ 지하상가

　㉡ 터널 : 차량(궤도차량용은 제외) 등의 통행용 목적으로 지하, 수저 또는 산을 뚫어서 만든 것

② 지하구

　ㄱ 전력 또는 통신사업용 지하 인공구조물로서 전력구(케이블 접속부가 없는 경우는 제외) 또는 통신구 방식으로 설치된 것

　ㄴ ㄱ 외의 지하 인공구조물로서 폭이 1.8[m] 이상이고 높이가 2[m] 이상이며 길이가 50[m] 이상인 것

　ㄷ 공동구

10년간 자주 출제된 문제

3-1. 특정소방대상물 중 근린생활시설과 가장 거리가 먼 것은?

① 안마시술소　　　　② 찜질방
③ 한의원　　　　　　④ 무도학원

3-2. 특정소방대상물의 근린생활시설에 해당되는 것은?

① 전시장　　　　　　② 기숙사
③ 유치원　　　　　　④ 의 원

3-3. 소방시설 설치 및 관리에 관한 법률에 따른 특정소방대상물 중 의료시설에 해당하지 않는 것은?

① 요양병원　　　　　② 마약진료소
③ 한방병원　　　　　④ 노인의료복지시설

3-4. 특정소방대상물 중 노유자시설에 속하지 않는 것은?

① 정신의료기관　　　② 장애인 관련 시설
③ 아동복지시설　　　④ 장애인직업재활시설

3-5. 소방시설 설치 및 관리에 관한 법률상 특정소방대상물 중 오피스텔은 어느 시설에 해당하는가?

① 숙박시설　　　　　② 일반업무시설
③ 공동주택　　　　　④ 근린생활시설

3-6. 항공기 격납고는 특정소방대상물 중 어느 시설에 해당하는가?

① 위험물저장 및 처리시설
② 항공기 및 자동차 관련 시설
③ 창고시설
④ 업무시설

|해설|

3-1

위락시설 : 무도장 및 무도학원

3-2

특정소방대상물

대상물	전시장	기숙사	유치원	의 원
구 분	문화 및 집회시설	공동주택	노유자 시설	근린생활 시설

3-3

노인의료복지시설 : 노유자시설

3-4

정신의료기관 : 의료시설

3-5

오피스텔 : 일반업무시설

3-6

항공기 및 자동차 관련 시설 : 항공기 격납고

정답 3-1 ④　3-2 ④　3-3 ④　3-4 ①　3-5 ②　3-6 ②

핵심이론 01 │ 건축허가 등의 동의 등

(1) 건축허가 등의 동의(법 제6조)

① 동의권자 : 시공지 또는 소재지를 관할하는 소방본부장 또는 소방서장

② 동의 여부 시 의견서 첨부 내용

　㉠ 피난시설, 방화구획

　㉡ 소방관 진입창

　㉢ 방화벽, 마감재료 등

　㉣ 소방자동차의 접근이 가능한 통로의 설치 등 대통령령으로 정하는 사항(영 제7조)

　　• 소방자동차의 접근이 가능한 통로의 설치

　　• 승강기의 설치

　　• 주택단지 안 도로의 설치

　　• 옥상광장, 비상문 자동개폐장치, 헬리포트의 설치

(2) 건축허가 등의 동의대상물의 범위(영 제7조)

① 연면적이 400[m²] 이상인 건축물이나 시설. 다만, 다음의 어느 하나에 해당하는 시설은 해당 부분에서 정한 기준 이상인 건축물이나 시설로 한다.

　㉠ 건축 등을 하려는 학교시설 : 100[m²] 이상

　㉡ 노유자시설 및 수련시설 : 200[m²] 이상

　㉢ 정신의료기관(입원실이 없는 정신건강의학과 의원은 제외) : 300[m²] 이상

　㉣ 장애인 의료재활시설(의료재활시설) : 300[m²] 이상

② 지하층 또는 무창층이 있는 건축물로서 바닥면적이 150[m²](공연장의 경우에는 100[m²]) 이상인 층이 있는 것

③ 차고·주차장 또는 주차 용도로 사용되는 시설로서 다음 어느 하나에 해당하는 것

　㉠ 차고·주차장으로 사용되는 바닥면적이 200[m²] 이상인 층이 있는 건축물이나 주차시설

　㉡ 승강기 등 기계장치에 의한 주차시설로서 자동차 20대 이상을 주차할 수 있는 시설

④ 6층 이상인 건축물

⑤ 항공기 격납고, 관망탑, 항공관제탑, 방송용 송수신탑

⑥ 의원(입원실이 있는 것으로 한정)·조산원·산후조리원, 위험물 저장 및 처리시설, 발전시설 중 풍력발전소·전기저장시설, 지하구

⑦ 노유자시설(단독주택 또는 공동주택에 설치되는 것은 제외)

　㉠ 노인주거복지시설, 노인의료복지시설, 재가노인복지시설

　㉡ 학대피해노인 전용쉼터

　㉢ 아동복지시설(아동상담소, 아동전용시설 및 지역아동센터는 제외)

　㉣ 장애인 거주시설

　㉤ 정신질환자 관련 시설

　㉥ 노숙인자활시설, 노숙인재활시설 및 노숙인요양시설

　㉦ 결핵환자나 한센인이 24시간 생활하는 노유자시설

⑧ 요양병원(의료재활시설은 제외)

(3) 건축허가 등의 동의대상 제외대상(영 제7조)

① 소화기구, 자동소화장치, 누전경보기, 단독경보형감지기, 가스누설경보기 및 피난구조설비(비상조명등은 제외)가 화재안전기준에 적합한 경우 해당 특정소방대상물

② 건축물의 증축 또는 용도변경으로 인하여 해당 특정소방대상물에 추가로 소방시설이 설치되지 않은 경우 해당 특정소방대상물

③ 소방시설공사의 착공신고 대상에 해당하지 않는 경우 해당 특정소방대상물

(4) 건축허가 등의 동의요구서 제출 서류(규칙 제3조)

① 건축허가신청서 및 건축허가서 또는 건축·대수선·
용도변경신고서 등의 서류 사본

② 설계도서(㉠과 ㉡의 ㉯, ㉱는 소방시설공사 착공신고
대상에 해당되는 경우에만 제출)

　㉠ 건축물 개요 설계도서

　　㉮ 건축물 개요 및 배치도

　　㉯ 주단면도 및 입면도(물체를 정면에서 본 대로
그린 그림)

　　㉰ 층별 평면도(용도별 기준층 평면도를 포함)

　　㉱ 방화구획도(창호도를 포함)

　　㉲ 실내·실외 마감재료표

　　㉳ 소방자동차 진입 동선도 및 부서 공간 위치도
(조경계획을 포함)

　㉡ 소방시설 설계도서

　　㉮ 소방시설(기계·전기 분야의 시설)의 계통도
(시설별 계산서를 포함)

　　㉯ 소방시설별 층별 평면도

　　㉰ 실내장식물 방염대상물품 설치계획(건축법
제52조에 따른 건축물의 마감재료는 제외)

　　㉱ 소방시설의 내진설계 계통도 및 기준층 평면도
(내진 시방서 및 계산서 등 세부내용이 포함된
상세 설계도면은 제외)

③ 소방시설 설치계획표

④ 임시소방시설 설치계획서(설치시기·위치·종류·방
법 등 임시소방시설의 설치와 관련한 세부사항을 포함)

⑤ 소방시설설계업 등록증과 소방시설을 설계한 기술인
력의 기술자격증 사본

⑥ 소방시설설계 계약서 사본

(5) 건축허가 등의 동의 여부에 대한 회신(규칙 제3조)

① 일반대상물 : 5일 이내

② 특급 소방안전관리대상물인 경우 : 10일 이내

※ 특급 소방안전관리대상물

　㉠ 일반건축물 : 30층 이상(지하층 포함)이거나 높이
가 120[m] 이상(아파트 제외)

　㉡ 아파트 : 50층 이상(지하층은 제외)이거나 높이가
200[m] 이상

　㉢ 연면적 : 10만[m²] 이상(아파트 제외)

③ 서류보완기간 : 4일 이내

④ 건축허가 등을 취소했을 때에는 취소한 날부터 7일
이내에 건축물의 시공지 또는 소재지를 관할하는 소방
본부장 또는 소방서장에게 그 사실을 통보해야 한다.

1-1. 다음 중 건축허가 동의대상물이 아닌 것은?

① 연면적 400[m²] 이상인 건축물
② 차고·주차장으로 사용되는 층 중 바닥면적이 200[m²] 이상인 층이 있는 시설
③ 항공기 격납고, 관망탑, 항공관제탑, 방송용 송수신탑
④ 지하층 또는 무창층이 있는 건축물로 바닥면적 100[m²] 이상인 층이 있는 것

1-2. 건축허가 등을 함에 있어서 미리 소방본부장이나 소방서장의 동의를 받아야 하는 건축물 등의 범위가 아닌 것은?

① 차고·주차장으로 사용되는 층 중 바닥면적이 200[m²] 이상인 층이 있는 시설
② 승강기 등 기계장치에 의한 주차시설로서 자동차 10대 이상을 주차할 수 있는 시설
③ 항공기 격납고, 관망탑, 항공관제탑, 방송용 송수신탑
④ 지하층 또는 무창층이 있는 건축물로서 바닥면적이 150[m²] 이상인 층이 있는 것

1-3. 건축허가 등의 동의대상물로서 옳지 않은 것은?

① 연면적이 400[m²] 이상인 건축물
② 노유자시설로서 연면적 100[m²] 이상인 것
③ 지하층 또는 무창층이 있는 건축물로서 바닥면적이 150[m²] 이상인 층이 있는 것
④ 방송용 송수신탑

1-4. 면적에 관계없이 건축허가 동의를 받아야 하는 소방대상물에 해당되는 것은?

① 근린생활시설
② 위락시설
③ 방송용 송수신탑
④ 업무시설

1-5. 소방본부장이나 소방서장은 건축허가 등의 동의요구 서류를 접수한 날부터 며칠 이내에 건축허가 등의 동의 여부를 회신해야 하는가?(30층 이상 고층 건축물이다)

① 7
② 10
③ 14
④ 30

1-6. 소방본부장 또는 소방서장은 건축허가 등의 동의요구 서류를 접수한 날부터 며칠 이내에 건축허가 등의 동의여부를 회신해야 하는가?(단, 건축물은 지상으로부터 높이가 200[m]인 아파트이다)

① 5일
② 7일
③ 10일
④ 15일

1-7. 동의를 요구한 건축허가청 등이 그 건축허가 등을 취소한 때에는 취소한 날부터 며칠 이내에 그 사실을 관할 소방본부장에게 통보해야 하는가?

① 3일
② 5일
③ 7일
④ 10일

| 해설 |

1-1
지하층 또는 무창층이 있는 건축물로 바닥면적이 150[m²](공연장은 100[m²]) 이상인 층이 있는 것은 건축허가 등의 동의대상물이다.

1-2
차고·주차장 또는 주차용도로 승강기 등 기계장치에 의한 주차시설로서 자동차 20대 이상을 주차할 수 있는 시설은 동의대상이다.

1-3
노유자시설 및 수련시설은 200[m²] 이상일 때, 건축허가 등의 동의대상물에 해당된다.

1-4
건축허가 등의 동의대상물의 범위: 면적에 관계없이 항공기 격납고, 관망탑, 항공관제탑, 방송용 송수신탑

1-5
특급 소방안전관리대상물(30층 이상, 높이 120[m] 이상, 연면적 10만[m²] 이상)은 10일 이내에 건축허가 동의여부를 회신해야 한다.

1-6
특급 소방안전관리대상물 건축허가 등의 동의여부 회신 : 10일 이내
※ 50층 이상(지하층은 제외)이거나 높이가 200[m] 이상인 아파트는 특급 소방안전관리대상물이다.

1-7
건축허가 취소 시 통보 : 7일 이내

정답 1-1 ④ 1-2 ② 1-3 ② 1-4 ③ 1-5 ② 1-6 ③ 1-7 ③

(1) 내진설계의 소방시설(영 제8조)

① 옥내소화전설비

② 스프링클러설비

③ 물분무 등 소화설비

  ※ 물분무 등 소화설비 : 물분무, 미분무, 포, 이산화
    탄소, 할론, 할로겐화합물 및 불활성기체, 분말,
    강화액, 고체에어로졸 소화설비

(2) 성능위주설계를 해야 하는 특정소방대상물의 범위
(영 제9조)

① 연면적 20만[m²] 이상인 특정소방대상물(아파트 등
   은 제외)

② 50층 이상(지하층은 제외)이거나 높이 200[m] 이상인
   아파트 등

③ 30층 이상(지하층을 포함)이거나 지상으로부터 높이
   가 120[m] 이상인 특정소방대상물(아파트 등은 제외)

④ 연면적 30,000[m²] 이상인 특정소방대상물로서 다
   음의 어느 하나에 해당하는 특정소방대상물

  ㉠ 철도 및 도시철도 시설

  ㉡ 공항시설

⑤ 창고시설 중 연면적 10만[m²] 이상인 것 또는 지하층
   의 층수가 2개 층 이상이고 지하층의 바닥면적의 합계
   가 30,000[m²] 이상인 것

⑥ 하나의 건축물에 영화상영관이 10개 이상인 특정소
   방대상물

⑦ 지하연계 복합건축물에 해당하는 특정소방대상물

⑧ 터널 중 수저(水底)터널 또는 길이가 5,000[m] 이상
   인 것

(3) 주택용 소방시설(법 제10조, 영 제10조)

① 설치대상

  ㉠ 단독주택

  ㉡ 공동주택(아파트 및 기숙사는 제외)

② 소방시설 : 소화기, 단독경보형감지기

(4) 자동차에 설치 또는 비치하는 소화기(법 제11조, 규칙
별표 2)

① 5인승 이상의 승용자동차 : 능력단위 1 이상의 소화기
   1개 이상

② 승합자동차

  ㉠ 경형승합자동차 : 능력단위 1 이상의 소화기 1개
    이상

  ㉡ 승차인원 15인 이하 : 능력단위 2 이상의 소화기
    1개 이상 또는 능력단위 1 이상의 소화기 2개 이상

  ㉢ 승차인원 16인 이상 35인 이하 : 능력단위 2 이상의
    소화기 2개 이상

  ㉣ 승차인원 36인 이상 : 능력단위 3 이상의 소화기
    1개 이상 및 능력단위 2 이상의 소화기 1개 이상
    설치(2층 대형승합자동차의 경우 : 능력단위 3 이
    상의 소화기 1개 이상을 추가로 설치)

③ 화물자동차(피견인차 제외) 및 특수자동차

  ㉠ 중형 이하 : 능력단위 1 이상의 소화기 1개 이상

  ㉡ 대형 이상 : 능력단위 2 이상의 소화기 1개 이상
    또는 능력단위 1 이상의 소화기 2개 이상

10년간 자주 출제된 문제

**2-1. 대통령령으로 정하는 특정소방대상물의 소방시설 중 내진
설계 대상이 아닌 것은?**

① 옥내소화전설비

② 스프링클러설비

③ 미분무소화설비

④ 연결살수설비

2-2. 성능위주설계를 실시해야 하는 특정소방대상물의 범위 기준으로 틀린 것은?

① 연면적 200,000[m²] 이상인 특정소방대상물(아파트 등은 제외)

② 지하층을 포함한 층수가 30층 이상인 특정소방대상물(아파트 등은 제외)

③ 건축물의 높이가 120[m] 이상인 특정소방대상물(아파트 등은 제외)

④ 하나의 건축물에 영화상영관이 5개 이상인 특정소방대상물

2-3. 자동차에 설치 또는 비치하는 소화기 기준으로 틀린 것은?

① 5인승 이상의 승용자동차에는 능력단위 1 이상의 소화기 1개 이상을 비치한다.

② 경형승합자동차에는 능력단위 1 이상의 소화기 1개 이상을 비치한다.

③ 승차인원 15인 이하에는 능력단위 2 이상의 소화기 2개 이상을 비치한다.

④ 중형 이하의 화물자동차에는 능력단위 1 이상의 소화기 1개 이상을 비치한다.

2-4. 다음 중 주택에 설치해야 하는 소방시설은?

① 간이소화용구   ② 옥내소화전설비

③ 비상콘센트설비   ④ 단독경보형감지기

|해설|

2-1

내진설계대상 : 옥내소화전설비, 스프링클러설비, 물분무 등 소화설비

※ 물분무 등 소화설비 : 물분무, 미분무, 포, 이산화탄소, 할론, 할로겐화합물 및 불활성기체, 분말, 강화액, 고체에어로졸소화설비

2-2

성능위주설계 대상 : 하나의 건축물에 영화상영관이 10개 이상인 특정소방대상물

2-3

승차인원 15인 이하 : 능력단위 2 이상의 소화기 1개 이상 또는 능력단위 1 이상의 소화기 2개 이상을 비치한다.

2-4

주택 : 소화기, 단독경보형감지기 설치

정답 2-1 ④   2-2 ④   2-3 ③   2-4 ④

제3절   **특정소방대상물에 설치하는 소방시설의 관리 등**

핵심이론 01 | 소화설비의 설치대상

(1) 소화기구 및 자동소화장치(영 제11조, 별표 4)

① 소화기구 : 연면적 33[m²] 이상, 가스시설, 전기저장시설, 국가유산, 터널, 지하구

② 주거용 주방자동소화장치 : 아파트 등 및 오피스텔의 모든 층

③ 상업용 주방자동소화장치 : 대규모 점포에 입점해 있는 일반음식점, 집단급식소

(2) 옥내소화전설비

① 다음의 어느 하나에 해당하는 경우에는 모든 층

  ㉠ 연면적이 3,000[m²] 이상인 것(터널은 제외)

  ㉡ 지하층, 무창층(축사는 제외)으로서 바닥면적이 600[m²] 이상인 층이 있는 것

  ㉢ 층수가 4층 이상인 것 중 바닥면적이 600[m²] 이상인 층이 있는 것

② 근린생활시설, 판매시설, 운수시설, 의료시설, 노유자시설, 업무시설, 숙박시설, 위락시설, 공장, 창고시설, 항공기 및 자동차 관련시설, 국방·군사시설, 방송통신시설, 발전시설, 장례시설 또는 복합건축물로서 다음 어느 하나에 해당하는 경우에는 모든 층

  ㉠ 연면적 1,500[m²] 이상인 것

  ㉡ 지하층·무창층으로서 바닥면적이 300[m²] 이상인 층이 있는 것

  ㉢ 층수가 4층 이상인 층 중 바닥면적이 300[m²] 이상인 층이 있는 것

③ 건축물의 옥상에 설치된 차고·주차장으로서 사용되는 면적이 200[m²] 이상인 경우에는 해당 부분

④ 지하가 중 터널의 경우 길이가 1,000[m] 이상

(3) 스프링클러설비

① 층수가 6층 이상인 경우에는 모든 층

② 기숙사(교육연구시설·수련시설 내에 있는 학생 수용을 위한 것) 또는 복합건축물로서 연면적 5,000[m²] 이상인 경우에는 모든 층

③ 문화 및 집회시설(동·식물원 제외), 종교시설(주요구조부가 목조인 것은 제외), 운동시설(물놀이형 시설은 제외)로서 다음에 해당하는 모든 층

　㉠ 수용인원이 100명 이상

　㉡ 영화상영관의 용도로 쓰이는 층의 바닥면적이 지하층 또는 무창층인 경우 500[m²] 이상, 그 밖의 층은 1,000[m²] 이상

　㉢ 무대부가 지하층, 무창층, 4층 이상 : 무대부의 면적이 300[m²] 이상

　㉣ 무대부가 그 밖의 층(1~3층) : 무대부의 면적이 500[m²] 이상

④ 판매시설, 운수시설 및 창고시설(물류터미널에 한정)로서 바닥면적의 합계가 5,000[m²] 이상이거나 수용인원 500명 이상인 경우에는 모든 층

⑤ 다음에 해당하는 용도로 사용되는 시설의 바닥면적의 합계가 600[m²] 이상인 것은 모든 층

　㉠ 근린생활시설 중 조산원 및 산후조리원

　㉡ 의료시설 중 정신의료기관

　㉢ 의료시설 중 종합병원, 병원, 치과병원, 한방병원 및 요양병원

　㉣ 노유자 시설

　㉤ 숙박이 가능한 수련시설

　㉥ 숙박시설

⑥ 창고시설(물류터미널은 제외)로서 바닥면적의 합계가 5,000[m²] 이상인 경우에는 모든 층

⑦ 지하층·무창층(축사는 제외) 또는 층수가 4층 이상인 층으로서 바닥면적이 1,000[m²] 이상인 층이 있는 경우에는 해당 층

⑧ 지하가(터널 제외)로서 연면적이 1,000[m²] 이상인 것

⑨ 전기저장시설

⑩ 보일러실 또는 연결통로 등

(4) 간이스프링클러설비

① 공동주택 중 연립주택 및 다세대주택(연립주택 및 다세대주택에 설치하는 간이스프링클러설비는 화재안전기준에 따른 주택전용 간이스프링클러설비를 설치함)

② 근린생활시설 중 다음에 해당하는 것

　㉠ 근린생활시설로 사용되는 부분의 바닥면적의 합계가 1,000[m²] 이상인 것은 모든 층

　㉡ 의원, 치과의원 및 한의원으로서 입원실이 있는 거실

　㉢ 조산원 및 산후조리원으로서 연면적 600[m²] 미만인 시설

③ 의료시설 중 다음의 어느 하나에 해당하는 시설

　㉠ 종합병원, 병원, 치과병원, 한방병원 및 요양병원(의료재활시설은 제외)으로 사용되는 바닥면적의 합계가 600[m²] 미만인 시설

　㉡ 정신의료기관 또는 의료재활시설로 사용되는 바닥면적의 합계가 300[m²] 이상 600[m²] 미만인 시설

　㉢ 정신의료기관 또는 의료재활시설로 사용되는 바닥면적의 합계가 300[m²] 미만이고, 창살(철재·플라스틱 또는 목재 등으로 사람의 탈출 등을 막기 위하여 설치한 것을 말하며, 화재 시 자동으로 열리는 구조로 되어 있는 창살은 제외)이 설치된 시설

④ 교육연구시설 내에 있는 합숙소로서 연면적이 100[m²] 이상인 경우에는 모든 층

⑤ 노유자 시설로서 다음의 어느 하나에 해당하는 시설

　㉠ 건축허가 동의대상물의 범위에 해당하는 노유자 시설(단독주택이나 공동주택에 설치되는 시설은 제외)

ⓛ ㉠에 해당하지 않는 노유자 시설로 해당 시설로 사용하는 바닥면적의 합계가 300[m²] 이상 600[m²] 미만인 시설

ⓒ ㉠에 해당하지 않는 노유자 시설로 해당 시설로 사용하는 바닥면적의 합계가 300[m²] 미만이고, 창살(철재·플라스틱 또는 목재 등으로 사람의 탈출 등을 막기 위하여 설치한 것을 말하며, 화재 시 자동으로 열리는 구조로 되어 있는 창살은 제외)이 설치된 시설

⑥ 숙박시설로서 바닥면적의 합계가 300[m²] 이상 600[m²] 이상인 것

⑦ 복합건축물(하나의 건축물에 근린생활시설, 판매시설, 업무시설, 숙박시설, 위락시설의 용도와 주택의 용도로 함께 사용되는 복합건축물)로서 연면적 1,000[m²] 이상인 것은 모든 층

(5) 물분무 등 소화설비

① 항공기 및 항공기 격납고

② 차고, 주차용 건축물 또는 철골 조립식 주차시설로서 연면적 800[m²] 이상인 것

③ 건축물 내부에 설치된 차고·주차장으로서 차고 또는 주차의 용도로 사용되는 부분의 바닥면적의 합계가 200[m²] 이상인 경우 해당 부분(50세대 미만 연립주택 및 다세대주택은 제외)

④ 기계장치에 의한 주차시설을 이용하여 20대 이상의 차량을 주차할 수 있는 것

⑤ 전기실, 발전실, 변전실, 축전지실, 통신기기실, 전산실로서 바닥면적이 300[m²] 이상인 것

(6) 옥외소화전설비

① 지상 1층 및 2층의 바닥면적의 합계가 9,000[m²] 이상일 것. 이 경우 같은 구내에 둘 이상의 특정소방대상물이 행정안전부령으로 정하는 연소 우려가 있는 구조인 경우에는 이를 하나의 특정소방대상물로 본다.

㉠ 건축물대장의 건축물 현황도에 표시된 대지경계선 안에 둘 이상의 건축물이 있는 경우

ⓛ 각각의 건축물이 다른 건축물의 외벽으로부터 수평거리가 1층의 경우에는 6[m] 이하, 2층 이상의 층의 경우에는 10[m] 이하인 경우

ⓒ 개구부가 다른 건축물을 향하여 설치되어 있는 경우

② 보물 또는 국보로 지정된 목조건축물

③ 공장 또는 창고시설로서 정하는 수량의 750배 이상의 특수가연물을 저장·취급하는 것

10년간 자주 출제된 문제

1-1. 소화기구를 설치해야 할 소방대상물 중 소화기 또는 간이소화용구를 설치해야 하는 것은 연면적이 몇 [m²] 이상인 소방대상물인가?

① 5[m²]　　　　　② 12[m²]
③ 25[m²]　　　　　④ 33[m²]

1-2. 연면적이 33[m²]가 되지 않아도 소화기 또는 간이소화용구를 설치해야 하는 특정소방대상물은?

① 국가유산　　　　② 판매시설
③ 유흥주점영업소　　④ 변전실

1-3. 특정소방대상물의 규모 등에 따라 갖추어야 하는 소방시설 등의 종류 중 주거용 주방자동소화장치를 설치해야 하는 것은?

① 아파트　　　　　② 터 널
③ 국가유산　　　　④ 가스시설

1-4. 특정소방대상물의 규모 등에 따라 갖추어야 하는 소방시설 등의 종류 중 옥내소화전설비를 설치해야 하는 것은?

① 연면적이 1,000[m²] 이상(터널은 제외)
② 지하가 중 터널의 경우 길이가 1,000[m] 이상
③ 판매시설로서 연면적 1,000[m²] 이상인 것
④ 장례시설로서 지하층·무창층으로서 바닥면적이 200[m²] 이상인 층이 있는 것

1-5. 아파트로서 층수가 6층 이상인 것은 몇 층 이상의 층에 스프링클러설비를 설치해야 하는가?

① 11층   ② 13층
③ 16층   ④ 모든 층

1-6. 소방시설 설치 및 관리에 관한 법률상 간이스프링클러설비를 설치해야 하는 특정소방대상물의 기준으로 옳은 것은?

① 근린생활시설로 사용하는 부분의 바닥면적 합계가 1,000[m²] 이상인 것은 모든 층
② 교육연구시설 내에 있는 기숙사로서 연면적 500[m²] 이상인 것
③ 의료재활시설을 제외한 요양병원으로 사용되는 바닥면적 합계가 300[m²] 이상 600[m²] 미만인 것
④ 정신의료기관 또는 의료재활시설로 사용되는 바닥면적 합계가 600[m²] 미만인 시설

1-7. 다음 중 면적이나 구조에 관계없이 물분무 등 소화설비를 반드시 설치해야 하는 특정소방대상물은?

① 주차장   ② 항공기 격납고
③ 발전실, 변전실   ④ 주차용 건축물

|해설|

1-1
소화기구 : 연면적 33[m²] 이상

1-2
가스시설, 전기저장시설, 국가유산, 터널, 지하구는 연면적에 관계없이 소화기 설치 대상이다.

1-3
주거용 주방자동소화장치를 설치해야 하는 것 : 아파트 등 및 오피스텔의 모든 층

1-4
터널의 길이가 1,000[m] 이상이면 옥내소화전설비 설치대상이다.

1-5
스프링클러설비 대상 : 층수가 6층 이상인 경우에는 모든 층

1-6
본문 참조

1-7
물분무 등 소화설비의 설치 : 항공기 및 자동차 관련 시설 중 항공기 격납고

정답 1-1 ④   1-2 ①   1-3 ①   1-4 ②   1-5 ④   1-6 ①   1-7 ②

핵심이론 02 | 경보설비의 설치대상

(1) 단독경보형감지기(영 제11조, 별표 4)

① 교육연구시설 내에 있는 기숙사 또는 합숙소로서 연면적 2,000[m²] 미만인 것
② 수련시설 내에 있는 기숙사 또는 합숙소로서 연면적 2,000[m²] 미만인 것
③ 자동화재탐지설비에 해당하지 않는 수련시설(숙박시설이 있는 것만 해당)
④ 연면적 400[m²] 미만의 유치원
⑤ 공동주택 중 연립주택 및 다세대주택

(2) 비상경보설비

① 연면적이 400[m²] 이상인 것은 모든 층
② 지하층 또는 무창층의 바닥면적이 150[m²] 이상(공연장은 100[m²])인 것은 모든 층
③ 지하가 중 터널로서 길이가 500[m] 이상인 것
④ 50명 이상의 근로자가 작업하는 옥내작업장

(3) 자동화재탐지설비

① 공동주택 중 아파트 등·기숙사 및 숙박시설의 경우에는 모든 층
② 층수가 6층 이상인 건축물의 경우에는 모든 층
③ 근린생활시설(목욕장은 제외), 의료시설(정신의료기관, 요양병원은 제외), 위락시설, 장례시설 및 복합건축물로서 연면적 600[m²] 이상인 경우에는 모든 층
④ 근린생활 중 목욕장, 문화 및 집회시설, 종교시설, 판매시설, 운수시설, 운동시설, 업무시설, 공장, 창고시설, 위험물 저장 및 처리시설, 항공기 및 자동차 관련 시설, 국방·군사시설, 방송통신시설, 발전시설, 관광휴게시설, 지하가(터널은 제외)로서 연면적 1,000[m²] 이상인 경우에는 모든 층
⑤ 교육연구시설(기숙사 및 합숙소를 포함), 수련시설(기숙사 및 합숙소를 포함하며 숙박시설이 있는 수련

시설은 제외), 동물 및 식물 관련 시설(기둥과 지붕만으로 구성되어 외부와 기류가 통하는 장소는 제외), 자원순환 관련 시설, 교정 및 군사시설(국방·군사시설은 제외), 묘지 관련 시설로서 연면적 2,000[m²] 이상인 경우에는 모든 층

⑥ 노유자 생활시설의 경우에는 모든 층

⑦ ⑥에 해당하지 않는 노유자 시설로서 연면적 400[m²] 이상인 노유자 시설 및 숙박시설이 있는 수련시설로서 수용인원 100명 이상인 경우에는 모든 층

⑧ 의료시설 중 정신의료기관 또는 요양병원으로서 다음에 해당하는 시설

   ㉠ 요양병원(의료재활시설은 제외한다)

   ㉡ 정신의료기관 또는 의료재활시설로 사용되는 바닥면적의 합계가 300[m²] 이상인 시설

   ㉢ 정신의료기관 또는 의료재활시설로 사용되는 바닥면적의 합계가 300[m²] 미만이고, 창살이 설치된 시설

⑨ 판매시설 중 전통시장

⑩ 길이 1,000[m] 이상인 터널

⑪ 지하구

⑫ 근린생활시설 중 조산원 및 산후조리원

⑬ 발전시설 중 전기저장시설

(4) 시각경보기

① 근린생활시설, 문화 및 집회시설, 종교시설, 판매시설, 운수시설, 의료시설, 노유자시설

② 운동시설, 업무시설, 숙박시설, 위락시설, 물류터미널, 발전시설 및 장례시설

③ 도서관, 방송국

④ 지하상가

(5) 화재알림설비

판매시설 중 전통시장

(6) 비상방송설비(가스시설, 사람이 거주하지 않는 축사 등 동물 및 식물 관련 시설, 터널, 지하구는 제외)

① 연면적 3,500[m²] 이상인 것은 모든 층

② 11층 이상인 것은 모든 층

③ 지하층의 층수가 3층 이상인 것은 모든 층

(7) 자동화재속보설비

방재실 등 화재수신기가 설치된 장소에 24시간 화재를 감시할 수 있는 사람이 근무하고 있는 경우에는 자동화재속보설비를 설치하지 않을 수 있다.

① 노유자 생활시설

② 노유자 시설로서 바닥면적이 500[m²] 이상인 층이 있는 것

③ 수련시설(숙박시설이 있는 것만 해당)로서 바닥면적 500[m²] 이상

④ 보물 또는 국보로 지정된 목조건축물

⑤ 근린생활시설 중 의원, 치과의원 및 한의원으로서 입원실이 있는 시설, 조산원 및 산후조리원

⑥ 의료시설 중 다음의 어느 하나에 해당하는 것

   ㉠ 종합병원, 병원, 치과병원, 한방병원 및 요양병원(의료재활시설은 제외)

   ㉡ 정신병원 및 의료재활시설로 사용되는 바닥면적의 합계가 500[m²] 이상인 층이 있는 것

⑦ 판매시설 중 전통시장

(8) 가스누설경보기

① 문화 및 집회시설, 종교시설, 판매시설, 운수시설, 의료시설, 노유자시설

② 수련시설, 운동시설, 숙박시설, 창고시설 중 물류터미널, 장례시설

2-1. 단독경보형감지기를 설치해야 하는 기준에 속하지 않는 것은?

① 연면적 400[m²] 미만의 유치원
② 공동주택 중 연립주택 및 다세대주택
③ 교육연구시설 내에 있는 기숙사 또는 합숙소로서 연면적 2,000[m²] 미만인 것
④ 수련시설 내에 있는 기숙사 또는 합숙소로서 연면적 3,000[m²] 미만인 것

2-2. 비상경보설비 설치대상은 연면적 몇 [m²] 이상인가?

① 100[m²]   ② 200[m²]   ③ 300[m²]   ④ 400[m²]

2-3. 자동화재탐지설비 설치대상으로 틀린 것은?

① 근린생활시설로서 연면적 600[m²] 이상인 것
② 교육연구시설로서 연면적 2,000[m²] 이상인 것
③ 지하구
④ 길이 500[m] 이상의 터널

2-4. 근린생활시설 중 일반목욕장인 경우 연면적 몇 [m²] 이상이면 자동화재탐지설비를 설치해야 하는가?

① 500[m²]   ② 1,000[m²]   ③ 1,500[m²]   ④ 2,000[m²]

2-5. 바닥면적에 관계없이 자동화재속보설비를 설치해야 하는 시설은?

① 노유자시설   ② 수련시설
③ 정신병원   ④ 전통시장

|해설|

2-1
교육연구시설 또는 수련시설 내에 있는 기숙사 또는 합숙소로서 연면적 2,000[m²] 미만일 때 단독경보형감지기를 설치해야 한다.

2-2
비상경보설비 설치 대상 : 연면적 400[m²] 이상인 것

2-3
길이 1,000[m] 이상의 터널은 자동화재탐지설비를 설치해야 한다.

2-4
근린생활 중 목욕장의 연면적 1,000[m²] 이상 : 자동화재탐지설비 설치대상

2-5
노유자생활시설, 전통시장, 보물 또는 국보로 지정된 목조건축물은 면적에 관계없이 자동화재속보설비를 설치해야 한다.

정답 2-1 ④ 2-2 ④ 2-3 ④ 2-4 ② 2-5 ④

핵심이론 03 | 피난구조설비 등 기타 설치대상

(1) 피난구조설비(영 제11조, 별표 4)

① 피난기구 : 피난층, 지상 1층, 지상 2층(노유자시설 중 피난층이 아닌 지상 1층과 지상 2층은 제외), 11층 이상인 층과 가스시설, 터널, 지하구를 제외한 특정대상물의 모든 층

② 인명구조기구를 설치해야 하는 특정소방대상물

  ㉠ 방열복 또는 방화복(안전모, 보호장갑 및 안전화 포함), 인공소생기, 공기호흡기 설치대상물 : 지하층을 포함한 7층 이상인 것 중 관광호텔 용도로 사용하는 층

  ㉡ 방열복 또는 방화복(안전모, 보호장갑 및 안전화 포함), 공기호흡기 설치대상물 : 지하층을 포함하는 층수가 5층 이상인 것 중 병원 용도로 사용하는 층

③ 공기호흡기의 설치대상

  ㉠ 수용인원 100명 이상의 문화 및 집회시설 중 영화상영관

  ㉡ 판매시설 중 대규모점포

  ㉢ 운수시설 중 지하역사

  ㉣ 지하가 중 지하상가

  ㉤ 이산화탄소 소화설비를 설치해야 하는 특정소방대상물

④ 유도등

  ㉠ 피난구유도등, 통로유도등, 유도표지 : 모든 특정소방대상물(동물 및 식물 관련 시설 중 축사로서 가축을 직접 가두어 사육하는 부분, 터널 제외)에 설치

  ㉡ 객석유도등 : 유흥주점영업시설(손님이 춤을 출 수 있는 무대가 설치된 카바레, 나이트클럽), 문화 및 집회시설, 종교시설, 운동시설에 설치

⑤ 비상조명등

  ㉠ 5층(지하층 포함) 이상인 건축물로서 연면적 3,000[m²] 이상인 경우에는 모든 층

ⓛ 지하층 또는 무창층의 바닥면적이 450[m²] 이상인 경우에는 해당 층

　　ⓒ 지하가 중 터널의 길이가 500[m] 이상

⑥ 휴대용 비상조명등

　　㉠ 숙박시설

　　ⓛ 수용인원 100명 이상의 영화상영관, 대규모 점포, 지하역사, 지하상가

(2) 상수도 소화용수설비

① 연면적 5,000[m²] 이상(가스시설, 터널 또는 지하구는 제외)

② 가스시설로서 지상에 노출된 탱크의 저장용량의 합계가 100[t] 이상

③ 자원순환 관련 시설 중 폐기물재활용시설 및 폐기물처분시설

(3) 소화활동설비

① 제연설비

　　㉠ 문화 및 집회시설, 종교시설, 운동시설 중 무대부의 바닥면적이 200[m²] 이상인 경우에는 해당 무대부

　　ⓛ 문화 및 집회시설 중 영화상영관으로서 수용인원 100명 이상인 경우에는 해당 영화상영관

　　ⓒ 지하층이나 무창층에 설치된 근린생활시설, 판매시설, 운수시설, 숙박시설, 위락시설, 의료시설, 노유자시설 또는 창고시설(물류터미널만 한정)로서 해당 용도로 사용되는 바닥면적의 합계가 1,000[m²] 이상인 경우 해당 부분

　　㉣ 시외버스정류장, 철도 및 도시철도시설, 공항시설 및 항만시설의 대기실 또는 휴게실로서 지하층 또는 무창층의 바닥면적이 1,000[m²] 이상인 경우에는 모든 층

　　㉤ 지하가(터널 제외)로서 연면적이 1,000[m²] 이상인 것

　　ⓗ 특정소방대상물(갓복도형 아파트 등은 제외)에 부설된 특별피난계단 또는 비상용승강기의 승강장 또는 피난용승강기의 승강장

② 연결송수관설비

　　㉠ 5층 이상으로서 연면적 6,000[m²] 이상인 경우에는 모든 층

　　ⓛ 지하층을 포함한 층수가 7층 이상인 경우에는 모든 층

　　ⓒ 지하층의 층수가 3층 이상이고 지하층의 바닥면적의 합계가 1,000[m²] 이상인 경우에는 모든 층

　　㉣ 터널의 길이가 1,000[m] 이상인 것

③ 연결살수설비

　　㉠ 판매시설, 운수시설, 창고시설 중 물류터미널로서 바닥면적의 합계가 1,000[m²] 이상인 경우에는 해당 시설

　　ⓛ 지하층으로서 바닥면적의 합계가 150[m²] 이상인 경우에는 지하층의 모든 층[국민주택 규모 이하의 아파트 등의 지하층(대피시설로 사용하는 것만 해당)과 학교의 지하층의 경우에는 700[m²] 이상인 것]

　　ⓒ 가스시설 중 지상에 노출된 탱크의 용량이 30[t] 이상인 탱크시설

④ 비상콘센트설비

　　㉠ 11층 이상인 특정소방대상물은 11층 이상의 층

　　ⓛ 지하층의 층수가 3층 이상이고 지하층의 바닥면적의 합계가 1,000[m²] 이상인 것은 지하층의 모든 층

　　ⓒ 터널의 길이가 500[m] 이상인 것

⑤ 무선통신보조설비

　　㉠ 지하가(터널 제외)로서 연면적 1,000[m²] 이상인 것

　　ⓛ 지하층의 바닥면적의 합계가 3,000[m²] 이상인 것

　　ⓒ 지하층의 층수가 3층 이상이고 지하층의 바닥면적의 합계가 1,000[m²] 이상인 것은 지하층의 모든 층

ⓡ 지하가 중 터널의 길이가 500[m] 이상

ⓜ 공동구

ⓗ 층수가 30층 이상인 것으로서 16층 이상 부분의 모든 층

⑥ 연소방지설비 : 지하구(전력 또는 통신사업용인 것만 해당)

3-1. 다음 중 인명구조기구를 설치해야 할 특정소방대상물에 속하는 것은?

① 지하층을 포함하는 층수가 16층 이상인 아파트
② 지하층을 포함하는 층수가 7층 이상인 관광호텔
③ 지하층을 포함하는 층수가 5층 이상인 무도학원
④ 지하층을 포함하는 층수가 5층 이상인 오피스텔

3-2. 다음 중 공기호흡기를 설치해야 할 특정소방대상물에 해당되지 않는 것은?

① 수용인원 100명 이상의 문화 및 집회시설 중 영화상영관
② 판매시설 중 대규모점포
③ 운수시설 중 지하역사
④ 할론소화설비가 설치된 특정소방대상물

3-3. 다음 중 객석유도등을 설치해야 할 특정소방대상물에 해당되지 않는 것은?

① 유흥주점영업시설
② 문화 및 집회시설
③ 관광휴게시설
④ 종교시설

3-4. 지하층을 포함하는 층수가 5층 이상인 건축물로서 연면적 몇 [m²] 이상일 때, 비상조명등을 설치해야 하는가?

① 1,000[m²]
② 2,000[m²]
③ 3,000[m²]
④ 4,000[m²]

3-5. 터널을 제외한 지하가로서 연면적이 1,500[m²]인 경우 설치하지 않아도 되는 소방시설은?

① 비상방송설비
② 스프링클러설비
③ 무선통신보조설비
④ 제연설비

3-6. 상수도 소화용수설비는 가스시설로서 지상에 노출된 탱크의 저장용량의 합계가 몇 [t] 이상이어야 하는가?

① 100[t]
② 200[t]
③ 300[t]
④ 400[t]

3-7. 문화 및 집회시설로서 무대부의 바닥면적이 몇 [m²] 이상이면 제연설비를 설치해야 하는가?

① 50[m²]
② 100[m²]
③ 150[m²]
④ 200[m²]

3-8. 연결살수설비를 설치해야 할 소방대상물의 기준면적은 학교의 지하층인 경우 바닥면적의 합계가 몇 [m²] 이상인 것인가?

① 700[m²]
② 800[m²]
③ 900[m²]
④ 1,000[m²]

|해설|

3-1

인명구조기구(방열복, 인공소생기, 공기호흡기) : 지하층을 포함하는 층수가 7층 이상인 관광호텔 및 5층 이상인 병원에 설치

3-2

본문 참조

3-3

본문 참조

3-4

비상조명등 설치 : 5층 이상으로 연면적 3,000[m²] 이상인 경우에는 모든 층

3-5

지하가에 설치하는 소방시설

종 류	비상방송설비	스프링클러설비	무선통신보조설비	제연설비
연면적 기준	–	1,000[m²] 이상	1,000[m²] 이상	1,000[m²] 이상

3-6

상수도 소화용수설비 : 가스시설로서 지상에 노출된 탱크의 저장용량의 합계가 100[t] 이상이면 설치

3-7

문화 및 집회시설, 종교시설, 운동시설로서 무대부 : 바닥면적이 200[m²] 이상이면 제연설비를 설치

3-8

연결살수설비 : 아파트의 지하층 또는 학교의 지하층은 700[m²] 이상

정답 3-1 ② 3-2 ④ 3-3 ③ 3-4 ③ 3-5 ① 3-6 ① 3-7 ④ 3-8 ①

(1) 강화된 소방시설 적용대상(소급 적용대상)(법 제13조, 영 제13조)

다음에 해당하는 소방시설의 경우에는 대통령령 또는 화재안전기준의 변경으로 강화된 기준을 적용할 수 있다.

① 다음 소방시설 중 대통령령 또는 화재안전기준으로 정하는 것

    ㉠ 소화기구

    ㉡ 비상경보설비

    ㉢ 자동화재탐지설비

    ㉣ 자동화재속보설비

    ㉤ 피난구조설비

② 다음 소방시설 중 대통령령 또는 화재안전기준으로 정하는 것

    ㉠ 공동구 : 소화기, 자동소화장치, 자동화재탐지설비, 통합감시시설, 유도등 및 연소방지설비

    ㉡ 전력 또는 통신사업용 지하구 : 소화기, 자동소화장치, 자동화재탐지설비, 통합감시시설, 유도등 및 연소방지설비

    ㉢ 노유자시설 : 간이스프링클러설비, 자동화재탐지설비, 단독경보형감지기

    ㉣ 의료시설 : 스프링클러설비, 간이스프링클러설비, 자동화재탐지설비, 자동화재속보설비

(2) 특정소방대상물을 증축하는 경우 기존 부분이 증축 당시의 대통령령 또는 화재안전기준을 적용하지 않는 경우(영 제15조)

① 기존 부분과 증축 부분이 내화구조로 된 바닥과 벽으로 구획된 경우

② 기존 부분과 증축 부분이 자동방화셔터 또는 60분+방화문으로 구획되어 있는 경우

③ 자동차 생산공장 등 화재 위험이 낮은 특정소방대상물 내부에 연면적 33[m²] 이하의 직원 휴게실을 증축하는 경우

④ 자동차 생산공장 등 화재 위험이 낮은 특정소방대상물에 캐노피(기둥으로 받치거나 매달아 놓은 덮개를 말하며, 3면 이상에 벽이 없는 구조의 것)를 설치하는 경우

(3) 소방시설의 면제(영 제14조, 별표 5)

설치가 면제되는 소방시설	설치가 면제되는 기준
자동소화장치 (주거용 및 상업용 주방자동소화장치는 제외)	물분무 등 소화설비
스프링클러설비	스프링클러설비를 설치해야 하는 특정소방대상물에 자동소화장치 또는 물분무 등 소화설비를 화재안전기준에 적합하게 설치한 경우에는 그 설비의 유효범위에서 설치가 면제된다.
간이스프링클러설비	스프링클러설비, 물분무소화설비, 미분무소화설비
물분무 등 소화설비	스프링클러설비(차고, 주차장)
옥외소화전설비	상수도 소화용수설비[국가유산(문화재)인 목조건축물]
비상경보설비	단독경보형감지기를 2개 이상 연동하여 설치
비상경보설비, 단독경보형감지기	자동화재탐지설비, 화재알림설비
자동화재탐지설비	화재알림설비, 스프링클러설비, 물분무 등 소화설비
비상방송설비	자동화재탐지설비, 비상경보설비
비상조명등	피난구유도등, 통로유도등
연결송수관설비	옥외에 연결송수구 및 옥내에 방수구가 부설된 옥내소화전설비, 스프링클러설비, 간이스프링클러설비, 연결살수설비
연결살수설비	송수구를 부설한 스프링클러설비, 간이스프링클러설비, 물분무소화설비, 미분무소화설비

(4) 소방시설을 설치하지 않을 수 있는 특정소방대상물 및 소방시설의 범위(영 제16조, 별표 6)

구 분	특정소방대상물	소방시설
화재 위험도가 낮은 특정소방대상물	석재, 불연성금속, 불연성 건축재료 등의 가공공장·기계조립공장 또는 불연성 물품을 저장하는 창고	옥외소화전 및 연결살수설비
화재안전기준을 적용하기 어려운 특정소방대상물	펄프공장의 작업장, 음료수 공장의 세정 또는 충전을 하는 작업장, 그 밖에 이와 비슷한 용도로 사용하는 것	스프링클러설비, 상수도 소화용수설비 및 연결살수설비
	정수장, 수영장, 목욕장, 농예·축산·어류양식용 시설, 그 밖에 이와 비슷한 용도로 사용되는 것	자동화재탐지설비, 상수도 소화용수설비 및 연결살수설비
화재안전기준을 달리 적용해야 하는 특수한 용도 또는 구조를 가진 특정소방대상물	원자력발전소, 중·저준위 방사성폐기물의 저장시설	연결송수관설비 및 연결살수설비
위험물안전관리법 제19조에 따른 자체소방대가 설치된 특정소방대상물	자체소방대가 설치된 제조소 등에 부속된 사무실	옥내소화전설비, 소화용수설비, 연결살수설비 및 연결송수관설비

4-1. 대통령령 또는 화재안전기준이 변경되어 그 기준이 강화되는 경우에 기존 특정소방대상물의 소방시설에 대하여 변경으로 강화된 기준을 적용해야 하는 소방시설은?

① 비상경보설비   ② 비상콘센트설비
③ 비상방송설비   ④ 옥내소화전설비

4-2. 대통령령 또는 화재안전기준이 변경되어 그 기준이 강화되는 경우에 기존 특정소방대상물의 소방시설에 대하여 변경으로 강화된 기준을 적용해야 하는데 노유자시설에 해당하는 소방시설은?

① 비상방송설비   ② 자동화재탐지설비
③ 자동화재속보설비   ④ 스프링클러설비

4-3. 소방시설 설치 및 관리에 관한 법률에 따른 화재안전기준을 달리 적용해야 하는 특수한 용도 또는 구조를 가진 특정소방대상물 중 중·저준위 방사성폐기물의 저장시설에 설치하지 않을 수 있는 소방시설은?

① 소화용수설비
② 옥외소화전설비
③ 물분무 등 소화설비
④ 연결송수관설비 및 연결살수설비

4-4. 소방시설 설치 및 관리에 관한 법률상 화재안전기준을 달리 적용해야 하는 특수한 용도 또는 구조를 가진 특정소방대상물인 원자력발전소에 설치하지 않을 수 있는 소방시설은?

① 물분무 등 소화설비   ② 스프링클러설비
③ 상수도소화용수설비   ④ 연결살수설비

4-5. 다음은 차고·주차장에 스프링클러설비를 화재안전기준에 적합하게 설치한 경우에 면제되는 소방시설에 적합하지 않는 것은?

① 포소화설비   ② 물분무소화설비
③ 이산화탄소소화설비   ④ 연결살수설비

4-6. 특정소방대상물의 스프링클러설비설치를 면제받을 수 있는 경우는?

① 옥내소화전설비 설치하였을 때
② 옥외소화전설비를 설치하였을 때
③ 물분무소화설비를 설치하였을 때
④ 소화용수설비를 설치하였을 때

4-7. 자동화재탐지설비의 설치 면제요건에 관한 사항이다. ( )에 들어갈 내용으로 알맞은 것은?

> 자동화재탐지설비의 기능(감지 · 수신 · 경보기능)과 성능을 가진 ( )를 화재안전기준에 적합하게 설치한 경우에는 그 설비의 유효한 범위 안의 부분에서 자동화재탐지설비의 설치가 면제된다.

① 비상경보설비   ② 연소방지설비
③ 비상방송설비   ④ 스프링클러설비

4-8. 특정소방대상물의 소방시설 설치의 면제기준 중 다음 ( ) 안에 알맞은 것은?

> 비상경보설비 또는 단독경보형감지기를 설치해야 하는 특정소방대상물에 ( )를 화재안전기준에 적합하게 설치한 경우에는 그 설비의 유효범위에서 설치가 면제된다.

① 자동화재탐지설비   ② 스프링클러설비
③ 비상조명등   ④ 무선통신보조설비

| 해설 |

4-1
본문 참조

4-2
노유자시설의 소급 적용대상 : 간이스프링클러설비, 자동화재탐지설비, 단독경보형감지기

4-3
소방시설을 설치하지 않을 수 있는 특정소방대상물 및 소방시설의 범위

구 분	특정소방대상물	소방시설
화재안전기준을 달리 적용해야 하는 특수한 용도 또는 구조를 가진 특정소방대상물	원자력발전소, 중 · 저준위 방사성폐기물의 저장시설	연결송수관설비 및 연결살수설비

4-4
본문 참조

4-5
소방시설의 면제

설치가 면제되는 소방시설	설치가 면제되는 기준
물분무 등 소화설비	물분무 등 소화설비를 설치해야 하는 차고 · 주차장에 스프링클러설비를 화재안전기준에 적합하게 설치한 경우에는 그 설비의 유효범위 안의 부분에서 설치가 면제된다.

4-6
자동소화장치 또는 물분무 등 소화설비를 화재안전기준에 적합하게 설치한 경우 : 스프링클러설비 설치를 면제받을 수 있다.
※ 물분무 등 소화설비(9종) : 물분무소화설비, 미분무소화설비, 포소화설비, 이산화탄소소화설비, 할론소화설비, 할로겐화합물 및 불활성기체소화설비, 분말소화설비, 강화액소화설비, 고체에어로졸소화설비

4-7
자동화재탐지설비의 기능(감지 · 수신 · 경보기능을 말한다)과 성능을 가진 화재알림설비, 스프링클러설비 또는 물분무 등 소화설비를 화재안전기준에 적합하게 설치한 경우에는 그 설비의 유효범위 안의 부분에서 설치가 면제된다.

4-8
비상경보설비 또는 단독경보형감지기를 설치해야 하는 특정소방대상물에 자동화재탐지설비, 화재알림설비를 화재안전기준에 적합하게 설치한 경우에는 그 설비의 유효범위에서 설치가 면제된다.

정답 4-1 ① 4-2 ② 4-3 ④ 4-4 ④ 4-5 ④ 4-6 ③ 4-7 ④ 4-8 ①

핵심이론 05 | 수용인원 산정방법

(1) 숙박시설이 있는 특정소방대상물(영 제17조, 별표 7)

① 침대가 있는 숙박시설 : 종사자수 + 침대의 수(2인용 침대는 2인으로 산정)

② 침대가 없는 숙박시설 : 종사자수 + (숙박시설 바닥면적의 합계 ÷ 3$[m^2]$)

(2) 그 외 특정소방대상물(영 제17조 별표 7)

① 강의실·교무실·상담실·실습실·휴게실 용도로 쓰이는 특정소방대상물 : 바닥면적의 합계 ÷ 1.9$[m^2]$

② 강당, 문화 및 집회시설, 운동시설, 종교시설 : 바닥면적의 합계 ÷ 4.6$[m^2]$(관람석이 있는 경우 고정식 의자를 설치한 부분은 해당 부분의 의자 수로 하고, 긴 의자의 경우에는 의자의 정면 너비를 0.45$[m]$로 나누어 얻은 수)

③ 그 밖의 소방대상물 : 바닥면적의 합계 ÷ 3$[m^2]$

   ※ 바닥면적 산정 시 제외 : 복도, 계단, 화장실의 바닥면적

10년간 자주 출제된 문제

5-1. 다음 조건을 참조하여 숙박시설이 있는 특정소방대상물의 수용인원 산정수로 옳은 것은?

> 침대가 있는 숙박시설로서 1인용 침대의 수는 20개이고 2인용 침대의 수는 10개이며 종업원의 수는 3명이다.

① 33명   ② 40명
③ 43명   ④ 46명

5-2. 소방시설 설치 및 관리에 관한 법률상 종사자수가 5명이고 침대가 없는 숙박시설로서 숙박시설의 바닥면적은 300$[m^2]$이다. 청소년시설에서 수용인원은 몇 명인가?

① 65명   ② 85명
③ 105명   ④ 125명

|해설|

5-1

침대가 있는 숙박시설의 수용인원
해당 특정소방대상물의 종사자 수에 침대수(2인용 침대는 2개로 산정한다)를 합한 수
∴ 수용인원 = 종사자 수 + 침대 수 = 3 + [20 + (2 × 10)]
　　　　　 = 43명

5-2

침대가 없는 숙박시설 : 종사자수 + (숙박시설 바닥면적의 합계 ÷ 3$[m^2]$)

$$\therefore \text{수용인원} = 5 + \frac{300[m^2]}{3[m^2]} = 105\,명$$

정답 5-1 ③　5-2 ③

핵심이론 06 | 임시소방시설(건설현장)

(1) 임시소방시설(건설현장)을 설치해야 하는 작업(영 제18조)

① 인화성·가연성·폭발성 물질을 취급하거나 가연성 가스를 발생시키는 작업

② 용접·용단(금속·유리·플라스틱 따위를 녹여서 절단하는 일) 등 불꽃을 발생시키거나 화기를 취급하는 작업

③ 전열기구, 가열전선 등 열을 발생시키는 기구를 취급하는 작업

④ 알루미늄, 마그네슘 등을 취급하여 폭발성 부유분진(공기 중에 떠다니는 미세한 입자)을 발생시킬 수 있는 작업

(2) 임시소방시설(건설현장)을 설치해야 하는 공사의 종류와 규모(영 별표 8)

① 소화기 : 건축허가 등을 할 때 소방본부장 또는 소방서장의 동의를 받아야 하는 특정소방대상물의 신축·증축·개축·재축·이전·용도변경 또는 대수선을 위한 공사 중 화재위험작업의 현장에 설치한다.

② 간이소화장치 : 다음의 어느 하나에 해당하는 공사의 화재위험작업현장에 설치한다.

   ⊙ 연면적 3,000[m²] 이상

   ⓛ 지하층, 무창층 및 4층 이상의 층. 이 경우 해당 층의 바닥면적이 600[m²] 이상인 경우만 해당한다.

③ 비상경보장치 : 다음의 어느 하나에 해당하는 공사의 화재위험작업현장에 설치한다.

   ⊙ 연면적 400[m²] 이상

   ⓛ 지하층 또는 무창층. 이 경우 해당 층의 바닥면적이 150[m²] 이상인 경우만 해당한다.

④ 가스누설경보기, 간이피난유도선, 비상조명등 : 바닥면적이 150[m²] 이상인 지하층 또는 무창층의 화재위험작업현장에 설치한다.

(3) 임시소방시설(건설현장)을 설치한 것으로 보는 소방시설(영 별표 8)

① 간이소화장치를 설치한 것으로 보는 소방시설 : 소방청장이 정하여 고시하는 기준에 맞는 소화기(연결송수관설비의 방수구 인근에 설치한 경우로 한정) 또는 옥내소화전설비

② 비상경보장치를 설치한 것으로 보는 소방시설 : 비상방송설비 또는 자동화재탐지설비

③ 간이피난유도선을 설치한 것으로 보는 소방시설 : 피난유도선, 피난구유도등, 통로유도등 또는 비상조명등

6-1. 소방시설 설치 및 관리에 관한 법률에 따른 임시소방시설 (건설현장) 중 간이소화장치를 설치해야 하는 공사의 작업현장의 규모의 기준 중 다음 (   ) 안에 알맞은 것은?

- 연면적(㉠)[m²] 이상
- 지하층, 무창층 또는(㉡)층 이상의 층. 이 경우 해당층의 바닥면적이 (㉢)[m²] 이상인 경우만 해당한다.

① ㉠ 1,000, ㉡ 6, ㉢ 150
② ㉠ 1,000, ㉡ 6, ㉢ 600
③ ㉠ 3,000, ㉡ 4, ㉢ 150
④ ㉠ 3,000, ㉡ 4, ㉢ 600

6-2. 건축물의 공사 현장에 설치해야 하는 임시소방시설(건설현장)과 기능 및 성능이 유사하여 임시소방시설을 설치한 것으로 보는 소방시설로 연결이 틀린 것은?(단, 임시소방시설 – 임시소방시설을 설치한 것으로 보는 소방시설 순이다)

① 간이소화장치 – 옥내소화전설비
② 간이피난유도선 – 유도표지
③ 비상경보장치 – 비상방송설비
④ 비상경보장치 – 자동화재탐지설비

|해설|

6-1
간이소화장치의 설치기준
- 연면적 3,000[m²] 이상
- 지하층, 무창층 또는 4층 이상의 층. 이 경우 해당 층의 바닥면적이 600[m²] 이상인 경우만 해당한다.

6-2
임시소방시설(건설현장)을 설치한 것으로 보는 소방시설
- 간이소화장치를 설치한 것으로 보는 소방시설 : 소방청장이 정하여 고시하는 기준에 맞는 소화기 또는 옥내소화전설비
- 비상경보장치를 설치한 것으로 보는 소방시설 : 비상방송설비 또는 자동화재탐지설비
- 간이피난유도선을 설치한 것으로 보는 소방시설 : 피난유도선, 피난구유도등, 통로유도등 또는 비상조명등

정답 6-1 ④ 6-2 ②

핵심이론 07 | 소방기술심의위원회

(1) 중앙소방기술심의위원회(중앙위원회)(법 제18조, 영 제20조)

① 소속 : 소방청
② 심의사항
  ㉠ 화재안전기준에 관한 사항
  ㉡ 소방시설의 구조 및 원리 등에서 공법이 특수한 설계 및 시공에 관한 사항
  ㉢ 소방시설의 설계 및 공사감리의 방법에 관한 사항
  ㉣ 소방시설공사의 하자를 판단하는 기준에 관한 사항
  ㉤ 신기술·신공법 등 검토·평가에 고도의 기술이 필요한 경우로서 중앙위원회에 심의를 요청한 사항
  ㉥ 그 밖에 소방기술 등에 관하여 대통령령으로 정하는 사항
    • 연면적 10만[m²] 이상의 특정소방대상물에 설치된 소방시설의 설계·시공·감리의 하자 유무에 관한 사항
    • 새로운 소방시설과 소방용품 등의 도입 여부에 관한 사항
    • 그 밖에 소방기술과 관련하여 소방청장이 심의에 부치는 사항
    ※ 중앙소방기술심의위원회 심의사항 : 하자를 판단하는 기준

(2) 지방소방기술심의위원회(지방위원회)(법 제18조, 영 제20조)

① 소속 : 시·도(특별시·광역시·특별자치시·도 및 특별자치도)
② 심의사항
  ㉠ 소방시설에 하자가 있는지의 판단에 관한 사항

ⓛ 그 밖에 소방기술 등에 관하여 대통령령으로 정하는 사항

- 연면적 10만[m²] 미만의 특정소방대상물에 설치된 소방시설의 설계·시공·감리의 하자 유무에 관한 사항
- 소방본부장 또는 소방서장이 제조소 등의 시설기준 또는 화재안전기준의 적용에 관하여 기술검토를 요청하는 사항
- 그 밖에 소방기술과 관련하여 시·도지사가 소방기술심의위원회의 심의에 부치는 사항

(3) 소방기술심의위원회의 구성 및 위원(영 제21조~제25조)

① 위원회의 구성

ⓞ 중앙소방기술심의위원회 : 위원장 포함 60명 이내의 위원

ⓛ 지방소방기술심의위원회 : 위원장 포함 5명 이상 9명 이하의 위원

② 위원의 임명권자 : 소방청장

③ 위원의 자격

ⓞ 과장급 직위 이상의 소방공무원

ⓛ 소방기술사

ⓒ 석사 이상의 소방 관련 학위를 소지한 사람

ⓡ 소방시설관리사

ⓜ 소방 관련 법인·단체에서 소방 관련 업무에 5년 이상 종사한 사람

ⓗ 소방공무원 교육기관, 대학교 또는 연구소에서 소방과 관련된 교육이나 연구에 5년 이상 종사한 사람

④ 위원의 해임 또는 해촉권자 : 소방청장 또는 시·도지사

핵심이론 08 | 방 염

(1) 방염성능처리(법 제20조, 제21조)

① 방염대상물품 성능기준 : 대통령령

② 방염성능검사권자 : 소방청장

③ 방염성능검사 방법과 검사결과에 따른 합격표시 등에 필요한 사항 : 행정안전부령

(2) 방염성능기준 이상의 실내장식물 등을 설치해야 하는 특정소방대상물(영 제30조)

① 근린생활시설 중 의원, 조산원, 산후조리원, 체력단련장, 공연장 및 종교집회장

② 건축물의 옥내에 있는 시설로서 다음의 시설

  ㉠ 문화 및 집회시설

  ㉡ 종교시설

  ㉢ 운동시설(수영장은 제외)

③ 의료시설

④ 교육연구시설 중 합숙소

⑤ 노유자시설

⑥ 숙박이 가능한 수련시설

⑦ 숙박시설

⑧ 방송통신시설 중 방송국 및 촬영소

⑨ 다중이용업소의 영업소

⑩ 층수가 11층 이상인 것(아파트 등은 제외)

(3) 방염처리대상 물품(영 제31조)

① 제조 또는 가공 공정에서 방염처리를 한 물품

  ㉠ 창문에 설치하는 커튼류(블라인드를 포함)

  ㉡ 카 펫

  ㉢ 벽지류(두께가 2[mm] 미만인 종이벽지는 제외)

  ㉣ 전시용 합판·목재 또는 섬유판, 무대용 합판·목재 또는 섬유판(합판·목재류의 경우 불가피하게 설치 현장에서 방염처리한 것을 포함)

  ㉤ 암막·무대막(영화상영관에 설치하는 스크린과 가상체험 체육시설업에 설치하는 스크린을 포함)

  ㉥ 섬유류 또는 합성수지류 등을 원료로 하여 제작된 소파·의자(단란주점영업, 유흥주점영업 및 노래연습장업의 영업장에 설치하는 것으로 한정)

② 건축물 내부의 천장이나 벽에 부착하거나 설치하는 다음의 것. 다만, 가구류(옷장, 찬장, 식탁, 식탁용 의자, 사무용 책상, 사무용 의자, 계산대, 그 밖에 이와 비슷한 것을 말함)와 너비 10[cm] 이하인 반자돌림대 등과 건축법 제52조에 따른 내부 마감재료는 제외한다.

  ㉠ 종이류(두께 2[mm] 이상인 것)·합성수지류 또는 섬유류를 주원료로 한 물품

  ㉡ 합판이나 목재

  ㉢ 공간을 구획하기 위하여 설치하는 간이 칸막이(접이식 등 이동 가능한 벽체나 천장 또는 반자가 실내에 접하는 부분까지 구획하지 않는 벽체)

  ㉣ 흡음(吸音)을 위하여 설치하는 흡음재(흡음용 커튼을 포함)

  ㉤ 방음(防音)을 위하여 설치하는 방음재(방음용 커튼을 포함)

(4) 방염성능기준(영 제31조)

① 버너의 불꽃을 제거한 때부터 불꽃을 올리며 연소하는 상태가 그칠 때까지 시간 : 20초 이내(잔염시간)

② 버너의 불꽃을 제거한 때부터 불꽃을 올리지 않고 연소하는 상태가 그칠 때까지 시간 : 30초 이내(잔신시간)

③ 탄화면적 : 50[cm^2] 이내

  탄화길이 : 20[cm] 이내

④ 불꽃에 의하여 완전히 녹을 때까지 불꽃의 접촉회수 : 3회 이상

⑤ 발연량을 측정하는 경우 최대연기밀도 : 400 이하

(5) 방염권장물품(영 제31조)

① 방염처리물품사용 권장권자 : 소방본부장, 소방서장

② 방염처리물품사용 권장대상

　㉠ 다중이용업소, 의료시설, 노유자시설, 숙박시설 또는 장례식장에 사용하는 침구류, 소파 및 의자

　㉡ 건축물 내부의 천장 또는 벽에 부착하거나 설치하는 가구류

10년간 자주 출제된 문제

8-1. 다음 중 방염대상물품의 성능기준은 어느 기준으로 정하는가?

① 대통령령
② 국무총리령
③ 행정안전부령
④ 시·도의 조례

8-2. 특정소방대상물에서 사용하는 방염대상물품의 방염성능 검사 방법과 검사결과에 따른 합격표시 등에 필요한 사항은 무엇으로 정하는가?

① 대통령령
② 행정안전부령
③ 소방청장령
④ 시·도의 조례

8-3. 방염성능기준 이상의 실내장식물 등을 설치해야 하는 특정소방대상물이 아닌 것은?

① 건축물 옥내에 있는 종교시설
② 방송통신시설 중 방송국 및 촬영소
③ 층수가 11층 이상인 아파트
④ 숙박이 가능한 수련시설

8-4. 방염성능기준 이상의 실내장식물 등을 설치해야 할 특정소방대상물로 옳지 않은 것은?

① 종합병원
② 건축물의 옥내에 있는 운동시설로서 수영장
③ 노유자시설
④ 방송통신시설 중 방송국 및 촬영소

8-5. 방염대상물품 중 제조 또는 가공공정에서 방염처리를 해야 하는 물품이 아닌 것은?

① 영화상영관에 설치하는 스크린
② 두께가 2[mm] 미만인 종이벽지
③ 바닥에 설치하는 카펫
④ 창문에 설치하는 블라인드

8-6. 특정소방대상물에 사용하는 물품으로 방염대상물품에 해당하지 않는 것은?

① 가구류
② 창문에 설치하는 커튼류
③ 무대용 합판
④ 종이벽지를 제외한 두께가 2[mm] 미만인 벽지류

8-7. 다음 중 특정소방대상물에서 사용하는 물품 중 방염성능이 없어도 되는 것은?

① 전시용 섬유판
② 암막, 무대막
③ 무대용 합판
④ 비닐제품

8-8. 소방대상물의 방염성능기준으로 옳지 않은 것은?

① 버너의 불꽃을 제거한 때부터 불꽃을 올리지 않고 연소하는 상태가 그칠 때까지 시간은 30초 이내
② 탄화한 면적은 50[cm^2] 이내, 탄화의 길이는 20[cm] 이내
③ 불꽃에 완전히 녹을 때까지 불꽃의 접촉횟수는 5회 이상
④ 버너의 불꽃을 제거한 때부터 불꽃을 올리며 연소하는 상태가 그칠 때까지 시간은 20초 이내

8-9. 방염대상물품 외에 방염처리가 필요하다고 인정되는 경우에 소방서장이 방염제품을 사용하도록 권장할 수 있는 물품은?

① 책 상
② 전 등
③ 전 선
④ 침구류

| 해설 |

8-1

방염대상물품 성능기준 : 대통령령

8-2

방염대상물품의 방염성능검사 방법과 검사결과에 따른 합격표시 등에 필요한 사항 : 행정안전부령

8-3

11층 이상인 것(아파트는 제외) : 방염 대상

8-4

운동시설(수영장은 제외), 아파트는 방염처리 대상물이 아니다.

8-5

두께가 2[mm] 미만인 벽지류로서 종이벽지는 방염대상이 아니다.

8-6

본문 참조

8-7

본문 참조

8-8

방염성능의 기준 : 불꽃에 완전히 녹을 때까지 불꽃의 접촉횟수는 3회 이상

8-9

방염권장물품 : 다중이용업소, 의료시설, 노유자시설, 숙박시설 또는 장례식장에 사용하는 침구류, 소파, 의자

정답 8-1 ① 8-2 ② 8-3 ③ 8-4 ② 8-5 ② 8-6 ① 8-7 ④ 8-8 ③ 8-9 ④

제4절 **소방시설 등의 자체점검**

핵심이론 01 | 소방시설 등의 자체점검

(1) 소방시설 등의 자체점검(법 제22조, 영 제34조, 규칙 제23조, 규칙 별표 3)

① 자체점검 : 최초점검, 작동점검, 종합점검

② 소방시설 자체점검자 : 관계인, 관리업자, 소방안전관리자로 선임된 소방시설관리사 및 소방기술사

③ 자체점검 결과보고서 제출과정(규칙 제23조)

　㉠ 관리업자는 점검이 끝난 날부터 5일 이내 평가기관에 점검대상과 점검인력에 배치상황을 통보해야 한다.

　㉡ 관리업자는 점검이 끝난 날부터 10일 이내에 자체점검 실시결과 보고서와 소방시설 등 점검표를 첨부하여 관계인에게 제출해야 한다.

　㉢ 자체점검 실시결과 보고서를 제출받거나 스스로 자체점검을 실시한 관계인은 점검이 끝난 날부터 15일 이내에 자체점검 실시결과 보고서(전자문서로 된 보고서를 포함)에 다음의 서류를 첨부하여 소방본부장 또는 소방서장에게 보고한다.

　　• 점검인력 배치확인서(관리업자가 점검한 경우)

　　• 소방시설 등의 자체점검 결과 이행계획서

④ 지체없이 필요한 조치를 해야 하는 중대위반사항(영 제34조)

　㉠ 소화펌프(가압송수장치를 포함), 동력·감시제어반 또는 소방시설용 전원(비상전원을 포함)의 고장으로 소방시설이 작동되지 않는 경우

　㉡ 화재수신기의 고장으로 화재경보음이 자동으로 울리지 않거나 화재수신기와 연동된 소방시설의 작동이 불가능한 경우

　㉢ 소화배관 등이 폐쇄·차단되어 소화수 또는 소화약제가 자동 방출되지 않는 경우

　㉣ 방화문 또는 자동방화셔터가 훼손되거나 철거되어 본래의 기능을 못하는 경우

⑤ 소방시설 등의 자체점검 결과에 따른 이행계획 완료의 연기사유(영 제35조)

ⓐ 재난 및 안전관리 기본법 제3조 제1호에 해당하는 재난이 발생한 경우

ⓑ 경매 등의 사유로 소유권이 변동 중이거나 변동된 경우

ⓒ 관계인의 질병, 사고, 장기출장 등의 경우

ⓓ 그 밖에 관계인이 운영하는 사업에 부도 또는 도산 등 중대한 위기가 발생하여 이행계획을 완료하기 곤란한 경우

(2) 소방시설 등의 자체점검의 구분 및 대상, 점검자의 자격·점검방법 등 준수사항(규칙 제20조, 별표 3)

① 자체점검의 구분

ⓐ 작동점검 : 소방시설 등을 인위적으로 조작하여 소방시설이 정상적으로 작동하는지를 소방청장이 정하여 고시하는 소방시설 등 작동점검표에 따라 점검하는 것

ⓑ 종합점검 : 소방시설 등의 작동점검을 포함하여 소방시설 등의 설비별 주요 구성 부품의 구조기준이 화재안전기준과 건축법 등 관련 법령에서 정하는 기준에 적합한지 여부를 소방청장이 정하여 고시하는 소방시설 등 종합점검표에 따라 점검하는 것

• 최초점검 : 소방시설이 새로 설치되는 경우 건축법 제22조에 따라 건축물을 사용할 수 있게 된 날부터 60일 이내 점검하는 것을 말한다.

• 그 밖의 종합점검 : 최초점검을 제외한 종합점검을 말한다.

② 작동점검

구 분	내 용
대 상	영 제5조에 따른 특정소방대상물을 대상으로 한다(다만, 다음에 해당하는 특정소방대상물은 제외). ① 소방안전관리자를 선임하지 않는 대상 ② 제조소 등 ③ 특급 소방안전관리대상물
기술 인력	① 간이스프링클러설비(주택전용 간이스프링클러설비는 제외) 또는 자동화재탐지설비가 설치된 특정소방대상물 ⓐ 관계인 ⓑ 관리업에 등록된 기술인력 중 소방시설관리사 ⓒ 소방시설공사업법 시행규칙 별표 4의 2에 따른 특급 점검자 ⓓ 소방안전관리자로 선임된 소방시설관리사 및 소방기술사 ② ①에 해당하지 않는 특정소방대상물 ⓐ 관리업에 등록된 소방시설관리사 ⓑ 소방안전관리자로 선임된 소방시설관리사 및 소방기술사
점검 횟수	연 1회 이상 실시
점검 시기	① 종합점검 대상은 종합점검을 받은 달부터 6개월이 되는 달에 실시한다. ② 특정소방대상물은 특정소방대상물의 사용승인일이 속하는 달의 말일까지 실시한다. ⓐ 건축물의 경우 : 건축물관리대장 또는 건물 등기사항증명서에 기재되어 있는 날 ⓑ 시설물의 경우 : 시설물통합정보관리체계에 저장·관리되고 있는 날 ⓒ 건축물관리대장, 건물 등기사항증명서 및 시설물통합정보관리체계를 통해 확인되지 않은 경우에는 소방시설완공검사증명서에 기재된 날을 말한다.

③ 종합점검

구 분	내 용
대 상	① 특정소방대상물의 소방시설 등이 신설된 경우(최초점검) ② 스프링클러설비가 설치된 특정소방대상물 ③ 물분무 등 소화설비(호스릴방식의 물분무 등 소화설비만을 설치한 경우는 제외)가 설치된 연면적 5,000[m²] 이상인 특정소방대상물(위험물제조소 등을 제외) ④ 단란주점영업과 유흥주점영업, 영화상영관, 비디오물감상실업, 복합영상물제공업(비디오물소극장업은 제외), 노래연습장업, 산후조리원업, 고시원업, 안마시술소의 다중이용업의 영업장이 설치된 특정소방대상물로서 연면적이 2,000[m²] 이상인 것 ⑤ 제연설비가 설치된 터널 ⑥ 공공기관의 소방안전관리에 관한 규정 제2조에 따른 공공기관 중 연면적(터널·지하구의 경우 그 길이와 평균폭을 곱하여 계산된 값을 말한다)이 1,000[m²] 이상인 것으로서 옥내소화전설비 또는 자동화재탐지설비가 설치된 것(다만, 소방기본법에 따른 소방대가 근무하는 공공기관은 제외)
기술 인력	① 관리업에 등록된 소방시설관리사 ② 소방안전관리자로 선임된 소방시설관리사 및 소방기술사
점검 횟수	① 연 1회 이상(특급 소방안전관리대상물은 반기에 1회 이상) 실시한다. ② ①에도 불구하고 소방본부장 또는 소방서장은 소방청장이 소방안전관리가 우수하다고 인정한 특정소방대상물에 대해서는 3년의 범위에서 소방청장이 고시하거나 정한 기간동안 종합점검을 면제할 수 있다(다만, 면제기간 중 화재가 발생한 경우는 제외).
점검 시기	① 건축물을 사용할 수 있게 된 날부터 60일 이내에 실시한다. ② ①을 제외한 특정소방대상물은 건축물의 사용승인일이 속하는 달에 실시한다. 다만, 학교의 경우에는 해당 건축물의 사용승인일이 1월에서 6월 사이에 있는 경우에는 6월 30일까지 실시할 수 있다. ③ 건축물 사용승인일 이후 종합점검 대상에 해당하게 된 경우에는 그 다음 해부터 실시한다. ④ 하나의 대지경계선 안에 2개 이상의 자체점검 대상 건축물 등이 있는 경우에는 그 건축물 중 사용승인일이 가장 빠른 연도의 건축물의 사용승인일을 기준으로 점검할 수 있다.

(3) 소방시설 등의 자체점검 1단위의 점검기준

종류	일반건축물		아파트	
	기본 면적	보조인력1명 추가 시	기본 세대수	보조인력 1명 추가 시
작동점검	10,000[m²]	2,500[m²]	250세대	60세대
종합점검	8,000[m²]	2,000[m²]	250세대	60세대

※ 점검 1단위 : 소방시설관리사 + 보조인력 2명

(4) 관리업자가 자체점검하는 경우 인력배치기준(규칙 별표 4)

구 분	주된 기술인력	보조기술인력
① 50층 이상 또는 성능위주설계를 한 특정소방대상물	소방시설관리사 경력 5년 이상 1명 이상	고급점검자 이상 1명 이상 및 중급점검자 이상 1명 이상
② 화재의 예방 및 안전관리에 관한 법률 시행령 별표 4 제1호에 따른 특급 소방안전관리대상물(①의 특정소방대상물은 제외한다)	소방시설관리사 경력 3년 이상 1명 이상	고급점검자 이상 1명 이상 및 초급점검자 이상 1명 이상
③ 화재의 예방 및 안전관리에 관한 법률 시행령 별표 4 제2호 및 제3호에 따른 1급 또는 2급 소방안전관리대상물	소방시설관리사 1명 이상	중급점검자 이상 1명 이상 및 초급점검자 이상 1명 이상
④ 화재의 예방 및 안전관리에 관한 법률 시행령 별표 4 제4호에 따른 3급 소방안전관리대상물	소방시설관리사 1명 이상	초급점검자 이상의 기술인력 2명 이상

(5) 소방시설 자체점검 점검자의 기술등급(소방시설공사업법 규칙 별표 4의2)

① 기술자격에 따른 기술등급

구 분		기술자격
보조 기술 인력	특급 점검자	• 소방시설관리사, 소방기술사 • 소방설비기사 자격을 취득한 후 8년 이상 소방 관련 업무를 수행한 사람 • 소방설비산업기사 자격을 취득한 후 소방시설관리업체에서 10년 이상 점검업무를 수행한 사람
	고급 점검자	• 소방설비기사 자격을 취득한 후 5년 이상 소방 관련 업무를 수행한 사람 • 소방설비산업기사 자격을 취득한 후 8년 이상 소방 관련 업무를 수행한 사람 • 건축설비기사, 건축기사, 공조냉동기계기사, 일반기계기사, 위험물기능장 자격을 취득한 후 15년 이상 소방 관련 업무를 수행한 사람
	중급 점검자	• 소방설비기사 자격을 취득한 사람 • 소방설비산업기사 자격을 취득한 후 3년 이상 소방 관련 업무를 수행한 사람 • 건축설비기사, 건축기사, 공조냉동기계기사, 일반기계기사, 위험물기능장, 전기기사, 전기공사기사, 전파통신기사, 정보통신기사 자격을 취득한 후 10년 이상 소방 관련 업무를 수행한 사람

구 분		기술자격
보조 기술 인력	초급 점검자	• 소방설비산업기사 자격을 취득한 사람 • 가스기능장, 전기기능장, 위험물기능장 자격을 취득한 사람 • 건축기사, 건축설비기사, 건설기계설비기사, 일반기계기사, 공조냉동기계기사, 화공기사, 가스기사, 전기기사, 전기공사기사, 산업안전기사, 위험물산업기사 자격을 취득한 사람 • 건축산업기사, 건축설비산업기사, 건설기계설비산업기사, 공조냉동기계산업기사, 화공산업기사, 가스산업기사, 전기산업기사, 전기공사산업기사, 산업안전산업기사, 위험물기능사 자격을 취득한 사람

② 학력·경력 등에 따른 기술등급(학력·경력자)

구 분		학력(해당 학과)·경력자
보조 기술 인력	고급 점검자	• 학사 이상의 학위를 취득한 후 9년 이상 소방 관련 업무를 수행한 사람 • 전문학사학위를 취득한 후 12년 이상 소방 관련 업무를 수행한 사람
	중급 점검자	• 학사 이상의 학위를 취득한 후 6년 이상 소방 관련 업무를 수행한 사람 • 전문학사학위를 취득한 후 9년 이상 소방 관련 업무를 수행한 사람 • 고등학교를 졸업한 후 12년 이상 소방 관련 업무를 수행한 사람
	초급 점검자	• 고등교육법 제2조 제1호부터 제6호까지에 해당하는 학교에서 제1호 나목에 해당하는 학과 또는 고등학교 소방학과를 졸업한 사람

③ 학력·경력 등에 따른 기술등급(경력자)

구 분		경력자
보조 기술 인력	고급 점검자	• 학사 이상의 학위를 취득한 후 12년 이상 소방 관련 업무를 수행한 사람 • 전문학사학위를 취득한 후 15년 이상 소방 관련 업무를 수행한 사람 • 22년 이상 소방 관련 업무를 수행한 사람
	중급 점검자	• 학사 이상의 학위를 취득한 후 9년 이상 소방 관련 업무를 수행한 사람 • 전문학사학위를 취득한 후 12년 이상 소방 관련 업무를 수행한 사람 • 고등학교를 졸업한 후 15년 이상 소방 관련 업무를 수행한 사람 • 18년 이상 소방 관련 업무를 수행한 사람

구 분		경력자
보조 기술 인력	초급 점검자	• 4년제 대학 이상 또는 이와 같은 수준 이상의 교육기관을 졸업한 후 1년 이상 소방 관련 업무를 수행한 사람 • 전문대학 또는 이와 같은 수준 이상의 교육기관을 졸업한 후 3년 이상 소방 관련 업무를 수행한 사람 • 5년 이상 소방 관련 업무를 수행한 사람 • 3년 이상 제1호 다목 2)에 해당하는 경력이 있는 사람

(6) 아파트의 세대별 점검방법

① 관리자(관리소장, 입주자대표회의 및 소방안전관리자를 포함) 및 입주민(세대 거주자를 말함)은 2년 이내 모든 세대에 대하여 점검을 해야 한다.

② 관리자는 수신기에서 원격 점검이 불가능한 경우
  ㉠ 작동점검만 실시 : 1회 점검 시 전체 세대수의 50[%] 이상
  ㉡ 종합점검 대상
    • 종합점검 : 전체 세대수의 30[%] 이상
    • 작동점검 : 전체 세대수의 30[%] 이상

③ 관리자는 세대별 점검현황(입주민 부재 등 불가피한 사유로 점검을 하지 못한 세대 현황을 포함)을 작성하여 자체점검이 끝난 날부터 2년간 자체 보관해야 한다.

(7) 자체점검 장비(규칙 별표 3)

소방시설	점검 장비	규격
모든 소방시설	방수압력측정계, 절연저항계(절연저항측정기), 전류전압측정계	–
소화기구	저울	–
옥내소화전설비, 옥외소화전설비	소화전밸브압력계	–
스프링클러설비, 포소화설비	헤드결합렌치(볼트, 너트, 나사 등을 죄거나 푸는 공구)	–
이산화탄소소화설비, 분말소화설비, 할론소화설비, 할로겐화합물 및 불활성기체 소화설비	검량계, 기동관누설시험기, 그 밖에 소화약제의 저장량을 측정할 수 있는 점검기구	–
자동화재탐지설비, 시각경보기	열감지기시험기, 연(煙)감지기시험기, 공기주입시험기, 감지기시험기연결막대, 음량계	–
누전경보기	누전계	누전전류 측정용
무선통신보조설비	무선기	통화시험용
제연설비	풍속풍압계, 폐쇄력측정기, 차압계(압력차 측정기)	–
통로유도등, 비상조명등	조도계(밝기 측정기)	최소 눈금이 0.1[lux] 이하인 것

1-1. 관계인이 작동점검을 실시할 경우 작동점검 실시결과 보고서를 며칠 이내에 소방서장에게 제출해야 하는가?

① 7일 ② 10일
③ 15일 ④ 30일

1-2. 소방시설의 자체점검 시 작동점검 횟수는?

① 분기에 1회 이상 ② 6개월에 2회 이상
③ 연 1회 이상 ④ 연 2회 이상

1-3. 다음 중 소방시설관리업자에게 연 1회 이상 종합점검을 받아야 하는 대상으로 맞는 것은?

① 연면적 2,000[m²]인 비디오물소극장업이 설치된 특정소방대상물
② 연면적 10,000[m²] 이상 특정소방대상물
③ 연면적 5,000[m²] 이상이고 층수가 15층 이상인 아파트
④ 스프링클러설비가 설치된 특정소방대상물

1-4. 연 1회 이상 소방시설관리업자 또는 소방안전관리자로 선임된 소방시설관리사, 소방기술사가 종합점검을 의무적으로 실시하는 특정소방대상물은?

① 옥내소화전설비가 설치된 연면적 1,000[m²] 이상
② 간이스프링클러설비가 설치된 연면적 3,000[m²] 이상
③ 물분무 등 소화설비가 설치된 연면적 5,000[m²] 이상
④ 20층인 아파트

1-5. 소방시설 설치 및 관리에 관한 법률상 소방시설 등에 대한 자체점검 중 종합점검 대상기준으로 옳지 않은 것은?

① 제연설비가 설치된 터널
② 노래연습장업으로서 연면적이 2,000[m²] 이상인 것
③ 아파트는 연면적이 5,000[m²] 이상이고 15층 이상인 것
④ 소방대가 근무하지 않은 국공립학교 중 연면적이 1,000[m²] 이상인 것으로서 자동화재탐지설비가 설치된 것

1-6. 물분무 등 소화설비가 설치된 연면적 5,000[m²] 이상인 특정소방대상물(위험물제조소 등을 제외한다)에 대한 종합점검을 할 수 있는 자격자로서 옳지 않은 것은?

① 소방시설관리업자로 선임된 소방기술사
② 소방안전관리자로 선임된 소방기술사
③ 소방안전관리자로 선임된 소방시설관리사
④ 소방안전관리자로 선임된 기계・전기분야를 함께 취득한 소방설비기사

1-7. 소방시설 설치 및 관리에 관한 법률상 소방시설 등의 자체점검 시 점검인력 배치기준 중 종합점검에 대한 점검인력 1단위가 하루 동안 점검할 수 있는 특정소방대상물의 연면적 기준으로 옳은 것은?(단, 보조인력을 추가하는 경우는 제외한다)

① 3,500[m²]
② 7,000[m²]
③ 10,000[m²]
④ 12,000[m²]

1-8. 관리업자가 자체점검하는 경우 인력배치기준으로 옳지 않은 것은?

① 50층 이상인 특정소방대상물(아파트 등은 제외) – 5년 이상 소방시설관리사 1명, 고급점검자 1명, 중급점검자 1명
② 연면적 10만[m²] 이상인 특정소방대상물(아파트 등은 제외) – 5년 이상 소방시설관리사 1명, 고급점검자 1명, 초급점검자 1명
③ 지하층을 제외한 30층 이상인 아파트 – 소방시설관리사 1명, 중급점검자 1명, 초급점검자 1명
④ 연면적 15,000[m²] 이상인 특정소방대상물 – 소방시설관리사 1명, 중급점검자 1명, 초급점검자 1명

1-9. 기술자격에 따른 기술등급 구분으로 틀린 것은?

① 특급점검자 – 소방시설관리사
② 고급점검자 – 소방설비기사 자격을 취득한 후 3년 이상 소방 관련 업무를 수행한 사람
③ 중급점검자 – 소방설비기사 자격을 취득한 사람
④ 초급점검자 – 소방설비산업기사 자격을 취득한 사람

|해설|

1-1

작동점검·종합점검 보고 : 점검을 끝난 날부터 15일 이내에 소방서장에게 제출

1-2

작동점검 실시주기 : 연 1회 이상

1-3

스프링클러설비가 설치된 특정소방대상물은 2020년 8월 14일 이후부터 무조건 종합점검 대상이다.

1-4

종합점검 대상 : 물분무 등 소화설비가 설치된 연면적 5,000[m²] 이상

1-5

종합점검 대상

현재의 아파트는 아파트에 습식 스프링클러설비가 설치되므로 종합점검 대상인데 과거에 아파트 10층, 15층 건물에는 스프링클러설비가 설치되어 있지 않아서 작동점검만 하면 되었다. 그러나 주차장에는 준비작동식 스프링클러설비가 설치되어 있으므로 종합점검과 작동점검을 실시해야 한다.

1-6

종합점검을 할 수 있는 자격자 : 소방기술사, 소방시설관리사

1-7

자체점검 시 1단위의 점검기준(점검 1단위 : 소방시설관리사 + 보조인력 2명)

종 류	일반건축물		아파트	
	기본 면적	보조인력 1명 추가 시	기본 세대 수	보조인력 1명 추가 시
작동점검	10,000[m²]	2,500[m²]	250세대	60세대
종합점검	8,000[m²]	2,000[m²]	250세대	60세대

1-8

연면적 10만[m²] 이상인 특정소방대상물(아파트 등은 제외)은 특급이므로 3년 이상 소방시설관리사가 주된 기술인력이 된다.

1-9

고급점검자 : 소방설비기사 자격을 취득한 후 5년 이상 소방 관련 업무를 수행한 사람

정답 1-1 ③ 1-2 ③ 1-3 ④ 1-4 ③ 1-5 ③ 1-6 ④ 1-7 ③ 1-8 ② 1-9 ②

핵심이론 01 | 소방시설관리사

(1) 소방시설관리사(법 제25조)

시험 실시권자 : 소방청장

(2) 소방시설관리사 결격사유(법 제27조)

① 피성년후견인

② 소방시설 설치 및 관리에 관한 법률, 소방기본법, 화재의 예방 및 안전관리에 관한 법률, 소방시설공사업법 또는 위험물안전관리법을 위반하여 금고 이상의 실형을 선고받고 그 집행이 끝나거나(집행이 끝난 것으로 보는 경우를 포함한다) 집행이 면제된 날부터 2년이 지나지 않은 사람

③ 소방시설 설치 및 관리에 관한 법률, 소방기본법, 화재의 예방 및 안전관리에 관한 법률, 소방시설공사업법 또는 위험물안전관리법을 위반하여 금고 이상의 형의 집행유예를 선고받고 그 유예기간 중에 있는 사람

④ 자격이 취소된 날부터 2년이 지나지 않은 사람

(3) 관리사의 응시자격[26. 12. 31까지 적용]

① 소방기술사·위험물기능장·건축사·건축기계설비기술사·건축전기설비기술사 또는 공조냉동기계기술사

② 소방설비기사 자격을 취득한 후 2년 이상 소방청장이 정하여 고시하는 소방에 관한 실무경력(이하 "소방실무경력")이 있는 사람

③ 소방설비산업기사 자격을 취득한 후 3년 이상 소방실무경력이 있는 사람

④ 소방안전공학(소방방재공학, 안전공학을 포함한다) 분야를 전공한 후 다음의 어느 하나에 해당하는 사람
  ㉠ 해당 분야의 석사학위 이상을 취득한 사람
  ㉡ 2년 이상 소방실무경력이 있는 사람

⑤ 위험물산업기사 또는 위험물기능사 자격을 취득한 후 3년 이상 소방실무경력이 있는 사람

⑥ 소방공무원으로 5년 이상 근무한 경력이 있는 사람

⑦ 다음의 어느 하나에 해당하는 사람
  ㉠ 특급 소방안전관리대상물의 소방안전관리자로 2년 이상 근무한 실무경력이 있는 사람
  ㉡ 1급 소방안전관리대상물의 소방안전관리자로 3년 이상 근무한 실무경력이 있는 사람
  ㉢ 2급 소방안전관리대상물의 소방안전관리자로 5년 이상 근무한 실무경력이 있는 사람
  ㉣ 3급 소방안전관리대상물의 소방안전관리자로 7년 이상 근무한 실무경력이 있는 사람
  ㉤ 10년 이상 소방실무경력이 있는 사람

※ 소방시설관리사 응시자격(영 제37조)[27. 1. 1 시행] : 소방설비기사는 실무경력이 없어도 자격증이 있으면 바로 응시할 수 있습니다.

(4) 관리사의 자격의 취소 및 1년 이내의 자격정지(법 제28조)

① 거짓이나 그 밖의 부정한 방법으로 시험에 합격한 경우(자격취소)

② 화재의 예방 및 안전관리에 관한 법률에 따른 대행인력의 배치기준·자격·방법 등 준수사항을 지키지 않은 경우

③ 자체점검을 하지 않거나 거짓으로 한 경우

④ 소방시설관리사증을 다른 사람에게 빌려준 경우(자격취소)

⑤ 동시에 둘 이상의 업체에 취업한 경우(자격취소)

⑥ 성실하게 자체점검 업무를 수행하지 않은 경우

⑦ 결격사유에 해당하게 된 경우(자격취소)

1-1. 소방시설관리사 자격의 결격사유가 아닌 것은?

① 피성년후견인
② 이 법에 따른 금고 이상의 실형을 선고받고 그 집행이 끝나거나 집행이 면제된 날부터 2년이 지나지 않은 사람
③ 파산자로 복권에 당첨된 자
④ 자격이 취소된 날부터 2년이 지나지 않은 사람

1-2. 소방설비기사 자격을 취득한 후 최소 몇 년 이상 소방실무경력이 있어야 소방시설관리사 응시자격이 주어지는가?

① 7년
② 5년
③ 4년
④ 2년

1-3. 소방시설관리사 자격취소 사유에 해당되지 않는 것은?

① 거짓이나 그 밖의 부정한 방법으로 시험에 합격한 경우
② 자체점검을 하지 않거나 거짓으로 한 경우
③ 소방시설관리사증을 다른 사람에게 빌려준 경우
④ 관리사의 결격사유에 해당하게 된 경우

|해설|

1-1
파산자로서 복권에 당첨되든지 되지 않던지 결격사유가 아니다.

1-2
소방시설관리사의 응시자격 : 소방설비기사 취득 후 실무경력 2년 이상
※ 소방시설관리사 응시자격은 27. 1. 1부터 소방설비기사는 실무경력이 없어도 자격증이 있으면 바로 응시할 수 있습니다.

1-3
본문 참조

정답 1-1 ③ 1-2 ④ 1-3 ②

핵심이론 02 | 소방시설관리업

(1) 소방시설관리업(법 제29조, 제31조)

① 소방시설관리업의 업무 : 소방시설 등의 점검 및 관리를 업무 또는 소방안전관리업무의 대행
② 소방시설관리업의 등록 및 등록사항의 변경신고 : 시·도지사

(2) 등록의 결격사유(법 제30조)

① 피성년후견인
② 소방시설 설치 및 관리에 관한 법률, 소방기본법, 화재의 예방 및 안전관리에 관한 법률, 소방시설공사업법 또는 위험물안전관리법을 위반하여 금고 이상의 실형을 선고받고 그 집행이 끝나거나(집행이 끝난 것으로 보는 경우를 포함) 집행이 면제된 날부터 2년이 지나지 않은 사람
③ 소방시설 설치 및 관리에 관한 법률, 소방기본법, 화재의 예방 및 안전관리에 관한 법률, 소방시설공사업법 또는 위험물안전관리법을 위반하여 금고 이상의 형의 집행유예를 선고받고 그 유예기간 중에 있는 사람
④ 관리업의 등록이 취소된 날부터 2년이 지나지 않은 사람

(3) 소방시설관리업의 인력기준(영 별표 9)

기술인력 등 업종별	기술인력	영업범위
전문 소방시설 관리업	① 주된 기술인력 　㉠ 소방시설관리사 자격을 취득한 후 소방 관련 실무경력이 5년 이상인 사람 1명 이상 　㉡ 소방시설관리사 자격을 취득한 후 소방 관련 실무경력이 3년 이상인 사람 1명 이상 ② 보조기술인력 　㉠ 고급점검자 이상의 기술인력 : 2명 이상 　㉡ 중급점검자 이상의 기술인력 : 2명 이상 　㉢ 초급점검자 이상의 기술인력 : 2명 이상	모든 특정소방 대상물
일반 소방시설 관리업	① 주된 기술인력 : 소방시설관리사 자격을 취득한 후 소방 관련 실무경력이 1년 이상인 사람 1명 이상 ② 보조기술인력 　㉠ 중급점검자 이상의 기술인력 : 1명 이상 　㉡ 초급점검자 이상의 기술인력 : 1명 이상	1급, 2급, 3급 소방안전 관리대상물

(4) 소방시설관리업의 변경(규칙 제34조)

① 등록사항의 변경신고 : 변경일로부터 30일 이내에 시·도지사에게 제출
② 등록사항의 변경신고 시 첨부서류
　㉠ 명칭·상호 또는 영업소 소재지가 변경된 경우 : 소방시설관리업 등록증 및 등록수첩
　㉡ 대표자가 변경된 경우 : 소방시설관리업 등록증 및 등록수첩
　㉢ 기술인력이 변경된 경우
　　• 소방시설관리업 등록수첩
　　• 변경된 기술인력의 기술자격증(경력수첩 포함)
　　• 소방기술인력대장

(5) 관리업의 지위승계(규칙 제35조)

① 지위승계 : 그 지위를 승계한 날부터 30일 이내에 시·도지사에게 제출
② 지위승계 시 첨부서류
　㉠ 소방시설관리업 등록증 및 등록수첩
　㉡ 계약서 사본 등 지위승계를 증명하는 서류
　㉢ 소방기술인력대장 및 기술자격증(경력수첩 포함)

(6) 관리업 등록의 취소와 6개월 이내의 영업정지(법 제35조)

① 거짓이나 그 밖의 부정한 방법으로 등록을 한 경우(등록취소)
② 점검을 하지 않거나 거짓으로 한 경우
③ 관리업 등록기준에 미달하게 된 경우
④ 등록의 결격사유 중 어느 하나에 해당하게 된 경우. 다만, 제30조 제5호에 해당하는 법인으로서 결격사유에 해당하게 된 날부터 2개월 이내에 그 임원을 결격사유가 없는 임원으로 바꾸어 선임한 경우는 제외한다(등록취소).
⑤ 등록증 또는 등록수첩을 빌려준 경우(등록취소)
⑥ 점검능력 평가를 받지 않고 자체점검을 한 경우

(7) 관리업의 과징금(법 제36조)

① 부과권자 : 시·도지사
② 과징금 금액 : 3,000만원 이하

2-1. 소방안전관리업무의 대행을 하고자 하는 자는 누구에게 등록해야 하는가?

① 한국소방안전협회장 ② 관할 소방서장
③ 소방산업기술원장 ④ 시·도지사

2-2. 소방시설관리업의 등록기준에서는 인력기준을 주된 기술인력과 보조기술인력으로 구분하고 있다. 다음 중 보조기술인력에 속하지 않는 것은?

① 소방시설관리사
② 소방설비기사
③ 소방공무원으로 3년 이상 근무한 자로서 소방기술인정 자격수첩을 교부받은 자
④ 소방설비산업기사

2-3. 소방시설관리업의 등록을 반드시 취소해야 하는 사유에 해당하지 않는 것은?

① 거짓으로 등록을 한 경우
② 등록기준에 미달하게 된 경우
③ 다른 사람에게 등록증을 빌려준 경우
④ 등록의 결격사유에 해당하게 된 경우

2-4. 영업정지를 명하는 경우로서 그 영업정지가 이용자에게 불편을 주거나 그 밖에 공익을 해칠 우려가 있을 때에는 영업정지처분을 갈음하여 부과할 수 있는 과징금의 금액은?

① 1,000만원 이하 ② 2,000만원 이하
③ 3,000만원 이하 ④ 5,000만원 이하

|해설|

2-1
소방안전관리업무의 대행 : 시·도지사에게 등록

2-2
소방시설관리업의 주된 기술인력 : 소방시설관리사 1명 이상

2-3
등록기준에 미달하게 된 경우 : 6개월 이내의 시정이나 영업정지처분

2-4
소방시설관리업의 과징금 : 3,000만원 이하

정답 2-1 ④ 2-2 ① 2-3 ② 2-4 ③

제6절 소방용품의 품질관리

핵심이론 01 | 소방용품의 형식승인

(1) 소방용품의 형식승인 등(법 제37조)

① 소방용품을 제조 또는 수입하려는 자 : 소방청장의 형식승인을 받아야 한다(연구개발 목적으로 제조 또는 수입하는 소방용품은 제외).

② 형식승인을 받으려는 사람 : 시험시설을 갖추고 소방청장의 심사를 받아야 한다.

(2) 형식승인 소방용품(영 제6조, 별표 3)

① 소화설비를 구성하는 제품 또는 기기
 ㉠ 소화기구(소화약제 외의 것을 이용한 간이소화용구는 제외)
 ㉡ 자동소화장치
 ㉢ 소화설비를 구성하는 소화전, 관창, 소방호스, 스프링클러헤드, 기동용 수압개폐장치, 유수제어밸브 및 가스관선택밸브

② 경보설비를 구성하는 제품 또는 기기
 ㉠ 누전경보기 및 가스누설경보기
 ㉡ 경보설비를 구성하는 발신기, 수신기, 중계기, 감지기 및 음향장치(경종만 해당)

③ 피난구조설비를 구성하는 제품 또는 기기
 ㉠ 피난사다리, 구조대, 완강기(지지대 포함), 간이완강기(지지대 포함)
 ㉡ 공기호흡기(충전기를 포함)
 ㉢ 피난구유도등, 통로유도등, 객석유도등 및 예비전원이 내장된 비상조명등

④ 소화용으로 사용하는 제품 또는 기기
 ㉠ 소화약제
  • 상업용 주방자동소화장치
  • 캐비닛형 자동소화장치
  • 포소화설비

- 이산화탄소소화설비
- 할론소화설비
- 할로겐화합물 및 불활성기체소화설비
- 분말소화설비
- 강화액소화설비
- 고체에어로졸소화설비

ⓒ 방염제(방염액·방염도료 및 방염성 물질)

(3) 소방용품의 형식승인의 취소, 6개월 이내의 검사 중지(법 제39조)

① 거짓이나 그 밖의 부정한 방법으로 형식승인을 받은 경우(형식승인 취소)

② 시험시설의 시설기준에 미달되는 경우

③ 거짓이나 그 밖의 부정한 방법으로 제품검사를 받은 경우(형식승인 취소)

④ 제품검사 시 기술기준에 미달되는 경우

⑤ 변경승인을 받지 않거나 거짓이나 그 밖의 부정한 방법으로 변경승인을 받은 경우(형식승인 취소)

(4) 소방용품의 내용연수(영 제19조)

① 내용연수를 설정해야 하는 소방용품 : 분말 형태의 소화약제를 사용하는 소화기

② 내용연수 : 10년

1-1. 다음 중 소방용품을 수입하고자 하는 자는 누구의 형식승인을 받아야 하는가?

① 대통령　　　　　② 국무총리
③ 소방청장　　　　④ 시·도지사

1-2. 다음 중 형식승인대상 소방용품이 아닌 것은?

① 송수구　　　　　② 소화전
③ 관 창　　　　　　④ 방염제

1-3. 소방청장의 형식승인을 받아야 할 소방용품에 속하지 않는 것은?

① 가스누설경보기　② 화학반응식 거품소화기
③ 소방호스　　　　④ 완강기

1-4. 다음 중 소방시설 설치 및 관리에 관한 법률상 소방용품에 해당하는 것은?

① 시각경보기　　　② 공기안전매트
③ 비상콘센트설비　④ 가스누설경보기

1-5. 다음 중 소방시설 설치 및 관리에 관한 법률상 소방용품에 속하지 않는 것은?

① 방염도료　　　　② 피난사다리
③ 휴대용비상조명등　④ 가스누설경보기

1-6. 소방용품의 형식승인을 받은 자에게 형식승인 취소사유에 해당하지 않는 것은?

① 거짓이나 그 밖의 부정한 방법으로 형식승인을 받은 경우
② 거짓이나 그 밖의 부정한 방법으로 제품검사를 받은 경우
③ 시험시설의 시설기준에 미달되는 경우
④ 거짓이나 그 밖의 부정한 방법으로 변경승인을 받은 경우

1-7. 소방용품 중 분말소화기의 내용연수는 몇 년인가?

① 3년　　　　　　　② 5년
③ 10년　　　　　　④ 15년

제7절 벌칙 등

핵심이론 01 │ 벌칙 및 과태료

(1) 5년 이하의 징역 또는 5,000만원 이하의 벌금(법 제56조)

소방시설에 폐쇄·차단 등의 행위를 한 자

(2) 7년 이하의 징역 또는 7,000만원 이하의 벌금(법 제56조)

소방시설을 폐쇄·차단 등의 행위를 하여 사람을 상해에 이르게 한 때

(3) 10년 이하의 징역 또는 1억원 이하의 벌금(법 제56조)

소방시설을 폐쇄·차단 등의 행위를 하여 사람을 사망에 이르게 한 때

(4) 3년 이하의 징역 또는 3,000만원 이하의 벌금(법 제57조)

① 화재안전기준에 따른 조치명령, 임시소방시설의 조치명령, 피난시설, 방화구획, 방화시설의 조치명령, 방염성능검사의 조치명령, 자체점검의 이행명령, 형식승인 또는 성능인증 최소명령을 정당한 사유 없이 위반한 자

② 관리업의 등록을 하지 않고 영업을 한 자

③ 소방용품의 형식승인을 받지 않고 소방용품을 제조하거나 수입한 자 또는 거짓이나 그 밖의 부정한 방법으로 형식승인을 받은 자

④ 제품검사를 받지 않은 자 또는 거짓이나 그 밖의 부정한 방법으로 제품검사를 받은 자

⑤ 규정을 위반하여 소방용품을 판매·진열하거나 소방시설공사에 사용한 자

⑥ 제품검사를 받지 않거나 합격표시를 하지 않은 소방용품을 판매·진열하거나 소방시설공사에 사용한 자

(5) 1년 이하의 징역 또는 1,000만원 이하의 벌금(법 제58조)

① 소방시설 등에 대한 자체점검을 하지 않거나 관리업자 등으로 하여금 정기적으로 점검하게 하지 않은 자

② 소방시설관리사증을 다른 사람에게 빌려주거나 빌리거나 이를 알선한 자

③ 동시에 둘 이상의 업체에 취업한 자

④ 자격정지처분을 받고 그 자격정지기간 중에 관리사의 업무를 한 자

⑤ 관리업의 등록증이나 등록수첩을 다른 자에게 빌려주거나 빌리거나 이를 알선한 자

⑥ 영업정지처분을 받고 그 영업정지기간 중에 관리업의 업무를 한 자

(6) 300만원 이하의 벌금(법 제59조)

① 업무를 수행하면서 알게 된 비밀을 이 법에서 정한 목적 외의 용도로 사용하거나 다른 사람 또는 기관에 제공하거나 누설한 자

② 방염성능검사에 합격하지 않은 물품에 합격표시를 하거나 합격표시를 위조하거나 변조하여 사용한 자

③ 방염성능검사를 할 때 거짓 시료를 제출한 자

④ 자체점검 시 중대위반사항을 위반하여 조치를 하지 않은 관계인 또는 관계인에게 중대위반사항을 알리지 않은 관리업자 등

(7) 300만원 이하의 과태료(법 제61조)

① 소방시설을 화재안전기준에 따라 설치·관리하지 않은 자

② 공사 현장에 임시소방시설을 설치·관리하지 않은 자

③ 피난시설, 방화구획 또는 방화시설의 폐쇄·훼손·변경 등의 행위를 한 자

④ 방염대상물품을 방염성능기준 이상으로 설치하지 않은 자

⑤ 점검능력 평가를 받지 않고 점검을 한 관리업자

⑥ 관계인에게 점검 결과를 제출하지 않은 관리업자 등

⑦ 점검인력의 배치기준 등 자체점검 시 준수사항을 위반한 자

⑧ 점검 결과를 보고하지 않거나 거짓으로 보고한 자

⑨ 이행계획을 기간 내에 완료하지 않은 자 또는 이행계획 완료 결과를 보고하지 않거나 거짓으로 보고한 자

⑩ 점검기록표를 기록하지 않거나 특정소방대상물의 출입자가 쉽게 볼 수 있는 장소에 게시하지 않은 관계인

⑪ 소속 기술인력의 참여 없이 자체점검을 한 관리업자

10년간 자주 출제된 문제

1-1. 소방시설 설치 및 관리에 관한 법률상 특정소방대상물의 관계인이 소방시설에 폐쇄(잠금을 포함)·차단 등의 행위를 하여서 사람을 상해에 이르게 한 때에 대한 벌칙기준으로 옳은 것은?

① 10년 이하의 징역 또는 1억원 이하의 벌금

② 7년 이하의 징역 또는 7,000만원 이하의 벌금

③ 5년 이하의 징역 또는 5,000만원 이하의 벌금

④ 3년 이하의 징역 또는 3,000만원 이하의 벌금

1-2. 소방시설 설치 및 관리에 관한 법률상 관리업의 등록을 하지 않고 영업을 한 자에 대한 벌칙으로 옳은 것은?

① 100만원 이하의 벌금

② 300만원 이하의 벌금

③ 1년 이하의 징역 또는 1,000만원 이하의 벌금

④ 3년 이하의 징역 또는 3,000만원 이하의 벌금

1-3. 소방시설 설치 및 관리에 관한 법률상 소방시설 등에 대한 자체점검을 하지 않은 자에 대한 벌칙으로 옳은 것은?

① 1년 이하의 징역 또는 1,000만원 이하의 벌금

② 3년 이하의 징역 또는 1,500만원 이하의 벌금

③ 3년 이하의 징역 또는 3,000만원 이하의 벌금

④ 6개월 이하의 징역 또는 1,000만원 이하의 벌금

1-4. 자체점검을 실시한 후 관계인에게 중대위반사항을 알리지 않은 관리업자에 대한 벌칙은?

① 100만원 이하의 벌금   ② 200만원 이하의 벌금

③ 300만원 이하의 벌금   ④ 500만원 이하의 벌금

1-1

소방시설에 폐쇄·차단 등의 행위의 죄를 범하여 사람을 상해에 이르게 한 때 : 7년 이하의 징역 또는 7,000만원 이하의 벌금

1-2

관리업의 등록을 하지 않고 영업을 한 자 : 3년 이하의 징역 또는 3,000만원 이하의 벌금

1-3

1년 이하의 징역 또는 1,000만원 이하의 벌금 : 소방시설 등에 대한 자체점검을 하지 않은 자

1-4

중대위반사항을 알리지 않은 관리업자의 벌칙 : 300만원 이하의 벌금

정답 1-1 ② 1-2 ④ 1-3 ① 1-4 ③

핵심이론 02 | 행정처분기준

(1) 소방시설관리사에 대한 행정처분기준(규칙 제39조, 별표 8)

위반사항	근거법령	행정처분기준		
		1차 위반	2차 위반	3차 위반 이상
거짓이나 그 밖의 부정한 방법으로 시험에 합격한 경우	법 제28조 제1호	자격취소		
화재의 예방 및 안전관리에 관한 법률 제25조 제2항에 따른 대행인력의 배치기준·자격·방법 등 준수사항을 지키지 않은 경우	법 제28조 제2호	경고 (시정 명령)	자격 정지 6개월	자격 취소
법 제22조에 따른 점검을 하지 않거나 거짓으로 한 경우 • 점검을 하지 않은 경우	법 제28조 제3호	자격 정지 1개월	자격 정지 6개월	자격 취소
• 거짓으로 점검한 경우		경고 (시정 명령)	자격 정지 6개월	자격 취소
법 제25조 제7항을 위반하여 소방시설관리증을 다른 사람에게 빌려준 경우	법 제28조 제4호	자격취소		
법 제25조 제8항을 위반하여 동시에 둘 이상의 업체에 취업한 경우	법 제28조 제5호	자격취소		
법 제25조 제9항을 위반하여 성실하게 자체점검업무를 수행하지 않은 경우	법 제28조 제6호	경고 (시정 명령)	자격 정지 6개월	자격 취소
법 제27조의 어느 하나의 결격사유에 해당하게 된 경우	법 제28조 제7호	자격취소		

(2) 소방시설관리업에 대한 행정처분기준(규칙 제39조, 별표 8)

위반사항	근거 법조문	행정처분기준		
		1차 위반	2차 위반	3차 위반 이상
거짓, 그 밖의 부정한 방법으로 등록을 한 경우	법 제35조 제1항 제1호	등록취소		
법 제22조에 따른 점검을 하지 않거나 거짓으로 한 경우				
• 점검을 하지 않은 경우	법 제35조 제1항 제2호	영업 정지 1개월	영업 정지 3개월	등록 취소
• 거짓으로 점검한 경우		경고 (시정 명령)	영업 정지 3개월	등록 취소
법 제29조에 따른 등록기준에 미달하게 된 경우. 다만, 기술 인력이 퇴직하거나 해임되어 30일 이내에 재선임하여 신고하는 경우는 제외한다.	법 제35조 제1항 제3호	경고 (시정 명령)	영업 정지 3개월	등록 취소
법 제30조 각 호의 어느 하나의 등록의 결격사유에 해당하게 된 경우. 다만, 제30조 제5호에 해당하는 법인으로서 결격사유에 해당하게 된 날부터 2개월 이내에 그 임원을 결격사유가 없는 임원으로 바꾸어 선임한 경우는 제외한다.	법 제35조 제1항 제4호	등록취소		
법 제33조 제2항을 위반하여 등록증 또는 등록수첩을 빌려준 경우	법 제35조 제1항 제5호	등록취소		
법 제34조 제1항에 따른 점검능력 평가를 받지 않고 자체점검을 한 경우	법 제35조 제1항 제6호	영업 정지 1개월	영업 정지 3개월	등록 취소

제1절 총 칙

핵심이론 01 | 목적 및 정의

(1) 목적(법 제1조)

① 소방시설공사 및 소방기술의 관리에 필요한 사항을 규정
② 소방기술의 진흥
③ 화재로부터 공공의 안전을 확보하고 국민경제에 이바지함

(2) 정의(법 제2조)

① **소방시설업** : 소방시설설계업, 소방시설공사업, 소방공사감리업, 방염처리업
② **소방시설설계업** : 소방시설공사에 기본이 되는 공사계획, 설계도면, 설계 설명서, 기술계산서 및 이와 관련된 서류를 작성(이하 "설계")하는 영업
③ **소방시설공사업** : 설계도서에 따라 소방시설을 신설, 증설, 개설, 이전 및 정비(이하 "시공")하는 영업
④ **소방공사감리업** : 소방시설공사에 관한 발주자의 권한을 대행하여 소방시설공사가 설계도서와 관계 법령에 따라 적법하게 시공되는지를 확인하고 품질·시공관리에 대한 기술지도(이하 "감리")를 하는 영업
⑤ **방염처리업** : 방염대상물품에 대하여 방염처리하는 영업

1-1. 소방시설공사에 관한 발주자의 권한을 대행하여 소방시설공사가 설계도서 및 관계 법령에 따라 적법하게 시공되는지를 확인하고 품질·시공관리에 대한 기술지도를 수행하는 영업은?

① 소방시설공사업
② 소방시설관리업
③ 소방공사감리업
④ 소방시설설계업

1-2. 소방시설공사업법에서 "소방시설업"에 포함되지 않는 것은?

① 소방시설설계업
② 소방시설공사업
③ 소방공사감리업
④ 소방시설관리업

|해설|

1-1
소방공사감리업 : 소방시설공사에 관한 발주자의 권한을 대행하여 소방시설공사가 설계도서 및 관계 법령에 따라 적법하게 시공되는지를 확인하고 품질·시공관리에 대한 기술지도를 하는 영업

1-2
소방시설업 : 소방시설설계업, 소방시설공사업, 소방공사감리업, 방염처리업

정답 1-1 ③ 1-2 ④

핵심이론 01 | 소방시설업의 등록 등

(1) 소방시설업(법 제4조, 규칙 제2조의 2)

① 소방시설업의 등록 : 시·도지사(특별시장, 광역시장, 특별자치시장, 도지사 또는 특별자치도지사)

　※ 등록요건 : 자본금(개인인 경우에는 자산평가액), 기술인력

② 소방시설업의 업종별 영업범위는 대통령령으로 정한다.

③ 소방시설업의 등록신청과 등록증·등록수첩의 발급·재발급 신청, 그 밖에 소방시설업 등록에 필요한 사항은 행정안전부령으로 정한다.

④ 소방시설업의 등록신청 첨부서류가 내용이 명확하지 않은 경우 서류 보완기간 : 10일 이내

(2) 소방시설업의 등록 결격사유(법 제5조)

① 피성년후견인

② 소방 관련 5개 법령에 따른 금고 이상의 실형의 선고를 받고 그 집행이 끝나거나(집행이 끝난 것으로 보는 경우를 포함) 면제된 날부터 2년이 지나지 않은 사람

③ 소방 관련 5개 법령에 따른 금고 이상의 형의 집행유예 선고를 받고 그 유예기간 중에 있는 사람

④ 등록하려는 소방시설업 등록이 취소된 날부터 2년이 지나지 않은 자

⑤ 법인의 대표자가 ①부터 ④까지에 해당하는 경우 그 법인

⑥ 법인의 임원이 ②부터 ④의 규정에 해당하는 경우 그 법인

　※ 소방 관련 5개 법령 : 소방기본법, 화재의 예방 및 안전관리에 관한 법률, 소방시설의 설치 및 관리에 관한 법률, 소방시설공사업법, 위험물안전관리법

(3) 등록사항의 변경신고 등(법 제6조, 규칙 제5조)

① 변경신고 : 중요사항을 변경할 때에는 30일 이내에 시·도지사에게 신고

② 등록사항 변경신고 사항

　㉠ 상호(명칭) 또는 영업소 소재지

　㉡ 대표자

　㉢ 기술인력

(4) 등록사항의 변경신고 시 첨부서류(규칙 제6조)

① 상호(명칭) 또는 영업소 소재지가 변경된 경우 : 소방시설업 등록증 및 등록수첩

② 대표자가 변경된 경우

　㉠ 소방시설업 등록증 및 등록수첩

　㉡ 변경된 대표자의 성명, 주민등록번호 및 주소지 등의 인적사항이 적힌 서류

　㉢ 외국인인 경우에는 제2조 제1항 제5호 각 목의 어느 하나에 해당하는 서류

③ 기술인력이 변경된 경우

　㉠ 소방시설업 등록수첩

　㉡ 기술인력 증빙서류

1-1. 방염처리업을 하고자 하는 자는 누구에게 등록을 해야 하는가?

① 소방청장　　　　　　② 시·도지사
③ 대통령　　　　　　　④ 소방본부장·소방서장

1-2. 소방시설공사업의 등록기준이 되는 항목에 해당하지 않는 것은?

① 공사도급실적　　　　② 자본금
③ 기술인력　　　　　　④ 자산평가액(개인)

1-3. 소방시설공사업의 명칭·상호를 변경하고자 하는 경우 민원인이 반드시 제출해야 하는 서류는?

① 소방시설업 등록증 및 등록수첩
② 법인 등기부등본 및 소방기술인력 연명부
③ 기술인력의 기술자격증 및 자격수첩
④ 사업자등록증 및 기술인력의 기술자격증

1-4. 소방시설업 등록사항의 변경신고 사항이 아닌 것은?

① 상 호　　　　　　　② 대표자
③ 보유설비　　　　　　④ 기술인력

1-5. 소방시설공사업법상 소방시설업 등록신청 신청서 및 첨부서류에 기재되어야 할 내용이 명확하지 않은 경우 서류의 보완 기간은 며칠 이내인가?

① 14일　　　　　　　② 10일
③ 7일　　　　　　　　④ 5일

|해설|

1-1
소방시설업(방염처리업)의 등록 : 시·도지사(법 제4조)

1-2
소방시설공사업의 등록기준
• 등록요건 : 자본금(개인인 경우에는 자산평가액), 기술인력
• 누구에게 : 시·도지사에게 등록

1-3
명칭·상호 또는 영업소 소재지를 변경하는 경우 : 소방시설업 등록증 및 등록수첩

1-4
소방시설업 등록사항의 변경신고 사항 : 명칭(상호) 또는 영업소 소재지, 대표자, 기술인력

1-5
소방시설업 등록신청 시 첨부서류의 보완 기간 : 10일 이내

정답 1-1 ②　1-2 ①　1-3 ①　1-4 ③　1-5 ②

(1) 소방시설업자의 지위승계(법 제7조)

① 지위승계를 하려는 경우에는 상속일, 양수일 또는 합병일로부터 30일 이내에 시·도지사에게 신고해야 한다.

② 소방시설업자의 지위승계사유

　㉠ 소방시설업자가 사망한 경우 그 상속인

　㉡ 소방시설업자가 그 영업을 양도한 경우 그 양수인

　㉢ 법인인 소방시설업자가 다른 법인과 합병한 경우 합병 후 존속하는 법인이나 합병으로 설립되는 법인

(2) 지위승계 시 첨부서류(규칙 제7조)

① 양도·양수의 경우(분할 또는 분할합병에 따른 양도·양수의 경우를 포함)

　㉠ 소방시설업 지위승계신고서

　㉡ 양도인 또는 합병 전 법인의 소방시설업 등록증 및 등록수첩

　㉢ 양도·양수 계약서 사본, 분할계획서 사본 또는 분할합병계약서 사본(법인의 경우 양도·양수에 관한 사항을 의결한 주주총회 등의 결의서 사본을 포함)

　㉣ 등록 시 첨부서류에 해당하는 서류

　㉤ 양도·양수 공고문 사본

② 상속의 경우

　㉠ 소방시설업 지위승계신고서

　㉡ 피상속인의 소방시설업 등록증 및 등록수첩

　㉢ 등록 시 첨부서류에 해당하는 서류

　㉣ 상속인임을 증명하는 서류

(3) 소방시설업자가 관계인에게 지체없이 알려야 하는 사실(법 제8조)

① 소방시설업자의 지위를 승계한 경우

② 소방시설업의 등록취소 처분 또는 영업정지 처분을 받은 경우

③ 휴업하거나 폐업한 경우

10년간 자주 출제된 문제

2-1. 방염업자가 사망하거나 그 영업을 양도한 때 방염업자의 지위를 승계한 자의 법적 절차는?

① 시·도지사에게 신고해야 한다.
② 시·도지사에게 허가를 받는다.
③ 시·도지사에게 인가를 받는다.
④ 시·도지사에게 통지 한다.

2-2. 소방시설업자의 지위를 승계한 자는 그 지위를 승계한 날부터 며칠 이내에 관련 서류를 시·도지사에게 제출해야 하는가?

① 10일   ② 15일
③ 30일   ④ 60일

2-3. 상속으로 지위승계를 할 때 첨부서류에 해당하지 않는 것은?

① 소방시설업 지위승계신고서
② 피상속인의 소방시설업 등록증 및 등록수첩
③ 상속인임을 증명하는 서류
④ 양수 공고문 사본

2-4. 소방시설업자의 관계인에 대한 통보 의무사항이 아닌 것은?

① 지위를 승계한 때
② 등록취소 또는 영업정지 처분을 받은 때
③ 휴업 또는 폐업한 때
④ 주소지가 변경된 때

|해설|

2-1
소방시설업(방염업)의 지위승계 : 시·도지사에게 신고

2-2
소방시설업자의 지위승계 : 승계한 날로부터 30일 이내에 시·도지사에게 신고

2-3
본문 참조

2-4
소방시설업자가 관계인에게 지체없이 알려야 하는 사실
• 소방시설업자의 지위를 승계한 경우
• 소방시설업의 등록취소 처분 또는 영업정지 처분을 받은 경우
• 휴업하거나 폐업한 경우

정답 2-1 ①   2-2 ③   2-3 ④   2-4 ④

핵심이론 03   소방시설업의 등록취소, 과징금

(1) 등록취소 및 영업정지(법 제9조)

① 등록취소 및 영업정지 처분 : 시·도지사
② 등록의 취소와 시정이나 6개월 이내의 영업정지

    ㉠ 거짓이나 그 밖의 부정한 방법으로 등록한 경우(등록취소)

    ㉡ 등록기준에 미달하게 된 후 30일이 경과한 경우

    ㉢ 등록 결격사유에 해당하게 된 경우(등록취소). 다만, 법 제5조 제6호 또는 제7호에 해당하게 된 법인이 그 사유가 발생한 날부터 3개월 이내에 그 사유를 해소한 경우는 제외한다.

    ㉣ 등록을 한 후 정당한 사유 없이 1년이 지날 때까지 영업을 시작하지 않거나 계속하여 1년 이상 휴업한 때

    ㉤ 영업정지 기간 중에 소방시설공사 등을 한 경우(등록취소)

    ㉥ 소속 소방기술자를 공사현장에 배치하지 않거나 거짓으로 한 경우

    ㉦ 하자보수 기간 내에 하자보수를 하지 않거나 하자보수계획을 통보하지 않은 경우

    ㉧ 소속 감리원을 공사현장에 배치하지 않거나 거짓으로 한 경우

    ㉨ 동일인이 시공과 감리를 함께 한 경우

(2) 과징금 처분(법 제10조)

① 과징금 처분권자 : 시·도지사
② 영업의 정지가 그 이용자에게 심한 불편을 주거나 그 밖에 공익을 해칠 우려가 있는 때에는 영업정지 처분에 갈음하여 부과되는 과징금 : 2억원 이하

CHAPTER 03 소방관계법규 ■ **187**

3-1. 소방대상물의 소방시설업 등록취소 또는 영업정지 대상에 해당하지 않는 것은?

① 거짓이나 그 밖의 부정한 방법으로 등록을 한 경우
② 정당한 사유 없이 계속하여 6개월간 휴업한 경우
③ 다른 자에게 등록증 또는 등록수첩을 빌려준 경우
④ 등록을 한 후 정당한 사유 없이 1년이 지나도록 영업을 개시하지 않은 경우

3-2. 시·도지사가 소방시설업의 영업정지 처분에 갈음하여 부과할 수 있는 최대 과징금의 범위로 옳은 것은?

① 1억원 이하
② 2억원 이하
③ 3억원 이하
④ 5억원 이하

|해설|

3-1
정당한 사유 없이 계속하여 1년 이상 휴업을 한 때에는 영업정지 사유이다.

3-2
소방시설업의 과징금 : 2억원 이하

정답 3-1 ② 3-2 ②

핵심이론 04 | 소방시설업의 등록기준 Ⅰ

(1) 소방시설설계업(영 제2조, 별표 1)

업종별 \ 항목		기술인력	영업범위
전문소방시설설계업		• 주된 기술인력 : 소방기술사 1명 이상 • 보조기술인력 : 1명 이상	모든 특정소방대상물에 설치되는 소방시설의 설계
일반소방시설설계업	기계분야	• 주된 기술인력 : 소방기술사 또는 기계분야 소방설비기사 1명 이상 • 보조기술인력 : 1명 이상	• 아파트에 설치되는 기계분야 소방시설(제연설비는 제외)의 설계 • 연면적 3만[m²](공장의 경우에는 1만[m²]) 미만의 특정소방대상물(제연설비가 설치되는 특정소방대상물을 제외)에 설치되는 기계분야 소방시설의 설계 • 위험물제조소 등에 설치되는 기계분야 소방시설의 설계
	전기분야	• 주된 기술인력 : 소방기술사 또는 전기분야 소방설비기사 1명 이상 • 보조기술인력 : 1명 이상	• 아파트에 설치되는 전기분야 소방시설의 설계 • 연면적 3만[m²](공장의 경우에는 1만[m²]) 미만의 특정소방대상물에 설치되는 전기분야 소방시설의 설계 • 위험물제조소 등에 설치되는 전기분야 소방시설의 설계

(2) 소방시설공사업(영 제2조, 별표 1)

업종별 \ 항목	기술인력	자본금 (자산평가액)	영업범위
전문소방시설공사업	• 주된 기술인력 : 소방기술사 또는 기계분야와 전기분야의 소방설비기사 각 1명(기계·전기분야의 자격을 함께 취득한 사람 1명) 이상 • 보조기술인력 : 2명 이상	• 법인 : 자본금 1억원 이상 • 개인 : 자산평가액 1억원 이상	특정소방대상물에 설치되는 기계분야 및 전기분야의 소방시설공사·개설·이전 및 정비

업종별 \ 항목		기술인력	자본금 (자산평가액)	영업범위
일반 소방시설공사업	기계분야	• 주된 기술인력 : 소방기술사 또는 기계분야 소방설비기사 1명 이상 • 보조기술인력 : 1명 이상	• 법인 : 자본금 1억원 이상 • 개인 : 자산평가액 1억원 이상	• 연면적 10,000 [m²] 미만의 특정소방대상물에 설치되는 기계분야 소방시설의 공사·개설·이전 및 정비 • 위험물제조소 등에 설치되는 기계분야 소방시설의 공사·개설·이전 및 정비
	전기분야	• 주된 기술인력 : 소방기술사 또는 전기분야 소방설비기사 1명 이상 • 보조기술인력 : 1명 이상	• 법인 : 자본금 1억원 이상 • 개인 : 자산평가액 1억원 이상	• 연면적 10,000 [m²] 미만의 특정소방대상물에 설치되는 전기분야 소방시설의 공사·개설·이전 및 정비 • 위험물제조소 등에 설치되는 전기분야 소방시설의 공사·개설·이전 및 정비

10년간 자주 출제된 문제

4-1. 일반 소방시설설계업의 기계분야의 영업범위는 연면적 몇 [m²] 미만의 특정소방대상물에 대한 소방시설의 설계인가?

① 10,000[m²]
② 20,000[m²]
③ 30,000[m²]
④ 50,000[m²]

4-2. 일반 소방시설설계업(기계분야)의 영업범위는 공장의 경우 연면적 몇 [m²] 미만의 특정소방대상물에 설치되는 기계분야 소방시설의 설계에 해당하는가?(단, 제연설비가 설치되는 특정소방대상물은 제외한다)

① 10,000[m²]
② 20,000[m²]
③ 30,000[m²]
④ 40,000[m²]

4-3. 일반 소방시설공사업의 영업범위는 연면적 몇 [m²] 미만의 특정소방대상물에 설치되는 기계분야 소방시설의 공사, 개설, 이전 및 정비에 한하는가?

① 10,000[m²]
② 20,000[m²]
③ 30,000[m²]
④ 40,000[m²]

4-4. 다음 중 소방시설업을 함께 하고자 할 때 인력기준으로 틀린 것은?

① 전문 소방시설설계업과 전문 소방시설공사업을 함께 하는 경우 : 소방기술사 자격을 취득한 사람
② 전문 소방시설설계업과 화재위험평가대행업을 함께 하는 경우 : 소방기술사 자격을 취득한 사람
③ 전문 소방시설설계업과 소방시설관리업을 함께 하는 경우 : 소방시설관리사 자격을 취득한 사람
④ 전문 소방시설공사업과 소방시설관리업을 함께 하는 경우 : 소방설비기사(기계분야 및 전기분야의 자격을 함께 취득한 사람) 또는 소방기술사 자격을 함께 취득한 사람

|해설|

4-1

일반 소방시설설계업(기계, 전기분야)의 영업범위 : 연면적 30,000 [m²] 미만

4-2

일반 소방시설설계업(기계분야)의 영업범위 : 연면적 30,000[m²] (공장의 경우에는 10,000[m²]) 미만의 특정소방대상물에 설치되는 기계분야 소방시설의 설계

4-3

일반 소방시설공사업(기계분야)의 영업범위 : 연면적 10,000[m²] 미만의 특정소방대상물에 설치되는 기계분야 소방시설의 공사, 개설, 이전 및 정비

4-4

전문 소방시설설계업과 소방시설관리업을 함께 하는 경우 : 소방기술사 자격과 소방시설관리사 자격을 함께 취득한 사람

정답 4-1 ③ 4-2 ① 4-3 ① 4-4 ③

CHAPTER 03 소방관계법규 ■ 189

(1) 소방공사감리업(영 제2조, 별표 1)

항 목 업종별		기술인력	영업범위
전문 소방 공사 감리업		• 소방기술사 1명 이상 • 기계분야 및 전기분야의 특급감리원 각 1명 이상(기계분야 및 전기분야의 자격을 함께 가지고 있는 사람이 있는 경우에는 그에 해당하는 사람 1명) • 기계분야 및 전기분야의 고급감리원 각 1명 이상 • 기계분야 및 전기분야의 중급감리원 각 1명 이상 • 기계분야 및 전기분야의 초급감리원 각 1명 이상	모든 특정소방대상물에 설치되는 소방시설공사 감리
일반 소방 공사 감리업	기계분야	• 기계분야 특급감리원 1명 이상 • 기계분야 고급감리원 또는 중급감리원 이상의 감리원 1명 이상 • 기계분야 초급감리원 이상의 감리원 1명 이상	• 연면적 30,000[m^2](공장은 10,000[m^2]) 미만의 특정소방대상물(제연설비는 제외)에 설치되는 기계분야 소방시설의 감리 • 아파트에 설치되는 기계분야 소방시설(제연설비는 제외)의 감리 • 위험물제조소 등에 설치되는 기계분야의 소방시설의 감리
	전기분야	• 전기분야 특급감리원 1명 이상 • 전기분야 고급감리원 또는 중급감리원 이상의 감리원 1명 이상 • 전기분야 초급감리원 이상의 감리원 1명 이상	• 연면적 30,000[m^2](공장은 10,000[m^2]) 미만의 특정소방대상물에 설치되는 전기분야 소방시설의 감리 • 아파트에 설치되는 전기분야 소방시설의 감리 • 위험물제조소 등에 설치되는 전기분야의 소방시설의 감리

(2) 방염처리업(영 제2조, 별표 1)

항 목 업종별	실험실	방염처리시설 및 시험기기	영업범위
섬유류 방염업	1개 이상 갖출 것	부표에 따른 섬유류 방염업의 방염처리시설 및 시험기기를 모두 갖추어야 한다.	커튼·카펫 등 섬유류를 주된 원료로 하는 방염대상물품을 제조 또는 가공 공정에서 방염처리
합성수지류 방염업		부표에 따른 합성수지류 방염업의 방염처리시설 및 시험기기를 모두 갖추어야 한다.	합성수지류를 주된 원료로 하는 방염대상물품을 제조 또는 가공 공정에서 방염처리
합판·목재류 방염업		부표에 따른 합판·목재류 방염업의 방염처리시설 및 시험기기를 모두 갖추어야 한다.	합판 또는 목재류를 제조·가공 공정 또는 설치 현장에서 방염처리

※ 방염처리업자가 2개 이상의 방염업을 함께 하는 경우 갖춰야 하는 실험실은 1개 이상으로 한다.

5-1. 일반 소방공사감리업의 기계분야의 영업범위는 연면적 몇 [m²] 미만의 특정소방대상물에 대한 소방시설의 감리인가?(단, 제연설비가 설치되는 특정소방대상물은 제외한다)

① 10,000
② 20,000
③ 30,000
④ 50,000

5-2. 일반 소방공사감리업(기계분야)의 영업범위는 공장의 경우 연면적 몇 [m²] 미만의 특정소방대상물에 설치되는 기계분야 소방시설의 감리에 해당하는가?(단, 제연설비가 설치되는 특정소방대상물은 제외한다)

① 10,000
② 20,000
③ 30,000
④ 40,000

5-3. 방염업의 종류가 아닌 것은?

① 섬유류 방염업
② 합성수지류 방염업
③ 실내장식물 방염업
④ 합판·목재류 방염업

|해설|

5-1
일반 소방공사감리업(기계, 전기분야)의 영업범위 : 연면적 30,000 [m²] 미만

5-2
일반 소방공사감리업(기계분야)의 영업범위 : 연면적 30,000[m²] (공장의 경우에는 10,000[m²]) 미만의 특정소방대상물에 설치되는 기계분야 소방시설(제연설비는 제외)의 감리

5-3
방염업의 종류(영 별표 1)
• 섬유류방염업
• 합성수지류 방염업
• 합판·목재류 방염업

정답 5-1 ③ 5-2 ① 5-3 ③

핵심이론 01 | 소방시설공사의 착공

(1) 소방시설의 착공신고(법 제13조, 영 제4조, 규칙 제12조)

① 착공신고 : 소방본부장이나 소방서장

② 착공신고 또는 변경신고를 받은 경우 : 2일 이내 처리 결과를 신고인에게 통보

③ 착공신고 시 필요 사항 : 공사내용, 시공장소, 그 밖의 필요한 사항

④ 소방시설공사의 착공신고 대상(영 제4조)

  ㉠ 특정소방대상물에 다음 어느 하나에 해당하는 설비를 신설하는 공사
    • 옥내소화전설비(호스릴 옥내소화전설비 포함), 옥외소화전설비, 스프링클러설비, 간이스프링클러설비(캐비닛형 간이스프링클러설비 포함), 화재조기진압용 스프링클러설비, 물분무 등 소화설비, 연결송수관설비, 연결살수설비, 제연설비, 소화용수설비 또는 연소방지설비
    • 자동화재탐지설비, 비상경보설비, 비상방송설비, 비상콘센트설비, 무선통신보조설비

  ㉡ 특정소방대상물에 다음 어느 하나에 해당하는 설비 또는 구역 등을 증설하는 공사
    • 옥내·옥외소화전설비
    • 스프링클러설비, 간이스프링클러설비 또는 물분무 등 소화설비의 방호구역, 자동화재탐지설비의 경계구역, 제연설비의 제연구역, 연결살수설비의 살수구역, 연결송수관설비의 송수구역·비상콘센트설비의 전용회로, 연소방지설비의 살수구역

  ㉢ 소방시설 등의 전부 또는 일부를 개설, 이전 또는 정비하는 공사(긴급교체 또는 보수 시에는 제외)
    • 수신반
    • 소화펌프
    • 동력(감시)제어반

(2) 관계인이 소방본부장 또는 소방서장에게 사실을 알릴 수 있는 경우(법 제15조)

① 3일 이내에 하자보수를 이행하지 않은 경우

② 보수 일정을 기록한 하자보수계획을 서면으로 알리지 않은 경우

③ 하자보수계획이 불합리하다고 인정되는 경우

(3) 착공신고 시 제출서류(규칙 제12조)

① 공사업자의 소방시설공사업 등록증 사본 1부 및 등록 수첩 사본 1부

② 해당 소방시설공사의 책임시공 및 기술관리를 하는 기술인력의 기술등급을 증명하는 서류 사본 1부

③ 소방시설공사 계약서 사본 1부

④ 설계도서(설계설명서를 포함한다) 1부. 다만, 영 제4조 제3호에 해당하는 소방시설공사인 경우 또는 건축허가 등의 동의요구서에 첨부된 서류 중 설계도서가 변경되지 않은 경우에는 설계도서를 첨부하지 않을 수 있다.

⑤ 소방시설공사를 하도급하는 경우

　㉠ 소방시설공사 등의 하도급통지서 사본 1부

　㉡ 하도급대금 지급보증서 사본 1부

10년간 자주 출제된 문제

1-1. 소방시설 공사업자가 소방시설공사를 하고자 할 때에는 누구에게 착공신고를 해야 하는가?

① 시·도지사

② 경찰서장

③ 소방본부장이나 소방서장

④ 한국소방안전원장

1-2. 소방시설공사업자가 소방시설공사를 하고자 할 때 다음 중 옳은 것은?

① 건축허가와 동의만 받으면 된다.

② 시공 후 완공검사만 받으면 된다.

③ 소방시설 착공신고를 해야 한다.

④ 건축허가만 받으면 된다.

1-3. 소방시설공사의 착공신고 대상이 아닌 것은?

① 무선통신보조설비의 증설공사

② 자동화재탐지설비의 경계구역이 증설되는 공사

③ 1개 이상의 옥외소화전을 증설하는 공사

④ 연결살수설비의 살수구역을 증설하는 공사

1-4. 소방시설공사업법령상 특정소방대상물에 설치된 소방시설 등을 구성하는 것의 전부 또는 일부를 개설, 이전 또는 정비하는 공사의 경우 소방시설공사의 착공신고 대상이 아닌 것은?(단, 고장 또는 파손 등으로 인하여 작동시킬 수 없는 소방시설을 긴급히 교체하거나 보수해야 하는 경우는 제외한다)

① 수신반

② 소화펌프

③ 동력제어반

④ 압력챔버

1-5. 소방시설공사업자가 착공신고서에 첨부해야 할 서류가 아닌 것은?

① 설계도서(설계설명서 포함) 1부

② 건축허가서

③ 책임시공 및 기술관리를 하는 기술인력의 기술등급을 증명하는 서류 사본 1부

④ 소방시설공사업 등록증 사본

|해설|

1-1

소방시설공사의 착공신고 : 소방본부장이나 소방서장

1-2

소방시설공사를 하려면 그 공사의 내용, 시공장소, 그 밖에 필요한 사항을 소방본부장이나 소방서장에게 착공신고를 해야 한다.

1-3

무선통신보조설비의 증설공사 : 착공신고 대상이 아니다.

1-4

착공신고 대상
소방시설 등의 전부 또는 일부를 개설, 이전 또는 정비하는 공사
(긴급교체 또는 보수 시에는 제외)

• 수신반

• 소화펌프

• 동력(감시)제어반

1-5

건축허가서는 착공신고 시 제출서류가 아니다.

정답 **1-1 ③ 1-2 ③ 1-3 ① 1-4 ④ 1-5 ②**

(1) 완공검사(법 제14조)

① 완공검사권자 : 소방본부장, 소방서장
② 완공검사 및 부분완공검사의 신청과 검사증명서의 발급, 그 밖에 완공검사 및 부분완공검사에 필요한 사항은 행정안전부령으로 정한다.

(2) 완공검사를 위한 현장확인 대상 특정소방대상물 (영 제5조)

① 문화 및 집회시설, 종교시설, 판매시설, 노유자시설, 수련시설, 운동시설, 숙박시설, 창고시설, 지하상가, 다중이용업소
② 다음의 어느 하나에 해당하는 설비가 설치되는 특정소방대상물
　　㉠ 스프링클러설비 등
　　㉡ 물분무 등 소화설비(호스릴 방식의 소화설비는 제외한다)
③ 연면적 10,000[m²] 이상이거나 11층 이상인 특정소방대상물(아파트는 제외)
④ 가연성 가스를 제조·저장 또는 취급하는 시설 중 지상에 노출된 가연성 가스탱크의 저장용량의 합계가 1,000[t] 이상인 시설

(3) 공사의 하자보수(법 제15조, 영 제6조)

① 관계인은 규정에 따른 기간 내에 소방시설의 하자가 발생한 때에는 공사업자에게 그 사실을 알려야 하며, 통보를 받은 공사업자는 3일 이내에 이를 보수하거나 보수일정을 기록한 하자 보수계획을 관계인에게 서면으로 알려야 한다.
② 하자보수 보증기간
　　㉠ 2년 : 피난기구, 유도등, 유도표지, 비상경보설비, 비상조명등, 비상방송설비 및 무선통신보조설비

　　㉡ 3년 : 자동소화장치, 옥내소화전설비, 스프링클러설비, 간이스프링클러설비, 물분무 등 소화설비, 옥외소화전설비, 자동화재탐지설비, 상수도소화용수설비 및 소화활동설비(무선통신보조설비는 제외)

10년간 자주 출제된 문제

2-1. 공사업자가 소방시설공사를 마친 때에는 누구에게 완공검사를 받는가?

① 소방본부장이나 소방서장
② 군 수
③ 시·도지사
④ 소방청장

2-2. 대통령령으로 정하는 특정소방대상물 소방시설공사의 완공검사를 위하여 소방본부장이나 소방서장의 현장확인 대상 범위가 아닌 것은?

① 문화 및 집회시설
② 수계 소화설비가 설치되는 곳
③ 연면적 10,000[m²] 이상이거나 11층 이상인 특정소방대상물(아파트는 제외)
④ 가연성 가스를 제조·저장 또는 취급하는 시설 중 지상에 노출된 가연성 가스탱크의 저장용량 합계가 1,000[t] 이상인 시설

2-3. 소방시설공사업법령상 소방시설공사 완공검사를 위한 현장확인 대상 특정소방대상물의 범위가 아닌 것은?

① 위락시설　　　　　② 판매시설
③ 운동시설　　　　　④ 창고시설

2-4. 다음 중 하자보수 보증기간이 다른 소방시설은?

① 자동소화장치　　　② 비상경보설비
③ 무선통신보조설비　④ 유도등 및 유도표지

2-5. 다음 시설 중 하자보수 보증기간이 다른 것은?

① 피난기구　　　　　② 자동소화장치
③ 상수도소화용수설비④ 자동화재탐지설비

2-1

소방시설공사의 착공신고 및 완공검사권자 : 소방본부장, 소방서장

2-2

현장 확인대상 범위 : 스프링클러설비 등, 물분무 등 소화설비(호스릴 방식의 소화설비는 제외한다)

2-3

완공검사를 위한 현장확인 대상 : 문화 및 집회시설, 종교시설, 판매시설, 노유자시설, 수련시설, 운동시설, 숙박시설, 창고시설, 지하상가, 다중이용업소

2-4

하자보수 보증기간 : 3년

종 류	자동소화 장치	비상경보 설비	무선통신 보조설비	유도등 및 유도표지
보증기간	3년	2년	2년	2년

2-5

피난기구의 하자보수 보증기간 : 2년

정답 2-1 ① 2-2 ② 2-3 ① 2-4 ① 2-5 ①

핵심이론 03 | 소방공사의 감리

(1) 소방공사감리업자의 업무(법 제16조)

① 소방시설 등의 설치계획표의 적법성 검토

② 소방시설 등 설계도서의 적합성(적법성 및 기술상의 합리성) 검토

③ 소방시설 등 설계변경 사항의 적합성 검토

④ 소방용품의 위치·규격 및 사용 자재에 대한 적합성 검토

⑤ 공사업자가 한 소방시설 등의 시공이 설계도서 및 화재안전기준에 맞는지에 대한 지도·감독

⑥ 완공된 소방시설 등의 성능시험

⑦ 공사업자가 작성한 시공 상세도면의 적합성 검토

⑧ 피난시설 및 방화시설의 적법성 검토

⑨ 실내장식물의 불연화 및 방염 물품의 적법성 검토

(2) 소방공사감리의 종류·방법 및 대상 : 대통령령

(3) 소방공사감리의 종류 및 대상(영 제9조, 별표 3)

① 상주공사감리

  ㉠ 연면적 3만[m²] 이상의 특정소방대상물(아파트는 제외)에 대한 소방시설의 공사

  ㉡ 지하층을 포함한 층수가 16층 이상으로서 500세대 이상인 아파트에 대한 소방시설의 공사

② 일반공사감리 : 상주공사감리에 해당하지 않는 소방시설의 공사

(4) 소방공사감리자 지정대상 특정소방대상물의 범위(영 제10조)

① 옥내소화전설비·옥외소화전설비를 신설·개설 또는 증설할 때

② 스프링클러설비 등(캐비닛형 간이스프링클러설비는 제외)을 신설·개설하거나 방호·방수구역을 증설할 때

③ 물분무 등 소화설비(호스릴방식의 소화설비는 제외)를 신설·개설하거나 방호·방수구역을 증설할 때

④ 자동화재탐지설비, 비상방송설비, 통합감시시설, 소화용수설비를 신설 또는 개설할 때

⑤ 다음에 따른 소화활동설비에 대하여 시공을 할 때

　㉠ 제연설비를 신설·개설하거나 제연구역을 증설할 때

　㉡ 연결송수관설비를 신설 또는 개설할 때

　㉢ 연결살수설비를 신설·개설하거나 송수구역을 증설할 때

　㉣ 비상콘센트설비를 신설·개설하거나 전용회로를 증설할 때

　㉤ 무선통신보조설비를 신설 또는 개설할 때

　㉥ 연소방지설비를 신설·개설하거나 살수구역을 증설할 때

3-1. 다음 중 소방공사감리업자의 업무로 거리가 먼 것은?

① 해당 공사업 기술인력의 적법성 검토
② 피난시설 및 방화시설의 적법성 검토
③ 실내장식물의 불연화 및 방염 물품의 적법성 검토
④ 소방시설 등 설계변경 사항의 적합성 검토

3-2. 소방시설공사업법령상 상주공사감리 대상 기준 중 다음 ( ) 안에 알맞은 것은?

- 연면적 (㉠)[m²] 이상의 특정소방대상물(아파트는 제외)에 대한 소방시설의 공사
- 지하층을 포함한 층수가 (㉡)층 이상으로서 (㉢)세대 이상인 아파트에 대한 소방시설의 공사

① ㉠ 10,000, ㉡ 11, ㉢ 600
② ㉠ 10,000, ㉡ 16, ㉢ 500
③ ㉠ 30,000, ㉡ 11, ㉢ 600
④ ㉠ 30,000, ㉡ 16, ㉢ 500

3-3. 소방공사업법령상 공사감리자 지정대상 특정소방대상물의 범위가 아닌 것은?

① 캐비닛형 간이스프링클러설비를 신설·개설 하거나 방호·방수구역을 증설할 때
② 물분무 등 소화설비(호스릴 방식의 소화설비는 제외)를 신설·개설하거나 방호·방수구역을 증설할 때
③ 제연설비를 신설·개설하거나 제연구역을 증설할 때
④ 연결살수설비를 신설·개설하거나 송수구역을 증설할 때

|해설|

3-1
본문 참조

3-2
상주공사감리 대상 기준
- 연면적 30,000[m²] 이상의 특정소방대상물(아파트는 제외)에 대한 소방시설의 공사
- 지하층을 포함한 층수가 16층 이상으로서 500세대 이상인 아파트에 대한 소방시설의 공사

3-3
공사감리자 지정대상 : 스프링클러설비 등(캐비닛형 간이스프링클러설비는 제외)을 신설·개설하거나 방호·방수구역을 증설할 때

정답 **3-1** ① **3-2** ④ **3-3** ①

핵심이론 04 │ 소방공사감리원의 배치

(1) 소방공사감리원의 배치기준(영 제11조, 별표 4)

감리원의 배치기준		소방시설공사 현장의 기준
책임감리원	보조감리원	
행정안전부령으로 정하는 특급감리원 중 소방기술사	행정안전부령으로 정하는 초급감리원 이상의 소방공사 감리원(기계분야 및 전기분야)	• 연면적 20만[m²] 이상인 특정소방대상물의 공사 현장 • 지하층을 포함한 층수가 40층 이상인 특정소방대상물의 공사 현장
행정안전부령으로 정하는 특급감리원 이상의 소방공사 감리원(기계분야 및 전기분야)	행정안전부령으로 정하는 초급감리원 이상의 소방공사 감리원(기계분야 및 전기분야)	• 연면적 3만[m²] 이상 20만[m²] 미만인 특정소방대상물(아파트는 제외)의 공사 현장 • 지하층을 포함한 층수가 16층 이상 40층 미만인 특정소방대상물의 공사 현장
행정안전부령으로 정하는 고급감리원 이상의 소방공사 감리원(기계분야 및 전기분야)	행정안전부령으로 정하는 초급감리원 이상의 소방공사 감리원(기계분야 및 전기분야)	• 물분무 등 소화설비(호스릴 방식의 소화설비는 제외) 또는 제연설비가 설치되는 특정소방대상물의 공사 현장 • 연면적 3만[m²] 이상 20만[m²] 미만인 아파트의 공사 현장
행정안전부령으로 정하는 중급감리원 이상의 소방공사 감리원(기계분야 및 전기분야)		연면적 5,000[m²] 이상 3만[m²] 미만인 특정소방대상물의 공사 현장
행정안전부령으로 정하는 초급감리원 이상의 소방공사 감리원(기계분야 및 전기분야)		• 연면적 5,000[m²] 미만인 특정소방대상물의 공사 현장 • 지하구의 공사 현장

(2) 감리원의 배치기준(규칙 제16조)

① 상주공사감리 대상인 경우

　㉠ 기계분야의 감리원 자격을 취득한 사람과 전기분야의 감리원 자격을 취득한 사람 각 1명 이상을 책임감리원으로 배치할 것. 다만, 기계분야 및 전기분야의 감리원 자격을 함께 취득한 사람이 있는 경우에는 그에 해당하는 사람 1명 이상을 배치할 수 있다.

　㉡ 소방시설용 배관(전선관을 포함한다)을 설치하거나 매립하는 때부터 소방시설 완공검사증명서를 발급받을 때까지 소방공사감리현장에 책임감리원을 배치할 것

② 일반공사감리 대상인 경우

　㉠ 감리원은 주 1회 이상 소방공사감리현장에 배치되어 감리할 것

　㉡ 1명의 감리원이 담당하는 소방공사감리현장은 5개 이하(자동화재탐지설비 또는 옥내소화전설비 중 어느 하나만 설치하는 2개의 소방공사감리현장이 최단 차량주행거리로 30[km] 이내에 있는 경우에는 1개의 소방공사감리현장으로 본다)로서 감리현장 연면적의 총합계가 10만[m²] 이하일 것. 다만, 일반공사감리 대상인 아파트의 경우에는 연면적의 합계에 관계없이 1명의 감리원이 5개 이내의 공사현장을 감리할 수 있다.

(3) 감리원의 배치 통보(규칙 제17조)

① 감리원을 소방공사감리현장에 배치하는 경우에는 소방공사감리원 배치통보서에, 배치한 감리원이 변경된 경우에는 감리원 배치일부터 7일 이내에 소방본부장 또는 소방서장에게 알려야 한다.

② 소방시설업 종합정보시스템의 입력 항목

　㉠ 감리원의 성명, 자격증 번호·등급

　㉡ 감리현장의 명칭·소재지·면적 및 현장 배치기간

4-1. 지하층을 포함한 층수가 16층 이상 40층 미만인 특정소방대상물의 소방시설공사현장에 배치해야 할 소방공사 책임감리원의 배치기준으로 알맞은 것은?

① 초급감리원 이상의 소방감리원 1명 이상
② 특급감리원 이상의 소방감리원 1명 이상
③ 고급감리원 이상의 소방감리원 1명 이상
④ 중급감리원 이상의 소방감리원 1명 이상

4-2. 행정안전부령으로 정하는 고급감리원 이상의 소방공사 책임감리원의 소방시설공사 배치 현장기준으로 옳은 것은?

① 연면적 5,000[m²] 이상 30,000[m²] 미만인 특정소방대상물의 공사 현장
② 연면적 30,000[m²] 이상 200,000[m²] 미만인 아파트의 공사 현장
③ 연면적 30,000[m²] 이상 200,000[m²] 미만인 특정소방대상물(아파트는 제외)의 공사 현장
④ 연면적 200,000[m²] 이상인 특정소방대상물의 공사 현장

4-3. 연면적 5,000[m²] 미만의 특정소방대상물에 대한 소방공사 책임감리원의 배치기준은?

① 특급 소방감리원리원
② 초급 이상 소방감리원
③ 중급 이상 소방감리원
④ 고급 이상 소방감리원

4-4. 소방공사감리업자가 감리원을 소방공사 감리현장에 배치하는 경우 감리원 배치일부터 며칠 이내에 누구에게 통보해야 하는가?

① 7일 이내, 소방본부장이나 소방서장
② 14일 이내, 소방본부장이나 소방서장
③ 7일 이내, 시·도지사
④ 14일 이내, 시·도지사

4-5. 일반공사감리 대상의 경우 감리현장 연면적의 총 합계가 10만[m²] 이하일 때 1인의 책임감리원이 담당하는 소방공사감리현장은 몇 개 이하인가?

① 2 ② 3
③ 4 ④ 5

| 해설 |

4-1

지하층을 포함한 층수가 16층 이상 40층 미만 : 특급감리원 이상의 소방공사 책임감리원 배치

4-2

고급감리원 이상의 소방공사 책임감리원 배치
• 물분무 등 소화설비(호스릴 방식의 소화설비는 제외) 또는 제연설비가 설치되는 특정소방대상물의 공사 현장
• 연면적 30,000[m²] 이상 20만[m²] 미만인 아파트의 공사 현장

4-3

연면적이 5,000[m²] 미만, 지하구 공사현장인 특정소방대상물의 경우 : 초급 감리원 이상의 소방감리원 배치

4-4

소방공사감리업자는 감리원을 소방공사감리현장에 배치하거나 감리원이 변경된 경우에는 감리원 배치일부터 7일 이내에 소방본부장이나 소방서장에게 알려야 한다.

4-5

1인의 책임감리원이 담당하는 소방공사 감리현장의 수 : 5개 이하

정답 4-1 ② 4-2 ② 4-3 ② 4-4 ① 4-5 ④

핵심이론 01 | 소방시설공사의 도급

(1) 소방시설공사업의 도급(법 제21조, 제21조의3, 제22조)

① 특정소방대상물의 관계인 또는 발주자는 소방시설공사 등을 도급할 때에는 해당 소방시설업자에게 도급해야 한다.

② 도급받은 자가 해당 소방시설공사 등을 하도급할 때에는 행정안전부령으로 정하는 바에 따라 미리 관계인과 발주자에게 알려야 한다. 하수급인을 변경하거나 하도급계약을 해지하는 경우에도 또한 같다.

③ 도급을 받은 자는 소방시설의 설계, 시공, 감리를 제3자에게 하도급할 수 없다. 다만, 시공의 경우에는 대통령령으로 정하는 바에 따라 도급받은 소방시설공사의 일부를 다른 공사업자에게 하도급할 수 있다.

④ 하수급인은 ③의 단서에 따라 하도급받은 소방시설공사를 제3자에게 다시 하도급할 수 없다.

(2) 도급계약의 해지 사유(법 제23조)

① 소방시설업이 등록취소되거나 영업정지된 경우

② 소방시설업을 휴업하거나 폐업한 경우

③ 정당한 사유 없이 30일 이상 소방시설공사를 계속하지 않은 경우

④ 하도급의 통지를 받은 경우 그 하수급인이 적당하지 않다고 인정되어 하수급인의 변경을 요구하였으나 정당한 사유 없이 따르지 않은 경우

(3) 동일한 특정소방대상물의 소방시설에 대한 시공 및 감리를 함께 할 수 없는 경우(법 제24조)

① 공사업자(법인의 경우 법인의 대표자 또는 임원)와 감리업자(법인의 경우 법인의 대표자 또는 임원)가 같은 자인 경우

② 기업진단의 관계인 경우

③ 법인과 그 법인의 임직원의 관계인 경우

④ 공사업자와 감리업자가 친족 관계인 경우

(4) 시공능력평가의 평가방법(규칙 별표 4)

① 시공능력평가액 = 실적평가액 + 자본금평가액 + 기술력평가액 + 경력평가액 ± 신인도평가액

② 실적평가액 = 연평균공사 실적액

③ 자본금평가액 = (실질자본금 × 실질자본금의 평점 + 소방청장이 지정한 금융회사 또는 소방산업공제조합에 출자·예치·담보금액) × 70/100

④ 기술력평가액 = 전년도 공사업계의 기술자 1인당 평균생산액 × 보유기술인력 가중치합계 × 30/100 + 전년도 기술개발투자액

⑤ 경력평가액 = 실적평가액 × 공사업 경영기간 평점 × 20/100

10년간 자주 출제된 문제

1-1. 소방시설공사업법상 특정소방대상물의 관계인 또는 발주자가 해당 도급계약의 수급인을 도급계약 해지할 수 있는 경우의 기준 중 틀린 것은?

① 하도급계약의 적정성 심사 결과 하수급인 또는 하도급계약 내용의 변경 요구에 정당한 사유 없이 따르지 않는 경우

② 정당한 사유 없이 15일 이상 소방시설공사를 계속하지 않은 경우

③ 소방시설업이 등록취소되거나 영업정지된 경우

④ 소방시설업을 휴업하거나 폐업한 경우

1-2. 시공능력평가 방법 중 시공능력평가액의 산정방식으로 알맞은 것은?

① 실적평가액 + 실질자본금평가액 + 개발투자평가액 + 경력평가액 ± 신인도평가액

② 실적평가액 + 자본금평가액 + 기술력평가액 + 겸업비율평가액 + 신인도평가액

③ 실적평가액 + 자본금평가액 + 기술력평가액 + 경력평가액 ± 신인도평가액

④ 실적평가액 + 실질자본금평가액 + 개발투자평가액 + 겸업비율평가액 + 신인도평가액

1-3. 다음은 소방시설공사업자의 시공능력평가액 산정을 위한 산식이다. (　)에 들어갈 내용으로 알맞은 것은?

> "시공능력평가액 = 실적평가액 + 자본금평가액 + 기술력평가액 + (　) ± 신인도평가액"

① 기술개발평가액
② 경력평가액
③ 자본투자평가액
④ 평균공사실적평가액

1-4. 소방시설공사업자의 시공능력 평가방법에 있어서 경력평가액 산출 공식은?

① 실적평가액 × 공사업 경영기간 평점 × $\dfrac{20}{100}$

② 실적평가액 × 공사업 경영기간 평점 × $\dfrac{30}{100}$

③ 실적평가액 × 공사업 경영기간 평점 × $\dfrac{50}{100}$

④ 실적평가액 × 공사업 경영기간 평점 × $\dfrac{60}{100}$

|해설|

1-1
정당한 사유 없이 30일 이상 소방시설공사를 계속하지 않은 경우에는 도급계약을 해지할 수 있다.

1-2, 1-3
시공능력평가액 = 실적평가액 + 자본금평가액 + 기술력평가액 + 경력평가액 ± 신인도평가액

1-4
경력평가액 = 실적평가액 × 공사업 경영기간 평점 × $\dfrac{20}{100}$

정답 1-1 ② 1-2 ③ 1-3 ② 1-4 ①

핵심이론 02 | 소방기술자

(1) 소방기술자의 배치기준(영 제3조, 별표 2)

소방기술자의 배치기준	소방시설공사의 현장의 기준
행정안전부령으로 정하는 특급기술자인 소방기술자 (기계분야 및 전기분야)	• 연면적 20만[m²] 이상인 특정소방대상물의 공사 현장 • 지하층을 포함한 층수가 40층 이상인 특정소방대상물의 공사 현장
행정안전부령으로 정하는 고급기술자 이상의 소방기술자 (기계분야 및 전기분야)	• 연면적 3만[m²] 이상 20만[m²] 미만인 특정소방대상물(아파트는 제외한다)의 공사 현장 • 지하층을 포함한 층수가 16층 이상 40층 미만인 특정소방대상물의 공사 현장
행정안전부령으로 정하는 중급기술자 이상의 소방기술자 (기계분야 및 전기분야)	• 물분무 등 소화설비(호스릴 방식의 소화설비는 제외한다) 또는 제연설비가 설치되는 특정소방대상물의 공사 현장 • 연면적 5,000[m²] 이상 3만[m²] 미만인 특정소방대상물(아파트는 제외한다)의 공사 현장 • 연면적 1만[m²] 이상 20만[m²] 미만인 아파트의 공사 현장
행정안전부령으로 정하는 초급기술자 이상의 소방기술자 (기계분야 및 전기분야)	• 연면적 1,000[m²] 이상 5,000[m²] 미만인 특정소방대상물(아파트는 제외한다)의 공사 현장 • 연면적 1,000[m²] 이상 1만[m²] 미만인 아파트의 공사 현장 • 지하구(地下溝)의 공사 현장
법 제28조 제2항에 따라 자격수첩을 발급받은 소방기술자	연면적 1,000[m²] 미만인 특정소방대상물의 공사 현장

(2) 소방기술자(법 제27~29조, 규칙 제26조)

① 소방기술자는 다른 사람에게 그 자격증(자격수첩, 경력수첩)을 빌려주어서는 안 된다.

② 소방기술자는 동시에 둘 이상의 업체에 취업하여서는 안 된다(다만, 소방기술자 업무에 영향을 미치지 않는 범위에서 근무시간 외에 소방시설업이 아닌 다른 업종에 종사하는 경우는 제외한다).

③ 실무교육
　㉠ 실무교육기관 지정 : 소방청장
　㉡ 실무교육기관의 지정방법·절차·기준 등에 필요한 사항 : 행정안전부령

ⓒ 실무교육 : 2년마다 1회 이상 교육을 받아야 한다.

ⓓ 실무교육 일정 통보 : 교육대상자에게 교육 10일 전까지 통보

(3) 감 독(법 제32조)

① 청문 실시권자 : 시 · 도지사

② 청문 대상 : 소방시설업 등록취소처분이나 영업정지 처분, 소방기술인정 자격취소의 처분

10년간 자주 출제된 문제

2-1. 지하층을 포함한 층수가 16층 이상 40층 미만인 특정소방대상물의 소방시설공사 현장에 배치해야 할 소방기술자 배치기준으로 알맞은 것은?

① 초급기술자 이상의 소방기술자(기계분야 및 전기분야)
② 특급감리원인 소방기술자
③ 고급기술자 이상의 소방기술자(기계분야 및 전기분야)
④ 중급기술자 이상의 소방기술자(기계분야 및 전기분야)

2-2. 연면적 1만[m²] 이상 20만[m²] 미만인 아파트의 공사 현장에 배치해야 할 소방기술자 배치기준으로 알맞은 것은?

① 초급기술자 이상의 소방기술자(기계분야 및 전기분야)
② 특급감리원인 소방기술자
③ 고급기술자 이상의 소방기술자(기계분야 및 전기분야)
④ 중급기술자 이상의 소방기술자(기계분야 및 전기분야)

2-3. 소방기술자는 동시에 몇 개의 사업체에 취업이 가능한가?

① 1   ② 2
③ 3   ④ 4

2-4. 소방기술자의 실무교육 일정은 교육대상자에게 며칠 전에 통보해야 하는가?

① 3   ② 5
③ 10   ④ 14

|해설|

2-1
소방기술자의 배치기준

소방기술자의 배치기준	소방시설공사의 현장의 기준
행정안전부령으로 정하는 고급기술자 이상의 소방기술자 (기계분야 및 전기분야)	• 연면적 3만[m²] 이상 20만[m²] 미만인 특정소방대상물(아파트는 제외한다)의 공사 현장 • 지하층을 포함한 층수가 16층 이상 40층 미만인 특정소방대상물의 공사 현장

2-2
소방기술자의 배치기준

소방기술자의 배치기준	소방시설공사의 현장의 기준
행정안전부령으로 정하는 중급기술자 이상의 소방기술자 (기계분야 및 전기분야)	• 물분무 등 소화설비(호스릴방식의 소화설비는 제외한다) 또는 제연설비가 설치되는 특정소방대상물의 공사 현장 • 연면적 5,000[m²] 이상 3만[m²] 미만인 특정소방대상물(아파트는 제외한다)의 공사 현장 • 연면적 1만[m²] 이상 20만[m²] 미만인 아파트의 공사 현장

2-3
소방기술자는 동시에 둘 이상의 업체에 취업하여서는 안 된다.

2-4
실무교육 일정 통보 : 교육대상자에게 교육 10일 전까지 통보

정답 2-1 ③ 2-2 ④ 2-3 ① 2-4 ③

핵심이론 01 | 벌칙

(1) 3년 이하의 징역 또는 3,000만원 이하의 벌금(법 제35조)

① 소방시설업의 등록을 하지 않고 영업을 한 자
② 부정한 청탁을 받고 재물 또는 재산상의 이익을 취득하거나 부정한 청탁을 하면서 재물 또는 재산상의 이익을 제공한 자

(2) 1년 이하의 징역 또는 1,000만원 이하의 벌금(법 제36조)

① 영업정지 처분을 받고 그 영업정지 기간에 영업을 한 자
② 감리업자의 업무규정을 위반하여 감리를 하거나 거짓으로 감리한 자
③ 감리업자가 공사감리자를 지정하지 않은 자
④ 공사감리 결과의 통보 또는 공사감리 결과보고서의 제출을 거짓으로 한 자
⑤ 소방시설업자가 아닌 자에게 소방시설공사 등을 도급한 자
⑥ 도급받은 소방시설의 설계, 시공, 감리를 하도급한 자
⑦ 하도급받은 소방시설공사를 다시 하도급한 자

(3) 300만원 이하의 벌금(법 제37조)

① 다른 자에게 자기의 성명이나 상호를 사용하여 소방시설공사 등을 수급 또는 시공하게 하거나 소방시설업의 등록증이나 등록수첩을 빌려준 자
② 소방시설공사 현장에 감리원을 배치하지 않은 자
③ 소방시설공사를 다른 업종의 공사와 분리하여 도급하지 않은 자
④ 자격수첩 또는 경력수첩을 빌려준 사람
⑤ 소방기술자가 동시에 둘 이상의 업체에 취업한 사람

(4) 100만원 이하의 벌금(법 제38조)

① 소방시설업자 및 관계인의 보고 및 자료 제출, 관계서류 검사 또는 질문 등 위반하여 보고 또는 자료 제출을 하지 않거나 거짓으로 한 자
② 소방시설업자 및 관계인의 보고 및 자료 제출, 관계서류 검사 또는 질문 등 규정을 위반하여 정당한 사유 없이 관계 공무원의 출입 또는 검사·조사를 거부·방해 또는 기피한 자

10년간 자주 출제된 문제

1-1. 소방시설업의 등록을 하지 않고 영업을 한 자에 대한 벌칙은?

① 1년 이하의 징역 또는 1,000만원 이하의 벌금
② 1년 이하의 징역 또는 2,000만원 이하의 벌금
③ 2년 이하의 징역 또는 1,000만원 이하의 벌금
④ 3년 이하의 징역 또는 3,000만원 이하의 벌금

1-2. 소방시설업의 벌칙 중 1년 이하의 징역 또는 1,000만원 이하의 벌금에 해당하지 않는 것은?

① 영업정지 처분을 받고 그 영업정지 기간에 영업을 한 자
② 감리업자가 공사감리자를 지정하지 않은 자
③ 소방시설업자가 아닌 자에게 소방시설공사 등을 도급한 자
④ 소방시설공사 현장에 감리원을 배치하지 않은 자

|해설|

1-1

소방시설업의 등록을 하지 않고 영업을 한 자 : 3년 이하의 징역 또는 3,000만원 이하의 벌금

1-2

소방시설공사 현장에 감리원을 배치하지 않은 자 : 300만원 이하의 벌금

정답 1-1 ④ **1-2** ④

(1) 200만원 이하의 과태료(법 제40조)

① 등록사항의 변경신고, 휴업·폐업신고, 소방시설업자의 지위승계, 소방시설공사의 착공신고, 공사업자의 변경신고, 감리업자의 지정신고 또는 변경신고를 하지 않거나 거짓으로 신고한 자

② 소방기술자를 공사 현장에 배치하지 않은 자

③ 공사업자가 완공검사를 받지 않은 자

④ 3일 이내에 하자를 보수하지 않거나 하자보수계획을 관계인에게 거짓으로 알린 자

⑤ 방염성능기준 미만으로 방염을 한 자

(2) 과태료의 부과기준(영 별표 5)

위반 행위	근거 법조문	과태료 금액 (단위 : 만원)		
		1차 위반	2차 위반	3차 이상 위반
등록사항 변경신고, 휴업·폐업신고, 소방공사 착공신고 및 변경신고, 감리자 지정신고를 하지 않거나 거짓으로 신고한 경우	법 제40조 제1항 제1호	60	100	200
관계인에게 지위승계, 행정처분 또는 휴업·폐업의 사실을 거짓으로 알린 경우	법 제40조 제1항 제2호	60	100	200
소방기술자를 공사 현장에 배치하지 않은 경우	법 제40조 제1항 제4호	200		
완공검사를 받지 않은 경우	법 제40조 제1항 제5호	200		
방염성능기준 미만으로 방염을 한 경우	법 제40조 제1항 제9호	200		
하도급 등의 통지를 하지 않은 경우	법 제40조 제1항 제11호	60	100	200

2-1. 다음 중 200만원 이하의 과태료에 해당되지 않는 것은?

① 소방기술자를 공사 현장에 배치하지 않은 자
② 자격수첩 또는 경력수첩을 빌려준 사람
③ 공사업자가 완공검사를 받지 않은 자
④ 3일 이내에 하자를 보수하지 않거나 하자보수계획을 관계인에게 거짓으로 알린 자

2-2. 하도급 등의 통지를 하지 않은 경우에 2차 위반에 해당하는 과태료 금액은?

① 60만원   ② 100만원
③ 150만원   ④ 200만원

|해설|

2-1
자격수첩 또는 경력수첩을 빌려준 사람 : 300만원 이하의 벌금

2-2
하도급 등의 통지를 하지 않은 경우의 과태료
· 1차 위반 : 60만원
· 2차 위반 : 100만원
· 3차 이상 위반 : 200만원

정답 2-1 ② 2-2 ②

핵심이론 01 │ 정의 및 종류

(1) 정의(법 제2조)

① 위험물 : 인화성 또는 발화성 등의 성질을 가지는 것으로서 대통령령이 정하는 물품

② 지정수량 : 위험물의 종류별로 위험성을 고려하여 대통령령이 정하는 수량(제조소 등의 설치허가 등에 있어서 최저의 기준이 되는 수량)

③ 제조소 등 : 제조소, 저장소, 취급소

(2) 취급소의 종류(영 제5조, 별표 3)

① 주유취급소 : 고정된 주유설비에 의하여 자동차·항공기 또는 선박 등의 연료탱크에 직접 주유하기 위하여 위험물을 취급하는 장소(위험물을 용기에 옮겨 담거나 차량에 고정된 5,000[L] 이하의 탱크에 주입하기 위하여 고정된 급유설비를 병설한 장소를 포함)

② 판매취급소 : 점포에서 위험물을 용기에 담아 판매하기 위하여 지정수량의 40배 이하의 위험물을 취급하는 장소

③ 이송취급소 : 배관 및 이에 부속된 설비에 의하여 위험물을 이송하는 장소

④ 일반취급소 : 주유취급소, 판매취급소, 이송취급소 외의 장소

(3) 저장소의 종류(영 제4조, 별표 2)

① 옥내저장소

② 옥내탱크저장소

③ 옥외저장소

④ 옥외탱크저장소

⑤ 지하탱크저장소

⑥ 간이탱크저장소

⑦ 이동탱크저장소

⑧ 암반탱크저장소

10년간 자주 출제된 문제

1-1. 위험물안전관리법에서 정하는 용어의 정의에 대한 설명 중 틀린 것은?

① 위험물이란 인화성 또는 발화성 등의 성질을 가지는 것으로서 행정안전부령이 정하는 물품을 말한다.

② 지정수량이란 위험물의 종류별로 위험성을 고려하여 제조소 등의 설치허가 등에 있어서 최저의 기준이 되는 수량을 말한다.

③ 제조소란 위험물을 제조할 목적으로 지정수량 이상의 위험물을 취급하기 위하여 위험물설치 허가를 받은 장소를 말한다.

④ 취급소란 지정수량 이상의 위험물을 제조 외의 목적으로 취급하기 위하여 위험물설치 허가를 받은 장소를 말한다.

1-2. 다음 중 위험물제조소 등에 해당하지 않는 장소는?

① 제조소　　　　　② 저장소
③ 판매소　　　　　④ 취급소

1-3. 점포에서 위험물을 용기에 담아 판매하기 위하여 지정수량의 40배 이하의 위험물을 취급하는 장소는?

① 일반취급소　　　② 주유취급소
③ 판매취급소　　　④ 이송취급소

1-4. 다음 중 위험물취급소에 해당하지 않는 장소는?

① 일반취급소　　　② 주유취급소
③ 이송취급소　　　④ 저장취급소

1-5. 다음 중 위험물저장소에 해당하지 않는 장소는?

① 옥내저장소　　　② 옥내탱크저장소
③ 이송탱크저장소　④ 암반탱크저장소

1-1

위험물 : 인화성 또는 발화성 등의 성질을 가지는 것으로서 대통령령이 정하는 물품

1-2

제조소 등 : 제조소, 저장소, 취급소

1-3

판매취급소 : 점포에서 위험물을 용기에 담아 판매하기 위하여 지정수량의 40배 이하의 위험물을 취급하는 장소

1-4

위험물취급소 : 일반취급소, 주유취급소, 판매취급소, 이송취급소

1-5

저장소 : 이동탱크저장소

정답 1-1 ① 1-2 ③ 1-3 ③ 1-4 ④ 1-5 ③

핵심이론 02 │ 위험물 및 지정수량

(1) 위험물 및 지정수량(영 제2조, 제3조, 별표 1)

위험물			위험 등급	지정 수량
유별	성질	품명		
제1류	산화성 고체	아염소산염류, 염소산염류, 과염소산염류, 무기과산화물	I	50[kg]
		브로민산염류, 질산염류, 아이오딘산염류	II	300[kg]
		과망가니즈산염류, 다이크로뮴산염류	III	1,000[kg]
제2류	가연성 고체	황화인, 적린, 황(순도 60[wt%] 이상)	II	100[kg]
		철분(53[μm]의 표준체 통과 50[wt%] 미만은 제외) 금속분, 마그네슘	III	500[kg]
		인화성 고체(고형알코올)	III	1,000[kg]
제3류	자연 발화성 물질 및 금수성 물질	칼륨, 나트륨, 알킬알루미늄, 알킬리튬	I	10[kg]
		황린	I	20[kg]
		알칼리금속 및 알칼리토금속, 유기금속화합물	II	50[kg]
		금속의 수소화물, 금속의 인화물, 칼슘 또는 알루미늄의 탄화물	III	300[kg]
제4류	인화성 액체	특수인화물	I	50[L]
		제1석유류(아세톤, 휘발유 등) 비수용성 액체	II	200[L]
		제1석유류(아세톤, 휘발유 등) 수용성 액체	II	400[L]
		알코올류(탄소원자의 수가 1~3개로서 농도가 60[%] 이상)	II	400[L]
		제2석유류(등유, 경유 등) 비수용성 액체	III	1,000[L]
		제2석유류(등유, 경유 등) 수용성 액체	III	2,000[L]
		제3석유류(중유, 크레오소트유 등) 비수용성 액체	III	2,000[L]
		제3석유류(중유, 크레오소트유 등) 수용성 액체	III	4,000[L]
		제4석유류(기어유, 실린더유 등)	III	6,000[L]
		동식물유류	III	10,000[L]
제5류	자기 반응성 물질	유기과산화물, 질산에스터류	I	• 제1종 : 10[kg] • 제2종 : 100[kg]
		하이드록실아민, 하이드록실아민염류	II	
		나이트로화합물, 나이트로소화합물, 아조화합물, 다이아조화합물, 하이드라진유도체	II	
제6류	산화성 액체	과염소산, 질산(비중 1.49 이상) 과산화수소(농도 36[wt%] 이상)	I	300[kg]

2-1. 다음 중 위험물 유별 성질로서 옳지 않은 것은?

① 제1류 위험물 : 산화성 고체

② 제2류 위험물 : 가연성 고체

③ 제4류 위험물 : 인화성 액체

④ 제6류 위험물 : 인화성 고체

2-2. 산화성 고체이며 제1류 위험물에 해당하는 것은?

① 황화인   ② 적 린

③ 마그네슘   ④ 염소산염류

2-3. 고형알코올 그 밖에 1기압 상태에서 인화점이 40[℃] 미만인 고체에 해당하는 것은?

① 가연성 고체

② 산화성 고체

③ 인화성 고체

④ 자연발화성 물질

2-4. 다음 중 제3류 자연발화성 및 금수성 위험물이 아닌 것은?

① 적 린   ② 황 린

③ 금속의 수소화물   ④ 칼 륨

2-5. 다음 중 그 성질이 자연발화성 물질 및 금수성 물질인 제3류 위험물에 속하지 않는 것은?

① 황 린   ② 칼 륨

③ 나트륨   ④ 황화인

2-6. 제4류 위험물로서 제1석유류인 수용성 액체의 지정수량은 몇 [L]인가?

① 100   ② 200

③ 300   ④ 400

2-7. 위험물로서 제1석유류에 속하는 것은?

① 이황화탄소   ② 휘발유

③ 다이에틸에터   ④ 파라크실렌

2-8. 다음 위험물 중 그 성질이 자기반응성 물질에 속하지 않는 것은?

① 유기과산화물

② 아조화합물

③ 나이트로화합물

④ 무기과산화물

2-9. 다음 위험물 중 자기반응성 물질인 것은?

① 황 린

② 염소산염류

③ 특수인화물

④ 질산에스터류

2-10. 위험물안전관리법상 제6류 위험물은?

① 황

② 칼 륨

③ 황 린

④ 질 산

2-11. 다음 중 위험물의 지정수량으로 옳지 않은 것은?

① 질산염류 300[kg]

② 황린 10[kg]

③ 알킬알루미늄 10[kg]

④ 과산화수소 300[kg]

|해설|

2-1

제6류 위험물 : 산화성 액체

2-2

위험물의 분류

종류	황화인	적 린	마그네슘	염소산염류
품 명	제2류 위험물	제2류 위험물	제2류 위험물	제1류 위험물
성 질	가연성 고체	가연성 고체	가연성 고체	산화성 고체

2-3

인화성 고체 : 고형알코올 그 밖에 1기압 상태에서 인화점이 40[℃] 미만인 고체

2-4

적린 : 제2류 위험물(가연성 고체)

2-5

황화인은 제2류 위험물인 가연성 고체이다.

2-6

제4류 위험물 제1석유류의 지정수량

• 비수용성 : 200[L]

• 수용성 : 400[L]

2-7

위험물의 분류(영 별표 1)

종 류	이황화탄소	휘발유	다이에틸 에터	파라크실렌
분 류	특수인화물	제1석유류	특수인화물	제2석유류

2-8

무기과산화물 : 제1류 위험물인 산화성 고체

2-9

위험물의 분류

종 류	황 린	염소산염류	특수인화물	질산 에스터류
유 별	제3류 위험물	제1류 위험물	제4류 위험물	제5류 위험물
성 질	자연발화성 물질	산화성 고체	인화성 액체	자기반응성 물질

2-10

위험물의 분류

종 류	황	칼 륨	황 린	질 산
유 별	제2류 위험물	제3류 위험물	제3류 위험물	제6류 위험물
성 질	가연성 고체	자연발화성 및 금수성 물질	자연발화성 및 금수성 물질	산화성 액체

2-11

지정수량

종 류	질산염류	황 린	알킬알루미늄	과산화수소
분 류	제1류 위험물	제3류 위험물	제3류 위험물	제6류 위험물
지정 수량	300[kg]	20[kg]	10[kg]	300[kg]

정답 2-1 ④ 2-2 ④ 2-3 ③ 2-4 ① 2-5 ④ 2-6 ④ 2-7 ② 2-8 ④
2-9 ④ 2-10 ④ 2-11 ②

핵심이론 03 │ 위험물의 적용 제외, 저장 및 취급

(1) 위험물안전관리법의 적용 제외(법 제3조)

항공기, 선박(항해 중인 선박), 철도 및 궤도

(2) 지정수량 미만인 위험물의 저장·취급의 기준(법 제4조)

특별시·광역시·특별자치시·도 및 특별자치도(시·도)의 조례

(3) 위험물의 저장 및 취급의 제한(법 제5조)

① 지정수량 이상의 위험물을 저장소가 아닌 장소에서 저장하거나 제조소 등이 아닌 장소에서 취급해서는 안 된다.

② 제조소 등이 아닌 장소에서 지정수량 이상의 위험물을 취급할 수 있는 경우

　㉠ 지정수량 이상의 위험물을 90일 이내의 기간 동안 임시로 저장 또는 취급하는 경우

　㉡ 군부대가 지정수량 이상의 위험물을 군사목적으로 임시로 저장 또는 취급하는 경우

③ 임시로 저장 또는 취급하는 장소의 위치 구조 및 설비의 기준 : 시·도의 조례

④ 제조소 등의 위치·구조 및 설비의 기술기준 : 행정안전부령

⑤ 둘 이상의 위험물을 같은 장소에서 저장 또는 취급하는 경우에 있어서 해당 장소에서 저장 또는 취급하는 각 위험물의 수량을 그 위험물의 지정수량으로 각각 나누어 얻은 수의 합계가 1 이상인 경우 해당 위험물은 지정수량 이상의 위험물로 본다.

　※ 지정수량의 배수

$$= \frac{저장(취급)량}{지정수량} + \frac{저장(취급)량}{지정수량} + \cdots$$

3-1. 지정수량 미만인 위험물의 저장 또는 취급에 관한 기술상의 기준은 무엇으로 정하는가?

① 위험물제조소 등의 내규로 정한다.
② 행정안전부령으로 정한다.
③ 소방청의 내규로 정한다.
④ 시·도의 조례로 정한다.

3-2. 다음 중 위험물 임시저장 기간으로 맞는 것은?

① 90일 이내
② 80일 이내
③ 70일 이내
④ 60일 이내

3-3. 위험물의 임시저장 취급기준을 정하고 있는 것은?

① 대통령령
② 국무총리령
③ 행정안전부령
④ 시·도의 조례

3-4. 경유의 저장량이 2,000[L], 중유의 저장량이 4,000[L], 등유의 저장량이 2,000[L]인 저장소에 있어서 지정수량의 배수는?

① 10배
② 6배
③ 3배
④ 2배

|해설|

3-1

위험물의 기준
• 지정수량 미만 : 시·도의 조례
• 지정수량 이상 : 위험물안전관리법 적용

3-2

위험물 임시저장 기간 : 90일 이내

3-3

위험물의 임시로 저장 또는 취급하는 장소의 위치 구조 및 설비의 기준 : 시·도의 조례

3-4

제4류 위험물의 지정수량

항 목 \ 종 류	경 유	중 유	등 유
품 명	제2석유류 (비수용성)	제3석유류 (비수용성)	제2석유류 (비수용성)
지정수량	1,000[L]	2,000[L]	1,000[L]

지정수량의 배수

$$= \frac{저장량}{지정수량} + \frac{저장량}{지정수량} + \cdots$$
$$= \frac{2,000[L]}{1,000[L]} + \frac{4,000[L]}{2,000[L]} + \frac{2,000[L]}{1,000[L]} = 6배$$

정답 3-1 ④ 3-2 ① 3-3 ④ 3-4 ②

(1) 위험물시설의 설치 및 변경 등(법 제6조)

① 제조소 등을 설치·변경 시 허가권자 : 시·도지사

② 제조소 등의 변경 내용 : 위치, 구조, 설비

③ 위험물의 품명·수량 또는 지정수량의 배수 변경 시(위치, 구조, 설비의 변경 없이) : 변경하고자 하는 날의 1일 전까지 시·도지사에게 신고

④ 허가받지 않고 제조소 등을 설치하거나 위치, 구조, 설비를 변경할 수 있으며 신고하지 않고 위험물의 품명, 수량, 지정수량의 배수를 변경하는 경우

ㄱ 주택의 난방시설(공동주택의 중앙난방시설을 제외)을 위한 저장소 또는 취급소

ㄴ 농예용·축산용 또는 수산용으로 필요한 난방시설 또는 건조시설을 위한 지정수량 20배 이하의 저장소

※ 공동주택의 중앙난방시설 : 허가대상

(2) 제조소 등의 변경허가를 받아야 하는 경우(규칙 제8조, 별표 1의2)

구 분	변경허가를 받아야 하는 경우
제조소 또는 일반 취급소	• 제조소 또는 일반취급소의 위치를 이전하는 경우 • 건축물의 벽·기둥·바닥·보 또는 지붕을 증설 또는 철거하는 경우 • 배출설비를 신설하는 경우 • 위험물취급탱크를 신설·교체·철거 또는 보수(탱크의 본체를 절개하는 경우)하는 경우 • 위험물취급탱크의 노즐 또는 맨홀을 신설하는 경우(노즐 또는 맨홀의 직경이 250[mm]를 초과하는 경우에 한한다) • 위험물취급탱크의 방유제의 높이 또는 방유제 내의 면적을 변경하는 경우 • 위험물취급탱크의 탱크전용실을 증설 또는 교체하는 경우 • 300[m](지상에 설치하지 않은 배관의 경우에는 30[m])를 초과하는 위험물배관을 신설·교체·철거 또는 보수(배관을 절개하는 경우에 한한다)하는 경우 • 불활성기체의 봉입장치를 신설하는 경우 • 냉각장치 또는 보냉장치를 신설하는 경우 • 탱크전용실을 증설 또는 교체하는 경우 • 방화상 유효한 담을 신설·철거 또는 이설하는 경우 • 위험물의 제조설비 또는 취급설비(펌프설비는 제외)를 증설하는 경우 • 자동화재탐지설비를 신설 또는 철거하는 경우

구 분	변경허가를 받아야 하는 경우
옥내 저장소	• 건축물의 벽·기둥·바닥·보 또는 지붕을 증설 또는 철거하는 경우 • 배출설비를 신설하는 경우 • 온도의 상승에 의한 위험한 반응을 방지하기 위한 설비를 신설하는 경우 • 담 또는 토제를 신설·철거 또는 이설하는 경우 • 옥외소화전설비·스프링클러설비·물분무 등 소화설비를 신설·교체(배관·밸브·압력계·소화전본체·소화약제탱크·포헤드·포방출구 등의 교체는 제외) 또는 철거하는 경우 • 자동화재탐지설비를 신설 또는 철거하는 경우

4-1. 위험물의 제조소 등을 설치하고자 할 때 설치장소를 관할하는 누구의 허가를 받아야 하는가?

① 행정안전부장관
② 소방청장
③ 특별시장·광역시장 또는 도지사
④ 기초 지방 자치 단체장

4-2. 위험물안전관리법상 위험물시설의 설치 및 변경 등에 관한 기준 중 다음 (　) 안에 알맞은 것은?

> 제조소 등의 위치·구조 또는 설비의 변경 없이 해당 제조소 등에서 저장하거나 취급하는 위험물의 품명·수량 또는 지정수량의 배수를 변경하고자 하는 자는 변경하고자 하는 날의 (ㄱ)일 전까지 (ㄴ)이 정하는 바에 따라 (ㄷ)에게 신고해야 한다.

① ㄱ 1,　ㄴ 행정안전부령,　ㄷ 시·도지사
② ㄱ 1,　ㄴ 대통령령,　ㄷ 소방본부장·소방서장
③ ㄱ 14,　ㄴ 행정안전부령,　ㄷ 시·도지사
④ ㄱ 14,　ㄴ 대통령령,　ㄷ 소방본부장·소방서장

4-3. 제조소 등의 위치·구조 또는 설비의 변경없이 해당 제조소 등에서 저장하거나 취급하는 위험물의 지정수량의 배수를 변경하고자 할 때는 누구에게 신고해야 하는가?

① 행정안전부장관
② 시·도지사
③ 소방본부장
④ 소방서장

4-4. 다음 중 농예용·축산용 또는 수산용으로 필요한 난방시설을 위해 사용하는 위험물의 경우 시·도지사의 허가를 받지 않을 수 있는 지정수량은?

① 20배 이하
② 30배 이상
③ 40배 이상
④ 100배 이하

|해설|

4-1

위험물의 제조소 등 설치허가권자 : 특별시장·광역시장 또는 도지사(이하 "시·도지사")

4-2

제조소 등의 위치·구조 또는 설비의 변경 없이 해당 제조소 등에서 저장하거나 취급하는 위험물의 품명·수량 또는 지정수량의 배수를 변경하고자 하는 자는 변경하고자 하는 날의 1일 전까지 행정안전부령이 정하는 바에 따라 시·도지사에게 신고해야 한다.

4-3

위험물의 품명, 수량, 지정수량의 배수 변경 신고 : 시·도지사

4-4

허가 또는 신고사항이 아닌 경우
• 주택의 난방시설(공동주택의 중앙난방시설을 제외)을 위한 저장소 또는 취급소
• 농예용·축산용 또는 수산용으로 필요한 난방시설 또는 건조시설을 위한 지정수량 20배 이하의 저장소

정답 **4-1** ③ **4-2** ① **4-3** ② **4-4** ①

핵심이론 05 | 위험물탱크 성능시험자

(1) 위험물탱크 시험자(법 제16조)

① 탱크시험자 등록 : 시·도지사에게 등록

② 등록사항 : 기술능력, 시설, 장비

③ 등록 중요사항 변경 시 : 그날로부터 30일 이내에 시·도지사에게 변경신고

④ 등록취소나 업무정지권자 : 시·도지사

⑤ 등록취소 또는 6월 이내의 업무정지
ㄱ 허위 그 밖의 부정한 방법으로 등록을 한 경우(등록취소)
ㄴ 등록의 결격사유에 해당하게 된 경우(등록취소)
ㄷ 등록증을 다른 자에게 빌려준 경우(등록취소)
ㄹ 등록기준에 미달하게 된 경우
ㅁ 탱크안전성능시험 또는 점검을 허위로 하거나 이 법에 의한 기준에 맞지 않게 탱크안전성능시험 또는 점검을 실시하는 경우 등 탱크시험자로서 적합하지 않다고 인정하는 경우

(2) 탱크안전성능검사의 대상 및 신청시기(영 제8조, 규칙 제18조)

검사 종류	검사 대상	신청시기
기초·지반검사	옥외탱크저장소의 액체 위험물 탱크 중 그 용량이 100만[L] 이상인 탱크	위험물 탱크의 기초 및 지반에 관한 공사의 개시 전
충수·수압검사	액체 위험물을 저장 또는 취급하는 탱크	위험물을 저장 또는 취급하는 탱크에 배관 그 밖의 부속설비를 부착하기 전
용접부검사	옥외탱크저장소의 액체 위험물 탱크 중 그 용량이 100만[L] 이상인 탱크	탱크 본체에 관한 공사의 개시 전
암반탱크검사	액체 위험물을 저장 또는 취급하는 암반 내의 공간을 이용한 탱크	암반탱크의 본체에 관한 공사의 개시 전

5-1. 위험물 탱크안전성능시험자가 되고자 하는 자는?

① 행정안전부장관의 지정을 받아야 한다.
② 시·도지사에게 등록해야 한다.
③ 시·도 소방본부장의 지정을 받아야 한다.
④ 소방서장에게 등록해야 한다.

5-2. 다음 중 위험물 탱크안전성능시험자로 등록하기 위하여 갖추어야 할 사항에 포함되지 않는 것은?

① 자본금　　　　　　② 기술능력
③ 시 설　　　　　　④ 장 비

5-3. 옥외탱크저장소의 액체 위험물탱크 중 그 용량[L]이 얼마 이상인 탱크는 기초·지반검사를 받아야 하는가?

① 10만　　　　　　② 30만
③ 50만　　　　　　④ 100만

5-4. 탱크안전성능시험자가 되고자 하는 사람은 행정안전부령이 정하는 기술능력, 시설 및 장비를 갖추어 시, 도지사에게 등록해야 한다. 이 경우 행정안전부령이 정하는 중요사항을 변경한 경우에는 그날로부터 며칠 이내에 변경 신고를 해야 하는가?

① 10　　　　　　② 20
③ 30　　　　　　④ 40

|해설|

5-1
위험물 탱크안전성능시험자가 되고자 하는 자 : 시·도지사에게 등록

5-2
위험물 탱크안전성능시험자 등록 요건 : 기술능력, 시설, 장비

5-3
옥외탱크저장소의 액체 위험물탱크 중 용량이 100만[L] 이상인 탱크는 기초·지반검사를 받아야 한다.

5-4
탱크안전성능시험자의 중요사항 변경 신고 : 30일 이내

정답 5-1 ②　5-2 ①　5-3 ④　5-4 ③

핵심이론 06 | 완공검사, 지위승계, 용도폐지, 취소 및 사용정지 등

(1) 완공검사(법 제9조, 규칙 제20조)

① 완공검사권자 : 시·도지사(소방본부장 또는 소방서장에게 위임)

② 제조소 등의 완공검사 신청시기

　㉠ 지하탱크가 있는 제조소 등의 경우 : 해당 지하탱크를 매설하기 전

　㉡ 이동탱크저장소의 경우 : 이동탱크를 완공하고 상치장소를 확보한 후

　㉢ 이송취급소의 경우 : 이송배관 공사의 전체 또는 일부를 완료한 후(다만, 지하·하천 등에 매설하는 이송배관의 공사의 경우에는 이송배관을 매설하기 전)

　㉣ 제조소 등의 경우 : 제조소 등의 공사를 완료한 후

(2) 제조소 등의 지위승계, 용도폐지신고, 취소 사용정지 등(법 제10~13조)

① 제조소 등의 설치자의 지위를 승계 : 승계한 날부터 30일 이내에 시·도지사에게 신고

② 제조소 등의 용도를 폐지 : 용도를 폐지한 날부터 14일 이내에 시·도지사에게 신고

③ 제조소 등의 설치허가 취소와 6개월 이내의 사용정지

　㉠ 변경허가를 받지 않고 제조소 등의 위치·구조 또는 설비를 변경한 때

　㉡ 완공검사를 받지 않고 제조소 등을 사용한 때

　㉢ 안전조치 이행명령을 따르지 않은 때

　㉣ 제조소 등의 위치, 구조, 설비의 규정에 따른 수리·개조 또는 이전의 명령에 위반한 때

　㉤ 위험물안전관리자를 선임하지 않은 때

　㉥ 대리자를 지정하지 않은 때

　㉦ 제조소 등의 정기점검을 하지 않은 때

　㉧ 제조소 등의 정기검사를 받지 않은 때

④ 제조소 등의 과징금 처분

    ㉠ 과징금 처분권자 : 시·도지사

    ㉡ 과징금 부과금액 : 2억원 이하

    ㉢ 과징금을 부과하는 위반행위의 종별·정도 등에 따른 과징금의 금액 그 밖의 필요한 사항 : 행정안전부령

10년간 자주 출제된 문제

6-1. 위험물안전관리법령상 제조소 등의 완공검사 신청시기 기준으로 틀린 것은?

① 지하탱크가 있는 제조소 등의 경우에는 해당 지하탱크를 매설하기 전

② 이동탱크저장소의 경우에는 이동저장탱크를 완공하고 상치장소를 확보한 후

③ 이송취급소의 경우에는 이송배관 공사의 전체 또는 일부 완료한 후

④ 배관을 지하에 설치하는 경우에는 소방서장이 지정하는 부분을 매몰하고 난 직후

6-2. 위험물 저장소를 승계한 사람은 며칠 이내에 승계사항을 신고해야 하는가?

① 7일   ② 14일

③ 30일   ④ 60일

6-3. 위험물제조소 등의 용도 폐지를 한 때에는 폐지한 날부터 며칠 이내에 시·도지사에게 신고해야 하는가?

① 7일   ② 14일

③ 30일   ④ 60일

6-4. 위험물제조소 등의 허가취소 또는 사용정지 사유가 아닌 것은?

① 변경허가를 받지 않고 제조소 등의 위치·구조 또는 설비를 변경한 때

② 위험물 시설안전원을 두지 않았을 때

③ 완공검사를 받지 않고 제조소 등을 사용한 때

④ 위험물안전관리자를 선임하지 않은 때

6-5. 위험물안전관리법상 과징금 처분에서 위험물제조소 등에 대한 사용의 정지가 공익을 해칠 우려가 있을 때, 사용정지처분에 갈음하여 얼마의 과징금을 부과할 수 있는가?

① 5,000만원 이하   ② 1억원 이하

③ 2억원 이하   ④ 3억원 이하

|해설|

6-1

배관을 지하에 설치하는 경우에는 시·도지사, 소방서장 또는 기술원이 지정하는 부분을 매몰하기 직전에 실시해야 한다.

6-2

제조소 등의 지위승계 : 승계한 날로부터 30일 이내에 시·도지사에게 신고

6-3

위험물제조소 등의 용도 폐지 : 폐지한 날로부터 14일 이내에 시·도지사에게 신고

6-4

본문 참조

6-5

위험물안전관리법의 과징금 : 2억원 이하

정답 6-1 ④   6-2 ③   6-3 ②   6-4 ②   6-5 ③

핵심이론 01 | 위험물안전관리

(1) 위험물안전관리(법 제14조, 제15조, 규칙 제54조)

① 제조소 등의 위치·구조 및 설비의 수리·개조 또는 이전을 명할 수 있는 사람 : 시·도지사, 소방본부장, 소방서장

② 안전관리자 선임 : 관계인

③ 안전관리자 해임, 퇴직 시 : 해임하거나 퇴직한 날부터 30일 이내에 안전관리자 선임

④ 안전관리자 선임 시 : 14일 이내에 소방본부장, 소방서장에게 신고

⑤ 안전관리자 직무 미시행·미선임 시 업무 : 위험물취급 자격취득자 또는 대리자

※ 대리자의 직무 기간 : 30일 이내

⑥ 제조소 등에 있어서 위험물취급자격자가 아닌 자는 안전관리자 또는 대리자가 참여한 상태에서 위험물을 취급해야 한다.

⑦ 안전관리자의 대리자

　㉠ 안전교육을 받은 자

　㉡ 제조소 등의 위험물안전관리업무에 있어서 안전관리자를 지휘·감독하는 직위에 있는 자

(2) 1인의 안전관리자를 중복하여 선임할 수 있는 저장소 등(규칙 제56조)

① 10개 이하의 옥내저장소

② 30개 이하의 옥외탱크저장소

③ 옥내탱크저장소

④ 지하탱크저장소

⑤ 간이탱크저장소

⑥ 10개 이하의 옥외저장소

⑦ 10개 이하의 암반탱크저장소

1-1. 위험물 안전관리자가 퇴직한 때에는 퇴직한 날부터 며칠 이내에 다시 위험물 안전관리자를 선임해야 하는가?

① 7일 이내
② 15일 이내
③ 30일 이내
④ 45일 이내

1-2. 위험물제조소에는 위험물안전관리자를 선임해야 한다. 선임될 수 없는 사람은?

① 위험물기능장
② 위험물산업기사
③ 위험물기능사
④ 소방공무원 경력자

1-3. 위험물안전관리자를 선임한 때에는 선임한 날부터 며칠 이내에 소방서장에게 선임신고해야 하는가?

① 7일
② 14일
③ 20일
④ 30일

1-4. 지정수량 10배인 제4류 위험물을 옥외탱크저장소에 저장하는 경우 위험물안전관리자 선임기준으로 틀린 것은?

① 2년 이상 실무경력이 있는 위험물기능사
② 위험물산업기사
③ 위험물기능장
④ 소방공무원 경력자

1-5. 1인의 위험물 안전관리자를 중복하여 선임할 수 있는 저장소로 틀린 것은?

① 10개 이하의 옥내저장소
② 30개 이하의 옥외탱크저장소
③ 10개 이하의 옥내탱크저장소
④ 10개 이하의 옥외저장소

1-1

안전관리자의 해임 또는 퇴직 시에는 해임 또는 퇴직한 날부터 30일 이내 선임해야 한다.

1-2

소방공무원 경력자는 지정수량 5배를 초과하는 제조소에는 위험물안전관리자로 선임할 수 없다.

1-3

위험물안전관리자 선임 : 14일 이내에 소방본부장, 소방서장에게 신고

1-4

지정수량 10배인 옥외탱크저장소에 선임 가능한 위험물안전관리자
: 위험물기능장, 위험물산업기사 또는 2년 이상의 실무경력이 있는 위험물기능사(5배 이하일 때에는 소방공무원 경력자도 선임할 수 있다)

1-5

옥내탱크저장소는 탱크 숫자에 관계없이 중복하여 선임할 수 있다.

정답 1-1 ③ 1-2 ④ 1-3 ② 1-4 ④ 1-5 ③

핵심이론 02 | 예방규정, 정기점검, 정기검사

(1) 예방규정(법 제17조, 영 제15조, 규칙 제63조)

① **작성자** : 관계인(소유자, 점유자, 관리자)

② **처리** : 제조소 등의 사용을 시작하기 전에 시·도지사에게 제출(변경 시 동일)

③ 예방규정을 정해야 할 제조소 등

　㉠ 지정수량의 10배 이상의 위험물을 취급하는 제조소

　㉡ 지정수량의 100배 이상의 위험물을 저장하는 옥외저장소

　㉢ 지정수량의 150배 이상의 위험물을 저장하는 옥내저장소

　㉣ 지정수량의 200배 이상의 위험물을 저장하는 옥외탱크저장소

　㉤ 암반탱크저장소

　㉥ 이송취급소

　㉦ 지정수량의 10배 이상의 위험물을 취급하는 일반취급소. 다만, 제4류 위험물(특수인화물을 제외한다)만을 지정수량의 50배 이하로 취급하는 일반취급소(제1석유류·알코올류의 취급량이 지정수량의 10배 이하인 경우에 한한다)로서 다음의 어느 하나에 해당하는 것을 제외한다.

　　• 보일러·버너 또는 이와 비슷한 것으로서 위험물을 소비하는 장치로 이루어진 일반취급소

　　• 위험물을 용기에 옮겨 담거나 차량에 고정된 탱크에 주입하는 일반취급소

④ 예방규정의 이행 실태 평가(규칙 제63조의2)

　㉠ **최초평가** : 법 제17조 제1항 전단에 따라 예방규정을 최초로 제출한 날부터 3년이 되는 날이 속하는 연도에 실시

　㉡ **정기평가** : 최초평가 또는 직전 정기평가를 실시한 날을 기준으로 4년마다 실시. 다만, ㉢에 따라 수시평가를 실시한 경우에는 수시평가를 실시한 날을 기준으로 4년마다 실시한다.

ⓒ 수시평가 : 위험물의 누출·화재·폭발 등의 사고
가 발생한 경우 소방청장이 제조소 등의 관계인
또는 종업원의 예방규정 준수 여부를 평가할 필요
가 있다고 인정하는 경우에 실시

(2) 정기점검 및 정기검사(법 제18조, 영 제16조, 제17조, 규칙
제64조)

① 관계인은 정기적으로 점검하고 점검결과를 기록하여
보존해야 한다.

② 정기점검 대상
　　ⓐ 예방규정을 정해야 하는 제조소 등
　　ⓑ 지하탱크저장소
　　ⓒ 이동탱크저장소
　　ⓓ 위험물을 취급하는 탱크로서 지하에 매설된 탱크
　　가 있는 제조소, 주유취급소, 일반취급소
　　※ 정기점검의 횟수 : 연 1회 이상

③ 정기검사 대상
　　액체위험물을 저장 또는 취급하는 50만[L] 이상의 옥
　　외탱크저장소

10년간 자주 출제된 문제

**2-1. 예방규정을 정해야 하는 제조소 등의 관계인은 예방규정
을 정하여 언제까지 시·도지사에게 제출해야 하는가?**

① 제조소 등의 착공신고 전
② 제조소 등의 완공신고 전
③ 제조소 등의 사용시작 전
④ 제조소 등의 탱크안전성능시험 전

**2-2. 다음 중 예방규정을 정해야 하는 제조소 등의 기준이 아닌
것은?**

① 지정수량의 10배 이상의 위험물을 취급하는 제조소
② 지정수량의 100배 이상의 위험물을 저장하는 일반취급소
③ 지정수량의 150배 이상의 위험물을 저장하는 옥내저장소
④ 암반탱크저장소

**2-3. 지정수량의 몇 배 이상의 위험물을 저장하는 옥외저장소
에는 화재예방을 위한 예방규정을 정해야 하는가?**

① 10배
② 100배
③ 150배
④ 200배

**2-4. 액체위험물을 저장 또는 취급하는 옥외탱크저장소 중 몇
[L] 이상의 옥외탱크저장소는 정기검사의 대상이 되는가?**

① 1만
② 10만
③ 50만
④ 1,000만

2-5. 정기점검의 대상이 되는 제조소 등이 아닌 것은?

① 옥내탱크저장소
② 지하탱크저장소
③ 이동탱크저장소
④ 이송취급소

|해설|

2-1
예방규정 : 제조소 등의 사용시작 전에 시·도지사에게 제출

2-2
지정수량의 10배 이상의 위험물을 취급하는 제조소, 일반취급소
는 예방규정 대상이다.

2-3
지정수량의 100배 이상의 위험물을 취급하는 옥외저장소는 예방
규정 대상이다.

2-4
액체위험물을 저장 또는 취급하는 50만[L] 이상의 옥외탱크저장
소는 정기검사 대상이다.

2-5
정기점검의 대상인 제조소 등
• 예방규정 대상에 해당하는 제조소 등
• 지하탱크저장소
• 이동탱크저장소
• 위험물을 취급하는 탱크로서 지하에 매설된 탱크가 있는 제조
　소, 주유취급소, 일반취급소

정답 2-1 ③　2-2 ②　2-3 ②　2-4 ③　2-5 ①

(1) 자체소방대의 설치대상(영 제18조)

① 제4류 위험물의 최대수량의 합이 지정수량의 3,000 배 이상을 취급하는 제조소 또는 일반취급소(다만, 보일러로 위험물을 소비하는 일반취급소는 제외)

② 제4류 위험물의 최대수량이 지정수량의 50만배 이상을 저장하는 옥외탱크저장소

(2) 자체소방대의 설치 제외 대상인 일반취급소(규칙 제73조)

① 보일러, 버너, 그 밖에 이와 유사한 장치로 위험물을 소비하는 일반취급소

② 이동저장탱크, 그 밖에 이와 유사한 것에 위험물을 주입하는 일반취급소

③ 용기에 위험물을 옮겨 담는 일반취급소

④ 유압장치, 윤활유 순환장치 그 밖에 이와 유사한 장치로 위험물을 취급하는 일반취급소

⑤ 광산안전법의 적용을 받는 일반취급소

(3) 자체소방대에 두는 화학소방자동차 및 인원(영 별표 8)

사업소의 구분	화학소방 자동차	자체소방 대원의 수
제조소 또는 일반취급소에서 취급하는 제4류 위험물의 최대수량의 합이 지정수량의 3,000배 이상 12만배 미만인 사업소	1대	5인
제조소 또는 일반취급소에서 취급하는 제4류 위험물의 최대수량의 합이 지정수량의 12만배 이상 24만배 미만인 사업소	2대	10인
제조소 또는 일반취급소에서 취급하는 제4류 위험물의 최대수량의 합이 지정수량의 24만배 이상 48만배 미만인 사업소	3대	15인
제조소 또는 일반취급소에서 취급하는 제4류 위험물의 최대수량의 합이 지정수량의 48만배 이상인 사업소	4대	20인
옥외탱크저장소에 저장하는 제4류 위험물의 최대수량이 지정수량의 50만배 이상인 사업소	2대	10인

※ 화학소방자동차에는 행정안전부령으로 정하는 소화능력 및 설비를 갖추어야 하고, 소화활동에 필요한 소화약제 및 기구(방열복 등 개인장구를 포함한다)를 비치해야 한다.

(4) 화학소방자동차에 갖추어야 하는 소화능력 및 설비의 기준(규칙 제75조, 별표 23)

화학소방자동차의 구분	소화능력 및 설비의 기준
포수용액 방사차	포수용액의 방사능력이 매분 2,000[L] 이상일 것
	소화약액탱크 및 소화약액혼합장치를 비치할 것
	10만[L] 이상의 포수용액을 방사할 수 있는 양의 소화약제를 비치할 것
분말 방사차	분말의 방사능력이 매초 35[kg] 이상일 것
	분말탱크 및 가압용 가스설비를 비치할 것
	1,400[kg] 이상의 분말을 비치할 것
할로젠화합물 방사차	할로젠화합물의 방사능력이 매초 40[kg] 이상일 것
	할로젠화합물탱크 및 가압용 가스설비를 비치할 것
	1,000[kg] 이상의 할로젠화합물을 비치할 것
이산화탄소 방사차	이산화탄소의 방사능력이 매초 40[kg] 이상일 것
	이산화탄소 저장용기를 비치할 것
	3,000[kg] 이상의 이산화탄소를 비치할 것
제독차	가성소다 및 규조토를 각각 50[kg] 이상 비치할 것

※ 위험물 관련 법령에서는 '할로젠', 소방 관련 법령에서는 '할로겐'으로 명명한다.

3-1. 제4류 위험물의 최대수량의 합이 지정수량의 몇 배 이상을 취급하는 제조소 또는 일반취급소에는 자체소방대를 설치해야 하는가?

① 1,000배 ② 2,000배
③ 3,000배 ④ 5,000배

3-2. 위험물안전관리법에 의하여 자체소방대를 두는 제조소로서 제4류 위험물의 최대수량의 합이 지정수량 12만배 이상 24만배 미만인 경우 보유해야 할 화학소방차와 자체소방대원의 기준으로 옳은 것은?

① 2대, 10인 ② 3대, 10인
③ 3대, 15인 ④ 4대, 20인

3-3. 위험물안전관리법에 의하여 자체소방대를 두는 제조소로서 제4류 위험물의 최대 수량의 합이 지정수량 24만배 이상 48만배 미만인 경우 보유해야 할 화학소방차와 자체소방대원의 기준으로 옳은 것은?

① 2대, 10인 ② 3대, 10인
③ 3대, 15인 ④ 4대, 20인

3-4. 화학소방자동차의 소화능력 및 설비 기준에서 분말 방사차의 분말의 방사능력은 매초 몇 [kg] 이상이어야 하는가?

① 25 ② 30
③ 35 ④ 40

|해설|

3-1
제4류 위험물의 최대수량의 합이 지정수량의 3,000배 이상을 취급하는 제조소 또는 일반취급소(다만, 보일러로 위험물을 소비하는 일반취급소는 제외)는 자체소방대 설치 대상이다.

3-2, 3-3
본문 참조

3-4
분말 방사차 : 분말의 방사능력이 매초 35[kg] 이상일 것

정답 3-1 ③ 3-2 ① 3-3 ③ 3-4 ③

핵심이론 01 │ 위험물의 운송, 감독 및 조치명령

(1) 위험물의 운송(법 제20조, 영 제19조)
① 운반기준 : 용기, 적재방법, 운반방법
② 운반용기의 검사권자 : 시·도지사
③ 위험물 운반자의 자격요건
　　㉠ 위험물 분야의 자격을 취득할 것
　　㉡ 안전교육을 수료할 것
④ 운송책임자의 감독·지원을 받아 운송해야 하는 위험물
　　㉠ 알킬알루미늄
　　㉡ 알킬리튬
　　㉢ ㉠ 또는 ㉡의 물질을 함유하는 위험물

(2) 감독 및 조치명령 등(법 제22~25조)
① 개인의 주거는 관계인의 승낙을 얻은 경우 또는 화재발생의 우려가 커서 긴급한 필요가 있는 경우가 아니면 출입할 수 없다.
② 국가기술자격증 또는 교육수료증의 제시 요구권자 : 소방공무원 또는 경찰공무원
③ 무허가 장소의 위험물에 대한 조치명령 : 시·도지사, 소방본부장 또는 소방서장
④ 제조소 등의 사용 일시정지, 사용제한권자 : 시·도지사, 소방본부장 또는 소방서장

(3) 안전교육대상자(영 제20조)
① 안전관리자로 선임된 자
② 탱크시험자의 기술인력으로 종사하는 자
③ 위험물운반자로 종사하는 자
④ 위험물운송자로 종사하는 자

(4) 청 문(법 제29조)

① 청문실시권자 : 시 · 도지사, 소방본부장, 소방서장
② 청문 대상
    ㉠ 제조소 등 설치허가의 취소
    ㉡ 탱크시험자의 등록취소

10년간 자주 출제된 문제

1-1. 다음 중 운송책임자의 감독 또는 지원을 받아 운송해야 하는 위험물은?

① 과염소산 · 질산
② 알킬알루미늄 · 알킬리튬
③ 아염소산염류 · 과염소산염류
④ 마그네슘 · 질산염류

1-2. 위험물안전관리법령상 위험물의 안전관리와 관련된 업무를 수행하는 자로서 소방청장이 실시하는 안전교육대상자가 아닌 것은?

① 안전관리자로 선임된 자
② 탱크시험자의 기술인력으로 종사하는 자
③ 위험물운송자로 종사하는 자
④ 제조소 등의 관계인

1-3. 탱크시험자의 등록취소 처분을 하고자 하는 경우에 청문 실시권자가 아닌 것은?

① 시 · 도지사
② 소방서장
③ 소방본부장
④ 행정안전부장관

1-4. 위험물안전관리법상 행정처분을 하고자 하는 경우 청문을 실시해야 하는 것은?

① 제조소 등 설치허가의 취소
② 제조소 등 영업정지 처분
③ 탱크시험자의 영업정지
④ 과징금 부과처분

|해설|

1-1
운송책임자의 감독 또는 지원을 받아 운송해야 하는 위험물
• 알킬알루미늄
• 알킬리튬
• 알킬알루미늄 또는 알킬리튬의 물질을 함유하는 위험물

1-2
안전교육대상자
• 안전관리자로 선임된 자
• 탱크시험자의 기술인력으로 종사하는 자
• 위험물운반자로 종사하는 자
• 위험물운송자로 종사하는 자

1-3
청문실시권자 : 시 · 도지사, 소방본부장, 소방서장

1-4
청문실시 대상
• 제조소 등 설치허가의 취소
• 탱크시험자의 등록취소

정답 1-1 ② 1-2 ④ 1-3 ④ 1-4 ①

제4절 벌칙 등

핵심이론 01 | 벌칙 및 과태료

(1) 제조소 등 또는 허가를 받지 않고 지정수량 이상의 위험물을 저장 또는 취급하는 장소에서 위험물을 유출·방출 또는 확산시켜 사람의 생명·신체 또는 재산에 대하여

① 위험을 발생시킨 자 : 1년 이상 10년 이하의 징역

② 상해(傷害)에 이르게 한 때 : 무기 또는 3년 이상의 징역

③ 사망에 이르게 한 때 : 무기 또는 5년 이상의 징역

(2) 업무상 과실로 제조소 등 또는 허가를 받지 않고 지정수량 이상의 위험물을 저장 또는 취급하는 장소에서 위험물을 유출·방출 또는 확산시켜

① 사람의 생명·신체 또는 재산에 대하여 위험을 발생시킨 자 : 7년 이하의 금고 또는 7,000만원 이하의 벌금

② 사람을 사상(死傷)에 이르게 한 자 : 10년 이하의 징역 또는 금고나 1억원 이하의 벌금

(3) 5년 이하의 징역 또는 1억원 이하의 벌금(법 제34조의2)

제조소 등의 설치허가를 받지 않고 제조소 등을 설치한 자

(4) 3년 이하의 징역 또는 3,000만원 이하의 벌금(법 제34조의3)

저장소 또는 제조소 등이 아닌 장소에서 지정수량 이상의 위험물을 저장 또는 취급한 자

(5) 1년 이하의 징역 또는 1,000만원 이하의 벌금(법 제35조)

① 탱크시험자로 등록하지 않고 탱크시험자의 업무를 한 자

② 정기점검을 하지 않거나 점검기록을 허위로 작성한 관계인으로서 허가를 받은 자

③ 정기검사를 받지 않은 관계인으로서 허가를 받은 자

④ 자체소방대를 두지 않은 관계인으로서 허가를 받은 자

⑤ 운반용기에 대한 검사를 받지 않고 운반용기를 사용하거나 유통시킨 자

⑥ 명령을 위반하여 보고 또는 자료제출을 하지 않거나 허위의 보고 또는 자료제출을 한 자 또는 관계 공무원의 출입·검사 또는 수거를 거부·방해 또는 기피한 자

⑦ 제조소 등에 대한 긴급 사용정지·제한명령을 위반한 자

(6) 1,500만원 이하의 벌금(법 제36조)

① 위험물의 저장 또는 취급에 관한 중요기준에 따르지 않은 자

② 변경허가를 받지 않고 제조소 등을 변경한 자

③ 제조소 등의 완공검사를 받지 않고 위험물을 저장·취급한 자

④ 안전조치 이행명령을 따르지 않은 자

⑤ 제조소 등의 사용정지 명령을 위반한 자

⑥ 수리·개조 또는 이전의 명령에 따르지 않은 자

⑦ 안전관리자를 선임하지 않은 관계인으로서 허가를 받은 자

⑧ 대리자를 지정하지 않은 관계인으로서 허가를 받은 자

⑨ 업무정지명령을 위반한 자

⑩ 탱크안전성능시험 또는 점검에 관한 업무를 허위로 하거나 그 결과를 증명하는 서류를 허위로 교부한 자

⑪ 예방규정을 제출하지 않거나 변경명령을 위반한 관계인으로서 허가를 받은 자

⑫ 정지지시를 거부하거나 국가기술자격증, 교육수료증, 신원 확인 시 증명서 제시거부 및 질문에 응하지 않은 자

⑬ 명령을 위반하여 보고 또는 자료제출을 하지 않거나 허위의 보고 또는 자료제출을 한 자 및 관계 공무원의 출입 또는 조사·검사를 거부·방해 또는 기피한 자

⑭ 탱크시험자에 대한 감독상 명령에 따르지 않은 자

⑮ 무허가 장소의 위험물에 대한 조치명령에 따르지 않은 자

⑯ 저장·취급기준 준수명령 또는 응급조치명령을 위반한 자

(7) 1,000만원 이하의 벌금(법 제37조)

① 위험물의 취급에 관한 안전관리와 감독을 하지 않은 자

② 안전관리자 또는 그 대리자가 참여하지 않은 상태에서 위험물을 취급한 자

③ 변경한 예방규정을 제출하지 않은 관계인으로서 허가를 받은 자

④ 위험물의 운반에 관한 중요기준에 따르지 않은 자

⑤ 위험물을 취급할 수 있는 국가기술자격을 취득하지 않거나 또는 안전교육을 받지 않은 위험물운반자

⑥ 위험물운송자 자격을 갖추지 않은 위험물운송자

⑦ 관계인의 정당한 업무를 방해하거나 출입·검사 등을 수행하면서 알게 된 비밀을 누설한 자

(8) 500만원 이하의 과태료(법 제39조)

① 임시저장기간의 승인을 받지 않은 자

② 위험물의 저장 또는 취급에 관한 세부기준을 위반한 자

③ 위험물의 품명 등의 변경신고를 기간 이내에 하지 않거나 허위로 한 자

④ 위험물제조소 등의 지위승계신고를 기간 이내에 하지 않거나 허위로 한 자

⑤ 제조소 등의 폐지신고, 안전관리자의 선임신고를 기간 이내에 하지 않거나 허위로 한 자

⑥ 사용 중지신고 또는 재개신고를 기간 이내에 하지 않거나 거짓으로 한 자

⑦ 등록사항의 변경신고를 기간 이내에 하지 않거나 허위로 한 자

⑧ 예방규정을 준수하지 않은 자

⑨ 위험물제조소 등의 정기 점검결과를 기록·보존 하지 않은 자

⑩ 기간 이내에 점검결과를 제출하지 않은 자

⑪ 제조소 등에서 지정된 장소가 아닌 곳에서 흡연을 한 자

⑫ 위험물의 운반에 관한 세부기준을 위반한 자

⑬ 위험물의 운송에 관한 기준을 따르지 않은 자

10년간 자주 출제된 문제

1-1. 위험물안전관리법령상 업무상 과실로 제조소 등에서 위험물을 유출·방출 또는 확산시켜 사람의 생명·신체 또는 재산에 대하여 위험물을 발생시킨 자에 대한 벌칙기준으로 옳은 것은?

① 10년 이하의 징역 또는 금고나 1억원 이하의 벌금
② 7년 이하의 금고 또는 7,000만원 이하의 벌금
③ 5년 이하의 징역 또는 5,000만원 이하의 벌금
④ 3년 이하의 징역 또는 3,000만원 이하의 벌금

1-2. 저장소 또는 제조소 등이 아닌 장소에서 지정수량 이상의 위험물을 저장 또는 취급한 자에 대한 벌칙은?

① 5년 이하 징역 또는 5,000만원 이하의 벌금
② 3년 이하 징역 또는 3,000만원 이하의 벌금
③ 2년 이하 징역 또는 2,000만원 이하의 벌금
④ 1년 이하 징역 또는 1,000만원 이하의 벌금

1-3. 위험물운송자 자격을 취득하지 않은 자가 위험물 이동탱크저장소 운전 시의 벌칙으로 옳은 것은?

① 100만원 이하의 벌금
② 300만원 이하의 벌금
③ 400만원 이하의 벌금
④ 1,000만원 이하의 벌금

|해설|

1-1
업무상 과실로 제조소 등에서 위험물을 유출·방출 또는 확산시켜 사람의 생명·신체 또는 재산에 대하여 위험을 발생시킨 자는 7년 이하의 금고 또는 7,000만원 이하의 벌금에 처한다.

1-2
제조소 등이 아닌 장소에서 지정수량 이상의 위험물을 저장 또는 취급한 자에 대한 벌칙 : 3년 이하 징역 또는 3,000만원 이하의 벌금

1-3
본문 참조

정답 1-1 ② 1-2 ② 1-3 ④

제6장 | 제조소 등의 위치·구조 및 설비의 기준

제1절 위험물제조소(규칙 별표 4)

핵심이론 01 │ 안전거리 및 보유공지

(1) 제조소의 안전거리

제6류 위험물을 취급하는 제조소는 제외한다.

건축물	안전거리
건축물 그 밖의 공작물로서 주거용으로 사용되는 것	10[m] 이상
고압가스, 액화석유가스, 도시가스를 저장·취급하는 시설	20[m] 이상
학교, 병원, 극장, 복지시설, 어린이집, 성매매피해자 등을 위한 지원시설, 정신건강증진시설 등	30[m] 이상

(2) 제조소의 보유공지

취급하는 위험물의 최대수량	공지의 너비
지정수량의 10배 이하	3[m] 이상
지정수량의 10배 초과	5[m] 이상

10년간 자주 출제된 문제

1-1. 국가유산기본법의 규정에 의한 국가유산과 위험물제조소의 안전거리는 몇 [m] 이상이어야 하는가?

① 30[m]　　　　② 50[m]
③ 100[m]　　　④ 200[m]

1-2. 위험물안전관리법령상 제조소의 위치·구조 및 설비의 기준 중 위험물을 취급하는 건축물 그 밖의 시설의 주위에는 그 취급하는 위험물의 최대수량이 지정수량의 10배 이하인 경우 보유해야 할 공지의 너비는 몇 [m] 이상이어야 하는가?

① 3[m]　　　　② 5[m]
③ 8[m]　　　　④ 10[m]

|해설|

1-1
국가유산과 위험물제조소와의 안전거리 : 50[m] 이상

1-2
지정수량의 10배 이하인 경우 보유공지 : 3[m] 이상

정답 1-1 ②　**1-2** ①

핵심이론 02 │ 표지 및 게시판

(1) "위험물제조소"라는 표지

① 표지의 크기 : 한 변의 길이 0.3[m] 이상, 다른 한 변의 길이 0.6[m] 이상인 직사각형
② 표지의 색상 : 백색바탕에 흑색문자

(2) 방화에 관하여 필요한 사항을 게시한 게시판

① 게시판의 크기 : 한 변의 길이 0.3[m] 이상, 다른 한 변의 길이 0.6[m] 이상인 직사각형
② 기재 내용 : 위험물의 유별, 품명, 저장최대수량 또는 취급최대수량, 지정수량의 배수, 안전관리자의 성명 또는 직명
③ 게시판의 색상 : 백색바탕에 흑색문자

(3) 주의사항을 표시한 게시판 설치

위험물의 종류	주의사항	게시판의 색상
제1류 위험물 중 알칼리금속의 과산화물 (과산화칼륨, 과산화나트륨) 제3류 위험물 중 금수성 물질	물기 엄금	청색바탕에 백색문자
제2류 위험물(인화성 고체는 제외)	화기 주의	적색바탕에 백색문자
제2류 위험물 중 인화성 고체 제3류 위험물 중 자연발화성 물질 제4류 위험물 제5류 위험물	화기 엄금	적색바탕에 백색문자
제1류 위험물의 알칼리금속의 과산화물 외의 것 제6류 위험물	별도의 표시를 하지 않는다.	

2-1. 위험물제조소에는 보기 쉬운 곳에 기준에 따라 "위험물 제조소"라는 표시를 한 표지를 설치해야 하는데 다음 중 표지의 기준으로 적합한 것은?

① 표지의 한 변의 길이는 0.3[m] 이상, 다른 한 변의 길이는 0.6[m] 이상인 직사각형으로 하되 표지의 바탕은 백색으로 문자는 흑색으로 한다.

② 표지의 한 변의 길이는 0.2[m] 이상, 다른 한 변의 길이는 0.4[m] 이상인 직사각형으로 하되 표지의 바탕은 백색으로 문자는 흑색으로 한다.

③ 표지의 한 변의 길이는 0.2[m] 이상, 다른 한 변의 길이는 0.4[m] 이상인 직사각형으로 하되 표지의 바탕은 흑색으로 문자는 백색으로 한다.

④ 표지의 한 변의 길이는 0.3[m] 이상, 다른 한 변의 길이는 0.6[m] 이상인 직사각형으로 하되 표지의 바탕은 흑색으로 문자는 백색으로 한다.

2-2. 위험물제조소의 표지의 바탕 및 문자의 색으로 옳은 것은?

① 황색바탕, 흑색문자 ② 백색바탕, 흑색문자

③ 흑색바탕, 백색문자 ④ 적색바탕, 백색문자

2-3. 제4류 위험물을 저장하는 위험물제조소의 주의사항을 표시한 게시판의 내용으로 적합한 것은?

① 물기주의 ② 물기엄금

③ 화기주의 ④ 화기엄금

2-4. 위험물안전관리법령에서 정한 게시판의 주의사항으로 잘못된 것은?

① 제2류 위험물(인화성 고체 제외) : 화기주의

② 제3류 위험물 중 자연발화성 물질 : 화기엄금

③ 제4류 위험물 : 화기주의

④ 제5류 위험물 : 화기엄금

|해설|

2-1

위험물제조소의 표지를 설치

• 표지의 크기 : 한 변의 길이 0.3[m] 이상, 다른 한 변의 길이 0.6[m] 이상

• 표지의 색상 : 백색바탕에 흑색문자

2-2

표지의 바탕 및 문자의 색

• 위험물제조소 : 백색바탕, 흑색문자

• 화기엄금, 화기주의 : 적색바탕, 백색문자

2-3, 2-4

제4류 위험물의 주의사항 : 화기엄금

정답 2-1 ① 2-2 ② 2-3 ④ 2-4 ③

(1) 건축물의 구조

① 지하층이 없도록 해야 한다.

② 벽·기둥·바닥·보·서까래 및 계단 : 불연재료(연소 우려가 있는 외벽 : 출입구 외의 개구부가 없는 내화구 조의 벽)

③ 지붕은 폭발력이 위로 방출될 정도의 가벼운 불연재료 로 덮어야 한다.

④ 액체의 위험물을 취급하는 건축물의 바닥 : 적당한 경 사를 두고 그 최저부에 집유설비를 할 것

(2) 채광 및 환기설비

① 채광설비 : 불연재료로 하고 연소의 우려가 없는 장소 에 설치하되 채광면적을 최소로 할 것

② 환기설비

　㉠ 환기 : 자연배기방식

　㉡ 급기구는 해당 급기구가 설치된 실의 바닥면적 150[m²]마다 1개 이상으로 하되 급기구의 크기는 800[cm²] 이상으로 할 것

　㉢ 급기구는 낮은 곳에 설치하고 가는 눈의 구리망으 로 인화방지망을 설치할 것

　㉣ 환기구는 지붕 위 또는 지상 2[m] 이상의 높이에 회전식 고정 벤틸레이터 또는 루프팬(Roof Fan : 지붕에 설치하는 배기장치)방식으로 설치할 것

(3) 옥외시설의 바닥(옥외에서 액체 위험물을 취급하는 경우)

① 바닥의 둘레에 높이 0.15[m] 이상의 턱을 설치할 것

② 바닥의 최저부에 집유설비를 할 것

③ 위험물(20[℃]의 물 100[g]에 용해되는 양이 1[g] 미만 인 것)을 취급하는 설비에는 집유설비에 유분리장치 를 설치할 것

(4) 피뢰설비

지정수량의 10배 이상의 위험물을 제조소(제6류 위험물 은 제외)에는 설치할 것

3-1. 위험물제조소 중 위험물을 취급하는 건축물은 특별한 경 우를 제외하고 어떤 구조로 해야 하는가?

① 지하층이 없도록 해야 한다.
② 지하층을 주로 사용하는 구조이어야 한다.
③ 지하층이 있는 2층 이내의 건축물이어야 한다.
④ 지하층이 있는 3층 이내의 건축물이어야 한다.

3-2. 위험물제조소의 환기설비 중 급기구의 크기는 몇 [cm²] 이상으로 해야 하는가?(단, 급기구의 바닥면적은 150[cm²] 이다)

① 150[cm²]　　　　　② 300[cm²]
③ 450[cm²]　　　　　④ 800[cm²]

3-3. 다음 중 위험물제조소에 채광·조명 및 환기설비의 설치 기준으로 틀린 것은?

① 채광면적은 최소로 한다.
② 환기는 강제배기방식으로 한다.
③ 급기구는 낮은 곳에 설치한다.
④ 점멸스위치는 출입구 바깥부분에 설치한다.

3-4. 다음 중 위험물제조소의 배출설비의 배출능력은 1시간당 배출장소 용적의 몇 배 이상인가?

① 5　　　　　　　　② 10
③ 15　　　　　　　　④ 20

3-5. 위험물제조소의 옥외시설 바닥의 둘레 높이는 몇 [m] 이 상의 턱을 설치해야 하는가?

① 0.1[m]　　　　　② 0.15[m]
③ 0.2[m]　　　　　④ 0.3[m]

3-6. 휘발유를 제조하는 위험물제조소에 피뢰설비는 지정수량 의 몇 배 이상일 때 설치해야 하는가?

① 5　　　　　　　　② 10
③ 15　　　　　　　　④ 20

3-7. 질산을 제조하는 위험물제조소에 피뢰설비는 지정수량의 몇 배 이상일 때 설치해야 하는가?

① 5
② 10
③ 15
④ 설치할 필요 없다.

|해설|

3-1
위험물제조소의 건축물의 구조는 지하층이 없도록 해야 한다.

3-2
급기구 : 150[m²]마다 1개 이상으로 하되 급기구의 크기는 800[cm²] 이상으로 할 것

3-3
환기 : 자연배기방식

3-4
위험물제조소의 배출설비의 배출능력은 1시간당 배출장소 용적의 20배 이상인 것으로 한다.

3-5
옥외시설의 바닥의 둘레에 높이 0.15[m] 이상의 턱을 설치할 것

3-6
지정수량의 10배 이상의 위험물을 제조소(제6류 위험물은 제외)에는 피뢰설비를 설치한다.

3-7
제6류 위험물은 지정수량에 관계없이 피뢰설비를 설치할 필요가 없다.

정답 3-1 ① 3-2 ④ 3-3 ② 3-4 ④ 3-5 ② 3-6 ② 3-7 ④

핵심이론 04 | 위험물 취급탱크 및 담의 높이

(1) 위험물 취급탱크(지정수량 1/5 미만은 제외)

① 위험물제조소의 옥외에 있는 위험물 취급탱크

  ㉠ 하나의 취급탱크 주위에 설치하는 방유제의 용량 : 탱크용량×0.5(50[%])

  ㉡ 2 이상의 취급탱크 주위에 하나의 방유제를 설치하는 경우 방유제의 용량 : (최대탱크용량×0.5) + (나머지 탱크 용량합계×0.1)

② 위험물제조소의 옥내에 있는 위험물 취급탱크

  ㉠ 하나의 취급탱크의 주위에 설치하는 방유턱의 용량 : 해당 탱크용량 이상

  ㉡ 2 이상의 취급탱크 주위에 설치하는 방유턱의 용량 : 최대 탱크용량 이상

  ※ 위험물옥외탱크저장소의 방유제의 용량

   • 1기일 때 : 탱크용량×1.1(110[%])(비인화성 물질×100[%])

   • 2기 이상일 때 : 최대 탱크용량×1.1(110[%]) (비인화성 물질×100[%])

(2) 방화상 유효한 담의 높이

① $H \leq pD^2 + a$인 경우, $h = 2$

② $H > pD^2 + a$인 경우, $h = H - p(D^2 - d^2)$

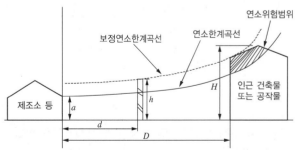

여기서, D : 제조소 등과 인근 건축물 또는 공작물과의 거리[m]
　　　　H : 인근 건축물 또는 공작물과의 높이[m]
　　　　a : 제조소 등의 외벽의 높이[m]
　　　　d : 제조소 등과 방화상 유효한 담과의 거리[m]
　　　　h : 방화상 유효한 담의 높이[m]
　　　　p : 상 수

※ 위에서 산출한 수치가 2 미만일 때에는 담의 높이를 2[m]로, 4 이상일 때에는 담의 높이를 4[m]로 하고 다음의 소화설비를 보강해야 한다.

4-1. 위험물제조소의 옥외에 있는 하나의 취급탱크에 설치하는 방유제의 용량은 해당 탱크 용량의 몇 [%] 이상으로 하는가?

① 50[%]
② 60[%]
③ 70[%]
④ 80[%]

4-2. 위험물제조소의 탱크 용량이 100[m³] 및 180[m³] 인 2개의 탱크 주위에 하나의 방유제를 설치하고자 하는 경우 방유제의 용량은 몇 [m³] 이상이어야 하는가?

① 100[m³]
② 140[m³]
③ 180[m³]
④ 280[m³]

4-3. 위험물제조소 등의 안전거리의 단축기준을 적용함에 있어서 $H \leq pD^2 + a$일 경우 방화상 유효한 담의 높이는 2[m] 이상으로 한다. 여기서, H가 의미하는 것은?

① 제조소 등과 인근 건축물과의 거리[m]
② 인근 건축물 또는 공작물의 높이[m]
③ 제조소 등의 외벽의 높이[m]
④ 제조소 등과 방화상 유효한 담과의 거리[m]

4-4. 위험물제조소 등의 안전거리를 단축하기 위하여 설치하는 방화상 유효한 담의 높이는 $H > pD^2 + a$인 경우 $h = H - p(D^2 - d^2)$에 의하여 산정한 높이 이상으로 한다. 여기서, d가 의미하는 것은?

① 제조소 등과 인접 건축물과의 거리[m]
② 제조소 등과 방화상 유효한 담과의 거리[m]
③ 제조소 등과 방화상 유효한 지붕과의 거리[m]
④ 제조소 등과 인접 건축물 경계선과의 거리[m]

|해설|

4-1
제조소의 위험물 취급탱크의 방유제 용량 : 탱크용량의 50[%] 이상 (규칙 별표 4)

4-2
방유제 용량 = (180[m³] × 0.5) + (100[m³] × 0.1) = 100[m³]

4-3, 4-4
본문 참조

정답 4-1 ① 4-2 ① 4-3 ② 4-4 ②

제2절 **옥내저장소(규칙 별표 5)**

핵심이론 01 | **저장창고**

(1) 옥내저장소의 저장창고

① 저장창고는 지면에서 처마까지의 높이(처마높이)가 6[m] 미만인 단층 건물로 하고 그 바닥을 지반면보다 높게 해야 한다.

② 저장창고의 바닥면적

위험물을 저장하는 창고의 종류	바닥면적
㉠ 제1류 위험물 중 아염소산염류, 염소산염류, 과염소산염류, 무기과산화물, 그 밖에 지정수량이 50[kg]인 위험물 ㉡ 제3류 위험물 중 칼륨, 나트륨, 알킬알루미늄, 알킬리튬, 그 밖에 지정수량이 10[kg]인 위험물 및 황린 ㉢ 제4류 위험물 중 특수인화물, 제1석유류 및 알코올류 ㉣ 제5류 위험물 중 유기과산화물, 질산에스터류, 그 밖에 지정수량이 10[kg]인 위험물 ㉤ 제6류 위험물	1,000[m²] 이하
㉠~㉤의 위험물 외의 위험물을 저장하는 창고	2,000[m²] 이하

③ 저장창고의 벽·기둥 및 바닥은 내화구조로 하고, 보와 서까래는 불연재료로 해야 한다.

④ 저장창고는 지붕을 폭발력이 위로 방출될 정도의 가벼운 불연재료로 하고, 천장을 만들지 않아야 한다.

⑤ 지붕을 내화구조로 할 수 있는 것

㉠ 제2류 위험물(분말 상태의 것과 인화성 고체는 제외)
㉡ 제6류 위험물

⑥ 저장창고의 출입구에는 60분+방화문·60분 방화문 또는 30분 방화문을 설치하되, 연소의 우려가 있는 외벽에 있는 출입구에는 수시로 열 수 있는 자동폐쇄식의 60분+방화문 또는 60분 방화문을 설치해야 한다.

⑦ 피뢰침 설치 : 지정수량의 10배 이상의 저장창고(제6류 위험물은 제외)

(2) 저장창고에 물의 침투를 막는 구조로 해야 하는 위험물

① 제1류 위험물 중 알칼리금속의 과산화물
② 제2류 위험물 중 철분, 금속분, 마그네슘
③ 제3류 위험물 중 금수성 물질
④ 제4류 위험물

1-1. 위험물저장장소로서 옥내저장소의 하나의 저장창고 바닥면적은 특수인화물, 알코올류를 저장하는 창고에 있어서는 몇 [m²] 이하로 해야 하는가?

① 300[m²]   ② 500[m²]
③ 800[m²]   ④ 1,000[m²]

1-2. 옥내저장소의 위치·구조 및 설비의 기준 중 지정수량의 몇 배 이상의 저장창고(제6류 위험물의 저장창고 제외)에 피뢰침을 설치해야 하는가?(단, 저장창고 주위의 상황이 안전상 지장이 없는 경우는 제외한다)

① 10배   ② 20배
③ 30배   ④ 40배

1-3. 옥내저장소의 저장창고에 물의 침투를 막는 구조로 하지 않아도 되는 위험물은?

① 제1류 위험물 중 알칼리금속의 과산화물
② 제2류 위험물 중 철분, 금속분, 마그네슘
③ 제3류 위험물 중 자연발화성 물질
④ 제4류 위험물

|해설|

1-1
바닥면적 1,000[m²] 이하 : 특수인화물, 제1석유류, 알코올류

1-2
피뢰설비 : 지정수량의 10배 이상(제6류 위험물은 제외)

1-3
물의 침투를 막는 구조 : 제3류 위험물 중 금수성 물질

정답 1-1 ④ 1-2 ① 1-3 ③

제3절 **옥외탱크저장소**(규칙 별표 6)

핵심이론 01 **안전거리, 보유공지**

(1) 옥외탱크저장소의 안전거리

옥외탱크저장소의 안전거리, 표지 및 게시판 : 제조소와 동일함

(2) 옥외탱크저장소의 보유공지

저장 또는 취급하는 위험물의 최대수량	공지의 너비
지정수량의 500배 이하	3[m] 이상
지정수량의 500배 초과 1,000배 이하	5[m] 이상
지정수량의 1,000배 초과 2,000배 이하	9[m] 이상
지정수량의 2,000배 초과 3,000배 이하	12[m] 이상
지정수량의 3,000배 초과 4,000배 이하	15[m] 이상
지정수량의 4,000배 초과	해당 탱크의 수평단면의 최대지름(가로형은 긴변)과 높이 중 큰 것과 같은 거리 이상(단, 30[m] 초과 시 30[m] 이상으로, 15[m] 미만 시 15[m] 이상으로 할 것)

10년간 자주 출제된 문제

1-1. 옥외탱크저장소 주위에는 공지를 보유해야 한다. 저장 또는 취급하는 위험물의 최대 저장량이 지정수량의 600배라면 몇 [m] 이상인 너비의 공지를 보유해야 하는가?

① 3[m]　　　　　② 5[m]
③ 9[m]　　　　　④ 12[m]

1-2. 옥외탱크저장소에 경유 101만[L]를 저장하고 있을 때 몇 [m] 이상인 너비의 공지를 보유해야 하는가?

① 3[m]　　　　　② 5[m]
③ 9[m]　　　　　④ 12[m]

|해설|

1-1
지정수량의 500배 초과 1,000배 이하일 때 안전거리 : 5[m] 이상

1-2
보유공지
- 경유의 지정수량 : 제4류 위험물 중 제2석유류(비수용성)로 1,000[L]
- 지정수량의 배수 : $\dfrac{저장량}{지정수량} = \dfrac{1,010,000[L]}{1,000[L]} = 1,010$배
- 보유공지 : 지정수량의 1,000배 초과 2,000배 이하이므로 9[m] 이상 확보하면 된다.

정답 1-1 ② 1-2 ③

핵심이론 02 | 옥외탱크저장소의 구조

(1) 옥외저장탱크

① 특정옥외저장탱크 및 준특정옥외저장탱크 외의 두께 : 3.2[mm] 이상의 강철판

② 시험방법

　㉠ 압력탱크 : 최대상용압력의 1.5배의 압력으로 10분간 실시하는 수압시험에서 이상이 없을 것

　㉡ 압력탱크 외의 탱크 : 충수시험

　※ 압력탱크 : 최대상용압력이 대기압을 초과하는 탱크

(2) 통기관

① 밸브 없는 통기관

　㉠ 지름은 30[mm] 이상일 것

　㉡ 선단(끝부분)은 수평면보다 45° 이상 구부려 빗물 등의 침투를 막는 구조로 할 것

　㉢ 인화점이 38[℃] 미만인 위험물만을 저장 또는 취급하는 탱크에 설치하는 통기관에는 화염방지장치를 설치하고, 그 외의 탱크에 설치하는 통기관에는 40메시(mesh) 이상의 구리망 또는 동등 이상의 성능을 가진 인화방지장치를 설치할 것

　㉣ 가연성 증기를 회수하는 밸브를 통기관에 설치하는 경우 항상 개방되는 구조로 하고 폐쇄 시 10[kPa] 이하의 압력에서 개방되는 구조로 할 것

　※ 통기관을 45° 이상 구부린 이유 : 빗물 등의 침투를 막기 위하여

② 대기밸브부착 통기관

　㉠ 5[kPa] 이하의 압력 차이로 작동할 수 있을 것

　㉡ 인화점이 38[℃] 미만인 위험물만을 저장 또는 취급하는 탱크에 설치하는 통기관에는 화염방지장치를 설치하고, 그 외의 탱크에 설치하는 통기관에는 40메시(mesh) 이상의 구리망 또는 동등 이상의 성능을 가진 인화방지장치를 설치할 것

(3) 인화점이 21[℃] 미만인 위험물의 옥외저장탱크의 주입구

① 게시판의 크기 : 한 변이 0.3[m] 이상, 다른 한 변이 0.6[m] 이상인 직사각형

② 게시판의 기재사항 : 옥외저장탱크 주입구, 위험물의 유별, 품명, 주의사항

③ 게시판의 색상 : 백색바탕에 흑색문자(주의사항은 적색문자)

④ 주입구 주위에는 방유턱이나 집유설비 등의 장치를 설치할 것

(4) 옥외저장탱크의 펌프설비

① 펌프설비의 주위에는 너비 3[m] 이상의 공지를 보유할 것(방화상 유효한 격벽설치, 제6류 위험물, 지정수량의 10배 이하 위험물은 제외)

② 펌프실의 바닥의 주위에는 높이 0.2[m] 이상의 턱을 만들고 그 최저부에는 집유설비를 설치할 것

③ 피뢰침 설치 : 지정수량의 10배 이상(단, 제6류 위험물은 제외)

2-1. 옥외탱크저장소의 압력탱크의 시험방법으로 맞는 것은?

① 최대상용압력의 1.0배의 압력으로 10분간 실시하는 수압시험에서 이상이 없을 것

② 최대상용압력의 1.5배의 압력으로 10분간 실시하는 수압시험에서 이상이 없을 것

③ 최대상용압력의 1.0배의 압력으로 20분간 실시하는 수압시험에서 이상이 없을 것

④ 최대상용압력의 1.5배의 압력으로 20분간 실시하는 수압시험에서 이상이 없을 것

2-2. 옥외탱크저장소의 펌프설비 바닥 주위에는 높이 몇 [m] 이상의 턱을 만들어야 하는가?

① 0.1　　　　　　② 0.15

③ 0.2　　　　　　④ 0.3

2-3. 옥외탱크저장소의 펌프설비에서 펌프설비의 주위에는 몇 [m] 이상의 공지를 보유해야 하는가?

① 3　　　　　　② 4

③ 5　　　　　　④ 6

|해설|

2-1

압력탱크 : 최대상용압력의 1.5배의 압력으로 10분간 실시하는 수압시험에서 이상이 없을 것

2-2

펌프실의 바닥의 주위에는 높이 0.2[m] 이상의 턱을 만들고 그 최저부에는 집유설비를 설치할 것

2-3

펌프설비의 주위에는 너비 3[m] 이상의 공지를 보유할 것(방화상 유효한 격벽설치, 제6류 위험물, 지정수량의 10배 이하 위험물은 제외)

정답 **2-1** ②　**2-2** ③　**2-3** ①

(1) 옥외탱크저장소의 방유제 규격

① 방유제의 용량

　ㄱ 탱크가 1기일 때 : 탱크 용량의 110[%] 이상(인화성이 없는 액체 위험물은 100[%])

　ㄴ 탱크가 2기 이상일 때 : 탱크 중 용량이 최대인 것의 용량의 110[%] 이상(인화성이 없는 액체 위험물은 100[%])

② 방유제의 높이 : 0.5[m] 이상 3[m] 이하, 두께 0.2[m] 이상, 지하매설깊이 1[m] 이상

③ 방유제의 면적 : 80,000[m^2] 이하

(2) 옥외탱크저장소의 방유제 설치기준

① 방유제 내에 설치하는 옥외저장탱크의 수는 10(방유제 내에 설치하는 모든 옥외저장탱크의 용량이 20만[L] 이하이고, 위험물의 인화점이 70[℃] 이상 200[℃] 미만인 경우에는 20) 이하로 할 것(단, 인화점이 200[℃] 이상인 옥외저장탱크는 제외)

　※ 방유제 내에 탱크의 설치개수

　　• 제1석유류, 제2석유류 : 10기 이하

　　• 제3석유류(인화점 70[℃] 이상 200[℃] 미만) : 20기 이하

　　• 제4석유류(인화점이 200[℃] 이상) : 제한 없음

② 방유제 외면의 1/2 이상은 자동차 등이 통행할 수 있는 3[m] 이상의 노면폭을 확보한 구내도로에 직접 접하도록 할 것

③ 방유제는 탱크의 옆판으로부터 일정 거리를 유지할 것 (단, 인화점이 200[℃] 이상인 위험물은 제외)

　ㄱ 지름이 15[m] 미만인 경우 : 탱크 높이의 1/3 이상

　ㄴ 지름이 15[m] 이상인 경우 : 탱크 높이의 1/2 이상

④ 방유제의 재질 : 철근콘크리트

⑤ 방유제에는 배수구를 설치하고 개폐밸브를 방유제 밖에 설치할 것

⑥ 높이가 1[m] 이상이면 계단 또는 경사로를 약 50[m]마다 설치할 것

10년간 자주 출제된 문제

3-1. 인화성 액체위험물(CS$_2$는 제외)을 저장하는 옥외탱크저장소에서 방유제의 용량에 대해 다음 (　) 안에 알맞은 수치를 차례대로 나열한 것은?

> 방유제의 용량을 방유제 안에 설치된 탱크가 하나인 때에는 그 탱크 용량의 (　)[%] 이상, 2기 이상인 때에는 그 탱크 중 용량이 최대인 것의 용량의 (　)[%] 이상으로 할 것. 이 경우 방유제의 용량을 해당 방유제의 내용적에서 용량이 최대인 탱크 외의 탱크의 방유제 높이 이하 부분의 용적, 해당 방유제 내에 있는 모든 탱크의 지반면 이상 부분의 기초의 체적, 간막이 둑의 체적 및 해당 방유제 내에 있는 배관 등의 체적을 뺀 것으로 한다.

① 100, 100　　　　　② 100, 110

③ 110, 100　　　　　④ 110, 110

3-2. 휘발유를 저장하는 옥외탱크저장소의 하나의 방유제 안에 10,000[L], 20,000[L] 탱크 각각 1기가 설치되어 있다. 방유제의 용량은 몇 [L] 이상이어야 하는가?

① 11,000[L]　　　　② 20,000[L]

③ 22,000[L]　　　　④ 30,000[L]

3-3. 인화성 액체위험물(CS$_2$는 제외)의 옥외저장탱크 주위에는 기준에 따라 방유제를 설치해야 하는데 다음 중 잘못 설명된 것은?

① 방유제의 높이는 1[m] 이상 4[m] 이하로 할 것

② 방유제 내의 면적은 8만[m^2] 이하로 할 것

③ 방유제의 용량은 방유제 안에 설치된 탱크가 하나인 경우에는 그 탱크 용량의 110[%] 이상으로 할 것

④ 방유제의 용량은 방유제 안에 설치된 탱크가 2기 이상인 경우 그 탱크 중 용량이 최대인 것의 용량의 110[%] 이상으로 할 것

3-4. 옥외탱크저장소에 설치하는 높이가 1[m]를 넘는 방유제 및 간막이 둑의 안팎에 설치하는 계단 또는 경사로는 약 몇 [m]마다 설치해야 하는가?

① 20[m]　　　　　② 30[m]

③ 40[m]　　　　　④ 50[m]

| 해설 |

3-1

위험물 옥외탱크저장소의 방유제의 용량

• 탱크 1기일 때 : 탱크용량×1.1(110[%])(비인화성 물질×100 [%])
• 탱크 2기 이상일 때 : 최대 탱크용량×1.1(110[%])(비인화성 물질×100[%])

3-2

방유제의 용량

2기의 탱크 중에 가장 큰 것은 20,000[L]이므로
20,000[L]×1.1(110[%]) = 22,000[L]

3-3

방유제의 높이 : 0.5[m] 이상 3[m] 이하

3-4

옥외탱크저장소의 계단 및 경사로의 설치 : 50[m]마다 설치

정답 3-1 ④ 3-2 ③ 3-3 ① 3-4 ④

제4절 | 옥내탱크저장소(규칙 별표 7)

핵심이론 01 | 옥내탱크저장소의 기준

(1) 옥내탱크저장소의 구조

① 옥내저장탱크의 탱크전용실은 단층건축물에 설치할 것

② 옥내저장탱크와 탱크전용실의 벽과의 사이 및 옥내저장 탱크의 상호 간에는 0.5[m] 이상의 간격을 유지할 것

③ 단층건축물에 설치하는 옥내저장탱크의 용량(동일한 탱크 전용실에 2 이상 설치하는 경우에는 각 탱크의 용량의 합계)

　㉠ 제4류 위험물 중 제4석유류, 동식물유류 : 지정 수량의 40배

　㉡ 제4류 위험물 중 특수인화물, 제1석유류, 제2석유 류, 제3석유류, 알코올류 : 20,000[L] 이하

단층건축물에 옥내탱크저장소를 설치하고자 한다. 하나의 탱크전용실에 2개의 옥내저장탱크를 설치하여 에틸렌글라이콜과 기어유를 저장하고자 한다면 저장 가능한 지정수량의 최대배수를 옳게 나타낸 것은?

품 명	저장 가능한 지정수량의 최대배수
에틸렌글라이콜	㉠
기어유	㉡

① ㉠ 40배, ㉡ 40배
② ㉠ 20배, ㉡ 20배
③ ㉠ 10배, ㉡ 30배
④ ㉠ 5배, ㉡ 35배

|해설|

단층건축물에 설치하는 옥내저장탱크의 용량(동일한 탱크전용실에 옥내저장탱크를 2 이상 설치하는 경우에는 각 탱크의 용량의 합계를 말한다)은 지정수량의 40배(제4석유류 및 동식물유류 외의 제4류 위험물에 있어서 해당 수량이 20,000[L]를 초과할 때에는 20,000[L]) 이하로 해야 한다.

※ 에틸렌글라이콜은 제3석유류(수용성)로 지정수량은 4,000[L]이고, 기어유는 제4석유류로서 지정수량은 6,000[L]이다.

위에서 특수인화물, 제1석유류, 제2석유류, 제3석유류(제4석유류 및 동식물유류 외의 제4류 위험물)를 저장 시에는 20,000[L]를 넘지 못하므로 에틸렌글라이콜은 20,000[L] ÷ 4,000[L] = 5배이고 나머지는 기어유 35배(6,000[L] × 35 = 210,000[L])를 저장하면 된다.

정답 ④

제5절 **지하탱크저장소**(규칙 별표 8)

핵심이론 01 | 지하탱크저장소

(1) 지하탱크저장소의 기준

① 지하저장탱크와 탱크전용실의 안쪽과의 사이는 0.1[m] 이상의 간격을 유지해야 한다.

② 지하저장탱크의 윗부분은 지면으로부터 0.6[m] 이상 아래에 있어야 한다.

③ 지하저장탱크를 2 이상 인접해 설치하는 경우에는 그 상호 간에 1[m](해당 2 이상의 지하저장탱크의 용량의 합계가 지정수량의 100배 이하인 때에는 0.5[m]) 이상의 간격을 유지해야 한다.

④ 지하저장탱크의 재질은 두께 3.2[mm] 이상의 강철판으로 할 것

⑤ 지하저장탱크에는 탱크용량의 90[%]가 찰 때 경보음을 울려야 한다.

(2) 수압시험

① 압력탱크(최대상용압력이 46.7[kPa] 이상인 탱크) 외의 탱크 : 70[kPa]의 압력으로 10분간 실시

② 압력탱크 : 최대상용압력의 1.5배의 압력으로 10분간 실시

1-1. 지하탱크저장소의 저장탱크를 2 이상 인접해 설치하는 경우에는 그 상호 간에 몇 [m] 이상의 간격을 유지해야 하는가? (단, 탱크 용량의 합계가 지정수량의 100배이다)

① 0.5[m]　　　　　　② 0.8[m]
③ 1.0[m]　　　　　　④ 1.2[m]

1-2. 탱크의 매설에서 지하탱크저장소의 탱크는 본체 윗부분은 지면으로부터 몇 [m] 이상 아래에 있어야 하는가?

① 0.6[m]　　　　　　② 0.8[m]
③ 1.0[m]　　　　　　④ 1.2[m]

1-3. 지하탱크저장소가 압력탱크일 때 수압시험 방법으로 옳은 것은?

① 최대상용압력의 1.0배 압력으로 10분간 실시
② 최대상용압력의 1.5배 압력으로 10분간 실시
③ 50[kPa]의 압력으로 10분간 실시
④ 70[kPa]의 압력으로 10분간 실시

|해설|

1-1
저장탱크 간 간격
• 지정수량의 100배 이하 : 0.5[m] 이상
• 지정수량의 100배 이상 : 1[m] 이상

1-2
지하탱크저장소의 탱크는 저장탱크의 윗부분은 지면으로부터 0.6[m] 이상 아래에 있어야 한다.

1-3
본문 참조

정답 1-1 ①　1-2 ①　1-3 ②

제6절　**간이탱크저장소**(규칙 별표 9)

핵심이론 01　간이탱크저장소

(1) 간이탱크저장소의 설치기준

① 설치장소 : 옥외에 설치
② 하나의 간이탱크저장소
　㉠ 간이저장탱크 수 : 3 이하
　㉡ 동일한 품질의 위험물의 간이저장탱크를 2 이상 설치하지 않아야 한다.
③ 간이저장탱크의 용량 : 600[L] 이하
④ 간이저장탱크는 두께 : 3.2[mm] 이상의 강판으로 흠이 없도록 제작해야 하며, 70[kPa]의 압력으로 10분간의 수압시험을 실시하여 새거나 변형되지 않아야 한다.
⑤ 간이저장탱크의 밸브 없는 통기관의 지름 : 25[mm] 이상

1-1. 위험물 간이저장탱크에 대한 설명으로 맞는 것은?

① 통기관은 지름 40[mm] 이상으로 한다.
② 용량은 600[L] 이하이어야 한다.
③ 탱크의 주위에 너비 1.5[m] 이상의 공지를 두어야 한다.
④ 수압시험은 50[kPa]의 압력으로 10분간 실시하여 새거나 변형되지 않아야 한다.

1-2. 위험물 간이저장탱크의 용량은 몇 [L] 이하로 해야 하는가?

① 400[L]　　　　　② 500[L]
③ 600[L]　　　　　④ 700[L]

1-3. 간이저장탱크의 밸브 없는 통기관의 지름은 몇 [mm] 이상으로 해야 하는가?

① 15[mm]　　　　　② 25[mm]
③ 35[mm]　　　　　④ 40[mm]

|해설|

1-1, 1-2
간이저장탱크의 용량 : 600[L] 이하

1-3
• 간이저장탱크의 밸브 없는 통기관의 지름 : 25[mm] 이상
• 옥내탱크, 옥외탱크, 지하탱크저장소의 밸브 없는 통기관의 지름 : 30[mm] 이상

정답 1-1 ②　1-2 ③　1-3 ②

제7절　이동탱크저장소(규칙 별표 10)

핵심이론 01　이동탱크저장소의 상치장소 및 구조

(1) 이동저장탱크의 구조

① 탱크의 두께 : 3.2[mm] 이상의 강철판
② 수압시험
　　㉠ 압력탱크(최대 상용압력이 46.7[kPa] 이상인 탱크) 외의 탱크 : 70[kPa]의 압력으로 10분간 실시
　　㉡ 압력탱크 : 최대상용압력의 1.5배의 압력으로 10분간 실시
③ 이동저장탱크는 그 내부에 4,000[L] 이하마다 3.2[mm] 이상의 강철판 또는 이와 동등 이상의 강도·내열성 및 내식성이 있는 금속성의 것으로 칸막이를 설치해야 한다.
④ 안전장치의 작동압력
　　㉠ 상용압력이 20[kPa] 이하인 탱크 : 20[kPa] 이상 24[kPa] 이하의 압력
　　㉡ 상용압력이 20[kPa]을 초과 : 상용압력의 1.1배 이하의 압력

(2) 이동저장탱크저장소의 표지

① 부착위치
　　㉠ 이동탱크 저장소 : 전면상단 및 후면상단
　　㉡ 위험물 운반차량 : 전면 및 후면
② 규격 및 형상 : 60[cm] 이상×30[cm] 이상의 가로형 사각형
③ 색상 및 문자 : 흑색바탕에 황색 반사도료로 "위험물"이라고 표지할 것

(3) 이동탱크저장소의 부속장치

① 방호틀 : 탱크 전복 시 부속장치 보호(두께 : 2.3[mm] 이상)
② 측면틀 : 탱크 전복 시 본체 파손 방지(두께 : 3.2[mm] 이상)

③ 방파판 : 운송 중 내부 위험물의 출렁임 방지(두께 : 1.6[mm] 이상)

④ 칸막이 : 일부 파손 시 전량 유출 방지(두께 : 3.2[mm] 이상)

10년간 자주 출제된 문제

1-1. 이동탱크저장소의 탱크 용량이 얼마 이하마다 그 내부에 3.2[mm] 이상의 안전칸막이를 설치해야 하는가?

① 2,000[L] 이하
② 3,000[L] 이하
③ 4,000[L] 이하
④ 5,000[L] 이하

1-2. 이동탱크저장소에 설치하는 상용압력이 25[kPa]일 때, 안전장치의 작동압력은?

① 27.5[kPa] 이하
② 30[kPa] 이하
③ 37.5[kPa] 이하
④ 50[kPa] 이하

1-3. 이동탱크저장소에 설치하는 방파판의 기능에 대한 설명으로 가장 적절한 것은?

① 출렁임 방지
② 유증기 발생의 억제
③ 정전기 발생 제거
④ 파손 시 유출 방지

1-4. 다음 이동탱크저장소에 설치하는 부속장치의 강철판 두께가 맞지 않는 것은?

① 방파판 : 1.6[mm] 이상
② 방호틀 : 2.3[mm] 이상
③ 측면틀 : 6.0[mm] 이상
④ 칸막이 : 3.2[mm] 이상

|해설|

1-1
이동탱크저장소의 탱크 용량이 4,000[L] 이하마다 안전칸막이를 설치하여 운전 시 출렁임을 방지한다.

1-2
안전장치의 작동압력
• 상용압력이 20[kPa] 이하인 탱크 : 20[kPa] 이상 24[kPa] 이하의 압력
• 상용압력이 20[kPa]을 초과 : 상용압력의 1.1배 이하의 압력
∴ 작동압력 $= 25[kPa] \times 1.1 = 27.5[kPa]$ 이하

1-3
방파판의 기능 : 운전 시 출렁임 방지

1-4
측면틀 두께 : 3.2[mm] 이상 강철판

정답 1-1 ③ 1-2 ① 1-3 ① 1-4 ③

핵심이론 01 | 옥외저장소

(1) 옥외저장소의 보유공지

저장 또는 취급하는 위험물의 최대수량	공지의 너비
지정수량의 10배 이하	3[m] 이상
지정수량의 10배 초과 20배 이하	5[m] 이상
지정수량의 20배 초과 50배 이하	9[m] 이상
지정수량의 50배 초과 200배 이하	12[m] 이상
지정수량의 200배 초과	15[m] 이상

※ 제4류 위험물 중 제4석유류와 제6류 위험물 : 보유공지의 1/3로 할 수 있다.

(2) 옥외저장소의 선반 기준

① 선반 : 불연재료

② 선반의 높이 : 6[m]를 초과하지 말 것

(3) 옥외저장소에 저장할 수 있는 위험물(영 별표 2)

① 제2류 위험물 중 황, 인화성 고체(인화점이 0[℃] 이상인 것에 한함)

② 제4류 위험물 중 제1석유류(인화점이 0[℃] 이상인 것에 한함), 제2석유류, 제3석유류, 제4석유류, 알코올류, 동식물유류

③ 제6류 위험물

④ 제2류 위험물 및 제4류 위험물 중 특별시·광역시 특별자치시·도 또는 특별자치도의 조례에서 정하는 위험물(관세법 제154조의 규정에 의한 보세구역 안에 저장하는 경우로 한정한다)

⑤ 국제해사기구에 관한 협약에 의하여 설치된 국제해사기구가 채택한 국제해상위험물규칙(IMDG Code)에 적합한 용기에 수납된 위험물

1-1. 옥외저장소에 선반을 설치하는 경우에 선반의 설치높이는 몇 [m]를 초과하지 않아야 하는가?

① 3[m] ② 4[m]
③ 5[m] ④ 6[m]

1-2. 다음 중 옥외저장소에 저장할 수 없는 위험물은?

① 제2류 위험물 중 황
② 제3류 위험물 중 금수성 물질
③ 제4류 위험물 중 제2석유류
④ 제6류 위험물

|해설|

1-1
옥외저장소의 선반의 높이는 6[m]를 초과하지 않을 것

1-2
제3류 위험물은 옥외저장소에 저장할 수 없다.

정답 1-1 ④ 1-2 ②

핵심이론 01 │ 주유취급소의 설치기준 Ⅰ

(1) 주유취급소의 주유공지

① 주유공지 : 너비 15[m] 이상, 길이 6[m] 이상

② 공지의 바닥 : 주위 지면보다 높게 하고, 적당한 기울기, 배수구, 집유설비, 유분리장치를 설치

(2) 고정주유설비 또는 고정급유설비의 설치기준

① 고정주유설비(중심선을 기점으로 하여)
   ㉠ 도로경계선까지 : 4[m] 이상
   ㉡ 부지경계선, 담 및 건축물의 벽까지 : 2[m] 이상
      (개구부가 없는 벽까지는 1[m] 이상)

② 고정급유설비(중심선을 기점으로 하여)
   ㉠ 도로경계선까지 : 4[m] 이상
   ㉡ 부지경계선 및 담까지 : 1[m] 이상
   ㉢ 건축물의 벽까지 : 2[m] 이상(개구부가 없는 벽까지는 1[m] 이상)

③ 고정주유설비와 고정급유설비의 사이에는 4[m] 이상의 거리를 유지할 것

④ 고정주유설비 또는 고정급유설비의 주유관의 길이 : 5[m] 이내

(3) 주유원간이대기실의 기준

① 불연재료로 할 것

② 바퀴가 부착되지 않는 고정식일 것

③ 차량의 출입 및 주유작업에 장애를 주지 않는 위치에 설치할 것

④ 바닥면적이 2.5[m²] 이하일 것. 다만, 주유공지 및 급유공지 외의 장소에 설치하는 것은 그렇지 않다.

(4) 고속국도 주유취급소의 특례

고속국도의 도로변에 설치된 주유취급소의 탱크의 용량 : 60,000[L] 이하

10년간 자주 출제된 문제

1-1. 주유취급소의 고정주유설비의 주위에는 주유를 받으려는 자동차 등이 출입할 수 있도록 너비 몇 [m] 이상, 길이 몇 [m] 이상의 콘크리트로 포장한 공지를 보유해야 하는가?

① 너비 : 12[m], 길이 : 4[m]
② 너비 : 12[m], 길이 : 6[m]
③ 너비 : 15[m], 길이 : 4[m]
④ 너비 : 15[m], 길이 : 6[m]

1-2. 주유취급소에 설치해야 하는 "주유 중 엔진정지" 게시판의 색깔은?

① 적색바탕에 백색문자
② 청색바탕에 백색문자
③ 백색바탕에 흑색문자
④ 황색바탕에 흑색문자

1-3. 주유취급소의 고정주유설비에서 주유관의 길이는 몇 [m] 이내로 해야 하는가?

① 3[m]   ② 5[m]
③ 7[m]   ④ 10[m]

1-4. 위험물안전관리법령상 주유취급소의 주유원간이대기실의 기준으로 적합하지 않은 것은?

① 불연재료로 할 것
② 바퀴가 부착되지 않은 고정식일 것
③ 차량의 출입 및 주유작업에 장애를 주지 않는 위치에 설치할 것
④ 주유공지 및 급유공지 외의 장소에 설치하는 것은 바닥면적이 2.5[m²] 이하일 것

1-5. 고속국도의 도로변에 설치한 주유취급소의 탱크 용량[L]은 얼마까지 할 수 있는가?

① 10만   ② 8만
③ 6만   ④ 5만

핵심이론 **02** | 주유취급소의 설치기준 Ⅱ

(1) 주유취급소의 저장 또는 취급 가능한 탱크

① 자동차 등에 주유하기 위한 고정주유설비에 직접 접속
하는 전용탱크로서 50,000[L] 이하의 것

② 고정급유설비에 직접 접속하는 전용탱크로서 50,000
[L] 이하의 것

③ 보일러 등에 직접 접속하는 전용탱크로서 10,000[L]
이하의 것

④ 자동차 등을 점검·정비하는 작업장 등(주유취급소
안에 설치된 것에 한한다)에서 사용하는 폐유·윤활
유 등의 위험물을 저장하는 탱크로서 용량(2 이상 설
치하는 경우에는 각 용량의 합계)이 2,000[L] 이하인
탱크(이하 "폐유탱크 등")

⑤ 고정주유설비 또는 고정급유설비에 직접 접속하는 3
기 이하의 간이탱크

(2) 주유취급소에 설치할 수 있는 건축물

① 주유 또는 등유·경유를 옮겨 담기 위한 작업장

② 주유취급소의 업무를 행하기 위한 사무소

③ 자동차 등의 점검 및 간이정비를 위한 작업장

④ 자동차 등의 세정을 위한 작업장

⑤ 주유취급소에 출입하는 사람을 대상으로 한 점포·휴
게음식점 또는 전시장

⑥ 주유취급소의 관계자가 거주하는 주거시설

⑦ 전기자동차용 충전설비(전기를 동력원으로 하는 자동
차에 직접 전기를 공급하는 설비)

2-1. 위험물안전관리법령상 주유취급소 작업장(자동차 등을 점검·정비)에서 사용하는 폐유·윤활유 등의 위험물을 저장하는 탱크의 용량[L]은 얼마 이하이어야 하는가?

① 2,000[L]
② 10,000[L]
③ 50,000[L]
④ 60,000[L]

2-2. 주유취급소에 설치하면 안 되는 것은?

① 볼링장 또는 대중이 모이는 체육시설
② 주유취급소의 관계자가 거주하는 주거시설
③ 자동차 등의 세정을 위한 작업장
④ 주유취급소에 출입하는 사람을 대상으로 하는 점포

|해설|

2-1
폐유·윤활유 등의 위험물을 저장하는 탱크로서 용량이 2,000[L] 이하인 탱크(이하 "폐유탱크 등")

2-2
주유취급소에는 볼링장 등 체육시설을 설치할 수 없다.

정답 2-1 ① 2-2 ①

제10절 판매취급소(규칙 별표 14)

핵심이론 01 | 판매취급소의 설치기준

(1) 제1종 판매취급소의 기준(지정수량의 20배 이하 저장 또는 취급)

① 제1종 판매취급소는 건축물의 1층에 설치할 것

② 제1종 판매취급소의 용도로 사용하는 건축물의 부분은 보를 불연재료로 하고, 천장을 설치하는 경우에는 천장을 불연재료로 할 것

③ 제1종 판매취급소의 용도로 사용하는 부분에 상층이 있는 경우에 있어서는 그 상층의 바닥을 내화구조로 하고, 상층이 없는 경우에 있어서는 지붕을 내화구조 또는 불연재료로 할 것

④ 위험물 배합실의 기준

   ㉠ 바닥면적은 6[m²] 이상 15[m²] 이하일 것

   ㉡ 내화구조 또는 불연재료로 된 벽으로 구획할 것

   ㉢ 바닥은 위험물이 침투하지 않는 구조로 하여 적당한 경사를 두고 집유설비를 할 것

   ㉣ 출입구에는 수시로 열 수 있는 자동폐쇄식의 60분 +방화문 또는 60분 방화문을 설치할 것

   ㉤ 출입구 문턱의 높이는 바닥면으로부터 0.1[m] 이상으로 할 것

(2) 제2종 판매취급소의 기준(지정수량의 40배 이하 저장 또는 취급)

① 제2종 판매취급소의 용도로 사용하는 부분은 벽·기둥·바닥 및 보를 내화구조로 하고, 천장이 있는 경우에는 이를 불연재료로 하며, 판매취급소로 사용되는 부분과 다른 부분과의 격벽은 내화구조로 할 것

② 제2종 판매취급소의 용도로 사용하는 부분에 상층이 있는 경우에 있어서는 상층의 바닥을 내화구조로 하는 동시에 상층으로의 연소를 방지하기 위한 조치를 강구하고, 상층이 없는 경우에는 지붕을 내화구조로 할 것

③ 제2종 판매취급소의 용도로 사용하는 부분 중 연소의 우려가 없는 부분에 한하여 창을 두되, 해당 창에는 60분+방화문·60분 방화문 또는 30분 방화문을 설치할 것

10년간 자주 출제된 문제

1-1. 다음 중 제1종 판매취급소의 기준으로 옳지 않은 것은?

① 건축물의 1층에 설치할 것
② 위험물을 배합하는 실의 바닥면적은 6[m²] 이상 15[m²] 이하일 것
③ 위험물을 배합하는 실의 출입구 문턱 높이는 바닥으로부터 0.1[m] 이상으로 할 것
④ 저장 또는 취급하는 위험물의 수량이 40배 이하인 판매취급소에 대하여 적용할 것

1-2. 제1종 판매취급소의 위험물을 배합하는 실의 조건으로 틀린 것은?

① 내화구조로 된 벽으로 구획해야 한다.
② 바닥면적은 6[m²] 이상 15[m²] 이하로 해야 한다.
③ 출입구에는 자동폐쇄식의 60분+방화문 또는 60분 방화문을 설치해야 한다.
④ 출입구 문턱의 높이는 바닥으로부터 0.2[m] 이상으로 해야 한다.

1-3. 제1종 판매취급소의 위험물을 배합하는 실의 바닥면적의 기준으로 옳은 것은?

① 6[m²] 이상 15[m²] 이하
② 6[m²] 이상 12[m²] 이하
③ 5[m²] 이상 10[m²] 이하
④ 5[m²] 이상 15[m²] 이하

1-4. 제4류 위험물 중 경유를 판매하는 제2종 판매취급소를 허가받아 운영하고자 한다. 취급할 수 있는 최대수량은?

① 20,000[L]   ② 40,000[L]
③ 80,000[L]   ④ 160,000[L]

|해설|

1-1
제1종 판매취급소 : 지정수량의 20배 이하

1-2
제1종 판매취급소 출입구 문턱의 높이는 바닥면으로부터 0.1[m] 이상으로 할 것

1-3
위험물 배합실의 바닥면적 : 6[m²] 이상 15[m²] 이하

1-4
제2종 판매취급소의 최대허가량 : 지정수량의 40배 이하
※ 경유는 제4류 위험물 중 제2석유류(비수용성)로서 지정수량이 1,000[L]이다.
40배×1,000[L] = 40,000[L]이다.

정답 1-1 ④ 1-2 ④ 1-3 ① 1-4 ②

핵심이론 01 | 소화난이도등급 Ⅰ의 제조소 등 및 소화설비

(1) 소화난이도등급 Ⅰ에 해당하는 제조소 등(규칙 별표 17)

제조소 등의 구분	제조소 등의 규모, 저장 또는 취급하는 위험물의 품명 및 최대수량 등
제조소 일반취급소	연면적 1,000[m²] 이상인 것
	지정수량의 100배 이상인 것(고인화점 위험물만을 100[℃] 미만의 온도에서 취급하는 것 및 제48조의 위험물을 취급하는 것은 제외)
	지반면으로부터 6[m] 이상의 높이에 위험물 취급설비가 있는 것(고인화점 위험물만을 100[℃] 미만의 온도에서 취급하는 것은 제외)
	일반취급소로 사용되는 부분 외의 부분을 갖는 건축물에 설치된 것(내화구조로 개구부 없이 구획된 것, 고인화점 위험물만을 100[℃] 미만의 온도에서 취급하는 것 및 별표 16 X의2 화학실험의 일반취급소는 제외)
옥내저장소	지정수량의 150배 이상인 것(고인화점 위험물만을 저장하는 것 및 제48조의 위험물을 저장하는 것은 제외)
	연면적 150[m²]를 초과하는 것(150[m²] 이내마다 불연재료로 개구부 없이 구획된 것 및 인화성 고체 외의 제2류 위험물 또는 인화점 70[℃] 이상의 제4류 위험물만을 저장하는 것은 제외)
	처마높이가 6[m] 이상인 단층건물의 것
	옥내저장소로 사용되는 부분 외의 부분이 있는 건축물에 설치된 것(내화구조로 개구부 없이 구획된 것 및 인화성 고체 외의 제2류 위험물 또는 인화점 70[℃] 이상의 제4류 위험물만을 저장하는 것은 제외)

(2) 소화난이도등급 Ⅰ의 제조소 등에 설치해야 하는 소화설비(규칙 별표 17)

제조소 등의 구분			소화설비
옥내저장소	처마높이가 6[m] 이상인 단층건물 또는 다른 용도의 부분이 있는 건축물에 설치한 옥내저장소		스프링클러설비 또는 이동식 외의 물분무 등 소화설비
	그 밖의 것		옥외소화전설비, 스프링클러설비, 이동식 외의 물분무 등 소화설비 또는 이동식 포소화설비(포소화전을 옥외에 설치하는 것에 한한다)
옥외탱크저장소	지중탱크 또는 해상탱크 외의 것	황만을 저장·취급하는 것	물분무소화설비
		인화점 70[℃] 이상의 제4류 위험물만을 저장·취급하는 것	물분무소화설비 또는 고정식 포소화설비
		그 밖의 것	고정식 포소화설비(포소화설비가 적응성이 없는 경우에는 분말소화설비)
	지중탱크		고정식 포소화설비, 이동식 이외의 불활성가스소화설비 또는 이동식 이외의 할로겐화합물소화설비
	해상탱크		고정식 포소화설비, 물분무소화설비, 이동식 이외의 불활성가스소화설비 또는 이동식 이외의 할로겐화합물소화설비

1-1. 소화난이도등급 I 에 제조소의 기준으로 틀린 것은?(단, 고인화점 위험물만을 100[℃] 미만의 온도에서 취급하는 것은 제외)

① 연면적 1,000[m²] 이상인 것
② 지정수량의 100배 이상인 것
③ 지반면으로 부터 6[m] 이상의 높이에 위험물 취급설비가 있는 것
④ 처마높이가 6[m] 이상인 단층건물의 것

1-2. 소화난이도등급 I 의 옥외탱크저장소(지중탱크 및 해상탱크 이외의 것)로서 인화점이 70[℃] 이상인 제4류 위험물만을 저장하는 탱크에 설치해야 하는 소화설비는?

① 물분무소화설비 또는 고정식 포소화설비
② 옥내소화전설비
③ 스프링클러설비
④ 이산화탄소 소화설비

1-3. 소화난이도등급 I 의 제조소 등에 설치해야 하는 소화설비 기준 중 황만을 저장·취급하는 옥내탱크저장소에 설치해야 하는 소화설비는?

① 옥내소화전설비
② 옥외소화전설비
③ 물분무소화설비
④ 고정식 포소화설비

|해설|

1-1
④는 옥내저장소의 소화난이도등급 I 에 해당한다.

1-2
본문 참조

1-3
소화난이도등급 I 의 제조소 등(황만을 저장·취급하는 옥내탱크저장소)의 소화설비 : 물분무소화설비

정답 1-1 ④ 1-2 ① 1-3 ③

핵심이론 02 | 소화난이도등급Ⅱ의 제조소 등 및 소화설비

(1) 소화난이도등급Ⅱ에 해당하는 제조소 등(규칙 별표 17)

제조소 등의 구분	제조소 등의 규모, 저장 또는 취급하는 위험물의 품명 및 최대수량 등
제조소 일반취급소	연면적 600[m²] 이상인 것
	지정수량의 10배 이상인 것(고인화점 위험물만을 100[℃] 미만의 온도에서 취급하는 것 및 제48조의 위험물을 취급하는 것은 제외)
옥내저장소	단층건물 이외의 것
	지정수량의 10배 이상(고인화점 위험물만을 저장하는 것은 제외)
	연면적 150[m²] 이상인 것
주유취급소	옥내주유취급소로서 소화난이도등급 I 의 제조소에 해당하지 않는 것
판매취급소	제2종 판매취급소

(2) 소화난이도등급Ⅱ의 제조소 등에 설치해야 하는 소화설비(규칙 별표 17)

제조소 등의 구분	소화설비
제조소, 옥내저장소, 옥외저장소, 주유취급소, 판매취급소, 일반취급소	방사능력범위 내에 해당 건축물, 그 밖의 공작물 및 위험물이 포함되도록 대형수동식소화기를 설치하고, 해당 위험물의 소요단위의 1/5 이상에 해당하는 능력단위의 소형수동식소화기 등을 설치할 것
옥외탱크저장소, 옥내탱크저장소	대형수동식소화기 및 소형수동식소화기 등을 각각 1개 이상 설치할 것

10년간 자주 출제된 문제

2-1. 제조소의 연면적이 몇 [m²] 이상이면 소화난이도등급 Ⅱ에 해당하는가?

① 500[m²]
② 600[m²]
③ 700[m²]
④ 800[m²]

2-2. 소화난이도등급 Ⅱ에 해당하는 옥내탱크저장소에 설치해야 하는 소화설비의 설치기준으로 옳은 것은?

① 대형수동식소화기 : 1개 이상, 소형수동식소화기 : 1개 이상
② 대형수동식소화기 : 1개 이상, 소형수동식소화기 : 2개 이상
③ 대형수동식소화기 : 2개 이상, 소형수동식소화기 : 2개 이상
④ 대형수동식소화기 : 2개 이상, 소형수동식소화기 : 1개 이상

|해설|

2-1
소화난이도등급 Ⅱ의 기준 : 제조소의 연면적이 600[m²] 이상

2-2
소화난이도등급 Ⅱ에 해당하는 옥내탱크저장소 : 대형수동식소화기 : 1개 이상, 소형수동식소화기 : 1개 이상

정답 2-1 ② 2-2 ①

핵심이론 03 | 소화난이도등급 Ⅲ의 제조소 등 및 소화설비

(1) 소화난이도등급 Ⅲ에 해당하는 제조소 등(규칙 별표 17)

제조소 등의 구분	제조소 등의 규모, 저장 또는 취급하는 위험물의 품명 및 최대수량 등
지하탱크저장소, 간이탱크저장소, 이동탱크저장소	모든 대상
제1종 판매취급소	모든 대상

(2) 소화난이도등급 Ⅲ의 제조소 등에 설치해야 하는 소화설비(규칙 별표 17)

제조소 등의 구분	소화설비	설치기준	
지하탱크 저장소	소형수동식 소화기 등	능력단위의 수치가 3 이상	2개 이상
이동탱크 저장소	자동차용 소화기	무상의 강화액 8[L] 이상	2개 이상
		이산화탄소 3.2[kg] 이상	
		브로모클로로다이플루오로메테인(CF_2ClBr) 2[L] 이상	
		브로모트라이플루오로메테인(CF_3Br) 2[L] 이상	
		다이브로모테트라플루오로메테인($C_2F_4Br_2$) 1[L] 이상	
		소화분말 3.3[kg] 이상	
	마른모래 및 팽창질석 또는 팽창진주암	마른모래 150[L] 이상	
		팽창질석 또는 팽창진주암 640[L] 이상	

10년간 자주 출제된 문제

3-1. 소화난이도등급 Ⅲ인 지하탱크저장소에 설치해야 하는 소화설비의 설치기준으로 옳은 것은?

① 능력단위 수치가 3 이상의 소형수동식소화기 등 1개 이상
② 능력단위 수치가 3 이상의 소형수동식소화기 등 2개 이상
③ 능력단위 수치가 2 이상의 소형수동식소화기 등 1개 이상
④ 능력단위 수치가 2 이상의 소형수동식소화기 등 2개 이상

3-2. 위험물 이동탱크저장소에 설치하는 자동차용소화기의 설치기준으로 틀린 것은?(단, 소화난이도등급 Ⅲ이다)

① 무상의 강화액 8[L] 이상(2개 이상)
② 이산화탄소 3.2[kg] 이상(2개 이상)
③ 소화분말 3.5[kg] 이상(2개 이상)
④ CF_2ClBr 2[L] 이상(2개 이상)

|해설|

3-1

소화난이도등급 Ⅲ인 지하탱크저장소에 설치하는 소화기 : 능력단위 수치가 3 이상의 소형수동식소화기 등 2개 이상

3-2

본문 참조

정답 3-1 ② 3-2 ③

핵심이론 04 | 소요단위, 능력단위

(1) 전기설비의 소화설비(규칙 별표 17)

제조소 등에 전기설비(전기배선, 조명기구 등은 제외)가 설치된 경우 : 면적 100[m²]마다 소형수동식소화기를 1개 이상 설치할 것

(2) 소요단위의 계산방법(규칙 별표 17)

① 제조소 또는 취급소의 건축물
 ㉠ 외벽이 내화구조 : 연면적 100[m²]를 1소요단위
 ㉡ 외벽이 내화구조가 아닌 것 : 연면적 50[m²]를 1소요단위
② 저장소의 건축물
 ㉠ 외벽이 내화구조 : 연면적 150[m²]를 1소요단위
 ㉡ 외벽이 내화구조가 아닌 것 : 연면적 75[m²]를 1소요단위
③ 위험물은 지정수량의 10배 : 1소요단위

10년간 자주 출제된 문제

4-1. 제조소 등의 소화설비를 위한 소요단위 산정에 있어서 1소요단위에 해당하는 위험물의 지정수량 배수와 외벽이 내화구조인 제조소의 건축물 연면적을 각각 옳게 나타낸 것은?

① 10배, 100[m²] ② 100배, 100[m²]
③ 10배, 150[m²] ④ 100배, 150[m²]

4-2. 위험물제조소로 사용하는 건축물로서 연면적이 400[m²]일 경우 소요단위는?(단, 외벽이 내화구조이다)

① 2단위 ② 4단위
③ 8단위 ④ 10단위

|해설|

4-1

소요단위의 산정기준
• 제조소 외벽이 내화구조 : 연면적 100[m²]를 1소요단위
• 위험물은 지정수량의 10배 : 1소요단위

4-2

소요단위의 계산방법
제조소 외벽이 내화구조 : 연면적 100[m²]를 1소요단위
∴ 소요단위 = 400[m²] ÷ 100[m²] = 4단위

정답 4-1 ① 4-2 ②

핵심이론 05 | 경보설비

(1) 제조소 등별로 설치해야 하는 경보설비의 종류

(규칙 별표 17)

제조소 등의 구분	제조소 등의 규모, 저장 또는 취급하는 위험물의 종류 및 최대수량 등	경보설비
제조소 및 일반취급소	• 연면적 500[m²] 이상인 것 • 옥내에서 지정수량의 100배 이상을 취급하는 것(고인화점 위험물만을 100[℃] 미만의 온도에서 취급하는 것을 제외한다)	자동화재탐지설비
이외의 자동화재탐지설비 설치대상에 해당하지 않는 제조소 등	지정수량의 10배 이상을 저장 또는 취급하는 것	자동화재탐지설비, 비상경보설비, 확성장치 또는 비상방송설비 중 1종 이상

(2) 피난설비의 설치기준(규칙 별표 17)

① 주유취급소 중 건축물의 2층 이상의 부분을 점포·휴게음식점 또는 전시장의 용도로 사용하는 것에 있어서는 해당 건축물의 2층 이상으로부터 주유취급소의 부지 밖으로 통하는 출입구와 해당 출입구로 통하는 통로·계단 및 출입구에 유도등을 설치해야 한다.

② 옥내주유취급소에 있어서는 해당 사무소 등의 출입구 및 피난구와 해당 피난구로 통하는 통로·계단 및 출입구에 유도등을 설치해야 한다.

③ 유도등에는 비상전원을 설치해야 한다.

핵심이론 01 | 저장·취급의 공통기준

(1) 위험물의 저장 기준

① 옥내저장소에 있어서 유별을 달리하는 위험물을 저장하는 경우 1[m] 이상 간격을 두고 아래 유별을 저장할 수 있다.

　㉠ 제1류 위험물(알칼리금속의 과산화물은 제외)과 제5류 위험물을 저장하는 경우

　㉡ 제1류 위험물과 제6류 위험물을 저장하는 경우

　㉢ 제1류 위험물과 제3류 위험물 중 자연발화성 물품(황린 포함)을 저장하는 경우

　㉣ 제2류 위험물 중 인화성 고체와 제4류 위험물을 저장하는 경우

　㉤ 제3류 위험물 중 알킬알루미늄 등과 제4류 위험물(알킬알루미늄 또는 알킬리튬을 함유한 것에 한함)을 저장하는 경우

　㉥ 제4류 위험물 중 유기과산화물과 제5류 위험물 중 유기과산화물을 저장하는 경우

② 옥내저장소에서 동일 품명의 위험물이더라도 자연발화 할 우려가 있는 위험물 또는 재해가 현저하게 증대할 우려가 있는 위험물을 다량 저장하는 경우에는 지정수량의 10배 이하마다 구분하여 상호 간 0.3[m] 이상의 간격을 두어 저장해야 한다.

③ 옥내저장소에 저장 시 높이(아래 높이를 초과하지 말 것)

　㉠ 기계에 의하여 하역하는 구조로 된 용기만을 겹쳐 쌓는 경우 : 6[m]

　㉡ 제4류 위험물 중 제3석유류, 제4석유류, 동식물유류를 수납하는 용기만을 겹쳐 쌓는 경우 : 4[m]

　㉢ 그 밖의 경우 : 3[m]

④ 옥내저장소에서는 용기에 수납하여 저장하는 위험물의 온도 : 55[℃] 이하

⑤ 위험물을 수납한 용기를 선반에 저장하는 경우 : 6[m]를 초과하지 말 것

⑥ 이동저장탱크로부터 위험물을 저장 또는 취급하는 탱크에 인화점이 40[℃] 미만인 위험물을 주입할 때에는 이동탱크저장소의 원동기를 정지시킬 것

10년간 자주 출제된 문제

1-1. 자연발화할 우려가 있는 위험물을 옥내저장소에 저장할 경우 지정수량의 10배 이하마다 구분하여 상호 간 몇 [m] 이상의 간격을 두어야 하는가?

① 0.2[m]　　　　　　② 0.3[m]

③ 0.5[m]　　　　　　④ 0.6[m]

1-2. 옥내저장소에서 제4석유류를 수납하는 용기만을 겹쳐 쌓는 경우에 높이[m]는 얼마를 초과할 수 없는가?

① 3[m]　　　　　　　② 4[m]

③ 5[m]　　　　　　　④ 6[m]

1-3. 이동저장탱크로부터 위험물을 저장 또는 취급하는 탱크에 인화점이 몇 [℃] 미만인 위험물을 주입할 때에는 이동탱크저장소의 원동기를 정지시켜야 하는가?

① 20[℃]　　　　　　② 30[℃]

③ 40[℃]　　　　　　④ 50[℃]

|해설|

1-1

옥내저장소에서 동일 품명의 위험물이더라도 자연발화할 우려가 있는 위험물 또는 재해가 현저하게 증대할 우려가 있는 위험물을 다량 저장하는 경우에는 지정수량의 10배 이하마다 구분하여 상호 간 0.3[m] 이상의 간격을 두어 저장해야 한다.

1-2

옥내저장소에 제4석유류 저장 시 최대높이 : 4[m]

1-3

이동저장탱크로부터 위험물을 저장 또는 취급하는 탱크에 인화점이 40[℃] 미만인 위험물을 주입할 때에는 이동탱크저장소의 원동기를 정지시킬 것

정답 1-1 ② 1-2 ② 1-3 ③

핵심이론 01 | 저장·위험물의 운반기준

(1) 운반용기의 재질

강판, 알루미늄판, 양철판, 유리, 금속판, 종이, 플라스틱, 섬유판, 고무류, 합성섬유, 삼, 짚, 나무

(2) 적재방법

① 수납률

ㄱ 고체 위험물 : 운반용기 내용적의 95[%] 이하

ㄴ 액체 위험물 : 운반용기 내용적의 98[%] 이하의 수납률로 수납하되, 55[℃]의 온도에서 누설되지 않도록 충분한 공간용적을 유지하도록 할 것

② 제3류 위험물 운반용기의 수납기준

ㄱ 자연발화성 물질에 있어서는 불활성 기체를 봉입하여 밀봉하는 등 공기와 접하지 않도록 할 것

ㄴ 자연발화성 물질 외의 물품에 있어서는 파라핀·경유·등유 등의 보호액으로 채워 밀봉하거나 불활성기체를 봉입하여 밀봉하는 등 수분과 접하지 않도록 할 것

ㄷ 자연발화성 물질 중 알킬알루미늄 등은 운반용기의 내용적의 90[%] 이하의 수납률로 수납하되, 50[℃]의 온도에서 5[%] 이상의 공간용적을 유지하도록 할 것

③ 적재위험물에 따른 조치

ㄱ 차광성이 있는 것으로 피복

• 제1류 위험물

• 제3류 위험물 중 자연발화성 물질

• 제4류 위험물 중 특수인화물

• 제5류 위험물

• 제6류 위험물

ㄴ 방수성이 있는 것으로 피복

• 제1류 위험물 중 알칼리금속의 과산화물

• 제2류 위험물 중 철분·금속분·마그네슘

• 제3류 위험물 중 금수성 물질

10년간 자주 출제된 문제

1-1. 위험물의 운반기준으로 틀린 것은?

① 고체 위험물은 운반용기 내용적의 95[%] 이하로 수납할 것
② 액체 위험물은 운반용기 내용적의 98[%] 이하로 수납할 것
③ 하나의 외장용기에는 다른 종류의 위험물을 수납하지 않을 것
④ 액체 위험물은 65[℃]의 온도에서 누설되지 않도록 충분한 공간용적을 유지하도록 할 것

1-2. 액체 위험물은 운반용기 내용적의 몇 [%] 이하의 수납률로 수납해야 하는가?

① 90[%]   ② 93[%]
③ 95[%]   ④ 98[%]

1-3. 운반 시 일광의 직사를 막기 위해 차광성이 있는 피복으로 덮어야 하는 위험물이 아닌 것은?

① 제1류 위험물
② 제3류 위험물 중 자연발화성 물질
③ 제4류 위험물 중 제1석유류
④ 제6류 위험물

1-4. 위험물안전관리법령상 위험물을 적재할 때에 방수성 덮개를 해야 하는 것은?

① 과산화나트륨   ② 염소산칼륨
③ 제5류 위험물   ④ 과산화수소

1-1

액체 위험물 : 운반용기 내용적의 98[%] 이하의 수납률로 수납하되, 55[℃]의 온도에서 누설되지 않도록 충분한 공간용적을 유지하도록 할 것

1-2

운반용기의 수납률
• 고체 위험물 : 95[%] 이하
• 액체 위험물 : 98[%] 이하

1-3

제4류 위험물 중 특수인화물은 차광성이 있는 피복으로 덮어야 한다.

1-4

제1류 위험물 중 알칼리금속의 과산화물(과산화나트륨)은 방수성이 있는 것으로 피복해야 한다.

정답 1-1 ④ 1-2 ④ 1-3 ③ 1-4 ①

핵심이론 02 | 운반용기의 외부 표시사항

(1) 운반용기의 외부 표시사항

① 위험물의 품명

② 위험등급

③ 화학명 및 수용성(제4류 위험물의 수용성인 것에 한함)

④ 위험물의 수량

⑤ 주의사항
　㉠ 제1류 위험물
　　• 알칼리금속의 과산화물 : 화기·충격주의, 물기엄금, 가연물접촉주의
　　• 그 밖의 것 : 화기·충격주의, 가연물접촉주의
　㉡ 제2류 위험물
　　• 철분·금속분·마그네슘 : 화기주의, 물기엄금
　　• 인화성 고체 : 화기엄금
　　• 그 밖의 것 : 화기주의
　㉢ 제3류 위험물
　　• 자연발화성 물질 : 화기엄금, 공기접촉엄금
　　• 금수성 물질 : 물기엄금
　㉣ 제4류 위험물 : 화기엄금
　㉤ 제5류 위험물 : 화기엄금, 충격주의
　㉥ 제6류 위험물 : 가연물접촉주의

(2) 운반방법(지정수량 이상 운반 시)

① 한 변의 길이가 0.3[m] 이상, 다른 한 변의 길이가 0.6[m] 이상인 직사각형의 판으로 할 것

② 흑색바탕에 황색의 반사도료 그 밖의 반사성이 있는 재료로 "위험물"이라고 표시할 것

2-1. 위험물 운반용기의 외부에 표시하는 사항이 아닌 것은?

① 위험등급　　　　　② 위험물의 제조일자
③ 위험물의 품명　　　④ 주의사항

2-2. 제1류 위험물 중 알칼리금속의 과산화물을 수납한 운반용기 외부에 표시해야 하는 주의사항을 모두 옳게 나타낸 것은?

① 물기주의, 가연물접촉주의, 충격주의
② 가연물접촉주의, 물기엄금, 화기엄금 및 공기노출금지
③ 화기·충격주의, 물기엄금, 가연물접촉주의
④ 충격주의, 화기엄금 및 공기접촉엄금, 물기엄금

2-3. 제2류 위험물 중 철분 또는 금속분을 수납한 운반용기의 외부에 표시해야 하는 주의사항으로 옳은 것은?

① 화기엄금 및 물기엄금
② 화기주의 및 물기엄금
③ 가연물접촉주의 및 화기엄금
④ 가연물접촉주의 및 화기주의

2-4. 제6류 위험물을 수납한 운반용기의 외부에 표시해야 하는 주의사항으로 옳은 것은?

① 화기엄금　　　　　② 물기엄금
③ 가연물접촉주의　　④ 화기주의

2-5. 위험물 차량으로 운반하는 경우 차량에 "위험물"이라고 표시할 때 바탕색과 글자 색상으로 옳은 것은?

① 흑색바탕에 황색의 반사도료
② 황색바탕에 흑색의 반사도료
③ 적색바탕에 황색의 반사도료
④ 황색바탕에 적색의 반사도료

|해설|

2-1
위험물의 제조일자는 운반용기의 외부 표시사항이 아니다.

2-2
제1류 위험물 중 알칼리금속의 과산화물의 주의사항 : 화기·충격주의, 물기엄금, 가연물접촉주의

2-3
제2류 위험물 중 철분 또는 금속분의 주의사항 : 화기주의, 물기엄금

2-4
제6류 위험물 : 가연물접촉주의

2-5
운반차량에 흑색바탕에 황색의 반사도료 그 밖의 반사성이 있는 재료로 "위험물"이라고 표시할 것

정답 2-1 ②　2-2 ③　2-3 ②　2-4 ③　2-5 ①

CHAPTER 04 소방기계시설의 구조 및 원리

제1장 | 소화설비

제1절 소방시설

핵심이론 01 | 소방시설의 종류(소방시설법 영 별표 1)

(1) 소화설비

소화설비는 물, 그 밖의 소화약제를 사용하여 소화하는 기계·기구 또는 설비

① 소화기구
  ㉠ 소화기
  ㉡ 간이소화용구 : 에어로졸식 소화용구, 투척용 소화용구, 소공간용 소화용구 및 소화약제 외의 것을 이용한 간이소화용구
  ㉢ 자동확산소화기(일반화재용, 주방화재용, 전기설비용)
② 자동소화장치
  ㉠ 주거용 주방자동소화장치
  ㉡ 상업용 주방자동소화장치
  ㉢ 캐비닛형 자동소화장치
  ㉣ 가스 자동소화장치
  ㉤ 분말 자동소화장치
  ㉥ 고체에어로졸 자동소화장치
③ 옥내소화전설비(호스릴 옥내소화전설비 포함)
④ 스프링클러설비 등
  ㉠ 스프링클러설비
  ㉡ 간이스프링클러설비(캐비닛형 간이스프링클러설비 포함)
  ㉢ 화재조기진압용 스프링클러설비

⑤ 물분무 등 소화설비[물분무, 미분무, 포, 이산화탄소, 할론, 할로겐화합물 및 불활성기체(다른 원소와 화학반응을 일으키기 어려운 기체), 분말, 강화액, 고체에어로졸소화설비]
⑥ 옥외소화전설비

(2) 경보설비

화재 발생 시 사실을 통보하는 기계·기구 또는 설비

① 단독경보형감지기
② 비상경보설비(비상벨설비, 자동식 사이렌설비)
③ 자동화재탐지설비
④ 시각경보기
⑤ 화재알림설비
⑥ 비상방송설비
⑦ 자동화재속보설비
⑧ 통합감시시설
⑨ 누전경보기
⑩ 가스누설경보기

(3) 피난구조설비

화재가 발생한 때에 피난하기 위하여 사용하는 기구 또는 설비

① 피난사다리, 구조대, 완강기, 간이완강기 그 밖에 소방청장이 정하여 고시하는 화재안전기준으로 정하는 것
② 인명구조기구
  ㉠ 방열복, 방화복(안전모, 보호장갑, 안전화 포함)
  ㉡ 공기호흡기
  ㉢ 인공소생기

③ 유도등(피난유도선, 피난구유도등, 통로유도등, 객석
　유도등, 유도표지)
④ 비상조명등 및 휴대용 비상조명등

(4) 소화용수설비

화재를 진압하는 데 필요한 물을 공급하거나 저장하는
설비
① 상수도 소화용수설비
② 소화수조, 저수조, 그 밖의 소화용수설비

(5) 소화활동설비

화재를 진압하거나 인명구조 활동을 위하여 사용하는
설비
① 제연설비
② 연결송수관설비
③ 연결살수설비
④ 비상콘센트설비
⑤ 무선통신보조설비
⑥ 연소방지설비

10년간 자주 출제된 문제

1-1. 다음 소화설비 중 자동소화장치가 아닌 것은?

① 주거용 주방자동소화장치
② 캐비닛형 자동소화장치
③ 연결 자동소화장치
④ 고체에어로졸 자동소화장치

1-2. 다음 소화설비 중 물분무 등 소화설비가 아닌 것은?

① 물분무소화설비　　　　② 포소화설비
③ 분말소화설비　　　　　④ 연결살수설비

1-3. 다음 중 경보설비가 아닌 것은?

① 단독경보형감지기　　　② 시각경보기
③ 비상조명등　　　　　　④ 누전경보기

1-4. 다음 중 소화활동설비가 아닌 것은?

① 제연설비　　　　　　　② 연결살수설비
③ 연결송수관설비　　　　④ 소화수조

|해설|

1-1
본문 참조

1-2
연결살수설비 : 소화활동설비

1-3
비상조명등 : 피난구조설비

1-4
소화수조 : 소화용수설비

정답 1-1 ③　1-2 ④　1-3 ③　1-4 ④

핵심이론 01 | 소화기의 분류

(1) 소화능력 단위에 의한 분류

① 소형소화기 : 능력단위 1단위 이상이면서 대형소화기의 능력단위 이하인 소화기

② 대형소화기 : 능력단위가 A급 화재는 10단위 이상, B급 화재는 20단위 이상인 것으로서 소화약제 충전량은 다음 표에 기재한 이상인 소화기

종 별	충전량
포소화기	20[L] 이상
강화액소화기	60[L] 이상
물소화기	80[L] 이상
분말소화기	20[kg] 이상
할론소화기	30[kg] 이상
이산화탄소소화기	50[kg] 이상

(2) 소화약제에 의한 분류

① 물소화기

② 산·알칼리소화기

③ 강화액소화기

④ 할론소화기

⑤ 할로겐화합물 및 불활성기체소화기

⑥ 이산화탄소소화기

⑦ 분말소화기

1-1. 대형소화기에서 A급 화재의 능력단위는 몇 단위 이상인가?

① 10
② 15
③ 20
④ 30

1-2. 다음 중 소화약제 충전량으로 볼 때 대형소화기에 해당하지 않는 것은?

① 강화액소화기 - 50[L] 이상
② 분말소화기 - 20[kg] 이상
③ 할론소화기 - 30[kg] 이상
④ 이산화탄소소화기 - 50[kg] 이상

1-3. 대형소화기의 능력단위 기준이 적절하게 표시된 항목은?

① A급 화재 : 10단위 이상, B급 화재 : 20단위 이상
② A급 화재 : 20단위 이상, B급 화재 : 20단위 이상
③ A급 화재 : 10단위 이상, B급 화재 : 20단위 이상
④ A급 화재 : 20단위 이상, B급 화재 : 20단위 이상

|해설|

1-1

대형소화기 : A급 화재는 능력단위가 10단위 이상

1-2

강화액소화기는 60[L] 이상이면 대형소화기이다.

1-3

대형소화기의 능력단위 기준
- A급 화재 : 10단위 이상
- B급 화재 : 20단위 이상

정답 1-1 ① 1-2 ① 1-3 ①

핵심이론 02 | 수계 소화기

(1) 물소화기

냉각작용에 의한 소화효과가 가장 크며 증발하여 수증기로 되므로 원래 물의 용적의 약 1,700배의 불연성 기체로 되기 때문에 가연성 혼합기체의 희석작용도 하게 된다.

(2) 산 · 알칼리소화기

① 소화원리

$H_2SO_4 + 2NaHCO_3 \rightarrow Na_2SO_4 + 2H_2O + 2CO_2$

② 소화효과 : 무상일 경우 전기(C급)화재에 적합

(3) 강화액소화기

① 소화원리

$H_2SO_4 + K_2CO_3 + H_2O \rightarrow K_2SO_4 + 2H_2O + CO_2$

② 소화효과 : 무상일 경우 A, B, C급 화재에 적합

(4) 포소화기(포소화기)

① 포의 조건

　ㄱ 기름보다 가벼우며, 화재 면과의 부착성이 좋아야 한다.

　ㄴ 바람 등에 견디는 응집성과 안정성이 있어야 한다.

　ㄷ 열에 대한 센 막을 가지며 유동성이 좋아야 한다.

② 반응식 및 소화원리

　ㄱ 반응식

　　$6NaHCO_3 + Al_2(SO_4)_3 \cdot 18H_2O$

　　$\rightarrow 3Na_2SO_4 + 2Al(OH)_3 + 6CO_2 + 18H_2O$

　ㄴ 소화효과 : 질식효과, 냉각효과

(1) 이산화탄소소화기

① 소화약제(액화탄산가스)

  ㉠ 탄산가스의 함량 : 99.5[%] 이상

  ㉡ 수분 : 0.05[wt%] 이하(수분이 0.05[%] 이상 : 수분 결빙하여 노즐 폐쇄)

② 소화원리 : 질식, 냉각, 피복작용

(2) 할론소화기

① 소화약제 : 할론 1301, 할론 1211, 할론 2402

② 소화원리

  ㉠ 질식소화 : 연소물의 주위에 체류하여 소화

  ㉡ 억제작용(부촉매작용) : 활성 물질에 작용하여 그 활성을 빼앗아 연쇄반응을 차단하는 효과

  ㉢ 냉각효과

(3) 분말소화기

분말소화기는 소화약제로 건조한 미분말을 방습제 및 분산제에 의해 처리하여서 방습과 유동성을 부여한 것이다.

① 열분해반응식

  ㉠ 제1종 분말

   • 1차 분해반응식(270[℃])

    $2NaHCO_3 \rightarrow Na_2CO_3 + CO_2 + H_2O$

   • 2차 분해반응식(850[℃])

    $2NaHCO_3 \rightarrow Na_2O + 2CO_2 + H_2O$

  ㉡ 제2종 분말

   • 1차 분해반응식(190[℃])

    $2KHCO_3 \rightarrow K_2CO_3 + CO_2 + H_2O$

   • 2차 분해반응식(590[℃])

    $2KHCO_3 \rightarrow K_2O + 2CO_2 + H_2O$

  ㉢ 제3종 분말

   • 1차 분해반응식(190[℃])

    $NH_4H_2PO_4 \rightarrow NH_3 + H_3PO_4$(인산, 오쏘인산)

   • 2차 분해반응식(215[℃])

    $2H_3PO_4 \rightarrow H_2O + H_4P_2O_7$(피로인산)

   • 3차 분해반응식(300[℃])

    $H_4P_2O_7 \rightarrow H_2O + 2HPO_3$(메타인산)

   ※ $NH_4H_2PO_4 \rightarrow HPO_3 + NH_3 + H_2O$

  ㉣ 제4종 분말

    $2KHCO_3 + (NH_2)_2CO \rightarrow K_2CO_3 + 2NH_3 + 2CO_2$

② 약제의 적응화재 및 착색

종 류	약제명	주성분	적응화재	착 색
제1종 분말	탄산수소나트륨	$NaHCO_3$	B, C급	백 색
제2종 분말	탄산수소칼륨	$KHCO_3$	B, C급	담회색
제3종 분말	제일인산암모늄	$NH_4H_2PO_4$	A, B, C급	담홍색
제4종 분말	탄산수소칼륨 + 요소	$KHCO_3 + (NH_2)_2CO$	B, C급	회 색

10년간 자주 출제된 문제

3-1. 이산화탄소소화기에 대한 설명 중 부적절한 것은?

① 전기화재에 적응성이 좋다.

② 용기는 고압가스 안전관리법에 의거하여 제조되고 25[MPa]의 내압시험에 합격해야 한다.

③ 충전비는 1.5 이상이다.

④ 약제의 충전량이 30[kgf] 이상 시 대형소화기로 분류된다.

3-2. 전기전자기기실 등에 방사 후 이물질로 인한 피해를 방지하기 위해서 사용하는 소화기는 무엇인가?

① 분말소화기   ② 포소화기

③ 강화액소화기   ④ 이산화탄소소화기

3-3. 축압식 분말소화기 지시압력계의 정상 사용압력 범위 중 상한값은?

① 0.68[MPa]   ② 0.78[MPa]

③ 0.88[MPa]   ④ 0.98[MPa]

3-4. 제3종 분말소화기의 열분해반응식으로 맞는 것은?

① $2NaHCO_3 \rightarrow Na_2CO_3 + H_2O + CO_2$

② $2KHCO_3 \rightarrow K_2CO_3 + H_2O + CO_2$

③ $NH_4H_2PO_4 \rightarrow HPO_3 + NH_3 + H_2O$

④ $2KHCO_3 + (NH_2)_2CO \rightarrow K_2CO_3 + 2NH_3 + 2CO_2$

3-5. 분말소화기의 약제의 색상으로 틀린 것은?

① 제1종 분말 – 황색

② 제2종 분말 – 담회색

③ 제3종 분말 – 담홍색

④ 제4종 분말 – 회색

|해설|

3-1

이산화탄소의 충전량이 50[kg] 이상이면 대형소화기로 분류한다.

3-2

전기시설 : 이산화탄소소화기, 할론소화기

3-3

축압식 분말소화기 지시압력계의 정상 사용압력 범위 : 0.7~0.98 [MPa]

3-4

본문 참조

3-5

제1종 분말 : 백색

정답 3-1 ④ **3-2** ④ **3-3** ④ **3-4** ③ **3-5** ①

핵심이론 04 | 소화기의 설치기준

(1) 소화기 배치거리

① 소형소화기 : 보행거리가 20[m] 이내

② 대형소화기 : 보행거리가 30[m] 이내가 되도록 배치할 것

(2) 특정소방대상물의 각 층마다 설치하되 각 층이 2 이상의 거실로 구획된 경우에는 각 층마다 설치하는 것 외에 바닥면적이 33[m²] 이상으로 구획된 각 거실에도 배치할 것

(3) 소화기구(자동확산소화기를 제외한다)의 설치기준

① 거주자 등이 손쉽게 사용할 수 있는 장소에 바닥으로부터 높이 1.5[m] 이하의 곳에 비치할 것

② 소화기의 표시(보기 쉬운 곳에 부착)

설치된 소화기구	표시사항
소화기	소화기
투척용 소화용구	투척용 소화용구
마른모래	소화용 모래
팽창질석 및 팽창진주암	소화질석

(4) 호스를 부착하지 않을 수 있는 소화기

① 소화약제의 중량이 2[kg] 이하의 분말 소화기

② 소화약제의 중량이 4[kg] 이하인 할론 소화기

③ 소화약제의 중량이 3[kg] 이하인 이산화탄소 소화기

④ 소화약제의 중량이 3[L] 이하의 액체계 소화약제 소화기

(5) 소화기 설치 제외

이산화탄소 또는 할로겐화합물(할론)을 방출하는 소화기구(자동확산소화기는 제외)를 설치할 수 없는 장소

① 지하층

② 무창층

③ 밀폐된 거실로서 그 바닥면적이 20[m²] 미만의 장소

4-1. 소형소화기를 설치할 때에 소방대상물의 각 부분으로부터 1개의 소형소화기까지의 보행거리가 몇 [m] 이내가 되도록 배치해야 하는가?

① 20   ② 25
③ 30   ④ 40

4-2. 소화기에 호스를 부착하지 않을 수 있는 기준 중 옳은 것은?

① 소화약제의 중량이 2[kg] 이하인 이산화탄소 소화기
② 소화약제의 중량이 3[L] 이하의 액체계 소화약제 소화기
③ 소화약제의 중량이 3[kg] 이하인 할론 소화기
④ 소화약제의 중량이 4[kg] 이하의 분말 소화기

4-3. 지하층이나 무창층 또는 밀폐된 거실로서 그 바닥면적이 20[m²] 미만인 장소에서 사용(취급)해서는 안 되는 소화기는?

① 분 말
② 강화액
③ 이산화탄소
④ 할로겐화합물 및 불활성기체

|해설|

4-1
소화기의 설치기준
각 층마다 설치하되, 소방대상물의 각 부분으로부터 1개의 소화기까지의 보행거리가 소형소화기의 경우에는 20[m] 이내, 대형소화기의 경우에는 30[m] 이내가 되도록 배치할 것

4-2
본문 참조

4-3
이산화탄소와 할로겐화합물(할론) 소화기구는 지하층이나 무창층 또는 밀폐된 거실로서 그 바닥면적이 20[m²] 미만인 장소에서 사용할 수 없다.

정답 4-1 ①   4-2 ②   4-3 ③

핵심이론 05 | 자동소화장치의 설치기준

(1) 주거용 주방자동소화장치

① 설치장소 : 아파트 등 및 오피스텔의 모든 층
② 설치기준
　㉠ 소화약제 방출구는 환기구(주방에서 발생하는 열기류 등을 밖으로 배출하는 장치)의 청소 부분과 분리되어 있어야 하며, 형식승인 받은 유효설치 높이 및 방호면적에 따라 설치할 것
　㉡ 감지부는 형식승인 받은 유효한 높이 및 위치에 설치할 것
　㉢ 차단장치(전기 또는 가스)는 상시 확인 및 점검이 가능하도록 설치할 것
　㉣ 가스용 주방자동소화장치를 사용하는 경우 탐지부는 수신부와 분리하여 설치하되, 공기보다 가벼운 가스(LNG)를 사용하는 경우에는 천장면으로부터 30[cm] 이하의 위치에 설치하고, 공기보다 무거운 가스(LPG)를 사용하는 장소에는 바닥면으로부터 30[cm] 이하의 위치에 설치할 것
　㉤ 수신부는 주위의 열기류 또는 습기 등과 주위온도에 영향을 받지 않고 사용자가 상시 볼 수 있는 장소에 설치할 것

(2) 캐비닛형 자동소화장치의 설치기준

① 분사헤드(방출구)의 설치 높이는 방호구역의 바닥으로부터 형식승인을 받은 범위 내에서 유효하게 소화약제를 방출시킬 수 있는 높이에 설치할 것
② 화재감지기는 방호구역 내의 천장 또는 옥내에 면하는 부분에 설치하되 자동화재탐지설비 및 시각경보장치의 화재안전기술기준(NFTC 203) 감지기에 적합하도록 설치할 것
③ 방호구역 내의 화재감지기의 감지에 따라 작동되도록 할 것

④ 화재감지기의 회로는 교차회로방식으로 설치할 것. 다만, 화재감지기를 자동화재탐지설비 및 시각경보장치의 화재안전기술기준(NFTC 203) 2.4.1 단서의 각 감지기로 설치하는 경우에는 그렇지 않다.

⑤ 개구부 및 통기구(환기장치를 포함)를 설치한 것에 있어서는 소화약제가 방출되기 전에 해당 개구부 및 통기구를 자동으로 폐쇄할 수 있도록 할 것(다만, 가스압에 의하여 폐쇄되는 것은 소화약제방출과 동시에 폐쇄할 수 있다)

⑥ 작동에 지장이 없도록 견고하게 고정시킬 것

⑦ 구획된 장소의 방호체적 이상을 방호할 수 있는 소화성능이 있을 것

10년간 자주 출제된 문제

5-1. 아파트에 설치하는 주거용 주방자동소화장치의 설치기준 중 부적합한 것은?

① 아파트의 각 세대별 주방에 설치한다.
② 소화약제 방출구는 환기구의 청소부분과 분리되어 있어야 한다.
③ 가스차단장치는 감지부와 1[m] 이내에 위치한다.
④ 탐지부는 수신부와 분리하여 설치하되, 공기보다 무거운 가스 사용 시는 바닥면으로부터 30[cm] 이하에 위치한다.

5-2. 액화천연가스(LNG)를 사용하는 아파트에 주거용 주방자동소화장치를 설치하려 한다. 공기보다 가벼운 가스를 사용하고자 할 때 주거용 주방자동소화장치의 탐지부 설치위치로 알맞은 것은?

① 천장면으로부터 30[cm] 이하의 위치에 설치한다.
② 소화약제분사 노즐로부터 30[cm] 이상의 위치에 설치한다.
③ 바닥면으로부터 30[cm] 이상의 위치에 설치한다.
④ 가스차단장치로부터 30[cm] 이상의 위치에 설치한다.

|해설|

5-1
주거용 주방자동소화장치의 차단장치(전기 또는 가스)는 상시 확인 및 점검이 가능하도록 설치할 것

5-2
탐지부는 수신부와 분리하여 설치하되,
- 공기보다 가벼운 가스(LNG)를 사용하는 경우 : 천장면으로부터 30[cm] 이하에 설치
- 공기보다 무거운 가스(LPG)를 사용하는 경우 : 바닥면으로부터 30[cm] 이하에 설치
- LPG : 프로페인($C_3H_8 = 44$)과 뷰테인($C_4H_{10} = 58$)이 주성분
  - 프로페인의 증기비중 $= \dfrac{분자량}{29} = \dfrac{44}{29} = 1.517$(공기보다 1.52배 무겁다)
  - 뷰테인의 증기비중 $= \dfrac{분자량}{29} = \dfrac{58}{29} = 2.0$(공기보다 2.0배 무겁다)
- LNG : 메테인($CH_4 = 16$)이 주성분
  - 메테인의 증기비중 $= \dfrac{분자량}{29} = \dfrac{16}{29} = 0.55$(공기보다 0.55배 가볍다)

정답 5-1 ③ 5-2 ①

(1) 간이소화용구의 능력단위

간이소화용구		능력단위
1. 마른모래	삽을 상비한 50[L] 이상의 것 1포	0.5단위
2. 팽창질석 또는 팽창진주암	삽을 상비한 80[L] 이상의 것 1포	

(2) 특정소방대상물별 소화기구의 능력단위

특정소방대상물	소화기구의 능력단위
위락시설	해당 용도의 바닥면적 30[m²]마다 능력단위 1단위 이상
공연장·집회장·관람장·국가유산(문화재)·장례식장 및 의료시설	해당 용도의 바닥면적 50[m²]마다 능력단위 1단위 이상
근린생활시설·판매시설·운수시설·숙박시설·노유자시설·전시장·공동주택·업무시설·방송통신시설·공장·창고시설·항공기 및 자동차 관련 시설 및 관광휴게시설	해당 용도의 바닥면적 100[m²]마다 능력단위 1단위 이상
그 밖의 것	해당 용도의 바닥면적 200[m²]마다 능력단위 1단위 이상

[비고] 소화기구의 능력단위를 산출함에 있어서 건축물의 주요구조부가 내화구조이고, 벽 및 반자의 실내에 면하는 부분이 불연재료·준불연재료 또는 난연재료로 된 특정소방대상물에 있어서는 위 표의 바닥면적의 2배를 해당 특정소방대상물의 기준면적으로 한다.

6-1. 간이소화용구인 마른모래 50[L], 5포와 삽을 비치한 상태일 때, 능력단위는 얼마인가?

① 1.5단위
② 2단위
③ 2.5단위
④ 4단위

6-2. 간이소화용구 중 삽을 상비한 80[L] 이상의 팽창질석 1포의 능력단위는?

① 0.5단위
② 1단위
③ 1.5단위
④ 2단위

6-3. 다음과 같이 간이소화용구를 비치하였을 경우 능력단위의 합은?

• 삽을 상비한 마른모래 50[L]포 2개
• 삽을 상비한 팽창질석 160[L]포 1개

① 1단위
② 2단위
③ 2.5단위
④ 3단위

6-4. 바닥면적이 1,300[m²]인 판매시설에 소화기구를 설치하려고 한다. 소화기구의 최소 능력단위는?(단, 주요구조부의 내화구조이고, 벽 및 반자의 실내와 면하는 부분이 불연재료이다)

① 7단위
② 9단위
③ 10단위
④ 13단위

6-5. 건축물의 주요구조부가 내화구조이고, 벽, 반자 등 실내에 면하는 부분이 불연재료로 시공된 바닥면적이 600[m²]인 노유자시설에 필요한 소화기구의 소화능력 단위는 얼마 이상으로 해야 하는가?

① 2단위
② 3단위
③ 4단위
④ 6단위

6-1

간이소화용구의 능력단위

간이소화용구		능력단위
1. 마른모래	삽을 상비한 50[L] 이상의 것 1포	0.5단위
2. 팽창질석 또는 팽창진주암	삽을 상비한 80[L] 이상의 것 1포	

∴ 마른모래 50[L], 1포가 0.5단위이므로 0.5단위 × 5 = 2.5단위

6-2

삽을 상비한 80[L] 이상의 팽창질석 1포의 능력단위 : 0.5단위

6-3

간이소화용구의 능력단위

- 삽을 상비한 마른모래 50[L]포 2개 : 0.5단위 × 2 = 1단위
- 삽을 상비한 팽창질석 80[L] 1포가 0.5단위이므로 160[L]포 1개 : 1단위
- ∴ 합계 = 1단위 + 1단위 = 2단위

6-4

능력단위 $= 1,300[m^2] \div 200[m^2]$(내화구조는 기준면적의 2배)
$= 6.5 \Rightarrow 7$단위

6-5

해당 용도의 바닥면적 $100[m^2]$마다(능력단위 1단위 이상) ⇒ 주요 구조부가 내화구조이므로 $200[m^2]$이다.
면적이 $600[m^2] \div 200[m^2] = 3$단위

정답 6-1 ③ 6-2 ① 6-3 ② 6-4 ① 6-5 ②

핵심이론 07 | 부속용 용도별 추가해야 할 소화기구 및 자동소화장치

용 도	소화기구의 능력단위
1. 다음의 시설. 다만, 스프링클러설비·간이스프링클러설비·물분무 등 소화설비 또는 상업용 주방자동소화장치가 설치된 경우에는 자동확산소화기를 설치하지 않을 수 있다. 가. 보일러실·건조실·세탁소·대량화기취급소 나. 음식점(지하가의 음식점을 포함한다)·다중이용업소·호텔·기숙사·노유자시설·의료시설·업무시설·공장·장례식장·교육연구시설·교정 및 군사시설의 주방. 다만, 의료시설·업무시설 및 공장의 주방은 공동취사를 위한 것에 한한다. 다. 관리자의 출입이 곤란한 변전실·송전실·변압기실 및 배전반실(불연재료로 된 상자 안에 장치된 것을 제외한다)	1. 해당 용도의 바닥면적 $25[m^2]$마다 능력단위 1단위 이상의 소화기로 할 것. 이 경우 나목의 주방에 설치하는 소화기 중 1개 이상은 주방화재용 소화기(K급)로 설치해야 한다. 2. 자동확산소화기는 해당 용도의 바닥면적을 기준으로 $10[m^2]$ 이하는 1개, $10[m^2]$ 초과는 2개 이상을 설치하되, 보일러, 조리기구, 변전설비 등 방호대상에 유효하게 분사될 수 있는 위치에 배치될 수 있는 수량으로 설치할 것
2. 발전실·변전실·송전실·변압기실·배전반실·통신기기실·전산기기실·기타 이와 유사한 시설이 있는 장소. 다만, 제1호 다목의 장소를 제외한다.	해당 용도의 바닥면적 $50[m^2]$마다 적응성이 있는 소화기 1개 이상 또는 유효설치방호 체적 이내의 가스·분말·고체에어로졸자동소화장치, 캐비닛형자동소화장치(다만 통신기기실·전자기기실을 제외한 장소에 있어서는 교류 600[V] 또는 직류 750[V] 이상의 것에 한한다)

10년간 자주 출제된 문제

7-1. 소화기구 및 자동소화장치의 화재안전기술기준상 소화설비가 설치되지 않은 소방대상물의 보일러실에 자동확산소화기를 설치하려 한다. 보일러실 바닥면적이 23[m²]이면 자동확산소화기는 몇 개를 설치해야 하나?

① 1   ② 2
③ 3   ④ 4

7-2. 소화기 설치 시 전기설비가 있는 곳은 추가하여 소화기를 비치한다. 다음 산출방법 중 옳은 것은?

① 해당 바닥면적 ÷ 50[m²] = 소화기 개수
② 해당 바닥면적 ÷ 50[m²] = 소화기 능력단위
③ 해당 바닥면적 ÷ 25[m²] = 소화기 개수
④ 해당 바닥면적 ÷ 25[m²] = 소화기 능력단위

|해설|

7-1
자동확산소화기를 바닥면적 10[m²]를 초과하는 경우에는 2개를 설치해야 한다.

7-2
발전실, 변전실 등 전기설비의 소화기 개수 = 해당 바닥면적 ÷ 50[m²]

정답 7-1 ②   7-2 ①

핵심이론 08 | 소화기 유지관리

(1) 소화기 사용법

① 적응화재에만 사용할 것
② 성능에 따라서 불 가까이 접근하여 사용할 것
③ 바람을 등지고 풍상에서 풍하로 방사할 것
④ 비로 쓸 듯이 양옆으로 골고루 사용할 것

(2) 소화기의 유지관리

① 바닥면으로부터 1.5[m] 이하가 되는 지점에 설치할 것
② 통행, 피난에 지장이 없고, 사용 시 반출하기 쉬운 곳에 설치할 것
③ 소화제의 동결, 변질 또는 분출할 우려가 없는 곳에 설치할 것
④ 설치지점은 잘 보이도록 소화기 표시를 할 것

(3) 사용온도 범위

① 강화액소화기 : -20[℃] 이상 40[℃] 이하
② 분말소화기 : -20[℃] 이상 40[℃] 이하
③ 그 밖의 소화기 : 0[℃] 이상 40[℃] 이하

(4) 여과망을 설치해야 하는 소화기

① 물소화기
② 산알칼리소화기
③ 강화액소화기
④ 포소화기

8-1. 소화기 사용방법으로 잘못된 것은?

① 적응화재에만 사용할 것
② 성능에 따라서 불 가까이 접근하여 사용할 것
③ 바람을 등지고 풍하에서 풍상으로 방사할 것
④ 비로 쓸 듯이 양옆으로 골고루 사용할 것

8-2. 다음 중 여과망을 설치해야 하는 소화기로 적합하지 않은 것은?

① 분말소화기
② 산알칼리소화기
③ 강화액소화기
④ 포소화기

8-3. 강화액소화기의 사용온도 범위로 적합한 것은?

① 0[℃] 이상 40[℃] 이하
② -20[℃] 이상 40[℃] 이하
③ 10[℃] 이상 30[℃] 이하
④ -20[℃] 이상 30[℃] 이하

|해설|

8-1
본문 참조

8-2
분말소화기는 고체이므로 여과망을 설치할 필요가 없다.

8-3
강화액소화기의 사용온도 : -20[℃] 이상 40[℃] 이하

정답 8-1 ③ 8-2 ① 8-3 ②

제3절 **옥내소화전설비**

핵심이론 01 **옥내소화전설비의 개요 및 종류**

(1) 옥내소화전설비의 개요

옥내소화전설비는 건축물 내의 화재를 진화하도록 고정되어 있으며 소방대상물 자체요원에 의하여 초기소화를 목적으로 설치되어 있는 설비이다.

① 기동방식에 의한 분류

　㉠ 수동기동방식(ON-OFF방식) : 소화전함의 기동 스위치를 누르고 방수구의 앵글밸브를 열면 가압송수장치의 펌프가 기동되어 방수가 시작되는 방식으로 소화전함에는 필수로 ON-OFF스위치가 부착되어 있다. 학교, 공장, 창고시설에 설치한다.

　㉡ 자동기동방식(기동용 수압개폐장치) : 옥내소화전함의 앵글밸브(방수구)를 열면 배관 내의 압력 감소로 압력감지장치에 의하여 펌프가 기동되어 방수가 이루어지는 방식으로 기동용 수압개폐장치는 옥내소화전설비, 스프링클러설비 등 수계소화설비에는 필수적인 기동방식이다.

② 가압송수방식에 의한 분류

　㉠ 고가수조방식 : 구조물 또는 지형지물 등에 설치하여 자연낙차의 압력으로 급수하는 방식

　㉡ 압력수조방식 : 소화용수와 공기는 채우고 일정압력 이상으로 가압하여 그 압력으로 급수하는 방식

　㉢ 펌프방식 : 방수구에서 법정방수압력을 얻기 위해서 필수적으로 펌프를 설치해서 펌프의 가압에 의해서 방수압력을 얻는 방식

　㉣ 가압수조방식 : 가압원인 압축공기 또는 불연성 기체의 압력으로 소화용수를 가압하여 그 압력으로 급수하는 수조방식

핵심이론 02 | 옥내소화전설비의 계통도

(1) 옥내소화전설비의 계통도(부압수조방식)

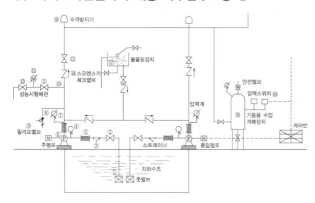

(2) 번호별 명칭 및 기능

번호	명칭	기능
①	풋밸브	여과 기능, 역류방지기능
②	개폐밸브	배관의 개폐 기능
③	스트레이너	흡입 측 배관 내의 이물질 제거(여과 기능)
④	진공계(연성계)	펌프의 흡입 측 압력 표시
⑤	플렉시블조인트	충격을 흡수하여 흡입 측 배관의 보호
⑥	주펌프	소화수에 압력과 유속 부여
⑦	압력계	펌프의 토출 측 압력 표시
⑧	순환배관	펌프의 체절운전 시 수온상승 방지
⑨	릴리프밸브	체절압력 미만에서 개방하여 압력수 방출
⑩	성능시험배관	가압송수장치의 성능시험
⑪	개폐밸브	펌프 성능시험배관의 개폐 기능
⑫	유량계	펌프의 유량 측정
⑬	유량조절밸브	펌프 성능시험배관의 개폐 기능
⑭	체크밸브	역류 방지, By-pass 기능, 수격작용방지
⑮	개폐표시형 밸브	배관 수리 시 또는 펌프성능시험 시 개폐 기능
⑯	수격방지기	펌프의 기동 및 정지 시 수격흡수 기능
⑰	물올림장치	펌프의 흡입 측 배관에 물을 충만하는 기능
⑱	기동용 수압개폐장치 (압력챔버)	주펌프의 자동기동, 충압펌프의 자동기동 및 자동정지 기능, 압력변화에 따른 완충 작용, 압력변동에 따른 설비보호
⑲	압력스위치	펌프의 정지 및 기동을 설정하는 값

핵심이론 03 | 펌프의 토출량 및 수원

(1) 펌프의 토출량

펌프의 토출량 $Q[\text{L/min}] = N \times 130[\text{L/min}]$(호스릴 옥내소화전설비 포함)

여기서, N : 가장 많이 설치된 층의 소화전 수(최대 2개)
[29층 이하 : 2개, 30층 이상 : 5개]

(2) 수원의 용량(저수량)

층 수	수원의 용량
29층 이하	N(최대 2개) $\times$ 2.6[m³](130[L/min] $\times$ 20[min] = 2,600[L] = 2.6[m³])
30층 이상 49층 이하	N(최대 5개) $\times$ 5.2[m³](130[L/min] $\times$ 40[min] = 5,200[L] = 5.2[m³])
50층 이상	N(최대 5개) $\times$ 7.8[m³](130[L/min] $\times$ 60[min] = 7,800[L] = 7.8[m³])

(3) 수원 설치 시 유의사항

옥내소화전설비의 수원의 양은 1/3 이상을 유효수량 외 유효수량을 옥상에 설치해야 한다.

① 예외 규정
  ㉠ 지하층만 있는 건축물
  ㉡ 고가수조를 가압송수장치로 설치한 경우
  ㉢ 수원이 건축물의 최상층에 설치된 방수구보다 높은 위치에 설치된 경우
  ㉣ 건축물의 높이가 지표면으로부터 10[m] 이하인 경우
  ㉤ 주펌프와 동등 이상의 성능이 있는 별도의 펌프로서 내연기관의 기동과 연동하여 작동되거나 비상전원을 연결하여 설치한 경우
  ㉥ 학교·공장·창고시설(옥상수조를 설치한 대상은 제외한다)로서 동결의 우려가 있는 장소에 있어서는 기동스위치에 보호판을 부착하여 옥내소화전함 내에 설치한 경우(ON-OFF방식)
  ㉦ 가압수조를 가압송수장치로 설치한 경우

3-1. 옥내소화전설비의 펌프 토출량은 몇 [L/min] 이상인가?

① 130
② 350
③ 260
④ 390

3-2. 5층 건물에 옥내소화전이 1층에 3개, 2층 이상에 각각 2개씩 총 11개가 설치되었을 경우, 수원의 수량 산출방법으로 옳은 것은?

① 3개 × 2.6[m³] = 7.8[m³]
② 2개 × 2.6[m³] = 5.2[m³]
③ 11개 × 2.6[m³] = 28.6[m³]
④ 5개 × 2.6[m³] = 13.0[m³]

3-3. 25층인 건축물에 옥내소화전이 1층에 4개, 2층에 4개, 3층에 2개가 설치된 소방대상물이 있다. 옥내소화전설비를 위해 필요한 최소 수원의 수량은?

① 2.6[m³]
② 5.2[m³]
③ 13[m³]
④ 26[m³]

3-4. 옥내소화전설비에서 옥상수조를 설치하지 않은 경우에 해당하지 않는 것은?

① 지하층만 있는 건축물
② 고가수조를 가압송수장치로 설치한 경우
③ 수원이 건축물의 최상층에 설치된 방수구보다 높은 위치에 설치된 경우
④ 건물의 높이가 지표면으로부터 최상층 바닥까지 10[m] 이하인 경우

|해설|

3-1
옥내소화전설비의 펌프 토출량 : 130[L/min] 이상

3-2
수원 = N × 2.6[m³] = 2개 × 2.6[m³] = 5.2[m³]

3-3
옥내소화전의 수원 = N(소화전 수 최대 2개) × 2.6[m³]
= 2 × 2.6[m³] = 5.2[m³]

3-4
옥상수조 설치 제외 : 건축물의 높이가 지표면으로부터 10[m] 이하인 경우

정답 **3-1** ① **3-2** ② **3-3** ② **3-4** ④

핵심이론 04 | **가압송수장치**

(1) 펌프를 이용한 가압송수장치

① 가압송수장치의 개요

㉠ 펌프는 전용으로 할 것

㉡ 펌프의 토출 측에는 압력계를 체크밸브 이전에 펌프 토출 측 플랜지에서 가까운 곳에 설치하고 흡입 측에는 연성계 또는 진공계를 설치할 것

※ 진공계나 연성계는 수원이 펌프보다 낮을 때만 설치한다.

㉢ 펌프의 성능은 체절운전 시 정격토출압력의 140[%]를 초과하지 않고 정격토출량의 150[%]를 운전 시 정격토출압력의 65[%] 이상이 되어야 하며 펌프의 성능을 시험할 수 있는 성능시험배관을 설치할 것. 다만, 충압펌프의 경우에는 그렇지 않다.

㉣ 가압송수장치에는 체절운전 시 수온의 상승을 방지하기 위한 순환배관을 설치할 것. 다만, 충압펌프의 경우에는 그렇지 않다.

㉤ 하나의 옥내소화전을 사용하는 노즐 선단(끝부분)에서의 방수압력이 0.7[MPa]을 초과할 경우에는 호스접결구의 인입 측에 감압장치를 설치할 것

㉥ 기동장치로는 기동용 수압개폐장치 또는 이와 동등 이상의 성능이 있는 것을 설치할 것. 다만, 학교·공장·창고시설(옥상수조를 설치한 대상은 제외)로서 동결의 우려가 있는 장소에 있어서는 기동스위치에 보호판을 부착하여 옥내소화전함 내에 설치할 수 있다(ON-OFF방식).

㉦ 충압펌프의 설치기준

• 펌프의 토출압력 ≥ 최고위 호스접결구의 자연압 + 0.2[MPa]

• 펌프의 정격토출량은 정상적인 누설량보다 적어서는 안 되며, 옥내소화전설비가 자동적으로 작동할 수 있도록 충분한 토출량을 유지할 것

② 펌프의 양정

$H = h_1 + h_2 + h_3 + 17$

여기서, H : 펌프의 전 양정[m]

h_1 : 호스의 마찰손실수두[m]

h_2 : 배관의 마찰손실수두[m]

h_3 : 낙차(펌프의 흡입높이 + 펌프에서 최고위의 소화전 호스접결구까지의 높이[m])

17 : 노즐 선단(끝부분) 방수압력 환산수두

(2) 고가수조(낙차)를 이용한 가압송수장치

① 낙차(전양정)

$H = h_1 + h_2 + 17$(호스릴 옥내소화전설비 포함)

여기서, H : 필요한 낙차[m](낙차 : 수조의 하단으로부터 최고층에 설치된 소화전 호스접결구까지의 수직거리)

h_1 : 호스의 마찰손실수두[m]

h_2 : 배관의 마찰손실수두[m]

17 : 노즐 선단(끝부분)의 방수압력 환산수두

② 설치부속물

㉠ 수위계

㉡ 배수관

㉢ 급수관

㉣ 오버플로관

㉤ 맨 홀

(3) 압력수조를 이용한 가압송수장치

① 압력산출식

$P = P_1 + P_2 + P_3 + 0.17$(호스릴 옥내소화전설비를 포함)

여기서, P : 필요한 압력[MPa]

P_1 : 호스의 마찰손실수두압[MPa]

P_2 : 배관의 마찰손실수두압[MPa]

P_3 : 낙차의 환산수두압[MPa]

② 설치부속물

㉠ 수위계

㉡ 급수관

㉢ 급기관

㉣ 배수관

㉤ 맨 홀

㉥ 압력계

㉦ 안전장치

㉧ 자동식 공기압축기

4-1. 옥내소화전설비에 설치하는 가압송수장치의 설치기준으로 틀린 것은?

① 쉽게 접근할 수 있고 점검하기에 충분한 공간이 있는 장소로서 화재 및 침수 등의 재해로 인한 피해를 받을 우려가 없는 곳에 설치한다.

② 소방대상물의 어느 층에서도 해당 층의 옥내소화전(2개 이상인 경우에는 2개)을 동시에 사용할 경우 각 소화전의 노즐선단(끝부분)에서의 방수압력이 0.15[MPa] 이상, 방수량은 150[L/min] 이상으로 해야 한다.

③ 기동용 수압개폐장치(압력챔버)를 사용할 경우 그 용적은 100[L] 이상의 것으로 한다.

④ 펌프의 성능은 체절운전 시 정격토출압력의 140[%]를 초과하지 않아야 한다.

4-2. 옥내소화전설비를 설계할 때에 가압송수장치의 압력이 얼마를 초과하는 경우 호스접결구의 인입 측에 감압장치를 설치해야 하는가?

① 0.5[MPa]

② 0.6[MPa]

③ 0.7[MPa]

④ 0.8[MPa]

4-3. 스프링클러설비 또는 옥내소화전설비에 사용되는 밸브에 대한 설명으로 옳지 않은 것은?

① 펌프의 토출 측 체크밸브는 배관 내 압력이 가압송수장치로 역류되는 것을 방지한다.

② 가압송수장치의 풋밸브는 펌프의 위치가 수원의 수위보다 높을 때 설치한다.

③ 입상관에 사용되는 체크밸브는 아래에서 위로 송수하는 경우에만 사용된다.

④ 펌프의 흡입 측에는 버터플라이밸브의 개폐표시형밸브를 설치해야 한다.

4-4. 소화전 노즐의 방수압력이 0.7[MPa] 이상이 되면 호스접결구 인입 측에 감압장치를 설치한다. 그 이유로 가장 적합한 것은?

① 호스 조작의 인간체력 한계 때문에

② 호스의 재질상 고압에서 파열 가능성을 배제할 수 없기 때문에

③ 펌프가 무리한 양정력을 가지기 때문에

④ 고압살수로부터 건축구조물의 보호를 위하여

|해설|

4-1

옥내소화전설비

• 방수압력 : 0.17[MPa]

• 방수량 : 130[L/min]

4-2

가압송수장치의 압력이 0.7[MPa]을 초과할 경우에는 호스접결구 인입 측에 감압장치를 설치해야 한다.

4-3

펌프의 흡입 측에는 버터플라이밸브의 개폐표시형밸브를 설치할 수 없다.

4-4

옥내소화전설비의 방수압력을 0.7[MPa]으로 제한하는 이유 : 조작의 인간 체력한계 때문

정답 4-1 ② 4-2 ③ 4-3 ④ 4-4 ①

(1) 물올림장치(호수조, 물마중장치, Priming Tank)

① 주기능 : 풋밸브에서 펌프 임펠러까지에 항상 물을 충전시켜서 언제든지 펌프에서 물을 흡입할 수 있도록 대비시켜 주는 부속설비

② 설치기준 : 수원의 수위가 펌프보다 아래에 있을 때

③ 수조의 유효수량 : 100[L] 이상

④ 물올림수조의 급수배관 : 구경 15[mm] 이상

⑤ 물올림배관 : 25[mm] 이상

(2) 압력챔버(기동용 수압개폐장치)

① 구조 : 압력계, 주펌프 및 보조펌프의 압력스위치, 안전밸브, 배수밸브

② 기능

　㉠ 충압펌프(Jocky Pump) 또는 주펌프를 작동시킨다.

　㉡ 규격방수압력을 방출한다.

③ 용량 : 100[L] 이상(현장에서는 100[L], 200[L]를 사용

④ 분기점 : 펌프 토출 측 개폐밸브 이후

⑤ 압력스위치

　㉠ Range : 펌프의 작동 중단점

　㉡ Diff : Range에 설정된 압력에서 Diff에 설정된 압력만큼 떨어지면 펌프가 다시 작동되는 압력의 차이

　※ Range의 압력설정 : 전양정을 압력단위로 환산하여 설정한다.

　※ 양정이 80[m]이고, 토출량이 1,450[L/min]일 때 Range가 8, Diff가 1에 설정되어 있으면

　　• 펌프의 정지 : 0.8[MPa]

　　• 펌프의 기동 : 0.8-0.1=0.7[MPa]

[기동용 수압개폐장치의 종류]

[압력스위치]　[부르동관 압력스위치]　[전자식 압력스위치]

(3) 순환배관

① 기능 : 펌프 내의 체절운전 시 공회전에 의한 수온상승을 방지하기 위해

② 분기점 : 펌프와 체크밸브 사이에서 분기한다.

③ 릴리프밸브의 작동압력 : 체절압력 미만에서 작동

④ 순환배관의 구경 : 20[mm] 이상

　※ 체절운전 : 펌프 토출 측의 배관이 모두 잠긴 상태에서, 즉 물이 전혀 방출되지 않고 펌프가 계속 작동되어 압력이 최상한점에 도달하여 더 이상 올라갈 수 없는 상태에서 펌프가 공회전하는 운전

소화전 주펌프 · 릴리프밸브 · 순환배관

(4) 성능시험배관

① 기능 : 정격부하 운전 시 펌프의 성능을 시험하기 위하여

② 분기점 : 펌프의 토출 측에 설치된 개폐밸브 이전에서 분기하여 직선으로 설치하고 유량측정장치를 기준으로 전단 직관부에는 개폐밸브를 후단 직관부에는 유량조절밸브를 설치할 것

③ 유량측정장치는 펌프의 정격토출량의 175[%] 이상까지 측정할 수 있는 성능이 있을 것

10년간 자주 출제된 문제

5-1. 소화설비의 장치 중 물올림장치에 대한 설명으로 틀린 것은?

① 수원의 수위가 펌프보다 위에 있을 때 물올림장치를 설치하여 펌프 내부에 항상 물을 충만시켜준다.
② 수조의 용량은 100[L] 이상이다.
③ 수조의 급수배관은 구경 15[mm] 이상이다.
④ 물올림장치의 배관은 25[mm] 이상이다.

5-2. 다음 장치 중 소화설비의 소화수 배관 내에 요구되는 적정 압력을 상시 유지시켜 주고 적정압력 이하로 될 경우 소화수펌 프를 자동 기동시켜주는 장치는?

① 물올림장치
② 유수검지장치
③ 기동용 수압개폐장치
④ 가압송수장치

5-3. 옥내소화전설비에 설치하는 압력챔버의 설명으로 가장 적합한 것은?

① 배관 내의 낙차압력을 알기 위하여
② 헤드의 일정한 압력을 유지하기 위하여
③ 배관 내 압력을 검지하여 자동으로 펌프를 기동 및 정지시키기 위하여
④ 밸브의 개폐로 배관 내의 압력을 조절하기 위하여

5-4. 옥내소화전설비의 펌프실을 점검하였다. 펌프의 토출 측 배관에 설치되는 부속장치 중에서 펌프와 체크밸브(또는 개폐밸브) 사이에 설치해서는 안 되는 배관은?

① 기동용 압력챔버배관
② 성능시험배관
③ 물올림장치배관
④ 릴리프밸브배관

5-5. 소화설비에서 성능시험배관의 설치기준으로 틀린 것은?

① 펌프의 토출 측에서 설치된 개폐밸브 이전에서 분기할 것
② 성능시험배관은 유량측정장치를 기준으로 전단 직관부에는 개폐밸브를 후단 직관부에는 유량조절밸브를 설치할 것
③ 개폐밸브와 유량측정장치 사이의 직관부거리는 제조사의 설치 사양에 따른다.
④ 펌프 정격토출량의 150[%] 이상까지 측정할 수 있는 유량측정장치를 설치할 것

| 해설 |

5-1
수원이 펌프보다 아래에 있을 때 물올림장치를 설치하여 펌프 내부에 항상 물을 충만시켜준다.

5-2
기동용 수압개폐장치 : 소화설비의 배관 내 압력변동을 검지하여 자동적으로 펌프를 기동 및 정지시키는 것으로서 압력챔버 또는 기동용 압력스위치 등

5-3
압력챔버 : 배관 내 압력변동을 검지하여 자동으로 펌프를 기동 및 정지시키기 위하여 설치한다(현재 주펌프는 기동이 되면 자동으로 정지되면 안 된다).

5-4
기동용 압력챔버는 주배관의 개폐밸브 이후에 설치해야 한다.

5-5
유량측정장치는 펌프 정격토출량의 175[%] 이상까지 측정할 수 있는 성능이 있을 것

정답 5-1 ① 5-2 ③ 5-3 ③ 5-4 ① 5-5 ④

(1) 배관의 재질

① 배관이음은 각 배관과 동등 이상의 성능에 적합한 배관이음쇠를 사용하고 배관용 스테인리스강관(KS D 3576)의 이음을 용접으로 할 경우에는 텅스텐 불활성 가스 아크용접방식에 따른다(수계소화설비에 해당).

  ㉠ 배관 내 사용압력이 1.2[MPa] 미만일 경우
  - 배관용 탄소강관(KS D 3507)
  - 이음매 없는 구리 및 구리합금관(KS D 5301). 다만, 습식의 배관에 한한다.
  - 배관용 스테인리스강관(KS D 3576) 또는 일반 배관용 스테인리스강관(KS D 3595)
  - 덕타일 주철관(KS D 4311)

  ㉡ 배관 내 사용압력이 1.2[MPa] 이상일 경우
  - 압력배관용 탄소강관(KS D 3562)
  - 배관용 아크용접 탄소강강관(KS D 3583)

② 펌프의 토출 측 주배관의 구경은 유속이 4[m/s] 이하로 할 것

③ 배관의 구경
  ㉠ 옥내소화전 방수구와 연결되는 가지배관 : 40[mm](호스릴 : 25[mm]) 이상
  ㉡ 주배관 중 수직배관 : 50[mm](호스릴 : 32[mm] 이상)
  ㉢ 연결송수관설비의 배관과 겸용 시
  - 주배관 : 100[mm] 이상
  - 방수구로 연결되는 배관 : 65[mm] 이상

(2) 배관길이의 압력강하

※ Hazen-William's의 공식

$$P_m = 6.053 \times 10^4 \times \frac{Q^{1.85}}{C^{1.85} \times D^{4.87}}$$

여기서, P_m : 관의 길이 1[m]당의 마찰손실에 따른 압력강하[MPa]

Q : 유량[L/min]

D : 관의 내경[mm]

C : 관의 조도계수(관에 따라 다르지만 보통 100이다)

10년간 자주 출제된 문제

6-1. 옥내소화전설비의 배관과 배관이음쇠의 설치기준 중 배관 내 사용압력이 1.2[MPa] 미만일 경우에 사용하는 것이 아닌 것은?

① 배관용 탄소강관(KS D 3507)
② 배관용 스테인리스강관(KS D 3576)
③ 덕타일 주철관(KS D 4311)
④ 배관용 아크용접 탄소강강관(KS D 3583)

6-2. 옥내소화전설비의 배관에 대한 설명 중 틀린 것은?

① 옥내소화전 방수구와 연결되는 가지배관은 40[mm] 이상으로 한다.
② 옥내소화전설비의 주배관 중 수직배관은 50[mm] 이상으로 한다.
③ 연결송수관설비의 배관과 겸용할 때 주배관은 80[mm] 이상으로 한다.
④ 연결송수관설비의 배관과 겸용할 때 방수구로 연결되는 배관은 65[mm] 이상으로 한다.

|해설|

6-1
옥내소화전설비의 배관 내 사용압력이 1.2[MPa] 미만일 경우
- 배관용 탄소강관(KS D 3507)
- 이음매 없는 구리 및 구리합금관(KS D 5301). 다만, 습식의 배관에 한한다.
- 배관용 스테인리스강관(KS D 3576) 또는 일반배관용 스테인리스강관(KS D 3595)
- 덕타일 주철관(KS D 4311)

6-2
연결송수관설비의 배관과 겸용 시 주배관 : 100[mm] 이상

정답 6-1 ④ 6-2 ③

(1) 전동기 용량

$$P[\text{kW}] = \frac{\gamma \times Q \times H}{\eta} \times K$$

여기서, γ : 물의 비중량(9.8[kN/m³])

$\quad\quad Q$: 방수량[m³/s]

$\quad\quad H$: 펌프의 양정[m]

$\quad\quad \eta$: 펌프의 효율

$\quad\quad K$: 전달계수(여유율)

※ 단위환산

$$P[\text{kW}] = \frac{\gamma Q H}{\eta} \times K$$

$$= \frac{\dfrac{[\text{kN}]}{[\text{m}^3]} \times \dfrac{[\text{m}^3]}{[\text{s}]} \times \dfrac{[\text{m}]}{1}}{1} \times K$$

$$= [\text{kN} \cdot \text{m}]/[\text{s}]$$

$$= [\text{kJ/s}]$$

$$= [\text{kW}]$$

- $[\text{N} \cdot \text{m}] = [\text{J}]$(Joule)
- $[\text{kN} \cdot \text{m}] = [\text{kJ}]$
- $[\text{J/s}] = [\text{W}]$(Watt)
- $[\text{kJ/s}] = [\text{kW}]$

(2) 전동기 용량(다른 방법)

$$P[\text{kW}] = \frac{0.163 \times Q \times H}{\eta} \times K$$

여기서, $0.163 = \dfrac{1,000}{102 \times 60}$

$\quad\quad Q$: 방수량[m³/min]

$\quad\quad H$: 펌프의 양정[m]

$\quad\quad \eta$: 펌프의 효율

$\quad\quad K$: 전달계수(여유율)

7-1. 옥내소화전설비에 사용되는 전동기의 용량을 구하는 식 $P[\text{kW}] = \dfrac{0.163 \times Q \times H}{E} \times K$ 의 설명으로 틀린 것은?

① Q : 정격토출량[m³/분]

② H : 전양정[m]

③ E : 토출관의 지름[mm]

④ K : 동력전달계수

7-2. 수계소화설비에서 펌프 중심선으로부터 2[m] 아래에 있는 물을 펌프 중심으로부터 45[m] 위에 있는 송출 수면으로 양수하려 한다. 관로의 전손실수두가 15[m]이고, 송출 수량이 650[L/min]라면 필요한 펌프의 동력은 약 몇 [W]인가?

① 5,777[W] ② 6,103[W]

③ 6,430[W] ④ 6,565[W]

| 해설 |

7-1

E : 펌프의 효율[%]

7-2

펌프의 동력

$$P[\text{kW}] = \frac{\gamma Q H}{\eta} \times K$$

- 비중량 $\gamma = 9,800[\text{N/m}^3]$
- 유량 $Q = 650 \times 10^{-3}/60[\text{m}^3/\text{s}] = 0.0108[\text{m}^3/\text{s}]$
- 전양정 $H = 2[\text{m}] + 45[\text{m}] + 15[\text{m}] = 62[\text{m}]$

$$\therefore \ P[\text{kW}] = \frac{\gamma Q H}{\eta} \times K$$

$$= \frac{9,800 \times 0.0108 \times 62}{1} \times 1$$

$$= 6,562[\text{W}]$$

※ 단위 환산

$$P = \frac{[\text{N}]}{[\text{m}^3]} \times \frac{[\text{m}^3]}{[\text{s}]} \times \frac{[\text{m}]}{1}$$

$$= [\text{N} \cdot \text{m/s}]$$

$$= [\text{J/s}]$$

$$= [\text{W}]$$(Watt)

정답 7-1 ③ **7-2** ④

(1) 비상전원의 설치대상

① 7층 이상으로서 연면적이 2,000[m²] 이상인 것

② 지하층의 바닥면적의 합계가 3,000[m²] 이상인 것

(2) 비상전원의 종류

① 자가발전설비

② 축전지설비(내연기관에 따른 펌프를 사용하는 경우에는 내연기관의 기동 및 제어용 축전지)

③ 전기저장장치(외부 전기에너지를 저장해두었다가 필요할 때 전기를 공급하는 장치)

(3) 비상전원의 설치기준

① 점검에 편리하고 화재 및 침수 등의 재해로 인한 피해를 받을 우려가 없는 곳에 설치할 것

② 옥내소화전설비를 유효하게 20분 이상 작동할 수 있어야 할 것

층 수	29층 이하	30층 이상 49층 이하	50층 이상
비상전원 작동시간	20분 이상	40분 이상	60분 이상

③ 상용전원으로부터 전력의 공급이 중단된 때에는 자동으로 비상전원으로부터 전력을 공급받을 수 있도록 할 것

④ 비상전원(내연기관의 기동 및 제어용 축전기를 제외한다)의 설치장소는 다른 장소와 방화구획할 것

⑤ 비상전원을 실내에 설치하는 때에는 그 실내에 비상조명등을 설치할 것

다음 중 옥내소화전설비의 비상전원을 설치해야 하는 소방대상물은?

① 층수가 3층 이상이고 연면적 3,000[m²] 이상인 것

② 층수가 5층 이상이고 연면적 3,500[m²] 이상인 것

③ 층수가 7층 이상이고 연면적 2,000[m²] 이상인 것

④ 옥내소화설비가 되어 있는 모든 소방대상물에는 비상전원을 설치한 것

|해설|

옥내소화전설비의 비상전원 : 7층 이상으로서 연면적이 2,000[m²] 이상인 것

정답 ③

(1) 소방차가 쉽게 접근할 수 있고 잘 보이는 장소에 설치하고, 화재층으로부터 지면으로 떨어지는 유리창 등이 송수 및 그 밖의 소화작업에 지장을 주지 않는 장소에 설치할 것

(2) 송수구로부터 옥내소화전설비의 주배관에 이르는 연결배관에는 개폐밸브를 설치하지 않을 것. 다만, 스프링클러설비·물분무소화설비·포소화설비 또는 연결송수관 설비의 배관과 겸용하는 경우에는 그렇지 않다.

(3) 지면으로부터 높이가 0.5[m] 이상 1[m] 이하의 위치에 설치할 것

(4) 송수구는 구경 65[mm]의 쌍구형 또는 단구형으로 할 것

(5) 송수구의 부근에는 자동배수밸브(또는 직경 5[mm]의 배수공) 및 체크밸브를 설치할 것. 이 경우 자동배수밸브는 배관 안의 물이 잘 빠질 수 있는 위치에 설치하되, 배수로 인하여 다른 물건 또는 장소에 피해를 주지 않아야 한다.

(6) 송수구에는 이물질을 막기 위한 마개를 씌울 것

10년간 자주 출제된 문제

옥내소화전설비에서 소방자동차로부터 그 설비에 송수할 수 있는 송수구에 대한 설명 중 맞지 않는 것은?

① 지면으로부터 높이가 0.5[m] 이상 1[m] 이하에 설치해야 한다.
② 송수구로부터 주배관에 이르는 연결배관에는 개폐밸브를 설치해야 한다.
③ 구경 65[mm]의 쌍구형 또는 단구형으로 해야 한다.
④ 송수구 가까운 부근에 자동배수밸브 및 체크밸브를 설치한다.

|해설|

소방자동차로부터 송수하는 송수구로부터 주배관에 이르는 연결배관에는 개폐밸브를 설치하지 않을 것

정답 ②

(1) 옥내소화전함의 구조

① 함의 재료 : 두께 1.5[mm] 이상의 강
판 또는 두께 4[mm] 이상의 합성수지재

② 소화전함 : 호스(구경 40[mm], 길이
15[m])와 앵글밸브를 연결할 것

③ 문의 면적 : 0.5[m^2] 이상(짧은 변의
길이 500[mm] 이상)

[옥내소화전함]

④ 소화전용 배관이 통과하는 부분의 구경 : 50[mm] 이상

(2) 표시등

① 설치위치 : 함의 상부에 설치

② 가압송수장치의 기동을 표시하는 표시등은 옥내소화
전함의 상부 또는 그 직근에 설치하되 적색등으로 할 것

(3) 방수구

① 방수구(개폐밸브)는 층마다 설치할 것

② 하나의 옥내소화전 방수구까지의 수
평거리 : 25[m](호스릴 옥내소화전
설비를 포함) 이하로 설치(다만, 복층
형구조의 공동주택의 경우에는 세대
의 출입구가 설치된 층에만 설치할 수 있다)

[방수구]

③ 설치위치 : 바닥으로부터 1.5[m] 이하

④ 호스의 구경 : 40[mm] 이상(호스릴 옥내소화전설비
: 25[mm] 이상)

⑤ 옥내소화전 방수구의 설치 제외

　㉠ 냉장창고 중 온도가 영하인 냉장실 또는 냉동창고
의 냉동실

　㉡ 고온의 노가 설치된 장소 또는 물과 격렬하게 반응
하는 물품의 저장 또는 취급 장소

　㉢ 발전소・변전소 등으로서 전기시설이 설치된 장소

　㉣ 식물원・수족관・목욕실・수영장(관람석 부분은
제외), 그 밖의 이와 비슷한 장소

　㉤ 야외음악당・야외극장 또는 그 밖의 이와 비슷한
장소

10-1. 옥내소화전함의 재질을 합성수지재료로 할 경우 두께는
몇 [mm] 이상이어야 하는가?

① 1.5[mm]　　　　　　② 2[mm]
③ 3[mm]　　　　　　　④ 4[mm]

10-2. 옥내소화전설비의 설치방법 중 맞는 것은?

① 함의 재질은 강판 1.0[mm] 이상이어야 한다.
② 하나의 소화전함에서 다음 소화전함까지는 20[m] 거리 이내
이어야 한다.
③ 개폐밸브의 위치는 항상 왼쪽에 있어야 한다.
④ 개폐밸브의 위치는 바닥으로부터 1.5[m] 이하이어야 한다.

10-3. 옥내소화전 방수구는 소방대상물의 층마다 설치하되, 해
당 소방대상물의 각 부분으로부터 하나의 옥내소화전 방수구까
지의 수평거리가 몇 [m] 이하가 되도록 하는가?

① 20[m]　　　　　　　② 25[m]
③ 30[m]　　　　　　　④ 40[m]

10-4. 다음 중 옥내소화전설비의 방수구를 설치해야 하는 곳은?

① 냉장창고의 냉장실　　② 식물원
③ 수영장의 관람석　　　④ 수족관

|해설|

10-1
옥내소화전함의 합성수지재료 : 4[mm] 이상

10-2
본문 참조

10-3
방수구까지의 수평거리
• 옥내소화전설비 : 25[m]
• 옥외소화전설비 : 40[m]

10-4
수영장의 관람석은 옥내소화전설비의 방수구를 설치해야 한다.

정답 10-1 ④　10-2 ④　10-3 ②　10-4 ③

(1) 방수압력측정

옥내소화전의 수가 2개 이상일 때는 2개를 동시에 개방하여 노즐 선단(끝부분)에서 $\frac{D}{2}$만큼 떨어진 지점에서 압력을 측정하고 최상층 부분의 소화전 설치개수를 동시 개방하여 방수압력을 측정하였을 때, 소화전에서 0.17[MPa]의 압력으로 130[L/min]의 방수량(토출량) 이상이어야 한다.

$$Q = 0.6597\,CD^2\sqrt{10P}$$

여기서, Q : 분당 토출량[L/min]

C : 유량계수

D : 관경(또는 노즐구경)[mm]

P : 방수압력[MPa]

(2) 펌프의 성능시험

① 무부하시험(체절운전시험) : 펌프 토출 측의 주밸브와 성능시험배관의 유량조절밸브를 잠근 상태에서 운전할 경우에 양정이 정격양정의 140[%] 이하인지 확인하는 시험

② 정격부하시험 : 펌프를 기동한 상태에서 유량조절밸브를 개방하여 유량계의 유량이 정격유량상태(100[%])일 때, 토출압력이 정격압력 이상이 되는지 확인하는 시험

③ 피크부하시험(최대운전시험) : 유량조절밸브를 개방하여 정격토출량의 150[%]로 운전 시 정격토출압력의 65[%] 이상이 되는지 확인하는 시험

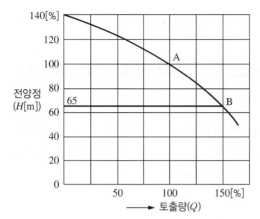

[$Q-H$(토출량-양정) 곡선]

A : 설계점

B : 토출량 150[%], 전양정 65[%]의 운전점

10년간 자주 출제된 문제

옥내소화전설비에서 소화전 말단노즐의 구경이 13[mm]이고, 방수압이 0.26[MPa]이었다면, 이 노즐을 통하여 방사되는 방수량은 얼마인가?

① 192[L]　　　　　　② 130[L]

③ 156[L]　　　　　　④ 180[L]

|해설|

방수량

$Q = 0.6597D^2\sqrt{10P}$

　$= 0.6597 \times (13)^2 \times \sqrt{10 \times 0.26}$

　$= 179.8[L]$

정답 ④

핵심이론 01 | 옥외소화전설비의 개요 및 수원

(1) 옥외소화전설비의 개요

옥외소화전은 건축물의 화재를 진압하는 외부에 설치된 고정된 설비로서 자체소화 또는 인접건물로의 연소방지를 목적으로 설치된다.

(2) 수원의 용량

수원의 양[L] = N(최대 2개) × 350[L/min] × 20[min]
            = N × 7[m³]

[옥외소화전의 수원의 양]

설치개수	1개	2개 이상
수원의 양	7[m³] 이상	14[m³] 이상

10년간 자주 출제된 문제

1-1. 특정소방대상물에 옥외소화전설비가 설치되어 있다. 이때, 법정 방수량은 얼마인가?

① 130[L/min] ② 260[L/min]
③ 350[L/min] ④ 500[L/min]

1-2. 어느 소방대상물에 옥외소화전이 6개가 설치되어 있다. 옥외소화전설비를 위해 필요한 최소 수원의 수량은?

① 10[m³] ② 14[m³]
③ 21[m³] ④ 35[m³]

|해설|

1-1
옥외소화전의 방수량 : 350[L/min] 이상

1-2
옥외소화전의 수원 = N(소화전수, 최대 2개) × 7[m³]
                 = 2 × 7[m³]
                 = 14[m³]

정답 1-1 ③ 1-2 ②

핵심이론 02 | 옥외소화전설비의 가압송수장치

(1) 펌프의 토출량(Q)

펌프의 토출량[L/min] = N × 350[L/min]

여기서, N : 옥외소화전의 설치개수(2개 이상은 2개)

(2) 방수압력 및 방수량

① 방수압력 : 0.25[MPa]
② 방수량 : 350[L/min] 이상

(3) 펌프의 양정

① 지하수조(펌프방식)

$$H = h_1 + h_2 + h_3 + 25$$

여기서, H : 전양정[m]
    h_1 : 호스의 마찰손실수두[m]
    h_2 : 배관의 마찰손실수두[m]
    h_3 : 낙차[m]
    25 : 노즐 선단(끝부분)의 방수압력수두[m]

② 압력수조

$$P = p_1 + p_2 + p_3 + 0.25$$

여기서, P : 필요한 압력[MPa]
    p_1 : 호스의 마찰손실수두압[MPa]
    p_2 : 배관의 마찰손실수두압[MPa]
    p_3 : 낙차의 환산수두압[MPa]
    0.25 : 노즐 선단(끝부분)의 방수압력[MPa]

(4) 가압송수장치의 설치기준

① 펌프의 토출 측에는 압력계를 체크밸브 이전에 펌프 토출 측 플랜지에서 가까운 곳에 설치하고, 흡입 측에는 연성계 또는 진공계를 설치할 것
② 충압펌프의 설치기준
    펌프의 정격토출압력은 그 설비의 최고위 호스접결구의 자연압보다 적어도 0.2[MPa]이 더 크도록 하거나 가압송수장치의 정격토출압력과 같게 할 것

③ 펌프의 성능은 체절운전 시 정격토출압력의 140[%]를 초과하지 않고 정격토출량의 150[%]로 운전 시 정격토출압력의 65[%] 이상이어야 하며 펌프의 성능을 시험할 수 있는 성능시험배관을 설치할 것. 다만, 충압펌프의 경우에는 그렇지 않다.

2-1. 옥외소화전이 3개 설치된 소방대상물에서 동시에 2개를 개방하였을 때 노즐 선단(끝부분)의 압력은 얼마 이상이어야 하는가?

① 0.17[MPa]　　　　② 0.25[MPa]

③ 0.35[MPa]　　　　④ 0.4[MPa]

2-2. 옥외소화전설비의 노즐에서 규정된 방수압과 방수량은 얼마인가?

① 0.17[MPa] 이상, 130[L/min] 이상

② 0.25[MPa] 이상, 350[L/min] 이상

③ 0.1[MPa] 이상, 80[L/min] 이상

④ 0.35[MPa] 이상, 350[L/min] 이상

2-3. 옥외소화전설비의 가압송수장치에 대한 설명으로 틀린 것은?

① 펌프는 전용으로 한다.

② 해당 소방대상물에 설치된 옥외소화전을 동시에 사용할 경우 각 옥외소화전의 노즐 선단(끝부분) 방수압력은 3.5[MPa] 이상이어야 한다.

③ 해당 소방대상물에 설치된 옥외소화전을 동시에 사용할 경우 각 옥외소화전의 노즐 선단(끝부분) 방수량은 350[L/min] 이상이어야 한다.

④ 펌프의 토출 측에는 압력계를 체크밸브 이전에 설치한다.

|해설|

2-1

옥외소화전설비의 방수압력 : 0.25[MPa]

2-2

규정 방수압과 방수량

소화설비의 종류	방수압	방수량
옥내소화전설비	0.17[MPa] 이상	130[L/min] 이상
옥외소화전설비	0.25[MPa] 이상	350[L/min] 이상
스프링클러설비	0.1[MPa] 이상	80[L/min] 이상

2-3

옥외소화전설비의 방수압력 : 0.25[MPa] 이상

정답 2-1 ②　2-2 ②　2-3 ②

(1) 배관 등

① 호스접결구는 지면으로부터 높이가 0.5[m] 이상 1[m] 이하의 위치에 설치하고, 특정소방대상물의 각 부분으로부터 하나의 호스접결구까지의 수평거리가 40[m] 이하가 되도록 설치해야 한다.

② 호스의 구경 : 65[mm]의 것

(2) 성능시험배관

① 성능시험배관은 펌프의 토출 측에 설치된 개폐밸브 이전에서 분기하여 직선으로 설치하고, 유량측정장치를 기준으로 전단 직관부에 개폐밸브를 후단 직관부에는 유량조절밸브를 설치할 것

② 유량측정장치는 펌프의 정격토출량의 175[%] 이상까지 측정할 수 있는 성능이 있을 것

(3) 릴리프밸브

가압송수장치의 체절운전 시 수온의 상승을 방지하기 위하여 체크밸브와 펌프 사이에서 분기한 구경 20[mm] 이상의 배관에 체절압력 미만에서 개방되는 릴리프밸브를 설치할 것

10년간 자주 출제된 문제

3-1. 옥외소화전설비의 호스의 구경은 얼마로 해야 하는가?

① 40[mm] 이상　　　　② 40[mm]의 것
③ 65[mm] 이상　　　　④ 65[mm]의 것

3-2. 옥외소화전설비에서 유량측정장치는 펌프 정격토출량의 몇 [%] 이상까지 측정할 수 있는 성능이 있어야 하는가?

① 175[%]　　　　　　② 150[%]
③ 75[%]　　　　　　④ 50[%]

|해설|

3-1
호스의 구경 : 65[mm]의 것

3-2
유량측정장치는 펌프의 정격토출량의 175[%] 이상까지 측정할 수 있는 성능이 있을 것

정답 3-1 ④　3-2 ①

핵심이론 04 | 옥외소화전설비의 소화전함 등

(1) 앵글밸브(Angle Valve)

① 구경 : 65[mm]

② 설치위치 : 600[mm] 이상 매몰될 수 있어야 하며 지면으로부터 0.5[m] 이상 1[m] 이하

(2) 옥외소화전의 설치

① 방수구의 설치 : 수평거리 40[m] 이하

② 소화전의 설치 : 출입구나 트인 부분

(3) 옥외소화전의 소화전함

① 옥외소화전함의 설치기준 : 5[m] 이내의 장소

소화전의 개수	설치기준
10개 이하	옥외소화전마다 5[m] 이내에 1개 이상
11개 이상 30개 이하	11개 이상의 소화전함을 각각 분산하여 설치
31개 이상	옥외소화전 3개마다 1개 이상

② 옥외소화전설비의 소화전함에는 표면에 "옥외소화전"이라고 표시를 할 것

(4) 옥외소화전함의 호스와 노즐

① 호스의 종류

　㉠ 옥외소화전함 격납 : 65[mm]의 호스적정수량, 19[mm]의 노즐 1본

　㉡ 호스의 종류 : 아마호스, 고무 내장호스

　㉢ 구경 : 65[mm]의 것 사용

② 관창(Nozzle)

　㉠ 노즐 선단(끝부분)의 방사압력 : 0.25[MPa] 이상

　㉡ 노즐 구경 : 19[mm]의 것

(5) 표시등

① 위치표시등은 함의 상부에 설치하되 소방청장이 정하여 고시한 표시등의 성능인증 및 제품검사의 기술기준에 적합한 것으로 할 것

② 가압송수장치의 기동을 표시하는 표시등은 함의 상부 또는 그 직근에 설치하되 적색등으로 할 것

10년간 자주 출제된 문제

4-1. 옥외소화전설비의 호스접결구는 소방대상물의 각 부분으로부터 하나의 호스접결구까지 몇 [m] 이하가 되도록 설치해야 하는가?

① 보행거리 25[m]　　② 보행거리 30[m]
③ 수평거리 25[m]　　④ 수평거리 40[m]

4-2. 옥외소화전설비에는 옥외소화전마다 그로부터 얼마의 거리에 소화전함을 설치해야 하는가?

① 5[m] 이내　　② 6[m] 이내
③ 7[m] 이내　　④ 8[m] 이내

4-3. 옥외소화전이 18개 설치되어 있다. 옥외소화전함은 최소 몇 개를 분산하여 설치해야 하는가?

① 10　　② 11
③ 15　　④ 18

4-4. 옥외소화전설비의 소화전함 표면에 일반적으로 부착되는 것이 아닌 것은?

① 비상전원확인등　　② 펌프기동표시등
③ 위치표시등　　④ 옥외소화전표지

4-1

옥외소화전설비의 유효반경 : 수평거리 40[m] 이하

4-2

옥외소화전설비에는 옥외소화전마다 5[m] 이내에 소화전함을
설치해야 한다.

4-3

소화전함의 설치 기준

소화전의 개수	설치기준
10개 이하	옥외소화전마다 5[m] 이내에 1개 이상
11개 이상 30개 이하	11개 이상의 소화전함을 각각 분산하여 설치
31개 이상	옥외소화전 3개마다 1개 이상

4-4

옥외소화전함에 설치

• 옥외소화전이라고 표시
• 펌프기동표시등
• 위치표시등

정답 4-1 ④ 4-2 ① 4-3 ② 4-4 ①

핵심이론 01 │ 스프링클러설비의 개요 및 특징

(1) 스프링클러설비의 개요

스프링클러설비는 일정한 기준에 따라 건축물의 상부,
즉 천장, 벽 부분에 헤드에 의한 소화감지와 동시에 펌프
의 기동 및 경보를 발하게 되며 압력이 가해져 있는 물이
헤드로부터 방수되어 초기에 소화하는 설비를 말한다.

(2) 스프링클러설비의 특징

① 장 점

ㄱ 초기화재에 절대적인 효과가 있다.

ㄴ 소화약제가 물로서 가격이 싸며 소화 후 복구가
용이하다.

ㄷ 감지부의 구조가 기계적이므로 오동작, 오보가
없다.

ㄹ 조작이 쉽고 안전하다.

ㅁ 완전자동이므로 사람이 없는 야간에도 자동적으
로 화재를 감지하여 소화 및 경보를 해준다.

② 단 점

ㄱ 초기 시공비가 많이 든다.

ㄴ 시공이 타 소화설비보다 복잡하다.

ㄷ 물로 인한 피해가 심하다.

10년간 자주 출제된 문제

스프링클러설비에 대한 설명으로 틀린 것은?

① 초기 시공비가 많이 든다.
② 시공이 타 소화설비보다 간단하다.
③ 물로 인한 피해가 심하다.
④ 자동이므로 사람이 없는 야간에도 자동적으로 화재를 감지
하여 소화한다.

| 해설 |

스프링클러설비는 시공이 타 소화설비보다 복잡하다.

정답 ②

(1) 스프링클러설비의 분류

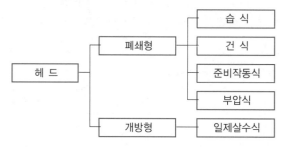

항목\종류	습 식	건 식	부압식	준비작동식	일제살수식
사용헤드	폐쇄형	폐쇄형	폐쇄형	폐쇄형	개방형
배관 1차 측	가압수	가압수	가압수	가압수	가압수
배관 2차 측	가압수	압축공기	부압수	대기압, 저압공기	대기압 (개방)
경보밸브	알람체크 밸브	건식밸브	준비작동 밸브	준비작동 밸브	일제개방 밸브
감지기의 유무	없 음	없 음	단일회로	교차회로	교차회로
시험장치	있 음	있 음	있 음	없 음	없 음

10년간 자주 출제된 문제

배관 내에 헤드까지 물이 항상 차 있어 가압된 상태에 있는 스프링클러설비는?

① 폐쇄형 습식
② 폐쇄형 건식
③ 개방형 습식
④ 개방형 건식

|해설|

폐쇄형 습식 : 배관 내에 헤드까지 물이 항상 차 있어 가압된 상태에 있는 설비

정답 ①

---

(1) 감열부 유무에 따른 분류

① **개방형** : 이융성 물질로 된 열감지장치가 없고 방수구가 개방되어 있는 헤드이다.

② **폐쇄형** : 이융성 물질로 된 열감지장치가 있고 분해 개방되는 헤드이다.

(개방형)　　　　(폐쇄형)

[감열부에 의한 분류]

(2) 설치방향(반사판)에 의한 분류

① **상향형** : 배관상부에 다는 것으로 천장에 반자가 없는 곳에 설치하며 하방 살수를 목적으로 설치되어 있다.

② **하향형** : 파이프, 배관 아래에 부착하는 것으로 천장 반자가 있는 곳에 사용하며 분사패턴은 상향형보다 떨어지나 반자를 너무 적시지 않으며 반구형의 패턴으로 분사하는 장점이 있다. 상방살수를 목적으로 설치한다.

③ **상하향형** : 천정면이나 바닥면에 설치하는 것으로 디플렉터가 적어서 하향형과 같이 쓰고 있으나 현재는 거의 사용하지 않고 있다.

④ **측벽형** : 실내의 벽상부에 취부하여 사용한다.

(상향형)　　　　(하향형)　　　　(측벽형)

[반사판에 의한 분류]

| 핵심이론 **04** | 습식 스프링클러설비의 구성 부분 |

(1) 자동경보밸브(Alarm Check Valve)

유수검지장치는 하나의 방호구역마다 설치하는데 1차 측에는 바로 가압송수장치가 연결되어 가압수를 계속 공급하는 상태로서 1차 측과 2차 측에는 압력계가 부착되어 평상시 같은 압력을 유지하다가 헤드가 개방되면 헤드 측(2차 측)의 압력이 감소되면서 알람 밸브가 개방되어 수신반에 화재신호를 주는 동시에 경보를 발령하게 되는 기능이 있다.

[자동경보밸브]

① 리타딩챔버(Retarding Chamber) : 누수로 인한 유수검지장치의 오동작을 방지하기 위한 안전장치로서 누수 기타 이유로 2차 압력이 저하되어 발생하는 펌프의 기동 및 화재경보를 미연에 방지하는 장치
② 압력스위치(Pressure Switch) : 리타딩챔버를 통한 압력이 압력스위치에 도달하면 일정 압력 내에서 회로를 연결시켜 수신부에 화재표시 및 경보를 발하는 스위치

(2) 수격방지장치

WHC(Water Hammering Cushion)라 하며 입상관 최상부나 수평주행배관과 교차배관이 맞닿는 곳에 설치하며 신축성이 없는 배관 내에서 가압송수장치로 송수할 때 발생되는 Water Hammering에 의한 진동을 줄이는 쿠션 역할을 하게 된다. 이 장치는 모든 수계 소화설비에 적용된다.

10년간 자주 출제된 문제

다음 중 자동경보밸브의 오보를 방지하기 위하여 설치하는 것은?

① 배수설비   ② 압력스위치
③ 작동시험밸브   ④ 리타딩챔버

|해설|

리타딩챔버 : 오보 방지

정답 ④

핵심이론 05 | 건식 스프링클러설비의 구성 부분

(1) 건식밸브(Dry Pipe Valve)

습식 설비에서의 자동경보밸브와 같은 역할을 하는 것으로 배관 내의 압축공기를 빼내 가압수(물)가 흐르게 해서 경보를 발하게 하는 밸브

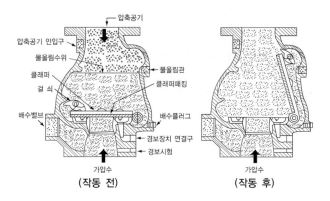

압축공기
압축공기 인입구
물올림수위
클래퍼
걸 쇠
배수밸브
경보장치 연결구
경보시험
가압수
(작동 전)

물올림관
클래퍼패킹
배수플러그
가압수
(작동 후)

(2) 액셀러레이터(Accelerator)

건식 설비에 있어서는 물이 스프링클러를 통해 압력을 갖고 분출되는 시간이 압축공기의 장애로 인해 습식설비보다 늦게 되므로 초기 소화를 할 수 있도록 배관 내의 공기를 빼주는 속도를 증가시켜 주기 위해 사용한다.

(3) 익져스터(Exhauster)

건식 설비의 드라이밸브(건식밸브)에 설치하여 액셀러레이터와 같이 공기와 물을 조정하여 초기 소화를 돕기 위하여 압축공기를 빼주는 속도를 증가시키기 위해 사용되는 것이다.

(4) 자동식 공기압축기

건식 스프링클러설비에는 밸브의 2차 측(토출 측)에 압축공기를 채우기 위해 공기압축기를 설치하는데 일반 공기압축기를 사용하는 경우에는 건식밸브와 주공기 공급관 사이에 반드시 에어레귤레이터를 설치해야 한다.

10년간 자주 출제된 문제

건식 스프링클러설비의 공기를 빼내는 속도를 증가시키기 위하여 드라이밸브에 설치하는 것은?

① 트림잉세트
② 리타딩챔버
③ 탬퍼스위치
④ 액셀러레이터

|해설|

액셀러레이터 : 건식 스프링클러설비의 공기를 빼내어 물의 속도를 증가시키는 장치

정답 ④

(1) 준비작동밸브

1차 측에는 가압수, 2차 측에는 무압상태의 공기를 채워 끌음쇄로 고정해 두었다가 화재가 발생하면 감지기의 감지에 의해 전기적으로 솔레노이드를 작동시켜 끌음쇄를 밖으로 끌어내어 워터클래퍼를 가압수의 압력에 의해 밀어내면서 배관의 말단까지 송수하게 된다.

(2) 슈퍼비죠리패널(Supervisory And Control Panel)

준비작동밸브의 사령탑으로 이것이 작동하지 않으면 준비작동밸브의 작동을 기대할 수 없으며 기능은 자체고장을 알리는 경보장치와 전원이상 시 경보를 발함과 동시에 감지기, 원거리 작동장치, 슈퍼비죠리스위치에 의해서만 작동하는 감지기와 프리액션 밸브의 작동연결, 문, 창문, 팬, 각 댐퍼의 폐쇄작용을 한다.

(3) 감지기

준비작동식 스프링클러설비의 감지기 회로는 각 회로상의 감지기의 동시 감지에 의하여 준비작동밸브가 작동되도록 하여 최대한 오동작을 방지하기 위하여 교차회로방식으로 설치해야 한다.

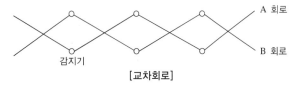

A 회로

B 회로

감지기

[교차회로]

※ 교차회로 : 하나의 방호구역 내에 2 이상의 화재감지기 회로를 설치하고 인접한 2 이상의 화재감지기가 동시에 감지되는 때에는 소화설비가 작동되는 방식

다음 중 교차회로방식으로 감지기를 설치하지 않아도 되는 것은?

① 준비작동식 스프링클러설비
② 일제살수식 스프링클러설비
③ 건식 스프링클러설비
④ 포소화설비

|해설|

건식 스프링클러설비는 감지기가 필요 없다.

정답 ③

핵심이론 07 | 개방식 스프링클러설비의 구성 부분

(1) 일제개방밸브

2차 측 배관에는 개방형 헤드와 같이 항상 개방되어 있는 개방형 스프링클러헤드, 물분무헤드, 포헤드, 드렌처헤드 등을 배관상에 부착할 수 있다. 일제개방밸브에는 다음과 같이 두 가지 종류가 있다.

[일제개방밸브]

① 가압개방식 일제개방밸브 : 밸브의 1차 측에는 가압수로 충만되어 있고 배관상에 전자개방밸브 또는 수동개방밸브를 설치하여 화재감지기가 감지하여 솔레노이드밸브 혹은 수동개방밸브를 개방하면 압력수가 들어가 피스톤을 밀어 올리면 일제개방밸브가 개방되어 가압수가 헤드로 방출되는 방식

② 감압개방식 일제개방밸브 : 밸브 1차 측 가압수가 충만되어 있고 바이패스 배관상에 설치된 전자개방밸브 또는 수동개방밸브가 개방되면 압력이 감압되어 실린더가 열려서 일제개방밸브가 열리면서 가압수가 헤드로 방출되는 방식

(2) 전자개방밸브(솔레노이드밸브)

일제개방밸브나 준비작동밸브에 설치하는 전자개방밸브(솔레노이드밸브)는 감지기가 작동되면 스프링에 의해 지지되고 있던 밸브가 뒤로 올라가면서 송수가 된다.

핵심이론 08 | 스프링클러설비의 사용부품

(1) 탬퍼스위치(Tamper Switch)

관로상의 주밸브인 Gate밸브의 요크에 걸어서 밸브의 개폐를 수신반에 전달하는 주밸브의 감시기능 스위치

(2) 밸브

① OS & Y밸브(Outside Screw & York Valve) : 주관로상에 설치하며 Surge에 대한 안정성이 높지만 물의 이물질이 Screw에 걸리면 완전한 수류가 공급되지 않는 단점이 있다.

② 앵글밸브(Angle Valve) : 옥외소화전설비의 방수구 및 옥내소화전에 사용되며 수류의 방향을 90° 방향으로 전환시켜 주는 밸브

③ 체크밸브(역지밸브, Check Valve)

　㉠ 스모렌스키체크밸브(Smolensky Check Valve) : 평상시는 체크밸브기능을 하며 때로는 By Pass밸브를 열어서 거꾸로 물을 빼낼 수 있기 때문에 주배관상에 많이 사용한다.

　㉡ 웨이퍼체크밸브(Wafer Check Valve) : 스모렌스체크밸브와 같이 펌프의 토출구로부터 10[m] 내의 강한 Surge 또는 역Surge가 심하게 걸리는 배관에 설치하는 체크밸브

　㉢ 스윙체크밸브(Swing Check Valve) : 물올림장치(호수조)의 배관과 같이 적은 배관로에 주로 설치하는 밸브

다음 중 스위치와 밸브에 대한 설명 중 틀린 것은?

① 탬퍼스위치는 관로상의 주밸브인 Gate밸브의 요크에 걸어서 밸브의 개폐를 수신반에 전달하는 주밸브의 감시기능 스위치이다.

② OS & Y밸브 주배관상에 설치한다.

③ 스모렌스키체크밸브는 평상시 체크밸브기능을 하며 때로는 By Pass밸브를 열어서 거꾸로 물을 빼낼 수 있기 때문에 주배관상에 많이 사용한다.

④ 앵글밸브는 옥내소화전설비에 사용되며 수류의 방향을 45° 방향으로 전환시켜 주는 밸브이다.

|해설|

앵글밸브 수류의 방향 : 90°

정답 ④

핵심이론 09 | 스프링클러설비의 방수량 및 수원

(1) 펌프의 방수량

$$Q = N \times 80 [\text{L/min}]$$

여기서, Q : 펌프의 방수량[L/min]

N : 헤드 수

(2) 수원의 양

① 폐쇄형 헤드의 수원의 양

층 수	수 원
29층 이하	$N \times 80[\text{L/min}] \times 20[\text{min}] = N \times 1,600[\text{L/min}]$ $= N \times 1.6[\text{m}^3]$
30층이상 49층이하	$N \times 80[\text{L/min}] \times 40[\text{min}] = N \times 3,200[\text{L/min}]$ $= N \times 3.2[\text{m}^3]$
50층 이상	$N \times 80[\text{L/min}] \times 60[\text{min}] = N \times 4,800[\text{L/min}]$ $= N \times 4.8[\text{m}^3]$

여기서, N : 헤드 수, $1[\text{m}^3] = 1,000[\text{L}]$

[폐쇄형 스프링클러헤드의 설치개수]

스프링클러설비의 설치장소			기준 개수
지하층을 제외한 층수가 10층 이하인 특정 소방 대상물	공 장	특수가연물을 저장·취급하는 것	30
		그 밖의 것	20
	근린생활시설 · 판매시설, 운수 시설 또는 복합 건축물	판매시설 또는 복합건축물 (판매시설이 설치된 복합 건축물을 말한다)	30
		그 밖의 것	20
	그 밖의 것	헤드의 부착높이가 8[m] 이상인 것	20
		헤드의 부착높이가 8[m] 미만인 것	10
지하층을 제외한 층수가 11층 이상인 특정소방대상물 · 지하가 또는 지하역사			30
아파트 (공동주택의 화재안전기술기준)	아파트		10
	각 동이 주차장으로 서로 연결된 경우의 주차장		30
창고시설(랙식 창고를 포함한다. 라지드롭형 스프링클러헤드 사용)			30

② 개방형 헤드의 수원의 양

　　㉠ 30개 이하일 때

　　　수원$[m^3]$ = $N \times 1.6[m^3]$

　　　여기서, N : 헤드 수

　　㉡ 30개 이상일 때, 수리계산에 준한다.

(3) 수원 설치 시 유의사항

스프링클러설비의 수원은 산출된 유효수량 외에 유효수량의 1/3 이상을 옥상(스프링클러설비가 설치된 건축물의 주된 옥상을 말한다)에 설치해야 한다.

※ 제외 대상

① 지하층만 있는 건축물

② 고가수조를 가압송수장치로 설치한 경우

③ 수원이 건축물의 최상층에 설치된 헤드보다 높은 위치에 설치된 경우

④ 건축물의 높이가 지표면으로부터 10[m] 이하인 경우

⑤ 주펌프와 동등 이상의 성능이 있는 별도의 펌프로서 내연기관의 기동과 연동하여 작동되거나 비상전원을 연결하여 설치한 경우

⑥ 가압수조를 가압송수장치로 설치한 경우

10년간 자주 출제된 문제

9-1. 스프링클러설비에 있어서 지하층을 제외한 건축물의 층수가 11층 이상의 업무용 건물에 설치하는 펌프의 토출량은 얼마 이상이어야 하는가?

① 1,000[L/min]　　　　② 1,200[L/min]

③ 2,400[L/min]　　　　④ 3,000[L/min]

9-2. 폐쇄형 스프링클러설비가 설치되어 있는 10층 이하의 시장 건물에 설치해야 할 스프링클러 전용 수원의 양은 얼마 이상으로 해야 하는가?

① 16[m^3]　　　　② 24[m^3]

③ 32[m^3]　　　　④ 48[m^3]

9-3. 지하층을 제외한 층수가 10층인 병원건물에 습식 스프링클러설비가 설치되어 있다면, 스프링클러설비에 필요한 수원의 양은 얼마 이상이어야 하는가?(단, 헤드는 각 층별로 200개씩 설치되어 있고, 헤드의 부착높이는 3[m] 이하이다)

① 16[m^3]　　　　② 24[m^3]

③ 32[m^3]　　　　④ 48[m^3]

9-4. 29층의 아파트에 각 세대마다 12개의 폐쇄형 스프링클러헤드를 설치하였다. 이때 소화 펌프의 토출량은 몇 [L/min] 이상인가?

① 800[L/min]　　　　② 960[L/min]

③ 1,600[L/min]　　　　④ 2,400[L/min]

9-5. 스프링클러설비의 수원을 산출된 유효수량 외에 유효수량의 1/3 이상을 옥상에 설치해야 하는 소방대상물은?

① 지하층만 있는 건축물

② 고가수조를 가압송수장치로 설치한 경우

③ 수원이 건축물의 최상층에 설치된 헤드보다 낮은 위치에 설치된 경우

④ 건축물의 높이가 지표면으로부터 10[m] 이하인 경우

|해설|

9-1

11층 이상의 소방대상물은 헤드의 수가 30개이므로

Q = 헤드 수 $\times 80[L/min]$ = $30 \times 80[L/min]$ = $2,400[L/min]$

9-2

10층 이하의 시장, 백화점은 헤드의 수가 30개이므로

수원 = 헤드 수 $\times 1.6[m^3]$ = $30 \times 1.6[m^3]$ = $48[m^3]$

9-3

수원 = 헤드 수 $\times 1.6[m^3]$ = $10 \times 1.6[m^3]$ = $16[m^3]$

9-4

아파트의 토출량(아파트의 헤드의 기준개수 : 10개)

∴ 토출량 Q = N(헤드 수) $\times 80[L/min]$ = $10 \times 80[L/min]$

　　　　　　 = $800[L/min]$

9-5

수원이 건축물의 최상층에 설치된 헤드보다 높은 위치에 설치된 경우에는 유효수량의 1/3을 옥상에 설치할 필요가 없다.

정답 9-1 ③　　9-2 ④　9-3 ①　9-4 ①　9-5 ③

(1) 가압송수장치의 종류

① 고가수조방식

  ⊙ 낙차공식

$$H = h_1 + 10$$

    여기서, H : 필요한 낙차[m]

            h_1 : 배관의 마찰손실수두[m]

  ⓛ 설치부속물 : 수위계, 배수관, 급수관, 오버플로관, 맨홀

② 압력수조방식

  ⊙ 압력공식

$$P = P_1 + P_2 + 0.1$$

    여기서, P : 필요한 압력[MPa]

            P_1 : 낙차의 환산수두압[MPa]

            P_2 : 배관의 마찰손실수두압[MPa]

  ⓛ 설치부속물 : 수위계, 급수관, 배수관, 급기관, 맨홀, 압력계, 안전장치, 자동식 공기압축기

③ 펌프방식

$$H = h_1 + h_2 + 10$$

  여기서, H : 펌프의 전양정[m]

            h_1 : 낙차[m]

            h_2 : 배관의 마찰손실수두[m]

(2) 가압송수장치의 설치기준

① 헤드의 방수압력 : 0.1[MPa] 이상 1.2[MPa] 이하

② 토출량 : 80[L/min] 이상

③ 충압펌프의 설치기준

  ⊙ 펌프의 토출압력 : 자연압 + 0.2[MPa] 이상 또는 가압송수장치의 정격토출압력과 동일

  ⓛ 펌프의 정격토출량 : 정상적인 누설량보다 적어서는 안 되며 스프링클러설비가 자동적으로 작동할 수 있도록 충분한 토출량을 유지

④ 펌프의 토출 측에는 압력계를 체크밸브 이전에 펌프 토출 측 플랜지에서 가까운 곳에 설치하고 흡입 측에는 연성계 또는 진공계를 설치할 것

⑤ 펌프의 성능은 체절운전 시 정격토출압력의 140[%]를 초과하지 않고 정격토출량의 150[%]로 운전 시 정격토출압력의 65[%] 이상이 되어야 한다.

10년간 자주 출제된 문제

10-1. 스프링클러설비의 고가수조에 설치하지 않아도 되는 것은?

① 수위계   ② 배수관

③ 오버플로관   ④ 압력계

10-2. 전동기에 의한 펌프를 이용하는 스프링클러설비의 가압송수장치에 대한 설치기준으로 옳은 것은?

① 기동용 수압개폐장치(압력챔버)를 사용할 경우 그 용적은 80[L] 이상의 것으로 한다.

② 물올림장치 설치는 유효수량 100[L] 이상으로 한다.

③ 정격토출압력은 하나의 헤드 선단(끝부분)에 0.01[MPa] 이상, 0.12[MPa] 이하의 방수압력이 될 수 있는 크기로 한다.

④ 충압펌프의 정격토출압력은 그 설비의 최고위 살수장치의 자연압보다 적어도 0.1[MPa]과 같게 하거나 가압송수장치의 정격토출압력보다 크게 한다.

|해설|

10-1

압력계는 압력수조에 설치한다.

10-2

• 압력챔버의 용적 : 100[L] 이상

• 방수압력 : 0.1[MPa] 이상 1.2[MPa] 이하

• 충압펌프의 토출압력은 자연압보다 0.2[MPa]이 더 크도록 하거나 가압송수장치의 정격토출압력과 같게 할 것

정답 **10-1** ④ **10-2** ②

(1) 헤드의 배치기준

① 스프링클러헤드는 소방대상물의 천장·반자·천장과 반자 사이, 덕트·선반 기타 이와 유사한 부분(폭이 1.2[m]를 초과하는 것에 한한다)에 설치해야 한다(단, 폭이 9[m] 이하인 실내 : 측벽에 설치).

② 스프링클러헤드의 설치기준

설치장소		설치기준
폭 1.2[m]를 초과하는 천장, 반자, 천장과 반자 사이, 덕트, 선반, 기타 이와 유사한 부분	무대부, 특수가연물을 저장 또는 취급하는 장소	수평거리 1.7[m] 이하
	내화구조	수평거리 2.3[m] 이하
	비내화구조	수평거리 2.1[m] 이하
아파트 등의 세대		수평거리 2.6[m] 이하
랙식 창고	라지드롭형 스프링클러헤드 설치 — 특수가연물을 저장·취급	수평거리 1.7[m] 이하
	내화구조	수평거리 2.3[m] 이하
	비내화구조	수평거리 2.1[m] 이하
	라지드롭형 스프링클러헤드 (습식, 건식 외의 것)	랙 높이 3[m] 이하마다

③ 무대부 또는 연소할 우려가 있는 개구부에 있어서는 개방형 스프링클러헤드를 설치해야 한다.

(2) 헤드의 배치형태

① 정사각형(정방형) : 헤드 2개의 거리가 스프링클러 파이프 두 가닥의 거리가 같은 경우이다.

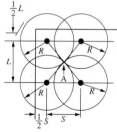
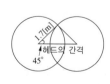

L : 배관 간격
S : 헤드 간격
R : 수평거리[m]
$S = L$
$S = 2R\cos 45°$

헤드의 간격
• 1.7[m]의 경우
  $2 \times 1.7 \times \cos 45° = 2.4$[m]
• 2.1[m]의 경우
  $2 \times 2.1 \times \cos 45° = 3$[m]
• 2.3[m]의 경우
  $2 \times 2.3 \times \cos 45° = 3.25$[m]

[정방형 배치]

② 직사각형(장방형)형 : 헤드 2개의 거리가 스프링클러 파이프 두 가닥의 거리가 같지 않은 경우이다.

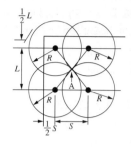
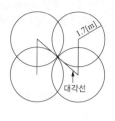

대각선의 헤드의 간격
• 1.7[m]의 경우
  $2 \times 1.7 = 3.4$[m]
• 2.1[m]의 경우
  $2 \times 2.1 = 4.2$[m]
• 2.3[m]의 경우
  $2 \times 2.3 = 4.6$[m]
$S = \sqrt{4R^2 - L^2}$
$(L = 2R\cos\theta)$

[장방형 배치]

③ 지그재그형(나란히꼴형)

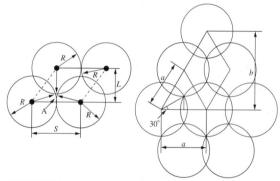

헤드의 간격(a)
• 1.7[m]의 경우($2r\cos\theta$)
  $2 \times 1.7 \times \cos 30° = 2.94$[m]
• 2.1[m]의 경우
  $2 \times 2.1 \times \cos 30° = 3.63$[m]
• 2.3[m]의 경우
  $2 \times 2.3 \times \cos 30° = 3.98$[m]

헤드의 간격(b)
• 1.7[m]의 경우($2a\cos\theta$)
  $2 \times 2.9 \times \cos 30° = 5.02$[m]
• 2.1[m]의 경우
  $2 \times 3.6 \times \cos 30° = 6.24$[m]
• 2.3[m]의 경우
  $2 \times 3.9 \times \cos 30° = 6.75$[m]

[지그재그형]

(3) 조기반응형 스프링클러헤드 설치 대상물

① 공동주택·노유자시설의 거실
② 오피스텔·숙박시설의 침실
③ 병원·의원의 입원실

11-1. 스프링클러헤드의 설치에 있어 층고가 낮은 사무실의 양측 측면 상단에 측벽형 스프링클러헤드를 설치하여 방호하려고 한다. 사무실의 폭이 몇 [m] 이하일 때 헤드의 포용이 가능한가?

① 9[m]
② 10.8[m]
③ 12.6[m]
④ 15.5[m]

11-2. 스프링클러헤드의 설치기준에 대한 설명으로 틀린 것은?

① 공동주택의 거실에는 조기반응형 스프링클러헤드를 설치한다.
② 무대부 또는 연소할 우려가 있는 개구부에는 개방형 스프링클러헤드를 설치한다.
③ 습식 스프링클러 외의 설비에서 동파의 우려가 없는 경우에는 하향식 스프링클러헤드 설치가 가능하다.
④ 폭이 9[m] 이하인 실내에는 천장, 반자, 천장과 반자 사이에 설치해야 한다.

11-3. 아파트 등의 세대에서 스프링클러헤드의 설치기준은 수평거리 몇 [m] 이하로 해야 하는가?

① 1.7[m]
② 2.1[m]
③ 2.6m]
④ 3.2[m]

11-4. 조기반응형 스프링클러헤드를 설치해야 하는 대상이 아닌 것은?

① 공동주택의 거실
② 수련시설의 침실
③ 오피스텔의 침실
④ 병원의 입원실

|해설|

11-1
스프링클러헤드는 소방대상물의 천장·반자·천장과 반자 사이·덕트·선반 기타 이와 유사한 부분(폭이 1.2[m]를 초과하는 것에 한한다)에 설치해야 한다. 다만, 폭이 9[m] 이하인 실내에 있어서는 측벽에 설치할 수 있다.

11-2
폭이 9[m] 이하인 실내에는 헤드를 측벽에 설치해야 한다.

11-3
아파트 등의 세대에서 스프링클러헤드의 설치기준 : 수평거리 2.6[m] 이하

11-4
조기반응형 스프링클러헤드 설치대상
• 공동주택·노유자시설의 거실
• 오피스텔·숙박시설의 침실
• 병원·의원의 입원실

정답 11-1 ① 11-2 ④ 11-3 ③ 11-4 ②

핵심이론 12 | 스프링클러설비의 헤드 설치기준

(1) 헤드의 설치기준

① 폐쇄형 스프링클러헤드의 표시온도

설치장소의 최고주위온도	표시온도
39[℃] 미만	79[℃] 미만
39[℃] 이상 64[℃] 미만	79[℃] 이상 121[℃] 미만
64[℃] 이상 106[℃] 미만	121[℃] 이상 162[℃] 미만
106[℃] 이상	162[℃] 이상

② 스프링클러헤드의 공간 : 반경 60[cm] 이상 공간 보유(다만, 벽과 스프링클러헤드 간의 공간은 10[cm] 이상)

③ 스프링클러헤드와 그 부착면과의 거리 : 30[cm] 이하

④ 스프링클러헤드의 반사판이 그 부착면과 평행되게 설치할 것(단, 측벽형 헤드 또는 연소할 개구부에 설치 시에는 제외)

⑤ 배관, 행거 및 조명기구 등 살수를 방해하는 것이 있는 경우에는 그로부터 아래에 설치하여 살수에 장애가 없도록 할 것

⑥ 표시온도에 따른 헤드의 색상(폐쇄형 헤드에 한한다)

유리벌브형		퓨지블링크형	
표시온도[℃]	액체의 색별	표시온도[℃]	프레임의 색별
57	오렌지	77 미만	표시 않음
68	빨 강	78~120	흰 색
79	노 랑	121~162	파 랑
93	초 록	163~203	빨 강
141	파 랑	204~259	초 록
182	연한자주	260~319	오렌지
227 이상	검 정	320 이상	검 정

⑦ 습식 및 부압식 스프링클러설비 외의 설비(준비작동식)에는 상향식 스프링클러헤드를 설치해야 하는데 하향식 스프링클러헤드를 설치할 수 있는 경우

㉠ 드라이펜던트스프링클러헤드를 사용하는 경우

㉡ 스프링클러헤드의 설치장소가 동파의 우려가 없는 곳인 경우

㉢ 개방형 스프링클러헤드를 사용하는 경우

12-1. 스프링클러헤드 설치장소의 최고주위온도가 105[℃]인 경우에 폐쇄형 스프링클러헤드는 표시온도가 섭씨 몇 도인 것을 사용해야 하는가?

① 79[℃] 이상 121[℃] 미만
② 121[℃] 이상 162[℃] 미만
③ 162[℃] 이상 200[℃] 미만
④ 200[℃] 이상

12-2. 폐쇄형 스프링클러헤드에서 그 설치장소의 평상시 최고주위온도와 표시온도 관계가 옳은 것은?

① 설치장소의 최고주위온도보다 표시온도가 높은 것을 선택
② 설치장소의 최고주위온도보다 표시온도가 낮은 것을 선택
③ 설치장소의 최고주위온도보다 표시온도가 같은 것을 선택
④ 설치장소의 최고주위온도와 표시온도는 관계없음

12-3. 스프링클러설비의 화재안전기술기준에서 스프링클러를 설치할 경우 살수에 방해가 되지 않도록 스프링클러헤드로부터 반경 몇 [cm] 이상의 공간을 확보해야 하는가?

① 20[cm]   ② 40[cm]
③ 60[cm]   ④ 90[cm]

12-4. 폐쇄형 스프링클러헤드의 표시온도(감열체가 작동하는 온도)와 유리벌브 액체의 색별이 틀린 것은?

① 68[℃] – 오렌지
② 79[℃] – 노랑
③ 93[℃] – 초록
④ 141[℃] – 파랑

12-5. 폐쇄형 스프링클러헤드 퓨지블링크형의 표시온도가 121[℃]~162[℃]인 경우 프레임의 색별로 옳은 것은?(단, 폐쇄형 헤드이다)

① 파 랑   ② 빨 강
③ 초 록   ④ 흰 색

| 해설 |

12-1
설치장소의 최고주위온도 64[℃] 이상 106[℃] 미만 : 표시온도 121[℃] 이상 162[℃] 미만

12-2
폐쇄형 스프링클러헤드의 설치장소의 최고주위온도보다 표시온도가 높은 것을 선택한다.

12-3
스프링클러헤드의 공간 : 반경 60[cm] 이상 보유

12-4, 12-5
본문 참조

정답 12-1 ②   12-2 ①   12-3 ③   12-4 ①   12-5 ①

(1) 스프링클러헤드의 설치 제외 대상물

① 계단실(특별피난계단의 부속실 포함) · 경사로 · 승강기의 승강로 · 비상용 승강기의 승강장 · 파이프덕트 및 덕트피트 · 목욕실 · 수영장(관람석 부분 제외) · 화장실 · 직접 외기에 개방되어 있는 복도 · 기타 이와 유사한 장소

② 통신기기실 · 전자기기실 · 기타 이와 유사한 장소

③ 발전실 · 변전실 · 변압기 · 기타 이와 유사한 전기설비가 설치되어 있는 장소

④ 병원의 수술실 · 응급처치실 · 기타 이와 유사한 장소

⑤ 천장과 반자 양쪽이 불연재료로 되어 있는 경우로서 그 사이의 거리 및 구조가 다음에 해당하는 부분
　㉠ 천장과 반자 사이의 거리가 2[m] 미만인 부분
　㉡ 천장과 반자 사이의 벽이 불연재료이고 천장과 반자 사이의 거리가 2[m] 이상으로서 그 사이에 가연물이 존재하지 않은 부분

⑥ 천장 · 반자 중 한쪽이 불연재료로 되어있고 천장과 반자 사이의 거리가 1[m] 미만인 부분

⑦ 천장 및 반자가 불연재료 외의 것으로 되어 있고 천장과 반자 사이의 거리가 0.5[m] 미만인 부분

⑧ 펌프실 · 물탱크실 · 엘리베이터 권상기실, 그 밖의 이와 비슷한 장소

⑨ 현관 또는 로비 등 바닥으로부터 높이가 20[m] 이상인 장소

⑩ 영하의 냉장창고의 냉장실 또는 냉동창고의 냉동실

⑪ 고온의 노가 설치된 장소 또는 물과 격렬하게 반응하는 물품의 저장 또는 취급장소

⑫ 불연재료로 된 특정소방대상물 또는 그 부분으로서 다음에 해당하는 장소
　㉠ 정수장 · 오물처리장 그 밖의 이와 비슷한 장소
　㉡ 펄프공장의 작업장 · 음료수공장의 세정 또는 충전하는 작업장, 그 밖의 이와 비슷한 장소
　㉢ 불연성의 금속 · 석재 등의 가공공장으로서 가연성 물질을 저장 또는 취급하지 않은 장소

⑬ 가연성 물질이 존재하지 않은 방풍실

10년간 자주 출제된 문제

13-1. 다음 중 스프링클러헤드를 설치하지 않아도 되는 곳은?
① 냉동, 냉장창고의 사무실
② 천장과 반자 사이의 거리가 1[m] 이하인 부분
③ 병원의 수술실, 응급처치실
④ 수영장의 탈의실

13-2. 다음 중 스프링클러헤드를 설치하지 않아도 되는 곳은?
① 천장 및 반자가 가연재료로 되어 있고 거리가 2[m] 미만인 부분
② 냉동, 냉장실 외의 사무실
③ 발전실, 전기실
④ 바닥으로부터 높이가 10[m]인 로비, 현관

13-3. 다음 중 스프링클러헤드를 설치하지 않아도 되는 곳은?
① 천장 및 반자가 가연재료로 되어 있고 거리가 1[m] 미만인 부분
② 아파트의 거실
③ 가연성 물질이 존재하지 않는 방풍실
④ 바닥으로부터 높이가 5[m]인 로비, 현관

13-4. 다음 중 스프링클러헤드를 설치해야 되는 곳은?
① 발전실　　　　　② 보일러실
③ 병원의 수술실　　④ 직접 외기에 개방된 복도

|해설|

13-1
스프링클러헤드 설치 제외 : 병원의 수술실, 응급처치실, 통신기기실, 전자기기실, 발전실, 수영장(관람석 부분은 제외) 등

13-2
발전실, 전기실에는 스프링클러헤드를 설치할 필요가 없다.

13-3
가연성 물질이 존재하지 않는 방풍실은 스프링클러헤드를 설치할 필요가 없다.

13-4
본문 참조

정답 13-1 ③　13-2 ③　13-3 ③　13-4 ②

(1) 폐쇄형 스프링클러설비의 방호구역 및 유수검지장치

① 하나의 방호구역의 바닥면적은 3,000[m²]를 초과하지 않을 것

② 하나의 방호구역에는 1개 이상의 유수검지장치를 설치하되, 화재 시 접근이 쉽고 점검하기 편리한 장소에 설치할 것

③ 하나의 방호구역은 2개 층에 미치지 않도록 할 것. 다만, 1개 층에 설치되는 스프링클러헤드의 수가 10개 이하인 경우와 복층형 구조의 공동주택에는 3개 층 이내로 할 수 있다.

④ 유수검지장치를 실내에 설치하거나 보호용 철망 등으로 구획하여 바닥으로부터 0.8[m] 이상 1.5[m] 이하의 위치에 설치하되, 그 실 등에는 가로 0.5[m] 이상 세로 1[m] 이상의 개구부로서 그 개구부에는 출입문을 설치하고 그 출입문 상단에 "유수검지장치실"이라고 표시한 표지를 설치할 것

⑤ 스프링클러헤드에 공급되는 물은 유수검지장치를 지나도록 할 것. 다만, 송수구를 통하여 공급되는 물은 그렇지 않다.

⑥ 조기반응형 스프링클러헤드를 설치하는 경우에는 습식 유수검지장치 또는 부압식 스프링클러설비를 설치할 것

(2) 개방형 스프링클러설비

① 하나의 방수구역은 2개 층에 미치지 않아야 한다.

② 방수구역마다 일제개방밸브를 설치해야 한다.

③ 하나의 방수구역을 담당하는 헤드의 개수는 50개 이하로 할 것(단, 2개 이상의 방수구역으로 나눌 경우에는 25개 이상)

14-1. 폐쇄형 스프링클러설비 하나의 방호구역은 어느 것인가?

① 바닥면적 4,000[m²]

② 바닥면적 3,000[m²]

③ 바닥면적 2,000[m²]

④ 바닥면적 1,000[m²]

14-2. 개방형 스프링클러설비에서 하나의 방수구역의 경우 담당하는 헤드 개수는 몇 개 이하로 해야 하는가?

① 60개

② 50개

③ 40개

④ 30개

|해설|

14-1

폐쇄형 스프링클러설비 하나의 방호구역 : 바닥면적 3,000[m²]를 초과하지 말 것

14-2

개방형 스프링클러설비에서 하나의 방수구역을 담당하는 헤드의 수 : 50개 이하

정답 14-1 ② 14-2 ②

(1) 배관의 기준

① 펌프의 성능시험배관의 기준

    ㉠ 성능시험배관은 펌프의 토출 측에 설치된 개폐밸브 이전에서 분기하여 직선으로 설치하고, 유량측정장치를 기준으로 전단 직관부에 개폐밸브를 후단 직관부에는 유량조절밸브를 설치할 것

    ㉡ 유량측정장치는 펌프의 정격토출량의 175[%] 이상 측정할 수 있는 성능이 있을 것

② 가압송수장치의 체절운전 시 수온의 상승을 방지하기 위하여 체크밸브와 펌프 사이에서 분기한 구경 20[mm] 이상의 배관에 체절압력 미만에서 개방되는 릴리프밸브를 설치해야 한다.

(2) 가지배관

① 토너먼트 배관 방식이 아닐 것

② 한쪽 가지배관에 설치되는 헤드의 개수는 8개 이하로 할 것

(3) 교차배관

① 교차배관은 가지배관과 수평으로 설치하거나 또는 가지배관 밑에 설치하고, 그 구경은 최소 구경이 40[mm] 이상이 되도록 할 것. 다만, 패들형 유수검지장치를 사용하는 경우에는 교차배관의 구경과 동일하게 설치할 수 있다.

② 청소구는 교차배관 끝에 40[mm] 이상 크기의 개폐밸브를 설치하고, 호스접결이 가능한 나사식 또는 고정배수 배관식으로 할 것. 이 경우 나사식의 개폐밸브는 옥내소화전 호스접결용의 것으로 하고, 나사보호용의 캡으로 마감해야 한다.

(4) 시험장치

① 설치대상

    ㉠ 습식 유수검지장치

    ㉡ 건식 유수검지장치

    ㉢ 부압식 유수검지장치

② 설치기준

    ㉠ 습식 및 부압식 스프링클러설비에 있어서는 유수검지장치 2차 측 배관에 연결하여 설치하고 건식 스프링클러설비인 경우 유수검지장치에서 가장 먼 거리에 위치한 가지배관의 끝으로부터 연결하여 설치할 것. 이 경우 유수검지장치 2차 측 설비의 내용적이 2,840[L]를 초과하는 건식 스프링클러설비는 시험장치 개폐밸브를 완전 개방 후 1분 이내에 물이 방사되어야 한다.

    ㉡ 시험장치배관의 구경은 25[mm] 이상으로 하고 그 끝에 개폐밸브 및 개방형 헤드 또는 스프링클러헤드와 동등한 방수성능을 가진 오리피스를 설치할 것. 이 경우 개방형 헤드는 반사판 및 프레임을 제거한 오리피스만으로 설치할 수 있다.

    ㉢ 시험배관 끝에는 물받이통 및 배수관을 설치하여 시험 중 방사된 물이 바닥에 흐르지 않도록 할 것 (다만, 목욕실, 화장실 또는 배수처리가 쉬운 장소는 예외)

③ 설치목적

    헤드를 개방하지 않고 다음의 작동상태를 확인하기 위하여 설치한다.

    ㉠ 유수검지장치의 기능이 작동되는지를 확인

    ㉡ 수신반의 화재표시등의 점등 및 경보가 작동되는지를 확인

    ㉢ 해당 방호구역의 음향경보장치가 작동되는지를 확인

    ㉣ 압력챔버의 작동으로 펌프가 작동되는지를 확인

(5) 배관의 설치기준

① 가지배관 : 가지배관에는 헤드의 설치지점 사이마다 1개 이상의 행거를 설치하되 헤드 간의 거리가 3.5[m]를 초과하는 경우에는 3.5[m] 이내마다 1개 이상을 설치할 것(이 경우 상향식 헤드와 행거 사이에는 8[cm] 이상 간격유지)

② 교차배관 : 교차배관에는 가지배관과 가지배관 사이에 1개 이상의 행거를 설치하되 가지배관 사이의 거리가 4.5[m]를 초과하는 경우에는 4.5[m] 이내마다 1개 이상 설치할 것

③ 수평주행배관 : 수평주행배관에는 4.5[m] 이내마다 1개 이상 설치할 것

(6) 배수관 및 배관의 기울기

① 수직배수배관의 구경은 50[mm] 이상으로 할 것(다만, 수직배관의 구경이 50[mm] 미만인 경우에는 수직배관과 동일한 구경으로 할 수 있다)

② 습식 스프링클러설비 또는 부압식 스프링클러설비 외의 설비에는 헤드를 향하여 상향으로 수평주행배관의 기울기는 1/500 이상, 가지배관의 기울기는 1/250 이상으로 할 것

10년간 자주 출제된 문제

15-1. 스프링클러설비의 배관에 대한 내용 중 잘못된 것은?

① 습식 설비의 청소용으로 교차배관 끝에 설치하는 개폐밸브는 40[mm] 이상으로 설치한다.
② 급수배관 중 가지배관의 배열은 토너먼트 방식이 아니어야 한다.
③ 수직배수배관의 구경은 65[mm] 이상으로 해야 한다.
④ 습식 스프링클러설비 외의 설비에는 헤드를 향하여 상향으로 가지배관의 기울기를 250분의 1이상으로 한다.

15-2. 스프링클러설비의 배관에 관한 설명 중 틀린 것은?

① 급수배관의 구경은 25[mm] 이상으로 한다.
② 수직배수관의 구경은 50[mm] 이상으로 한다.
③ 지하매설관은 소방용 합성수지배관으로 설치할 수 있다.
④ 교차배관의 최소 구경은 65[mm] 이상으로 한다.

15-3. 스프링클러설비의 교차배관에서 분기되는 기점으로 한쪽 가지배관에 설치하는 헤드 수는 몇 개 이하가 적당한가?

① 8개
② 10개
③ 12개
④ 15개

15-4. 습식 또는 건식 스프링클러설비에서 가압송수장치로부터 최고 위치, 최대 먼 거리에 설치된 가지배관의 말단에 시험배관을 설치하는 목적으로 가장 적합한 것은?

① 배관 내의 부식 및 이물질의 축적 여부을 진단하기 위해서다.
② 펌프의 성능시험을 하기 위해서다.
③ 유수경보장치의 기능을 수시 확인하기 위해서다.
④ 평상시 배관 내의 물의 배수가 잘되는지 확인하기 위해서다.

|해설|

15-1
스프링클러설비의 수직배수배관의 구경은 50[mm] 이상으로 할 것

15-2
교차배관의 최소 구경 : 40[mm] 이상

15-3
스프링클러설비의 한쪽 가지배관에 설치하는 헤드 수 : 8개 이하

15-4
시험배관은 평상시 유수경보장치의 기능을 수시 확인하기 위해서 설치한다.

정답 15-1 ③ 15-2 ④ 15-3 ① 15-4 ③

(1) 송수구의 설치기준

① 소방차가 쉽게 접근할 수 있는 잘 보이는 장소에 설치하고 화재 층으로부터 지면으로 떨어지는 유리창 등이 송수 및 그 밖의 소화작업에 지장을 주지 않는 장소에 설치할 것

② 송수구로부터 스프링클러설비의 주배관에 이르는 연결배관에 개폐밸브를 설치한 때에는 그 개폐상태를 쉽게 확인 및 조작할 수 있는 옥외 또는 기계실 등의 장소에 설치할 것

③ 송수구는 구경 65[mm]의 쌍구형으로 할 것

④ 송수구에는 그 가까운 곳의 보기 쉬운 곳에 송수압력 범위를 표시한 표지를 할 것

⑤ 폐쇄형 헤드 사용하는 스프링클러설비의 송수구는 하나의 층의 바닥면적이 3,000[m²]를 넘을 때마다 1개 이상 설치할 것(단, 5개를 넘으면 5개로 한다)

⑥ 지면으로부터 높이가 0.5[m] 이상 1[m] 이하의 위치에 설치할 것

⑦ 송수구 부근에는 자동배수밸브(또는 직경 5[mm]의 배수공) 및 체크밸브를 설치할 것

⑧ 송수구에는 이물질을 막기 위한 마개를 씌울 것

(2) 전동기의 용량

$$P[\text{kW}] = \frac{\gamma \times Q \times H}{\eta} \times K$$

여기서, γ : 물의 비중량(9.8[kN/m³])

Q : 방수량[m³/s]

H : 펌프의 양정[m]

η : 펌프의 효율

K : 전달계수(여유율)

양정이 60[m], 토출량이 분당 1,200[L], 효율이 58[%]인 스프링클러설비용 펌프에 전동기를 직결방식으로 설치할 경우의 전동기의 용량은 얼마인가?(단, 전달계수는 1.1)

① 21.30[kW] ② 22.30[kW]

③ 24.30[kW] ④ 20.30[kW]

|해설|

전동기 용량

$$P[\text{kW}] = \frac{\gamma \times Q \times H}{\eta} \times K$$

여기서, γ : 물의 비중량(9.8[kN/m³])

Q : 토출량(1.2/60[m³/s])

H : 양정(60[m])

η : 펌프의 효율(0.58)

K : 전달계수(1.1)

$$\therefore P[\text{kW}] = \frac{9.8 \times 1.2/60 \times 60}{0.58} \times 1.1 = 22.30[\text{kW}]$$

정답 ②

핵심이론 17 | 스프링클러헤드의 형식승인 및 제품검사의 기술기준

(1) 용어 정의

① 최고주위온도 : 폐쇄형 스프링클러헤드의 설치장소에 관한 기준이 되는 온도. 단, 헤드의 표시온도가 75[℃] 미만인 경우의 최고주위온도는 다음 등식에 불구하고 39[℃]로 한다.

$$T_A = 0.9 T_M - 27.3$$

여기서, T_A : 최고주위온도

T_M : 헤드의 표시온도

② 반응시간지수(RTI) : 기류의 온도·속도 및 작동시간에 대하여 스프링클러헤드의 반응을 예상한 지수로서 아래 식에 의하여 계산하고 $[m \cdot s]^{0.5}$을 단위로 한다.

$$RTI = \tau \sqrt{u}$$

여기서, τ : 감열체의 시간 상수[s]

u : 기류속도[m/s]

(2) 표준형 헤드의 감도시험

구 분	RTI값
표준반응(Standard Response)	80 초과 350 이하
특수반응(Special Response)	50 초과 80 이하
조기반응(Fast Response)	50 이하

핵심이론 01 ┃ 간이스프링클러설비의 설치기준

(1) 방수압력, 방수량

가장 먼 가지배관에서 2개(소방시설법 시행령 별표 4에 해당되는 경우에는 5개)의 간이헤드를 동시에 개방할 경우

① 방수압력 : 0.1[MPa] 이상
② 방수량 : 50[L/min](주차장에 표준반응형 스프링클러헤드를 사용할 경우 : 80[L/min]) 이상

> 가압송수장치를 펌프로 설치해야 하는 대상[소방시설법 시행령 별표 4]
> ㉠ 근린생활시설로서 사용하는 부분의 바닥면적의 합계가 1,000[m²] 이상인 것은 모든 층
> ㉡ 숙박시설로서 사용되는 바닥면적의 합계가 300[m²] 이상 600[m²] 미만인 시설
> ㉢ 복합건축물(근린생활시설, 판매시설, 업무시설, 숙박시설, 위락시설의 용도와 주택의 용도로 함께 사용되는 것)로서 연면적이 1,000[m²] 이상인 것은 모든 층

(2) 수 원

① 상수도직결형 : 수돗물
② 기타수조("캐비닛형"을 포함)를 사용하고자 하는 경우 (1개 이상의 자동급수장치를 갖추어야 한다)
　㉠ 일반대상의 수원[L] : 2개(헤드 수)×50[L/min] ×10분
　㉡ 아래 표에 해당되는 대상물의 수원[L] : 5개(헤드 수)×50[L/min]×20분

> [표]
> ① 근린생활시설로서 사용하는 부분의 바닥면적의 합계가 1,000[m²] 이상인 것은 모든 층
> ② 숙박시설로서 사용되는 바닥면적의 합계가 300[m²] 이상 600[m²] 미만인 시설
> ③ 복합건축물(근린생활시설, 판매시설, 업무시설, 숙박시설, 위락시설의 용도와 주택의 용도로 함께 사용되는 것)로서 연면적이 1,000[m²] 이상인 것은 모든 층
> ※ 위의 경우(가압송수장치를 펌프로 설치해야 하는 대상)에는 상수도직결형 및 캐비닛형 간이스프링클러설비를 제외한 가압송수장치를 설치해야 한다.

(3) 가압송수장치

수계 소화설비 기준과 비슷하다.

1-1. 간이스프링클러설비의 화재안전기술기준에 따라 펌프를 이용하는 가압송수장치를 설치하는 경우에 있어서의 정격토출압력은 가장 먼 가지배관에서 2개의 간이헤드를 동시에 개방한 경우 간이헤드 선단(끝부분)의 방수압력은 몇 [MPa] 이상이어야 하는가?

① 0.1[MPa]　　　　　② 0.35[MPa]
③ 1.4[MPa]　　　　　④ 3.5[MPa]

1-2. 간이스프링클러설비의 화재안전기술기준에 따라 펌프를 이용하는 가압송수장치를 설치하는 경우에 있어서의 정격토출압력은 가장 먼 가지배관에서 5개의 간이헤드를 동시에 개방한 경우 간이헤드 선단(끝부분)의 방수압력이 0.1[MPa] 이상 되어야 하는 대상이 아닌 것은?

① 근린생활시설로서 사용하는 부분의 바닥면적의 합계가 1,000[m²] 이상인 것은 모든 층
② 숙박시설로서 사용되는 바닥면적의 합계가 300[m²] 이상 600[m²] 미만인 시설
③ 판매시설과 주택의 용도로 사용하는 것으로서 연면적이 1,000[m²] 이상인 것은 모든 층
④ 노유자시설로서 바닥면적의 합계가 600[m²] 미만인 것

1-3. 간이스프링클러설비의 화재안전기술기준에 따라 펌프를 이용하는 가압송수장치를 설치해야 하는 대상은?

① 근린생활시설 중 의원, 치과의원으로서 입원실이 있는 시설
② 숙박시설로서 사용되는 바닥면적의 합계가 300[m²] 이상 600[m²] 미만인 시설
③ 교육연구시설 내에 있는 합숙소로서 연면적 100[m²] 이상인 것
④ 노유자시설로서 바닥면적의 합계가 600[m²] 미만인 것

|해설|

1-1
간이헤드 선단(끝부분)의 방수압력 : 0.1[MPa] 이상

1-2, 1-3
본문 참조

정답 1-1 ①　1-2 ④　1-3 ②

핵심이론 02 │ 배관, 간이헤드, 송수구의 설치기준

(1) 배관 및 밸브의 설치기준

① 상수도직결형일 경우

수도용 계량기 → 급수차단장치 → 개폐표시형 개폐밸브 → 체크밸브 → 압력계 → 유수검지장치(압력스위치 등) → 2개의 시험밸브

② 펌프 등의 가압송수장치를 이용하는 경우

수원 → 연성계 또는 진공계 → 펌프 또는 압력수조 → 압력계 → 체크밸브 → 성능시험배관 → 개폐표시형 개폐밸브 → 유수검지장치 → 시험밸브

③ 가압수조를 가압송수장치로 이용하는 경우

수원 → 가압수조 → 압력계 → 체크밸브 → 성능시험배관 → 개폐표시형 밸브 → 유수검지장치 → 2개의 시험밸브

④ 캐비닛형 가압송수장치를 이용하는 경우

수원 → 연성계 또는 진공계 → 펌프 또는 압력수조 → 압력계 → 체크밸브 → 개폐표시형 밸브 → 2개의 시험밸브

(2) 송수구의 설치기준

① 소방차가 쉽게 접근할 수 있고 잘 보이는 장소에 설치하고 화재층으로부터 지면으로 떨어지는 유리창 등이 송수 및 그 밖의 소화작업에 지장을 주지 않는 장소에 설치할 것

② 송수구로부터 간이스프링클러설비의 주배관에 이르는 연결배관에 개폐밸브를 설치한 때에는 그 개폐상태를 쉽게 확인 및 조작할 수 있는 옥외 또는 기계실 등에 설치할 것

③ 송수구는 구경 65[mm]의 쌍구형 또는 단구형으로 할 것. 이 경우 송수배관의 안지름은 40[mm] 이상으로 해야한다.

④ 지면으로부터 높이가 0.5[m] 이상 1[m] 이하의 위치에 설치할 것

⑤ 송수구의 부근에는 자동배수밸브(또는 직경 5[mm]의 배수공) 및 체크밸브를 설치할 것

⑥ 송수구에는 이물질을 막기 위한 마개를 씌울 것

(3) 비상전원

① **종류** : 비상전원, 비상전원수전설비

② **용량** : 10분 이상(아래에 해당되는 경우 20분)

　㉠ 근린생활시설로서 사용하는 부분의 바닥면적의 합계가 1,000[m²] 이상인 것은 모든 층

　㉡ 숙박시설로서 사용되는 바닥면적의 합계가 300[m²] 이상 600[m²] 미만인 시설

　㉢ 복합건축물(근린생활시설, 판매시설, 업무시설, 숙박시설, 위락시설의 용도와 주택의 용도로 함께 사용되는 것)로서 연면적이 1,000[m²] 이상인 것은 모든 층

2-1. 간이스프링클러설비를 상수도설비에서 직접 연결할 경우 배관 및 밸브 등의 옳은 설치방법은?

① 수도용 계량기 → 급수차단장치 → 개폐표시형 밸브 → 체크밸브 → 압력계 → 유수검지장치(압력스위치 등) → 2개의 시험밸브 순으로 설치

② 수도용 계량기 → 급수차단장치 → 개폐표시형 밸브 → 압력계 → 체크밸브 → 유수검지장치 → 2개의 시험밸브 순으로 설치

③ 수도용 계량기 → 개폐표시형 밸브 → 압력계 → 체크밸브 → 2개의 시험밸브 순으로 설치

④ 수도용 계량기 → 개폐표시형 밸브 → 체크밸브 → 압력계 → 2개의 시험밸브 순으로 설치

2-2. 간이스프링클러설비에서 비상전원을 20분 이상 작동해야 하는 대상물이 아닌 것은?

① 근린생활시설로서 사용하는 부분의 바닥면적의 합계가 1,000[m²] 이상인 것은 모든 층

② 숙박시설로서 사용되는 바닥면적의 합계가 300[m²] 이상 600[m²] 미만인 시설

③ 근린생활시설과 주택의 용도로 사용되는 것으로서 연면적이 1,000[m²] 이상인 것은 모든 층

④ 종합병원으로서 바닥면적의 합계가 1,000[m²] 미만인 시설

|해설|

2-1, 2-2
본문 참조

정답 2-1 ① 2-2 ④

핵심이론 01 │ 화재조기진압용 스프링클러설비의 설치 기준

(1) 설치장소의 구조

① 층의 높이 : 13.7[m] 이하

② 천장의 기울기 : 168/1,000을 초과하지 않을 것(초과 시 반자를 지면과 수평으로 할 것)

③ 천장은 평평해야 하며 철재나 목재 트러스 구조인 경우, 철재나 목재의 돌출 부분이 102[mm]를 초과하지 않을 것

④ 보로 사용되는 목재·콘크리트 및 철재 사이의 간격이 0.9[m] 이상 2.3[m] 이하일 것. 다만, 보의 간격이 2.3[m] 이상인 경우에는 화재조기진압용 스프링클러 헤드의 동작을 원활히 하기 위해 보로 구획된 부분의 천장 및 반자의 넓이가 28[m²]를 초과하지 않을 것

⑤ 창고 내의 선반의 형태는 하부로 물이 침투되는 구조로 할 것

(2) 수 원

① 수원의 양

화재조기진압용 스프링클러설비의 수원은 수리학적으로 가장 먼 가지배관 3개에 각각 4개의 스프링클러 헤드가 동시에 개방되었을 때 헤드 선단(끝부분)의 압력이 60분간 방사할 수 있는 양으로 계산식은 다음과 같다.

$$Q = 12 \times 60 \times K \sqrt{10p}$$

여기서, Q : 수원의 양[L]

　　　　K : 상수[L/min·(MPa)$^{1/2}$]

　　　　p : 헤드 선단(끝부분)의 압력[MPa]

② 산출된 유효수량의 1/3 옥상에 설치 예외 규정

ㄱ 옥상이 없는 건축물 또는 공작물

ㄴ 지하층만 있는 건축물

ㄷ 고가수조를 가압송수장치로 설치한 경우

ㄹ 수원이 건축물의 최상층에 설치된 헤드보다 높은 위치에 설치된 경우

ㅁ 건축물의 높이가 지표면으로부터 10[m] 이하인 경우

ㅂ 주펌프와 동등 이상의 성능이 있는 별도의 펌프로서 내연기관의 기동과 연동하여 작동되거나 비상전원을 연결하여 설치한 경우

ㅅ 가압수조를 가압송수장치로 설치한 경우

(3) 가지배관

① 토너먼트 배관 방식이 아닐 것

② 가지배관 사이의 거리

ㄱ 천장의 높이가 9.1[m] 미만 : 2.4[m] 이상 3.7[m] 이하

ㄴ 천장의 높이가 9.1[m] 이상 13.7[m] 이하 : 2.4[m] 이상 3.1[m] 이하

③ 교차배관에서 분기되는 지점을 기점으로 한쪽 가지배관에 설치되는 헤드의 개수는 8개 이하로 할 것

(4) 헤 드

① 하나의 방호면적 : 6.0[m²] 이상 9.3[m²] 이하

② 가지배관의 헤드 사이의 거리

ㄱ 천장의 높이 9.1[m] 미만 : 2.4[m] 이상 3.7[m] 이하

ㄴ 천장의 높이 9.1[m] 이상 13.7[m] 이하 : 3.1[m] 이하

③ 헤드의 반사판은 천장 또는 반자와 평행하게 설치하고 저장물의 최상부와 914[mm] 이상 확보되도록 할 것

④ 하향식 헤드의 반사판의 위치는 천장이나 반자 아래 125[mm] 이상 355[mm] 이하일 것

⑤ 헤드와 벽과의 거리는 헤드 상호 간의 1/2을 초과하지 않아야 하며, 최소 102[mm] 이상일 것

⑥ 헤드의 작동온도는 74[℃] 이하일 것

(5) 화재조기진압용 스프링클러설비 설치 제외

① 제4류 위험물

② 타이어, 두루마리 종이 및 섬유류, 섬유제품 등 연소 시 화염의 속도가 빠르고 방사된 물이 하부까지에 도달하지 못하는 것

1-1. 화재조기진압용 스프링클러설비의 수원은 화재 시 기준압력과 기준수량 및 천장높이 조건에서 몇 분간 방사할 수 있어야 하는가?

① 20분 ② 30분
③ 40분 ④ 60분

1-2. 화재조기진압용 스프링클러설비 가지배관의 배열기준 중 천장의 높이가 9.1[m] 이상 13.7[m] 이하인 경우 가지배관 사이의 거리 기준으로 옳은 것은?

① 2.4[m] 이상 3.1[m] 이하
② 2.4[m] 이상 3.7[m] 이하
③ 6.0[m] 이상 8.5[m] 이하
④ 6.0[m] 이상 9.3[m] 이하

1-3. 화재조기진압용 스프링클러설비의 설치 제외 대상이 아닌 것은?

① 제4류 위험물 ② 목 재
③ 타이어 ④ 섬유제품

|해설|

1-1
수원은 헤드 선단(끝부분)의 압력이 60분간 방사할 수 있는 양으로 계산한다.

1-2
화재조기진압용 스프링클러설비의 가지배관의 배열기준
• 천장의 높이가 9.1[m] 미만 : 2.4[m] 이상 3.7[m] 이하
• 천장의 높이가 9.1[m] 이상 13.7[m] 이하인 경우 : 2.4[m] 이상 3.1[m] 이하

1-3
본문 참조

정답 1-1 ④ 1-2 ① 1-3 ②

제8절 드렌처설비

핵심이론 01 | 드렌처설비의 설치기준

(1) 개 요
건축물의 외벽, 창 등 개구부의 실외에 부분에 유리창같이 연소되어 깨지기 쉬운 부분에 살수하여 건축물의 화재를 소화하는 설비로서 방화설비이다.

(2) 설치기준
① 드렌처헤드는 개구부 위 측에 2.5[m] 이내마다 1개를 설치할 것
② 제어밸브(일제개방밸브, 개폐표시형밸브 및 수동조작부를 합한 것)는 특정소방대상물 층마다에 바닥면으로부터 0.8[m] 이상 1.5[m] 이하의 위치에 설치할 것
③ 수원의 수량은 드렌처헤드가 가장 많이 설치된 제어밸브의 드렌처헤드의 설치개수에 1.6[m^3]를 곱하여 얻은 수치 이상이 되도록 할 것
④ 드렌처설비의 방수압력이 0.1[MPa] 이상, 방수량이 80[L/min] 이상일 것

1-1. 연소할 우려가 있는 개구부에 설치하는 드렌처설비에 대한 내용 중 잘못된 것은?

① 드렌처헤드는 개구부 위 측에 2.5[m] 이내마다 1개를 설치한다.

② 제어밸브는 바닥으로부터 0.5[m] 이상 1.5[m] 이하의 위치에 설치한다.

③ 드렌처헤드의 방수량은 80[L/min] 이상이어야 한다.

④ 드렌처헤드 선단(끝부분)의 방수압력은 0.1[MPa] 이상이어야 한다.

1-2. 2개의 방수구역으로서 하나의 제어밸브에 8개씩 드렌처헤드가 설치되어 있는 드렌처설비의 경우 법적인 수원의 수량은?

① 3.2[m³] 이상

② 6.4[m³] 이상

③ 12.8[m³] 이상

④ 25.6[m³] 이상

|해설|

1-1

드렌처설비의 제어밸브 설치 : 0.8[m] 이상 1.5[m] 이하

1-2

드렌처설비의 수원 = 헤드 수 × 1.6[m³] = 8 × 1.6[m³] = 12.8[m³] 이상

정답 1-1 ② 1-2 ③

핵심이론 01 | 물분무소화설비의 개요

(1) 물분무소화설비의 개요

물은 Spray, Fog, Mist, Vapor 등으로 구분하는데 화재 시 특수한 분무노즐을 이용해서 물을 무상으로 방사하여 냉각, 질식, 희석, 유화작용으로 소화하는 설비이다.

(2) 물분무소화설비의 장점

① 무상주수하므로 물이 절약된다.

② 불용성 액체(유류) 또는 수용성인 액체에 특히 소화효과가 뛰어나다.

③ 약제가 물이므로 가격이 저렴하고 피해가 없다.

④ 화재의 연소방지, 화재제압에 특히 유효하다.

(3) 물분무소화설비의 소화효과

① 냉각작용 : 물분무상태로 소화하여 대량의 기화열을 내어서 연소물을 발화점 이하로 낮추어 소화한다.

② 질식작용 : 분무주수이므로 대량의 수증기가 발생하여 체적이 1,700배로 팽창하여 산소농도를 21[%]에서 15[%] 이하로 낮추어 소화한다.

③ 희석작용 : 알코올과 같이 수용성인 액체는 물에 잘 녹아 희석하여 소화한다.

④ 유화작용 : 석유, 제4류 위험물과 같이 유류화재 시 불용성의 가연성 액체 표면에 불연성의 유막을 형성하여 소화한다.

10년간 자주 출제된 문제

특고압의 전기시설을 보호하기 위한 물소화설비로서는 물분무소화설비가 가능하다. 그 주된 이유로서 옳은 것은?

① 물분무소화설비는 다른 물소화설비에 비하여 신속한 소화를 보여주기 때문이다.

② 물분무소화설비는 다른 물소화설비에 비하여 물의 소모량이 적기 때문이다.

③ 분무상태의 물은 전기적으로 비전도성이기 때문이다.

④ 물분무입자 역시 물이므로 전기전도성이 있으나 전기시설물을 젖게 하지 않기 때문이다.

|해설|

분무상태의 물은 전기적으로 비전도성이기 때문에 전기시설에 소화가 가능하다.

정답 ③

핵심이론 02 | 물분무소화설비의 헤드

(1) 분무상태를 만드는 방법에 의한 분류

① 충돌형 : 유수와 유수의 충돌에 의해 미세한 물방울을 만드는 물분무헤드

② 분사형 : 소구경의 오리피스로부터 고압으로 분사하여 미세한 물방울을 만드는 물분무헤드

③ 선회류형 : 선회류에 의해 확산방출하든가 선회류와 직선류의 충돌에 의해 확산방출하여 미세한 물방울로 만드는 물분무헤드

④ 디플렉터형 : 수류를 살수판에 충돌하여 미세한 물방울을 만드는 물분무헤드

⑤ 슬리트형 : 수류를 슬리트에 의해 방출하여 수막상의 분무를 만드는 물분무헤드

충돌형	분사형	선회류형

디플렉터형	슬리트형

(2) 물분무헤드와 전기기기의 이격거리

전압[kV]	거리[cm]
66 이하	70 이상
66 초과 77 이하	80 이상
77 초과 110 이하	110 이상
110 초과 154 이하	150 이상
154 초과 181 이하	180 이상
181 초과 220 이하	210 이상
220 초과 275 이하	260 이상

물분무헤드의 설치에서 전압이 110[kV] 초과 154[kV] 이하일 때 전기기기와 물분무헤드 사이에 몇 [cm] 이상의 거리를 확보하여 설치해야 하는가?

① 80[cm]　　　　　② 110[cm]
③ 150[cm]　　　　　④ 180[cm]

|해설|

본문 참조

정답 ③

핵심이론 03 | 물분무소화설비의 가압송수장치

(1) 펌프방식

① 펌프의 양정

$$H[\text{m}] = h_1 + h_2$$

여기서, h_1 : 물분무헤드의 설계압력 환산수두[m]

h_2 : 배관의 마찰손실수두[m]

② 펌프의 토출량과 수원의 양

특정소방대상물	펌프의 토출량[L/min]	수원의 양[L]
특수가연물 저장, 취급	바닥면적(50[m²] 이하는 50[m²]로) ×10[L/min·m²]	바닥면적(50[m²] 이하는 50[m²]로)×10[L/min·m²] ×20[min]
차고, 주차장	바닥면적(50[m²] 이하는 50[m²]로) ×20[L/min·m²]	바닥면적(50[m²] 이하는 50[m²]로)×20[L/min·m²] ×20[min]
절연유 봉입변압기	표면적(바닥부분 제외) ×10[L/min·m²]	표면적(바닥부분 제외)× 10[L/min·m²]×20[min]
케이블 트레이, 케이블 덕트	투영된 바닥면적 ×12[L/min·m²]	투영된 바닥면적× 12[L/min·m²]×20[min]
컨베이어벨트	벨트 부분의 바닥면적 ×10[L/min·m²]	벨트 부분의 바닥면적× 10[L/min·m²]×20[min]

(2) 고가수조방식

① 고가수조의 자연낙차

$$H[\text{m}] = h_1 + h_2$$

여기서, h_1 : 물분무헤드의 설계압력 환산수두[m]

h_2 : 배관의 마찰손실수두[m]

② 고가수조 설치 부속물 : 수위계, 배수관, 급수관, 오버플로관, 맨홀

(3) 압력수조방식

① 압력수조의 압력

$$P[\text{MPa}] = p_1 + p_2 + p_3$$

여기서, p_1 : 물분무헤드의 설계압력[MPa]

p_2 : 배관의 마찰손실수두압[MPa]

p_3 : 낙차의 환산수두압[MPa]

② 압력수조 설치 부속물 : 수위계 · 급수관 · 배수관 · 급기관 · 맨홀 · 압력계 · 안전장치, 자동식 공기압축기

10년간 자주 출제된 문제

3-1. 자동차 차고에 설치하는 물분무소화설비의 펌프 토출량은 얼마가 되어야 하는가?

① 바닥면적[m²] × 10[L]
② 바닥면적[m²] × 15[L]
③ 바닥면적[m²] × 20[L]
④ 바닥면적[m²] × 30[L]

3-2. 바닥면적이 80[m²]인 특수가연물 저장소에 물분무소화설비를 설치하려고 한다. 펌프의 1분당 토출량의 기준은 1[m²]에 몇 [L]를 곱한 양 이상이 되어야 하는가?

① 10   ② 16
③ 20   ④ 32

3-3. 케이블트레이에 물분무소화설비를 설치할 때 저장해야 할 수원의 양은 몇 [m³]인가?(단, 케이블트레이의 투영된 바닥면적은 70[m²]이다)

① 28[m³]   ② 12.4[m³]
③ 14[m³]   ④ 16.8[m³]

3-4. 바닥면적이 500[m²]인 지하주차장에 50[m²]씩 10개 구역으로 나누어 물분무소화설비를 설치하려고 한다. 물분무헤드의 표준방사량이 분당 80[L]일 때 1개 구역당 설치해야 할 헤드 수는 몇 개 이상이어야 하는가?

① 7   ② 10
③ 13   ④ 20

3-5. 물분무소화설비에서 압력수조를 이용한 가압송수장치의 압력수조에 설치해야 하는 것이 아닌 것은?

① 맨 홀   ② 수위계
③ 급기관   ④ 수동식 공기압축기

| 해설 |

3-1
물분무소화설비의 펌프 토출량

특정소방대상물	펌프 토출량
특수가연물	바닥면적(최소 50[m²]) × 10[L/min · m²]
차고 · 주차장	바닥면적(최소 50[m²]) × 20[L/min · m²]

3-2
본문 참조

3-3
케이블트레이일 때 수원
수원 = 투영된 바닥면적 × 12[L/min · m²] × 20[min]
= 70[m²] × 12[L/min · m²] × 20[min] = 16,800[L]
= 16.8[m³]

3-4
물분무소화설비(차고, 주차장)의 방사량
= 바닥면적(50[m²] 이상은 50[m²]) × 20L/min · m²]
= 50[m²] × 20L/min · m²] = 1,000[L/min]
∴ 헤드수 = $\frac{1,000[L/min]}{80[L/min]} = 12.5 = 13$개

3-5
압력수조에는 자동식 공기압축기가 필요하다.

정답 3-1 ③   3-2 ①   3-3 ④   3-4 ③   3-5 ④

(1) 펌 프

① 펌프의 성능은 체절운전 시 정격토출압력의 140[%]를 초과하지 않고, 정격토출량의 150[%]로 운전 시 정격토출압력의 65[%] 이상이 되어야 한다.

② 성능시험배관은 펌프의 토출 측에 설치된 개폐밸브 이전에서 분기하여 직선으로 설치하고, 유량측정장치를 기준으로 전단 직관부에 개폐밸브를 후단 직관부에는 유량조절밸브를 설치할 것

③ 유량측정장치는 펌프의 정격토출량의 175[%] 이상까지 측정할 수 있는 성능이 있을 것

④ 가압송수장치의 체절운전 시 수온의 상승을 방지하기 위하여 체크밸브와 펌프 사이에서 분기한 구경 20[mm] 이상의 배관에 체절압력 미만에서 개방되는 릴리프밸브를 설치해야 한다.

(2) 송수구

① 송수구는 화재 층으로부터 지면으로 떨어지는 유리창 등이 송수 및 그 밖의 소화작업에 지장을 주지 않는 장소에 설치할 것

② 송수구로부터 물분무소화설비의 주배관에 이르는 연결배관에 개폐밸브를 설치한 때에는 그 개폐상태를 쉽게 확인 및 조작할 수 있는 옥외 또는 기계실 등의 장소에 설치할 것

③ 송수구는 구경 65[mm]의 쌍구형으로 할 것

④ 송수구에는 그 가까운 곳의 보기 쉬운 곳에 송수압력 범위를 표시한 표지를 할 것

⑤ 송수구는 하나의 층의 바닥면적이 3,000[m²]를 넘을 때마다 1개(5개를 넘을 경우에는 5개로 한다) 이상을 설치할 것

⑥ 지면으로부터 높이가 0.5[m] 이상 1[m] 이하의 위치에 설치할 것

⑦ 송수구의 부근에는 자동배수밸브(또는 직경 5[mm]의 배수공) 및 체크밸브를 설치할 것

⑧ 송수구에는 이물질을 막기 위한 마개를 씌울 것

10년간 자주 출제된 문제

4-1. 다음 중 물분무소화설비 송수구의 설치기준으로 옳지 않은 것은?

① 송수구에는 이물질을 막기 위한 마개를 씌울 것
② 지면으로부터 높이가 0.8[m] 이상 1.5[m] 이하의 위치에 설치할 것
③ 송수구의 부근에는 자동배수밸브 및 체크밸브를 설치할 것
④ 송수구는 하나의 층의 바닥면적이 3,000[m²]를 넘을 때마다 1개 이상을 설치할 것

4-2. 다음 중 물분무소화설비 송수구의 구경으로 옳은 것은?

① 구경 65[mm]의 쌍구형
② 구경 65[mm]의 단구형
③ 구경 50[mm]의 쌍구형
④ 구경 50[mm]의 단구형

|해설|

4-1
송수구의 설치 : 지면으로부터 높이가 0.5[m] 이상 1[m] 이하

4-2
송수구의 구경 : 65[mm]의 쌍구형

정답 4-1 ② **4-2** ①

| 핵심이론 **05** | 물분무소화설비의 기타 설치기준

(1) 기동장치

① 수동식 기동장치

  ㉠ 직접조작 또는 원격조작에 의하여 각각의 가압송수장치 및 수동식 개방 밸브 또는 가압송수장치 및 자동개방밸브를 개방할 수 있도록 설치할 것

  ㉡ 기동장치의 가까운 곳의 보기 쉬운 곳에 "기동장치"라고 표시한 표지를 할 것

② 자동식 기동장치 : 화재감지기의 작동 또는 폐쇄형 스프링클러헤드의 개방과 연동하여 경보를 발하고 가압송수장치 및 자동개방밸브를 기동할 수 있는 것으로 할 것

(2) 배수설비

① 차량이 주차하는 장소의 적당한 곳에 높이 10[cm] 이상의 경계턱으로 배수구를 설치할 것

② 배수구에는 새어나온 기름을 모아 소화할 수 있도록 길이 40[m] 이하마다 집수관·소화피트 등 기름분리장치를 설치할 것

③ 차량이 주차하는 바닥은 배수구를 향하여 2/100 이상의 기울기를 유지할 것

④ 배수설비는 가압송수장치의 최대송수능력의 수량을 유효하게 배수할 수 있는 크기 및 기울기로 할 것

(3) 물분무헤드의 설치 제외 장소

① 물과 심하게 반응하는 물질 또는 물과 반응하여 위험한 물질을 생성하는 물질을 저장 또는 취급하는 장소

② 고온의 물질 및 증류범위가 넓어 끓어 넘치는 위험이 있는 물질을 저장 또는 취급하는 장소

③ 운전 시에 표면의 온도가 260[℃] 이상으로 되는 등 직접 분무를 하는 경우 그 부분에 손상을 입힐 우려가 있는 기계장치 등이 있는 장소

5-1. 차고 또는 주차장에 설치하는 물분무소화설비의 배수설비에 대한 설명이다. 옳지 않은 것은?

① 높이 5[cm] 이상의 경계턱으로 배수설비를 설치해야 한다.
② 길이 40[m] 이하마다 기름분리장치를 설치해야 한다.
③ 배수구 쪽으로 2/100 이상의 기울기를 유지해야 한다.
④ 배수설비는 가압송수장치의 송수능력을 고려하여 설치해야 한다.

5-2. 물분무소화설비에서 차량이 주차하는 장소의 바닥면은 배수구를 향하여 얼마 이상의 기울기를 유지해야 하는가?

① $\dfrac{1}{100}$ ② $\dfrac{2}{100}$

③ $\dfrac{3}{100}$ ④ $\dfrac{5}{100}$

5-3. 물분무소화설비 기준에서 물분무헤드의 설치 제외 장소로서 맞지 않은 것은?

① 고온의 물질 및 증류범위가 넓어 끓어 넘치는 위험이 있는 물질을 저장하는 장소
② 물과 심하게 반응하여 위험한 물질을 생성하는 물질을 취급하는 장소
③ 운전 시에 표면의 온도가 260[℃] 이상으로 되는 등 직접 분무를 하는 경우 그 부분에 손상을 입힐 우려가 있는 기계장치 등이 있는 장소
④ 표준방사량으로 해당 방호대상물의 화재를 유효하게 소화하는 데 필요한 적정한 장소

|해설|

5-1
높이 10[cm] 이상의 경계턱으로 배수설비를 설치해야 한다.

5-2
배수설비 기울기 : 2/100 이상

5-3
본문 참조

정답 5-1 ① 5-2 ② 5-3 ④

핵심이론 01 | 미분무소화설비의 개요, 수원

(1) 미분무의 정의

물만을 사용하여 소화하는 방식으로 최소설계압력에서 헤드로부터 방출되는 물입자 중 99[%]의 누적체적분포가 400[μm] 이하로 분무되고 A, B, C급 화재에 적응성을 갖는 것을 말한다.

(2) 압력에 따른 미분무소화설비의 분류

① 저압 미분무소화설비 : 최고사용압력이 1.2[MPa] 이하

② 중압 미분무소화설비 : 사용압력이 1.2[MPa]을 초과 3.5[MPa] 이하

③ 고압 미분무소화설비 : 최저사용압력이 3.5[MPa]을 초과

(3) 수 원

$$Q = N \times D \times T \times S + V$$

여기서, Q : 수원의 양[m^3]

N : 방호구역(방수구역) 내 헤드의 개수

D : 설계유량[m^3/min]

T : 설계방수시간[min]

S : 안전율(1.2 이상)

V : 배관의 총체적[m^3]

미분무소화설비 용어의 정의 중 다음 ( ) 안에 알맞은 것은?

"미분무"란 물만을 사용하여 소화하는 방식으로 최소설계압력에서 헤드로부터 방출되는 물입자 중 99[%]의 누적체적분포가 (㉠)[μm] 이하로 분무되고 (㉡)급 화재에 적응성을 갖는 것을 말한다.

① ㉠ 400, ㉡ A, B, C

② ㉠ 400, ㉡ B, C

③ ㉠ 200, ㉡ A, B, C

④ ㉠ 200, ㉡ B, C

|해설|

미분무 : 물만을 사용하여 소화하는 방식으로 최소설계압력에서 헤드로부터 방출되는 물입자 중 99[%]의 누적체적분포가 400[μm] 이하로 분무되고 A, B, C급 화재에 적응성을 갖는 것

정답 ①

(1) 펌프를 이용하는 가압송수장치

① 펌프의 성능이 체절운전 시 정격토출압력의 140[%]를 초과하지 않을 것

② 정격토출량의 150[%]로 운전 시 정격토출압력의 65[%] 이상이 되어야 할 것

③ 유량측정장치는 펌프의 정격토출량의 175[%] 이상 측정할 수 있는 성능이 있을 것

(2) 수직배관

수직배수배관의 구경은 50[mm] 이상으로 해야 한다. 다만, 수직배관의 구경이 50[mm] 미만인 경우에는 수직배관과 동일한 구경으로 할 수 있다.

(3) 설치방식

주차장의 미분무소화설비는 습식 외의 방식으로 해야 한다.

(4) 배관의 배수를 위한 기울기

① 수평주행배관의 기울기 : 1/500 이상

② 가지배관의 기울기 : 1/250 이상

③ 폐쇄형 미분무소화설비의 배관을 수평으로 할 것

(5) 호스릴방식

① 차고 또는 주차장 외의 장소에 설치하되 방호대상물의 각 부분으로부터 하나의 호스접결구까지의 수평거리가 25[m] 이하가 되도록 할 것

② 소화약제 저장용기의 개방밸브는 호스의 설치 장소에서 수동으로 개폐할 수 있는 것으로 할 것

10년간 자주 출제된 문제

미분무소화설비의 설치기준에 대한 설명으로 틀린 것은?

① 수직배수배관의 구경은 50[mm] 이상으로 해야 한다.

② 주차장의 미분무소화설비는 습식 외의 방식으로 해야 한다.

③ 수평주행배관의 기울기는 1/1,000 이상으로 해야 한다.

④ 가지배관의 기울기는 1/250 이상으로 해야 한다.

|해설|

수평주행배관의 기울기 : 1/500 이상

정답 ③

핵심이론 01 | 포소화설비의 종류 및 계통도

(1) 포소화설비의 종류

① 고정포방출방식(Fixed Chamber Type) : 옥외위험물 저장탱크에 설치하는 것으로서 탱크의 구조 및 크기에 따라 규정에 의한 개수의 포방출구를 탱크의 상부 또는 측면에 설치하는 방식이다.

② 포헤드방식(Foam Head Type) : 화재 시 접근이 곤란한 위험물제조소 취급소, 자동차 차고, 항공기 격납고 등에 설치하는 것으로 고정식 배관에 헤드를 설치하여 포를 방출하는 설비로서 포헤드설비, 포워터 스프링클러설비가 있다.

③ 포소화전방식(Foam Hydrant Type) : 위험물저장소에 화재 시 사람이 쉽게 접근하여 소화작업을 할 수 있는 장소, 고정포방출방식과 포헤드 방식으로서 소화효과를 얻을 수 없을 때 설치하는 것이다.

④ 호스릴방식(Foam Hose Reel Type) : 고정설비로서 충분한 소화효과를 얻을 수 없을 때 연기가 충만하지 않을 경우 보조적으로 설치하는 설비이다.

(2) 포소화설비의 계통도

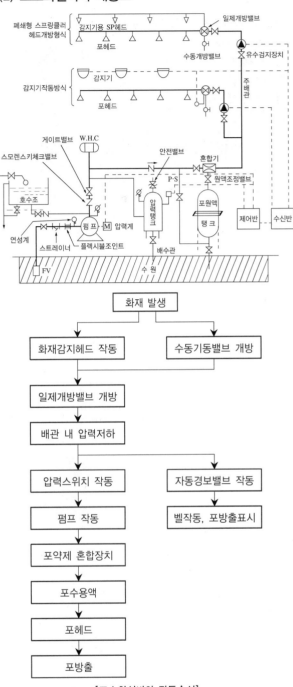

[포소화설비의 작동순서]

핵심이론 02 | 포소화설비의 수원 및 약제량

(1) 소방대상물에 따른 수원

소방대상물	적용설비	수 원
특수 가연물을 저장·취급 하는 공장 또는 창고	• 포워터 스프링클러 설비 • 포헤드설비	가장 많이 설치된 층의 포헤드(바닥면적이 200[m²] 초과 시 200[m²] 이내에 설치된 포헤드)에서 동시에 표준방사량으로 10분간 방사할 수 있는 양 이상
	• 고정포방출설비 • 압축공기포소화설비	가장 많이 설치된 방호구역 안의 고정포방출구에서 표준방사량으로 10분간 방사할 수 있는 양 이상
차고·주차장	• 호스릴 포소화설비 • 포소화전설비	방수구(5개 이상은 5개) × 6[m³] 이상
	• 포워터 스프링클러 설비 • 포헤드설비 • 고정포방출설비 • 압축공기포소화설비	특수가연물의 저장·취급하는 공장 또는 창고와 동일함
항공기 격납고	• 포워터 스프링클러 설비 • 포헤드설비 • 고정포방출설비 • 압축공기포소화설비	(가장 많이 설치된 포헤드 또는 고정포방출구에서 동시에 표준방사량으로 10분간 방사할 수 있는 양 × 6[m³]) + 호스릴을 설치한 경우(호스릴 포소화설비를 함께 설치 시·방수구 수(최대 5개) × 6[m³])
발전기실, 엔진펌프실, 변압기, 전기 케이블실, 유압설비	바닥면적의 합계가 300[m²] 미만의 장소에는 고정식 압축공기포소화설비를 설치할 수 있다.	**방수량** 압축공기포소화설비를 설치하는 경우 방수량은 설계사양에 따라 방호구역에 최소 10분간 방사할 수 있어야 한다.
		설계방출밀도 압축공기포소화설비의 설계방출밀도[L/min·m²]는 설계사양에 따라 정해야 하며 일반가연물, 탄화수소류는 1.63[L/min·m²] 이상, 특수가연물, 알코올류와 케톤류는 2.3[L/min·m²] 이상으로 해야 한다.

※ 차고·주차장에 호스릴포소화설비 또는 포소화전설비의 설치기준

① 완전 개방된 옥상주차장 또는 고가 밑의 주차장으로서 주된 벽이 없고 기둥뿐이거나 주위가 위해방지용 철주 등으로 둘러싸인 부분
② 지상 1층으로서 지붕이 없는 부분

(2) 옥내포소화전방식 또는 호스릴방식의 약제저장량

구 분	소화약제량	수원의 양
옥내포소화전 방식 호스릴방식	$Q = N \times S \times 6,000[L]$ 여기서, N : 호스접결구 개수 (5개 이상은 5개) S : 포소화약제의 농도[%]	$Q_W = N \times 6,000[L]$

※ 바닥면적이 200[m²] 미만일 때 호스릴방식의 약제량
$Q = N \times S \times 6,000[L] \times 0.75$

(3) 고정포방출방식의 약제저장량

구 분	약제량	수원의 양
① 고정포 방출구	$Q = A \times Q_1 \times T \times S$ 여기서, Q : 포소화약제의 양[L] A : 저장탱크의 액표면적 [m²] Q_1 : 단위포소화수용액의 양 [L/m² · min] T : 방출시간[min] S : 포소화약제의 사용농도 [%]	$Q_W = A \times Q_1 \times T$ $\times (1-S)$
② 보조포 소화전	$Q = N \times S \times 8,000[L]$ 여기서, Q : 포소화약제의 양[L] N : 호스접결구 개수 (3개 이상일 경우 3개) S : 포소화약제의 사용농도 [%]	$Q_W = N \times 8,000[L]$ $\times (1-S)$
③ 배관 보정	가장 먼 탱크까지의 송액관(내경 75 [mm] 이하 제외)에 충전하기 위하여 필요한 양 $Q = V \times S \times 1,000[L/m^3]$ 여기서, Q : 배관 충전필요량[L] V : 송액관 내부의 체적[m³] $(\frac{\pi}{4}d^2 \times l)$ S : 포소화약제의 사용농도 [%]	$Q_W = V \times 1,000$ $\times (1-S)$

※ 고정포방출방식 약제저장량 = ① + ② + ③

2-1. 항공기의 격납고에 사용하는 헤드는 다음 중 어느 것인가?

① 이동식 포노즐
② 포워터 스프링클러헤드
③ 포워터 스프레이헤드
④ 라이트워터헤드

2-2. 특정소방대상물에 따라 적응하는 포소화설비의 설치기준 중 발전기실, 엔진펌프실, 변압기, 전기케이블실, 유압설비 바닥면적의 합계가 300[m²] 미만의 장소에 설치할 수 있는 것은?

① 포헤드설비
② 호스릴포소화설비
③ 포워터스프링클러설비
④ 고정식 압축공기포소화설비

2-3. 차고 · 주차장에 호스릴포소화설비 또는 포소화전설비를 설치할 수 있는 경우는?

① 지상 1층으로서 지붕이 있는 부분
② 지상에서 수동 또는 원격조작에 따라 개방이 가능한 개구부의 유효면적의 합계가 바닥면적의 10[%] 이상인 부분
③ 옥외로 통하는 개구부가 상시 개방된 구조의 부분으로서 그 개방된 부분의 합계면적이 해당 차고 또는 주차장의 바닥면적의 15[%] 이상인 부분
④ 완전 개방된 옥상주차장 또는 고가 밑의 주차장 등으로서 주된 벽이 없고 기둥뿐이거나 주위가 위해방지용 철주 등으로 둘러싸인 부분

2-4. 포소화약제의 저장량은 고정포방출구에서 방출하기 위하여 필요한 양 이상으로 해야 한다. 공식에 대한 설명이 틀린 것은?

$$Q = A \times Q_1 \times T \times S$$

① Q_1 : 단위포 소화수용액의 양[L/m² · min]
② T : 방출시간[min]
③ A : 저장탱크의 체적[m³]
④ S : 포소화약제의 사용농도[%]

2-5. 고정포방출구를 설치한 위험물 탱크 주위에 보조포소화전이 6개 설치되어 있을 때, 혼합비 3[%]의 원액을 사용한다면 보조포소화전에 필요한 소요 원액량[L]은 최저 얼마 이상이어야 하는가?

① 720[L]
② 1,060[L]
③ 1,200[L]
④ 1,440[L]

2-6. 바닥면적이 150[m²]인 주차장에 호스릴방식으로 포소화설비를 하였다. 이곳에 설치한 포방출구는 5개이고 포소화약제의 농도는 6[%]이다. 이때 필요한 포소화약제의 양[L]은 얼마인가?

① 810[L]
② 1,080[L]
③ 1,350[L]
④ 1,800[L]

| 해설 |

2-1
항공기 격납고 : 포워터 스프링클러헤드, 포헤드설비, 고정포방출설비

2-2
발전기실, 엔진펌프실, 변압기, 전기케이블실, 유압설비 : 바닥면적의 합계가 300[m²] 미만의 장소에는 고정식 압축공기포소화설비를 설치할 수 있다.

2-3
본문 참조

2-4
A : 저장탱크의 액표면적[m²]

2-5
고정포방출방식의 보조포소화전 저장량
$Q = N \times S \times 8,000[L]$
여기서, Q : 포소화약제의 양[L]
N : 호스접결구 개수(3개 이상은 3개)
S : 포소화약제의 사용농도
∴ $Q = 3 \times 0.03 \times 8,000[L] = 720[L]$

2-6
호스릴방식의 약제저장량 산출 공식(바닥면적이 200[m²] 미만)
$Q = N \times S \times 6,000[L] \times 0.75$
여기서, N : 호스접결구 개수(5개 이상은 5개)
S : 포소화약제의 사용농도[%]
∴ $Q = N \times S \times 6,000[L] \times 0.75$
$= 5 \times 0.06 \times 6,000 \times 0.75$
$= 1,350[L]$

정답 2-1 ② 2-2 ④ 2-3 ④ 2-4 ③ 2-5 ① 2-6 ③

핵심이론 03 | 포소화설비의 가압송수장치

(1) 펌프 방식

① 펌프의 양정(h) 구하는 식
$$H[m] = h_1 + h_2 + h_3 + h_4$$
여기서, h_1 : 방출구의 설계압력 환산수두 또는 노즐 선단(끝부분)의 방사압력 환산수두[m]
h_2 : 배관의 마찰손실수두[m]
h_3 : 낙차[m]
h_4 : 소방용 호스의 마찰손실수두[m]

② 펌프의 토출 측에는 압력계를 체크밸브 이전에 펌프 토출 측 플랜지에서 가까운 곳에 설치하고, 흡입 측에는 연성계 또는 진공계를 설치할 것. 다만, 수원의 수위가 펌프의 위치보다 높거나 수직 회전축 펌프의 경우에는 연성계 또는 진공계를 설치하지 않을 수 있다.

③ 펌프의 성능은 체절운전 시 정격토출압력의 140[%]를 초과하지 않고 정격토출량의 150[%]로 운전 시 정격토출압력의 65[%] 이상이 되어야 하며, 펌프의 성능을 시험할 수 있는 성능시험 배관을 설치할 것. 다만, 충압펌프의 경우에는 그렇지 않다.

④ 가압송수장치에는 체절운전 시 수온의 상승을 방지하기 위한 순환배관을 설치할 것. 다만, 충압펌프의 경우에는 그렇지 않다.

⑤ 기동용 수압개폐장치를 기동장치로 사용하는 경우 충압펌프의 설치기준
㉠ 펌프의 토출압력 = 자연압 + 0.2[MPa] 이상 또는 가압송수장치의 정격토출압력과 같게 할 것
㉡ 펌프의 정격토출량 : 누설량보다 많을 것

⑥ 압축공기포소화설비에 설치되는 펌프의 양정은 0.4[MPa] 이상이 되어야 한다.

(2) 가압송수장치의 표준방사량

구 분	표준방사량
포워터 스프링클러헤드	75[L/min] 이상
포헤드·고정포방출구, 이동식 포노즐, 압축공기포헤드	각 포헤드, 고정포방출구 또는 이동식 포노즐의 설계압력에 따라 방출되는 소화약제의 양

10년간 자주 출제된 문제

포소화설비에 사용되는 펌프의 양정은 다음 식에 따라 산출한 수치 이상이 되도록 해야 한다. $H = h_1 + h_2 + h_3 + h_4$ 각 요소에 해당하는 설명으로 가장 거리가 먼 것은?

① h_1은 방출구의 설계압력 환산수두 또는 노즐 선단(끝부분)의 방사압력 환산수두
② h_2는 배관의 마찰손실수두
③ h_3은 펌프 흡입구의 하단에서 최상부에 있는 포방출구까지의 수직거리
④ h_4는 헤드의 마찰손실수두

|해설|

h_4 : 호스의 마찰손실수두

정답 ④

핵심이론 04 | 포소화설비의 포헤드

(1) 포헤드(Foam Head)

고정포방출구의 경우에 포가 흘러 방출되는 것과 눈과 같이 살포하여 방출하는 것이다.

① 포워터 스프링클러헤드(Foam Water Sprinkler Head) : 스프링클러헤드와 구조가 비슷하나 포를 발생하는 하우징이 부착되어 있는 기계포소화설비에만 사용하는 포헤드로 소화약제를 방사할 때 헤드 내의 공기로서 포는 발생하여 포를 디플렉터(Deflector)에 살포하는 헤드이다.

② 포워터 스프레이헤드(Foam Water Spray Head) : 기계포소화설비에 많이 사용하는 헤드로서 헤드에서 공기로 포를 발생하여 물만을 방출할 때는 물분무헤드의 성상을 갖는다.

[포헤드]

③ 포호스노즐(Foam Hose Nozzle) : 소방용 호스의 선단(끝부분)에 부착하여 소방대원의 직접 조작에 의하여 화원에 포를 방사하는 것

(2) 포헤드의 설치

① 포의 팽창비율에 따른 포방출구

팽창비율에 의한 포의 종류	포방출구의 종류
팽창비가 20 이하인 것(저발포)	포헤드, 압축공기포헤드
팽창비가 80 이상 1,000 미만인 것 (고발포)	고발포용 고정포방출구

② 포헤드의 설치기준

　㉠ 포워터 스프링클러헤드
　　• 특정소방대상물의 천장 또는 반자에 설치할 것
　　• 바닥면적 8[m²]마다 1개 이상 설치할 것

　㉡ 포헤드
　　• 특정소방대상물의 천장 또는 반자에 설치할 것
　　• 바닥면적 9[m²]마다 1개 이상으로 설치할 것

　㉢ 포헤드의 분당 방사량

소방대상물	포소화약제의 종류	바닥면적 1[m²]당 방사량(이상)[L/min · m²]
차고 · 주차장 및 항공기 격납고	단백포소화약제	6.5
	합성계면활성제 포소화약제	8.0
	수성막포소화약제	3.7
특수가연물을 저장 · 취급하는 소방대상물	단백포소화약제	6.5
	합성계면활성제 포소화약제	6.5
	수성막포소화약제	6.5

　㉣ 포헤드 상호 간 설치기준
　　• 정방향으로 배치한 경우

　　　$s = 2r \times \cos 45°$

　　　여기서, s : 포헤드 상호 간 거리[m]
　　　　　　　r : 유효반경 2.1[m]

　　• 장방형으로 배치한 경우

　　　$p_t = 2r$

　　　여기서, p_t : 대각선의 길이[m]
　　　　　　　r : 유효반경 2.1[m]

③ 압축공기포소화설비의 분사헤드는 천장 또는 반자에 설치하되 방호대상물에 따라 측벽에 설치할 수 있으며, 유류탱크 주위에는 바닥면적 13.9[m²]마다 1개 이상, 특수가연물 저장소에는 바닥면적 9.3[m²]마다 1개 이상으로 해당 방호대상물의 화재를 유효하게 소화할 수 있도록 할 것

방호대상물	방호면적 1[m²]에 대한 1분당 방출량
특수가연물	2.3[L]
기타의 것	1.63[L]

(3) 전역방출방식의 고발포용 포방출구 설치기준

① 개구부에 자동폐쇄장치를 설치할 것

② 해당 방호구역의 관포체적 1[m³]에 대한 1분당 포 수용액 방출량은 표(생략)의 방출량 이상으로 할 것(차고 또는 주차장에 팽창비가 500 이상 1,000 미만일 때 : 0.16[L]로 가장 작다)

③ 고정포방출구는 바닥면적 500[m²]마다 1개 이상으로 하여 방호대상물의 화재를 유효하게 소화할 수 있도록 할 것

④ 고정포방출구는 방호대상물의 최고 부분보다 높은 위치에 설치할 것

10년간 자주 출제된 문제

4-1. 포소화설비의 포헤드를 설치하고자 한다. 방호대상 바닥면적이 40[m²]일 때 필요한 최소 포헤드 수는?

① 4개　　　　　　② 5개
③ 6개　　　　　　④ 8개

4-2. 차고 및 주차장에 단백포소화약제를 사용하는 포소화설비를 하려고 한다. 바닥면적 1[m²]에 대한 포소화약제의 1분당 방사량의 기준은?

① 5.0[L] 이상　　② 6.5[L] 이상
③ 8.0[L] 이상　　④ 3.7[L] 이상

4-3. 포헤드의 설치기준 중 다음 (　) 안에 알맞은 것은?

압축공기포소화설비의 분사헤드는 천장 또는 반자에 설치하되 방호대상물에 따라 측벽에 설치할 수 있으며 유류탱크 주위에는 바닥면적 (　㉠　)[m²]마다 1개 이상, 특수가연물 저장소에는 바닥면적 (　㉡　)[m²]마다 1개 이상으로 해당 방호대상물의 화재를 유효하게 소화할 수 있도록 할 것

① ㉠ 8, ㉡ 9
② ㉠ 9, ㉡ 8
③ ㉠ 9.3, ㉡ 13.9
④ ㉠ 13.9, ㉡ 9.3

4-4. 전역방출방식 고발포용 고정포방출구의 설비 기준으로 옳은 것은?

① 해당 방호구역의 관포체적 1[m³]에 대한 1분당 포수용액 방출량은 1[L] 이상으로 할 것
② 고정포방출구는 바닥면적 600[m²]마다 1개 이상으로 할 것
③ 포방출구는 방호대상물의 최고 부분보다 낮은 위치에 설치할 것
④ 개구부에 자동폐쇄장치를 설치할 것

| 해설 |

4-1
포헤드의 설치기준
• 포워터 스프링클러헤드 : 바닥면적 8[m²]마다 1개 이상 설치
• 포헤드 : 바닥면적 9[m²]마다 1개 이상 설치
∴ 40[m²] ÷ 9[m²] = 4.44 ⇒ 5개

4-2~4-4
본문 참조

정답 4-1 ② 4-2 ② 4-3 ④ 4-4 ④

핵심이론 05 | 포소화설비의 기준(위험물안전관리에 관한 세부기준 제133조)

(1) 고정식 방출구(Foam Chamber)의 종류

고정식 포방출구방식은 탱크에서 저장 또는 취급하는 위험물의 화재를 유효하게 소화할 수 있도록 하는 포방출구

① Ⅰ형 : 고정지붕구조의 탱크에 상부포주입법(고정포방출구를 탱크옆판의 상부에 설치하여 액표면상에 포를 방출하는 방법)을 이용하는 것으로 방출된 포가 액면 아래로 몰입되거나 액면을 뒤섞지 않고 액면상을 덮을 수 있는 통계단 또는 미끄럼판 등의 설비 및 탱크 내의 위험물 증기가 외부로 역류되는 것을 저지할 수 있는 구조·기구를 갖는 포방출구

② Ⅱ형 : 고정지붕구조 또는 부상덮개부착 고정지붕구조(옥외저장탱크의 액상에 금속제의 플로팅, 팬 등의 덮개를 부착한 고정지붕구조의 것)의 탱크에 상부포주입법을 이용하는 것으로 방출된 포가 탱크옆판의 내면을 따라 흘러내려가면서 액면 아래로 몰입되거나 액면을 뒤섞지 않고 액면상을 덮을 수 있는 반사판 및 탱크 내의 위험물 증기가 외부로 역류되는 것을 저지할 수 있는 구조·기구를 갖는 포방출구

③ 특형 : 부상지붕구조의 탱크에 상부포주입법을 이용하는 것으로 부상지붕의 부상 부분상에 높이 0.9[m] 이상의 금속제의 칸막이(방출된 포의 유출을 막을 수 있고 충분한 배수능력을 갖는 배수구를 설치한 것)를 탱크옆판의 내측으로부터 1.2[m] 이상 이격하여 설치하고 탱크옆판과 칸막이에 의하여 형성된 환상 부분에 포를 주입하는 것이 가능한 구조의 반사판을 갖는 포방출구

④ Ⅲ형 : 고정지붕구조의 탱크에 저부포주입법(탱크의 액면하에 설치된 포방출구부터 포를 탱크 내에 주입하는 방법)을 이용하는 것으로 송포관(발포기 또는 포발생기에 의하여 발생된 포를 보내는 배관을 말한다. 해당 배관으로 탱크 내의 위험물이 역류되는 것을 저

지할 수 있는 구조·기구를 갖는 것)으로부터 포를 방출하는 포방출구

⑤ Ⅳ형 : 고정지붕구조의 탱크에 저부포주입법을 이용하는 것으로 평상시에는 탱크의 액면하의 저부에 격납통(포를 보내는 것에 의하여 용이하게 이탈되는 캡을 갖는 것을 포함한다)에 수납되어 있는 특수호스 등이 송포관의 말단에 접속되어 있다가 포를 보내는 것에 의하여 특수호스 등이 전개되어 그 선단이 액면까지 도달한 후 포를 방출하는 포방출구

(2) 보조포소화전의 설치

① 보조포소화전의 상호 간의 보행거리가 75[m] 이하가 되도록 할 것

② 보조포소화전은 3개(3개 미만은 그 개수)의 노즐을 동시에 방사 시

   ㉠ 방수압력 : 0.35[MPa] 이상

   ㉡ 방사량 : 400[L/min] 이상

(3) 연결송수구 설치개수

$$N = \frac{A_q}{C}$$

여기서, N : 연결송수구의 설치개수

   A : 탱크의 최대수평단면적[m²]

   q : 탱크의 액표면적 1[m²]당 방사해야 할 포수용액의 방출률[L/min]

   C : 연결송수구 1구당의 표준 송액량 800[L/min]

(4) 수원의 수량

① 포방출구방식

   ㉠ 고정식 포방출구 : 위험물의 구분 및 포방출구의 종류에 따라 포수용액량×액표면적

종류 위험물의 구분	Ⅰ형 포수용 액량 [L/m²]	Ⅰ형 방출률 [L/m² ·min]	Ⅱ형 포수용 액량 [L/m²]	Ⅱ형 방출률 [L/m² ·min]	특형 포수용 액량 [L/m²]	특형 방출률 [L/m² ·min]	Ⅲ형 포수용 액량 [L/m²]	Ⅲ형 방출률 [L/m² ·min]	Ⅳ형 포수용 액량 [L/m²]	Ⅳ형 방출률 [L/m² ·min]
제4류 위험물 중 인화점이 21[℃] 미만	120	4	220	4	240	8	220	4	220	4
제4류 위험물 중 인화점이 21[℃] 이상 70[℃] 미만	80	4	120	4	160	8	120	4	120	4
제4류 위험물 중 인화점이 70[℃] 이상	60	4	100	4	120	8	100	4	10	4

   ㉡ 보조포소화전 : 400[L/min] 이상으로 20분 이상 방사할 수 있는 양

② 포헤드방식 : 표면적 1[m²]당 6.5[L/min] 이상으로 10분 이상 방사할 수 있는 양

10년간 자주 출제된 문제

제1석유류의 옥외탱크저장소의 저장탱크 및 포방출구로 가장 적합한 것은?

① 부상식 루프탱크(Floating Roof Tank), 특형 방출구

② 부상식 루프탱크, Ⅱ형 방출구

③ 원추형 루프탱크(Cone Roof Tank), 특형 방출구

④ 원추형 루프탱크, Ⅰ형 방출구

|해설|

특형 : 부상지붕구조의 탱크(Floating Roof Tank)에 상부포주입법을 이용하는 것으로 부상지붕의 부상 부분상에 높이 0.9[m] 이상의 금속제의 칸막이(방출된 포의 유출을 막을 수 있고 충분한 배수능력을 갖는 배수구를 설치한 것)를 탱크옆판의 내측으로부터 1.2[m] 이상 이격하여 설치하고 탱크옆판과 칸막이에 의하여 형성된 환상부분에 포를 주입하는 것이 가능한 구조의 반사판을 갖는 포방출구로서 인화점이 낮은 제4류 위험물의 특수인화물이나 제1석유류에 적합하다.

정답 ①

(1) 펌프 프로포셔너방식(Pump Proportioner, 펌프혼합방식)

펌프의 토출관과 흡입관 사이의 배관 도중에 설치한 흡입기에 펌프에서 토출된 물의 일부를 보내고 농도조정밸브에서 조정된 포소화약제의 필요량을 포소화약제 저장탱크에서 펌프 흡입 측으로 보내어 약제를 혼합하는 방식

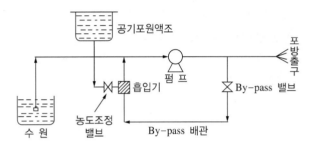

(2) 라인 프로포셔너방식(Line Proportioner, 관로혼합방식)

펌프와 발포기의 중간에 설치된 벤투리관의 벤투리작용에 따라 포소화약제를 흡입·혼합하는 방식

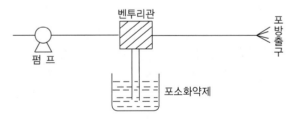

(3) 프레셔 프로포셔너방식(Pressure Proportioner, 차압혼합방식)

펌프와 발포기의 중간에 설치된 벤투리관의 벤투리작용과 펌프 가압수의 포소화약제 저장탱크에 대한 압력에 따라 포소화약제를 흡입·혼합하는 방식. 현재 우리나라에서는 3[%] 단백포 차압혼합방식을 많이 사용하고 있다.

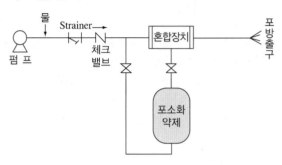

(4) 프레셔 사이드 프로포셔너방식(Pressure Side Proportioner, 압입혼합방식)

펌프의 토출관에 압입기를 설치하여 포소화약제 압입용 펌프로 포소화약제를 압입시켜 혼합하는 방식

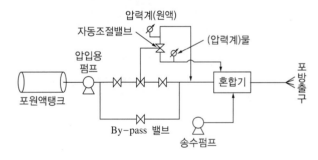

(5) 압축공기포 믹싱챔버방식

물, 포소화약제 및 공기를 믹싱챔버로 강제주입시켜 챔버내에서 포수용액을 생성한 후 방사하는 방식

6-1. 펌프의 토출관과 흡입관 사이의 배관 도중에 설치한 흡입기에 펌프 토출량의 일부를 보내어 농도조정밸브에서 조정된 포소화약제의 필요량을 포소화약제 저장탱크에서 펌프 흡입 측으로 보내어 조합하는 방식은?

① 프레셔 사이드 프로포셔너방식
② 라인 프로포셔너방식
③ 프레셔 프로포셔너방식
④ 펌프 프로포셔너방식

6-2. 펌프와 발포기의 배관 도중에 벤투리관을 설치하여 벤투리작용에 의해 포소화약제를 혼합하는 방식은?

① 석션 프로포셔너방식(Suction Proportioner)
② 프레셔 프로포셔너방식(Pressure Proportioner)
③ 워터 모터 프로포셔너방식(Water Motor Proportioner)
④ 라인 프로포셔너방식(Line Proportioner)

6-3. 포소화설비에서 펌프의 토출관에 압입기를 설치하여 포소화약제 압입용 펌프로 포소화약제를 압입시켜 혼합하는 방식은?

① 프레셔 사이드 프로포셔너방식
② 펌프 프로포셔너방식
③ 프레셔 프로포셔너방식
④ 라인 프로포셔너방식

|해설|

6-1~6-3
본문 참조

정답 6-1 ④ 6-2 ④ 6-3 ①

핵심이론 07 | 포소화설비의 배관 등

(1) 배관의 설치기준

① 송액관은 포의 방출 종료 후 배관 안의 액을 배출하기 위하여 적당한 기울기를 유지하도록 하고 그 낮은 부분에 배액밸브를 설치해야 한다.

② 포워터 스프링클러설비 또는 포헤드설비의 가지배관의 배열은 토너먼트 방식이 아니어야 하며, 교차배관에서 분기하는 지점을 기점으로 한쪽 가지배관에 설치하는 헤드의 수는 8개 이하로 한다.

③ 펌프 흡입 측 배관의 설치기준
  ㉠ 공기고임이 생기지 않는 구조로 하고 여과장치를 설치할 것
  ㉡ 수조가 펌프보다 낮게 설치된 경우에는 각 펌프(충압펌프를 포함한다)마다 수조로부터 별도로 설치할 것

④ 성능시험배관
  ㉠ 성능시험배관은 펌프의 토출 측에 설치된 개폐밸브 이전에서 분기하여 직선으로 설치하고, 유량측정장치를 기준으로 전단 직관부에 개폐밸브를 후단 직관부에는 유량조절밸브를 설치할 것
  ㉡ 유량측정장치는 펌프의 정격토출량의 175[%] 이상 측정할 수 있는 성능이 있을 것

⑤ 가압송수장치의 체절운전 시 수온의 상승을 방지하기 위하여 체크밸브와 펌프 사이에서 분기한 구경 20[mm] 이상의 배관에 체절압력 미만에서 개방되는 릴리프밸브를 설치할 것

⑥ 급수배관에 설치되어 급수를 차단할 수 있는 개폐밸브(포헤드·고정포방출구 또는 이동식 포노즐은 제외한다)는 개폐표시형으로 해야 한다. 이 경우 펌프의 흡입 측 배관에는 버터플라이밸브 외의 개폐표시형 밸브를 설치해야 한다.

⑦ 압축공기포소화설비의 배관은 토너먼트 방식으로 해야 하고, 소화약제가 균일하게 방출되는 등거리 배관구조로 설치해야 한다.

(2) 송수구의 설치기준

① 송수구는 화재층으로부터 지면으로 떨어지는 유리창 등이 송수 및 그 밖의 소화작업에 지장을 주지 않는 장소에 설치할 것

② 송수구로부터 포소화설비의 주배관에 이르는 연결배관에 개폐밸브를 설치한 때에는 그 개폐상태를 쉽게 확인 및 조작할 수 있는 옥외 또는 기계실 등의 장소에 설치할 것

③ 송수구는 구경 65[mm]의 쌍구형으로 할 것

④ 송수구에는 그 가까운 곳의 보기 쉬운 곳에 송수압력 범위를 표시한 표지를 할 것

⑤ 송수구는 하나의 층의 바닥면적이 3,000[m²]를 넘을 때마다 1개 이상을 설치할 것(5개를 넘을 경우에는 5개로 한다)

⑥ 지면으로부터 높이가 0.5[m] 이상 1[m] 이하의 위치에 설치할 것

⑦ 송수구의 부근에는 자동배수밸브(또는 직경 5[mm]의 배수공) 및 체크밸브를 설치할 것. 이 경우 자동배수밸브는 배관 안의 물이 잘 빠질 수 있는 위치에 설치하되, 배수로 인하여 다른 물건 또는 장소에 피해를 주지 않아야 한다.

⑧ 송수구에는 이물질을 막기 위한 마개를 씌울 것

⑨ 압축공기포소화설비를 스프링클러보조설비로 설치하거나 압축공기포소화설비에 자동으로 급수되는 장치를 설치한 때에는 송수구를 설치하지 않을 수 있다.

10년간 자주 출제된 문제

포소화설비에 대한 설명 중 틀린 것은?

① 포소화펌프의 성능은 정격토출량의 150[%]로 운전 시 정격토출압력의 65[%] 이상이 되어야 한다.

② 포소화펌프의 성능시험배관은 펌프의 토출 측 개폐밸브 이전에서 분기한다.

③ 포소화펌프의 성능은 체절운전 시 정격토출압력의 140[%]를 초과하지 않아야 한다.

④ 유량측정장치는 펌프의 정격토출량의 157[%] 이상 측정할 수 있는 성능이 있어야 한다.

|해설|

유량측정장치는 펌프의 정격토출량의 175[%] 이상 측정할 수 있는 성능이 있어야 한다.

정답 ④

(1) 수동식 기동장치의 설치기준

① 직접조작 또는 원격조작에 의하여 가압송수장치·수동식 개방밸브 및 소화약제 혼합장치를 기동할 수 있는 것으로 할 것

② 2 이상의 방사구역을 가진 포소화설비에는 방사구역을 선택할 수 있는 구조로 할 것

③ 기동장치의 조작부는 화재 시 접근할 수 있는 곳에 설치하되, 바닥으로부터 0.8[m] 이상 1.5[m] 이하의 위치에 설치할 것

④ 기동장치의 조작부 및 호스접결구에는 가까운 곳의 보기 쉬운 곳에 각각 "기동장치의 조작부" 및 "접결구"라고 표시한 표지를 설치할 것

⑤ 차고 또는 주차장에 설치하는 포소화설비의 수동식 기동장치는 방사구역마다 1개 이상 설치할 것

⑥ 항공기 격납고에 설치하는 포소화설비의 수동식 기동장치는 각 방사구역마다 2개 이상을 설치할 것

　㉠ 1개는 각 방사구역으로부터 가장 가까운 곳 또는 조작에 편리한 장소에 설치할 것

　㉡ 나머지 1개는 화재감지수신기를 설치한 감시실 등에 설치할 것

(2) 자동식 기동장치의 설치기준(폐쇄형 스프링클러헤드 사용)

① 표시온도가 79[℃] 미만인 것을 사용하고, 1개의 스프링클러헤드의 경계면적은 20[m²] 이하로 할 것

② 부착면의 높이는 바닥으로부터 5[m] 이하로 할 것

③ 하나의 감지장치 경계구역은 하나의 층이 되도록 할 것

8-1. 포소화설비의 유지관리에 관한 기준으로 틀린 것은?

① 수동식 기동장치의 조작부는 바닥으로부터 높이 0.8[m] 이상 1.5[m] 이하의 위치에 설치할 것

② 기동장치의 조작부에는 가까운 곳의 보기 쉬운 곳에 "기동장치의 조작부"라고 표시한 표지를 설치할 것

③ 항공기 격납고의 경우 수동식 기동장치는 각 방사구역마다 1개 이상 설치할 것

④ 호스접결구에는 가까운 곳의 보기 쉬운 곳에 "접결구"라고 표시한 표지를 설치할 것

8-2. 포소화설비의 자동식 기동장치에 사용되는 폐쇄형 스프링클러헤드에 대한 내용 중 잘못된 것은?

① 하나의 감지장치 경계구역은 하나의 층이 되도록 할 것

② 표시온도가 79[℃] 미만인 것을 사용할 것

③ 1개의 스프링클러헤드의 경계면적은 20[m²] 이하로 할 것

④ 부착면의 높이는 바닥으로부터 3[m] 이하로 할 것

8-3. 포소화설비의 자동식 기동장치로 폐쇄형 스프링클러헤드를 사용하는 경우의 설치기준 중 다음 (　) 안에 알맞은 것은?

- 표시온도가 (㉠)[℃] 미만인 것을 사용하고 1개의 스프링클러헤드의 경계면적은 (㉡)[m²] 이하로 할 것
- 부착면의 높이는 바닥으로부터 (㉢)[m] 이하로 하고 화재를 유효하게 감지할 수 있도록 할 것

① ㉠ 60, ㉡ 10, ㉢ 7
② ㉠ 60, ㉡ 20, ㉢ 7
③ ㉠ 79, ㉡ 10, ㉢ 5
④ ㉠ 79, ㉡ 20, ㉢ 5

| 해설 |

8-1

포소화설비의 수동식 기동장치 설치기준

항공기 격납고에 설치하는 포소화설비의 수동식 기동장치는 각 방사구역마다 2개 이상을 설치할 것

8-2

스프링클러헤드의 부착면 높이 : 바닥으로부터 5[m] 이하

8-3

본문 참조

정답 8-1 ③　8-2 ④　8-3 ④

제12절 이산화탄소소화설비

핵심이론 01 | 이산화탄소소화설비의 개요, 특징

(1) 이산화탄소소화설비의 개요

질식작용에 의한 소화를 목적으로 탄산가스를 일정한 용기에 보관해두었다가 화재 발생 시 배관을 따라 가스를 화원에 분사하여 소화하는 고정식 또는 이동식으로 설치되어 있는 설비이다.

(2) 이산화탄소소화설비의 특징

① 장 점
- ㉠ 오손, 부식, 손상의 우려가 없고 소화 후 흔적이 없다.
- ㉡ 화재 시 가스이므로 구석까지 침투하므로 소화효과가 좋다.
- ㉢ 비전도성이므로 전기설비의 전도성이 있는 장소에 소화가 가능하다.
- ㉣ 증거보존이 양호하여 화재원인의 조사가 쉽다.

② 단 점
- ㉠ 소화 시 산소의 농도를 저하시키므로 질식의 우려가 있다.
- ㉡ 방사 시 액체상태를 영하로 저장하였다가 기화하므로 동상의 우려가 있다.
- ㉢ 자체압력으로 소화가 가능하므로 고압 저장 시 주의를 요한다.
- ㉣ CO_2 방사 시 소음이 크다.

10년간 자주 출제된 문제

이산화탄소소화설비의 특징에 대하여 맞지 않는 것은?

① 오손, 부식, 손상의 우려가 없고 소화 후 흔적이 없다.
② 전도성이므로 전기설비가 있는 장소에 소화가 가능하다.
③ 소화 시 산소의 농도를 저하시키므로 질식의 우려가 있다.
④ CO_2 방사 시 소음이 크다.

|해설|

이산화탄소 : 비전도성으로 전기화재에 적합

정답 ②

---

(1) 이산화탄소소화설비의 종류

① 소화약제방출방식에 의한 분류

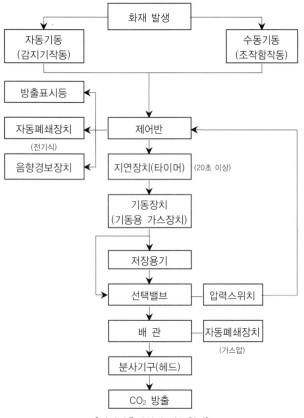

[전역방출방식의 작동원리]

　㉠ 전역방출방식 : 소화약제 공급장치에 배관 및 분사 헤드 등을 설치하여 밀폐 방호구역 전체에 소화약 제를 방출하는 설비

　㉡ 국소방출방식 : 소화약제 공급장치에 배관 및 분사 헤드 등을 설치하여 직접 화점에 소화약제를 방출 하는 설비로 화재 발생 부분(방호대상물)에만 집 중적으로 소화약제를 방출하도록 설치하는 방식

　㉢ 호스릴방식(이동식) : 소화수 또는 소화약제 저장 용기 등에 연결된 호스릴을 이용하여 사람이 직접 화점에 소화수 또는 소화약제를 방출하는 방식

② 저장방식에 의한 분류

　㉠ 고압저장방식 : 15[℃], Gauge압력 5.3[MPa]의 압력으로 저장

　㉡ 저압저장방식 : -18[℃], Gauge압력 2.1[MPa]의 압력으로 저장

(2) 이산화탄소소화설비의 계통도

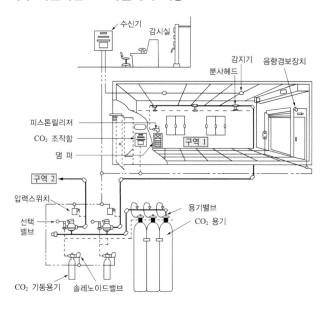

2-1. 소화약제 공급장치에 배관 및 분사헤드 등을 설치하여 직접 화점(방호대상물)에 소화약제(이산화탄소)를 방출하는 설비는?

① 전역방출방식
② 국소방출방식
③ 호스릴방식
④ 이동식

2-2. 이산화탄소소화설비의 구성부분에 대하여 맞지 않는 것은?

① 분사헤드
② 자동폐쇄장치
③ 음향경보장치
④ 건식밸브

|해설|

2-1

약제 방출방식

• 전역방출방식 : 방호구역에 방사
• 국소방출방식 : 방호대상물에 방사

2-2

건식밸브 : 스프링클러설비의 구성부분

정답 2-1 ② 2-2 ④

핵심이론 03 | 이산화탄소소화설비의 사용부품

(1) 가스계 소화설비의 사용부품

명 칭	구 조	설치기준
제어반		하나의 특정소방대상물에 1개가 설치된다.
기동용 솔레노이드 밸브		각 방호구역당 1개씩 설치한다.
안전밸브		집합관에 1개를 설치한다.
수동조작함		출입문 부근에 설치하되 방호구역당 1개씩 설치한다.
음향경보장치 (사이렌)		사이렌은 실내에 설치하여 화재 발생 시 인명을 대피하기 위하여 각 방호구역당 1개씩 설치한다.
기동용기		각 방호구역당 1개씩 설치한다.
방출표시등		출입문 외부 위에 설치하여 약제가 방출되는 것을 알리는 것으로 각 방호구역당 1개씩 설치한다.
선택밸브		방호구역 또는 방호대상물마다 설치한다.
분사헤드		개수는 방호구역에 방사시간이 충족되도록 설치한다.

명 칭	구 조	설치기준
가스체크밸브		• 저장용기와 집합관 사이 : 용기 수만큼 • 역류방지용 : 용기의 병수에 따라 다름 • 저장용기의 적정 방사용 : 방호구역에 따라 다름
감지기		교차회로방식을 적용하여 각 방호구역당 2개씩 설치해야 한다.
피스톤릴리저		가스방출 시 자동적으로 개구부를 차단시키는 장치로서 각 방호구역당 1개씩 설치한다.
압력스위치		각 방호구역당 1개씩 설치한다.

3-1. 이산화탄소소화설비에서 각 방호구역마다 1개씩 설치해야 하는 것이 아닌 것은?

① 수동조작함
② 기동용 솔레노이드밸브
③ 기동용기
④ 감지기

3-2. 이산화탄소소화설비의 사용하는 장치에 대한 설명 중 틀린 것은?

① 사이렌은 실외에 설치하여 화재 발생 시 인명을 대피하기 위하여 각 방호구역당 1개씩 설치한다.
② 수동조작함은 출입문 부근에 설치하되 방호구역당 1개씩 설치한다.
③ 기동용기는 방호구역당 1개씩 설치한다.
④ 방출표시등은 출입문 외부 위에 설치하여 약제가 방출되는 것을 알리는 것으로 각 방호구역당 1개씩 설치한다.

|해설|

3-1
감지기는 교차회로방식이므로 A, B의 두 개 감지기를 설치한다.

3-2
음향경보장치(사이렌)는 실내에 설치(내부의 사람 대피)하여 화재 발생 시 인명을 대피하기 위하여 각 방호구역당 1개씩 설치한다.

정답 3-1 ④ 3-2 ①

핵심이론 04 | 이산화탄소소화설비의 저장용기, 용기밸브

(1) 저장용기의 설치장소기준

① 방호구역 외의 장소에 설치할 것(단, 방호구역 내에 설치할 경우에는 조작이 용이하도록 피난구 부근에 설치)
② 온도가 40[℃] 이하이고, 온도 변화가 작은 곳에 설치할 것
③ 직사광선 및 빗물이 침투할 우려가 없는 곳에 설치할 것
④ 방화문으로 구획된 실에 설치할 것
⑤ 용기의 설치장소에는 해당 용기가 설치된 곳임을 표시하는 표지를 할 것
⑥ 용기 간의 간격은 점검에 지장이 없도록 3[cm] 이상의 간격을 유지할 것
⑦ 저장용기와 집합관을 연결하는 연결배관에는 체크밸브를 설치할 것(단, 저장용기가 하나의 방호구역만을 담당하는 경우에는 예외)

(2) 저장용기

① 저장용기의 충전비

구 분	저압식	고압식
충전비	1.1 이상 1.4 이하	1.5 이상 1.9 이하

$$\text{※ 충전비} = \frac{\text{용기의 내용적[L]}}{\text{충전하는 탄산가스의 중량[kg]}}$$

② 저장용기는 고압식은 25[MPa] 이상, 저압식은 3.5[MPa] 이상의 내압시험에 합격한 것으로 할 것
③ 저압식 저장용기의 설치기준
 ㉠ 내압시험압력의 0.64배부터 0.8배까지의 압력에서 작동하는 안전밸브를 설치할 것
 ㉡ 내압시험압력의 0.8배부터 내압시험압력에서 작동하는 봉판을 설치할 것
 ㉢ 액면계 및 압력계와 2.3[MPa] 이상 1.9[MPa] 이하의 압력에서 작동하는 압력경보장치를 설치할 것

ㄹ 용기 내부의 온도가 영하 18[℃] 이하에서 2.1[MPa] 이상의 압력을 유지할 수 있는 자동냉동장치를 설치할 것

④ 이산화탄소 소화약제 저장용기와 선택밸브 또는 개폐밸브 사이에는 배관의 최소사용설계압력과 최대허용압력 사이의 압력에서 작동하는 안전장치를 설치해야 하며, 안전장치를 통하여 나온 소화가스는 전용의 배관 등을 통하여 건축물 외부로 배출될 수 있도록 해야 한다. 이 경우 안전장치로 용전식을 사용해서는 안 된다.

10년간 자주 출제된 문제

4-1. 이산화탄소소화설비에 사용하는 용기를 상온에 설치할 때 내용적 50[L]인 용기에 충전할 수 있는 이산화탄소의 양으로 적당한 것은?(단, 충전비는 1.5임)

① 약 60[kg] ② 약 37.3[kg]
③ 약 33.3[kg] ④ 약 30[kg]

4-2. 이산화탄소소화설비에 사용되는 이산화탄소 용기의 허용 충전비는 얼마인가?(단, 고압식이다)

① 1.5 이상 1.9 이하 ② 1.2 이상 1.5 이하
③ 1.0 이상 1.3 이하 ④ 0.8 이상 1.0 이하

4-3. 저압식 이산화탄소소화비 소화약제 저장용기에 설치하는 안전밸브의 작동압력은 내압시험압력의 몇 배에서 작동하는가?

① 0.24~0.4 ② 0.44~0.6
③ 0.64~0.8 ④ 0.84~1

4-4. 이산화탄소소화설비의 집합관에 설치된 안전장치의 압력 범위로서 적당한 것은?

① 내압시험압력의 1.5배
② 내압시험압력의 1.0배
③ 배관의 최소사용설계압력과 최대허용압력 사이의 압력
④ 배관의 최대허용압력

|해설|

4-1

$$충전비 = \frac{용기의\ 내용적}{약제의\ 중량}$$

$$약제의\ 중량 = \frac{용기의\ 내용적}{충전비} = \frac{50[L]}{1.5\left[\frac{L}{kg}\right]} = 33.3[kg]$$

4-2
이산화탄소의 충전비
• 저압식 : 1.1 이상 1.4 이하
• 고압식 : 1.5 이상 1.9 이하

4-3
안전밸브 : 내압시험압력의 0.64배부터 0.8배까지의 압력에서 작동

4-4
이산화탄소 소화약제 저장용기와 선택밸브 또는 개폐밸브 사이에는 배관의 최소사용설계압력과 최대허용압력 사이의 압력에서 작동하는 안전장치를 설치해야 하며, 안전장치를 통하여 나온 소화가스는 전용의 배관 등을 통하여 건축물 외부로 배출될 수 있도록 해야 한다. 이 경우 안전장치로 용전식을 사용해서는 안 된다.

정답 4-1 ③ 4-2 ① 4-3 ③ 4-4 ③

핵심이론 05 | 이산화탄소소화설비의 약제량

(1) 전역방출방식

① 표면화재 방호대상물(가연성 액체, 가연성 가스)

탄산가스 저장량[kg]

= 방호구역 체적[m³] × 소요가스양[kg/m³] × 보정계수

  + 개구부 면적[m²] × 가산량(5[kg/m²])

방호구역 체적	소요가스양	최저한도의 양
45[m³] 미만	1.00[kg/m³]	45[kg]
45[m³] 이상 150[m³] 미만	0.90[kg/m³]	
150[m³] 이상 1,450[m³] 미만	0.80[kg/m³]	135[kg]
1,450[m³] 이상	0.75[kg/m³]	1,125[kg]

※ 자동폐쇄장치를 설치하지 않은 경우 개구부 면적에 가스가산량(5[kg/m²])을 가산해야 한다.

② 심부화재 방호대상물(종이, 목재, 석탄, 섬유류, 합성수지류 등)

탄산가스 저장량[kg]

= 방호구역 체적[m³] × 소요가스양[kg/m³] + 개구부 면적[m²] × 가산량(10[kg/m²])

방호대상물	소요가스양	설계농도
유압기기를 제외한 전기설비, 케이블실	1.3[kg/m³]	50[%]
체적 55[m³] 미만의 전기설비	1.6[kg/m³]	50[%]
서고, 전자제품창고, 목재가공품창고, 박물관	2.0[kg/m³]	65[%]
고무류·면화류 창고, 모피창고, 석탄창고, 집진설비	2.7[kg/m³]	75[%]

(2) 호스릴 이산화탄소소화설비

약제저장량 : 90[kg] 이상

(3) 이산화탄소 소요량과 농도

① 방출된 이산화탄소량[m³] $= \dfrac{21 - O_2}{O_2} \times V$

② 이산화탄소 농도[%] $= \dfrac{21 - O_2}{21} \times 100$

여기서, O_2 : 연소한계 산소농도[%]

V : 방호체적[m³]

|해설|

5-1

이산화탄소 저장량[kg]

= 체적[m³] × 소요가스양[kg/m³] + 개구부 면적[m²] × 가산량

   (10[kg/m²])

$= (12 \times 6 \times 6)[m^3] \times 2.7[kg/m^3] + (2 \times 1.2 \times 4개)[m^2] \times 10[kg/m^2]$

$= 1,262.4[kg]$

5-2

심부화재 방호대상물(종이, 목재, 석탄, 섬유류, 합성수지류 등)

∴ 약제 저장량 = 방호구역 체적[m³] × 소요가스양[kg/m³]

                      $= 600[m^3] \times 1.3[kg/m^3] = 780[kg]$

5-3

호스릴 이산화탄소소화설비

• 저장량 : 90[kg] 이상

• 약제 방출량 : 60[kg/min] 이상

5-4

$$CO_2[\%] \text{ 농도} = \frac{21 - O_2[\%]}{21} \times 100$$

$$= \frac{21 - 13}{21} \times 100 = 38.09[\%]$$

정답 **5-1** ④ **5-2** ① **5-3** ③ **5-4** ③

핵심이론 06 ┃ 이산화탄소소화설비의 기동장치 등

(1) 기동장치

용기 내에 있는 가스를 외부로 분출하는 장치

① **수동식 기동장치** : 이 경우 수동식 기동장치의 부근에는 소화약제의 방출을 지연시킬 수 있는 방출지연스위치(자동복귀형 스위치로서 수동식 기동장치의 타이머를 순간정지시키는 기능의 스위치를 말한다)를 설치해야 한다.

  ⊙ 전역방출방식은 방호구역마다, 국소방출방식은 방호대상물마다 설치할 것

  ⓛ 해당 방호구역의 출입구 부분 등 조작을 하는 자가 쉽게 피난할 수 있는 장소에 설치할 것

  ⓒ 기동장치의 조작부는 바닥으로부터 높이 0.8[m] 이상 1.5[m] 이하의 위치에 설치하고, 보호판 등에 따른 보호장치를 설치할 것

  ⓡ 기동장치 인근의 보기 쉬운 곳에 "이산화탄소소화설비수동식기동장치"라는 표지를 할 것

  ⓜ 전기를 사용하는 기동장치에는 전원표시등을 설치할 것

  ⓗ 기동장치의 방출용 스위치는 음향경보장치와 연동하여 조작될 수 있는 것으로 할 것

  ⓢ 기동장치에는 보호장치를 설치해야 하며, 보호장치를 개방하는 경우 기동장치에 설치된 버저 또는 벨 등에 의하여 경고음을 발할 것

  ⓞ 기동장치를 옥외에 설치하는 경우 빗물 또는 외부 충격의 영향을 받지 않도록 설치할 것

② **자동식 기동장치**

  ⊙ 자동식 기동장치에는 수동으로도 기동할 수 있는 구조로 할 것

  ⓛ 전기식 기동장치로서 7병 이상의 저장용기를 동시에 개방하는 설비는 2병 이상의 저장용기에 전자개방밸브를 부착할 것

ⓒ 가스압력식 기동장치의 설치기준

- 기동용 가스용기 및 해당 용기에 사용하는 밸브는 25[MPa] 이상의 압력에 견딜 수 있는 것으로 할 것
- 기동용 가스용기에는 내압시험압력의 0.8배부터 내압시험압력 이하에서 작동하는 안전장치를 설치할 것
- 기동용 가스용기의 체적은 5[L] 이상으로 하고, 해당 용기에 저장하는 질소 등의 비활성기체는 6.0[MPa] 이상(21[℃] 기준)의 압력으로 충전할 것
- 질소 등의 비활성기체 기동용 가스용기에는 충전여부를 확인할 수 있는 압력게이지를 설치할 것

ⓔ 기계식 기동장치는 저장용기를 쉽게 개방할 수 있는 구조로 할 것

(2) 배출설비

지하층, 무창층 및 밀폐된 거실 등에 이산화탄소소화설비를 설치한 경우에는 방출된 소화약제를 배출하기 위한 배출설비를 갖추어야 한다.

10년간 자주 출제된 문제

6-1. 이산화탄소소화설비의 기동장치에 대한 내용 중 잘못된 것은?

① 자동식 기동장치는 자동화재탐지설비의 감지기의 작동과 연동해야 한다.
② 가스압력식 자동기동장치의 기동용 가스용기 체적은 0.6[L] 이상이어야 한다.
③ 수동식 기동장치의 방출용 스위치는 음향경보장치와 연동될 수 있는 것이어야 한다.
④ 전역방출방식에 있어서 수동식 기동장치는 방호구역마다 설치해야 한다.

6-2. 이산화탄소소화설비 기동장치의 설치기준으로 옳은 것은?

① 가스압력식 기동장치 기동용 가스용기의 체적은 3[L] 이상으로 한다.
② 전기식 기동장치로서 5병의 저장용기를 동시에 개방하는 설비는 2병 이상의 저장용기에 전자개방밸브를 부착해야 한다.
③ 수동식 기동장치는 전역방출방식에 있어서 방호대상물마다 설치한다.
④ 수동식 기동장치의 부근에는 방출지연을 위한 방출지연스위치를 설치해야 한다.

6-3. 이산화탄소소화설비의 시설 중 소화 후 연소 및 소화 잔류가스를 인명 안전상 배출 및 희석시키는 배출설비의 설치대상이 아닌 것은?

① 지하층
② 피난층
③ 무창층
④ 밀폐된 거실

|해설|

6-1
가스압력식 자동기동장치의 기동용 가스용기의 용적은 5[L] 이상으로 하고, 해당 용기에 저장하는 질소 등의 비활성기체는 6.0[MPa] 이상(21[℃] 기준)의 압력으로 충전할 것

6-2
이산화탄소소화설비 기동장치의 설치기준
- 가스압력식 기동장치 기동용 가스용기의 용적 : 5[L] 이상
- 전기식 기동장치로서 7병 이상의 저장용기를 동시에 개방하는 설비는 2병 이상의 저장용기에 전자 개방밸브를 부착할 것
- 전역방출방식은 방호구역마다, 국소방출방식은 방호대상물마다 설치할 것
- 수동식 기동장치의 부근에는 소화약제의 방출을 지연시킬 수 있는 방출지연스위치를 설치해야 한다.

6-3
지하층, 무창층 및 밀폐된 거실 등에 이산화탄소소화설비를 설치한 경우에는 소화약제의 농도를 희석시키기 위한 배출설비를 갖추어야 한다.

정답 6-1 ② 6-2 ④ 6-3 ②

핵심이론 07 | 이산화탄소소화설비의 분사헤드

(1) 분사헤드의 설치기준

① 전역방출방식의 분사헤드의 방출압력

구 분	고압식	저압식
방출압력	2.1[MPa] 이상	1.05[MPa] 이상

② 국소방출방식의 분사헤드

　㉠ 소화약제의 방출에 따라 가연물이 비산하지 않는 장소에 설치할 것

　㉡ 이산화탄소의 소화약제의 저장량은 30초 이내에 방출할 수 있는 것으로 할 것

③ 호스릴 이산화탄소소화설비

　㉠ 방호대상물의 각 부분으로부터 하나의 호스접결구까지의 수평거리가 15[m] 이하가 되도록 할 것

　㉡ 노즐은 20[℃]에서 하나의 노즐마다 60[kg/min] 이상의 소화약제를 방출할 수 있는 것으로 할 것

　㉢ 소화약제 저장용기는 호스릴을 설치하는 장소마다 설치할 것

　㉣ 소화약제 저장용기의 개방밸브는 호스의 설치장소에서 수동으로 개폐할 수 있는 것으로 할 것

(2) 분사헤드 설치 제외

① 방재실, 제어실 등 사람이 상시 근무하는 장소

② 나이트로셀룰로스, 셀룰로이드 제품 등 자기연소성 물질을 저장, 취급하는 장소

③ 나트륨, 칼륨, 칼슘 등 활성 금속물질을 저장, 취급하는 장소

④ 전시장 등의 관람을 위하여 다수인이 출입, 통행하는 통로 및 전시실 등

10년간 자주 출제된 문제

7-1. 다음은 호스릴 이산화탄소설비의 설치기준이다. 옳지 않은 것은?

① 노즐당 소화약제 방출량은 20[℃]에서 60초에 60[kg] 이상이어야 한다.

② 소화약제 저장용기는 호스릴 2개마다 1개 이상 설치해야 한다.

③ 소화약제 저장용기의 가장 가까운 보기 쉬운 곳에 표시등을 설치해야 한다.

④ 약제개방밸브는 호스의 설치장소에서 수동으로 개폐할 수 있어야 한다.

7-2. 호스릴 이산화탄소소화설비의 설치에 대한 설명으로 틀린 것은?

① 소화약제의 저장용기는 호스릴을 설치하는 장소마다 설치한다.

② 소화약제 저장용기의 개방밸브는 호스의 설치장소에서 자동으로 개폐할 수 있다.

③ 방호대상물의 각 부분으로부터 하나의 호스접결구까지의 수평거리가 15[m] 이하가 되게 설치한다.

④ 소화약제 저장용기의 가장 가까운 곳의 보기 쉬운 곳에 표시등을 설치한다.

7-3. 화재안전기술기준상 이산화탄소소화설비의 분사헤드 노즐은 20[℃]에서 하나의 노즐마다 몇 [kg/min] 이상의 소화약제를 방사할 수 있어야 하는가?

① 20[kg/min]　　② 30[kg/min]
③ 40[kg/min]　　④ 60[kg/min]

7-4. 이산화탄소소화설비의 적용범위 중 틀린 사항은?

① 인화성 액체인 제4류 위험물

② 유압기를 제외한 전기설비, 케이블실

③ 체적 55[m³] 미만의 전기설비

④ 물로 소화 불가능한 나트륨, 칼륨, 칼슘 등 활성금속의 화재

핵심이론 08 | 이산화탄소소화설비의 배관 등

(1) 배관은 전용으로 할 것

(2) 강관 사용

압력배관용 탄소강관(KS D 3562) 중 스케줄 80(저압식에 있어서는 스케줄 40) 이상. 다만, 배관 호칭 구경이 20[mm] 이하인 경우에는 스케줄 40 이상인 것을 사용할 수 있다.

(3) 동관 사용

배관은 이음이 없는 동 및 동합금관(KS D 5301)으로서 고압식은 16.5[MPa] 이상, 저압식은 3.75[MPa] 이상의 압력에 견딜 수 있는 것을 사용할 것

(4) 배관 부속의 압력

① 고압식(개폐밸브 또는 선택밸브 이전)
  ㉠ 1차 측 배관 부속의 최소사용설계압력 : 9.5[MPa]
  ㉡ 2차 측 배관 부속의 최소사용설계압력 : 4.5[MPa]
② 저압식 배관 부속의 최소사용설계압력 : 4.5[MPa]

(5) 배관 구경의 약제량 방사시간

구 분		방사시간
전역방출 방식	가연성 액체 또는 가연성 가스 등 표면화재 방호대상물	1분
	종이, 목재, 석탄, 섬유류, 합성수지류 등 심부화재 방호대상물	7분 (설계농도가 2분 이내에 30[%] 도달할 것)
국소방출방식		30초

(6) 소화약제의 저장용기와 선택밸브 사이의 집합배관에는 수동잠금밸브를 설치하되 선택밸브 직전에 설치할 것. 다만, 선택밸브가 없는 설비의 경우에는 저장용기실 내에 설치하되 조작 및 점검이 쉬운 위치에 설치해야 한다.

8-1. 이산화탄소소화설비의 배관에 관한 사항으로 옳지 않은 것은?

① 강관을 사용하는 경우 고압저장방식에서는 압력배관용 탄소강관 스케줄 중 80 이상의 것을 사용한다.

② 강관을 사용하는 경우 저압저장방식에서는 압력배관용 탄소강관 스케줄 중 40 이상의 것을 사용한다.

③ 동관을 사용하는 경우 이음이 없는 것으로서 고압저장방식에서는 내압 15[MPa] 이상의 압력에 견딜 수 있는 것을 사용한다.

④ 동관을 사용하는 경우 이음매 없는 것으로서 저압저장방식에서는 내압 3.75[MPa] 이상의 압력에 견딜 수 있는 것을 사용한다.

8-2. 이산화탄소소화설비의 화재안전기술기준상 이산화탄소소화설비의 배관 설치기준으로 적합하지 않은 것은?

① 이음이 없는 동 및 동합금관으로서 고압식은 16.5[MPa] 이상의 압력에 견딜 수 있는 것

② 배관의 호칭구경이 20[mm] 이하인 경우에는 스케줄 20 이상인 것을 사용할 것

③ 고압식의 경우 개폐밸브 또는 선택밸브의 1차 측 배관부속은 호칭압력 4.0[MPa] 이상의 것을 사용할 것

④ 배관은 전용으로 할 것

8-3. 이산화탄소소화설비 배관의 구경은 이산화탄소의 소요량이 몇 분 이내에 방사되어야 하는가?(단, 전역방출방식에 있어서 합성수지류의 심부화재 방호대상물의 경우이다)

① 1분 ② 3분
③ 5분 ④ 7분

|해설|

8-1

동관 사용 : 배관은 이음이 없는 동 및 동합금관(KS D 5301)으로서 고압식은 16.5[MPa] 이상, 저압식은 3.75[MPa] 이상의 압력에 견딜 수 있는 것을 사용할 것

8-2

압력배관용 탄소강관(KS D 3562) 중 스케줄 80(저압식에 있어서는 스케줄 40) 이상. 다만, 배관 호칭구경이 20[mm] 이하인 경우에는 스케줄 40 이상인 것을 사용할 수 있다.

8-3

합성수지류 등 심부화재 방호대상물 방사시간 : 7분

정답 8-1 ③ 8-2 ② 8-3 ④

핵심이론 09 │ 이산화탄소소화설비의 과압배출구, 부취 발생기

(1) 과압배출구

이산화탄소소화설비의 방호구역에는 소화약제 방출 시 발생하는 과(부)압으로 인한 구조물 등의 손상을 방지하기 위해 다음의 내용을 검토하여 과압배출구를 설치해야 한다. 다만, 과(부)압이 발생해도 구조물 등에 손상이 생길 우려가 없음을 시험 또는 공학적인 자료로 입증하는 경우 설치하지 않을 수 있다.

① 방호구역 누설면적

② 방호구역의 최대허용압력

③ 소화약제 방출 시 최고압력

④ 소화농도 유지시간

(2) 부취 발생기

방호구역 내에 이산화탄소 소화약제가 방출되는 경우 후각을 통해 이를 인지할 수 있도록 부취 발생기를 다음의 어느 하나에 해당하는 방식으로 설치해야 한다.

① 부취 발생기를 소화약제 저장용기실 내의 소화 배관에 설치하여 소화약제의 방출에 따라 부취제가 혼합되도록 하는 방식

ㄱ 소화약제 저장용기실 내의 소화 배관에 설치할 것

ㄴ 점검 및 관리가 쉬운 위치에 설치할 것

ㄷ 방호구역별로 선택밸브 직후 2차 측 배관에 설치할 것. 다만, 선택밸브가 없는 경우에는 집합 배관에 설치할 수 있다.

② 방호구역 내에 부취 발생기를 설치하여 이산화탄소소화설비의 기동에 따라 소화약제 방출 전에 부취제가 방출되도록 하는 방식

9-1. 다음 중 과압배출구를 설치하지 않아도 되는 것은?

① 방호구역 누설면적
② 방호구역의 최소허용압력
③ 소화약제 방출 시 최고압력
④ 소화농도 유지시간

9-2. 다음 중 부취 발생기 설치에 관한 설명 중 틀린 것은?

① 소화약제 저장용기실 내의 소화배관에 설치할 것
② 점검 및 관리가 쉬운 위치에 설치할 것
③ 방호구역별로 선택밸브 직후 1차 측 배관에 설치할 것
④ 방호구역 내에 부취 발생기를 설치하여 이산화탄소소화설비의 기동에 따라 소화약제 방출 전에 부취제가 방출되도록 할 것

| 해설 |

9-1

설치해야 하는 것은 방호구역의 최대허용압력이다.

9-2

방호구역별로 선택밸브 직후 2차 측 배관에 설치해야 한다. 다만 선택밸브가 없는 경우에는 집합배관에 설치할 수 있다.

정답 9-1 ② 9-2 ③

제13절 | 할론소화설비

| 핵심이론 01 | 할론소화설비의 개요, 특징 등

(1) 할론소화설비의 개요

할론소화설비는 메테인계 탄화수소인 메테인(CH_4)과 에테인(C_2H_6)에 소화성능이 우수한 할로겐원소(F, Cl, Br, I)를 치환하여 제조한 것이 할론소화약제인데 이것을 전자기기실, 컴퓨터실, 기계실 등 설치하여 연소를 저지하는 설비이다.

(2) 할론소화설비의 특징

① 가연성 액체화재에는 연소억제작용이 크며 소화능력도 우수하다.
② 일반금속에 대하여 부식성이 적고 휘발성이 크다.
③ 소화 후 소방대상물에 대한 부식, 손상, 오염의 우려가 없다.
④ 보관 시 변질, 분해 등이 없어 장기보존이 가능하다.
⑤ 전기부도체이므로 전기기기에 사용할 수 있다.
⑥ 소화약제의 가격이 다른 약제보다 비싸다.

(3) 할론소화설비의 종류

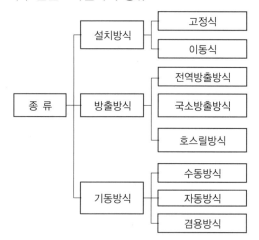

① 방출방식에 의한 분류

　㉠ 전역방출방식(Total Flooding System) : 소화약
제 공급장치에 배관 및 분사헤드 등을 설치하여
밀폐 방호구역 전체에 소화약제를 방출하는 설비

　㉡ 국소방출방식(Local Application Type System)
: 소화약제 공급장치에 배관 및 분사헤드 등을 설
치하여 직접 화점에 소화약제를 방출하는 설비로
화재 발생 부분에만 집중적으로 소화약제를 방출
하도록 설치하는 방식

　㉢ 이동식(호스릴식, Portable Installation) : 소화
수 또는 소화약제 저장용기 등에 연결된 호스릴을
이용하여 사람이 직접 화점에 소화수 또는 소화약
제를 방출하는 방식

[호스릴 할론소화설비]

② 기동방식에 의한 분류

　㉠ 수동방식 : 화재 시 기동장치에 의해 문이 열리면
음향경보장치를 기동하여 사람의 피난을 확인하
고 솔레노이드로서 기동용기를 개방하여 소화하
는 방식

　㉡ 자동방식 : 화재탐지설비의 감지기와 연동에 의해
솔레노이드로서 기동용기를 작동시켜 할론용기를
개방하여 가스를 방출하는 방식

(1) 할론소화설비의 계통도

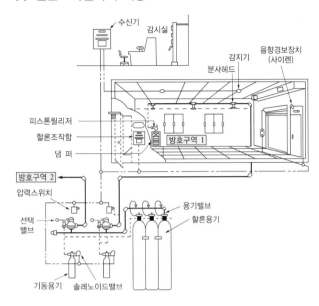

(2) 주요 구성 부분

① 소화약제

② 저장용기(가압용 가스용기)

③ 선택밸브

④ 분사헤드

⑤ 기동장치

⑥ 배 관

(1) 저장용기, 가압용 가스용기

① 축압식 저장용기의 압력(20[℃])

약 제	할론 1301	할론 1211
저압식	2.5[MPa]	1.1[MPa]
고압식	4.2[MPa]	2.5[MPa]

② 저장용기의 충전비

약 제	할론 1301	할론 1211	할론 2402	
충전비	0.9 이상 1.6 이하	0.7 이상 1.4 이하	가압식	0.51~0.67 미만
			축압식	0.67~2.75 이하

③ 가압용 가스용기

　　㉠ 충전가스 : 질소(N_2)

　　㉡ 충전압력(21[℃]) : 2.5[MPa] 또는 4.2[MPa]

④ 가압식 저장용기

　　2.0[MPa] 이하의 압력조정장치를 설치할 것

(2) 저장용기의 설치장소 기준

이산화탄소소화설비와 동일하다.

10년간 자주 출제된 문제

3-1. 할론 1301설비 고압식 저장용기의 경우, 20[℃]에서 얼마의 압력[MPa]으로 축압되어야 하는가?

① 2　　　　　　　　② 3.5

③ 4.2　　　　　　　④ 5.2

3-2. 할론소화설비의 저장용기의 충전비로 틀린 것은?

① 할론 1211은 0.7 이상 1.4 이하

② 할론 1301은 1.0 이상 1.6 이하

③ 할론 2402의 가압식은 0.51 이상 0.67 미만

④ 할론 2402은 축압식은 0.67 이상 2.75 이하

|해설|

3-1
고압식 저장용기의 압력 : 4.2[MPa]

3-2
할론 1301의 충전비 : 0.9 이상 1.6 이하

정답 3-1 ③　3-2 ②

(1) 전역방출방식

할론가스 저장량[kg]
= 방호구역 체적$[m^3]$ × 소요가스양$[kg/m^3]$ + 개구부 면적 $[m^2]$ × 가산량$[kg/m^2]$

[전역방출방식의 할론 소요가스양]

소방대상물 또는 그 부분	소화약제의 종류	소요가스양 $[kg/m^3]$	가산량 (자동폐쇄장치 미설치 시)
차고·주차장·전기실·통신기기실·전산실 등	할론 1301	0.32 이상 0.64 이하	2.4$[kg/m^2]$
가연성 고체류·가연성 액체류	할론 2402	0.40 이상 1.1 이하	3.0$[kg/m^2]$
	할론 1211	0.36 이상 0.71 이하	2.7$[kg/m^2]$
	할론 1301	0.32 이상 0.64 이하	2.4$[kg/m^2]$
면화류·나무껍질 및 대패밥·넝마 및 종이부스러기·사류·볏짚류·목재가공품 및 나무 부스러기	할론 1211	0.60 이상 0.71 이하	4.5$[kg/m^2]$
	할론 1301	0.52 이상 0.64 이하	3.9$[kg/m^2]$
합성수지류	할론 1211	0.36 이상 0.71 이하	2.7$[kg/m^2]$
	할론 1301	0.32 이상 0.64 이하	2.4$[kg/m^2]$

(2) 국소방출방식

소화약제의 종별	약제 저장량[kg]		
	할론 2402	할론 1211	할론 1301
윗면이 개방된 용기에 저장하는 경우와 화재 시 연소면이 1면에 한정되고 가연물이 비산할 우려가 없는 경우	방호대상물의 표면적$[m^2]$ × 8.8$[kg/m^2]$ × 1.1	방호대상물의 표면적$[m^2]$ × 7.6$[kg/m^2]$ × 1.1	방호대상물의 표면적$[m^2]$ × 6.8$[kg/m^2]$ × 1.25
상기 이외의 경우	방호공간의 체적$[m^3]$ × $\left(X - Y\dfrac{a}{A}\right)$ $[kg/m^3]$ × 1.1	방호공간의 체적$[m^3]$ × $\left(X - Y\dfrac{a}{A}\right)$ $[kg/m^3]$ × 1.1	방호공간의 체적$[m^3]$ × $\left(X - Y\dfrac{a}{A}\right)$ $[kg/m^3]$ × 1.25

① 방호공간 : 방호대상물의 각 부분으로부터 0.6[m]의 거리에 따라 둘러싸인 공간
② a : 방호대상물의 주위에 설치된 벽의 면적 합계$[m^2]$
③ A : 방호공간의 벽면적(벽이 없는 경우에는 벽이 있는 것으로 가정한 해당 부분의 면적)의 합계$[m^2]$
④ X 및 Y : 다음 표의 수치

소화약제의 종별	X의 수치	Y의 수치
할론 2402	5.2	3.9
할론 1211	4.4	3.3
할론 1301	4.0	3.0

(3) 호스릴방식

종 별	호스릴방식	
	약제 저장량	분당 방출량
할론 2402	50[kg]	45[kg]
할론 1211	50[kg]	40[kg]
할론 1301	45[kg]	35[kg]

4-1. 방호체적 550[m³]인 전기실에 할론 1301을 전역방출방식으로 설치할 때 필요한 소화약제의 양[kg]은 최소 얼마 이상으로 해야 하는가?(단, 가로 2[m], 세로 0.8[m]인 유리창 2개소와 가로 1[m], 세로 2[m]의 자동폐쇄장치가 설치된 방화문이 있다)

① 176.0   ② 188.48
③ 183.68   ④ 330.0

4-2. 방호구역의 체적이 700[m³]이고, 주차장의 개구부에 자동폐쇄장치를 설치하지 않은 부분이 40[m²]인 경우 할론 1301의 전역방출방식을 설치할 경우 저장량으로서 맞는 것은?

① 250[kg] 이상   ② 310[kg] 이상
③ 320[kg] 이상   ④ 350[kg] 이상

4-3. 할론소화설비의 국소방출방식 소화약제 산출방식에 관련된 공식 $Q = X - Y\dfrac{a}{A}$ 의 설명으로 옳지 않은 것은?

① Q는 방호공간 1[m³]에 대한 할론소화약제량이다.
② a는 방호대상물 주위에 설치된 벽면적의 합계이다.
③ A는 방호공간의 벽면적의 합계이다.
④ X는 개구부의 면적이다.

|해설|

4-1
전역방출방식의 소화약제량
할론저장량[kg]
= 방호구역 체적[m³] × 소요가스양[kg/m³] + 개구부 면적[m²] × 가산량[kg/m²]
= (550[m³] × 0.32[kg/m³]) + {(2×0.8[m] ×2개) × 2.4[kg/m²]}
= 183.68[kg]

4-2
저장량[kg]
= 방호구역 체적[m³] × 소요가스양[kg/m³] + 개구부 면적[m²] × 가산량[kg/m²]
= 700[m³] × 0.32[kg/m³] + 40[m²] × 2.4[kg/m²]
= 320[kg] 이상

4-3
X는 수치이다.

정답 4-1 ③   4-2 ③   4-3 ④

핵심이론 05 | 할론소화설비의 기동장치 등

(1) 수동식 기동장치

수동식 기동장치의 부근에는 소화약제의 방출을 지연시킬 수 있는 방출지연스위치(자동복귀형 스위치로서 수동식 기동장치의 타이머를 순간 정지시키는 기능의 스위치를 말한다)를 설치해야 한다.

① 전역방출방식은 방호구역마다, 국소방출방식은 방호대상물마다 설치할 것
② 해당 방호구역의 출입구 부분 등 조작을 하는 자가 쉽게 피난할 수 있는 장소에 설치할 것
③ 기동장치의 조작부는 바닥으로부터 높이 0.8[m] 이상 1.5[m] 이하의 위치에 설치하고, 보호판 등에 따른 보호장치를 설치할 것
④ 기동장치 인근의 보기 쉬운 곳에 "할론소화설비 수동식 기동장치"라고 표시한 표지를 할 것
⑤ 전기를 사용하는 기동장치에는 전원표시등을 설치할 것
⑥ 기동장치의 방출용 스위치는 음향경보장치와 연동하여 조작될 수 있는 것으로 할 것

(2) 자동식 기동장치

① 자동식 기동장치에는 수동으로도 기동할 수 있는 구조로 할 것
② 전기식 기동장치로서 7병 이상의 저장용기를 동시에 개방하는 설비는 2병 이상의 저장용기에 전자개방밸브를 부착할 것

(3) 분사헤드

① 전역·국소방출방식
   ⊙ 할론 2402를 방출하는 분사헤드는 소화약제가 무상으로 분무되는 것으로 할 것
   ⓒ 분사헤드의 방출압력

약 제	방출압력
할론 2402	0.1[MPa] 이상
할론 1211	0.2[MPa] 이상
할론 1301	0.9[MPa] 이상

　　ⓒ 전역·국소방출방식에 의한 기준저장량의 소화약
　　　제를 10초 이내에 방출할 수 있는 것으로 할 것
② 호스릴방식
　　㉠ 방호대상물의 각 부분으로부터 하나의 호스접결
　　　구까지의 수평거리가 20[m] 이하가 되도록 할 것
　　ⓒ 소화약제의 저장용기의 개방밸브는 호스릴의 설치
　　　장소에서 수동으로 개폐할 수 있는 것으로 할 것
　　ⓒ 소화약제의 저장용기는 호스릴을 설치하는 장소
　　　마다 설치할 것

5-1. 할론소화설비의 기동장치에 대한 기준 중 틀린 것은?
① 수동식 기동장치의 조작부는 바닥으로부터 높이 0.8[m] 이상 1.5[m] 이하에 설치한다.
② 자동식 기동장치에는 수동으로도 기동할 수 있는 구조로 할 필요는 없다.
③ 가스압력식 기동장치에서 기동용 가스용기 및 해당 용기에 사용하는 밸브는 25[MPa] 이상의 압력에 견디어야 한다.
④ 전기식 기동장치로서 7병 이상의 저장용기를 동시에 개방하는 설비에는 2병 이상의 저장용기에 전자개방밸브를 설치한다.

5-2. 할론소화설비 전역방출방식의 분사헤드에 관한 내용으로 틀린 것은?
① 할론 2402를 방출하는 분사헤드는 해당 소화약제가 무상(霧狀)으로 분무되는 것으로 할 것
② 할론 1211의 방출압력은 0.2[MPa] 이상으로 할 것
③ 할론 1301의 방출압력은 0.3[MPa] 이상으로 할 것
④ 할론 2402의 방출압력은 0.1[MPa] 이상으로 할 것

5-3. 전역방출방식 할론소화설비의 분사헤드를 설치할 때 기준 저장량의 소화약제를 방출하기 위한 시간은 몇 초 이내인가?
① 20초 이내　　　　　② 15초 이내
③ 10초 이내　　　　　④ 5초 이내

|해설|

5-1
자동식 기동장치에는 수동으로도 기동할 수 있는 구조로 해야 한다.

5-2
할론 1301의 분사헤드 방출압력 : 0.9[MPa] 이상

5-3
할론소화설비의 분사헤드 방출시간 : 전역·국소방출방식은 10초 이내

정답 5-1 ②　5-2 ③　5-3 ③

핵심이론 01 | 소화설비의 개요, 종류

(1) 소화약제의 종류

소화약제	화학식
퍼플루오로뷰테인(FC-3-1-10)	C_4F_{10}
하이드로클로로플루오로카본혼화제 (HCFC BLEND A)	HCFC-123($CHCl_2CF_3$) : 4.75[%] HCFC-22($CHClF_2$) : 82[%] HCFC-124($CHClFCF_3$) : 9.5[%] $C_{10}H_{16}$: 3.75[%]
클로로테트라플루오로에테인(HCFC-124)	$CHClFCF_3$
펜타플루오로에테인(HFC-125)	CHF_2CF_3
헵타플루오로프로페인(HFC-227ea)	CF_3CHFCF_3
트라이플루오로메테인(HFC-23)	CHF_3
헥사플루오로프로페인(HFC-236fa)	$CF_3CH_2CF_3$
트라이플루오로이오다이드(FIC-13 l1)	CF_3I
불연성·불활성기체 혼합가스(IG-01)	Ar
불연성·불활성기체 혼합가스(IG-100)	N_2
불연성·불활성기체 혼합가스(IG-541)	N_2 : 52[%], Ar : 40[%], CO_2 : 8[%]
불연성·불활성기체 혼합가스(IG-55)	N_2 : 50[%], Ar : 50[%]
도데카플루오로-2-메틸펜테인-3-원 (이하 "FK-5-1-12"이라 한다)	$CF_3CF_2C(O)CF(CF_3)_2$

(2) 소화약제의 정의

① 할로겐화합물 및 불활성기체소화약제 : 할로겐화합물 (할론 1301, 할론 2402, 할론 1211 제외) 및 불활성기체로서 전기적으로 비전도성이며 휘발성이 있거나 증발 후 잔여물을 남기지 않는 소화약제

② 할로겐화합물소화약제 : 불소(플루오린), 염소, 브로민 또는 아이오딘 중 하나 이상의 원소를 포함하고 있는 유기화합물을 기본 성분으로 하는 소화약제

③ 불활성기체(다른 원소와 화학반응을 일으키기 어려운 기체) 소화약제 : 헬륨, 네온, 아르곤 또는 질소가스 중 하나 이상의 원소를 기본 성분으로 하는 소화약제

(3) 소화약제의 설치 제외 장소

① 사람이 상주하는 곳으로 최대허용설계농도를 초과하는 장소

② 제3류 위험물 및 제5류 위험물을 저장·보관·사용하는 장소(다만, 소화성능이 인정되는 위험물은 제외)

10년간 자주 출제된 문제

1-1. 할로겐화합물 및 불활성기체소화약제는 일반적으로 열을 받으면 할로겐족이 분해되어 가연물질의 연소과정에서 발생하는 활성종과 화합하여 연소의 연쇄반응을 차단한다. 연쇄반응의 차단과 가장 거리가 먼 소화약제는?

① FC-3-1-10   ② HFC-125
③ IG-541   ④ FIC-13I1

1-2. 할로겐화합물 및 불활성기체 중 HCFC-22를 82[%] 포함하고 있는 것은?

① IG-541   ② HFC-227ea
③ IG-55   ④ HCFC BLEND A

1-3. 할로겐화합물 및 불활성기체소화설비 중 약제의 저장 용기 내에서 저장상태가 기체상태의 압축가스인 소화약제는?

① IG 541
② HCFC BLEND A
③ HFC-227ea
④ HFC-23

1-4. 할로겐화합물 및 불활성기체소화약제 중에서 IG-541의 혼합가스 성분비는?

① Ar 52[%], N_2 40[%], CO_2 8[%]
② N_2 52[%], Ar 40[%], CO_2 8[%]
③ CO_2 52[%], Ar 40[%], N_2 8[%]
④ N_2 10[%], Ar 40[%], CO_2 50[%]

1-5. 다음 중 할로겐화합물 및 불활성기체소화설비를 설치할 수 없는 위험물 사용 장소는?(단, 소화성능이 인정되는 위험물은 제외한다)

① 제1류 위험물을 사용하는 장소
② 제2류 위험물을 사용하는 장소
③ 제3류 위험물을 사용하는 장소
④ 제4류 위험물을 사용하는 장소

| 해설 |

1-1

할로겐화합물 및 불활성기체소화약제

- 할로겐화합물소화약제(부촉매효과) : FC-3-1-10, HCFC-124, HFC-125, HFC-227ea, FIC-13I1 등
- 불활성기체소화약제 : IG-01, IG-55, IG-100, IG-541

1-2

본문 참조

1-3

저장 시 기체 상태 : 불활성기체(IG 01, IG 55, IG 55, IG 541)

1-4

IG-541의 성분

- 질소(N$_2$) : 52[%]
- 아르곤(Ar) : 40[%]
- 이산화탄소(CO$_2$) : 8[%]

1-5

할로겐화합물 및 불활성기체소화설비를 설치할 수 없는 위험물 : 제3류 위험물, 제5류 위험물

정답 1-1 ③ 1-2 ④ 1-3 ① 1-4 ② 1-5 ③

핵심이론 02 | 소화설비의 저장용기

(1) 소화약제의 저장용기

① 방호구역 외의 장소에 설치할 것. 다만, 방호구역 내에 설치할 경우에는 피난 및 조작이 용이하도록 피난구 부근에 설치해야 한다.

② 온도가 55[℃] 이하이고 온도 변화가 작은 곳에 설치할 것

③ 직사광선 및 빗물이 침투할 우려가 없는 곳에 설치할 것

④ 저장용기를 방호구역 외에 설치한 경우에는 방화문으로 구획된 실에 설치할 것

⑤ 용기의 설치장소에는 해당 용기가 설치된 곳임을 표시하는 표지를 할 것

⑥ 용기 간의 간격은 점검에 지장이 없도록 3[cm] 이상의 간격을 유지할 것

⑦ 저장용기와 집합관을 연결하는 연결배관에는 체크밸브를 설치할 것. 다만, 저장용기가 하나의 방호구역만을 담당하는 경우에는 그렇지 않다.

(2) 저장용기의 표시사항

① 약제명

② 저장용기의 자체중량

③ 총중량·충전일시·충전압력

④ 약제의 체적

(3) 재충전 또는 교체 시기

저장용기의 약제량 손실이 5[%]를 초과하거나 압력손실이 10[%] 초과 시(단, 불활성기체소화약제 : 압력손실이 5[%] 초과 시)

(4) 할로겐화합물 및 불활성기체소화약제 저장용기와 선택밸브 또는 개폐밸브 사이에는 배관의 최소사용 설계압력과 최대허용압력 사이의 압력에서 작동하는 안전장치를 설치해야 하며, 안전장치를 통하여 나온 소화가스는 전용의 배관 등을 통하여 건축물 외부로 배출될 수 있도록 해야 한다. 이 경우 안전장치로 용전식을 사용해서는 안 된다.

(5) 그 밖의 내용은 할론소화설비의 저장용기와 동일함

2-1. 할로겐화합물 및 불활성기체소화설비의 화재안전기술기준에서 소화약제 저장용기의 설치기준으로 틀린 것은?

① 용기 간의 간격은 점검에 지장이 없도록 3[cm] 이상의 간격을 유지할 것
② 온도가 70[℃] 이하이고 온도 변화가 작은 곳에 설치할 것
③ 직사광선 및 빗물이 침투할 우려가 없는 곳에 설치할 것
④ 저장용기를 방호구역 외에 설치한 경우에는 방화문으로 구획된 실에 설치할 것

2-2. 할로겐화합물 및 불활성기체소화설비의 소화약제 저장용기의 표시사항으로 틀린 것은?

① 약제명
② 저장용기의 충전일시
③ 충전자 성명
④ 약제의 체적

2-3. 할로겐화합물 및 불활성기체소화설비의 저장용기 재충전 또는 교체 시기는?

① 할로겐화합물소화약제 저장용기의 약제량 손실이 2[%] 초과
② 할로겐화합물소화약제 저장용기의 약제량 손실이 3[%] 초과
③ 할로겐화합물소화약제 저장용기의 압력손실이 5[%] 초과
④ 불활성기체소화약제 저장용기의 압력손실이 5[%] 초과

|해설|

2-1
저장용기의 온도가 55[℃] 이하이고, 온도 변화가 작은 곳에 설치할 것

2-2
충전자 성명은 저장용기의 표시사항이 아니다.

2-3
재충전 또는 교체 시기
저장용기의 약제량 손실이 5[%] 초과 또는 압력손실이 10[%] 초과 시(단, 불활성기체소화약제 : 압력손실이 5[%] 초과 시)

정답 2-1 ② 2-2 ③ 2-3 ④

(1) 소화약제의 분류

① 할로겐화합물 계열

계 열	정 의	해당 물질
HFC(Hydro Fluoro Carbons)계열	C(탄소)에 F(플루오린)와 H(수소)가 결합된 것	HFC-125, HFC-227ea, HFC-23, HFC-236fa
HCFC(Hydro Chloro Fluoro Carbons)계열	C(탄소)에 Cl(염소), F(플루오린), H(수소)가 결합된 것	HCFC-BLEND A, HCFC-124
FIC(Fluoro Iodo Carbons) 계열	C(탄소)에 F(플루오린)와 I(아이오딘)가 결합된 것	FIC-13I1
FC(PerFluoro Carbons)계열	C(탄소)에 F(플루오린)가 결합된 것	FC-3-1-10, FK-5-1-12

② 불활성기체 계열

종 류	화학식
IG-01	Ar
IG-100	N_2
IG-55	$N_2(50[\%])$, Ar(50[%])
IG-541	$N_2(52[\%])$, Ar(40[%]), $CO_2(8[\%])$

10년간 자주 출제된 문제

3-1. 할로겐화합물 및 불활성기체소화약제 중에서 IG-100의 성분비는?

① Ar 100[%]
② N_2 100[%]
③ Ar 50[%], N_2 50[%]
④ N_2 10[%], Ar 40[%], CO_2 50[%]

3-2. 할로겐화합물 및 불활성기체소화약제 중에서 IG-55의 성분비는?

① Ar 100[%]
② N_2 100[%]
③ Ar 50[%], N_2 50[%]
④ N_2 10[%], Ar 40[%], CO_2 50[%]

|해설|

3-1
IG-100의 성분 : 질소(N_2) 100[%]

3-2
IG-55의 성분 : Ar 50[%], N_2 50[%]

정답 3-1 ② 3-2 ③

---

(1) 할로겐화합물소화약제

$$W = \frac{V}{S} \times \frac{C}{100-C}$$

여기서, W : 소화약제의 무게[kg]

V : 방호구역의 체적[m^3]

S : 소화약제별 선형상수($K_1 + K_2 \times t$)[m^3/kg]

※ t : 방호구역의 최소예상온도[℃]

C : 체적에 따른 소화약제의 설계농도[%]

소화약제	K_1	K_2
FC-3-1-10	0.094104	0.00034455
HCFC BLEND A	0.2413	0.00088
HCFC-124	0.1575	0.0006
HFC-125	0.1825	0.0007
HFC-227ea	0.1269	0.0005
HFC-23	0.3164	0.0012
HFC-236fa	0.1413	0.0006
FIC-13I1	0.1138	0.0005
FK-5-1-12	0.0664	0.0002741

(2) 불활성기체소화약제

$$X = 2.303 \frac{V_S}{S} \times \log_{10} \frac{100}{100-C}$$

여기서, X : 공간체적당 더해진 소화약제의 부피[m^3]

V_S : 20[℃]에서 소화약제의 비체적[m^3/kg]

S : 소화약제별 선형상수($K_1 + K_2 \times t$)[m^3/kg](생략)

※ t : 방호구역의 최소예상온도[℃]

C : 체적에 따른 소화약제의 설계농도[%]

(3) 체적에 따른 소화약제의 설계농도[%]는 상온에서 제조업체의 설계기준에 따라 인증받은 소화농도[%]에 다음 표에 따른 안전계수를 곱한 값 이상으로 할 것

설계농도	소화농도	안전계수
A급	A급	1.2
B급	B급	1.3
C급	A급	1.35

4-1. 할로겐화합물 및 불활성기체소화설비의 화재안전기술기준상 할로겐화합물약제 산출 공식은?(단, W : 소화약제의 무게[kg], V : 방호구역의 체적[m³], S : 소화약제별 선형상수 $(K_1 + K_2 \times t)$[m³/kg], C : 체적에 따른 소화약제의 설계농도[%], t : 방호구역의 최소예상온도[℃]이다)

① $W = V/S \times [C/(100 - C)]$
② $W = V/S \times [(100 - C)/S]$
③ $W = S/V \times [C/(100 - C)]$
④ $W = S/V \times [(100 - C)/S]$

4-2. HFC-23인 할로겐화합물소화설비를 설치하고자 한다. 소방대상물의 크기 가로 20[m] × 세로 8[m] × 높이 6[m], 소화농도 32[%], 방호구역의 온도는 20[℃]일 때 약제저장량[kg]은?(단, 소화약제 선형상수 값은 $K_1 = 0.3164$, $K_2 = 0.0012$, B급 화재이다)

① 1,509
② 1,709
③ 2,009
④ 2,509

|해설|

4-1

할로겐화합물약제 산출 공식

$$W = \frac{V}{S} \times \frac{C}{100 - C}$$

4-2

소화약제 저장량

$$W = \frac{V}{S} \times \frac{C}{100 - C}$$

여기서, W : 소화약제의 무게[kg]

V : 방호구역의 체적(20[m] × 8[m] × 6[m] = 960[m³])

S : 소화약제별 선형상수($K_1 + K_2 \times t$[m³/kg]

$\quad = 0.3164 + 0.0012 \times 20 = 0.3404$[m³/kg])

C : 체적에 따른 소화약제의 설계농도(소화농도×안전율

$\quad = 32$[%] $\times 1.3 = 41.6$[%])

※ 안전율

A · C급 : 1.2　　B급 : 1.3

$$\therefore W = \frac{V}{S} \times \left(\frac{C}{100 - C}\right) = \frac{960}{0.3404} \times \frac{41.6}{100 - 41.6}$$

$\quad = 2,008.92$[kg]

정답 4-1 ① 4-2 ③

핵심이론 **05** | 소화설비의 기동장치 등

(1) 수동식 기동장치

수동식 기동장치의 부근에는 소화약제의 방출을 지연시킬 수 있는 방출지연스위치(자동복귀형 스위치로서 수동식 기동장치의 타이머를 순간 정지시키는 기능의 스위치를 말한다)를 설치해야 한다.

① 방호구역마다 설치할 것
② 해당 방호구역의 출입구 부근 등 조작을 하는 자가 쉽게 피난할 수 있는 장소에 설치할 것
③ 기동장치의 조작부는 바닥으로부터 0.8[m] 이상 1.5[m] 이하의 위치에 설치하고, 보호판 등에 따른 보호장치를 설치할 것
④ 기동장치 인근의 보기 쉬운 곳에 "할로겐화합물 및 불활성기체소화설비 수동식 기동장치"라는 표지를 할 것
⑤ 전기를 사용하는 기동장치에는 전원표시등을 설치할 것
⑥ 기동장치의 방출용 스위치는 음향경보장치와 연동하여 조작될 수 있는 것으로 할 것
⑦ 50[N] 이하의 힘을 가하여 기동할 수 있는 구조로 설치할 것
⑧ 기동장치에는 보호장치를 설치해야 하며, 보호장치를 개방하는 경우 기동장치에 설치된 버저 또는 벨 등에 의하여 경고음을 발할 것
⑨ 기동장치를 옥외에 설치하는 경우 빗물 또는 외부 충격의 영향을 받지 않도록 설치할 것

(2) 가스입력식 기동장치의 설치기준

① 기동용 가스용기 및 해당 용기에 사용하는 밸브는 25[MPa] 이상의 압력에 견딜 수 있는 것으로 할 것
② 기동용 가스용기에는 내압시험압력의 0.8배부터 내압시험압력 이하에서 작동하는 안전장치를 설치할 것

③ 기동용 가스용기의 체적은 5[L] 이상으로 하고, 해당 용기에 저장하는 질소 등의 비활성기체는 6.0[MPa] 이상(21[℃] 기준)의 압력으로 충전할 것. 다만, 기동용 가스용기의 체적을 1[L] 이상으로 하고, 해당 용기에 저장하는 이산화탄소의 양은 0.6[kg] 이상으로 하며, 충전비는 1.5 이상 1.9 이하의 기동용 가스용기로 할 수 있다.

④ 질소 등의 비활성기체 기동용 가스용기에는 충전 여부를 확인할 수 있는 압력게이지를 설치할 것

(3) 분사헤드

① 분사헤드의 설치 높이 : 방호구역의 바닥으로부터 최소 0.2[m] 이상 최대 3.7[m] 이하(천장높이가 3.7[m]를 초과할 경우에는 추가로 다른 열의 분사헤드를 설치할 것)

② 분사헤드의 오리피스의 면적은 분사헤드가 연결되는 배관구경면적의 70[%] 이하가 되도록 할 것

(4) 화재감지기의 회로 : 교차회로방식

(5) 소화설비의 비상전원 : 20분 이상 작동

(6) 배관의 구경에 따른 약제 방출시간

① 할로겐화합물소화약제 : 10초 이내 방출

② 불활성기체소화약제 : A · C급 화재 2분, B급 화재는 1분 이내에 방호구역 각 부분에 최소설계농도의 95[%] 이상 해당하는 약제량이 방출

(7) 최대허용설계농도

소화약제	최대허용설계농도[%]
FC-3-1-10	40
HCFC BLEND A	10
HCFC-124	1.0
HFC-125	11.5
HFC-227ea	10.5
HFC-23	30
HFC-236fa	12.5
FIC-13I1	0.3
FK-5-1-12	10
IG-01, IG-100, IG-541, IG-55	43

(8) 과압배출구

할로겐화합물 및 불활성기체소화설비의 방호구역에는 소화약제 방출 시 발생하는 과(부)압으로 인한 구조물 등의 손상을 방지하기 위해 다음의 내용을 검토하여 과압배출구를 설치해야 한다. 다만, 과(부)압이 발생해도 구조물 등에 손상이 생길 우려가 없음을 시험 또는 공학적인 자료로 입증하는 경우 설치하지 않을 수 있다.

① 방호구역 누설면적

② 방호구역의 최대허용압력

③ 소화약제 방출 시 최고압력

④ 소화농도 유지시간

10년간 자주 출제된 문제

5-1. 할로겐화합물 및 불활성기체소화설비의 수동식 기동장치의 설치기준 중 틀린 것은?

① 50[N] 이상의 힘을 가하여 기동할 수 있는 구조로 할 것

② 전기를 사용하는 기동장치에는 전원표시등을 설치할 것

③ 방호구역마다 설치할 것

④ 해당 방호구역의 출입구 부근 등 조작을 하는 자가 쉽게 피난할 수 있는 장소에 설치할 것

5-2. 할로겐화합물 및 불활성기체소화설비의 분사헤드 설치기준 중 잘못된 것은?

① 천장의 높이가 3.7[m]를 초과할 경우에는 추가로 다른 열의 분사헤드를 설치한다.

② 분사헤드의 설치높이는 방호구역의 바닥으로부터 최소 0.2[m] 이상 최대 3.7[m] 이하로 해야 한다.

③ 분사헤드의 오리피스의 면적은 분사헤드가 연결되는 배관구경 면적의 80[%] 이하가 되도록 할 것

④ 분사헤드의 부식방지조치를 해야 하며 오리피스의 크기, 제조일자, 제조업체가 표시되도록 한다.

5-3. 할로겐화합물 및 불활성기체소화설비의 분사헤드에 대한 설치기준 중 다음 (   ) 안에 알맞은 것은?(단, 분사헤드의 성능인증 범위 내에서 설치하는 경우는 제외한다)

> 분사헤드의 설치높이는 방호구역의 바닥으로부터 최소
> (㉠)[m] 이상 최대 (㉡)[m] 이하로 해야 한다.

① ㉠ 0.2, ㉡ 3.7
② ㉠ 0.8, ㉡ 1.5
③ ㉠ 1.5, ㉡ 2.0
④ ㉠ 2.0, ㉡ 2.5

5-4. 사람이 상주하는 곳에 할로겐화합물 및 불활성기체소화약제를 설치하려 할 때 최대허용설계농도가 틀리게 적용된 것은?

① HCFC BLAND A : 10[%]
② HFC-227ea : 7.5[%]
③ IG-541 : 43[%]
④ HFC-23 : 30[%]

|해설|

5-1
수동식 기동장치는 50[N] 이하의 힘을 가하여 기동할 수 있는 구조로 할 것

5-2
분사헤드의 오리피스의 면적은 분사헤드가 연결되는 배관구경면적의 70[%] 이하가 되도록 할 것

5-3
할로겐화합물 및 불활성기체소화설비의 분사헤드 높이 : 0.2[m] 이상 3.7[m] 이하

5-4
HFC-227ea : 10.5[%]

정답 5-1 ① 5-2 ③ 5-3 ① 5-4 ②

제15절 | 분말소화설비

핵심이론 01 | 소화설비의 개요 및 종류

(1) 분말소화설비의 개요

분말소화설비는 분말소화약제 탱크에 저장된 소화약제를 질소가스나 CO_2가스의 압력에 의해 설치된 배관 내를 통하여 말단에 설치된 분사헤드에 의해 화원에 방사하여 소화하는 설비로서 동력원은 전력이나 내연기관을 필요로 하지 않고 자체의 축적된 가스압력에 의해 방사한다.

(2) 분말소화설비의 특징

① 소화능력이 우수하며, 소화시간이 짧다.

② 반영구적이므로 가격이 저렴하다.

③ 기기 등을 오염시키지 않고 인체의 무해하고 소화 후에도 간단히 제거할 수 있다.

④ 보관 시 변질의 위험이 없고 겨울철에도 성능이 떨어지지 않아 보관상태의 걱정이 없다.

(3) 정 의

① 충전비 : 용기의 용적과 소화약제의 중량과의 비율

② 교차회로방식 : 하나의 방호구역 내에 2 이상의 화재감지기회로를 설치하고 인접한 2 이상의 화재감지기가 동시에 감지되는 때에는 소화설비가 작동하여 소화약제가 방출되는 방식

(4) 분말소화설비의 종류

① **전역방출방식** : 소화약제 공급장치에 배관 및 분사혜드 등을 고정 설치하여 밀폐 방호구역 내에 분말소화약제를 방출하는 설비

② **국소방출방식** : 소화약제 공급장치에 배관 및 분사혜드 등을 설치하여 직접 화점에 분말소화약제를 방출하는 설비로 화재 발생 부분에만 집중적으로 소화약제를 방출하도록 설치하는 방식

③ **이동식(호스릴)** : 소화수 또는 소화약제 저장용기 등에 연결된 호스릴을 이용하여 사람이 직접 화점에 소화수 또는 소화약제를 방출하는 방식

| 핵심이론 02 | 소화설비의 작동원리, 계통도

(1) 작동원리

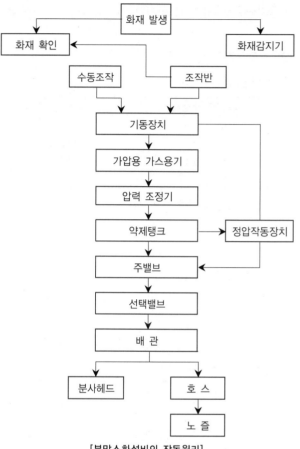

[분말소화설비의 작동원리]

(2) 작동순서

① 화재감지기에 의한 화재감지
② 조작반에 통보, 자동식의 경우는 기동장치 기동
③ 기동용기의 가스에 의해 선택밸브 개방, 용기밸브 개방
④ 가압용 가스가 약제탱크 내의 약제의 유동화와 가압
⑤ 약제탱크 내압이 상승
⑥ 정압작동장치 작동
⑦ 주밸브 개방
⑧ 분말소화약제 방출

핵심이론 03 | 소화설비의 저장용기

(1) 저장용기의 설치장소기준

이산화탄소소화설비의 설치기준과 동일함

(2) 저장용기의 설치기준

① 저장용기의 충전비

소화약제의 종별	충전비
제1종 분말	0.80[L/kg]
제2종 분말	1.00[L/kg]
제3종 분말	1.00[L/kg]
제4종 분말	1.25[L/kg]

② 안전밸브 설치기준

    ㉠ 가압식 : 최고사용압력의 1.8배 이하

    ㉡ 축압식 : 내압시험압력의 0.8배 이하

③ 저장용기의 충전비 : 0.8 이상

④ 저장용기 및 배관에는 잔류 소화약제를 처리할 수 있
   는 청소장치를 설치할 것

⑤ 축압식 저장용기에는 사용압력의 범위를 표시한 지시
   압력계를 설치할 것

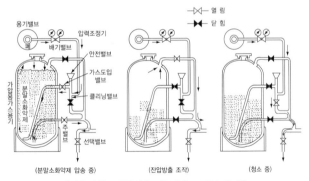

[작동방출, 잔압방출, 클리닝 조작의 상태]

3-1. 분말소화설비에서 분말소화약제 1[kg]당 저장용기의 내용적 기준 중 틀린 것은?

① 제1종 분말 : 0.8[L]

② 제2종 분말 : 1.0[L]

③ 제3종 분말 : 1.0[L]

④ 제4종 분말 : 1.0[L]

3-2. 주차장에 필요한 분말소화약제 120[kg]을 저장하려고 한다. 이때 필요한 저장용기의 내용적[L]으로서 맞는 것은?

① 96[L]   ② 120[L]

③ 150[L]   ④ 180[L]

3-3. 분말소화설비의 가압식 저장용기에 설치하는 안전밸브의 최대작동압력은 몇 [MPa]인가?(단, 내압시험압력은 25[MPa], 최고사용압력은 5[MPa]으로 한다)

① 4[MPa]

② 9[MPa]

③ 13.9[MPa]

④ 20[MPa]

3-4. 분말소화설비의 저장용기에 설치된 밸브 중 잔압방출 시 상태가 바르게 된 것은?

① 가스도입밸브 – 닫힘

② 주밸브(방출밸브) – 열림

③ 배기밸브 – 닫힘

④ 클리닝밸브 – 열림

3-5. 다음 중 분말소화설비에서 사용하지 않는 밸브는?

① 드라이밸브

② 클리닝밸브

③ 안전밸브

④ 배기밸브

|해설|

3-1
제4종 분말소화약제의 충전비 : 1.25[L/kg]

3-2
차고, 주차장에 설치하는 것은 제3종 분말약제이고 충전비는 1.0[L/kg]이므로

$$충전비 = \frac{내용적[L]}{약제의\ 중량[kg]} \ 이므로 \ 1.0 = \frac{x}{120[kg]}$$

$$\therefore \ x = 120[L]$$

3-3
분말소화설비의 안전밸브의 작동압력
가압식 : 최고사용압력의 1.8배 이하

$$\therefore \ 안전밸브의\ 작동압력 = 최고사용압력 \times 1.8$$
$$= 5[MPa] \times 1.8 = 9[MPa]$$

3-4
분말소화설비의 작동상태

조작 상태	밸브의 개폐상태			
	가스도입 밸브	주밸브	배기밸브	클리닝 밸브
소화약제 압송 중	열 림	열 림	닫 힘	닫 힘
잔압 방출 중	닫 힘	닫 힘	열 림	닫 힘
클리닝 조작 중	닫 힘	닫 힘	닫 힘	열 림

3-5
드라이밸브(건식밸브) : 스프링클러설비의 유수검지장치

정답 3-1 ④ 3-2 ② 3-3 ② 3-4 ① 3-5 ①

핵심이론 04 | 소화설비의 가압용 가스용기, 분사헤드

(1) 가압용 가스용기
약제 탱크에 부착하여 약제를 혼합하여 이것을 유동화시켜 일정한 압력으로 약제를 방출하기 위한 용기

① 가압용 가스용기는 분말소화약제의 저장용기에 접속하여 설치할 것

② 가압용 가스용기를 3병 이상 설치한 경우에는 2개 이상의 용기에 전자 개방밸브를 부착할 것

③ 가압용 가스용기에는 2.5[MPa] 이하의 압력에서 조정이 가능한 압력조정기를 설치할 것

④ 가압용 또는 축압용 가스의 설치기준

가스 종류	질소(N_2)	이산화탄소(CO_2)
가압용	40[L/kg] 이상	약제 1[kg]에 대하여 20[g]에 배관 청소에 필요량을 가산한 양 이상
축압용	10[L/kg] 이상	약제 1[kg]에 대하여 20[g]에 배관 청소에 필요량을 가산한 양 이상

※ 저장용기 및 배관의 청소에 필요한 양의 가스는 별도의 용기에 저장할 것

(2) 분사헤드

① 전역방출방식, 국소방출방식 : 기준저장량의 소화약제를 30초 이내에 방출할 수 있는 것으로 할 것

② 호스릴 방식
  ㉠ 화재 시 현저하게 연기가 찰 우려가 없는 장소에는 호스릴 방식의 분말소화설비를 설치할 것
  ㉡ 방호대상물의 각 부분으로부터 하나의 호스접결구까지의 수평거리가 15[m] 이하가 되도록 할 것
  ㉢ 소화약제의 저장용기의 개방 밸브는 호스릴 설치장소에서 수동으로 개폐할 수 있는 것으로 할 것
  ㉣ 소화약제의 저장용기는 호스릴을 설치하는 장소마다 설치할 것

ㅁ 하나의 노즐의 분당 방출량

소화약제의 종별	1분당 방출량
제1종 분말	45[kg]
제2종 분말 또는 제3종 분말	27[kg]
제4종 분말	18[kg]

10년간 자주 출제된 문제

4-1. 분말소화설비에 사용하는 압력조정기의 사용 목적은?

① 분말 용기에 도입되는 압력을 감압시키기 위해서
② 분말 용기에 나오는 압력을 증폭시키기 위해서
③ 가압용 가스의 압력을 증대시키기 위해서
④ 방사되는 분말을 일정하게 분사하기 위해서

4-2. 분말소화설비의 배관 청소용 가스는 어떻게 저장·유지·관리해야 하는가?

① 축압용 가스용기에 가산 저장유지
② 가압용 가스용기에 가산 저장유지
③ 별도 용기에 저장유지
④ 필요시에만 사용하므로 평소에 저장 불필요

4-3. 분말소화설비가 작동한 후 배관 내 잔여분말의 청소용(Cleaning)으로 사용되는 가스로 옳게 연결된 것은?

① 질소, 건조공기
② 질소, 이산화탄소
③ 이산화탄소, 아르곤
④ 건조공기, 아르곤

4-4. 분말소화설비에서 가압용 가스로 이산화탄소를 사용하는 것에 있어서 이산화탄소는 소화약제 1[kg]에 대해 저장용기 및 배관의 청소에 필요한 양 몇 [g]을 가산한 양 이상으로 하는가?

① 10
② 20
③ 30
④ 40

4-5. 국소방출방식의 분말소화설비 분사헤드는 기준 저장량의 소화약제를 몇 초 이내에 방출할 수 있는 것이어야 하는가?

① 60
② 30
③ 20
④ 10

4-6. 분말소화설비의 호스릴방식에 있어서 하나의 노즐당 1분간에 방사하는 약제량으로 옳지 않은 것은?

① 제1종 분말 : 45[kg]
② 제2종 분말 : 27[kg]
③ 제3종 분말 : 27[kg]
④ 제4종 분말 : 20[kg]

|해설|

4-1
분말 용기에 도입되는 압력을 감압시키기 위하여 압력조정기를 설치한다.

4-2
배관 청소용 가스는 별도 용기에 저장해야 한다.

4-3
분말소화설비의 청소용 가스 : 질소, 이산화탄소

4-4
가압용 가스용기로 이산화탄소 사용 시 약제 1[kg]당 배관 청소량 : 20[g]

4-5
전역방출방식이나 국소방출방식의 방출시간 : 30초 이내

4-6
호스릴방식의 노즐당 제4종 분말 방사량 : 18[kg]

정답 **4-1** ① **4-2** ③ **4-3** ② **4-4** ② **4-5** ② **4-6** ④

(1) 전역방출방식

소화약제 저장량[kg]

= 방호구역 체적[m³] × 소요약제량[kg/m³] + 개구부 면적 [m²] × 가산량[kg/m²]

※ 개구부의 면적은 자동폐쇄장치가 설치되어 있지 않는 면적이다.

[분말소화약제의 소요약제량]

약제의 종류	소요약제량[kg/m³]	가산량[kg/m²]
제1종 분말	0.60	4.5
제2종 또는 제3종 분말	0.36	2.7
제4종 분말	0.24	1.8

(2) 국소방출방식

$$Q = \left(X - Y \frac{a}{A}\right) \times 1.1$$

여기서, Q : 방호공간에 1[m³]에 대한 분말소화약제의 양 [kg/m³]

a : 방호대상물의 주변에 설치된 벽면적의 합계 [m²]

A : 방호공간의 벽면적의 합계[m²]

X 및 Y : 수치

소화약제의 종별	X의 수치	Y의 수치
제1종 분말	5.2	3.9
제2종 분말 또는 제3종 분말	3.2	2.4
제4종 분말	2.0	1.5

(3) 호스릴방식

약제 저장량[kg] = 노즐 수 × 소요약제의 양

[호스릴방식의 소요약제량]

소화약제의 종별	소요약제의 양
제1종 분말	50[kg]
제2종 분말 또는 제3종 분말	30[kg]
제4종 분말	20[kg]

5-1. 제1종 분말을 사용한 전역방출방식의 분말소화설비에 있어서 방호구역 1[m³]에 대한 소화약제의 저장량은 얼마인가?

① 0.60[kg]
② 0.36[kg]
③ 0.24[kg]
④ 0.72[kg]

5-2. 소방대상물내의 보일러실에 제1종 분말소화약제를 사용하여 전역방출방식인 분말소화설비를 설치할 때 필요한 약제량 [kg]으로서 맞는 것은?(단, 방호체적 120[m³], 개구면적 20[m²]이다)

① 97.2[kg]
② 64.8[kg]
③ 120.0[kg]
④ 162.0[kg]

5-3. 전역방출방식의 분말소화설비에 있어서 방호구역의 용적이 500[m³]일 때 적당한 분사헤드의 수는?(단 제1종 분말이며, 체적 1[m³]당 소화약제의 양은 0.6[kg]이며, 분사헤드 1개의 분당 표준방사량은 18[kg]이라고 한다)

① 34개
② 134개
③ 9개
④ 30개

5-4. 호스릴 분말소화설비에서 하나의 노즐에 대한 소화약제의 양으로 잘못된 것은?

① 제1종 분말 50[kg] 이상
② 제2종 분말 30[kg] 이상
③ 제3종 분말 30[kg] 이상
④ 제4종 분말 40[kg] 이상

5-1

제1종 분말약제의 저장량 : 0.60[kg] 이상

5-2

소화약제량 = 방호체적[m³]×소화약제량[kg/m³] + 개구부 면적[m²]
　　　　　　 ×가산량[kg/m²]
　　　　 = 120[m³]×0.60[kg/m³] + 20[m²]×4.5[kg/m²]
　　　　 = 162[kg]

5-3

소화약제량 = 방호구역×0.60[kg/m³]
　　　　 = 500[m³]×0.60[kg/m³] = 300[kg]

∴ 분사헤드 수 = 300[kg]÷18[kg/분·개]×2 = 33.3개 = 34개

계산식에서 2는 30초 이내에 방사해야 하므로 분으로 환산하면 2로 계산된다.

5-4

본문 참조

정답 5-1 ① 　 5-2 ④ 　 5-3 ① 　 5-4 ④

핵심이론 06 | 소화설비의 기동장치

(1) 수동식 기동장치

수동식 기동장치의 부근에는 소화약제의 방출을 지연시킬 수 있는 방출지연스위치(자동복귀형 스위치로서 수동식 기동장치의 타이머를 순간 정지시키는 기능의 스위치를 말한다)를 설치해야 한다.

① 전역방출방식은 방호구역마다, 국소방출방식은 방호대상물마다 설치할 것

② 해당 방호구역의 출입구 부분 등 조작을 하는 자가 쉽게 피난할 수 있는 장소에 설치할 것

③ 기동장치의 조작부는 바닥으로부터 높이 0.8[m] 이상 1.5[m] 이하의 위치에 설치하고, 보호판 등에 따른 보호장치를 설치할 것

(2) 자동식 기동장치

① 가스압력식 기동장치

　㉠ 기동용 가스용기 및 해당 용기에 사용하는 밸브는 25[MPa] 이상의 압력에 견딜 수 있는 것으로 할 것

　㉡ 기동용 가스용기에는 내압시험압력의 0.8배부터 내압시험압력 이하에서 작동하는 안전장치를 설치할 것

　㉢ 기동용 가스용기

　　• 체적 : 5[L] 이상

　　• 저장하는 질소 등의 비활성기체의 압력 : 6[MPa] 이상(21[℃] 기준). 다만, 기동용 가스용기의 체적을 1[L] 이상, 이산화탄소의 양은 0.6[kg] 이상, 충전비는 1.5 이상 1.9 이하로 할 수 있다.

② 전기식 기동장치

　7병 이상의 저장용기를 동시에 개방하는 설비는 2병 이상의 저장용기에 전자 개방밸브를 부착할 것

핵심이론 07 소화설비의 정압작동장치, 배관

(1) 정압작동장치

① 기능 : 15[MPa]의 압력으로 충전된 가압용 가스용기에서 1.5~2.0[MPa]로 감압하여 저장용기에 보내어 약제와 혼합하여 소정의 방사압력에 달하여(통상 15~30초) 주밸브를 개방시키기 위하여 설치하는 것으로 저장용기의 압력이 낮을 때는 열려 가스를 보내고 적정압력에 달하면 정지하는 구조로 되어 있다.

② 종 류
　㉠ 압력스위치에 의한 방식 : 약제탱크 내부의 압력에 의해서 움직이는 압력스위치를 설치하여 일정한 압력에 도달했을 때 압력스위치가 닫혀 전자밸브가 동작되어 주밸브를 개방시켜 가스를 보내는 방식
　㉡ 기계적인 방식 : 약제탱크의 내부의 압력에 부착된 밸브의 콕을 잡아 당겨서 가스를 열어서 주밸브를 개방시켜 가스를 보내는 방식
　㉢ 시한릴레이 방식 : 약제탱크의 내부압력이 일정한 압력에 도달하는 시간을 추정하여 기동과 동시에 시한릴레이를 움직여 일정시간 후에 릴레이가 닫혔을 때 전자밸브가 동작되어 주밸브를 개방시켜 가스를 보내는 방식

(2) 배 관

① 배관은 전용으로 할 것
② 강관을 사용하는 경우의 배관은 아연도금에 따른 배관용 탄소강관(KS D 3507)이나 이와 동등 이상의 강도·내식성 및 내열성을 가진 것으로 할 것. 다만, 축압식 분말소화설비에 사용하는 것 중 20[℃]에서 압력이 2.5[MPa] 이상 4.2[MPa] 이하인 것은 압력배관용 탄소강관(KS D 3562) 중 이음이 없는 스케줄 40 이상의 것 또는 이와 동등 이상의 강도를 가진 것으로서 아연도금으로 방식처리된 것을 사용해야 한다.

③ 동관을 사용하는 경우의 배관은 고정압력 또는 최고사용압력의 1.5배 이상의 압력에 견딜 수 있는 것을 사용할 것
④ 밸브류는 개폐위치 또는 개폐방향을 표시한 것으로 할 것
⑤ 배관의 관부속 및 밸브류는 배관과 동등 이상의 강도 및 내식성이 있는 것으로 할 것

7-1. 분말소화설비의 정압작동장치에서 가압용 가스가 저장용기 내에 가압되어 압력스위치가 동작되면 솔레노이드밸브가 동작되어 주밸브를 개방시키는 방식은?

① 압력스위치식   ② 봉판식
③ 기계식   ④ 스프링식

7-2. 분말소화설비의 저장용기 내부압력이 설정압력이 될 때 주밸브를 개방하는 것은?

① 한시계전기   ② 지시압력계
③ 압력조정기   ④ 정압작동장치

7-3. 분말소화설비의 배관과 선택밸브의 설치기준에 대한 내용으로 옳지 않은 것은?

① 배관은 겸용으로 설치할 것
② 강관은 아연도금에 따른 배관용 탄소강관을 사용할 것
③ 동관은 고정압력 또는 최고사용압력의 1.5배 이상의 압력에 견딜 수 있는 것을 사용할 것
④ 선택밸브는 방호구역 또는 방호대상물마다 설치할 것

7-4. 분말소화설비의 화재안전기술기준에서 분말소화설비의 배관으로 동관을 사용하는 경우 최고사용압력의 몇 배 이상 압력에 견딜 수 있는 것을 사용해야 하는가?

① 1   ② 1.5
③ 2   ④ 2.5

|해설|

7-1
압력스위치에 의한 방식이다.

7-2
정압작동장치 : 분말소화설비의 저장용기 내부압력이 설정압력이 될 때 주밸브를 개방하는 장치

7-3
분말소화설비의 배관은 전용으로 할 것

7-4
분말소화설비에서 동관을 사용하는 경우의 배관은 고정압력 또는 최고사용압력의 1.5배 이상의 압력에 견딜 수 있는 것을 사용할 것

정답 7-1 ① 7-2 ④ 7-3 ① 7-4 ②

핵심이론 01 | 소화설비의 정의 및 제외 장소 등

(1) 소화설비의 정의

① **고체에어로졸소화설비** : 설계밀도 이상의 고체에어로 졸을 방호구역 전체에 균일하게 방출하는 설비로서 분산(Dispersed)방식이 아닌 압축(Condensed)방식

② **고체에어로졸화합물** : 과산화물질, 가연성 물질 등의 혼합물로서 화재를 소화하는 비전도성의 미세입자인 에어로졸을 만드는 고체화합물

③ **고체에어로졸** : 고체에어로졸화합물의 연소과정에 의해 생성된 직경 $10[\mu m]$ 이하의 고체 입자와 기체 상태의 물질로 구성된 혼합물

(2) 고체에어로졸소화설비 설치 제외 장소

① 나이트로셀룰로스, 화약 등의 산화성 물질

② 리튬, 나트륨, 칼륨, 마그네슘, 티타늄, 지르코늄, 우라늄 및 플루토늄과 같은 자기반응성 금속

③ 금속 수소화물

④ 유기 과산화수소, 하이드라진 등 자동 열분해를 하는 화학물질

⑤ 가연성 증기 또는 분진 등 폭발성 물질이 대기에 존재할 가능성이 있는 장소

(3) 고체에어로졸발생기의 열 안전이격거리 설치기준

① 인체와의 최소 이격거리는 고체에어로졸 방출 시 75 [℃]를 초과하는 온도가 인체에 영향을 미치지 않는 거리

② 가연물과의 최소 이격거리는 고체에어로졸 방출 시 200[℃]를 초과하는 온도가 가연물에 영향을 미치지 않는 거리

(4) 고체에어로졸화합물의 최소질량

$$m = d \times V$$

여기서, m : 필수 소화약제량[g]

　　　 d : 설계밀도([g/m³] = 소화밀도[g/m³] × 1.3 (안전계수))(소화밀도 : 형식승인 받은 제조사의 설계매뉴얼에 제시된 소화밀도)

　　　 V : 방호체적[m³]

10년간 자주 출제된 문제

1-1. 고체에어로졸소화설비에서 정하는 정의로서 틀린 것은?

① 고체에어로졸화합물이란 과산화물질, 가연성 물질 등의 혼합물로서 화재를 소화하는 비전도성의 미세입자인 에어로졸을 만드는 고체화합물을 말한다.

② 고체에어로졸발생기란 고체에어로졸화합물, 냉각장치, 작동장치, 방출구, 저장용기로 구성되어 에어로졸을 발생시키는 장치를 말한다.

③ 안전계수란 설계밀도를 결정하기 위한 안전율을 말하며 1.3으로 한다.

④ 설계밀도란 소화설계를 위하여 필요한 것으로 소화밀도에 안전계수를 나누어 얻어지는 값을 말한다.

1-2. 고체에어로졸소화설비에서 소화설비를 설치해야 하는 장소로 맞는 것은?

① 나이트로셀룰로스, 화약 등의 산화성 물질

② 금속 수소화물

③ 인화성 액체

④ 가연성 증기 또는 분진 등 폭발성 물질이 대기에 존재할 가능성이 있는 장소

1-3. 고체에어로졸 발생기에서 인체와의 최소 이격거리는 고체에어로졸 방출 시 몇 [℃]를 초과하는 온도가 인체에 영향을 미치지 않는 거리로 설치해야 하는가?

① 55[℃]　　　　　　② 65[℃]

③ 75[℃]　　　　　　④ 200[℃]

1-1

설계밀도 : 소화설계를 위하여 필요한 것으로 소화밀도에 안전계수를 곱하여 얻어지는 값

1-2

제4류 위험물인 인화성 액체에는 고체에어로졸소화설비를 설치해야 한다.

1-3

인체와의 최소 이격거리는 고체에어로졸 방출 시 75[℃]를 초과하는 온도가 인체에 영향을 미치지 않는 거리로 설치해야 한다.

정답 1-1 ④ 1-2 ③ 1-3 ③

핵심이론 02 │ 소화설비의 기동 및 음향장치

(1) 고체에어로졸소화설비의 기동

① 고체에어로졸소화설비는 화재감지기 및 수동식 기동장치의 작동과 연동하여 기계적 또는 전기적 방식으로 작동해야 한다.

② 고체에어로졸소화설비 기동 시에는 1분 이내에 고체에어로졸 설계밀도의 95[%] 이상을 방호구역에 균일하게 방출해야 한다.

(2) 수동식 기동장치의 설치기준

① 제어반마다 설치할 것

② 방호구역의 출입구마다 설치하되 출입구 인근에 사람이 쉽게 조작할 수 있는 위치에 설치할 것

③ 기동장치의 조작부는 바닥으로부터 0.8[m] 이상 1.5[m] 이하의 위치에 설치할 것

④ 기동장치의 조작부에 보호판 등의 보호장치를 부착할 것

⑤ 기동장치 인근의 보기 쉬운 곳에 "고체에어로졸소화설비 수동식 기동장치"라고 표시한 표지를 부착할 것

⑥ 전기를 사용하는 기동장치에는 전원표시등을 설치할 것

⑦ 방출용 스위치의 작동을 명시하는 표시등을 설치할 것

⑧ 50[N] 이하의 힘으로 방출용 스위치를 기동할 수 있도록 할 것

(3) 고체에어로졸소화설비의 음향장치의 설치기준

① 화재감지기가 작동하거나 수동식 기동장치가 작동할 경우 음향장치가 작동할 것

② 음향장치는 방호구역마다 설치하되 해당 구역의 각 부분으로부터 하나의 음향장치까지의 수평거리는 25[m] 이하가 되도록 할 것

③ 음향장치는 경종 또는 사이렌(전자식 사이렌을 포함한다)으로 하되, 주위의 소음 및 다른 용도의 경보와 구별이 가능한 음색으로 할 것. 이 경우 경종 또는 사이렌은 자동화재탐지설비·비상벨설비 또는 자동식사이렌설비의 음향장치와 겸용할 수 있다.

④ 주 음향장치는 화재표시반의 내부 또는 그 직근에 설치할 것

⑤ 음향장치는 다음의 기준에 따른 구조 및 성능의 것으로 할 것

　㉠ 정격전압의 80[%] 전압에서 음향을 발할 수 있는 것으로 할 것

　㉡ 음량은 부착된 음향장치의 중심으로부터 1[m] 떨어진 위치에서 90[dB] 이상이 되는 것으로 할 것

⑥ 고체에어로졸의 방출 개시 후 1분 이상 경보를 계속 발할 것

2-1. 고체에어로졸소화설비 기동 시에는 1분 이내에 고체에어로졸 설계밀도의 몇 [%] 이상을 방호구역에 균일하게 방출해야 하는가?

① 80[%]　　　　　　　② 85[%]
③ 90[%]　　　　　　　④ 95[%]

2-2. 고체에어로졸소화설비의 수동식 기동장치의 조작부는 바닥으로부터 얼마의 위치에 설치해야 하는가?

① 1.5[m] 이하
② 1.5[m] 이상
③ 0.8[m] 이상 1.5[m] 이하
④ 0.5[m] 이상 1.0[m] 이하

2-3. 고체에어로졸소화설비의 수동식 기동장치의 방출용 스위치를 기동할 수 있는 최소 힘은?

① 50[N] 이하　　　　　② 50[N] 이상
③ 75[N] 이하　　　　　④ 75[N] 이상

2-4. 고체에어로졸소화설비의 음향장치는 방호구역마다 설치하되 해당 구역의 각 부분으로부터 하나의 음향장치까지의 수평거리는 최소 몇 [m] 이하로 해야 하는가?

① 15[m]　　　　　　　② 25[m]
③ 35[m]　　　　　　　④ 50[m]

|해설|

2-1

소화설비 기동시에는 1분 이내에 고체에어로졸 설계밀도의 95[%] 이상을 방호구역에 균일하게 방출해야 한다.

2-2

수동식 기동장치 조작부의 설치 : 바닥으로부터 0.8[m] 이상 1.5[m] 이하

2-3

50[N] 이하의 힘으로 방출용 스위치를 기동할 수 있도록 할 것

2-4

음향장치까지의 수평거리 : 25[m] 이하

정답 2-1 ④　2-2 ③　2-3 ①　2-4 ②

(1) 비상전원의 종류

① 자가발전설비

② 축전지설비(제어반에 내장하는 경우를 포함)

③ 전기저장장치(외부 전기에너지를 저장해 두었다가 필요한 때 전기를 공급하는 장치)

(2) 설치기준

① 점검에 편리하고 화재 및 침수 등의 재해로 인한 피해를 받을 우려가 없는 곳에 설치할 것

② 고체에어로졸소화설비에 최소 20분 이상 유효하게 전원을 공급할 것

③ 상용전원으로부터 전력의 공급이 중단된 때에는 자동으로 비상전원으로부터 전력을 공급받을 수 있도록 할 것

④ 비상전원의 설치장소는 다른 장소와 방화구획할 것(제어반에 내장하는 경우는 제외). 이 경우 그 장소에는 비상전원의 공급에 필요한 기구나 설비 외의 것(열병합발전설비에 필요한 기구나 설비는 제외)을 두어서는 안 된다.

⑤ 비상전원을 실내에 설치하는 때에는 그 실내에 비상조명등을 설치할 것

(3) 설치 제외 대상

① 2 이상의 변전소에서 전력을 동시에 공급받을 수 있는 경우

② 하나의 변전소로부터 전력이 중단되는 때에는 자동으로 다른 변전소로부터 전력을 공급받을 수 있도록 상용전원을 설치한 경우

10년간 자주 출제된 문제

고체에어로졸소화설비의 비상전원은 최소 몇 분 이상 유효하게 전원을 공급해야 하는가?

① 20　　　　　　　　② 30
③ 45　　　　　　　　④ 60

|해설|

비상전원의 공급 : 20분 이상

정답 ①

핵심이론 01 │ 피난구조설비의 개요, 종류

(1) 피난구조설비의 개요

피난기구는 화재가 발생하였을 때 소방대상물에 상주하는 사람들을 안전한 장소로 피난시킬 수 있는 기계·기구를 말하며 피난설비는 화재 발생 시 건축물로부터 피난하기 위해 사용하는 기계·기구 또는 설비를 말한다.

(2) 피난구조설비의 종류

① **피난기구** : 피난사다리, 완강기, 간이완강기, 구조대, 미끄럼대, 피난교, 피난용트랩, 공기안전매트, 다수인피난장비, 승강식피난기 등
② 인명구조기구[방열복, 방화복(안전모, 보호장갑, 안전화 포함), 공기호흡기, 인공소생기]
③ 유도등, 피난유도선, 유도표지, 비상조명등, 휴대용비상조명등

(3) 피난기구의 종류

① **피난사다리** : 특정소방대상물에 고정시켜 혹은 매달아 피난하기 위해 사용하는 금속제로 만든 것으로 재질과 사용방법에 따라서 분류한다.
   ㉠ 금속제 사다리의 종류
   • 고정식 사다리 : 항시 사용 가능한 상태로 소방대상물에 고정되어 사용되는 사다리(수납식·접는식·신축식을 포함)
   • 올림식 사다리 : 소방대상물 등에 기대어 세워서 사용하는 사다리
   • 내림식 사다리 : 평상시에는 접어둔 상태로 두었다가 사용하는 때에 소방대상물 등에 걸어 내려 사용하는 사다리(하향식 피난구용 내림식 사다리를 포함)
   ㉡ 설치 및 정비
   • 금구는 전면측면에서 수직, 사다리 하단은 수평이 되도록 할 것
   • 피난사다리의 횡봉과 벽 사이는 10[cm] 이상 떨어지도록 할 것
② **완강기** : 사용자의 몸무게에 따라 자동적으로 내려올 수 있는 기구로서 사용자가 교대하여 연속적으로 사용할 수 있는 것이다.
   ㉠ 완강기의 구조 및 기능
   • 속도조절기 : 피난자의 하강속도를 조정하는 것으로 피난자의 체중에 의해 주행하는 로프가 V형 홈을 설치한 도르래를 회전시켜 회전의 치차기구에 의해서 원심 브레이크를 작동하여 하강속도를 일정하게 조절하는 장치
   • 로프 : 와이어로프는 지름이 3[mm] 이상 또는 안전계수 5 이상이어야 하며, 전체 길이에 걸쳐 균일한 구조여야 한다. 또한, 와이어로프에 외장을 하는 경우에는 전체 길이에 걸쳐 균일하게 외장을 해야 한다.
   • 벨트 : 가슴둘레에 맞게 길이를 조정하는 조정고리를 부착하는 피난자의 흉부에 감아서 몸을 유지하는 것이다.
   • 속도조절기의 연결부(훅) : 훅은 완강기 본체와 사용자의 체중을 지지하는 것으로 건축물에 설치한 부착금구에 쉽게 결합되고 사용 중 꼬이거나 분해, 절단, 이탈되지 않아야 한다.
   ※ 최대사용자수
     = 완강기의 최대사용하중 ÷ 1,500[N]

ⓛ 설치기준

- 개구부의 크기 : 세로 100[cm], 가로 50[cm] 이상. 또 개구부의 창의 개폐구조로는 돌출창, 미닫이 창문 및 위아래로 올리는 창은 피하는 것이 좋다.
- 부착금구하중 > 최대사용자수×390[kg] + 완강기 무게

③ **구조대** : 포지 등을 사용하여 자루 형태로 만든 것으로서 화재 시 사용자가 그 내부에 들어가서 내려옴으로써 대피할 수 있는 것을 말한다.

④ **미끄럼대** : 사용자가 미끄럼식으로 신속하게 지상 또는 피난층으로 이동할 수 있는 피난기구를 말한다.

10년간 자주 출제된 문제

1-1. 금속제 피난사다리의 분류로서 적당한 것은?

① 고정식 사다리, 내림식 사다리, 미끄럼식 사다리
② 고정식 사다리, 올림식 사다리, 내림식 사다리
③ 올림식 사다리, 내림식 사다리, 수납식 사다리
④ 신축식 사다리, 수납식 사다리, 접는식 사다리

1-2. 내림식 사다리에 있어서 돌자의 거리는 얼마 이상의 거리가 유지되어야 하는가?

① 5[cm]   ② 10[cm]
③ 12[cm]   ④ 15[cm]

1-3. 완강기 벨트의 강도는 늘어뜨린 방향으로 1개에 대하여 몇 [N]의 인장하중을 가하는 시험에서 끊어지거나 현저한 변형이 생기지 않아야 하는가?

① 1,500[N]   ② 3,900[N]
③ 5,000[N]   ④ 6,500[N]

1-4. 완강기의 최대사용하중은 몇 [N] 이상의 하중이어야 하는가?

① 800[N]   ② 1,000[N]
③ 1,200[N]   ④ 1,500[N]

1-5. 다음과 같은 소방대상물의 부분에 완강기를 설치할 경우 부착 금속구의 부착위치로서 가장 적합한 위치는?

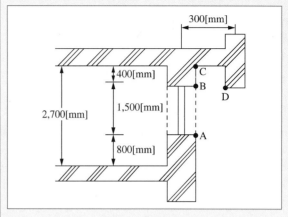

① A   ② B
③ C   ④ D

|해설|

1-1

금속제 피난사다리의 분류 : 고정식 사다리, 올림식 사다리, 내림식 사다리

1-2

내림식 사다리에 있어서 돌자의 거리 : 10[cm] 이상 간격 유지

1-3

완강기 벨트의 강도는 늘어뜨린 방향으로 1개에 대하여 6,500[N]의 인장하중을 가하는 시험에서 끊어지거나 현저한 변형이 생기지 않아야 한다.

1-4

완강기의 최대사용하중 : 1,500[N] 이상

1-5

완강기를 설치할 경우 부착 금속구의 부착위치는 하강 시 장애물이 없는 D가 적합하다.

정답 1-1 ②   1-2 ②   1-3 ④   1-4 ④   1-5 ④

(1) 피난기구의 적응성

층 별 설치장소별 구분	1층	2층	3층	4층 이상 10층 이하
1. 노유자시설	미끄럼대· 구조대· 피난교· 다수인피난장비· 승강식피난기	미끄럼대· 구조대· 피난교· 다수인피난장비· 승강식피난기	미끄럼대· 구조대· 피난교· 다수인피난장비· 승강식피난기	구조대[1]· 피난교· 다수인피난장비· 승강식피난기
2. 의료시설·근린생활시설 중 입원실이 있는 의원·접골원·조산원	–	–	미끄럼대· 구조대· 피난교· 피난용트랩· 다수인피난장비· 승강식피난기	구조대· 피난교· 피난용트랩· 다수인피난장비· 승강식피난기
3. 다중이용업소의 안전관리에 관한 특별법 시행령 제2조에 따른 다중이용업소로서 영업장의 위치가 4층 이하인 다중이용업소	–	미끄럼대· 피난사다리· 구조대· 완강기· 다수인피난장비· 승강식피난기	미끄럼대· 피난사다리· 구조대· 완강기· 다수인피난장비· 승강식피난기	미끄럼대· 피난사다리· 구조대· 완강기· 다수인피난장비· 승강식피난기
4. 그 밖의 것	–	–	미끄럼대· 피난사다리· 구조대· 완강기· 피난교· 피난용트랩· 간이완강기[2]· 공기안전매트[3]· 다수인피난장비· 승강식피난기	피난사다리· 구조대· 완강기· 피난교· 간이완강기[2]· 공기안전매트[3]· 다수인피난장비· 승강식피난기

[1] 구조대의 적응성은 장애인 관련 시설로서 주된 사용자 중 스스로 피난이 불가한 자가 있는 경우 추가로 설치하는 경우에 한한다.
[2], [3] 간이완강기의 적응성은 숙박시설의 3층 이상에 있는 객실에, 공기안전매트의 적응성은 공동주택에 추가로 설치하는 경우에 한한다.

(2) 피난기구의 개수 설치기준

① 층마다 설치하되 아래 기준에 의하여 설치해야 한다.

특정소방대상물	설치기준(1개 이상)
숙박시설·노유자시설 및 의료시설	바닥면적 500[m²]마다
위락시설·문화 및 집회시설, 운동시설·판매시설, 복합용도의 층	바닥면적 800[m²]마다
계단실형 아파트	각 세대마다
그 밖의 용도의 층	바닥면적 1,000[m²]마다

② ①의 피난기구 외에 숙박시설(휴양콘도미니엄은 제외)은 추가로 객실마다 완강기 또는 2 이상의 간이완강기를 설치할 것

(3) 피난기구의 설치기준

① 피난기구는 계단·피난구 기타 피난시설로부터 적당한 거리에 있는 안전한 구조로 된 피난 또는 소화활동상 유효한 개구부(가로 0.5[m] 이상 세로 1[m] 이상인 것을 말한다. 이 경우 개부구 하단이 바닥에서 1.2[m] 이상이면 발판 등을 설치해야 하고 밀폐된 창문은 쉽게 파괴할 수 있는 파괴장치를 비치해야 한다)에 고정하여 설치하거나 필요한 때에 신속하고 유효하게 설치할 수 있는 상태에 둘 것

② 피난기구를 설치하는 개구부는 서로 동일 직선상이 아닌 위치에 있을 것. 다만, 피난교·피난용트랩·간이완강기·아파트에 설치하는 피난기구(다수인 피난장비는 제외)·기타 피난상 지장이 없는 것에 있어서는 그렇지 않다.

③ 4층 이상의 층에 피난사다리(하향식 피난구용 내림식 사다리는 제외한다)를 설치하는 경우에는 금속성 고정사다리를 설치하고, 해당 고정사다리에는 쉽게 피난할 수 있는 구조의 노대를 설치할 것

④ 미끄럼대는 안전한 강하속도를 유지하도록 하고, 전락방지를 위한 안전조치를 할 것

⑤ 다수인피난장비의 설치기준

㉠ 사용 시에 보관실 외측 문이 먼저 열리고 탑승기가 외측으로 자동으로 전개될 것

㉡ 하강 시에 탑승기가 건물 외벽이나 돌출물에 충돌하지 않도록 설치할 것

㉢ 상·하층에 설치할 경우에는 탑승기의 하강경로가 중첩되지 않도록 할 것

㉣ 하강 시에는 안전하고 일정한 속도를 유지하도록 하고 전복, 흔들림, 경로이탈 방지를 위한 안전조치를 할 것

ⓜ 보관실의 문에는 오작동 방지조치를 하고, 문 개방 시에는 해당 특정소방대상물에 설치된 경보설비와 연동하여 유효한 경보음을 발하도록 할 것

⑥ 승강식피난기 및 하향식 피난구용 내림식 사다리 설치 기준

　　㉠ 대피실의 면적은 2[m²](2세대 이상일 경우에는 3[m²]) 이상으로 하고, 하강구(개구부) 규격은 직경 60[cm] 이상일 것

　　㉡ 대피실의 출입문은 60분+방화문 또는 60분 방화문으로 설치할 것

　　㉢ 착지점과 하강구는 상호 수평거리 15[cm] 이상의 간격을 둘 것

　　㉣ 대피실 내에는 비상조명등을 설치할 것

　　㉤ 대피실에는 층의 위치표시와 피난기구 사용설명서 및 주의사항 표지판을 부착할 것

　　㉥ 대피실 출입문이 개방되거나, 피난기구 작동 시 해당층 및 직하층 거실에 설치된 표시등 및 경보장치가 작동되고, 감시제어반에서는 피난기구의 작동을 확인할 수 있어야 할 것

10년간 자주 출제된 문제

2-1. 노유자시설의 3층에 적응성을 가진 피난기구가 아닌 것은?

① 미끄럼대　　　　② 피난교
③ 구조대　　　　　④ 간이완강기

2-2. 노유자시설에 적용되지 않는 피난기구는 다음 어느 것인가?

① 구조대　　　　　② 피난용트랩
③ 피난교　　　　　④ 미끄럼대

2-3. 숙박시설·노유자시설 및 의료시설로 사용되는 층에 있어서의 피난기구는 그 층의 바닥면적이 몇 [m²]마다 1개 이상을 설치해야 하는가?

① 300[m²]
② 500[m²]
③ 800[m²]
④ 1,000[m²]

2-4. 피난기구의 설치 및 유지에 관한 사항 중 옳지 않은 것은?

① 피난기구를 설치하는 개구부는 동일 직선상의 위치에 있을 것
② 설치장소에는 피난기구의 위치를 표시하는 발광식 또는 축광식 표지와 그 사용방법을 표시한 표지를 부착할 것
③ 피난기구는 특정소방대상물의 기둥·바닥·보 기타 구조상 견고한 부분에 볼트조임·매입·용접 기타의 방법으로 견고하게 부착할 것
④ 피난기구는 계단·피난구 기타 피난시설로부터 적당한 거리에 있는 안전한 구조로 된 피난 또는 소화활동상 유효한 개구부에 고정하여 설치할 것

|해설|

2-1

3층 노유자시설의 피난기구 : 미끄럼대, 구조대, 피난교, 다수인피난장비, 승강식피난기

2-2

노유자시설에는 층수에 관계없이 피난용트랩은 설치할 수 없다.

2-3

층마다 설치하되, 숙박시설·노유자시설 및 의료시설로 사용되는 층에 있어서는 그 층의 바닥면적 500[m²]마다 1개 이상 설치할 것

2-4

피난기구를 설치하는 개구부는 서로 동일 직선상이 아닌 위치에 있을 것(단, 피난교, 피난용트랩, 간이완강기, 아파트에 설치되는 피난기구(다수인 피난장비는 제외) 기타 피난상 지장이 없는 것에 있어서는 그렇지 않다)

정답 2-1 ④　**2-2** ②　**2-3** ②　**2-4** ①

(1) 피난기구의 1/2 감소할 수 있는 경우
① 주요구조부가 내화구조로 되어 있을 것
② 직통계단인 피난계단 또는 특별피난계단이 2 이상 설치되어 있을 것

(2) 피난기구의 2배의 수를 뺀 수로 하는 경우
피난기구를 설치해야 할 소방대상물 중 주요구조부가 내화구조이고 다음의 기준에 적합한 건널 복도가 설치되어 있는 층에는 기준에 따른 피난기구의 수에서 해당 건널 복도의 수의 2배의 수를 뺀 수로 한다.
① 내화구조 또는 철골조로 되어 있을 것
② 건널 복도 양단의 출입구에 자동폐쇄장치를 한 60분+ 방화문 또는 60분 방화문(방화셔터를 제외)이 설치되어 있을 것
③ 피난·통행 또는 운반의 전용 용도일 것

10년간 자주 출제된 문제

3-1. 피난기구의 화재안전기술기준상 피난기구를 설치해야 할 소방대상물 중 피난기구의 2분의 1을 감소할 수 있는 조건이 아닌 것은?
① 주요구조부가 내화구조로 되어 있을 것
② 비상용 엘리베이터(Elevator)가 설치되어 있을 것
③ 직통계단인 피난계단이 2 이상 설치되어 있을 것
④ 직통계단인 특별피난계단이 2 이상 설치되어 있을 것

3-2. 주요구조부가 내화구조이고 건널 복도에 설치된 층에 피난기구 수의 산출방법으로 적당한 것은?
① 원래의 수에서 $\frac{1}{2}$을 감소한다.
② 원래의 수에서 건널 복도 수를 더한 수로 한다.
③ 원래의 수에서 건널 복도 수의 2배에 해당하는 수를 뺀 수로 한다.
④ 피난기구를 설치하지 않을 수 있다.

|해설|

3-1, 3-2
본문 참조

정답 3-1 ② 3-2 ③

특정소방대상물	인명구조기구	설치수량
지하층을 포함하는 층수가 7층 이상인 관광호텔 및 5층 이상인 병원	방열복 또는 방화복(안전모, 보호장갑 및 안전화 포함) 공기호흡기, 인공소생기	각 2개 이상 비치할 것(다만, 병원의 경우에는 인공소생기를 설치하지 않을 수 있다)
• 문화 및 집회시설 중 수용인원 100명 이상의 영화상영관 • 판매시설 중 대규모 점포 • 운수시설 중 지하역사 • 지하가 중 지하상가	공기호흡기	층마다 2개 이상 비치할 것(다만, 각 층마다 갖추어 두어야 할 공기호흡기 중 일부를 직원이 상주하는 인근 사무실에 갖추어 둘 수 있다)
물분무소화설비 중 이산화탄소소화설비를 설치해야 하는 특정소방대상물	공기호흡기	이산화탄소소화설비가 설치된 장소의 출입구 외부 인근에 1개 이상 비치할 것

10년간 자주 출제된 문제

4-1. 인명구조기구의 종류가 아닌 것은?
① 방열복　　　　　② 구조대
③ 공기호흡기　　　④ 인공소생기

4-2. 특정소방대상물의 용도 및 장소별로 설치해야 할 인명구조기구의 기준으로 틀린 것은?
① 지하가 중 지하상가는 인공소생기를 층마다 2개 이상 비치할 것
② 판매시설 중 대규모 점포는 공기호흡기를 층마다 2개 이상 비치할 것
③ 지하층을 포함하는 층수가 7층 이상인 관광호텔은 방열복, 공기호흡기, 인공소생기를 각 2개 이상 비치할 것
④ 물분무 등 소화설비 중 이산화탄소소화설비를 설치해야 하는 특정소방대상물은 공기호흡기를 이산화탄소소화설비가 설치된 장소의 출입구 외부 인근에 1대 이상 비치할 것

|해설|

4-1
구조대 : 피난기구

4-2
지하가 중 지하상가는 공기호흡기를 층마다 2개 이상 비치할 것

정답 4-1 ② 4-2 ①

핵심이론 01 소화수조

(1) 소화수조의 개요

도로에 설치된 공설 소화전 및 지하수조와 지상수조의 저수조로서 대규모의 건축물의 화재 시 건축물 화재의 확대를 방지하기 위하여 소방대가 사용하도록 설치하는 소방용 수리를 말한다.

(2) 소화수조 등

① 소화수조 및 저수조의 채수구 또는 흡수관의 투입구는 소방차가 2[m] 이내의 지점까지 접근할 수 있는 위치에 설치할 것

② 소화수조 또는 저수조의 저수량

$$저수량 = \frac{연면적}{기준면적} (소수점 이하는 1) \times 20[m^3]$$

소방대상물의 구분	기준면적[m²]
1층 및 2층의 바닥면적의 합계가 15,000[m²] 이상인 소방대상물	7,500
그 밖의 소방대상물	12,500

③ 소화수조, 저수조의 설치기준

　⊙ 지하에 설치하는 소화용수설비의 흡수관 투입구
- 한 변이 0.6[m] 이상, 직경이 0.6[m] 이상인 것으로 할 것
- 소요수량이 80[m³] 미만인 것에 있어서는 1개 이상, 80[m³] 이상인 것에 있어서는 2개 이상을 설치할 것
- "흡수관투입구"라고 표시한 표지를 할 것

　⊙ 채수구에는 다음 표에 의하여 소방용 호스 또는 소방용 흡수관에 사용하는 구경 65[mm] 이상의 나사식 결합금속구를 설치할 것

소요수량	20[m³] 이상 40[m³] 미만	40[m³] 이상 100[m³] 미만	100[m³] 이상
채수구의 수	1개	2개	3개

　© 채수구의 설치 : 0.5[m] 이상 1[m] 이하

④ 소화용수설비를 설치해야 할 소방대상물에 있어서 유수의 양이 0.8[m³/min] 이상인 유수를 사용할 수 있는 경우에는 소화수조를 설치하지 않을 수 있다.

10년간 자주 출제된 문제

1-1. 5층 건물의 연면적이 65,000[m²]인 소방대상물에 설치되어야 하는 소화수조 또는 저수조의 저수량은 몇 [m³] 이상이어야 하는가?(단, 각층의 바닥면적은 동일하다)

① 180[m³]　　　　　　② 240[m³]
③ 200[m³]　　　　　　④ 220[m³]

1-2. 높이가 31[m] 이상인 건축물로서 지하층을 제외한 연면적이 60,000[m²]일 경우에 소화용수설비의 저수량은 몇 [m³] 이상이어야 하는가?(단, 1층 및 2층의 바닥면적 합계가 6,000[m²]이다)

① 160[m³]　　　　　　② 100[m³]
③ 80[m³]　　　　　　④ 60[m³]

1-3. 소화용수설비에서 소방펌프차가 채수구로부터 몇 [m] 이내까지 접근할 수 있도록 설치해야 하는가?

① 5[m]　　　　　　② 3[m]
③ 2[m]　　　　　　④ 1[m]

1-4. 소화용수설비에 설치하는 채수구는 지면으로부터 얼마의 높이에 설치해야 하는가?

① 0.2[m] 이상, 1.2[m] 이하
② 0.5[m] 이상, 1.2[m] 이하
③ 0.5[m] 이상, 1[m] 이하
④ 0.2[m] 이상, 1[m] 이하

1-5. 소화용수설비를 설치해야 할 특정소방대상물에 있어서 유수의 양이 최소 몇 [m³/min] 이상인 유수를 사용할 수 있는 경우에 소화수조를 설치하지 않을 수 있는가?

① 0.8[m³/min]　② 1[m³/min]

③ 1.5[m³/min]　④ 2[m³/min]

| 해설 |

1-1

저수량

$65,000[m^2] \div 7,500[m^2] = 8.6 (\Rightarrow 9)$

∴ 수원의 양 = $9 \times 20[m^3] = 180[m^3]$

1-2

저수량

∴ 저수량 $= \dfrac{60,000[m^2]}{12,500[m^2]} = 4.8 \Rightarrow 5 \times 20[m^3] = 100[m^3]$

1-3

소화용수설비에서 소방펌프차가 채수구로부터 2[m] 이내까지 접근할 수 있도록 설치해야 한다.

1-4

채수구의 설치 : 0.5[m] 이상 1[m] 이하

1-5

유수의 양이 0.8[m³/min] 이상일 경우에는 소화수조를 설치하지 않을 수 있다.

정답 1-1 ① 1-2 ② 1-3 ③ 1-4 ③ 1-5 ①

핵심이론 02 | **가압송수장치, 상수도 소화용수설비**

(1) 가압송수장치

① 소화수조 또는 저수조가 지표면으로부터의 깊이(수조 내부바닥까지 길이)가 4.5[m] 이상인 지하에 있는 경우에는 표에 의하여 가압송수장치를 설치할 것

[소화용수량과 가압송수장치 분당 양수량]

소요수량	20[m³] 이상 40[m³] 미만	40[m³] 이상 100[m³] 미만	100[m³] 이상
가압송수장치의 1분당 양수량	1,100[L] 이상	2,200[L] 이상	3,300[L] 이상

② 소화수조가 옥상 또는 옥탑의 부분에 설치된 경우에는 지상에 설치된 채수구에서의 압력이 0.15[MPa] 이상이 되도록 할 것

③ 펌프를 이용하는 가압송수장치의 설치기준

　㉠ 펌프의 토출 측에는 압력계를 체크밸브 이전에 펌프 토출 측 플랜지에서 가까운 곳에 설치하고, 흡입 측에는 연성계 또는 진공계를 설치할 것. 다만, 수원의 수위가 펌프의 위치보다 높거나 수직회전축 펌프의 경우에는 연성계 또는 진공계를 설치하지 않을 수 있다.

　㉡ 가압송수장치에는 정격부하운전 시 펌프의 성능을 시험하기 위한 배관을 설치할 것

　㉢ 가압송수장치에는 체절운전 시 수온의 상승을 방지하기 위한 순환배관을 설치할 것

　㉣ 기동장치로는 보호판을 부착한 기동스위치를 채수구 직근에 설치할 것

　㉤ 수원의 수위가 펌프보다 낮은 위치에 있는 가압송수장치에는 다음의 기준에 따른 물올림장치를 설치할 것

　　• 물올림장치에는 전용의 수조를 설치할 것

　　• 수조의 유효수량은 100[L] 이상으로 하되, 구경 15[mm] 이상의 급수배관에 따라 해당 수조에 물이 계속 보급되도록 할 것

(2) 상수도 소화용수설비

① 호칭지름 75[mm] 이상의 수도배관에 호칭지름 100[mm] 이상의 소화전을 접속할 것
② 소화전은 소방자동차 등의 진입이 쉬운 도로변 또는 공지에 설치할 것
③ 소화전은 특정소방대상물의 수평투영면의 각 부분으로부터 140[m] 이하가 되도록 설치할 것
④ 지상식 소화전의 호스접결구는 지면으로부터 높이가 0.5[m] 이상 1[m] 이하가 되도록 설치할 것

10년간 자주 출제된 문제

2-1. 소화용수가 지표면으로부터 내부바닥까지의 깊이가 몇 [m] 이상인 지하에 있는 경우에 가압송수장치를 설치해야 하는가?

① 4[m] ② 4.5[m]
③ 5[m] ④ 5.5[m]

2-2. 소화수조 및 저수조의 가압송수장치 설치기준 중 다음 (   ) 안에 알맞은 것은?

소화수조가 옥상 또는 옥탑의 부분에 설치된 경우에는 지상에 설치된 채수구에서의 압력이 (   )[MPa] 이상이 되도록 해야 한다.

① 0.1 ② 0.15
③ 0.17 ④ 0.25

2-3. 상수도 소화용수설비의 소화전과 수도배관의 호칭지름이 옳게 연결된 것은?

① 40[mm] 이상 – 75[mm] 이상
② 65[mm] 이상 – 75[mm] 이상
③ 80[mm] 이상 – 75[mm] 이상
④ 100[mm] 이상 – 75[mm] 이상

2-4. 상수도 소화용수설비의 소화전은 특정소방대상물의 수평투영면의 각 부분에서 몇 [m] 이하가 되도록 설치하는가?

① 200[m] ② 140[m]
③ 100[m] ④ 70[m]

|해설|

2-1
소화수조 또는 저수조가 지표면으로부터의 깊이(수조 내부바닥까지 길이)가 4.5[m] 이상인 지하에 있는 경우에는 가압송수장치를 설치해야 한다.

2-2
소화수조가 옥상 또는 옥탑의 부분에 설치된 경우에는 지상에 설치된 채수구에서의 압력이 0.15[MPa] 이상이 되도록 해야 한다.

2-3
호칭지름 75[mm] 이상의 수도배관에 호칭지름 100[mm] 이상의 소화전을 접속할 것

2-4
상수도 소화용수설비의 소화전은 특정소방대상물의 수평투영면의 각 부분에서 140[m] 이하가 되도록 설치해야 한다.

정답 2-1 ② 2-2 ② 2-3 ④ 2-4 ②

제4장 │ 소화활동설비

제1절 제연설비

핵심이론 01 │ 제연설비의 개요, 종류

(1) 제연설비의 개요

제연설비는 화재 발생 시 생기는 연기가 피난통로인 계단, 복도 등에 침투하여 인명의 질식사를 유발하고 연기로부터 안전하게 보호하고 피난함과 동시에 소화활동을 원활히 하고자 하는 설비를 말한다.

(2) 제연설비의 종류

① **밀폐제연방식** : 화재 발생 시 연기를 밀폐하여 연기의 외부유출, 외부의 신선한 공기의 유입을 막아 제연하는 방식

② **자연제연방식** : 화재 시 발생되는 온도상승에 의해 발생한 부력 또는 외부 공기의 흡출효과에 의하여 내부의 실 상부에 설치된 창 또는 전용의 제연구로부터 연기를 옥외로 배출하는 방식

③ **스모크타워제연방식** : 전용샤프트를 설치하여 건물 내·외부의 온도차와 화재 시 발생되는 열기에 의한 밀도 차이를 이용하여 지붕 외부의 루프모니터 등을 이용하여 옥외로 배출·환기시키는 방식

④ **기계제연방식**

　　㉠ 제1종 기계제연방식 : 제연팬으로 급기와 배기를 동시에 행하는 제연방식

　　㉡ 제2종 기계제연방식 : 제연팬으로 급기를 하고 자연배기를 하는 제연방식

　　㉢ 제3종 기계제연방식 : 제연팬으로 배기를 하고 자연급기를 하는 제연방식

　　※ 드래프트 커튼 : 공장, 창고 등 단층의 바닥면적이 큰 건물에 스모크 해치를 설치하여 효과를 높이기 위한 장치

1-1. 송풍기 등을 사용하여 건축물 내부에 발생한 연기를 제연구획까지 풍도를 설치하여 강제로 제연하는 방식은?

① 밀폐제연방식
② 자연제연방식
③ 기계제연방식
④ 스모크타워제연방식

1-2. 제연방식에 의한 분류 중 아래의 장단점에 해당하는 방식은?

> [장 점]
> 화재 초기에 화재실의 내압을 낮추고 연기를 다른 구역으로 누출시키지 않는다.
> [단 점]
> 연기 온도가 상승하면 기기의 내열성에 한계가 있다.

① 제1종 기계제연방식
② 제2종 기계제연방식
③ 제3종 기계제연방식
④ 밀폐제연방식

1-3. 공장, 창고 등 단층의 바닥면적이 큰 건물에 스모크 해치를 설치할 때 그 효과를 높이기 위한 장치는?

① 드래프트 커튼
② 제연덕트
③ 배출기
④ 보조제연기

|해설|

1-1

기계제연방식 : 건축물 내부에 발생한 연기를 배연구획까지 풍도를 설치하여 강제로 제연하는 방식

1-2

제3종 기계제연방식의 설명이다.

1-3

드래프트 커튼 : 공장, 창고 등 단층의 바닥면적이 큰 건물에 스모크 해치를 설치하여 효과를 높이기 위한 장치

정답 1-1 ③ 1-2 ③ 1-3 ①

핵심이론 02 | 제연구획, 배출량

(1) 제연구역의 기준

① 하나의 제연구역의 면적은 1,000[m²] 이내로 할 것
② 거실과 통로(복도포함)는 각각 제연구획할 것
③ 통로상의 제연구역은 보행 중심선의 길이가 60[m]를 초과하지 않을 것
④ 하나의 제연구역은 직경 60[m] 원 내에 들어갈 수 있을 것
⑤ 하나의 제연구역은 2 이상의 층에 미치지 않도록 할 것

(2) 제연구역의 구획 기준

① 재질은 내화재료, 불연재료 또는 제연경계벽으로 성능을 인정받은 것으로서 화재 시 쉽게 변형·파괴되지 않고 연기가 누설되지 않는 기밀성 있는 재료로 할 것
② 제연경계의 폭은 0.6[m] 이상이고 수직거리는 2[m] 이내로 할 것. 다만, 구조상 불가피한 경우에는 2[m]를 소화할 수 있다.
③ 경계벽은 배연 시 기류에 의하여 그 하단이 쉽게 흔들리지 않고 가동식의 경우에는 급속히 하강하여 인명에 위해를 주지 않는 구조일 것

(3) 배출량 및 배출방식

① 거실의 바닥면적이 400[m²] 미만인 제연구역의 배출량 바닥면적이 1[m²]당 1[m³/min] 이상으로 하되, 예상제연구역에 대한 최소배출량은 5,000[m³/h] 이상으로 할 것
② 거실의 바닥면적이 400[m²] 이상인 제연구역의 배출량
   ㉠ 제연구역이 직경 40[m] 안에 있을 경우 : 40,000 [m³/h] 이상
   ㉡ 제연구역이 직경 40[m]를 초과할 경우 : 45,000 [m³/h] 이상
③ 예상제연구역이 통로인 경우의 배출량 : 45,000[m³/h] 이상

(4) 배출구

① 배출구의 설치위치
   ㉠ 바닥면적이 400[m²] 미만인 예상제연구역 : 천장 또는 반자와 바닥 사이의 중간 윗부분
   ㉡ 바닥면적이 400[m²] 이상인 예상제연구역 : 천장·반자 또는 이에 가까운 벽의 부분
② 예상제연구역의 각 부분으로부터 하나의 배출구까지의 수평거리는 10[m] 이내가 되도록 해야 한다.

10년간 자주 출제된 문제

2-1. 제연구역에 대한 내용 중 잘못된 것은?
① 제연구역에 구획은 보, 제연경계벽 및 벽으로 해야 한다.
② 하나의 제연구역은 직경이 최대 50[m]인 원 안에 들어갈 수 있어야 한다.
③ 하나의 제연구역 면적은 1,000[m²] 이하이어야 한다.
④ 거실과 통로는 각각 제연구획을 해야 한다.

2-2. 제연설비 설치의 설명 중 제연구역의 구획으로서 그 기준에 옳지 않은 것은?
① 거실과 통로는 각각 제연구획할 것
② 하나의 제연구역의 면적은 600[m²] 이내로 할 것(단, 구조상 부득이한 경우는 1,000[m²] 이내로 할 수 있다)
③ 하나의 제연구역은 직경 60[m] 원 내에 들어갈 수 있을 것
④ 하나의 제연구역은 2 이상의 층에 미치지 않도록 할 것

2-3. 제연설비가 설치된 부분의 거실 바닥면적이 400[m²] 이상이고 수직거리가 2[m] 이하일 때, 예상제연구역이 직경 40[m]인 원의 범위를 초과한다면 예상제연구역의 배출량은 몇 [m³/h] 이상이어야 하는가?
① 25,000
② 30,000
③ 40,000
④ 45,000

2-4. 바닥면적이 400[m²] 미만이고 예상제연구역이 벽으로 구획되어 있는 배출구의 설치위치로 옳은 것은?(단, 통로인 예상제연구역을 제외한다)

① 천장 또는 반자와 바닥 사이의 중간 윗부분
② 천장 또는 반자와 바닥 사이의 중간 아랫부분
③ 천장, 반자 또는 이에 가까운 부분
④ 천장 또는 반자와 바닥 사이의 중간 부분

2-5. 예상제연구역의 각 부분으로부터 하나의 배출구까지의 수평거리는 몇 [m] 이내가 되어야 하는가?

① 5[m]
② 10[m]
③ 15[m]
④ 20[m]

|해설|

2-1
하나의 제연구역은 직경 60[m] 원 내에 들어갈 수 있을 것

2-2
하나의 제연구역의 면적 : 1,000[m²] 이내

2-3
본문 참조

2-4
배출구의 설치위치 : 바닥면적이 400[m²] 미만인 예상제연구역은 천장 또는 반자와 바닥 사이의 중간 윗부분

2-5
하나의 배출구까지의 수평거리 : 10[m] 이내

정답 2-1 ② 2-2 ② 2-3 ④ 2-4 ① 2-5 ②

핵심이론 03 | 공기 유입방식, 배출기 등

(1) 공기 유입방식 및 유입구

① 예상제연구역에 공기 유입구의 설치

   ㉠ 바닥면적 400[m²] 미만인 거실의 예상제연구역에는 공기 유입구와 배출구 간의 직선거리 5[m] 이상 또는 구획된 실의 장변의 1/2 이상으로 할 것

   ㉡ 바닥면적 400[m²] 이상인 거실의 예상제연구역에는 바닥으로부터 1.5[m] 이하의 높이에 설치하고 그 주변은 공기의 유입에 장애가 없도록 할 것

② 예상제연구역에 공기가 유입되는 순간의 풍속은 5[m/s] 이하로 할 것

③ 예상제연구역에 대한 공기 유입구의 크기는 해당 예상제연구역의 배출량의 1[m³/min]에 대하여 35[cm²] 이상으로 할 것

(2) 배출기 및 배출풍도

① 배출기

   ㉠ 배출기와 배출풍도의 접속 부분에 사용하는 캔버스는 내열성(석면 재료는 제외)이 있는 것으로 할 것

   ㉡ 배출기의 전동기 부분과 배풍기 부분은 분리하여 설치해야 하며 배풍기 부분은 유효한 내열처리 할 것

② 배출풍도

   ㉠ 배출풍도는 아연도금강판 등 내식성·내열성이 있는 것으로 할 것

   ㉡ 배출기 흡입 측 풍도 안의 풍속은 15[m/s] 이하로 하고, 배출 측의 풍속은 20[m/s] 이하로 할 것

③ 유입풍도 안의 풍속 : 20[m/s] 이하

④ 배출풍도의 크기에 따른 강판 두께

풍도단면의 긴 변 또는 직경의 크기	강판 두께
450[mm] 이하	0.5[mm]
450[mm] 초과 750[mm] 이하	0.6[mm]
750[mm] 초과 1,500[mm] 이하	0.8[mm]
1,500[mm] 초과 2,250[mm] 이하	1.0[mm]
2,250[mm] 초과	1.2[mm]

(3) 제연설비의 기동

제연설비의 기동은 가동식의 벽, 제연경계벽, 댐퍼 및 배출기의 작동은 화재감지기와 연동되어야 하며, 예상제연구역(또는 인접장소) 및 제어반에서 수동으로 기동이 가능하도록 해야 한다.

(1) 댐퍼의 종류

① 방연댐퍼(SD ; Solenoid Damper) : 연기감지기에 의해 연기가 검출되었을 때 자동적으로 폐쇄되는 댐퍼로서 전자식이나 전동기에 의해 작동된다. 수동으로 복구시켜야 한다.

② 방화댐퍼(FD ; Fire Damper) : 방화구획으로 결정된 방화벽이나 슬래브에 관통하는 Duct 내부에 설치하는 것으로 화재 발생 시 연기감지기에 의해 또는 퓨즈메탈의 용융과 동시에 자동적으로 닫혀 연소를 방지하는 댐퍼이다.

③ 풍량조절댐퍼(VD ; Air Control Volume Damper) : Duct 속의 풍량조절 및 개폐에 사용하는 댐퍼이다.

④ 퓨즈댐퍼(Fuse Damper) : 폐쇄형 헤드의 퓨즈블링크의 작동원리와 같이 온도에 의해서 퓨즈가 용융되어서 자동적으로 폐쇄되는 댐퍼이다.

⑤ 모터댐퍼(Motor Damper) : 모터에 의해 기계적으로 폐쇄되는 댐퍼로서 자동으로 복구시킬 수 있다.

(2) 배출기의 용량

$$P[\text{kW}] = \frac{Q[\text{m}^3/\text{min}] \times P_r[\text{mmAq}]}{6,120 \times \eta} \times K$$

$$= \frac{Q[\text{m}^3/\text{s}] \times P_r[\text{kN}/\text{m}^2]}{\eta} \times K$$

여기서, Q : 풍량[m³/min]

P_r : 풍압([mmAq], [kN/m²])

η : 효율[%]

K : 여유율

※ 단위 환산

$$\left[\frac{\text{m}^3}{\text{s}}\right] \times \left[\frac{\text{kN}}{\text{m}^2}\right] = \left[\frac{\text{kN} \cdot \text{m}}{\text{s}}\right] = \left[\frac{\text{kJ}}{\text{s}}\right] = [\text{kW}]$$

$$[\text{N} \cdot \text{m}] = [\text{J}]$$

$$[\text{kJ/s}] = [\text{kW}]$$

12층 건물의 지하 1층에 제연설비용 배연기를 설치하였다. 이 배연기의 풍량은 500[m³/min]이고, 풍압은 30[mmAq]였다. 이때 배연기의 동력은 몇 [kW]로 해주어야 하는가?(단, 배연기의 효율은 60[%]이고, 여유율은 10[%]이다)

① 4.08
② 4.49
③ 5.55
④ 6.11

|해설|

배출기의 용량

$$P[\text{kW}] = \frac{Q \times P_r}{6,120 \times \eta} \times K$$

여기서, Q : 풍량[m³/min]

P_r : 풍압[mmAq]

η : 효율

K : 여유율

∴ 동력[kW] $= \dfrac{500 \times 30}{6,120 \times 0.6} \times 1.1 = 4.49[\text{kW}]$

[다른 방법]

$$P[\text{kW}] = \frac{Q[\text{m}^3/\text{s}] \times P_r[\text{kN}/\text{m}^2]}{\eta} \times K$$

$$= \frac{\frac{500}{60}[\text{m}^3/\text{s}] \times \left(\frac{30[\text{mmAq}]}{10,332[\text{mmAq}]} \times 101.325[\text{kN}/\text{m}^2]\right)}{0.6}$$

$$\times 1.1$$

$$= 4.49[\text{kW}]$$

정답 ②

특별피난계단의 계단실 및 부속실의 제연설비

핵심이론 01 | 제연구역, 차압

(1) 제연구역의 선정

① 계단실 및 그 부속실을 동시에 제연하는 것

② 부속실을 단독으로 제연하는 것

③ 계단실을 단독으로 제연하는 것

(2) 차압 등

① 제연구역과 옥내와의 사이에 유지해야 하는 최소 차압은 40[Pa](옥내에 스프링클러설비가 설치된 경우에는 12.5[Pa]) 이상으로 해야 한다.

② 제연설비가 가동되었을 경우 출입문의 개방에 필요한 힘은 110[N] 이하로 해야 한다.

③ 출입문이 일시적으로 개방되는 경우 개방되지 않은 제연구역과 옥내와의 차압은 ①의 기준에 따른 차압의 70[%] 이상이어야 한다.

④ 계단실과 부속실을 동시에 제연하는 경우 부속실의 기압은 계단실과 같게 하거나 계단실의 기압보다 낮게 할 경우에는 부속실과 계단실의 압력 차이는 5[Pa] 이하가 되도록 해야 한다.

1-1. 특별피난계단의 계단실 및 부속실 제연설비의 차압 등에 관한 기준 중 다음 (   ) 안에 알맞은 것은?

> 제연설비가 가동되었을 경우 출입문의 개방에 필요한 힘은 (   )[N] 이하로 해야 한다.

① 12.5   ② 40
③ 70   ④ 110

1-2. 특별피난계단의 계단실 및 부속실 제연설비의 제연구역과 옥내와의 사이에 유지해야 하는 최소 차압은 몇 [Pa] 이상인가?

① 12.5[Pa]   ② 40[Pa]
③ 70[Pa]   ④ 110[Pa]

|해설|

1-1
제연설비가 가동되었을 경우 출입문의 개방에 필요한 힘은 110[N] 이하로 해야 한다.

1-2
제연구역과 옥내와의 사이에 유지해야 하는 최소 차압은 40[Pa](옥내에 스프링클러설비가 설치된 경우에는 12.5[Pa]) 이상으로 해야 한다.

정답 **1-1** ④ **1-2** ②

(1) 보충량

급기량의 기준에 따른 보충량은 부속실의 수가 20개 이하는 1개 층 이상, 20개를 초과하는 경우에는 2개 층 이상의 보충량으로 한다.

(2) 방연풍속

제연구역		방연풍속
계단실 및 그 부속실을 동시에 제연하는 것 또는 계단실만 단독으로 제연하는 것		0.5[m/s] 이상
부속실만 단독으로 제연하는 것	부속실 또는 승강장이 면하는 옥내가 거실인 경우	0.7[m/s] 이상
	부속실이 면하는 옥내가 복도로서 그 구조가 방화구조(내화시간이 30분 이상인 구조를 포함한다)인 것	0.5[m/s] 이상

(3) 유입공기의 배출

① 유입공기는 화재 층의 제연구역과 면하는 옥내로부터 옥외로 배출되도록 해야 한다. 다만, 직통계단식 공동주택의 경우에는 그렇지 않다.

② 유입공기의 배출방식
   ㉠ 수직풍도에 따른 배출
   ㉡ 배출구에 따른 배출
   ㉢ 제연설비에 따른 배출

2-1. 제연구역의 선정방식 중 계단실 및 그 부속실을 동시에 제연하는 것의 방연풍속은 몇 [m/s] 이상이어야 하는가?

① 0.5[m/s]   ② 0.7[m/s]
③ 1[m/s]   ④ 1.5[m/s]

2-2. 특별피난계단의 계단실 및 부속실의 제연설비에 있어서 거실 내 유입공기의 배출방식으로서 맞지 않는 것은?

① 수직풍도에 따른 배출   ② 배출구에 따른 배출
③ 플랩댐퍼에 따른 배출   ④ 제연설비에 따른 배출

|해설|

2-1, 2-2
본문 참조

정답 2-1 ① 2-2 ③

(1) 급기풍도 기준

① 수직풍도 이외의 풍도로서 금속판으로 설치하는 풍도

풍도단면의 긴변 또는 직경의 크기	강판두께
450[mm] 이하	0.5[mm]
450[mm] 초과 750[mm] 이하	0.6[mm]
750[mm] 초과 1,500[mm] 이하	0.8[mm]
1,500[mm] 초과 2,250[mm] 이하	1.0[mm]
2,250[mm] 초과	1.2[mm]

② 풍도에서의 누설량은 급기량의 10[%]를 초과하지 않을 것

(2) 수동기동장치의 설치기준

배출댐퍼 및 개폐기의 직근 또는 제연구역에는 다음의 기준에 따른 장치의 작동을 위하여 수동기동장치를 설치하고 스위치는 바닥으로부터 0.8[m] 이상 1.5[m] 이하의 높이에 설치해야 한다. 다만, 계단실 및 그 부속실을 동시에 제연하는 제연구역에는 그 부속실에만 설치할 수 있다.

① 전 층의 제연구역에 설치된 급기댐퍼의 개방
② 해당 층의 배출댐퍼 또는 개폐기의 개방
③ 급기송풍기 및 유입공기의 배출용 송풍기(설치한 경우에 한한다)의 작동
④ 개방·고정된 모든 출입문(제연구역과 옥내 사이의 출입문에 한한다)의 개폐장치의 작동

(3) 비상전원

20분 이상

(4) 제연설비의 시험기준

① 모든 출입문 등의 크기와 열리는 방향이 설계 시와 동일한지 여부 확인

② 제연구역의 출입문 및 복도와 거실(옥내가 복도와 거실로 되어 있는 경우에 한한다) 사이의 출입문마다 제연설비가 작동하고 있지 않은 상태에서 그 폐쇄력을 측정할 것

③ 층별로 화재감지기(수동기동장치를 포함)를 동작시켜 제연설비의 작동 여부 확인

10년간 자주 출제된 문제

3-1. 특별피난계단의 계단실 및 부속실 제연설비의 화재안전기술기준 중 급기풍도 단면의 긴변의 길이가 1,300[mm]인 경우, 강판의 두께는 몇 [mm] 이상이어야 하는가?

① 0.6[mm]
② 0.8[mm]
③ 1.0[mm]
④ 1.2[mm]

3-2. 건축물의 층수가 40층인 특별피난계단의 계단실 및 부속실 제연설비의 비상전원은 몇 분 이상 유효하게 작동할 수 있어야 하는가?

① 20분
② 30분
③ 40분
④ 60분

3-3. 특별피난계단의 부속실 등에 설치하는 급기가압방식 제연설비의 측정, 시험, 조정 항목을 열거한 것이다. 이에 속하지 않는 것은?

① 배연구의 설치 위치 및 크기의 적정여부 확인
② 층별로 화재감지기 동작에 의한 제연설비의 작동여부 확인
③ 출입문의 크기와 열리는 방향이 설계 시와 동일한지 여부 확인
④ 제연구역의 출입문 및 복도의 거실 사이의 출입문마다 제연설비가 작동하고 있지 않은 상태에서 폐쇄력 측정여부 확인

|해설|

3-1, 3-3
본문 참조

3-2
30층 이상 49층 이하의 비상전원 : 40분 이상

정답 3-1 ② 3-2 ③ 3-3 ①

핵심이론 01 | 연결송수관설비의 개요 및 종류

(1) 연결송수관설비의 개요

건축물의 옥외에 설치된 송수구에 소방차로부터 가압수를 송수하고 소방관이 건축물 내에 설치된 방수기구함에 비치된 호스를 방수구에 연결하여 화재를 진압하는 소화활동설비이다.

(2) 연결송수관설비의 종류

① 건식 설비방식 : 건축물, 외벽이나 화단벽에 설치된 송수구에서 건축물의 층마다 설치된 방수구까지의 배관 내에 물이 들어가 있지 않는 설비방식으로 화재 시 소방차에 의해서 송수구로부터 물을 공급받아 소화하는 것이다.

② 습식 설비방식 : 송수구로부터 층마다 설치된 방수구까지의 배관 내에 물이 항상 들어있는 방식으로서 높이 31[m] 이상인 건축물 또는 11층 이상의 건축물에 설치하며 습식 방식은 옥내소화전설비의 입상관과 같이 연결하여 사용한다.

(3) 연결송수관설비의 설치 목적

① 소화펌프 작동 정지에 대응
② 소화 수원의 고갈에 대응
③ 소방차 방수 시 도달높이 한계극복

1-1. 연결송수관설비의 설치목적이 아닌 것은?

① 소화펌프 작동 정지에 대응
② 소화 수원의 고갈에 대응
③ 소화펌프의 가동 시 송출수량을 보충하기 위하여
④ 소방차에서의 직접 살수 시 도달높이 및 장애물의 한계극복

1-2. 다음 중 연결송수관설비의 배관을 습식으로 해야 할 특정소방대상물의 최소 기준으로 맞는 것은?

① 지하 3층 이상
② 지상 10층 이상
③ 연면적 15,000[m²] 이상
④ 지면으로부터 높이가 31[m] 이상

|해설|

1-1

연결송수관설비의 설치목적

• 소화펌프 작동 정지에 대응
• 소화 수원의 고갈에 대응(자체수원으로 화재를 진압하지 못할 때)
• 소방차에서의 직접 살수 시 도달높이 및 장애물의 한계극복

1-2

습식 설비방식 : 높이 31[m] 이상인 특정소방대상물 또는 11층 이상인 특정소방대상물에 설치

정답 1-1 ③　1-2 ④

(1) 송수구

소화설비에 소화용수를 보급하기 위하여 건물 외벽 또는 구조물의 외벽에 설치하는 관

① 소방차가 쉽게 접근할 수 있고 잘 보이는 장소에 설치할 것

② 지면으로부터 높이가 0.5[m] 이상 1[m] 이하의 위치에 설치할 것

③ 송수구는 화재층으로부터 지면으로 떨어지는 유리창 등이 송수 및 그 밖의 소화작업에 지장을 주지 않는 장소에 설치할 것

④ 송수구로부터 연결송수관설비의 주배관에 이르는 연결배관에 개폐밸브를 설치한 때에는 그 개폐상태를 쉽게 확인 및 조작할 수 있는 옥외 또는 기계실 등의 장소에 설치할 것. 이 경우 개폐밸브에는 그 밸브의 개폐상태를 감시제어반에서 확인할 수 있도록 급수개폐 밸브 작동표시 스위치(탬퍼스위치)를 설치할 것

　㉠ 급수개폐밸브가 잠길 경우 탬퍼스위치의 동작으로 인하여 감시제어반 또는 수신기에 표시되어야 하며 경보음을 발할 것

　㉡ 탬퍼스위치는 감시제어반 또는 수신기에서 동작의 유무확인과 동작시험, 도통시험을 할 수 있을 것

　㉢ 탬퍼스위치에 사용되는 전기배선은 내화전선 또는 내열전선으로 설치할 것

⑤ 구경 65[mm]의 쌍구형으로 할 것

⑥ 송수구에는 그 가까운 곳의 보기 쉬운 곳에 송수압력 범위를 표시한 표지를 할 것

⑦ 송수구는 연결송수관의 수직배관마다 1개 이상을 설치할 것

⑧ 송수구의 부근에 자동배수밸브 및 체크밸브를 설치 순서

　㉠ 습식 : 송수구 → 자동배수밸브 → 체크밸브

　㉡ 건식 : 송수구 → 자동배수밸브 → 체크밸브 → 자동배수밸브

⑨ 송수구에는 가까운 곳의 보기 쉬운 곳에 "연결송수관설비 송수구"라고 표시한 표지를 설치할 것

⑩ 송수구에는 이물질을 막기 위한 마개를 씌울 것

10년간 자주 출제된 문제

2-1. 연결송수관설비의 송수구 부근의 설치순서로 건식의 경우 적당한 것은?

① 송수구 – 자동배수밸브 – 체크밸브 – 자동배수밸브
② 체크밸브 – 자동배수밸브 – 송수구 – 자동배수밸브
③ 송수구 – 자동배수밸브 – 체크밸브
④ 체크밸브 – 자동배수밸브 – 송수구

2-2. 연결송수관설비의 송수구에 관한 설명 가운데 옳지 않은 것은?

① 송수구 부근에 설치하는 체크밸브 등은 습식의 경우 송수구, 자동배수밸브, 체크밸브 순으로 설치해야 한다.
② 연결송수관의 수직배관마다 1개 이상을 설치해야 한다.
③ 지면으로부터의 높이가 0.5[m] 이상 1[m] 이하의 위치가 되도록 설치해야 한다.
④ 구경 65[mm]의 단구형으로 설치해야 한다.

|해설|

2-1

연결송수관설비의 송수구 부근의 설치위치
• 습식 : 송수구 → 자동배수밸브 → 체크밸브
• 건식 : 송수구 → 자동배수밸브 → 체크밸브 → 자동배수밸브

2-2

송수구 : 구경 65[mm]의 쌍구형

정답 2-1 ① **2-2** ④

핵심이론 03	연결송수관설비의 배관 등

(1) 주배관의 구경은 100[mm] 이상의 것으로 할 것. 다만, 주배관의 구경이 100[mm] 이상인 옥내소화전설비의 배관과는 겸용할 수 있다.

(2) 지면으로부터 높이 31[m] 이상인 특정소방대상물 또는 지상 11층 이상인 특정소방대상물에 있어서는 습식설비로 할 것

(3) 성능시험배관은 펌프의 토출 측에 설치된 개폐밸브 이전에서 분기하여 설치하고 유량측정장치를 기준으로 전단에 개폐밸브를 후단에 유량조절밸브를 설치해야 한다.

(4) 성능시험배관에 설치하는 유량측정장치는 성능시험배관의 직관부에 설치하되 펌프 정격토출량의 175[%] 이상을 측정할 수 있는 것으로 해야 한다.

(5) 연결송수관설비의 수직배관은 내화구조로 구획된 계단실(부속실을 포함한다) 또는 파이프덕트 등 화재의 우려가 없는 장소에 설치해야 한다. 다만, 학교 또는 공장이거나 배관 주위를 1시간 이상의 내화성능이 있는 재료로 보호하는 경우에는 그렇지 않다.

10년간 자주 출제된 문제

3-1. 연결송수관설비의 주배관 구경은 몇 [mm] 이상으로 해야 하는가?

① 65[mm] ② 80[mm]
③ 100[mm] ④ 150[mm]

3-2. 다음은 연결송수관설비의 배관에 관하여 설명한 것이다. 옳은 것은?

① 물분무소화설비의 배관과 겸용해서는 안 된다.
② 지상 11층 이상의 건물에는 반드시 습식으로 설치해야 한다.
③ 지면으로부터의 건물 높이가 30[m] 이상인 경우에는 반드시 습식으로 설치해야 한다.
④ 지상 10[m] 이하의 건물에는 주배관을 65[mm]로 할 수 있다.

|해설|

3-1
연결송수관설비의 주배관 구경 : 100[mm] 이상

3-2
연결송수관설비는 지상 11층 이상, 높이 31[m] 이상인 특정소방대상물에는 습식설비로 할 것

정답 3-1 ③ 3-2 ②

(1) 방수구

① 연결송수관설비의 방수구는 그 특정소방대상물의 층마다 설치할 것

② 방수구 층마다 설치 예외

ㄱ 아파트의 1층 및 2층

ㄴ 소방자동차 접근이 가능하고 소방대원이 소방차로부터 각 부분에 쉽게 도달할 수 있는 피난층

ㄷ 송수구가 부설된 옥내소화전을 설치한 특정소방대상물(집회장·관람장·백화점·도매시장·소매시장·판매시설·공장·창고시설 또는 지하가를 제외)로서 다음의 어느 하나에 해당하는 층

• 지하층을 제외한 층수가 4층 이하이고 연면적이 6,000[m²] 미만인 특정소방대상물의 지상층

• 지하층의 층수가 2 이하인 특정소방대상물의 지하층

③ 방수구 설치

ㄱ 아파트 또는 바닥면적이 1,000[m²] 미만인 층 : 계단으로부터 5[m] 이내에 설치

ㄴ 바닥면적 1,000[m²] 이상인 층(아파트 제외) : 각 계단으로부터 5[m] 이내에 설치. 그 방수구로부터 그 층의 각 부분까지의 거리가 다음의 기준을 초과하는 경우에는 그 기준 이하가 되도록 방수구를 추가하여 설치할 것

㉮ 지하가(터널은 제외), 지하층의 바닥면적의 합계가 3,000[m²] 이상 : 수평거리 25[m]

㉯ ㉮에 해당하지 않는 것 : 수평거리 50[m]

④ 11층 이상에 설치하는 방수구는 쌍구형으로 할 것

※ 단구형으로 할 수 있는 경우

• 아파트의 용도로 사용되는 층

• 스프링클러설비가 유효하게 설치되어 있고 방수구가 2개 이상 설치된 층

⑤ 방수구의 설치위치 : 0.5[m] 이상 1[m] 이하

⑥ 방수구의 구경 : 구경 65[mm]의 것

(2) 연결송수관설비의 방수기구함

① 방수기구함은 피난층과 가장 가까운 층을 기준으로 3개 층마다 설치하되, 그 층의 방수구마다 보행거리 5[m] 이내에 설치할 것

② 방수기구함에는 길이 15[m]의 호스와 방사형 관창의 비치기준

ㄱ 호스는 방수구에 연결하였을 때 그 방수구가 담당하는 구역의 각 부분에 유효하게 물이 뿌려질 수 있는 개수 이상을 비치할 것(이 경우 쌍구형 방수구는 단구형 방수구의 2배 이상의 개수 설치)

ㄴ 방사형 관창은 단구형 방수구의 경우에는 1개, 쌍구형 방수구의 경우에는 2개 이상 비치할 것

③ 방수기구함에는 "방수기구함"이라고 표시한 축광식 표지를 할 것

(3) 연결송수관설비의 가압송수장치

① 최상층 방수구의 높이가 70[m] 이상인 특정소방대상물에 설치한다.

② 수조의 유효수량은 펌프의 정격토출량의 150[%]로 5분 이상 방수할 수 있는 양 이상이 되도록 해야 한다.

③ 펌프의 토출량은 2,400[L/min](계단식 아파트 : 1,200[L/mm]) 이상. 다만, 해당 층에 설치된 방수구가 3개 초과(5개 이상은 5개)하는 경우에는 1개마다 800[L/min](계단식 아파트 : 400[L/mm])를 가산한 양이 될 것

④ 펌프의 양정은 최상층에 설치된 노즐 선단(끝부분)의 압력이 0.35[MPa] 이상의 압력이 되도록 할 것

⑤ 가압송수장치는 방수구가 개방될 때 자동으로 기동되거나 또는 수동스위치의 조작에 따라 기동되도록 할 것. 이 경우 수동스위치는 2개 이상을 설치하되, 그중 1개는 다음의 기준에 따라 송수구의 부근에 설치해야 한다.

ㄱ 송수구로부터 5[m] 이내의 보기 쉬운 장소에 바닥으로부터 높이 0.8[m] 이상 1.5[m] 이하로 설치할 것

ⓒ 1.5[mm] 이상의 강판함에 수납하여 설치하고 "연
결송수관설비 수동스위치"라고 표시한 표지를 부
착할 것. 이 경우 문짝은 불연재료로 설치할 수
있다.
⑥ 가압송수장치가 기동이 된 경우에는 자동으로 정지되
지 않도록 할 것. 다만, 충압펌프의 경우에는 그렇지
않다.

10년간 자주 출제된 문제

4-1. 송수구가 부설된 옥내소화전을 설치한 특정소방대상물로
서 연결송수관설비의 방수구를 설치하지 않을 수 있는 층의 기
준 중 다음 (   ) 안에 알맞은 것은?(단, 집회장·관람장·백화
점·도매시장·소매시장·판매시설·공장·창고시설 또는 지
하가를 제외한다)

- 지하층을 제외한 층수가 (㉠)층 이하이고 연면적이 (㉡)
  [m²] 미만인 특정소방대상물의 지상층의 용도로 사용되
  는 층
- 지하층의 층수가 (㉢) 이하인 특정 소방대상물의 지하층

① ㉠ 3, ㉡ 5,000, ㉢ 3
② ㉠ 4, ㉡ 6,000, ㉢ 2
③ ㉠ 5, ㉡ 3,000, ㉢ 3
④ ㉠ 6, ㉡ 4,000, ㉢ 2

4-2. 아파트에 연결송수관설비를 설치할 때 방수구는 몇 층부
터 설치할 수 있는가?

① 3층
② 4층
③ 5층
④ 7층

4-3. 연결송수관설비의 방수구 설치에서 연결송수관설비의 전
용 방수구 또는 옥내소화전 방수구로서 구경은 몇 [mm]의 것
으로 설치하는가?

① 40[mm]
② 50[mm]
③ 65[mm]
④ 100[mm]

4-4. 지하가의 바닥면적은 3,500[m²]이다. 연결송수관설비의
방수구는 소방대상물 각 부분으로부터 수평거리 얼마 이하가
되도록 설치해야 하는가?

① 25[m]
② 30[m]
③ 40[m]
④ 50[m]

4-5. 11층 이상의 소방대상물에 설치하는 연결송수관설비의 방
수구를 단구형으로 설치해도 되는 것은?

① 스프링클러설비가 유효하게 설치되어 있고 방수구가 2개소
이상 설치된 층
② 오피스텔의 용도로 사용되는 층
③ 스프링클러설비가 설치되어 있지 않는 층
④ 아파트의 용도 이외로 사용되는 층

4-6. 17층의 사무소 건축물로 11층 이상에 연결송수관설비의
쌍구형 방수구가 설치된 경우 14층에 설치된 방수기구함에 요
구되는 길이 15[m]의 호스 및 방사형 관창의 설치개수는?

① 호스는 5개 이상, 방사형 관창은 2개 이상
② 호스는 3개 이상, 방사형 관창은 1개 이상
③ 호스는 단구형 방수구의 2배 이상, 방사형 관창은 2개 이상
④ 호스는 단구형 방수구의 2배 이상, 방사형 관창은 1개 이상

4-7. 연결송수관설비의 가압송수장치는 최소 얼마 이상의 토출
량[L/min]으로 해야 하는가?(단, 아파트는 아니다)

① 600[L/min]
② 1,200[L/min]
③ 2,400[L/min]
④ 3,600[L/min]

4-8. 방수구가 각 층에 2개씩 설치된 소방대상물에 연결송수관
가압송수장치를 설치하려 한다. 가압송수장치의 설치대상과
최상층 말단의 노즐에서 요구되는 최소 방출압력, 토출량이 적
합한 것은?

① 설치대상 : 높이 60[m] 이상인 특정소방대상물, 방출압력
: 0.25[MPa] 이상, 토출량 : 2,200[L/min] 이상
② 설치대상 : 높이 70[m] 이상인 특정소방대상물, 방출압력
: 0.25[MPa] 이상, 토출량 : 2,200[L/min] 이상
③ 설치대상 : 높이 60[m] 이상인 특정소방대상물, 방출압력
: 0.35[MPa] 이상, 토출량 : 2,400[L/min] 이상
④ 설치대상 : 높이 70[m] 이상인 특정소방대상물, 방출압력
: 0.35[MPa] 이상, 토출량 : 2,400[L/min] 이상

|해설|

4-1, 4-5
본문 참조

4-2
아파트에는 연결송수관설비의 방수구를 3층부터 설치한다.

4-3
연결송수관설비의 방수구 구경 : 65[mm]

4-4
연결송수관설비의 방수구는 지하가(터널 제외) 또는 지하층의 바닥면적의 합계가 3,000[m²] 이상 : 수평거리 25[m] 이하

4-6
11층 이상에 설치하는 호스는 단구형 방수구의 2배 이상, 방사형 관창은 2개 이상 비치할 것

4-7
연결송수관설비의 가압송수장치의 토출량 : 2,400[L/min]

4-8
본문 참조

정답 4-1 ② 4-2 ① 4-3 ③ 4-4 ① 4-5 ① 4-6 ③ 4-7 ③ 4-8 ④

제4절 　**연결살수설비**

핵심이론 01 | 연결살수설비의 개요, 송수구 등

(1) 연결살수설비의 개요

건축물의 지하층이나 지하가, 아케이드 등에서는 화재 발생 시 연기가 충만되어 있어 소화가 곤란한 건축물에 설치하여 소방자동차가 출동하여 소화할 수 있는 설비이다.

(2) 송수구 등

① 소방차가 쉽게 접근할 수 있고 노출된 장소에 설치할 것

② 가연성 가스의 저장·취급시설에 설치하는 연결살수설비의 송수구는 그 방호대상물로부터 20[m] 이상의 거리를 두거나 방호대상물에 면하는 부분이 높이 1.5[m] 이상 폭 2.5[m] 이상의 철근콘크리트벽으로 가려진 장소에 설치해야 한다.

③ 송수구는 구경 65[mm]의 쌍구형으로 할 것(단, 살수헤드의 수가 10개 이하인 것은 단구형)

④ 개방형 헤드를 사용하는 송수구의 호스접결구는 각 송수구역마다 설치할 것(단, 선택밸브가 설치되어 있고 주요구조부가 내화구조일 때에는 예외)

⑤ 소방관의 호스 연결 등 소화작업에 용이하도록 지면으로부터 높이가 0.5[m] 이상 1[m] 이하의 위치에 설치할 것

⑥ 송수구 부근의 설치기준
　㉠ 폐쇄형 헤드사용 : 송수구 → 자동배수밸브 → 체크밸브
　㉡ 개방형 헤드사용 : 송수구 → 자동배수밸브

⑦ 송수구에는 이물질을 막기 위한 마개를 씌울 것

⑧ 선택밸브의 설치기준
　㉠ 화재 시 연소의 우려가 없는 장소로서 조작 및 점검이 쉬운 위치에 설치할 것

ⓒ 자동개방밸브에 따른 선택밸브를 사용하는 경우에는 송수구역에 방수하지 않고 자동밸브의 작동시험이 가능하도록 할 것

ⓓ 선택밸브의 부근에는 송수구역 일람표를 설치할 것

⑨ 개방형 헤드를 사용하는 연결살수설비에 있어서 하나의 송수구역에 설치하는 살수헤드의 수는 10개 이하가 되도록 할 것

10년간 자주 출제된 문제

1-1. 연결살수설비의 구조를 이루는 부속물이 아닌 것은?

① 폐쇄형 헤드
② 송수구역 선택밸브
③ 단구형 송수구
④ 준비작동식 밸브

1-2. 가연성 가스의 저장·취급시설에 설치하는 연결살수설비의 송수구는 그 방호대상물로부터 얼마 이상의 거리[m]를 두어야 하는가?

① 10[m]
② 15[m]
③ 20[m]
④ 25[m]

1-3. 연결살수설비의 송수구 설치기준에 대한 내용으로 맞는 것은?

① 폐쇄형 헤드를 사용하는 설비의 경우에는 송수구·자동배수밸브·체크밸브의 순으로 설치할 것
② 폐쇄형 헤드를 사용하는 송수구의 호스접결구는 각 송수구역마다 설치할 것
③ 개방형 헤드를 사용하는 연결살수설비에 있어서 하나의 송수구역에 설치하는 살수헤드의 수는 20개 이하가 되도록 할 것
④ 송수구는 지면으로부터 높이가 0.5[m] 이하의 위치에 설치할 것

1-4. 개방형 헤드를 사용하는 연결살수설비에서 하나의 송수구역에 설치하는 살수헤드의 수는 몇 개 이하로 설치해야 하는가?

① 10
② 15
③ 20
④ 30

|해설|

1-1
준비작동식 밸브 : 스프링클러설비의 부속물

1-2
연결살수설비의 송수구는 그 방호대상물로부터 20[m] 이상의 거리를 두거나 방호대상물에 면하는 부분이 높이 1.5[m] 이상 폭 2.5[m] 이상의 철근콘크리트벽으로 가려진 장소에 설치해야 한다.

1-3
본문 참조

1-4
개방형 헤드를 사용하는 연결살수설비에서 하나의 송수구역에 설치하는 살수헤드는 10개 이하로 할 것

정답 1-1 ④ 1-2 ③ 1-3 ① 1-4 ①

(1) 연결살수설비의 헤드

① 연결살수설비의 헤드는 연결살수설비 전용헤드 또는 스프링클러헤드로 설치할 것

② 건축물에 설치하는 연결살수설비의 헤드 설치기준

ㄱ 천장 또는 반자의 실내에 면하는 부분에 설치할 것

ㄴ 천장 또는 반자의 각 부분으로부터 하나의 살수헤드까지의 수평거리

- 연결살수설비 전용헤드의 경우 : 3.7[m] 이하
- 스프링클러헤드의 경우 : 2.3[m] 이하

③ 폐쇄형 스프링클러헤드를 설치하는 경우

ㄱ 헤드의 설치장소의 주위온도에 따른 표시온도

설치장소의 최고주위온도	표시온도
39[℃] 미만	79[℃] 미만
39[℃] 이상 64[℃] 미만	79[℃] 이상 121[℃] 미만
64[℃] 이상 106[℃] 미만	121[℃] 이상 162[℃] 미만
106[℃] 이상	162[℃] 이상

ㄴ 살수가 방해되지 않도록 스프링클러헤드로부터 반경 60[cm] 이상의 공간을 보유할 것. 다만, 벽과 스프링클러헤드 간의 공간은 10[cm] 이상으로 한다.

ㄷ 스프링클러헤드와 그 부착면(상향식 헤드의 경우에는 그 헤드의 직상부의 천장·반자 또는 이와 비슷한 것)과의 거리는 30[cm] 이하로 할 것

ㄹ 습식 연결살수설비 외의 설비에는 상향식 스프링클러헤드를 설치할 것. 다만, 다음의 어느 하나에 해당하는 경우에는 그렇지 않다.

- 드라이펜던트 스프링클러헤드를 사용하는 경우
- 스프링클러헤드의 설치장소가 동파의 우려가 없는 곳인 경우
- 개방형 스프링클러헤드를 사용하는 경우

(2) 헤드의 설치 제외

① 계단실(특별피난계단의 부속실을 포함한다)·경사로·승강기의 승강로·파이프덕트·목욕실·수영장(관람석 부분을 제외한다)·화장실·직접 외기에 개방되어 있는 복도

② 냉장창고 영하의 냉장실 또는 냉동창고의 냉동실

③ 고온의 노가 설치된 장소 또는 물과 격렬하게 반응하는 물품의 저장 또는 취급장소

10년간 자주 출제된 문제

2-1. 건축물의 연결살수설비 헤드로서 스프링클러헤드를 설치할 경우 천장 또는 반자의 각 부분으로부터 하나의 헤드까지의 수평거리는 몇 [m] 이하이어야 하는가?

① 3.7[m]　　　　　② 3.3[m]
③ 2.7[m]　　　　　④ 2.3[m]

2-2. 연결살수설비를 전용헤드로 건축물의 실내에 설치할 경우 헤드 간의 거리는 약 몇 [m]인가?(단, 헤드의 설치는 정방향 간격이다)

① 2.3[m]　　　　　② 3.5[m]
③ 3.7[m]　　　　　④ 5.2[m]

2-3. 가연성 가스의 저장취급시설에 설치하는 연결살수설비의 헤드 설치기준이 아닌 것은?

① 연결살수설비의 전용 헤드인 개방형 헤드를 설치
② 헤드 상호 간의 거리는 3.7[m] 이하
③ 가스저장탱크, 가스홀더 및 가스발생기 주위에 설치
④ 헤드의 살수범위는 가스저장탱크 가스홀더 및 가스발생기의 몸체 아래 부분이 포함되도록 한다.

2-4. 연결살수설비의 살수헤드 설치면제 장소가 아닌 곳은?

① 고온의 용광로가 설치된 장소
② 물과 격렬하게 반응하는 물품의 저장 또는 취급하는 장소
③ 가연성 가스를 저장, 취급하는 장소
④ 냉장창고 또는 냉동창고의 냉장실 또는 냉동고

2-1

연결살수설비 헤드까지의 수평거리

- 연결살수설비의 전용헤드 : 3.7[m] 이하
- 스프링클러헤드 : 2.3[m] 이하

2-2

천장 또는 반자의 각 부분으로부터 하나의 살수헤드까지의 수평 거리가 연결살수설비전용헤드의 경우는 3.7[m] 이하, 스프링클 러헤드의 경우는 2.3[m] 이하로 할 것

∴ 헤드 간의 거리 $S = 2r\cos\theta = 2 \times 3.7 \times \cos 45 = 5.23$[m]

2-3

헤드의 살수범위는 가스저장탱크 가스홀더 및 가스발생기의 몸 체 중간 윗부분의 모든 부분이 포함되도록 한다.

2-4

가연성 가스를 저장, 취급하는 장소에는 연결살수설비를 설치해 야 한다.

정답 2-1 ④ 2-2 ④ 2-3 ④ 2-4 ③

핵심이론 03 | 연결살수설비의 배관

(1) 연결살수설비의 배관

① 연결살수설비 전용헤드를 사용하는 경우에는 다음 표 에 따른 구경 이상으로 할 것

하나의 배관에 부착 하는 연결살수설비 전용헤드의 개수	1개	2개	3개	4개 또는 5개	6개 이상 10개 이하
배관의 구경[mm]	32	40	50	65	80

② 폐쇄형 헤드 사용 시 연결살수설비의 주배관과 접속해 야 하는 대상(이 경우 접속 부분에는 체크밸브를 설치하 되 점검하기 쉽게 해야 한다)

  ㉠ 옥내소화전설비의 주배관(옥내소화전설비가 설 치된 경우에 한정)

  ㉡ 수도배관(연결살수설비가 설치된 건축물 안에 설 치된 수도배관 중 구경이 가장 큰 배관)

  ㉢ 옥상에 설치된 수조(다른 설비의 수조를 포함)

③ 폐쇄형 헤드를 사용하는 연결살수설비의 시험배관 설 치기준

  ㉠ 송수구에서 가장 먼 거리에 위치한 가지배관의 끝 으로부터 연결하여 설치할 것

  ㉡ 시험장치 배관의 구경은 25[mm] 이상으로 하고 그 끝에는 물받이통 및 배수관을 설치하여 시험 중 방사된 물이 바닥으로 흘러내리지 않도록 할 것

④ 개방형 헤드를 사용 시 수평주행배관은 헤드를 향하여 상향으로 1/100 이상의 기울기로 설치하고 주배관 중 낮은 부분에는 자동배수밸브를 설치할 것

⑤ 가지배관 또는 교차배관을 설치하는 경우에는 가지배 관의 배열은 토너먼트 방식이 아니어야 한다.

⑥ 가지배관은 교차배관 또는 주배관에서 분기되는 지점 을 기점으로 한쪽 가지배관에 설치되는 헤드의 개수는 8개 이하로 할 것

⑦ 교차배관의 설치기준

    ㉠ 교차배관은 가지배관과 수평으로 설치하거나 또는 가지배관 밑에 설치하고, 최소 구경이 40[mm] 이상이 되도록 할 것

    ㉡ 폐쇄형 헤드를 사용하는 연결살수설비의 청소구는 주배관 또는 교차배관(교차배관을 설치하는 경우에 한한다) 끝에 40[mm] 이상 크기의 개폐밸브를 설치하고, 호스접결이 가능한 나사식 또는 고정배수 배관식으로 할 것. 이 경우 나사식의 개폐밸브는 옥내소화전 호스접결용의 것으로 하고, 나사 보호용의 캡으로 마감해야 한다.

    ㉢ 폐쇄형 헤드를 사용하는 연결살수설비에 하향식 헤드를 설치하는 경우에는 가지배관으로부터 헤드에 이르는 헤드접속 배관은 가지관 상부에서 분기할 것

(2) 배관에 설치하는 행거의 기준

① 가지배관에는 헤드의 설치지점 사이마다 1개 이상의 행거를 설치하되, 헤드 간의 거리가 3.5[m]를 초과하는 경우에는 3.5[m] 이내마다 1개 이상 설치할 것. 이 경우 상향식 헤드와 행거 사이에는 8[cm] 이상의 간격을 두어야 한다.

② 교차배관에는 가지배관과 가지배관 사이마다 1개 이상의 행거를 설치하되, 가지배관 사이의 거리가 4.5[m]를 초과하는 경우에는 4.5[m] 이내마다 1개 이상 설치할 것

③ 수평주행배관에는 4.5[m] 이내마다 1개 이상 설치할 것

핵심이론 01 | 도로터널의 화재안전기술기준

(1) 소화기의 설치기준

① 소화기의 능력단위는 A급 화재에 3단위 이상, B급 화재에 5단위 이상 및 C급 화재에 적응성이 있는 것으로 할 것

② 소화기의 총중량은 사용 및 운반의 편리성을 고려하여 7[kg] 이하로 할 것

③ 소화기는 주행차로의 우측 측벽에 50[m] 이내의 간격으로 2개 이상을 설치하며, 편도 2차선 이상의 양방향 터널과 4차로 이상의 일방향 터널의 경우에는 양쪽 측벽에 각각 50[m] 이내의 간격으로 엇갈리게 2개 이상을 설치할 것

④ 바닥면(차로 또는 보행로)으로부터 1.5[m] 이하의 높이에 설치할 것

⑤ 소화기구함의 상부에 "소화기"라고 조명식 또는 반사식의 표지판을 부착하여 사용자가 쉽게 인지할 수 있도록 할 것

(2) 옥내소화전설비의 설치기준

① 소화전함과 방수구는 주행차로 우측 측벽을 따라 50[m] 이내의 간격으로 설치하며, 편도 2차선 이상의 양방향 터널이나 4차로 이상의 일방향 터널의 경우에는 양쪽 측벽에 각각 50[m] 이내의 간격으로 엇갈리게 설치할 것

② 수원은 그 저수량이 옥내소화전의 설치개수 2개(4차로 이상의 터널의 경우 3개)를 동시에 40분 이상 사용할 수 있는 충분한 양 이상을 확보할 것

③ 가압송수장치는 옥내소화전 2개(4차로 이상의 터널인 경우 3개)를 동시에 사용할 경우 각 옥내소화전의 노즐 선단(끝부분)에서의 방수압력은 0.35[MPa] 이상이고 방수량은 190[L/min] 이상이 되는 성능의 것으로 할 것. 다만, 하나의 옥내소화전을 사용하는 노즐 선단(끝부분)에서의 방수압력이 0.7[MPa]을 초과할 경우에는 호스접결구의 인입 측에 감압장치를 설치해야 한다.

④ 압력수조나 고가수조가 아닌 전동기 및 내연기관에 의한 펌프를 이용하는 가압송수장치는 주펌프와 동등 이상의 성능이 있는 별도의 펌프로서 내연기관의 기동과 연동하여 작동되거나 비상전원을 연결한 예비펌프를 추가로 설치할 것

⑤ 방수구는 40[mm] 구경의 단구형을 옥내소화전이 설치된 벽면의 바닥면으로부터 1.5[m] 이하의 쉽게 사용 가능한 높이에 설치할 것

⑥ 소화전함에는 옥내소화전 방수구 1개, 15[m] 이상의 소방호스 3본 이상 및 방수노즐을 비치할 것

⑦ 옥내소화전설비의 비상전원은 40분 이상 작동할 수 있어야 할 것

(3) 제연설비의 설치기준

① 설계화재강도 20[MW]를 기준으로 하고, 이때 연기발생률은 80[m³/s]로 하며, 배출량은 발생된 연기와 혼합된 공기를 충분히 배출할 수 있는 용량 이상을 확보할 것

② 화재강도가 설계화재강도보다 높을 것으로 예상될 경우 위험도분석을 통하여 설계화재강도를 설정하도록 할 것

③ 제연설비의 설치기준

　㉠ 종류환기방식의 경우 제트팬의 소손을 고려하여 예비용 제트팬을 설치하도록 할 것

ⓛ 횡류환기방식(또는 반횡류환기방식) 및 대배기구
방식의 배연용 팬은 덕트의 길이에 따라서 노출온
도가 달라질 수 있으므로 수치해석 등을 통해서
내열온도 등을 검토한 후에 적용하도록 할 것

ⓒ 대배기구의 개폐용 전동모터는 정전 등 전원이
차단되는 경우에도 조작상태를 유지할 수 있도록
할 것

ⓔ 화재에 노출이 우려되는 제연설비와 전원공급선
및 제트팬 사이의 전원공급장치 등은 250[℃]의
온도에서 60분 이상 운전상태를 유지할 수 있도록
할 것

④ 제연설비가 자동 또는 수동으로 기동되어야 하는 경우

ⓖ 화재감지기가 동작되는 경우

ⓛ 발신기의 스위치 조작 또는 자동소화설비의 기동
장치를 동작시키는 경우

ⓒ 화재수신기 또는 감시제어반의 수동조작스위치를
동작시키는 경우

⑤ 비상전원은 60분 이상 작동할 수 있도록 해야 한다.

(4) 연결송수관설비의 설치기준

① 방수압력은 0.35[MPa] 이상, 방수량은 400[L/min]
이상을 유지할 수 있도록 할 것

② 방수구는 50[m] 이내의 간격으로 옥내소화전함에 병
설하거나 독립적으로 터널 출입구 부근과 피난연결통
로에 설치할 것

③ 방수기구함은 50[m] 이내의 간격으로 옥내소화전함
안에 설치하거나 독립적으로 설치하고, 하나의 방수
기구함에는 65[mm] 방수노즐 1개와 15[m] 이상의 호
스 3본을 설치하도록 비치할 것

1-1. 도로터널에 설치하는 소화기 기준으로 틀린 것은?

① 소화기의 능력단위는 A급 화재에 3단위 이상, B급 화재에
5단위 이상의 적응성이 있는 것으로 할 것

② 소화기의 총중량은 사용 및 운반의 편리성을 고려하여 7[kg]
이하로 할 것

③ 바닥면(차로 또는 보행로)으로부터 1.5[m] 이하의 높이에 설
치할 것

④ 소화기는 주행차로의 우측 측벽에 30[m] 이내의 간격으로
2개 이상을 설치한다.

**1-2. 도로터널에 설치하는 옥내소화전설비 기준으로 옳지 않은
것은?**

① 소화전함과 방수구는 주행차로 우측 측벽을 따라 50[m] 이
내의 간격으로 설치한다.

② 수원은 그 저수량이 옥내소화전의 설치개수 2개(4차로 이상
의 터널의 경우 3개)를 동시에 40분 이상 사용할 수 있는
충분한 양 이상을 확보할 것

③ 방수구는 40[mm] 구경의 단구형을 옥내소화전이 설치된 벽
면의 바닥면으로부터 1.5[m] 이하의 높이에 설치할 것

④ 옥내소화전설비의 비상전원은 60분 이상 작동할 수 있을 것

**1-3. 도로터널에 설치하는 제연설비의 비상전원은 몇 분 이상
작동해야 하는가?**

① 20분   ② 30분
③ 40분   ④ 60분

**1-4. 도로터널에 설치하는 연결송수관설비의 방수압력은 몇
[MPa] 이상으로 하는가?**

① 0.17[MPa]   ② 0.25[MPa]
③ 0.35[MPa]   ④ 0.65[MPa]

1-1

소화기는 주행차로의 우측 측벽에 50[m] 이내의 간격으로 2개 이상을 설치하며, 편도 2차선 이상의 양방향 터널과 4차로 이상의 일방향 터널의 경우에는 양쪽 측벽에 각각 50[m] 이내의 간격으로 엇갈리게 2개 이상을 설치할 것

1-2

옥내소화전설비의 비상전원 : 40분 이상

1-3

제연설비의 비상전원 : 60분 이상

1-4

연결송수관설비의 방수압력은 0.35[MPa] 이상, 방수량은 400[L/min] 이상

정답 1-1 ④ 1-2 ④ 1-3 ④ 1-4 ③

핵심이론 02 │ 지하구의 화재안전기술기준

(1) 소화기구 및 자동소화장치

① 소화기의 능력단위

　　㉠ A급 화재 : 개당 3단위 이상

　　㉡ B급 화재 : 개당 5단위 이상

　　㉢ C급 화재 : 화재에 적응성이 있는 것으로 할 것

② 소화기 한 대의 총 중량은 사용 및 운반의 편리성을 고려하여 7[kg] 이하로 할 것

③ 소화기는 사람이 출입할 수 있는 출입구(환기구, 작업구 포함) 부근에 5개 이상 설치할 것

④ 소화기는 바닥면으로부터 1.5[m] 이하의 높이에 설치할 것

(2) 연소방지설비

① 배관의 설치기준

　　㉠ 연소방지설비 전용헤드를 사용하는 경우

하나의 배관에 부착하는 연소방지설비의 전용헤드의 개수	배관의 구경[mm]
1개	32
2개	40
3개	50
4개 또는 5개	65
6개 이상	80

　　㉡ 교차배관은 가지배관과 수평으로 설치하거나 또는 가지배관 밑에 설치하고 최소 구경은 40[mm] 이상이 되도록 할 것

　　㉢ 수평주행배관에는 4.5[m] 이내마다 1개 이상의 행거를 설치할 것

② 헤드의 설치기준

　　㉠ 천장 또는 벽면에 설치할 것

　　㉡ 헤드 간 수평거리

헤드의 종류	연소방지설비 전용헤드	개방형 스프링클러헤드
수평거리	2[m] 이하	1.5[m] 이하

ⓒ 소방대원의 출입이 가능한 환기구·작업구마다 지하구의 양쪽방향으로 살수헤드를 설정하되 한쪽 방향의 살수구역의 길이는 3[m] 이상으로 할 것. 다만, 환기구의 간격이 700[m]를 초과할 경우에는 700[m] 이내마다 살수구역을 설정하되, 지하구의 구조를 고려하여 방화벽을 설치한 경우에는 그렇지 않다.

③ 송수구의 설치기준
  ㉠ 소방차가 쉽게 접근할 수 있는 노출된 장소에 설치하되 눈에 띄기 쉬운 보도 또는 차도에 설치할 것
  ㉡ 송수구는 구경 65[mm]의 쌍구형으로 할 것
  ㉢ 송수구로부터 1[m] 이내에 살수구역 안내표지를 설치할 것
  ㉣ 지면으로부터 높이가 0.5[m] 이상 1[m] 이하의 위치에 설치할 것
  ㉤ 송수구의 가까운 부분에 자동배수밸브(또는 직경 5[mm]의 배수공)를 설치할 것
  ㉥ 송수구로부터 주배관에 이르는 연결배관에는 개폐밸브를 설치하지 않을 것
  ㉦ 송수구에는 이물질을 막기 위한 마개를 씌울 것

2-1. 지하구의 화재안전기술기준에서 소화기의 능력단위로 맞는 것은?

① A급 화재 : 개당 1단위 이상, B급 화재 : 개당 2단위 이상
② A급 화재 : 개당 2단위 이상, B급 화재 : 개당 3단위 이상
③ A급 화재 : 개당 3단위 이상, B급 화재 : 개당 5단위 이상
④ A급 화재 : 개당 5단위 이상, B급 화재 : 개당 10단위 이상

2-2. 지하구의 화재안전기술기준에서 배관의 구경이 50[mm]일 경우 연소방지설비 전용헤드의 기준으로 틀린 것은?

① 1개
② 2개
③ 3개
④ 5개

2-3. 지하구의 화재안전기술기준에서 연소방지설비의 수평주행배관에는 몇 [m] 이내마다 행거를 1개 이상 설치해야 하는가?

① 3.5[m]
② 4.5[m]
③ 5.5[m]
④ 10[m]

2-4. 지하구의 화재안전기술기준에서 헤드 간의 수평거리는 연소방지설비 전용헤드의 경우에는 몇 [m] 이하로 해야 하는가?

① 1.5[m]
② 1.7[m]
③ 2.0[m]
④ 5.3[m]

2-5. 연소방지설비의 송수구로부터 몇 [m] 이내에 살수구역 안내표지를 해야 하는가?

① 1[m]
② 2[m]
③ 3[m]
④ 5[m]

|해설|

2-1
A급 화재는 개당 3단위 이상, B급 화재는 개당 5단위 이상, C급 화재는 적응성이 있는 것

2-2
구경 50[mm]일 경우 연소방지설비 전용헤드의 수 : 3개

2-3
수평주행배관에는 4.5[m] 이내마다 1개 이상의 행거를 설치할 것

2-4
연소방지설비 전용헤드 간의 수평거리 : 2.0[m] 이하

2-5
살수구역 안내표지 : 송수구로부터 1[m] 이내에 설치

정답 2-1 ③ 2-2 ③ 2-3 ② 2-4 ③ 2-5 ①

(1) 용어 정의

① 간이소화장치 : 건설현장에서 화재 발생 시 신속한 화재 진압이 가능하도록 물을 방수하는 형태의 소화장치

② 비상경보장치 : 발신기, 경종, 표시등 및 시각경보장치가 결합된 형태의 것으로서 화재위험작업 공간 등에서 수동조작에 의해서 화재경보상황을 알려줄 수 있는 비상벨 장치

③ 간이피난유도선 : 화재 발생 시 작업자의 피난을 유도할 수 있는 케이블 형태의 장치

(2) 소화기의 설치기준

① 각 층 계단실마다 계단실 출입구 부근에 능력단위 3단위 이상인 소화기 2개 이상을 설치할 것

② 영 제18조 제1항에 해당하는 작업을 하는 경우 작업종료 시까지 작업지점으로부터 5[m] 이내의 쉽게 보이는 장소에 능력단위 3단위 이상인 소화기 2개 이상과 대형소화기 1개 이상을 추가 배치할 것

(3) 간이소화장치의 설치기준

영 제18조 제1항에 해당하는 작업을 하는 경우 작업종료 시까지 작업지점으로부터 25[m] 이내에 배치하여 즉시 사용이 가능하도록 할 것

(4) 간이피난유도선의 설치기준

① 바닥면적이 150[m²] 이상인 지하층이나 무창층에는 간이피난유도선을 녹색 계열의 광원점등방식으로 해당 층의 직통계단마다 계단의 출입구로부터 건물 내부로 10[m] 이상의 길이로 설치할 것

② 바닥으로부터 1[m] 이하의 높이에 설치하고, 피난유도선이 점멸하거나 화살표로 표시하는 등의 방법으로 작업장의 어느 위치에서도 피난유도선을 통해 출입구로의 피난방향을 알 수 있도록 할 것

3-1. 건설현장의 화재안전기술기준에서 인화성물질을 취급할 경우 작업지점으로부터 몇 [m] 이내에 소화기를 배치해야 하는가?

① 3[m] 　　　　　② 5[m]

③ 10[m] 　　　　④ 15[m]

3-2. 건설현장의 화재안전기술기준에서 인화성 물질을 취급할 경우 3단위 이상의 소화기 2개 이상을 배치하는 것 외에 소화기를 추가 배치기준으로 맞는 것은?

① 능력단위 3단위 이상인 소화기 1개 이상과 대형소화기 1개

② 능력단위 3단위 이상인 소화기 2개 이상과 대형소화기 1개

③ 능력단위 5단위 이상인 소화기 1개 이상과 대형소화기 1개

④ 능력단위 5단위 이상인 소화기 2개 이상과 대형소화기 1개

3-3. 영 제18조 제1항(인화성 물품을 취급하는 작업 등)에 해당하는 작업을 하는 경우 간이소화장치를 작업 종료 시까지 작업지점으로부터 몇 [m] 이내에 배치하여 즉시 사용이 가능하도록 해야 하는가?

① 5[m] 　　　　　② 10[m]

③ 20[m] 　　　　④ 25[m]

|해설|

3-1

작업지점에서 5[m] 이내에 소화기 배치

3-2

본문 참조

3-3

간이소화장치 : 작업지점으로부터 25[m] 이내에 배치

정답 3-1 ② 3-2 ② 3-3 ④

(1) 용어 정의

① 공동주택 : 소방시설법 영 별표 2 제1호에서 규정한 대상

> 공동주택[영 별표 2, 제1호]
> • 아파트 등 : 주택으로 쓰는 층수가 5층 이상인 주택
> • 연립주택 : 주택으로 쓰는 1개 동의 바닥면적(2개 이상의 동을 지하주차장으로 연결하는 경우에는 각각의 동으로 본다) 합계가 660[m²]를 초과하고 층수가 4개층 이하인 주택
> • 다세대주택 : 주택으로 쓰는 1개 동의 바닥면적(2개 이상의 동을 지하주차장으로 연결하는 경우에는 각각의 동으로 본다) 합계가 660[m²] 이하이고 층수가 4개층 이하인 주택
> • 기숙사 : 학교 또는 공장 등의 학생 또는 종업원 등을 위하여 쓰는 것으로서 1개 동의 공동취사시설 이용 세대 수가 전체의 50[%] 이상인 것(학생복지주택, 공공매입임대주택 중 독립된 주거의 형태를 갖추지 않는 것을 포함한다)

② 갓복도식 공동주택 : 각 층의 계단실 및 승강기에서 각 세대로 통하는 복도의 한쪽 면이 외기에 개방된 구조의 공동주택

(2) 소화기구 및 자동소화장치의 설치기준

① 바닥면적 100[m²]마다 1단위 이상의 능력단위를 기준으로 설치할 것

② 아파트 등의 경우 각 세대 및 공용부(승강장, 복도 등)마다 설치할 것

③ 아파트 등의 세대 내에 설치된 보일러실이 방화구획되거나, 스프링클러설비·간이스프링클러설비·물분무 등 소화설비 중 하나가 설치된 경우에는 소화기구 및 자동소화장치의 화재안전기술기준(NFTC 101) 표 2.1.1.3 제1호 및 제5호를 적용하지 않을 수 있다.

④ 아파트 등의 경우 소화기구 및 자동소화장치의 화재안전기술기준(NFTC 101) 2.2에 따른 소화기의 감소 규정을 적용하지 않을 것

⑤ 주거용 주방자동소화장치는 아파트 등의 주방에 열원(가스 또는 전기)의 종류에 적합한 것으로 설치하고, 열원을 차단할 수 있는 차단장치를 설치해야 한다.

(3) 옥내소화전설비의 설치기준

① 호스릴(Hose Reel) 방식으로 설치할 것

② 복층형 구조인 경우에는 출입구가 없는 층에 방수구를 설치하지 않을 수 있다.

③ 감시제어반 전용실은 피난층 또는 지하 1층에 설치할 것. 다만, 상시 사람이 근무하는 장소 또는 관계인이 쉽게 접근할 수 있고 관리가 용이한 장소에 감시제어반 전용실을 설치할 경우에는 지상 2층 또는 지하 2층에 설치할 수 있다.

(4) 스프링클러설비의 설치기준

① 폐쇄형 스프링클러헤드의 수원

   ㉠ 폐쇄형 스프링클러헤드를 사용하는 아파트 등 : 10개 × 1.6[m³] 이상

   ㉡ 아파트 등의 각 동이 주차장으로 서로 연결된 구조 : 30개 × 1.6[m³] 이상

② 아파트 등의 경우 화장실 반자 내부에는 소방용 합성수지배관의 성능인증 및 제품검사의 기술기준에 적합한 소방용 합성수지배관으로 배관을 설치할 수 있다. 다만, 소방용 합성수지배관 내부에 항상 소화수가 채워진 상태를 유지할 것

③ 하나의 방호구역은 2개 층에 미치지 않도록 할 것. 다만, 복층형 구조의 공동주택에는 3개 층 이내로 할 수 있다.

④ 아파트 등의 세대 내 스프링클러헤드를 설치하는 천장·반자·천장과 반자 사이·덕트·선반 등의 각 부분으로부터 하나의 스프링클러헤드까지의 수평거리는 2.6[m] 이하로 할 것

⑤ 외벽에 설치된 창문에서 0.6[m] 이내에 스프링클러헤드를 배치하고, 배치된 헤드의 수평거리 이내에 창문이 모두 포함되도록 할 것. 다만, 다음의 기준에 어느 하나에 해당하는 경우에는 그렇지 않다.

    ㉠ 창문에 드렌처설비가 설치된 경우

    ㉡ 창문과 창문 사이의 수직 부분이 내화구조로 90[cm] 이상 이격되어 있거나, 발코니 등의 구조변경 절차 및 설치기준 제4조 제1항부터 제5항에서 정하는 구조와 성능의 방화판 또는 방화유리창을 설치한 경우

    ㉢ 발코니가 설치된 부분

⑥ 거실에는 조기반응형 스프링클러헤드를 설치할 것

⑦ 감시제어반 전용실은 피난층 또는 지하 1층에 설치할 것. 다만, 상시 사람이 근무하는 장소 또는 관계인이 쉽게 접근할 수 있고 관리가 용이한 장소에 감시제어반 전용실을 설치할 경우에는 지상 2층 또는 지하 2층에 설치할 수 있다.

⑧ 대피공간에는 헤드를 설치하지 않을 수 있다.

(5) 물분무, 포, 옥외소화전설비의 설치기준

소화설비의 감시제어반 전용실은 피난층 또는 지하 1층에 설치해야 한다. 다만, 상시 사람이 근무하는 장소 또는 관계인이 쉽게 접근할 수 있고 관리가 용이한 장소에 감시제어반 전용실을 설치할 경우에는 지상 2층 또는 지하 2층에 설치할 수 있다.

(6) 자동화재탐지설비의 설치기준

① 아날로그방식의 감지기, 광전식 공기흡입형 감지기 또는 이와 동등 이상의 기능·성능이 인정되는 것으로 설치할 것

② 세대 내 거실(취침용도로 사용될 수 있는 통상적인 방 및 거실을 말한다)에는 연기감지기를 설치할 것

③ 복층형 구조인 경우에는 출입구가 없는 층에 발신기를 설치하지 않을 수 있다.

(7) 비상방송설비의 설치기준

① 확성기는 각 세대마다 설치할 것

② 아파트 등의 경우 실내에 설치하는 확성기 음성입력은 2[W] 이상일 것

(8) 피난기구의 설치기준

① 아파트 등의 경우 각 세대마다 설치할 것

② 피난장애가 발생하지 않도록 하기 위하여 피난기구를 설치하는 개구부는 동일 직선상이 아닌 위치에 있을 것

③ 의무관리대상 공동주택의 경우에는 하나의 관리주체가 관리하는 공동주택 구역마다 공기안전매트 1개 이상을 추가로 설치할 것. 다만, 옥상으로 피난이 가능하거나 수평 또는 수직 방향의 인접세대로 피난할 수 있는 구조인 경우에는 추가로 설치하지 않을 수 있다.

④ 갓복도식 공동주택 또는 건축법 시행령 제46조 제5항에 해당하는 구조 또는 시설을 설치하여 수평 또는 수직 방향의 인접세대로 피난할 수 있는 아파트는 피난기구를 설치하지 않을 수 있다.

⑤ 승강식 피난기 및 하향식 피난구용 내림식 사다리가 규정에 따라 방화구획된 장소(세대 내부)에 설치될 경우에는 해당 방화구획된 장소를 대피실로 간주하고, 대피실의 면적규정과 외기에 접하는 구조로 대피실을 설치하는 규정을 적용하지 않을 수 있다.

(9) 유도등의 설치기준

① 소형피난구유도등을 설치할 것. 다만, 세대 내에는 유도등을 설치하지 않을 수 있다.

② 주차장으로 사용되는 부분은 중형피난구유도등을 설치할 것

③ 건축법 시행령 제40조 제3항 제2호 나목 및 주택건설기준 등에 관한 규정 제16조의2 제3항에 따라 비상문자동개폐장치가 설치된 옥상 출입문에는 대형피난구유도등을 설치할 것

④ 내부구조가 단순하고 복도식이 아닌 층에는 피난구유 도등의 기준을 적용하지 않을 것

(10) 연결송수관설비의 설치기준

① 층마다 설치할 것. 다만, 아파트 등의 1층과 2층(또는 피난층과 그 직상층)에는 설치하지 않을 수 있다.

② 아파트 등의 경우 계단의 출입구(계단의 부속실을 포함하며 계단이 2 이상 있는 경우에는 그중 1개의 계단을 말한다)로부터 5[m] 이내에 방수구를 설치하되, 그 방수구로부터 해당 층의 각 부분까지의 수평거리가 50[m]를 초과하는 경우에는 방수구를 추가로 설치할 것

③ 송수구는 쌍구형으로 할 것. 다만, 아파트 등의 용도로 사용되는 층에는 단구형으로 설치할 수 있다.

④ 송수구는 동별로 설치하되, 소방 차량의 접근 및 통행이 용이하고 잘 보이는 장소에 설치할 것

⑤ 펌프의 토출량은 2,400[L/min] 이상(계단식 아파트의 경우에는 1,200[L/min] 이상)으로 하고, 방수구 개수가 3개를 초과(방수구가 5개 이상인 경우에는 5개)하는 경우에는 1개마다 800[L/min](계단식 아파트의 경우에는 400[L/min] 이상)를 가산해야 한다.

(1) 용어 정의

① 창고시설 : 소방시설법 영 별표 2 제16호에서 규정한 창고시설

> 창고시설[영 별표 2, 제16호]
> 위험물 저장 및 처리시설 또는 그 부속용도에 해당하는 것은 제외한다.
> • 창고(물품저장시설로서 냉장·냉동창고를 포함한다)
> • 하역장
> • 물류터미널
> • 집배송시설

② 랙식 창고 : 한국산업표준규격(KS)의 랙(Rack) 용어 (KS T 2023)에서 정하고 있는 물품 보관용 랙을 설치하는 창고시설

③ 라지드롭형(Large-Drop Type) 스프링클러헤드 : 동일 조건의 수압력에서 큰 물방울을 방출하여 화염의 전파속도가 빠르고 발열량이 큰 저장창고 등에서 발생하는 대형화재를 진압할 수 있는 헤드

④ 송기공간 : 랙을 일렬로 나란하게 맞대어 설치하는 경우 랙 사이에 형성되는 공간(사람이나 장비가 이동하는 통로는 제외한다)

(2) 소화기구 및 자동소화장치의 설치기준

창고시설 내 배전반 및 분전반마다 가스자동소화장치·분말자동소화장치·고체에어로졸자동소화장치 또는 소공간용 소화용구를 설치해야 한다.

(3) 옥내소화전설비의 설치기준

① 수원의 저수량
= 소화전의 설치개수(2개 이상은 2개) × 5.2[m³]

② 사람이 상시 근무하는 물류창고 등 동결의 우려가 없는 경우에는 옥내소화전설비의 화재안전기술기준 (NFTC 102) 2.2.1.9의 단서를 적용하지 않는다.

③ 비상전원

　㉠ 종류
　　• 자가발전설비
　　• 축전지설비(내연기관에 따른 펌프를 사용하는 경우에는 내연기관의 기동 및 제어용 축전지를 말한다)
　　• 전기저장장치(외부 전기에너지를 저장해 두었다가 필요한 때 전기를 공급하는 장치)

　㉡ 작동시간 : 40분 이상

(4) 스프링클러설비의 설치기준

① 설치방식

　㉠ 창고시설에 설치하는 스프링클러설비는 라지드롭형 스프링클러헤드를 습식으로 설치할 것

> [건식스프링클러설비로 설치할 수 있는 경우]
> • 냉동창고 또는 영하의 온도로 저장하는 냉장창고
> • 창고시설 내에 상시 근무자가 없어 난방을 하지 않는 창고시설

　㉡ 랙식 창고의 경우에는 ㉠에 따라 설치하는 것 외에 라지드롭형 스프링클러헤드를 랙 높이 3[m] 이하마다 설치할 것. 이 경우 수평거리 15[cm] 이상의 송기공간이 있는 랙식 창고에는 랙 높이 3[m] 이하마다 설치하는 스프링클러헤드를 송기공간에 설치할 수 있다.

　㉢ 창고시설에 적층식 랙을 설치하는 경우 적층식 랙의 각 단 바닥면적을 방호구역 면적으로 포함할 것

　㉣ ㉠ 내지 ㉢에도 불구하고 천장 높이가 13.7[m] 이하인 랙식 창고에는 화재조기진압용 스프링클러설비의 화재안전기술기준(NFTC 103B)에 따른 화재조기진압용 스프링클러설비를 설치할 수 있다.

　㉤ 높이가 4[m] 이상인 창고(랙식 창고를 포함한다)에 설치하는 폐쇄형 스프링클러헤드는 그 설치장소의 평상시 최고주위온도에 관계없이 표시온도 121[℃] 이상의 것으로 할 수 있다.

② 수원의 저수량

　㉠ 라지드롭형 스프링클러헤드

　　• 수원

　　　= 헤드 수(30개 이상은 30개) × 160[L/min]
　　　　× 20[min]

　　　= 헤드 수(30개 이상은 30개) × 3,200[L]

　　　= 헤드 수(30개 이상은 30개) × 3.2[m³]

　　• 랙식 창고의 수원

　　　= 헤드 수(30개 이상은 30개) × 160[L/min]
　　　　× 60[min]

　　　= 헤드 수(30개 이상은 30개) × 9,600[L]

　　　= 헤드 수(30개 이상은 30개) × 9.6[m³]

　㉡ 화재조기진압용 스프링클러설비를 설치하는 경우 화재조기진압용 스프링클러설비의 화재안전기술기준(NFTC 103B) 2.2.1에 따를 것

③ 가압송수장치의 송수량

　㉠ 가압송수장치의 송수량 : 160[L/min] 이상

　㉡ 가압송수장치의 방수압력 : 0.1[MPa] 이상

　㉢ 화재조기진압용 스프링클러설비를 설치하는 경우 화재조기진압용 스프링클러설비의 화재안전기술기준(NFTC 103B) 2.3.1.10에 따를 것

④ 가지배관의 헤드 수 : 교차배관에서 분기되는 지점을 기점으로 한쪽 가지배관에 설치되는 헤드의 개수(반자 아래와 반자 속의 헤드를 하나의 가지배관상에 병설하는 경우에는 반자 아래에 설치하는 헤드의 개수)는 4개 이하로 해야 한다.

⑤ 헤드의 설치기준

　㉠ 라지드롭형 스프링클러헤드를 설치하는 천장·반자·천장과 반자 사이·덕트·선반 등의 각 부분으로부터 하나의 스프링클러헤드까지의 수평거리

설치대상물	설치기준
특수가연물을 저장 또는 취급하는 창고	수평거리 1.7[m] 이하
내화구조로 된 창고	수평거리 2.3[m] 이하
내화구조가 아닌 창고	수평거리 2.1[m] 이하

㉡ 비상전원

　• 종 류

　　– 자가발전설비

　　– 축전지설비(내연기관에 따른 펌프를 사용하는 경우에는 내연기관의 기동 및 제어용 축전지를 말한다)

　　– 전기저장장치(외부 전기에너지를 저장해 두었다가 필요한 때 전기를 공급하는 장치)

　• 작동시간 : 20분(랙식 창고 60분) 이상

(5) 소화수조 및 저수조의 설치기준

소화수조 또는 저수조의 저수량은 특정소방대상물의 연면적을 5,000[m²]로 나누어 얻은 수(소수점 이하의 수는 1로 본다)에 20[m³]를 곱한 양 이상이 되도록 해야 한다.

5-1. 창고시설에 옥내소화전설비를 설치할 때 소화전의 설치개수가 5개일 때 수원의 양은?

① 7.8[m³]   ② 10.4[m³]

③ 13[m³]   ④ 29[m³]

5-2. 랙식 창고에 라지드롭형 스프링클러헤드가 20개 설치되어 있다. 이때 수원의 양은?

① 32[m³]   ② 64[m³]

③ 96[m³]   ④ 192[m³]

5-3. 창고시설에 저수조의 저수량은 특정소방대상물의 연면적을 몇 [m²]으로 나누어 얻은 수에 20[m³]을 곱한 양 이상이 되도록 해야 하는가?

① 1,000[m²]   ② 2,000[m²]

③ 3,000[m²]   ④ 5,000[m²]

|해설|

5-1

창고시설의 수원 = 소화전수(최대 2개) × 5.2[m³]
$$= 2 \times 5.2[m^3] = 10.4[m^3]$$

5-2

창고시설의 수원 = 헤드 수(최대 30개) × 9.6[m³]
$$= 20 \times 9.6[m^3] = 192[m^3]$$

5-3

창고시설에 저수조의 저수량은 특정소방대상물의 연면적을 5,000[m²]로 나누어 얻은 수(소수점 이하의 수는 1로 본다)에 20[m³]을 곱한 양 이상이 되도록 해야 한다.

정답 **5-1** ②   **5-2** ④   **5-3** ④

2018~2022년	과년도 기출문제	✔ 회독 CHECK 1 2 3
2023년	과년도 기출복원문제	✔ 회독 CHECK 1 2 3
2024년	최근 기출복원문제	✔ 회독 CHECK 1 2 3

과년도+최근
기출복원문제

#기출유형 확인   #상세한 해설   #최종점검 테스트

제1과목 **소방원론**

01 다음의 가연성물질 중 위험도가 가장 높은 것은?

① 수 소
② 에틸렌
③ 아세틸렌
④ 이황화탄소

해설

연소범위

종 류	연소범위[%]	종 류	연소범위[%]
수 소	4.0~75	아세틸렌	2.5~81
에틸렌	2.7~36	이황화탄소	1.0~50

위험도(H)

$$H = \frac{U - L}{L} = \frac{\text{폭발상한값} - \text{폭발하한값}}{\text{폭발하한값}}$$

• 수소 $H = \dfrac{75 - 4.0}{4.0} = 17.75$

• 에틸렌 $H = \dfrac{36 - 2.7}{2.7} = 12.33$

• 아세틸렌 $H = \dfrac{81 - 2.5}{2.5} = 31.4$

• 이황화탄소 $H = \dfrac{50 - 1.0}{1.0} = 49.0$

02 상온, 상압에서 액체인 물질은?

① CO_2

② Halon 1301

③ Halon 1211

④ Halon 2402

해설

상온에서 물질 상태

종 류	상 태	종 류	상 태
CO_2	기 체	Halon 1211	기 체
Halon 1301	기 체	Halon 2402	액 체

03 0[℃], 1[atm] 상태에서 뷰테인(C_4H_{10}) 1[mol]을 완전연소시키기 위해 필요한 산소의 [mol]수는?

① 2
② 4
③ 5.5
④ 6.5

해설

뷰테인의 연소반응식

$C_4H_{10} + 6.5O_2 \rightarrow 4CO_2 + 5H_2O$

04 다음 그림에서 목조건물의 표준 화재 온도-시간 곡선으로 옳은 것은?

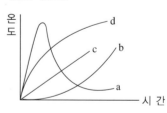

① a
② b
③ c
④ d

해설

표준 화재 온도-시간 곡선

• a : 목조건축물(고온단기형)

• d : 내화건축물(저온장기형)

05 포소화약제가 갖추어야 할 조건이 아닌 것은?

① 부착성이 있을 것

② 유동성과 내열성이 있을 것

③ 응집성과 안정성이 있을 것

④ 소포성이 있고 기화가 용이할 것

포소화약제가 갖추어야 할 조건
• 부착성이 있을 것
• 유동성과 내열성이 있을 것
• 응집성과 안정성이 있을 것

07 건축물의 바깥쪽에 설치하는 피난계단의 구조기준 중 계단의 유효너비는 몇 [m] 이상으로 해야 하는가?

① 0.6　　　　② 0.7

③ 0.8　　　　④ 0.9

건축물의 바깥쪽에 설치하는 피난계단의 구조(건피방 제9조)
• 계단은 그 계단으로 통하는 출입구 외의 창문 등(망이 들어 있는 유리의 붙박이창으로서 그 면적이 각각 1[m²] 이하인 것을 제외한다)으로부터 2[m] 이상의 거리를 두고 설치할 것
• 건축물의 내부에서 계단으로 통하는 출입구에는 60분 + 방화문 또는 60분 방화문을 설치할 것
• 계단의 유효너비는 0.9[m] 이상으로 할 것
• 계단은 내화구조로 하고 지상까지 직접 연결되도록 할 것

06 건축물 내 방화벽에 설치하는 출입문의 너비 및 높이의 기준은 각각 몇 [m] 이하인가?

① 2.5　　　　② 3.0

③ 3.5　　　　④ 4.0

방화벽의 구조(건피방 제21조)
• 내화구조로서 홀로 설 수 있는 구조로 할 것
• 방화벽의 양쪽 끝과 윗쪽 끝을 건축물의 외벽면 및 지붕면으로부터 0.5[m] 이상 튀어 나오게 할 것
• 방화벽에 설치하는 출입문의 너비 및 높이는 각각 2.5[m] 이하로 하고 해당 출입문에는 60분 + 방화문 또는 60분 방화문을 설치할 것

08 소화약제로서 물을 사용하는 주된 이유는?

① 촉매역할을 하기 때문에

② 증발잠열이 크기 때문에

③ 연소작용을 하기 때문에

④ 제거작용을 하기 때문에

물을 소화약제로 사용하는 주된 이유 : 증발잠열과 비열이 크기 때문에
• 물의 비열 : 1[cal/g・℃] = 1[kcal/kg・℃]
• 물의 증발잠열 : 539[cal/g] = 539[kcal/kg]

09 MOC(Minimum Oxygen Concentration : 최소산소농도)가 가장 작은 물질은?

① 메테인　　　　② 에테인
③ 프로페인　　　④ 뷰테인

해설

MOC(최소산소농도) : 화염을 전파하기 위하여 요구되는 최소한의 산소농도

$$MOC = 하한값 \times \frac{산소의 몰수}{연료의 몰수} [vol\%]$$

• 메테인　$CH_4 + 2O_2 \rightarrow CO_2 + 2H_2O$

$$\therefore MOC = 5.0 \times \frac{2[mol]}{1[mol]} = 10.0$$

• 에테인　$C_2H_6 + 3.5O_2 \rightarrow 2CO_2 + 3H_2O$

$$\therefore MOC = 3.0 \times \frac{3.5[mol]}{1[mol]} = 10.5$$

• 프로페인　$C_3H_8 + 5O_2 \rightarrow 3CO_2 + 4H_2O$

$$\therefore MOC = 2.1 \times \frac{5[mol]}{1[mol]} = 10.5$$

• 뷰테인　$C_4H_{10} + 6.5O_2 \rightarrow 4CO_2 + 5H_2O$

$$\therefore MOC = 1.8 \times \frac{6.5[mol]}{1[mol]} = 11.7$$

종 류	연소범위[%]	MOC값[vol%]
메테인	5.0~15.0	10.0
에테인	3.0~12.4	10.5
프로페인	2.1~9.5	10.5
뷰테인	1.8~8.4	11.7

10 소화의 방법으로 틀린 것은?

① 가연성물질을 제거한다.
② 공기 중 불연성 가스의 농도를 높인다.
③ 산소의 공급을 원활히 한다.
④ 가연성 물질을 냉각시킨다.

해설

소화는 연소의 3요소(가연물, 산소공급원, 점화원) 중 하나 이상을 제거하는 것인데 산소공급은 연소를 도와주는 것이다.

11 다음 중 발화점이 가장 낮은 물질은?

① 휘발유　　　　② 이황화탄소
③ 적 린　　　　④ 황 린

해설

발화점

종 류	발화점	종 류	발화점
휘발유	280~456[℃]	적 린	260[℃]
이황화탄소	90[℃]	황 린	34[℃]

12 탄화칼슘이 물과 반응 시 발생하는 가연성 가스는?

① 메테인　　　　② 포스핀
③ 아세틸렌　　　④ 수 소

해설

탄화칼슘(카바이드)은 물과 반응하면 수산화칼슘(소석회)과 아세틸렌(C_2H_2)가스를 발생한다.
$CaC_2 + 2H_2O \rightarrow Ca(OH)_2 + C_2H_2 \uparrow$

13 수성막포소화약제의 특성에 대한 설명으로 틀린 것은?

① 내열성이 우수하여 고온에서 수성막의 형성이 용이하다.
② 기름에 의한 오염이 적다.
③ 다른 소화약제와 병용하여 사용이 가능하다.
④ 플루오린계 계면활성제가 주성분이다.

해설

수성막포소화약제의 특징
• 내유성과 유동성이 우수하며 방출 시 유면에 얇은 물의 막인 수성막을 형성한다.
• 내열성이 약하다.

14 Fourier법칙(전도)에 대한 설명으로 틀린 것은?

① 이동열량은 전열체의 단면적에 비례한다.
② 이동열량은 전열체의 두께에 비례한다.
③ 이동열량은 전열체의 열전도도에 비례한다.
④ 이동열량은 전열체 내·외부의 온도차에 비례한다.

해설

Fourier법칙(전도)

열량 $q = -kA\dfrac{dt}{dl}[\text{kcal/h}]$

여기서, k : 열전도도[kcal/m·h·℃]
A : 열전달면적[m²]
dt : 온도차[℃]
dl : 미소거리[m]

※ 열량은 단면적에 비례, 거리에 반비례한다.

15 대두유가 침적된 기름걸레를 쓰레기통에 장시간 방치한 결과 자연발화에 의하여 화재가 발생한 경우 그 이유로 옳은 것은?

① 분해열 축적
② 산화열 축적
③ 흡착열 축적
④ 발효열 축적

해설

기름걸레를 쓰레기통에 장시간 방치한 결과 자연발화가 일어나는 이유 : 산화열 축적

16 분진폭발의 위험성이 가장 낮은 것은?

① 알루미늄분   ② 황
③ 팽창질석   ④ 소맥분

해설

팽창질석, 팽창진주암 : 소화약제

17 1기압 상태에서 100[℃] 물 1[g]이 모두 기체로 변할 때 필요한 열량은 몇 [cal]인가?

① 429   ② 499
③ 539   ④ 639

해설

물의 증발(기화)잠열 : 539[cal/g]

18 pH 9 정도의 물을 보호액으로 하여 보호액 속에 저장하는 물질은?

① 나트륨   ② 탄화칼슘
③ 칼륨   ④ 황린

해설

저장방법

위험물	저장방법
황린, 이황화탄소	물 속
칼륨, 나트륨	경유, 등유(석유) 속

19 위험물안전관리법령에서 정하는 위험물의 한계에 대한 정의로 틀린 것은?

① 황은 순도가 60[wt%] 이상인 것

② 인화성고체는 고형알코올, 그 밖에 1기압에서 인화점이 40[℃] 미만인 고체

③ 과산화수소는 그 농도가 35[wt%] 이상인 것

④ 제1석유류는 아세톤, 휘발유 그 밖에 1기압에서 인화점이 21[℃] 미만인 것

> **해설**
> 과산화수소는 그 농도가 36[wt%] 이상이면 제6류 위험물이다.

20 고분자 재료와 열적 특성의 연결이 옳은 것은?

① 폴리염화바이닐 수지 – 열가소성

② 페놀 수지 – 열가소성

③ 폴리에틸렌 수지 – 열경화성

④ 멜라민 수지 – 열가소성

> **해설**
> 수지의 종류
> • 열가소성 수지 : 열에 의하여 변형되는 수지로서 폴리에틸렌, PVC(폴리염화바이닐), 폴리스타이렌 수지
> • 열경화성 수지 : 열에 의하여 굳어지는 수지로서 페놀 수지, 요소 수지, 멜라민 수지

---

21 유속 6[m/s]로 정상류의 물이 화살표 방향으로 흐르는 배관에 압력계와 피토계가 설치되어 있다. 이때 압력계의 계기압력이 300[kPa]이었다면 피토계의 계기압력은 약 몇 [kPa]인가?

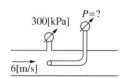

① 180 　　　　② 280

③ 318 　　　　④ 336

> **해설**
> 피토계의 계기압력
>
> $$u = \sqrt{2gH}, \qquad H = \frac{u^2}{2g}$$
>
> $$H = \frac{u^2}{2g} = \frac{(6[\text{m/s}])^2}{2 \times 9.8[\text{m/s}^2]} = 1.84[\text{m}]$$
>
> 이것을 압력으로 환산하면
>
> $$\frac{1.84[\text{m}]}{10.332[\text{m}]} \times 101.325[\text{kPa}] = 18.04[\text{kPa}]$$
>
> ∴ 피토계의 계기압력 = 300 + 18.04 = 318.04[kPa]

---

22 관 내에 흐르는 유체의 흐름을 구분하는 데 사용되는 레이놀즈수의 물리적인 의미는?

① 관성력/중력

② 관성력/탄성력

③ 관성력/압축력

④ 관성력/점성력

해설
무차원식의 관계

명 칭	무차원식	물리적 의미
레이놀즈수	$Re = \dfrac{du\rho}{\mu} = \dfrac{du}{\nu}$	$Re = \dfrac{\text{관성력}}{\text{점성력}}$
오일러수	$Eu = \dfrac{\Delta P}{\rho u^2}$	$Eu = \dfrac{\text{압축력}}{\text{관성력}}$
웨버수	$We = \dfrac{\rho l u^2}{\sigma}$	$We = \dfrac{\text{관성력}}{\text{표면장력}}$
코시수	$Ca = \dfrac{\rho u^2}{K}$	$Ca = \dfrac{\text{관성력}}{\text{탄성력}}$
프루드수	$Fr = \dfrac{u}{\sqrt{gl}}$	$Fr = \dfrac{\text{관성력}}{\text{중력}}$

23 정육면체의 그릇에 물을 가득 채울 때, 그릇 밑면이 받는 압력에 의한 수직방향 평균 힘의 크기를 P 라고 하면, 한 측면이 받는 압력에 의한 수평방향 평균 힘의 크기는 얼마인가?

① $0.5P$

② P

③ $2P$

④ $4P$

해설
압력에 의한 수평방향 평균 힘의 크기(P_1)는 밑면이 받는 압력에 의한 수직방향 평균 힘(P)의 크기의 $\dfrac{1}{2}$ 배이다.

따라서, $P_1 = \dfrac{1}{2}P = 0.5P$이다.

24 그림과 같이 수직평판에 속도 2[m/s]로 단면적이 0.01[m²]인 물 제트가 수직으로 세워진 벽면에 충돌하고 있다. 벽면의 오른쪽에서 물 제트를 왼쪽 방향으로 쏘아 벽면의 평형을 이루게 하려면 물 제트의 속도를 약 몇 [m/s]로 해야 하는가?(단, 오른쪽에서 쏘는 물 제트의 단면적은 0.005[m²]이다)

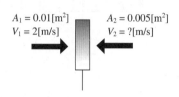

$A_1 = 0.01[\text{m}^2]$ $A_2 = 0.005[\text{m}^2]$
$V_1 = 2[\text{m/s}]$ $V_2 = ?[\text{m/s}]$

① 1.42

② 2.00

③ 2.83

④ 4.00

해설
물 제트의 속도
• 운동량방정식 힘 $F = \rho Q u = \rho u A u = \rho A u^2$ 에서 수직평판에 작용하는 $F_1 = F_2$ 이므로 $\rho A_1 u_1^2 = \rho A_2 u_2^2$ 이다.
• 물 제트의 속도

$$u_2 = u_1 \times \sqrt{\frac{A_1}{A_2}} = 2[\text{m/s}] \times \sqrt{\frac{0.01[\text{m}^2]}{0.005[\text{m}^2]}}$$
$$= 2.83[\text{m/s}]$$

25 그림과 같은 사이펀에서 마찰손실을 무시할 때 사이펀 끝단에서 속도(V)가 4[m/s]이기 위해서는 h가 약 몇 [m]이어야 하는가?

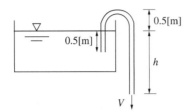

① 0.82[m]   ② 0.77[m]

③ 0.72[m]   ④ 0.87[m]

해설

수두(h)

베르누이 방정식에서

$$\frac{P_1}{\gamma} + \frac{u_1^2}{2g} + Z_1 = \frac{P_2}{\gamma} + \frac{u_2^2}{2g} + Z_2$$

여기서, $P_1 = P_2$: 대기압

$\quad\quad\quad u_1 = 0,\ Z_1 - Z_2 = h$이므로

$$\therefore h = \frac{u_2^2}{2g} = \frac{(4[\text{m/s}])^2}{2 \times 9.8[\text{m/s}^2]}$$

$$= 0.816[\text{m}] = 0.82[\text{m}]$$

※ u와 V는 속도이다.

26 펌프에 의하여 유체에 실제로 주어지는 동력은?
(단, L_w는 동력[kW], γ는 물의 비중량[N/m³], Q는 토출량[m³/min], H는 전양정[m], g는 중력가속도[m/s²]이다)

① $L_w = \dfrac{\gamma QH}{102 \times 60}$

② $L_w = \dfrac{\gamma QH}{1,000 \times 60}$

③ $L_w = \dfrac{\gamma QHg}{102 \times 60}$

④ $L_w = \dfrac{\gamma QHg}{1,000 \times 60}$

해설

전동기 용량

$$P[\text{kW}] = \frac{\gamma \times Q \times H}{1,000 \times 60 \times \eta} \times K$$

여기서, γ : 물의 비중량[N/m³]

$\quad\quad\quad Q$: 방수량[m³/min]

$\quad\quad\quad H$: 펌프의 양정[m]

$\quad\quad\quad \eta$: 펌프의 효율

$\quad\quad\quad K$: 전달계수(여유율)

27 성능이 같은 3대의 펌프를 병렬로 연결하였을 경우 양정과 유량은 얼마인가?(단, 펌프 1대에서 유량은 Q, 양정은 H라고 한다)

① 유량은 $9Q$, 양정은 H

② 유량은 $9Q$, 양정은 $3H$

③ 유량은 $3Q$, 양정은 $3H$

④ 유량은 $3Q$, 양정은 H

해설

펌프의 성능

펌프 3대 연결 방법		직렬연결	병렬연결
성 능	유량(Q)	Q	$3Q$
	양정(H)	$3H$	H

28 비압축성 유체의 2차원 정상 유동에서 x방향의 속도를 u, y방향의 속도를 v라고 할 때 다음에 주어진 식들 중에서 연속 방정식을 만족하는 것은 어느 것인가?

① $u = 2x + 2y, \ v = 2x - 2y$

② $u = x + 2y, \ v = x^2 - 2y$

③ $u = 2x + y, \ v = x^2 + 2y$

④ $u = x + 2y, \ v = 2x - y^2$

해설

비압축성 유체의 2차원 정상유동은 $\dfrac{\partial u}{\partial x} + \dfrac{\partial v}{\partial y} = 0$을 만족해야 한다.

① $\dfrac{\partial u}{\partial x} + \dfrac{\partial v}{\partial y} = 2 + (-2) = 0$

② $\dfrac{\partial u}{\partial x} + \dfrac{\partial v}{\partial y} = 1 + (-2) = -1$

③ $\dfrac{\partial u}{\partial x} + \dfrac{\partial v}{\partial y} = 2 + 2 = 4$

④ $\dfrac{\partial u}{\partial x} + \dfrac{\partial v}{\partial y} = 1 + (-2y)$

29 다음 중 동력의 단위가 아닌 것은?

① $[\text{J/s}]$

② $[\text{W}]$

③ $[\text{kg} \cdot \text{m}^2/\text{s}]$

④ $[\text{N} \cdot \text{m/s}]$

해설

동력의 단위

• $[\text{W}](\text{Watt}) = [\text{J/s}]$

• $[\text{kg}_f \cdot \text{m/s}]$

• $[\text{N} \cdot \text{m/s}] = [\text{J/s}]$

30 지름 10[cm]인 금속구가 대류에 의해 열을 외부공기로 방출한다. 이때 발생하는 열전달량이 40[W]이고, 구 표면과 공기 사이의 온도차가 50[℃]라면 공기와 구 사이의 대류 열전달계수[W/m² · K]는 얼마인가?

① 25 ② 50

③ 75 ④ 100

해설

열전달량

$q = h A \Delta t [\text{W}]$

여기서, h : 대류 열전달계수

Δt : 온도차(50[℃] = 50[K])

$A = 4\pi r^2$(열전달 방향에 수직인 구의 면적)

$= 4 \times \pi \times (0.05[\text{m}])^2$

$= 0.0314[\text{m}^2]$

$\therefore \ h = \dfrac{q}{A \Delta t} = \dfrac{40}{0.0314 \times 50} = 25.48[\text{W/m}^2 \cdot \text{K}]$

31 지름 0.4[m]인 관에 물이 0.5[m³/s]로 흐를 때 길이 300[m]에 대한 동력손실은 60[kW]였다. 이때 관마찰계수 f는 약 얼마인가?

① 0.015 ② 0.020

③ 0.025 ④ 0.030

해설

관마찰계수(f)

• 손실수두(H)

$P = \gamma Q H$

$60,000[\text{W}] = 9,800[\text{N/m}^3] \times 0.5[\text{m}^3/\text{s}] \times H$

$H = 12.24[\text{m}]$

※ 단위환산

$\dfrac{[\text{N}]}{[\text{m}^3]} \times \dfrac{[\text{m}^3]}{[\text{s}]} \times [\text{m}] = \dfrac{[\text{N} \cdot \text{m}]}{[\text{s}]} = \dfrac{[\text{J}]}{[\text{s}]} = [\text{W}]$

Darcy-Weisbach 방정식에서

$H = \dfrac{f l u^2}{2gD}, \qquad f = \dfrac{H 2gD}{l u^2}$

여기서, u(유속) $= \dfrac{Q}{A} = \dfrac{Q}{\dfrac{\pi}{4}D^2} = \dfrac{0.5[\text{m}^3/\text{s}]}{\dfrac{\pi}{4}(0.4[\text{m}])^2} = 3.98[\text{m/s}]$

$\therefore \ f = \dfrac{H 2gD}{l u^2} = \dfrac{12.24[\text{m}] \times 2 \times 9.8[\text{m/s}^2] \times 0.4[\text{m}]}{300[\text{m}] \times (3.98[\text{m/s}])^2}$

$= 0.020$

32 체적이 10[m³]인 기름의 무게가 30,000[N]이라면 이 기름의 비중은 얼마인가?(단, 물의 밀도는 1,000[kg/m³]이다)

① 0.153 ② 0.306

③ 0.459 ④ 0.612

해설

비 중

$$S = \frac{\gamma}{\gamma_w} = \frac{3,000[\text{N/m}^3]}{9,800[\text{N/m}^3]} = 0.3061$$

여기서, $\gamma = \dfrac{W}{V} = \dfrac{30,000[\text{N}]}{10[\text{m}^3]} = 3,000[\text{N/m}^3]$

33 비열에 대한 다음 설명 중 틀린 것은?

① 정적비열은 체적이 일정하게 유지되는 동안 온도변화에 대한 내부에너지의 변화율이다.

② 정압비열을 정적비열로 나눈 것이 비열비이다.

③ 정압비열은 압력이 일정하게 유지될 때 온도변화에 대한 엔탈피 변화율이다.

④ 비열비는 일반적으로 1보다 크나 1보다 작은 물질도 있다.

해설

비열비 $k = C_P / C_V$로서 언제나 1보다 크다.

34 비중 0.92인 빙산이 비중 1.025의 바닷물 수면에 떠 있다. 수면 위에 나온 빙산의 체적이 150[m³]이면 빙산의 전체 체적은 약 몇 [m³]인가?

① 1,314 ② 1,464

③ 1,725 ④ 1,875

해설

• 빙산의 무게

$$W = \gamma V = 0.92 \times 9,800 \frac{[\text{N}]}{[\text{m}^3]} \times (150 + V_x)[\text{m}^3]$$

• 부력 $F_B = \gamma V = 1.025 \times 9,800 \dfrac{[\text{N}]}{[\text{m}^3]} \times V_x$

• $W = F_B$이므로

$$0.92 \times 9,800 \frac{[\text{N}]}{[\text{m}^3]} \times (150 + V_x) = 1.025 \times 9,800 \frac{[\text{N}]}{[\text{m}^3]} \times V_x$$

$$1,352,400 + 9,016 V_x = 10,045 V_x$$

$$1,029 V_x = 1,352,400$$

$$V_x = \frac{1,352,400}{1,029} = 1,314.3[\text{m}^3]$$

∴ 빙산의 전체 체적 $V = 1,314.3[\text{m}^3] + 150[\text{m}^3]$
$$= 1,464.3[\text{m}^3]$$

35 초기상태에서 압력 100[kPa], 온도 15[℃]인 공기가 있다. 공기의 부피가 초기 부피의 $\dfrac{1}{20}$이 될 때까지 단열 압축할 때 압축 후의 온도는 약 몇 [℃]인가?(단, 공기의 비열비는 1.4이다)

① 54 ② 348

③ 682 ④ 912

해설

• 단열압축 과정에서 온도와 체적의 관계

$$\frac{T_2}{T_1} = \left(\frac{V_1}{V_2}\right)^{k-1} \text{에서}$$

• 압축 후의 온도

$$T_2 = \left(\frac{V_1}{V_2}\right)^{k-1} \times T_1 = \left(\frac{V_1}{\frac{1}{20}V_1}\right)^{1.4-1} \times (273+15)[\text{K}]$$

$$= 954.6[\text{K}] = 681.6[℃]$$

∴ [K] = 273 + [℃]

[℃] = [K] − 273 = 954.6 − 273 = 681.6[℃]

36 수격작용에 대한 설명으로 맞는 것은?

① 관로가 변할 때 물의 급격한 압력 저하로 인해 수중에서 공기가 분리되어 기포가 발생하는 것을 말한다.

② 펌프의 운전 중에 송출압력과 송출유량이 주기적으로 변동하는 현상을 말한다.

③ 관로의 급격한 온도변화로 인해 응결되는 현상을 말한다.

④ 흐르는 물을 갑자기 정지시킬 때 수압이 급격히 변화하는 현상을 말한다.

37 그림에서 $h_1 = 120[mm]$, $h_2 = 180[mm]$, $h_3 = 100[mm]$일 때, A에서의 압력과 B에서의 압력의 차이($P_A - P_B$)를 구하면?[단, A, B 속의 액체는 물이고, 차압액주계에서의 중간 액체는 수은(비중이 13.6)이다]

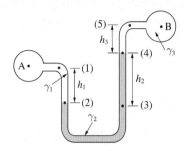

① 20.4[kPa]　　② 23.8[kPa]

③ 26.4[kPa]　　④ 29.8[kPa]

38 원형 단면을 가진 관 내에 유체가 완전 발달된 비압축성 층류유동으로 흐를 때 전단응력은?

① 중심에서 0이고, 중심선으로부터 거리에 비례하여 변한다.

② 관 벽에서 0이고, 중심선에서 최대이며 선형분포한다.

③ 중심에서 0이고, 중심선으로부터 거리의 제곱에 비례하여 변한다.

④ 전 단면에 걸쳐 일정하다.

39 부피가 0.3[m³]로 일정한 용기 내의 공기가 원래 300[kPa](절대압력), 400[K]의 상태였으나, 일정 시간 동안 출구가 개방되어 공기가 빠져나가 200[kPa](절대압력), 350[K]의 상태가 되었다. 빠져나간 공기의 질량은 약 몇 [g]인가?(단, 공기는 이상기체로 가정하며 기체상수는 287[J/kg·K]이다)

① 74

② 187

③ 295

④ 388

해설

빠져나간 공기의 질량

- 용기 내의 체적은 일정하고 이상기체 상태방정식 $PV = WRT$ 를 적용하여 계산한다.
- 용기 내에 있는 초기 질량

$$W_1 = \frac{P_1 V}{RT_1} = \frac{300[\text{kPa}] \times 0.3[\text{m}^3]}{0.287\frac{[\text{kJ}]}{[\text{kg} \cdot \text{K}]} \times 400[\text{K}]} = 0.784[\text{kg}]$$

- 용기에서 공기가 빠져나가 남아있는 질량

$$W_2 = \frac{P_2 V}{RT_2} = \frac{200[\text{kPa}] \times 0.3[\text{m}^3]}{0.287\frac{[\text{kJ}]}{[\text{kg} \cdot \text{K}]} \times 350[\text{K}]} = 0.597[\text{kg}]$$

∴ 용기에서 빠져나간 공기의 질량

$$W = W_1 - W_2 = 0.784[\text{kg}] - 0.597[\text{kg}]$$
$$= 0.187[\text{kg}]$$
$$= 187[\text{g}]$$

40 한 변의 길이가 L인 정사각형 단면의 수력지름(Hydraulic Diameter)은?

① $\frac{L}{4}$

② $\frac{L}{2}$

③ L

④ $2L$

해설

정사각형 단면의 수력지름

- 수력반지름 $R_h = \frac{A(\text{단면적})}{P(\text{접수길이})}$ 에서

$$R_h = \frac{L \times L}{2L + 2L} = \frac{L^2}{4L} = \frac{L}{4}$$

- 수력지름 $D_h = 4R_h$ 에서 $D_h = 4 \times \frac{L}{4} = L$

41 소방시설 설치 및 관리에 관한 법률상 화재안전기준을 달리 적용해야 하는 특수한 용도 또는 구조를 가진 특정소방대상물인 원자력발전소에 설치하지 않을 수 있는 소방시설은?

① 물분무 등 소화설비

② 스프링클러설비

③ 상수도소화용수설비

④ 연결살수설비

해설

소방시설을 설치하지 않을 수 있는 특정소방대상물 및 소방시설의 범위(영 별표 6)

구 분	특정소방대상물	설치하지 않을 수 있는 소방시설
화재 위험도가 낮은 특정소방대상물	석재, 불연성금속, 불연성 건축재료 등의 가공공장·기계조립공장 또는 불연성 물품을 저장하는 창고	옥외소화전 및 연결살수설비
화재안전기준을 달리 적용해야 하는 특수한 용도 또는 구조를 가진 특정소방대상물	원자력발전소, 중·저준위 방사성폐기물의 저장시설	연결송수관설비 및 연결살수설비

42 위험물안전관리법령상 시·도지사의 허가를 받지 않고 해당 제조소 등을 설치할 수 있는 기준 중 다음 (   ) 안에 알맞은 것은?

> 농예용·축산용 또는 수산용으로 필요한 난방시설 또는 건조시설을 위한 지정수량 (   )배 이하의 저장소

① 20

② 30

③ 40

④ 50

해설

다음에 해당하는 제조소 등의 경우에는 허가를 받지 않고 해당 제조소 등을 설치하거나 그 위치·구조 또는 설비를 변경할 수 있으며, 신고를 하지 않고 위험물의 품명·수량 또는 지정수량의 배수를 변경할 수 있다(법 제6조).
• 주택의 난방시설(공동주택의 중앙난방시설을 제외)을 위한 저장소 또는 취급소
• 농예용·축산용 또는 수산용으로 필요한 난방시설 또는 건조시설을 위한 지정수량 20배 이하의 저장소

43 소방시설공사업법령상 특정소방대상물의 관계인 또는 발주자가 해당 도급계약의 수급인을 도급계약 해지할 수 있는 경우의 기준 중 틀린 것은?

① 하도급계약의 적정성 심사 결과 하수급인 또는 하도급계약 내용의 변경 요구에 정당한 사유없이 따르지 않는 경우

② 정당한 사유없이 15일 이상 소방시설공사를 계속하지 않는 경우

③ 소방시설업이 등록취소되거나 영업정지된 경우

④ 소방시설업을 휴업하거나 폐업한 경우

해설

도급계약을 해지할 수 있는 경우(법 제23조)
• 소방시설업이 등록취소되거나 영업정지된 경우
• 소방시설업을 휴업하거나 폐업한 경우
• 정당한 사유 없이 30일 이상 소방시설공사를 계속하지 않는 경우
• 제22조의2 제2항에 따른 요구에 정당한 사유 없이 따르지 않는 경우
  – 하도급계약의 적정성 심사 결과 하수급인 또는 하도급계약 내용의 변경 요구에 정당한 사유없이 따르지 않는 경우

44 소방시설공사업법령상 소방시설공사 완공검사를 위한 현장확인 대상 특정소방대상물의 범위가 아닌 것은?

① 위락시설

② 판매시설

③ 운동시설

④ 창고시설

해설

완공검사를 위한 현장확인 대상 특정소방대상물의 범위(영 제5조)
• 문화 및 집회시설, 종교시설, 판매시설, 노유자(老幼者)시설, 수련시설, 운동시설, 숙박시설, 창고시설, 지하상가, 다중이용업소
• 스프링클러설비 등, 물분무 등 소화설비(호스릴방식의 소화설비는 제외)가 설치되는 특정소방대상물
• 연면적 $10,000[m^2]$ 이상이거나 11층 이상인 특정소방대상물(아파트는 제외)
• 가연성 가스를 제조·저장 또는 취급하는 시설 중 지상에 노출된 가연성 가스탱크의 저장용량 합계가 $1,000[t]$ 이상인 시설

45 화재의 예방 및 안전관리에 관한 법률상 특수가연물의 저장·취급기준 중 다음 (   ) 안에 알맞은 것은?(단, 석탄·목탄류를 발전용으로 저장하는 경우는 제외한다)

> 살수설비를 설치하거나, 방사능력 범위에 해당 특수가연물이 포함되도록 대형수동식소화기를 설치하는 경우에는 쌓는 높이를 (㉠)[m] 이하, 석탄·목탄류의 경우에는 쌓는 부분의 바닥면적을 (㉡)[m²] 이하로 할 수 있다.

① ㉠ 10, ㉡ 50
② ㉠ 10, ㉡ 200
③ ㉠ 15, ㉡ 200
④ ㉠ 15, ㉡ 300

해설
특수가연물의 저장 및 취급기준(영 별표 3)
다음의 기준에 따라 쌓아 저장해야 한다. 다만, 석탄·목탄류를 발전(發電)용으로 저장하는 경우에는 제외한다.
• 품명별로 구분하여 쌓을 것
• 특수가연물을 쌓아 저장하는 기준

구 분	살수설비를 설치하거나 방사능력 범위에 해당 특수가연물이 포함되도록 대형수동식소화기를 설치하는 경우	그 밖의 경우
높 이	15[m] 이하	10[m] 이하
쌓는 부분의 바닥면적	200[m²] (석탄·목탄류의 경우에는 300[m²]) 이하	50[m²] (석탄·목탄류의 경우에는 200[m²]) 이하

46 소방시설 설치 및 관리에 관한 법률상 중앙소방기술심의위원회의 심의사항이 아닌 것은?

① 화재안전기준에 관한 사항
② 소방시설의 설계 및 공사감리의 방법에 관한 사항
③ 소방시설의 하자가 있는지의 판단에 관한 사항
④ 소방시설의 구조 및 원리 등에서 공법이 특수한 설계 및 시공에 관한 사항

해설
중앙소방기술심의위원회의 심의사항(법 제18조)
• 화재안전기준에 관한 사항
• 소방시설의 구조 및 원리 등에서 공법이 특수한 설계 및 시공에 관한 사항
• 소방시설의 설계 및 공사감리의 방법에 관한 사항
• 소방시설공사의 하자를 판단하는 기준에 관한 사항
• 신기술·신공법 등 검토·평가에 고도의 기술이 필요한 경우로서 중앙위원회에 심의를 요청한 사항
• 그 밖에 소방기술 등에 관하여 대통령령으로 정하는 사항

47 경보설비 중 단독경보형 감지기를 설치해야 하는 특정소방대상물의 기준으로 틀린 것은?

① 연면적 400[m²] 미만의 유치원
② 공동주택 중 연립주택 및 다세대주택
③ 수련시설 내에 있는 연면적 2,000[m²] 미만의 기숙사 또는 합숙소
④ 교육연구시설 내에 있는 연면적 3,000[m²] 미만의 합숙소

해설
단독경보형 감지기 설치대상(소방시설법 영 별표 4)
• 교육연구시설 내에 있는 기숙사 또는 합숙소로서 연면적 2천[m²] 미만인 것
• 수련시설 내에 있는 기숙사 또는 합숙소로서 연면적 2천[m²] 미만인 것
• 자동화재탐지설비에 해당하지 않는 수련시설(숙박시설이 있는 것만 해당)
• 연면적 400[m²] 미만의 유치원
• 공동주택 중 연립주택 및 다세대주택

48 소방시설 설치 및 관리에 관한 법률상 용어의 정의 중 다음 (   ) 안에 알맞은 것은?

> 특정소방대상물이란 건축물의 규모 · 용도 및 수용인원을 고려하여 소방시설을 설치해야 하는 소방대상물로서 (   )으로 정하는 것을 말한다.

① 행정안전부령　　② 국토교통부령

③ 고용노동부령　　④ 대통령령

해설

특정소방대상물(법 제2조) : 건축물의 규모 · 용도 및 수용인원을 고려하여 소방시설을 설치해야 하는 소방대상물로서 대통령령으로 정하는 것

49 화재의 예방 및 안전관리에 관한 법률상 소방안전 특별관리시설물의 대상 기준 중 틀린 것은?

① 수련시설

② 항만시설

③ 전력용 및 통신용 지하구

④ 지정문화유산 및 천연기념물 등인 시설

해설

소방안전 특별관리시설물의 대상 기준(법 제40조)

• 공항시설, 철도시설, 도시철도시설
• 항만시설
• 초고층 건축물 및 지하연계복합건축물
• 지정문화유산 및 천연기념물 등인 시설(시설이 아닌 지정문화유산 및 천연기념물 등을 보호하거나 소장하고 있는 시설을 포함)
• 영화상영관 중 수용인원 1,000명 이상인 영화상영관
• 전력용 및 통신용 지하구
• 석유비축시설
• 전통시장으로서 대통령령으로 정하는 전통시장

50 위험물안전관리법령상 인화성 액체위험물(이황화탄소를 제외)의 옥외탱크저장소의 탱크 주위에 설치해야 하는 방유제의 설치기준 중 틀린 것은?

① 방유제 내의 면적은 60,000[m^2] 이하로 해야 한다.

② 방유제는 높이 0.5[m] 이상 3[m] 이하, 두께 0.2[m] 이상, 지하매설깊이 1[m] 이상으로 할 것. 다만, 방유제와 옥외저장탱크 사이의 지반면 아래에 불침윤성 구조물을 설치하는 경우에는 지하매설깊이를 해당 불침윤성 구조물까지로 할 수 있다.

③ 방유제의 용량은 방유제 안에 설치된 탱크가 하나인 때에는 그 탱크 용량의 110[%] 이상, 2기 이상인 때에는 그 탱크 중 용량이 최대인 것의 용량의 110[%] 이상으로 해야 한다.

④ 방유제는 철근콘크리트로 하고, 방유제와 옥외저장탱크 사이의 지표면은 불연성과 불침윤성이 있는 구조(철근콘크리트 등)로 할 것. 다만, 누출된 위험물을 수용할 수 있는 전용유조 및 펌프 등의 설비를 갖춘 경우에는 방유제와 옥외저장탱크 사이의 지표면을 흙으로 할 수 있다.

해설

방유제 내의 면적(규칙 별표 6) : 80,000[m^2] 이하로 할 것

51 화재의 예방 및 안전관리에 관한 법률상 특수가연물의 품명별 수량 기준으로 틀린 것은?

① 플라스틱류(발포시킨 것) : 20[m^3] 이상

② 가연성 액체류 : 2[m^3] 이상

③ 넝마 및 종이 부스러기 : 400[kg] 이상

④ 볏짚류 : 1,000[kg] 이상

해설

넝마 및 종이 부스러기(영 별표 2) : 1,000[kg] 이상

52 위험물안전관리법령상 업무상 과실로 제조소 등 또는 허가를 받지 않고 지정수량 이상의 위험물을 저장 또는 취급하는 장소에서 위험물을 유출·방출 또는 확산시켜 사람의 생명·신체 또는 재산에 대하여 위험을 발생시킨 자에 대한 벌칙기준으로 옳은 것은?

① 10년 이하의 징역 또는 금고나 1억원 이하의 벌금

② 7년 이하의 금고 또는 7,000만원 이하의 벌금

③ 5년 이하의 징역 또는 1억원 이하의 벌금

④ 3년 이하의 징역 또는 3,000만원 이하의 벌금

해설
벌칙(법 제34조)
㉠ 업무상 과실로 제조소 등 또는 허가를 받지 않고 지정수량 이상의 위험물을 저장 또는 취급하는 장소에서 위험물을 유출·방출 또는 확산시켜 사람의 생명·신체 또는 재산에 대하여 위험을 발생시킨 자는 7년 이하의 금고 또는 7,000만원 이하의 벌금에 처한다.
㉡ ㉠의 죄를 범하여 사람을 사상(死傷)에 이르게 한 자는 10년 이하의 징역 또는 금고나 1억원 이하의 벌금에 처한다.

53 위험물안전관리법령상 제조소의 위치·구조 및 설비의 기준 중 위험물을 취급하는 건축물 그 밖의 시설의 주위에는 그 취급하는 위험물의 최대수량이 지정수량의 10배 이하인 경우 보유해야 할 공지의 너비는 몇 [m] 이상이어야 하는가?

① 3   ② 5

③ 8   ④ 10

해설
보유공지(규칙 별표 4)

취급하는 위험물의 최대수량	공지의 너비
지정수량의 10배 이하	3[m] 이상
지정수량의 10배 초과	5[m] 이상

54 소방시설 설치 및 관리에 관한 법률상 종합점검 실시 대상이 되는 특정소방대상물의 기준 중 다음 ( ) 안에 알맞은 것은?

> 물분무 등 소화설비(호스릴방식의 소화설비는 제외)가 설치된 연면적 ( )[m²] 이상인 특정소방대상물(위험물제조소 등은 제외)

① 1,000   ② 2,000

③ 3,000   ④ 5,000

해설
종합점검 대상(규칙 별표 3)
• 스프링클러설비가 설치된 특정소방대상물
• 물분무 등 소화설비(호스릴방식의 소화설비는 제외)가 설치된 연면적 5,000[m²] 이상인 특정소방대상물(위험물 제조소 등은 제외)

55 소방기본법상 소방업무의 응원에 대한 설명 중 틀린 것은?

① 소방본부장이나 소방서장은 소방활동을 할 때에 긴급한 경우에는 이웃한 소방본부장 또는 소방서장에게 소방업무의 응원(應援)을 요청할 수 있다.

② 소방업무의 응원 요청을 받은 소방본부장 또는 소방서장은 정당한 사유 없이 그 요청을 거절해서는 안 된다.

③ 소방업무의 응원을 위하여 파견된 소방대원은 응원을 요청한 소방본부장 또는 소방서장의 지휘에 따라야 한다.

④ 시·도지사는 소방업무의 응원을 요청하는 경우를 대비하여 출동 대상지역 및 규모와 필요한 경비의 부담 등에 관하여 필요한 사항을 대통령령으로 정하는 바에 따라 이웃하는 시·도지사와 협의하여 미리 규약으로 정해야 한다.

> **해설**
> 소방업무의 응원(법 제11조)
> 시·도지사는 소방업무의 응원을 요청하는 경우를 대비하여 출동 대상지역 및 규모와 필요한 경비의 부담 등에 관하여 필요한 사항을 행정안전부령으로 정하는 바에 따라 이웃하는 시·도지사와 협의하여 미리 규약(規約)으로 정해야 한다.

56 화재의 예방 및 안전관리에 관한 법률상 소방안전관리대상물의 소방안전관리자가 소방훈련 및 교육을 하지 않는 경우 1차 위반 시 과태료 금액 기준으로 옳은 것은?

① 200만원 　　　 ② 100만원

③ 50만원 　　　 ④ 30만원

> **해설**
> 소방안전관리자가 소방훈련 및 교육을 하지 않는 경우 과태료 금액(영 별표 9)
> • 1차 위반 : 100만원
> • 2차 위반 : 200만원
> • 3차 이상 위반 : 300만원

57 화재의 예방 및 안전관리에 관한 법률상 시·도지사가 화재예방강화지구로 지정할 필요가 있는 지역을 화재예방강화지구로 지정하지 않는 경우 해당 시·도지사에게 해당 지역의 화재예방강화지구 지정을 요청할 수 있는 자는?

① 행정안전부장관

② 소방청장

③ 소방본부장

④ 소방서장

> **해설**
> 시·도지사에게 해당 지역의 화재예방강화지구 지정을 요청할 수 있는 자(법 제18조) : 소방청장

58 화재의 예방 및 안전관리에 관한 법률상 관리의 권원이 분리된 권원별 소방안전관리자를 선임해야 하는 기준으로 틀린 것은?

① 판매시설 중 상점

② 복합건축물(지하층을 제외한 층수가 11층 이상인 건축물)

③ 지하가(지하의 인공구조물 안에 설치된 상점 및 사무실, 그 밖에 이와 비슷한 시설이 연속하여 지하도에 접하여 설치된 것과 그 지하도를 합한 것)

④ 판매시설 중 도매시장

해설

관리의 권원이 분리된 특정소방대상물의 소방안전관리(법 제35조)

• 복합건축물(지하층을 제외한 층수가 11층 이상 또는 연면적 30,000[m²] 이상인 건축물)
• 지하가(지하의 인공구조물 안에 설치된 상점 및 사무실, 그 밖에 이와 비슷한 시설이 연속하여 지하도에 접하여 설치된 것과 그 지하도를 합한 것)
• 그 밖에 대통령령으로 정하는 특정소방대상물
 – 판매시설 중 도매시장, 소매시장 및 전통시장

59 화재의 예방 및 안전관리에 관한 법률상 일반음식점에서 조리를 위하여 불을 사용하는 설비를 설치하는 경우 지켜야 하는 사항 중 다음 (   ) 안에 알맞은 것은?

• 주방설비에 부속된 배출덕트(공기배출통로)는 (㉠)[mm] 이상의 아연도금강판 또는 이와 같거나 그 이상의 내식성 불연재료로 설치할 것
• 열을 발생하는 조리기구로부터 (㉡)[m] 이내의 거리에 있는 가연성 주요구조부는 단열성이 있는 불연재료로 덮어 씌울 것

① ㉠ 0.5, ㉡ 0.15

② ㉠ 0.5, ㉡ 0.6

③ ㉠ 0.6, ㉡ 0.15

④ ㉠ 0.6, ㉡ 0.5

해설

음식조리를 위하여 설치하는 설비(영 별표 1)

• 주방설비에 부속된 배출덕트(공기배출통로)는 0.5[mm] 이상의 아연도금강판 또는 이와 같거나 그 이상의 내식성 불연재료로 설치할 것
• 주방시설에는 동물 또는 식물의 기름을 제거할 수 있는 필터 등을 설치할 것
• 열을 발생하는 조리기구는 반자 또는 선반으로부터 0.6[m] 이상 떨어지게 할 것
• 열을 발생하는 조리기구로부터 0.15[m] 이내의 거리에 있는 가연성 주요구조부는 단열성이 있는 불연재료로 덮어 씌울 것

60 소방기본법령상 소방용수시설별 설치기준 중 옳은 것은?

① 저수조는 지면으로부터의 낙차가 4.5[m] 이상일 것

② 소화전은 상수도와 연결하여 지하식 또는 지상식의 구조로 하고, 소방용호스와 연결하는 소화전의 연결금속구의 구경은 50[mm]로 할 것

③ 저수조 흡수관의 투입구가 사각형의 경우에는 한 변의 길이가 60[cm] 이상일 것

④ 급수탑 급수배관의 구경은 65[mm] 이상으로 하고, 개폐밸브는 지상에서 0.8[m] 이상 1.5[m] 이하의 위치에 설치하도록 할 것

해설

소방용수시설별 설치기준(규칙 별표 3)

• 소화전의 설치기준 : 상수도와 연결하여 지하식 또는 지상식의 구조로 하고, 소방용호스와 연결하는 소화전의 연결금속구의 구경은 65[mm]로 할 것

• 급수탑의 설치기준 : 급수배관의 구경은 100[mm] 이상으로 하고, 개폐밸브는 지상에서 1.5[m] 이상 1.7[m] 이하의 위치에 설치하도록 할 것

• 저수조의 설치기준

– 지면으로부터의 낙차가 4.5[m] 이하일 것

– 흡수부분의 수심이 0.5[m] 이상일 것

– 소방펌프자동차가 쉽게 접근할 수 있도록 할 것

– 흡수에 지장이 없도록 토사 및 쓰레기 등을 제거할 수 있는 설비를 갖출 것

– 흡수관의 투입구가 사각형의 경우에는 한 변의 길이가 60[cm] 이상, 원형의 경우에는 지름이 60[cm] 이상일 것

– 저수조에 물을 공급하는 방법은 상수도에 연결하여 자동으로 급수되는 구조일 것

---

61 제연설비의 배출량 기준 중 다음 (   ) 안에 알맞은 것은?

> 거실의 바닥면적이 400[m²] 미만으로 구획된 예상제연구역에 대한 배출량은 바닥면적 1[m²]당 (㉠) [m³/min] 이상으로 하되, 예상제연구역에 대한 최소 배출량은 (㉡)[m³/h] 이상으로 해야 한다.

① ㉠ 0.5, ㉡ 10,000

② ㉠ 1, ㉡ 5,000

③ ㉠ 1.5, ㉡ 15,000

④ ㉠ 2, ㉡ 5,000

해설

배출량 및 배출방식

거실의 바닥면적이 400[m²] 미만으로 구획된 예상제연구역에 대한 배출량은 바닥면적 1[m²]당 1[m³/min] 이상으로 하되, 예상제연구역에 대한 최소 배출량은 5,000[m³/h] 이상으로 해야 한다.

62 케이블 트레이에 물분무소화설비를 설치하는 경우 저장해야 할 수원의 최소 저수량은 몇 [m³]인가?(단, 케이블 트레이의 투영된 바닥면적은 70[m²]이다)

① 12.4   ② 14

③ 16.8   ④ 28

해설

물분무소화설비의 수원

소방대상물	펌프의 토출량 [L/min]	수원의 양[L]
케이블 트레이, 케이블 덕트	투영된 바닥면적 ×12[L/min·m²]	투영된 바닥면적 ×12[L/min·m²]×20[min]

저수량 = 70[m²] × 12[L/min·m²] × 20[min] = 16,800[L]

= 16.8[m³]

※ 1[m³] = 1,000[L]

---

63 호스릴 이산화탄소소화설비의 노즐은 20[℃]에서 하나의 노즐마다 몇 [kg/min] 이상의 소화약제를 방사할 수 있는 것이어야 하는가?

① 40　　　　　　　② 50

③ 60　　　　　　　④ 80

해설

호스릴 이산화탄소소화설비
• 저장량 : 90[kg]
• 방사량 : 60[kg/min]

64 차고 · 주차장의 부분에 호스릴포소화설비 또는 포소화전설비를 설치할 수 있는 기준으로 맞는 것은?

① 지상 1층으로서 방화구획되거나 지붕이 있는 부분
② 지상에서 수동 또는 원격조작에 따라 개방이 가능한 개구부의 유효면적의 합계가 바닥면적의 20[%] 이상인 부분
③ 옥외로 통하는 개구부가 상시 개방된 구조의 부분으로서 그 개방된 부분의 합계면적이 해당 차고 또는 주차장의 바닥면적의 20[%] 이상인 부분
④ 완전 개방된 옥상주차장 또는 고가 밑의 주차장 등으로서 주된 벽이 없고 기둥뿐이거나 주위가 위해방지용 철주 등으로 둘러싸인 부분

해설

차고 또는 주차장 : 포워터스프링클러설비 · 포헤드설비 또는 고정포방출설비, 압축공기포소화설비

※ 차고 · 주차장의 부분에는 호스릴포소화설비 또는 포소화전설비의 설치기준
　• 완전 개방된 옥상주차장 또는 고가 밑의 주차장으로서 주된 벽이 없고 기둥뿐이거나 주위가 위해방지용 철주 등으로 둘러싸인 부분
　• 지상 1층으로서 지붕이 없는 부분

65 특별피난계단의 계단실 및 부속실 제연설비의 화재안전기술기준상 수직풍도에 따른 배출기준 중 각 층의 옥내와 면하는 수직풍도의 관통부에 설치해야 하는 배출댐퍼 설치기준으로 틀린 것은?

① 화재 층에 설치된 화재감지기의 동작에 따라 해당 층의 댐퍼가 개방될 것
② 풍도의 배출댐퍼는 이 · 탈착구조가 되지 않도록 설치할 것
③ 개폐여부를 해당 장치 및 제어반에서 확인할 수 있는 감지기능을 내장하고 있을 것
④ 배출댐퍼는 두께 1.5[mm] 이상의 강판 또는 이와 동등 이상의 성능이 있는 것으로 설치해야 하며 비 내식성 재료의 경우에는 부식방지 조치를 할 것

해설

각 층의 옥내와 면하는 수직풍도의 관통부에 설치하는 배출댐퍼의 기준
• 배출댐퍼는 두께 1.5[mm] 이상의 강판 또는 이와 동등 이상의 성능이 있는 것으로 설치해야 하며 비내식성 재료의 경우에는 부식방지 조치를 할 것
• 평상시 닫힌 구조로 기밀상태를 유지할 것
• 개폐여부를 해당 장치 및 제어반에서 확인할 수 있는 감지기능을 내장하고 있을 것
• 구동부의 작동상태와 닫혀 있을 때의 기밀상태를 수시로 점검할 수 있는 구조일 것
• 풍도의 내부마감 상태에 대한 점검 및 댐퍼의 정비가 가능한 이 · 탈착구조로 할 것
• 화재 층에 설치된 화재감지기의 동작에 따라 해당 층의 댐퍼가 개방될 것
• 개방 시 실제 개구부의 크기는 수직풍도의 최소 내부 단면적 이상으로 할 것

66 인명구조기구의 종류가 아닌 것은?

① 방열복　　　　　② 구조대

③ 공기호흡기　　　④ 인공소생기

해설

인명구조기구 : 방열복, 공기호흡기, 인공소생기
구조대 : 피난기구

67 분말소화약제의 가압용 가스용기의 설치기준 중 틀린 것은?

① 분말소화약제의 저장용기에 접속하여 설치해야 한다.

② 가압용 가스는 질소가스 또는 이산화탄소로 해야 한다.

③ 가압용 가스용기를 3병 이상 설치한 경우에 있어서는 2개 이상의 용기에 전자개방밸브를 부착해야 한다.

④ 가압용 가스용기에는 2.5[MPa] 이상의 압력에서 압력 조정이 가능한 압력조정기를 설치해야 한다.

해설
가압용 가스용기의 설치기준
• 분말소화약제의 가스용기는 분말소화약제의 저장용기에 접속하여 설치해야 한다.
• 분말소화약제의 가압용 가스용기를 3병 이상 설치한 경우에는 2개 이상의 용기에 전자개방밸브를 부착해야 한다.
• 분말소화약제의 가압용 가스용기에는 2.5[MPa] 이하의 압력에서 조정이 가능한 압력조정기를 설치해야 한다.
• 가압용 가스 또는 축압용 가스는 질소가스 또는 이산화탄소로 할 것

68 스프링클러헤드의 설치기준 중 옳은 것은?

① 살수가 방해되지 않도록 스프링클러헤드로부터 반경 30[cm] 이상의 공간을 보유할 것

② 스프링클러헤드와 그 부착면과의 거리는 60[cm] 이하로 할 것

③ 측벽형 스프링클러헤드를 설치하는 경우 긴 변의 한쪽 벽에 일렬로 설치하고 3.2[m] 이내마다 설치할 것

④ 연소할 우려가 있는 개구부에는 그 상하좌우에 2.5[m] 간격으로 스프링클러헤드를 설치하되, 스프링클러헤드와 개구부의 내측면으로부터 직선거리는 15[cm] 이하가 되도록 할 것

해설
스프링클러헤드의 설치기준
• 살수가 방해되지 않도록 스프링클러헤드로부터 반경 60[cm] 이상의 공간을 보유할 것. 다만, 벽과 스프링클러헤드 간의 공간은 10[cm] 이상으로 한다.
• 스프링클러헤드와 그 부착면(상향식헤드의 경우에는 그 헤드의 직상부의 천장·반자 또는 이와 비슷한 것을 말한다)과의 거리는 30[cm] 이하로 할 것
• 연소할 우려가 있는 개구부에는 그 상하좌우에 2.5[m] 간격으로 (개구부의 폭이 2.5[m] 이하인 경우에는 그 중앙에) 스프링클러헤드를 설치하되, 스프링클러헤드와 개구부의 내측면으로부터 직선거리는 15[cm] 이하가 되도록 할 것. 이 경우 사람이 상시 출입하는 개구부로서 통행에 지장이 있는 때에는 개구부의 상부 또는 측면(개구부의 폭이 9[m] 이하인 경우에 한한다)에 설치하되, 헤드 상호 간의 간격은 1.2[m] 이하로 설치해야 한다.
• 습식 스프링클러설비 및 부압식 스프링클러설비 외의 설비에는 상향식 스프링클러헤드를 설치할 것. 다만, 다음의 어느 하나에 해당하는 경우에는 그렇지 않다.
  – 드라이펜던트 스프링클러헤드를 사용하는 경우
  – 스프링클러헤드의 설치장소가 동파의 우려가 없는 곳인 경우
  – 개방형 스프링클러헤드를 사용하는 경우
• 측벽형 스프링클러헤드를 설치하는 경우 긴 변의 한쪽 벽에 일렬로 설치(폭이 4.5[m] 이상 9[m] 이하인 실에 있어서는 긴 변의 양쪽에 각각 일렬로 설치하되 마주보는 스프링클러헤드가 나란히꼴이 되도록 설치)하고 3.6[m] 이내마다 설치할 것

69 포헤드의 설치기준 중 다음 (   ) 안에 알맞은 것은?

> 압축공기포소화설비의 분사헤드는 천장 또는 반자에 설치하되 방호대상물에 따라 측벽에 설치할 수 있으며 유류탱크주위에는 바닥면적 (㉠)[m²]마다 1개 이상, 특수가연물 저장소에는 바닥면적 (㉡)[m²]마다 1개 이상으로 해당 방호대상물의 화재를 유효하게 소화할 수 있도록 할 것

① ㉠ 8, ㉡ 9
② ㉠ 9, ㉡ 8
③ ㉠ 9.3, ㉡ 13.9
④ ㉠ 13.9, ㉡ 9.3

해설
포헤드의 설치기준 : 압축공기포소화설비의 분사헤드는 천장 또는 반자에 설치하되 방호대상물에 따라 측벽에 설치할 수 있으며 유류탱크 주위에는 바닥면적 13.9[m²]마다 1개 이상, 특수가연물 저장소에는 바닥면적 9.3[m²]마다 1개 이상으로 해당 방호대상물의 화재를 유효하게 소화할 수 있도록 할 것

70 분말소화설비의 수동식 기동장치의 부근에 설치하는 방출지연스위치에 대한 설명으로 옳은 것은?

① 자동복귀형 스위치로서 수동식 기동장치의 타이머를 순간 정지시키는 기능의 스위치를 말한다.
② 자동복귀형 스위치로서 수동식 기동장치가 수신기를 순간 정지시키는 기능의 스위치를 말한다.
③ 수동복귀형 스위치로서 수동식 기동장치의 타이머를 순간 정지시키는 기능의 스위치를 말한다.
④ 수동복귀형 스위치로서 수동식 기동장치가 수신기를 순간 정지시키는 기능의 스위치를 말한다.

해설
수동식 기동장치의 부근에는 소화약제의 방출을 지연시킬 수 있는 방출지연스위치(자동복귀형 스위치로서 수동식 기동장치의 타이머를 순간 정지시키는 기능의 스위치)를 설치해야 한다.

71 이산화탄소소화설비의 배관의 설치기준 중 다음 (   ) 안에 알맞은 것은?

> 고압식의 1차 측(개폐밸브 또는 선택밸브 이전) 배관부속의 최소사용설계압력은 (㉠)[MPa]로 하고, 고압식의 2차 측과 저압식의 배관부속의 최소사용설계압력은 (㉡)[MPa]로 할 것

① ㉠ 8.5, ㉡ 4.5
② ㉠ 9.5, ㉡ 4.5
③ ㉠ 8.5, ㉡ 5.0
④ ㉠ 9.5, ㉡ 5.0

해설
이산화탄소소화설비의 배관의 설치기준
• 배관은 전용으로 할 것
• 강관을 사용하는 경우의 배관은 압력배관용 탄소강관(KS D 3562) 중 스케줄 80(저압식은 스케줄 40) 이상의 것 또는 이와 동등 이상의 강도를 가진 것으로 아연도금 등으로 방식처리된 것을 사용할 것. 다만, 배관의 호칭구경이 20[mm] 이하인 경우에는 스케줄 40 이상인 것을 사용할 수 있다.
• 동관을 사용하는 경우의 배관은 이음이 없는 동 및 동합금관(KS D 5301)으로서 고압식은 16.5[MPa] 이상, 저압식은 3.75[MPa] 이상의 압력에 견딜 수 있는 것을 사용할 것
• 고압식의 1차 측(개폐밸브 또는 선택밸브 이전) 배관 부속의 최소사용설계압력은 9.5[MPa]로 하고, 고압식의 2차 측과 저압식의 배관부속의 최소사용설계압력은 4.5[MPa]로 할 것

72 옥외소화전설비 설치 시 고가수조의 자연낙차를 이용한 가압송수장치의 설치기준 중 고가수조의 최소 자연낙차수두 산출 공식으로 옳은 것은?(단, H : 필요한 낙차[m], h_1 : 호스의 마찰손실수두[m], h_2 : 배관의 마찰손실수두[m]이다)

① $H = h_1 + h_2 + 25$
② $H = h_1 + h_2 + 17$
③ $H = h_1 + h_2 + 12$
④ $H = h_1 + h_2 + 10$

해설
고가수조의 최소 자연낙차수두 산출 공식
$H = h_1 + h_2 + 25$

73 물분무헤드의 설치 제외 기준 중 다음 (　) 안에 알맞은 것은?

> 운전 시에 표면의 온도가 (　)[℃] 이상으로 되는 등 직접 분무를 하는 경우 그 부분에 손상을 입힐 우려가 있는 기계장치 등이 있는 장소

① 100　　　　　　② 260

③ 280　　　　　　④ 980

물분무헤드의 설치 제외
• 물에 심하게 반응하는 물질 또는 물과 반응하여 위험한 물질을 생성하는 물질을 저장 또는 취급하는 장소
• 고온의 물질 및 증류범위가 넓어 끓어 넘치는 위험이 있는 물질을 저장 또는 취급하는 장소
• 운전 시에 표면의 온도가 260[℃] 이상으로 되는 등 직접 분무를 하는 경우 그 부분에 손상을 입힐 우려가 있는 기계장치 등이 있는 장소

74 연면적이 35,000[m²]인 특정소방대상물에 소화용수설비를 설치하는 경우 소화수조의 최소 저수량은 약 몇 [m³]인가?(단, 지상 1층 및 2층의 바닥면적의 합계가 15,000[m²] 이상인 경우이다)

① 50　　　　　　② 60

③ 80　　　　　　④ 100

소화용수설비의 저수량
소화수조 또는 저수조의 저수량은 소방대상물의 연면적을 다음 표에 따른 기준면적으로 나누어 얻은 수(소수점 이하의 수는 1로 본다)에 20[m³]를 곱한 양 이상이 되도록 해야 한다.

소방대상물의 구분	면 적
㉠ 1층 및 2층의 바닥면적 합계가 15,000[m²] 이상인 소방대상물	7,500[m²]
㉡ ㉠에 해당되지 않는 그 밖의 소방대상물	12,500[m²]

※ 연면적을 표에 따른 기준면적으로 나누어 얻은 수(소수점 이하의 수는 1로 본다)

$$\therefore \text{수원} = \frac{35,000[m^2]}{7,500[m^2]} = 4.667 \Rightarrow 5 \times 20[m^3] = 100[m^3]$$

75 소화기에 호스를 부착하지 않을 수 있는 기준 중 틀린 것은?

① 소화약제의 중량이 2[kg] 이하인 분말소화기

② 소화약제의 중량이 3[kg] 이하인 이산화탄소소화기

③ 소화약제의 중량이 4[kg] 이하인 할론소화기

④ 소화약제의 중량이 5[kg] 이하인 산알칼리소화기

소화기에 호스를 부착하지 않을 수 있는 경우
• 소화약제의 중량이 4[kg] 이하인 할론소화기
• 소화약제의 중량이 3[kg] 이하인 이산화탄소소화기
• 소화약제의 중량이 2[kg] 이하인 분말소화기
• 소화약제의 용량이 3[L] 이하의 액체계 소화약제 소화기

76 고정식 사다리의 구조에 따른 분류로 틀린 것은?

① 굽히는 식

② 수납식

③ 접는식

④ 신축식

고정식 사다리 : 항시 사용 가능한 상태로 소방대상물에 고정되어 사용되는 사다리(수납식·접는식·신축식을 포함)

77 폐쇄형 스프링클러헤드 퓨지블링크형의 표시온도가 121~162[℃]인 경우 프레임의 색별로 옳은 것은?(단, 폐쇄형헤드이다)

① 파 랑
② 빨 강
③ 초 록
④ 흰 색

해설

표시온도(스프링클러헤드의 기술기준 제12조의6)

유리벌브형		퓨지블링크형	
표시온도[℃]	액체의 색별	표시온도[℃]	프레임의 색별
57	오렌지	77 미만	색 표시안함
68	빨 강	78~120	흰 색
79	노 랑	121~162	파 랑
93	초 록	163~203	빨 강
141	파 랑	204~259	초 록
182	연한 자주	260~319	오렌지
227 이상	검 정	320 이상	검 정

79 유수검지장치를 사용하는 습식 스프링클러설비에 시험할 수 있는 시험장치의 설치기준으로 옳은 것은?

① 유수검지장치 2차 측 배관에 연결하여 설치할 것
② 교차관의 중간 부분에 연결하여 설치할 것
③ 유수검지장치의 측면배관에 연결하여 설치할 것
④ 유수검지장치에서 가장 먼 교차배관의 끝으로부터 연결하여 설치할 것

해설

시험장치의 설치기준

• 습식 스프링클러설비 및 부압식 스프링클러설비에 있어서는 유수검지장치 2차 측 배관에 연결하여 설치하고 건식 스프링클러설비인 경우 유수검지장치에서 가장 먼 거리에 위치한 가지배관의 끝으로부터 연결하여 설치할 것. 이 경우 유수검지장치 2차 측 설비의 내용적이 2,840[L]를 초과하는 건식 스프링클러설비의 경우 시험장치 개폐밸브를 완전 개방 후 1분 이내에 물이 방사되어야 한다.

• 시험장치 배관의 구경은 25[mm] 이상으로 하고, 그 끝에 개폐밸브 및 개방형헤드 또는 스프링클러헤드와 동등한 방수성능을 가진 오리피스를 설치할 것. 이 경우 개방형헤드는 반사판 및 프레임을 제거한 오리피스만으로 설치할 수 있다.

• 시험배관의 끝에는 물받이 통 및 배수관을 설치하여 시험 중 방사된 물이 바닥에 흘러내리지 않도록 할 것. 다만, 목욕실·화장실 또는 그 밖의 곳으로서 배수처리가 쉬운 장소에 시험배관을 설치한 경우에는 그렇지 않다.

78 발전실의 용도로 사용되는 바닥면적이 280[m²]인 발전실에 부속용도별로 추가해야 할 적응성이 있는 소화기의 최소 수량은 몇 개인가?

① 2
② 4
③ 6
④ 12

해설

부속용도별로 추가해야 할 소화기구 및 자동소화장치

용도별	소화기구의 능력단위
발전실·변전실·송전실·변압기실·배전반실·통신기기실·전산기기실·기타 이와 유사한 시설이 있는 장소	해당 용도의 바닥면적 50[m²]마다 적응성이 있는 소화기 1개 이상 또는 유효설치 방호체적 이내의 가스·분말·고체에어로졸 자동소화장치, 캐비닛형 자동소화장치(다만, 통신기기실·전자기기실을 제외한 장소에 있어서는 교류 600[V] 또는 직류 750[V] 이상의 것에 한한다)

※ 소화기의 최소 수량 = $\dfrac{\text{바닥면적}}{\text{기준면적}}$ = $\dfrac{280[\text{m}^2]}{50[\text{m}^2]}$ = 5.6 ⇒ 6개

80 물분무소화설비의 수원의 저수량 설치기준으로 옳지 않은 것은?

① 특수가연물을 저장 또는 취급하는 특정소방대상물 또는 그 부분에 있어서 그 바닥면적 1[m²]에 대하여 10[L/min]으로 20분간 방수할 수 있는 양 이상으로 할 것

② 차고 또는 주차장은 그 바닥면적 1[m²]에 대하여 20[L/min]으로 20분간 방수할 수 있는 양 이상으로 할 것

③ 케이블 덕트는 투영된 바닥면적 1[m²]에 대하여 12[L/min]으로 20분간 방수할 수 있는 양 이상으로 할 것

④ 컨베이어 벨트 등은 벨트 부분의 바닥면적 1[m²]에 대하여 20[L/min]으로 20분간 방수할 수 있는 양 이상으로 할 것

해설

물분무소화설비의 수원

특정소방대상물	펌프의 토출량 [L/min]	수원의 양[L]
특수가연물 저장, 취급	바닥면적(50[m²] 이하 는 50[m²]로)×10[L/min·m²]	바닥면적(50[m²] 이하는 50[m²]로)×10[L/min·m²]×20[min]
차고, 주차장	바닥면적(50[m²] 이하는 50[m²]로)×20[L/min·m²]	바닥면적(50[m²] 이하는 50[m²]로)×20[L/min·m²]×20[min]
절연유 봉입변압기	표면적(바닥부분 제외)×10[L/min·m²]	표면적(바닥부분 제외) 10[L/min·m²]×20[min]
케이블 트레이, 케이블 덕트	투영된 바닥면적×12[L/min·m²]	투영된 바닥면적×12[L/min·m²]×20[min]
컨베이어 벨트	벨트 부분의 바닥면적×10[L/min·m²]	벨트 부분의 바닥면적×10[L/min·m²]×20[min]

제1과목 소방원론

01 액화석유가스(LPG)에 대한 성질로 틀린 것은?

① 주성분은 프로페인, 뷰테인이다.

② 천연고무를 잘 녹인다.

③ 물에 녹지 않으나 유기용매에 용해된다.

④ 공기보다 1.5배 가볍다.

해설

LPG(액화석유가스, Liquefied Petroleum Gas)의 특성

• 무색무취로서 주성분은 프로페인(C_3H_8)과 뷰테인(C_4H_{10})이다.

• 물에 녹지 않고, 유기용제에 녹는다.

• 석유류, 동식물유류, 천연고무를 잘 녹인다.

• 공기 중에서 쉽게 연소 폭발한다.

$C_3H_8 + 5O_2 \rightarrow 3CO_2 + 4H_2O$

• 액체 상태에서 기체로 될 때 체적은 약 250배로 된다.

• 액체 상태는 물보다 가볍고(약 0.5배), 기체 상태는 공기보다 무겁다(약 1.5~2.0배).

02 다음의 소화약제 중 오존파괴지수(ODP)가 가장 큰 것은?

① 할론 104

② 할론 1301

③ 할론 1211

④ 할론 2402

해설

할론 1301은 오존파괴지수(ODP)가 13.1로 가장 크다.

03 건축물에 설치하는 방화구획의 설치기준 중 스프링클러설비를 설치한 11층 이상의 층은 바닥면적 몇 [m²] 이내마다 방화구획을 해야 하는가?(단, 벽 및 반자의 실내에 접하는 부분의 마감은 불연재료가 아닌 경우이다)

① 200

② 600

③ 1,000

④ 3,000

해설

방화구획의 설치기준(건피방 제14조)

구획의 종류		구획기준
면적별 구획	10층 이하	• 바닥면적 1,000[m²] • 자동식소화설비(스프링클러설비)설치 시 3,000[m²]
	11층 이상	• 바닥면적 200[m²] • 자동식소화설비(스프링클러설비)설치 시 600[m²] • 내장재가 불연재료의 경우 500[m²] • 내장재가 불연재료면서 자동식소화설비(스프링클러설비)설치 시 1,500[m²]
층별 구획		매 층마다 구획(지하 1층에서 지상으로 직접 연결하는 경사로 부위는 제외)

04 산림화재 시 소화효과를 증대시키기 위해 물에 첨가하는 증점제로서 적합한 것은?

① Ethylene Glycol
② Potassium Carbonate
③ Ammonium Phosphate
④ Sodium Carboxy Methyl Cellulose

해설

물의 소화성능을 향상시키기 위해 첨가하는 첨가제 : 침투제, 증점제, 유화제
• 침투제 : 물의 표면장력을 감소시켜서 침투성을 증가시키는 Wetting Agent
• 증점제 : 물의 점도를 증가시키는 Viscosity Agent로서 Sodium Carboxy Methyl Cellulose가 있다.
• 유화제 : 기름의 표면에 유화(에멀션)효과를 위한 첨가제(분무 주수)

05 소화방법 중 제거소화에 해당되지 않는 것은?

① 산불이 발생하면 화재의 진행방향을 앞질러 벌목
② 방 안에서 화재가 발생하면 이불이나 담요로 덮음
③ 가스 화재 시 밸브를 잠가 가스흐름을 차단
④ 불타고 있는 장작더미 속에서 아직 타지 않은 것을 안전한 곳으로 운반

해설

질식소화 : 유류화재 시 가연물을 포(泡)로 덮어 산소의 농도를 15[%] 이하로 낮추어 소화하는 방법으로 방 안에서 화재가 발생하면 이불이나 담요로 덮어 소화하는 방법이다.

06 포소화약제의 적응성이 있는 것은?

① 칼륨 화재
② 알킬리튬 화재
③ 가솔린 화재
④ 인화알루미늄 화재

해설

포소화약제 : 제4류 위험물(가솔린)에 적합
칼륨, 알킬리튬, 인화알루미늄이 물과 반응 : 가연성 가스 발생

07 제2류 위험물에 해당하는 것은?

① 황   ② 질산칼륨
③ 칼 륨   ④ 톨루엔

해설

위험물의 분류

종 류	유별(품명)
황	제2류 위험물
질산칼륨	제1류 위험물(질산염류)
칼 륨	제3류 위험물
톨루엔	제4류 위험물(제1석유류, 비수용성)

08 주수소화 시 가연물에 따라 발생하는 가연성 가스의 연결이 틀린 것은?

① 탄화칼슘 – 아세틸렌
② 탄화알루미늄 – 프로페인
③ 인화칼슘 – 포스핀
④ 수소화리튬 – 수소

해설

물과 반응
• 탄화칼슘 : $CaC_2 + 2H_2O \rightarrow Ca(OH)_2 + C_2H_2 \uparrow$ (아세틸렌)
• 탄화알루미늄 : $Al_4C_3 + 12H_2O \rightarrow 4Al(OH)_3 + 3CH_4 \uparrow$ (메테인)
• 인화칼슘 : $Ca_3P_2 + 6H_2O \rightarrow 3Ca(OH)_2 + 2PH_3 \uparrow$ (포스핀, 인화수소)
• 수소화리튬 : $LiH + H_2O \rightarrow LiOH + H_2 \uparrow$ (수소)

09 물리적 폭발에 해당하는 것은?

① 분해 폭발 ② 분진 폭발
③ 증기운 폭발 ④ 수증기 폭발

해설
물리적 폭발 : 수증기 폭발

10 위험물안전관리법령상 지정된 동식물유류의 성질에 대한 설명으로 틀린 것은?

① 아이오딘값이 작을수록 자연발화의 위험성이 크다.
② 상온에서 모두 액체이다.
③ 물에는 불용성이지만 에터 및 벤젠 등의 유기용매에는 잘 녹는다.
④ 인화점은 1기압하에서 250[℃] 미만이다.

해설
동식물유류는 아이오딘값이 클수록(130 이상) 자연발화의 위험성이 크다.

11 피난계획의 일반원칙 중 Fool Proof 원칙에 대한 설명으로 옳은 것은?

① 1가지가 고장이 나도 다른 수단을 이용하는 원칙
② 2방향의 피난동선을 항상 확보하는 원칙
③ 피난수단을 이동식 시설로 하는 원칙
④ 피난수단을 조작이 간편한 원시적 방법으로 하는 원칙

해설
Fool Proof : 비상시 머리가 혼란하여 판단능력이 저하되는 상태로 누구나 알 수 있도록 문자나 그림 등을 표시하여 직감적으로 작용하는 것으로 피난수단을 조작이 간편한 원시적 방법으로 하는 원칙

12 인화점이 낮은 것부터 높은 순서로 옳게 나열된 것은?

① 에틸알코올 < 이황화탄소 < 아세톤
② 이황화탄소 < 에틸알코올 < 아세톤
③ 에틸알코올 < 아세톤 < 이황화탄소
④ 이황화탄소 < 아세톤 < 에틸알코올

해설
제4류 위험물의 인화점

종 류	품 명	인화점
이황화탄소	특수인화물	-30[℃]
아세톤	제1석유류	-18.5[℃]
에틸알코올	알코올류	13[℃]

13 화재 발생 시 발생하는 연기에 대한 설명으로 틀린 것은?

① 연기의 유동속도는 수평방향이 수직방향보다 빠르다.
② 동일한 가연물에 있어 환기지배형 화재가 연료지배형 화재에 비하여 연기발생량이 많다.
③ 고온상태의 연기는 유동확산이 빨라 화재전파의 원인이 되기도 한다.
④ 연기는 일반적으로 불완전 연소 시에 발생한 고체, 액체, 기체 생성물의 집합체이다.

해설
연기의 유동속도

방 향	이동속도
수평방향	0.5~1.0[m/s]
수직방향	2~3[m/s]
계단실 내	3~5[m/s]

14 물과 반응하여 가연성 기체를 발생하지 않는 것은?

① 칼 륨
② 인화아연
③ 산화칼슘
④ 탄화알루미늄

해설

물과 반응

• 칼 륨
$2K + 2H_2O \rightarrow 2KOH + H_2 \uparrow$ (수소)

• 인화아연
$Zn_3P_2 + 6H_2O \rightarrow 3Zn(OH)_2 + 2PH_3 \uparrow$ (포스핀)

• 산화칼슘
$CaO + H_2O \rightarrow Ca(OH)_2 + 발열$

• 탄화알루미늄
$Al_4C_3 + 12H_2O \rightarrow 4Al(OH)_3 + 3CH_4 \uparrow$ (메테인)

15 건축물의 화재 발생 시 인간의 피난 특성으로 틀린 것은?

① 평상시 사용하는 출입구나 통로를 사용하는 경향이 있다.
② 화재의 공포감으로 인하여 빛을 피해 어두운 곳으로 몸을 숨기는 경향이 있다.
③ 화염, 연기에 대한 공포감으로 발화지점의 반대 방향으로 이동하는 경향이 있다.
④ 화재 시 최초로 행동을 개시한 사람을 따라 전체가 움직이는 경향이 있다.

해설

화재 시 인간의 피난 행동 특성

• 귀소본능 : 평소에 사용하던 출입구나 통로 등 습관적으로 친숙해 있는 경로로 도피하려는 본능
• 지광본능 : 공포감으로 인해서 밝은 방향으로 도피하려는 본능
• 추종본능 : 화재 발생 시 최초로 행동을 개시한 사람을 따라 전체가 움직이는 본능(많은 사람들이 달아나는 방향으로 무의식적으로 안전하다고 느껴 위험한 곳임에도 불구하고 따라가는 경향)
• 퇴피본능 : 연기나 화염에 대한 공포감으로 화원의 반대 방향으로 이동하려는 본능
• 좌회본능 : 좌측으로 통행하고 시계의 반대 방향으로 회전하려는 본능

16 물체의 표면온도가 250[℃]에서 650[℃]로 상승하면 열 복사량은 약 몇 배 정도 상승하는가?

① 2.5
② 5.7
③ 7.5
④ 9.7

해설

복사열은 절대온도의 4제곱에 비례한다.
250[℃]에서 열량을 Q_1, 650[℃]에서 열량을 Q_2

$$\frac{Q_2}{Q_1} = \frac{(650 + 273)^4 [\text{K}]}{(250 + 273)^4 [\text{K}]} = 9.7$$

17 조연성 가스에 해당하는 것은?

① 일산화탄소
② 산 소
③ 수 소
④ 뷰테인

해설

조연성(지연성) 가스 : 연소는 도와주나 연소는 하지 않는 가스로서 산소, 오존 등이 있다.
일산화탄소, 수소, 뷰테인 : 가연성 가스

18 자연발화 방지대책에 대한 설명 중 틀린 것은?

① 저장실의 온도를 낮게 유지한다.
② 저장실의 환기를 원활히 시킨다.
③ 촉매물질과의 접촉을 피한다.
④ 저장실의 습도를 높게 유지한다.

해설

자연발화의 방지대책

• 습도를 낮게 할 것(습도를 낮게 해야 한 지점의 열을 잘 확산시킨다)
• 주위(저장실)의 온도를 낮출 것
• 통풍을 잘 시킬 것
• 불활성 가스를 주입하여 공기와 접촉을 피할 것
• 열전도율을 크게 할 것

19 분말소화약제로서 ABC급 화재에 적응성이 있는 소화약제의 종류는?

① $NH_4H_2PO_4$

② $NaHCO_3$

③ Na_2CO_3

④ $KHCO_3$

해설
분말약제의 종류

종 류	주성분	착 색	적응 화재
제1종 분말	탄산수소나트륨($NaHCO_3$)	백 색	B, C급
제2종 분말	탄산수소칼륨($KHCO_3$)	담회색	B, C급
제3종 분말	제일인산암모늄($NH_4H_2PO_4$)	담홍색	A, B, C급
제4종 분말	탄산수소칼륨 + 요소 [$KHCO_3+(NH_2)_2CO$]	회 색	B, C급

20 과산화칼륨이 물과 접촉하였을 때 발생하는 것은?

① 산 소

② 수 소

③ 메테인

④ 아세틸렌

해설
과산화칼륨과 물의 반응
$2K_2O_2 + 2H_2O \rightarrow 4KOH + O_2\uparrow$(산소)

21 효율이 50[%]인 펌프를 이용하여 저수지의 물을 1초에 10[L]씩 30[m] 위쪽에 있는 논으로 퍼 올리는 데 필요한 동력은 약 몇 [kW]인가?

① 18.83

② 10.48

③ 2.94

④ 5.88

해설
전동기의 용량
$$P[kW] = \frac{\gamma \times Q \times H}{\eta} \times K$$
여기서, γ : 물의 비중량(9.8[kN/m³])

Q : 정격토출량(10[L/s] = 0.01[m³/s])

H : 전양정(30[m])

η : 펌프의 효율(0.5)

K : 동력전달계수(1.0)

$$\therefore P[kW] = \frac{\gamma \times Q \times H}{\eta} \times K$$
$$= \frac{9.8 \times 0.01 \times 30}{0.5} \times 1 = 5.88[kW]$$

22 펌프가 실제 유동시스템에 사용될 때 펌프의 운전점은 어떻게 결정하는 것이 좋은가?

① 시스템 곡선과 펌프 성능곡선의 교점에서 운전한다.

② 시스템 곡선과 펌프 효율곡선의 교점에서 운전한다.

③ 펌프 성능곡선과 펌프 효율곡선의 교점에서 운전한다.

④ 펌프 효율곡선의 최고점, 즉 최고 효율점에서 운전한다.

해설
실제 유동시스템에 사용될 때 펌프의 운전점은 시스템 곡선과 펌프 성능곡선의 교점에서 운전한다.

23 비중이 1.03인 바닷물에 비중 0.9인 빙산이 떠있다. 전체 부피의 몇 [%]가 해수면 위로 올라와 있는가?

① 12.6 ② 10.8

③ 7.2 ④ 6.3

해설

바닷물에 잠겨있는 부분은
$0.9 \div 1.03 = 0.874 \Rightarrow 87.4[\%]$
∴ 해수면 위로 올라온 부피 = $100 - 87.4[\%] = 12.6[\%]$

24 그림과 같이 중앙부분에 구멍이 뚫린 원판에 지름 D의 원형 물 제트가 대기압 상태에서 V의 속도로 충돌하여, 원판 뒤로 지름 $D/2$의 원형 물 제트가 V의 속도로 흘러나가고 있을 때, 이 원판이 받는 힘은 얼마인가?(단, ρ는 물의 밀도이다)

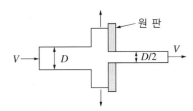

① $\dfrac{3}{16}\rho\pi V^2 D^2$ ② $\dfrac{3}{8}\rho\pi V^2 D^2$

③ $\dfrac{3}{4}\rho\pi V^2 D^2$ ④ $3\rho\pi V^2 D^2$

해설

운동량방정식 $F = \rho QV = \rho AV \times V = \rho \times \left(\dfrac{\pi}{4} \times D^2\right) \times V^2$을 적용하여 계산한다(유속을 V로 한다).
힘의 평형을 고려하면
$\rho \times \left(\dfrac{\pi}{4} \times D^2\right) \times V^2 = F + \rho \times \left\{\dfrac{\pi}{4} \times \left(\dfrac{D}{2}\right)^2\right\} \times V^2$에서
$\dfrac{1}{4}\rho\pi D^2 V^2 = F + \dfrac{1}{16}\rho\pi D^2 V^2$
원판이 받는 힘
$F = \dfrac{1}{4}\rho\pi D^2 V^2 - \dfrac{1}{16}\rho\pi D^2 V^2$
$= \dfrac{4}{16}\rho\pi D^2 V^2 - \dfrac{1}{16}\rho\pi D^2 V^2 = \dfrac{3}{16}\rho\pi D^2 V^2$

25 저장용기로부터 20[℃]의 물을 길이 300[m], 지름 900[mm]인 콘크리트 수평 원관을 통하여 공급하고 있다. 유량이 1[m³/s]일 때 원관에서의 압력강하는 약 몇 [kPa]인가?(단, 관마찰계수는 0.023이다)

① 3.57 ② 9.47

③ 14.3 ④ 18.8

해설

다르시 방정식
$$H = \frac{\Delta P}{\gamma} = \frac{flu^2}{2gD} \qquad \Delta P = \frac{flu^2 \cdot \gamma}{2gD}$$
여기서, f : 관마찰계수
  l : 길이[m]
  u : 유속 $= \dfrac{Q}{A} = \dfrac{Q}{\dfrac{\pi}{4}D^2} = \dfrac{1[\text{m}^3/\text{s}]}{\dfrac{\pi}{4}(0.9[\text{m}])^2} = 1.572[\text{m/s}]$
  γ : 물의 비중량(9.8[kN/m³])
  g : 중력가속도(9.8[m/s²])
  D : 직경(0.9[m])
∴ $\Delta P = \dfrac{0.023 \times 300 \times (1.572)^2 \times 9.8}{2 \times 9.8 \times 0.9} = 9.47[\text{kPa}]$
※ [kN/m²] = [kPa]

26 물탱크에 담긴 물의 수면의 높이가 10[m]인데, 물탱크 바닥에 원형 구멍이 생겨서 10[L/s]만큼 물이 유출되고 있다. 원형 구멍의 지름은 약 몇 [cm]인가?(단, 구멍의 유량보정계수는 0.6이다)

① 2.7 ② 3.1

③ 3.5 ④ 3.9

해설

원형 구멍의 지름
• 유 속
$u = c\sqrt{2gH}$
∴ $u = c\sqrt{2gH} = 0.6 \times \sqrt{2 \times 9.8[\text{m/s}^2] \times 10[\text{m}]}$
$= 8.4[\text{m/s}]$
• 지 름
$Q = uA = u \times \dfrac{\pi}{4}D^2, \quad D = \sqrt{\dfrac{4Q}{u\pi}}$
$D = \sqrt{\dfrac{4Q}{u\pi}} = \sqrt{\dfrac{4 \times 0.01[\text{m}^3/\text{s}]}{8.4[\text{m/s}] \times \pi}}$
$= 0.0389[\text{m}] = 3.89[\text{cm}]$

27 20[℃] 물 100[L]를 화재현장의 화염에 살수하였다. 물이 모두 끓는 온도(100[℃])까지 가열되는 동안 흡수하는 열량은 약 몇 [kJ]인가?(단, 물의 비열은 4.2[kJ/kg·K]이다)

① 500   ② 2,000

③ 8,000   ④ 33,600

해설

열량

$Q = mc\Delta t$

여기서, m : 질량(물100[L] = 100[kg]),

         c : 비열(4.2[kJ/kg·K])

         Δt : 온도차(373 − 293 = 80[K])

$\therefore Q = mc\Delta t = 100[\text{kg}] \times \dfrac{4.2[\text{kJ}]}{[\text{kg} \cdot \text{K}]} \times 80[\text{K}] = 33,600[\text{kJ}]$

28 아래 그림과 같은 반지름이 1[m]이고, 폭이 3[m]인 곡면의 수문 AB가 받는 수평분력은 약 몇 [N]인가?

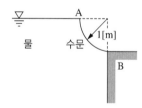

① 7,350   ② 14,700

③ 23,900   ④ 29,400

해설

수평분력

$F_H = \gamma \bar{h} A = 9,800[\text{N/m}^3] \times 0.5[\text{m}] \times (1 \times 3)[\text{m}^2]$

     $= 14,700[\text{N}]$

29 초기온도와 압력이 각각 50[℃], 600[kPa]인 이상기체를 100[kPa]까지 가역 단열팽창 시켰을 때 온도는 약 몇 [K]인가?(단, 이 기체의 비열비는 1.4이다)

① 194   ② 216

③ 248   ④ 262

해설

가역 단열팽창 시 온도

$T_2 = T_1 \left(\dfrac{P_2}{P_1}\right)^{\frac{k-1}{k}} = (273 + 50)[\text{K}] \times \left(\dfrac{100}{600}\right)^{\frac{1.4-1}{1.4}}$

     $= 193.6[\text{K}]$

30 100[cm] × 100[cm]이고 300[℃]로 가열된 평판에 25[℃]의 공기를 불어준다고 할 때 열전달량은 약 몇 [kW]인가?(단, 대류열전달 계수는 30[W/m²·K]이다)

① 2.98   ② 5.34

③ 8.25   ④ 10.91

해설

열전달량

$Q = hA\Delta t$

여기서, h : 대류 열전달계수

         Δt : 온도차(573 − 298 = 275[K])

         A : 면적(1[m] × 1[m] = 1[m²])

$\therefore Q = hA\Delta t$

     $= (30 \times 10^{-3})[\text{kW/m}^2 \cdot \text{K}] \times 1[\text{m}^2] \times (573 - 298)[\text{K}]$

     $= 8.25[\text{kW}]$

31 호주에서 무게가 20[N]인 어떤 물체를 한국에서 재어보니 19.8[N]이었다면 한국에서의 중력가속도는 약 몇 [m/s²]인가?(단, 호주에서의 중력가속도는 9.82[m/s²]이다)

① 9.72 ② 9.75
③ 9.78 ④ 9.82

해설

19.8[N] : 20[N] = x : 9.82[m/s²]
∴ $x = 9.72$[m/s²]

32 비압축성 유체를 설명한 것으로 가장 옳은 것은?

① 체적탄성계수가 0인 유체를 말한다.
② 관로 내에 흐르는 유체를 말한다.
③ 점성을 갖고 있는 유체를 말한다.
④ 난류 유동을 하는 유체를 말한다.

해설

비압축성 유체 : 물과 같이 압력에 따라 체적이 변하지 않는 액체로서 체적탄성계수가 0인 유체

33 지름 20[cm]의 소화용 호스에 물이 질량유량 80[kg/s]로 흐른다. 이때 평균유속은 약 몇 [m/s]인가?

① 0.58 ② 2.55
③ 5.97 ④ 25.48

해설

$\overline{m} = A u \rho$ 에서

$$u = \frac{\overline{m}}{A\rho} = \frac{80[\mathrm{kg/s}]}{\frac{\pi}{4}(0.2[\mathrm{m}])^2 \times 1,000[\mathrm{kg/m^3}]} = 2.55[\mathrm{m/s}]$$

34 깊이 1[m]까지 물을 넣은 물탱크의 밑에 오리피스가 있다. 수면에 대기압이 작용할 때의 초기 오리피스에서의 유속 대비 2배 유속으로 물을 유출시키려면 수면에는 몇 [kPa]의 압력을 더 가하면 되는가?(단, 손실은 무시한다)

① 9.8 ② 19.6
③ 29.4 ④ 39.2

해설

· 베르누이 방정식

$$\frac{P_1}{\gamma} + \frac{u_1^2}{2g} + Z_1 = \frac{P_2}{\gamma} + \frac{u_2^2}{2g} + Z_2$$

여기서, $P_1 = P_2 =$ 대기압, $u_1 = 0$, $Z_1 - Z_2 = 1$[m]이므로 오리피스를 통과할 때 유속 $u_2 = \sqrt{2g}$ 이다.

· 2배의 유속으로 물을 유출할 경우

$$\frac{P_1}{\gamma} + \frac{u_1^2}{2g} + Z_1 = \frac{P_2}{\gamma} + \frac{u_2^2}{2g} + Z_2 \text{에서}$$

$$\frac{P_1 - P_2}{\gamma} + (Z_1 - Z_2) = \frac{u_2^2}{2g} \text{이고}$$

$$\frac{P_1 - P_2}{\gamma} = \frac{(2u_2)^2}{2g} - 1 = \frac{(2 \times \sqrt{2g})^2}{2g} - 1 = 3[\mathrm{m}]$$

$$\therefore\ P_1 - P_2 = 3\gamma = 3[\mathrm{m}] \times 9,800[\mathrm{N/m^3}]$$
$$= 29,400[\mathrm{N/m^2}] = 29.4[\mathrm{kPa} = \mathrm{kN/m^2}]$$

35 그림과 같은 거꾸로 된 마노미터에서 물과 기름, 수은이 채워져 있다. $a = 10[cm]$, $c = 25[cm]$이고 A의 압력이 B의 압력보다 80[kPa] 작을 때 b의 길이는 약 몇 [cm]인가?(단, 수은의 비중량은 133,100[N/m³], 기름의 비중은 0.9이다)

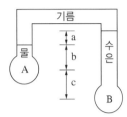

① 17.8 ② 27.8
③ 37.8 ④ 47.8

해설
b의 길이
$P_A - \gamma_{물}h_b - \gamma_{기름}h_a = P_B - \gamma_{수은}(h_a + h_b + h_c)$에서

$P_A - 9,800\left[\dfrac{N}{m^3}\right] \times h_b - \left(0.9 \times 9,800\left[\dfrac{N}{m^3}\right]\right) \times 0.1[m]$

$= P_B - 133,100\left[\dfrac{N}{m^3}\right] \times (0.1[m] + h_b + 0.25[m])$

$P_A - 9,800h_b - 882 = P_B - 46,585 - 133,100h_b$

$-9,800h_b + 133,100h_b = (P_B - P_A) - 46,585 + 882$

$123,300h_b = (80 \times 10^3) - 45,703$

$h_b = \dfrac{34,297}{123,300} = 0.278[m] = 27.8[cm]$

36 공기를 체적비율이 산소(O_2, 분자량 32[g/mol]) 20[%], 질소(N_2, 분자량 28[g/mol]) 80[%]의 혼합기체라 가정할 때 공기의 기체상수는 약 몇 [kJ/kg·K]인가?(단, 일반기체상수는 8.3145[kJ/kg·K]이다)

① 0.294 ② 0.289
③ 0.284 ④ 0.279

해설
공기의 기체상수
$R = \dfrac{8.3145}{M}[kJ/kg \cdot K]$

공기의 평균분자량 $= (32 \times 0.2) + (28 \times 0.8) = 28.8$

$\therefore R = \dfrac{8.3145}{M}[kJ/kg \cdot K] = \dfrac{8.3145}{28.8}[kJ/kg \cdot K]$

$= 0.289[kJ/kg \cdot K]$

37 물이 소방노즐을 통해 대기로 방출될 때 유속이 24[m/s]가 되도록 하기 위해서는 노즐 입구의 압력은 몇 [kPa]이 되어야 하는가?(단, 압력은 계기 압력으로 표시되며 마찰손실 및 노즐입구에서의 속도는 무시한다)

① 153 ② 203
③ 288 ④ 312

해설
$H = \dfrac{u^2}{2g}[m]$

$= \dfrac{(24[m/s])^2}{2 \times 9.8[m/s^2]} = 29.39[m]$

양정을 압력으로 환산하면

$\dfrac{29.39[m]}{10.332[m]} \times 101.325[kPa] = 288.23[kPa]$

38 무한한 두 평판 사이에 유체가 채워져 있고 한 평판은 정지해 있고 또 다른 평판은 일정한 속도로 움직이는 Couette 유동을 하고 있다. 유체 A만 채워져 있을 때 평판을 움직이기 위한 단위면적당 힘을 τ_1이라 하고 같은 평판 사이에 점성을 다른 유체 B만 채워져 있을 때 필요한 힘을 τ_2라 하면 유체 A와 B가 반반씩 위아래로 채워져 있을 때 평판을 같은 속도로 움직이기 위한 단위면적당 힘에 대한 표현으로 옳은 것은?

① $\dfrac{\tau_1 + \tau_2}{2}$ ② $\sqrt{\tau_1 \tau_2}$

③ $\dfrac{2\tau_1 \tau_2}{\tau_1 + \tau_2}$ ④ $\tau_1 + \tau_2$

해설
단위면적당 힘
$F = \dfrac{2\tau_1 \tau_2}{\tau_1 + \tau_2}$

39 동점성계수가 $1.15 \times 10^{-6}[\text{m}^2/\text{s}]$인 물이 30[mm]의 지름 원관 속을 흐르고 있다. 층류가 기대될 수 있는 최대 유량은 약 몇 $[\text{m}^3/\text{s}]$인가?(단, 임계레이놀즈수는 2,100이다)

① 2.85×10^{-5}
② 5.69×10^{-5}
③ 2.85×10^{-7}
④ 5.69×10^{-7}

해설
레이놀즈수
$$Re = \frac{Du}{\nu}$$
$$2,100 = \frac{0.03[\text{m}] \times u}{1.15 \times 10^{-6}[\text{m}^2/\text{s}]} \quad u = 0.0805[\text{m/s}]$$
$$\therefore Q = uA = 0.0805 \times \frac{\pi}{4}(0.03[\text{m}])^2 = 5.69 \times 10^{-5}[\text{m}^3/\text{s}]$$

40 다음과 같은 유동형태를 갖는 파이프 입구 영역의 유동에서 부차적 손실계수가 가장 큰 것은?

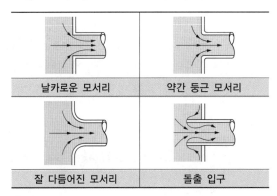

| 날카로운 모서리 | 약간 둥근 모서리 |
| 잘 다듬어진 모서리 | 돌출 입구 |

① 날카로운 모서리
② 약간 둥근 모서리
③ 잘 다듬어진 모서리
④ 돌출 입구

해설
돌연 축소 관로에서는 축소된 관의 입구 형상에 따라 부차적 손실계수 값이 크게 변화한다. 따라서, 실험에 의해 돌연 축소 관로의 입구 형상에 따른 부차적 손실계수 K값은 다음과 같다.

유동 형태	K(손실계수)
날카로운 모서리	0.45~0.5
약간 둥근 모서리	0.2~0.25
잘 다듬어진 모서리	0.05
돌출 입구	0.78

41 소방시설 설치 및 관리에 관한 법률상 비상경보설비를 설치해야 할 특정소방대상물의 기준 중 옳은 것은?(단, 모래·석재 등 불연재료 공장 및 창고시설 및 위험물 저장·처리 시설 중 가스시설은 제외한다)

① 지하층 또는 무창층의 바닥면적이 50$[\text{m}^2]$ 이상인 것
② 연면적 400$[\text{m}^2]$ 이상인 것은 모든 층
③ 지하가 중 터널로서 길이가 300[m] 이상인 것
④ 30명 이상의 근로자가 작업하는 옥내 작업장

해설
비상경보설비를 설치해야 하는 특정소방대상물(영 별표 4)
지하구, 모래·석재 등 불연재료 공장 및 창고시설 및 위험물 저장·처리 시설 중 가스시설은 제외한다.
• 연면적 400$[\text{m}^2]$ 이상인 것은 모든 층
• 지하층 또는 무창층의 바닥면적이 150$[\text{m}^2]$(공연장의 경우 100$[\text{m}^2]$) 이상인 것은 모든 층
• 지하가 중 터널로서 길이가 500[m] 이상인 것
• 50명 이상의 근로자가 작업하는 옥내 작업장

42 화재의 예방 및 안전관리에 관한 법률상 옮긴 물건을 보관하는 경우에는 그날부터 14일 동안 해당 소방관서의 인터넷 홈페이지에 그 사실을 공고한 후 공고기간의 종료일 다음날부터 며칠간 보관한 후 매각해야 하는가?

① 3일
② 4일
③ 5일
④ 7일

해설
소방관서장은 옮긴 물건 등을 보관하는 경우에는 그날부터 14일 동안 해당 소방관서의 인터넷 홈페이지에 그 사실을 공고해야 한다. 옮긴 물건 등의 보관기간은 공고기간의 종료일 다음 날부터 7일까지로 한다. 보관기간이 종료된 때에는 보관하고 있는 옮긴 물건 등을 매각해야 한다(영 제17조).

43 소방시설 설치 및 관리에 관한 법률상 스프링클러 설비를 설치해야 하는 특정소방대상물의 기준 중 틀린 것은?(단, 위험물 저장 및 처리 시설 중 가스 시설 또는 지하구는 제외한다)

① 숙박이 가능한 수련시설 용도로 사용되는 시설의 바닥면적의 합계가 600[m^2] 이상인 것은 모든 층

② 지하가(터널은 제외)로서 연면적이 1,000[m^2] 이상인 것

③ 판매시설, 운수시설 및 창고시설(물류터미널에 한정)로서 바닥면적의 합계가 5,000[m^2] 이상 이거나 수용인원이 500명 이상인 경우에는 모든 층

④ 복합건축물로서 연면적이 3,000[m^2] 이상인 경우에는 모든 층

해설
복합건축물로서 연면적 5,000[m^2] 이상인 경우에 모든 층은 스프링클러설비를 설치해야 한다(영 별표 4).

44 소방기본법상 소방본부장, 소방서장 또는 소방대장의 권한이 아닌 것은?

① 화재, 재난·재해, 그 밖의 위급한 상황이 발생한 현장에서 소방활동을 위하여 필요할 때에는 그 관할구역에 사는 사람 또는 그 현장에 있는 사람으로 하여금 사람을 구출하는 일 또는 불을 끄거나 불이 번지지 않도록 하는 일을 하게 할 수 있다.

② 소방활동을 할 때에 긴급한 경우에는 이웃한 소방본부장 또는 소방서장에게 소방업무의 응원을 요청할 수 있다.

③ 사람을 구출하거나 불이 번지는 것을 막기 위하여 필요할 때에는 화재가 발생하거나 불이 번질 우려가 있는 소방대상물 및 토지를 일시적으로 사용하거나 그 사용의 제한 또는 소방활동에 필요한 처분을 할 수 있다.

④ 소방활동을 위하여 긴급하게 출동할 때에는 소방자동차의 통행과 소방활동에 방해가 되는 주차 또는 정차된 차량 및 물건 등을 제거하거나 이동시킬 수 있다.

해설
소방본부장이나 소방서장은 소방활동을 할 때에 긴급한 경우에는 이웃한 소방본부장 또는 소방서장에게 소방업무의 응원(應援)을 요청할 수 있다(법 제11조).

45 위험물안전관리법상 지정수량 미만인 위험물의 저장 또는 취급에 관한 기술상의 기준은 무엇으로 정하는가?

① 대통령령
② 총리령
③ 시·도의 조례
④ 행정안전부령

해설
위험물의 저장 또는 취급에 관한 기술상의 기준(법 제4조)
· 지정수량 이상 : 위험물안전관리법 적용
· 지정수량 미만 : 시·도의 조례 적용

46 위험물안전관리법상 업무상 과실로 제조소 등에서 위험물을 유출·방출 또는 확산시켜 사람의 생명·신체 또는 재산에 대하여 위험을 발생시킨 자에 대한 벌칙 기준으로 옳은 것은?

① 5년 이하의 금고 또는 2,000만원 이하의 벌금
② 5년 이하의 금고 또는 7,000만원 이하의 벌금
③ 7년 이하의 금고 또는 2,000만원 이하의 벌금
④ 7년 이하의 금고 또는 7,000만원 이하의 벌금

해설

벌 칙
㉠ 1년 이상 10년 이하의 징역 : 제조소 등에서 위험물을 유출·방출 또는 확산시켜 사람의 생명·신체 또는 재산에 대하여 위험을 발생시킨 자
㉡ 무기 또는 3년 이상의 징역 : ㉠의 죄를 범하여 사람을 상해에 이르게 한 때
㉢ 무기 또는 5년 이상의 징역 : ㉠의 죄를 범하여 사람을 사망에 이르게 한 때
㉣ 7년 이하의 금고 또는 7,000만원 이하의 벌금 : 업무상 과실로 제조소 등에서 위험물을 유출·방출 또는 확산시켜 사람의 생명·신체 또는 재산에 대하여 위험을 발생시킨 자

47 소방기본법상 소방활동구역의 설정권자로 옳은 것은?

① 소방본부장
② 소방서장
③ 소방대장
④ 시·도지사

해설

소방활동구역의 설정권자(법 제23조) : 소방대장

48 소방기본법령상 소방용수시설별 설치기준 중 틀린 것은?

① 급수탑 개폐밸브는 지상에서 1.5[m] 이상 1.7[m] 이하의 위치에 설치하도록 할 것
② 소화전은 상수도와 연결하여 지하식 또는 지상식의 구조로 하고, 소방용호스와 연결하는 소화전의 연결금속구의 구경은 100[mm]로 할 것
③ 저수조 흡수관의 투입구가 사각형의 경우에는 한 변의 길이가 60[cm] 이상, 원형의 경우에는 지름이 60[cm] 이상일 것
④ 저수조는 지면으로부터의 낙차가 4.5[m] 이하일 것

해설

소화전의 설치기준(규칙 별표 3) : 상수도와 연결하여 지하식 또는 지상식의 구조로 하고, 소방용호스와 연결하는 소화전의 연결금속구의 구경은 65[mm]로 할 것

49 소방시설 설치 및 관리에 관한 법률상 특정소방대상물에 소방시설이 화재안전기준에 따라 설치 또는 유지·관리 되어 있지 않을 때 해당 특정소방대상물의 관계인에게 필요한 조치를 명할 수 있는 자는?

① 소방본부장
② 소방청장
③ 시·도지사
④ 행정안전부장관

해설

특정소방대상물의 관계인에게 필요한 조치를 명할 수 있는 자 : 소방본부장, 소방서장

50 화재의 예방 및 안전관리에 관한 법률상 관계인으로 선임된 소방안전관리자 업무에 해당하는 것은?

① 소방훈련 및 교육

② 피난시설, 방화구획 및 방화시설의 관리

③ 자체소방대의 구성, 운영 및 교육

④ 피난계획에 관한 사항과 대통령령으로 정하는 사항이 포함된 소방계획서의 작성 및 시행

해설

소방안전관리자의 업무(법 제24조)
㉠ 피난계획에 관한 사항과 대통령령으로 정하는 사항이 포함된 소방계획서의 작성 및 시행
㉡ 자위소방대(自衛消防隊) 및 초기대응체계의 구성, 운영 및 교육
㉢ 피난시설, 방화구획 및 방화시설의 관리
㉣ 소방시설이나 그 밖의 소방 관련 시설의 관리
㉤ 소방훈련 및 교육
㉥ 화기(火氣) 취급의 감독
㉦ 화재발생 시 초기대응
[결론]
① 특정소방대상물의 관계인(소방안전관리자)의 업무 : ㉢, ㉣, ㉥
② 소방안전관리대상물의 소방안전관리자의 업무 : ㉠~㉦까지 전부

51 화재의 예방 및 안전관리에 관한 법률상 소방안전관리대상물의 소방계획서에 포함되어야 하는 사항이 아닌 것은?

① 예방규정을 정하는 제조소 등의 위험물 저장·취급에 관한 사항

② 소방시설·피난시설 및 방화시설의 점검·정비계획

③ 소방안전관리대상물의 근무자 및 거주자의 자위소방대 조직과 대원의 임무에 관한 사항

④ 방화구획, 제연구획, 건축물의 내부 마감재료 및 방염대상물품의 사용현황과 그 밖의 방화구조 및 설비의 유지·관리계획

해설

소방계획서에 포함되어야 하는 사항(영 제27조)
• 소방시설·피난시설 및 방화시설의 점검·정비계획
• 피난층 및 피난시설의 위치와 피난경로의 설정, 화재안전취약자의 피난계획 등을 포함한 피난계획
• 방화구획, 제연구획, 건축물의 내부 마감재료 및 방염대상물품의 사용현황과 그 밖의 방화구조 및 설비의 유지·관리계획
• 소방훈련 및 교육에 관한 계획
• 소방안전관리대상물의 근무자 및 거주자의 자위소방대 조직과 대원의 임무(화재안전취약자의 피난 보조 임무를 포함한다)에 관한 사항
• 위험물의 저장·취급에 관한 사항(위험물법 제17조에 따라 예방규정을 정하는 제조소 등은 제외한다)

52 소방시설 설치 및 관리에 관한 법률상 소방시설 등에 대한 자체점검을 하지 않거나 관리업자 등으로 하여금 정기적으로 점검하게 하지 않는 자에 대한 벌칙 기준으로 옳은 것은?

① 6개월 이하의 징역 또는 1,000만원 이하의 벌금

② 1년 이하의 징역 또는 1,000만원 이하의 벌금

③ 3년 이하의 징역 또는 1,500만원 이하의 벌금

④ 3년 이하의 징역 또는 3,000만원 이하의 벌금

해설

소방시설 등에 대한 자체점검을 하지 않거나 관리업자 등으로 하여금 정기적으로 점검하게 하지 않는 자의 벌칙 : 1년 이하의 징역 또는 1,000만원 이하의 벌금

53 소방시설 설치 및 관리에 관한 법률상 소방용품이 아닌 것은?

① 소화약제 외의 것을 이용한 간이소화용구

② 자동소화장치

③ 가스누설경보기

④ 소화용으로 사용하는 방염제

해설
소방용품 : 소화기구(소화약제 외의 것을 이용한 간이소화용구는 제외한다)

해설
소방본부 종합상황실 보고상황(규칙 제3조)
- 사망자가 5인 이상 발생하거나 사상자가 10인 이상 발생한 화재
- 이재민이 100인 이상 발생한 화재
- 재산피해액이 50억원 이상 발생한 화재
- 관공서·학교·정부미도정공장·국가유산(문화재)·지하철 또는 지하구의 화재
- 관광호텔, 층수가 11층 이상인 건축물, 지하상가, 시장, 백화점, 위험물안전관리법 제2조 제2항의 규정에 의한 지정수량의 3,000 배 이상의 위험물의 제조소·저장소·취급소, 층수가 5층 이상이 거나 객실이 30실 이상인 숙박시설, 층수가 5층 이상이거나 병상이 30개 이상인 종합병원·정신병원·한방병원·요양소, 연면적 15,000[m²] 이상인 공장 또는 화재경계지구에서 발생한 화재
- 철도차량, 항구에 매어둔 총 톤수가 1,000[t] 이상인 선박, 항공기, 발전소 또는 변전소에서 발생한 화재
- 가스 및 화약류의 폭발에 의한 화재
- 다중이용업소의 화재
- 언론에 보도된 재난상황

54 소방기본법령상 소방본부 종합상황실 실장이 소방청 의 종합상황실에 서면·팩스 또는 컴퓨터통신 등으로 보고해야 하는 화재의 기준 중 틀린 것은?

① 항구에 매어둔 총 톤수가 1,000[t] 이상인 선박에 서 발생한 화재

② 층수가 5층 이상이거나 병상이 30개 이상인 종 합병원·정신병원·한방병원·요양소에서 발생 한 화재

③ 지정수량의 1,000배 이상의 위험물의 제조소· 저장소·취급소에서 발생한 화재

④ 연면적 15,000[m²] 이상인 공장 또는 화재경계 지구에서 발생한 화재

55 위험물안전관리법령상 위험물의 안전관리와 관련 된 업무를 수행하는 자로서 소방청장이 실시하는 안전교육대상자가 아닌 것은?

① 안전관리자로 선임된 자

② 탱크시험자의 기술인력으로 종사하는 자

③ 위험물운송자로 종사하는 자

④ 제조소 등의 관계인

해설
안전교육대상자(영 제20조)
- 안전관리자로 선임된 자
- 탱크시험자의 기술인력으로 종사하는 자
- 위험물운반자로 종사하는 자
- 위험물운송자로 종사하는 자

56 소방시설공사업법령상 공사감리자 지정대상 특정 소방대상물의 범위가 아닌 것은?

① 캐비닛형 간이스프링클러설비를 신설·개설 하거나 방호·방수구역을 증설할 때
② 물분무 등 소화설비(호스릴방식의 소화설비는 제외)를 신설·개설하거나 방호·방수구역을 증설할 때
③ 제연설비를 신설·개설하거나 제연구역을 증설 할 때
④ 연결살수설비를 신설·개설하거나 송수구역을 증설할 때

해설
공사감리자 지정대상 특정소방대상물의 범위(영 제10조)
• 옥내소화전설비를 신설·개설 또는 증설할 때
• 스프링클러설비 등(캐비닛형 간이스프링클러설비는 제외한다)을 신설·개설하거나 방호·방수구역을 증설할 때
• 물분무 등 소화설비(호스릴방식의 소화설비는 제외한다)를 신설·개설하거나 방호·방수구역을 증설할 때
• 다음에 따른 소화활동설비에 대하여 각 목에 따른 시공을 할 때
  – 제연설비를 신설·개설하거나 제연구역을 증설할 때
  – 연결송수관설비를 신설 또는 개설할 때
  – 연결살수설비를 신설·개설하거나 송수구역을 증설할 때
  – 비상콘센트설비를 신설·개설하거나 전용회로를 증설할 때
  – 무선통신보조설비를 신설 또는 개설할 때
  – 연소방지설비를 신설·개설하거나 살수구역을 증설할 때

57 위험물안전관리법상 위험물시설의 설치 및 변경 등에 관한 기준 중 다음 (   ) 안에 알맞은 것은?

> 제조소 등의 위치·구조 또는 설비의 변경 없이 해당 제조소 등에서 저장하거나 취급하는 위험물의 품명·수량 또는 지정수량의 배수를 변경하고자 하는 자는 변경하고자 하는 날의 (㉠)일 전까지 (㉡)이 정하는 바에 따라 (㉢)에게 신고해야 한다.

① ㉠ 1, ㉡ 행정안전부령, ㉢ 시·도지사
② ㉠ 1, ㉡ 대통령령, ㉢ 소방본부장·소방서장
③ ㉠ 14, ㉡ 행정안전부령, ㉢ 시·도지사
④ ㉠ 14, ㉡ 대통령령, ㉢ 소방본부장·소방서장

해설
위험물시설의 설치 및 변경 등(위험물법 제6조)
제조소 등의 위치·구조 또는 설비의 변경 없이 해당 제조소 등에서 저장하거나 취급하는 위험물의 품명·수량 또는 지정수량의 배수를 변경하고자 하는 자는 변경하고자 하는 날의 1일 전까지 행정안전부령이 정하는 바에 따라 시·도지사에게 신고해야 한다.

58 소방시설 설치 및 관리에 관한 법률상 특정소방대상물의 피난시설, 방화구획 또는 방화시설의 폐쇄·훼손·변경 등의 행위를 한 자에 대한 과태료 기준으로 옳은 것은?

① 200만원 이하의 과태료
② 300만원 이하의 과태료
③ 500만원 이하의 과태료
④ 600만원 이하의 과태료

해설
300만원 이하의 과태료
• 소방시설을 화재안전기준에 따라 설치·관리하지 않은 자
• 피난시설, 방화구획 또는 방화시설의 폐쇄·훼손·변경 등의 행위를 한 자

59 화재의 예방 및 안전관리에 관한 법률상 특수가연물의 저장·취급기준 중 다음 (   ) 안에 알맞은 것은?(단, 석탄·목탄류를 발전용으로 저장하는 경우는 제외한다)

> 살수설비를 설치하거나, 방사능력 범위에 해당 특수가연물이 포함되도록 대형수동식소화기를 설치하는 경우에는 쌓는 높이를 (㉠)[m] 이하, 쌓는 부분의 바닥면적을 (㉡)[m²] 이하로 할 수 있다.

① ㉠ 10, ㉡ 30

② ㉠ 10, ㉡ 50

③ ㉠ 15, ㉡ 100

④ ㉠ 15, ㉡ 200

해설

특수가연물의 저장 및 취급기준(영 별표 3)
다음의 기준에 따라 쌓아 저장해야 한다. 다만, 석탄·목탄류를 발전(發電)용으로 저장하는 경우에는 제외한다.

• 품명별로 구분하여 쌓을 것
• 특수가연물을 쌓아 저장하는 기준

구 분	살수설비를 설치하거나 방사능력 범위에 해당 특수가연물이 포함되도록 대형수동식소화기를 설치하는 경우	그 밖의 경우
높 이	15[m] 이하	10[m] 이하
쌓는 부분의 바닥면적	200[m²] (석탄·목탄류의 경우에는 300[m²]) 이하	50[m²] (석탄·목탄류의 경우에는 200[m²]) 이하

60 소방시설공사업법령상 상주공사감리 대상 기준 중 다음 (   ) 안에 알맞은 것은?

> • 연면적 (㉠)[m²] 이상의 특정소방대상물(아파트는 제외)에 대한 소방시설의 공사
> • 지하층을 포함한 층수가 (㉡)층 이상으로서 (㉢) 세대 이상인 아파트에 대한 소방시설의 공사

① ㉠ 10,000, ㉡ 11, ㉢ 600

② ㉠ 10,000, ㉡ 16, ㉢ 500

③ ㉠ 30,000, ㉡ 11, ㉢ 600

④ ㉠ 30,000, ㉡ 16, ㉢ 500

해설

상주공사감리 대상 기준(영 별표 3)
• 연면적 30,000[m²] 이상의 특정소방대상물(아파트는 제외)에 대한 소방시설의 공사
• 지하층을 포함한 층수가 16층 이상으로서 500세대 이상인 아파트에 대한 소방시설의 공사

61 전역방출방식의 분말소화설비에 있어서 방호구역의 용적이 500[m³]일 때 적합한 분사헤드의 수는?(단, 제1종 분말이며, 체적 1[m³]당 소화약제의 양은 0.60[kg]이며, 분사헤드 1개의 분당 표준방사량은 18[kg]이다)

① 17개 ② 30개
③ 34개 ④ 134개

해설
소화약제를 30초 이내로 방사해야 하므로
$$헤드 수 = 500[\text{m}^3] \times 0.6[\text{kg/m}^3] \div 18[\text{kg}] \div 0.5$$
$$= 33.33 \Rightarrow 34개$$

62 이산화탄소소화약제의 저장용기 설치기준 중 옳은 것은?

① 저장용기의 충전비는 고압식은 1.9 이상 2.3 이하, 저압식은 1.5 이상 1.9 이하로 할 것
② 저압식 저장용기에는 액면계 및 압력계와 2.1[MPa] 이상 1.9[MPa] 이하의 압력에서 작동하는 압력경보장치를 설치할 것
③ 저장용기 고압식은 25[MPa] 이상, 저압식은 3.5[MPa] 이상의 내압시험압력에 합격한 것으로 할 것
④ 저압식 저장용기에는 내압시험압력의 1.8배의 압력에서 작동하는 안전밸브와 내압시험압력의 0.8배부터 내압시험압력에서 작동하는 봉판을 설치할 것

해설
이산화탄소소화약제의 저장용기 설치기준
• 저장용기의 충전비

고압식	저압식
1.5 이상 1.9 이하	1.1 이상 1.4 이하

• 저압식 저장용기에는 액면계 및 압력계와 2.3[MPa] 이상 1.9[MPa] 이하의 압력에서 작동하는 압력경보장치를 설치할 것
• 저장용기 고압식은 25[MPa] 이상, 저압식은 3.5[MPa] 이상의 내압시험압력에 합격한 것으로 할 것
• 저압식 저장용기에는 내압시험압력의 0.64배부터 0.8배의 압력에서 작동하는 안전밸브와 내압시험압력의 0.8배부터 내압시험압력에서 작동하는 봉판을 설치할 것

63 화재 시 연기가 찰 우려가 없는 장소로서 호스릴분말소화설비를 설치할 수 있는 기준 중 다음 ( ) 안에 알맞은 것은?

• 지상 1층 및 피난층에 있는 부분으로서 지상에서 수동 또는 원격조작에 따라 개방할 수 있는 개구부의 유효면적의 합계가 바닥면적의 (㉠)[%] 이상이 되는 부분
• 전기설비가 설치되어 있는 부분 또는 다량의 화기를 사용하는 부분의 바닥면적이 해당 설비가 설치되어 있는 구획의 바닥면적의 (㉡) 미만이 되는 부분

① ㉠ 15, ㉡ $\frac{1}{5}$ ② ㉠ 15, ㉡ $\frac{1}{2}$

③ ㉠ 20, ㉡ $\frac{1}{5}$ ④ ㉠ 20, ㉡ $\frac{1}{2}$

해설
호스릴 분말소화설비를 설치할 수 있는 기준(화재 시 연기가 찰 우려가 없는 장소)
• 지상 1층 및 피난층에 있는 부분으로서 지상에서 수동 또는 원격조작에 따라 개방할 수 있는 개구부의 유효면적의 합계가 바닥면적의 15[%] 이상이 되는 부분
• 전기설비가 설치되어 있는 부분 또는 다량의 화기를 사용하는 부분(해당 설비의 주위 5[m] 이내의 부분을 포함)의 바닥면적이 해당 설비가 설치되어 있는 구획의 바닥면적의 1/5 미만이 되는 부분

64 소화수조의 소요수량이 20[m³] 이상 40[m³] 미만인 경우 설치해야 하는 채수구의 개수로 옳은 것은?

① 1개   ② 2개

③ 3개   ④ 4개

해설

소화용수설비의 소요수량에 따른 채수구의 수

소요수량	채수구의 수	가압송수장치의 1분당 양수량
20[m³] 이상 40[m³] 미만	1개	1,100[L] 이상
40[m³] 이상 100[m³] 미만	2개	2,200[L] 이상
100[m³] 이상	3개	3,300[L] 이상

65 건축물에 설치하는 연결살수설비헤드의 설치기준 중 다음 ( ) 안에 알맞은 것은?

천장 또는 반자의 각 부분으로부터 하나의 살수헤드까지의 수평거리가 연결살수설비 전용헤드의 경우는 (㉠)[m] 이하, 스프링클러헤드의 경우는 (㉡)[m] 이하로 할 것. 다만, 살수헤드의 부착면과 바닥과의 높이가 (㉢)[m] 이하인 부분은 살수헤드의 살수분포에 따른 거리로 할 수 있다.

① ㉠ 3.7, ㉡ 2.3, ㉢ 2.1

② ㉠ 3.7, ㉡ 2.1, ㉢ 2.3

③ ㉠ 2.3, ㉡ 3.7, ㉢ 2.3

④ ㉠ 2.3, ㉡ 3.7, ㉢ 2.1

해설

연결살수설비헤드의 설치기준

천장 또는 반자의 각 부분으로부터 하나의 살수헤드까지의 수평거리

• 연결살수설비 전용헤드 : 3.7[m] 이하

• 스프링클러헤드 : 2.3[m] 이하

• 살수헤드의 부착면과 바닥과의 높이가 2.1[m] 이하인 부분은 살수헤드의 살수분포에 따른 거리로 할 수 있다.

66 포소화설비의 자동식 기동장치를 폐쇄형 스프링클러헤드의 개방과 연동하여 가압송수장치·일제개방밸브 및 포소화약제 혼합장치를 기동하는 경우의 설치기준 중 다음 ( ) 안에 알맞은 것은?(단, 자동화재탐지설비의 수신기가 설치된 장소에 상시 사람이 근무하고 있고, 화재 시 즉시 해당 조작부를 작동시킬 수 있는 경우는 제외한다)

표시온도가 (㉠)[℃] 미만인 것을 사용하고, 1개의 스프링클러헤드의 경계면적은 (㉡)[m²] 이하로 할 것

① ㉠ 79, ㉡ 8

② ㉠ 121, ㉡ 8

③ ㉠ 79, ㉡ 20

④ ㉠ 121, ㉡ 20

해설

폐쇄형 스프링클러헤드를 사용하는 경우 설치기준

• 표시온도가 79[℃] 미만인 것을 사용하고, 1개의 스프링클러헤드의 경계면적은 20[m²] 이하로 할 것

• 부착면의 높이는 바닥으로부터 5[m] 이하로 하고 화재를 유효하게 감지할 수 있도록 할 것

67 스프링클러설비 가압송수장치의 설치기준 중 고가수조를 이용한 가압송수장치에 설치하지 않아도 되는 것은?

① 수위계   ② 배수관

③ 오버플로관   ④ 압력계

해설

고가수조를 이용한 가압송수장치에 설치하는 부속품 : 수위계, 배수관, 급수관, 오버플로관, 맨홀

압력계 : 압력수조에 설치

68 특별피난계단의 계단실 및 부속실 제연설비의 차압 등에 관한 기준 중 다음 (   ) 안에 알맞은 것은?

> 제연설비가 가동되었을 경우 출입문의 개방에 필요한 힘은 (   )[N] 이하로 해야 한다.

① 12.5   ② 40

③ 70   ④ 110

해설

특별피난계단의 계단실 및 부속실 제연설비의 차압 등에 관한 기준
• 제연구역과 옥내와의 사이에 유지해야 하는 최소 차압은 40 [Pa](옥내에 스프링클러설비가 설치된 경우에는 12.5[Pa]) 이상으로 해야 한다.
• 제연설비가 가동되었을 경우 출입문의 개방에 필요한 힘은 110[N] 이하로 해야 한다.

69 완강기의 최대사용자수 기준 중 다음 (   ) 안에 알맞은 것은?

> 최대사용자수(1회에 강하할 수 있는 사용자의 최대수)는 최대사용하중을 (   )[N]으로 나누어서 얻은 값으로 한다.

① 250   ② 500

③ 780   ④ 1,500

해설

완강기의 최대사용자수 $= \dfrac{\text{최대사용하중}}{1,500}$ (1 미만의 수는 계산하지 않는다.)

70 화재조기진압용 스프링클러설비 가지배관의 배열 기준 중 천장의 높이가 9.1[m] 이상 13.7[m] 이하인 경우 가지배관 사이의 거리 기준으로 옳은 것은?

① 2.4[m] 이상 3.1[m] 이하

② 2.4[m] 이상 3.7[m] 이하

③ 6.0[m] 이상 8.5[m] 이하

④ 6.0[m] 이상 9.3[m] 이하

해설

화재조기진압용 스프링클러설비

항 목 천장의 높이	설치기준	
	가지배관 사이의 거리	가지배관과 헤드사이의 거리
9.1[m] 미만	2.4[m] 이상 3.7[m] 이하	2.4[m] 이상 3.7[m] 이하
9.1[m] 이상 13.7[m] 이하	2.4[m] 이상 3.1[m] 이하	3.1[m] 이하

71 스프링클러설비헤드의 설치기준 중 다음 (   ) 안에 알맞은 것은?

> 살수가 방해되지 않도록 스프링클러헤드로부터 반경 (㉠)[cm] 이상의 공간을 보유할 것. 다만, 벽과 스프링클러헤드 간의 공간은 (㉡)[cm] 이상으로 한다.

① ㉠ 10, ㉡ 60   ② ㉠ 30, ㉡ 10

③ ㉠ 60, ㉡ 10   ④ ㉠ 90, ㉡ 60

해설

스프링클러설비헤드의 설치기준
• 살수가 방해되지 않도록 스프링클러헤드로부터 반경 60[cm] 이상의 공간을 보유할 것. 다만, 벽과 스프링클러헤드 간의 공간은 10[cm] 이상으로 한다.
• 스프링클러헤드와 그 부착면(상향식헤드의 경우에는 그 헤드의 직상부의 천장·반자 또는 이와 비슷한 것을 말한다)과의 거리는 30[cm] 이하로 할 것

72 포소화약제의 혼합장치에 대한 설명 중 옳은 것은?

① 라인 프로포셔너방식이란 펌프의 토출관과 흡입관 사이의 배관 도중에 설치한 흡입기에 펌프에서 토출된 물의 일부를 보내고, 농도조정밸브에서 조정된 포소화약제의 필요량을 포소화약제 저장탱크에서 펌프 흡입 측으로 보내어 이를 혼합하는 방식을 말한다.

② 프레셔 사이드 프로포셔너방식이란 펌프의 토출관에 압입기를 설치하여 포소화약제 압입용 펌프로 포소화약제를 압입시켜 혼합하는 방식을 말한다.

③ 프레셔 프로포셔너방식이란 펌프와 발포기의 중간에 설치된 벤투리관의 벤투리작용에 따라 포소화약제를 흡입·혼합하는 방식을 말한다.

④ 펌프 프로포셔너방식이란 펌프와 발포기의 중간에 설치된 벤투리관의 벤투리작용과 펌프 가압수의 포소화약제 저장탱크에 대한 압력에 따라 포소화약제를 흡입·혼합하는 방식을 말한다.

해설
포소화약제의 혼합장치
• 펌프 프로포셔너방식 : 펌프의 토출관과 흡입관 사이의 배관 도중에 설치한 흡입기에 펌프에서 토출된 물의 일부를 보내고, 농도조정밸브에서 조정된 포소화약제의 필요량을 포소화약제 저장탱크에서 펌프 흡입 측으로 보내어 이를 혼합하는 방식
• 프레셔 프로포셔너방식 : 펌프와 발포기의 중간에 설치된 벤투리관의 벤투리작용과 펌프 가압수의 포소화약제 저장탱크에 대한 압력에 따라 포소화약제를 흡입·혼합하는 방식
• 라인 프로포셔너방식 : 펌프와 발포기의 중간에 설치된 벤투리관의 벤투리작용에 따라 포소화약제를 흡입·혼합하는 방식
• 프레셔 사이드 프로포셔너방식 : 펌프의 토출관에 압입기를 설치하여 포소화약제 압입용 펌프로 포소화약제를 압입시켜 혼합하는 방식

73 전동기 또는 내연기관에 따른 펌프를 이용하는 옥외소화전설비의 가압송수장치의 설치기준 중 다음 ( ) 안에 알맞은 것은?

해당 특정소방대상물에 설치된 옥외소화전(2개 이상 설치된 경우에는 2개의 옥외소화전)을 동시에 사용할 경우 각 옥외소화전의 노즐 선단(끝부분)에서의 방수압력이 (㉠)[MPa] 이상이고, 방수량이 (㉡)[L/min] 이상이 되는 성능의 것으로 할 것

① ㉠ 0.17, ㉡ 350
② ㉠ 0.25, ㉡ 350
③ ㉠ 0.17, ㉡ 130
④ ㉠ 0.25, ㉡ 130

해설
옥외소화전설비
• 방수압력 : 0.25[MPa] 이상
• 방수량 : 350[L/min] 이상

74 미분무소화설비 용어의 정의 중 다음 ( ) 안에 알맞은 것은?

"미분무"란 물만을 사용하여 소화하는 방식으로 최소설계압력에서 헤드로부터 방출되는 물입자 중 99[%]의 누적체적분포가 (㉠)[μm] 이하로 분무되고 (㉡)급 화재에 적응성을 갖는 것을 말한다.

① ㉠ 400, ㉡ A, B, C
② ㉠ 400, ㉡ B, C
③ ㉠ 200, ㉡ A, B, C
④ ㉠ 200, ㉡ B, C

해설
미분무 : 물만을 사용하여 소화하는 방식으로 최소설계압력에서 헤드로부터 방출되는 물입자 중 99[%]의 누적체적분포가 400[μm] 이하로 분무되고 A, B, C급 화재에 적응성을 갖는 것

75 소화기구의 소화약제별 적응성 중 C급 화재에 적응성이 없는 소화약제는?

① 마른모래
② 할로겐화합물 및 불활성기체소화약제
③ 이산화탄소소화약제
④ 탄산수소염류분말소화약제

해설
전기화재(C급 화재) : 할로겐화합물 및 불활성기체소화약제, 이산화탄소, 탄산수소염류분말소화약제

76 소화약제 외의 것을 이용한 간이소화용구의 능력단위 기준 중 다음 ( ) 안에 알맞은 것은?

간이소화용구		능력단위
마른모래	삽을 상비한 50[L] 이상의 것 1포	( )단위

① 0.5
② 1
③ 3
④ 5

해설
간이소화용구의 능력단위 기준

간이소화용구		능력단위
마른모래	삽을 상비한 50[L] 이상의 것 1포	0.5단위
팽창질석, 팽창진주암	삽을 상비한 80[L] 이상의 것 1포	

77 다음과 같은 소방대상물의 부분에 완강기를 설치할 경우 부착 금속구의 부착위치로서 가장 적합한 위치는?

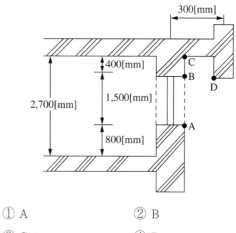

① A
② B
③ C
④ D

해설
완강기를 설치할 경우 부착 금속구의 부착위치는 하강 시 장애물이 없는 D가 적합하다.

78 연소방지설비의 배관의 설치기준 중 다음 ( ) 안에 알맞은 것은?

> 연소방지설비에 있어서의 수평주행배관의 구경은 100[mm] 이상의 것으로 하되, 연소방지설비 전용헤드 및 스프링클러헤드를 향하여 상향으로 ( ) 이상의 기울기로 설치해야 한다.

① $\dfrac{2}{100}$
② $\dfrac{2}{1,000}$
③ $\dfrac{1}{100}$
④ $\dfrac{1}{500}$

해설
지하구의 화재안전기준(21.1.15)으로 변경되어 맞지 않는 문제임

79 상수도소화용수설비의 소화전은 특정소방대상물의 수평투영면의 각 부분으로부터 몇 [m] 이하가 되도록 설치해야 하는가?

① 200

② 140

③ 100

④ 70

해설

상수도소화용수설비의 소화전은 특정소방대상물의 수평투영면의 각 부분으로부터 140[m] 이하가 되도록 설치해야 한다.

80 이산화탄소소화약제 저압식 저장용기의 충전비로 옳은 것은?

① 0.9 이상 1.1 이하

② 1.1 이상 1.4 이하

③ 1.4 이상 1.7 이하

④ 1.5 이상 1.9 이하

해설

이산화탄소소화약제 저장용기의 충전비

고압식	저압식
1.5 이상 1.9 이하	1.1 이상 1.4 이하

제1과목 **소방원론**

01 염소산염류, 과염소산염류, 알칼리 금속의 과산화물, 질산염류, 과망가니즈산염류의 특징과 화재 시 소화방법에 대한 설명 중 틀린 것은?

① 가열 등에 의해 분해하여 산소를 발생하고 화재 시 산소의 공급원 역할을 한다.

② 가연물, 유기물, 기타 산화하기 쉬운 물질과 혼합물은 가열, 충격, 마찰 등에 의해 폭발하는 수도 있다.

③ 알칼리금속의 과산화물을 제외하고 다량의 물로 냉각소화한다.

④ 그 자체가 가연성이며 폭발을 지니고 있어 화약류 취급 시와 같이 주의를 요한다.

해설

제1류 위험물(염소산염류, 과염소산염류, 알칼리 금속의 과산화물, 질산염류, 과망가니즈산염류) : 불연성

02 어떤 기체가 0[℃], 1기압에서 부피가 11.2[L], 기체질량이 22[g]이었다면 이 기체의 분자량은?(단, 이상기체로 가정한다)

① 22

② 35

③ 44

④ 56

해설

이상기체 상태방정식

$$PV = nRT = \frac{W}{M}RT, \qquad M = \frac{WRT}{PV}$$

여기서, P : 압력(1[atm])

V : 부피(11.2[L])

n : mol수(무게/분자량)

R : 기체상수(0.08205[L·atm/g-mol·K])

T : 절대온도(273 + 0[℃] = 273[K])

W : 무게(22[g])

M : 분자량

$$\therefore M = \frac{WRT}{PV} = \frac{22 \times 0.08205 \times 273}{1 \times 11.2} = 44$$

03 소방시설 설치 및 관리에 관한 법률에 따른 개구부의 기준으로 틀린 것은?

① 해당 층의 바닥면으로부터 개구부 밑부분까지의 높이가 1.5[m] 이내일 것
② 크기는 지름 50[cm] 이상의 원이 통과할 수 있을 것
③ 도로 또는 차량이 진입할 수 있는 빈터를 향할 것
④ 내부 또는 외부에서 쉽게 부수거나 열 수 있을 것

해설

"무창층(無窓層)"이라 함은 지상층 중 다음의 요건을 모두 갖춘 개구부(건축물에서 채광·환기·통풍 또는 출입 등을 위하여 만든 창·출입구 그 밖에 이와 비슷한 것)의 면적의 합계가 해당 층의 바닥면적의 1/30 이하가 되는 층을 말한다(영 제2조).

• 크기가 지름 50[cm] 이상의 원이 통과할 수 있을 것
• 해당 층의 바닥면으로부터 개구부 밑부분까지의 높이가 1.2[m] 이내일 것
• 도로 또는 차량이 진입할 수 있는 빈터를 향할 것
• 화재 시 건축물로부터 쉽게 피난할 수 있도록 창살이나 그 밖의 장애물이 설치되지 않을 것
• 내부 또는 외부에서 쉽게 부수거나 열 수 있을 것

04 제4류 위험물의 물리·화학적 특성에 대한 설명으로 틀린 것은?

① 증기비중은 공기보다 크다.
② 정전기에 의한 화재 발생 위험이 있다.
③ 인화성 액체이다.
④ 인화점이 높을수록 증기 발생이 용이하다.

해설

제4류 위험물,

• 증기비중은 공기보다 크다(사이안화수소는 공기보다 0.93배 가볍다).
• 인화성 액체이므로 정전기에 의한 화재 위험성이 크다.
• 인화점이 낮을수록 증기 발생이 용이하므로 위험하다.

05 60분 + 방화문은 연기 및 불꽃을 최소 몇 분 이상 차단할 수 있어야 하는가?

① 10
② 30
③ 40
④ 60

해설

60분 + 방화문 : 연기 및 불꽃을 차단할 수 있는 시간이 60분 이상이고, 열을 차단할 수 있는 시간이 30분 이상인 방화문
60분 방화문 : 연기 및 불꽃을 차단할 수 있는 시간이 60분 이상인 방화문
30분 방화문 : 연기 및 불꽃을 차단할 수 있는 시간이 30분 이상 60분 미만인 방화문

06 피난로의 안전구획 중 2차 안전구획에 속하는 것은?

① 복 도
② 계단부속실(계단전실)
③ 계 단
④ 피난층에서 외부와 직면한 현관

해설

피난시설의 안전구획

구 분	1차 안전구획	2차 안전구획	3차 안전구획
대 상	복 도	전실(계단부속실)	계 단

07 할론계 소화약제의 주된 소화효과 및 방법에 대한 설명으로 옳은 것은?

① 소화약제의 증발잠열에 의한 소화방법이다.
② 산소의 농도를 15[%] 이하로 낮게 하는 소화방법이다.
③ 소화약제의 열분해에 의해 발생하는 이산화탄소에 의한 소화방법이다.
④ 자유활성기(Free Radical)의 생성을 억제하는 소화방법이다.

해설
할론소화약제는 자유활성기(Free Radical)의 생성을 억제하는 부촉매소화방법이다.

08 유류 탱크의 화재 시 탱크 저부의 물이 뜨거운 열류층에 의하여 수증기로 변하면서 급작스런 부피 팽창을 일으켜 유류가 탱크 외부로 분출하는 현상은?

① 슬롭오버(Slop Over)
② 블레비(BLEVE)
③ 보일오버(Boil Over)
④ 파이어볼(Fire Ball)

해설
보일오버(Boil Over)
• 중질유 탱크에서 장시간 조용히 연소하다가 탱크의 잔존기름이 갑자기 분출(Over Flow)하는 현상
• 탱크 저부의 물이 뜨거운 열류층에 의하여 수증기로 변하면서 급작스런 부피 팽창을 일으켜 유류가 탱크 외부로 분출하는 현상
• 연소유면으로부터 100[℃] 이상의 열파가 탱크 저부에 고여 있는 물을 비등하게 하면서 연소유를 탱크 밖으로 비산하며 연소하는 현상

09 어떤 유기화합물을 원소 분석한 결과 중량백분율이 C : 39.9[%], H : 6.7[%], O : 53.4[%]인 경우이 화합물의 분자식은?(단, 원자량은 C = 12, O = 16, H = 1이다)

① $C_3H_8O_2$ ② $C_2H_4O_2$
③ C_2H_4O ④ $C_2H_6O_2$

해설
• 실험식

$$C : H : O = \frac{39.9}{12} : \frac{6.7}{1} : \frac{53.4}{16} = 3.325 : 6.7 : 3.33$$
$$= 1 : 2 : 1 = CH_2O$$

• 분자식 = 실험식 $\times n$ = $CH_2O \times 2$ = $C_2H_4O_2$

10 내화구조에 해당하지 않는 것은?

① 철근콘크리트조로 두께가 10[cm] 이상인 벽
② 철근콘크리트조로 두께가 5[cm] 이상인 외벽 중 비내력벽
③ 벽돌조로서 두께가 19[cm] 이상인 벽
④ 철골·철근콘크리트조로서 두께가 10[cm] 이상인 벽

해설
내화구조(건피방 제2조)

내화구분		내화구조의 기준
벽	모든 벽	• 철근콘크리트조 또는 철골·철근콘크리트조로서 두께가 10[cm] 이상인 것 • 골구를 철골조로 하고 그 양면을 두께 4[cm] 이상의 철망모르타르로 덮은 것 • 두께 5[cm] 이상의 콘크리트 블록·벽돌 또는 석재로 덮은 것 • 철재로 보강된 콘크리트블록조·벽돌조 또는 석조로서 철재에 덮은 콘크리트 블록 등의 두께가 5[cm] 이상인 것 • 벽돌조로서 두께가 19[cm] 이상인 것
	외벽 중 비내력벽	• 철근콘크리트조 또는 철골·철근콘크리트조로서 두께가 7[cm] 이상인 것 • 골구를 철골조로 하고 그 양면을 두께 3[cm] 이상의 철망모르타르로 덮은 것 • 두께 4[cm] 이상의 콘크리트 블록·벽돌 또는 석재로 덮은 것 • 무근콘크리트조·콘크리트블록조·벽돌조 또는 석조로서 두께가 7[cm] 이상인 것

11 소방시설 중 피난구조설비에 해당하지 않는 것은?

① 무선통신보조설비

② 완강기

③ 구조대

④ 공기안전매트

해설
무선통신보조설비 : 소화활동설비

12 연소의 4요소 중 자유활성기(Free Radical)의 생성을 저하시켜 연쇄반응을 중지시키는 소화방법은?

① 제거소화   ② 냉각소화

③ 질식소화   ④ 억제소화

해설
억제소화 : 자유활성기(Free Radical)의 생성을 저하시켜 연쇄반응을 중지시키는 소화방법

13 소화약제로 사용할 수 없는 것은?

① $KHCO_3$ ② $NaHCO_3$

③ CO_2 ④ NH_3

해설
소화약제

종 류	명 칭	약 제
$KHCO_3$	제2종 분말	탄산수소칼륨
$NaHCO_3$	제1종 분말	탄산수소나트륨
CO_2	이산화탄소	이산화탄소
NH_3	암모니아	냉 매

14 폭연에서 폭굉으로 전이되기 위한 조건에 대한 설명으로 틀린 것은?

① 정상연소속도가 작은 가스일수록 폭굉으로 전이가 용이하다.

② 배관 내에 장애물이 존재할 경우 폭굉으로 전이가 용이하다.

③ 배관의 관경이 가늘수록 폭굉으로 전이가 용이하다.

④ 배관 내 압력이 높을수록 폭굉으로 전이가 용이하다.

해설
정상연소속도가 큰 가스일수록 폭굉으로 전이가 용이하다.

15 제3종 분말소화약제에 대한 설명으로 틀린 것은?

① A, B, C급 화재에 모두 적용한다.

② 주성분은 탄산수소칼륨과 요소이다.

③ 열분해 시 발생되는 불연성 가스에 의한 질식효과가 있다.

④ 분말운무에 의한 열방사를 차단하는 효과가 있다.

해설
제3종 분말소화약제의 주성분 : 제일인산암모늄($NH_4H_2PO_4$)

16 비열이 가장 큰 물질은?

① 구 리   ② 수 은

③ 물   ④ 철

해설
물의 비열은 1[cal/g · ℃]로서 가장 크다.

17 TLV(Threshold Limit Value)가 가장 높은 가스는?

① 사이안화수소　　② 포스겐
③ 일산화탄소　　　④ 이산화탄소

해설

TLV(Threshold Limit Value) : 평균적인 성인 남자가 매일 8시간 씩 주 5일을 연속해서 이 농도의 가스(증기)를 함유하고 있는 공기 중에서 작업을 해도 건강에는 영향이 없다고 생각되는 한계 농도

종 류	TLV
사이안화수소	10[ppm]
포스겐	0.1[ppm]
일산화탄소	50[ppm]
이산화탄소	5,000[ppm]

18 경유화재가 발생했을 때 주수소화가 오히려 위험할 수 있는 이유는?

① 경유는 물과 반응하여 유독가스를 발생하므로
② 경유의 연소열로 인하여 산소가 방출되어 연소를 돕기 때문에
③ 경유는 물보다 비중이 가벼워 화재면의 확대 우려가 있으므로
④ 경유가 연소할 때 수소가스를 발생하여 연소를 돕기 때문에

해설

경유는 물과 섞이지 않고 물보다 비중이 가벼워 화재면의 확대 우려가 있으므로 주수소화는 위험하다.

19 건축물의 피난·방화구조 등의 기준에 관한 규칙에 따른 철망모르타르로서 그 바름 두께가 최소 몇 [cm] 이상인 것을 방화구조로 규정하는가?

① 2　　　　　　② 2.5
③ 3　　　　　　④ 3.5

해설

방화구조(건피방 제4조)

구조 내용	방화구조의 기준
• 철망모르타르 바르기	바름 두께가 2[cm] 이상인 것
• 석고판 위에 시멘트 모르타르, 회반죽을 바른 것 • 시멘트 모르타르 위에 타일을 붙인 것	두께의 합계가 2.5[cm] 이상인 것
• 심벽에 흙으로 맞벽치기한 것	그대로 모두 인정됨

20 다음 중 분진 폭발의 위험성이 가장 낮은 것은?

① 소석회
② 알루미늄분
③ 석탄분말
④ 밀가루

해설

소석회(수산화칼슘)는 $Ca(OH)_2$로서 분진폭발의 위험이 없다.

21 관 내에서 물이 평균속도 9.8[m/s]로 흐를 때의 속도수두는 약 몇 [m]인가?

① 4.9 ② 9.8

③ 48 ④ 128

해설

속도수두(H)

$$H = \frac{u^2}{2g}$$

$$= \frac{(9.8[\text{m/s}])^2}{2 \times 9.8[\text{m/s}^2]} = 4.9[\text{m}]$$

22 다음 기체, 유체, 액체에 대한 설명 중 옳은 것만을 모두 고른 것은?

> ㉠ 기체 : 매우 작은 응집력을 가지고 있으며, 자유표면을 가지지 않고 주어진 공간을 가득 채우는 물질
> ㉡ 유체 : 전단응력을 받을 때 연속적으로 변형하는 물질
> ㉢ 액체 : 전단응력이 전단변형률과 선형적인 관계를 가지는 물질

① ㉠, ㉡ ② ㉠, ㉢

③ ㉡, ㉢ ④ ㉠, ㉡, ㉢

해설

• 기체 : 매우 작은 응집력을 가지고 있으며, 자유표면을 가지지 않고 주어진 공간을 가득 채우는 물질
• 유 체
  – 아무리 작은 전단력에도 변형을 일으키는 물질
  – 전단응력이 물질 내부에 생기면 정지상태로 있을 수 없는 물질
• Newton유체 : 전단응력과 전단변형률이 선형적인 관계를 갖는 유체

23 이상기체의 등엔트로피 과정에 대한 설명 중 틀린 것은?

① 폴리트로픽 과정의 일종이다.

② 가역단열과정에서 나타난다.

③ 온도가 증가하면 압력이 증가한다.

④ 온도가 증가하면 비체적이 증가한다.

해설

이상기체의 등엔트로피 과정
• 가역단열과정이다.
• 폴리트로픽 과정의 일종이다.
• 온도가 증가하면 압력이 증가한다.

24 그림의 액주계에서 비중 $\gamma_1 = 1$, $\gamma_2 = 13.6$, 높이 $h_1 = 500[\text{mm}]$, $h_2 = 800[\text{mm}]$일 때 관 중심 A의 계기압력은 몇 [kPa]인가?

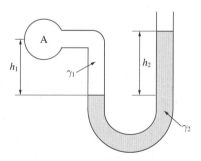

① 101.7 ② 109.6

③ 126.4 ④ 131.7

해설

$P_A + \gamma_1 h_1 = P_B + \gamma_2 h_2$

$P_A = P_B + \gamma_2 h_2 - \gamma_1 h_1$

$\quad = 13.6 \times 9.8[\text{kN/m}^3] \times 0.8[\text{m}] - 1 \times 9.8[\text{kN/m}^3] \times 0.5[\text{m}]$

$\quad = 101.7[\text{kN/m}^2]$

$\quad = 101.7[\text{kPa}]$

25 피스톤의 지름이 각각 10[mm], 50[mm]인 두 개의 유압장치가 있다. 두 피스톤 안에 작용하는 압력은 동일하고, 큰 피스톤이 1,000[N]의 힘을 발생시킨다고 할 때 작은 피스톤에서 발생시키는 힘은 약 몇 [N]인가?

① 40　　　　　　　② 400

③ 25,000　　　　　④ 245,000

해설

Pascal의 원리에서 피스톤 A_1의 반지름을 r_1, 피스톤 A_2의 반지름을 r_2라 하면

$$\frac{F_1}{A_1} = \frac{F_2}{A_2},\ \frac{F_1}{\pi(5)^2} = \frac{1,000[\text{N}]}{\pi(25)^2}$$

$$\therefore\ F_1 = 1,000[\text{N}] \times \frac{\pi(5)^2}{\pi(25)^2}$$

$$= 40[\text{N}]$$

26 펌프의 캐비테이션을 방지하기 위한 방법으로 틀린 것은?

① 펌프의 설치 위치를 낮추어서 흡입 양정을 작게 한다.

② 흡입관을 크게 하거나 밸브, 플랜지 등을 조정하여 흡입 손실 수두를 줄인다.

③ 펌프의 회전속도를 높여 흡입 속도를 크게 한다.

④ 2대 이상의 펌프를 사용한다.

해설

Pump의 흡입 측 수두, 마찰손실, Impeller 속도(회전수)를 작게 하면 공동현상을 방지할 수 있다.

27 2[cm] 떨어진 두 수평한 판 사이에 기름이 차 있고, 두 판 사이의 정중앙에 두께가 매우 얇은 한 변의 길이가 10[cm]인 정사각형 판이 놓여있다. 이 판을 10[cm/s]의 일정한 속도로 수평하게 움직이는 데 0.02[N]의 힘이 필요하다면, 기름의 점도는 약 몇 [N·s/m²]인가?(단, 정사각형 판의 두께는 무시한다)

① 0.1　　　　　　② 0.2

③ 0.01　　　　　　④ 0.02

해설

기름의 점도

전단응력 $\tau = \dfrac{F}{A} = \mu\dfrac{u}{h}$ 에서 힘 $F = \mu A \dfrac{u}{h}$

• 정사각형 판이 두 수평한 판 사이의 중앙에 있으므로 윗면에 작용하는 힘(F_1)과 아랫면에 작용하는 힘(F_2)은 같다. 따라서, 정사각형 판을 움직이는 데 필요한 힘 $F = F_1 + F_2 = 2F_1$이다.

• 힘 $F = 2 \times \left(\mu A \dfrac{u}{h}\right)$에서 점성계수

$$\mu = \frac{Fh}{2Au} = \frac{0.02[\text{N}] \times 0.01[\text{m}]}{2 \times (0.1[\text{m}] \times 0.1[\text{m}]) \times 0.1\dfrac{[\text{m}]}{[\text{s}]}}$$

$$= 0.1[\text{N} \cdot \text{s/m}^2]$$

28 그림과 같이 스프링상수(Spring Constant)가 10 [N/cm]인 4개의 스프링으로 평판 A를 벽 B에 그림과 같이 설치되어 있다. 이 평판에 유량 0.01 [m³/s], 속도 10[m/s]인 물 제트가 평판 A의 중앙에 직각으로 충돌할 때, 물 제트에 의해 평판과 벽 사이의 단축되는 거리는 약 몇 [cm]인가?

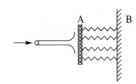

① 2.5　　　　　　② 5

③ 10　　　　　　④ 40

해설

평판과 벽 사이의 단축되는 거리
운동량방정식 $F = \rho Qu = 4kx$
여기서, ρ : 밀도(1,000[kg/m³])
　　　　Q : 유량(0.01[m³/s])
　　　　u : 유속(10[m/s])
　　　　k : 상수[N/m]
　　　　x : 거리[m]

$\therefore$ 거리 $x = \dfrac{\rho Qu}{4k} = \dfrac{1,000[\frac{\text{kg}}{\text{m}^3}] \times 0.01[\frac{\text{m}^3}{\text{s}}] \times 10[\frac{\text{m}}{\text{s}}]}{4 \times \left(10[\frac{\text{N}}{\text{cm}}] \times \frac{100[\text{cm}]}{1[\text{m}]}\right)}$

$= 0.025[\text{m}] = 2.5[\text{cm}]$

29 파이프 단면적이 2.5배로 급격하게 확대되는 구간을 지난 후의 유속이 1.2[m/s]이다. 부차적 손실계수가 0.36이라면 급격확대로 인한 손실수두는 몇 [m]인가?

① 0.0264　　　　② 0.0661

③ 0.165　　　　　④ 0.331

해설

단면적 $A_2 = 2.5A_1$, $u_2 = 1.2[\text{m/s}]$, $K = 0.36$
연속방정식 $Q = u_1 A_1 = u_2 A_2$

유속 $u_1 = u_2 \times \dfrac{A_2}{A_1} = 1.2[\text{m/s}] \times \dfrac{2.5A_1}{A_1} = 3[\text{m/s}]$

$\therefore$ 확대 관 손실수두 $H = K\dfrac{u_1^2}{2g} = 0.36 \times \dfrac{(3)^2}{2 \times 9.8} = 0.165[\text{m}]$

30 관로에서 20[℃]의 물이 수조에 5분 동안 유입되었을 때 유입된 물의 중량이 60[kN]이라면 이때 유량은 몇 [m³/s]인가?

① 0.015　　　　　② 0.02

③ 0.025　　　　　④ 0.03

해설

유량
$G = Au\gamma = Q\gamma$
여기서, G : 중량유량[(60×10³/5×60)[N/s]]
　　　　γ : 비중량(9,800[N/m³])

$\therefore$ $Q = \dfrac{G}{\gamma}$

$= \dfrac{(60 \times 10^3/5 \times 60)[\text{N/s}]}{9,800[\text{N/m}^3]}$

$= 0.02[\text{m}^3/\text{s}]$

31 관 내에 물이 흐르고 있을 때, 그림과 같이 액주계를 설치하였다. 관 내에서 물의 유속은 약 몇 [m/s]인가?

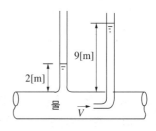

① 2.6　　　　　　② 7

③ 11.7　　　　　　④ 137.2

해설

유속
$u = \sqrt{2gH}$
여기서, g : 중력가속도(9.8[m/s²])
　　　　H : 양정[m]
$\therefore$ $u = \sqrt{2gH} = \sqrt{2 \times 9.8[\text{m/s}^2] \times (9-2)[\text{m}]} = 11.71[\text{m/s}]$

32 펌프를 이용하여 10[m] 높이 위에 있는 물탱크로 유량 0.3[m³/min]의 물을 퍼올리려고 한다. 관로 내 마찰손실수두가 3.8[m]이고, 펌프의 효율이 85[%]일 때 펌프에 공급해야 하는 동력은 약 몇 [W]인가?

① 128　　　　　　② 796

③ 677　　　　　　④ 219

해설

동 력

$$P[\text{kW}] = \frac{\gamma \times Q \times H}{\eta}$$

여기서, γ : 물의 비중량(9,800[N/m³])

Q : 유량(0.3/60[m³/s] = 0.005[m³/s])

H : 전양정(10 + 3.8 = 13.8[m])

η : 펌프효율(0.85)

$$\therefore P[\text{kW}] = \frac{9,800 \times 0.005[\text{m}^3/\text{s}] \times 13.8[\text{m}]}{0.85}$$

$$= 795.53[\text{W}]$$

※ [W] = [J/s] = [N·m/s]

---

33 유체가 매끈한 원 관 속을 흐를 때 레이놀즈수가 1,200이라면 관마찰계수는 얼마인가?

① 0.0254　　　　② 0.00128

③ 0.0059　　　　④ 0.053

해설

층류일 때 관마찰계수

$$f = \frac{64}{Re}$$

$$= \frac{64}{1,200} = 0.053$$

---

34 그림과 같이 30°로 경사진 0.5[m] × 3[m] 크기의 수문평판 AB가 있다. A 지점에서 힌지로 연결되어 있을 때 이 수문을 열기 위하여 B점에서 수문에 직각방향으로 가해야 할 최소 힘은 약 몇 [N]인가?(단, 힌지 A에서의 마찰은 무시한다)

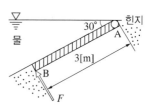

① 7,350　　　　　② 7,355

③ 14,700　　　　④ 14,710

해설

수문에 작용하는 압력

$$F = \gamma \bar{y} \sin\theta A = 9,800 \times \frac{3}{2} \times \sin 30° \times (0.5 \times 3)$$

$$= 11,025[\text{N}]$$

압력중심 y_p 는 $y_p = \dfrac{I_C}{yA} + \bar{y} = \dfrac{\frac{0.5 \times 3^3}{12}}{1.5 \times 1.5} + 1.5 = 2[\text{m}]$

자유물체도에서 모멘트의 합은 0이므로 $\Sigma M_A = 0$

$$F_B \times 3 - F \times 2 = 0$$

$$\therefore F_B = \frac{2}{3}F = \frac{2}{3} \times 11,025 = 7,350[\text{N}]$$

---

35 부자(Float)의 오르내림에 의해서 배관 내의 유량을 측정하는 기구의 명칭은?

① 피토관(Pitot Tube)

② 로터미터(Rotameter)

③ 오리피스(Orifice)

④ 벤투리미터(Venturi Meter)

해설

로터미터(Rotameter) : 부자(Float)의 오르내림에 의해서 배관 내의 유량을 측정하는 기구

---

36 이상기체의 정압비열 C_p와 정적비열 C_v와의 관계로 옳은 것은?(단, R은 이상기체 상수이고, k는 비열비이다)

① $C_p = \dfrac{1}{2} C_v$　　② $C_p < C_v$

③ $C_p - C_v = R$　　④ $\dfrac{C_v}{C_p} = k$

해설

$C_p - C_v = R$

37 지름 2[cm]의 금속 공은 선풍기를 켠 상태에서 냉각하고, 지름 4[cm]의 금속 공은 선풍기를 끄고 냉각할 때 동일 시간당 발생하는 대류 열전달량의 비(2[cm] 공 : 4[cm] 공)는?(단, 두 경우 온도차는 같고, 선풍기를 켜면 대류 열전달계수가 10배가 된다고 가정한다)

① 1 : 0.3375　　② 1 : 0.4

③ 1 : 5　　④ 1 : 10

해설

대류 열전달량

$q = hA\Delta t = h(4\pi r^2)\Delta t$

여기서, h : 열전달계수

　　　　A : 열전달면적

　　　　Δt : 온도차

• 지름 2[cm]의 대류 열전달량

　$q_1 = 10h \times \{4\pi \times (1[\text{cm}])^2\} \times \Delta t = 10 \times 4\pi h \Delta t$

• 지름 4[cm]의 대류 열전달량

　$q_2 = h \times \{4\pi \times (2[\text{cm}])^2\} \times \Delta t = 4 \times (4\pi h \Delta t)$

∴ $q_1 : q_2 = 10 \times (4\pi h \Delta t) : 4 \times (4\pi h \Delta t) = 10 : 4 = 1 : 0.4$

38 다음 열역학적 용어에 대한 설명으로 틀린 것은?

① 물질의 3중점(Triple Point)은 고체, 액체, 기체의 3상이 평형상태로 공존하는 상태의 지점을 말한다.

② 일정한 압력하에서 고체가 상변화를 일으켜 액체로 변화할 때 필요한 열을 융해열(융해잠열)이라 한다.

③ 고체가 일정한 압력하에서 액체를 거치지 않고 직접 기체로 변화하는 데 필요한 열을 승화열이라 한다.

④ 포화액체를 정압하에서 가열할 때 온도변화 없이 포화증기로 상변화를 일으키는 데 사용되는 열을 현열이라 한다.

해설

포화액체를 정압하에서 가열할 때 온도변화 없이 포화증기로 상변화를 일으키는 데 사용되는 열을 잠열이라 한다.

39 모세관 현상에 있어서 물이 모세관을 따라 올라가는 높이에 대한 설명으로 옳은 것은?

① 표면장력이 클수록 높이 올라간다.

② 관의 지름이 클수록 높이 올라간다.

③ 밀도가 클수록 높이 올라간다.

④ 중력의 크기와는 무관한다.

해설

모세관 현상

높이 $h = \dfrac{\Delta P}{\gamma} = \dfrac{4\sigma \cos\theta}{\gamma d}$

여기서, σ : 표면장력[N/m]

　　　　θ : 접촉각

　　　　γ : 물의 비중량(9,800[N/m³])

　　　　d : 내 경

∴ 높이는 표면장력이 클수록, 관의 지름이 작을수록 높이 올라간다.

40 회전속도 1,000[rpm]일 때 송출량 Q[m³/min], 전양정 H[m]인 원심펌프가 상사한 조건에서 송출량이 $1.1Q$[m³/min]가 되도록 회전속도를 증가시킬 때, 전양정은 어떻게 되는가?

① $0.91H$ ② H

③ $1.1H$ ④ $1.21H$

해설

펌프의 상사법칙

• 송출량이 $1.1Q$[m³/min]일 때 회전속도를 구하면

유량 $Q_2 = Q_1 \times \dfrac{N_2}{N_1} \Rightarrow 1.1 = 1 \times \dfrac{x}{1,000}$

∴ $x = 1,100$[rpm]

• 전양정을 구하면

전양정 $H_2 = H_1 \times \left(\dfrac{N_2}{N_1}\right)^2 = H[\text{m}] \times \left(\dfrac{1,100}{1,000}\right)^2 = 1.21H$

제3과목 **소방관계법규**

41 소방시설 설치 및 관리에 관한 법률에 따른 화재안전기준을 달리 적용해야 하는 특수한 용도 또는 구조를 가진 특정소방대상물 중 중·저준위 방사성폐기물의 저장시설에 설치하지 않을 수 있는 소방시설은?

① 소화용수설비

② 옥외소화전설비

③ 물분무 등 소화설비

④ 연결송수관설비 및 연결살수설비

해설

소방시설을 설치하지 않을 수 있는 특정소방대상물 및 소방시설의 범위(영 별표 6)

구 분	특정소방대상물	설치하지 않을 수 있는 소방시설
화재안전기준을 달리 적용해야 하는 특수한 용도 또는 구조를 가진 특정소방대상물	원자력발전소, 중·저준위 방사성폐기물의 저장시설	연결송수관설비 및 연결살수설비

42 소방기본법령에 따른 소방대원에게 실시할 교육·훈련 횟수 및 기간의 기준 중 다음 (   ) 안에 알맞은 것은?

횟 수	기 간
(㉠)년마다 1회	(㉡)주 이상

① ㉠ 2, ㉡ 2   ② ㉠ 2, ㉡ 4

③ ㉠ 1, ㉡ 2   ④ ㉠ 1, ㉡ 4

해설

소방대원의 교육·훈련 횟수 및 기간(규칙 별표 3의2)

횟 수	기 간
2년마다 1회	2주 이상

43 위험물안전관리법령에 따른 인화성 액체위험물(이황화탄소를 제외)의 옥외탱크저장소의 탱크 주위에 설치하는 방유제의 설치기준 중 옳은 것은?

① 방유제의 높이는 0.5[m] 이상 2.0[m] 이하로 할 것
② 방유제 내의 면적은 100,000[m²] 이하로 할 것
③ 방유제의 용량은 방유제 안에 설치된 탱크가 2기 이상인 때에는 그 탱크 중 용량이 최대인 것의 용량의 120[%] 이상으로 할 것
④ 높이가 1[m]를 넘는 방유제 및 간막이 둑의 안팎에는 방유제 내에 출입하기 위한 계단 또는 경사로를 약 50[m]마다 설치할 것

해설
옥외탱크저장소 방유제의 설치기준(규칙 별표 6)
• 방유제는 높이 0.5[m] 이상 3[m] 이하, 두께 0.2[m] 이상, 지하매설 깊이 1[m] 이상으로 할 것
• 방유제 내의 면적은 80,000[m²] 이하로 할 것
• 방유제의 용량은 방유제 안에 설치된 탱크가 하나인 때에는 그 탱크 용량의 110[%] 이상, 2기 이상인 때에는 그 탱크 중 용량이 최대인 것의 용량의 110[%] 이상으로 할 것
• 높이가 1[m]를 넘는 방유제 및 간막이 둑의 안팎에는 방유제 내에 출입하기 위한 계단 또는 경사로를 약 50[m]마다 설치할 것

44 화재의 예방 및 안전관리에 관한 법률에 따른 소방안전 특별관리시설물의 안전관리 대상 전통시장의 기준 중 다음 (   ) 안에 알맞은 것은?

전통시장으로서 대통령령이 정하는 전통시장 : 점포가 (   )개 이상인 전통시장

① 100　　　　② 300
③ 500　　　　④ 600

해설
대통령령이 정하는 전통시장 : 점포가 500개 이상인 전통시장(영 제41조)

45 소방기본법에 따른 소방력의 기준에 따라 관할 구역의 소방력을 확충하기 위하여 필요한 계획을 수립하여 시행해야 하는 자는?

① 소방서장
② 소방본부장
③ 시·도지사
④ 행정안전부장관

해설
소방력의 기준에 따라 관할 구역의 소방력을 확충하기 위하여 필요한 계획·수립권자(법 제8조) : 시·도지사

46 소방시설 설치 및 관리에 관한 법률에 따른 특정소방대상물의 수용인원의 산정방법 기준 중 틀린 것은?

① 침대가 있는 숙박시설의 경우는 해당 특정소방대상물의 종사자 수에 침대 수(2인용 침대는 2인으로 산정)를 합한 수
② 침대가 없는 숙박시설의 경우는 해당 특정소방대상물의 종사자 수에 숙박시설 바닥면적의 합계를 3[m²]로 나누어 얻은 수를 합한 수
③ 강의실 용도로 쓰이는 특정소방대상물의 경우는 해당 용도로 사용하는 바닥면적의 합계를 1.9[m²]로 나누어 얻은 수
④ 문화 및 집회시설의 경우는 해당 용도로 사용하는 바닥면적의 합계를 2.6[m²]로 나누어 얻은 수

해설
수용인원 산정방법(영 별표 7)
강당, 문화 및 집회시설, 운동시설, 종교시설은 해당 용도로 사용하는 바닥면적의 합계를 4.6[m²]로 나누어 얻은 수(관람석이 있는 경우 고정식 의자를 설치한 부분은 그 부분의 의자수로 하고, 긴 의자의 경우에는 의자의 정면 너비를 0.45[m]로 나누어 얻은 수)로 한다.

47 소방시설 설치 및 관리에 관한 법률에 따른 방염성능기준 이상의 실내장식물 등에 설치해야 하는 특정소방대상물의 기준 중 틀린 것은?

① 건축물의 옥내에 있는 시설로서 종교시설
② 층수가 11층 이상인 아파트
③ 의료시설 중 종합병원
④ 노유자시설

해설

층수가 11층 이상인 것은 방염성능기준 대상이나 아파트는 제외한다(영 제30조).

48 소방기본법에 따른 벌칙의 기준이 다른 것은?

① 소방서장은 사람을 구출하거나 불이 번지는 것을 막기 위하여 소방활동에 필요한 처분을 방해한 자 (강제처분)
② 소방활동 종사 명령에 따른 사람을 구출하는 일 또는 불을 끄거나 불이 번지지 않도록 하는 일을 방해한 사람
③ 정당한 사유 없이 소방용수시설 또는 비상소화장치의 효용을 해치거나 그 정당한 사용을 방해한 사람
④ 출동한 소방대의 소방장비를 파손하거나 그 효용을 해하여 화재진압·인명구조 또는 구급활동을 방해하는 행위를 한 사람

해설

벌칙 기준
• 3년 이하의 징역 또는 3,000만원의 벌금
 – 소방서장은 사람을 구출하거나 불이 번지는 것을 막기 위하여 소방활동에 필요한 처분을 방해한 자(강제처분)
• 5년 이하의 징역 또는 5,000만원 이하의 벌금
 – 소방활동 종사 명령에 따른 사람을 구출하는 일 또는 불을 끄거나 불이 번지지 않도록 하는 일을 방해한 사람
 – 정당한 사유 없이 소방용수시설 또는 비상소화장치의 효용을 해치거나 그 정당한 사용을 방해한 사람
 – 출동한 소방대의 소방장비를 파손하거나 그 효용을 해하여 화재진압·인명구조 또는 구급활동을 방해하는 행위를 한 사람

49 소방시설 설치 및 관리에 관한 법률에 따른 특정소방대상물 중 의료시설에 해당하지 않는 것은?

① 요양병원
② 마약진료소
③ 한방병원
④ 노인의료복지시설

해설

노인의료복지시설 : 노유자시설
※ 의료시설 : 요양병원, 한방병원, 마약진료소

50 소방시설 설치 및 관리에 관한 법률에 따른 임시소방시설 중 간이소화장치를 설치해야 하는 공사의 작업현장의 규모의 기준 중 다음 (   ) 안에 알맞은 것은?

• 연면적 (㉠)[m²] 이상
• 지하층, 무창층 또는 (㉡)층 이상의 층. 이 경우 해당 층의 바닥면적이 (㉢)[m²] 이상인 경우만 해당

① ㉠ 1,000, ㉡ 6, ㉢ 150
② ㉠ 1,000, ㉡ 6, ㉢ 600
③ ㉠ 3,000, ㉡ 4, ㉢ 150
④ ㉠ 3,000, ㉡ 4, ㉢ 600

해설

간이소화장치의 설치기준(영 별표 8)
• 연면적 3,000[m²] 이상
• 지하층, 무창층 또는 4층 이상의 층. 이 경우 해당 층의 바닥면적이 600[m²] 이상인 경우만 해당한다.

51 소방시설 설치 및 관리에 관한 법률에 따른 소방안전관리대상물의 관계인 및 소방안전관리자를 선임해야 하는 관계인은 작동점검이 끝난 날부터 며칠 이내에 소방시설 등 작동점검 실시결과 보고서를 소방본부장 또는 소방서장에게 보고해야 하는가?

① 7일　　　　　② 15일
③ 30일　　　　　④ 60일

해설
관계인은 자체점검이 끝난 날부터 15일 이내에 소방시설 등 자체점검 실시결과 보고서에 점검인력 배치확인서, 자체점검 결과 이행계획서를 첨부하여 소방본부장 또는 소방서장에게 보고해야 한다(규칙 제23조).

52 화재의 예방 및 안전관리에 관한 법률상 소방안전관리자를 선임해야 하는 소방대상물 중 관리의 권원이 분리된 특정소방대상물은 지하층을 제외한 몇 층 이상인 건축물만 해당되는가?

① 6층　　　　　② 11층
③ 20층　　　　　④ 30층

해설
관리의 권원이 분리된 특정소방대상물의 소방안전관리(법 제35조, 영 제35조)
• 복합건축물(지하층을 제외한 11층 이상 또는 연면적 30,000[m²] 이상인 건축물)
• 지하가(지하의 인공구조물 안에 설치된 상점 및 사무실, 그 밖에 이와 비슷한 시설이 연속하여 지하도에 접하여 설치된 것과 그 지하도를 합한 것을 말한다)
• 그 밖에 대통령령으로 정하는 특정소방대상물(판매시설 중 도매시장, 소매시장, 전통시장)

53 피난시설, 방화구획 또는 방화시설을 폐쇄 · 훼손 · 변경 등의 행위를 3차 이상 위반한 경우에 대한 과태료 부과기준으로 옳은 것은?

① 200만원　　　　② 300만원
③ 500만원　　　　④ 1,000만원

해설
과태료 부과기준(소방시설법 영 별표 10)

위반행위	근거 법조문	과태료 금액(만원)		
		1차 위반	2차 위반	3차 이상 위반
법 제16조 제1항을 위반하여 피난시설, 방화구획 또는 방화시설을 폐쇄 · 훼손 · 변경하는 등의 행위를 한 경우	법 제61조 제1항 제3호	100	200	300

54 소방시설 설치 및 관리에 관한 법률에 따른 성능위주설계를 할 수 있는 자의 설계범위 기준 중 틀린 것은?

① 연면적 30,000[m²] 이상인 특정소방대상물로서 공항시설

② 연면적 100,000[m²] 이상인 특정소방대상물(단, 아파트 등은 제외)

③ 지하층을 포함한 층수가 30층 이상인 특정소방대상물(단, 아파트 등은 제외)

④ 하나의 건축물에 영화상영관이 10개 이상인 특정소방대상물

해설

성능위주설계를 해야 하는 특정소방대상물의 범위(영 제9조)

• 연면적 200,000[m²] 이상인 특정소방대상물(단, 아파트 등은 제외)

• 50층 이상(지하층은 제외)이거나 지상으로부터 높이가 200[m] 이상인 아파트 등

• 30층 이상(지하층을 포함)이거나 지상으로부터 높이가 120[m] 이상인 특정소방대상물(아파트 등은 제외)

• 연면적 30,000[m²] 이상인 특정소방대상물로서 다음의 어느 하나에 해당하는 특정소방대상물

  – 철도 및 도시철도 시설

  – 공항시설

• 하나의 건축물에 영화상영관이 10개 이상인 특정소방대상물

• 지하연계 복합건축물에 해당하는 특정소방대상물

• 터널 중 수저터널 또는 길이가 5,000[m] 이상인 것

55 화재의 예방 및 안전관리에 관한 법률에 따른 화재예방강화지구의 관리 기준 중 다음 ( ) 안에 알맞은 것은?

> • 소방관서장은 화재예방강화지구 안의 소방대상물의 위치·구조 및 설비 등에 대한 화재안전조사를 (㉠)회 이상 실시해야 한다.
> • 소방관서장은 소방에 필요한 훈련 및 교육을 실시하려는 경우에는 화재예방강화지구 안의 관계인에게 훈련 또는 교육 (㉡)일 전까지 그 사실을 통보해야 한다.

① ㉠ 월 1, ㉡ 7

② ㉠ 월 1, ㉡ 10

③ ㉠ 연 1, ㉡ 7

④ ㉠ 연 1, ㉡ 10

해설

화재예방강화지구의 기준(영 제20조)

• 소방관서장(소방청장, 소방본부장 또는 소방서장)은 화재예방강화지구 안의 소방대상물의 위치·구조 및 설비 등에 대한 화재안전조사를 연 1회 이상 실시해야 한다.

• 소방관서장은 소방에 필요한 훈련 및 교육을 실시하려는 경우에는 화재예방강화지구 안의 관계인에게 훈련 또는 교육 10일 전까지 그 사실을 통보해야 한다.

56 화재의 예방 및 안전관리에 관한 법률상 용접 또는 용단 작업장에서 불꽃을 사용하는 용접·용단기구 사용에 있어서 작업장 주변 반경 몇 [m] 이내에 소화기를 갖추어야 하는가?(단, 산업안전보건법에 따른 안전조치의 적용을 받는 사업장의 경우는 제외한다)

① 1   ② 3

③ 5   ④ 7

해설

불꽃을 사용하는 용접·용단기구(영 별표 1)

• 용접 또는 용단 작업장 주변 반경 5[m] 이내에 소화기를 갖추어 둘 것

• 용접 또는 용단 작업장 주변 반경 10[m] 이내에는 가연물을 쌓아두거나 놓아두지 말 것. 다만, 가연물의 제거가 곤란하여 방화포 등으로 방호조치를 한 경우는 제외한다.

57 위험물안전관리법령에 따른 위험물제조소의 옥외에 있는 위험물취급탱크 용량이 100[m³] 및 180[m³]인 2개의 취급탱크 주위에 하나의 방유제를 설치하는 경우 방유제의 최소 용량은 몇 [m³]이어야 하는가?

① 100
② 140
③ 180
④ 280

해설

옥외에 있는 위험물취급탱크 방유제의 용량

방유제의 용량 = (최대용량 × 0.5) + (나머지 탱크용량 합계 × 0.1)
$$= (180[m^3] \times 0.5) + (100[m^3] \times 0.1)$$
$$= 100[m^3]$$

58 위험물안전관리법령에 따른 정기점검의 대상인 제조소 등의 기준 중 틀린 것은?

① 암반탱크저장소
② 지하탱크저장소
③ 이동탱크저장소
④ 지정수량의 150배 이상의 위험물을 저장하는 옥외탱크저장소

해설

정기점검의 대상인 제조소 등의 기준(영 제15조)
• 지정수량의 10배 이상의 위험물을 취급하는 제조소
• 지정수량의 100배 이상의 위험물을 저장하는 옥외저장소
• 지정수량의 150배 이상의 위험물을 저장하는 옥내저장소
• 지정수량의 200배 이상의 위험물을 저장하는 옥외탱크저장소
• 암반탱크저장소
• 이송취급소
• 지정수량의 10배 이상의 위험물을 취급하는 일반취급소(예외 생략)
• 지하탱크저장소
• 이동탱크저장소
• 위험물을 취급하는 탱크로서 지하에 매설된 탱크가 있는 제조소·주유취급소 또는 일반취급소

59 위험물안전관리법령에 따른 소화난이도등급 I 의 옥내탱크저장소에서 황만을 저장·취급할 경우 설치해야 하는 소화설비로 옳은 것은?

① 물분무소화설비
② 스프링클러설비
③ 포소화설비
④ 옥내소화전설비

해설

소화난이도등급 I 의 옥내탱크저장소에 설치해야 하는 소화설비 (규칙 별표 17)
• 황만을 저장·취급하는 것 : 물분무소화설비
• 인화점 70[℃] 이상의 제4류 위험물만을 저장·취급하는 것 : 물분무소화설비, 고정식 포소화설비, 이동식 이외의 불활성가스소화설비, 이동식 이외의 할로젠화합물소화설비 또는 이동식 이외의 분말소화설비
• 그 밖의 것 : 고정식 포소화설비, 이동식 이외의 불활성가스소화설비, 이동식 이외의 할로젠화합물소화설비 또는 이동식 이외의 분말소화설비

60 소방시설공사업법령에 따른 소방시설공사 중 특정소방대상물에 설치된 소방시설 등을 구성하는 것의 전부 또는 일부를 개설, 이전 또는 정비하는 공사의 착공신고를 하지 않을 수 있다. 해당되지 않는 것은?(단, 긴급으로 교체를 요할 때이다)

① 수신반
② 소화펌프
③ 동력(감시)제어반
④ 제연설비의 제연구역

해설

착공신고 대상(영 제4조) : 고장 또는 파손 등으로 인하여 작동시킬 수 없는 소방시설을 긴급히 교체하거나 보수해야 하는 경우에는 신고하지 않을 수 있다.
• 수신반(受信盤)
• 소화펌프
• 동력(감시)제어반

61 자동화재탐지설비의 감지기의 작동과 연동하는 분말소화설비 자동식 기동장치의 설치기준 중 다음 ( ) 안에 알맞은 것은?

- 전기식 기동장치로서 (㉠)병 이상의 저장용기를 동시에 개방하는 설비는 2병 이상의 저장용기에 전자개방밸브를 부착할 것
- 가스압력식 기동장치의 기동용 가스용기 및 해당 용기에 사용하는 밸브는 (㉡)[MPa] 이상의 압력에 견딜 수 있는 것으로 할 것

① ㉠ 3, ㉡ 2.5
② ㉠ 7, ㉡ 2.5
③ ㉠ 3, ㉡ 25
④ ㉠ 7, ㉡ 25

해설
분말소화설비의 자동식 기동장치의 설치기준
- 자동식 기동장치에는 수동으로도 기동할 수 있는 구조로 할 것
- 전기식 기동장치로서 7병 이상의 저장용기를 동시에 개방하는 설비는 2병 이상의 저장용기에 전자개방밸브를 부착할 것
- 가스압력식 기동장치는 다음의 기준에 따를 것
  - 기동용 가스용기 및 해당 용기에 사용하는 밸브는 25[MPa] 이상의 압력에 견딜 수 있는 것으로 할 것
  - 기동용 가스용기에는 내압시험압력의 0.8배부터 내압시험압력 이하에서 작동하는 안전장치를 설치할 것
  - 기동용 가스용기의 체적은 5[L] 이상으로 하고, 해당 용기에 저장하는 질소 등의 비활성기체는 6.0[MPa] 이상(21[℃] 기준)의 압력으로 충전할 것. 다만, 기동용 가스용기의 체적을 1[L] 이상으로 하고 해당용기에 저장하는 이산화탄소의 양은 0.6[kg] 이상으로 하며, 충전비는 1.5 이상 1.9 이하의 기동용 가스용기로 할 수 있다.

62 특별피난계단의 계단실 및 부속실 제연설비의 화재안전기술기준상 차압 등에 관한 기준 중 옳은 것은?

① 제연설비가 가동되었을 경우 출입문의 개방에 필요한 힘은 130[N] 이하로 해야 한다.
② 제연구역과 옥내와의 사이에 유지해야 하는 최소 차압은 40[Pa](옥내에 스프링클러설비가 설치된 경우에는 12.5[Pa]) 이상으로 해야 한다.
③ 피난을 위하여 제연구역의 출입문이 일시적으로 개방되는 경우 개방되지 않은 제연구역과 옥내와의 차압은 기준 차압의 60[%] 이상이어야 한다.
④ 계단실과 부속실을 동시에 제연하는 경우 부속실의 기압은 계단실과 같게 하거나 계단실의 기압보다 낮게 할 경우에는 부속실과 계단실의 압력 차이는 10[Pa] 이하가 되도록 해야 한다.

해설
차압 등에 관한 기준
㉠ 제연구역과 옥내와의 사이에 유지해야 하는 최소 차압은 40[Pa](옥내에 스프링클러설비가 설치된 경우에는 12.5[Pa]) 이상으로 해야 한다.
㉡ 제연설비가 가동되었을 경우 출입문의 개방에 필요한 힘은 110[N] 이하로 해야 한다.
㉢ 출입문이 일시적으로 개방되는 경우 개방되지 않은 제연구역과 옥내와의 차압은 ㉡의 기준에 불구하고 ㉠의 기준에 따른 차압의 70[%] 이상이어야 한다.
㉣ 계단실과 부속실을 동시에 제연하는 경우 부속실의 기압은 계단실과 같게 하거나 계단실의 기압보다 낮게 할 경우에는 부속실과 계단실의 압력 차이는 5[Pa] 이하가 되도록 해야 한다.

63 소화수조 및 저수조의 화재안전기술기준에 따라 소화용수설비에 설치하는 채수구의 설치기준 중 다음 ( ) 안에 알맞은 것은?

> 채수구는 지면으로부터의 높이가 (㉠)[m] 이상 (㉡)[m] 이하의 위치에 설치하고 "채수구"라고 표시한 표지를 할 것

① ㉠ 0.5 ㉡ 1.0
② ㉠ 0.5 ㉡ 1.5
③ ㉠ 0.8 ㉡ 1.0
④ ㉠ 0.8 ㉡ 1.5

해설
채수구의 설치위치 : 0.5[m] 이상 1.0[m] 이하

64 국소방출방식의 할론소화설비의 분사헤드 설치기준 중 다음 ( ) 안에 알맞은 것은?

> 분사헤드의 방출압력은 할론 2402를 방출하는 것은 (㉠)[MPa] 이상, 할론 2402를 방출하는 분사헤드는 해당 소화약제가 (㉡)으로 분무되는 것으로 해야 하며, 기준저장량의 소화약제를 (㉢)초 이내에 방출할 수 있는 것으로 할 것

① ㉠ 0.1, ㉡ 무상, ㉢ 10
② ㉠ 0.2, ㉡ 적상, ㉢ 10
③ ㉠ 0.1, ㉡ 무상, ㉢ 30
④ ㉠ 0.2, ㉡ 적상, ㉢ 30

해설
국소방출방식 할론소화설비의 분사헤드 기준
• 소화약제의 방출에 따라 가연물이 비산하지 않는 장소에 설치할 것
• 할론 2402를 방출하는 분사헤드는 해당 소화약제가 무상으로 분무되는 것으로 할 것
• 분사헤드의 방출압력은 할론 2402를 방출하는 것은 0.1[MPa] 이상, 할론 1211을 방출하는 것은 0.2[MPa] 이상, 할론 1301을 방출하는 것은 0.9[MPa] 이상으로 할 것
• 기준저장량의 소화약제를 10초 이내에 방출할 수 있는 것으로 할 것

65 특정소방대상물에 따라 적응하는 포소화설비의 설치기준 중 특수가연물을 저장·취급하는 공장 또는 창고에 적응성을 갖는 포소화설비가 아닌 것은?

① 포헤드설비
② 고정포방출설비
③ 압축공기포소화설비
④ 호스릴포소화설비

해설
특수가연물을 저장·취급하는 공장 또는 창고 : 포워터스프링클러설비·포헤드설비 또는 고정포방출설비, 압축공기포소화설비

66 송수구가 부설된 옥내소화전을 설치한 특정소방대상물로서 연결송수관설비의 방수구를 설치하지 않을 수 있는 층의 기준 중 다음 ( ) 안에 알맞은 것은?(단, 집회장·관람장·백화점·도매시장·소매시장·판매시설·공장·창고시설 또는 지하가를 제외한다)

> • 지하층을 제외한 층수가 (㉠)층 이하이고 연면적이 (㉡)[m²] 미만인 특정소방대상물의 지상층의 용도로 사용되는 층
> • 지하층의 층수가 (㉢) 이하인 특정 소방대상물의 지하층

① ㉠ 3, ㉡ 5,000, ㉢ 3
② ㉠ 4, ㉡ 6,000, ㉢ 2
③ ㉠ 5, ㉡ 3,000, ㉢ 3
④ ㉠ 6, ㉡ 4,000, ㉢ 2

해설
연결송수관설비의 방수구 설치 제외 대상
• 아파트의 1층 및 2층
• 소방차의 접근이 가능하고 소방대원이 소방차로부터 각 부분에 쉽게 도달할 수 있는 피난층
• 송수구가 부설된 옥내소화전을 설치한 특정소방대상물(집회장·관람장·백화점·도매시장·소매시장·판매시설·공장·창고시설 또는 지하가를 제외한다)로서 다음의 어느 하나에 해당하는 층
  – 지하층을 제외한 층수가 4층 이하이고 연면적이 6,000[m²] 미만인 특정소방대상물의 지상층
  – 지하층의 층수가 2 이하인 특정소방대상물의 지하층

67 스프링클러설비를 설치해야 할 특정소방대상물에 있어서 스프링클러헤드를 설치하지 않을 수 있는 기준 중 틀린 것은?

① 천장과 반자 양쪽이 불연재료로 되어 있고 천장과 반자 사이의 거리가 2.5[m] 미만인 부분

② 천장 및 반자가 불연재료 외의 것으로 되어 있고 천장과 반자 사이의 거리가 0.5[m] 미만인 부분

③ 천장·반자 중 한쪽이 불연재료로 되어 있고 천장과 반자 사이의 거리가 1[m] 미만인 부분

④ 현관 또는 로비 등으로서 바닥으로부터 높이가 20[m] 이상인 장소

해설

스프링클러설비헤드 설치 제외 대상
- 천장과 반자 양쪽이 불연재료로 되어 있는 경우로서 그 사이의 거리 및 구조가 다음의 어느 하나에 해당하는 부분
  - 천장과 반자 사이의 거리가 2[m] 미만인 부분
  - 천장과 반자 사이의 벽이 불연재료이고 천장과 반자 사이의 거리가 2[m] 이상으로서 그 사이에 가연물이 존재하지 않는 부분
- 천장·반자 중 한쪽이 불연재료로 되어있고 천장과 반자 사이의 거리가 1[m] 미만인 부분
- 천장 및 반자가 불연재료 외의 것으로 되어 있고 천장과 반자 사이의 거리가 0.5[m] 미만인 부분
- 현관 또는 로비 등으로서 바닥으로부터 높이가 20[m] 이상인 장소

68 미분무소화설비의 배관의 배수를 위한 기울기 기준 중 다음 (   ) 안에 알맞은 것은?(단, 배관의 구조상 기울기를 줄 수 없는 경우는 제외한다)

> 개방형 미분무소화설비에는 헤드를 향하여 상향으로 수평주행배관의 기울기를 (㉠) 이상, 가지배관의 기울기를 (㉡) 이상으로 할 것

① ㉠ $\dfrac{1}{100}$, ㉡ $\dfrac{1}{500}$

② ㉠ $\dfrac{1}{500}$, ㉡ $\dfrac{1}{100}$

③ ㉠ $\dfrac{1}{250}$, ㉡ $\dfrac{1}{500}$

④ ㉠ $\dfrac{1}{500}$, ㉡ $\dfrac{1}{250}$

해설

미분무설비 배관의 배수를 위한 기울기 기준 : 개방형 미분무소화설비에는 헤드를 향하여 상향으로 수평주행배관의 기울기를 1/500 이상, 가지배관의 기울기를 1/250 이상으로 할 것. 다만, 배관의 구조상 기울기를 줄 수 없는 경우에는 배수를 원활하게 할 수 있도록 배수밸브를 설치해야 한다.

69 할로겐화합물 및 불활성기체소화설비를 설치할 수 없는 장소의 기준 중 옳은 것은?(단, 소화성능이 인정되는 위험물은 제외한다)

① 제1류 위험물 및 제2류 위험물 사용

② 제2류 위험물 및 제4류 위험물 사용

③ 제3류 위험물 및 제5류 위험물 사용

④ 제4류 위험물 및 제6류 위험물 사용

해설

할로겐화합물 및 불활성기체소화설비를 설치할 수 없는 장소
- 사람이 상주하는 곳으로 최대허용 설계농도를 초과하는 장소
- 제3류 위험물 및 제5류 위험물을 저장·보관·사용하는 장소. 다만, 소화성능이 인정되는 위험물은 제외한다.

70 개방형 스프링클러헤드 30개를 설치하는 경우 급수관의 구경은 몇 [mm]로 해야 하는가?

① 65 ② 80

③ 90 ④ 100

해설
스프링클러헤드 수별 급수관의 구경

구 분 급수관의 구경	가	나	다
25	2	2	1
32	3	4	2
40	5	7	5
50	10	15	8
65	30	30	15
80	60	60	27
90	80	65	40
100	100	100	55
125	160	160	90
150	161 이상	161 이상	91 이상

※ 개방형 스프링클러헤드를 설치하는 경우 하나의 방수구역이 담당하는 헤드의 개수가 30개 이하일 때는 "다"란의 헤드 수에 의하고, 30개를 초과할 때는 수리계산 방법에 따를 것

71 분말소화설비의 분말소화약제 저장용기의 설치기준 중 옳은 것은?

① 저장용기에는 가압식은 최고사용압력의 0.8배 이하, 축압식은 용기의 내압시험 압력의 1.8배 이하의 압력에서 작동하는 안전밸브를 설치할 것

② 저장용기의 충전비는 0.8 이상으로 할 것

③ 저장용기 간의 간격은 점검에 지장이 없도록 5[cm] 이상의 간격을 유지할 것

④ 저장용기에는 저장용기의 내부압력이 설정압력으로 되었을 때 주밸브를 개방하는 압력조정기를 설치할 것

해설
분말소화약제의 저장용기 설치기준
• 저장용기의 충전비는 0.8 이상으로 할 것
• 저장용기에는 가압식은 최고사용압력의 1.8배 이하, 축압식은 용기의 내압시험압력의 0.8배 이하의 압력에서 작동하는 안전밸브를 설치할 것
• 저장용기 간의 간격은 점검에 지장이 없도록 3[cm] 이상의 간격을 유지할 것
• 저장용기에는 저장용기의 내부압력이 설정압력으로 되었을 때 주밸브를 개방하는 정압작동장치를 설치할 것

72 바닥면적이 1,300[m²]인 관람장에 소화기구를 설치할 경우 소화기구의 최소 능력단위는?(단, 주요구조부가 내화구조이고, 벽 및 반자의 실내와 면하는 부분이 불연재료로 된 특정소방대상물이다)

① 7단위 ② 13단위

③ 22단위 ④ 26단위

해설
특정소방대상물별 소화기구의 능력단위

특정소방대상물	소화기구의 능력단위
공연장·집회장·관람장·문화재·장례식장 및 의료시설	해당 용도의 바닥면적 50[m²]마다 능력단위 1단위 이상

[비고] 소화기구의 능력단위를 산출함에 있어서 건축물의 주요구조부가 내화구조이고, 벽 및 반자의 실내에 면하는 부분이 불연재료·준불연재료 또는 난연재료로 된 특정소방대상물에 있어서는 위 표의 바닥면적의 2배를 해당 특정소방대상물의 기준면적으로 한다.

$$\therefore \text{능력단위} = \frac{1,300[\text{m}^2]}{50[\text{m}^2] \times 2} = 13\text{단위}$$

73 특정소방대상물의 용도 및 장소별로 설치해야 할 인명구조기구 종류의 기준 중 다음 (   ) 안에 알맞은 것은?

특정소방대상물	인명구조기구의 종류
물분무 등 소화설비 중 ( )를 설치해야 하는 특정소방대상물	공기호흡기

① 이산화탄소소화설비

② 분말소화설비

③ 할론소화설비

④ 할로겐화합물 및 불활성기체소화설비

해설

특정소방대상물의 용도 및 장소별로 설치해야 할 인명구조기구

특정소방대상물	인명구조기구	설치 수량
물분무 등 소화설비 중 이산화탄소소화설비를 설치해야 하는 특정소방대상물	공기호흡기	이산화탄소소화설비가 설치된 장소의 출입구 외부 인근에 1개 이상 비치할 것

74 고압의 전기기기가 있는 장소에 있어서 전기의 절연을 위한 전기기기와 물분무헤드 사이의 최소 이격거리 기준 중 옳은 것은?

① 66[kV] 이하 – 60[cm] 이상

② 66[kV] 초과 77[kV] 이하 – 80[cm] 이상

③ 77[kV] 초과 110[kV] 이하 – 100[cm] 이상

④ 110[kV] 초과 154[kV] 이하 – 140[cm] 이상

해설

전기기기와 물분무헤드 사이의 거리

전압[kV]	거리[cm]
66 이하	70 이상
66 초과 77 이하	80 이상
77 초과 110 이하	110 이상
110 초과 154 이하	150 이상
154 초과 181 이하	180 이상
181 초과 220 이하	210 이상
220 초과 275 이하	260 이상

75 화재조기진압용 스프링클러설비헤드의 기준 중 다음 (   ) 안에 알맞은 것은?

헤드 하나의 방호면적은 (㉠)[m²] 이상 (㉡)[m²] 이하로 할 것

① ㉠ 2.4, ㉡ 3.7

② ㉠ 3.7, ㉡ 9.1

③ ㉠ 6.0, ㉡ 9.3

④ ㉠ 9.1, ㉡ 13.7

해설

헤드 하나의 방호면적은 6.0[m²] 이상 9.3[m²] 이하

76 옥내소화전설비 수원의 산출된 유효수량 외에 유효수량의 1/3 이상을 옥상에 설치하지 않을 수 있는 경우의 기준 중 다음 (　) 안에 알맞은 것은?

> • 수원이 건축물의 최상층에 설치된 (㉠)보다 높은 위치에 설치된 경우
> • 건축물의 높이가 지표면으로부터 (㉡)[m] 이하인 경우

① ㉠ 송수구, ㉡ 7
② ㉠ 방수구, ㉡ 7
③ ㉠ 송수구, ㉡ 10
④ ㉠ 방수구, ㉡ 10

해설
유효수량의 1/3 이상을 옥상에 설치하지 않을 수 있는 경우의 기준
• 지하층만 있는 건축물
• 고가수조를 가압송수장치로 설치한 경우
• 수원이 건축물의 최상층에 설치된 방수구보다 높은 위치에 설치된 경우
• 건축물의 높이가 지표면으로부터 10[m] 이하인 경우
• 주펌프와 동등 이상의 성능이 있는 별도의 펌프로서 내연기관의 기동과 연동하여 작동되거나 비상전원을 연결하여 설치한 경우
• 가압수조를 가압송수장치로 설치한 경우

77 다수인 피난장비 설치기준 중 틀린 것은?

① 사용 시에 보관실 외측 문이 먼저 열리고 탑승기가 외측으로 자동으로 전개될 것
② 보관실의 문은 상시 개방상태를 유지하도록 할 것
③ 하강 시에 탑승기가 건물 외벽이나 돌출물에 충돌하지 않도록 설치할 것
④ 피난층에는 해당 층에 설치된 피난기구가 착지에 지장이 없도록 충분한 공간을 확보할 것

해설
다수인 피난장비 설치기준
• 사용 시에 보관실 외측 문이 먼저 열리고 탑승기가 외측으로 자동으로 전개될 것
• 하강 시에 탑승기가 건물 외벽이나 돌출물에 충돌하지 않도록 설치할 것
• 보관실의 문에는 오작동 방지조치를 하고, 문 개방 시에는 해당 특정소방대상물에 설치된 경보설비와 연동하여 유효한 경보음을 발하도록 할 것
• 피난층에는 해당 층에 설치된 피난기구가 착지에 지장이 없도록 충분한 공간을 확보할 것

78 포소화설비의 배관 등의 설치기준 중 옳은 것은?

① 포워터스프링클러설비 또는 포헤드설비의 가지배관의 배열은 토너먼트 방식으로 한다.

② 송액관은 겸용으로 해야 한다. 다만, 포소화전의 기동장치의 조작과 동시에 다른 설비의 용도에 사용하는 배관의 송수를 차단할 수 있거나, 포소화설비의 성능에 지장이 없는 경우에는 전용으로 할 수 있다.

③ 송액관은 포의 방출 종료 후 배관 안의 액을 배출하기 위하여 적당한 기울기를 유지하도록 하고 그 낮은 부분에 배액밸브를 설치해야 한다.

④ 배관을 지하에 매설하는 경우에는 소방용 합성수지배관으로 설치할 수 없다.

해설

포소화설비의 배관 등의 설치기준

• 포워터스프링클러설비 또는 포헤드설비의 가지배관의 배열은 토너먼트 방식이 아니어야 하며, 교차배관에서 분기하는 지점을 기점으로 한쪽 가지배관에 설치하는 헤드의 수는 8개 이하로 한다.

• 송액관은 전용으로 해야 한다. 다만, 포소화전의 기동장치의 조작과 동시에 다른 설비의 용도에 사용하는 배관의 송수를 차단할 수 있거나, 포소화설비의 성능에 지장이 없는 경우에는 다른 설비와 겸용할 수 있다.

• 송액관은 포의 방출 종료 후 배관 안의 액을 배출하기 위하여 적당한 기울기를 유지하도록 하고 그 낮은 부분에 배액밸브를 설치해야 한다.

• 소방용 합성수지배관으로 설치할 수 있는 경우
  − 배관을 지하에 매설하는 경우
  − 다른 부분과 내화구조로 구획된 덕트 또는 피트의 내부에 설치하는 경우
  − 천장과 반자를 불연재료 또는 준불연재료로 설치하고 소화배관 내부에 항상 소화수가 채워진 상태로 설치한 경우

79 대형소화기에 충전하는 최소 소화약제의 기준 중 다음 (   ) 안에 알맞은 것은?

• 분말소화기 : (㉠)[kg] 이상
• 물소화기 : (㉡)[L] 이상
• 이산화탄소소화기 : (㉢)[kg] 이상

① ㉠ 30, ㉡ 80, ㉢ 50
② ㉠ 30, ㉡ 50, ㉢ 60
③ ㉠ 20, ㉡ 80, ㉢ 50
④ ㉠ 20, ㉡ 50, ㉢ 60

해설

대형소화기의 약제 기준

종 별	소화약제의 충전량
포	20[L]
강화액	60[L]
물	80[L]
분 말	20[kg]
할 론	30[kg]
이산화탄소	50[kg]

80 소화용수설비인 소화수조가 옥상 또는 옥탑 부근에 설치된 경우에는 지상에 설치된 채수구에서의 압력이 최소 몇 [MPa] 이상이 되어야 하는가?

① 0.8
② 0.13
③ 0.15
④ 0.25

해설

채수구의 압력 : 0.15[MPa] 이상

제1과목 소방원론

01 공기와 접촉되었을 때 위험도(H) 값이 가장 큰 것은?

① 에 터
② 수 소
③ 에틸렌
④ 뷰테인

해설

연소범위

종 류	하한계[%]	상한계[%]
에터($C_2H_5OC_2H_5$)	1.7	48.0
수소(H_2)	4.0	75.0
에틸렌(C_2H_4)	2.7	36.0
뷰테인(C_4H_{10})	1.8	8.4

위험도(H)

$$H = \frac{U - L}{L} = \frac{\text{폭발상한계} - \text{폭발하한계}}{\text{폭발하한계}}$$

• 에터 $H = \dfrac{48.0 - 1.7}{1.7} = 27.24$

• 수소 $H = \dfrac{75.0 - 4.0}{4.0} = 17.75$

• 에틸렌 $H = \dfrac{36.0 - 2.7}{2.7} = 12.33$

• 뷰테인 $H = \dfrac{8.4 - 1.8}{1.8} = 3.67$

02 연면적이 1,000[m²] 이상인 목조건축물은 그 외벽 및 처마 밑의 연소할 우려가 있는 부분을 방화구조로 해야 하는데 이때 연소할 우려가 있는 부분은? (단, 동일한 대지 안에 있는 2동 이상의 건물이 있는 경우이며, 공원·광장·하천의 공지나 수면 또는 내화구조의 벽 기타 이와 유사한 것에 접하는 부분을 제외한다)

① 상호의 외벽 간 중심선으로부터 1층은 3[m] 이내의 부분
② 상호의 외벽 간 중심선으로부터 2층은 7[m] 이내의 부분
③ 상호의 외벽 간 중심선으로부터 3층은 11[m] 이내의 부분
④ 상호의 외벽 간 중심선으로부터 4층은 13[m] 이내의 부분

해설

연소우려가 있는 부분(건피방 제22조)
"연소할 우려가 있는 부분"이라 함은 인접대지경계선·도로중심선 또는 동일한 대지 안에 있는 2동 이상의 건축물(연면적의 합계가 500[m²] 이하인 건축물은 이를 하나의 건축물로 본다) 상호의 외벽 간의 중심선으로부터 1층에 있어서는 3[m] 이내, 2층 이상에 있어서는 5[m] 이내의 거리에 있는 건축물의 각 부분을 말한다. 다만, 공원·광장·하천의 공지나 수면 또는 내화구조의 벽 기타 이와 유사한 것에 접하는 부분을 제외한다.

03 건축물의 피난층 외의 층에서는 피난층으로 통하는 직통계단에 이르는 보행거리가 몇 [m] 이하가 되도록 설치해야 하는가?

① 10
② 20
③ 30
④ 50

해설

건축물의 피난층 외의 층에는 피난층 또는 지상으로부터 직통계단(경사로 포함)을 거실의 각 부분으로부터 계단(거실로부터 가장 가까운 거리에 있는 1개소의 계단)에 이르는 보행거리가 30[m] 이하가 되도록 설치해야 한다(건축법 시행령 제34조).

04 제2류 위험물에 해당하지 않는 것은?

① 황   ② 황화인

③ 적 린   ④ 황 린

> **해설**
> 위험물

종 류	유 별
황	제2류 위험물
황화인	제2류 위험물
적 린	제2류 위험물
황 린	제3류 위험물

05 화재에 관련된 국제적인 규정을 제정하는 단체는?

① IMO(International Maritime Organization)

② SFPE(Society of Fire Protection Engineers)

③ NFPA(Nation Fire Protection Association)

④ ISO(International Organization for Standardization) TC 92

> **해설**
> ISO(International Organization for Standardization) TC 92
> : 산업 전반과 서비스에 관한 국제표준 제정 및 상품·서비스의
> 국가 간 교류를 원활하게 하고, 지식·과학기술의 글로벌 협력발
> 전을 도모하여 국제 표준화 및 관련 활동 증진을 목적으로 화재에
> 관련된 국제적인 규정을 제정하는 단체로서 1947년도에 설립된
> 비정부조직이다.

06 이산화탄소 소화약제의 임계온도로 옳은 것은?

① 24.4[℃]   ② 31.3[℃]

③ 56.4[℃]   ④ 78.2[℃]

> **해설**
> 이산화탄소의 임계온도 : 31.35[℃]

07 위험물안전관리법령상 위험물의 지정수량이 틀린 것은?

① 과산화나트륨 – 50[kg]

② 적린 – 100[kg]

③ 트라이나이트로톨루엔 – 100[kg]

④ 탄화알루미늄 – 400[kg]

> **해설**
> 지정수량

종 류	품 명	지정수량
과산화나트륨	제1류 위험물 무기과산화물	50[kg]
적 린	제2류 위험물	100[kg]
트라이나이트로톨루엔	제5류 위험물 나이트로화합물	100[kg]
탄화알루미늄	제3류 위험물 알루미늄의 탄화물	300[kg]

08 물질의 취급 또는 위험성에 대한 설명 중 틀린 것은?

① 융해열은 점화원이다.

② 질산은 물과 반응 시 발열반응하므로 주의를 해야 한다.

③ 네온, 이산화탄소, 질소는 불연성물질로 취급한다.

④ 암모니아를 충전하는 공업용 용기의 색상은 백색이다.

> **해설**
> 융해열, 기화열, 액화열은 점화원이 아니다.

09 인화점이 40[℃] 이하인 위험물을 저장, 취급하는 장소에 설치하는 전기설비는 방폭구조로 설치하는데, 용기의 내부에 기체를 압입하여 압력을 유지하도록 함으로써 폭발성가스가 침입하는 것을 방지하는 구조는?

① 압력 방폭구조
② 유입 방폭구조
③ 안전증 방폭구조
④ 본질안전 방폭구조

> 해설

압력 방폭구조 : 용기의 내부에 기체를 압입시켜 압력을 유지하도록 함으로써 폭발성가스가 침입하는 것을 방지하는 구조

10 화재의 분류 방법 중 유류화재를 나타낸 것은?

① A급 화재
② B급 화재
③ C급 화재
④ D급 화재

> 해설

화재의 분류

구 분	종 류	표시색
A급 화재	일반화재	백 색
B급 화재	유류화재	황 색
C급 화재	전기화재	청 색
D급 화재	금속화재	무 색

11 마그네슘의 화재에 주수하였을 때 물과 마그네슘의 반응으로 인하여 생성되는 가스는?

① 산 소
② 수 소
③ 일산화탄소
④ 이산화탄소

> 해설

마그네슘(Mg)이 물과 반응하면 가연성 가스인 수소를 발생한다.
$Mg + 2H_2O \rightarrow Mg(OH)_2 + H_2 \uparrow$

12 물의 기화열이 539.6[cal/g]인 것은 어떤 의미인가?

① 0[℃]의 물 1[g]이 얼음으로 변화하는 데 539.6[cal]의 열량이 필요하다.
② 0[℃]의 얼음 1[g]이 물로 변화하는 데 539.6[cal]의 열량이 필요하다.
③ 0[℃]의 물 1[g]이 100[℃]의 물로 변화하는 데 539.6[cal]의 열량이 필요하다.
④ 100[℃]의 물 1[g]이 수증기로 변화하는 데 539.6[cal]의 열량이 필요하다.

> 해설

물의 기화열이 539.6[cal/g]인 것은 100[℃]의 물 1[g]이 수증기로 변화하는 데 539.6[cal]의 열량이 필요하다는 의미이다.

13 방화구획의 설치기준 중 스프링클러 기타 이와 유사한 자동식소화설비를 설치한 10층 이하의 층은 몇 [m²] 이내마다 구획해야 하는가?

① 1,000
② 1,500
③ 2,000
④ 3,000

> 해설

방화구획의 설치기준(건피방 제14조)

구획의 종류		구획기준
면적별 구획	10층 이하	• 바닥면적 1,000[m²] • 자동식소화설비(스프링클러설비)설치 시 3,000[m²]
	11층 이상	• 바닥면적 200[m²] • 자동식소화설비(스프링클러설비)설치 시 600[m²] • 내장재가 불연재료의 경우 500[m²] • 내장재가 불연재료면서 자동식소화설비 (스프링클러설비)설치 시 1,500[m²]
층별 구획		매 층마다 구획(지하 1층에서 지상으로 직접 연결하는 경사로 부위는 제외)

14 불활성가스에 해당하는 것은?

① 수증기   ② 일산화탄소

③ 아르곤   ④ 아세틸렌

해설
불활성가스 : 헬륨(He), 네온(Ne), 아르곤(Ar) 등

15 이산화탄소의 질식 및 냉각효과에 대한 설명 중 틀린 것은?

① 이산화탄소의 증기비중이 산소보다 크기 때문에 가연물과 산소의 접촉을 방해한다.

② 액체 이산화탄소가 기화되는 과정에서 열을 흡수한다.

③ 이산화탄소는 불연성 가스로서 가연물의 연소반응을 방해한다.

④ 이산화탄소는 산소와 반응하며 이 과정에서 발생한 연소열을 흡수하므로 냉각효과를 나타낸다.

해설
이산화탄소는 산소와 반응하지 않으므로 소화약제로 사용한다.

16 분말소화약제 분말입도의 소화성능에 관한 설명으로 옳은 것은?

① 미세할수록 소화성능이 우수하다.

② 입도가 클수록 소화성능이 우수하다.

③ 입도와 소화성능과는 관련이 없다.

④ 입도가 너무 미세하거나 너무 커도 소화성능이 저하된다.

해설
분말입도가 너무 미세하거나 너무 커도 소화성능이 저하되므로 20~25[μm]의 크기로 골고루 분포되어 있어야 한다.

17 화재하중에 대한 설명 중 틀린 것은?

① 화재하중이 크면 단위면적당의 발열량이 크다.

② 화재하중이 크다는 것은 화재구획의 공간이 넓다는 것이다.

③ 화재하중이 같더라도 물질의 상태에 따라 가혹도는 달라진다.

④ 화재하중은 화재구획실 내의 가연물의 총량을 목재 중량당비로 환산하여 면적으로 나눈 수치이다.

해설
화재하중
- 정의 : 단위면적당 가연성 수용물의 양으로서 건물 화재 시 발열량 및 화재의 위험성을 나타내는 용어이고, 화재의 규모를 결정하는 데 사용된다.
- 화재하중 계산(Q)

$$Q = \frac{\sum(G_t \times H_t)}{H \times A} = \frac{Q_t}{4,500 \times A} [kg/m^2]$$

여기서, G_t : 가연물의 질량[kg]

         H_t : 가연물의 단위발열량[kcal/kg]

         H : 목재의 단위발열량(4,500[kcal/kg])

         A : 화재실의 바닥면적[m²]

         Q_t : 가연물의 전발열량[kcal]

18 분말소화약제 중 A, B, C급 화재에 모두 사용할 수 있는 것은?

① Na_2CO_3

② $NH_4H_2PO_4$

③ $KHCO_3$

④ $NaHCO_3$

해설
A, B, C급 화재(제3종 분말) : $NH_4H_2PO_4$(제일인산암모늄)

19 증기비중의 정의로 옳은 것은?(단, 분자, 분모의 단위는 모두 [g/mol]이다)

① $\dfrac{분자량}{22.4}$ ② $\dfrac{분자량}{29}$

③ $\dfrac{분자량}{44.8}$ ④ $\dfrac{분자량}{100}$

해설

증기비중 $= \dfrac{분자량}{29}$ (29 : 공기의 평균분자량)

증기밀도 $= \dfrac{분자량}{22.4[L]}$

20 탄화칼슘의 화재 시 물을 주수하였을 때 발생하는 가스로 옳은 것은?

① C_2H_2 ② H_2

③ O_2 ④ C_2H_6

해설

탄화칼슘이 물과 반응하면 수산화칼슘[$Ca(OH)_2$]과 아세틸렌 (C_2H_2) 가스를 발생한다.

$CaC_2 + 2H_2O \rightarrow Ca(OH)_2 + C_2H_2 \uparrow$

제2과목 소방유체역학

21 다음 중 열역학 제1법칙에 관한 설명으로 옳은 것은?

① 열은 그 자신만으로 저온에서 고온으로 이동할 수 없다.

② 일은 열로 변환시킬 수 있고 열은 일로 변환시킬 수 있다.

③ 사이클 과정에서 열이 모두 일로 변화할 수 없다.

④ 열평형상태에 있는 물체의 온도는 같다.

해설

열역학 제1법칙 : 일은 열로 변환시킬 수 있고 열은 일로 변환시킬 수 있다.

22 수은의 비중이 13.6일 때 수은의 비체적은 몇 [m^3/kg]인가?

① $\dfrac{1}{13.6}$ ② $\dfrac{1}{13.6} \times 10^{-3}$

③ 13.6   ④ 13.3×10^{-3}

해설

비체적(V_s)

$$V_s = \frac{1}{\rho} = \frac{1}{13,600[\text{kg/m}^3]} = \frac{1}{13.6} \times 10^{-3}[\text{m}^3/\text{kg}]$$

(비중이 13.6이면 밀도(ρ) = 13.6[g/cm^3] = 13,600[kg/m^3])

23 안지름 25[mm], 길이 10[m]의 수평 파이프를 통해 비중 0.8, 점성계수는 5×10^{-3}[kg/m·s]인 기름을 유량 0.2×10^{-3}[m³/s]로 수송하고자 할 때 필요한 펌프의 최소 동력은 약 몇 [W]인가?

① 0.21 ② 0.58
③ 0.77 ④ 0.81

해설

동력을 구하기 위하여

$[\text{kW}] = \dfrac{\gamma QH}{\eta} \times K$

• 기름의 비중량 $\gamma = 0.8 \times 9,800 [\text{N/m}^3]$
• 유량 $Q = 0.0002 [\text{m}^3/\text{s}]$
• 전양정(H)

$H = \dfrac{flu^2}{2gD}$

• 유속 $u = \dfrac{Q}{A} = \dfrac{0.0002[\text{m}^3/\text{s}]}{\dfrac{\pi}{4} \times (0.025[\text{m}])^2} \fallingdotseq 0.407[\text{m/s}]$

• 관마찰계수(f)를 구하기 위하여

$R_e = \dfrac{Du\rho}{\mu} = \dfrac{0.025[\text{m}] \times 0.407[\text{m/s}] \times 800[\text{kg/m}^3]}{0.005[\text{kg/m·s}]}$

$= 1,628(층류)$

$\therefore f = \dfrac{64}{Re} = \dfrac{64}{1,628} \fallingdotseq 0.039$

• 전양정 $H = \dfrac{flu^2}{2gD}$ 에서 중력가속도 $g = 9.8[\text{m/s}^2]$을 대입하면

$\therefore H = \dfrac{0.039 \times 10[\text{m}] \times (0.407[\text{m/s}])^2}{2 \times 9.8[\text{m/s}^2] \times 0.025[\text{m}]} \fallingdotseq 0.132[\text{m}]$

※ P(동력)[kW] $= \dfrac{\gamma QH}{\eta} \times K$

$= \dfrac{0.8 \times 9,800 \times 0.0002 \times 0.132}{1} \times 1$

$\fallingdotseq 0.21[\text{W}]$

※ 단위환산

$P = \dfrac{\dfrac{[\text{N}]}{[\text{m}^3]} \times \dfrac{[\text{m}^3]}{[\text{s}]} \times \dfrac{[\text{m}]}{1}}{1} \times 1$

$= [\text{N·m/s}]$

$= [\text{J/s}]$

$= [\text{W}]$

24 그림과 같은 U자관 차압 액주계에서 A와 B에 있는 유체는 물이고 그 중간에 유체는 수은(비중 13.6)이다. 또한 그림에서 $h_1 = 20$[cm], $h_2 = 30$[cm], $h_3 = 15$[cm]일 때 A의 압력(P_A)과 B의 압력(P_B)의 차이($P_A - P_B$)는 약 몇 [kPa]인가?

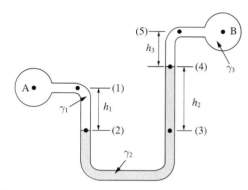

① 35.4 ② 39.5
③ 44.7 ④ 49.8

해설

$P_A - P_B = \gamma_2 h_2 + \gamma_3 h_3 - \gamma_1 h_1$

$= (13.6 \times 9.8[\text{kN/m}^3] \times 0.3[\text{m}]) + (1 \times 9.8[\text{kN/m}^3]$

$\times 0.15[\text{m}]) - (1 \times 9.8[\text{kN/m}^3] \times 0.2[\text{m}])$

$= 39.49[\text{kN/m}^2]$

$= 39.49[\text{kPa}]$

25 평균유속 2[m/s]로 50[L/s] 유량의 물로 흐르게 하는 데 필요한 관의 안지름은 약 몇 [mm]인가?

① 158 ② 168
③ 178 ④ 188

해설

안지름

$Q = uA = u \times \dfrac{\pi}{4}D^2 \qquad D = \sqrt{\dfrac{4Q}{\pi u}}$

$D = \sqrt{\dfrac{4Q}{\pi u}} = \sqrt{\dfrac{4 \times 50 \times 10^{-3}[\text{m}^3/\text{s}]}{\pi \times 2[\text{m/s}]}} = 0.17846[\text{m}]$

$= 178.46[\text{mm}]$

26 30[℃]에서 부피가 10[L]인 이상기체를 일정한 압력으로 0[℃]로 냉각시키면 부피는 약 몇 [L]로 변하는가?

① 3   ② 9

③ 12   ④ 18

샤를의 법칙을 적용하면

$$V_2 = V_1 \times \frac{T_2}{T_1}$$

$$= 10[\text{L}] \times \frac{(273+0)[\text{K}]}{(273+30)[\text{K}]} \fallingdotseq 9[\text{L}]$$

27 이상적인 카르노사이클의 과정인 단열압축과 등온압축의 엔트로피 변화에 관한 설명으로 옳은 것은?

① 등온압축의 경우 엔트로피 변화는 없고, 단열압축의 경우 엔트로피 변화는 감소한다.

② 등온압축의 경우 엔트로피 변화는 없고, 단열압축의 경우 엔트로피 변화는 증가한다.

③ 단열압축의 경우 엔트로피 변화는 없고, 등온압축의 경우 엔트로피 변화는 감소한다.

④ 단열압축의 경우 엔트로피 변화는 없고, 등온압축의 경우 엔트로피 변화는 증가한다.

이상적인 카르노사이클의 과정 : 단열압축의 경우 엔트로피 변화는 없고 등온압축의 경우 엔트로피 변화는 감소한다.

28 그림에서 물 탱크차가 받는 추력은 약 몇 [N]인가?(단, 노즐의 단면적은 0.03[m²]이며 탱크 내의 계기압력은 40[kPa]이다. 또한 노즐에서 마찰손실은 무시한다)

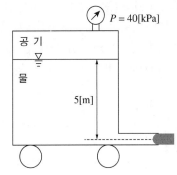

① 812   ② 1,489

③ 2,709   ④ 5,340

베르누이 방정식을 적용하면

$$\frac{P_1}{\gamma} + \frac{u_1^2}{2g} + Z_1 = \frac{P_2}{\gamma} + \frac{u_2^2}{2g} + Z_2$$

$$\frac{40 \times 10^3 [\text{N/m}^3]}{9,800 [\text{N/m}^3]} + 0 + 5[\text{m}] = 0 + \frac{u_2^2}{2 \times 9.8 [\text{m/s}^2]} + 0$$

$$9.082 \fallingdotseq \frac{u_2^2}{2 \times 9.8}$$

노즐의 출구속도

$$u_2 = \sqrt{2 \times 9.8 \times 9.082} \fallingdotseq 13.342[\text{m/s}]$$

유량

$$Q = Au = 0.03[\text{m}^2] \times 13.342[\text{m/s}] \fallingdotseq 0.4[\text{m}^3/\text{s}]$$

∴ 추력

$$F = Qpu = 0.4[\text{m}^3/\text{s}] \times 1,000[\text{N} \cdot \text{s}^2/\text{m}^4] \times 13.342[\text{m/s}]$$

$$= 5,337[\text{N}]$$

※ 단위환산

$$F = \frac{[\text{m}^3]}{[\text{s}]} \times \frac{[\text{N} \cdot \text{s}^2]}{[\text{m}^4]} \times \frac{[\text{m}]}{[\text{s}]}$$

$$= [\text{N}]$$

29 비중이 0.877인 기름이 단면적이 변하는 원관을 흐르고 있으며 체적유량은 0.146[m³/s]이다. A점에서는 안지름이 150[mm], 압력이 91[kPa]이고, B점에서는 안지름이 450[mm], 압력이 60.3[kPa]이다. 또한 B점은 A점보다 3.66[m] 높은 곳에 위치한다. 기름이 A점에서 B점까지 흐르는 동안의 손실수두는 약 몇 [m]인가?(단, 물의 비중량은 9,810[N/m³]이다)

① 3.3　　　　　② 7.2

③ 10.7　　　　④ 14.1

해설

베르누이 방정식을 적용하여 손실수두를 계산한다.

$$\frac{P_A}{\gamma} + \frac{u_A^2}{2g} + Z_A = \frac{P_B}{\gamma} + \frac{u_B^2}{2g} + Z_B + h_L$$

• 물의 비중량 $\gamma = 9,810[\text{N/m}^3]$
• 기름 비중이 0.8770이므로 기름의 비중량
$\gamma = s\gamma_w = 0.877 \times 9,810[\text{N/m}^3] = 8,603.37[\text{N/m}^3]$

유량(Q)

$$Q = uA = u \times \left(\frac{\pi}{4} \times d^2\right)$$

• A점의 유속 $u_A = \dfrac{0.146[\text{m}^3/\text{s}]}{\dfrac{\pi}{4} \times (0.15[\text{m}])^2} = 8.262[\text{m/s}]$

• B점의 유속 $u_B = \dfrac{0.146[\text{m}^3/\text{s}]}{\dfrac{\pi}{4} \times (0.45[\text{m}])^2} = 0.918[\text{m/s}]$

• 위치수두 $Z_B - Z_A = 3.66[\text{m}]$

압력 $P_A = 91[\text{kPa}] = 91,000[\text{N/m}^2]$
$\quad\quad P_B = 60.3[\text{kPa}] = 60,300[\text{N/m}^2]$

$$\frac{91,000[\text{N/m}^2]}{8,603.37[\text{N/m}^3]} + \frac{(8.262[\text{m/s}])^2}{2 \times 9.8[\text{m/s}^2]}$$
$$= \frac{60,300[\text{N/m}^2]}{8,603.37[\text{N/m}^3]} + \frac{(0.918[\text{m/s}])^2}{2 \times 9.8[\text{m/s}^2]} + 3.66 + h_L$$

∴ 손실수두

$$h_L = \left(\frac{91,000[\text{N/m}^2]}{8,603.37[\text{N/m}^3]} + \frac{(8.262[\text{m/s}])^2}{2 \times 9.8[\text{m/s}^2]}\right)$$
$$- \left(\frac{60,300[\text{N/m}^2]}{8,603.37[\text{N/m}^3]} + \frac{(0.918[\text{m/s}])^2}{2 \times 9.8[\text{m/s}^2]}\right) - 3.66$$
$$= 3.34[\text{m}]$$

30 그림과 같이 피스톤의 지름이 각각 25[cm]와 5[cm]이다. 작은 피스톤을 화살표 방향으로 20[cm]만큼 움직일 경우 큰 피스톤이 움직이는 거리는 약 몇 [mm]인가?(단, 누설은 없고 비압축성이라고 가정한다)

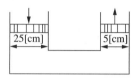

① 2　　　　　② 4

③ 8　　　　　④ 10

해설

큰 피스톤이 움직인 거리 s_1, 작은 피스톤이 움직인 거리 s_2라 하면

$$A_1 s_1 = A_2 s_2$$

$$\therefore s_1 = s_2 \times \frac{A_2}{A_1} = 20[\text{cm}] \times \frac{\dfrac{\pi}{4}(5[\text{cm}])^2}{\dfrac{\pi}{4}(25[\text{cm}])^2}$$
$$= 0.8[\text{cm}] = 8[\text{mm}]$$

31 스프링클러헤드의 방수압이 4배가 되면 방수량은 몇 배가 되는가?

① $\sqrt{2}$ 배　　　② 2배

③ 4배　　　　　④ 8배

해설

방수량
$$Q = k\sqrt{P}$$
$$= \sqrt{4}$$
$$= 2$$

32 다음 중 표준대기압인 1기압에 가장 가까운 것은?

① 860[mmHg]

② 10.33[mAq]

③ 101.325[bar]

④ 1.0332[kg_f/m²]

표준대기압

$$1[\text{atm}] = 760[\text{mmHg}]$$
$$= 760[\text{cmHg}]$$
$$= 29.92[\text{inHg}](\text{수은주 높이})$$
$$= 1,033.2[\text{cmH}_2\text{O}]$$
$$= 10.332[\text{mH}_2\text{O}](\text{mAq})(\text{물기둥의 높이})$$
$$= 1.0332[\text{kg}_f/\text{cm}^2]$$
$$= 10,332[\text{kg}_f/\text{m}^2]$$
$$= 1.013[\text{bar}]$$
$$= 101,325[\text{Pa} = \text{N/m}^2]$$
$$= 101.325[\text{kPa} = \text{kN/m}^2]$$
$$= 0.101325[\text{MPa} = \text{MN/m}^2]$$

33 안지름 10[cm]의 관로에서 마찰손실수두가 속도수두와 같다면 그 관로의 길이는 약 몇 [m]인가? (단, 관마찰계수는 0.03이다)

① 1.58　　② 2.54

③ 3.33　　④ 4.52

관로의 길이

$H = \dfrac{f l u^2}{2g D}$ 에서 마찰손실수두(H)와 속도수두$\left(\dfrac{u^2}{2g}\right)$는 같다.

$\therefore \ l = \dfrac{D}{f} = \dfrac{0.1[\text{m}]}{0.03} \fallingdotseq 3.33[\text{m}]$

34 원심식 송풍기에서 회전수를 변화시킬 때 동력변화를 구하는 식으로 옳은 것은?(단, 변화 전후의 회전수는 각각 N_1, N_2, 동력은 L_1, L_2이다)

① $L_2 = L_1 \times \left(\dfrac{N_1}{N_2}\right)^3$

② $L_2 = L_1 \times \left(\dfrac{N_1}{N_2}\right)^2$

③ $L_2 = L_1 \times \left(\dfrac{N_2}{N_1}\right)^3$

④ $L_2 = L_1 \times \left(\dfrac{N_2}{N_1}\right)^2$

펌프의 상사법칙

• 유량　$Q_2 = Q_1 \times \dfrac{N_2}{N_1} \times \left(\dfrac{D_2}{D_1}\right)^3$

• 전양정(수두)　$H_2 = H_1 \times \left(\dfrac{N_2}{N_1}\right)^2 \times \left(\dfrac{D_2}{D_1}\right)^2$

• 동력　$L_2 = L_1 \times \left(\dfrac{N_2}{N_1}\right)^3 \times \left(\dfrac{D_2}{D_1}\right)^5$

　여기서, N : 회전수[rpm]
　　　　　D : 내경[mm]

35 그림과 같은 1/4 원형의 수문 AB가 받는 수평성분 힘(F_H)과 수직성분 힘(F_V)은 각각 약 몇 [kN]인가?(단, 수문의 반지름은 2[m]이고, 폭은 3[m]이다)

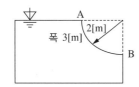

① $F_H = 24.4$, $F_V = 46.2$

② $F_H = 24.4$, $F_V = 92.4$

③ $F_H = 58.8$, $F_V = 46.2$

④ $F_H = 58.8$, $F_V = 92.4$

해설
수평성분과 수직성분을 구하면
• 수평성분 F_H는 곡면 AB의 수평투영면적에 작용하는 힘과 같다.

$$F_H = \gamma \bar{h} A = 9,800[\text{N/m}^3] \times 1[\text{m}] \times (2 \times 3)[\text{m}^2]$$
$$= 58,800[\text{N}]$$
$$= 58.8[\text{kN}]$$

• 수직성분 F_V는 AB 위에 있는 가상의 물 무게와 같다.

$$F_V = \gamma V = 9,800[\text{N/m}^3] \times \left(\frac{\pi \times 2^2}{4} \times 3[\text{m}] \right)$$
$$\fallingdotseq 92,362[\text{N}] \fallingdotseq 92.4[\text{kN}]$$

해설
동력

$$P[\text{kW}] = \frac{\gamma \, QH}{\eta} \times K$$

• 비중량 $\gamma = 9,800[\text{N/m}^3]$
• 유량 $Q = 1[\text{m}^3/\text{min}] = 1/60[\text{m}^3/\text{s}] \fallingdotseq 0.0167[\text{m}^3/\text{s}]$
• 전양정(H) = 2[m] + 15[m] + 6[m] = 23[m]

$$\therefore \ P[\text{kW}] = \frac{\gamma \, QH}{\eta} \times K = \frac{9,800 \times 0.0167 \times 23}{1}$$
$$= 3,764.2[\text{W}]$$

※ 단위환산

$$P = \frac{\frac{[\text{N}]}{[\text{m}^3]} \times \frac{[\text{m}^3]}{[\text{s}]} \times \frac{[\text{m}]}{1}}{1}$$
$$= \frac{[\text{N} \cdot \text{m}]}{[\text{s}]}$$
$$= \frac{[\text{J}]}{[\text{s}]} = [\text{W}]$$

36 펌프 중심선으로부터 2[m] 아래에 있는 물을 펌프 중심으로부터 15[m] 위에 있는 송출 수면으로 양수하려 한다. 관로의 전손실수두가 6[m]이고, 송출수량이 1[m³/min]라면 필요한 펌프의 동력은 약 몇 [W]인가?

① 2,777   ② 3,103

③ 3,430   ④ 3,766

37 일반적인 배관 시스템에서 발생되는 손실을 주손실과 부차적손실로 구분할 때 다음 중 주손실에 속하는 것은?

① 직관에서 발생하는 마찰손실

② 파이프 입구와 출구에서의 손실

③ 단면의 확대 및 축소에 의한 손실

④ 배관부품(엘보, 리턴밴드, 티, 리듀서, 유니언, 밸브 등)에서 발생하는 손실

해설
관 마찰손실
• 주손실 : 관로마찰에 의한 손실
• 부차적손실 : 급격한 확대, 축소, 관부속품에 의한 손실

38 온도차이 20[℃], 열전도율 5[W/m · K], 두께 20 [cm]인 벽을 통한 열유속(Heat Flux)과 온도차이 40[℃], 열전도율 10[W/m · K], 두께 t[cm]인 같은 면적을 가진 벽을 통한 열유속이 같다면 두께 t는 약 몇 [cm]인가?

① 10　　　　　② 20

③ 40　　　　　④ 80

해설

열전달률(Q)

$$Q = \frac{\lambda}{l} A \Delta t$$

여기서, λ : 열전도율[W/m · K]

l : 두께[m]

A : 면 적

Δt : 온도[K]

$$\therefore \frac{5[\text{W/m · K}]}{20[\text{cm}]} \times 20[℃] = \frac{10[\text{W/m · K}]}{x} \times 40[℃]$$

$x = 80[\text{cm}]$

39 낙구식 점도계는 어떤 법칙을 이론적 근거로 하는가?

① Stokes의 법칙

② 열역학 제1법칙

③ Hagen–Poiseuille의 법칙

④ Boyle의 법칙

해설

점성계수 측정

• 맥마이클(MacMichael)점도계, 스토머(Stormer) 점도계 : 뉴턴(Newton)의 점성법칙

• 오스트발트(Ostwald)점도계, 세이볼트(Saybolt) 점도계 : 하겐–포아젤 법칙

• 낙구식 점도계 : 스토크스 법칙

40 지면으로부터 4[m]의 높이에 설치된 수평관 내로 물이 4[m/s]로 흐르고 있다. 물의 압력이 78.4 [kPa]인 관 내의 한 점에서 전수두는 지면을 기준으로 약 몇 [m]인가?

① 4.76　　　　② 6.24

③ 8.82　　　　④ 12.81

해설

전수두(H)

$$H = \frac{u^2}{2g} + \frac{P}{\gamma} + Z$$

• 속도수두 $= \dfrac{u^2}{2g} = \dfrac{(4[\text{m/s}])^2}{2 \times 9.8[\text{m/s}^2]} \fallingdotseq 0.816[\text{m}]$

• 압력수두 $= \dfrac{P}{\gamma} = \dfrac{78.4 \times 10^3 [\text{N/m}^2]}{9,800[\text{N/m}^3]} = 8[\text{m}]$

• 위치수두 $= Z = 4[\text{m}]$

∴ 전수두 $= 0.816[\text{m}] + 8[\text{m}] + 4[\text{m}] = 12.816[\text{m}]$

41 화재의 예방 및 안전관리에 관한 법률상 소방관서 장은 소방에 필요한 훈련 및 교육을 실시하려는 경우에는 화재예방강화지구 안의 관계인에게 훈련 및 교육 며칠 전까지 그 사실을 통보해야 하는가?

① 5
② 7
③ 10
④ 14

해설

소방관서장(소방청장, 소방본부장 또는 소방서장)은 소방에 필요한 훈련 및 교육을 실시하려는 경우에는 화재예방강화지구 안의 관계인에게 훈련 또는 교육 10일 전까지 그 사실을 통보해야 한다(영 제20조).

42 특정소방대상물의 관계인이 소방안전관리자를 해임한 경우 재선임을 해야 하는 기준은?(단, 해임한 날부터 기준일로 한다)

① 10일 이내
② 20일 이내
③ 30일 이내
④ 40일 이내

해설

소방안전관리자
• 해임신고 : 의무사항이 아니다.
• 재선임기간 : 해임 또는 퇴직, 근무를 종료한 날부터 30일 이내
• 선임신고 : 선임한 날부터 14일 이내
• 누구에게 : 소방본부장 또는 소방서장

43 소방용수시설 중 소화전과 급수탑의 설치기준으로 틀린 것은?

① 급수탑 급수배관의 구경은 100[mm] 이상으로 할 것
② 소화전은 상수도와 연결하여 지하식 또는 지상식의 구조로 할 것
③ 소방용호스와 연결하는 소화전의 연결금속구의 구경은 65[mm]로 할 것
④ 급수탑의 개폐밸브는 지상에서 1.5[m] 이상 1.8[m] 이하의 위치에 설치할 것

해설

급수탑의 개폐밸브(소방기본법 규칙 별표 3) : 지상 1.5[m] 이상 1.7[m] 이하에 설치

44 경유의 저장량이 2,000[L], 중유의 저장량이 4,000 [L], 등유의 저장량이 2,000[L]인 저장소에 있어서 지정수량의 배수는?

① 동 일
② 6배
③ 3배
④ 2배

해설

제4류 위험물의 지정수량

항 목 \ 종 류	경 유	중 유	등 유
품 명	제2석유류 (비수용성)	제3석유류 (비수용성)	제2석유류 (비수용성)
지정수량	1,000[L]	2,000[L]	1,000[L]

$$지정수량의 \ 배수 = \frac{저장량}{지정수량} + \frac{저장량}{지정수량} + \cdots$$
$$= \frac{2,000[L]}{1,000[L]} + \frac{4,000[L]}{2,000[L]} + \frac{2,000[L]}{1,000[L]}$$
$$= 6배$$

45 소방기본법상 명령권자가 소방본부장, 소방서장 또는 소방대장에게 있는 사항은?

① 소방활동을 할 때에 긴급한 경우에는 이웃한 소방본부장 또는 소방서장에게 소방업무의 응원을 요청할 수 있다.

② 화재, 재난·재해, 그 밖의 위급한 상황이 발생한 현장에서 소방활동을 위하여 필요할 때에는 그 관할 구역에 사는 사람 또는 그 현장에 있는 사람으로 하여금 사람을 구출하는 일 또는 불을 끄거나 불이 번지지 않도록 하는 일을 하게 할 수 있다.

③ 공공의 안녕 질서유지 또는 복리증진을 위하여 산불에 대한 예방·진압 등 지원활동을 하게 할 수 있다.

④ 화재, 재난·재해, 그 밖의 위급한 상황이 발생하였을 때에는 소방대를 현장에 신속하게 출동시켜 화재진압과 인명구조·구급 등 소방에 필요한 활동(소방활동)을 하게 해야 한다.

해설
- ①(법 제11조)은 소방본부장 또는 소방서장의 업무이다.
- ③(법 제16조의 2), ④(법 제16조)는 소방청장, 소방본부장, 소방서장의 업무이다.

소방본부장, 소방서장, 소방대장의 업무(법 제24조)
소방본부장, 소방서장 또는 소방대장은 화재, 재난·재해, 그 밖의 위급한 상황이 발생한 현장에서 소방활동을 위하여 필요할 때에는 그 관할 구역에 사는 사람 또는 그 현장에 있는 사람으로 하여금 사람을 구출하는 일 또는 불을 끄거나 불이 번지지 않도록 하는 일을 하게 할 수 있다.

46 화재가 발생하는 경우 인명 또는 재산의 피해가 클 것으로 예상되는 때 소방대상물의 개수·이전·제거, 사용금지 등의 필요한 조치를 명할 수 있는 자는?

① 시·도지사
② 의용소방대장
③ 기초자치단체장
④ 소방본부장 또는 소방서장

해설
소방대상물의 개수명령권자(화재예방법 제14조) : 소방관서장(소방청장, 소방본부장 또는 소방서장)

47 화재의 예방 및 안전관리에 관한 법률상 보일러, 난로, 건조설비, 가스·전기시설, 그 밖에 화재 발생 우려가 있는 설비 또는 기구 등의 위치·구조 및 관리와 화재 예방을 위하여 불을 사용할 때 지켜야 하는 사항은 무엇으로 정하는가?

① 총리령
② 대통령령
③ 시·도의 조례
④ 행정안전부령

해설
보일러, 난로, 건조설비, 가스·전기시설, 그 밖에 화재 발생 우려가 있는 설비 또는 기구 등의 위치·구조 및 관리와 화재 예방을 위하여 불을 사용할 때 지켜야 하는 사항은 대통령령으로 정한다.

48 아파트로 층수가 20층인 특정소방대상물에서 스프링클러설비를 해야 하는 층수는?(단, 아파트는 신축을 실시하는 경우이다)

① 전 층
② 15층 이상
③ 11층 이상
④ 6층 이상

해설
스프링클러설비 설치 대상 : 6층 이상인 특정소방대상물의 경우에는 모든 층

49 소방기본법령상 소방본부의 종합상황실 실장이 소방청의 종합상황실에 서면·팩스 또는 컴퓨터통신 등으로 보고해야 하는 화재의 기준에 해당되지 않는 것은?

① 항구에 매어둔 총 톤수가 1,000[t] 이상인 선박에 발생한 화재
② 연면적 15,000[m²] 이상인 공장 또는 화재예방강화지구에서 발생한 화재
③ 지정수량의 1,000배 이상의 위험물의 제조소·저장소·취급소에서 발생한 화재
④ 5층 이상이거나 병상이 30개 이상인 종합병원·정신병원·한방병원·요양소에서 발생한 화재

해설
소방본부 종합상황실 보고상황(규칙 제3조)
• 사망자가 5인 이상 발생하거나 사상자가 10인 이상 발생한 화재
• 이재민이 100인 이상 발생한 화재
• 재산피해액이 50억원 이상 발생한 화재
• 관공서·학교·정부미도정공장·국가유산(문화재)·지하철 또는 지하구의 화재
• 관광호텔, 층수가 11층 이상인 건축물, 지하상가, 시장, 백화점, 지정수량의 3,000배 이상의 위험물의 제조소·저장소·취급소, 층수가 5층 이상이거나 객실이 30실 이상인 숙박시설, 층수가 5층 이상이거나 병상이 30개 이상인 종합병원·정신병원·한방병원·요양소, 연면적 15,000[m²] 이상인 공장 또는 화재예방강화지구에서 발생한 화재
• 철도차량, 항구에 매어둔 총 톤수가 1,000[t] 이상인 선박, 항공기, 발전소 또는 변전소에서 발생한 화재
• 가스 및 화약류의 폭발에 의한 화재
• 다중이용업소의 화재
• 언론에 보도된 재난상황

50 소방시설 설치 및 관리에 관한 법률상 소방시설 등에 대한 자체점검을 하지 않거나 관리업자 등으로 하여금 정기적으로 점검하게 하지 않은 자에 대한 벌칙기준으로 옳은 것은?

① 1년 이하의 징역 또는 1,000만원 이하의 벌금
② 3년 이하의 징역 또는 1,500만원 이하의 벌금
③ 3년 이하의 징역 또는 3,000만원 이하의 벌금
④ 6개월 이하의 징역 또는 1,000만원 이하의 벌금

해설
1년 이하의 징역 또는 1,000만원 이하의 벌금
• 관리업의 등록증이나 등록수첩을 다른 자에게 빌려주거나 빌리거나 이를 알선한 자
• 영업정지처분을 받고 그 영업정지기간 중에 관리업의 업무를 한 자
• 소방시설 등에 대한 자체점검을 하지 않거나 관리업자 등으로 하여금 정기적으로 점검하게 하지 않은 자
• 소방시설관리사증을 다른 자에게 빌려주거나 빌리거나 이를 알선한 자
• 동시에 둘 이상의 업체에 취업한 자

51 화재의 예방 및 안전관리에 관한 법률상 특수가연물의 저장·취급기준 중 석탄·목탄류를 발전용 외의 것으로 저장하는 경우 쌓는 부분의 바닥면적은 몇 [m²] 이하인가?(단, 살수설비를 설치하거나 방사능력 범위에 해당 특수가연물이 포함되도록 대형수동식소화기를 설치하는 경우이다)

① 200 　　　　　② 250

③ 300 　　　　　④ 350

해설
특수가연물의 저장 및 취급기준(영 별표 3)
다음의 기준에 따라 쌓아 저장해야 한다. 다만, 석탄·목탄류를 발전(發電)용으로 저장하는 경우에는 제외한다.
• 품명별로 구분하여 쌓을 것
• 특수가연물을 쌓아 저장하는 기준

구 분	살수설비를 설치하거나 방사능력 범위에 해당 특수가연물이 포함되도록 대형수동식소화기를 설치하는 경우	그 밖의 경우
높 이	15[m] 이하	10[m] 이하
쌓는 부분의 바닥면적	200[m²] (석탄·목탄류의 경우에는 300[m²]) 이하	50[m²] (석탄·목탄류의 경우에는 200[m²]) 이하

52 제3류 위험물 중 금수성 물품에 적응성이 있는 소화약제는?

① 물
② 강화액
③ 팽창질석
④ 인산염류 분말

해설
금수성 물품의 소화약제 : 마른모래, 팽창질석, 팽창진주암

53 화재의 예방 및 안전관리에 관한 법률상 화재안전조사위원회의 위원에 해당하지 않는 사람은?

① 소방기술사
② 소방시설관리사
③ 소방 관련 분야의 석사 이상 학위를 취득한 사람
④ 소방 관련 법인 또는 단체에서 소방 관련 업무에 3년 이상 종사한 사람

해설
화재안전조사위원회의 위원(영 제11조)
• 과장급 직위 이상의 소방공무원
• 소방기술사
• 소방시설관리사
• 소방 관련 분야의 석사 이상 학위를 취득한 사람
• 소방 관련 법인 또는 단체에서 소방 관련 업무에 5년 이상 종사한 사람
• 소방공무원 교육훈련기관, 학교 또는 연구소에서 소방과 관련한 교육 또는 연구에 5년 이상 종사한 사람

54 화재안전조사 결과에 따른 조치명령으로 손실을 입어 손실을 보상하는 경우 그 손실을 입은 자는 누구와 손실보상을 협의해야 하는가?

① 소방서장
② 시·도지사
③ 소방본부장
④ 행정안전부장관

해설
화재안전조사 조치명령에 따른 손실 보상협의(화재예방법 제15조)
: 소방청장, 시·도지사

55 위험물운송자 자격을 취득하지 않은 자가 위험물 이동탱크저장소 운전 시의 벌칙으로 옳은 것은?

① 100만원 이하의 벌금

② 300만원 이하의 벌금

③ 500만원 이하의 벌금

④ 1,000만원 이하의 벌금

해설

1,000만원 이하의 벌금(위험물법 제37조)
- 위험물의 취급에 관한 안전관리와 감독을 하지 않은 자
- 안전관리자 또는 그 대리자가 참여하지 않은 상태에서 위험물을 취급한 자
- 변경한 예방규정을 제출하지 않은 관계인으로서 규정에 따른 허가를 받은 자
- 위험물의 운반에 관한 중요기준에 따르지 않은 자
- 요건을 갖추지 않은 위험물운반자
- 규정을 위반한 위험물운송자
- 관계인의 정당한 업무를 방해하거나 출입·검사 등을 수행하면서 알게 된 비밀을 누설한 자

56 1급 소방안전관리대상물이 아닌 것은?

① 15층인 특정소방대상물(아파트는 제외한다)

② 가연성 가스를 2,000[t] 저장·취급하는 시설

③ 21층인 아파트로서 300세대인 것

④ 연면적 20,000[m²]인 문화 및 집회시설, 운동시설

해설

1급 소방안전관리대상물(화재예방법 영 별표 4)
- 30층 이상(지하층은 제외한다)이거나 지상으로부터 높이가 120[m] 이상인 아파트
- 연면적 15,000[m²] 이상인 특정소방대상물(아파트 및 연립주택은 제외한다)
- 지상층의 층수가 11층 이상인 특정소방대상물(아파트는 제외한다)
- 가연성 가스를 1,000[t] 이상 저장·취급하는 시설

57 국가유산기본법의 규정에 의한 국가유산과 위험물제조소 등과의 수평거리를 몇 [m] 이상 유지해야 하는가?

① 20   ② 30

③ 50   ④ 70

해설

국가유산과 위험물제조소와의 안전거리 : 50[m] 이상

58 다음 중 중급기술자의 학력·경력자에 대한 기준으로 옳은 것은?(단, "학력·경력자"란 고등학교·대학 또는 이와 같은 수준 이상의 교육기관의 소방 관련 학과의 정해진 교육과정을 이수하고 졸업하거나 그 밖의 관계 법령에 따라 국내 또는 외국에서 이와 같은 수준 이상의 학력이 있다고 인정되는 사람을 말한다)

① 고등학교 소방학과를 졸업한 후 8년 이상 소방 관련 업무를 수행한 사람

② 학사학위를 취득한 후 5년 이상 소방 관련 업무를 수행한 사람

③ 석사학위를 취득한 후 3년 이상 소방 관련 업무를 수행한 사람

④ 박사학위를 취득한 후 1년 이상 소방 관련 업무를 수행한 사람

해설

학력·경력 등에 따른 기술등급(공사업법 규칙 별표 4의2)

등급	학력·경력자	경력자
중급 기술자	• 박사학위를 취득한 사람 • 석사학위를 취득한 후 2년 이상 소방 관련 업무를 수행한 사람 • 학사학위를 취득한 후 5년 이상 소방 관련 업무를 수행한 사람 • 전문학사학위를 취득한 후 8년 이상 소방 관련 업무를 수행한 사람 • 고등학교 소방학과를 졸업한 후 10년 이상 소방 관련 업무를 수행한 사람	• 학사 이상의 학위를 취득한 후 9년 이상 소방 관련 업무를 수행한 사람 • 전문학사학위를 취득한 후 12년 이상 소방 관련 업무를 수행한 사람 • 고등학교를 졸업한 후 15년 이상 소방 관련 업무를 수행한 사람 • 18년 이상 소방 관련 업무를 수행한 사람

59 소방시설공사업법령상 상주공사감리 대상 기준 중 다음 ㉠, ㉡, ㉢에 알맞은 것은?

> • 연면적 (㉠)[m²] 이상의 특정소방대상물(아파트는 제외)에 대한 소방시설의 공사
> • 지하층을 포함한 층수가 (㉡)층 이상으로서 (㉢) 세대 이상인 아파트에 대한 소방시설의 공사

① ㉠ 10,000, ㉡ 11, ㉢ 600

② ㉠ 10,000, ㉡ 16, ㉢ 500

③ ㉠ 30,000, ㉡ 11, ㉢ 600

④ ㉠ 30,000, ㉡ 16, ㉢ 500

해설
상주공사감리 대상 기준(영 별표 3)
• 연면적 30,000[m²] 이상의 특정소방대상물(아파트는 제외)에 대한 소방시설의 공사
• 지하층을 포함한 층수가 16층 이상으로서 500세대 이상인 아파트에 대한 소방시설의 공사

60 화재의 예방 및 안전관리에 관한 법률상 특정소방 대상물의 관계인의 업무가 아닌 것은?

① 소방훈련 및 교육

② 피난시설, 방화구획 및 방화시설의 관리

③ 소방시설이나 그 밖의 소방 관련 시설의 관리

④ 화기 취급의 감독

해설
소방안전관리자의 업무(법 제24조)
㉠ 피난계획에 관한 사항과 대통령령으로 정하는 사항이 포함된 소방계획서의 작성 및 시행
㉡ 자위소방대(自衛消防隊) 및 초기대응체계의 구성, 운영 및 교육
㉢ 피난시설, 방화구획 및 방화시설의 관리
㉣ 소방시설이나 그 밖의 소방 관련 시설의 관리
㉤ 소방훈련 및 교육
㉥ 화기(火氣) 취급의 감독
㉦ 화재발생 시 초기대응
[결 론]
① 특정소방대상물의 관계인(소방안전관리자)의 업무 : ㉢, ㉣, ㉥
② 소방안전관리대상물의 소방안전관리자의 업무 : ㉠∼㉦까지 전부

---

61 대형 이산화탄소소화기의 소화약제 충전량은 얼마인가?

① 20[kg] 이상

② 30[kg] 이상

③ 50[kg] 이상

④ 70[kg] 이상

해설
대형소화기
• A급 : 10단위 이상, B급 : 20단위 이상
• 표에서 기재한 충전량 이상

종 별	충전량
포	20[L]
강화액	60[L]
물	80[L]
분 말	20[kg]
할 론	30[kg]
이산화탄소	50[kg]

62 개방형 스프링클러설비에서 하나의 방수구역을 담당하는 헤드 개수는 몇 개 이하로 해야 하는가?(단, 방수구역은 나누어져 있지 않고 하나의 구역으로 되어 있다)

① 50   ② 40

③ 30   ④ 20

해설
개방형 스프링클러설비에서 하나의 방수구역을 담당하는 헤드의 수 : 50개 이하(단, 2개 이상의 방수구역으로 나눌 경우에는 하나의 방수구역을 담당하는 헤드의 개수는 25개 이상으로 할 것)

---

63 분말소화설비의 가압용 가스용기에 대한 설명으로 틀린 것은?

① 가압용 가스용기를 3병 이상 설치한 경우에는 2개 이상의 용기에 전자개방밸브를 부착할 것

② 가압용 가스용기에는 2.5[MPa] 이하의 압력에서 조정이 가능한 압력조정기를 설치할 것

③ 가압용 가스에 질소가스를 사용하는 것의 질소가스는 소화약제 1[kg]마다 20[L](35[℃]에서 1기압의 압력상태로 환산한 것) 이상으로 할 것

④ 축압용 가스에 질소가스를 사용하는 것의 질소가스는 소화약제 1[kg]에 대하여 10[L](35[℃]에서 1기압의 압력상태로 환산한 것) 이상으로 할 것

해설
가압용 가스에 질소가스를 사용하는 것의 질소가스는 소화약제 1[kg]마다 40[L](35[℃]에서 1기압의 압력상태로 환산한 것) 이상, 이산화탄소를 사용하는 것의 이산화탄소는 소화약제 1[kg]에 대하여 20[g]에 배관의 청소에 필요한 양을 가산한 양 이상으로 할 것

64 소화용수설비의 소화수조가 옥상 또는 옥탑의 부분에 설치된 경우 지상에 설치된 채수구에서의 압력은 얼마 이상이어야 하는가?

① 0.15[MPa] ② 0.20[MPa]

③ 0.25[MPa] ④ 0.35[MPa]

해설
소화수조 등의 설치기준
• 소화수조, 저수조의 채수구 또는 흡수관 투입구는 소방차가 2[m] 이내의 지점까지 접근할 수 있는 위치에 설치해야 한다.
• 소화수조가 옥상 또는 옥탑의 부분에 설치된 경우에는 지상에 설치된 채수구에서의 압력이 0.15[MPa] 이상이 되도록 해야 한다.

65 스프링클러설비의 배관 내 압력이 얼마 이상일 때 압력배관용 탄소강관을 사용해야 하는가?

① 0.1[MPa] ② 0.5[MPa]

③ 0.8[MPa] ④ 1.2[MPa]

해설
스프링클러설비의 배관사용
• 배관 내 사용압력이 1.2[MPa] 미만일 경우
  - 배관용 탄소강관(KS D 3507)
  - 이음매 없는 구리 및 구리합금관(KS D 5301). 다만, 습식의 배관에 한한다.
  - 배관용 스테인리스강관(KS D 3576) 또는 일반배관용 스테인리스강관(KS D 3595)
  - 덕타일 주철관(KS D 4311)
• 배관 내 사용압력이 1.2[MPa] 이상일 경우
  - 압력배관용 탄소강관(KS D 3562)
  - 배관용 아크용접 탄소강강관(KS D 3583)

66 할론소화설비에서 국소방출방식의 경우 할론소화약제의 양을 산출하는 식은 다음과 같다. 여기서 A는 무엇을 의미하는가?(단, 가연물이 비산할 우려가 있는 경우로 가정한다)

$$Q = X - Y\frac{a}{A}$$

① 방호공간의 벽면적의 합계

② 창문이나 문의 틈새면적의 합계

③ 개구부 면적의 합계

④ 방호대상물 주위에 설치된 벽면적의 합계

해설
국소방출방식

$Q = X - Y\dfrac{a}{A}$

여기서, Q : 방호공간 1[m³]에 대한 할론소화약제의 양[kg/m³]
　　　X, Y : 수치(생략)
　　　a : 방호대상물 주위에 설치된 벽면적의 합계[m²]
　　　A : 방호공간의 벽면적의 합계[m²]

67 이산화탄소소화약제의 저장용기 설치기준 중 옳은 것은?

① 저장용기의 충전비는 고압식은 1.9 이상 2.3 이하, 저압식은 1.5 이상 1.9 이하로 할 것

② 저압식 저장용기에는 액면계 및 압력계와 2.1[MPa] 이상 1.7[MPa] 이하의 압력에서 작동하는 압력경보장치를 설치할 것

③ 저장용기는 고압식은 25[MPa] 이상, 저압식은 3.5[MPa] 이상의 내압시험압력에 합격한 것으로 할 것

④ 저압식 저장용기에는 내압시험압력의 1.8배의 압력에서 작동하는 안전밸브와 내압시험압력의 0.8배부터 내압시험압력까지의 범위에서 작동하는 봉판을 설치할 것

해설
이산화탄소소화약제의 저장용기 설치기준
• 저장용기의 충전비는 고압식에 있어서는 1.5 이상 1.9 이하, 저압식에 있어서는 1.1 이상 1.4 이하로 할 것
• 저압식 저장용기에는 내압시험압력의 0.64배부터 0.8까지의 압력에서 작동하는 안전밸브와 내압시험압력의 0.8배부터 내압시험압력에서 작동하는 봉판을 설치할 것
• 저압식 저장용기에는 액면계 및 압력계와 2.3[MPa] 이상 1.9[MPa] 이하의 압력에서 작동하는 압력경보장치를 설치할 것
• 저압식 저장용기에는 용기 내부의 온도가 영하 18[℃] 이하에서 2.1[MPa]의 압력을 유지할 수 있는 자동냉동장치를 설치할 것
• 저장용기는 고압식은 25[MPa] 이상, 저압식은 3.5[MPa] 이상의 내압시험압력에 합격한 것으로 할 것

68 포헤드를 정방형으로 설치 시 헤드와 벽과의 최대 이격거리는 약 몇 [m]인가?

① 1.48 ② 1.62

③ 1.76 ④ 1.91

해설

헤드와 벽의 최대 이격거리 : $\dfrac{s}{2}$ 의 거리를 둔다.

$s = 2r\cos\theta$

여기서, s : 포헤드 상호 간의 거리

　　　　r : 유효반경(2.1[m])

$s = 2r\cos\theta = 2 \times 2.1 \times \cos 45° = 2.9698[m]$

∴ 2.9698[m]/2 = 1.48[m]

69 소화용수설비와 관련하여 다음 설명 중 ( ) 안에 들어갈 항목으로 옳게 짝지어진 것은?

> 상수도소화용수설비를 설치해야 하는 특정소방대상물은 다음의 어느 하나에 해당하는 것으로 한다. 다만, 상수도소화용수설비를 설치해야 하는 특정소방대상물의 대지 경계선으로부터 (㉠)[m] 이내에 지름 (㉡)[mm] 이상인 상수도용 배수관이 설치되지 않은 지역의 경우에는 화재안전기준에 따른 소화수조 또는 저수조를 설치해야 한다.

① ㉠ : 150 ㉡ : 75

② ㉠ : 150 ㉡ : 100

③ ㉠ : 180 ㉡ : 75

④ ㉠ : 180 ㉡ : 100

해설
소화용수설비(소방시설법 영 별표 4)
상수도소화용수설비를 설치해야 하는 특정소방대상물은 다음의 어느 하나에 해당하는 것으로 한다. 다만, 상수도소화용수설비를 설치해야 하는 특정소방대상물의 대지 경계선으로부터 180[m] 이내에 지름 75[mm] 이상인 상수도용 배수관이 설치되지 않은 지역의 경우에는 화재안전기준에 따른 소화수조 또는 저수조를 설치해야 한다.
• 연면적 5,000[m²] 이상인 것. 다만, 위험물 저장 및 처리 시설 중 가스시설, 지하가 중 터널 또는 지하구의 경우에는 그렇지 않다.
• 가스시설로서 지상에 노출된 탱크의 저장용량의 합계가 100[t] 이상인 것
• 자원순환 관련 시설 중 폐기물재활용시설 및 폐기물처분시설

70 지하구의 화재안전기술기준 중 연소방지설비의 수평주행배관은 몇 [m] 이내마다 1개 이상 설치해야 하는가?

① 2.6[m]　　　　② 3.2[m]
③ 4.0[m]　　　　④ 4.5[m]

해설
연소방지설비의 수평주행배관은 4.5[m] 이내마다 1개 이상 설치해야 한다.

72 다음 중 스프링클러설비와 비교하여 물분무소화설비의 장점으로 옳지 않은 것은?

① 소량의 물을 사용함으로써 물의 사용량 및 방사량을 줄일 수 있다.
② 운동에너지가 크므로 파괴주수 효과가 크다.
③ 전기절연성이 높아서 고압통전기기의 화재에도 안전하게 사용할 수 있다.
④ 물의 방수과정에서 화재열에 따른 부피증가량이 커서 질식효과를 높일 수 있다.

해설
물분무소화설비는 파괴주수 효과가 크지 않다.

71 예상제연구역 바닥면적 400[m²] 미만 거실의 공기유입구와 배출구 간의 직선거리 기준으로 옳은 것은?(단, 제연경계에 의한 구획을 제외한다)

① 2[m] 이상 확보되어야 한다.
② 3[m] 이상 확보되어야 한다.
③ 5[m] 이상 확보되어야 한다.
④ 10[m] 이상 확보되어야 한다.

해설
바닥면적 400[m²] 미만의 거실인 예상제연구역(제연경계에 따른 구획을 제외한다. 다만, 거실과 통로와의 구획은 그렇지 않다)에 대해서는 공기유입구와 배출구 간의 직선거리는 5[m] 이상 또는 구획된 실의 장변이 1/2 이상으로 할 것

73 일정 이상의 층수를 가진 오피스텔에서는 모든 층에 주거용 주방자동소화장치를 설치한다. 이때 몇 층 이상인 경우 이러한 조치를 취해야 하는가?

① 15층 이상
② 20층 이상
③ 30층 이상
④ 모든 층

해설
주거용 주방자동소화장치 설치 대상(소방시설법 영 별표 4) : 아파트 등 및 오피스텔(업무시설)의 모든 층

74 수직강하식 구조대가 구조적으로 갖추어야 할 조건으로 옳지 않은 것은?(단, 건물 내부의 별실에 설치하는 경우는 제외한다)

① 수직구조대의 포지는 외부포지와 내부포지로 구성한다.

② 포지는 사용 시 수직방향으로 현저하게 늘어나야 한다.

③ 수직구조대는 연속하여 강하할 수 있는 구조이어야 한다.

④ 입구틀 및 고정틀의 입구는 지름 60[cm] 이상의 구체가 통과할 수 있는 것이어야 한다.

해설

수직강하식 구조대(구조대의 형식승인 및 제품검사의 기술기준 제17조)
- 수직구조대는 안전하고 쉽게 사용할 수 있는 구조이어야 한다.
- 수직구조대의 포지는 외부포지와 내부포지로 구성하되, 외부포지와 내부포지의 사이에 충분한 공기층을 두어야 한다. 다만, 건물 내부의 별실에 설치하는 것은 외부포지를 설치하지 않을 수 있다.
- 입구틀 및 고정틀의 입구는 지름 60[cm] 이상의 구체가 통과할 수 있는 것이어야 한다.
- 수직구조대는 연속하여 강하할 수 있는 구조이어야 한다.
- 포지는 사용 시 수직방향으로 현저하게 늘어나지 않아야 한다.
- 포지, 지지틀, 고정틀, 그 밖의 부속장치 등은 견고하게 부착되어야 한다.

75 주차장에 분말소화약제 120[kg]을 저장하려고 한다. 이때 필요한 저장용기의 최소 내용적[L]은?

① 96   ② 120

③ 150   ④ 180

해설

제3종 분말(주차장, 차고)의 충전비 : 1.0

$$충전비 = \frac{용기의\ 내용적[L]}{약제의\ 중량[kg]}$$

∴ 내용적 = 충전비 × 약제의 중량 = 1.0[L/kg] × 120[kg] = 120[L]

76 다음 중 노유자시설의 4층 이상 10층 이하에서 적응성이 있는 피난기구가 아닌 것은?

① 피난교   ② 다수인피난장비

③ 승강식피난기   ④ 미끄럼대

해설

설치장소별 피난기구의 적응성

층별 구분	1~3층	4층 이상 10층 이하
노유자 시설	미끄럼대, 구조대 피난교, 다수인피난장비, 승강식피난기	구조대(장애인 관련 시설), 피난교, 다수인피난장비, 승강식피난기

77 물분무소화설비를 설치하는 차고의 배수설비 설치기준 중 틀린 것은?

① 차량이 주차하는 장소의 적당한 곳에 높이 10[cm] 이상의 경계턱으로 배수구를 설치할 것

② 길이 40[m] 이하마다 집수관·소화피트 등 기름분리장치를 설치할 것

③ 차량이 주차하는 바닥은 배수구를 향하여 100분의 1 이상의 기울기를 유지할 것

④ 배수설비는 가압송수장치의 최대송수능력의 수량을 유효하게 배수할 수 있는 크기 및 기울기로 할 것

해설

물분무소화설비(차고, 주차장)의 배수설비 설치기준
- 차량이 주차하는 장소의 적당한 곳에 높이 10[cm] 이상의 경계턱으로 배수구를 설치할 것
- 배수구에는 새어나온 기름을 모아 소화할 수 있도록 길이 40[m] 이하마다 집수관·소화피트 등 기름분리장치를 설치할 것
- 차량이 주차하는 바닥은 배수구를 향하여 100분의 2 이상의 기울기를 유지할 것
- 배수설비는 가압송수장치의 최대송수능력의 수량을 유효하게 배수할 수 있는 크기 및 기울기로 할 것

78 층수가 10층인 일반창고에 습식 폐쇄형 스프링클러 헤드가 설치되어 있다면 이 설비에 필요한 수원의 양은 얼마 이상이어야 하는가?(단, 이 창고는 특수가연물을 저장·취급하지 않는 일반물품을 적용하고 헤드가 가장 많이 설치된 층은 8층으로서 40개가 설치되어 있고, 헤드의 부착높이는 10[m]이다)

① 16[m³]   ② 32[m³]
③ 48[m³]   ④ 64[m³]

해설

헤드의 설치기준

스프링클러설비의 설치장소			기준개수
지하층을 제외한 층수가 10층 이하인 특정소방대상물	공장	특수가연물을 저장·취급하는 것	30
		그 밖의 것	20
	근린생활시설·판매시설, 운수시설 또는 복합건축물	판매시설 또는 복합건축물(판매시설이 설치된 복합건축물을 말한다)	30
		그 밖의 것	20
	그 밖의 것	헤드의 부착높이가 8[m] 이상인 것	20
		헤드의 부착높이가 8[m] 미만인 것	10
지하층을 제외한 층수가 11층 이상인 특정소방대상물·지하가 또는 지하역사			30
아파트 (공동주택의 화재안전기술기준)	아파트		10
	각 동이 주차장으로 서로 연결된 경우의 주차장		30
창고시설(랙식 창고를 포함한다. 라지드롭형 스프링클러헤드 사용)			30

∴ 수원 = 1.6[m³] × 20개 = 32[m³]

79 포소화설비에서 펌프의 토출관에 압입기를 설치하여 포소화약제 압입용 펌프로 포소화약제를 압입시켜 혼합하는 방식은?

① 라인 프로포셔너방식
② 펌프 프로포셔너방식
③ 프레셔 프로포셔너방식
④ 프레셔 사이드 프로포셔너방식

해설

프레셔 사이드 프로포셔너방식(Pressure Side Proportioner, 압입 혼합방식) : 펌프의 토출관에 압입기를 설치하여 포소화약제 압입용 펌프로 포소화약제를 압입시켜 혼합하는 방식

80 다음 중 옥내소화전의 배관 등에 대한 설치방법으로 옳지 않은 것은?

① 펌프의 토출 측 주배관의 구경은 유속이 5[m/s]가 되도록 설치하였다.
② 배관 내 사용압력이 1.2[MPa] 미만일 경우 배관용 탄소강관을 사용하였다.
③ 옥내소화전 송수구를 단구형으로 설치하였다.
④ 송수구로부터 주배관에 이르는 연결배관에는 개폐밸브를 설치하지 않았다.

해설

펌프의 토출 측 주배관의 구경은 유속이 4[m/s] 이하가 될 수 있는 크기 이상으로 한다.

제1과목   **소방원론**

01 건축물의 화재를 확산시키는 요인이라 볼 수 없는 것은?

    ① 비화(飛火)

    ② 복사열(輻射熱)

    ③ 자연발화(自然發火)

    ④ 접염(接炎)

해설
건축물의 화재 확대요인
- 접염 : 화염 또는 열의 접촉에 의하여 불이 옮겨 붙는 것
- 복사열 : 복사파에 의하여 열이 고온에서 저온으로 이동하는 것
- 비화 : 화재현장에서 불꽃이 날아가 먼 지역까지 발화하는 현상

02 화재의 일반적인 특성으로 틀린 것은?

    ① 확대성

    ② 정형성

    ③ 우발성

    ④ 불안전성

해설
화재의 일반적인 특성 : 확대성, 우발성, 불안정성

03 다음 중 가연물의 제거를 통한 소화방법과 무관한 것은?

    ① 산불의 확산방지를 위하여 산림의 일부를 벌채한다.

    ② 화학반응기의 화재 시 원료 공급관의 밸브를 잠근다.

    ③ 전기실 화재 시 IG-541 약제를 방출한다.

    ④ 유류탱크 화재 시 주변에 있는 유류탱크의 유류를 다른 곳으로 이동시킨다.

해설
제거소화는 가연물을 화재 현장에서 없애주는 것으로 전기실 화재 시 IG-541 약제를 방출하는 것은 질식소화이다.

04 물의 소화능력에 관한 설명 중 틀린 것은?

    ① 다른 물질보다 비열이 크다.

    ② 다른 물질보다 융해잠열이 작다.

    ③ 다른 물질보다 증발잠열이 크다.

    ④ 밀폐된 장소에서 증발 가열되면 산소희석 작용을 한다.

해설
물의 소화능력
- 비열($1[cal/g \cdot \text{℃}]$)과 증발잠열($539[cal/g]$)이 크다.
- 물의 융해잠열 : $80[cal/g]$
- 밀폐된 장소에서 증발 가열되면 산소희석 작용을 한다.

05 탱크 화재 시 발생되는 보일오버(Boil Over)의 방지방법으로 틀린 것은?

① 탱크 내용물의 기계적 교반
② 물의 배출
③ 과열방지
④ 위험물 탱크 내의 하부에 냉각수 저장

해설
보일오버(Boil Over)
• 정의 : 탱크 저부의 물이 급격히 증발하여 기름이 탱크 밖으로 화재를 동반하여 방출하는 현상
• 방지법
 – 탱크 내용물의 기계적 교반
 – 물의 배출
 – 과열방지
 – 위험물 탱크 내의 하부에 냉각수 제거

06 물소화약제를 어떠한 상태로 주수할 경우 전기화재의 진압에서도 소화능력을 발휘할 수 있는가?

① 물에 의한 봉상주수
② 물에 의한 적상주수
③ 물에 의한 무상주수
④ 어떤 상태의 주수에 의해서도 효과가 없다.

해설
물의 무상주수 : 전기(C급)화재에 적합

07 화재 시 CO_2를 방사하여 산소농도를 11[vol%]로 낮추어 소화하려면 공기 중 CO_2의 농도는 약 몇 [vol%]가 되어야 하는가?

① 47.6   ② 42.9
③ 37.9   ④ 34.5

해설
$$CO_2[\%] \text{ 농도} = \frac{21 - O_2}{21} \times 100[\%]$$
$$= \frac{21 - 11}{21} \times 100[\%]$$
$$\fallingdotseq 47.62[\%]$$

08 분말소화약제의 취급 시 주의사항으로 틀린 것은?

① 습도가 높은 공기 중에 노출되면 고화되므로 항상 주의를 기울인다.
② 충전 시 다른 소화약제와 혼합을 피하기 위하여 종별로 각각 다른 색으로 착색되어 있다.
③ 실내에서 다량 방사하는 경우 분말을 흡입하지 않도록 한다.
④ 분말소화약제와 수성막포를 함께 사용할 경우 포의 소포 현상을 발생시키므로 병용해서는 안 된다.

해설
분말소화약제는 수성막포를 함께 사용할 수 있다.

09 화재실의 연기를 옥외로 배출시키는 제연방식으로 효과가 가장 적은 것은?

① 자연 제연방식

② 스모크타워 제연방식

③ 기계식 제연방식

④ 냉난방설비를 이용한 제연방식

해설
제연방식 : 자연 제연방식, 스모크타워 제연방식, 기계식 제연방식

10 다음 위험물 중 특수인화물이 아닌 것은?

① 아세톤

② 다이에틸에터

③ 산화프로필렌

④ 아세트알데하이드

해설
특수인화물 : 다이에틸에터, 산화프로필렌, 아세트알데하이드, 이황화탄소 등
아세톤 : 제4류 위험물 제1석유류(수용성)

11 목조건축물의 화재 진행상황에 관한 설명으로 옳은 것은?

① 화원 – 발연착화 – 무염착화 – 출화 – 최성기 – 소화

② 화원 – 발염착화 – 무염착화 – 소화 – 연소낙하

③ 화원 – 무염착화 – 발염착화 – 출화 – 최성기 – 소화

④ 화원 – 무염착화 – 출화 – 발염착화 – 최성기 – 소화

해설
목조건축물의 화재 진행상황 : 화원 – 무염착화 – 발염착화 – 출화 – 최성기 – 소화

12 방호공간 안에서 화재의 세기를 나타내고 화재가 진행되는 과정에서 온도에 따라 변하는 것으로 온도−시간 곡선으로 표시할 수 있는 것은?

① 화재저항

② 화재가혹도

③ 화재하중

④ 화재플럼

해설
화재가혹도 : 방호공간 안에서 화재의 세기를 나타내고 화재가 진행되는 과정에서 온도에 따라 변하는 것으로 온도−시간 곡선으로 표시한다.

13 다음 중 동일한 조건에서 증발잠열[kJ/kg]이 가장 큰 것은?

① 질 소

② 할론 1301

③ 이산화탄소

④ 물

해설
증발잠열

소화약제	증발잠열[kJ/kg]
질 소	48
할론 1301	119
이산화탄소	576.6
물	2,255(539[kcal/kg] × 4.184[kJ/kcal] ≒ 2,255[kJ/kg])

14 화재 표면온도(절대온도)가 2배로 되면 복사에너지는 몇 배로 증가되는가?

① 2

② 4

③ 8

④ 16

해설
복사에너지는 절대온도의 4제곱에 비례한다($2^4 = 16$).

15 연면적이 1,000[m²] 이상인 건축물에 설치하는 방화벽이 갖추어야 할 기준으로 틀린 것은?

① 내화구조로서 홀로 설 수 있는 구조일 것
② 방화벽의 양쪽 끝과 윗쪽 끝을 건축물의 외벽면 및 지붕면으로부터 0.1[m] 이상 튀어 나오게 할 것
③ 방화벽에 설치하는 출입문의 너비는 2.5[m] 이하로 할 것
④ 방화벽에 설치하는 출입문의 높이는 2.5[m] 이하로 할 것

해설
방화벽의 구조(건피방 제21조)
• 내화구조로서 홀로 설 수 있는 구조로 할 것
• 방화벽의 양쪽 끝과 윗쪽 끝을 건축물의 외벽면 및 지붕면으로부터 0.5[m] 이상 튀어 나오게 할 것
• 방화벽에 설치하는 출입문의 너비 및 높이는 각각 2.5[m] 이하로 하고 해당 출입문에는 60+방화문 또는 60분 방화문을 설치할 것

16 도장작업 공정에서의 위험도를 설명한 것으로 틀린 것은?

① 도장작업 그 자체 못지않게 건조공정도 위험하다.
② 도장작업에서는 인화성 용제가 쓰이지 않으므로 폭발의 위험이 없다.
③ 도장작업장은 폭발 시 대비하여 지붕을 시공한다.
④ 도장실의 환기덕트를 주기적으로 청소하여 도료가 덕트 내에 부착되지 않게 한다.

해설
도장(페인트)작업에서는 인화성 용제를 많이 사용하므로 폭발의 위험이 있다.

17 공기의 부피 비율이 질소 79[%], 산소 21[%]인 전기실에 화재가 발생하여 이산화탄소 소화약제를 방출하여 소화하였다. 이때 산소의 부피농도가 14[%]이었다면 이 혼합 공기의 분자량은 약 얼마인가?(단, 화재 시 발생한 연소가스는 무시한다)

① 28.9 ② 30.9
③ 33.9 ④ 35.9

해설
• 이산화탄소량
$$CO_2 = \frac{21 - O_2}{21} \times 100[\%]$$
$$= \frac{21 - 14}{21} \times 100[\%] ≒ 33.3[\%]$$

• 질소량
$$N_2 = 100[\%] - O_2 - CO_2 = 100[\%] - 14[\%] - 33.3[\%]$$
$$= 52.7[\%]$$

• 질소의 분자량 N_2 : 28, 산소의 분자량 O_2 : 32, 이산화탄소의 분자량 CO_2 : 44

∴ 혼합 공기의 분자량
$$M = 28 \times 0.527 + 32 \times 0.14 + 44 \times 0.333 ≒ 33.89$$

18 산불화재의 형태로 틀린 것은?

① 지중화 형태
② 수평화 형태
③ 지표화 형태
④ 수관화 형태

해설
산불화재
• 지표화 : 바닥의 낙엽이 연소하는 형태
• 수관화 : 나뭇가지부터 연소하는 형태
• 수간화 : 나무기둥부터 연소하는 형태
• 지중화 : 바닥의 썩은 나무에서 발생하는 유기물이 연소화는 형태

19 석유, 고무, 동물의 털, 가죽 등과 같이 황 성분을 함유하고 있는 물질이 불완전연소될 때 발생하는 연소가스로서 계란 썩는 듯한 냄새가 나는 기체는?

① 아황산가스
② 사이안화수소
③ 황화수소
④ 암모니아

해설
황화수소(H_2S) : 계란 썩는 듯한 냄새가 나는 기체

20 다음 가연성 기체 1몰이 완전연소하는 데 필요한 이론공기량으로 틀린 것은?(단, 체적비로 계산하여 공기 중 산소의 농도를 21[vol%]로 한다)

① 수소 – 약 2.38[mol]
② 메테인 – 약 9.52[mol]
③ 아세틸렌 – 약 16.91[mol]
④ 프로페인 – 약 23.81[mol]

해설
이론공기량
• 수 소
　H_2 + $1/2O_2$ → H_2O
　1[mol]　0.5[mol]
　∴ 이론공기량 = 0.5[mol]/0.21 = 2.38[mol]
• 메테인
　CH_4 + $2O_2$ → CO_2 + $2H_2O$
　1[mol]　2[mol]
　∴ 이론공기량 = 2[mol]/0.21 = 9.52[mol]
• 아세틸렌
　C_2H_2 + $2.5O_2$ → $2CO_2$ + H_2O
　1[mol]　2.5[mol]
　∴ 이론공기량 = 2.5[mol]/0.21 = 11.90[mol]
• 프로페인
　C_3H_8 + $5O_2$ → $3CO_2$ + $4H_2O$
　1[mol]　5[mol]
　∴ 이론공기량 = 5[mol]/0.21 = 23.81[mol]

21 그림에서 물의 의하여 점 B에서 힌지된 사분원 모양의 수문이 평형을 유지하기 위하여 수면에서 수문을 잡아 당겨야하는 힘 T는 약 몇 [kN]인가? (단, 수문의 폭은 1[m], 반지름($r = \overline{OB}$)은 2[m], 4분원의 중심에서 O점에서 왼쪽으로 $4r/3\pi$인 곳에 있다)

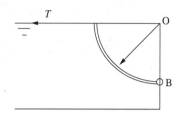

① 1.96　　　　② 9.8
③ 19.6　　　　④ 29.4

해설
힘(T)

$$T = \frac{1}{2}\gamma R_0^2 = \frac{1}{2} \times 9,800[N/m^3] \times (2[m])^2 = 19,600[N]$$
$$= 19.6[kN]$$

22 물의 온도에 상응하는 증기압보다 낮은 부분이 발생하면 물은 증발되고 물속에 있던 공기와 물이 분리되어 기포가 발생하는 펌프의 현상은?

① 피드백(Feed Back)
② 서징현상(Surging)
③ 공동현상(Cavitation)
④ 수격작용(Water Hammering)

해설
공동현상(Cavitation) : 물의 온도에 상응하는 증기압보다 낮은 부분이 발생하면 물은 증발되고 물속에 있던 공기와 물이 분리되어 기포가 발생하는 현상

23 단면적 A와 $2A$인 U자관에 밀도가 d인 기름이 담겨져 있다. 단면적이 $2A$인 관에 벽과는 마찰이 없는 물체를 놓았더니 그림과 같이 평형을 이루었다. 이때 이 물체의 질량은?

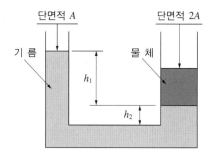

① $2Ah_1d$

② Ah_1d

③ $A(h_1+h_2)d$

④ $A(h_1-h_2)d$

해설

파스칼의 원리를 적용하여 계산한다($P_1=P_2$, 밀도 d를 ρ로 표시한다).

$$\frac{W_1}{A_1}=\frac{W_2}{A_2}$$

• 단면적 $A_1=A$, $A_2=2A$에서 압력

$$P_1=\rho h_1=\frac{W_1}{A_1}\text{에서 } W_1=A_1\rho h_1=A\rho h_1$$

• $\dfrac{A\rho h_1}{A}=\dfrac{W_2}{2A}$ 이므로 물체의 질량 $W_2=\dfrac{2A^2\rho h_1}{A}=2A\rho h_1$

24 그림과 같이 물이 들어있는 아주 큰 탱크에 사이펀이 장치되어 있다. 출구에서의 속도 V와 관의 상부 중심 A지점에서의 게이지 압력 P_A를 구하는 식은?(단, g는 중력가속도, ρ는 물의 밀도이며, 관의 직경은 일정하고 모든 손실은 무시한다)

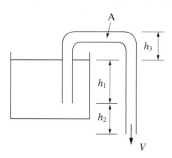

① $V=\sqrt{2g(h_1+h_2)}$, $P_A=-\rho gh_3$

② $V=\sqrt{2g(h_1+h_2)}$, $P_A=-\rho g(h_1+h_2+h_3)$

③ $V=\sqrt{2gh_2}$, $P_A=-\rho g(h_1+h_2+h_3)$

④ $V=\sqrt{2g(h_1+h_2)}$, $P_A=\rho g(h_1+h_2-h_3)$

해설

베르누이 방정식을 적용하여 계산한다.

$$\frac{P_1}{\gamma}+\frac{V_1^2}{2g}+Z_1=\frac{P_2}{\gamma}+\frac{V_2^2}{2g}+Z_2$$

출구속도(V)

• $P_1=P_3=P_{atm}=0$,

  $V_1=0$, $Z_1-Z_3=h_1+h_2$

• $\dfrac{P_1}{\gamma}+\dfrac{V_1^2}{2g}+Z_1=\dfrac{P_3}{\gamma}+\dfrac{V_3^2}{2g}+Z_3$에서

  $0+0+Z_1=0+\dfrac{V_3^2}{2g}+Z_3$이므로

  출구속도 $V=V_3=\sqrt{2g(Z_1-Z_3)}=\sqrt{2g(h_1+h_2)}$

A지점에서의 게이지압력(P_A)

• $P_1=P_{atm}=0$, $V_1=0$, $Z_1-Z_2=-h_3$,

  $V_2=V_3=\sqrt{2g(h_1+h_2)}$

• $\dfrac{P_1}{\gamma}+\dfrac{V_1^2}{2g}+Z_1=\dfrac{P_2}{\gamma}+\dfrac{V_2^2}{2g}+Z_2$에서

  $0+0+(Z_1-Z_2)=\dfrac{P_2}{\gamma}+\dfrac{V_2^2}{2g}$이므로

  $-h_3=\dfrac{P_2}{\gamma}+\dfrac{(\sqrt{2g(h_1+h_2)})^2}{2g}$

∴ 게이지압력 $P_A=P_2$

$\qquad =-\gamma(h_1+h_2+h_3)$

$\qquad =-\rho g(h_1+h_2+h_3)$

25 0.02[m³]의 체적을 갖는 액체가 강체의 실린더 속에서 730[kPa]의 압력을 받고 있다. 압력이 1,030 [kPa]로 증가되었을 때 액체의 체적이 0.019[m³]으로 축소되었다. 이때 액체의 체적탄성계수는 약 몇 [kPa]인가?

① 3,000   ② 4,000

③ 5,000   ④ 6,000

해설

체적탄성계수

$$K = -\frac{\Delta P}{\Delta V/V}$$

여기서, ΔP(압력 변화) $= 1,030 - 730 = 300[\text{kPa}]$

$$\Delta V/V(\text{부피 변화}) = \frac{0.019 - 0.02}{0.02} = -0.05$$

$$\therefore K = -\frac{\Delta P}{\Delta V/V} = -\frac{300}{(-0.05)} = 6,000[\text{kPa}]$$

26 비중병의 무게가 비었을 때는 2[N]이고, 액체로 충만되어 있을 때는 8[N]이다. 액체의 체적이 0.5[L]이면 이 액체의 비중량은 약 몇 [N/m³]인가?

① 11,000   ② 11,500

③ 12,000   ④ 12,500

해설

액체의 무게 $W = 8[\text{N}] - 2[\text{N}] = 6[\text{N}]$

$$\therefore \text{액체의 비중량 } \gamma = \frac{W}{V} = \frac{6[\text{N}]}{0.5[\text{L}] \times 10^{-3}[\text{m}^3/\text{L}]}$$

$$= 12,000[\text{N/m}^3]$$

※ $1[\text{m}^3] = 1,000[\text{L}]$

27 10[kg]의 수증기가 들어 있는 체적 2[m³]의 단단한 용기를 냉각하여 온도를 200[℃]에서 150[℃]로 낮추었다. 나중 상태에서 액체상태의 물은 약 몇 [kg]인가?(단, 150[℃]에서 물의 포화액 및 포화증기의 비체적은 각각 0.0011[m³/kg], 0.3925 [m³/kg]이다)

① 0.508   ② 1.24

③ 4.92   ④ 7.86

해설

• 수증기의 비체적 $\nu = \dfrac{V}{m} = \dfrac{2[\text{m}^3]}{10[\text{kg}]} = 0.2[\text{m}^3/\text{kg}]$

• 습 도

$$y = 1 - x = 1 - \frac{\nu - \nu_f}{\nu_g - \nu_f}$$

여기서, x : 건 도

ν : 수증기의 비체적

ν_g : 포화증기의 비체적

ν_f : 포화액의 비체적

$$y = 1 - \frac{\nu - \nu_f}{\nu_g - \nu_f} = 1 - \frac{(0.2 - 0.0011)[\text{m}^3/\text{kg}]}{(0.3925 - 0.0011)[\text{m}^3/\text{kg}]}$$

$$= 0.4918$$

∴ 액체상태 물의 양 W

$$= y \times m = 0.4918 \times 10[\text{kg}] = 4.918[\text{kg}] = 4.92[\text{kg}]$$

28 펌프의 입구 및 출구 측에 연결된 진공계와 압력계가 각각 25[mmHg]와 260[kPa]을 가리켰다. 이 펌프의 배출 유량이 0.15[m³/s]가 되려면 펌프의 동력은 약 몇 [kW]가 되어야 하는가?(단, 펌프의 입구와 출구의 높이차는 없고, 입구 측 안지름은 20[cm], 출구 측 안지름은 15[cm]이다)

① 3.95   ② 4.32

③ 39.5   ④ 43.2

해설
펌프의 동력
연속방정식을 적용하여 유속을 구한다.

$$Q = uA = u\left(\frac{\pi}{4} \times d^2\right)$$

• 입구 측의 유속 $u_1 = \frac{4Q}{\pi d_1^2} = \frac{4 \times 0.15[\mathrm{m^3/s}]}{\pi \times (0.2[\mathrm{m}])^2} \fallingdotseq 4.77[\mathrm{m/s}]$

• 출구 측의 유속 $u_2 = \frac{4Q}{\pi d_2^2} = \frac{4 \times 0.15[\mathrm{m^3/s}]}{\pi \times (0.15[\mathrm{m}])^2} \fallingdotseq 8.49[\mathrm{m/s}]$

• 압력의 단위를 환산한다.
 – 입구 측의 압력(진공압력)

$$P_1 = -\frac{25[\mathrm{mmHg}]}{760[\mathrm{mmHg}]} \times 101{,}325[\mathrm{N/m^2}] = -3{,}333.06[\mathrm{N/m^2}]$$

 – 출구 측의 압력

$$P_2 = 260 \times 10^3[\mathrm{N/m^2}]$$

베르누이 방정식을 적용하여 손실수두를 계산한다.

$$\frac{P_1}{\gamma} + \frac{u_1^2}{2g} + Z_1 + H = \frac{P_2}{\gamma} + \frac{u_2^2}{2g} + Z_2$$

$Z_1 = Z_2$이므로 손실수두

$$H = \left(\frac{P_2}{\gamma} - \frac{P_1}{\gamma}\right) + \left(\frac{u_2^2}{2g} - \frac{u_1^2}{2g}\right) 이므로$$

$$H = \left\{ \frac{260 \times 10^3[\mathrm{N/m^2}]}{9{,}800[\mathrm{N/m^3}]} - \left(-\frac{3{,}333.06[\mathrm{N/m^2}]}{9{,}800[\mathrm{N/m^3}]}\right) \right\}$$

$$+ \left\{ \frac{(8.49[\mathrm{m/s}])^2}{2 \times 9.8[\mathrm{m/s^2}]} - \frac{(4.77[\mathrm{m/s}])^2}{2 \times 9.8[\mathrm{m/s^2}]} \right\}$$

$$\fallingdotseq 29.39[\mathrm{m}]$$

동력을 구하기 위하여 펌프효율 $\eta = 1$을 적용하면

$$[\mathrm{kW}] = \frac{\gamma Q H}{\eta}$$

$$\therefore [\mathrm{kW}] = \frac{9{,}800[\mathrm{N/m^3}] \times 0.15[\mathrm{m^3/s}] \times 29.39[\mathrm{m}]}{1}$$

$$= 43{,}203.3[\mathrm{N \cdot m/s} = \mathrm{J/s} = \mathrm{W}]$$

$$= 43.2[\mathrm{kW}]$$

29 피토관을 사용하여 일정 속도로 흐르고 있는 물의 유속(V)을 측정하기 위해 그림과 같이 비중 S인 유체를 갖는 액주계를 설치하였다. $S = 2$일 때 액주 높이 차이가 $H = h$가 되면 $S = 3$일 때 액주의 높이 차(H)는 얼마가 되는가?

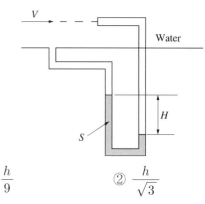

① $\dfrac{h}{9}$ ② $\dfrac{h}{\sqrt{3}}$

③ $\dfrac{h}{3}$ ④ $\dfrac{h}{2}$

해설
시차액주계의 유속
문제에서 비중이 S로 주어졌다.

$$V = \sqrt{2gH\left(\frac{S}{S_w} - 1\right)}$$

• 비중 $S = 2$일 때 유속

$$V_1 = \sqrt{2gH\left(\frac{2}{1} - 1\right)} = \sqrt{2gH} = \sqrt{2gh}$$

• 비중 $S = 3$일 때 유속

$$V_2 = \sqrt{2gH\left(\frac{3}{1} - 1\right)} = \sqrt{4gH}$$

∴ 유속 $V_1 = V_2$

$\sqrt{2gh} = \sqrt{4gH}$에서 양변을 제곱하면

$4gH = 2gh$에서 액주의 높이 차 $H = \dfrac{2g}{4g}h = \dfrac{1}{2}h$

30 관 내의 흐름에서 부차적손실에 해당하지 않는 것은?

① 곡선부에 의한 손실

② 직선 원관 내의 손실

③ 유동단면의 장애물에 의한 손실

④ 관 단면의 급격한 확대에 의한 손실

해설

관 마찰손실

• 주손실 : 주관로(직선 배관) 마찰에 의한 손실

• 부차적손실 : 급격한 확대, 축소, 관부속품에 의한 손실

31 압력 2[MPa]인 수증기의 건도가 0.2일 때 엔탈피는 몇 [kJ/kg]인가?(단, 포화증기 엔탈피는 2,780.5 [kJ/kg]이고, 포화액의 엔탈피는 910[kJ/kg]이다)

① 1,284

② 1,466

③ 1,845

④ 2,406

해설

건도 $x = \dfrac{h - h_f}{h_g - h_f}$

엔탈피 $h = h_f + x(h_g - h_f)$ 에서

$\therefore h = 910[\text{kJ/kg}] + 0.2(2,780.5 - 910)[\text{kJ/kg}]$

$= 1,284.1[\text{kJ/kg}]$

32 출구 단면적이 0.02[m²]인 수평 노즐을 통하여 물이 수평 방향 8[m/s]의 속도로 노즐 출구에 놓여있는 수직 평판에 분사될 때, 평판에 작용하는 힘은 몇 [N]인가?

① 800

② 1,280

③ 2,560

④ 12,544

해설

힘

$F = Q\rho u$

여기서,

$Q(\text{유량}) = uA = 8[\text{m/s}] \times 0.02[\text{m}^2] = 0.16[\text{m}^3/\text{s}]$

$\rho(\text{밀도}) = 1,000[\text{N} \cdot \text{s}^2/\text{m}^4]$

$\therefore F = Q\rho u$

$= 0.16[\text{m}^3/\text{s}] \times 1,000[\text{N} \cdot \text{s}^2/\text{m}^4] \times 8[\text{m/s}]$

$= 1,280[\text{N}]$

33 안지름이 25[mm]인 노즐 선단(끝부분)에서의 방수압력은 계기압력으로 5.8×10^5[Pa]이다. 이때 방수량은 몇 약 [m³/s]인가?

① 0.017

② 0.17

③ 0.034

④ 0.34

해설

방수량

$Q = uA$

여기서, u : 유 속

$\quad\quad\quad A$: 면 적

$u = \sqrt{2gH}$

$= \sqrt{2 \times 9.8[\text{m/s}^2] \times \left(\dfrac{5.8 \times 10^5[\text{Pa}]}{101,325[\text{Pa}]} \times 10.332[\text{m}]\right)}$

$\fallingdotseq 34.05[\text{m/s}]$

$A = \dfrac{\pi}{4}(0.025[\text{m}])^2 \fallingdotseq 0.000491[\text{m}^2]$

$\therefore Q = uA = 34.05[\text{m/s}] \times 0.000491[\text{m}^2]$

$\fallingdotseq 0.0167[\text{m}^3/\text{s}]$

34 수평관의 길이가 100[m]이고, 안지름이 100[mm]인 소화설비 배관 내에서 평균유속 2[m/s]로 물이 흐를 때 마찰손실수두는 약 몇 [m]인가?(단, 관의 마찰손실계수는 0.05이다)

① 9.2

② 10.2

③ 11.2

④ 12.2

해설

다르시-바이스바흐 방정식

$$H = \frac{flu^2}{2gD}[\text{m}]$$

여기서, H : 마찰손실[m]

f : 관의 마찰계수(0.05)

l : 관의 길이(100[m])

u : 유체의 유속(2[m/s])

D : 관의 내경(0.1[m])

$$\therefore H = \frac{flu^2}{2gD} = \frac{0.05 \times 100 \times (2)^2}{2 \times 9.8 \times 0.1} = 10.20[\text{m}]$$

35 수평 원관 내 완전발달 유동에서 유동을 일으키는 힘(㉠)과 방해하는 힘(㉡)은 각각 무엇인가?

① ㉠ : 압력차에 의한 힘, ㉡ : 점성력

② ㉠ : 중력 힘, ㉡ : 점성력

③ ㉠ : 중력 힘, ㉡ : 압력차에 의한 힘

④ ㉠ : 압력차에 의한 힘, ㉡ : 중력 힘

해설

수평 원관 내 완전발달 유동

• 유동을 일으키는 힘 : 압력차에 의한 힘

• 방해하는 힘 : 점성력

36 외부표면의 온도가 24[℃], 내부표면의 온도가 24.5[℃]일 때, 높이 1.5[m], 폭 1.5[m], 두께 0.5[cm]인 유리창을 통한 열전달률은 약 몇 [W]인가?(단, 유리창의 열전도계수는 0.8[W/m · K]이다)

① 180

② 200

③ 1,800

④ 2,000

해설

열전달열량

$$Q = \frac{\lambda}{l}A\Delta t$$

여기서, λ : 열전도계수[W/m · K]

l : 두께[m]

A : 면 적

Δt : 온도차

$$\therefore Q = \frac{\lambda}{l}A\Delta t$$

$$= \frac{0.8[\text{W/m · K}]}{0.005[\text{m}]} \times (1.5[\text{m}] \times 1.5[\text{m}]) \times \{(273+24.5)$$

$$-(273+24)\}[\text{K}]$$

$$= 180[\text{W}]$$

37 점성계수와 동점성계수에 관한 설명으로 올바른 것은?

① 동점성계수 = 점성계수 × 밀도

② 점성계수 = 동점성계수 × 중력가속도

③ 동점성계수 = 점성계수 / 밀도

④ 점성계수 = 동점성계수 / 중력가속도

해설

동점성계수

$$\nu = \frac{\mu(\text{절대점도, 점성계수})}{\rho(\text{밀도})}$$

38 어떤 용기 내의 이산화탄소 45[kg]이 방호공간에 가스 상태로 방출되고 있다. 방출온도와 압력이 15[℃], 101[kPa]일 때 방출가스의 체적은 약 몇 [m³]인가?(단, 일반기체상수는 8,314[J/kmol · K]이다)

① 2.2   ② 12.2

③ 20.2   ④ 24.3

해설

이상기체 상태방정식

$$PV = \frac{W}{M}RT, \quad V = \frac{W}{PM}RT$$

여기서, P : 압력(101[kPa] = 101[kN/m²])

$\quad\quad\quad V$: 부피[m³]

$\quad\quad\quad W$: 무게(45[kg])

$\quad\quad\quad M$: 분자량(CO_2 = 44)

$\quad\quad\quad R$: 기체상수(8,314[J/kmol · K]

$\quad\quad\quad\quad\quad$ = 8.314[kJ/kmol · K]

$\quad\quad\quad\quad\quad$ = 8.314[kN · m/kmol · K])

$\quad\quad\quad T$: 절대온도(273 + 15[℃] = 288[K])

$$\therefore V = \frac{W}{PM}RT$$

$$= \frac{45[\text{kg}]}{101[\text{kPa}] \times 44} \times 8.314[\text{kJ/kmol · K}] \times 288[\text{K}]$$

$$\fallingdotseq 24.25[\text{m}^3]$$

※ 단위환산

$$V = \frac{W}{PM}RT$$

$$\frac{[\text{kg}]}{\frac{[\text{kPa}]}{1} \times \frac{[\text{kg}]}{[\text{kg}-\text{mol}]}} \times \frac{[\text{kJ}]}{[\text{kg}-\text{mol} \cdot \text{K}]} \times [\text{K}] = \frac{[\text{kN} \cdot \text{m}]}{[\text{kN/m}^2]}$$

$$= [\text{m}^3]$$

39 그림과 같은 관에 비압축성 유체가 흐를 때 A단면의 평균속도가 V_1이라면 B단면에서의 평균속도 V_2는?(단, A단면의 지름이 d_1이고 B단면의 지름은 d_2이다)

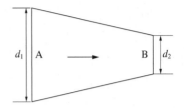

① $V_2 = \left(\dfrac{d_1}{d_2}\right)V_1$

② $V_2 = \left(\dfrac{d_1}{d_2}\right)^2 V_1$

③ $V_2 = \left(\dfrac{d_2}{d_1}\right)V_1$

④ $V_2 = \left(\dfrac{d_2}{d_1}\right)^2 V_1$

해설

유체의 유속은 단면적에 반비례하고 지름의 제곱에 반비례한다.

$$\frac{V_2}{V_1} = \frac{A_1}{A_2} = \left(\frac{d_1}{d_2}\right)^2 \quad V_2 = \left(\frac{d_1}{d_2}\right)^2 V_1$$

40 일률(시간당 에너지)의 차원을 기본 차원인 M(질량), L(길이), T(시간)로 옳게 표시한 것은?

① $L^2 T^{-2}$

② $ML^{-2} T^{-1}$

③ $ML^2 T^{-2}$

④ $ML^2 T^{-3}$

해설

일률 : 단위시간당 한 일이나 에너지를 전달하는 비율로서 단위는 일(또는 에너지)을 단위시간으로 나눈 것으로 $ML^2 T^{-3}$이다.

41 소방시설을 구분하는 경우 소화설비에 해당되지 않는 것은?

① 스프링클러설비
② 제연설비
③ 자동확산소화기
④ 옥외소화전설비

해설
제연설비 : 소화활동설비

42 화재안전조사 결과 소방대상물의 위치·구조·설비 또는 관리의 상황이 화재예방을 위하여 보완될 필요가 있거나 화재가 발생하면 인명 또는 재산의 피해가 클 것으로 예상되는 때, 관계인에게 그 소방대상물의 개수·이전·제거, 사용의 금지 또는 제한, 사용폐쇄, 공사의 정지 또는 중지, 그 밖의 필요한 조치를 명할 수 있는 자로 틀린 것은?

① 시·도지사
② 소방서장
③ 소방청장
④ 소방본부장

해설
화재안전조사 결과에 따른 조치명령권자 : 소방관서장(소방청장, 소방본부장, 소방서장)(화재예방법 제14조)

43 소방시설 설치 및 관리에 관한 법률상 둘 이상의 특정소방대상물이 내화구조로 된 연결통로가 벽이 없는 구조로서 그 길이가 몇 [m] 이하인 경우 하나의 특정소방대상물로 보는가?

① 6
② 9
③ 10
④ 12

해설
하나의 소방대상물로 보는 경우(영 별표 2)
둘 이상의 특정소방대상물이 다음의 어느 하나에 해당되는 구조의 복도 또는 통로(연결통로)로 연결된 경우에는 이를 하나의 특정소방대상물로 본다.
• 내화구조로 된 연결통로가 다음의 어느 하나에 해당되는 경우
　－ 벽이 없는 구조로서 그 길이가 6[m] 이하인 경우
　－ 벽이 있는 구조로서 그 길이가 10[m] 이하인 경우. 다만, 벽 높이가 바닥에서 천장까지의 높이의 1/2 이상인 경우에는 벽이 있는 구조로 보고, 벽 높이가 바닥에서 천장까지의 높이의 1/2 미만인 경우에는 벽이 없는 구조로 본다.
• 내화구조가 아닌 연결통로로 연결된 경우
• 컨베이어로 연결되거나 플랜트설비의 배관 등으로 연결되어 있는 경우
• 지하보도, 지하상가, 지하가로 연결된 경우
• 자동방화셔터 또는 60분+방화문이 설치되지 않은 피트(전기설비 또는 배관설비 등이 설치되는 공간)로 연결된 경우
• 지하구로 연결된 경우

44 소방대라 함은 화재를 진압하고 화재, 재난·재해, 그 밖의 위급한 상황에서 구조·구급 활동 등을 하기 위하여 구성된 조직체를 말한다. 소방대의 구성원으로 틀린 것은?

① 소방공무원
② 소방안전관리원
③ 의무소방원
④ 의용소방대원

해설
소방대(消防隊, 소방기본법 제2조) : 화재를 진압하고 화재, 재난·재해, 그 밖의 위급한 상황에서 구조·구급 활동 등을 하기 위하여 소방공무원, 의무소방원, 의용소방대원으로 구성된 조직체

45 소방시설관리업자가 기술인력을 변경하는 경우, 시·도지사에게 제출해야 하는 서류로 틀린 것은?

① 소방시설관리업 등록수첩

② 변경된 기술인력의 기술자격증(경력수첩)

③ 소방기술인력대장

④ 사업자등록증 사본

해설

등록사항의 변경신고(소방시설법 규칙 제34조)
- 등록사항의 변경이 있는 때 : 변경일로부터 30일 이내에 소방시설관리업 등록사항 변경신고서를 첨부하여 시·도지사에게 제출
- 명칭·상호 또는 영업소 소재지를 변경하는 경우 : 소방시설관리업 등록증 및 등록수첩
- 대표자가 변경된 경우 : 소방시설관리업 등록증 및 등록수첩
- 기술인력이 변경된 경우
  - 소방시설관리업 등록수첩
  - 변경된 기술인력의 기술자격증(경력수첩을 포함)
  - 소방기술인력대장

46 제4류 위험물을 저장·취급하는 제조소에 "화기엄금"이란 주의사항을 표시하는 게시판을 설치할 경우 게시판의 색상은?

① 청색바탕에 백색문자

② 적색바탕에 백색문자

③ 백색바탕에 적색문자

④ 백색바탕에 흑색문자

해설

제4류 위험물의 주의사항 : 화기엄금(적색바탕에 백색문자)

47 다음 중 품질이 우수하다고 인정되는 소방용품에 대하여 우수품질인증을 할 수 있는 자는?

① 산업통상자원부장관

② 시·도지사

③ 소방청장

④ 소방본부장 또는 소방서장

해설

우수품질인증권자 : 소방청장

48 다음 중 고급기술자에 해당하는 학력·경력 기준으로 옳은 것은?

① 박사학위를 취득한 후 2년 이상 소방 관련 업무를 수행한 사람

② 석사학위를 취득한 후 4년 이상 소방 관련 업무를 수행한 사람

③ 학사학위를 취득한 후 6년 이상 소방 관련 업무를 수행한 사람

④ 고등학교를 졸업한 후 12년 이상 소방 관련 업무를 수행한 사람

해설

학력·경력 등에 따른 기술등급(공사업법 규칙 별표 4의2)

등 급	학력·경력자	경력자
고급 기술자	• 박사학위를 취득한 후 1년 이상 소방 관련 업무를 수행한 사람 • 석사학위를 취득한 후 4년 이상 소방 관련 업무를 수행한 사람 • 학사학위를 취득한 후 7년 이상 소방 관련 업무를 수행한 사람 • 전문학사학위를 취득한 후 10년 이상 소방 관련 업무를 수행한 사람 • 고등학교 소방학과를 졸업한 후 13년 이상 소방 관련 업무를 수행한 사람 • 고등학교를 졸업한 후 15년 이상 소방 관련 업무를 수행한 사람	• 학사 이상의 학위를 취득한 후 12년 이상 소방 관련 업무를 수행한 사람 • 전문학사학위를 취득한 후 15년 이상 소방 관련 업무를 수행한 사람 • 고등학교를 졸업한 후 18년 이상 소방 관련 업무를 수행한 사람 • 22년 이상 소방 관련 업무를 수행한 사람

49 소방기본법령상 인접하고 있는 시·도 간 소방업무의 상호응원협정을 체결하고자 할 때, 포함되어야 하는 사항으로 틀린 것은?

① 소방교육·훈련의 종류에 관한 사항
② 화재의 경계·진압활동에 관한 사항
③ 출동대원의 수당·식사 및 의복 수선의 소요경비 부담에 관한 사항
④ 화재조사활동에 관한 사항

해설
소방업무의 상호응원협정(규칙 제8조)
• 다음의 소방활동에 관한 사항
  – 화재의 경계·진압활동
  – 구조·구급업무의 지원
  – 화재조사활동
• 응원출동 대상지역 및 규모
• 다음의 소요경비의 부담에 관한 사항
  – 출동대원의 수당·식사 및 의복의 수선
  – 소방장비 및 기구의 정비와 연료의 보급
  – 그 밖의 경비
• 응원출동의 요청방법
• 응원출동훈련 및 평가

50 화재의 예방 및 안전관리에 관한 법률에서 옮긴 물건 등을 보관하는 경우에는 해당 소방관서의 인터넷 홈페이지에 공고한 후 보관기간은 공고하는 기간의 종료일 다음 날부터 며칠로 하는가?

① 3일   ② 5일
③ 7일   ④ 14일

해설
소방관서장은 옮긴 물건 등을 보관 시(영 제17조) : 소방관서장은 옮긴 물건 등을 보관하는 경우에는 그날부터 14일 동안 해당 소방관서의 인터넷 홈페이지에 그 사실을 공고해야 한다. 옮긴 물건 등의 보관기간은 공고기간의 종료일 다음 날부터 7일까지로 한다. 보관기간이 종료된 때에는 보관하고 있는 옮긴 물건 등을 매각해야 한다.

51 지정수량의 최소 몇 배 이상의 위험물을 취급하는 제조소에는 피뢰침을 설치해야 하는가?(단, 제6류 위험물을 취급하는 위험물제조소는 제외하고, 제조소 주위의 상황에 따라 안전상 지장이 없는 경우도 제외한다)

① 5배   ② 10배
③ 50배   ④ 100배

해설
제조소 등의 피뢰설비 : 지정수량의 10배 이상

52 산화성 고체인 제1류 위험물에 해당되는 것은?

① 질산염류   ② 특수인화물
③ 과염소산   ④ 유기과산화물

해설
위험물의 분류

종류	유별	성질	지정수량
질산염류	제1류 위험물	산화성 고체	300[kg]
특수인화물	제4류 위험물	인화성 액체	50[L]
과염소산	제6류 위험물	산화성 액체	300[kg]
유기과산화물	제5류 위험물	자기반응성 물질	10[kg]

53 위험물안전관리법상 청문을 실시하여 처분해야 하는 것은?

① 제조소 등 설치허가의 취소
② 제조소 등 영업정지 처분
③ 탱크시험자의 영업정지 처분
④ 과징금 부과 처분

해설
청문 실시 대상(법 제29조)
• 제조소 등 설치허가의 취소
• 탱크시험자의 등록취소

54 소방시설 설치 및 관리에 관한 법률상 특정소방대상물 중 오피스텔은 어느 시설에 해당하는가?

① 숙박시설　　　② 일반업무시설
③ 공동주택　　　④ 근린생활시설

해설
오피스텔 : 일반업무시설

55 소방시설 설치 및 관리에 관한 법률상 종사자 수가 5명이고 숙박시설이 모두 2인용 침대이며 침대 수량은 50개인 청소년시설에서 수용인원은 몇 명인가?

① 55　　　② 75
③ 85　　　④ 105

해설
침대가 있는 숙박시설의 수용인원(영 별표 7) : 특정소방대상물의 종사자 수 + 침대 수(2인용 침대는 2개)
∴ 수용인원 = 5 + (50 × 2) = 105명

56 다음 중 300만원 이하의 벌금에 해당되지 않는 것은?

① 등록수첩을 다른 자에게 빌려준 자
② 소방시설공사의 완공검사를 받지 않은 자
③ 소방기술자가 동시에 둘 이상의 업체에 취업한 사람
④ 소방시설공사 현장에 감리원을 배치하지 않는 자

해설
소방시설공사의 완공검사를 받지 않은 자(공사업법 제40조) : 200만원 이하의 과태료

57 소방시설 설치 및 관리에 관한 법률상 건축허가 등의 동의를 요구한 기관이 그 건축허가 등을 취소하였을 때, 취소한 날부터 최대 며칠 이내에 건축물 등의 시공지 또는 소재지를 관할하는 소방본부장 또는 소방서장에게 그 사실을 통보해야 하는가?

① 3일　　　② 4일
③ 7일　　　④ 10일

해설
건축허가 등의 동의(규칙 제3조)
• 동의여부 회신
 – 일반대상물 : 5일 이내
 – 특급소방안전관리대상물 : 10일 이내
　※ 특급소방안전관리대상물(화재예방법 영 별표 4)
　　㉠ 층수가 30층 이상(지하층 포함, 아파트 제외)
　　㉡ 높이가 120[m] 이상(지하층 포함, 아파트 제외)
　　㉢ 연면적 100,000[m²] 이상(아파트 제외)
　　㉣ 50층 이상(지하층 제외) 아파트
　　㉤ 높이 200[m] 이상인 아파트
• 동의 요구 첨부서류 보완기간 : 4일 이내
• 건축허가 등을 취소한 때 : 최소한 날부터 7일 이내에 소방본부장 또는 소방서장에게 통보

58 소방기본법상 화재 현장에서의 피난 등을 체험할 수 있는 소방체험관의 설립·운영권자는?

① 시·도지사
② 행정안전부장관
③ 소방본부장 또는 소방서장
④ 소방청장

해설
설립·운영권자(법 제4조, 제4조의2)
• 소방체험관 : 시·도지사
• 소방박물관 : 소방청장

59 소방기본법령상 소방활동구역의 출입자에 해당되지 않는 자는?

① 소방활동구역 안에 있는 소방대상물의 소유자·관리자 또는 점유자

② 전기·가스·수도·통신·교통의 업무에 종사하는 사람으로서 원활한 소방활동을 위하여 필요한 사람

③ 화재건물과 관련 있는 부동산업자

④ 취재인력 등 보도업무에 종사하는 사람

해설
소방활동구역의 출입자(영 제8조)
• 소방활동구역 안에 있는 소방대상물의 소유자·관리자 또는 점유자
• 전기·가스·수도·통신·교통의 업무에 종사하는 사람으로서 원활한 소방활동을 위하여 필요한 사람
• 의사·간호사, 그 밖의 구조·구급업무에 종사하는 사람
• 취재인력 등 보도업무에 종사하는 사람
• 수사업무에 종사하는 사람
• 그 밖에 소방대장이 소방활동을 위하여 출입을 허가한 사람

60 소방본부장 또는 소방서장은 건축허가 등의 동의 요구 서류를 접수한 날부터 최대 며칠 이내에 건축허가 등의 동의여부를 회신해야 하는가?(단, 허가신청 건축물은 지상으로부터 높이가 200[m]인 아파트이다)

① 5일   ② 7일

③ 10일   ④ 15일

해설
건축허가 등의 동의여부 회신(소방시설법 규칙 제3조)
• 일반대상물 : 5일 이내
• 특급소방안전관리대상물 : 10일 이내
※ 50층 이상(지하층은 제외)이거나 지상으로부터 높이가 200[m] 이상인 아파트 : 특급소방안전관리대상물

제4과목 소방기계시설의 구조 및 원리

61 작동전압이 22,900[V]의 고압의 전기기기가 있는 장소에 물분무소화설비를 설치할 때 전기기기와 물분무헤드 사이의 최소 이격거리는 얼마로 해야 하는가?

① 70[cm] 이상

② 80[cm] 이상

③ 110[cm] 이상

④ 150[cm] 이상

해설
전기기기와 물분무헤드 사이의 거리

전압[kV]	거리[cm]
66 이하	70 이상
66 초과 77 이하	80 이상
77 초과 110 이하	110 이상
110 초과 154 이하	150 이상
154 초과 181 이하	180 이상
181 초과 220 이하	210 이상
220 초과 275 이하	260 이상

62 다음 일반화재(A급 화재)에 적응성을 만족하지 못하는 소화약제는?

① 포소화약제

② 강화액소화약제

③ 할론소화약제

④ 이산화탄소소화약제

해설
이산화탄소소화약제 : B, C급 화재

63 거실 제연설비 설계 중 배출량 선정에 있어서 고려하지 않아도 되는 사항은?

① 예상제연구역의 수직거리
② 예상제연구역의 바닥면적
③ 제연설비의 배출방식
④ 자동식소화설비 및 피난설비의 설치 유무

해설
배출량 산정 시 고려사항
• 예상제연구역의 수직거리
• 예상제연구역의 바닥면적
• 제연설비의 배출방식

64 폐쇄형 스프링클러헤드를 최고주위온도 40[℃]인 장소(공장 제외)에 설치할 경우 표시온도는 몇 [℃]의 것을 설치해야 하는가?

① 79[℃] 미만
② 79[℃] 이상 121[℃] 미만
③ 121[℃] 이상 162[℃] 미만
④ 162[℃] 이상

해설
폐쇄형 스프링클러헤드의 표시온도

설치장소의 최고주위온도	표시온도
39[℃] 미만	79[℃] 미만
39[℃] 이상 64[℃] 미만	79[℃] 이상 121[℃] 미만
64[℃] 이상 106[℃] 미만	121[℃] 이상 162[℃] 미만
106[℃] 이상	162[℃] 이상

65 스프링클러헤드를 설치하지 않을 수 있는 장소로만 나열된 것은?

① 계단, 병실, 목욕실, 냉동창고의 냉동실
② 발전실, 수술실, 응급처치실, 통신기기실, 관람석이 없는 테니스장
③ 냉동창고의 냉동실, 변전실, 병실, 목욕실, 수영장 관람석
④ 수술실, 병실, 변전실, 발전실, 아파트(대피공간)

해설
스프링클러헤드의 설치 제외 장소
• 계단실(특별피난계단의 부속실을 포함한다)·경사로·승강기의 승강로·비상용승강기의 승강장·파이프덕트 및 덕트피트·목욕실·수영장(관람석 부분을 제외한다)·화장실·직접 외기에 개방되어 있는 복도·기타 이와 유사한 장소
• 통신기기실·전자기기실·기타 이와 유사한 장소
• 발전실·변전실·변압기·기타 이와 유사한 전기설비가 설치되어 있는 장소
• 병원의 수술실·응급처치실·기타 이와 유사한 장소
• 영하의 냉장창고의 냉장실 또는 냉동창고의 냉동실

66 학교, 공장, 창고시설에 설치하는 옥내소화전에서 가압송수장치 및 기동장치가 동결의 우려가 있는 경우 일부 사항을 제외하고는 주펌프와 동등 이상의 성능이 있는 별도의 펌프로서 내연기관의 기동과 연동하여 작동되거나 비상전원을 연결한 펌프를 추가 설치해야 한다. 다음 중 이러한 조치를 취해야 하는 경우는?

① 지하층이 없이 지상층만 있는 건축물

② 고가수조를 가압송수장치로 설치한 경우

③ 수원이 건축물의 최상층에 설치된 방수구보다 높은 위치에 설치된 경우

④ 건축물의 높이가 지표면으로부터 10[m] 이하인 경우

해설
주펌프와 동등 이상의 성능이 있는 별도의 펌프로서 내연기관의 기동과 연동하여 작동되거나 비상전원을 연결한 펌프를 추가 설치할 것. 다만, 다음의 경우는 제외한다.
• 지하층만 있는 건축물
• 고가수조를 가압송수장치로 설치한 경우
• 수원이 건축물의 최상층에 설치된 방수구보다 높은 위치에 설치된 경우
• 건축물의 높이가 지표면으로부터 10[m] 이하인 경우
• 가압수조를 가압송수장치로 설치한 경우

67 다음은 할론소화설비의 수동기동장치 점검내용으로 옳지 않은 것은?

① 방호구역마다 설치되어 있는지 점검한다.

② 방출지연스위치가 설치되어 있는지 점검한다.

③ 화재감지기와 연동되어 있는지 점검한다.

④ 조작부는 바닥으로부터 높이 0.8[m] 이상 1.5[m] 이하의 위치에 설치되어 있는지 점검한다.

해설
자동식 기동장치는 자동화재탐지설비의 감지기의 작동과 연동하는 것으로 설치해야 한다.

68 화재 시 연기가 찰 우려가 없는 장소로서 호스릴분말소화설비를 설치할 수 있는 기준 중 다음 (   ) 안에 알맞은 것은?

• 지상 1층 및 피난층에 있는 부분으로서 지상에서 수동 또는 원격조작에 따라 개방할 수 있는 개구부의 유효면적의 합계가 바닥면적의 (㉠)[%] 이상이 되는 부분
• 전기설비가 설치되어 있는 부분 또는 다량의 화기를 사용하는 부분(해당 설비의 주위 5[m] 이내의 부분을 포함한다)의 바닥면적이 해당 설비가 설치되어 있는 구획의 바닥면적의 (㉡) 미만이 되는 부분

① ㉠ 15, ㉡ $\dfrac{1}{5}$

② ㉠ 15, ㉡ $\dfrac{1}{2}$

③ ㉠ 20, ㉡ $\dfrac{1}{5}$

④ ㉠ 20, ㉡ $\dfrac{1}{2}$

해설
호스릴 분말소화설비를 설치할 수 있는 기준(화재 시 연기가 찰 우려가 없는 장소)
• 지상 1층 및 피난층에 있는 부분으로서 지상에서 수동 또는 원격조작에 따라 개방할 수 있는 개구부의 유효면적의 합계가 바닥면적의 15[%] 이상이 되는 부분
• 전기설비가 설치되어 있는 부분 또는 다량의 화기를 사용하는 부분(해당 설비의 주위 5[m] 이내의 부분을 포함한다)의 바닥면적이 해당 설비가 설치되어 있는 구획의 바닥면적의 1/5 미만이 되는 부분

69 다음 ( ) 안에 들어가는 기기로 옳은 것은?

> • 분말소화약제의 가압용 가스용기를 3병 이상 설치한
> 경우에는 2개 이상의 용기에 (㉠)를 부착해야 한다.
> • 분말소화약제의 가압용 가스용기에는 2.5[MPa] 이하
> 의 압력에서 조정이 가능한 (㉡)를 설치해야 한다.

① ㉠ 전자개방밸브, ㉡ 압력조정기
② ㉠ 전자개방밸브, ㉡ 정압작동장치
③ ㉠ 압력조정기, ㉡ 전자개방밸브
④ ㉠ 압력조정기, ㉡ 정압작동장치

해설
가스용기를 분말소화약제의 저장용기에 접속하여 설치한 경우
• 분말소화약제의 가압용 가스용기를 3병 이상 설치한 경우에는
 2개 이상의 용기에 전자개방밸브를 부착해야 한다.
• 분말소화약제의 가압용 가스용기에는 2.5[MPa] 이하의 압력에
 서 조정이 가능한 압력조정기를 설치해야 한다.

70 이산화탄소소화약제의 저장용기에 관한 일반적인
설명으로 옳지 않은 것은?

① 방호구역 내의 장소에 설치하되 피난구 부근을
 피하여 설치할 것
② 온도가 40[℃] 이하이고, 온도 변화가 작은 곳에
 설치할 것
③ 직사광선 및 빗물이 침투할 우려가 없는 곳에
 설치할 것
④ 용기 간의 간격은 점검에 지장이 없도록 3[cm]
 이상의 간격을 유지할 것

해설
이산화탄소소화약제의 저장용기 설치기준
• 방호구역 외의 장소에 설치할 것. 다만, 방호구역 내에 설치할
 경우에는 피난 및 조작이 용이하도록 피난구 부근에 설치해야
 한다.
• 온도가 40[℃] 이하이고, 온도 변화가 작은 곳에 설치할 것
• 직사광선 및 빗물이 침투할 우려가 없는 곳에 설치할 것
• 방화문으로 구획된 실에 설치할 것
• 용기 간의 간격은 점검에 지장이 없도록 3[cm] 이상의 간격을
 유지할 것

71 다음 중 피난사다리 하부지지점에 미끄럼방지장치
를 설치하는 것은?

① 내림식 사다리
② 올림식 사다리
③ 수납식 사다리
④ 신축식 사다리

해설
올림식 사다리의 설치기준
• 상부지지점(선단(끝부분)으로부터 60[cm] 이내의 임의의 부분
 으로 한다)에 미끄러지거나 넘어지지 않도록 하기 위하여 안전장
 치를 설치해야 한다.
• 하부지지점에는 미끄러짐을 막는 장치를 설치해야 한다.
• 신축하는 구조인 것은 사용할 때 자동적으로 작동하는 축제방지
 장치를 설치해야 한다.
• 접어지는 구조인 것은 사용할 때 자동적으로 작동하는 접힘방지
 장치를 설치해야 한다.

72 포소화약제의 혼합장치 중 펌프의 토출관에 압입
기를 설치하여 포소화약제 압입용 펌프로 포소화
약제를 압입시켜 혼합하는 방식은?

① 펌프 프로포셔너방식
② 프레셔 사이드 프로포셔너방식
③ 라인 프로포셔너방식
④ 프레셔 프로포셔너방식

해설
프레셔 사이드 프로포셔너방식(Pressure Side Proportioner,
압입 혼합방식) : 펌프의 토출관에 압입기를 설치하여 포소화약제
압입용 펌프로 포소화약제를 압입시켜 혼합하는 방식

73 제연설비에서 예상제연구역의 각 부분으로부터 하나의 배출구까지의 수평거리를 몇 [m] 이내가 되도록 해야 하는가?

① 10[m] ② 12[m]
③ 15[m] ④ 20[m]

제연설비의 배출구는 예상제연구역의 각 부분으로부터 하나의 배출구까지의 수평거리는 10[m] 이내이어야 한다.

74 상수도소화용수설비의 소화전은 특정소방대상물의 수평투영면의 각 부분으로부터 최대 몇 [m] 이하가 되도록 설치하는가?

① 25[m] ② 40[m]
③ 100[m] ④ 140[m]

상수도소화용수설비의 설치기준
• 호칭지름 75[mm] 이상의 수도배관에 호칭지름 100[mm] 이상의 소화전을 접속할 것
• 소화전은 소방자동차 등의 진입이 쉬운 도로변 또는 공지에 설치할 것
• 소화전은 특정소방대상물의 수평투영면의 각 부분으로부터 140[m] 이하가 되도록 설치할 것
• 지상식 소화전의 호스접결구는 지면으로부터 높이가 0.5[m] 이상 1[m] 이하가 되도록 설치할 것

75 물분무소화설비 가압송수장치의 토출량에 대한 최소기준으로 옳은 것은?(단, 특수가연물 저장, 취급하는 특정소방대상물 및 차고, 주차장의 바닥면적은 50[m²] 이하인 경우는 50[m²]를 기준으로 한다)

① 차고 또는 주차장의 바닥면적 1[m²]에 대해 10[L/min]로 20분간 방수할 수 있는 양 이상
② 특수가연물 저장, 취급하는 특정소방대상물의 바닥면적 1[m²]에 대해 20[L/min]로 20분간 방수할 수 있는 양 이상
③ 케이블 트레이, 케이블 덕트는 투영된 바닥면적 1[m²]에 대해 10[L/min]로 20분간 방수할 수 있는 양 이상
④ 절연유 봉입변압기는 바닥면적을 제외한 표면적을 합한 면적 1[m²]에 대해 10[L/min]로 20분간 방수할 수 있는 양 이상

펌프의 토출량과 수원의 양

특정소방대상물	펌프의 토출량 [L/min]	수원의 양[L]
특수가연물 저장, 취급	바닥면적(50[m²] 이하 는 50[m²]로) × 10[L/min·m²]	바닥면적(50[m²] 이하는 50[m²]로) × 10[L/min·m²] × 20[min]
차고, 주차장	바닥면적(50[m²] 이하는 50[m²]로) × 20[L/min·m²]	바닥면적(50[m²] 이하는 50[m²]로) × 20[L/min·m²] × 20[min]
절연유 봉입변압기	표면적(바닥부분 제외) × 10[L/min·m²]	표면적(바닥부분 제외) 10[L/min·m²] × 20[min]
케이블 트레이, 케이블 덕트	투영된 바닥면적 × 12[L/min·m²]	투영된 바닥면적 × 12[L/min·m²] × 20[min]
컨베이어 벨트	벨트 부분의 바닥면적 × 10[L/min·m²]	벨트 부분의 바닥면적 × 10[L/min·m²] × 20[min]

76 피난기구의 설치기준으로 옳지 않은 것은?

① 피난기구는 특정소방대상물의 기둥·바닥·보 기타 구조상 견고한 부분에 볼트조임·매입·용접 기타의 방법으로 견고하게 부착할 것

② 2층 이상의 층에 피난사다리(하향식 피난구용 내림식 사다리는 제외한다)를 설치하는 경우에는 금속성 고정사다리를 설치하고, 피난에 방해되지 않도록 노대는 설치되지 않아야 할 것

③ 승강식 피난기 및 하향식 피난구용 내림식 사다리는 설치경로가 설치층에서 피난층까지 연계될 수 있는 구조로 설치할 것. 다만, 건축물의 구조 및 설치 여건 상 불가피한 경우에는 그렇지 않다.

④ 승강식 피난기 및 하향식 피난구용 내림식 사다리의 하강구 내측에는 기구의 연결 금속구 등이 없어야 하며 전개된 피난기구는 하강구 수평투영면적 공간 내의 범위를 침범하지 않는 구조이어야 할 것. 단, 직경 60[cm] 크기의 범위를 벗어난 경우이거나, 직하층의 바닥면으로부터 높이 50[cm] 이하의 범위는 제외한다.

해설
피난기구의 설치기준
• 피난기구는 특정소방대상물의 기둥·바닥·보 기타 구조상 견고한 부분에 볼트조임·매입·용접 기타의 방법으로 견고하게 부착할 것
• 4층 이상의 층에 피난사다리(하향식 피난구용 내림식 사다리는 제외한다)를 설치하는 경우에는 금속성 고정사다리를 설치하고, 해당 고정사다리에는 쉽게 피난할 수 있는 구조의 노대를 설치할 것

77 포소화설비의 자동식 기동장치를 폐쇄형 스프링클러헤드의 개방과 연동하여 가압송수장치·일제개방밸브 및 포소화약제 혼합장치를 기동하는 경우 다음 (   ) 안에 알맞은 것은?(단, 자동화재탐지설비의 수신기가 설치된 장소에 상시 사람이 근무하고 있고, 화재 시 즉시 해당 조작부를 작동시킬 수 있는 경우는 제외한다)

표시온도가 (㉠)[℃] 미만인 것을 사용하고, 1개의 스프링클러헤드의 경계면적은 (㉡)[m²] 이하로 할 것

① ㉠ 79, ㉡ 8
② ㉠ 121, ㉡ 8
③ ㉠ 79, ㉡ 20
④ ㉠ 121, ㉡ 20

해설
폐쇄형 스프링클러헤드를 사용하는 경우 설치기준
• 표시온도가 79[℃] 미만인 것을 사용하고, 1개의 스프링클러헤드의 경계면적은 20[m²] 이하로 할 것
• 부착면의 높이는 바닥으로부터 5[m] 이하로 하고, 화재를 유효하게 감지할 수 있도록 할 것
• 하나의 감지장치 경계구역은 하나의 층이 되도록 할 것

78 특정소방대상물별 소화기구의 능력단위로 다음 ( ) 안에 알맞은 것은?

특정소방대상물	소화기구의 능력단위
장례식장 및 의료시설	해당 용도의 바닥면적 (㉠)[m²]마다 능력단위 1단위 이상
노유자시설	해당 용도의 바닥면적 (㉡)[m²]마다 능력단위 1단위 이상
위락시설	해당 용도의 바닥면적 (㉢)[m²]마다 능력단위 1단위 이상

① ㉠ 30, ㉡ 50, ㉢ 100

② ㉠ 30, ㉡ 100, ㉢ 50

③ ㉠ 50, ㉡ 100, ㉢ 30

④ ㉠ 50, ㉡ 30, ㉢ 100

해설

소방대상물별 소화기구의 능력단위

특정소방대상물	소화기구의 능력단위
위락시설	해당 용도의 바닥면적 30[m²]마다 능력단위 1단위 이상
공연장 · 집회장 · 관람장 · 문화재 · 장례식장 및 의료시설	해당 용도의 바닥면적 50[m²]마다 능력단위 1단위 이상
근린생활시설 · 판매시설 · 운수시설 · 숙박시설 · 노유자시설 · 전시장 · 공동주택 · 업무시설 · 방송통신시설 · 공장 · 창고시설 · 항공기 및 자동차관련시설 및 관광휴게시설	해당 용도의 바닥면적 100[m²]마다 능력단위 1단위 이상
그 밖의 것	해당 용도의 바닥면적 200[m²]마다 능력단위 1단위 이상

[비고] 소화기구의 능력단위를 산출함에 있어서 건축물의 주요구조부가 내화구조이고, 벽 및 반자의 실내에 면하는 부분이 불연재료 · 준불연재료 또는 난연재료로 된 특정소방대상물에 있어서는 위 표의 바닥면적의 2배를 해당 특정소방대상물의 기준면적으로 한다.

79 아래 평면도와 같이 반자가 있는 어느 실내에 전등이나 공조용 디퓨져 등의 시설물을 무시하고 수평거리를 2.1[m]로 하여 스프링클러헤드를 정방형으로 설치하고자 할 때 최소 몇 개의 헤드를 설치해야 하는가?(단, 반자 속에는 헤드를 설치하지 않는 것으로 한다)

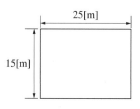

① 24개
② 42개
③ 54개
④ 72개

해설

헤드의 수

• 가로배열

$s = 2r\cos 45° = 2 \times 2.1 \times \cos 45° = 2.97[m]$

∴ 헤드의 수 $= 25[m] \div 2.97[m] = 8.42 ⇒ 9개$

• 세로배열

$s = 2r\cos 45° = 2 \times 2.1 \times \cos 45° = 2.97[m]$

∴ 헤드의 수 $= 15[m] \div 2.97[m] = 5.05 ⇒ 6개$

∴ 총 헤드 수 $= 9개 \times 6개 = 54개$

80 소화용수설비 중 소화수조 및 저수조에 대한 설명으로 틀린 것은?

① 소화수조, 저수조의 채수구 또는 흡수관투입구는 소방차가 2[m] 이내의 지점까지 접근할 수 있는 위치에 설치할 것

② 지하에 설치하는 소화용수설비의 흡수관투입구는 그 한 변이 0.6[m] 이상이거나 직경이 0.6[m] 이상인 것으로 할 것

③ 채수구는 지표면으로부터 높이가 0.5[m] 이상 1.0[m] 이하의 위치에 설치하고 "채수구"라고 표시한 표지를 할 것

④ 소화수조가 옥상 또는 옥탑의 부분에 설치된 경우에는 지상에 설치된 채수구에서의 압력이 0.1[MPa] 이상이 되도록 할 것

해설
소화수조 채수구의 압력 : 0.15[MPa] 이상

제1과목 소방원론

01 특정소방대상물(소방안전관리대상물은 제외)의 관계인과 소방안전관리대상물의 소방안전관리자의 업무가 아닌 것은?

① 화기취급의 감독
② 자체소방대의 운용
③ 소방 관련 시설의 유지·관리
④ 피난시설, 방화구획 및 방화시설의 유지·관리

해설
자위소방대의 구성·운영·교육은 소방안전관리자의 업무이다 (화재예방법 제24조).

02 다음 중 인화점이 가장 낮은 것은?

① 산화프로필렌
② 이황화탄소
③ 메틸알코올
④ 등 유

해설
제4류 위험물의 인화점

종 류	구 분	인화점
산화프로필렌	특수인화물	-37[℃]
이황화탄소	특수인화물	-30[℃]
메틸알코올	알코올류	11[℃]
등 유	제2석유류	39[℃] 이상

03 다음 중 인명구조기구에 속하지 않는 것은?

① 방열복
② 공기안전매트
③ 공기호흡기
④ 인공소생기

해설
인명구조기구
• 방열복, 방화복(안전모, 보호장갑 및 안전화 포함)
• 공기호흡기
• 인공소생기
※ 공기안전매트 : 피난기구

04 물의 소화력을 증대시키기 위하여 첨가하는 첨가제 중 물의 유실을 방지하고 건물, 임야 등의 입체면에 오랫동안 잔류하게 하기 위한 것은?

① 증점제   ② 강화액
③ 침투제   ④ 유화제

해설
물의 소화성능을 향상시키기 위해 첨가하는 첨가제 : 침투제, 증점제, 유화제
• 침투제 : 물의 표면장력을 감소시켜서 침투성을 증가시키는 Wetting Agent
• 증점제 : 물의 소화력을 증대시키기 위하여 첨가하는 첨가제 중 물의 유실을 방지하고 건물, 임야 등의 입체면에 오랫동안 잔류하게 하기 위한 Viscosity Agent
• 유화제 : 기름의 표면에 유화(에멀션)효과를 위한 첨가제(분무주수)

05 가연물의 제거와 가장 관련이 없는 소화방법은?

① 유류화재 시 유류공급밸브를 잠근다.
② 산불화재 시 나무를 잘라 없앤다.
③ 팽창진주암을 사용하여 진화한다.
④ 가스 화재 시 중간밸브를 잠근다.

해설
팽창진주암을 사용하여 진화하는 것은 질식소화이다.

06 할로겐화합물 및 불활성기체소화약제는 일반적으로 열을 받으면 할로겐족이 분해되어 가연물질의 연소과정에서 발생하는 활성종과 화합하여 연소의 연쇄반응을 차단한다. 연쇄반응의 차단과 가장 거리가 먼 소화약제는?

① FC-3-1-10
② HFC-125
③ IG-541
④ FIC-13I1

해설
할로겐화합물 및 불활성기체소화약제
• 할로겐화합물소화약제 : FC-3-1-10, HCFC-124, HFC-125, HFC-227ea, FIC-13I1 등
• 불활성기체소화약제 : IG-01, IG-55, IG-100, IG-541

07 CF_3Br 소화약제의 명칭을 옳게 나타낸 것은?

① 할론 1011
② 할론 1211
③ 할론 1301
④ 할론 2402

해설
할론소화약제

종류 구분	할론 1301	할론 1211	할론 2402	할론 1011
분자식	CF_3Br	CF_2ClBr	$C_2F_4Br_2$	CH_2ClBr
분자량	148.9	165.4	259.8	129.4

08 불포화 섬유지나 석탄에 자연발화를 일으키는 원인은?

① 분해열
② 산화열
③ 발효열
④ 중합열

해설
자연발화의 종류
• 분해열에 의한 발화 : 셀룰로이드, 나이트로셀룰로스
• 산화열에 의한 발화 : 석탄, 건성유, 고무분말
• 미생물에 의한 발화 : 퇴비, 먼지
• 흡착열에 의한 발화 : 목탄, 활성탄

09 프로페인 가스의 연소범위[vol%]에 가장 가까운 것은?

① 9.8~28.4
② 2.5~81
③ 4.0~75
④ 2.1~9.5

해설

종류	연소범위[vol%]
아세틸렌	2.5~81
수소	4.0~75
프로페인	2.1~9.5

10 화재 시 이산화탄소를 방출하여 산소농도를 13 [vol%]로 낮추어 소화하기 위한 공기 중 이산화탄소의 농도는 약 몇 [vol%]인가?

① 9.5   ② 25.8

③ 38.1   ④ 61.5

해설

$$CO_2 \text{ 농도}[\%] = \frac{21 - O_2}{21} \times 100[\%] = \frac{21 - 13}{21} \times 100[\%]$$
$$\fallingdotseq 38.1[\%]$$

11 화재의 지속시간 및 온도에 따라 목조건물과 내화건물을 비교했을 때 목조건물의 화재성상으로 가장 적합한 것은?

① 저온장기형이다.
② 저온단기형이다.
③ 고온장기형이다.
④ 고온단기형이다.

해설

• 목조건축물의 화재성상 : 고온단기형
• 내화건축물의 화재성상 : 저온장기형

12 에터, 케톤, 에스터, 알데하이드, 카복실산, 아민 등과 같은 가연성인 수용성 용매에 유효한 포소화약제는?

① 단백포
② 수성막포
③ 플루오린화단백포
④ 내알코올용포

해설

내알코올용포(알코올용포) : 에터, 케톤, 에스터, 알데하이드, 카복실산, 아민 등과 같은 가연성인 수용성 용매에 유효한 포소화약제

13 소화원리에 대한 설명으로 틀린 것은?

① 냉각소화 : 물의 증발잠열에 의하여 가연물의 온도를 저하시키는 소화방법
② 제거소화 : 가연성 가스의 분출 화재 시 연료공급을 차단시키는 소화방법
③ 질식소화 : 포소화약제 또는 불연성가스를 이용해서 공기 중의 산소공급을 차단하여 소화하는 방법
④ 억제소화 : 불활성기체를 방출하여 연소범위 이하로 낮추어 소화하는 방법

해설

소화방법

• 냉각소화 : 화재 현장에서 물의 증발잠열을 이용하여 열을 빼앗아 온도를 낮추어 소화하는 방법
• 제거소화 : 화재 현장에서 가연물을 없애주어(연료공급 차단) 소화하는 방법
• 질식소화 : 공기 중 산소의 농도를 21[%]에서 15[%] 이하로 낮추어 소화하는 방법
• 억제소화(부촉매효과) : 연쇄반응을 차단하여 소화하는 방법

14 방화벽의 구조기준 중 다음 (　) 안에 알맞은 것은?

> • 방화벽의 양쪽 끝과 윗쪽 끝을 건축물의 외벽면 및 지붕면으로부터 (㉠)[m] 이상 튀어 나오게 할 것
> • 방화벽에 설치하는 출입문의 너비 및 높이는 각각 (㉡)[m] 이하로 하고 해당 출입문에는 60분+방화문 또는 60분 방화문을 설치할 것

① ㉠ 0.3, ㉡ 2.5
② ㉠ 0.3, ㉡ 3.0
③ ㉠ 0.5, ㉡ 2.5
④ ㉠ 0.5, ㉡ 3.0

해설
방화벽의 구조(건피방 제21조)
• 내화구조로서 홀로 설 수 있는 구조일 것
• 방화벽의 양쪽 끝과 윗쪽 끝을 건축물의 외벽면 및 지붕면으로부터 0.5[m] 이상 튀어 나오게 할 것
• 방화벽에 설치하는 출입문의 너비 및 높이는 각각 2.5[m] 이하로 하고, 해당 출입문에는 60분+방화문 또는 60분 방화문을 설치할 것

15 BLEVE 현상을 설명한 것으로 가장 옳은 것은?

① 물이 뜨거운 기름표면 아래에서 끓을 때 화재를 수반하지 않고 Over Flow 되는 현상
② 물이 연소유의 뜨거운 표면에 들어갈 때 발생되는 Over Flow 현상
③ 탱크 바닥에 물과 기름의 에멀션이 섞여 있을 때 물의 비등으로 인하여 급격하게 Over Flow 되는 현상
④ 탱크 주위 화재로 탱크 내 인화성 액체가 비등하고 가스부분의 압력이 상승하여 탱크가 파괴되고 폭발을 일으키는 현상

해설
④ BLEVE 현상
① Froth Over
② Slop Over
③ Boil Over

16 화재의 유형별 특성에 관한 설명으로 옳은 것은?

① A급 화재는 무색으로 표시하며 감전의 위험이 있으므로 주수소화를 엄금한다.
② B급 화재는 황색으로 표시하며 질식소화를 통해 화재를 진압한다.
③ C급 화재는 백색으로 표시하며 가연성이 강한 금속의 화재이다.
④ D급 화재는 청색으로 표시하며 연소 후 재를 남긴다.

해설
화재의 유형별 특성

종 류	색 상	소화방법
A급 화재	백 색	냉각(주수)소화
B급 화재	황 색	질식소화
C급 화재	청 색	질식소화
D급 화재	무 색	마른모래에 의한 피복소화

17 독성이 매우 높은 가스로서 석유제품, 유지 등이 연소할 때 생성되는 알데하이드 계통의 가스는?

① 사이안화수소
② 암모니아
③ 포스겐
④ 아크롤레인

해설
아크롤레인 : 독성이 매우 높은 가스로서 석유제품, 유지 등이 연소할 때 생성되는 물질

18 다음 중 전산실, 통신기기실 등에서의 소화에 가장 적합한 것은?

① 스프링클러설비
② 옥내소화전설비
③ 분말소화설비
④ 할로겐화합물 및 불활성기체소화설비

해설
전산실, 통신기기실 소화 : 가스계소화설비(이산화탄소, 할론, 할로겐화합물 및 불활성기체소화설비)

19 화재강도(Fire Intensity)와 관계가 없는 것은?

① 가연물의 비표면적
② 발화원의 온도
③ 화재실의 구조
④ 가연물의 발열량

해설
화재강도와 관계
• 가연물의 비표면적
• 화재실의 구조
• 가연물의 발열량

20 화재 발생 시 인명피해 방지를 위한 건물로 적합한 것은?

① 피난구조설비가 없는 건물
② 특별피난계단의 구조로 된 건물
③ 피난기구가 관리되고 있지 않는 건물
④ 피난구 폐쇄 및 피난구유도등이 미비되어 있는 건물

해설
피난구조설비가 설치되어 잘 관리하고 있는 건물, 피난구 개방, 피난구유도등 상시점등, 특별피난계단이 설치된 건축물은 화재 발생 시 인명피해를 방지할 수 있다.

21 검사체적(Control Volume)에 대한 운동량방정식(Momentum Equation)과 가장 관계가 깊은 것은?

① 열역학 제2법칙
② 질량보존의 법칙
③ 에너지보존의 법칙
④ 뉴턴(Newton)의 운동법칙

해설
검사체적은 주어진 좌표계에 고정된 체적을 말하며 뉴턴의 운동 제2법칙은 검사체적(Control Volume)에 대한 운동량방정식의 근원이 되는 법칙이다.

22 폭이 4[m]이고 반경이 1[m]인 그림과 같은 1/4원형 모양으로 설치된 수문 AB가 있다. 이 수문이 받는 수직방향 분력 F_V의 크기[N]는?

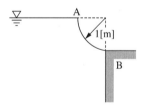

① 7,613
② 9,801
③ 30,787
④ 123,000

해설
수직성분은 F_V는 AB 위에 있는 가상의 물 무게와 같다.

$$F_V = \gamma V = 9,800[\text{N/m}^3] \times \left(\frac{\pi \times 1[\text{m}^2]}{4} \times 4[\text{m}] \right)$$

$$\fallingdotseq 30,787.6[\text{N}]$$

23 다음 단위 중 3가지는 동일한 단위이고 나머지 하나는 다른 단위이다. 이 중 동일한 단위가 아닌 것은?

① [J] ② [N · s]

③ [Pa · m³] ④ [kg] · [m²/s²]

단위환산
① $[J] = [N \cdot m]$
② $[N \cdot s] = [kg \times m/s^2] \times [s] = [kg \cdot m/s]$ (동력의 단위)
③ $[Pa \cdot m^3] = \left[\dfrac{N}{m^2} \times m^3\right] = [N \cdot m] = [J]$
④ $[kg] \cdot [m^2/s^2] = [kg \times m/s^2 \times m] = [N \cdot m] = [J]$

24 지름 150[mm]인 원 관에 비중이 0.85, 동점성계수가 1.33×10^{-4}[m²/s]인 기름이 0.01[m³/s]의 유량으로 흐르고 있다. 이때 관마찰계수는 약 얼마인가?(단, 임계 레이놀즈수는 2,100이다)

① 0.10 ② 0.14

③ 0.18 ④ 0.22

관마찰계수
먼저 레이놀즈수를 구하여 층류와 난류를 구분하여 관마찰계수를 구한다.

$Re = \dfrac{Du}{\nu}$ (무차원)

여기서, D : 관의 내경(0.15[m])

$$u(\text{유속}) = \frac{Q}{A} = \frac{4Q}{\pi D^2} = \frac{4 \times 0.01[\text{m}^3/\text{s}]}{\pi \times (0.15[\text{m}])^2} \fallingdotseq 0.57[\text{m/s}]$$

ν : 동점도(1.33×10^{-4}[m²/s])

$$\therefore Re = \frac{Du}{\nu} = \frac{0.15 \times 0.57}{1.33 \times 10^{-4}} = 642.86(\text{층류})$$

그러므로 층류일 때 관마찰계수

$$\therefore f = \frac{64}{Re} = \frac{64}{642.86} \fallingdotseq 0.099 \fallingdotseq 0.1$$

25 물질의 열역학적 변화에 대한 설명으로 틀린 것은?

① 마찰은 비가역성의 원인이 될 수 있다.
② 열역학 제1법칙은 에너지 보존에 대한 것이다.
③ 이상기체는 이상기체 상태방정식을 만족한다.
④ 가역단열과정은 엔트로피가 증가하는 과정이다.

가역단열과정 : 등엔트로피 과정

26 전양정이 60[m], 유량이 6[m³/min], 효율이 60 [%]인 펌프를 작동시키는 데 필요한 동력[kW]은?

① 44 ② 60

③ 98 ④ 117

펌프 동력

$$P = \frac{\gamma QH}{\eta} = \frac{9,800[\text{N/m}^3] \times 6/60[\text{m}^3/\text{s}] \times 60[\text{m}]}{0.6}$$
$$= 98,000[\text{N} \cdot \text{m/s}] = 98,000[\text{J/s}] = 98,000[\text{W}] = 98[\text{kW}]$$

27 체적탄성계수가 2×10^9[Pa] 물의 체적을 3[%] 감소시키려면 몇 [MPa]의 압력을 가해야 하는가?

① 25 ② 30

③ 45 ④ 60

체적탄성계수

$$K = -\left(\frac{\Delta P}{\Delta V/V}\right) \quad \Delta P = -\left(K \times \frac{\Delta V}{V}\right)$$
$$\Delta P = -(K \times \Delta V/V) = -2 \times 10^9 \times (-0.03)$$
$$= 60,000,000[\text{Pa}] = 60[\text{MPa}]$$

28 다음 유체 기계들의 압력 상승이 일반적으로 큰 것부터 순서대로 바르게 나열된 것은?

① 압축기(Compressor) – 블로어(Blower) – 팬(Fan)

② 블로어(Blower) – 압축기(Compressor) – 팬(Fan)

③ 팬(Fan) – 블로어(Blower) – 압축기(Compressor)

④ 팬(Fan) – 압축기(Compressor) – 블로어(Blower)

해설

기체의 수송장치
- 압축기(Compressor) : 1[kg$_f$/cm^2] 이상
- 블로어(Blower) : 1,000[mmAq] 이상 1[kg$_f$/cm^2] 미만
- 팬(Fan) : 0~1,000[mmAq] 미만

29 용량 2,000[L]의 탱크에 물을 가득 채운 소방차가 화재현장에 출동하여 노즐압력 390[kPa], 노즐구경 2.5[cm]를 사용하여 방수한다면 소방차 내의 물이 전부 방수되는 데 걸리는 시간은?

① 약 2분 26초

② 약 3분 35초

③ 약 4분 12초

④ 약 5분 44초

해설

방수량

$Q = 0.6597 CD^2 \sqrt{10P}$

여기서, Q : 유량[L/min]

  C : 유량계수

  D : 내경(2.5[cm] = 25[mm])

  P : 압력(390[kPa] = 0.39[MPa])

공식에서 $Q = 0.6597 D^2 \sqrt{10P}$

  $= 0.6597 \times (25)^2 \times \sqrt{10 \times 0.39}$

  $\fallingdotseq 814.25$[L/min]

$\therefore$ 2,000[L] $\div$ 814.25[L/min] $\fallingdotseq$ 2.46[min] $\fallingdotseq$ 2분 27초

30 이상기체의 폴리트로픽 변화 'PV^n = 일정'에서 $n = 1$인 경우 어느 변화에 속하는가?(단, P는 압력, V는 부피, n은 폴리트로프지수를 나타낸다)

① 단열변화　　　　② 등온변화

③ 정적변화　　　　④ 정압변화

해설

폴리트로픽 변화

$PV^n = $정수($C$)
- $n = 0$이면 정압변화
- $n = 1$이면 등온변화
- $n = k$이면 단열변화
- $n = \infty$이면 정적변화

31 피토관으로 파이프 중심선에서 흐르는 물의 유속을 측정할 때 피토관의 액주높이가 5.2[m], 정압튜브의 액주높이가 4.2[m]를 나타낸다면 유속[m/s]은?(단, 속도계수(C_v)는 0.97이다)

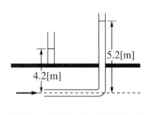

① 4.3　　　　② 3.5

③ 2.8　　　　④ 1.9

해설

유 속

$u = c\sqrt{2gH}$

$\therefore u = c\sqrt{2gH} = 0.97 \times \sqrt{2 \times 9.8[\text{m/s}^2] \times (5.2 - 4.2)[\text{m}]}$

  $\fallingdotseq 4.29$[m/s]

32 지름 75[mm]인 관로 속에 물이 평균속도 4[m/s] 로 흐르고 있을 때 유량[kg/s]은?

① 15.52 ② 16.92
③ 17.67 ④ 18.52

해설
질량유량

$$\overline{m} = Au\rho = \frac{\pi}{4}(0.075[\text{m}])^2 \times 4[\text{m/s}] \times 1,000[\text{kg/m}^3]$$

$$= 17.67[\text{kg/s}]$$

34 초기에 비어 있는 체적이 0.1[m³]인 견고한 용기 안에 공기(이상기체)를 서서히 주입한다. 공기 1[kg]을 넣었을 때 용기 안의 온도가 300[K]가 되었다면 이때 용기 안의 압력[kPa]은?(단, 공기의 기체상수는 0.287[kJ/kg·K]이다)

① 287 ② 300
③ 448 ④ 861

해설
용기 안 압력

$$P = \frac{WRT}{V}$$

여기서, P : 압력[kPa]
　　　　W : 무게(1[kg])
　　　　R : 기체상수(0.287[kJ/kg·K])
　　　　T : 절대온도(300[K])
　　　　V : 체적(0.1[m³])

$$\therefore P = \frac{WRT}{V} = \frac{1[\text{kg}] \times 0.287[\text{kJ/kg·K}] \times 300[\text{K}]}{0.1[\text{m}^3]}$$

$$= 861[\text{kPa}]$$

※ 단위환산

$$\bullet\ P = \frac{WRT}{V} = \left[\frac{\text{kg} \times \dfrac{\text{kN·m}}{\text{kg·K}} \times \text{K}}{\text{m}^3}\right] = [\text{kN/m}^2] = [\text{kPa}]$$

$\bullet\ [\text{J}] = [\text{N·m}], \ [\text{kJ}] = [\text{kN·m}]$

33 아래 그림과 같이 두 개의 가벼운 공 사이로 빠른 기류를 불어 넣으면 두 개의 공은 어떻게 되는가?

① 뉴턴의 법칙에 따라 벌어진다.
② 뉴턴의 법칙에 따라 가까워진다.
③ 베르누이의 법칙에 따라 벌어진다.
④ 베르누이의 법칙에 따라 가까워진다.

해설
베르누이 정리에서 압력, 속도, 위치수두의 합은 일정하므로 두 개의 공 사이에 속도가 증가하면 압력은 감소하여 두 개의 공은 가까워진다.

35 거리가 1,000[m] 되는 곳에 안지름 20[cm]의 관을 통하여 물을 수평으로 수송하려 한다. 한 시간에 800[m³]를 보내기 위해 필요한 압력[kPa]은?(단, 관의 마찰계수는 0.03이다)

① 1,370 ② 2,010

③ 3,750 ④ 4,580

해설

압 력

$\Delta P = \dfrac{flu^2\gamma}{2gD}$

여기서, f : 관마찰계수(0.03)

l : 길이(1,000[m])

u : 유속($Q = uA$,

$u = \dfrac{Q}{A} = \dfrac{800/3,600[\mathrm{m^3/s}]}{\frac{\pi}{4}(0.2[\mathrm{m}])^2} \fallingdotseq 7.07[\mathrm{m/s}]$)

γ : 물의 비중량(9,800[N/m³])

g : 중력가속도(9.8[m/s²])

D : 지름(0.2[m])

$\therefore \Delta P = \dfrac{flu^2\gamma}{2gD} = \dfrac{0.03 \times 1,000 \times (7.07)^2 \times 9,800}{2 \times 9.8 \times 0.2}$

$= 3,748,867.5[\mathrm{N/m^2} = \mathrm{Pa}]$

$= 3,748.9[\mathrm{kPa}]$

36 표면적이 같은 두 물체가 있다. 표면온도가 2,000[K]인 물체가 내는 복사에너지는 표면온도가 1,000[K]인 물체가 내는 복사에너지의 몇 배인가?

① 4 ② 8

③ 16 ④ 32

해설

복사에너지는 절대온도의 4제곱에 비례한다.

$T_1 : T_2 = (1,000)^4 : (2,000)^4 = 1 : 16$

37 다음 중 Stokes의 법칙과 관계되는 점도계는?

① Ostwald 점도계

② 낙구식 점도계

③ Saybolt 점도계

④ 회전식 점도계

해설

점도계

• 맥마이클(MacMichael)점도계, 스토머(Stormer) 점도계 : 뉴턴(Newton)의 점성법칙

• 오스트발트(Ostwald)점도계, 세이볼트(Saybolt) 점도계 : 하겐-포아젤 법칙

• 낙구식 점도계 : 스토크스 법칙

38 그림의 역U자관 마노미터에서 압력 차($P_x - P_y$)는 약 몇 [Pa]인가?

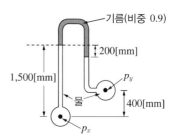

① 3,215 ② 4,116

③ 5,045 ④ 6,826

해설

압력차를 구하면

$P_x - 9,800[\mathrm{N/m^3}] \times 1.5[\mathrm{m}]$

$= P_y - 9,800[\mathrm{N/m^3}](1.5 - 0.2 - 0.4)[\mathrm{m}]$

$\quad - 0.9 \times 9,800[\mathrm{N/m^3}] \times 0.2[\mathrm{m}]$

$\therefore P_x - P_y = 14,700 - 8,820 - 1,764$

$= 4,116[\mathrm{N/m^2} = \mathrm{Pa}]$

39 지름이 다른 두 개의 피스톤이 그림과 같이 연결되어 있다. "1"부분의 피스톤의 지름이 "2"부분의 2배일 때 각 피스톤에 작용하는 힘 F_1과 F_2의 크기의 관계는?

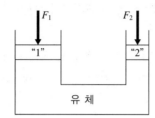

① $F_1 = F_2$ 　　② $F_1 = 2F_2$

③ $F_1 = 4F_2$ 　　④ $4F_1 = F_2$

해설
파스칼의 원리에서 피스톤 1의 지름 A_1, 피스톤 2의 지름 A_2라 하면

$$\frac{F_1}{A_1} = \frac{F_2}{A_2}$$

$$\frac{F_1}{F_2} = \frac{A_1}{A_2} = \frac{\frac{\pi}{4}(D_1)^2}{\frac{\pi}{4}(D_2)^2} = \frac{D_1^2}{D_2^2} = \left(\frac{2}{1}\right)^2 = 4$$

$$\therefore F_1 = 4F_2$$

40 글로브밸브에 의한 손실을 지름이 10[cm]이고 관마찰계수가 0.025인 관의 길이로 환산하면 상당길이가 40[m]가 된다. 이 밸브의 부차적 손실계수는?

① 0.25 　　② 1

③ 2.5 　　④ 10

해설
부차적 손실계수

$$L_e = \frac{Kd}{f} \qquad K = \frac{L_e \times f}{d}$$

여기서, L_e : 관의 상당길이
　　　　K : 부차적 손실계수
　　　　d : 지 름
　　　　f : 관마찰계수

$$\therefore K = \frac{L_e \times f}{d} = \frac{40[\text{m}] \times 0.025}{0.1[\text{m}]} = 10$$

41 다음 조건을 참조하여 숙박시설이 있는 특정소방대상물의 수용인원 산정 수로 옳은 것은?

> 침대가 있는 숙박시설로서 1인용 침대의 수는 20개이고 2인용 침대의 수는 10개이며 종업원의 수는 3명이다.

① 33명 　　② 40명

③ 43명 　　④ 46명

해설
침대가 있는 숙박시설의 수용인원(소방시설법 영 별표 7)
해당 특정소방대상물의 종사자 수에 침대 수(2인용 침대는 2개로 산정한다)를 합한 수
∴ 수용인원 = 종사자 수 + 침대 수 = 3 + [20 + (2 × 10)] = 43명

42 제조소 등의 위치·구조 또는 설비 변경 없이 해당 제조소 등에서 저장하거나 취급하는 위험물의 품명·수량 또는 지정수량의 배수를 변경하고자 할 때에는 누구에게 신고해야 하는가?

① 국무총리

② 시·도지사

③ 관할소방서장

④ 행정안전부장관

해설
위험물의 품명·수량 또는 지정수량의 배수를 변경 시(위험물법 제6조) : 시·도지사에게 신고

43 위험물안전관리법령상 제조소 등이 아닌 장소에서 지정수량 이상의 위험물을 취급할 수 있는 기준 중 ( ) 안에 알맞은 것은?

> 시·도의 조례가 정하는 바에 따라 관할 소방서장의 승인을 받아 지정수량 이상의 위험물을 ( )일 이내의 기간 동안 임시로 저장 또는 취급하는 경우

① 15　　　　　② 30
③ 60　　　　　④ 90

위험물의 임시저장기간(법 제5조) : 90일 이내

44 제6류 위험물에 속하지 않는 것은?

① 질 산　　　② 과산화수소
③ 과염소산　　④ 과염소산염류

위험물의 분류

종 류	유 별
질 산	제6류 위험물
과산화수소	제6류 위험물
과염소산	제6류 위험물
과염소산염류	제1류 위험물

45 위험물안전관리법령상 제조소 등의 관계인은 위험물의 안전관리에 관한 직무를 수행하게 하기 위하여 제조소 등마다 위험물의 취급에 관한 자격이 있는 자를 위험물안전관리자로 선임해야 한다. 이 경우 제조소 등의 관계인이 지켜야 할 기준으로 틀린 것은?

① 제조소 등의 관계인은 안전관리자를 해임하거나 퇴직한 날부터 15일 이내에 다시 안전관리자를 선임해야 한다.

② 제조소 등의 관계인이 안전관리자를 선임한 경우에는 선임한 날부터 14일 이내에 소방본부장 또는 소방서장에게 신고해야 한다.

③ 제조소 등의 관계인은 안전관리자가 여행·질병 그 밖의 사유로 인하여 일시적으로 직무를 수행할 수 없는 경우에는 국가기술자격법에 따른 위험물의 취급에 관한 자격취득자 또는 위험물안전에 관한 기본지식과 경험이 있는 자를 대리자로 지정하여 그 직무를 대행하게 해야 한다. 이 경우 대리자가 안전관리자의 직무를 대행하는 기간은 30일을 초과할 수 없다.

④ 안전관리자는 위험물을 취급하는 작업을 하는 때에는 작업자에게 안전관리에 관한 필요한 지시를 하는 등 위험물의 취급에 관한 안전관리와 감독을 해야 하고 제조소 등의 관계인과 그 종사자는 안전관리자의 위험물 안전관리에 관한 의견을 존중하고 그 권고에 따라야 한다.

위험물안전관리자의 재선임기간(법 제15조) : 해임하거나 퇴직한 날부터 30일 이내에 선임

46 항공기 격납고는 특정소방대상물 중 어느 시설에 해당하는가?

① 위험물 저장 및 처리시설
② 항공기 및 자동차 관련 시설
③ 창고시설
④ 업무시설

해설
항공기 및 자동차 관련 시설(소방시설법 영 별표 2)
• 항공기 격납고
• 차고, 주차용 건축물, 철골 조립식 주차시설 및 기계장치에 의한 주차시설
• 세차장, 폐차장
• 자동차 검사장, 자동차 매매장, 자동차 정비공장
• 운전학원, 정비학원

47 화재의 예방 및 안전관리에 관한 법률상 정당한 사유 없이 화재안전조사 결과에 따른 조치명령을 위반한 자에 대한 벌칙으로 옳은 것은?

① 100만원 이하의 벌금
② 300만원 이하의 벌금
③ 1년 이하의 징역 또는 1,000만원 이하의 벌금
④ 3년 이하의 징역 또는 3,000만원 이하의 벌금

해설
화재안전조사 결과에 따른 조치명령을 위반한 자 : 3년 이하의 징역 또는 3,000만원 이하의 벌금

48 소방시설 설치 및 관리에 관한 법률상 간이스프링클러설비를 설치해야 하는 특정소방대상물의 기준으로 옳은 것은?

① 근린생활시설로 사용하는 부분의 바닥면적 합계가 1,000[m²] 이상인 것은 모든 층
② 교육연구시설 내에 있는 합숙소로서 연면적 500[m²] 이상인 것
③ 의료재활시설을 제외한 요양병원으로 사용되는 바닥면적 합계가 300[m²] 이상 600[m²] 미만인 것
④ 정신의료기관 또는 의료재활시설로 사용되는 바닥면적 합계가 600[m²] 미만인 시설

해설
간이스프링클러설비의 설치 대상물(영 별표 4)
• 공동주택 중 연립주택 및 다세대주택
• 근린생활시설 중 다음의 어느 하나에 해당하는 것
  − 근린생활시설로 사용하는 부분의 바닥면적 합계가 1,000[m²] 이상인 것은 모든 층
  − 의원, 치과의원 및 한의원으로서 입원실이 있는 시설
  − 조산원 및 산후조리원으로서 연면적 600[m²] 미만인 시설
• 교육연구시설 내에 합숙소로서 연면적 100[m²] 이상인 경우에는 모든 층
• 의료시설 중 다음의 어느 하나에 해당하는 시설
  − 종합병원, 병원, 치과병원, 한방병원 및 요양병원(의료재활시설은 제외한다)으로 사용되는 바닥면적의 합계가 600[m²] 미만인 시설
  − 정신의료기관 또는 의료재활시설로 사용되는 바닥면적의 합계가 300[m²] 이상 600[m²] 미만인 시설
  − 정신의료기관 또는 의료재활시설로 사용되는 바닥면적의 합계가 300[m²] 미만이고, 창살(철재・플라스틱 또는 목재 등으로 사람의 탈출 등을 막기 위하여 설치한 것을 말하며, 화재 시 자동으로 열리는 구조로 되어 있는 창살은 제외한다)이 설치된 시설
• 숙박시설로서 바닥면적의 합계가 300[m²] 이상 600[m²] 미만인 시설
• 복합건축물(영 별표 2 제30호 나목의 복합건축물만 해당한다)로서 연면적 1,000[m²] 이상인 것은 모든 층

49 소방관서장은 화재예방강화지구 안의 관계인에 대하여 소방상 필요한 훈련 및 교육은 연 몇 회 이상 실시할 수 있는가?

① 1 　　　　　　② 2
③ 3 　　　　　　④ 4

해설
화재예방강화지구 안의 소방훈련(화재예방법 영 제20조) : 연 1회 이상

51 소방시설 설치 및 관리에 관한 법률상 소방시설 등의 자체점검 시 점검 인력 배치기준 중 종합점검에 대한 점검인력 1단위가 하루 동안 점검할 수 있는 특정소방대상물의 연면적 기준으로 옳은 것은? (단, 보조인력을 추가하는 경우는 제외한다)

① 3,500[m²] 　　　　② 8,000[m²]
③ 10,000[m²] 　　　④ 12,000[m²]

해설
자체점검의 점검 1단위의 점검기준(점검 1단위 : 소방시설관리사 + 보조인력 2명)

종 류	일반건축물		아파트	
	기본면적	보조인력 1명 추가 시	기본세대 수	보조인력 1명 추가 시
작동점검	10,000[m²]	2,500[m²]	250세대	60세대
종합점검	8,000[m²]	2,000[m²]	250세대	60세대

50 화재예방강화지구로 지정할 수 있는 대상이 아닌 것은?

① 시장지역
② 소방출동로가 있는 지역
③ 공장·창고가 밀집한 지역
④ 목조건물이 밀집한 지역

해설
소방시설, 소방용수시설, 소방출동로가 없는 지역은 화재예방강화지구의 지정대상이다(화재예방법 영 제18조).

52 소방기본법상 소방대의 구성원에 속하지 않는 자는?

① 소방공무원법에 따른 소방공무원
② 의용소방대 설치 및 운영에 관한 법률에 따른 의용소방대원
③ 위험물안전관리법에 따른 자체소방대원
④ 의무소방대설치법에 따라 임용된 의무소방원

해설
소방대의 구성(기본법 제2조) : 소방공무원, 의용소방대원, 의무소방원

53 다음 중 한국소방안전원의 업무에 해당하지 않는 것은?

① 소방용 기계·기구의 형식승인
② 소방업무에 관하여 행정기관이 위탁하는 업무
③ 화재예방과 안전관리의식 고취를 위한 대국민 홍보
④ 소방기술과 안전관리에 관한 교육, 조사·연구 및 각종 간행물 발간

해설
한국소방안전원의 업무(소방기본법 제41조)
• 소방기술과 안전관리에 관한 교육 및 조사·연구
• 소방기술과 안전관리에 관한 각종 간행물 발간
• 화재예방과 안전관리의식 고취를 위한 대국민 홍보
• 소방업무에 관하여 행정기관이 위탁하는 업무
• 소방안전에 관한 국제협력
• 그 밖의 회원에 대한 기술지원 등 정관으로 정하는 사항

54 소방기본법령상 국고보조 대상사업의 범위 중 소방활동장비와 설비에 해당하지 않는 것은?

① 소방자동차
② 소방헬리콥터 및 소방정
③ 소화용수설비 및 피난구조설비
④ 방화복 등 소방활동에 필요한 소방장비

해설
국고보조 대상(영 제2조)
• 소방활동장비와 설비의 구입 및 설치
  – 소방자동차
  – 소방헬리콥터 및 소방정
  – 소방전용 통신설비 및 전산설비
  – 그 밖의 방화복 등 소방활동에 필요한 소방장비
• 소방관서용 청사의 건축

55 소방안전관리자 및 소방안전관리보조자에 대한 실무교육의 교육대상, 교육일정 등 실무교육에 필요한 계획을 수립하여 매년 누구의 승인을 얻어 교육을 실시하는가?

① 한국소방안전원장　② 소방본부장
③ 소방청장　　　　　④ 시·도지사

해설
실무교육은 소방청장의 승인을 받아 한국소방안전원에서 실시한다(화재예방법 제34조).

56 화재의 예방 및 안전관리에 관한 법률상 소방청장, 소방본부장 또는 소방서장은 관할 구역에 있는 소방대상물에 대하여 화재안전조사를 실시할 수 있다. 화재안전조사 대상과 거리가 먼 것은?(단, 개인 주거에 대하여는 관계인의 승낙을 득한 경우이다)

① 화재예방강화지구 등 법령에서 화재안전조사를 하도록 규정되어 있는 경우
② 화재예방안전진단이 불성실하거나 불완전하다고 인정되는 경우
③ 화재가 발생할 우려는 없으나 소방대상물의 정기점검이 필요한 경우
④ 국가적 행사 등 주요행사가 개최되는 장소에 대하여 소방안전관리 실태를 조사할 필요가 있는 경우

해설
화재안전조사의 대상(법 제7조)
• 자체점검 등이 불성실하거나 불완전하다고 인정되는 경우
• 화재예방강화지구 등 법령에서 화재안전조사를 하도록 규정되어 있는 경우
• 화재예방안전진단이 불성실하거나 불완전하다고 인정되는 경우
• 국가적 행사 등 주요 행사가 개최되는 장소 및 그 주변의 관계지역에 대하여 소방안전관리 실태를 조사할 필요가 있는 경우
• 화재가 자주 발생하였거나 발생할 우려가 뚜렷한 곳에 대한 조사가 필요한 경우
• 재난예측예보, 기상예보 등을 소방대상물에 화재의 발생 위험이 크다고 판단되는 경우

57 특정소방대상물의 방염 등과 관련하여 방염성능기준은 무엇으로 정하는가?

① 대통령령
② 행정안전부령
③ 소방청훈련
④ 소방청예규

해설

방염성능기준(소방시설법 제20조) : 대통령령

58 다음 중 상주공사감리를 해야 할 대상의 기준으로 옳은 것은?

① 지하층을 포함한 층수가 16층 이상으로서 300세대 이상인 아파트에 대한 소방시설의 공사
② 지하층을 포함한 층수가 16층 이상으로서 500세대 이상인 아파트에 대한 소방시설의 공사
③ 지하층을 포함하지 않는 층수가 16층 이상으로서 300세대 이상인 아파트에 대한 소방시설의 공사
④ 지하층을 포함하지 않는 층수가 16층 이상으로서 500세대 이상인 아파트에 대한 소방시설의 공사

해설

상주공사감리 대상(공사업법 영 별표 3)
• 연면적이 30,000[m²] 이상인 특정소방대상물(아파트는 제외)에 대한 소방시설의 공사
• 지하층을 포함한 층수가 16층 이상으로서 500세대 이상인 아파트에 대한 소방시설공사

59 화재안전조사의 항목에 해당되지 않는 것은?

① 화재의 예방조치 등에 관한 사항
② 소방자동차 전용구역의 설치에 관한 사항
③ 위험물 예방규정에 관한 사항
④ 방염에 관한 사항

해설

위험물 예방규정에 관한 사항은 화재안전조사 항목이 아니다(화재예방법 영 제7조).

60 화재의 예방 및 안전관리에 관한 법률상 소방대상물의 개수·이전·제거, 사용의 금지 또는 제한, 사용폐쇄, 공사의 정지 또는 중지, 그 밖의 필요한 조치로 인하여 손실을 받은 자가 손실보상청구서에 첨부해야 하는 서류로 틀린 것은?

① 손실보상합의서
② 손실을 증명할 수 있는 사진
③ 손실을 증명할 수 있는 증빙자료
④ 소방대상물의 관계인임을 증명할 수 있는 서류(건축물대장은 제외)

해설

손실보상청구서에 첨부해야 하는 서류(규칙 제6조)
• 소방대상물의 관계인임을 증명할 수 있는 서류(건축물대장은 제외한다)
• 손실을 증명할 수 있는 사진 그 밖의 증빙자료

61 이산화탄소소화설비의 기동장치에 대한 기준으로 틀린 것은?

① 자동식 기동장치에는 수동으로도 기동할 수 있는 구조로 할 것

② 가스압력식 기동장치에서 기동용 가스용기 및 해당 용기에 사용하는 밸브는 20[MPa] 이상의 압력에 견딜 수 있어야 한다.

③ 수동식 기동장치의 조작부는 바닥으로부터 높이 0.8[m] 이상 1.5[m] 이하의 위치에 설치한다.

④ 전기식 기동장치로서 7병 이상의 저장용기를 동시에 개방하는 설비는 2병 이상의 저장용기에 전자개방밸브를 부착해야 한다.

해설
기동용 가스용기 및 해당 용기에 사용하는 밸브는 25[MPa] 이상의 압력에 견딜 수 있는 것으로 할 것

62 물분무소화설비의 가압송수장치로 압력수조의 필요압력을 산출할 때 필요한 것이 아닌 것은?

① 낙차의 환산수두압
② 물분무헤드의 설계압력
③ 배관의 마찰손실수두압
④ 호스의 마찰손실수두압

해설
물분무소화설비의 가압송수장치 압력수조의 압력
필요한 압력 $P = P_1 + P_2 + P_3$
여기서, P_1 : 물분무헤드의 설계압력[MPa]
　　　　P_2 : 배관의 마찰손실수두압[MPa]
　　　　P_3 : 낙차의 환산수두압[MPa]

63 소화용수설비에서 소화수조의 소요수량이 20[m³] 이상 40[m³] 미만인 경우에 설치해야 하는 채수구의 개수는?

① 1개
② 2개
③ 3개
④ 4개

해설
소화용수설비의 소요수량에 따른 채수구의 수

소요수량	채수구의 수	가압송수 장치의 1분당 양수량
20[m³] 이상 40[m³] 미만	1개	1,100[L] 이상
40[m³] 이상 100[m³] 미만	2개	2,200[L] 이상
100[m³] 이상	3개	3,300[L] 이상

64 천장의 기울기가 10분의 1을 초과할 경우에 가지관의 최상부에 설치되는 톱날지붕의 스프링클러헤드는 천장의 최상부로부터의 수직거리가 몇 [cm] 이하가 되도록 설치해야 하는가?

① 50
② 70
③ 90
④ 120

해설
천장의 기울기가 10분의 1을 초과할 경우
• 가지관을 천장의 마루와 평행하게 설치할 것
• 천장의 최상부에 스프링클러헤드를 설치하는 경우에는 최상부에 설치하는 스프링클러헤드의 반사판을 수평으로 설치할 것
• 가지관의 최상부에 설치하는 스프링클러헤드는 천장의 최상부로부터의 수직거리가 90[cm] 이하가 되도록 할 것. 톱날지붕, 둥근지붕 기타 이와 유사한 지붕의 경우에도 이에 준한다.

65 전역방출방식의 분말소화설비에서 방호구역의 개구부에 자동폐쇄장치를 설치하지 않은 경우 개구부의 면적 1[m²]에 대한 분말소화약제의 가산량으로 잘못 연결된 것은?

① 제1종 분말 – 4.5[kg]

② 제2종 분말 – 2.7[kg]

③ 제3종 분말 – 2.5[kg]

④ 제4종 분말 – 1.8[kg]

해설

분말소화설비의 소화약제 가산량

소화약제의 종별	가산량(개구부의 면적 1[m²]에 대한 소화약제의 양)
제1종 분말	4.5[kg]
제2종 또는 제3종 분말	2.7[kg]
제4종 분말	1.8[kg]

66 다음은 상수도소화용수설비의 설치기준에 관한 설명이다. ( ) 안에 들어갈 내용으로 알맞은 것은?

> 호칭지름 75[mm] 이상의 수도배관에 호칭지름 ( )[mm] 이상의 소화전을 접속할 것

① 50   ② 80

③ 100   ④ 125

해설

상수도소화용수설비의 설치기준

• 호칭지름 75[mm] 이상의 수도배관에 호칭지름 100[mm] 이상의 소화전을 접속할 것

• 소화전은 소방자동차 등의 진압이 쉬운 도로변 또는 공지에 설치할 것

• 소화전은 특정소방대상물의 수평투영면의 각 부분으로 140[m] 이하가 되도록 설치할 것

• 지상식 소화전의 호스접결구는 지면으로부터 높이가 0.5[m] 이상 1[m] 이하가 되도록 설치할 것

67 다음은 포소화설비에서 펌프의 성능에 관한 내용이다. ( ) 안에 들어갈 내용으로 옳은 것은?

> 펌프의 성능은 체절운전 시 정격토출압력의 (㉠)[%]를 초과하지 않고 정격토출량의 150[%]로 운전 시 정격토출압력의 (㉡)[%] 이상이 되어야 한다.

① ㉠ 120, ㉡ 65

② ㉠ 120, ㉡ 75

③ ㉠ 140, ㉡ 65

④ ㉠ 140, ㉡ 75

해설

포소화설비에서 펌프의 성능

펌프의 성능은 체절운전 시 정격토출압력의 140[%]를 초과하지 않고, 정격토출량의 150[%]로 운전 시 정격토출압력의 65[%] 이상이 되어야 하며 펌프의 성능을 시험할 수 있는 성능시험배관을 설치할 것

68 주거용 주방자동소화장치의 설치기준으로 틀린 것은?

① 감지부는 형식승인 받은 유효한 높이 및 위치에 설치해야 한다.

② 소화약제 방출구는 환기구의 청소부분과 분리되어 있어야 한다.

③ 차단장치는 상시 확인 및 점검이 가능하도록 설치해야 한다.

④ 가스용 주방자동소화장치를 사용하는 경우 탐지부는 수신부와 분리하여 설치하되, 공기보다 무거운 가스를 사용하는 장소에는 바닥면으로부터 0.2[m] 이하의 위치에 설치해야 한다.

해설
주거용 주방자동소화장치의 설치기준
• 소화약제 방출구는 환기구(주방에서 발생하는 열기류 등을 밖으로 배출하는 장치를 말한다)의 청소부분과 분리되어 있어야 하며, 형식승인 받은 유효설치 높이 및 설치 및 방호면적에 따라 설치할 것
• 감지부는 형식승인 받은 유효한 높이 및 위치에 설치할 것
• 차단장치(전기 또는 가스)는 상시 확인 및 점검이 가능하도록 설치할 것
• 가스용 주방자동소화장치를 사용하는 경우 탐지부는 수신부와 분리하여 설치하되, 공기보다 가벼운 가스(LNG)를 사용하는 경우에는 천장면으로부터 30[cm] 이하의 위치에 설치하고, 공기보다 무거운 가스(LPG)를 사용하는 장소에는 바닥면으로부터 30[cm] 이하의 위치에 설치할 것

69 분말소화설비에서 분말소화약제 1[kg]당 저장용기의 내용적 기준 중 틀린 것은?

① 제1종 분말 : 0.8[L]

② 제2종 분말 : 1.0[L]

③ 제3종 분말 : 1.0[L]

④ 제4종 분말 : 1.8[L]

해설
분말소화약제의 충전비

소화약제의 종별	충전비
제1종 분말	0.80[L/kg]
제2종 분말	1.00[L/kg]
제3종 분말	1.00[L/kg]
제4종 분말	1.25[L/kg]

70 스프링클러설비의 가압송수장치의 정격토출압력은 하나의 헤드 선단(끝부분)에 얼마의 방수압력이 될 수 있는 크기이어야 하는가?

① 0.01[MPa] 이상 0.05[MPa] 이하

② 0.1[MPa] 이상 1.2[MPa] 이하

③ 1.5[MPa] 이상 2.0[MPa] 이하

④ 2.5[MPa] 이상 3.3[MPa] 이하

해설
스프링클러설비

구분	항목	방수압력	토출량	수원
스프링클러 설비		0.1[MPa] 이상 1.2[MPa] 이하	헤드 수 ×80[L/min]	헤드 수×1.6[m³] (80[L/min]×20[min])

71 물분무소화설비의 소화작용이 아닌 것은?

① 부촉매작용

② 냉각작용

③ 질식작용

④ 희석작용

해설
물분무소화설비의 소화작용 : 질식, 냉각, 희석, 유화작용

72 제연설비의 설치장소에 따른 제연구획의 구획기준으로 틀린 것은?

① 거실과 통로는 각각 제연구획할 것
② 하나의 제연구역의 면적은 600[m²] 이내로 할 것
③ 하나의 제연구역은 직경 60[m] 원 내에 들어갈 수 있을 것
④ 하나의 제연구역은 2 이상의 층에 미치지 않도록 할 것

해설
제연구역의 구획기준
• 하나의 제연구역의 면적은 1,000[m²] 이내로 할 것
• 거실과 통로(복도를 포함한다)는 각각 제연구획할 것
• 통로상의 제연구역은 보행중심선의 길이가 60[m]를 초과하지 않을 것
• 하나의 제연구역은 직경 60[m] 원 내에 들어갈 수 있을 것
• 하나의 제연구역은 2 이상의 층에 미치지 않도록 할 것. 다만, 층의 구분이 불분명한 부분은 그 부분을 다른 부분과 별도로 제연구획해야 한다.

73 옥내소화전이 하나의 층에는 6개, 또 다른 층에는 3개, 나머지 모든 층에는 4개씩 설치되어 있다. 수원의 최소 수량[m³] 기준은?

① 2.6   ② 5.2
③ 7.8   ④ 10.4

해설
옥내소화전설비의 수원 = 소화전수(최대 2개) × 2.6[m³]
　　　　　　　　　　 = 2 × 2.6[m³]
　　　　　　　　　　 = 5.2[m³]

74 스프링클러설비의 교차배관에서 분기되는 지점을 기점으로 한쪽 가지배관에 설치되는 헤드는 몇 개 이하로 설치해야 하는가?(단, 수리학적 배관방식의 경우는 제외한다)

① 8   ② 10
③ 12   ④ 18

해설
스프링클러설비의 한쪽 가지배관에 설치하는 헤드 수 : 8개 이하

75 포소화설비의 자동식 기동장치에서 폐쇄형 스프링클러헤드를 사용하는 경우의 설치기준에 대한 설명이다. ㉠～㉢의 내용으로 옳은 것은?

• 표시온도가 (㉠)[℃] 미만의 것을 사용하고, 1개의 스프링클러헤드의 경계면적은 (㉡)[m²] 이하로 할 것
• 부착면의 높이는 바닥으로부터 (㉢)[m] 이하로 하고, 화재를 유효하게 감지할 수 있도록 할 것

① ㉠ 68, ㉡ 20, ㉢ 5
② ㉠ 68, ㉡ 30, ㉢ 7
③ ㉠ 79, ㉡ 20, ㉢ 5
④ ㉠ 79, ㉡ 30, ㉢ 7

해설
폐쇄형 스프링클러헤드를 사용하는 경우 설치기준
• 표시온도가 79[℃] 미만인 것을 사용하고, 1개의 스프링클러헤드의 경계면적은 20[m²] 이하로 할 것
• 부착면의 높이는 바닥으로부터 5[m] 이하로 할 것
• 하나의 감지장치 경계구역은 하나의 층이 되도록 할 것

76 특별피난계단의 계단실 및 부속실 제연설비의 안전기준에 대한 내용으로 틀린 것은?

① 제연구역과 옥내와의 사이에 유지해야 하는 최소 차압은 40[Pa] 이상으로 해야 한다.

② 제연설비가 가동되었을 경우 출입문의 개방에 필요한 힘은 110[N] 이상으로 해야 한다.

③ 계단실과 부속실을 동시에 제연하는 경우 부속실의 기압은 계단실과 같게 하거나 계단실의 기압보다 낮게 할 경우에는 부속실과 계단실의 압력 차이는 5[Pa] 이하가 되도록 해야 한다.

④ 계단실 및 그 부속실을 동시에 제연하거나 또는 계단실만 단독으로 제연할 때의 방연풍속은 0.5[m/s] 이상이어야 한다.

> **해설**
> 제연설비가 가동되었을 경우 출입문의 개방에 필요한 힘은 110[N] 이하로 해야 한다.

77 체적 100[m³]의 면화류 창고에 전역방출방식의 이산화탄소소화설비를 설치하는 경우에 소화약제는 몇 [kg] 이상 저장해야 하는가?(단, 방호구역의 개구부에 자동폐쇄장치가 부착되어 있다)

① 12 ② 27
③ 120 ④ 270

> **해설**
> 소화약제량 = 방호구역 체적[m³] × 소화약제량[kg/m³]
> $\quad$ = 100[m³] × 2.7[kg/m³]
> $\quad$ = 270[kg]

78 주요구조부가 내화구조이고 건널 복도가 설치된 층의 피난기구 수의 설치 감소방법으로 적합한 것은?

① 피난기구를 설치하지 않을 수 있다.

② 피난기구의 수에서 $\frac{1}{2}$ 을 감소한 수로 한다.

③ 원래의 수에서 건널 복도 수를 더한 수로 한다.

④ 피난기구의 수에서 해당 건널 복도의 수의 2배의 수를 뺀 수로 한다.

> **해설**
> **피난기구의 감소**
> 주요구조부가 내화구조이고 다음 기준에 적합한 건널 복도에 설치된 층에는 피난기구의 수에서 해당 건널 복도 수의 2배의 수를 뺀 수로 한다.
> • 내화구조 또는 철골조로 되어있을 것
> • 건널 복도 양단의 출입구에 자동폐쇄장치를 한 60분+방화문 또는 60분 방화문(자동방화셔터 제외)이 설치되어 있을 것
> • 피난·통행 또는 운반의 전용 용도일 것

79 스프링클러설비의 누수로 인한 유수검지장치의 오동작을 방지하기 위한 목적으로 설치하는 것은?

① 솔레노이드밸브
② 리타딩체임버
③ 물올림장치
④ 성능시험배관

> **해설**
> 리타딩체임버 : 오동작 방지

80 지상으로부터 높이 30[m]가 되는 창문에서 구조대용 유도 로프의 모래주머니를 자연 낙하시킨 경우 지상에 도달할 때까지 걸리는 시간[초]은?

① 2.5　　　　　② 5

③ 7.5　　　　　④ 10

해설

$$d = \frac{1}{2}gt^2 \quad t = \sqrt{\frac{d}{1/2\,g}} = \sqrt{\frac{d}{0.5 \times g}}$$

여기서, d : 거리[m]

$\quad\quad\quad g$: 중력가속도(9.8[m/s^2])

$\quad\quad\quad t$: 낙하시간[s]

$$\therefore \quad t = \sqrt{\frac{d}{0.5 \times g}} = \sqrt{\frac{30}{0.5 \times 9.8}} \fallingdotseq 2.47[s]$$

제1과목 **소방원론**

01 이산화탄소에 대한 설명으로 틀린 것은?

① 임계온도는 97.5[℃]이다.

② 고체의 형태로 존재할 수 있다.

③ 불연성가스로 공기보다 무겁다.

④ 드라이아이스와 분자식이 동일하다.

해설

이산화탄소

• 불연성가스로서 상온에서 기체이고 고체, 액체, 기체상태로 존재한다.

• 물 성

화학식	삼중점	임계압력	임계온도	충전비
CO_2	$-56.3[℃]$	$72.75[atm]$	$31.35[℃]$	1.5 이상

• 가스의 비중은 공기보다 1.52배 무겁다.

02 물질의 화재 위험성에 대한 설명으로 틀린 것은?

① 인화점 및 착화점이 낮을수록 위험

② 착화에너지가 작을수록 위험

③ 비점 및 융점이 높을수록 위험

④ 연소범위가 넓을수록 위험

해설

비점 및 융점이 낮을수록 위험하다.

03 다음 중 연소범위를 근거로 계산한 위험도 값이 가장 큰 물질은?

① 이황화탄소

② 메테인

③ 수 소

④ 일산화탄소

해설

연소범위

가스의 종류	하한계[%]	상한계[%]
이황화탄소(CS_2)	1.0	50.0
메테인(CH_4)	5.0	15.0
수소(H_2)	4.0	75.0
일산화탄소(CO)	12.5	74.0

위험도

$$위험도(H) = \frac{U-L}{L} = \frac{폭발상한계 - 폭발하한계}{폭발하한계}$$

• 이황화탄소 $H = \dfrac{50-1}{1} = 49$

• 메테인 $H = \dfrac{15-5}{5} = 2$

• 수소 $H = \dfrac{75-4}{4} = 17.75$

• 일산화탄소 $H = \dfrac{74-12.5}{12.5} = 4.92$

04 위험물안전관리법령상 제2석유류에 해당하는 것으로만 나열된 것은?

① 아세톤, 벤젠

② 중유, 아닐린

③ 에터, 이황화탄소

④ 아세트산, 아크릴산

해설

제4류 위험물의 분류

종 류	품 명	지정수량
아세톤	제1석유류(수용성)	400[L]
벤 젠	제1석유류(비수용성)	200[L]
중 유	제3석유류(비수용성)	2,000[L]
아닐린	제3석유류(비수용성)	2,000[L]
에 터	특수인화물	50[L]
이황화탄소	특수인화물	50[L]
아세트산	제2석유류(수용성)	2,000[L]
아크릴산	제2석유류(수용성)	2,000[L]

05 종이, 나무, 섬유류 등에 의한 화재에 해당하는 것은?

① A급 화재

② B급 화재

③ C급 화재

④ D급 화재

해설

종이, 나무, 목재류, 섬유류 : A급 화재

06 0[℃], 1기압에서 44.8[m³]의 용적을 가진 이산화탄소를 액화하여 얻을 수 있는 액화탄산 가스의 무게는 약 몇 [kg]인가?

① 88 ② 44

③ 22 ④ 11

해설

이상기체 상태방정식을 적용하면

$$PV = nRT = \frac{W}{M}RT$$

여기서, P : 압력(1[atm])

$\quad\quad\quad V$: 부피(44.8[m³])

$\quad\quad\quad R$: 기체상수(0.08205[m³·atm/kg-mol·K])

$\quad\quad\quad T$: 절대온도(273 + 0[℃] = 273[K])

$\quad\quad\quad W$: 무게[kg]

$\quad\quad\quad M$: 분자량(CO₂ : 44)

$$\therefore W = \frac{PVM}{RT} = \frac{1 \times 44.8 \times 44}{0.08205 \times 273} = 88.0[kg]$$

[다른 방법]

기체 1[kg-mol]이 차지하는 부피 : 22.4[m³]

$$\therefore \frac{44.8[m^3]}{22.4[m^3]} \times 44 = 88[kg]$$

07 가연물이 연소가 잘 되기 위한 구비조건으로 틀린 것은?

① 열전도율이 클 것

② 산소와 화학적으로 친화력이 클 것

③ 표면적이 클 것

④ 활성화 에너지가 작을 것

해설

열전도율이 작을수록 열이 축적되어 가연물이 되기 쉽다.

08 다음 중 소화에 필요한 이산화탄소 소화약제의 최소 설계농도 값이 가장 높은 물질은?

① 메테인
② 에틸렌
③ 천연가스
④ 아세틸렌

해설
이산화탄소 소화약제의 최소 설계농도

종 류	설계농도[%]
메테인	34
에틸렌	49
천연가스, 석탄가스	37
아세틸렌	66

09 이산화탄소의 증기비중은 약 얼마인가?(단, 공기의 분자량은 29이다)

① 0.81
② 1.52
③ 2.02
④ 2.51

해설
이산화탄소는 CO_2로서 분자량이 44이다.

$$증기비중 = \frac{분자량}{29}$$

$$\therefore \ 이산화탄소의 \ 증기비중 = \frac{44}{29} = 1.517 \ \Rightarrow 1.52$$

10 유류탱크 화재 시 기름 표면에 물을 살수하면 기름이 탱크 밖으로 비산하여 화재가 확대되는 현상은?

① 슬롭오버(Slop over)
② 플래시오버(Flash over)
③ 프로스오버(Froth over)
④ 블레비(BLEVE)

해설
슬롭오버(Slop Over) : 물이 연소유의 뜨거운 표면에 들어갈 때 기름이 탱크 밖으로 비산하여 화재가 발생하는 현상

11 실내 화재 시 발생한 연기로 인한 감광계수[m^{-1}]와 가시거리에 대한 설명 중 틀린 것은?

① 감광계수가 0.1일 때 가시거리는 20~30[m]이다.
② 감광계수가 0.3일 때 가시거리는 15~20[m]이다.
③ 감광계수가 1.0일 때 가시거리는 1~2[m]이다.
④ 감광계수가 10일 때 가시거리는 0.2~0.5[m]이다.

해설
연기농도와 가시거리

감광계수[m^{-1}]	가시거리[m]	상 황
0.1	20~30	연기감지기가 작동할 때의 정도
0.3	5	건물내부에 익숙한 사람이 피난에 지장을 느낄 정도
0.5	3	어두침침한 것을 느낄 정도
1	1~2	거의 앞이 보이지 않을 정도
10	0.2~0.5	화재 최성기 때의 정도
30	–	출화실에서 연기가 분출될 때의 연기농도

12 $NH_4H_2PO_4$를 주성분으로 한 분말소화약제는 제 몇 종 분말소화약제인가?

① 제1종
② 제2종
③ 제3종
④ 제4종

해설
$NH_4H_2PO_4$(제일인산암모늄) : 제3종 분말

13 다음 물질 중 연소하였을 때 사이안화수소를 가장 많이 발생시키는 물질은?

① Polyethylene

② Polyurethane

③ Polyvinyl Chloride

④ Polystyrene

> **해설**
> Polyurethane : 우레탄 결합(−OOCNH−)에 의해 단량체가 연결되어 중합체를 이루는 것으로 장식용직물, 메트리스가 대표적으로 CN이 있으니까 연소 시 사이안화수소(HCN)가 많이 발생한다.

14 다음 물질의 저장창고에서 화재가 발생하였을 때 주수소화를 할 수 없는 물질은?

① 부틸리튬

② 질산에틸

③ 나이트로셀룰로스

④ 적 린

> **해설**
> 부틸리튬(C_4H_9Li)은 물과 반응하면 가연성 가스인 뷰테인(C_4H_{10})을 발생하므로 주수소화는 위험하다.
> $C_4H_9Li + H_2O \rightarrow LiOH + C_4H_{10}$

15 다음 중 상온 상압에서 액체인 것은?

① 탄산가스   ② 할론 1301

③ 할론 2402   ④ 할론 1211

> **해설**
> 할론 1011, 할론 2402 : 상온 상압에서 액체 상태

16 밀폐된 내화건물의 실내에 화재가 발생하였을 때 그 실내의 환경변화에 대한 설명 중 틀린 것은?

① 기압이 급강하한다.

② 산소가 감소된다.

③ 일산화탄소가 증가한다.

④ 이산화탄소가 증가한다.

> **해설**
> 밀폐된 내화건물에 화재가 발생하면
> • 산소의 농도가 감소한다.
> • 연소하므로 일산화탄소, 이산화탄소가 증가한다.
> • 기압이 상승한다.

17 제거소화의 예에 해당하지 않는 것은?

① 밀폐 공간에서의 화재 시 공기를 제거한다.

② 가연성 가스 화재 시 가스의 밸브를 닫는다.

③ 산림 화재 시 확산을 막기 위하여 산림의 일부를 벌목한다.

④ 유류탱크 화재 시 연소되지 않은 기름을 다른 탱크로 이동시킨다.

> **해설**
> 밀폐 공간에서 화재 시 공기를 제거하는 것은 질식소화이다.

18 화재 시 나타나는 인간의 피난특성으로 볼 수 없는 것은?

① 어두운 곳으로 대피한다.
② 최초로 행동한 사람을 따른다.
③ 발화지점의 반대방향으로 이동한다.
④ 평소에 사용하던 문, 통로를 사용한다.

해설
지광본능 : 화재 발생 시 연기와 정전 등으로 가시거리가 짧아져 시야가 흐리면 밝은 방향으로 도피하려는 본능

19 산소의 농도를 낮추어 소화하는 방법은?

① 냉각소화　　　② 질식소화
③ 제거소화　　　④ 억제소화

해설
질식소화 : 불연성 기체나 고체 등으로 연소물을 감싸 산소의 농도를 21[%]에서 15[%] 이하로 낮추어 소화하는 방법

20 인화알루미늄의 화재 시 주수소화하면 발생하는 물질은?

① 수 소　　　② 메테인
③ 포스핀　　　④ 아세틸렌

해설
인화알루미늄은 물과 반응하면 포스핀(인화수소, PH_3)이 발생하므로 위험하다.
$AlP + 3H_2O \rightarrow Al(OH)_3 + PH_3$

21 비중이 0.8인 액체가 한 변이 10[cm]인 정육면체 모양 그릇의 반을 채울 때 액체의 질량[kg]은?

① 0.4　　　② 0.8
③ 400　　　④ 800

해설
액체의 질량
• 비중 0.8이면 밀도 $0.8[g/cm^3] = 800[kg/m^3]$
• 정육면체의 체적 = 한 밑변의 넓이 $\times$ 높이
$$= 10[cm] \times 10[cm] \times 10[cm] = 1,000[cm^3]$$
∴ 밀도 $\rho = \dfrac{W}{V}$

W(질량) $= \rho \times V$
$$= 800[kg/m^3] \times 1,000[cm^3] \times 10^{-6} \frac{[m^3]}{[cm^3]} \times \frac{1}{2}$$
$$= 0.4[kg]$$

22 펌프의 입구에서 진공계의 압력은 −160[mmHg], 출구에서 압력계의 계기압력은 300[kPa], 송출 유량은 10[m³/min]일 때 펌프의 수동력[kW]은?(단, 진공계와 압력계 사이의 수직거리는 2[m]이고, 흡입관과 송출관의 직경은 같으며, 손실은 무시한다)

① 5.7　　　② 56.8
③ 557　　　④ 3,400

해설
수동력 : 전달계수와 펌프의 효율을 무시하는 동력
$P[kW] = \gamma \times Q \times H$
　여기서, γ : 물의 비중량(9.8[kN/m³])
　　　　　Q : 방수량(10/60[m³/s])
　　　　　H : 펌프의 양정
$$\left[\left(\frac{160[mmHg]}{760[mmHg]} \times 10.332[m] \right) \right.$$
$$\left. + \left(\frac{300[kPa]}{101.325[kPa]} \times 10.332[m] \right) + 2[m] = 34.765[m] \right]$$
∴ 수동력 $P[kW]$
$$= 9.8[kN/m^3] \times 10/60[m^3/s] \times 34.765[m]$$
$$= 56.78[kW]$$

23 다음 ㉠, ㉡에 알맞은 것은?

> 파이프 속을 유체가 흐를 때 파이프 끝의 밸브를 갑자기 닫으면 유체의 (㉠)에너지가 압력으로 변환되면서 밸브 직전에서 높은 압력이 발생하고 상류로 압축파가 전달되는 (㉡)현상이 발생한다.

① ㉠ 운동, ㉡ 서징

② ㉠ 운동, ㉡ 수격작용

③ ㉠ 위치, ㉡ 서징

④ ㉠ 위치, ㉡ 수격작용

해설
수격작용(Water Hammering)
• 정의 : 흐르는 유체를 갑자기 감속하면 운동에너지가 압력에너지로 변하여 유체 내의 고압이 발생하고 유속이 급변화하면서 압력 변화를 가져와 큰 소음이 발생하는 현상
• 수격 현상의 발생원인
  - Pump의 운전 중에 정전에 의해서
  - 밸브를 차단할 경우
  - Pump의 정상 운전일 때의 액체의 압력변동이 생길 때

24 과열증기에 대한 설명으로 틀린 것은?

① 과열증기의 압력은 해당 온도에서의 포화압력보다 높다.

② 과열증기의 온도는 해당 압력에서의 포화온도보다 높다.

③ 과열증기의 비체적은 해당 온도에서의 포화증기의 비체적보다 크다.

④ 과열증기의 엔탈피는 해당 압력에서의 포화증기의 엔탈피보다 크다.

해설
과열증기
• 포화증기를 일정한 포화압력 상태에서 가열하여 포화온도 이상으로 상승된 증기이다.
• 포화압력에서 포화증기를 가열하면 과열증기가 발생하며 이때 과열증기의 열역학적 상태는 다음과 같다.
  - 포화증기의 포화압력과 같다.
  - 포화증기의 포화온도보다 높다.
  - 포화증기의 비체적보다 크다.
  - 포화증기의 엔탈피보다 크다.
  - 포화증기의 엔트로피보다 크다.

25 비중이 0.85이고 동점성계수가 $3 \times 10^{-4}[\text{m}^2/\text{s}]$인 기름이 직경 10[cm]의 수평 원형관 내에 20[L/s]으로 흐른다. 이 원형관의 100[m] 길이에서의 수두손실[m]은?(단, 정상 비압축성 유동이다)

① 16.6

② 25.0

③ 49.8

④ 82.2

해설
손실수두

$$H = \frac{flu^2}{2gD}$$

• 관마찰계수(f)
  - 레이놀즈수

$$Re = \frac{Du}{\nu} = \frac{0.1[\text{m}] \times 2.5464[\text{m/s}]}{3 \times 10^{-4}[\text{m}^2/\text{s}]} = 848.8265(층류)$$

여기서, $u = \frac{Q}{A} = \frac{0.02[\text{m}^3/\text{s}]}{\frac{\pi}{4}(0.1[\text{m}])^2} = 2.5464[\text{m/s}]$

∴ 관마찰계수 $f = \frac{64}{Re} = \frac{64}{848.8265} = 0.0754$

• 길이(l) : 100[m]
• 수두손실

$$H = \frac{flu^2}{2gD} = \frac{0.0754 \times 100[\text{m}] \times (2.5464[\text{m/s}])^2}{2 \times 9.8[\text{m/s}^2] \times 0.1[\text{m}]}$$
$$= 24.94[\text{m}]$$

26 그림과 같이 수족관에 직경 3[m]의 투시경이 설치되어 있다. 이 투시경에 작용하는 힘[kN]은?

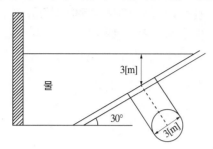

① 207.8

② 123.9

③ 87.1

④ 52.4

해설

투시경에 작용하는 힘(F)

$F = \gamma \bar{h} A = \gamma \bar{y} \sin\theta A [\text{N}]$

여기서, 물의 비중량 $\gamma = 9,800[\text{N/m}^3]$,

투시경의 작용점까지 거리 $\bar{y} = \dfrac{3[\text{m}]}{\sin 30°}$

중심투시경의 면적 $A = \dfrac{\pi}{4} \times d^2$ 이므로

∴ 투시경에 작용하는 힘

$F = 9,800\left[\dfrac{\text{N}}{\text{m}^3}\right] \times \dfrac{3[\text{m}]}{\sin 30°} \times \sin 30° \times \left\{\dfrac{\pi}{4} \times (3[\text{m}])^2\right\}$

$= 207,816[\text{N}]$

$= 207.8[\text{kN}]$

27 점성에 관한 설명으로 틀린 것은?

① 액체의 점성은 분자 간 결합력에 관계된다.

② 기체의 점성은 분자 간 운동량 교환에 관계된다.

③ 온도가 증가하면 기체의 점성은 감소된다.

④ 온도가 증가하면 액체의 점성은 감소된다.

해설

액체의 점성을 지배하는 분자응집력은 온도가 증가하면 감소하고 기체의 점성을 지배하는 분자운동량은 온도가 증가하면 증가하기 때문에 온도가 증가하면 기체의 점성은 증가한다.

28 240[mmHg]의 절대압력은 계기압력으로 약 몇 [kPa]인가?(단, 대기압은 760[mmHg]이고, 수은의 비중은 13.6이다)

① −32.0　　② 32.0

③ −69.3　　④ 69.3

해설

계기압력

절대압력 = 대기압 + 계기압력

계기압력 = 절대압력 − 대기압

$\quad\quad = (240 - 760)[\text{mmHg}] = -520[\text{mmHg}]$

[mmHg]를 [kPa]로 환산하면

$-\dfrac{520[\text{mmHg}]}{760[\text{mmHg}]} \times 101.325[\text{kPa}] = -69.3[\text{kPa}]$

29 관의 길이가 l이고 지름이 d, 관마찰계수가 f일 때 총 손실수두 H[m]를 식으로 바르게 나타낸 것은?(단, 입구 손실계수가 0.5, 출구 손실계수가 1.0, 속도수두는 $V^2/2g$ 이다)

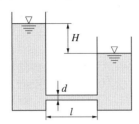

① $\left(1.5 + f\dfrac{l}{d}\right)\dfrac{V^2}{2g}$

② $\left(f\dfrac{l}{d} + 1\right)\dfrac{V^2}{2g}$

③ $\left(0.5 + f\dfrac{l}{d}\right)\dfrac{V^2}{2g}$

④ $\left(f\dfrac{l}{d}\right)\dfrac{V^2}{2g}$

해설

총 손실수두(H)

• 관입구에서 손실수두 $H_1 = 0.5\dfrac{V^2}{2g}$

• 관출구에서 손실수두 $H_2 = \dfrac{V^2}{2g}$

• 관마찰에서 손실수두 $H_3 = f\dfrac{l}{d}\dfrac{V^2}{2g}$

∴ 총 손실수두 $H = H_1 + H_2 + H_3$

$= 0.5\dfrac{V^2}{2g} + 1\dfrac{V^2}{2g} + f\dfrac{l}{d}\dfrac{V^2}{2g}$

$= \left(1.5 + f\dfrac{l}{d}\right)\dfrac{V^2}{2g}$

30 회전속도 N[rpm]일 때 송출량 Q[m³/min], 전양정 H[m]인 원심펌프를 상사한 조건에서 회전속도를 $1.4N$[rpm]으로 바꾸어 작동할 때 (㉠) 유량 및 (㉡) 전양정은?

① ㉠ $1.4Q$, ㉡ $1.4H$

② ㉠ $1.4Q$, ㉡ $1.96H$

③ ㉠ $1.96Q$, ㉡ $1.4H$

④ ㉠ $1.96Q$, ㉡ $1.96H$

해설

펌프의 상사법칙

• 유량 $Q_2 = Q_1 \times \dfrac{N_2}{N_1}$

$= Q_1 \times \dfrac{1.4}{1} = 1.4Q$

• 전양정(수두) $H_2 = H_1 \times \left(\dfrac{N_2}{N_1}\right)^2$

$= H_1 \times \left(\dfrac{1.4}{1}\right)^2 = 1.96H$

여기서, N : 회전수[rpm]

D : 내경[mm]

31 그림과 같이 길이 5[m], 입구직경(D_1) 30[cm], 출구직경(D_2) 16[cm]인 직관을 수평면과 30° 기울어지게 설치하였다. 입구에서 0.3[m³/s]로 유입되어 출구에서 대기 중으로 분출된다면 입구에서의 압력[kPa]은?(단, 대기는 표준대기압 상태이고 마찰손실은 없다)

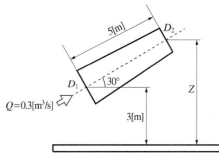

① 24.5

② 102

③ 127

④ 228

해설

- 연속방정식 $Q = uA = u\left(\dfrac{\pi}{4} \times D^2\right)$에서

  – 입구 유속

  $$u_1 = \frac{4Q}{\pi D^2} = \frac{4 \times 0.3\left[\dfrac{\text{m}^3}{\text{s}}\right]}{\pi \times (0.3[\text{m}])^2} = 4.24[\text{m/s}]$$

  – 출구 유속

  $$u_2 = \frac{4Q}{\pi D^2} = \frac{4 \times 0.3\left[\dfrac{\text{m}^3}{\text{s}}\right]}{\pi \times (0.16[\text{m}])^2} = 14.92[\text{m/s}]$$

- 출구의 높이

  $Z_2 = Z = Z_1 + l\sin\theta = 3[\text{m}] + 5[\text{m}] \times \sin 30°$

  $\quad = 5.5[\text{m}]$

- 베르누이 방정식 $\dfrac{P_1}{\gamma} + \dfrac{u_1^2}{2g} + Z_1 = \dfrac{P_2}{\gamma} + \dfrac{u_2^2}{2g} + Z_2$을 적용하면

  $$\frac{P_1}{9,800[\text{N/m}]^3} + \frac{(4.24[\text{m/s}])^2}{2 \times 9.8[\text{m/s}^2]} + 3[\text{m}]$$

  $$= \frac{101,325[\text{N/m}^2]}{9,800[\text{N/m}^3]} + \frac{(14.92[\text{m/s}])^2}{2 \times 9.8[\text{m/s}^2]} + 5.5[\text{m}]$$

  P_1(입구 압력) $= 228,139.4[\text{Pa}](\text{N/m}^2) = 228.1[\text{kPa}]$

32 다음 중 배관의 유량을 측정하는 계측 장치가 아닌 것은?

① 로터미터(Rotameter)

② 유동노즐(Flow Nozzle)

③ 마노미터(Manometer)

④ 오리피스(Orifice)

해설

마노미터 : 압력측정 장치

33 −10[℃], 6기압의 이산화탄소 10[kg]이 분사노즐에서 1기압까지 가역 단열 팽창하였다면 팽창 후의 온도는 몇 [℃]가 되겠는가?(단, 이산화탄소의 비열비는 1.289이다)

① −85

② −97

③ −105

④ −115

해설

단열팽창 후의 온도

$$T_2 = T_1 \times \left(\frac{P_2}{P_1}\right)^{\frac{k-1}{k}}$$

여기서 T_1 : 팽창 전의 온도

$\quad\quad P_1$: 팽창 전의 압력

$\quad\quad P_2$: 팽창 후의 압력

$\quad\quad k$: 비열비

$\therefore\ T_2 = (273 - 10)[\text{K}] \times \left(\frac{1}{6}\right)^{\frac{1.289 - 1}{1.289}}$

$\quad\quad = 176[\text{K}] = -97[℃]$

※ $[\text{K}] = 273 + [℃]$

34 지름 10[cm]의 호스에 출구 지름이 3[cm]인 노즐이 부착되어 있고 1,500[L/min]의 물이 대기 중으로 뿜어져 나온다. 이때 4개의 플랜지 볼트를 사용하여 노즐을 호스에 부착하고 있다면 볼트 1개에 작용되는 힘의 크기[N]는?(단, 유동에서 마찰이 존재하지 않는다고 가정한다)

① 58.3
② 899.4
③ 1,018.4
④ 4,098.2

해설
힘

$$F = \frac{\gamma Q^2 A_1}{2g}\left(\frac{A_1 - A_2}{A_1 A_2}\right)^2 [\text{N}]$$

$$= \frac{9,800[\text{N/m}^3] \times \left(\frac{1.5[\text{m}^3]}{60[\text{s}]}\right)^2 \times \left(\frac{\pi}{4} \times (0.1[\text{m}])^2\right)}{2 \times 9.8[\text{m/s}^2]}$$

$$\times \left(\frac{\frac{\pi}{4} \times 0.1^2 - \frac{\pi}{4} \times 0.03^2}{\frac{\pi}{4} \times 0.1^2 \times \frac{\pi}{4} \times 0.03^2}\right)^2 = 4,071.65[\text{N}]$$

∴ 플랜지 볼트 1개에 작용되는 힘

$$F_1 = \frac{F}{4}$$

$$= \frac{4,071.65[\text{N}]}{4} = 1,018.0[\text{N}]$$

35 다음 그림에서 A, B점의 압력차[kPa]는?(단, A는 비중 1의 물, B는 비중 0.899의 벤젠이다)

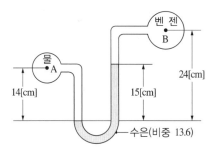

① 278.7
② 191.4
③ 23.07
④ 19.4

해설
$$P_A - P_B = \gamma_2 h_2 + \gamma_3 h_3 - \gamma_1 h_1$$
$$= (0.899 \times 9.8[\text{kN/m}^3] \times (0.24 - 0.15)[\text{m}])$$
$$+ (13.6 \times 9.8[\text{kN/m}^3] \times 0.15[\text{m}])$$
$$- (1 \times 9.8[\text{kN/m}^3] \times 0.14[\text{m}])$$
$$= 19.41[\text{kN/m}^2]$$
$$= 19.41[\text{kPa}]$$

36 펌프의 일과 손실을 고려할 때 베르누이 수정방정식을 바르게 나타낸 것은?(단, H_P와 H_L은 펌프의 수두와 손실 수두를 나타내며, 하첨자 1, 2는 각각 펌프의 전후 위치를 나타낸다)

① $\dfrac{V_1^2}{2g} + \dfrac{P_1}{\gamma} + z_1 = \dfrac{V_2^2}{2g} + \dfrac{P_2}{\gamma} + H_L$

② $\dfrac{V_1^2}{2g} + \dfrac{P_1}{\gamma} + z_1 + H_P = \dfrac{V_2^2}{2g} + \dfrac{P_2}{\gamma} + H_L$

③ $\dfrac{V_1^2}{2g} + \dfrac{P_1}{\gamma} + H_P = \dfrac{V_2^2}{2g} + \dfrac{P_2}{\gamma} + z_2 + H_L$

④ $\dfrac{V_1^2}{2g} + \dfrac{P_1}{\gamma} + z_1 + H_P = \dfrac{V_2^2}{2g} + \dfrac{P_2}{\gamma} + z_2 + H_L$

해설
베르누이 수정방정식

$$\frac{V_1^2}{2g} + \frac{P_1}{\gamma} + z_1 + H_P = \frac{V_2^2}{2g} + \frac{P_2}{\gamma} + z_2 + H_L$$

37 그림과 같이 단면 A에서 정압이 500[kPa]이고 10[m/s]로 난류의 물이 흐르고 있을 때 단면 B에서의 유속[m/s]은?

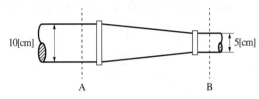

① 20
② 40
③ 60
④ 80

해설
유 속

$$u_2 = u_1 \times \left(\frac{D_1}{D_2}\right)^2$$

$$= 10[\text{m/s}] \times \left(\frac{0.1[\text{m}]}{0.05[\text{m}]}\right)^2$$

$$= 40[\text{m/s}]$$

38 압력이 100[kPa]이고 온도가 20[℃]인 이산화탄소를 완전기체라고 가정할 때 밀도[kg/m³]는?(단, 이산화탄소의 기체상수는 188.95[J/kg · K]이다)

① 1.1
② 1.8
③ 2.56
④ 3.8

해설
완전기체일 때 밀도

$$PV = WRT, \quad P = \frac{W}{V}RT \qquad \rho = \frac{P}{RT}$$

$$\therefore \rho = \frac{P}{RT} = \frac{100 \times 1,000[\text{Pa}]}{188.95[\text{J/kg} \cdot \text{K}] \times (273 + 20)[\text{K}]}$$

$$= \frac{100,000[\text{N/m}^2]}{188.95[\text{N} \cdot \text{m/kg} \cdot \text{K}] \times 293[\text{K}]}$$

$$= 1.8[\text{kg/m}^3]$$

※ [Pa] = [N/m²]   [J] = [N · m]

39 온도차이가 ΔT, 열전도율이 k_1, 두께 x인 벽을 통한 열유속(Heat Flux)과 온도차이가 $2\Delta T$, 열전도율이 k_2, 두께 0.5x인 벽을 통한 열유속이 서로 같다면 두 재질의 열전도율비 k_1/k_2의 값은?

① 1
② 2
③ 4
④ 8

해설
열전달열량

$$Q = \frac{k}{l}A\Delta T$$

여기서, k : 열전도율[W/m · K]
          l : 두께[m]
          A : 면 적
          ΔT : 온도차

$$\therefore \frac{k_1 \Delta T}{x} = \frac{k_2 2\Delta T}{0.5x}$$

$$x\,k_2\,2\Delta T = 0.5x\,k_1\,\Delta T$$

$$\frac{k_1}{k_2} = \frac{x\,2\Delta T}{0.5x\,\Delta T} = 4$$

40 표준대기압 상태인 어떤 지방의 호수 밑 72.4[m]에 있던 공기의 기포가 수면으로 올라오면 기포의 부피는 최초 부피의 몇 배가 되는가?(단, 기포 내의 공기는 보일의 법칙을 따른다)

① 2
② 4
③ 7
④ 8

해설
초기 기포의 지름이 d라고 하면 $V_1 = \frac{4}{3}\pi d^3$

수면에서 기포의 지름은 $V_2 = \frac{4}{3}\pi(2d^3) = 8V_1$

보일의 법칙을 적용하면 $P_1 V_1 = P_2 V_2$에서

$$P_1 = \frac{P_2 V_2}{V_1}(V_2 = 8V_1, \ 8 = \frac{V_2}{V_1})$$

$$\therefore \ P_1 = 8P_2$$

41 소방시설공사업법령에 따른 소방시설업 등록이 가능한 사람은?

① 피성년후견인

② 위험물안전관리법에 따른 금고 이상의 형의 집행유예를 선고받고 그 유예기간 중에 있는 사람

③ 등록하려는 소방시설업 등록이 취소된 날부터 3년이 지난 사람

④ 소방기본법에 따른 금고 이상의 실형을 선고받고 그 집행이 면제된 날부터 1년이 지난 사람

해설

소방시설업의 등록의 결격사유(법 제5조)

㉠ 피성년후견인

㉡ 4개의 법령에 따른 금고 이상의 실형을 선고받고 그 집행이 끝나거나(집행이 끝난 것으로 보는 경우를 포함한다) 면제된 날부터 2년이 지나지 않은 사람

㉢ 4개의 법령에 따른 금고 이상의 형의 집행유예를 선고받고 그 유예기간 중에 있는 사람

㉣ 등록하려는 소방시설업 등록이 취소[㉠에 해당하여 등록이 취소된 경우는 제외한다]된 날부터 2년이 지나지 않은 자

㉤ 법인의 대표자가 ㉠부터 ㉣까지의 규정에 해당하는 경우 그 법인

㉥ 법인의 임원이 ㉡부터 ㉣까지의 규정에 해당하는 경우 그 법인

42 소방시설 설치 및 관리에 관한 법률상 방염성능기준 이상의 실내장식물 등을 설치해야 하는 특정소방대상물이 아닌 것은?

① 숙박이 가능한 수련시설

② 층수가 11층 이상인 아파트

③ 건축물 옥내에 있는 종교시설

④ 방송통신시설 중 방송국 및 촬영소

해설

방염성능기준(영 제30조) : 층수가 11층 이상인 것(아파트는 제외한다)

43 소방시설공사업법령상 소방공사감리를 실시함에 있어 용도와 구조에서 특별히 안전성과 보안성이 요구되는 소방대상물로서 소방시설물에 대한 감리를 감리업자가 아닌 자가 감리할 수 있는 장소는?

① 정보기관의 청사

② 교도소 등 교정관련시설

③ 국방 관계시설 설치장소

④ 원자력안전법상 관계시설이 설치되는 장소

해설

원자력안전법상 관계시설이 설치되는 장소에는 감리업자가 아닌 자가 감리할 수 있다(영 제8조).

44 위험물안전관리법령상 다음의 규정을 위반하여 위험물의 운송에 관한 기준을 따르지 않은 자에 대한 과태료 기준은?

> 위험물운송자는 이동탱크저장소에 의하여 위험물을 운송하는 때에는 행정안전부령으로 정하는 기준을 준수하는 등 해당 위험물의 안전확보를 위하여 세심한 주의를 기울여야 한다.

① 100만원 이하

② 300만원 이하

③ 400만원 이하

④ 500만원 이하

해설

위험물의 운송에 관한 기준을 따르지 않은 자 : 500만원 이하의 과태료

45 다음 소방시설 중 경보설비가 아닌 것은?

① 통합감시시설
② 가스누설경보기
③ 비상콘센트설비
④ 자동화재속보설비

해설
비상콘센트설비 : 소화활동설비

46 소방기본법령에 따라 주거지역·상업지역 및 공업지역에 소방용수시설을 설치하는 경우 소방대상물과의 수평거리를 몇 [m] 이하가 되도록 해야 하는가?

① 50[m]　　　　② 100[m]
③ 150[m]　　　　④ 200[m]

해설
소방용수시설의 공통기준(규칙 별표 3)
• 주거지역·상업지역 및 공업지역에 설치하는 경우 : 소방대상물과의 수평거리를 100[m] 이하가 되도록 할 것
• 그 외의 지역에 설치하는 경우 : 소방대상물과의 수평거리를 140[m] 이하가 되도록 할 것

47 소방기본법령상 정당한 사유 없이 소방대가 현장에 도착할 때까지 사람을 구출하는 조치를 하지 않은 경우에 대한 벌칙은?

① 100만원 이하의 벌금
② 200만원 이하의 벌금
③ 300만원 이하의 벌금
④ 500만원 이하의 벌금

해설
100만원 이하의 벌금
• 정당한 사유 없이 소방대의 생활안전활동을 방해한 자
• 정당한 사유 없이 소방대가 현장에 도착할 때까지 사람을 구출하는 조치 또는 불을 끄거나 불이 번지지 않도록 하는 조치를 하지 않은 사람

48 화재의 예방 및 안전관리에 관한 법률상 불꽃을 사용하는 용접·용단기구의 용접 또는 용단 작업장에서 지켜야 하는 사항 중 다음 ( ) 안에 알맞은 것은?

> • 용접 또는 용단 작업장 주변 반경 (㉠)[m] 이내에 소화기를 갖추어 둘 것
> • 용접 또는 용단 작업장 주변 반경 (㉡)[m] 이내에는 가연물을 쌓아두거나 놓아두지 말 것. 다만, 가연물의 제거가 곤란하여 방화포 등으로 방호조치를 한 경우는 제외한다.

① ㉠ 3, ㉡ 5　　　② ㉠ 5, ㉡ 3
③ ㉠ 5, ㉡ 10　　④ ㉠ 10, ㉡ 5

해설
불꽃을 사용하는 용접·용단기구(영 별표 1)
• 용접 또는 용단 작업장 주변 반경 5[m] 이내에 소화기를 갖추어 둘 것
• 용접 또는 용단 작업장 주변 반경 10[m] 이내에는 가연물을 쌓아두거나 놓아두지 말 것. 다만, 가연물의 제거가 곤란하여 방화포 등으로 방호조치를 한 경우는 제외한다.

49 소방기본법령상 소방업무 상호응원협정 체결 시 포함되어야 하는 사항이 아닌 것은?

① 응원출동의 요청방법
② 응원출동훈련 및 평가
③ 응원출동 대상지역 및 규모
④ 응원출동 시 현장지휘에 관한 사항

해설
소방업무의 상호응원협정(규칙 제8조)
• 다음의 소방활동에 관한 사항
 – 화재의 경계·진압활동
 – 구조·구급업무의 지원
 – 화재조사활동
• 응원출동 대상지역 및 규모
• 다음의 소요경비의 부담에 관한 사항
 – 출동대원의 수당·식사 및 의복의 수선
 – 소방장비 및 기구의 정비와 연료의 보급
 – 그 밖의 경비
• 응원출동의 요청방법
• 응원출동훈련 및 평가

50 위험물안전관리법령상 제조소 등의 경보설비 설치 기준에 대한 설명으로 틀린 것은?

① 제조소 및 일반취급소의 연면적이 500[m²] 이상 인 것에는 자동화재탐지설비를 설치한다.

② 자동신호장치를 갖춘 스프링클러설비 또는 물분 무 등 소화설비를 설치한 제조소 등에 있어서는 자동화재탐지설비를 설치한 것으로 본다.

③ 경보설비는 자동화재탐지설비·비상경보설비(비 상벨장치 또는 경종 포함)·확성장치(휴대용확 성기 포함) 및 비상방송설비로 구분한다.

④ 지정수량의 10배 이상의 위험물을 저장 또는 취 급하는 제조소 등(이동탱크저장소를 포함한다) 에는 화재 발생 시 이를 알릴 수 있는 경보설비를 설치해야 한다.

[해설]
지정수량의 10배 이상의 위험물을 저장 또는 취급하는 제조소 등(이동탱크저장소는 제외)에는 화재 발생 시 이를 알릴 수 있는 경보설비(자동화재탐지설비, 비상경보설비, 확성장치, 비상방송 설비)를 설치해야 한다(규칙 제42조).

51 위험물안전관리법령에 따라 위험물안전관리자를 해임하거나 퇴직한 때에는 해임하거나 퇴직한 날 부터 며칠 이내에 다시 안전관리자를 선임해야 하 는가?

① 30일　　　　② 35일
③ 40일　　　　④ 55일

[해설]
위험물안전관리자의 선임기간
• 재선임 : 해임 또는 퇴직한 날부터 30일 이내
• 선임신고 : 선임일로부터 14일 이내

52 위험물안전관리법령상 정기검사를 받아야 하는 특 정·준특정 옥외탱크저장소의 관계인은 특정·준 특정 옥외탱크저장소의 설치허가에 따른 완공검사 합격확인증을 발급받은 날부터 몇 년 이내에 정기 검사를 받아야 하는가?

① 9　　　　② 10
③ 11　　　　④ 12

[해설]
특정·준특정 옥외탱크저장소의 정기점검(규칙 제65조)
• 특정·준특정옥외탱크저장소의 설치허가에 따른 완공검사합격 확인증을 발급받은 날부터 12년
• 최근의 정밀정기검사를 받은 날부터 11년

53 소방기본법령에 따른 소방용수시설 급수탑 개폐밸 브의 설치기준으로 맞는 것은?

① 지상에서 1.0[m] 이상 1.5[m] 이하
② 지상에서 1.2[m] 이상 1.8[m] 이하
③ 지상에서 1.5[m] 이상 1.7[m] 이하
④ 지상에서 1.5[m] 이상 2.0[m] 이하

[해설]
소방용수시설 급수탑 개폐밸브(규칙 별표 3) : 지상에서 1.5[m] 이상 1.7[m] 이하

54 소방시설공사업법령에 따른 소방시설업의 등록권자는?

① 국무총리
② 소방서장
③ 시·도지사
④ 한국소방안전원장

해설
소방시설업의 등록권자 : 시·도지사

55 소방시설 설치 및 관리에 관한 법률상 소방시설 등에 대한 자체점검 중 종합점검 대상인 것은?

① 제연설비가 설치되지 않은 터널
② 스프링클러설비가 설치된 연면적이 5,000[㎡]이고 12층인 아파트
③ 물분무 등 소화설비가 설치된 연면적이 5,000[㎡]인 위험물 제조소
④ 호스릴방식의 물분무 등 소화설비만을 설치한 연면적 3,000[㎡]인 특정소방대상물

해설
종합점검 대상(규칙 별표 3)
• 특정소방대상물의 소방시설 등이 신설된 경우(최초 점검)
• 스프링클러설비가 설치된 특정소방대상물
• 물분무 등 소화설비[호스릴(Hose Reel) 방식의 물분무 등 소화설비만을 설치한 경우는 제외한다]가 설치된 연면적 5,000[㎡] 이상인 특정소방대상물(위험물 제조소 등은 제외한다)
• 단란주점영업, 유흥주점영업, 영화상영관, 비디오물감상실업, 복합영상물제공업, 노래연습장업, 산후조리업, 고시원업, 안마시술소의다중이용업의 영업장이 설치된 특정소방대상물로서 연면적이 2,000[㎡] 이상인 것
• 제연설비가 설치된 터널
• 공공기관의 소방안전관리에 관한 규정 제2조에 따른 공공기관 중 연면적(터널·지하구의 경우 그 길이와 평균폭을 곱하여 계산된 값을 말한다)이 1,000[㎡] 이상인 것으로서 옥내소화전설비 또는 자동화재탐지설비가 설치된 것 다만, 소방기본법 제2조 제5호에 따른 소방대가 근무하는 공공기관은 제외한다.

56 소방시설 설치 및 관리에 관한 법률상 소방용품의 형식승인을 받지 않고 소방용품을 제조하거나 수입한 자에 대한 벌칙 기준은?

① 100만원 이하의 벌금
② 300만원 이하의 벌금
③ 1년 이하의 징역 또는 1,000만원 이하의 벌금
④ 3년 이하의 징역 또는 3,000만원 이하의 벌금

해설
3년 이하의 징역 또는 3,000만원 이하의 벌금 : 소방용품의 형식승인을 받지 않고 소방용품을 제조하거나 수입한 자

57 화재의 예방 및 안전관리에 관한 법률상 소방안전관리대상물의 소방안전관리자의 업무가 아닌 것은?

① 소방시설 공사
② 소방훈련 및 교육
③ 소방계획서의 작성 및 시행
④ 자위소방대의 구성, 운영 및 교육

해설
소방시설 공사는 소방공사업자의 업무이다(법 제24조).

58 소방기본법에 따라 화재, 재난·재해, 그 밖의 위급한 상황이 발생하였을 때에는 소방대를 출동시켜 화재진압과 인명구조·구급 등 소방에 필요한 활동을 하게 하는 명령권한이 없는 사람은?

① 소방청장
② 소방본부장
③ 소방서장
④ 시·도지사

해설
소방활동 명령권자 : 소방청장, 소방본부장, 소방서장

60 소방시설 설치 및 관리에 관한 법률상 화재위험도가 낮은 특정소방대상물 중 석재, 불연성 금속에 설치하지 않을 수 있는 소방시설은?

① 피난기구
② 비상방송설비
③ 연결살수설비
④ 자동화재탐지설비

해설
소방시설을 설치하지 않을 수 있는 특정소방대상물 및 소방시설의 범위(영 제6조)

구 분	특정소방대상물	설치하지 않을 수 있는 소방시설
화재위험도가 낮은 특정소방대상물	석재, 불연성 금속, 불연성 건축재료 등의 가공공장·기계조립공장 또는 불연성 물품을 저장하는 창고	옥외소화전 및 연결살수설비

59 소방시설 설치 및 관리에 관한 법률상 건축허가 등의 동의대상물이 아닌 것은?

① 항공기 격납고
② 연면적이 $300[m^2]$인 공연장
③ 바닥면적이 $300[m^2]$인 차고
④ 연면적이 $300[m^2]$인 노유자시설

해설
건축허가 등의 동의대상물(영 제7조)
• 항공기 격납고, 관망탑, 항공관제탑, 방송용 송수신탑
• 연면적이 $400[m^2]$ 이상인 건축물이나 시설
• 차고·주차장으로 사용되는 바닥면적이 $200[m^2]$ 이상인 층이 있는 건축물이나 주차시설
• 연면적이 $200[m^2]$ 이상인 노유자시설 및 수련시설

61 분말소화설비의 화재안전기술기준상 차고 또는 주차장에 설치하는 분말소화설비의 소화약제는?

① 인산염을 주성분으로 한 분말
② 탄산수소칼륨을 주성분으로 한 분말
③ 탄산수소칼륨과 요소가 화합된 분말
④ 탄산수소나트륨을 주성분으로 한 분말

해설
차고, 주차장 : 제3종 분말($NH_4H_2PO_4$: 인산염, 제일인산암모늄)

62 할론소화설비의 화재안전기술기준상 축압식 할론소화약제 저장용기에 사용되는 축압용 가스로서 적합한 것은?

① 질 소
② 산 소
③ 이산화탄소
④ 불활성가스

해설
할론소화약제 저장용기에 사용되는 축압용 가스 : 질소(N_2)

63 물분무소화설비의 화재안전기술기준에 따른 물분무소화설비의 설치장소별 1[m^2]당 수원의 최소 저수량으로 맞는 것은?

① 차고 : 30[L/min] × 20분 × 바닥면적
② 케이블 트레이 : 12[L/min] × 20분 × 투영된 바닥면적
③ 컨베이어 벨트 : 37[L/min] × 20분 × 벨트 부분의 바닥면적
④ 특수가연물을 취급하는 특정소방대상물 : 20 [L/min] × 20분 × 바닥면적

해설
물분무소화설비의 펌프 토출량과 수원의 양

특정소방 대상물	펌프의 토출량 [L/min]	수원의 양[L]
특수가연물 저장, 취급	바닥면적(50[m^2] 이하 는 50[m^2]로) × 10[L/min · m^2]	바닥면적(50[m^2] 이하는 50[m^2]로) × 10[L/min · m^2] × 20[min]
차고, 주차장	바닥면적(50[m^2] 이하는 50[m^2]로) × 20[L/min · m^2]	바닥면적(50[m^2] 이하는 50[m^2]로) × 20[L/min · m^2] × 20[min]
절연유 봉입변압기	표면적(바닥부분 제외) × 10[L/min · m^2]	표면적(바닥부분 제외) 10[L/min · m^2] × 20[min]
케이블 트레이, 케이블 덕트	투영된 바닥면적 × 12[L/min · m^2]	투영된 바닥면적 × 12[L/min · m^2] × 20[min]
컨베이어 벨트	벨트 부분의 바닥 면적 × 10[L/min · m^2]	벨트 부분의 바닥면적 × 10[L/min · m^2] × 20[min]

64 완강기의 형식승인 및 제품검사의 기술기준상 완강기의 최대사용하중은 최소 몇 [N] 이상의 하중이어야 하는가?

① 800
② 1,000
③ 1,200
④ 1,500

해설
완강기의 최대사용하중 : 1,500[N] 이상

65 소방시설 설치 및 관리에 관한 법률상 자동소화장치를 모두 고른 것은?

> ㉠ 분말 자동소화장치
> ㉡ 액체 자동소화장치
> ㉢ 고체에어로졸 자동소화장치
> ㉣ 공업용 자동소화장치
> ㉤ 캐비닛형 자동소화장치

① ㉠, ㉡

② ㉠, ㉢, ㉣

③ ㉠, ㉢, ㉤

④ ㉠, ㉡, ㉢, ㉣, ㉤

66 피난기구를 설치해야 할 소방대상물 중 피난기구의 2분의 1을 감소할 수 있는 조건이 아닌 것은?

① 주요구조부가 내화구조로 되어 있다.

② 특별피난계단이 2 이상 설치되어 있다.

③ 소방구조용(비상용) 엘리베이터가 설치되어 있다.

④ 직통계단인 피난계단이 2 이상 설치되어 있다.

67 소화수조 및 저수조의 화재안전기술기준에 따라 소화용수설비에 설치하는 채수구의 수는 소요수량이 40[m³] 이상 100[m³] 미만인 경우 몇 개를 설치해야 하는가?

① 1

② 2

③ 3

④ 4

68 포소화설비의 화재안전기술기준에 따라 바닥면적이 180[m²]인 건축물 내부에 호스릴방식의 포소화설비를 설치할 경우 가능한 포소화약제의 최소 필요량은 몇 [L]인가?(단, 호스접결구 : 2개, 약제농도 : 3[%])

① 180

② 270

③ 650

④ 720

69 소화수조 및 저수조의 화재안전기술기준에 따라 소화용수설비를 설치해야 할 특정소방대상물에 있어서 유수의 양이 최소 몇 [m³/min] 이상인 유수를 사용할 수 있는 경우에 소화수조를 설치하지 않을 수 있는가?

① 0.8   ② 1

③ 1.5   ④ 2

해설
소화용수설비를 설치해야 할 특정소방대상물에 있어서 유수의 양이 0.8[m³/min] 이상인 유수를 사용할 수 있는 경우에는 소화수조를 설치하지 않을 수 있다.

70 스프링클러설비의 화재안전기술기준에 따라 개방형 스프링클러설비에서 하나의 방수구역을 담당하는 헤드 개수는 최대 몇 개 이하로 설치해야 하는가?

① 30   ② 40

③ 50   ④ 60

해설
개방형스프링클러설비의 방수구역 및 일제개방밸브의 기준
• 하나의 방수구역은 2개 층에 미치지 않아야 한다.
• 방수구역마다 일제개방밸브를 설치해야 한다.
• 하나의 방수구역을 담당하는 헤드의 개수는 50개 이하로 할 것. 다만, 2개 이상의 방수구역으로 나눌 경우에는 하나의 방수구역을 담당하는 헤드의 개수는 25개 이상으로 해야 한다.
• 일제개방밸브의 설치위치는 기준에 따르고, 표지는 "일제개방밸브실"이라고 표시해야 한다.

71 옥외소화전설비의 화재안전기술기준에 따라 옥외소화전 배관은 특정소방대상물의 각 부분으로부터 하나의 호스접결구까지의 수평거리가 몇 [m] 이하가 되도록 설치해야 하는가?

① 25   ② 35

③ 40   ④ 50

해설
호스접결구는 지면으로부터 높이가 0.5[m] 이상 1[m] 이하의 위치에 설치하고 특정소방대상물의 각 부분으로부터 하나의 호스접결구까지의 수평거리가 40[m] 이하가 되도록 설치해야 한다.

72 난방설비가 없는 교육장소에 비치하는 소화기로 가장 적합한 것은?(단, 교육장소의 겨울 최저온도는 –15[℃]이다)

① 화학포소화기

② 기계포소화기

③ 산알칼리소화기

④ ABC 분말소화기

해설
소화기의 사용온도범위
• 강화액소화기 : –20[℃] 이상 40[℃] 이하
• 분말소화기 : –20[℃] 이상 40[℃] 이하
• 그 밖의 소화기 : 0[℃] 이상 40[℃] 이하

73 스프링클러설비의 화재안전기술기준에 따라 연소할 우려가 있는 개구부에 드렌처설비를 설치한 경우 해당 개구부에 한하여 스프링클러헤드를 설치하지 않을 수 있다. 관련 기준으로 틀린 것은?

① 드렌처헤드는 개구부 위 측에 2.5[m] 이내마다 1개를 설치할 것
② 제어밸브는 특정소방대상물 층마다에 바닥면으로부터 0.5[m] 이상 1.5[m] 이하의 위치에 설치할 것
③ 드렌처헤드가 가장 많이 설치된 제어밸브에 설치된 드렌처헤드를 동시에 사용하는 경우에 각 헤드 선단(끝부분)에 방수압력이 0.1[MPa] 이상이 되도록 할 것
④ 드렌처헤드가 가장 많이 설치된 제어밸브에 설치된 드렌처헤드를 동시에 사용하는 경우에 각 헤드 선단(끝부분)에 방수량은 80[L/min] 이상이 되도록 할 것

해설
드렌처설비의 제어밸브 : 0.8[m] 이상 1.5[m] 이하의 위치에 설치할 것

74 물분무소화설비의 화재안전기술기준에 따른 물분무소화설비의 저수량에 대한 기준 중 다음 (   ) 안의 내용으로 맞는 것은?

절연유 봉입변압기는 바닥부분을 제외한 표면적을 합한 면적 1[m²]에 대하여 (   )[L/min]로 20분간 방수할 수 있는 양 이상으로 할 것

① 4   ② 8
③ 10   ④ 12

해설
물분무소화설비의 펌프 토출량과 수원의 양

특정소방대상물	펌프의 토출량[L/min]	수원의 양[L]
절연유 봉입변압기	표면적(바닥부분 제외) ×10[L/min·m²]	표면적(바닥부분 제외) 10[L/min·m²]×20[min]

75 연결살수설비의 화재안전기술기준에 따른 건축물에 설치하는 연결살수설비헤드에 대한 기준 중 다음 (   ) 안에 알맞은 것은?

천장 또는 반자의 각 부분으로부터 하나의 살수헤드까지의 수평거리가 연결살수설비 전용헤드의 경우는 (㉠)[m] 이하, 스프링클러헤드의 경우는 (㉡)[m] 이하로 할 것. 다만, 살수헤드의 부착면과 바닥과의 높이가 (㉢)[m] 이하인 부분은 살수헤드의 살수분포에 따른 거리로 할 수 있다.

① ㉠ 3.7, ㉡ 2.3, ㉢ 2.1
② ㉠ 3.7, ㉡ 2.3, ㉢ 2.3
③ ㉠ 2.3, ㉡ 3.7, ㉢ 2.3
④ ㉠ 2.3, ㉡ 3.7, ㉢ 2.1

해설
연결살수설비헤드의 설치기준
천장 또는 반자의 각 부분으로부터 하나의 살수헤드까지의 수평거리
• 연결살수설비 전용헤드 : 3.7[m] 이하
• 스프링클러헤드 : 2.3[m] 이하
• 살수헤드의 부착면과 바닥과의 높이가 2.1[m] 이하인 부분은 살수헤드의 살수분포에 따른 거리로 할 수 있다.

76 분말소화설비의 화재안전기술기준에 따라 분말소화약제의 가압용 가스용기에는 최대 몇 [MPa] 이하의 압력에서 조정이 가능한 압력조정기를 설치해야 하는가?

① 1.5   ② 2.0
③ 2.5   ④ 3.0

해설
분말소화약제의 가압용 가스용기에는 2.5[MPa] 이하의 압력에서 조정이 가능한 압력조정기를 설치해야 한다.

77 포소화설비의 화재안전기술기준상 차고·주차장에 설치하는 포소화전설비의 설치기준 중 다음 (   ) 안에 알맞은 것은?(단, 1개 층의 바닥면적이 200[m²] 이하인 경우에는 제외한다)

> 특정소방대상물의 어느 층에 있어서도 그 층에 설치된 호스릴포방수구 또는 포소화전방수구(포소화전방수구가 5개 이상 설치된 경우에는 5개)를 동시에 사용할 경우 각 이동식 포노즐 선단(끝부분)의 포수용액 방사압력이 (㉠)[MPa] 이상이고 (㉡)[L/min] 이상의 포수용액을 수평거리 15[m] 이상으로 방사할 수 있도록 할 것

① ㉠ 0.25, ㉡ 230
② ㉠ 0.25, ㉡ 300
③ ㉠ 0.35, ㉡ 230
④ ㉠ 0.35, ㉡ 300

해설

차고·주차장에 설치하는 호스릴포소화설비 또는 포소화전설비의 기준 : 특정소방대상물의 어느 층에 있어서도 그 층에 설치된 호스릴포방수구 또는 포소화전방수구(호스릴포방수구 또는 포소화전방수구가 5개 이상 설치된 경우에는 5개)를 동시에 사용할 경우 각 이동식 포노즐 선단(끝부분)의 포수용액 방사압력이 0.35[MPa] 이상이고 300[L/min] 이상(1개 층의 바닥면적이 200[m²] 이하인 경우에는 230[L/min] 이상)의 포수용액을 수평거리 15[m] 이상으로 방사할 수 있도록 할 것

78 이산화탄소소화설비의 화재안전기술기준에 따른 이산화탄소소화설비의 기동장치의 설치기준으로 맞는 것은?

① 가스압력식 기동장치 기동용 가스용기의 체적은 3[L] 이상으로 한다.
② 수동식 기동장치는 전역방출방식에 있어서 방호대상물마다 설치한다.
③ 수동식 기동장치의 부근에는 소화약제의 방출을 지연시킬 수 있는 방출지연스위치를 설치해야 한다.
④ 전기식 기동장치로서 5병의 저장용기를 동시에 개방하는 설비는 2병 이상의 저장용기에 전자개방밸브를 부착해야 한다.

해설

이산화탄소소화설비의 기동장치의 설치기준
- 가스압력식 기동장치의 기준
  - 기동용 가스용기 및 해당 용기에 사용하는 밸브는 25[MPa] 이상의 압력에 견딜 수 있는 것으로 할 것
  - 기동용 가스용기에는 내압시험압력의 0.8배부터 내압시험압력 이하에서 작동하는 안전장치를 설치할 것
  - 기동용 가스용기의 체적은 5[L] 이상으로 하고, 해당 용기에 저장하는 질소 등의 비활성 기체는 6.0[MPa] 이상(21[℃] 기준)의 압력으로 충전할 것
  - 질소 등의 비활성기체 기동용 가스용기에는 충전여부를 확인할 수 있는 압력게이지를 설치할 것
- 수동식 기동장치의 설치기준
  이 경우 수동식 기동장치의 부근에는 소화약제의 방출을 지연시킬 수 있는 방출지연스위치(자동복귀형 스위치로서 수동식 기동장치의 타이머를 순간 정지시키는 기능의 스위치를 말한다)를 설치해야 한다.
  - 전역방출방식은 방호구역마다, 국소방출방식은 방호대상물마다 설치할 것
  - 기동장치의 조작부는 바닥으로부터 높이 0.8[m] 이상 1.5[m] 이하의 위치에 설치하고, 보호판 등에 따른 보호장치를 설치할 것
  - 기동장치에는 보호장치를 설치해야 하며, 보호장치를 개방하는 경우 기동장치에 설치된 버저 또는 벨 등에 의하여 경고음을 발할 것
  - 기동장치를 옥외에 설치하는 경우 빗물 또는 외부 충격의 영향을 받지 않도록 설치할 것
- 전기식 기동장치로서 7병 이상의 저장용기를 동시에 개방하는 설비는 2병 이상의 저장용기에 전자개방밸브를 부착할 것

79 화재조기진압용 스프링클러설비의 화재안전기술기준상 화재조기진압용 스프링클러설비 설치장소의 구조 기준으로 틀린 것은?

① 창고 내의 선반의 형태는 하부로 물이 침투되는 구조로 할 것

② 천장의 기울기가 1,000분의 168을 초과하지 않아야 하고, 이를 초과하는 경우에는 반자를 지면과 수평으로 설치할 것

③ 천장은 평평해야 하며 철재나 목재트러스 구조인 경우, 철재나 목재의 돌출 부분이 102[mm]를 초과하지 않을 것

④ 해당 층의 높이가 10[m] 이하일 것. 다만, 3층 이상일 경우에는 해당 층의 바닥을 내화구조로 하고 다른 부분과 방화구획할 것

해설
화재조기진압용 스프링클러설비의 설치장소의 구조
해당 층의 높이가 13.7[m] 이하일 것. 다만, 2층 이상일 경우에는 해당 층의 바닥을 내화구조로 하고 다른 부분과 방화구획할 것

80 제연설비의 화재안전기술기준상 유입풍도 및 배출풍도에 관한 설명으로 맞는 것은?

① 유입풍도 안의 풍속은 25[m/s] 이하로 한다.

② 배출풍도는 석면재료와 같은 내열성의 단열재로 유효한 단열 처리를 한다.

③ 배출풍도와 유입풍도의 아연도금강판 최소 두께는 0.45[mm] 이상으로 해야 한다.

④ 배출기의 흡입 측 풍도 안의 풍속은 15[m/s] 이하로 하고 배출 측 풍속은 20[m/s] 이하로 한다.

해설
배출풍도 및 유입풍도의 설치기준
• 배출풍도의 설치기준
 – 배출풍도는 아연도금강판 또는 이와 동등 이상의 내식성·내열성이 있는 것으로 하며, 불연재료(석면재료를 제외한다)의 단열재로 풍도 외부에 유효한 단열 처리를 하고, 강판의 두께는 배출풍도의 크기에 따라 다음 표에 따른 기준 이상으로 할 것

풍도단면의 긴 변 또는 직경의 크기	강판의 두께
450[mm] 이하	0.5[mm]
450[mm] 초과 750[mm] 이하	0.6[mm]
750[mm] 초과 1,500[mm] 이하	0.8[mm]
1,500[mm] 초과 2,250[mm] 이하	1.0[mm]
2,250[mm] 초과	1.2[mm]

 – 배출기의 흡입 측 풍도 안의 풍속은 15[m/s] 이하로 하고 배출 측 풍속은 20[m/s] 이하로 할 것
• 유입풍도의 설치기준
 – 유입풍도 안의 풍속은 20[m/s] 이하로 한다.
 – 옥외에 면하는 배출구 및 공기유입구는 비 또는 눈 등이 들어가지 않도록 하고, 배출된 연기가 공기유입구로 순환유입되지 않도록 해야 한다.

제1과목 **소방원론**

01 제1종 분말소화약제의 주성분으로 옳은 것은?

① $KHCO_3$
② $NaHCO_3$
③ $NH_4H_2PO_4$
④ $Al_2(SO_4)_3$

해설
제1종 분말소화약제 : 탄산수소나트륨($NaHCO_3$)

02 위험물과 위험물안전관리법령에서 정한 지정수량을 옳게 연결한 것은?

① 무기과산화물 – 300[kg]
② 황화인 – 500[kg]
③ 황린 – 20[kg]
④ 질산에스터류 – 200[kg]

해설
지정수량

종류	무기 과산화물	황화인	황린	질산 에스터류
유별	제1류 위험물	제2류 위험물	제3류 위험물	제5류 위험물
지정수량	50[kg]	100[kg]	20[kg]	10[kg]

03 다음 원소 중 전기음성도가 가장 큰 것은?

① F
② Br
③ Cl
④ I

해설
전기음성도 : F > Cl > Br > I
소화효과 : F < Cl < Br < I

04 탄화칼슘이 물과 반응 시 발생하는 가연성 가스는?

① 메테인
② 포스핀
③ 아세틸렌
④ 수 소

해설
탄화칼슘이 물과 반응하면 아세틸렌(C_2H_2)의 가연성 가스를 발생한다.
$$CaC_2 + 2H_2O \rightarrow \underset{수산화칼슘}{Ca(OH)_2} + \underset{아세틸렌}{C_2H_2} \uparrow$$

05 건축물의 내화구조에서 바닥의 경우에는 철근콘크리트조의 두께가 몇 [cm] 이상이어야 하는가?

① 7
② 10
③ 12
④ 15

해설
내화구조(건피방 제2조)

내화구분	내화구조의 기준
바 닥	• 철근콘크리트조 또는 철골·철근콘크리트조로서 두께가 10[cm] 이상인 것 • 철재로 보강된 콘크리트블록조·벽돌조 또는 석조로서 철재에 덮은 두께가 5[cm] 이상인 것 • 철재의 양면을 두께 5[cm] 이상의 철망모르타르 또는 콘크리트로 덮은 것

06 밀폐된 공간에 이산화탄소를 방사하여 산소의 체적 농도가 12[%]로 되게 하려면 상대적으로 방사된 이산화탄소의 농도는 얼마가 되어야 하는가?

① 25.40[%]   ② 28.70[%]

③ 38.35[%]   ④ 42.86[%]

해설

이산화탄소의 농도[%] $= \dfrac{21 - O_2}{21} \times 100[\%]$

$$= \dfrac{21 - 12}{21} \times 100[\%] = 42.86[\%]$$

07 공기의 평균 분자량이 29일 때 이산화탄소 기체의 증기비중은 얼마인가?

① 1.44   ② 1.52

③ 2.88   ④ 3.24

해설

이산화탄소(CO_2)의 분자량 : 44

∴ 증기비중 $= \dfrac{\text{분자량}}{29} = \dfrac{44}{29} = 1.517$

08 다음 중 연소와 가장 관련 있는 화학반응은?

① 중화반응   ② 치환반응

③ 환원반응   ④ 산화반응

해설

연소 : 가연물이 공기 중에서 산소와 반응하여 열과 빛을 동반하는 급격한 산화현상

09 화재의 종류에 따른 분류가 틀린 것은?

① A급 : 일반화재

② B급 : 유류화재

③ C급 : 가스화재

④ D급 : 금속화재

해설

C급 : 전기화재

10 질식소화 시 공기 중의 산소농도는 일반적으로 약 몇 [vol%] 이하로 해야 하는가?

① 25   ② 21

③ 19   ④ 15

해설

질식소화 : 불연성 기체나 고체 등으로 연소물을 감싸 산소의 농도를 21[%]에서 15[%] 이하로 낮추어 소화하는 방법

11 다음 중 발화점이 가장 낮은 물질은?

① 휘발유   ② 이황화탄소

③ 적 린   ④ 황 린

해설

위험물의 발화점

종 류	휘발유	이황화탄소	적 린	황 린
구 분	제4류 위험물	제4류 위험물	제2류 위험물	제3류 위험물
발화점	280~456[℃]	90[℃]	260[℃]	34[℃]

12 인화점이 20[℃]인 액체위험물을 보관하는 창고의 인화 위험성에 대한 설명 중 옳은 것은?

① 여름철에 창고 안이 더워질수록 인화의 위험성이 커진다.
② 겨울철에 창고 안이 추워질수록 인화의 위험성이 커진다.
③ 20[℃]에서 가장 안전하고 20[℃]보다 높아지거나 낮아질수록 인화의 위험성이 커진다.
④ 인화의 위험성은 계절의 온도와는 상관없다.

해설
인화점이 16[℃](피리딘)인 액체는 20[℃]가 되면 증기가 발생하여 점화원이 있으면 화재가 일어나므로 창고 안의 온도가 높을수록 인화의 위험성은 크다.

13 화재하중의 단위로 옳은 것은?

① $[kg/m^2]$
② $[℃/m^2]$
③ $[kg \cdot L/m^3]$
④ $[℃ \cdot L/m^3]$

해설
화재하중 : 단위면적당 가연성 수용물의 양으로서 건물 화재 시 발열량 및 화재의 위험성을 나타내는 용어로서 단위는 $[kg/m^2]$이다.

14 이산화탄소소화약제 저장용기의 설치장소에 대한 설명 중 옳지 않은 것은?

① 반드시 방호구역 내의 장소에 설치한다.
② 온도 변화가 작은 곳에 설치한다.
③ 방화문으로 구획된 실에 설치한다.
④ 해당 용기가 설치된 곳임을 표시하는 표지를 한다.

해설
가스계 소화설비는 방호구역 외의 장소에 설치할 것(단, 방호구역 내에 설치할 경우 조작이 용이하도록 피난구 부근에 설치)

15 화재의 소화원리에 따른 소화방법의 적용으로 틀린 것은?

① 냉각소화 : 스프링클러설비
② 질식소화 : 이산화탄소소화설비
③ 제거소화 : 포소화설비
④ 억제소화 : 할론소화설비

해설
질식소화 : 포소화설비

16 소화효과를 고려하였을 경우 화재 시 사용할 수 있는 물질이 아닌 것은?

① 이산화탄소
② 아세틸렌
③ Halon 1211
④ Halon 1301

해설
아세틸렌(C_2H_2)은 가연성 가스이므로 소화약제로 사용할 수 없다.

17 화재 시 발생하는 연소가스 중 인체에서 헤모글로빈과 결합하여 혈액의 산소운반을 저해하고 두통, 근육조절의 장애를 일으키는 것은?

① CO_2
② CO
③ HCN
④ H_2S

해설
일산화탄소(CO) : 연소가스 중 인체에서 헤모글로빈과 결합하여 혈액의 산소운반을 저해하고 두통, 근육조절의 장애를 일으키는 가연성 가스

18 다음 중 고체 가연물이 덩어리보다 가루일 때 연소되기 쉬운 이유로 가장 적합한 것은?

① 발열량이 작아지기 때문이다.
② 공기와 접촉면이 커지기 때문이다.
③ 열전도율이 커지기 때문이다.
④ 활성에너지가 커지기 때문이다.

해설

고체 가연물이 가루일 때에는 공기와 접촉면적이 크기 때문에 연소가 잘 된다.

19 소화약제인 IG-541의 성분이 아닌 것은?

① 질 소   ② 아르곤
③ 헬 륨   ④ 이산화탄소

해설

IG-541의 성분

성 분	N_2(질소)	Ar(아르곤)	CO_2(이산화탄소)
농 도	52[%]	40[%]	8[%]

20 Halon 1301의 분자식은?

① CH_3Cl ② CH_3Br
③ CF_3Cl ④ CF_3Br

해설

Halon 1301의 분자식 : CF_3Br

---

21 대기압하에서 10[℃]의 물 2[kg]이 전부 증발하여 100[℃]의 수증기로 되는 동안 흡수되는 열량[kJ]은 얼마인가?(단, 물의 비열은 4.2[kJ/kg·K], 기화열은 2,250[kJ/kg]이다)

① 756   ② 2,638
③ 5,256   ④ 5,360

해설

열 량

$Q = mc\Delta t + \gamma m$

여기서, m : 질량(2[kg])
  c : 비열(4.2[kJ/kg·K])
  Δt : 온도차{(273+100) − (273+10) = 90[K]}
  γ : 물의 기화열(2,250[kJ/kg])

∴ $Q = (2 \times 4.2 \times 90) + (2,250 \times 2) = 5,256$[kJ]

22 체적 0.1[m³]의 밀폐 용기 안에 기체상수가 0.4615 [kJ/kg·K]인 기체 1[kg]이 압력 2[MPa], 온도 250[℃] 상태로 들어있다. 이때 이 기체의 압축계수(또는 압축성인자)는?

① 0.578   ② 0.828
③ 1.21   ④ 1.73

해설

압축계수

$PV = ZWRT$, $Z = \dfrac{PV}{WRT}$

여기서, P : 압력(2[MPa] = $2 \times 1,000$[kPa] = 2,000[kN/m²]
  V : 부피(0.1[m³])
  W : 무게(1[kg])
  R : 기체상수(0.4615[kJ/kg·K] = 0.4615[kN·m/kg·K])
  T : 절대온도(273+250 = 523[K])

∴ $Z = \dfrac{PV}{WRT} = \dfrac{2,000 \times 0.1}{1 \times 0.4615 \times 523} = 0.8286$

※ [kN·m] = [kJ]

---

23 원심펌프를 이용하여 0.2[m³/s]로 저수지의 물을 2[m] 위의 물탱크로 퍼 올리고자 한다. 펌프의 효율이 80[%]라고 하면 펌프에 공급해야 하는 동력 [kW]은?

① 1.96 ② 3.14

③ 3.92 ④ 4.90

전동기 용량

$$P[\text{kW}] = \frac{\gamma \times Q \times H}{\eta} \times K = \frac{9.8 \times 0.2 \times 2}{0.8} = 4.90[\text{kW}]$$

여기서, γ : 물의 비중량(9.8[kN/m³])

Q : 유량(0.2[m³/s])

H : 전양정(2[m])

η : 펌프 효율(80[%] = 0.8)

※ $\dfrac{[\text{kN} \cdot \text{m}]}{[\text{s}]} = \dfrac{[\text{kJ}]}{[\text{s}]} = [\text{kW}]$

24 두 개의 가벼운 공을 그림과 같이 실로 매달아 놓았다. 두 개의 공 사이로 공기를 불어 넣으면 공은 어떻게 되겠는가?

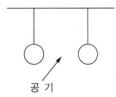

공 기

① 파스칼의 법칙에 따라 벌어진다.
② 파스칼의 법칙에 따라 가까워진다.
③ 베르누이의 법칙에 따라 벌어진다.
④ 베르누이의 법칙에 따라 가까워진다.

베르누이 정리에서 압력, 속도, 위치수두의 합은 일정하므로 두 개의 공 사이에 속도가 증가하면 압력은 감소하여 두 개의 공은 가까워진다.

25 다음 중 뉴턴(Newton)의 점성법칙을 이용하여 만든 회전 원통식 점도계는?

① 세이볼트(Saybolt) 점도계
② 오스트발트(Ostwald) 점도계
③ 레드우드(Redwood) 점도계
④ 맥마이클(MacMchael) 점도계

맥마이클(MacMichael) 점도계, 스토머(Stormer) 점도계 : 뉴턴(Newton)의 점성법칙

26 원관 속의 흐름에서 관의 직경, 유체의 속도, 유체의 밀도, 유체의 점성계수가 각각 D, V, ρ, μ로 표시될 때 층류 흐름의 마찰계수(f)는 어떻게 표현될 수 있는가?

① $f = \dfrac{64\mu}{DV\rho}$ ② $f = \dfrac{64\rho}{DV\mu}$

③ $f = \dfrac{64D}{V\rho\mu}$ ④ $f = \dfrac{64}{DV\rho\mu}$

층류일 때 관마찰계수(f)

$$f = \frac{64}{Re} = \frac{64}{\dfrac{DV\rho}{\mu}} = \frac{64\mu}{DV\rho}$$

27 터보팬을 6,000[rpm]으로 회전시킬 경우, 풍량은 0.5[m³/min], 축동력은 0.049[kW]이었다. 만약 터보팬의 회전수를 8,000[rpm]으로 바꾸어 회전시킬 경우 축동력[kW]은?

① 0.0207 ② 0.207
③ 0.116 ④ 1.161

해설
축동력

동력 $L_2 = L_1 \times \left(\dfrac{N_2}{N_1}\right)^3 \times \left(\dfrac{D_2}{D_1}\right)^5$

$\quad = L_1 \times \left(\dfrac{N_2}{N_1}\right)^3$

$\quad = 0.049[\text{kW}] \times \left(\dfrac{8,000}{6,000}\right)^3$

$\quad = 0.116[\text{kW}]$

28 마그네슘은 절대온도 293[K]에서 열전도도가 156 [W/m·K], 밀도는 1,740[kg/m³]이고, 비열이 1,017 [J/kg·K]일 때, 열확산계수[m²/s]는?

① 8.96×10^{-2} ② 1.53×10^{-1}
③ 8.81×10^{-5} ④ 8.81×10^{-4}

해설
열확산계수(α)

$\alpha = \dfrac{\lambda}{\rho \times C}[\text{m/s}^2]$

$= \dfrac{156\left[\dfrac{\text{J/s}}{\text{m} \cdot \text{K}}\right]}{1,740\left[\dfrac{\text{kg}}{\text{m}^3}\right] \times 1,017\left[\dfrac{\text{J}}{\text{kg} \cdot \text{K}}\right]} = 8.81 \times 10^{-5}[\text{m}^2/\text{s}]$

※ [W] = [J/s]

29 그림과 같이 수은 마노미터를 이용하여 물의 유속을 측정하고자 한다. 마노미터에서 측정한 높이차 (h)가 30[mm]일 때 오리피스 전후의 압력[kPa] 차이는?(단, 수은의 비중은 13.6이다)

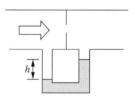

① 3.4 ② 3.7
③ 3.9 ④ 4.4

해설
수은마노미터

$\Delta P = P_2 - P_1 = \dfrac{g}{g_c} R(\gamma_A - \gamma_B)$

여기서, R : 마노미터 읽음
$\quad\quad \gamma_A$: 액체의 비중량
$\quad\quad \gamma_B$: 유체의 비중량

$\therefore \Delta P = \dfrac{g}{g_c} R(\gamma_A - \gamma_B)$

$= 0.03[\text{m}](13.6 \times 9,800[\text{N/m}^3] - 9,800[\text{N/m}^3])$

$= 3,704.4[\text{N/m}^2]$

$= 3.7[\text{kN/m}^2 = \text{kPa}]$

30 어떤 기체를 20[℃]에서 등온 압축하여 절대압력이 0.2[MPa]에서 1[MPa]으로 변할 때 체적은 초기 체적과 비교하여 어떻게 변화하는가?

① 5배로 증가한다.
② 10배로 증가한다.
③ $\dfrac{1}{5}$ 로 감소한다.
④ $\dfrac{1}{10}$ 로 감소한다.

해설

등온압축일 때 $\dfrac{V_1}{V_2} = \dfrac{P_2}{P_1}$ 에서

$\therefore \dfrac{V_1}{V_2} = \dfrac{1}{0.2} = \dfrac{5}{1}$ 따라서 $V_1 = 5$일 때,

$V_2 = 1$이므로 $\dfrac{1}{5}$ 로 감소한다.

31 유체의 거동을 해석하는 데 있어서 비점성 유체에 대한 설명으로 옳은 것은?

① 실제 유체를 말한다.

② 전단응력이 존재하는 유체를 말한다.

③ 유체 유동 시 마찰저항이 속도 기울기에 비례하는 유체이다.

④ 유체 유동 시 마찰저항을 무시한 유체를 말한다.

해설
비점성 유체 : 유체 유동 시 마찰저항을 무시한 유체

32 안지름 40[mm]의 배관 속을 정상류의 물이 매분 150[L]로 흐를 때의 평균 유속[m/s]은?

① 0.99 ② 1.99

③ 2.45 ④ 3.01

해설
평균유속
$Q = uA$
여기서, Q : 유량(150[L/min] $= 150 \times 10^{-3}/60[\text{m}^3/\text{s}]$
$\qquad\qquad = 0.0025[\text{m}^3/\text{s}]$)

$\quad A$: 면적($= \dfrac{\pi}{4}D^2 = \dfrac{\pi}{4}(0.04[\text{m}])^2 = 0.0012566[\text{m}^2]$)

$\therefore u = \dfrac{Q}{A} = \dfrac{0.0025}{0.0012566} = 1.99[\text{m/s}]$

33 그림과 같이 폭(b)이 1[m]이고 깊이(h_0) 1[m]로 물이 들어있는 수조가 트럭 위에 실려 있다. 이 트럭이 7[m/s²]의 가속도로 달릴 때 물의 최대 높이(h_2)와 최소 높이(h_1)는 각각 몇 [m]인가?

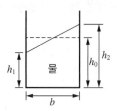

① $h_1 = 0.643[\text{m}]$, $h_2 = 1.413[\text{m}]$

② $h_1 = 0.643[\text{m}]$, $h_2 = 1.357[\text{m}]$

③ $h_1 = 0.676[\text{m}]$, $h_2 = 1.413[\text{m}]$

④ $h_1 = 0.676[\text{m}]$, $h_2 = 1.357[\text{m}]$

해설
유체의 등가속도 운동

• $\tan\theta = \dfrac{a_x}{g} = \dfrac{7[\text{m/s}^2]}{9.8[\text{m/s}^2]} = \dfrac{7}{9.8}$

• $h_2 = h_0 + \dfrac{b}{2}\tan\theta = 1[\text{m}] + \dfrac{1[\text{m}]}{2} \times \dfrac{7}{9.8} = 1.357[\text{m}]$

• $h_1 = h_0 - \dfrac{b}{2}\tan\theta = 1[\text{m}] - \dfrac{1[\text{m}]}{2} \times \dfrac{7}{9.8} = 0.643[\text{m}]$

34 그림과 같이 매우 큰 탱크에 연결된 길이 100[m], 안지름 20[cm]인 원관에 부차적 손실계수가 5인 밸브 A가 부착되어 있다. 관 입구에서의 부차적 손실계수가 0.5, 관마찰계수가 0.02이고, 평균속도가 2[m/s]일 때 물의 높이 H[m]는?

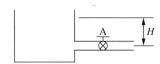

① 1.48 ② 2.14
③ 2.81 ④ 3.36

해설

물의 높이
- 총 손실수두 $H_L = H_1 + H_2 + H_3$[m]
  - 관 입구 손실수두
  $$H_1 = K_1 \frac{u^2}{2g} = 0.5 \times \frac{(2[\text{m/s}])^2}{2 \times 9.8[\text{m/s}^2]} = 0.102[\text{m}]$$
  - 밸브 A의 손실수두
  $$H_2 = K_2 \frac{u^2}{2g} = 5 \times \frac{(2[\text{m/s}])^2}{2 \times 9.8[\text{m/s}^2]} = 1.02[\text{m}]$$
  - 관의 손실수두
  $$H_3 = f \frac{l}{d} \frac{u^2}{2g} = 0.02 \times \frac{100[\text{m}]}{0.2[\text{m}]} \times \frac{(2[\text{m/s}])^2}{2 \times 9.8[\text{m/s}^2]}$$
  $$= 2.041[\text{m}]$$
  $$\therefore \ H_L = 0.102[\text{m}] + 1.02[\text{m}] + 2.041[\text{m}]$$
  $$= 3.163[\text{m}]$$
- $P_1 = P_2$, $H = z_1 - z_2$, 속도 $u_1 = 0$, $u_2 = 2[\text{m/s}]$ 이고 수정 베르누이 방정식
  $$\frac{P_1}{\gamma} + \frac{u_1^2}{2g} + z_1 = \frac{P_2}{\gamma} + \frac{u_2^2}{2g} + z_2 + H_L \text{을 적용한다.}$$
  $$H = \frac{(2[\text{m/s}])^2}{2 \times 9.8[\text{m/s}^2]} + 3.163[\text{m}] = 3.367[\text{m}]$$

35 출구단면적이 0.0004[m²]인 소방호스로부터 25[m/s]의 속도로 수평으로 분출되는 물 제트가 수직으로 세워진 평판과 충돌한다. 평판을 고정시키기 위한 힘(F)은 몇 [N]인가?

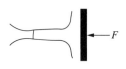

① 150 ② 200
③ 250 ④ 300

해설

힘
$$F = Q\rho u = uA\rho u$$
여기서, u : 유속(25[m/s])
$\quad\quad A$: 단면적(0.0004[m²])
$\quad\quad \rho$: 밀도(1,000[N · s²/m⁴])
$$\therefore \ F = uA\rho u$$
$$= 25 \times 0.0004 \times 1,000 \times 25$$
$$= 250[\text{N}]$$

36 원관에서 길이가 2배, 속도가 2배가 되면 손실수두는 원래의 몇 배가 되는가?(단, 두 경우 모두 완전발달 난류유동에 해당되며, 관마찰계수는 일정하다)

① 동일하다. ② 2배
③ 4배 ④ 8배

해설

다르시-바이스바흐 방정식
$$h = \frac{flu^2}{2gD}[\text{m}]$$

여기서 길이 2배, 속도 2배를 하니까
$$h = \frac{flu^2}{2gD}[\text{m}] = \frac{2 \times 2^2}{1} = 8\text{배}$$

37 물의 체적탄성계수가 2.5[GPa]일 때 물의 체적을 1[%] 감소시키기 위해선 얼마의 압력[MPa]을 가해야 하는가?

① 20   ② 25

③ 30   ④ 35

해설

체적탄성계수

$$K = -\left(\frac{\Delta P}{\Delta V/V}\right) \quad \Delta P = -\left(K\frac{\Delta V}{V}\right)$$

$$\Delta P = -(K \times \Delta V/V)$$
$$= -(2.5 \times 10^3 [\text{MPa}]) \times (-0.01)$$
$$= 25 [\text{MPa}]$$

38 그림과 같이 반지름 1[m], 폭(y방향) 2[m]인 곡면 AB에 작용하는 물에 의한 힘의 수직성분(z방향) F_z와 수평성분(x방향) F_x와의 비(F_z/F_x)는 얼마인가?

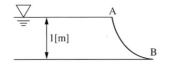

① $\dfrac{\pi}{2}$ ② $\dfrac{2}{\pi}$

③ 2π ④ $\dfrac{1}{2\pi}$

해설

곡면 AB에 작용하는 힘

• 수직성분의 힘

$$F_z = \gamma V = 9,800\left[\frac{\text{N}}{\text{m}^3}\right] \times \left\{\frac{\pi}{4} \times (1[\text{m}])^2 \times 3[\text{m}]\right\}$$

• 수평성분의 힘

$$F_x = \gamma \bar{h} A = 9,800\left[\frac{\text{N}}{\text{m}^3}\right] \times 0.5[\text{m}] \times (1[\text{m}] \times 3[\text{m}])$$

$$\therefore \ \frac{F_z}{F_x} = \frac{9,800\left[\frac{\text{N}}{\text{m}^3}\right] \times \left\{\frac{\pi}{4} \times (1[\text{m}])^2 \times 3[\text{m}]\right\}}{9,800\left[\frac{\text{N}}{\text{m}^3}\right] \times 0.5[\text{m}] \times (1[\text{m}] \times 3[\text{m}])} = \frac{\pi}{2}$$

39 펌프가 운전 중에 한숨을 쉬는 것과 같은 상태가 되어 펌프 입구의 진공계 및 출구의 압력계 지침이 흔들리고 송출유량도 주기적으로 변화하는 이상현상을 무엇이라고 하는가?

① 공동현상(Cavitation)

② 수격작용(Water Hammering)

③ 맥동현상(Surging)

④ 언밸런스(Unbalance)

해설

맥동현상(Surging) : Pump의 입구와 출구에 부착된 진공계와 압력계의 침이 흔들리고 동시에 토출유량이 변화를 가져오는 현상

40 경사진 관로의 유체흐름에서 수력기울기선의 위치로 옳은 것은?

① 언제나 에너지선보다 위에 있다.

② 에너지선보다 속도수두만큼 아래에 있다.

③ 항상 수평이 된다.

④ 개수로의 수면보다 속도수두만큼 위에 있다.

해설

수력구배선(수력기울기선)은 항상 에너지선보다

속도수두$\left(\dfrac{u^2}{2g}\right)$만큼 아래에 있다.

• 전수두선 : $\dfrac{P}{\gamma} + \dfrac{u^2}{2g} + Z$를 연결한 선

• 수력구배선 : $\dfrac{P}{\gamma} + Z$를 연결한 선

41 소방시설공사업법령상 소방시설공사의 하자보수 보증기간이 3년이 아닌 것은?

① 자동소화장치
② 무선통신보조설비
③ 자동화재탐지설비
④ 간이스프링클러설비

해설
피난기구 · 유도등 · 유도표지 · 비상경보설비 · 비상조명등 · 비상방송설비 및 무선통신보조설비(영 제6조) : 2년

42 소방시설 설치 및 관리에 관한 법률상 스프링클러 설비를 설치해야 하는 특정소방대상물의 기준으로 틀린 것은?(단, 위험물 저장 및 처리 시설 중 가스시설 또는 지하구는 제외한다)

① 복합건축물로서 연면적 3,500[m²] 이상인 경우에는 모든 층
② 창고시설(물류터미널로 한정한다)로서 바닥면적 합계가 5,000[m²] 이상인 경우에는 모든 층
③ 숙박이 가능한 수련시설 용도로 사용되는 시설의 바닥면적의 합계가 600[m²] 이상인 것은 모든 층
④ 판매시설, 운수시설로서 바닥면적의 합계가 5,000[m²] 이상이거나 수용인원이 500명 이상인 경우에는 모든 층

해설
복합건축물로서 연면적 5,000[m²] 이상인 경우에는 모든 층에 스프링클러설비를 설치해야 한다(영 별표 4).

43 소방기본법령상 시장지역에서 화재로 오인할만한 우려가 있는 불을 피우거나 연막소독을 하려는 자가 신고를 하지 아니하여 소방자동차를 출동하게 한 자에 대한 과태료 부과 · 징수권자는?

① 국무총리
② 시 · 도지사
③ 행정안전부 장관
④ 소방본부장 또는 소방서장

해설
소방자동차를 출동하게 한 자에 대한 과태료 부과 · 징수권자(법 제57조) : 소방본부장 또는 소방서장

44 위험물안전관리법령상 위험물취급소의 구분에 해당하지 않는 것은?

① 이송취급소
② 관리취급소
③ 판매취급소
④ 일반취급소

해설
위험물취급소 : 일반취급소, 주유취급소, 이송취급소, 판매취급소

45 소방기본법령상 소방대장의 권한이 아닌 것은?

① 화재 현장에 대통령령으로 정하는 사람 외에는 그 구역에 출입하는 것을 제한할 수 있다.

② 화재 진압 등 소방활동을 위하여 필요할 때에는 소방용수 외에 댐·저수지 등의 물을 사용할 수 있다.

③ 국민의 안전의식을 높이기 위하여 소방박물관 및 소방체험관을 설립하여 운영할 수 있다.

④ 불이 번지는 것을 막기 위하여 필요할 때에는 불이 번질 우려가 있는 소방대상물 및 토지를 일시적으로 사용할 수 있다.

해설
설립·운영권자(법 제4조, 제4조의2)
- 소방박물관 : 소방청장
- 소방체험관 : 시·도지사

46 소방시설 설치 및 관리에 관한 법률상 수용인원 산정 방법 중 침대가 없는 숙박시설로서 해당 특정소방대상물의 종사자의 수는 5명, 복도, 계단 및 화장실의 바닥면적을 제외한 바닥면적이 158[m²]인 경우의 수용인원은 약 몇 명인가?

① 37 ② 45
③ 58 ④ 84

해설
숙박시설이 없는 특정소방대상물 수용인원 산정 수(영 별표 7)
침대가 없는 숙박시설은 해당 특정소방대상물의 종사자 수에 숙박시설 바닥면적의 합계를 3[m²]로 나누어 얻은 수를 합한 수로 한다.

$$\therefore \ 5 + \frac{158[m^2]}{3[m^2]} = 57.7 \Rightarrow 58명$$

47 국민의 안전의식과 화재에 대한 경각심을 높이고 안전문화를 정착시키기 위한 소방의 날은 몇 월 며칠인가?

① 1월 19일
② 10월 9일
③ 11월 9일
④ 12월 19일

해설
소방의 날 : 11월 9일

48 다음 중 소방시설 설치 및 관리에 관한 법률상 소방시설관리업을 등록할 수 있는 자는?

① 피성년후견인

② 소방시설관리업의 등록이 취소된 날부터 2년이 경과된 자

③ 금고 이상의 형의 집행유예를 선고받고 그 유예기간 중에 있는 자

④ 금고 이상의 실형을 선고받고 그 집행이 면제된 날부터 2년이 지나지 않은 자

해설
소방시설관리업의 등록이 취소된 날부터 2년이 경과된 자는 소방시설관리업에 등록할 수 있다(법 제30조).

49 화재의 예방 및 안전관리에 관한 법률상 소방관서장은 화재안전조사를 실시하려는 경우 사전에 조사대상, 조사기간 및 조사사유 등 조사계획을 소방청, 소방본부 또는 소방서의 인터넷 홈페이지에 며칠을 공개해야 하는가?

① 3일 이상
② 7일 이상
③ 14일 이상
④ 30일 이상

해설

소방관서장은 화재안전조사를 실시하려는 경우 사전에 조사대상, 조사기간 및 조사사유 등 조사계획을 소방청, 소방본부 또는 소방서의 인터넷 홈페이지나 전산시스템을 통해 7일 이상에 공개해야 한다(영 제8조).

50 소방시설 설치 및 관리에 관한 법률상 지하가 중 터널로서 길이가 1,000[m]일 때 설치하지 않아도 되는 소방시설은?

① 인명구조기구
② 옥내소화전설비
③ 연결송수관설비
④ 무선통신보조설비

해설

터널길이에 따른 소방시설 설치 대상
• 인명구조기구 : 터널에는 설치기준이 없다.
• 옥내소화전설비 : 길이가 1,000[m] 이상인 터널
• 연결송수관설비 : 길이가 1,000[m] 이상인 터널
• 무선통신보조설비, 비상콘센트설비 : 길이가 500[m] 이상인 터널

51 소방시설공사업법령상 공사감리자 지정대상 특정소방대상물의 범위가 아닌 것은?

① 제연설비를 신설·개설하거나 제연구역을 증설할 때
② 연결살수설비를 신설·개설하거나 송수구역을 증설할 때
③ 캐비닛형 간이스프링클러설비를 신설·개설하거나 방호·방수구역을 증설할 때
④ 물분무 등 소화설비(호스릴방식의 소화설비 제외)를 신설·개설하거나 방호·방수구역을 증설할 때

해설

공사감리자 지정대상 특정소방대상물의 범위(영 제10조)
• 옥내소화전설비를 신설·개설 또는 증설할 때
• 스프링클러설비 등(캐비닛형 간이스프링클러설비는 제외한다)을 신설·개설하거나 방호·방수구역을 증설할 때
• 물분무 등 소화설비(호스릴방식의 소화설비는 제외한다)를 신설·개설하거나 방호·방수구역을 증설할 때
• 제연설비를 신설·개설하거나 제연구역을 증설할 때
• 연결살수설비를 신설·개설하거나 송수구역을 증설할 때

52 화재의 예방 및 안전관리에 관한 법률상 화재안전조사를 할 수 없는 사람은?

① 소방본부장
② 시·도지사
③ 소방청장
④ 소방서장

해설

화재안전조사권자 : 소방관서장(소방청장, 소방본부장, 소방서장)

53 다음 중 화재의 예방 및 안전관리에 관한 법률상 특수가연물에 해당하는 품명별 기준수량으로 틀린 것은?

① 사류 1,000[kg] 이상
② 면화류 200[kg] 이상
③ 나무껍질 및 대팻밥 400[kg] 이상
④ 넝마 및 종이부스러기 500[kg] 이상

> **해설**
> 넝마 및 종이부스러기 1,000[kg] 이상이면 특수가연물이다(영 별표 2).

55 화재의 예방 및 안전관리에 관한 법률상 1급 소방안전관리대상물에 해당하는 건축물은?

① 지하구
② 층수가 15층인 공공업무시설
③ 연면적 10,000[m²] 이상인 동물원
④ 층수가 20층이고, 지상으로부터 높이가 100[m]인 아파트

> **해설**
> 1급 소방안전관리대상물(영 별표 4)
> • 30층 이상(지하층은 제외)이거나 지상으로부터 높이가 120[m] 이상인 아파트
> • 연면적 15,000[m²] 이상인 특정소방대상물(아파트 및 연립주택은 제외)
> • 지하층의 층수가 11층 이상인 특정소방대상물(아파트는 제외)
> • 가연성 가스를 1,000[t] 이상 저장·취급하는 시설
> ※ 지하구 : 2급 소방안전관리대상물

54 화재의 예방 및 안전관리에 관한 법률상 화재안전조사 결과에 따른 소방대상물의 위치·구조·관리·설비 또는 관리의 상황이 화재 예방을 위하여 보완될 필요가 있을 것으로 예상되는 때에 소방대상물의 개수·이전·제거, 그 밖의 필요한 조치를 관계인에게 명령할 수 있는 사람은?

① 소방서장
② 경찰청장
③ 시·도지사
④ 해당구청장

> **해설**
> 개수 등 명령권자(법 제14조) : 소방관서장(소방청장, 소방본부장, 소방서장)

56 위험물안전관리법령상 허가를 받지 않고 해당 제조소 등을 설치하거나 그 위치·구조 또는 설비를 변경할 수 있으며, 신고를 하지 않고 위험물의 품명·수량 또는 지정수량의 배수를 변경할 수 있는 기준으로 옳은 것은?

① 축산용으로 필요한 건조시설을 위한 지정수량 40배 이하의 저장소
② 수산용으로 필요한 건조시설을 위한 지정수량 30배 이하의 저장소
③ 농예용으로 필요한 난방시설을 위한 지정수량 40배 이하의 저장소
④ 주택의 난방시설(공동주택의 중앙난방시설 제외)을 위한 저장소

> **해설**
> 다음에 해당하는 제조소 등의 경우에는 허가를 받지 않고 해당 제조소 등을 설치하거나 그 위치·구조 또는 설비를 변경할 수 있으며, 신고를 하지 않고 위험물의 품명·수량 또는 지정수량의 배수를 변경할 수 있다(법 제6조).
> • 주택의 난방시설(공동주택의 중앙난방시설을 제외)을 위한 저장소 또는 취급소
> • 농예용·축산용 또는 수산용으로 필요한 난방시설 또는 건조시설을 위한 지정수량 20배 이하의 저장소

57 소방시설 설치 및 관리에 관한 법률상 단독경보형 감지기를 설치해야 하는 특정소방대상물의 기준으로 틀린 것은?

① 수련시설 내에 있는 합숙소로서 연면적 1,000 [m²] 미만인 것

② 연면적 400[m²] 미만의 유치원

③ 공동주택 중 연립주택 및 다세대주택

④ 교육연구시설 내에 있는 기숙사 또는 합숙소로서 연면적 2,000[m²] 미만인 것

해설
교육연구시설과 수련시설 내에 있는 기숙사 또는 합숙소로서 연면적 2,000[m²] 미만인 것은 단독경보형 감지기 설치대상이다(영 별표 4).

58 위험물안전관리법령상 위험물시설의 설치 및 변경 등에 관한 기준 중 다음 (   ) 안에 들어갈 내용으로 옳은 것은?

> 제조소 등의 위치 · 구조 또는 설비의 변경 없이 해당 제조소 등에서 저장하거나 취급하는 위험물의 품명 · 수량 또는 지정수량의 배수를 변경하고자 하는 자는 변경하고자 하는 날의 (㉠)일 전까지 (㉡)이 정하는 바에 따라 (㉢)에게 신고해야 한다.

① ㉠ : 1, ㉡ : 대통령령, ㉢ : 소방본부장

② ㉠ : 1, ㉡ : 행정안전부령, ㉢ : 시 · 도지사

③ ㉠ : 14, ㉡ : 대통령령, ㉢ : 소방서장

④ ㉠ : 14, ㉡ : 행정안전부령, ㉢ : 시 · 도지사

해설
위험물시설의 설치 및 변경 등(위험물법 제6조)
제조소 등의 위치 · 구조 또는 설비의 변경 없이 해당 제조소 등에서 저장하거나 취급하는 위험물의 품명 · 수량 또는 지정수량의 배수를 변경하고자 하는 자는 변경하고자 하는 날의 1일 전까지 행정안전부령이 정하는 바에 따라 시 · 도지사에게 신고해야 한다.

59 소방시설 설치 및 관리에 관한 법률상 1년 이하의 징역 또는 1,000만원 이하의 벌금 기준에 해당하는 경우는?

① 소방용품의 형식승인을 받지 않고 소방용품을 제조하거나 수입한 자

② 형식승인을 받은 소방용품에 대하여 제품검사를 받지 않은 자

③ 거짓이나 그 밖의 부정한 방법으로 제품검사 전문기관으로 지정을 받은 자

④ 소방용품에 대하여 형상 등의 일부를 변경한 후 형식승인의 변경승인을 받지 않은 자

해설
벌금
• 3년 이하의 징역 또는 3,000만원 이하의 벌금
  – 소방용품의 형식승인을 받지 않고 소방용품을 제조하거나 수입한 자
  – 형식승인을 받은 소방용품에 대하여 제품검사를 받지 않은 자
  – 거짓이나 그 밖의 부정한 방법으로 제품검사 전문기관으로 지정을 받은 자
• 1년 이하의 징역 또는 1,000만원 이하의 벌금
  – 소방용품에 대하여 형상 등의 일부를 변경한 후 형식승인의 변경승인을 받지 않은 자

60 위험물안전관리법령상 제조소의 기준에 따라 건축물의 외벽 또는 이에 상당하는 공작물의 외측으로부터 제조소의 외벽 또는 이에 상당하는 공작물의 외측까지의 안전거리 기준으로 틀린 것은?(단, 제6류 위험물을 취급하는 제조소를 제외하고, 건축물에 불연재료로 된 방화상 유효한 담 또는 벽을 설치하지 않은 경우이다)

① 의료법에 의한 종합병원에 있어서는 30[m] 이상
② 도시가스사업법에 의한 가스공급시설에 있어서는 20[m] 이상
③ 사용전압 35,000[V]를 초과하는 특고압가공전선에 있어서는 5[m] 이상
④ 국가유산기본법에 의한 국가유산은 30[m] 이상

해설
국가유산의 안전거리 : 50[m] 이상

---

61 구조대의 형식승인 및 제품검사의 기술기준상 수직강하식 구조대의 구조기준 중 틀린 것은?

① 수직구조대는 연속하여 강하할 수 있는 구조이어야 한다.
② 수직구조대는 안전하고 쉽게 사용할 수 있는 구조이어야 한다.
③ 입구틀 및 고정틀의 입구는 지름 40[cm] 이하의 구체가 통과할 수 있는 것이어야 한다.
④ 수직구조대의 포지는 외부포지와 내부포지로 구성하되, 외부포지와 내부포지의 사이에 충분한 공기층을 두어야 한다.

해설
수직강하식 구조대의 입구틀 및 고정틀의 입구는 지름 60[cm] 이상의 구체가 통과할 수 있는 것이어야 한다.

62 제연설비의 화재안전기술기준상 제연설비의 설치장소 기준 중 하나의 제연구역의 면적은 최대 몇 [m²] 이내로 해야 하는가?

① 700 　　　　② 1,000
③ 1,300 　　　④ 1,500

해설
제연구역 : 1,000[m²] 이내

---

63 소화기구 및 자동소화장치의 화재안전기술기준상 노유자시설은 해당 용도의 바닥면적 몇 [m²]마다 능력단위 1단위 이상의 소화기구를 비치해야 하는가?

① 바닥면적 30[m²]마다
② 바닥면적 50[m²]마다
③ 바닥면적 100[m²]마다
④ 바닥면적 200[m²]마다

해설
소방대상물별 소화기구의 능력단위

소방대상물	소화기구의 능력단위
위락시설	해당 용도의 바닥면적 30[m²]마다 능력단위 1단위 이상
공연장·집회장·관람장·국가유산(문화재)·장례식장 및 의료시설	해당 용도의 바닥면적 50[m²]마다 능력단위 1단위 이상
근린생활시설·판매시설·운수시설·숙박시설·노유자시설·전시장·공동주택·업무시설·방송통신시설·공장·창고시설·항공기 및 자동차 관련 시설 및 관광휴게시설	해당 용도의 바닥면적 100[m²]마다 능력단위 1단위 이상
그 밖의 것	해당 용도의 바닥면적 200[m²]마다 능력단위 1단위 이상

[비고] 소화기구의 능력단위를 산출함에 있어서 건축물의 주요구조부가 내화구조이고, 벽 및 반자의 실내에 면하는 부분이 불연재료·준불연재료 또는 난연재료로 된 특정소방대상물에 있어서는 위 표의 바닥면적의 2배를 해당 특정소방대상물의 기준면적으로 한다.

64 도로터널의 화재안전기술기준상 옥내소화전설비 설치기준 중 ( ) 안에 알맞은 것은?

가압송수장치는 옥내소화전 2개(4차로 이상의 터널인 경우 3개)를 동시에 사용할 경우 각 옥내소화전의 노즐선단(끝부분)에서의 방수압력은 (㉠)[MPa] 이상이고 방수량은 (㉡)[L/min] 이상이 되는 성능의 것으로 할 것

① ㉠ 0.1, ㉡ 130
② ㉠ 0.17, ㉡ 130
③ ㉠ 0.25, ㉡ 350
④ ㉠ 0.35, ㉡ 190

해설
도로터널의 화재안전기술기준상 옥내소화전설비 설치기준
• 방수압력 : 0.35[MPa] 이상
• 방수량 : 190[L/min] 이상

65 상수도소화용수설비의 화재안전기술기준상 소화전은 특정소방대상물의 수평투영면의 각 부분으로부터 몇 [m] 이하가 되도록 설치해야 하는가?

① 70   ② 100
③ 140   ④ 200

해설
상수도소화용수설비의 소화전은 특정소방대상물의 수평투영면의 각 부분으로부터 140[m] 이하가 되도록 설치해야 한다.

66 스프링클러설비의 화재안전기술기준상 스프링클러설비의 교차배관에서 분기되는 지점을 기점으로 한쪽 가지배관에 설치되는 헤드의 개수는 최대 몇 개 이하인가?(단, 방호구역 안에서 칸막이 등으로 구획하여 헤드를 증설하는 경우와 격자형 배관방식을 채택하는 경우는 제외한다)

① 8   ② 10

③ 12   ④ 15

해설
한쪽 가지배관에 설치되는 헤드의 개수 : 8개 이하

67 연소방지설비의 화재안전기술기준상 배관의 설치기준 중 다음 ( ) 안에 알맞은 것은?

> 연소방지설비에 있어서의 수평주행배관의 구경은 100[mm] 이상의 것으로 하되, 연소방지설비전용헤드 및 스프링클러헤드를 향하여 상향으로 ( ) 이상의 기울기로 설치해야 한다.

① $\dfrac{1}{1,000}$ ② $\dfrac{2}{100}$

③ $\dfrac{1}{100}$ ④ $\dfrac{1}{500}$

해설
지하구의 화재안전기술기준(21.01.15)으로 개정되어 맞지 않는 문제임

68 분말소화설비의 화재안전기술기준상 분말소화설비의 가압용 가스로 질소가스를 사용하는 경우 질소가스는 소화약제 1[kg]마다 최소 몇 [L] 이상이어야 하는가?(단, 질소가스의 양은 35[℃]에서 1기압의 압력상태로 환산한 것이다)

① 10   ② 20

③ 30   ④ 40

해설
분말소화설비의 가압용 가스에 질소가스를 사용하는 것의 질소가스는 소화약제 1[kg]마다 40[L](35[℃]에서 1기압의 압력상태로 환산한 것) 이상, 이산화탄소를 사용하는 것의 이산화탄소는 소화약제 1[kg]에 대하여 20[g]에 배관의 청소에 필요한 양을 가산한 양 이상으로 할 것

69 분말소화설비의 화재안전기술기준상 분말소화설비의 배관으로 동관을 사용하는 경우에는 최고사용압력의 최소 몇 배 이상의 압력에 견딜 수 있는 것을 사용해야 하는가?

① 1   ② 1.5

③ 2   ④ 2.5

해설
분말소화설비의 배관으로 동관을 사용하는 경우의 배관은 고정압력 또는 최고사용압력의 1.5배 이상의 압력에 견딜 수 있는 것을 사용해야 한다.

70 스프링클러설비의 화재안전기술기준상 스프링클러 헤드를 설치하는 천장·반자·천장과 반자 사이·덕트·선반 등의 각 부분으로부터 하나의 스프링클러헤드까지의 수평거리 기준으로 틀린 것은?(단, 성능이 별도로 인정된 스프링클러헤드를 수리계산에 따라 설치하는 경우는 제외한다)

① 무대부에 있어서는 1.7[m] 이하

② 공동주택(아파트) 세대 내의 거실에 있어서는 2.6[m] 이하

③ 특수가연물을 저장 또는 취급하는 장소에 있어서는 2.1[m] 이하

④ 특수가연물을 저장 또는 취급하는 랙식 창고의 경우에는 1.7[m] 이하

해설

설치장소		설치기준
폭 1.2[m]를 초과하는 천장, 반자, 천장과 반자 사이, 덕트, 선반, 기타 이와 유사한 부분	무대부, 특수가연물을 저장 또는 취급하는 장소	수평거리 1.7[m] 이하
	내화구조	수평거리 2.3[m] 이하
	비내화구조	수평거리 2.1[m] 이하
아파트 등의 세대		수평거리 2.6[m] 이하
랙식 창고	라지드롭형 스프링클러헤드 설치 - 특수가연물을 저장·취급	수평거리 1.7[m] 이하
	라지드롭형 스프링클러헤드 설치 - 내화구조	수평거리 2.3[m] 이하
	라지드롭형 스프링클러헤드 설치 - 비내화구조	수평거리 2.1[m] 이하
	라지드롭형 스프링클러헤드 (습식, 건식 외의 것)	랙 높이 3[m] 이하마다

71 이산화탄소소화설비의 화재안전기술기준상 전역방출방식의 이산화탄소소화설비의 분사헤드 방출압력은 저압식인 경우 최소 몇 [MPa] 이상이어야 하는가?

① 0.5   ② 1.05

③ 1.4   ④ 2.0

해설

전역방출방식 이산화탄소소화설비의 분사헤드 방출압력
• 저압식 : 1.05[MPa] 이상
• 고압식 : 2.1[MPa] 이상

72 이산화탄소소화설비의 화재안전기술기준상 저압식 이산화탄소 소화약제 저장용기에 설치하는 안전밸브의 작동압력은 내압시험압력의 몇 배에서 작동해야 하는가?

① 0.24~0.4

② 0.44~0.6

③ 0.64~0.8

④ 0.84~1.0

해설

이산화탄소소화설비의 안전밸브의 작동압력 : 내압시험압력의 0.64배부터 0.8배

73 포소화설비의 화재안전기술기준상 포헤드의 설치기준 중 다음 ( ) 안에 알맞은 것은?

압축공기포소화설비의 분사헤드는 천장 또는 반자에 설치하되 방호대상물에 따라 측벽에 설치할 수 있으며 유류탱크 주위에는 바닥면적 (㉠)[m²]마다 1개 이상, 특수가연물저장소에는 바닥면적 (㉡)[m²]마다 1개 이상으로 해당 방호대상물의 화재를 유효하게 소화할 수 있도록 할 것

① ㉠ 8, ㉡ 9

② ㉠ 9, ㉡ 8

③ ㉠ 9.3, ㉡ 13.9

④ ㉠ 13.9, ㉡ 9.3

해설

압축공기포소화설비의 분사헤드는 천장 또는 반자에 설치하되 방호대상물에 따라 측벽에 설치할 수 있으며 유류탱크 주위에는 바닥면적 13.9[m²]마다 1개 이상, 특수가연물저장소에는 바닥면적 9.3[m²]마다 1개 이상으로 해당 방호대상물의 화재를 유효하게 소화할 수 있도록 할 것

74 소화기의 형식승인 및 제품검사의 기술기준상 A급 화재용 소화기의 능력단위 산정을 위한 소화능력시험의 내용으로 틀린 것은?

① 모형 배열 시 모형 간의 간격은 3[m] 이상으로 한다.
② 소화는 최초의 모형에 불을 붙인 다음 1분 후에 시작한다.
③ 소화는 무풍상태(풍속 0.5[m/s] 이하)와 사용 상태에서 실시한다.
④ 소화약제의 방사가 완료된 때 잔염이 없어야 하며, 방사완료 후 2분 이내에 다시 불타지 않은 경우 그 모형은 완전히 소화된 것으로 본다.

해설
A급 화재용 소화기의 소화능력시험(소화기의 형식승인 및 제품검사의 기술기준 별표 2) : 소화는 최초의 모형에 불을 붙인 다음 3분 후에 시작하되, 불을 붙인 순으로 한다.

75 제연설비의 화재안전기술기준상 배출구 설치 시 예상제연구역의 각 부분으로부터 하나의 배출구까지의 수평거리는 최대 몇 [m] 이내가 되어야 하는가?

① 5   ② 10
③ 15   ④ 20

해설
배출구 설치 시 예상제연구역의 각 부분으로부터 하나의 배출구까지의 수평거리 : 10[m] 이내

76 다음 중 스프링클러설비에서 자동경보밸브에 리타딩 체임버(Retarding Chamber)를 설치하는 목적으로 가장 적절한 것은?

① 자동으로 배수하기 위하여
② 압력수의 압력을 조절하기 위하여
③ 자동경보밸브의 오보를 방지하기 위하여
④ 경보를 발하기까지 시간을 단축하기 위하여

해설
리타딩 체임버의 설치 목적 : 자동경보밸브의 오보 방지

77 완강기의 형식승인 및 제품검사의 기술기준상 완강기 및 간이완강기의 구성으로 적합한 것은?

① 속도조절기, 속도조절기의 연결부, 하부지지장치, 연결금속구, 벨트
② 속도조절기, 속도조절기의 연결부, 로프, 연결금속구, 벨트
③ 속도조절기, 가로봉 및 세로봉, 로프, 연결금속구, 벨트
④ 속도조절기, 가로봉 및 세로봉, 로프, 하부지지장치, 벨트

해설
완강기 및 간이완강기의 구성 : 속도조절기, 속도조절기의 연결부, 로프, 연결금속구, 벨트

78 포소화설비의 화재안전기술기준상 전역방출방식 고발포용 고정포방출구의 설치기준으로 옳은 것은?(단, 해당 방호구역에서 외부로 새는 양 이상의 포수용액을 유효하게 추가하여 방출하는 설비가 있는 경우는 제외한다)

① 개구부에 자동폐쇄장치를 설치할 것

② 바닥면적 600[m²]마다 1개 이상으로 할 것

③ 방호대상물의 최고 부분보다 낮은 위치에 설치할 것

④ 특정소방대상물 및 포의 팽창비에 따른 종별에 관계없이 해당 방호구역의 관포체적 1[m³]에 대한 1분당 포수용액 방출량은 1[L] 이상으로 할 것

해설

전역방출방식 고발포용 고정포방출구의 설치기준

• 개구부에 자동폐쇄장치를 설치할 것
• 바닥면적 500[m²]마다 1개 이상으로 할 것
• 방호대상물의 최고 부분보다 높은 위치에 설치할 것
• 특정소방대상물 및 포의 팽창비에 따른 종별에 따라 해당 방호구역의 관포체적 1[m³]에 대한 1분당 포수용액 방출량은 각각 다르다.

79 물분무소화설비의 화재안전기술기준상 110[kV] 초과 154[kV] 이하의 고압 전기기기와 물분무헤드 사이의 이격거리는 최소 몇 [cm] 이상이어야 하는가?

① 110
② 150
③ 180
④ 210

해설

전기기기와 물분무헤드 사이의 거리

전압[kV]	거리[cm]
66 이하	70 이상
66 초과 77 이하	80 이상
77 초과 110 이하	110 이상
110 초과 154 이하	150 이상
154 초과 181 이하	180 이상
181 초과 220 이하	210 이상
220 초과 275 이하	260 이상

80 옥내소화전설비의 화재안전기술기준상 배관의 설치기준 중 다음 ( ) 안에 알맞은 것은?

> 연결송수관설비의 배관과 겸용할 경우의 주배관은 구경 (㉠)[mm] 이상, 방수구로 연결되는 배관의 구경은 (㉡)[mm] 이상의 것으로 해야 한다.

① ㉠ 80, ㉡ 65

② ㉠ 80, ㉡ 50

③ ㉠ 100, ㉡ 65

④ ㉠ 125, ㉡ 80

해설

옥내소화전설비와 연결송수관설비의 배관과 겸용할 경우

• 주배관 : 100[mm] 이상
• 가지배관 : 65[mm] 이상

제1과목 소방원론

01 일반적인 플라스틱 분류상 열경화성 플라스틱에 해당하는 것은?

① 폴리에틸렌

② 폴리염화바이닐

③ 페놀수지

④ 폴리스타이렌

해설

수지의 종류

• 열경화성 수지 : 열에 의해 굳어지는 수지로서 페놀수지, 요소수지, 멜라민수지

• 열가소성 수지 : 열에 의해 변형되는 수지로서 폴리에틸렌수지, 폴리스타이렌수지, PVC수지

02 공기 중에서 수소의 연소범위로 옳은 것은?

① 0.4~4[vol%]

② 1~12.5[vol%]

③ 4~75[vol%]

④ 67~92[vol%]

해설

수소의 연소범위 : 4~75[vol%]

03 건물 내 피난동선의 조건으로 옳지 않은 것은?

① 2개 이상의 방향으로 피난할 수 있어야 한다.

② 가급적 단순한 형태로 한다.

③ 통로의 말단은 안전한 장소이어야 한다.

④ 수직동선은 금하고 수평동선만 고려한다.

해설

피난대책의 일반적인 원칙

• 피난경로는 간단명료하게 할 것

• 피난설비는 고정식설비를 위주로 할 것

• 피난수단은 원시적 방법에 의한 것을 원칙으로 할 것

• 2방향 이상의 피난통로를 확보할 것

• 피난동선은 일상생활의 동선과 일치시킬 것

• 통로의 말단은 안전한 장소일 것

04 증발잠열을 이용하여 가연물의 온도를 떨어뜨려 화재를 진압하는 소화방법은?

① 제거소화

② 억제소화

③ 질식소화

④ 냉각소화

해설

냉각소화 : 화재 현장에서 물의 증발잠열을 이용하여 열을 빼앗아 온도를 낮추어 소화하는 방법

05 열분해에 의해 가연물 표면에 유리상의 메타인산 피막을 형성하여 연소에 필요한 산소의 유입을 차단하는 분말약제는?

① 요 소

② 탄산수소칼륨

③ 제1인산암모늄

④ 탄산수소나트륨

해설

제3종 분말약제(제일인산암모늄, $NH_4H_2PO_4$)는 열분해 생성물인 메타인산(HPO_3)이 산소의 차단 역할을 하므로 일반화재(A급)에도 적합하다.

06 화재를 소화하는 방법 중 물리적 방법에 의한 소화가 아닌 것은?

① 억제소화　　　② 제거소화
③ 질식소화　　　④ 냉각소화

해설
억제소화 : 화학적 소화방법

07 물과 반응하여 가연성 기체를 발생하지 않는 것은?

① 칼륨　　　② 인화아연
③ 산화칼슘　　　④ 탄화알루미늄

해설
산화칼슘(CaO, 생석회)은 물과 반응하면 많은 열은 발생하고 가스는 발생하지 않는다.
$CaO + H_2O \rightarrow Ca(OH)_2 + Q[kcal]$
• 칼륨과 물의 반응 $2K + 2H_2O \rightarrow 2KOH + H_2 \uparrow$
• 인화아연과 물의 반응 $Zn_3P_2 + 6H_2O \rightarrow 3Zn(OH)_2 + 2PH_3 \uparrow$
• 탄화알루미늄과 물의 반응 $Al_4C_3 + 12H_2O \rightarrow 4Al(OH)_3 + 3CH_4 \uparrow$

08 다음 물질을 저장하고 있는 장소에서 화재가 발생하였을 때 주수소화가 적합하지 않은 것은?

① 적린
② 마그네슘 분말
③ 과염소산칼륨
④ 황

해설
마그네슘은 물과 반응하면 수소가스를 발생하므로 위험하다.
$Mg + 2H_2O \rightarrow Mg(OH)_2 + H_2 \uparrow$

09 과산화수소와 과염소산의 공통성질이 아닌 것은?

① 산화성 액체이다.
② 유기화합물이다.
③ 불연성 물질이다.
④ 비중이 1보다 크다.

해설
제6류 위험물(질산, 과산화수소, 과염소산) : 불연성, 무기화합물, 산화성 액체

10 다음 중 가연성 가스가 아닌 것은?

① 일산화탄소
② 프로페인
③ 아르곤
④ 메테인

해설
아르곤(Ar) : 불활성기체

11 화재 발생 시 인간의 피난 특성으로 틀린 것은?

① 본능적으로 평상시 사용하는 출입구를 사용한다.

② 최초로 행동을 개시한 사람을 따라서 움직인다.

③ 공포감으로 인해서 빛을 피하여 어두운 곳으로 몸을 숨긴다.

④ 무의식 중에 발화 장소의 반대쪽으로 이동한다.

해설

지광본능 : 공포감으로 인해서 밝은 방향으로 도피하려는 본능

12 실내화재에서 화재의 최성기에 돌입하기 전에 다량의 가연성 가스가 동시에 연소되면서 급격한 온도상승을 유발하는 현상은?

① 패닉(Panic)현상

② 스택(Stack)현상

③ 파이어볼(Fire Ball)현상

④ 플래시오버(Flash Over)현상

해설

플래시오버(Flash Over) : 화재의 최성기에 돌입하기 전에 다량의 가연성 가스가 동시에 연소되면서 급격한 온도상승을 유발하는 현상

13 다음 원소 중 할로겐족 원소인 것은?

① Ne   ② Ar

③ Cl   ④ Xe

해설

할로겐족 원소 : F(플루오린), Cl(염소), Br(브로민), I(아이오딘)

14 피난 시 하나의 수단이 고장 등으로 사용이 불가능하더라도 다른 수단 및 방법을 통해서 피난할 수 있도록 하는 것으로 2방향 이상의 피난통로를 확보하는 피난대책의 일반 원칙은?

① Risk-down 원칙

② Feed-back 원칙

③ Fool-proof 원칙

④ Fail-safe 원칙

해설

피난계획의 일반 원칙

• Fool Proof : 비상시 머리가 혼란하여 판단능력이 저하되는 상태로 누구나 알 수 있도록 문자나 그림 등을 표시하여 직감적으로 작용하는 것으로 피난수단을 조작이 간편한 원시적 방법으로 하는 원칙

• Fail Safe : 하나의 수단이 고장으로 실패하여도 다른 수단에 의해 구제할 수 있도록 고려하는 것으로 2방향 피난로의 확보와 예비전원을 준비하는 것 등이다.

15 목재건축물의 화재 진행과정을 순서대로 나열한 것은?

① 무염착화 – 발염착화 – 발화 – 최성기

② 무염착화 – 최성기 – 발염착화 – 발화

③ 발염착화 – 발화 – 최성기 – 무염착화

④ 발염착화 – 최성기 – 무염착화 – 발화

해설

목조건축물의 화재 진행과정

화원 → 무염착화 → 발염착화 → 발화(출화) → 최성기 → 연소낙하 → 소화

16 탄산수소나트륨이 주성분인 분말소화약제는?

① 제1종 분말

② 제2종 분말

③ 제3종 분말

④ 제4종 분말

해설

제1종 분말 : $NaHCO_3$(탄산수소나트륨, 중탄산나트륨)

17 공기 중의 산소의 농도는 약 몇 [vol%]인가?

① 10   ② 13

③ 17   ④ 21

해설

공기의 조성[vol%] : 산소 21[%], 질소 78[%], 아르곤 등 1[%]

18 불연성 기체나 고체 등으로 연소물을 감싸 산소공급을 차단하는 소화방법은?

① 질식소화

② 냉각소화

③ 연쇄반응 차단소화

④ 제거소화

해설

질식소화 : 불연성 기체나 고체 등으로 연소물을 감싸 산소공급을 차단하는 방법

19 공기와 할론 1301의 혼합기체에서 할론 1301에 비해 공기의 확산속도는 약 몇 배인가?(단, 공기의 평균분자량은 29, 할론 1301의 분자량은 149이다)

① 2.27배   ② 3.85배

③ 5.17배   ④ 6.46배

해설

확산속도는 분자량의 제곱근에 반비례한다.

$$\frac{U_B}{U_A} = \sqrt{\frac{M_A}{M_B}}$$

여기서 U_B : 공기의 확산속도

U_A : 할론 1301의 확산속도

M_B : 공기의 분자량

M_A : 할론 1301의 분자량

$$\therefore \ U_B = U_A \times \sqrt{\frac{M_A}{M_B}} = 1[\text{m/s}] \times \sqrt{\frac{149}{29}} = 2.27배$$

20 자연발화 방지대책에 대한 설명 중 틀린 것은?

① 저장실의 온도를 낮게 유지한다.

② 저장실의 환기를 원활히 시킨다.

③ 촉매물질과의 접촉을 피한다.

④ 저장실의 습도를 높게 유지한다.

해설

저장실의 습도를 낮게(열이 축적되지 않고 확산되기 때문) 해야 자연발화를 방지할 수 있다.

21 그림과 같이 수조의 밑부분에 구멍을 뚫고 물을 유량 Q로 방출시키고 있다. 손실을 무시할 때 수위가 처음 높이의 1/2로 되었을 때 방출되는 유량은 어떻게 되는가?

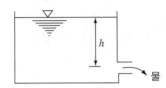

① $\dfrac{1}{\sqrt{2}}Q$ ② $\dfrac{1}{2}Q$

③ $\dfrac{1}{\sqrt{3}}Q$ ④ $\dfrac{1}{3}Q$

해설

유속 $u=\sqrt{2gh}$ 에서 방출유속 $u_2=\sqrt{2g\left(\dfrac{1}{2}h\right)}$ 이다.

유량 $Q=Au=A\sqrt{2gh}$ 에서 방출유량

$Q_2=A\sqrt{2g\left(\dfrac{1}{2}h\right)}=\dfrac{1}{\sqrt{2}}Q$이다.

22 다음 중 등엔트로피 과정은 어느 과정인가?

① 가역 단열과정
② 가역 등온과정
③ 비가역 단열과정
④ 비가역 등온과정

해설

가역 단열과정 : 등엔트로피 과정

23 비중이 0.95인 액체가 흐르는 곳에 그림과 같이 피토 튜브를 직각으로 설치하였을 때 h가 150 [mm], H가 30[mm]로 나타났다면 점 1 위치에서의 유속[m/s]은?

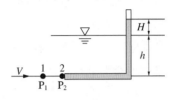

① 0.8 ② 1.6

③ 3.2 ④ 4.2

해설

피토 튜브의 유속(u)

$u=\sqrt{2gH}\,[\mathrm{m/s}]$

$\quad=\sqrt{2\times9.8[\mathrm{m/s^2}]\times0.03[\mathrm{m}]}=0.77[\mathrm{m/s}]$

24 어떤 밀폐계가 압력 200[kPa], 체적 0.1[m³]인 상태에서 100[kPa], 0.3[m³]인 상태까지 가역적으로 팽창하였다. 이 과정이 $P-V$ 선도에서 직선으로 표시된다면 이 과정 동안에 계가 한 일[kJ]은?

① 20 ② 30

③ 45 ④ 60

해설

일(W)

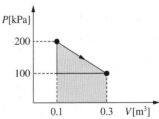

$P-V$선도에서 음영 부분의 면적을 계산하면 계가 한 일이다.

$W=\dfrac{1}{2}(P_1-P_2)(V_2-V_1)+P_2(V_2-V_1)$ 에서

$W=\dfrac{1}{2}\times(200-100)[\mathrm{kPa}]\times(0.3-0.1)[\mathrm{m^3}]$

$\qquad+100[\mathrm{kPa}](0.3-0.1)[\mathrm{m^3}]=30[\mathrm{kJ}]$

※ $\left[\dfrac{\mathrm{kN}}{\mathrm{m^2}}\times\mathrm{m^3}\right]=[\mathrm{kN}\cdot\mathrm{m}]=[\mathrm{kJ}]$

25 유체에 관한 설명으로 틀린 것은?

① 실제유체는 유동할 때 마찰로 인한 손실이 생긴다.

② 이상유체는 높은 압력에서 밀도가 변화하는 유체이다.

③ 유체에 압력을 가하면 체적이 줄어드는 유체는 압축성 유체이다.

④ 전단력을 받았을 때 저항하지 못하고 연속적으로 변형하는 물질을 유체라 한다.

해설
이상유체 : 높은 압력에서 밀도가 변화하지 않는 유체이다.

26 대기압에서 10[℃]의 물 10[kg]을 70[℃]까지 가열할 경우 엔트로피 증가량[kJ/K]은?(단, 물의 정압비열은 4.18[kJ/kg·K]이다)

① 0.43   ② 8.03

③ 81.3   ④ 2,508.1

해설
엔트로피 증가량(ΔS)

$\Delta S = mC_p \ln\dfrac{T_2}{T_1}$ [kJ/K]

$= 10[\mathrm{kg}] \times 4.18\left[\dfrac{\mathrm{kJ}}{\mathrm{kg \cdot K}}\right] \ln\dfrac{(273+70)[\mathrm{K}]}{(273+10)[\mathrm{K}]}$

$= 8.03[\mathrm{kJ/K}]$

27 물속에 수직으로 완전히 잠긴 원판의 도심과 압력중심 사이의 최대 거리는 얼마인가?(단, 원판의 반지름은 R이며, 이 원판의 면적관성모멘트는 $I_{xc} = \pi R^4 / 4$이다)

① $R/8$ ② $R/4$

③ $R/2$ ④ $2R/3$

해설
도심과 압력중심 사이의 최대 거리

• 원판의 도심 $\bar{y} = \dfrac{D}{2} = R$

• 압력중심 $y_p = \dfrac{I_{xc}}{\bar{y}A}$ 에서 $y_p = \dfrac{\dfrac{\pi R^4}{4}}{R \times (\pi R^2)} = \dfrac{R}{4}$

28 점성계수가 0.101[N·s/m²], 비중이 0.85인 기름이 내경 300[mm], 길이 3[km]의 주철관 내부를 0.0444[m³/s]의 유량으로 흐를 때 손실수두[m]는?

① 7.1   ② 7.7

③ 8.1   ④ 8.9

해설
손실수두 $H = \dfrac{flu^2}{2gD}$

여기서, u(유속) $= \dfrac{Q}{\dfrac{\pi}{4}d^2} = \dfrac{0.0444[\mathrm{m^3/s}]}{\dfrac{\pi}{4}(0.3[\mathrm{m}])^2} = 0.63[\mathrm{m/s}]$

$Re = \dfrac{Du\rho}{\mu} = \dfrac{0.3 \times 0.63 \times 850}{0.101} = 1,590.59$(층류)

f(관마찰계수) $= \dfrac{64}{Re} = \dfrac{64}{1,590.59} = 0.04$

$\therefore H = \dfrac{flu^2}{2gD} = \dfrac{0.04 \times 3,000 \times (0.63)^2}{2 \times 9.8 \times 0.3} = 8.1[\mathrm{m}]$

※ 단위환산

$Re = \dfrac{Du\rho}{\mu} = \left[\dfrac{\mathrm{m} \times \dfrac{\mathrm{m}}{\mathrm{s}} \times \dfrac{\mathrm{kg}}{\mathrm{m^3}}}{\dfrac{\mathrm{N \cdot s}}{\mathrm{m^2}}}\right]$

$= \left[\dfrac{\dfrac{\mathrm{kg}}{\mathrm{m \cdot s}}}{\dfrac{\mathrm{kg} \cdot \dfrac{\mathrm{m}}{\mathrm{s^2}} \cdot \mathrm{s}}{\mathrm{m^2}}}\right] = \left[\dfrac{\dfrac{\mathrm{kg}}{\mathrm{m \cdot s}}}{\dfrac{\mathrm{kg}}{\mathrm{m \cdot s}}}\right] = [-]$

29 그림과 같은 곡관에 물이 흐르고 있을 때 계기압력으로 P_1이 98[kPa]이고, P_2가 29.42[kPa]이면 이 곡관을 고정시키는 데 필요한 힘[N]은?(단, 높이차 및 모든 손실은 무시한다)

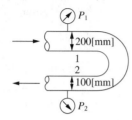

① 4,141
② 4,314
③ 4,565
④ 4,744

해설

힘

• 베르누이 방정식을 적용하면

$$\frac{98[\mathrm{kN/m^2}]}{9.8[\mathrm{kN/m^3}]} + \frac{V_1^2}{2g} = \frac{29.42[\mathrm{kN/m^2}]}{9.8[\mathrm{kN/m^3}]} + \frac{V_2^2}{2g}$$

연속방정식에서 $V_2 = 4V_1$ 이므로 위의 식에 대입하면

$$10[\mathrm{m}] + \frac{V_1^2}{2g} = 3[\mathrm{m}] + \frac{16V_1^2}{2g} \qquad V_1 = 3.02[\mathrm{m/s}]$$

$$V_2 = 4V_1 = 4 \times 3.02[\mathrm{m/s}] = 12.08[\mathrm{m/s}]$$

• 유 량

$$Q = VA = 3.02[\mathrm{m/s}] \times \frac{\pi}{4}(0.2[\mathrm{m}])^2$$
$$= 0.095[\mathrm{m^3/s}]$$

• 운동량 방정식을 적용하면

$$A_1 P_1 - F + A_2 P_2 = \rho Q(-V_2 - V_1)$$

$$\frac{\pi}{4}(0.2[\mathrm{m}])^2 \times 98 \times 10^3[\mathrm{N/m^2}]$$

$$-F + \frac{\pi}{4}(0.1[\mathrm{m}])^2 \times 29.42 \times 10^3[\mathrm{N/m^2}]$$

$$= 1,000[\mathrm{N \cdot s^2/m^4}] \times 0.095[\mathrm{m^3/s}]$$
$$\times (-12.08 - 3.02)[\mathrm{m/s}]$$

$$3,078.76[\mathrm{N}] - F + 231.06[\mathrm{N}] = -1,434.5[\mathrm{N}]$$

$$\therefore F = 3,078.76[\mathrm{N}] + 231.06[\mathrm{N}] + 1,434.5[\mathrm{N}]$$
$$= 4,744.32[\mathrm{N}]$$

30 물의 체적을 5[%] 감소시키려면 얼마의 압력[kPa]을 가해야 하는가?(단, 물의 압축률은 5×10^{-10} [m²/N]이다)

① 1
② 10^2
③ 10^4
④ 10^5

해설

체적탄성계수 $K = -\left(\dfrac{\Delta P}{\Delta V / V}\right)$, 압축률 $\beta = \dfrac{1}{K}$

압력변화

$$\Delta P = -K\frac{\Delta V}{V} = -\frac{1}{\beta}\frac{\Delta V}{V}$$

$$= -\left(\frac{1}{5 \times 10^{-10}}\right) \times (-0.05) = 10^8[\mathrm{Pa}] = 10^5[\mathrm{kPa}]$$

31 옥내소화전에서 노즐의 직경이 2[cm]이고 방수량이 0.5[m³/min]이라면 방수압[kPa]은?

① 35.90
② 359.0
③ 566.4
④ 56.64

해설

방수량(유량)

$$Q = 0.6597 D^2 \sqrt{10P}$$

여기서, Q : 유량[L/min]
　　　　　D : 내경[mm]
　　　　　P : 압력[MPa]

$$500[\mathrm{L/min}] = 0.6597 \times (20)^2 \times \sqrt{10P}$$

$$\therefore P = 0.3590[\mathrm{MPa}] = 359[\mathrm{kPa}]$$

32 공기 중에서 무게가 941[N]인 돌이 물속에서 500 [N]이라면 이 돌의 체적[m³]은?(단, 공기의 부력은 무시한다)

① 0.012　　　　② 0.028

③ 0.034　　　　④ 0.045

해설
돌의 체적

$$500[N] + F = 941[N]$$
$$F = 441[N]$$
$$\therefore F = \gamma V$$
$$V = \frac{F}{\gamma}$$
$$= \frac{441[N]}{9,800[N/m^3]}$$
$$= 0.045[m^3]$$

33 그림과 같이 비중이 0.8인 기름이 흐르고 있는 관에 U자관이 설치되어 있다. A점에서의 계기압력이 200[kPa]일 때 높이 $h[m]$는 얼마인가?(단, U자관 내의 유체의 비중은 13.6이다)

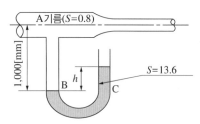

① 1.42　　　　② 1.56

③ 2.43　　　　④ 3.20

해설
높이(h)

• 물의 비중량 $\gamma = 9,800[N/m^3]$
  압력 $P = S\gamma_w h$ 이므로
  － 비중 0.8의 압력
  $$P_1 = 0.8 \times 9,800 \left[\frac{N}{m^3}\right] \times 1[m] = 7,840[N/m^2]$$
  － 비중 13.6의 압력 $P_2 = 13.6 \times 9,800 \left[\frac{N}{m^3}\right] \times h$

• $P_A = 200[kPa] = 200 \times 10^3 [N/m^2]$ 이고
  압력 $P_B = P_C$ 이므로 $P_A + P_1 = P_2$ 이다.
  $$200 \times 10^3 [N/m^2] + 7,840[N/m^2]$$
  $$= 13.6 \times 9,800[N/m^3] \times h$$

∴ 높 이
$$h = \frac{200 \times 10^3 [N/m^2] + 7,840[N/m^2]}{13.6 \times 9,800[N/m^3]} = 1.56[m]$$

34 열전달 면적이 A이고, 온도 차이가 10[℃], 벽의 열전도율이 10[W/m·K], 두께 25[cm]인 벽을 통한 열류량은 100[W]이다. 동일한 열전달 면적에서 온도 차이가 2배, 벽의 열전도율이 4배가 되고 벽의 두께가 2배가 되는 경우 열류량[W]은 얼마인가?

① 50　　　　② 200

③ 400　　　　④ 800

해설
열전달열량
$$Q = \frac{\lambda}{l} A \Delta t$$

$$100[W] = \frac{10}{0.25} \times A \times 10$$

$$A = 0.25[m^2]$$

∴ 열전달열량
$$Q = \frac{4 \times 10}{2 \times 0.25} \times 0.25 \times (2 \times 10) = 400[W]$$

35 지름 40[cm]인 소방용 배관에 물이 80[kg/s]로 흐르고 있다면 물의 유속[m/s]은?

① 6.4   ② 0.64

③ 12.7   ④ 1.27

해설

질량유량 $\overline{m} = Au\rho$에서

$$u = \frac{\overline{m}}{A\rho} = \frac{80[\text{kg/s}]}{\frac{\pi}{4}(0.4[\text{m}])^2 \times 1,000[\text{kg/m}^3]} = 0.64[\text{m/s}]$$

36 지름이 400[mm]인 베어링이 400[rpm]으로 회전하고 있을 때 마찰에 의한 손실동력[kW]은?(단, 베어링과 축 사이에는 점성계수가 0.049[N·s/m²]인 기름이 차 있다)

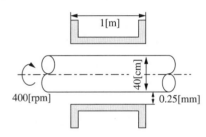

① 15.1   ② 15.6

③ 16.3   ④ 17.3

해설

마찰에 의한 손실동력(P)

• 각속도 $\omega = \dfrac{2\pi N}{60}$에서

$$u = \frac{2\pi \times 400[\text{rpm}]}{60} = 41.89[\text{rad/s}]$$

• 토크 $T = \dfrac{\pi \mu \omega D^3 l}{4t}$에서

$$T = \frac{\pi \times 0.049\left[\dfrac{\text{N} \cdot \text{s}}{\text{m}^2}\right] \times 41.89\left[\dfrac{\text{rad}}{\text{s}}\right] \times (0.4[\text{m}])^3 \times 1[\text{m}]}{4 \times (0.25 \times 10^{-3}[\text{m}])}$$

$$= 412.7[\text{N} \cdot \text{m}]$$

∴ 손실동력 $P = T \times \omega$에서

$$P = 412.7[\text{N} \cdot \text{m}] \times 41.89[\text{rad/s}] = 17,288[\text{W}]$$

$$\fallingdotseq 17.3[\text{kW}]$$

37 12층 건물의 지하 1층에 제연설비용 배연기를 설치하였다. 이 배연기의 풍량은 500[m³/min]이고, 풍압이 290[Pa]일 때 배연기의 동력[kW]은?(단, 배연기의 효율은 60[%]이다)

① 3.55   ② 4.03

③ 5.55   ④ 6.11

해설

배출기의 용량

$$P[\text{kW}] = \frac{Q \times P_r}{\eta} \times K$$

여기서, Q : 풍량(500/60[m³/s])

P_r : 풍압(290[N/m²])

η : 효율(60[%] = 0.6)

K : 여유율

$$\therefore P = \frac{500/60 \times 290}{0.6}$$

$$= 4,027.78[\text{N} \cdot \text{m/s}]$$

$$= 4,027.78[\text{J/s} = \text{W}]$$

$$= 4.03[\text{kW}]$$

38 다음 중 배관의 출구 측 형상에 따라 손실계수가 가장 큰 것은?

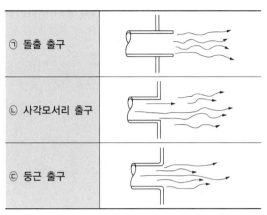

⊙ 돌출 출구	
ⓒ 사각모서리 출구	
ⓒ 둥근 출구	

① ⊙   ② ⓒ

③ ⓒ   ④ 모두 같다.

해설

돌연 확대관의 손실수두(K)

$$K = \left[1 - \left(\frac{d_1}{d_2} \right)^2 \right]^2$$

배관의 직경이 $d_2 \gg d_1$ 이므로 $K \fallingdotseq 1$ 이다.

∴ 돌연 확대관은 배관출구의 형상에 관계없이 손실계수(K)는 같으며 1에 근접한다.

39 원관 내에 유체가 흐를 때 유동의 특성을 결정하는 가장 중요한 요소는?

① 관성력과 점성력
② 압력과 관성력
③ 중력과 압력
④ 압력과 점성력

해설

관성력과 점성력이 유동의 특성을 결정하는 가장 중요한 요소이다.

40 토출량이 1,800[L/min], 회전자의 회전수가 1,000 [rpm]인 소화펌프의 회전수를 1,400[rpm]으로 증가시키면 토출량은 처음보다 얼마나 더 증가하는가?

① 10[%]   ② 20[%]
③ 30[%]   ④ 40[%]

해설

펌프의 상사법칙

유량 $Q_2 = Q_1 \times \dfrac{N_2}{N_1}$

여기서, N : 회전수[rpm]

• $Q_2 = 1,800 \times \dfrac{1,400}{1,000} = 2,520[\text{L/min}]$

• 증가된 토출량 $= \dfrac{2,520 - 1,800}{1,800} \times 100[\%] = 40[\%]$

41 소방시설 설치 및 관리에 관한 법률상 소방시설 등의 자체점검 중 종합점검을 받아야 하는 특정소방대상물 대상 기준으로 틀린 것은?

① 제연설비가 설치된 터널

② 스프링클러설비가 설치된 특정소방대상물

③ 공공기관 중 연면적이 1,000[m²] 이상인 것으로서 옥내소화전설비 또는 자동화재탐지설비가 설치된 것(단, 소방대가 근무하는 공공기관은 제외한다)

④ 호스릴방식의 물분무 등 소화설비만이 설치된 연면적 5,000[m²] 이상인 특정소방대상물(단, 위험물 제조소 등은 제외한다)

해설
물분무 등 소화설비[호스릴(Hose Reel)방식의 물분무 등 소화설비만을 설치한 경우는 제외한다]가 설치된 연면적 5,000[m²] 이상인 특정소방대상물(위험물 제조소 등은 제외한다)은 종합점검 대상이다(규칙 별표 3).

42 화재의 예방 및 안전관리에 관한 법률상 특수가연물의 품명과 지정수량 기준의 연결이 틀린 것은?

① 사류 – 1,000[kg] 이상

② 볏짚류 – 3,000[kg] 이상

③ 석탄·목탄류 – 10,000[kg] 이상

④ 플라스틱류 중 발포시킨 것 – 20[m³] 이상

해설
볏짚류(영 별표 2) : 1,000[kg] 이상이면 특수가연물이다.

43 위험물안전관리법령상 제조소 등이 아닌 장소에서 지정수량 이상의 위험물을 취급할 수 있는 경우에 대한 기준으로 맞는 것은?(단, 시·도의 조례가 정하는 바에 따른다)

① 관할 소방서장의 승인을 받아 지정수량 이상의 위험물을 60일 이내의 기간 동안 임시로 저장 또는 취급하는 경우

② 관할 소방대장의 승인을 받아 지정수량 이상의 위험물을 60일 이내의 기간 동안 임시로 저장 또는 취급하는 경우

③ 관할 소방서장의 승인을 받아 지정수량 이상의 위험물을 90일 이내의 기간 동안 임시로 저장 또는 취급하는 경우

④ 관할 소방대장의 승인을 받아 지정수량 이상의 위험물을 90일 이내의 기간 동안 임시로 저장 또는 취급하는 경우

해설
위험물의 임시저장기간(법 제5조) : 관할 소방서장의 승인을 받아 지정수량 이상의 위험물을 90일 이내

44 화재의 예방 및 안전관리에 관한 법률상 화재예방강화지구의 지정권자는?

① 소방서장

② 시·도지사

③ 소방본부장

④ 행정안전부장관

해설
화재예방강화지구의 지정권자(법 제18조) : 시·도지사

45 위험물안전관리법령상 위험물 중 제1석유류에 속하는 것은?

① 경 유　　　　② 등 유
③ 중 유　　　　④ 아세톤

제4류 위험물의 분류

종 류	경 유	등 유	중 유	아세톤
품 명	제2석유류 (비수용성)	제2석유류 (비수용성)	제3석유류 (비수용성)	제1석유류 (수용성)

47 위험물안전관리법령상 관계인이 예방규정을 정해야 하는 위험물을 취급하는 제조소의 지정수량 기준으로 옳은 것은?

① 지정수량의 10배 이상
② 지정수량의 100배 이상
③ 지정수량의 150배 이상
④ 지정수량의 200배 이상

예방규정을 정해야 하는 제조소 등(영 제15조)
• 지정수량의 10배 이상의 위험물을 취급하는 제조소
• 지정수량의 100배 이상의 위험물을 저장하는 옥외저장소
• 지정수량의 150배 이상의 위험물을 저장하는 옥내저장소
• 지정수량의 200배 이상의 위험물을 저장하는 옥외탱크저장소
• 암반탱크저장소
• 이송취급소

46 소방시설 설치 및 관리에 관한 법률상 수용인원 산정 방법 중 다음과 같은 시설의 수용인원은 몇 명인가?

> 숙박시설이 있는 특정소방대상물로서 종사자 수는 5명, 숙박시설은 모두 2인용 침대이며 침대 수량은 50개이다.

① 55　　　　② 75
③ 85　　　　④ 105

숙박시설이 있는 수용인원 산정방법(영 별표 7)
침대가 있는 숙박시설의 경우는 해당 특정소방대상물의 종사자 수에 침대 수(2인용 침대는 2인으로 산정)를 합한 수로 한다.
∴ 수용인원 = 5 + (50 × 2) = 105명

48 소방시설 설치 및 관리에 관한 법률상 공동 소방안전관리자를 선임해야 하는 특정소방대상물이 아닌 것은?

① 판매시설 중 도매시장 및 소매시장
② 복합건축물로서 층수가 5층 이상인 것
③ 지하층을 제외한 층수가 7층 이상인 고층건축물
④ 복합건축물로서 연면적이 5,000[m^2] 이상인 것

법령 개정(22.11.29)으로 맞지 않는 문제임

49 소방기본법령상 소방안전교육사의 배치 대상별 배치기준으로 틀린 것은?

① 소방청 : 2명 이상 배치

② 소방서 : 1명 이상 배치

③ 소방본부 : 2명 이상 배치

④ 한국소방안전원(본회) : 1명 이상 배치

해설

소방안전교육사의 배치기준(영 별표 2의3)

배치 대상	배치기준(단위 : 명)
소방청	2 이상
소방본부	2 이상
소방서	1 이상
한국소방안전원	본회 : 2 이상, 시·도지부 : 1 이상
한국소방산업기술원	2 이상

50 소방시설공사업법령상 정의된 업종 중 소방시설업의 종류에 해당되지 않는 것은?

① 소방시설설계업

② 소방시설공사업

③ 소방시설정비업

④ 소방공사감리업

해설

소방시설업 : 소방시설설계업, 소방시설공사업, 소방공사감리업

51 소방기본법상 소방대장의 권한이 아닌 것은?

① 소방활동을 할 때에 긴급한 경우에는 이웃한 소방본부장 또는 소방서장에게 소방업무의 응원을 요청할 수 있다.

② 화재, 재난·재해, 그 밖의 위급한 상황이 발생한 현장에서 소방활동을 위하여 필요할 때에는 그 관할 구역에 사는 사람 또는 그 현장에 있는 사람으로 하여금 사람을 구출하는 일 또는 불을 끄거나 불이 번지지 않도록 하는 일을 하게 할 수 있다.

③ 사람을 구출하거나 불이 번지는 것을 막기 위하여 필요할 때에는 화재가 발생하거나 불이 번질 우려가 있는 소방대상물 및 토지를 일시적으로 사용하거나 그 사용의 제한 또는 소방활동에 필요한 처분을 할 수 있다.

④ 소방활동을 위하여 긴급하게 출동할 때에는 소방자동차의 통행과 소방활동에 방해가 되는 주차 또는 정차된 차량 및 물건 등을 제거하거나 이동시킬 수 있다.

해설

소방본부장이나 소방서장은 소방활동을 할 때에 긴급한 경우에는 이웃한 소방본부장 또는 소방서장에게 소방업무의 응원(應援)을 요청할 수 있다(법 제11조).

52 소방시설공사업법상 도급을 받은 자가 제3자에게 소방시설공사의 시공을 하도급한 경우에 대한 벌칙 기준으로 옳은 것은?(단, 대통령령으로 정하는 경우는 제외한다)

① 100만원 이하의 벌금

② 300만원 이하의 벌금

③ 1년 이하의 징역 또는 1,000만원 이하의 벌금

④ 3년 이하의 징역 또는 3,000만원 이하의 벌금

해설

하도급받은 소방시설공사를 다시 하도급(제3자)한 자의 벌칙 : 1년 이하의 징역 또는 1,000만원 이하의 벌금

53 소방시설 설치 및 관리에 관한 법률상 주택의 소유자가 소방시설을 설치해야 하는 대상이 아닌 것은?

① 아파트
② 연립주택
③ 다세대주택
④ 다가구주택

해설

주택에 설치하는 소방시설(법 제10조)
• 단독주택(다가구주택)
• 공동주택(아파트 및 기숙사는 제외)
※ 공동주택 : 연립주택, 다세대주택, 아파트, 기숙사

54 화재의 예방 및 안전관리에 관한 법률상 화재예방강화지구의 지정대상이 아닌 것은?(단, 소방청장·소방본부장 또는 소방서장이 화재예방강화지구로 지정할 필요가 있다고 인정하는 지역은 제외한다)

① 시장지역
② 농촌지역
③ 목조건물이 밀집한 지역
④ 공장·창고가 밀집한 지역

해설

농촌지역은 아니고 공장·창고가 밀집한 지역이나 목조건물이 밀집한 지역은 화재예방강화지구에 해당된다(법 제18조).

55 위험물안전관리법령상 제4류 위험물별 지정수량 기준의 연결이 틀린 것은?

① 특수인화물 - 50[L]
② 알코올류 - 400[L]
③ 동식물유류 - 1,000[L]
④ 제4석유류 - 6,000[L]

해설

제4류 위험물별 지정수량

종 류	특수인화물	알코올류	동식물유류	제4석유류
지정수량	50[L]	400[L]	10,000[L]	6,000[L]

56 소방시설 설치 및 관리에 관한 법률상 소방시설 등에 대한 자체점검을 하지 않거나 관리업자 등으로 하여금 정기적으로 점검하게 하지 않은 자에 대한 벌칙 기준으로 옳은 것은?

① 6개월 이하의 징역 또는 1,000만원 이하의 벌금
② 1년 이하의 징역 또는 1,000만원 이하의 벌금
③ 3년 이하의 징역 또는 1,500만원 이하의 벌금
④ 3년 이하의 징역 또는 3,000만원 이하의 벌금

해설

소방시설 등에 대한 자체점검을 하지 않거나 관리업자 등으로 하여금 정기적으로 점검하게 하지 않은 자 : 1년 이하의 징역 또는 1,000만원 이하의 벌금

57 화재의 예방 및 안전관리에 관한 법률상 특수가연물의 저장 및 취급 기준을 2회 위반한 경우 과태료 부과기준은?

① 50만원
② 100만원
③ 150만원
④ 200만원

해설

특수가연물의 저장 및 취급 기준을 위반한 경우

위반횟수	1회	2회	3회 이상
과태료	200만원	200만원	200만원

58 소방시설 설치 및 관리에 관한 법률상 특정소방대상물로서 숙박시설에 해당되지 않는 것은?

① 오피스텔
② 일반형 숙박시설
③ 생활형 숙박시설
④ 근린생활시설에 해당하지 않는 고시원

해설

오피스텔 : 업무시설

59 소방시설 설치 및 관리에 관한 법률상 정당한 사유 없이 피난시설, 방화구획 및 방화시설의 유지·관리에 필요한 조치 명령을 위반한 경우 이에 대한 벌칙 기준으로 옳은 것은?

① 200만원 이하의 벌금
② 300만원 이하의 벌금
③ 1년 이하의 징역 또는 1,000만원 이하의 벌금
④ 3년 이하의 징역 또는 3,000만원 이하의 벌금

해설

정당한 사유 없이 피난시설, 방화구획 및 방화시설의 유지·관리에 필요한 조치 명령을 위반한 경우 : 3년 이하의 징역 또는 3,000만원 이하의 벌금

60 소방시설 설치 및 관리에 관한 법률상 소방시설이 아닌 것은?

① 소화설비
② 경보설비
③ 방화설비
④ 소화활동설비

해설

방화설비는 건축 관련 용어이고 소방시설이 아니다.

61 상수도소화용수설비의 화재안전기술기준에 따라 호칭지름 75[mm] 이상의 수도배관에 호칭지름 100[mm] 이상의 소화전을 접속한 경우 상수도소화용수설비의 설치기준으로 맞는 것은?

① 특정소방대상물의 수평투영면의 각 부분으로부터 80[m] 이하가 되도록 설치할 것

② 특정소방대상물의 수평투영면의 각 부분으로부터 100[m] 이하가 되도록 설치할 것

③ 특정소방대상물의 수평투영면의 각 부분으로부터 120[m] 이하가 되도록 설치할 것

④ 특정소방대상물의 수평투영면의 각 부분으로부터 140[m] 이하가 되도록 설치할 것

해설

상수도소화용수설비의 설치기준

• 호칭지름 75[mm] 이상의 수도배관에 호칭지름 100[mm] 이상의 소화전을 접속할 것
• 소화전은 소방자동차 등의 진입이 쉬운 도로변 또는 공지에 설치할 것
• 소화전은 특정소방대상물의 수평투영면의 각 부분으로부터 140[m] 이하가 되도록 설치할 것
• 지상식 소화전의 호스접결구는 지면으로부터 높이가 0.5[m] 이상 1[m] 이하가 되도록 설치할 것

62 분말소화설비의 화재안전기술기준에 따른 분말소화설비의 배관과 선택밸브의 설치기준에 대한 내용으로 틀린 것은?

① 배관은 겸용으로 설치할 것

② 각 선택밸브에는 해당 방호구역 또는 방호대상물마다 설치할 것

③ 동관은 고정압력 또는 최고사용압력의 1.5배 이상의 압력에 견딜 수 있는 것을 사용할 것

④ 강관을 사용하는 경우의 배관은 아연도금에 따른 배관용탄소강관이나 이와 동등 이상의 강도·내식성 및 내열성을 가진 것을 사용할 것

해설

분말소화설비의 배관은 전용으로 설치할 것

63 피난기구의 화재안전기술기준에 따라 숙박시설·노유자시설 및 의료시설로 사용되는 층에 있어서는 그 층의 바닥면적이 몇 [m²]마다 피난기구를 1개 이상 설치해야 하는가?

① 300   ② 500

③ 800   ④ 1,000

해설

피난기구 설치기준

층마다 설치하되 아래 기준에 의하여 설치해야 한다.

소방대상물	설치기준(1개 이상)
숙박시설·노유자시설 및 의료시설	바닥면적 500[m²]마다
위락시설·문화 및 집회시설, 운동시설·판매시설, 복합용도의 층	바닥면적 800[m²]마다
계단실형 아파트	각 세대마다
그 밖의 용도의 층	바닥면적 1,000[m²]마다

64 다음 설명은 미분무소화설비의 화재안전기술기준에 따른 미분무소화설비 기동장치의 화재감지기 회로에서 발신기 설치기준이다. ( ) 안에 알맞은 내용은?(단, 자동화재탐지설비의 발신기가 설치된 경우는 제외한다)

- 조작이 쉬운 장소에 설치하고, 스위치는 바닥으로부터 0.8[m] 이상 (㉠)[m] 이하의 높이에 설치할 것
- 소방대상물의 층마다 설치하되, 해당 소방대상물의 각 부분으로부터 하나의 발신기까지의 수평거리가 (㉡)[m] 이하가 되도록 할 것
- 발신기의 위치를 표시하는 표시등은 함의 상부에 설치하되, 그 불빛은 부착면으로부터 15° 이상의 범위 안에서 부착지점으로부터 (㉢)[m] 이내의 어느 곳에서도 쉽게 식별할 수 있는 적색등으로 할 것

① ㉠ 1.5, ㉡ 20, ㉢ 10
② ㉠ 1.5, ㉡ 25, ㉢ 10
③ ㉠ 2.0, ㉡ 20, ㉢ 15
④ ㉠ 2.0, ㉡ 25, ㉢ 15

해설
미분무소화설비 기동장치의 화재감지기 회로에서 발신기 설치기준
- 조작이 쉬운 장소에 설치하고, 스위치는 바닥으로부터 0.8[m] 이상 1.5[m] 이하의 높이에 설치할 것
- 소방대상물의 층마다 설치하되, 해당 소방대상물의 각 부분으로부터 하나의 발신기까지의 수평거리가 25[m] 이하가 되도록 할 것
- 발신기의 위치를 표시하는 표시등은 함의 상부에 설치하되, 그 불빛은 부착면으로부터 15° 이상의 범위 안에서 부착지점으로부터 10[m] 이내의 어느 곳에서도 쉽게 식별할 수 있는 적색등으로 할 것

65 소화기구 및 자동소화장치의 화재안전기술기준에 따른 캐비닛형 자동소화장치 분사헤드의 설치 높이 기준은 방호구역의 바닥으로부터 얼마이어야 하는가?

① 최소 0.1[m] 이상 최대 2.7[m] 이하
② 최소 0.1[m] 이상 최대 3.7[m] 이하
③ 최소 0.2[m] 이상 최대 2.7[m] 이하
④ 최소 0.2[m] 이상 최대 3.7[m] 이하

해설
화재안전기술기준 개정(22.11.25)으로 맞지 않는 문제임

66 할로겐화합물 및 불활성기체소화설비의 화재안전기술기준에 따른 할로겐화합물 및 불활성기체소화설비의 수동식 기동장치의 설치기준에 대한 설명으로 틀린 것은?

① 50[N] 이상의 힘을 가하여 기동할 수 있는 구조로 할 것
② 전기를 사용하는 기동장치에는 전원표시등을 설치할 것
③ 기동장치의 방출용스위치는 음향경보장치와 연동하여 조작될 수 있는 것으로 할 것
④ 해당 방호구역의 출입구 부근 등 조작을 하는 자가 쉽게 피난할 수 있는 장소에 설치할 것

해설
할로겐화합물 및 불활성기체소화설비의 수동식 기동장치의 설치기준 : 50[N] 이하의 힘을 가하여 기동할 수 있는 구조로 할 것

67 지하구의 화재안전기술기준에서 연소방지설비의 헤드는 소방대원의 출입이 가능한 환기구·작업구마다 지하구의 양쪽 방향으로 살수헤드를 설정하되 한쪽 방향의 살수구역의 길이는 몇 [m] 이상으로 하는가?

① 1　　　　　　　　② 2
③ 3　　　　　　　　④ 4

해설
한쪽 방향의 살수구역의 길이 : 3[m] 이상

68 구조대의 형식승인 및 제품검사의 기술기준에 따른 경사하강식 구조대의 구조에 대한 설명으로 틀린 것은?

① 경사구조대 본체는 강하방향으로 봉합부가 설치되어야 한다.
② 연속하여 활강할 수 있는 구조로 안전하고 쉽게 사용할 수 있어야 한다.
③ 땅에 닿을 때 충격을 받는 부분에는 완충장치로서 받침포 등을 부착해야 한다.
④ 입구틀 및 고정틀의 입구는 지름 60[cm] 이상의 구체가 통과할 수 있어야 한다.

해설
경사구조대 본체는 강하방향으로 봉합부가 설치되지 않아야 한다 (구조대의 형식승인 및 제품검사의 기술기준 제3조).

69 스프링클러설비의 화재안전기술기준에 따른 습식 유수검지장치를 사용하는 스프링클러설비 시험장치의 설치기준에 대한 설명으로 틀린 것은?

① 유수검지장치에서 가장 가까운 가지배관의 끝으로부터 연결하여 설치해야 한다.
② 시험배관의 끝에는 물받이 통 및 배수관을 설치하여 시험 중 방사된 물이 바닥에 흘러내리지 않도록 해야 한다.
③ 화장실과 같은 배수처리가 쉬운 장소에 시험배관을 설치한 경우에는 물받이 통 및 배수관을 생략할 수 있다.
④ 시험장치 배관의 구경은 25[mm] 이상으로 하고 그 끝에 개폐밸브 및 개방형헤드를 설치해야 한다.

해설
습식 스프링클러설비 및 부압식 스프링클러설비의 유수검지장치 2차 측 배관에 시험장치를 설치한다.

70 화재조기진압용 스프링클러설비의 화재안전기술기준에 따라 가지배관을 배열할 때 천장의 높이가 9.1[m] 이상 13.7[m] 이하인 경우 가지배관 사이의 거리 기준으로 맞는 것은?

① 2.4[m] 이상 3.1[m] 이하
② 2.4[m] 이상 3.7[m] 이하
③ 6.0[m] 이상 8.5[m] 이하
④ 6.0[m] 이상 9.3[m] 이하

해설
가지배관의 배열 기준(가지배관 사이의 거리)
• 천장 높이 9.1[m] 미만 : 2.4[m] 이상 3.7[m] 이하
• 천장 높이 9.1[m] 이상 13.7[m] 이하 : 2.4[m] 이상 3.1[m] 이하

71 옥내소화전설비의 화재안전기술기준에 따라 옥내소화전 방수구를 반드시 설치해야 하는 곳은?

① 식물원
② 수족관
③ 수영장의 관람석
④ 냉장창고 중 온도가 영하인 냉장실

옥내소화전 방수구의 설치 제외
• 냉장창고 중 온도가 영하인 냉장실 또는 냉동창고의 냉동실
• 고온의 노가 설치된 장소 또는 물과 격렬하게 반응하는 물품의 저장 또는 취급 장소
• 발전소·변전소 등으로서 전기시설이 설치된 장소
• 식물원·수족관·목욕실·수영장(관람석 부분은 제외), 그 밖의 이와 비슷한 장소
• 야외음악당·야외극장 또는 그 밖의 이와 비슷한 장소

72 스프링클러설비의 화재안전기술기준에 따른 특정소방대상물의 방호구역 층마다 설치하는 폐쇄형 스프링클러설비 유수검지장치의 설치 높이 기준은?

① 바닥으로부터 0.8[m] 이상 1.2[m] 이하
② 바닥으로부터 0.8[m] 이상 1.5[m] 이하
③ 바닥으로부터 1.0[m] 이상 1.2[m] 이하
④ 바닥으로부터 1.0[m] 이상 1.5[m] 이하

유수검지장치의 설치 높이 : 바닥으로부터 0.8[m] 이상 1.5[m] 이하

73 포소화설비의 화재안전기술기준에 따른 용어 정의 중 다음 ( ) 안에 알맞은 내용은?

( ) 프로포셔너방식이란 펌프와 발포기의 중간에 설치된 벤투리관의 벤투리작용과 펌프 가압수의 포소화약제 저장탱크에 대한 압력에 따라 포소화약제를 흡입·혼합하는 방식을 말한다.

① 라 인
② 펌 프
③ 프레셔
④ 프레셔 사이드

프레셔 프로포셔너방식 : 펌프와 발포기의 중간에 설치된 벤투리관의 벤투리작용과 펌프 가압수의 포소화약제 저장탱크에 대한 압력에 따라 포소화약제를 흡입·혼합하는 방식

74 소화기구 및 자동소화장치의 화재안전기술기준에 따른 수동으로 조작하는 대형소화기 B급의 능력단위 기준은?

① 10단위 이상
② 15단위 이상
③ 20단위 이상
④ 25단위 이상

대형소화기 : 능력단위가 A급 화재는 10단위 이상, B급 화재는 20단위 이상인 것

75 포소화설비의 화재안전기술기준에 따른 포소화설비의 포헤드 설치기준에 대한 설명으로 틀린 것은?

① 항공기 격납고에 단백포 소화약제가 사용되는 경우 1분당 방사량은 바닥면적 1[m²]당 6.5[L] 이상 방사되도록 할 것

② 특수가연물을 저장·취급하는 특정소방대상물에 단백포 소화약제가 사용되는 경우 1분당 방사량은 바닥면적 1[m²]당 6.5[L] 이상 방사되도록 할 것

③ 특수가연물을 저장·취급하는 특정소방대상물에 합성계면활성제포 소화약제가 사용되는 경우 1분당 방사량은 바닥면적 1[m²]당 8.0[L] 이상 방사되도록 할 것

④ 포헤드는 특정소방대상물의 천장 또는 반자에 설치하되, 바닥면적 9[m²]마다 1개 이상으로 하여 해당 방호대상물의 화재를 유효하게 소화할 수 있도록 할 것

해설

특수가연물을 저장·취급하는 특정소방대상물 : 수성막포, 합성계면활성제포, 단백포 모두 방사량은 바닥면적 1[m²]당 6.5[L/min]이다.

76 소화기구 및 자동소화장치의 화재안전기술기준에 따라 대형소화기를 설치할 때 특정소방대상물의 각 부분으로부터 1개의 소화기까지의 보행거리가 최대 몇 [m] 이내가 되도록 배치해야 하는가?

① 20   ② 25

③ 30   ④ 40

해설

소화기 배치거리

각 층마다 설치하되
• 소형소화기 : 보행거리가 20[m] 이내
• 대형소화기 : 보행거리가 30[m] 이내가 되도록 배치할 것

77 소화수조 및 저수조의 화재안전기술기준에 따라 소화수조의 채수구는 소방차가 최대 몇 [m] 이내의 지점까지 접근할 수 있도록 설치해야 하는가?

① 1   ② 2

③ 4   ④ 5

해설

소화수조, 저수조의 채수구 또는 흡수관의 투입구는 소방차가 2[m] 이내의 지점까지 접근할 수 있는 위치에 설치할 것

78 미분무소화설비의 화재안전기술기준에 따른 용어 정의 중 다음 ( ) 안에 알맞은 것은?

"미분무"란 물만을 사용하여 소화하는 방식으로 최소설계압력에서 헤드로부터 방출되는 물입자 중 99[%]의 누적체적분포가 (㉠)[μm] 이하로 분무되고 (㉡)급 화재에 적응성을 갖는 것을 말한다.

① ㉠ 400, ㉡ A, B, C

② ㉠ 400, ㉡ B, C

③ ㉠ 200, ㉡ A, B, C

④ ㉠ 200, ㉡ B, C

해설

미분무 : 물만을 사용하여 소화하는 방식으로 최소설계압력에서 헤드로부터 방출되는 물입자 중 99[%]의 누적체적분포가 400[μm] 이하로 분무되고 A, B, C급 화재에 적응성을 갖는 것을 말한다.

79 할론소화설비의 화재안전기술기준에 따른 할론 1301 소화약제의 저장용기에 대한 설명으로 틀린 것은?

① 저장용기의 충전비는 0.9 이상 1.6 이하로 할 것
② 동일 집합관에 접속되는 용기의 충전비는 같도록 할 것
③ 저장용기의 개방밸브는 안전장치가 부착된 것으로 하며 수동으로 개방되지 않도록 할 것
④ 축압식 용기의 경우에는 20[℃]에서 2.5[MPa] 또는 4.2[MPa]의 압력이 되도록 질소가스로 축압할 것

해설
할론소화약제 저장용기의 개방밸브는 전기식, 가스압력식, 기계식에 따라 자동으로 개방되고 수동으로도 개방되는 것으로서 안전장치가 부착된 것으로 해야 한다.

80 분말소화설비의 화재안전기술기준에 따라 분말소화약제 저장용기의 설치기준으로 맞는 것은?

① 저장용기의 충전비는 0.5 이상으로 할 것
② 제1종 분말(탄산수소나트륨을 주성분으로 한 분말)의 경우 소화약제 1[kg]당 저장용기의 내용적은 1.25[L]일 것
③ 저장용기에는 저장용기의 내부압력이 설정압력으로 되었을 때 주밸브를 개방하는 정압작동장치를 설치할 것
④ 저장용기에는 가압식은 최고사용압력 2배 이하, 축압식은 용기의 내압시험압력의 1배 이하의 압력에서 작동하는 안전밸브를 설치할 것

해설
분말소화약제 저장용기의 설치기준
• 저장용기의 충전비

소화약제의 종별	충전비
제1종 분말	0.80[L/kg]
제2종 분말	1.00[L/kg]
제3종 분말	1.00[L/kg]
제4종 분말	1.25[L/kg]

• 저장용기에는 저장용기의 내부압력이 설정압력으로 되었을 때 주밸브를 개방하는 정압작동장치를 설치할 것
• 안전밸브 설치기준
 – 가압식 : 최고사용압력의 1.8배 이하
 – 축압식 : 내압시험압력의 0.8배 이하

제1과목 소방원론

01 블레비(BLEVE) 현상과 관계가 없는 것은?

① 핵분열

② 가연성 액체

③ 화구(Fire Ball)의 형성

④ 복사열의 대량 방출

해설

블레비(BLEVE) 현상

• 정의 : 액화가스 저장탱크의 누설로 부유 또는 확산된 액화가스가 착화원과 접촉하여 공기 중으로 확산·폭발하는 현상

• 관련현상 : 가연성 액체, 화구의 형성, 복사열 대량방출

02 일반적으로 공기 중 산소농도를 몇 [vol%] 이하로 감소시키면 연소속도의 감소 및 질식소화가 가능한가?

① 15   ② 21

③ 25   ④ 31

해설

질식소화 : 산소의 농도를 15[%] 이하로 낮추어 소화하는 방법

03 물속에 넣어 저장하는 것이 안전한 물질은?

① 나트륨

② 수소화칼슘

③ 이황화탄소

④ 탄화칼슘

해설

위험물별 저장방법

• 황린, 이황화탄소 : 물속에 저장

• 칼륨, 나트륨 : 석유(등유), 경유 속에 저장

• 나이트로셀룰로스 : 물 또는 알코올 속에 저장

• 아세틸렌 : DMF(다이메틸폼아마이드), 아세톤에 저장(분해폭발 방지)

04 다음 각 물질과 물이 반응하였을 때 발생하는 가스의 연결이 틀린 것은?

① 탄화칼슘 – 아세틸렌

② 탄화알루미늄 – 이산화황

③ 인화칼슘 – 포스핀

④ 수소화리튬 – 수소

해설

물과 반응

• 탄화칼슘 : $CaC_2 + 2H_2O \rightarrow Ca(OH)_2 + C_2H_2 \uparrow$ (아세틸렌)

• 탄화알루미늄 : $Al_4C_3 + 12H_2O \rightarrow 4Al(OH)_3 + 3CH_4 \uparrow$ (메테인)

• 인화칼슘 : $Ca_3P_2 + 6H_2O \rightarrow 3Ca(OH)_2 + 2PH_3 \uparrow$ (포스핀, 인화수소)

• 수소화리튬 : $LiH + H_2O \rightarrow LiOH + H_2 \uparrow$ (수소)

05 이산화탄소의 물성으로 옳은 것은?

① 임계온도 : 31.35[℃], 증기비중 : 0.517
② 임계온도 : 31.35[℃], 증기비중 : 1.517
③ 임계온도 : 0.35[℃], 증기비중 : 1.517
④ 임계온도 : 0.35[℃], 증기비중 : 0.517

해설
이산화탄소의 물성
• 임계온도 : 31.35[℃]
• 증기비중 : 1.517

$$증기비중 = \frac{분자량}{공기의\ 평균분자량} = \frac{44}{29} = 1.517$$

06 할론소화약제에 관한 설명으로 옳지 않은 것은?

① 연쇄반응을 차단하여 소화한다.
② 할로겐족 원소가 사용된다.
③ 전기에 도체이므로 전기화재에 효과가 있다.
④ 소화약제의 변질분해 위험성이 낮다.

해설
가스계(이산화탄소, 할론, 할로겐화합물 및 불활성기체) 소화약제는 전기 부도체이다.

07 대두유가 침적된 기름걸레를 쓰레기통에 장시간 방치한 결과 자연발화에 의하여 화재가 발생한 경우 그 이유로 옳은 것은?

① 융해열 축적
② 산화열 축적
③ 증발열 축적
④ 발효열 축적

해설
기름걸레를 밀폐된 공간에 장시간 방치하면 산화열이 축적되어 자연발화가 일어난다.

08 건축법령상 내력벽, 기둥, 바닥, 보, 지붕틀 및 주계단을 무엇이라 하는가?

① 내진구조부
② 건축설비부
③ 보조구조부
④ 주요구조부

해설
주요구조부 : 내력벽, 기둥, 바닥, 보, 지붕틀, 주계단
주요구조부 제외 : 사잇벽, 사잇기둥, 최하층의 바닥, 작은 보, 차양, 옥외계단, 천장

09 다음 물질 중 연소범위를 통해 산출한 위험도 값이 가장 높은 것은?

① 수 소
② 에틸렌
③ 메테인
④ 이황화탄소

해설
연소범위

종 류	연소범위	종 류	연소범위
수 소	4.0~75	메테인	5.0~15.0
에틸렌	2.7~36	이황화탄소	1.0~50

위험도

$$위험도 = \frac{U-L}{L} = \frac{상한값 - 하한값}{하한값}$$

• 수소 $H = \dfrac{75 - 4.0}{4.0} = 17.75$

• 에틸렌 $H = \dfrac{36 - 2.7}{2.7} = 12.33$

• 메테인 $H = \dfrac{15 - 5}{5} = 2$

• 이황화탄소 $H = \dfrac{50 - 1.0}{1.0} = 49.0$

10 1기압 상태에서, 100[°C] 물 1[g]이 모두 기체로 변할 때 필요한 열량은 몇 [cal]인가?

① 429

② 499

③ 539

④ 639

해설

100[°C]의 물 1[g]을 100[°C]의 수증기로 만드는 데 필요한 증발잠열은 약 539[cal/g]이다.

$Q = \gamma m = 1[g] \times 539[cal/g] = 539[cal]$

11 전기화재의 원인으로 거리가 먼 것은?

① 단 락

② 과전류

③ 누 전

④ 절연 과다

해설

전기화재의 발생원인 : 합선(단락), 과부하, 누전, 스파크, 배선불량, 전열기구의 과열

12 건축물의 화재 시 피난자들의 집중으로 패닉(Panic) 현상이 일어날 수 있는 피난방향은?

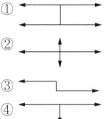

해설

피난방향 및 경로

구 분	구 조	특 징
T형		피난자에게 피난경로를 확실히 알려주는 형태
X형		양방향으로 피난할 수 있는 확실한 형태
H형		중앙코어방식으로 피난자의 집중으로 패닉현상이 일어날 우려가 있는 형태
Z형		중앙복도형 건축물에서의 피난경로로서 코어식 중 제일 안전한 형태

13 소화약제로 사용하는 물의 증발잠열로 기대할 수 있는 소화효과는?

① 냉각소화

② 질식소화

③ 제거소화

④ 촉매소화

해설

냉각소화 : 화재현장에 물을 주수하여 증발잠열로 발화점 이하로 온도를 낮추어 열을 제거하여 소화하는 방법으로 목재 화재 시 다량의 물을 뿌려 소화하는 것이다.

14 슈테판–볼츠만의 법칙에 의해 복사열과 절대온도와의 관계를 옳게 설명한 것은?

① 복사열은 절대온도의 제곱에 비례한다.

② 복사열은 절대온도의 4제곱에 비례한다.

③ 복사열은 절대온도의 제곱에 반비례한다.

④ 복사열은 절대온도의 4제곱에 반비례한다.

해설

슈테판–볼츠만 법칙 : 복사열은 절대온도의 4제곱에 비례하고 열전달면적에 비례한다.

$Q = aAF(T_1^4 - T_2^4)[\text{kcal/h}]$

$Q_1 : Q_2 = (T_1 + 273)^4 : (T_2 + 273)^4$

15 위험물별 저장방법에 대한 설명 중 틀린 것은?

① 황은 정전기가 축적되지 않도록 하여 저장한다.

② 적린은 화기로부터 격리하여 저장한다.

③ 마그네슘은 건조하면 부유하여 분진폭발의 위험이 있으므로 물에 적시어 보관한다.

④ 황화인은 산화제와 격리하여 저장한다.

해설

마그네슘은 분진폭발의 위험이 있고 물과 반응하면 가연성 가스인 수소를 발생하므로 위험하다.

$Mg + 2H_2O \rightarrow Mg(OH)_2 + H_2\uparrow$

16 인화점이 낮은 것부터 높은 순서로 옳게 나열된 것은?

① 에틸알코올 < 이황화탄소 < 아세톤

② 이황화탄소 < 에틸알코올 < 아세톤

③ 에틸알코올 < 아세톤 < 이황화탄소

④ 이황화탄소 < 아세톤 < 에틸알코올

해설

제4류 위험물의 인화점

종 류	품 명	인화점
이황화탄소	특수인화물	-30[℃]
아세톤	제1석유류	-18[℃]
에틸알코올	알코올류	13[℃]

17 가연성 가스이면서도 독성 가스인 것은?

① 질 소   ② 수 소

③ 염 소   ④ 황화수소

해설

황화수소(H_2S), 벤젠(C_6H_6)은 가연성 가스이면서 독성이다.

18 가연물질의 구비조건으로 옳지 않은 것은?

① 화학적 활성이 클 것

② 열의 축적이 용이할 것

③ 활성화 에너지가 작을 것

④ 산소와 결합할 때 발열량이 작을 것

해설

가연물의 구비조건

• 화학적 활성이 클 것
• 열전도율이 작을 것
• 발열량이 클 것
• 활성화 에너지가 작을 것
• 열의 축적이 용이할 것

19 분자식이 CF_2BrCl인 할론소화약제는?

① Halon 1301

② Halon 1211

③ Halon 2402

④ Halon 2021

해설

할론소화약제

종 류 구 분	할론 1301	할론 1211	할론 2402	할론 1011
분자식	CF_3Br	CF_2ClBr	$C_2F_4Br_2$	CH_2ClBr
분자량	148.9	165.4	259.8	129.4

20 조연성 가스에 해당하는 것은?

① 일산화탄소

② 산 소

③ 수 소

④ 뷰테인

해설

조연성(지연성) 가스 : 자신은 연소하지 않고 연소를 도와주는 가스로서 산소, 오존 등이 있다.

일산화탄소, 수소, 뷰테인 : 가연성 가스

제2과목 **소방유체역학**

21 대기압이 90[kPa]인 곳에서 진공 76[mmHg]는 절대압력[kPa]으로 약 얼마인가?

① 10.1

② 79.9

③ 99.9

④ 101.1

해설

절대압력 = 대기압 − 진공

$$= 90[\text{kPa}] - \left(\frac{76[\text{mmHg}]}{760[\text{mmHg}]} \times 101.325[\text{kPa}] \right)$$

$$= 79.87[\text{kPa}]$$

22 정육면체의 그릇에 물을 가득 채울 때, 그릇 밑면이 받는 압력에 의한 수직방향 평균 힘의 크기를 P라고 하면, 한 측면이 받는 압력에 의한 수평방향 평균 힘의 크기는 얼마인가?

① $0.5P$

② P

③ $2P$

④ $4P$

해설

압력에 의한 수평방향 평균 힘의 크기(P_1)는 밑면이 받는 압력에 의한 수직방향 평균 힘(P)의 크기의 $\frac{1}{2}$ 배이다.

따라서 $P_1 = \frac{1}{2}P = 0.5P$이다.

23 두께 20[cm]이고 열전도율 4[W/m·K]인 벽의 내부 표면온도는 20[°C]이고, 외부 벽은 −10[°C]인 공기에 노출되어 있어 대류열전달이 일어난다. 외부의 대류열전달계수가 20[W/m²·K]일 때, 정상상태에서 벽의 외부표면온도[°C]는 얼마인가?(단, 복사열전달은 무시한다)

① 5 　　　　　　② 10
③ 15 　　　　　　④ 20

해설
정상상태에서의 열전달

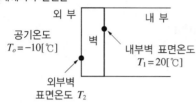

외 부　　　　　내 부

공기온도
$T_o = -10[℃]$

벽

내부벽 표면온도
$T_1 = 20[℃]$

외부벽
표면온도 T_2

• 정상상태이므로 벽 내부에서 전도되는 열량과 벽 표면에서 손실되는 대류열량은 같다.

• 전도열량 $q_1 = \dfrac{\lambda}{l} A \Delta T$ [W]

• 대류열량 $q_2 = \alpha A \Delta T$ [W]

∴ $q_1 = q_2$ 에서 $\dfrac{\lambda}{l} A(T_1 - T_2) = \alpha A(T_2 - T_o)$

$\dfrac{\lambda}{l}(T_1 - T_2) = \alpha(T_2 - T_o)$ 이고

$\dfrac{4\left[\dfrac{W}{m \cdot K}\right]}{0.2[m]}(293 - T_2)[K] = 20\left[\dfrac{W}{m^2 \cdot K}\right](T_2 - 263)[K]$

$20\left[\dfrac{W}{m^2 \cdot K}\right](293 - T_2)[K] = 20\left[\dfrac{W}{m^2 \cdot K}\right](T_2 - 263)[K]$

$293[K] - T_2 = T_2 - 263[K]$

$2T_2 = 556[K]$

∴ $T_2 = 278[K] = 278[K] - 273[K] = 5[℃]$

24 물이 배관 내에 유동하고 있을 때 흐르는 물속 어느 부분의 정압이 그때 물의 온도에 해당하는 증기압 이하로 되면 부분적으로 기포가 발생하는 현상을 무엇이라고 하는가?

① 수격현상
② 서징현상
③ 공동현상
④ 와류현상

해설
공동현상 : 물이 배관 내에 유동하고 있을 때 흐르는 물속 어느 부분의 정압이 그때 물의 온도에 해당하는 증기압 이하로 되면 부분적으로 기포가 발생하여 펌핑이 되지 않는 현상

25 피스톤이 설치된 용기 속에서 1[kg]의 공기가 일정 온도 50[°C]에서 처음 체적의 5배로 팽창되었다면 이때 전달된 열량[kJ]은 얼마인가?(단, 공기의 기체상수는 0.287[kJ/kg·K]이다)

① 149.2
② 170.6
③ 215.8
④ 240.3

해설
팽창하여 전달된 열량

$W = GRT \ln \dfrac{V_2}{V_1}$

여기서, G : 중량(1[kg])

　　　　R : 기체상수(0.287[kJ/kg·K])

　　　　T : 절대온도(273 + 50 = 323[K])

　　　　V_1 : 초기 부피

　　　　V_2 : 팽창 후 부피($5V_1$)

∴ $W = GRT \ln \dfrac{V_2}{V_1} = 1 \times 0.287 \times 323 \times \ln \dfrac{5V_1}{V_1} = 149.2[kJ]$

26 그림과 같이 60°로 기울어진 고정된 평판에 직경 50[mm]의 물 분류가 속도(V) 20[m/s]로 충돌하고 있다. 분류가 충돌할 때 판에 수직으로 작용하는 충격력 R[N]은?

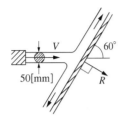

① 296
② 393
③ 680
④ 785

해설
운동량 방정식을 이용하면
$$\sum F_y = Q\rho(U_{y2} - U_{y1}) = Au\rho(U_{y2} - U_{y1})$$
$$-F = \left[\frac{\pi}{4} \times (0.05\text{m})^2 \times 20[\text{m/s}]\right] \times 1,000[\text{N} \cdot \text{s}^2/\text{m}^4]$$
$$\times [(0-20)[\text{m/s}]\sin 60°]$$
$$\therefore F = 680.2[\text{N}]$$

27 외부지름이 30[cm]이고 내부지름이 20[cm]인 길이 10[m]의 환형(Annular)관에 물이 2[m/s]의 평균속도로 흐르고 있다. 이때 손실수두가 1[m]일 때, 수력직경에 기초한 마찰계수는 얼마인가?

① 0.049
② 0.054
③ 0.065
④ 0.078

해설
마찰손실수두
$$h = \frac{flu^2}{2gD}[\text{m}]$$
여기서, h : 마찰손실[m]
f : 관의 마찰계수
l : 관의 길이[m]
u : 유체의 유속[m/s]
D : 관의 내경[m]
$$\therefore f = \frac{h2gD}{lu^2} = \frac{1[\text{m}] \times 2 \times 9.8[\text{m/s}^2] \times (0.3-0.2)[\text{m}]}{10 \times (2[\text{m/s}])^2}$$
$$= 0.049$$

28 그림에서 두 피스톤의 지름이 각각 30[cm]와 5[cm]이다. 큰 피스톤이 1[cm] 아래로 움직이면 작은 피스톤은 위로 몇 [cm] 움직이는가?

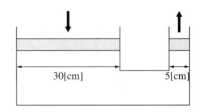

① 1
② 5
③ 30
④ 36

해설
큰 피스톤이 움직인 거리 s_1, 작은 피스톤이 움직인 거리 s_2라 하면
$$A_1 s_1 = A_2 s_2$$
$$\therefore s_2 = s_1 \times \frac{A_1}{A_2} = 1[\text{cm}] \times \frac{\frac{\pi}{4}(30[\text{cm}])^2}{\frac{\pi}{4}(5[\text{cm}])^2} = 36[\text{cm}]$$

29 반지름 r_o인 원형 파이프에 유체가 층류로 흐를 때, 중심으로부터 거리 r에서의 유속 u와 최대속도 $u_{\max}$의 비에 대한 분포식으로 옳은 것은?

① $\dfrac{u}{u_{\max}} = \left(\dfrac{r}{r_o}\right)^2$
② $\dfrac{u}{u_{\max}} = 2\left(\dfrac{r}{r_o}\right)^2$
③ $\dfrac{u}{u_{\max}} = \left(\dfrac{r}{r_o}\right)^2 - 2$
④ $\dfrac{u}{u_{\max}} = 1 - \left(\dfrac{r}{r_o}\right)^2$

해설
속도 분포식
$$u = u_{\max}\left[1 - \left(\frac{r}{r_o}\right)^2\right]$$

여기서, $u_{\max}$: 중심유속
r : 중심에서의 거리
r_o : 중심에서 벽까지의 거리

30 이상기체의 기체상수에 대해 옳은 설명으로 모두 짝지어진 것은?

> ㉠ 기체상수의 단위는 비열의 단위와 차원이 같다.
> ㉡ 기체상수는 온도가 높을수록 커진다.
> ㉢ 분자량이 큰 기체의 기체상수가 분자량이 작은 기체의 기체상수보다 크다.
> ㉣ 기체상수의 값은 기체의 종류에 관계없이 일정하다.

① ㉠
② ㉠, ㉢
③ ㉡, ㉢
④ ㉠, ㉡, ㉣

해설
기체상수
• 단 위

종 류	기체상수	비 열
단 위	kJ/kg·K	kJ/kg·K

• 기체상수 $R = \dfrac{\overline{R}}{M}$ [kJ/kg·K]

　여기서, $\overline{R}$: 8.314[kJ/kg-mol·K]
　　　　　M : 기체의 분자량
• 기체상수는 압력, 체적 온도변화에 대하여 항상 일정하다.
• 기체상수는 분자량에 반비례하므로 분자량이 작을수록 기체의 기체상수는 크다.
• 기체상수의 값은 기체의 분자량에 반비례하므로 기체가 종류에 따라 다른 값을 갖는다.

31 흐르는 유체에서 정상류의 의미로 옳은 것은?

① 흐름의 임의의 점에서 흐름특성이 시간에 따라 일정하게 변하는 흐름
② 흐름의 임의의 점에서 흐름특성이 시간에 관계없이 항상 일정한 상태에 있는 흐름
③ 임의의 시각에 유로 내 모든 점의 속도벡터가 일정한 흐름
④ 임의의 시각에 유로 내 각 점의 속도벡터가 다른 흐름

해설
정상류 : 흐름의 임의의 점에서 흐름특성이 시간에 따라 관계없이 항상 일정한 상태에 있는 흐름

32 토출량이 0.65[m³/min]인 펌프를 사용하는 경우 펌프의 소요 축동력[kW]은?(단, 전양정은 40[m]이고, 펌프의 효율은 50[%]이다)

① 4.2
② 8.5
③ 17.2
④ 50.9

해설
축동력

$$P[\text{kW}] = \frac{\gamma Q H}{\eta}$$

여기서, γ : 물의 비중량(9,800[N/m³])
　　　　Q : 유량(0.65/60[m³/s])
　　　　H : 전양정(40[m])
　　　　η : 펌프효율(50[%] = 0.5)

$$\therefore\ P = \frac{9,800 \times 0.65/60 \times 40}{0.5} = 8,493.3[\text{W}]$$
$$= 8.49[\text{kW}]$$

33 Newton의 점성법칙에 대한 옳은 설명으로 모두 짝지은 것은?

> ㉠ 전단응력은 점성계수와 속도기울기의 곱이다.
> ㉡ 전단응력은 점성계수에 비례한다.
> ㉢ 전단응력은 속도기울기에 반비례한다.

① ㉠, ㉡
② ㉡, ㉢
③ ㉠, ㉢
④ ㉠, ㉡, ㉢

해설
전단응력

$$\tau = \mu \frac{du}{dy}$$

여기서, μ : 점성계수
　　　　$\dfrac{du}{dy}$: 속도기울기
• 전단응력은 점성계수와 속도기울기의 곱이다.
• 전단응력은 점성계수와 속도기울기에 비례한다.

34 그림과 같이 사이펀에 의해 용기 속의 물이 4.8[m³/min]로 방출된다면 전체 손실수두[m]는 얼마인가?(단, 관 내 마찰은 무시한다)

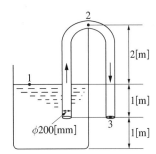

① 0.668

② 0.330

③ 1.043

④ 1.826

수정 베르누이 방정식을 적용하면

$$\frac{u_1^2}{2g} + \frac{P_1}{\gamma} + Z_1 = \frac{u_3^2}{2g} + \frac{P_3}{\gamma} + Z_3 + H_{1\sim3}$$

여기서, $P_1 = P_3 =$ 대기압

$$u_1 = 0$$
$$Z_1 - Z_3 = 1.0[\text{m}]$$
$$u_3 = \frac{Q}{A} = \frac{4.8/60[\text{m}^3/\text{s}]}{\frac{\pi}{4}(0.2[\text{m}])^2} = 2.55[\text{m/s}]$$

∴ 손실수두 $H_{1\sim3} = Z_1 - Z_3 - \frac{u_3^2}{2g}$

$$= 1.0[\text{m}] - \frac{(2.55[\text{m/s}])^2}{2 \times 9.8[\text{m/s}^2]} = 0.668[\text{m}]$$

35 질량 m[kg]의 어떤 기체로 구성된 밀폐계가 Q[kJ]의 열을 받아 일을 하고, 이 기체의 온도가 ΔT[℃] 상승하였다면 이 계가 외부에 한 일 W[kJ]을 구하는 계산식으로 옳은 것은?(단, 이 기체의 정적비열은 C_v[kJ/kg·K], 정압비열은 C_p[kJ/kg·K]이다)

① $W = Q - mC_v\Delta T$

② $W = Q + mC_v\Delta T$

③ $W = Q - mC_p\Delta T$

④ $W = Q + mC_p\Delta T$

밀폐계에 대한 열역학 제1법칙의 에너지보존방정식
- 에너지 변화량 $\Delta E = \Delta U + \Delta KE + \Delta PE = Q - W$
  여기서, ΔU : 내부에너지 변화량
  ΔKE : 운동에너지 변화량
  ΔPE : 위치에너지 변화량
- 밀폐계에서 운동에너지 변화량과 위치에너지 변화량은 매우 작으므로 무시한다.
- ∴ 일 $W = Q - \Delta U = Q - mC_v\Delta T$[kJ]

36 용량 1,000[L]의 탱크차가 만수 상태로 화재현장에 출동하여 노즐압력 294.2[kPa], 노즐구경 21[mm]를 사용하여 방수한다면 탱크차 내의 물을 전부 방수하는 데 몇 분 소요되는가?(단, 모든 손실은 무시한다)

① 1.7분

② 2분

③ 2.3분

④ 2.7분

옥내소화전의 방수량
$$Q = 0.6597CD^2\sqrt{10P}$$
여기서, Q : 방수량[L/min]
  C : 유량계수
  D : 관경[mm]
  P : 방수압력[MPa]
방수량 Q를 구하면
$$Q = 0.6597 \times (21[\text{mm}])^2 \times \sqrt{10 \times 0.2942[\text{MPa}]} = 499[\text{L/min}]$$
∴ 소요시간 = 1,000[L] ÷ 499[L/min] = 2.0[min]

37 액체 분자들 사이의 응집력과 고체면에 대한 부착력의 차이에 의하여 관 내 액체표면과 자유표면 사이에 높이 차이가 나타나는 것과 가장 관계가 깊은 것은?

① 관성력

② 점 성

③ 뉴턴의 마찰법칙

④ 모세관 현상

모세관 현상 : 액체 속에 가는 관(모세관)을 넣으면 액체가 관을 따라 상승, 하강하는 현상. 응집력이 부착력보다 크면 액면이 내려가고, 부착력이 응집력보다 크면 액면이 올라간다.

38 호주에서 무게가 20[N]인 어떤 물체를 한국에서 재어보니 19.8[N]이었다면 한국에서의 중력가속도[m/s^2]는 얼마인가?(단, 호주에서의 중력가속도는 9.82[m/s^2]이다)

① 9.46 ② 9.61

③ 9.72 ④ 9.82

$19.8[N] : 20[N] = x : 9.82[m/s^2]$
$\therefore x = 9.72[m/s^2]$

39 베르누이 방정식을 적용할 수 있는 기본 전제조건으로 옳은 것은?

① 비압축성 흐름, 점성 흐름, 정상 유동

② 압축성 흐름, 비점성 흐름, 정상 유동

③ 비압축성 흐름, 비점성 흐름, 비정상 유동

④ 비압축성 흐름, 비점성 흐름, 정상 유동

베르누이 방정식을 적용 조건 : 비압축성 흐름, 비점성 흐름, 정상 유동

40 지름 0.4[m]인 관에 물이 0.5[m^3/s]로 흐를 때 길이 300[m]에 대한 동력손실은 60[kW]이었다. 이때 관마찰계수(f)는 얼마인가?

① 0.0151 ② 0.0202

③ 0.0256 ④ 0.0301

관마찰계수(f)
손실수두(H)
$P = \gamma Q H$
$60,000[W] = 9,800[N/m^3] \times 0.5[m^3/s] \times H \quad H = 12.24[m]$
※ 단위환산
$$\frac{[N]}{[m^3]} \times \frac{[m^3]}{[s]} \times \frac{[m]}{1} = \frac{[N \cdot m]}{[s]} = \frac{[J]}{[s]} = [W]$$
Darcy−Weisbach방정식에서
$$H = \frac{flu^2}{2gD} \qquad f = \frac{H2gD}{lu^2}$$
여기서, $u(유속) = \dfrac{Q}{A} = \dfrac{Q}{\frac{\pi}{4}D^2} = \dfrac{0.5[m^3/s]}{\frac{\pi}{4}(0.4[m])^2} = 3.98[m/s]$

$\therefore f = \dfrac{H2gD}{lu^2} = \dfrac{12.24[m] \times 2 \times 9.8[m/s^2] \times 0.4[m]}{300[m] \times (3.98[m/s])^2}$
$\quad = 0.0202$

41 화재의 예방 및 안전관리에 관한 법률상 소방안전관리대상물의 소방계획서에 포함되어야 하는 사항이 아닌 것은?

① 소방시설·피난시설 및 방화시설의 점검·정비계획

② 위험물안전관리법에 따라 예방규정을 정하는 제조소 등의 위험물 저장·취급에 관한 사항

③ 소방안전관리대상물의 근무자 및 거주자의 자위소방대 조직과 대원의 임무에 관한 사항

④ 방화구획, 제연구획, 건축물의 내부 마감재료 및 방염물품의 사용현황과 그 밖의 방화구조 및 설비의 유지·관리계획

해설

위험물의 저장·취급에 관한 사항(위험물안전관리법에 따라 예방규정을 정하는 제조소 등은 제외한다)은 소방계획서의 포함사항이다(영 제27조).

42 소방시설 설치 및 관리에 관한 법률상 특정소방대상물의 소방시설 설치의 면제기준 중 다음 (   )안에 알맞은 것은?

> 물분무 등 소화설비를 설치해야 하는 차고·주차장에 (   )를 화재안전기준에 적합하게 설치한 경우에는 그 설비의 유효범위에서 설치가 면제된다.

① 옥내소화전설비

② 스프링클러설비

③ 간이스프링클러설비

④ 할로겐화합물 및 불활성기체소화약제 소화설비

해설

특정소방대상물의 소방시설 설치의 면제기준(영 별표 5)

설치가 면제되는 소방시설	설치가 면제되는 기준
비상경보설비	비상경보설비를 설치해야 하는 특정소방대상물에 단독경보형 감지기를 2개 이상의 단독경보형 감지기와 연동하여 설치하는 경우에는 그 설비의 유효범위 안의 부분에서 설치가 면제된다.
물분무 등 소화설비	물분무 등 소화설비를 설치해야 하는 차고·주차장에 스프링클러설비를 화재안전기준에 적합하게 설치한 경우에는 그 설비의 유효범위 안의 부분에서 설치가 면제된다.
자동화재탐지설비	자동화재탐지설비의 기능(감지·수신·경보기능을 말한다)과 성능을 가진 화재알림설비, 스프링클러설비 또는 물분무등소화설비를 화재안전기준에 적합하게 설치한 경우에는 그 설비의 유효범위에서 설치가 면제된다.

43 소방시설공사업법령상 공사감리자 지정대상 특정 소방대상물의 범위가 아닌 것은?

① 물분무 등 소화설비(호스릴방식의 소화설비는 제외)를 신설·개설하거나 방호·방수구역을 증설할 때

② 제연설비를 신설·개설하거나 제연구역을 증설할 때

③ 소화용수설비를 신설 또는 개설할 때

④ 캐비닛형 간이스프링클러설비를 신설·개설하거나 방호·방수구역을 증설할 때

해설
공사감리자 지정대상 특정소방대상물의 범위(영 제10조)
• 옥내소화전설비, 옥외소화전설비를 신설·개설 또는 증설할 때
• 스프링클러설비 등(캐비닛형 간이스프링클러설비는 제외한다)을 신설·개설하거나 방호·방수구역을 증설할 때
• 물분무 등 소화설비(호스릴방식의 소화설비는 제외한다)를 신설·개설하거나 방호·방수구역을 증설할 때
• 자동화재탐지설비, 비상방송설비, 통합감시시설, 소화용수설비를 신설 또는 개설할 때
• 다음에 해당하는 소화활동설비를 시공할 때
  – 제연설비를 신설·개설하거나 제연구역을 증설할 때
  – 연결송수관설비를 신설 또는 개설할 때
  – 연결살수설비를 신설·개설하거나 송수구역을 증설할 때
  – 비상콘센트설비를 신설·개설하거나 전용회로를 증설할 때
  – 무선통신보조설비를 신설 또는 개설할 때
  – 연소방지설비를 신설·개설하거나 살수구역을 증설할 때

44 소방시설 설치 및 관리에 관한 법률상 형식승인을 받지 않고 소방용품을 제조하거나 수입한 자에 대한 벌칙 기준은?

① 3년 이하의 징역 또는 3,000만원 이하의 벌금

② 2년 이하의 징역 또는 1,500만원 이하의 벌금

③ 1년 이하의 징역 또는 1,000만원 이하의 벌금

④ 1년 이하의 징역 또는 500만원 이하의 벌금

해설
형식승인을 받지 않고 소방용품을 제조하거나 수입한 자 : 3년 이하의 징역 또는 3,000만원 이하의 벌금

45 위험물안전관리법령상 인화성 액체위험물(이황화탄소를 제외)의 옥외탱크저장소의 탱크 주위에 설치해야 하는 방유제의 기준 중 틀린 것은?

① 방유제의 용량은 방유제 안에 설치된 탱크가 하나인 때에는 그 탱크 용량의 110[%] 이상으로 할 것

② 방유제의 용량은 방유제 안에 설치된 탱크가 2기 이상인 때에는 그 탱크 중 용량이 최대인 것의 용량의 110[%] 이상으로 할 것

③ 방유제는 높이 1[m] 이상 2[m] 이하, 두께 0.2[m] 이상, 지하매설깊이 0.5[m] 이상으로 할 것

④ 방유제 내의 면적은 80,000[m²] 이하로 할 것

해설
옥외탱크저장소 방유제의 설치기준(규칙 별표 6)
• 방유제는 높이 0.5[m] 이상 3[m] 이하, 두께 0.2[m] 이상, 지하매설 깊이 1[m] 이상으로 할 것
• 방유제 내의 면적은 80,000[m²] 이하로 할 것
• 방유제의 용량은 방유제 안에 설치된 탱크가 하나인 때에는 그 탱크 용량의 110[%] 이상, 2기 이상인 때에는 그 탱크 중 용량이 최대인 것의 용량의 110[%] 이상으로 할 것

46 소방기본법령상 저수조의 설치기준으로 틀린 것은?

① 지면으로부터의 낙차가 4.5[m] 이상일 것
② 흡수부분의 수심이 0.5[m] 이상일 것
③ 흡수에 지장이 없도록 토사 및 쓰레기 등을 제거할 수 있는 설비를 갖출 것
④ 흡수관의 투입구가 사각형의 경우에는 한 변의 길이가 60[cm] 이상, 원형의 경우에는 지름이 60[cm] 이상일 것

> **해설**
> **저수조의 설치기준(규칙 별표 3)**
> • 지면으로부터의 낙차가 4.5[m] 이하일 것
> • 흡수부분의 수심이 0.5[m] 이상일 것
> • 소방펌프자동차가 쉽게 접근할 수 있도록 할 것
> • 흡수에 지장이 없도록 토사 및 쓰레기 등을 제거할 수 있는 설비를 갖출 것
> • 흡수관의 투입구가 사각형의 경우에는 한 변의 길이가 60[cm] 이상, 원형의 경우에는 지름이 60[cm] 이상일 것
> • 저수조에 물을 공급하는 방법은 상수도에 연결하여 자동으로 급수되는 구조일 것

47 소방시설 설치 및 관리에 관한 법률상 지하가는 연면적이 최소 몇 [m²] 이상이어야 스프링클러설비를 설치해야 하는 특정소방대상물에 해당하는가? (단, 터널은 제외한다)

① 100
② 200
③ 1,000
④ 2,000

> **해설**
> **지하가로서 스프링클러설비 설치(영 별표 4)** : 연면적이 1,000[m²] 이상

48 위험물안전관리법상 시·도지사의 허가를 받지 않고 해당 제조소 등을 설치할 수 있는 기준 중 다음 ( ) 안에 알맞은 것은?

> 농예용·축산용 또는 수산용으로 필요한 난방시설 또는 건조시설을 위한 지정수량 ( )배 이하의 저장소

① 20   ② 30
③ 40   ④ 50

> **해설**
> **위험물시설의 설치 및 변경 등(법 제6조)**
> • 주택의 난방시설(공동주택의 중앙난방시설을 제외)을 위한 저장소 또는 취급소
> • 농예용·축산용 또는 수산용으로 필요한 난방시설 또는 건조시설을 위한 지정수량 20배 이하의 저장소

49 소방시설 설치 및 관리에 관한 법률상 자동화재탐지설비를 설치해야 하는 특정소방대상물에 대한 기준 중 ( )에 알맞은 것은?

> 근린생활시설(목욕장 제외), 의료시설(정신의료기관 또는 요양병원 제외), 위락시설, 장례시설 및 복합건축물로서 연면적 ( )[m²] 이상인 것

① 400   ② 600
③ 1,000   ④ 3,500

> **해설**
> **자동화재탐지설비 설치 대상(영 별표 4)** : 근린생활시설(목욕장은 제외한다), 의료시설(정신의료기관 또는 요양병원은 제외한다), 위락시설, 장례시설 및 복합건축물로서 연면적 600[m²] 이상인 것

50 화재의 예방 및 안전관리에 관한 법률상 특정소방대상물의 관계인이 수행해야 하는 소방안전관리 업무가 아닌 것은?

① 소방훈련 및 교육

② 화기(火氣) 취급의 감독

③ 피난시설, 방화구획 및 방화시설의 관리

④ 소방시설이나 그 밖의 소방 관련 시설의 관리

해설

특정소방대상물의 관계인과 소방안전관리자의 업무(법 제24조)

업무 내용	관련 업무	
	안전관리대상물 (안전관리자)	특정소방대상물의 관계인
피난계획에 관한 사항과 소방계획서의 작성 및 시행	○	-
자위소방대 및 초기대응체계의 구성, 운영 및 교육	○	-
피난시설, 방화구획 및 방화시설의 관리	○	○
소방훈련 및 교육	○	-
소방시설이나 그 밖의 소방 관련 시설의 관리	○	○
화기취급의 감독	○	○
소방안전관리에 관한 업무 수행에 관한 기록 · 유지	○	-
화재발생 시 초기대응	○	○
그 밖에 소방안전관리에 필요한 업무	○	○

51 위험물안전관리법령상 위험물의 유별 저장 · 취급의 공통기준 중 다음 ( ) 안에 알맞은 것은?

( ) 위험물은 산화제와의 접촉 · 혼합이나 불티 · 불꽃 · 고온체와의 접근 또는 과열을 피하는 한편, 철분 · 금속분 · 마그네슘 및 이를 함유한 것에 있어서는 물이나 산과의 접촉을 피하고 인화성 고체에 있어서는 함부로 증기를 발생시키지 않아야 한다.

① 제1류 ② 제2류
③ 제3류 ④ 제4류

해설

제2류 위험물은 산화제와의 접촉 · 혼합이나 불티 · 불꽃 · 고온체와의 접근 또는 과열을 피하는 한편, 철분 · 금속분 · 마그네슘 및 이를 함유한 것에 있어서는 물이나 산과의 접촉을 피하고 인화성 고체에 있어서는 함부로 증기를 발생시키지 않아야 한다.

52 소방시설공사업법령상 소방시설업 등록을 하지 않고 영업을 한 자에 대한 벌칙은?

① 500만원 이하의 벌금

② 1년 이하의 징역 또는 1,000만원 이하의 벌금

③ 3년 이하의 징역 또는 3,000만원 이하의 벌금

④ 5년 이하의 징역

해설

소방시설업 등록을 하지 않고 영업을 한 자 : 3년 이하의 징역 또는 3,000만원 이하의 벌금

53 소방시설 설치 및 관리에 관한 법률상 대통령령 또는 화재안전기준이 변경되어 그 기준이 강화되는 경우 기존 특정소방대상물의 소방시설 중 강화된 기준을 적용해야 하는 소방시설은?

① 비상경보설비
② 비상방송설비
③ 비상콘센트설비
④ 옥내소화전설비

해설
강화된 소방시설기준의 적용대상(법 제13조, 영 제13조)
• 다음 소방시설 중 대통령령 또는 화재안전기준으로 정하는 것
  – 소화기구
  – 비상경보설비
  – 자동화재탐지설비
  – 자동화재속보설비
  – 피난구조설비
• 다음 소방시설 중 대통령령 또는 화재안전기준으로 정하는 것
  – 공동구 : 소화기, 자동소화장치, 자동화재탐지설비, 통합감시시설, 유도등, 연소방지설비
  – 전력 및 통신사업용 지하구 : 소화기, 자동소화장치, 자동화재탐지설비, 통합감시시설, 유도등, 연소방지설비
  – 노유자시설 : 간이스프링클러설비, 자동화재탐지설비, 단독형감지기
  – 의료시설 : 스프링클러설비, 간이스프링클러설비, 자동화재탐지설비, 자동화재속보설비

54 소방기본법에서 정의하는 소방대상물에 해당하지 않는 것은?

① 산 림
② 차 량
③ 건축물
④ 항해 중인 선박

해설
소방대상물(법 제2조) : 건축물, 차량, 선박(항구에 매어둔 선박), 선박건조구조물, 산림, 그 밖의 인공구조물 또는 물건

55 소방기본법에서 정의하는 소방대의 조직구성원이 아닌 것은?

① 의무소방원
② 소방공무원
③ 의용소방대원
④ 공항소방대원

해설
소방대(법 제2조) : 화재를 진압하고 화재, 재난·재해, 그 밖의 위급한 상황에서 구조·구급 활동 등을 하기 위하여 소방공무원, 의무소방원, 의용소방대원으로 구성된 조직체

56 소방시설 설치 및 관리에 관한 법률상 건축허가 등의 동의대상물의 범위 기준 중 틀린 것은?

① 건축 등을 하려는 학교시설 : 연면적 200[m²] 이상
② 노유자시설 : 연면적 200[m²] 이상
③ 정신의료기관(입원실이 없는 정신건강의학과 의원은 제외) : 연면적 300[m²] 이상
④ 장애인 의료재활시설 : 연면적 300[m²] 이상

해설
건축허가 등의 동의대상물 범위(영 제7조)
• 건축 등을 하려는 학교시설 : 연면적 100[m²] 이상
• 노유자시설 및 수련시설 : 연면적 200[m²] 이상
• 정신의료기관(입원실이 없는 정신건강의학과 의원은 제외) : 연면적 300[m²] 이상
• 장애인 의료재활시설 : 연면적 300[m²] 이상
• 조산원, 산후조리원, 전기저장시설, 지하구

57 소방기본법령상 소방신호의 방법으로 틀린 것은?

① 타종에 의한 훈련신호는 연 3타 반복

② 사이렌에 의한 발화신호는 5초 간격을 두고 10초씩 3회

③ 타종에 의한 해제신호는 상당한 간격을 두고 1타씩 반복

④ 사이렌에 의한 경계신호는 5초 간격을 두고 30초씩 3회

해설

소방신호의 종류(규칙 제10조)

신호 종류	발령 시기	타종신호	사이렌 신호
경계 신호	화재예방상 필요하다고 인정되거나 화재위험 경보 시 발령	1타와 연 2타를 반복	5초 간격을 두고 30초씩 3회
발화 신호	화재가 발생한 때 발령	난 타	5초 간격을 두고 5초씩 3회
해제 신호	소화활동이 필요 없다고 인정되는 때 발령	상당한 간격을 두고 1타씩 반복	1분간 1회
훈련 신호	훈련상 필요하다고 인정되는 때 발령	연 3타 반복	10초 간격을 두고 1분씩 3회

58 소방기본법령상 소방용수시설의 설치기준 중 급수탑의 급수배관의 구경은 최소 몇 [mm] 이상이어야 하는가?

① 100   ② 150

③ 200   ④ 250

해설

급수탑의 급수배관의 구경(규칙 별표 3) : 100[mm] 이상

59 화재예방법상 화재안전조사의 명령으로 인하여 손실을 입은 자에게 손실보상을 해야 하는 사람은?

① 소방서장

② 소방본부장

③ 소방청장 또는 시 · 도지사

④ 시 · 도지사

해설

손실보상권자 : 소방청장 또는 시 · 도지사(법 제15조)

60 위험물안전관리법상 업무상 과실로 제조소 등에서 위험물을 유출 · 방출 또는 확산시켜 사람의 생명 · 신체 또는 재산에 대하여 위험을 발생시킨 자에 대한 벌칙 기준은?

① 5년 이하의 금고 또는 2,000만원 이하의 벌금

② 5년 이하의 금고 또는 7,000만원 이하의 벌금

③ 7년 이하의 금고 또는 2,000만원 이하의 벌금

④ 7년 이하의 금고 또는 7,000만원 이하의 벌금

해설

벌 칙

㉠ 제조소 등에서 위험물을 유출 · 방출 또는 확산시켜 사람의 생명 · 신체 또는 재산에 대하여 위험을 발생시킨 자는 1년 이상 10년 이하의 징역에 처한다.

㉡ ㉠의 죄를 범하여 사람을 상해(傷害)에 이르게 한 때에는 무기 또는 3년 이상의 징역에 처하며, 사망에 이르게 한 때에는 무기 또는 5년 이상의 징역에 처한다.

㉢ 업무상 과실로 제조소 등에서 위험물을 유출 · 방출 또는 확산시켜 사람의 생명 · 신체 또는 재산에 대하여 위험을 발생시킨 자는 7년 이하의 금고 또는 7,000만원 이하의 벌금에 처한다.

㉣ ㉢의 죄를 범하여 사람을 사상(死傷)에 이르게 한 자는 10년 이하의 징역 또는 금고나 1억원 이하의 벌금에 처한다.

61 제연설비의 화재안전기술기준상 제연풍도의 설치 기준으로 틀린 것은?

① 배출기의 전동기 부분과 배풍기 부분은 분리하여 설치할 것

② 배출기와 배출풍도의 접속 부분에 사용하는 캔버스는 내열성이 있는 것으로 할 것

③ 배출기의 흡입 측 풍도 안의 풍속은 20[m/s] 이하로 할 것

④ 유입 풍도 안의 풍속은 20[m/s] 이하로 할 것

해설

• 배출기 흡입 측 풍도 안의 풍속은 15[m/s] 이하로 하고, 배출 측의 풍속은 20[m/s] 이하로 할 것

• 유입 풍도 안의 풍속은 20[m/s] 이하로 할 것

62 피난기구의 화재안전기술기준상 의료시설에 구조대를 설치해야 할 층이 아닌 것은?

① 2   ② 3

③ 4   ④ 5

해설

의료시설에 구조대는 3층 이상 10층 이하에 설치한다.

63 스프링클러설비의 화재안전기술기준상 폐쇄형 스프링클러헤드의 방호구역·유수검지장치에 대한 기준으로 틀린 것은?

① 하나의 방호구역에는 1개 이상의 유수검지장치를 설치하되, 화재 시 접근이 쉽고 점검하기 편리한 장소에 설치할 것

② 하나의 방호구역은 2개 층에 미치지 않도록 할 것. 다만, 1개 층에 설치되는 스프링클러헤드의 수가 10개 이하인 경우와 복층형 구조의 공동주택에는 3개 층 이내로 할 수 있다.

③ 송수구를 통하여 스프링클러헤드에 공급되는 물은 유수검지장치 등을 지나도록 할 것

④ 조기반응형 스프링클러헤드를 설치하는 경우에는 습식 유수검지장치를 설치할 것

해설

스프링클러헤드에 공급되는 물은 유수검지장치를 지나도록 할 것. 다만, 송수구를 통하여 공급되는 물은 그렇지 않다.

64 할로겐화합물 및 불활성기체소화설비의 화재안전기술기준상 저장용기 설치기준으로 틀린 것은?

① 온도가 40[℃] 이하이고, 온도 변화가 작은 곳에 설치할 것

② 용기 간의 간격은 점검에 지장이 없도록 3[cm] 이상의 간격을 유지할 것

③ 직사광선 및 빗물이 침투할 우려가 없는 곳에 설치할 것

④ 저장용기를 방호구역 외에 설치한 경우에는 방화문으로 구획된 실에 설치할 것

해설

할로겐화합물 및 불활성기체소화설비의 화재안전기술기준상 저장용기 온도 : 55[℃] 이하

65 분말소화설비의 화재안전기술기준상 제1종 분말을 사용한 전역방출방식 분말소화설비에서 방호구역의 체적 1[m³]에 대한 소화약제의 양은 몇 [kg]인가?

① 0.24

② 0.36

③ 0.60

④ 0.72

해설

분말소화설비의 소화약제 가산량

소화약제의 종별	방호구역의 체적 1[m³]에 대한 소화약제의 양
제1종 분말	0.60[kg]
제2종 또는 제3종 분말	0.36[kg]
제4종 분말	0.24[kg]

66 소화기구 및 자동소화장치의 화재안전기술기준상 일반화재, 유류화재, 전기화재 모두에 적응성이 있는 소화약제는?

① 마른모래

② 인산염류소화약제

③ 탄산수소염류소화약제

④ 팽창질석·팽창진주암

해설

분말소화약제의 종류

종 류	구 분	주성분	착 색	적응화재
제1종 분말	탄산수소염류	탄산수소나트륨 (NaHCO₃)	백 색	B, C급
제2종 분말	탄산수소염류	탄산수소칼륨 (KHCO₃)	담회색	B, C급
제3종 분말	인산염류	제일인산암모늄 (NH₄H₂PO₄)	담홍색	A, B, C급
제4종 분말	탄산수소염류	탄산수소칼륨 + 요소 [KHCO₃ + (NH₂)₂CO]	회 색	B, C급

※ A급 : 일반화재, B급 : 유류화재, C급 : 전기화재

67 포소화설비의 화재안전기술기준상 포헤드를 소방대상물의 천장 또는 반자에 설치해야 할 경우 헤드 1개가 방호해야 할 바닥면적은 최대 몇 [m²]인가?

① 3

② 5

③ 7

④ 9

해설

포헤드 설치기준

구 분 \ 항 목	설치장소	설치면적
포헤드	천장 또는 반자	바닥면적 9[m²]마다 1개 이상 설치
포워터스프링클러헤드	천장 또는 반자	바닥면적 8[m²]마다 1개 이상 설치

68 이산화탄소소화설비의 화재안전기술기준상 배관의 설치기준 중 다음 ( ) 안에 알맞은 것은?

> 고압식의 1차 측(개폐밸브 또는 선택밸브 이전) 배관부속의 최소사용설계압력은 (㉠)[MPa]로 하고, 고압식의 2차 측과 저압식의 배관부속의 최소사용설계압력은 (㉡)[MPa]로 할 것

① ㉠ 8.5, ㉡ 4.5

② ㉠ 9.5, ㉡ 4.5

③ ㉠ 8.5, ㉡ 5.0

④ ㉠ 9.5, ㉡ 5.0

해설

배관의 설치기준

고압식의 1차 측(개폐밸브 또는 선택밸브 이전) 배관부속의 최소사용설계압력은 9.5[MPa]로 하고, 고압식의 2차 측과 저압식의 배관부속의 최소사용설계압력은 4.5[MPa]로 할 것

69 포소화설비의 화재안전기술기준상 압축공기포소화설비의 분사헤드를 유류탱크 주위에 설치하는 경우 바닥면적 몇 [m²]마다 1개 이상 설치해야 하는가?

① 9.3

② 10.8

③ 12.3

④ 13.9

해설

압축공기포소화설비의 분사헤드는 천장 또는 반자에 설치하되 방호대상물에 따라 측벽에 설치할 수 있으며 유류탱크 주위에는 바닥면적 13.9[m²]마다 1개 이상, 특수가연물 저장소에는 바닥면적 9.3[m²]마다 1개 이상으로 해당 방호대상물의 화재를 유효하게 소화할 수 있도록 할 것

70 스프링클러설비의 화재안전기술기준상 조기반응형 스프링클러헤드를 설치해야 하는 장소가 아닌 것은?

① 수련시설의 침실

② 공동주택의 거실

③ 오피스텔의 침실

④ 병원의 입원실

해설

조기반응형 스프링클러헤드 설치 대상

• 공동주택 · 노유자시설의 거실

• 오피스텔 · 숙박시설의 침실

• 병원 · 의원의 입원실

71 상수도소화용수설비의 화재안전기술기준상 소화전은 소방대상물의 수평투영면의 각 부분으로부터 최대 몇 [m] 이하가 되도록 설치하는가?

① 75

② 100

③ 125

④ 140

해설

상수도소화용수설비의 설치기준

• 호칭지름 75[mm] 이상의 수도배관에 호칭지름 100[mm] 이상의 소화전을 접속할 것

• 소화전은 소방자동차 등의 진입이 쉬운 도로변 또는 공지에 설치할 것

• 소화전은 특정소방대상물의 수평투영면의 각 부분으로부터 140[m] 이하가 되도록 설치할 것

• 지상식 소화전의 호스접결구는 지면으로부터 높이가 0.5[m] 이상 1[m] 이하가 되도록 설치할 것

72 상수도소화용수설비의 화재안전기술기준상 소화전은 구경(호칭지름)이 최소 얼마 이상의 수도배관에 접속해야 하는가?

① 50[mm] 이상의 수도배관

② 75[mm] 이상의 수도배관

③ 85[mm] 이상의 수도배관

④ 100[mm] 이상의 수도배관

해설

문제 71번 참조

73 물분무소화설비의 화재안전기술기준상 수원의 저수량 설치기준으로 틀린 것은?

① 특수가연물을 저장 또는 취급하는 특정소방대상물 또는 그 부분에 있어서 그 바닥면적(최대 방수구역의 바닥면적을 기준으로 하며, 50[m²] 이하인 경우에는 50[m²]) 1[m²]에 대하여 10[L/min]로 20분간 방수할 수 있는 양 이상으로 할 것

② 차고 또는 주차장은 그 바닥면적(최대 방수구역의 바닥면적을 기준으로 하며, 50[m²] 이하인 경우에는 50[m²]) 1[m²]에 대하여 20[L/min]로 20분간 방수할 수 있는 양 이상으로 할 것

③ 케이블 트레이, 케이블 덕트 등은 투영된 바닥면적 1[m²]에 대하여 12[L/min]로 20분간 방수할 수 있는 양 이상으로 할 것

④ 컨베이어 벨트 등은 벨트 부분의 바닥면적 1[m²]에 대하여 20[L/min]로 20분간 방수할 수 있는 양 이상으로 할 것

해설
펌프의 토출량과 수원의 양

특정소방 대상물	펌프의 토출량 [L/min]	수원의 양[L]
특수가연물 저장, 취급	바닥면적(50[m²] 이하 는 50[m²]로) × 10[L/min · m²]	바닥면적(50[m²] 이하는 50[m²]로) × 10[L/min · m²] × 20[min]
차고, 주차장	바닥면적(50[m²] 이하는 50[m²]로) × 20[L/min · m²]	바닥면적(50[m²] 이하는 50[m²]로) × 20[L/min · m²] × 20[min]
절연유 봉입변압기	표면적(바닥부분 제외) × 10[L/min · m²]	표면적(바닥부분 제외) 10[L/min · m²] × 20[min]
케이블 트레이, 케이블 덕트	투영된 바닥면적 × 12[L/min · m²]	투영된 바닥면적 × 12[L/min · m²] × 20[min]
컨베이어 벨트	벨트 부분의 바닥 면적 × 10[L/min · m²]	벨트 부분의 바닥면적 × 10[L/min · m²] × 20[min]

74 물분무소화설비의 화재안전기술기준상 배관의 설치기준으로 틀린 것은?

① 펌프 흡입 측 배관은 공기 고임이 생기지 않는 구조로 하고 여과장치를 설치한다.

② 펌프의 흡입 측 배관은 수조가 펌프보다 낮게 설치된 경우에는 각 펌프(충압펌프를 포함한다)마다 수조로부터 별도로 설치한다.

③ 가압송수장치의 체절운전 시 수온의 상승을 방지하기 위하여 체크밸브와 펌프 사이에서 분기한 구경 20[mm] 이상의 배관에 체절압력 미만에서 개방되는 릴리프밸브를 설치할 것

④ 유량측정장치는 펌프의 정격토출량의 150[%] 이상까지 측정할 수 있는 성능이 있을 것

해설
유량측정장치는 펌프의 정격토출량의 175[%] 이상까지 측정할 수 있는 성능이 있을 것

75 소화기구 및 자동소화장치의 화재안전기술기준상 바닥면적이 280[m²]인 발전실에 부속용도별로 추가해야 할 적응성이 있는 소화기의 최소 수량은 몇 개인가?

① 2 ② 4
③ 6 ④ 12

해설
발전실, 변전실, 송전실, 변압기실, 배전반실, 통신기기실, 전산기기실에 추가로 설치해야 하는 소화기는 해당 용도의 바닥면적 50[m²]마다 적응성이 있는 소화기 1개 이상 설치해야 한다.

$$\therefore \text{소화기 개수} = \frac{\text{바닥면적}}{\text{기준면적}} = \frac{280[m²]}{50[m²]} = 5.6 \Rightarrow 6\text{개}$$

76 옥내소화전설비의 화재안전기술기준상 가압송수장치를 기동용 수압개폐장치로 사용할 경우 압력챔버의 용적 기준은?

① 50[L] 이상
② 100[L] 이상
③ 150[L] 이상
④ 200[L] 이상

해설
압력챔버의 용적 : 100[L] 이상

77 소화기구 및 자동소화장치의 화재안전기술기준상 규정하는 화재의 종류가 아닌 것은?

① A급 화재
② B급 화재
③ G급 화재
④ K급 화재

해설
화재의 종류

구 분	A급 화재	B급 화재	C급 화재	K급 화재
명 칭	일반화재	유류화재	전기화재	주방화재

78 분말소화설비의 화재안전기술기준상 배관에 관한 기준으로 틀린 것은?

① 배관은 전용으로 할 것
② 배관은 모두 스케줄 40 이상으로 할 것
③ 동관을 사용하는 경우의 배관은 고정압력 또는 최고사용압력의 1.5배 이상의 압력에 견딜 수 있는 것을 사용할 것
④ 밸브류는 개폐위치 또는 개폐방향을 표시한 것으로 할 것

해설
분말소화설비의 배관 설치기준
• 배관은 전용으로 할 것
• 강관을 사용하는 경우의 배관은 아연도금에 따른 배관용 탄소강관(KS D 3507)이나 이와 동등 이상의 강도·내식성 및 내열성을 가진 것으로 할 것. 다만 축압식 분말소화설비에 사용하는 것 중 20[℃]에서 압력이 2.5[MPa] 이상 4.2[MPa] 이하인 것은 압력배관용 탄소강관(KSD 3562) 중 이음이 없는 스케줄 40 이상의 것 또는 이와 동등 이상의 강도를 가진 것으로서 아연도금으로 방식처리된 것을 사용해야 한다.
• 동관을 사용하는 경우의 배관은 고정압력 또는 최고사용압력의 1.5배 이상의 압력에 견딜 수 있는 것으로 할 것
• 밸브류는 개폐위치 또는 개폐방향을 표시한 것으로 할 것

79 스프링클러설비의 화재안전기술기준상 스프링클러설비를 설치해야 할 특정소방대상물에 있어서 스프링클러헤드를 설치하지 않을 수 있는 장소 기준으로 틀린 것은?

① 천장과 반자 양쪽이 불연재료로 되어 있고 천장과 반자 사이의 거리가 2.5[m] 미만인 부분
② 천장 및 반자가 불연재료 외의 것으로 되어 있고 천장과 반자 사이의 거리가 0.5[m] 미만인 부분
③ 천장·반자 중 한쪽이 불연재료로 되어 있고 천장과 반자 사이의 거리가 1[m] 미만인 부분
④ 현관 또는 로비 등으로서 바닥으로부터 높이가 20[m] 이상인 장소

해설
천장과 반자 양쪽이 불연재료로 되어 있고 천장과 반자 사이의 거리가 2[m] 미만인 부분은 스프링클러헤드 설치 제외 대상이다.

76 ② 77 ③ 78 ② 79 ① 정답

80 인명구조기구의 화재안전기술기준상 특정소방대상물의 용도 및 장소별로 설치해야 할 인명구조기구 종류의 기준 중 다음 (　) 안에 알맞은 것은?

특정소방대상물	인명구조기구의 종류
물분무 등 소화설비 중 (　)를 설치해야 하는 특정소방대상물	공기호흡기

① 분말소화설비
② 할론소화설비
③ 이산화탄소소화설비
④ 할로겐화합물 및 불활성기체소화설비

해설

특정소방대상물의 용도 및 장소별로 설치해야 할 인명구조기구

특정소방대상물	인명구조기구	설치수량
지하층을 포함하는 층수가 7층 이상인 관광호텔 및 5층 이상인 병원	• 방열복 또는 방화복(안전모, 보호장갑 및 안전화 포함) • 공기호흡기 • 인공소생기	각 2개 이상 비치할 것 (다만, 병원의 경우에는 인공소생기를 설치하지 않을 수 있다)
• 문화 및 집회시설 중 수용인원 100명 이상의 영화상영관 • 판매시설 중 대규모 점포 • 운수시설 중 지하역사 • 지하가 중 지하상가	공기호흡기	층마다 2개 이상 비치할 것(다만, 각 층마다 갖추어 두어야 할 공기호흡기 중 일부를 직원이 상주하는 인근 사무실에 갖추어 둘 수 있다)
물분무소화설비 중 이산화탄소소화설비를 설치해야 하는 특정소방대상물	공기호흡기	이산화탄소소화설비가 설치된 장소의 출입구 외부 인근에 1개 이상 비치할 것

제1과목 소방원론

01 제3종 분말소화약제의 주성분은?

① 인산암모늄
② 탄산수소칼륨
③ 탄산수소나트륨
④ 탄산수소칼륨과 요소

해설
제3종 분말소화약제 : 인산암모늄(= 제일인산암모늄[$NH_4H_2PO_4$])

02 이산화탄소 소화기의 일반적인 성질에서 단점이 아닌 것은?

① 밀폐된 공간에서 사용 시 질식의 위험성이 있다.
② 인체에 직접 방출 시 동상의 위험성이 있다.
③ 소화약제의 방사 시 소음이 크다.
④ 전기가 잘 통하기 때문에 전기설비에 사용할 수 없다.

해설
이산화탄소 : 무색무취이며 전기적으로 비전도성이다.

03 위험물안전관리법령상 제6류 위험물을 수납하는 운반용기의 외부에 주의사항을 표시해야 할 경우, 어떤 내용을 표시해야 하는가?

① 물기엄금
② 화기엄금
③ 화기주의·충격주의
④ 가연물접촉주의

해설
제6류 위험물의 운반용기의 외부 주의사항 : 가연물접촉주의

04 분자 내부에 나이트로기를 갖고 있는 TNT, 나이트로셀룰로스 등과 같은 제5류 위험물의 연소형태는?

① 분해연소   ② 자기연소
③ 증발연소   ④ 표면연소

해설
자기연소(내부연소) : 제5류 위험물인 나이트로셀룰로스, TNT 등 그 물질이 가연물과 산소를 동시에 가지고 있는 가연물이 연소하는 현상

05 조연성 가스에 해당하는 것은?

① 수 소   ② 일산화탄소
③ 산 소   ④ 에테인

해설
조연성 가스 : 자신은 연소하지 않고 연소를 도와주는 가스(산소, 공기, 플루오린, 염소)
수소, 일산화탄소, 에테인 : 가연성 가스

06 탄화칼슘이 물과 반응할 때 발생되는 기체는?

① 일산화탄소 　　　② 아세틸렌
③ 황화수소 　　　　④ 수 소

해설
탄화칼슘과 물의 반응
$$CaC_2 + 2H_2O \rightarrow Ca(OH)_2 + C_2H_2 \uparrow$$
　　　　　　　　소석회, 수산화칼슘　　아세틸렌

07 화재 발생 시 피난기구로 직접 활용할 수 없는 것은?

① 완강기 　　　　　② 무선통신보조설비
③ 피난사다리 　　　④ 구조대

해설
무선통신보조설비 : 소화활동설비

08 정전기에 의한 발화과정으로 옳은 것은?

① 방전 → 전하의 축적 → 전하의 발생 → 발화
② 전하의 발생 → 전하의 축적 → 방전 → 발화
③ 전하의 발생 → 방전 → 전하의 축적 → 발화
④ 전하의 축적 → 방전 → 전하의 발생 → 발화

해설
정전기에 의한 발화과정 : 전하의 발생 → 전하의 축적 → 방전 → 발화

09 가연물질의 종류에 따라 화재를 분류하였을 때 섬유류 화재가 속하는 것은?

① A급 화재 　　　　② B급 화재
③ C급 화재 　　　　④ D급 화재

해설
A급 화재 : 종이, 목재, 섬유류 등의 일반 화재

10 프로페인 50[vol%], 뷰테인 40[vol%], 프로필렌 10 [vol%]로 된 혼합가스의 폭발하한계는 약 몇 [vol%] 인가?(단, 각 가스의 폭발하한계는 프로페인은 2.2 [vol%], 뷰테인은 1.9[vol%], 프로필렌은 2.4[vol%] 이다)

① 0.83 　　　　　　② 2.09
③ 5.05 　　　　　　④ 9.44

해설
혼합가스의 폭발범위
$$L_m = \cfrac{100}{\cfrac{V_1}{L_1} + \cfrac{V_2}{L_2} + \cfrac{V_3}{L_3}}$$
여기서, $L_1,\ L_2,\ L_3$: 가연성 가스의 폭발한계[vol%]
　　　　$V_1,\ V_2,\ V_3$: 가연성 가스의 용량[vol%]
　　　　L_m : 혼합가스의 폭발한계[vol%]
∴ 하한값 $L_m = \cfrac{100}{\cfrac{V_1}{L_1} + \cfrac{V_2}{L_2} + \cfrac{V_3}{L_3}}$
　　　　　　$= \cfrac{100}{\cfrac{50}{2.2} + \cfrac{40}{1.9} + \cfrac{10}{2.4}}$
　　　　　　$= 2.09[\%]$

11 위험물안전관리법령상 위험물에 대한 설명으로 옳은 것은?

① 과염소산은 위험물이 아니다.
② 황린은 제2류 위험물이다.
③ 황화인의 지정수량은 100[kg]이다.
④ 산화성 고체는 제6류 위험물의 성질이다.

해설
위험물

항목 \ 종류	과염소산, 질산, 과산화수소	황 린	황화인
유 별	제6류 위험물	제3류 위험물	제2류 위험물
지정수량	300[kg]	20[kg]	100[kg]
성 질	산화성 액체	자연발화성 물질	가연성 고체

※ 산화성 고체 : 제1류 위험물

12 열전도도(Thermal Conductivity)를 표시하는 단위에 해당하는 것은?

① $[J/m^2 \cdot h]$
② $[kcal/h \cdot \mathbb{C}^2]$
③ $[W/m \cdot K]$
④ $[J \cdot K/m^3]$

해설
열전도도의 단위 : $[kcal/m \cdot h \cdot \mathbb{C}]$ 또는 $[W/m \cdot \mathbb{C}] = [W/m \cdot K]$

13 내화건축물과 비교한 목조건축물 화재의 일반적인 특징을 옳게 나타낸 것은?

① 고온, 단시간형
② 저온, 단시간형
③ 고온, 장시간형
④ 저온, 장시간형

해설
목조건축물 화재 : 고온, 단시간형

14 IG-541이 15[℃]에서 내용적 50[L] 압력용기에 155[kgf/cm²]으로 충전되어 있다. 온도가 30[℃]가 되었다면 IG-541 압력은 약 몇 [kgf/cm²]가 되겠는가?(단, 용기의 팽창은 없다고 가정한다)

① 78
② 155
③ 163
④ 310

해설
IG-541 압력

$$V_2 = V_1 \times \frac{P_1}{P_2} \times \frac{T_2}{T_1}, \ P_2 = P_1 \times \frac{T_2}{T_1}$$

$$\therefore \ P_2 = P_1 \times \frac{T_2}{T_1}$$

$$= 155[kg_f/cm^2] \times \frac{(273+30)[K]}{(273+15)[K]}$$

$$= 163.08[kg_f/cm^2]$$

15 다음 중 증기비중이 가장 큰 것은?

① Halon 1301
② Halon 2402
③ Halon 1211
④ Halon 104

해설
증기비중 = 분자량/29이므로 분자량이 크면 증기비중이 크다.

종 류	할론 1301	할론 1211	할론 2402	할론 1011
분자식	CF_3Br	CF_2ClBr	$C_2F_4Br_2$	CH_2ClBr
분자량	148.9	165.4	259.8	129.4

16 분말소화약제 중 A급, B급, C급 화재에 모두 사용할 수 있는 것은?

① 제1종 분말　　② 제2종 분말

③ 제3종 분말　　④ 제4종 분말

해설

A급, B급, C급 화재 적응 : 제3종 분말소화약제

17 물리적 소화방법이 아닌 것은?

① 산소공급원 차단

② 연쇄반응 차단

③ 온도 냉각

④ 가연물 제거

해설

연쇄반응 차단 : 화학적인 소화방법

18 다음 연소생성물 중 인체에 독성이 가장 높은 것은?

① 이산화탄소　　② 일산화탄소

③ 수증기　　　　④ 포스겐

해설

허용농도 : 공기 중에 노출된 작업자의 신체에 해가 없는 범위에서의 농도

종 류	이산화탄소	일산화탄소	수증기	포스겐
허용농도[ppm]	5,000	50	–	0.1

19 알킬알루미늄 화재에 적합한 소화약제는?

① 물

② 이산화탄소

③ 팽창질석

④ 할로겐화합물(할론)

해설

알킬알루미늄의 소화약제 : 마른 모래, 팽창질석, 팽창진주암

20 소화약제 중 HFC-125의 화학식으로 옳은 것은?

① CHF_2CF_3

② CHF_3

③ CF_3CHFCF_3

④ CF_3I

해설

할로겐화합물 및 불활성기체소화약제

소화약제	화학식
펜타플루오로에테인(이하 "HFC - 125"라 한다)	CHF_2CF_3
트라이플루오로메테인(이하 "HFC - 23"라 한다)	CHF_3
헵타플루오로프로페인(이하 "HFC - 227ea"라 한다)	CF_3CHFCF_3
트라이플루오로이오다이드(이하 "FIC - 13I1"라 한다)	CF_3I

21 직경 20[cm]의 소화용 호스에 물이 392[N/s] 흐른다. 이때의 평균유속[m/s]은?

① 2.93   ② 4.34

③ 3.68   ④ 1.27

해설
중량유량에서 평균유속을 구하면
$G = Au\gamma$

여기서, A : 면적($\frac{\pi}{4}d^2 = \frac{\pi}{4}(0.2[\text{m}])^2 = 0.0314[\text{m}^2]$)

   u : 유속[m/s]

   γ : 비중량(9,800[N/m³])

$\therefore u(유속) = \frac{G}{Ar} = \frac{392[\text{N/s}]}{0.0314[\text{m}^2] \times 9,800[\text{N/m}^3]}$

   $= 1.27[\text{m/s}]$

22 동력(Power)의 차원을 MLT(질량 M, 길이 L, 시간 T)계로 바르게 나타낸 것은?

① MLT^{-1} ② M^2LT^{-2}

③ ML^2T^{-3} ④ MLT^{-2}

해설
동력 $L = F \times u = [\text{N} \times \text{m/s}] = \left[\text{kg} \times \frac{\text{m}}{\text{s}^2} \times \frac{\text{m}}{\text{s}}\right] = \left[\text{kg} \times \frac{\text{m}^2}{\text{s}^3}\right]$

   $= \text{ML}^2\text{T}^{-3}$

23 유속 6[m/s]로 정상류의 물이 화살표 방향으로 흐르는 배관에 압력계와 피토계가 설치되어 있다. 이때 압력계의 계기압력이 300[kPa]이었다면 피토계의 계기압력은 약 몇 [kPa]인가?

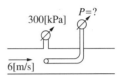

① 180   ② 280

③ 318   ④ 336

해설
$u = \sqrt{2gH}$ 에서 $H = \frac{u^2}{2g}$ 를 풀면

$H = \frac{u^2}{2g} = \frac{(6[\text{m/s}])^2}{2 \times 9.8[\text{m/s}^2]} = 1.84[\text{m}]$

이것을 압력으로 환산하면

$\frac{1.84[\text{m}]}{10.332[\text{m}]} \times 101.325[\text{kPa}] = 18.04[\text{kPa}]$

$\therefore$ 피토계의 계기압력 = 300[kPa] + 18.04[kPa] = 318.04[kPa]

24 직사각형 단면의 덕트에서 가로와 세로가 각각 a 및 1.5a이고, 길이가 L이며, 이 안에서 공기가 V의 평균속도로 흐르고 있다. 이때 손실수두를 구하는 식으로 옳은 것은?(단, f는 이 수력지름에 기초한 마찰계수이고, g는 중력가속도를 의미한다)

① $f\frac{L}{a}\frac{V^2}{2.4g}$ ② $f\frac{L}{a}\frac{V^2}{2g}$

③ $f\frac{L}{a}\frac{V^2}{1.4g}$ ④ $f\frac{L}{a}\frac{V^2}{g}$

해설
손실수두
$H = \frac{fLV^2}{2gD}$

여기서, D(내경) $= 4Rh = 4 \times 0.3a = 1.2a$

수력반경 $Rh = \frac{a \times 1.5a}{a \times 2 + 1.5a \times 2} = \frac{1.5a^2}{5a} = 0.3a$

$\therefore H = \frac{fLV^2}{2gD} = \frac{fLV^2}{2 \times g \times 1.2a} = \frac{fLV^2}{2.4ag}$

25 물이 들어 있는 탱크에 수면으로부터 20[m] 깊이에 지름 50[mm]의 오리피스가 있다. 이 오리피스에서 흘러나오는 유량[m³/min]은?(단, 탱크의 수면 높이는 일정하고 모든 손실은 무시한다)

① 1.3 　　　　　② 2.3

③ 3.3 　　　　　④ 4.3

해설

유 량

$Q = uA = \sqrt{2gH} \times A$

$Q = \sqrt{2gH} \times A = \sqrt{2 \times 9.8[\text{m/s}^2] \times 20[\text{m}]} \times \dfrac{\pi}{4}(0.05[\text{m}])^2$

$\quad = 0.0388[\text{m}^3/\text{s}]$

이것을 [m³/min]으로 단위환산하면

$0.0388[\text{m}^3/\text{s}] \times 60[\text{s/min}] = 2.33[\text{m}^3/\text{min}]$

26 300[K]의 저온 열원을 가지고 카르노 사이클로 작동하는 열기관의 효율이 70[%]가 되기 위해서 필요한 고온 열원의 온도[K]는?

① 800 　　　　　② 900

③ 1,000 　　　　④ 1,100

해설

고온 열원의 온도

$\eta = 1 - \dfrac{T_2}{T_1}$

여기서, η : 효율[%]

$\quad\quad T_2$: 저온열원[K]

$\quad\quad T_1$: 고온열원[K]

$\eta = 1 - \dfrac{T_2}{T_1}$, $0.7 = 1 - \dfrac{300[\text{K}]}{x}$

$x = 1,000[\text{K}]$

27 전양정 80[m], 토출량 500[L/min]인 물을 사용하는 소화펌프가 있다. 펌프 효율 65[%], 전달계수(K) 1.1인 경우 필요한 전동기의 최소 동력[kW]은?

① 9 　　　　　② 11

③ 13 　　　　　④ 15

해설

전동기의 최소 동력

$P = \dfrac{\gamma QH}{\eta} \times K$

여기서, γ : 물의 비중량(9,800[N/m³] = 9.8[kN/m³])

$\quad\quad Q$: 토출량(500[L/min] = 0.5/60[m³/s] = 0.00833[m³/s])

$\quad\quad H$: 전양정(80[m])

$\quad\quad K$: 전달계수(1.1)

$\quad\quad \eta$: 펌프 효율(65[%] = 0.65)

$\therefore P = \dfrac{9.8[\text{kN/m}^3] \times 0.00833[\text{m}^3/\text{s}] \times 80[\text{m}]}{0.65} \times 1.1$

$\quad = 11.05[\text{kW}]$

28 수은이 채워진 U자관에 수은보다 비중이 작은 어떤 액체를 넣었다. 액체기둥의 높이가 10[cm], 수은과 액체의 자유표면의 높이 차이가 6[cm]일 때 이 액체의 비중은?(단, 수은의 비중은 13.6이다)

① 5.44

② 8.16

③ 9.63

④ 10.88

해설

액체의 비중

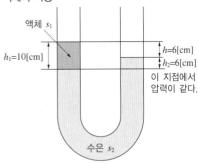

액체에 작용하는 압력 $P_1 = s_1 \gamma_w h_1$ 에서

$P_1 = s_1 \times 9,800[\text{N/m}^3] \times 0.1[\text{m}] = 980 s_1 [\text{N/m}^2]$

수은에 작용하는 압력 $P_2 = s_2 \gamma_w h_2$ 에서

$P_2 = 13.6 \times 9,800[\text{N/m}^3] \times 0.04[\text{m}] = 5,331.2[\text{N/m}^2]$

∴ 압력 $P_1 = P_2$ 이므로 $980 s_1 = 5,331.2$

액체의 비중 $s_1 = \dfrac{5,331.2}{980} = 5.44$

29 양정 220[m], 유량 0.025[m³/s], 회전수 2,900[rpm]인 4단 원심 펌프의 비교회전도(비속도)[m³/min, m, rpm]는 얼마인가?

① 176

② 167

③ 45

④ 23

해설

비교회전도

$$N_s = \frac{N \cdot Q^{1/2}}{\left(\dfrac{H}{n}\right)^{3/4}}$$

여기서, N : 회전수(2,900[rpm])

　　　　Q : 유량($0.025 \times 60 = 1.5[\text{m}^3/\text{min}]$)

　　　　H : 양정(220[m])

　　　　n : 단수(4단)

$$\therefore N_s = \frac{N \cdot Q^{1/2}}{H^{3/4}} = \frac{2,900 \times (1.5)^{1/2}}{\left(\dfrac{220}{4}\right)^{3/4}}$$

$$= 175.86[\text{m}^3/\text{min, m, rpm}]$$

30 그림과 같이 중앙 부분에 구멍이 뚫린 원판에 지름 D의 원형 물제트가 대기압 상태에서 V의 속도로 충돌하여 원판 뒤로 지름 $D/2$의 원형 물제트가 V의 속도로 흘러나가고 있을 때, 이 원판이 받는 힘을 구하는 계산식으로 옳은 것은?(단, ρ는 물의 밀도이다)

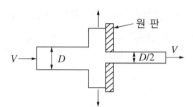

① $\dfrac{3}{16}\rho\pi V^2 D^2$ ② $\dfrac{3}{8}\rho\pi V^2 D^2$

③ $\dfrac{3}{4}\rho\pi V^2 D^2$ ④ $3\rho\pi V^2 D^2$

해설
원판이 받는 힘

운동량방정식 $F=\rho QV=\rho AV\times V=\rho\times\left(\dfrac{\pi}{4}\times D^2\right)\times V^2$을 적용하여 계산한다.

※ $u=V$로 계산한다.

힘의 평형을 고려하면

$\rho\times\left(\dfrac{\pi}{4}\times D^2\right)\times V^2=F+\rho\times\left\{\dfrac{\pi}{4}\times\left(\dfrac{D}{2}\right)^2\right\}\times V^2$에서

$\dfrac{1}{4}\rho\pi V^2 D^2=F+\dfrac{1}{16}\rho\pi D^2 V^2$

원판이 받는 힘

$F=\dfrac{1}{4}\rho\pi D^2 V^2-\dfrac{1}{16}\rho\pi D^2 V^2=\dfrac{4}{16}\rho\pi D^2 V^2-\dfrac{1}{16}\rho\pi D^2 V^2$

$=\dfrac{3}{16}\rho\pi D^2 V^2$

31 무차원수 중 레이놀즈수(Reynolds Number)의 물리적인 의미는?

① $\dfrac{관성력}{중력}$ ② $\dfrac{관성력}{탄성력}$

③ $\dfrac{관성력}{점성력}$ ④ $\dfrac{관성력}{음속}$

해설
무차원식의 관계

명 칭	무차원식	물리적 의미
레이놀즈수	$Re=\dfrac{Du\rho}{\mu}=\dfrac{Du}{\nu}$	$Re=\dfrac{관성력}{점성력}$

32 2[m] 깊이로 물이 차있는 물탱크 바닥에 한 변이 20[cm]인 정사각형 모양의 관측창이 설치되어 있다. 관측창이 물로 인하여 받는 순 힘(Net Force)은 몇 [N]인가?(단, 관측창 밖의 압력은 대기압이다)

① 784   ② 392

③ 196   ④ 98

해설
힘

$P=\dfrac{F}{A}=\gamma H$에서

$F=\gamma HA$

$=9,800[\text{N/m}^3]\times 2[\text{m}]\times(0.2[\text{m}]\times 0.2[\text{m}])$

$=784[\text{N}]$

33 동일한 노즐구경을 갖는 소방차에서 방수압력이 1.5배가 되면 방수량은 몇 배로 되는가?

① 1.22배
② 1.41배
③ 1.52배
④ 2.25배

방수량

$$Q = 0.6597CD^2\sqrt{10P}$$

여기서, Q : 방수량[L/min]
　　　　C : 유량계수
　　　　D : 관경[mm]
　　　　P : 방수압력[MPa]

$Q = 0.6597CD^2\sqrt{10P}$ 에서 $0.6597CD^2$ 은 동일하므로

- 방수압이 1일 때 $Q = \sqrt{10\,P} = \sqrt{10\times1} = 3.1623[\text{L/min}]$
- 방수압이 1.5일 때

$$Q = \sqrt{10\,P} = \sqrt{10\times1.5} = 3.8730[\text{L/min}]$$

$$\therefore \text{배수} = \frac{3.8730}{3.1623} = 1.22\text{배}$$

34 질량이 5[kg]인 공기(이상기체)가 온도 333[K]로 일정하게 유지되면서 체적이 10배가 되었다. 이 계(System)가 한 일[kJ]은?(단, 공기의 기체상수는 287[J/kg·K]이다)

① 220
② 478
③ 1,100
④ 4,779

등온과정일 때 팽창일 $W = GRT\ln\dfrac{V_2}{V_1}$ 이고 $V_2 = 10V_1$ 이므로

$$\therefore W = 5\times287\times333\times\ln\frac{10V_1}{V_1}$$

$$= 1,100,301.8[\text{J}]$$

$$= 1,100.3[\text{kJ}]$$

35 무한한 두 평판 사이에 유체가 채워져 있고 한 평판은 정지해 있고 또 다른 평판은 일정한 속도로 움직이는 Couette 유동을 하고 있다. 유체 A만 채워져 있을 때 평판을 움직이기 위한 단위면적당 힘을 τ_1 이라 하고 같은 평판 사이에 점성이 다른 유체 B만 채워져 있을 때 필요한 힘을 τ_2 라 하면 유체 A와 B가 반반씩 위아래로 채워져 있을 때 평판을 같은 속도로 움직이기 위한 단위면적당 힘에 대한 표현으로 옳은 것은?

① $\dfrac{\tau_1 + \tau_2}{2}$
② $\sqrt{\tau_1\tau_2}$
③ $\dfrac{2\tau_1\tau_2}{\tau_1 + \tau_2}$
④ $\tau_1 + \tau_2$

단위면적당 힘

$$F = \frac{2\tau_1\tau_2}{\tau_1 + \tau_2}$$

36 압력 0.1[MPa], 온도 250[℃] 상태인 물의 엔탈피가 2,974.33[kJ/kg]이고 비체적은 2.40604[m³/kg]이다. 이 상태에서 물의 내부에너지[kJ/kg]는 얼마인가?

① 2,733.7   ② 2,974.1

③ 3,214.9   ④ 3,582.7

해설

내부에너지

엔탈피 $h = u + Pv$, $u = h - Pv$

∴ 내부에너지 u

$= h - Pv$

$= 2,974.33 \times 10^3 \dfrac{[J]}{[kg]} - (0.1 \times 10^6)\dfrac{[N]}{[m^2]} \times 2.40604 \dfrac{[m^3]}{[kg]}$

$= 2,733,726[J/kg]$

$= 2,733.7[kJ/kg]$

37 다음 중 열전달 매질이 없이도 열이 전달되는 형태는?

① 전 도

② 자연대류

③ 복 사

④ 강제대류

해설

복사 : 열에너지가 물질을 매개로 하지 않고 전자파의 형태로 옮겨지는 현상

38 안지름 10[cm]인 수평 원관의 층류유동으로 4[km] 떨어진 곳에 원유(점성계수 0.02[N·s/m²], 비중 0.86)를 0.10[m³/min]의 유량으로 수송하려할 때 펌프에 필요한 동력[W]은?(단, 펌프의 효율은 100[%]로 가정한다)

① 76   ② 91

③ 10,900   ④ 9,100

해설

동력을 구하기 위하여

$P[W] = \dfrac{\gamma QH}{\eta} \times K$

• 원유의 비중량 $\gamma = 0.86 = 860[kg_f/m^3]$

$= 0.86 \times 9,800[N]/m^3]$

$= 8,428[N/m^3]$

• 유량 $Q = 0.10[m^3/min] = 0.10[m^3]/60[s] = 0.00167[m^3/s]$

• 전양정(H)

$H = \dfrac{flu^2}{2gD}$

유속 $u = \dfrac{Q}{A} = \dfrac{0.00167[m^3/s]}{\frac{\pi}{4} \times (0.1[m])^2} = 0.2126[m/s]$

관마찰계수(f)를 구하기 위하여

$Re = \dfrac{Du\rho}{\mu}$

$= \dfrac{0.1[m] \times 0.2126[m/s] \times 860[kg_f/m^3]}{0.02[kg_f/m \cdot s]}$

$= 914.18(층류)$

※ 점성계수 $\mu = 0.02[N \cdot s/m^2] = 0.02 \dfrac{[kg]\frac{[m]}{[s^2]} \times [s]}{[m^2]}$

$= 0.02[kg/m \cdot s]$

∴ $f = \dfrac{64}{Re} = \dfrac{64}{914.18} = 0.07$

중력가속도 $g = 9.8[m/s^2]$ 을 대입하면

∴ $H = \dfrac{flu^2}{2gD} = \dfrac{0.07 \times 4,000[m] \times (0.2126[m/s])^2}{2 \times 9.8[m/s^2] \times 0.1[m]}$

$= 6.46[m]$

※ 동력 $P[W] = \dfrac{\gamma QH}{\eta} \times K = \dfrac{8,428 \times 0.00167 \times 6.46}{1} \times 1$

$= 90.92[W]$

※ $P = \dfrac{[N]}{[m^3]} \times \dfrac{[m^3]}{[s]} \times \dfrac{[m]}{1} = \dfrac{[N \cdot m]}{[s]} = \dfrac{[J]}{[s]} = [W](Watt)$

39 유체의 압축률에 관한 설명으로 올바른 것은?

① 압축률 = 밀도 × 체적탄성계수

② 압축률 = 1 / 체적탄성계수

③ 압축률 = 밀도 / 체적탄성계수

④ 압축률 = 체적탄성계수 / 밀도

해설
유체의 압축률
• 체적탄성계수의 역수
• 체적탄성계수가 클수록 압축하기 힘들다.
• 압축률 : 단위압력변화에 대한 체적의 변형률

제3과목 **소방관계법규**

41 소방시설 설치 및 관리에 관한 법률상 소방용품 중 소화설비를 구성하는 제품 또는 기기에 해당하지 않는 것은?

① 가스누설경보기
② 소방호스
③ 스프링클러헤드
④ 분말자동소화장치

해설
소방용품 중 소화설비를 구성하는 제품 또는 기기(영 별표 3)
• 소화기구(소화약제 외의 것을 이용한 간이소화용구는 제외한다)
• 자동소화장치(주거용 주방자동소화장치, 상업용 주방자동소화장치, 캐비닛형 자동소화장치, 가스자동소화장치, 분말자동소화장치, 고체에어로졸자동소화장치)
• 소화설비를 구성하는 소화전, 관창(菅槍), 소방호스, 스프링클러헤드, 기동용 수압개폐장치, 유수제어밸브 및 가스관선택밸브

40 수압기에서 피스톤의 반지름이 각각 20[cm]와 10[cm]이다. 작은 피스톤에 19.6[N]의 힘을 가하는 경우 평형을 이루기 위해 큰 피스톤에는 몇 [N]의 하중을 가해야 하는가?

① 4.9   ② 9.8
③ 68.4   ④ 78.4

해설

$$\frac{W_1}{A_1} = \frac{W_2}{A_2} \qquad \frac{W_1}{\frac{\pi}{4}(20)^2} = \frac{19.6[N]}{\frac{\pi}{4}(10)^2}$$

$$\therefore \ W_1 = 78.4[N]$$

42 소방기본법령상 소방대장은 화재, 재난·재해 그 밖의 위급한 상황이 발생한 현장에 소방활동구역을 정하여 소방활동에 필요한 사람으로서 대통령령으로 정하는 사람 외에는 그 구역에의 출입을 제한할 수 있다. 다음 중 소방활동구역에 출입할 수 없는 사람은?

① 소방활동구역 안에 있는 소방대상물의 소유자·관리자 또는 점유자

② 전기·가스·수도·통신·교통의 업무에 종사하는 사람으로서 원활한 소방활동을 위하여 필요한 사람

③ 시·도지사가 소방활동을 위하여 출입을 허가한 사람

④ 의사·간호사 그 밖의 구조·구급업무에 종사하는 사람

> **해설**
> 소방활동구역에 출입자(영 제8조)
> • 소방활동구역 안에 있는 소방대상물의 소유자·관리자 또는 점유자
> • 전기·가스·수도·통신·교통의 업무에 종사하는 사람으로서 원활한 소방활동을 위하여 필요한 사람
> • 의사·간호사, 그 밖의 구조·구급업무에 종사하는 사람
> • 취재인력 등 보도업무에 종사하는 사람
> • 수사업무에 종사하는 사람
> • 그 밖에 소방대장이 소방활동을 위하여 출입을 허가한 사람

43 화재의 예방 및 안전관리에 관한 법률에 따른 특수가연물의 기준 중 다음 ( ) 안에 알맞은 것은?

품 명	수 량
나무껍질 및 대팻밥	(㉠)[kg] 이상
면화류	(㉡)[kg] 이상

① ㉠ 200, ㉡ 400
② ㉠ 200, ㉡ 1,000
③ ㉠ 400, ㉡ 200
④ ㉠ 400, ㉡ 1,000

> **해설**
> 특수가연물의 기준(영 별표 2)
>
> | 품 명 | 수 량 |
> |---|---|
> | 나무껍질 및 대팻밥 | 400[kg] 이상 |
> | 면화류 | 200[kg] 이상 |

44 소방기본법령상 출동한 소방대원에게 폭행 또는 협박을 행사하여 화재진압·인명구조 또는 구급활동을 방해한 사람에 대한 벌칙 기준은?

① 500만원 이하의 과태료

② 1년 이하의 징역 또는 1,000만원 이하의 벌금

③ 3년 이하의 징역 또는 3,000만원 이하의 벌금

④ 5년 이하의 징역 또는 5,000만원 이하의 벌금

> **해설**
> 5년 이하의 징역 또는 5,000만원 이하의 벌금(법 제50조)
> • 위력(威力)을 사용하여 출동한 소방대의 화재진압·인명구조 또는 구급활동을 방해하는 행위
> • 소방대가 화재진압·인명구조 또는 구급활동을 위하여 현장에 출동하거나 현장에 출입하는 것을 고의로 방해하는 행위
> • 출동한 소방대원에게 폭행 또는 협박을 행사하여 화재진압·인명구조 또는 구급활동을 방해하는 행위
> • 출동한 소방대의 소방장비를 파손하거나 그 효용을 해하여 화재진압·인명구조 또는 구급활동을 방해하는 행위

45 소방시설 설치 및 관리에 관한 법률상 음료수 공장의 충전을 하는 작업장 등과 같이 화재안전기준을 적용하기 어려운 특정소방대상물에 설치하지 않을 수 있는 소방시설의 종류가 아닌 것은?

① 상수도소화용수설비
② 스프링클러설비
③ 연결송수관설비
④ 연결살수설비

해설
소방시설을 설치하지 않을 수 있는 특정소방대상물 및 소방시설의 범위(영 별표 6)

구 분	특정소방대상물	설치하지 않을 수 있는 소방시설
화재안전기준을 적용하기 어려운 특정소방대상물	펄프공장의 작업장, 음료수 공장의 세정 또는 충전을 하는 작업장, 그 밖에 이와 비슷한 용도로 사용하는 것	스프링클러설비, 상수도소화용수설비 및 연결살수설비

47 화재의 예방 및 안전관리에 관한 법률상 화재의 예방상 위험하다고 인정되는 행위를 하는 사람에게 행위의 금지 또는 제한 명령을 할 수 있는 사람은?

① 소방본부장
② 시 · 도지사
③ 의용소방대원
④ 소방대상물의 관리자

해설
화재의 예방조치 등(법 제17조)
소방관서장은 화재 발생 위험이 크거나 소화 활동에 지장을 줄 수 있다고 인정되는 행위나 물건에 대하여 행위 당사자나 그 물건의 소유자, 관리자 또는 점유자에게 명령을 할 수 있다.
※ 소방관서장 : 소방청장, 소방본부장, 소방서장

46 위험물안전관리법령상 위험물별 성질로서 틀린 것은?

① 제1류 : 산화성 고체
② 제2류 : 가연성 고체
③ 제4류 : 인화성 액체
④ 제6류 : 인화성 고체

해설
제6류 : 산화성 액체

48 소방시설 설치 및 관리에 관한 법률상 건축허가 등의 동의대상물의 범위로 틀린 것은?

① 항공기 격납고
② 방송용 송수신탑
③ 연면적이 400$[m^2]$ 이상인 건축물
④ 지하층 또는 무창층이 있는 건축물로서 바닥면적이 50$[m^2]$ 이상인 층이 있는 것

해설
지하층 또는 무창층이 있는 건축물로서 바닥면적이 150$[m^2]$(공연장의 경우에는 100$[m^2]$) 이상인 층이 있는 것은 건축허가 동의대상이다(영 제17조).

49 소방시설공사업법령상 하자보수를 해야 하는 소방시설 중 하자보수 보증기간이 3년이 아닌 것은?

① 자동소화장치
② 비상방송설비
③ 스프링클러설비
④ 상수도소화용수설비

하자보수 보증기간(영 제6조)

보증기간	해당 소방시설
2년	피난기구, 유도등, 유도표지, 비상경보설비, 비상조명등, 비상방송설비 및 무선통신보조설비
3년	자동소화장치, 옥내소화전설비, 스프링클러설비, 간이스프링클러설비, 물분무 등 소화설비, 옥외소화전설비, 자동화재탐지설비, 상수도소화용수설비 및 소화활동설비(무선통신보조설비는 제외)

50 소방시설 설치 및 관리에 관한 법률상 시·도지사가 소방시설 등의 자체점검을 하지 않은 관리업자에게 영업정지를 명할 수 있으나, 이로 인해 이용자에게 심한 불편을 줄 때에는 영업정지 처분을 갈음하여 과징금 처분을 한다. 다음 중 해당하는 과징금의 기준은?

① 1,000만원 이하
② 2,000만원 이하
③ 3,000만원 이하
④ 5,000만원 이하

소방시설관리업의 과징금(법 제36조) : 3,000만원 이하

51 소방시설 설치 및 관리에 관한 법률상 대통령령 또는 화재안전기준이 변경되어 그 기준이 강화되는 경우 기존 특정소방대상물의 소방시설 중 강화된 기준을 설치장소와 관계없이 항상 적용해야 하는 것은?(단, 건축물의 신축·개축·재축·이전 및 대수선 중인 특정소방대상물을 포함한다)

① 제연설비
② 비상경보설비
③ 옥내소화전설비
④ 화재조기진압용 스프링클러설비

소방시설기준 적용의 특례(법 제13조)
대통령령 또는 화재안전기준이 변경되어 그 기준이 강화되는 경우 기존의 특정소방대상물(건축물의 신축·개축·재축·이전 및 대수선 중인 특정소방대상물을 포함한다)의 소방시설에 대하여는 강화된 기준을 적용하는 것은 소방시설 중 대통령령으로 정하는 것(소화기구, 비상경보설비, 자동화재탐지설비, 자동화재속보설비, 피난구조설비)

52 소방시설 설치 및 관리에 관한 법률상 스프링클러설비를 설치해야 할 특정소방대상물에 다음 중 어떤 소방시설을 화재안전기준에 적합하게 설치하면 면제받을 수 있는가?

① 포소화설비
② 물분무소화설비
③ 간이스프링클러설비
④ 이산화탄소소화설비

특정소방대상물의 소방시설 설치의 면제기준(영 별표 5)

설치가 면제되는 소방시설	설치가 면제되는 기준
스프링클러설비	• 스프링클러설비를 설치해야 하는 특정소방대상물에 적응성이 있는 자동소화장치 또는 물분무 등 소화설비를 화재안전기준에 적합하게 설치한 경우에는 그 설비의 유효범위에서 설치가 면제된다. • 스프링클러설비를 설치해야 하는 전기저장시설에 소화설비를 소방청장이 정하여 고시하는 방법에 따라 설치한 경우에는 그 설비의 유효범위에서 설치가 면제된다.

※ 물분무 등 소화설비에는 포소화설비, 물분무소화설비, 이산화탄소소화설비가 포함된다.

53 화재의 예방 및 안전관리에 관한 법률상 화재안전 조사위원회의 위원에 해당하지 않는 사람은?

① 소방기술사

② 소방시설관리사

③ 소방 관련 분야의 석사 이상 학위를 취득한 사람

④ 소방 관련 법인 또는 단체에서 소방 관련 업무에 3년 이상 종사한 사람

해설

화재안전조사위원회의 위원(영 제11조) : 소방 관련 법인 또는 단체에서 소방 관련 업무에 5년 이상 종사한 사람

54 위험물안전관리법령상 취급하는 위험물의 최대수량이 지정수량의 10배 이하인 경우 공지의 너비 기준은?

① 2[m] 이하

② 2[m] 이상

③ 3[m] 이하

④ 3[m] 이상

해설

보유공지(규칙 별표 4)

취급하는 위험물의 최대수량	공지의 너비
지정수량의 10배 이하	3[m] 이상
지정수량의 10배 초과	5[m] 이상

55 소방시설공사업법령에 따른 완공검사를 위한 현장확인 대상 특정소방대상물의 범위 기준으로 틀린 것은?

① 연면적 1만[m^2] 이상이거나 11층 이상인 특정소방대상물(아파트는 제외)

② 가연성 가스를 제조·저장 또는 취급하는 시설 중 지상에 노출된 가연성 가스탱크의 저장용량 합계가 1,000[t] 이상인 시설

③ 호스릴 방식의 소화설비가 설치되는 특정소방대상물

④ 문화 및 집회시설, 종교시설, 판매시설, 노유자시설, 수련시설, 운동시설, 숙박시설, 창고시설, 지하상가

해설

완공검사를 위한 현장확인 대상 특정소방대상물의 범위(영 제5조)

• 문화 및 집회시설, 종교시설, 판매시설, 노유자(老幼者)시설, 수련시설, 운동시설, 숙박시설, 창고시설, 지하상가 및 다중이용업소의 안전관리에 관한 특별법에 따른 다중이용업소

• 다음의 어느 하나에 해당하는 설비가 설치되는 특정소방대상물
  – 스프링클러설비 등
  – 물분무 등 소화설비(호스릴 방식의 소화설비는 제외)

• 연면적 1만[m^2] 이상이거나 11층 이상인 특정소방대상물(아파트는 제외)

• 가연성 가스를 제조·저장 또는 취급하는 시설 중 지상에 노출된 가연성 가스탱크의 저장용량 합계가 1,000[t] 이상인 시설

56 소방시설 설치 및 관리에 관한 법률상 소방시설 등의 종합점검 대상 기준에 맞게 (   )에 들어갈 내용으로 옳은 것은?

물분무 등 소화설비[호스릴 방식의 물분무 등 소화설비만을 설치한 경우는 제외]가 설치된 연면적 (   )[m^2] 이상인 특정소방대상물(위험물 제조소 등은 제외)

① 2,000

② 3,000

③ 4,000

④ 5,000

해설

종합점검 대상(규칙 별표 3) : 물분무 등 소화설비(호스릴방식의 물분무 등 소화설비만을 설치한 경우는 제외)가 설치된 연면적 5,000[m^2] 이상인 특정소방대상물(위험물 제조소 등은 제외한다)

57 위험물안전관리법령상 제조소 또는 일반취급소에서 취급하는 제4류 위험물의 최대 수량의 합이 지정수량의 48만배 이상인 사업소의 자체소방대에 두는 화학소방자동차 및 인원기준으로 다음 ( ) 안에 알맞은 것은?

화학소방자동차 (㉠)	자체소방대원의 수 (㉡)

① ㉠ 1대, ㉡ 5인

② ㉠ 2대, ㉡ 10인

③ ㉠ 3대, ㉡ 15인

④ ㉠ 4대, ㉡ 20인

해설

제조소 또는 일반취급소에서 취급하는 제4류 위험물의 최대수량의 합이 지정수량의 48만배 이상인 사업소(영 별표 8)

화학소방자동차	자체소방대원의 수
4대	20인

58 위험물안전관리법령상 소화난이도등급 Ⅰ의 옥내탱크저장소에서 황만을 저장·취급할 경우 설치해야 하는 소화설비로 옳은 것은?

① 물분무소화설비

② 스프링클러설비

③ 포소화설비

④ 옥내소화전설비

해설

소화난이도등급 Ⅰ의 옥내탱크저장소(규칙 별표 17)

제조소 등의 구분	소화설비
황만을 저장·취급하는 것	물분무소화설비

59 화재의 예방 및 안전관리에 관한 법률상 특수가연물의 저장 및 취급기준이 아닌 것은?(단, 석탄·목탄류를 발전용으로 저장하는 경우는 제외)

① 품명별로 구분하여 쌓는다.

② 쌓는 높이는 20[m] 이하가 되도록 한다.

③ 쌓는 부분 바닥면적의 사이는 실내의 경우 1.2[m] 이상이 되도록 한다.

④ 특수가연물을 저장 또는 취급하는 장소에는 품명·최대저장수량, 단위부피당 질량, 관리책임자 성명·직책, 연락처 및 화기취급의 금지표시가 포함된 가연물의 표지를 설치해야 한다.

해설

특수가연물의 저장 및 취급기준(영 별표 3)
다음의 기준에 따라 쌓아 저장해야 한다. 다만, 석탄·목탄류를 발전(發電)용으로 저장하는 경우에는 제외한다.

• 품명별로 구분하여 쌓을 것
• 특수가연물을 쌓아 저장하는 기준

구 분	살수설비를 설치하거나 방사능력 범위에 해당 특수가연물이 포함되도록 대형수동식소화기를 설치하는 경우	그 밖의 경우
높 이	15[m] 이하	10[m] 이하
쌓는 부분의 바닥면적	200[m²] (석탄·목탄류의 경우에는 300[m²]) 이하	50[m²] (석탄·목탄류의 경우에는 200[m²]) 이하

60 소방기본법의 정의상 소방대상물의 관계인이 아닌 자는?

① 감리자

② 관리자

③ 점유자

④ 소유자

해설

관계인(법 제2조) : 소유자, 점유자, 관리자

61 소화수조 및 저수조의 화재안전기술기준상 연면적이 40,000[m²]인 특정소방대상물에 소화용수설비를 설치하는 경우 소화수조의 최소 저수량은 몇 [m³]인가?(단, 지상 1층 및 2층의 바닥면적 합계가 15,000[m²] 이상인 경우이다)

① 53.3   ② 60

③ 106.7   ④ 120

해설

기준면적

소방대상물의 구분	면 적
① 1층 및 2층의 바닥면적의 합계가 15,000[m²] 이상인 소방대상물	7,500[m²]
② ①에 해당되지 않는 그 밖의 소방대상물	12,500[m²]

$$\therefore \ 저수량 = \frac{연면적}{기본면적} = \frac{40,000[m^2]}{7,500[m^2]} = 5.33$$
$$\Rightarrow 6 \times 20[m^3] = 120[m^3]$$

62 이산화탄소소화설비의 화재안전기술기준상 수동식 기동장치의 설치기준에 적합하지 않은 것은?

① 전역방출방식에 있어서는 방호대상물마다 설치할 것

② 전기를 사용하는 기동장치에는 전원표시등을 설치할 것

③ 기동장치의 조작부는 바닥으로부터 높이 0.8[m] 이상 1.5[m] 이하의 위치에 설치하고, 보호판 등에 따른 보호장치를 설치할 것

④ 기동장치의 방출용 스위치는 음향경보장치와 연동하여 조작될 수 있는 것으로 할 것

해설

수동식 기동장치는 전역방출방식은 방호구역마다, 국소방출방식은 방호대상물마다 설치할 것

63 물분무소화설비의 화재안전기술기준상 송수구의 설치기준으로 틀린 것은?

① 구경 65[mm]의 쌍구형으로 할 것

② 지면으로부터 높이가 0.5[m] 이상 1[m] 이하의 위치에 설치할 것

③ 송수구는 하나의 층의 바닥면적이 1,500[m²]를 넘을 때마다 1개(5개를 넘을 경우에는 5개로 한다) 이상을 설치할 것

④ 가연성 가스의 저장·취급시설에 설치하는 송수구는 그 방호대상물로부터 20[m] 이상의 거리를 두거나 방호대상물에 면하는 부분이 높이 1.5[m] 이상, 폭 2.5[m] 이상의 철근콘크리트 벽으로 가려진 장소에 설치할 것

해설

물분무소화설비의 송수구는 하나의 층의 바닥면적이 3,000[m²]를 넘을 때마다 1개(5개를 넘을 경우에는 5개로 한다) 이상을 설치할 것

64 분말소화설비의 화재안전기술기준상 수동식 기동장치의 부근에 설치하는 방출지연스위치에 대한 설명으로 옳은 것은?

① 자동복귀형 스위치로서 수동식 기동장치의 타이머를 순간 정지시키는 기능의 스위치를 말한다.

② 자동복귀형 스위치로서 수동식 기동장치가 수신기를 순간 정지시키는 기능의 스위치를 말한다.

③ 수동복귀형 스위치로서 수동식 기동장치의 타이머를 순간 정지시키는 기능의 스위치를 말한다.

④ 수동복귀형 스위치로서 수동식 기동장치가 수신기를 순간 정지시키는 기능의 스위치를 말한다.

해설

방출지연스위치 : 자동복귀형 스위치로서 수동식 기동장치의 타이머를 순간 정지시키는 기능의 스위치

65 옥내소화전설비의 화재안전기술기준상 옥내소화전펌프의 풋밸브를 소방용설비 외의 다른 설비의 풋밸브보다 낮은 위치에 설치한 경우의 유효수량으로 옳은 것은?(단, 옥내소화전설비와 다른 설비 수원을 저수조로 겸용하여 사용한 경우이다)

① 저수조의 바닥면과 상단 사이의 전체 수량
② 옥내소화전설비 풋밸브와 소방용설비 외의 다른 설비의 풋밸브 사이의 수량
③ 옥내소화전설비의 풋밸브와 저수조 상단 사이의 수량
④ 저수조의 바닥면과 소방용 설비 외의 다른 설비의 풋밸브 사이의 수량

저수량을 산정함에 있어서 다른 설비와 겸용하여 옥내소화전설비용 수조를 설치하는 경우에는 옥내소화전설비의 풋밸브·흡수구 또는 수직배관의 급수구와 다른 설비의 풋밸브·흡수구 또는 수직배관의 급수구와의 사이의 수량을 그 유효수량으로 한다.

66 특별피난계단의 계단실 및 부속실 제연설비의 화재안전기준상 차압 등에 관한 기준 중 다음 (   ) 안에 알맞은 것은?

> 제연설비가 가동되었을 경우 출입문의 개방에 필요한 힘은 (   )[N] 이하로 해야 한다.

① 12.5　　　　　② 40
③ 70　　　　　④ 110

출입문의 개방에 필요한 힘 : 110[N] 이하

67 스프링클러설비의 화재안전기술기준상 개방형 스프링클러설비에서 하나의 방수구역을 담당하는 헤드의 개수는 최대 몇 개 이하로 해야 하는가?(단, 방수구역은 나누어져 있지 않고 하나의 구역으로 되어 있다)

① 50　　　　　② 40
③ 30　　　　　④ 20

개방형 스프링클러설비에서 하나의 방수구역을 담당하는 헤드의 개수 : 50개 이하

68 소화기구 및 자동소화장치의 화재안전기술기준에 따른 용어에 대한 정의로 틀린 것은?

① "소화약제"란 소화기구 및 자동소화장치에 사용되는 소화성능이 있는 고체·액체 및 기체의 물질을 말한다.
② "대형소화기"란 화재 시 사람이 운반할 수 있도록 운반대와 바퀴가 설치되어 있고 능력단위가 A급 20단위 이상, B급 10단위 이상인 소화기를 말한다.
③ "전기화재(C급 화재)"란 전류가 흐르고 있는 전기기기, 배선과 관련된 화재를 말한다.
④ "능력단위"란 소화기 및 소화약제에 따른 간이소화용구에 있어서는 소방시설법에 따라 형식승인된 수치를 말한다.

대형소화기 : 화재 시 사람이 운반할 수 있도록 운반대와 바퀴가 설치되어 있고 능력단위가 A급 10단위 이상, B급 20단위 이상인 소화기를 말한다.

69 화재조기진압용 스프링클러설비의 화재안전기술 기준상 헤드의 설치기준 중 ( ) 안에 알맞은 것은?

> 헤드 하나의 방호면적은 (㉠)[m²] 이상 (㉡)[m²] 이하로 할 것

① ㉠ 2.4, ㉡ 3.7
② ㉠ 3.7, ㉡ 9.1
③ ㉠ 6.0, ㉡ 9.3
④ ㉠ 9.1, ㉡ 13.7

해설
헤드 하나의 방호면적 : 6.0[m²] 이상 9.3[m²] 이하

70 소화전함의 성능인증 및 제품검사의 기술기준상 옥내 소화전함의 재질을 합성수지 재료로 할 경우 두께는 최소 몇 [mm] 이상이어야 하는가?

① 1.5
② 2.0
③ 3.0
④ 4.0

해설
옥내소화전함의 재질(합성수지 재료) 두께 : 최소 4.0[mm] 이상

71 소화설비용헤드의 성능인증 및 제품검사의 기술기 준상 소화설비용 헤드의 분류 중 수류를 살수판에 충돌하여 미세한 물방울을 만드는 물분무헤드 형 식은?

① 디플렉터형
② 충돌형
③ 슬릿형
④ 분사형

해설
용어 정의
• 충돌형 : 유수와 유수의 충돌에 의해 미세한 물방울을 만드는 물분무헤드
• 분사형 : 소구경의 오리피스로부터 고압으로 분사하여 미세한 물방울을 만드는 물분무헤드
• 선회류형 : 선회류에 의해 확산 방출하든가 선회류와 직선류의 충돌에 의해 확산 방출하여 미세한 물방울로 만드는 물분무헤드
• 디플렉터형 : 수류를 살수판에 충돌하여 미세한 물방울을 만드는 물분무헤드
• 슬릿형 : 수류를 슬릿에 의해 방출하여 수막상의 분무를 만드는 물분무헤드

72 할론소화설비의 화재안전기술기준상 화재표시반의 설치기준이 아닌 것은?

① 소화약제 방출지연 비상스위치를 설치할 것
② 소화약제의 방출을 명시하는 표시등을 설치할 것
③ 수동식 기동장치는 그 방출용스위치의 작동을 명시하는 표시등을 설치할 것
④ 자동식 기동장치는 자동·수동의 절환을 명시하는 표시등을 설치할 것

해설
화재표시반은 제어반에서의 신호를 수신하여 작동하는 기능을 가진 것으로 한다.
• 각 방호구역마다 음향경보장치의 조작 및 감지기의 작동을 명시하는 표시등과 이와 연동하여 작동하는 벨·버저 등의 경보기를 설치할 것. 이 경우 음향경보장치의 조작 및 감지기의 작동을 명시하는 표시등을 겸용할 수 있다.
• 수동식 기동장치는 그 방출용스위치의 작동을 명시하는 표시등을 설치할 것
• 소화약제의 방출을 명시하는 표시등을 설치할 것
• 자동식 기동장치는 자동·수동의 절환을 명시하는 표시등을 설치할 것

73 연결살수설비의 화재안전기술기준상 배관의 설치 기준 중 하나의 배관에 부착하는 살수헤드의 개수가 3개인 경우 배관의 구경은 최소 몇 [mm] 이상으로 설치해야 하는가?(단, 연결살수설비 전용헤드를 사용하는 경우이다)

① 40   ② 50
③ 65   ④ 80

해설

연결살수설비 전용헤드 수별 급수관의 구경

하나의 배관에 부착하는 연결살수설비 전용헤드의 개수	배관의 구경[mm]
1개	32
2개	40
3개	50
4개 또는 5개	65
6개 이상 10개 이하	80

74 소화기구 및 자동소화장치의 화재안전기술기준에 따라 다음과 같이 간이소화용구를 비치하였을 경우 능력단위의 합은?

> • 삽을 상비한 마른모래 50[L]포 2개
> • 삽을 상비한 팽창질석 80[L]포 1개

① 1단위   ② 1.5단위
③ 2.5단위   ④ 3단위

해설

능력단위

간이소화용구		능력단위
마른모래	삽을 상비한 50[L] 이상의 것 1포	0.5단위
팽창질석 또는 팽창진주암	삽을 상비한 80[L] 이상의 것 1포	

∴ 능력단위 = 1단위(마른모래 50[L]포 2개) + 0.5단위(팽창질석 80[L]포 1개)
= 1.5단위

75 옥내소화전설비의 화재안전기술기준상 배관 등에 관한 설명으로 옳은 것은?

① 펌프의 토출 측 주배관의 구경은 유속이 5[m/s] 이하가 될 수 있는 크기 이상으로 해야 한다.
② 연결송수관설비의 배관과 겸용할 경우의 주배관은 구경 80[mm] 이상, 방수구로 연결되는 배관의 구경은 65[mm] 이상의 것으로 해야 한다.
③ 성능시험배관은 펌프의 토출 측에 설치된 개폐밸브 이전에서 분기하여 직선으로 설치하고, 유량측정장치를 기준으로 전단 직관부에 개폐밸브를 후단 직관부에는 유량조절밸브를 설치해야 한다.
④ 가압송수장치의 체절운전 시 수온의 상승을 방지하기 위하여 체크밸브와 펌프 사이에서 분기한 구경 20[mm] 이상의 배관에 체절압력 이상에서 개방되는 릴리프밸브를 설치할 것

해설

옥내소화전설비의 배관기준

• 토출측 주배관의 구경은 유속은 : 4[m/s] 이하
• 연결송수관설비의 배관과 겸용할 경우의 주배관 : 구경 100[mm] 이상, 방수구로 연결되는 배관의 구경은 65[mm] 이상
• 성능시험배관은 펌프의 토출 측에 설치된 개폐밸브 이전에서 분기하여 직선으로 설치하고, 유량측정장치를 기준으로 전단 직관부에 개폐밸브를 후단 직관부에는 유량조절밸브를 설치할 것
• 가압송수장치의 체절운전 시 수온의 상승을 방지하기 위하여 체크밸브와 펌프 사이에서 분기한 구경 20[mm] 이상의 배관에 체절압력 미만에서 개방되는 릴리프밸브를 설치할 것

76 미분무소화설비의 화재안전기술기준상 미분무소화설비의 성능을 확인하기 위하여 하나의 발화원을 가정한 설계도서 작성 시 고려해야 할 인자를 모두 고른 것은?

> ㉠ 화재 위치
> ㉡ 점화원의 형태
> ㉢ 시공 유형과 내장재 유형
> ㉣ 초기 점화되는 연료 유형
> ㉤ 공기조화설비, 자연형(문, 창문) 및 기계형 여부
> ㉥ 문과 창문의 초기상태(열림, 닫힘) 및 시간에 따른 변화상태

① ㉠, ㉢, ㉥
② ㉠, ㉡, ㉢, ㉤
③ ㉠, ㉡, ㉣, ㉤, ㉥
④ ㉠, ㉡, ㉢, ㉣, ㉤, ㉥

해설
하나의 발화원을 가정한 설계도서 작성 시 고려할 인자 : 전부 다 해당

77 피난기구의 화재안전기술기준상 노유자시설의 4층 이상 10층 이하에서 적응성이 있는 피난기구가 아닌 것은?

① 피난교
② 다수인피난장비
③ 승강식피난기
④ 미끄럼대

해설
설치장소별 피난기구의 적응성

층별 구분	1층	2층	3층	4층 이상 10층 이하
노유자 시설	미끄럼대, 구조대, 피난교, 다수인, 피난장비, 승강식 피난기	미끄럼대, 구조대, 피난교, 다수인 피난장비, 승강식 피난기	미끄럼대, 구조대, 피난교, 다수인 피난장비, 승강식 피난기	구조대, 피난교, 다수인 피난장비, 승강식 피난기

78 포소화설비의 화재안전기술기준상 펌프의 토출관에 압입기를 설치하여 포소화약제 압입용 펌프로 포소화약제를 압입시켜 혼합하는 방식은?

① 라인 프로포셔너 방식
② 펌프 프로포셔너 방식
③ 프레셔 프로포셔너 방식
④ 프레셔 사이드 프로포셔너 방식

해설
프레셔 사이드 프로포셔너(차압혼합) 방식 : 펌프의 토출관에 압입기를 설치하여 포소화약제 압입용 펌프로 포소화약제를 압입시켜 혼합하는 방식

79 분말소화설비의 화재안전기술기준상 다음 ( ) 안에 알맞은 것은?

> 분말소화약제의 가압용 가스용기에는 ( )의 압력에서 조정이 가능한 압력조정기를 설치해야 한다.

① 2.5[MPa] 이하
② 2.5[MPa] 이상
③ 25[MPa] 이하
④ 25[MPa] 이상

해설
분말소화약제의 가압용 가스용기에는 2.5[MPa] 이하의 압력에서 조정이 가능한 압력조정기를 설치해야 한다.

80 포소화설비의 화재안전기술기준상 포소화설비의 배관 등의 설치기준으로 옳은 것은?

① 포워터스프링클러설비 또는 포헤드설비의 가지 배관의 배열은 토너먼트 방식으로 한다.

② 송액관은 겸용으로 해야 한다. 다만, 포소화전의 기동장치의 조작과 동시에 다른 설비의 용도에 사용하는 배관의 송수를 차단할 수 있거나, 포소화설비의 성능에 지장이 없는 경우에는 전용으로 할 수 있다.

③ 송액관은 포의 방출 종료 후 배관 안의 액을 배출하기 위하여 적당한 기울기를 유지하도록 하고 그 낮은 부분에 배액 밸브를 설치해야 한다.

④ 연결송수관설비의 배관과 겸용할 경우의 주배관은 구경 65[mm] 이상, 방수구로 연결되는 배관의 구경은 100[mm] 이상의 것으로 해야 한다.

해설
포소화설비의 배관 기준
• 포워터스프링클러설비 또는 포헤드설비의 가지배관의 배열은 토너먼트 방식이 아니어야 하며, 교차배관에서 분기하는 지점을 기점으로 한쪽 가지배관에 설치하는 헤드의 수는 8개 이하로 한다.
• 송액관은 전용으로 해야 한다. 다만, 포소화전의 기동장치의 조작과 동시에 다른 설비의 용도에 사용하는 배관의 송수를 차단할 수 있거나, 포소화설비의 성능에 지장이 없는 경우에는 다른 설비와 겸용할 수 있다.
• 송액관은 포의 방출 종료 후 배관 안의 액을 배출하기 위하여 적당한 기울기를 유지하도록 하고 그 낮은 부분에 배액밸브를 설치해야 한다.

제1과목 소방원론

01 소화기구 및 자동소화장치의 화재안전기술기준에 따르면 소화기구(자동확산소화기는 제외)는 거주자 등이 손쉽게 사용할 수 있는 장소에 바닥으로부터 높이 몇 [m] 이하의 곳에 비치해야 하는가?

① 0.5   ② 1.0
③ 1.5   ④ 2.0

해설
소화기의 설치위치 : 바닥으로부터 1.5[m] 이하

02 화재의 분류방법 중 유류화재를 나타낸 것은?

① A급 화재   ② B급 화재
③ C급 화재   ④ D급 화재

해설
화재의 분류

등 급	A급	B급	C급	D급
화재의 종류	일반화재	유류화재	전기화재	금속화재
표시색상	백 색	황 색	청 색	무 색

03 연기감지기가 작동할 정도이고 가시거리가 20~30[m]에 해당하는 감광계수는 얼마인가?

① 0.1[m⁻¹]   ② 1.0[m⁻¹]
③ 2.0[m⁻¹]   ④ 10[m⁻¹]

해설
연기농도와 가시거리

감광계수[m⁻¹]	가시거리[m]	상 황
0.1	20~30	연기감지기가 작동할 때의 정도
10	0.2~0.5	화재 최성기 때의 정도

04 소화약제로 사용되는 물에 관한 소화성능 및 물성에 대한 설명으로 틀린 것은?

① 비열과 증발잠열이 커서 냉각소화 효과가 우수하다.
② 물(15[℃])의 비열은 약 1[cal/g · ℃]이다.
③ 물(100[℃])의 증발잠열은 439.6[cal/g]이다.
④ 물의 기화에 의한 팽창된 수증기는 질식소화 작용을 할 수 있다.

해설
물(100[℃])의 증발잠열 : 539[cal/g]

05 소화에 필요한 CO_2의 이론소화농도가 공기 중에서 37[vol%]일 때 한계산소농도는 약 몇 [vol%]인가?

① 13.2   ② 14.5
③ 15.5   ④ 16.5

해설
이산화탄소의 이론적 최소 소화농도

$$CO_2[\%] = \frac{(21 - O_2)}{21} \times 100[\%]$$

이것을 O_2로 풀면
$$CO_2 \times 21 = (21 \times 100) - 100O_2$$
$$100O_2 = 2,100 - (CO_2 \times 21)$$
$$O_2 = \frac{2,100 - (CO_2 \times 21)}{100} = \frac{2,100 - (37 \times 21)}{100}$$
$$= 13.23[vol\%]$$

1 ③ 2 ② 3 ① 4 ③ 5 ① **정답**

06 물리적 소화방법이 아닌 것은?

① 연쇄반응의 억제에 의한 방법

② 냉각에 의한 방법

③ 공기와의 접촉 차단에 의한 방법

④ 가연물 제거에 의한 방법

해설
화학적인 소화방법 : 연쇄반응의 억제에 의한 방법

07 Halon 1211의 화학식에 해당하는 것은?

① CH_2BrCl ② CF_2ClBr

③ CH_2BrF ④ CF_2HBr

해설
할론소화약제

종류 구분	할론 1301	할론 1211	할론 2402	할론 1011
분자식	CF_3Br	CF_2ClBr	$C_2F_4Br_2$	CH_2ClBr
분자량	148.9	165.4	259.8	129.4

08 마그네슘의 화재에 주수하였을 때 물과 마그네슘의 반응으로 인하여 생성되는 가스는?

① 산 소

② 수 소

③ 일산화탄소

④ 이산화탄소

해설
마그네슘은 물과 반응하면 수소가스를 발생하므로 위험하다.
$Mg + 2H_2O \rightarrow Mg(OH)_2 + H_2 \uparrow$

09 제2종 분말소화약제의 주성분으로 옳은 것은?

① NaH_2PO_4 ② KH_2PO_4

③ $NaHCO_3$ ④ $KHCO_3$

해설
제2종 분말소화약제 주성분 : 탄산수소칼륨($KHCO_3$)

10 조연성 가스로만 나열되어 있는 것은?

① 질소, 플루오린, 수증기

② 산소, 플루오린, 염소

③ 산소, 이산화탄소, 오존

④ 질소, 이산화탄소, 염소

해설
가스의 분류

종 류	구 분
질소, 수증기, 이산화탄소	불연성 가스
산소, 플루오린, 염소, 오존	조연성 가스

11 위험물안전관리법령상 자기반응성 물질의 품명에 해당하지 않는 것은?

① 나이트로화합물   ② 할로젠간화합물

③ 질산에스터류   ④ 하이드록실아민염류

해설

할로젠간화합물 : 제6류 위험물

12 건축물 화재에서 플래시 오버(Flash Over) 현상이 일어나는 시기는?

① 초기에서 성장기로 넘어가는 시기

② 성장기에서 최성기로 넘어가는 시기

③ 최성기에서 감쇠기로 넘어가는 시기

④ 감쇠기에서 종기로 넘어가는 시기

해설

플래시 오버(Flash Over) 발생 : 성장기에서 최성기로 넘어가는 시기

13 물과 반응하였을 때 가연성 가스를 발생하여 화재의 위험성이 증가하는 것은?

① 과산화칼슘   ② 메탄올

③ 칼 륨   ④ 과산화수소

해설

칼륨(K)은 물과 반응하면 가연성가스인 수소(H_2)를 발생한다.

$2K + 2H_2O \rightarrow 2KOH + H_2 \uparrow$

14 인화칼슘과 물이 반응할 때 생성되는 가스는?

① 아세틸렌   ② 황화수소

③ 황 산   ④ 포스핀

해설

인화칼슘은 물과 반응하면 독성가스인 포스핀(인화수소, PH_3)을 발생한다.

$Ca_3P_2 + 6H_2O \rightarrow 3Ca(OH)_2 + 2PH_3 \uparrow$

15 다음 중 공기에서의 연소범위를 기준으로 했을 때 위험도(H) 값이 가장 큰 것은?

① 다이에틸에터   ② 수 소

③ 에틸렌   ④ 뷰테인

해설

연소범위

종 류	하한값[%]	상한값[%]
다이에틸에터($C_2H_5OC_2H_5$)	1.7	48.0
수소(H_2)	4.0	75.0
에틸렌(C_2H_4)	2.7	36.0
뷰테인(C_4H_{10})	1.8	8.4

위험도

위험도$(H) = \dfrac{U - L}{L} = \dfrac{\text{폭발상한값} - \text{폭발하한값}}{\text{폭발하한값}}$

- 다이에틸에터 $H = \dfrac{48.0 - 1.7}{1.7} = 27.24$

- 수소 $H = \dfrac{75.0 - 4.0}{4.0} = 17.75$

- 에틸렌 $H = \dfrac{36.0 - 2.7}{2.7} = 12.33$

- 뷰테인 $H = \dfrac{8.4 - 1.8}{1.8} = 3.67$

16 소화약제로 사용되는 이산화탄소에 대한 설명으로 옳은 것은?

① 산소와 반응 시 흡열반응을 일으킨다.
② 산소와 반응하여 불연성 물질을 발생시킨다.
③ 산화하지 않으나 산소와는 반응한다.
④ 산소와 반응하지 않는다.

해설

이산화탄소(CO_2)는 산소와 반응하지 않는다.

17 다음 중 피난자의 집중으로 패닉현상이 일어날 우려가 가장 큰 형태는?

① T형　　　　　② X형
③ Z형　　　　　④ H형

해설

피난방향 및 경로

구 분	구 조	특 징
T형		피난자에게 피난경로를 확실히 알려주는 형태
X형		양방향으로 피난할 수 있는 확실한 형태
H형		중앙코어방식으로 피난자의 집중으로 패닉현상이 일어날 우려가 있는 형태
Z형		중앙복도형 건축물에서의 피난경로로서 코어식 중 제일 안전한 형태

18 물리적 폭발에 해당하는 것은?

① 분해 폭발　　　② 분진 폭발
③ 중합 폭발　　　④ 수증기 폭발

해설

물리적 폭발 : 수증기 폭발, 화산폭발, 진공용기의 폭발 등

19 다음 중 착화온도가 가장 낮은 것은?

① 아세톤　　　　② 휘발유
③ 이황화탄소　　④ 벤 젠

해설

착화온도

종 류	아세톤	휘발유	이황화탄소	벤 젠
착화온도	465[℃]	280~456[℃]	90[℃]	498[℃]

20 건물화재 시 패닉(Panic)의 발생원인과 직접적인 관계가 없는 것은?

① 연기에 의한 시계 제한
② 유독가스에 의한 호흡 장애
③ 외부와 단절되어 고립
④ 불연내장재의 사용

해설

건물의 내장재(가연, 불연)는 패닉의 발생원인과는 관계가 없다.

정답　16 ④　17 ④　18 ④　19 ③　20 ④

21 지름이 5[cm]인 원형 관 내에 이상기체가 층류로 흐른다. 다음 중 이 기체의 속도가 될 수 있는 것을 모두 고르면?(단, 이 기체의 절대압력은 200[kPa], 온도는 27[℃], 기체상수는 2,080[J/kg · K], 점성계수는 2×10^{-5}[N · s/m²], 하임계 레이놀즈수는 2,200으로 한다)

㉠ 0.3[m/s]	㉡ 1.5[m/s]
㉢ 8.3[m/s]	㉣ 15.5[m/s]

① ㉠

② ㉠, ㉡

③ ㉠, ㉡, ㉢

④ ㉠, ㉡, ㉢, ㉣

해설

레이놀즈수

$Re = \dfrac{Du\rho}{\mu}$

여기서, D : 내경(0.05[m])

　　　 u : 유속[m/s]

　　　 ρ : 밀도[kg/m³]

　　　 μ : 점성계수(2×10^{-5}[N · s/m²])

$PV = WRT$, $P = \dfrac{W}{V}RT$, $P = \rho RT$, $\rho = \dfrac{P}{RT}$

$\rho = \dfrac{P}{RT} = \dfrac{200 \times 1,000[\text{Pa, N/m}^2]}{2,080[\text{J/kg} \cdot \text{K}] \times (273 + 27)[\text{K}]} = 0.32[\text{kg/m}^3]$

※ [J] = [N · m]

㉠ 유속 0.3[m/s]을 대입하면

$Re = \dfrac{Du\rho}{\mu} = \dfrac{0.05[\text{m}] \times 0.3[\text{m/s}] \times 0.32[\text{kg/m}^3]}{2 \times 10^{-5}[\text{N} \cdot \text{s/m}^2]} = 240$

※ 2×10^{-5}[N · s/m²]를 단위환산하면

$\left[\dfrac{\text{kg}\frac{\text{m}}{\text{s}^2} \cdot \text{s}}{\text{m}^2} \right] = \left[\dfrac{\text{kg}}{\text{m} \cdot \text{s}} \right]$

※ Re를 단위환산하면

$Re = \dfrac{Du\rho}{\mu} = \left[\dfrac{\text{m} \times \frac{\text{m}}{\text{s}} \times \frac{\text{kg}}{\text{m}^3}}{\frac{\text{kg}}{\text{m} \cdot \text{s}}} \right]$

$= \left[\dfrac{\frac{\text{m} \cdot \text{m} \cdot \text{kg}}{\text{s} \cdot \text{m}^3}}{\frac{\text{kg}}{\text{m} \cdot \text{s}}} \right] = [-]$

㉡ 유속 1.5[m/s]을 대입하면

$Re = \dfrac{Du\rho}{\mu} = \dfrac{0.05[\text{m}] \times 1.5[\text{m/s}] \times 0.32[\text{kg/m}^3]}{2 \times 10^{-5}[\text{N} \cdot \text{s/m}^2]}$

$= 1,200$

㉢ 유속 8.3[m/s]을 대입하면

$Re = \dfrac{Du\rho}{\mu} = \dfrac{0.05[\text{m}] \times 8.3[\text{m/s}] \times 0.32[\text{kg/m}^3]}{2 \times 10^{-5}[\text{N} \cdot \text{s/m}^2]}$

$= 6,640$

㉣ 유속 15.5[m/s]을 대입하면

$Re = \dfrac{Du\rho}{\mu} = \dfrac{0.05[\text{m}] \times 15.5[\text{m/s}] \times 0.32[\text{kg/m}^3]}{2 \times 10^{-5}[\text{N} \cdot \text{s/m}^2]}$

$= 12,400$

∴ 하임계 레이놀즈수가 2,200이므로 ㉠, ㉡이 해당된다.

22 표면장력에 관련된 설명 중 옳은 것은?

① 표면장력의 차원은 힘 / 면적이다.

② 액체와 공기의 경계면에서 액체분자의 응집력보다 공기분자와 액체분자 사이의 부착력이 클 때 발생된다.

③ 대기 중의 물방울은 크기가 작을수록 내부압력이 크다.

④ 모세관현상에 의한 수면 상승 높이는 모세관의 직경에 비례한다.

해설

표면장력

• 표면장력의 차원 : F/l[N/m]

• 액체와 공기의 경계면에서 액체분자의 응집력보다 공기분자와 액체분자 사이의 부착력이 작을 때 발생된다.

• 대기 중의 물방울은 크기가 작을수록 내부압력이 크다.

• 모세관현상에 의한 수면 상승 높이는 모세관의 직경에 반비례한다.

23 유체의 점성에 대한 설명으로 틀린 것은?

① 질소 기체의 동점성계수는 온도 증가에 따라 감소한다.

② 물(액체)의 점성계수는 온도 증가에 따라 감소한다.

③ 점성은 유동에 대한 유체의 저항을 나타낸다.

④ 뉴턴유체에 작용하는 전단응력은 속도기울기에 비례한다.

> **해설**
> 액체의 점성은 온도상승에 따라 감소하고 기체의 점성은 온도 증가에 따라 증가한다.

24 회전속도 1,000[rpm]일 때 송출량 Q[m³/min], 전양정 H[m]인 원심펌프가 상사한 조건에서 송출량이 $1.1Q$[m³/min]가 되도록 회전속도를 증가시킬 때, 전양정은 어떻게 되는가?

① $0.91H$ ② H

③ $1.1H$ ④ $1.21H$

> **해설**
> **펌프의 상사법칙**
> 송출량이 $1.1Q$[m³/min]일 때 회전속도를 구하면
> 유량 $Q_2 = Q_1 \times \dfrac{N_2}{N_1} \Rightarrow 1.1 = 1 \times \dfrac{x}{1,000}$
> $\therefore x = 1,100[\text{rpm}]$
> 전양정을 구하면
> 전양정 $H_2 = H_1 \times \left(\dfrac{N_2}{N_1}\right)^2 = H[\text{m}] \times \left(\dfrac{1,100}{1,000}\right)^2 = 1.21H$

25 그림과 같이 노즐이 달린 수평관에서 계기압력이 0.49[MPa]이었다. 이 관의 안지름이 6[cm]이고 관의 끝에 달린 노즐의 지름이 2[cm]라면 노즐의 분출속도는 몇 [m/s]인가?(단, 노즐에서의 손실은 무시하고, 관마찰계수는 0.025이다)

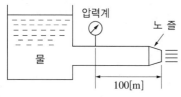

① 16.8   ② 20.4

③ 25.5   ④ 28.4

> **해설**
> **노즐의 분출속도**
> • 연속방정식 $Q = Au = \left(\dfrac{\pi}{4} \times d^2\right)u$ 에서
> $$Q = \left(\dfrac{\pi}{4} \times d_1^2\right)u_1 = \left(\dfrac{\pi}{4} \times d_2^2\right)u_2$$
> 유속 $u_1 = \dfrac{d_2^2}{d_1^2}u_2 = \dfrac{(0.02[\text{m}])^2}{(0.06[\text{m}])^2}u_2 = 0.11u_2$
> • 압력 $P = \gamma H$ 에서 $H = \dfrac{P}{\gamma} = \dfrac{0.49 \times 10^6[\text{N/m}^2]}{9,800[\text{N/m}^3]} = 50[\text{m}]$
> • 관입구의 손실수두 $h_1 = K\dfrac{u_1^2}{2g} = 0.5 \times \dfrac{(0.11u_2)^2}{2 \times 9.8}$
> 배관의 마찰손실수두
> $h_L = f\dfrac{L}{d}\dfrac{u_1^2}{2g} = 0.025 \times \dfrac{100}{0.06} \times \dfrac{(0.11u_2)^2}{2 \times 9.8}$ 을
> 베르누이 방정식에 적용하면 $P_1 = P_2 = 0$, $V_1 = 0$,
> $z_1 - z_2 = 50[\text{m}]$
> 관입구 부차적 손실계수 $K = 0.5$
> $$\dfrac{P_1}{\gamma} + \dfrac{V_1^2}{2g} + z_1 = \dfrac{P_2}{\gamma} + K\dfrac{u_1^2}{2g} + f\dfrac{L}{d}\dfrac{u_1^2}{2g} + \dfrac{u_2^2}{2g} + z_2$$
> $$0 + 0 + 50 = 0 + 0.5 \times \dfrac{(0.11u_2)^2}{2 \times 9.8} + 0.025 \times \dfrac{100}{0.06} \times \dfrac{(0.11u_2)^2}{2 \times 9.8}$$
> $$+ \dfrac{u_2^2}{2 \times 9.8}$$
> $$50 = 0.5 \times \dfrac{(0.11u_2)^2}{2 \times 9.8} + 0.025 \times \dfrac{100}{0.06} \times \dfrac{(0.11u_2)^2}{2 \times 9.8} + \dfrac{u_2^2}{2 \times 9.8}$$
> $$50 = 0.077u_2^2$$
> $\therefore$ 노즐의 분출속도 $u_2 = \sqrt{\dfrac{50}{0.077}} = 25.48[\text{m}]$

26 원심펌프가 전양정 120[m]에 대해 6[m³/s]의 물을 공급할 때 필요한 축동력이 9,530[kW]이었다. 이때 펌프의 체적효율과 기계효율이 각각 88[%], 89[%]라고 하면, 이 펌프의 수력효율은 약 몇 [%]인가?

① 74.1

② 84.2

③ 88.5

④ 94.5

해설

축동력

$$P = \frac{\gamma Q H}{\eta} \times K$$

여기서, γ : 물의 비중량(9.8[kN/m³])

$\quad\quad\quad$ Q : 토출량(6[m³/s])

$\quad\quad\quad$ H : 전양정(120[m])

$\quad\quad\quad$ K : 전달계수

$\quad\quad\quad$ η : 전효율(체적효율 × 기계효율 × 수력효율)

$$\therefore \ \eta = \frac{\gamma Q H}{P} = \frac{9.8 \times 6 \times 120}{9530} = 0.74$$

$$수력효율 = \frac{\eta}{체적효율 \times 기계효율}$$

$$= \frac{0.74}{0.88 \times 0.89}$$

$$= 0.945 \Rightarrow 94.5$$

27 안지름 4[cm], 바깥지름 6[cm]인 동심 이중관의 수력직경(Hydraulic Diameter)은 몇 [cm]인가?

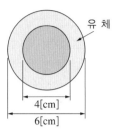

① 2

② 3

③ 4

④ 5

해설

수력직경

안지름 : d, 바깥지름 D로 볼 때

$$수력직경 = \frac{단면적}{길이} = \frac{\pi D^2 - \pi d^2}{\pi (D+d)} = \frac{\pi (D^2 - d^2)}{\pi (D+d)}$$

$$= \frac{\pi (D-d)(D+d)}{\pi (D+d)} = D - d = 6[cm] - 4[cm]$$

$$= 2[cm]$$

28 열역학 관련 설명 중 틀린 것은?

① 삼중점에서는 물체의 고상, 액상, 기상이 공존한다.

② 압력이 증가하면 물의 끓는점도 높아진다.

③ 열을 완전히 일로 변환할 수 있는 효율이 100[%]인 열기관은 만들 수 없다.

④ 기체의 정적비열은 정압비열보다 크다.

해설

기체의 정압비열은 정적비열보다 크다.

29 다음 중 차원이 서로 같은 것을 모두 고르면?(단, P : 압력, ρ : 밀도, V : 속도, h : 높이, F : 힘, m : 질량, g : 중력가속도)

㉠ ρV^2	㉡ $\rho g h$
㉢ P	㉣ $\dfrac{F}{m}$

① ㉠, ㉡   ② ㉠, ㉢

③ ㉠, ㉡, ㉢   ④ ㉠, ㉡, ㉢, ㉣

해설
단위와 차원

종 류	단 위	종 류	단 위
압력(P)	$kg/m \cdot s^2$	힘(F)	kg_f, N
밀도(ρ)	kg/m^3	질량(m)	kg
속도(V)	m/s	가속도(g)	m/s^2
높이(h)	m		

㉠ $\rho V^2 = \dfrac{kg}{m^3} \times \left(\dfrac{m}{s}\right)^2 = \dfrac{kg \cdot m^2}{m^3 \cdot s^2} = \dfrac{kg}{m \cdot s^2}$

㉡ $\rho g h = \dfrac{kg}{m^3} \times \dfrac{m}{s^2} \times m = \dfrac{kg \cdot m \cdot m}{m^3 \cdot s^2} = \dfrac{kg}{m \cdot s^2}$

㉢ $P = \dfrac{kg}{m \cdot s^2}$

㉣ $\dfrac{F}{m} = \dfrac{kg_f}{kg}$

30 밀도가 10[kg/m³]인 유체가 지름 30[cm]인 관 내를 1[m³/s]로 흐른다. 이때의 평균유속은 몇 [m/s]인가?

① 4.25   ② 14.1

③ 15.7   ④ 84.9

해설
평균유속

$Q = uA(VA)$, $u = \dfrac{Q}{A} = \dfrac{Q}{\dfrac{\pi}{4}D^2} = \dfrac{4Q}{\pi D^2}$

$\therefore u = \dfrac{4Q}{\pi D^2} = \dfrac{4 \times 1[m^3/s]}{\pi \times (0.3[m])^2} = 14.15[m/s]$

31 초기 상태에서 압력 100[kPa], 온도 15[℃]인 공기가 있다. 공기의 부피가 초기 부피의 $\dfrac{1}{20}$ 이 될 때까지 가역 단열압축할 때 압축 후의 온도는 약 몇 [℃]인가?(단, 공기의 비열비는 1.4이다)

① 54   ② 348

③ 682   ④ 912

해설
압축 후의 온도

• 가역단열과정일 경우 온도와 부피와의 관계 $\dfrac{T_2}{T_1} = \left(\dfrac{V_1}{V_2}\right)^{k-1}$

• 압축 후의 온도

$\begin{aligned} T_2 &= \left(\dfrac{V_1}{V_2}\right)^{k-1} T_1 \\ &= \left(\dfrac{V_1}{\dfrac{1}{20}V_1}\right)^{1.4-1} \times (273 + 15[℃]) \\ &= 954.56[K] \\ &\Rightarrow 954.56[K] - 273[K] \\ &= 681.56[℃] \end{aligned}$

32 부피가 240[m³]인 방 안에 들어 있는 공기의 질량은 약 몇 [kg]인가?(단, 압력은 100[kPa], 온도는 300[K]이며, 공기의 기체상수는 0.287[kJ/kg·K]이다)

① 0.279   ② 2.79

③ 27.9   ④ 279

해설
공기의 질량

$PV = WRT$, $W = \dfrac{PV}{RT}$

$\therefore W = \dfrac{PV}{RT} = \dfrac{100[kPa] \times 240[m^3]}{0.287\left[\dfrac{kJ}{kg \cdot K}\right] \times 300[K]} = 278.75[kg]$

※ $[kPa] = [kN/m^2]$
    $[kJ] = [kN \cdot m]$

33 그림의 액주계에서 밀도 $\rho_1 = 1,000[\text{kg/m}^3]$, $\rho_2 = 13,600[\text{kg/m}^3]$, 높이 $h_1 = 500[\text{mm}]$, $h_2 = 800[\text{mm}]$일 때 관 중심 A의 계기압력은 몇 [kPa]인가?

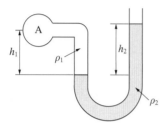

① 101.7   ② 109.6

③ 126.4   ④ 131.7

> **해설**
> A의 계기압력
> $P_A = \gamma_2 h_2 - \gamma_1 h_1$
> $\quad = (13.6 \times 9.8[\text{kN/m}^3] \times 0.8[\text{m}]) - (1 \times 9.8[\text{kN/m}^3] \times 0.5[\text{m}])$
> $\quad = 101.72[\text{kN/m}^2 = \text{kPa}]$

34 그림과 같이 수조의 두 노즐에서 물이 분출하여 한 점(A)에서 만나려고 하면 어떤 관계가 성립되어야 하는가?(단, 공기저항과 노즐의 손실은 무시한다)

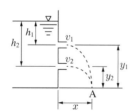

① $h_1 y_1 = h_2 y_2$

② $h_1 y_2 = h_2 y_1$

③ $h_1 h_2 = y_1 y_2$

④ $h_1 y_1 = 2 h_2 y_2$

> **해설**
> 토리첼리 공식에서 유속 V는 $V_1 = \sqrt{2g h_1}$, $V_2 = \sqrt{2g h_2}$이다.
> 자유낙하 높이는 $y_1 = \frac{1}{2} g t^2$,
> 시간 $t = \sqrt{\dfrac{2y_1}{g}}$ 이고 $x = V_1 t$이므로
> $x_1 = \sqrt{2g h_1} \cdot \sqrt{\dfrac{2y_1}{g}}$ 이다.
> $y_2 = \frac{1}{2} g t^2$, 시간 $t = \sqrt{\dfrac{2y_2}{g}}$ 이고 $x = V_2 t$ 이므로
> $x_2 = \sqrt{2g h_2} \cdot \sqrt{\dfrac{2y_2}{g}}$ 이다.
> ∴ $x_1 = x_2$이므로
> $\quad \sqrt{2g h_1} \cdot \sqrt{\dfrac{2y_1}{g}} = \sqrt{2g h_2} \cdot \sqrt{\dfrac{2y_2}{g}}$ (양변을 제곱하면)
> $\quad 2g h_1 \cdot \dfrac{2y_1}{g} = 2g h_2 \cdot \dfrac{2y_2}{g}$
> $\quad$ ∴ $h_1 y_1 = h_2 y_2$

35 길이 100[m], 직경 50[mm], 상대조도 0.01인 원형 수도관 내에 물이 흐르고 있다. 관 내 평균유속이 3[m/s]에서 6[m/s]로 증가하면 압력손실은 몇 배로 되겠는가?(단, 유동은 마찰계수가 일정한 완전난류로 가정한다)

① 1.41배   ② 2배

③ 4배   ④ 8배

> **해설**
> 압력손실
> • Darcy-Weisbach의 식 $h_L = f \dfrac{L}{d} \dfrac{u^2}{2g}$ 에서
> 마찰계수가 일정한 완전난류일 경우
> 손실수두는 유속의 제곱에 비례한다. 즉 $h_L \propto u^2$이다.
> • 압력손실 $\Delta P = \rho g h_L$에서
> $\dfrac{\Delta P_2}{\Delta P_1} = \dfrac{\rho g h_{L2}}{\rho g h_{L1}} \propto \dfrac{u_2^2}{u_1^2} = \dfrac{(6[\text{m/s}])^2}{(3[\text{m/s}])^2} = 4$

36 한 변이 8[cm]인 정육면체를 비중이 1.26인 글리세린에 담그니 절반의 부피가 잠겼다. 이때 정육면체를 수직방향으로 눌러 완전히 잠기게 하는 데 필요한 힘은 약 몇 [N]인가?

① 2.56 ② 3.16
③ 6.53 ④ 12.5

부 력
• 물체의 무게
$$F = \gamma V = s\gamma_w V$$
$$= 1.26 \times 9,800[\text{N/m}^3] \times (0.08 \times 0.08 \times 0.08)[\text{m}^3]$$
$$= 6.32[\text{N}]$$

• 부 력
$$F_B = \gamma V = s\gamma_w \frac{V}{2}$$
$$= 1.26 \times 9,800[\text{N/m}^3] \times \frac{(0.08 \times 0.08 \times 0.08)[\text{m}^3]}{2}$$
$$= 3.16[\text{N}]$$

∴ 수직방향으로 눌러 완전히 잠기게 하는 데 필요한 힘
$$F_H = F - F_B = 6.32[\text{N}] - 3.16[\text{N}] = 3.16[\text{N}]$$

37 그림과 같이 반지름이 0.8[m]이고 폭이 2[m]인 곡면 AB가 수문으로 이용된다. 물에 의한 힘의 수평성분의 크기는 약 몇 [kN]인가?(단, 수문의 폭은 2[m]이다)

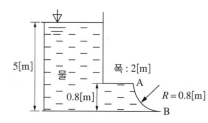

① 72.1 ② 84.7
③ 90.2 ④ 95.4

AB에 작용하는 수평분력
$$F = \gamma \bar{h} A[\text{N}]$$
$$F = 9,800[\text{N/m}^3] \times \left\{ (5 - 0.8)[\text{m}] + \frac{0.8[\text{m}]}{2} \right\} \times (2[\text{m}] \times 0.8[\text{m}])$$
$$= 72,128[\text{N}] = 72.1[\text{kN}]$$

38 펌프 운전 시 발생하는 캐비테이션의 발생을 예방하는 방법이 아닌 것은?

① 펌프의 회전수를 높여 흡입 비속도를 높게 한다.
② 펌프의 설치높이를 될 수 있는 대로 낮춘다.
③ 입형펌프를 사용하고, 회전차를 수중에 완전히 잠기게 한다.
④ 양흡입 펌프를 사용한다.

Impeller 속도(회전수)를 적게 하면 공동현상을 방지할 수 있다.

39 실내의 난방용 방열기(물-공기 열교환기)에는 대부분 방열 핀(Fin)이 달려 있다. 그 주된 이유는?

① 열전달 면적 증가
② 열전달계수 증가
③ 방사율 증가
④ 열저항 증가

난방용 방열기에는 열전달 면적을 증가시키기 위하여 방열 핀(Fin)이 달려 있다.

40 그림에서 물 탱크차가 받는 추력은 약 몇 [N]인가?(단, 노즐의 단면적은 0.03[m²]이며, 탱크 내의 계기압력은 40[kPa]이다. 또한 노즐에서 마찰손실은 무시한다)

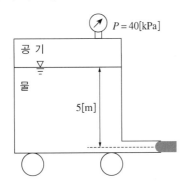

① 812
② 1,490
③ 2,710
④ 5,340

해설

베르누이 방정식

$$\frac{P_1}{\gamma} + \frac{V_1^2}{2g} + z_1 = \frac{P_2}{\gamma} + \frac{V_2^2}{2g} + z_2$$

$$\frac{40 \times 10^3 [\text{N/m}^2]}{9,800 [\text{N/m}^3]} + 0 + 5[\text{m}] = 0 + \frac{V_2^2}{2 \times 9.8 [\text{m/s}^2]} + 0$$

$$9.082 = \frac{V_2^2}{2 \times 9.8}$$

노즐의 출구속도 $V_2 = \sqrt{2 \times 9.8 \times 9.082} = 13.34 [\text{m/s}]$

유량 $Q = AV = 0.03[\text{m}^2] \times 13.34[\text{m/s}] = 0.4[\text{m}^3/\text{s}]$

추력 $F = Q\rho u = 0.4[\text{m}^3/\text{s}] \times 1,000[\text{kg/m}^3] \times 13.34[\text{m/s}]$
$= 5,336 [\text{N}]$

※ 단위환산

$$\left[\frac{\text{m}^3}{\text{s}} \times \frac{\text{kg}}{\text{m}^3} \times \frac{\text{m}}{\text{s}} \right] = \left[\text{kg} \frac{\text{m}}{\text{s}^2} \right] = [\text{N}]$$

제3과목　소방관계법규

41 소방기본법 제1장 총칙에서 정하는 목적의 내용으로 거리가 먼 것은?

① 구조, 구급 활동 등을 통하여 공공의 안녕 및 질서 유지
② 풍수해의 예방, 경계, 진압에 관한 계획, 예산 지원 활동
③ 구조, 구급 활동 등을 통하여 국민의 생명, 신체, 재산 보호
④ 화재, 재난, 재해 그 밖의 위급한 상황에서의 구조, 구급 활동

해설

화재를 예방·경계하거나 진압하고 화재, 재난·재해, 그 밖의 위급한 상황에서의 구조·구급 활동 등을 통하여 국민의 생명·신체 및 재산을 보호함으로써 공공의 안녕 및 질서 유지와 복리증진에 이바지함을 목적으로 한다(법 제1조).

42 화재의 예방 및 안전관리에 관한 법률상 옮긴 물건의 보관기간은 소방본부 또는 소방서의 인터넷 홈페이지에 공고하는 기간의 종료일 다음 날부터 며칠까지로 하는가?

① 3
② 4
③ 5
④ 7

해설

옮긴 물건의 공고 및 보관기간(영 제17조)
• 공고기간 : 14일 동안 소방본부 또는 소방서의 인터넷 홈페이지에 공고
• 보관기간 : 소방본부 또는 소방서의 인터넷 홈페이지에 공고하는 기간의 종료일 다음 날부터 7일까지로 한다.

43 소방시설 설치 및 관리에 관한 법률상 소방시설 등의 점검결과 보고를 마친 후 점검기록표를 기록하지 않거나 특정소방대상물의 출입자가 쉽게 볼 수 있는 장소에 게시하지 않은 관계인에 대한 벌칙은?

① 100만원 이하의 벌금

② 200만원 이하의 벌금

③ 300만원 이하의 벌금

④ 500만원 이하의 벌금

해설
점검기록표를 기록하지 않거나 특정소방대상물에 출입자가 쉽게 볼 수 있는 장소에 게시하지 않은 관계인의 대한 벌칙 : 300만원 이하의 과태료

44 위험물안전관리법령상 제4류 위험물 중 경유의 지정수량은 몇 [L]인가?

① 500

② 1,000

③ 1,500

④ 2,000

해설
경유(제4류 위험물 제2석유류, 비수용성) : 1,000[L]

45 화재의 예방 및 안전관리에 관한 법률상 소방청장, 소방본부장 또는 소방서장이 화재안전조사를 실시하려는 경우 사전에 조사대상, 조사기간 및 조사사유 등 조사계획을 소방본부의 인터넷 홈페이지에 며칠 이상 공개해야 하는가?

① 7

② 10

③ 12

④ 14

해설
소방관서장(소방청장, 소방본부장 또는 소방서장)은 화재안전조사를 실시하려는 경우 사전에 소방청, 소방본부, 소방서의 인터넷 홈페이지나 전산시스템을 통해 7일 이상 공개해야 한다(영 제8조).

46 소방시설공사업법령상 소방시설공사업자가 소속 소방기술자를 공사 현장에 배치하지 않았을 경우의 과태료 기준은?

① 100만원 이하

② 200만원 이하

③ 300만원 이하

④ 400만원 이하

해설
소방기술자를 공사 현장에 배치하지 않은 자 : 200만원 이하의 과태료

47 화재의 예방 및 안전관리에 관한 법률상 천재지변 및 그 밖에 대통령령으로 정하는 사유로 화재안전조사를 받기 곤란하여 화재안전조사의 연기를 신청하려는 자는 화재안전조사 시작 최대 며칠 전까지 연기신청서 및 증명서류를 제출해야 하는가?

① 3

② 5

③ 7

④ 10

해설
화재안전조사의 연기를 신청하려는 자는 화재안전조사 시작 3일 전까지 화재안전조사 연기신청서(전자문서로 된 신청서를 포함)에 화재안전조사를 받기가 곤란함을 증명할 수 있는 서류(전자문서로 된 서류를 포함)를 첨부하여 소방청장, 소방본부장 또는 소방서장(이하 "소방관서장"이라 한다)에게 제출해야 한다(규칙 제4조).

48 화재의 예방 및 안전관리에 관한 법률상 1급 소방안전관리대상물의 소방안전관리자 선임대상 기준 중 ( ) 안에 알맞은 내용은?

> 1급 소방안전관리자 자격증을 발급받은 사람으로서 소방공무원으로 ( ) 근무한 경력이 있는 사람

① 10년 이상   ② 7년 이상
③ 5년 이상   ④ 3년 이상

해설
1급 소방안전관리대상물의 소방안전관리자 선임자격(영 별표 4)
1급 소방안전관리자 자격증을 발급받은 사람으로서 소방공무원으로 7년 이상 근무한 경력이 있는 사람

49 위험물안전관리법령상 제조소 등에 설치해야 할 자동화재탐지설비의 설치기준 중 ( ) 안에 알맞은 내용은?(단, 광전식 분리형 감지기 설치는 제외한다)

> 하나의 경계구역의 면적은 (㉠)[m²] 이하로 하고 그 한 변의 길이는 (㉡)[m] 이하로 할 것. 다만, 해당 건축물 그 밖의 공작물의 주요한 출입구에서 그 내부의 전체를 볼 수 있는 경우에 있어서는 그 면적의 1,000[m²] 이하로 할 수 있다.

① ㉠ 300, ㉡ 20   ② ㉠ 400, ㉡ 30
③ ㉠ 500, ㉡ 40   ④ ㉠ 600, ㉡ 50

해설
자동화재탐지설비의 설치기준
하나의 경계구역의 면적은 600[m²] 이하로 하고 그 한 변의 길이는 50[m](광전식 분리형 감지기를 설치할 경우에는 100[m]) 이하로 할 것. 다만, 건축물 그 밖의 공작물의 주요한 출입구에서 그 내부 전체를 볼 수 있는 경우에 있어서는 그 면적의 1,000[m²] 이하로 할 수 있다.

50 화재의 예방 및 안전관리에 관한 법률상 특정소방대상물의 관계인은 소방안전관리자를 기준일로부터 30일 이내에 선임해야 한다. 다음 중 기준일로 틀린 것은?

① 소방안전관리자를 해임한 경우 : 소방안전관리자를 해임한 날
② 특정소방대상물을 양수하여 관계인의 권리를 취득한 경우 : 해당 권리를 취득한 날
③ 신축으로 해당 특정소방대상물의 소방안전관리자를 신규로 선임해야 하는 경우 : 해당 특정소방대상물의 사용승인일
④ 증축으로 인하여 특정소방대상물이 소방안전관리대상물로 된 경우 : 증축공사의 개시일

해설
소방안전관리자의 선임신고 등(규칙 제14조)

구 분	선임기준
신축·증축·개축·재축·대수선 또는 용도변경으로 해당 특정소방대상물의 소방안전관리자를 신규로 선임해야 하는 경우	특정소방대상물의 사용승인일
증축 또는 용도변경으로 인하여 특정소방대상물이 영 제25조 제1항에 따른 소방안전관리대상물로 된 경우 또는 등급이 변경된 경우	증축공사의 사용승인일 또는 용도변경 사실을 건축물관리대장에 기재한 날
양수, 경매, 환가, 압류재산의 매각 그 밖에 이에 준하는 절차에 의하여 관계인의 권리를 취득한 경우	해당 권리를 취득한 날 또는 관할 소방서장으로부터 소방안전관리자 선임 안내를 받은 날
관리의 권원이 분리된 특정소방대상물의 경우	관리의 권원이 분리되거나 소방본부장 또는 소방서장이 관리의 권원을 조정한 날
소방안전관리자의 해임, 퇴직 등으로 해당 소방안전관리자의 업무가 종료된 경우	소방안전관리자가 해임된 날, 퇴직한 날 등 근무를 종료한 날
소방안전관리업무를 대행하는 자를 감독할 수 있는 사람을 소방안전관리자로 선임한 경우로서 그 업무 대행 계약이 해지 또는 종료된 경우	소방안전관리업무 대행이 끝난 날

51 위험물안전관리법령상 정기점검의 대상인 제조소 등의 기준으로 틀린 것은?

① 지하탱크저장소

② 이동탱크저장소

③ 지정수량의 10배 이상의 위험물을 취급하는 제조소

④ 지정수량의 20배 이상의 위험물을 저장하는 옥외탱크저장소

해설

정기점검의 대상인 제조소 등(영 제16조)

• 예방규정 대상에 해당하는 제조소 등

• 지하탱크저장소

• 이동탱크저장소

• 위험물을 취급하는 탱크로서 지하에 매설된 탱크가 있는 제조소 · 주유취급소 또는 일반취급소

※ 예방규정 대상 제조소 등 : 지정수량의 200배 이상의 위험물을 저장하는 옥외탱크저장소

52 소방시설 설치 및 관리에 관한 법률상 특정소방대상물의 관계인이 특정소방대상물의 규모 · 용도 및 수용인원 등을 고려하여 갖추어야 하는 소방시설의 종류에 대한 기준 중 다음 ( ) 안에 알맞은 것은?

화재안전기준에 따라 소화기구를 설치해야 하는 특정소방대상물은 연면적 (㉠)[m^2] 이상인 것. 다만, 노유자시설의 경우에는 투척용 소화용구 등을 화재안전기준에 따라 산정된 소화기 수량의 (㉡) 이상으로 설치할 수 있다.

① ㉠ 33, ㉡ $\frac{1}{2}$ ② ㉠ 33, ㉡ $\frac{1}{5}$

③ ㉠ 50, ㉡ $\frac{1}{2}$ ④ ㉠ 50, ㉡ $\frac{1}{5}$

해설

소화기구의 설치기준(영 별표 4)

연면적 33[m^2] 이상인 것. 다만, 노유자시설의 경우에는 투척용 소화용구 등을 화재안전기준에 따라 산정된 소화기 수량의 1/2 이상으로 설치할 수 있다.

53 소방시설 설치 및 관리에 관한 법률상 용어의 정의 중 ( ) 안에 알맞은 것은?

특정소방대상물이란 건축물의 규모 · 용도 및 수용인원 등을 고려하여 소방시설을 설치해야 하는 소방대상물로서 ( )으로 정하는 것을 말한다.

① 대통령령   ② 국토교통부령

③ 행정안전부령   ④ 고용노동부령

해설

특정소방대상물(법 제2조) : 건축물의 규모 · 용도 및 수용인원 등을 고려하여 소방시설을 설치해야 하는 소방대상물로서 대통령령으로 정하는 것

54 소방시설 설치 및 관리에 관한 법률상 분말형태의 소화약제를 사용하는 소화기의 내용연수로 옳은 것은?(단, 소방용품의 성능을 확인받아 그 사용기한을 연장하는 경우는 제외한다)

① 3년   ② 5년

③ 7년   ④ 10년

해설

소화기의 내용연수 : 10년

55 소방시설공사업법령상 전문 소방시설공사업의 등록기준 및 영업범위의 기준에 대한 설명으로 틀린 것은?

① 법인인 경우 자본금은 최소 1억원 이상이다.

② 개인인 경우 자산평가액은 최소 1억원 이상이다.

③ 주된 기술인력 최소 1명 이상, 보조기술인력 최소 3명 이상을 둔다.

④ 영업범위는 특정소방대상물에 설치되는 기계분야 및 전기분야 소방시설의 공사·개설·이전 및 정비이다.

해설

전문 소방시설공사업의 등록기준 및 영업범위의 기준(영 별표 1)

구 분		기 준
자본금	법 인	1억원 이상
	개 인	자산평가액 1억원 이상
기술 인력	주된 기술인력	• 소방기술사 또는 기계분야와 전기분야의 소방설비기사 각 1명 이상 • 각 1명(기계분야 및 전기분야의 자격을 함께 취득한 사람 1명) 이상
	보조 기술인력	2명 이상
영업범위		특정소방대상물에 설치되는 기계분야 및 전기분야 소방시설의 공사·개설·이전 및 정비

56 다음 밑줄 친 위험물안전관리법령의 자체소방대 기준에 대한 설명으로 틀린 것은?

> 다량의 위험물을 저장·취급하는 제조소 등으로서 <u>대통령령이 정하는 제조소 등</u>이 있는 동일한 사업소에서 <u>대통령령이 정하는 수량 이상의 위험물</u>을 저장 또는 취급하는 경우 해당 사업소의 관계인은 대통령령이 정하는 바에 따라 해당 사업소에 자체소방대를 설치해야 한다.

① "대통령령이 정하는 제조소 등"은 제4류 위험물을 취급하는 제조소를 포함한다.

② "대통령령이 정하는 제조소 등"은 제4류 위험물을 취급하는 일반취급소를 포함한다.

③ "대통령령이 정하는 수량 이상의 위험물"은 제4류 위험물의 최대수량의 합이 지정수량의 3,000배 이상인 것을 포함한다.

④ "대통령령이 정하는 제조소 등"은 보일러로 위험물을 소비하는 일반취급소를 포함한다.

해설

자체소방대를 설치해야 하는 사업소(영 제18조)

대통령령이 정하는 제조소 등	대통령령이 정하는 수량 이상의 위험물
제4류 위험물을 취급하는 제조소 또는 일반취급소. 다만, 보일러로 위험물을 소비하는 일반취급소 등 행정안전부령으로 정하는 일반취급소는 제외한다.	제조소 또는 일반취급소에서 취급하는 제4류 위험물의 최대수량의 합이 지정수량의 3,000배 이상
제4류 위험물을 저장하는 옥외탱크저장소	옥외탱크저장소에 저장하는 제4류 위험물의 최대수량이 지정수량의 50만배 이상

57 소방기본법령상 소방본부 종합상황실의 실장이 서면·팩스 또는 컴퓨터통신 등으로 소방청의 종합상황실에 보고해야 하는 화재의 기준이 아닌 것은?

① 이재민이 100인 이상 발생한 화재

② 재산피해액이 50억원 이상 발생한 화재

③ 사망자가 3인 이상 발생하거나 사상자가 5인 이상 발생한 화재

④ 층수가 5층 이상이거나 병상이 30개 이상인 종합병원에서 발생한 화재

해설

사망자가 5인 이상 발생하거나 사상자가 10인 이상 발생한 화재는 종합상황실에 보고기준이다(규칙 제3조).

58 화재의 예방 및 안전관리에 관한 법률상 특수가연물의 수량 기준으로 옳은 것은?

① 면화류 : 200[kg] 이상

② 가연성 고체류 : 500[kg] 이상

③ 나무껍질 및 대팻밥 : 300[kg] 이상

④ 넝마 및 종이부스러기 : 400[kg] 이상

해설

특수가연물(영 별표 2)

품 명	수 량
면화류	200[kg] 이상
가연성 고체류	3,000[kg] 이상
나무껍질 및 대팻밥	400[kg] 이상
넝마 및 종이부스러기	1,000[kg] 이상

59 위험물안전관리법령상 위험물을 취급함에 있어서 정전기가 발생할 우려가 있는 설비에 설치할 수 있는 정전기 제거설비 방법이 아닌 것은?

① 접지에 의한 방법

② 공기를 이온화하는 방법

③ 자동적으로 압력의 상승을 정지시키는 방법

④ 공기 중의 상대습도를 70[%] 이상으로 하는 방법

해설

정전기 방지법

• 접지에 의한 방법

• 공기를 이온화하는 방법

• 공기 중의 상대습도를 70[%] 이상으로 하는 방법

60 소방기본법령상 소방활동장비와 설비의 구입 및 설치 시 국고보조의 대상이 아닌 것은?

① 소방자동차

② 사무용 집기

③ 소방헬리콥터 및 소방정

④ 소방전용통신설비 및 전산설비

해설

사무용 집기는 국고보조 대상이 아니다(영 제2조).

61 특별피난계단의 계단실 및 부속실 제연설비의 화재안전기술기준상 수직풍도에 따른 배출기준 중 각층의 옥내와 면하는 수직풍도의 관통부에 설치해야 하는 배출댐퍼 설치기준으로 틀린 것은?

① 화재 층에 설치된 화재감지기의 동작에 따라 해당 층의 댐퍼가 개방될 것

② 풍도의 배출댐퍼는 이·탈착식 구조가 되지 않도록 설치할 것

③ 개폐여부를 해당 장치 및 제어반에서 확인할 수 있는 감지기능을 내장하고 있을 것

④ 배출댐퍼는 두께 1.5[mm] 이상의 강판 또는 이와 동등 이상의 성능이 있는 것으로 설치해야 하며 비 내식성 재료의 경우에는 부식방지 조치를 할 것

해설

각 층의 옥내와 면하는 수직풍도의 관통부에 설치해야 하는 배출댐퍼 설치기준

• 배출댐퍼는 두께 1.5[mm] 이상의 강판 또는 이와 동등 이상의 성능이 있는 것으로 설치해야 하며 비내식성 재료의 경우에는 부식방지 조치를 할 것

• 풍도의 내부마감 상태에 대한 점검 및 댐퍼의 정비가 가능한 이·탈착식 구조로 할 것

• 개폐여부를 해당 장치 및 제어반에서 확인할 수 있는 감지기능을 내장하고 있을 것

• 화재 층에 설치된 화재감지기의 동작에 따라 해당 층의 댐퍼가 개방될 것

62 포소화설비의 화재안전기술기준에 따라 포소화설비 송수구의 설치기준에 대한 설명으로 옳은 것은?

① 구경 65[mm]의 쌍구형으로 할 것

② 지면으로부터 높이가 0.5[m] 이상 1.5[m] 이하의 위치에 설치할 것

③ 하나의 층의 바닥면적이 2,000[m²]를 넘을 때마다 1개 이상을 설치할 것

④ 송수구의 부근에는 자동배수밸브(또는 직경 3[mm]의 배수공) 및 안전밸브를 설치할 것

해설

포소화설비 송수구의 설치기준

• 구경 65[mm]의 쌍구형으로 할 것

• 지면으로부터 높이가 0.5[m] 이상 1[m] 이하의 위치에 설치할 것

• 하나의 층의 바닥면적이 3,000[m²]를 넘을 때마다 1개 이상을 설치할 것

• 송수구의 부근에는 자동배수밸브(또는 직경 5[mm]의 배수공) 및 체크밸브를 설치할 것

63 스프링클러설비 본체 내의 유수현상을 자동적으로 검지하여 신호 또는 경보를 발하는 장치는?

① 수압개폐장치

② 물올림장치

③ 일제개방밸브장치

④ 유수검지장치

해설

유수검지장치 : 습식 유수검지장치(패들형을 포함), 건식 유수검지장치, 준비작동식 유수검지장치를 말하며 본체 내의 유수현상을 자동적으로 검지하여 신호 또는 경보를 발하는 장치

64 옥내소화전설비의 화재안전기술기준에 따라 옥내소화전설비의 표시등 설치기준으로 옳은 것은?

① 가압송수장치의 기동을 표시하는 표시등은 옥내소화전함의 상부 또는 그 직근에 설치한다.

② 가압송수장치의 기동을 표시하는 표시등은 녹색등으로 한다.

③ 자체소방대를 구성하여 운영하는 경우 가압송수장치의 기동표시등을 반드시 설치해야 한다.

④ 옥내소화전설비의 위치를 표시하는 표시등은 함의 하부에 설치하되, 표시등의 성능인증 및 제품검사의 기술기준에 적합한 것으로 한다.

옥내소화전설비의 표시등 설치기준
• 옥내소화전설비의 위치를 표시하는 표시등은 함의 상부에 설치하되, 소방청장이 고시하는 표시등의 성능인증 및 제품검사의 기술기준에 적합한 것으로 할 것
• 가압송수장치의 기동을 표시하는 표시등은 옥내소화전함의 상부 또는 그 직근에 설치하되 적색등으로 할 것. 다만, 자체소방대를 구성하여 운영하는 경우 가압송수장치의 기동표시등을 설치하지 않을 수 있다.

65 소화기구 및 자동소화장치의 화재안전기술기준상 건축물의 주요구조부가 내화구조이고, 벽 및 반자의 실내에 면하는 부분이 불연재료로 된 바닥면적이 600[m²]인 노유자시설에 필요한 소화기구의 능력단위는 최소 얼마 이상으로 해야 하는가?

① 2단위   ② 3단위
③ 4단위   ④ 6단위

능력단위 : 노유자시설은 해당 용도의 바닥면적 100[m²]마다 능력단위 1단위 이상(주요구조부가 내화구조이고, 벽 및 반자의 실내에 면하는 부분이 불연재료·준불연재료로 된 경우에는 기준면적의 2배로 한다)으로 해야 하므로

$$\therefore \text{능력단위} = \frac{\text{바닥면적}}{\text{기준면적} \times 2} = \frac{600[m^2]}{100[m^2] \times 2} = 3\text{단위}$$

66 분말소화설비의 화재안전기술기준에 따라 분말소화설비의 자동식 기동장치의 설치기준으로 틀린 것은?(단, 자동식 기동장치는 자동화재탐지설비의 감지기의 작동과 연동하는 것이다)

① 기동용 가스용기의 충전비는 1.5 이상으로 할 것

② 자동식 기동장치에는 수동으로도 기동할 수 있는 구조로 할 것

③ 전기식 기동장치로서 3병 이상의 저장용기를 동시에 개방하는 설비는 2병 이상의 저장용기에 전자개방밸브를 부착할 것

④ 기동용 가스용기에는 내압시험압력의 0.8배 내지 내압시험압력 이하에서 작동하는 안전장치를 설치할 것

전기식 기동장치로서 7병 이상의 저장용기를 동시에 개방하는 설비는 2병 이상의 저장용기에 전자개방밸브를 부착할 것

67 상수도소화용수설비의 화재안전기술기준에 따른 설치기준 중 다음 ( ) 안에 알맞은 것은?

> 호칭지름 (㉠)[mm] 이상의 수도배관에 호칭지름 (㉡)[mm] 이상의 소화전을 접속해야 하며, 소화전은 특정소방대상물의 수평투영면의 각 부분으로부터 (㉢)[m] 이하가 되도록 설치할 것

① ㉠ 65, ㉡ 80, ㉢ 120
② ㉠ 65, ㉡ 100, ㉢ 140
③ ㉠ 75, ㉡ 80, ㉢ 120
④ ㉠ 75, ㉡ 100, ㉢ 140

상수도소화용수설비의 설치기준
• 호칭지름 75[mm] 이상의 수도배관에 호칭지름 100[mm] 이상의 소화전을 접속할 것
• 소화전은 소방자동차 등의 진입이 쉬운 도로변 또는 공지에 설치할 것
• 소화전은 특정소방대상물의 수평투영면의 각 부분으로부터 140[m] 이하가 되도록 설치할 것
• 지상식 소화전의 호스접결구는 지면으로부터 높이가 0.5[m] 이상 1[m] 이하가 되도록 설치할 것

68 스프링클러설비의 화재안전기술기준에 따라 스프링클러헤드를 설치하지 않을 수 있는 장소로만 나열된 것은?

① 계단실, 관람석을 포함한 수영장, 목욕실, 냉동창고의 냉동실

② 발전실, 병원의 수술실 · 응급처치실, 통신기기실, 관람석이 없는 실내 테니스장(실내 바닥 · 벽 등이 불연재료)

③ 냉동창고의 냉동실, 변전실, 병실, 목욕실, 수영장 관람석

④ 병원의 수술실, 관람석이 있는 실내 테니스장(실내 바닥 · 벽 등이 불연재료), 변전실, 발전실

해설
스프링클러헤드의 설치 제외 장소 : 계단실, 목욕실, 수영장(관람석 부분 제외), 발전실, 병원의 수술실, 응급처치실, 통신기기실, 펌프실, 물탱크실, 가연물이 존재하지 않는 방풍실, 실내 바닥 · 벽 등이 불연재료로 구성되어 있고 가연물이 존재하지 않는 장소로서 관람석이 없는 운동시설

69 포소화설비의 화재안전기술기준에서 포소화설비에 소방용 합성수지배관을 설치할 수 있는 경우로 틀린 것은?

① 배관을 지하에 매설하는 경우

② 다른 부분과 내화구조로 구획된 덕트 또는 피트의 내부에 설치하는 경우

③ 동결방지조치를 하거나 동결의 우려가 없는 경우

④ 천장과 반자를 불연재료 또는 준불연재료로 설치하고 소화배관 내부에 항상 소화수가 채워진 상태로 설치하는 경우

해설
소방용 합성수지배관을 설치할 수 있는 경우
• 배관을 지하에 매설하는 경우
• 다른 부분과 내화구조로 구획된 덕트 또는 피트의 내부에 설치하는 경우
• 천장(상층이 있는 경우에는 상층 바닥의 하단을 포함한다)과 반자를 불연재료 또는 준불연재료로 설치하고 소화배관 내부에 항상 소화수가 채워진 상태로 설치하는 경우

70 다음 중 피난기구의 화재안전기술기준에 따라 피난기구를 설치하지 않아도 되는 특정소방대상물로 틀린 것은?

① 발코니 등을 통하여 인접세대로 피난할 수 있는 아파트

② 주요구조부가 내화구조로서 거실의 각 부분으로 직접 복도로 피난할 수 있는 학교(강의실 용도로 사용되는 층에 한함)

③ 무인공장 또는 자동창고로서 사람의 출입이 금지된 장소

④ 문화 및 집회시설, 운동시설 · 판매시설 및 영업시설 또는 노유자시설의 용도로 사용되는 층으로서 그 층의 바닥면적이 1,000[m²] 이상인 것

해설
주요구조부가 내화구조이고 지하층을 제외한 층수가 4층 이하이며 소방사다리차가 쉽게 통행할 수 있는 도로 또는 공지에 면하는 부분에 영 기준에 적합한 개구부가 2 이상 설치되어 있는 층(문화 및 집회시설, 운동시설 · 판매시설 및 영업시설 또는 노유자시설의 용도로 사용되는 층으로서 그 층의 바닥면적이 1,000[m²] 이상인 것을 제외한다)은 피난기구를 설치 제외 대상이다.

71 지하구의 화재안전기술기준에 따라 연소방지설비 헤드의 설치기준으로 옳은 것은?

① 헤드 간의 수평거리는 연소방지설비 전용헤드의 경우에는 1.5[m] 이하로 할 것

② 헤드 간의 수평거리는 개방형 스프링클러헤드의 경우에는 2[m] 이하로 할 것

③ 천장 또는 벽면에 설치할 것

④ 한쪽 방향의 살수구역의 길이는 2[m] 이상으로 할 것

> **해설**
> **연소방지설비 헤드의 설치기준**
> • 헤드 간의 수평거리는 연소방지설비 전용헤드의 경우에는 2[m] 이하, 개방형 스프링클러헤드의 경우에는 1.5[m] 이하로 할 것
> • 천장 또는 벽면에 설치할 것
> • 소방대원의 출입이 가능한 환기구 · 작업구마다 지하구의 양쪽 방향으로 살수헤드를 설정하되, 한쪽 방향의 살수구역의 길이는 3[m] 이상으로 할 것. 다만, 환기구 사이의 간격이 700[m]를 초과할 경우에는 700[m] 이내마다 살수구역을 설정하되, 지하구의 구조를 고려하여 방화벽을 설치한 경우에는 그렇지 않다.

72 소화기구 및 자동소화장치의 화재안전기술기준상 소화기구의 소화약제별 적응성 중 C급 화재에 적응성이 없는 소화약제는?

① 마른모래

② 할로겐화합물 및 불활성기체소화약제

③ 이산화탄소소화약제

④ 탄산수소염류소화약제

> **해설**
> **C급 화재에 적응성이 있는 약제** : 이산화탄소, 할론, 할로겐화합물 및 불활성기체, 분말(인산염류, 탄산수소염류)

73 이산화탄소소화설비 및 할론소화설비의 국소방출 방식에 대한 설명으로 옳은 것은?

① 소화약제 공급장치에 배관 및 분사헤드 등을 설치하여 직접 화점에 소화약제를 방출하는 방식이다.

② 고정된 분사헤드에서 밀폐 방호구역 공간 전체로 소화약제를 방출하는 방식이다.

③ 호스 선단(끝부분)에 부착된 노즐을 이동하여 방호대상물에 직접 소화약제를 방출하는 방식이다.

④ 소화약제 용기 노즐 등을 운반기구에 적재하고 방호대상물에 직접 소화약제를 방출하는 방식이다.

> **해설**
> **국소방출방식** : 소화약제 공급장치에 배관 및 분사헤드 등을 설치하여 직접 화점에 소화약제를 방출하는 설비로 화재발생 부분에만 집중적으로 소화약제를 방출하도록 설치하는 방식

74 특고압의 전기시설을 보호하기 위한 소화설비로 물분무소화설비를 사용한다. 그 주된 이유로 옳은 것은?

① 물분무설비는 다른 물 소화설비에 비해서 신속한 소화를 보여주기 때문이다.

② 물분무설비는 다른 물 소화설비에 비해서 물의 소모량이 적기 때문이다.

③ 분무상태의 물은 전기적으로 비전도성이기 때문이다.

④ 물분무입자 역시 물이므로 전기전도성이 있으나 전기 시설물을 젖게 하지 않기 때문이다.

> **해설**
> 분무상태의 물은 전기적으로 비전도성이기 때문에 전기시설에 적합하다.

75 물분무소화설비의 화재안전기술기준에 따라 물무소화설비를 설치하는 차고 또는 주차장의 배수설비 설치기준으로 틀린 것은?

① 차량이 주차하는 바닥은 배수구를 향해 1/100 이상의 기울기를 유지할 것

② 배수구에서 새어나온 기름을 모아 소화할 수 있도록 길이 40[m] 이하마다 집수관·소화피트 등 기름분리장치를 설치할 것

③ 차량이 주차하는 장소의 적당한 곳에 높이 10[cm] 이상의 경계턱으로 배수구를 설치할 것

④ 배수설비는 가압송수장치의 최대송수능력의 수량을 유효하게 배수할 수 있는 크기 및 기울기로 할 것

해설

차량이 주차하는 바닥은 배수구를 향하여 100분의 2 이상의 기울기를 유지할 것

해설

연결송수관설비의 방수구 설치 제외 대상
• 아파트의 1층 및 2층
• 소방차의 접근이 가능하고 소방대원이 소방차로부터 각 부분에 쉽게 도달할 수 있는 피난층
• 송수구가 부설된 옥내소화전을 설치한 특정소방대상물(집회장·관람장·백화점·도매시장·소매시장·판매시설·공장·창고시설 또는 지하가를 제외한다)로서 다음의 어느 하나에 해당하는 층
 – 지하층을 제외한 층수가 4층 이하이고 연면적이 6,000[m²] 미만인 특정소방대상물의 지상층
 – 지하층의 층수가 2 이하인 특정소방대상물의 지하층

76 연결송수관설비의 화재안전기술기준에 따라 송수구가 부설된 옥내소화전을 설치한 특정소방대상물로서 연결송수관설비의 방수구를 설치하지 않을 수 있는 층의 기준 중 다음 ( ) 안에 알맞은 것은? (단, 집회장·관람장·백화점·도매시장·소매시장·판매시설·공장·창고시설 또는 지하가를 제외한다)

• 지하층을 제외한 층수가 (㉠)층 이하이고 연면적이 (㉡)[m²] 미만인 특정소방대상물의 지상층
• 지하층의 층수가 (㉢) 이하인 특정소방대상물의 지하층

① ㉠ 3, ㉡ 5,000, ㉢ 3

② ㉠ 4, ㉡ 6,000, ㉢ 2

③ ㉠ 5, ㉡ 3,000, ㉢ 3

④ ㉠ 6, ㉡ 4,000, ㉢ 2

77 스프링클러설비의 화재안전기술기준에 따라 폐쇄형 스프링클러헤드를 최고주위온도 40[℃]인 장소(공장 제외)에 설치할 경우 표시온도는 몇 [℃]의 것을 설치해야 하는가?

① 79[℃] 미만

② 79[℃] 이상 121[℃] 미만

③ 121[℃] 이상 162[℃] 미만

④ 162[℃] 이상

해설

폐쇄형 스프링클러헤드 최고주위온도에 따른 표시온도

설치장소의 최고주위온도	표시온도
39[℃] 미만	79[℃] 미만
39[℃] 이상 64[℃] 미만	79[℃] 이상 121[℃] 미만
64[℃] 이상 106[℃] 미만	121[℃] 이상 162[℃] 미만
106[℃] 이상	162[℃] 이상

78 할론소화설비의 화재안전기술기준상 할론 1211을 국소방출방식으로 방사할 때 분사헤드의 방출압력 기준은 몇 [MPa] 이상인가?

① 0.1   ② 0.2

③ 0.9   ④ 1.05

해설

분사헤드의 방출압력

종 류	할론 2402	할론 1211	할론 1301
방출압력	0.1[MPa] 이상	0.2[MPa] 이상	0.9[MPa] 이상

79 물분무소화설비의 화재안전기술기준상 물분무헤드를 설치하지 않을 수 있는 장소의 기준 중 다음 ( ) 안에 알맞은 것은?

> 운전 시에 표면의 온도가 ( )[℃] 이상으로 되는 등 직접 분무를 하는 경우 그 부분에 손상을 입힐 우려가 있는 기계장치 등이 있는 장소

① 160   ② 200

③ 260   ④ 300

해설

물분무헤드 설치 제외 장소

- 물에 심하게 반응하는 물질 또는 물과 반응하여 위험한 물질을 생성하는 물질을 저장 또는 취급하는 장소
- 고온의 물질 및 증류범위가 넓어 끓어 넘치는 위험이 있는 물질을 저장 또는 취급하는 장소
- 운전 시에 표면의 온도가 260[℃] 이상으로 되는 등 직접 분무를 하는 경우 그 부분에 손상을 입힐 우려가 있는 기계장치 등이 있는 장소

80 인명구조기구의 화재안전기술기준에 따라 특정소방대상물의 용도 및 장소별로 설치해야 할 인명구조기구의 기준으로 틀린 것은?

① 지하가 중 지하상가는 인공소생기를 층마다 2개 이상 비치할 것

② 판매시설 중 대규모 점포는 공기호흡기를 층마다 2개 이상 비치할 것

③ 지하층을 포함하는 층수가 7층 이상인 관광호텔은 방열복(또는 방화복), 공기호흡기, 인공소생기를 각 2개 이상 비치할 것

④ 물분무 등 소화설비 중 이산화탄소소화설비를 설치해야 하는 특정소방대상물은 공기호흡기를 이산화탄소소화설비가 설치된 장소의 출입구 외부 인근에 1개 이상 비치할 것

해설

지하가 중 지하상가는 공기호흡기를 층마다 2개 이상 비치할 것. 다만, 각 층마다 갖추어 두어야 할 공기호흡기 중 일부를 직원이 상주하는 인근 사무실에 갖추어 둘 수 있다.

제1과목 소방원론

01 동식물유류에서 "아이오딘값이 크다"라는 의미와 가장 가까운 것은 무엇인가?

① 불포화도가 높다.
② 불건성유이다.
③ 자연발화성이 낮다.
④ 산소와 결합이 어렵다.

해설

아이오딘값이 크면
• 불포화도가 높다.
• 건성유이다.
• 자연발화성이 높다.
• 산소와 결합이 쉽다.

02 화재에 관련된 국제적인 규정을 제정하는 단체는?

① IMO(International Maritime Organization)
② SFPE(Society Fire Protection Engineers)
③ NFPA(Nation Fire Protection Association)
④ ISO(International Organization for Standardization)TC 92

해설

ISO(International Organization for Standardization)TC 92 : 산업 전반과 서비스에 관한 국제표준 제정 및 상품·서비스의 국가 간 교류를 원활하게 하고, 지식·과학기술의 글로벌 협력 발전을 도모하여 국제 표준화 및 관련 활동 증진을 목적으로 화재에 관련된 국제적인 규정을 제정하는 단체로서 1947년도에 설립된 비정부조직이다.

03 위험물의 유별에 따른 분류가 잘못된 것은?

① 제1류 위험물 : 산화성 고체
② 제3류 위험물 : 자연발화성 및 금수성 물질
③ 제4류 위험물 : 인화성 액체
④ 제6류 위험물 : 가연성 액체

해설

위험물의 분류

유 별	성 질
제1류 위험물	산화성 고체
제2류 위험물	가연성 고체
제3류 위험물	자연발화성 및 금수성 물질
제4류 위험물	인화성 액체
제5류 위험물	자기반응성 물질
제6류 위험물	산화성 액체

04 상온·상압의 공기 중에서 탄화수소류의 가연물을 소화하기 위한 이산화탄소 소화약제의 농도는 약 몇 [%]인가?(단, 탄화수소류는 산소 농도가 10[%]일 때 소화된다고 가정한다)

① 28.57
② 35.48
③ 49.56
④ 52.38

해설

이산화탄소의 농도
$$= \frac{21 - O_2}{21} \times 100[\%]$$
$$= \frac{21 - 10}{21} \times 100[\%]$$
$$= 52.38[\%]$$

05 제연설비의 화재안전기술기준상 예상제연구역에 공기가 유입되는 순간의 풍속은 몇 [m/s] 이하가 되도록 해야 하는가?

① 2   ② 3

③ 4   ④ 5

해설
예상제연구역에 공기가 유입되는 순간의 풍속 : 5[m/s] 이하

06 상온에서 무색의 기체로서 암모니아와 유사한 냄새를 가지는 물질은?

① 에틸벤젠
② 에틸아민
③ 산화프로필렌
④ 사이클로프로페인

해설
에틸아민 : 상온에서 무색의 기체로서 암모니아와 유사한 냄새를 가지는 물질

07 소화약제의 형식승인 및 제품검사의 기술기준상 강화액 소화약제의 응고점은 몇 [℃] 이하이어야 하는가?

① 0
② −20
③ −25
④ −30

해설
강화액 소화약제의 응고점 : −20[℃] 이하

08 소화원리에 대한 설명으로 틀린 것은?

① 억제소화 : 불활성기체를 방출하여 연소범위 이하로 낮추어 소화하는 방법
② 냉각소화 : 물의 증발잠열을 이용하여 가연물의 온도를 낮추는 소화방법
③ 제거소화 : 가연성 가스의 분출화재 시 연료공급을 차단시키는 소화방법
④ 질식소화 : 포소화약제 또는 불연성기체를 이용해서 공기 중의 산소공급을 차단하여 소화하는 방법

해설
소화방법
• 냉각소화 : 화재 현장에서 물의 증발잠열을 이용하여 열을 빼앗아 온도를 낮추어 소화하는 방법
• 질식소화 : 공기 중의 산소의 농도를 21[%]에서 15[%] 이하로 낮추어 소화하는 방법
• 제거소화 : 화재 현장에서 가연물을 없애주어 소화하는 방법
• 억제소화(부촉매효과) : 연쇄반응을 차단하여 소화하는 방법

09 단백포소화약제의 특징이 아닌 것은?

① 내열성이 우수하다.
② 유류에 대한 유동성이 나쁘다.
③ 유류를 오염시킬 수 있다.
④ 변질의 우려가 없어 저장 유효기간의 제한이 없다.

해설
단백포는 변질의 우려가 있어 장기간 보관이 어려워 주기적으로 교체가 필요하다.

10 고층건축물 내의 연기 거동 중 굴뚝효과에 영향을 미치는 요소가 아닌 것은?

① 건물 내·외의 온도차
② 화재실의 온도
③ 건물의 높이
④ 층의 면적

해설
굴뚝효과에 영향을 미치는 요소
• 건물 내·외의 온도차
• 화재실의 온도
• 건물의 높이

11 전기불꽃, 아크 등이 발생하는 부분을 기름 속에 넣어 폭발을 방지하는 방폭구조는?

① 내압방폭구조
② 유입방폭구조
③ 안전증방폭구조
④ 특수방폭구조

해설
유입방폭구조 : 전기불꽃, 아크 등이 발생하는 부분을 기름 속에 넣어 폭발을 방지하는 방폭구조

12 건축물의 피난·방화구조 등의 기준에 관한 규칙 상 방화구획의 설치기준 중 스프링클러설비를 설치한 10층 이하의 층은 바닥면적 몇 $[m^2]$ 이내마다 방화구획을 해야 하는가?(단, 벽 및 반자의 실내에 접하는 부분의 마감은 불연재료가 아닌 경우이다)

① 1,000
② 1,500
③ 2,000
④ 3,000

해설
방화구획의 설치기준(건피방 제14조)

구획의 종류		구획기준
면적별 구획	10층 이하	• 바닥면적 1,000$[m^2]$ 이내 • 자동식소화설비(스프링클러설비)설치 시 3,000$[m^2]$ 이내
	11층 이상	• 바닥면적 200$[m^2]$ 이내 • 자동식소화설비(스프링클러설비)설치 시 600$[m^2]$ 이내 • 내장재가 불연재료의 경우 500$[m^2]$ 이내 • 내장재가 불연재료면서 자동식 소화설비(스프링클러설비)설치 시 1,500$[m^2]$ 이내
층별 구획		매 층마다 구획(지하 1층에서 지상으로 직접 연결하는 경사로 부위는 제외)

13 과산화수소 위험물의 특성이 아닌 것은?

① 비수용성이다.
② 무기화합물이다.
③ 불연성 물질이다.
④ 비중은 물보다 무겁다.

해설
과산화수소는 물에 잘 녹는 제6류 위험물이다.

10 ④ 11 ② 12 ④ 13 ① **정답**

14 이산화탄소 소화약제의 임계온도는 약 몇 [℃]인가?

① 24.4　　② 31.4
③ 56.4　　④ 78.4

해설
이산화탄소 소화약제의 임계온도 : 31.35[℃]

15 이산화탄소 소화약제의 주된 소화효과는?

① 제거소화
② 억제소화
③ 질식소화
④ 냉각소화

해설
이산화탄소 소화약제의 주된 소화효과 : 질식소화(산소공급 차단)

16 백열전구가 발열하는 원인이 되는 열은?

① 아크열
② 유도열
③ 저항열
④ 정전기열

해설
저항열 : 백열전구가 발열하는 원인이 되는 열

17 화재의 정의로 옳은 것은?

① 가연성 물질과 산소와의 격렬한 산화반응이다.
② 사람의 과실로 인한 실화나 고의에 의한 방화로 발생하는 연소현상으로서 소화할 필요성이 있는 연소현상이다.
③ 가연물과 공기와의 혼합물이 어떤 점화원에 의하여 활성화되어 열과 빛을 발하면서 일으키는 격렬한 발열반응이다.
④ 인류의 문화와 문명의 발달을 가져오게 한 근본 존재로서 인간의 제어수단에 의하여 컨트롤 할 수 있는 연소현상이다.

해설
화재 : 사람의 과실로 인한 실화나 고의에 의한 방화로 발생하는 연소현상으로서 소화할 필요성이 있는 연소현상

18 물에 황산을 넣어 묽은 황산을 만들 때 발생되는 열은?

① 연소열
② 분해열
③ 용해열
④ 자연발열

해설
용해열 : 물에 황산을 넣어 묽은 황산을 만들 때 많이 발생되는 열

19 자연발화의 방지방법이 아닌 것은?

① 통풍이 잘 되도록 한다.

② 퇴적 및 수납 시 열이 쌓이지 않게 한다.

③ 높은 습도를 유지한다.

④ 저장실의 온도를 낮게 한다.

해설

자연발화의 방지대책

• 습도를 낮게 할 것(습도를 낮게 해야 열의 확산을 잘 시킨다)
• 주위(저장실)의 온도를 낮출 것
• 통풍을 잘 시킬 것
• 불활성 가스를 주입하여 공기와 접촉을 피할 것
• 열전도율을 크게 할 것

20 다음 중 분진폭발의 위험성이 가장 낮은 것은?

① 시멘트가루

② 알루미늄분

③ 석탄분말

④ 밀가루

해설

시멘트가루, 소석회[수산화칼슘, $Ca(OH)_2$]는 분진폭발의 위험이 없다.

21 30[℃]에서 부피가 10[L]인 이상기체를 일정한 압력으로 0[℃]로 냉각시키면 부피는 약 몇 [L]로 변하는가?

① 3

② 9

③ 12

④ 18

해설

부 피

$$V_2 = V_1 \times \frac{T_2}{T_1} = 10[\text{L}] \times \frac{(0+273)[\text{K}]}{(30+273)[\text{K}]} = 9[\text{L}]$$

22 비중이 0.6이고 길이 20[m], 폭 10[m], 높이 3[m]인 직육면체 모양의 소방정 위에 비중이 0.9인 포소화약제 5[t]을 실었다. 바닷물의 비중이 1.03일 때 바닷물 속에 잠긴 소방정의 깊이는 몇 [m]인가?

① 3.54

② 2.5

③ 1.77

④ 0.6

해설

부 력

부력의 크기는 물체가 유체 속에 잠긴 체적에 해당하는 무게와 같다.

$$F_B = (s \times \gamma_w) \times (a \times b \times h)$$
$$= (1.03 \times 9,800[\text{N/m}^3]) \times (20[\text{m}] \times 10[\text{m}] \times \text{h})$$
$$= 2,018,800h[\text{N}]$$

• 소방정의 무게
$$W_1 = (s \times \gamma_w) \times (a \times b \times h)$$
$$= (0.6 \times 9,800[\text{N/m}^3]) \times (20[\text{m}] \times 10[\text{m}] \times 3[\text{m}])$$
$$= 3,528,000[\text{N}]$$

• 포소화약제의 무게
  – 비중량
$$V = \frac{W}{s\gamma_w} = \frac{5,000[\text{kg}_\text{f}]}{0.9 \times 1,000[\text{kg}_\text{f}/\text{m}^3]}$$

  – 포소화약제의 무게
$$W_2 = \gamma V = 9,800[\text{N/m}^3] \times \frac{5,000[\text{kg}_\text{f}]}{0.9 \times 1,000[\text{kg}_\text{f}/\text{m}^3]}$$
$$= 54,444.44[\text{N}]$$

여기서, 물의 비중량 $\gamma_w = 1,000[\text{kg}_\text{f}/\text{m}^3] = 9,800[\text{N/m}^3]$

∴ 힘의 평형을 고려하면 $F_B = W_1 + W_2$에서

$2,018,800h = 3,528,000 + 54,444.44$

바닷물 속에 잠긴 소방정의 깊이 $h = \dfrac{3,582,444.44}{2,018,800} = 1.77[\text{m}]$

23 그림과 같이 대기압 상태에서 V의 균일한 속도로 분출된 직경 D의 원형 물제트가 원판에 충돌할 때 원판이 U의 속도로 오른쪽으로 계속 동일한 속도로 이동하려면 외부에서 원판에 가해야 하는 힘 F는?(단, ρ는 물의 밀도, g는 중력가속도이다)

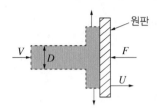

① $\dfrac{\rho \pi D^2}{4}(V-U)^2$

② $\dfrac{\rho \pi D^2}{4}(V+U)^2$

③ $\rho \pi D^2 (V-U)(V+U)$

④ $\dfrac{\rho \pi D^2 (V-U)(V+U)}{4}$

해설
원판에 가해야 하는 힘

$F = \rho Q V = \rho A V \cdot V = \rho \dfrac{\pi D^2}{4} \times V^2 = \rho \dfrac{\pi D^2}{4}(V-U)^2$

24 그림과 같이 폭이 넓은 두 평판 사이를 흐르는 유체의 속도분포 $u(y)$가 다음과 같을 때 평판 벽에 작용하는 전단응력은 약 몇 [Pa]인가?(단, $u_m = 1$ [m/s], $h = 0.01$[m], 유체의 점성계수는 0.1 [N · s/m²]이다)

$$u(y) = u_m \left[1 - \left(\dfrac{y}{h} \right)^2 \right]$$

① 1 　　　　　　② 2

③ 10 　　　　　④ 20

해설
전단응력 : 평판이 받는 전단응력은 윗면이 받는 전단응력과 아랫면이 받는 전단응력의 합이다.
단위면적당 작용하는 전단응력은

$F = F_1 + F_2 = \mu\dfrac{u}{h_1} + \mu\dfrac{u}{h_2} = \mu\dfrac{u}{h} + \mu\dfrac{u}{h} = 2\mu\dfrac{u}{h}$

여기서, $h_1 = h_2 = h$

$\therefore F = 2\mu\dfrac{u}{h} = 2 \times 0.1[\text{N} \cdot \text{s/m}^2] \times \dfrac{1[\text{m/s}]}{0.01[\text{m}]} = 20[\text{N/m}^2]$
$\quad = 20[\text{Pa}]$

25 −15[℃] 얼음 10[g]을 100[℃]의 증기로 만드는데 필요한 열량은 몇 [kJ]인가?(단, 얼음의 융해열은 335[kJ/kg], 물의 증발 잠열은 2,256[kJ/kg], 얼음의 평균 비열은 2.1[kJ/kg · K]이고, 물의 평균 비열은 4.18[kJ/kg · K]이다)

① 7.85 　　　　② 27.1

③ 30.4 　　　　④ 35.2

해설
열량

$-15[℃]$ 얼음 $\xrightarrow{Q_1} 0[℃]$ 얼음 $\xrightarrow{Q_2} 0[℃]$ 물 $\xrightarrow{Q_3} 100[℃]$ 물 $\xrightarrow{Q_4} 100[℃]$ 수증기

• 얼음의 현열
$Q_1 = mC\Delta t = 0.01[\text{kg}] \times 2.1[\text{kJ/kg} \cdot \text{K}] \times \{0 - (-15)\}[\text{K}]$
$\quad = 0.315[\text{kJ}]$

• 0[℃] 얼음의 융해 잠열
$Q_2 = \gamma \cdot m = 335[\text{kJ/kg}] \times 0.01[\text{kg}] = 3.35[\text{kJ}]$

• 물의 현열
$Q_3 = mC\Delta t = 0.01[\text{kg}] \times 4.18[\text{kJ/kg} \cdot \text{K}] \times (100-0)[\text{K}]$
$\quad = 4.18[\text{kJ}]$

• 100[℃] 물의 증발 잠열
$Q_4 = \gamma \cdot m = 2,256[\text{kJ/kg}] \times 0.01[\text{kg}] = 22.56[\text{kJ}]$

$\therefore$ 열량 $Q = Q_1 + Q_2 + Q_3 + Q_4$
$\quad = 0.315 + 3.35 + 4.18 + 22.56 = 30.405[\text{kJ}]$

26 포화액-혼합물 300[g]이 100[kPa]의 일정한 압력에서 기화가 일어나서 건도가 10[%]에서 30[%]로 높아진다면 혼합물의 체적증가량은 약 몇 [m³]인가?(단, 100[kPa]에서 포화액과 포화증기의 비체적은 각각 0.00104[m³/kg]과 1.694[m³/kg]이다)

① 3.386

② 1.693

③ 0.508

④ 0.102

> **해설**
> **체적증가량**
> $V = mx(h_g - h_l)[\text{m}^3]$
> $= 0.3[\text{kg}] \times (0.3-0.1) \times (1.694-0.00104)[\text{m}^3/\text{kg}]$
> $= 0.102[\text{m}^3]$

27 비중량과 비중에 대한 설명으로 옳은 것은?

① 비중량은 단위부피당 유체의 질량이다.

② 비중은 유체의 질량 대 표준상태 유체의 질량비이다.

③ 기체인 수소의 비중은 액체인 수은의 비중보다 크다.

④ 압력의 변화에 대한 액체의 비중량 변화는 기체 비중량 변화보다 작다.

> **해설**
> **용어 설명**
> • 비중량 : 단위부피당 유체의 중량[N/m³]
> • 비중 : 유체의 질량과 같은 부피의 표준물질의 질량과의 비율
> • 기체인 수소의 비중(1/29 = 0.0345)은 액체인 수은의 비중(13.6)보다 작다.
> • 압력의 변화에 대한 액체의 비중량 변화는 기체 비중량 변화보다 작다.

28 물분무소화설비의 가압송수장치로 전동기 구동형 펌프를 사용하였다. 펌프의 토출량 800[L/min], 전양정 50[m], 효율 0.65, 전달계수 1.1인 경우 적당한 전동기 용량은 몇 [kW]인가?

① 4.2

② 4.7

③ 10.1

④ 11.1

> **해설**
> **전동기 용량**
> $P[\text{kW}] = \dfrac{r \times Q \times H}{\eta} \times K$
> 여기서, r : 물의 비중량(9.8[kN/m³])
> Q : 방수량(0.8/60[m³/s] = 0.01333[m³/s])
> H : 펌프의 양정(50[m])
> K : 전달계수(여유율, 1.1)
> η : Pump의 효율(65[%] = 0.65)
> $\therefore P[\text{kW}] = \dfrac{r \times Q \times H}{\eta} \times K = \dfrac{9.8 \times 0.01333 \times 50}{0.65} \times 1.1$
> $= 11.05[\text{kW}]$

29 수평 원관 속을 층류상태로 흐르는 경우 유량에 대한 설명으로 틀린 것은?

① 점성계수에 반비례한다.

② 관의 길이에 반비례한다.

③ 관 지름의 4제곱에 비례한다.

④ 압력강하에 반비례한다.

> **해설**
> **층류상태로 흐르는 경우 유량**
> $Q = \dfrac{\pi D^4 \Delta P}{128 \mu L}$
> 여기서, Q : 유량
> D : 지름
> ΔP : 압력강하
> μ : 점성계수
> L : 길이
> ※ 유량은 압력강하(ΔP)에 비례한다.

26 ④ 27 ④ 28 ④ 29 ④ **정답**

30 부차적 손실계수 K가 2인 관 부속품에서의 손실수 두가 2[m]이라면 이때의 유속은 약 몇 [m/s]인가?

① 4.43

② 3.14

③ 2.21

④ 2.00

손실수두

$$H = K\frac{u^2}{2g}, \quad u^2 = \frac{2gH}{K}$$

유속

$$u = \sqrt{\frac{2gH}{K}} = \sqrt{\frac{2 \times 9.8[\text{m/s}^2] \times 2[\text{m}]}{2}} = 4.43[\text{m/s}]$$

31 관 내에 흐르는 유체의 흐름을 구분하는 데 사용되는 레이놀즈수의 물리적인 의미는?

① $\dfrac{\text{관성력}}{\text{중력}}$　　　② $\dfrac{\text{관성력}}{\text{점성력}}$

③ $\dfrac{\text{관성력}}{\text{탄성력}}$　　　④ $\dfrac{\text{관성력}}{\text{압축력}}$

무차원식의 관계

명 칭	무차원식	물리적 의미
레이놀즈수	$R_e = \dfrac{DU\rho}{\mu} = \dfrac{DU}{v}$	$R_e = \dfrac{\text{관성력}}{\text{점성력}}$
오일러수	$E_u = \dfrac{\Delta P}{\rho U^2}$	$E_u = \dfrac{\text{압축력}}{\text{관성력}}$
웨버수	$W_e = \dfrac{\rho L U^2}{\sigma}$	$W_e = \dfrac{\text{관성력}}{\text{표면장력}}$
코시수	$C_a = \dfrac{\rho U^2}{K}$	$C_a = \dfrac{\text{관성력}}{\text{탄성력}}$
마하수	$M_a = \dfrac{U}{c}(c : \text{음속})$	$M_a = \dfrac{\text{유속}}{\text{음속}}$
프루드수	$F_r = \dfrac{U}{\sqrt{gL}}$	$F_r = \dfrac{\text{관성력}}{\text{중력}}$

32 그림과 같이 U자관 차압액주계에서 $\gamma_1 = 9.8[\text{kN/m}^3]$, $\gamma_2 = 133[\text{kN/m}^3]$, $\gamma_3 = 9.0[\text{kN/m}^3]$, $h_1 = 0.2[\text{m}]$, $h_3 = 0.1[\text{m}]$이고, 압력차 $P_A - P_B = 30[\text{kPa}]$이다. h_2는 몇 [m]인가?

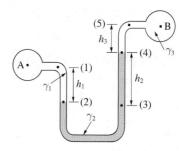

① 0.218

② 0.226

③ 0.234

④ 0.247

압력을 구하는 식에서 h_2를 구하면

$$P_A + \gamma_1 h_1 = P_B + \gamma_2 h_2 + \gamma_3 h_3$$
$$P_A - P_B = \gamma_2 h_2 + \gamma_3 h_3 - \gamma_1 h_1$$
$$\gamma_2 h_2 = (P_A - P_B) - \gamma_3 h_3 + \gamma_1 h_1$$
$$h_2 = \frac{(P_A - P_B) - \gamma_3 h_3 + \gamma_1 h_1}{\gamma_2}$$

$$= \frac{\begin{matrix}30[\text{kN/m}^2] - (9.0[\text{kN/m}^3] \times 0.1[\text{m}]) \\ + (9.8[\text{kN/m}^3] \times 0.2[\text{m}])\end{matrix}}{133[\text{kN/m}^3]}$$

$$= 0.234[\text{m}]$$

33 펌프와 관련된 용어의 설명으로 옳은 것은?

① 캐비테이션 : 송출압력과 송출유량이 주기적으로 변하는 현상

② 서징 : 액체가 포화증기압 이하에서 비등하여 기포가 발생하는 현상

③ 수격작용 : 관을 흐르던 물이 갑자기 정지할 때 압력파에 의해 이상음(異常音)이 발생하는 현상

④ NPSH : 펌프에서 상사법칙을 나타내기 위한 비속도

해설
펌프와 관련된 용어
• 캐비테이션 : Pump의 흡입 측 배관 내에서 발생하는 것으로 배관 내의 수온 상승으로 물이 수증기로 변화하여 물이 Pump로 흡입되지 않는 현상
• 맥동(서징)현상 : 펌프 입구의 진공계 및 출구의 압력계 지침이 흔들리고 송출유량도 주기적으로 변화하는 이상 현상
• 수격작용 : 관을 흐르던 물이 갑자기 정지할 때 압력파에 의해 이상음(異常音)이 발생하는 현상
• NPSH : 펌프가 공동현상을 일으키지 않고 흡입 가능한 압력을 물의 높이로 표시한 것

34 베르누이의 정리 $\left(\dfrac{P}{\rho} + \dfrac{V^2}{2} + gZ = constant\right)$ 가 적용되는 조건이 아닌 것은?

① 압축성의 흐름이다.
② 정상 상태의 흐름이다.
③ 마찰이 없는 흐름이다.
④ 베르누이 정리가 적용되는 임의의 두 점은 같은 유선상에 있다.

해설
베르누이 정리가 적용되는 조건
• 비압축성 흐름
• 정상 상태의 흐름
• 마찰이 없는 흐름

35 그림과 같이 수평과 30° 경사된 폭 50[cm]인 수문 AB가 A점에서 힌지(Hinge)로 되어 있다. 이 문을 열기 위한 최소한의 힘 F(수문에 직각 방향)는 약 몇 [kN] 정도인가?(단, 수문의 무게는 무시하고, 유체의 비중은 1이다)

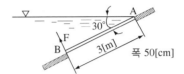

① 11.5
② 7.35
③ 5.5
④ 2.7

해설
• 수문에 작용하는 압력 F

$$F = \gamma \bar{y} \sin\theta A = 9,800 \times \frac{3}{2} \times \sin 30° \times (0.5 \times 3)$$
$$= 11,025[\text{N}]$$

• 압력중심 y_p

$$y_p = \frac{I_C}{\bar{y}A} + \bar{y} = \frac{\dfrac{0.5 \times 3^3}{12}}{1.5 \times 1.5} + 1.5 = 2[\text{m}]$$

오른쪽 자유물체도에서 모멘트의 합은 0이므로 $\sum M_A = 0$

$$F_B \times 3 - F \times 2 = 0$$

$$\therefore F_B = \frac{2}{3}F = \frac{2}{3} \times 11,025 = 7,350[\text{N}] = 7.35[\text{kN}]$$

36 성능이 같은 3대의 펌프를 병렬로 연결하였을 경우 양정과 유량은 얼마인가?(단, 펌프 1대의 유량은 Q, 양정은 H이다)

① 유량은 $3Q$, 양정은 H
② 유량은 $3Q$, 양정은 $3H$
③ 유량은 $9Q$, 양정은 H
④ 유량은 $9Q$, 양정은 $3H$

해설
펌프의 성능

펌프 3대 연결 방법		직렬 연결	병렬 연결
성능	유 량(Q)	Q	$3Q$
	양 정(H)	$3H$	H

37 수평 배관 설비에서 상류지점인 A지점의 배관을 조사해 보니 지름 100[mm], 압력 0.45[MPa], 평균유속 1[m/s]이었다. 또 하류의 B지점을 조사해 지름 50[mm], 압력 0.4[MPa]이었다면 두 지점 사이의 손실수두는 약 몇 [m]인가?(단, 배관 내 유체의 비중은 1이다)

① 4.34   ② 4.95

③ 5.87   ④ 8.67

해설
손실수두
• A지점

$$H_A = \frac{u^2}{2g} + \frac{P}{\gamma}$$

$$= \frac{1[\text{m/s}]^2}{2 \times 9.8[\text{m/s}^2]} + \frac{0.45 \times 1{,}000[\text{kN/m}^2]}{9.8[\text{kN/m}^3]} = 45.97[\text{m}]$$

• B지점

$$H_B = \frac{u^2}{2g} + \frac{P}{\gamma}$$

$$= \frac{4[\text{m/s}]^2}{2 \times 9.8[\text{m/s}^2]} + \frac{0.4 \times 1{,}000[\text{kN/m}^2]}{9.8[\text{kN/m}^3]} = 41.63[\text{m}]$$

∴ A지점과 B지점의 손실수두 = 45.97[m] − 41.63[m]
= 4.34[m]

38 원관 속을 층류상태로 흐르는 유체의 속도분포가 다음과 같을 때 관벽에서 30[mm] 떨어진 곳에서 유체의 속도기울기(속도구배)는 약 몇 $[s^{-1}]$인가?

$u = 3y^{\frac{1}{2}}$	u : 유속[m/s]
	y : 관 벽으로부터의 거리[m]

① 0.87   ② 2.74

③ 8.66   ④ 27.4

해설
속도구배

속도 $u = 3y^{\frac{1}{2}}$일 때 속도구배 $\dfrac{du}{dy} = 3 \times \dfrac{1}{2} y^{\left(\frac{1}{2}-1\right)} = \dfrac{3}{2} y^{-\frac{1}{2}}$

∴ $y = 30[\text{mm}](0.03[\text{m}])$일 때 속도구배

$$\left[\frac{du}{dy}\right]_{y=0.03[\text{m}]} = \frac{3}{2} y^{-\frac{1}{2}} = \frac{3}{2} \times 0.03^{-\frac{1}{2}}$$

$$= 8.66[\text{s}^{-1}]$$

39 대기의 압력이 106[kPa]이라면 게이지 압력이 1,226[kPa]인 용기에서 절대압력은 몇 [kPa]인가?

① 1,120

② 1,125

③ 1,327

④ 1,332

해설
절대압력
= 대기압 + 게이지 압력
= 106[kPa] + 1,226[kPa] = 1,332[kPa]

40 표면온도 15[℃], 방사율 0.85인 40[cm] × 50[cm] 직사각형 나무판의 한쪽 면으로부터 방사되는 복사열은 약 몇 [W]인가?(단, 스테판–볼츠만 상수는 $5.67 \times 10^{-8}[\text{W/m}^2 \cdot \text{K}^4]$이다)

① 12

② 66

③ 78

④ 521

해설
복사열
$P = \sigma A T^4$
여기서, σ : 스테판–볼츠만 상수($5.67 \times 10^{-8}[\text{W/m}^2 \cdot \text{K}^4]$)
A : 면적($0.4 \times 0.5 = 0.2[\text{m}^2]$)
T : 절대온도(273 + 15 = 288[K])
∴ $P = \sigma A T^4$
$= 5.67 \times 10^{-8} \times 0.2 \times (288)^4 \times 0.85 = 66.31[\text{W}]$

41 소방시설공사업법령상 소방시설업의 감독을 위하여 필요할 때에 소방시설업자나 관계인에게 필요한 보고나 자료 제출을 명할 수 있는 사람이 아닌 것은?

① 시·도지사

② 119안전센터장

③ 소방서장

④ 소방본부장

> **해설**
> 시·도지사, 소방본부장 또는 소방서장은 소방시설업의 감독을 위하여 필요할 때에는 소방시설업자나 관계인에게 필요한 보고나 자료 제출을 명할 수 있고, 관계 공무원으로 하여금 소방시설업체나 특정소방대상물에 출입하여 관계 서류와 시설 등을 검사하거나 소방시설업자 및 관계인에게 질문하게 할 수 있다(법 제31조).

42 소방시설공사업법령상 소방시설업자가 소방시설공사 등을 맡긴 특정소방대상물의 관계인에게 지체 없이 그 사실을 알려야 하는 경우가 아닌 것은?

① 소방시설업자의 지위를 승계한 경우

② 소방시설업의 등록취소 처분 또는 영업정지 처분을 받은 경우

③ 휴업하거나 폐업한 경우

④ 소방시설업의 주소지가 변경된 경우

> **해설**
> 소방시설업자가 관계인에게 지체 없이 그 사실을 알려야 하는 경우(법 제8조)
> • 소방시설업자의 지위를 승계한 경우
> • 소방시설업의 등록취소 처분 또는 영업정지 처분을 받은 경우
> • 휴업하거나 폐업한 경우

43 소방기본법령상 이웃하는 다른 시·도지사와 소방업무에 관하여 시·도지사가 체결할 상호응원협정 사항이 아닌 것은?

① 화재조사활동

② 응원출동의 요청방법

③ 소방교육 및 응원출동훈련

④ 응원출동 대상지역 및 규모

> **해설**
> 소방업무의 상호응원협정(규칙 제8조)
> • 다음의 소방활동에 관한 사항
> − 화재의 경계·진압활동
> − 구조·구급업무의 지원
> − 화재조사활동
> • 응원출동 대상지역 및 규모
> • 다음의 소요경비의 부담에 관한 사항
> − 출동대원의 수당·식사 및 의복의 수선
> − 소방장비 및 기구의 정비와 연료의 보급
> − 그 밖의 경비
> • 응원출동의 요청방법
> • 응원출동훈련 및 평가

44 소방시설 설치 및 관리에 관한 법률상 소방시설의 종류에 대한 설명으로 옳은 것은?

① 소화기구, 옥외소화전설비는 소화설비에 해당된다.

② 유도등, 비상조명등은 경보설비에 해당된다.

③ 소화수조, 저수조는 소화활동설비이다.

④ 연결송수관설비는 소화용수설비에 해당된다.

> **해설**
> 소방시설의 종류(영 별표 1)
>
> | 종 류 | 해당 설비 |
> | --- | --- |
> | 소화설비 | 소화기구, 옥내·옥외소화전설비, 스프링클러설비, 물분무 등 소화설비 |
> | 피난구조설비 | 피난기구, 유도등, 유도표지, 비상조명등, 휴대용 비상조명등 |
> | 소화용수설비 | 소화수조, 저수조, 상수도소화용수설비 |
> | 소화활동설비 | 제연설비, 연결송수관설비, 연결살수설비, 비상콘센트설비, 무선통신보조설비, 연소방지설비 |
> | 경보설비 | 비상경보설비, 비상방송설비, 자동화재탐지설비, 자동화재속보설비 |

45 소방시설 설치 및 관리에 관한 법률상 특정소방대상물의 소방시설의 면제기준에 따라 연결살수설비를 설치면제 받을 수 있는 경우는?

① 송수구를 부설한 간이스프링클러설비를 설치하였을 때

② 송수구를 부설한 옥내소화전설비를 설치하였을 때

③ 송수구를 부설한 옥외소화전설비를 설치하였을 때

④ 송수구를 부설한 연결송수관설비를 설치하였을 때

해설

특정소방대상물의 소방시설 설치의 면제기준(영 별표 5)

설치가 면제되는 소방시설	설치면제 기준
연결살수설비	• 연결살수설비를 설치해야 하는 특정소방대상물에 송수구를 부설한 스프링클러설비, 간이스프링클러설비, 물분무소화설비 또는 미분무소화설비를 화재안전기준에 적합하게 설치한 경우에는 그 설비의 유효범위에서 설치가 면제된다. • 가스 관계 법령에 따라 설치되는 물분무장치 등에 소방대가 사용할 수 있는 연결송수구가 설치되거나 물분무장치 등에 6시간 이상 공급할 수 있는 수원이 확보된 경우에는 설치가 면제된다.

46 위험물안전관리법령상 위험물 및 지정수량에 대한 기준 중 다음 (   )안에 알맞은 것은?

> 금속분이라 함은 알칼리금속·알칼리토류금속·철 및 마그네슘 외의 금속의 분말을 말하고, 구리분·니켈분 및 (㉠)[μm]의 체를 통과하는 것이 (㉡)[wt%] 미만인 것은 제외한다.

① ㉠ 150, ㉡ 50

② ㉠ 53, ㉡ 50

③ ㉠ 50, ㉡ 150

④ ㉠ 50, ㉡ 53

해설

금속분 : 알칼리금속·알칼리토류금속·철 및 마그네슘 외의 금속의 분말(구리분·니켈분 및 150[μm]의 체를 통과하는 것이 50[wt%] 미만인 것은 제외)

47 위험물안전관리법령상 제조소 등의 관계인은 위험물의 안전관리에 관한 직무를 수행하게 하기 위하여 제조소 등마다 위험물의 취급에 관한 자격이 있는 자를 위험물안전관리자로 선임해야 한다. 이 경우 제조소 등의 관계인이 지켜야 할 기준으로 틀린 것은?

① 제조소 등의 관계인은 그 안전관리자를 해임하거나 안전관리자가 퇴직한 때에는 해임하거나 퇴직한 날부터 15일 이내에 다시 안전관리자를 선임해야 한다.

② 제조소 등의 관계인은 안전관리자를 선임한 경우에는 선임한 날부터 14일 이내에 소방본부장 또는 소방서장에게 신고해야 한다.

③ 제조소 등의 관계인은 안전관리자가 여행·질병 그 밖의 사유로 인하여 일시적으로 직무를 수행할 수 없거나 안전관리자의 해임 또는 퇴직과 동시에 다른 안전관리자를 선임하지 못하는 경우에는 국가기술자격법에 따른 위험물의 취급에 관한 자격취득자 또는 위험물안전에 관한 기본지식과 경험이 있는 자를 대리자로 지정하여 그 직무를 대행하게 해야 한다. 이 경우 대리자가 안전관리자의 직무를 대행하는 기간은 30일을 초과할 수 없다.

④ 안전관리자는 위험물을 취급하는 작업을 하는 때에는 작업자에게 안전관리에 관한 필요한 지시를 하는 등 위험물의 취급에 관한 안전관리와 감독을 해야 하고, 제조소 등의 관계인은 안전관리자의 위험물 안전관리에 관한 의견을 존중하고 그 권고에 따라야 한다.

해설

위험물안전관리자의 선임기간

• 선임권자 : 관계인

• 재선임 기간 : 해임이나 퇴직한 날부터 30일 이내

• 선임신고 : 선임한 날부터 14일 이내

48 소방시설공사업법령상 감리업자는 소방시설공사가 설계도서 또는 화재안전기준에 적합하지 않을 때에는 가장 먼저 누구에게 알려야 하는가?

① 감리업체 대표자

② 시공자

③ 관계인

④ 소방서장

해설

감리업자는 감리를 할 때 소방시설공사가 설계도서나 화재안전기준에 맞지 않을 때에는 관계인에게 알리고, 공사업자에게 그 공사의 시정 또는 보완 등을 요구해야 한다(법 제19조).

49 화재의 예방 및 안전관리에 관한 법률에 따라 2급 소방안전관리대상물의 소방안전관리자 선임기준으로 틀린 것은?

① 위험물기능장 자격이 있는 사람

② 위험물기능사 자격이 있는 사람

③ 의용소방대원으로 5년 이상 근무한 경력이 있는 사람

④ 소방공무원으로 3년 이상 근무한 경력이 있는 사람

해설

2급 소방안전관리대상물의 소방안전관리자의 자격(영 별표 4)

• 위험물기능장·위험물산업기사·위험물기능사 자격이 있는 사람

• 소방공무원으로 3년 이상 근무한 경력이 있는 사람

50 위험물안전관리법령상 옥내주유취급소에 있어서 해당 사무소 등의 출입구 및 피난구와 해당 피난구로 통하는 통로·계단 및 출입구에 설치해야 하는 피난설비는?

① 유도등

② 구조대

③ 피난사다리

④ 완강기

해설

피난구로 통하는 통로·계단 및 출입구 : 유도등 설치

51 소방시설공사업법령상 소방시설업 등록의 결격사유에 해당되지 않은 법인은?

① 법인의 대표자가 피성년후견인인 경우

② 법인의 임원이 피성년후견인인 경우

③ 법인의 대표자가 소방시설공사업법에 따라 소방시설업 등록이 취소된 지 2년이 지나지 않은 자인 경우

④ 법인의 임원이 소방시설공사업법에 따라 소방시설업 등록이 취소된 지 2년이 지나지 않은 자인 경우

해설

소방시설업 등록의 결격사유(법 제5조)

㉠ 피성년후견인

㉡ 소방시설공사업법, 소방기본법, 화재의 예방 및 안전관리에 관한 법률, 소방시설 설치 및 관리에 관한 법률 또는 위험물안전관리법에 따른 금고 이상의 실형을 선고받고 그 집행이 끝나거나(집행이 끝난 것으로 보는 경우를 포함) 면제된 날부터 2년이 지나지 않은 사람

㉢ 소방시설공사업법, 소방기본법, 화재의 예방 및 안전관리에 관한 법률, 소방시설 설치 및 관리에 관한 법률 또는 위험물안전관리법에 따른 금고 이상의 형의 집행유예를 선고받고 그 유예기간 중에 있는 사람

㉣ 등록하려는 소방시설업 등록이 취소(제1호에 해당하여 등록이 취소된 경우는 제외)된 날부터 2년이 지나지 않은 자

㉤ 법인의 대표자가 ㉠부터 ㉣까지의 규정에 해당하는 경우 그 법인

㉥ 법인의 임원이 ㉡부터 ㉣까지의 규정에 해당하는 경우 그 법인

52 화재의 예방 및 안전관리에 관한 법률에서 화재발생 우려가 크거나 화재가 발생할 경우 피해가 클 것으로 예상되는 지역에 대하여 화재의 예방 및 안전관리를 강화하기 위해 지정·관리하는 지역을 화재예방강화지구로 지정할 수 있는 자는?

① 한국소방안전협회장
② 소방시설관리사
③ 소방본부장
④ 시·도지사

해설

화재예방강화지구 지정권자 : 시·도지사(법 제2조)

53 소방시설 설치 및 관리에 관한 법률상 건축허가 등을 할 때 미리 소방본부장 또는 소방서장의 동의를 받아야 하는 건축물등의 범위가 아닌 것은?

① 연면적이 200[m²] 이상인 노유자시설 및 수련시설
② 항공기 격납고, 관망탑
③ 차고·주차장으로 사용되는 바닥면적이 100[m²] 이상인 층이 있는 건축물
④ 지하층 또는 무창층이 있는 건축물로서 바닥면적이 150[m²] 이상인 층이 있는 것

해설

건축허가 등의 동의대상물 범위(영 제7조)
차고·주차장 또는 주차 용도로 사용되는 시설로서 다음의 어느 하나에 해당하는 것
• 차고·주차장으로 사용되는 바닥면적이 200[m²] 이상인 층이 있는 건축물이나 주차시설
• 승강기 등 기계장치에 의한 주차시설로서 자동차 20대 이상을 주차할 수 있는 시설

54 소방시설 설치 및 관리에 관한 법률상 특정소방대상물의 수용인원 산정방법으로 옳은 것은?

① 침대가 없는 숙박시설은 해당 특정소방대상물의 종사자 수에 숙박시설 바닥면적의 합계를 4.6[m²]로 나누어 얻은 수를 합한 수로 한다.
② 강의실로 쓰이는 특정소방대상물은 해당 용도로 사용하는 바닥면적의 합계를 4.6[m²]로 나누어 얻은 수로 한다.
③ 관람석이 없을 경우 강당, 문화 및 집회시설, 운동시설, 종교시설은 해당 용도로 사용하는 바닥면적의 합계를 4.6[m²]로 나누어 얻은 수로 한다.
④ 백화점은 해당 용도로 사용하는 바닥면적의 합계를 4.6[m²]로 나누어 얻은 수로 한다.

해설

수용인원 산정방법(영 별표 7)
(1) 숙박시설이 있는 특정소방대상물
  ① 침대가 있는 숙박시설 : 해당 특정소방물의 종사자 수에 침대 수(2인용 침대는 2개로 산정한다)를 합한 수
  ② 침대가 없는 숙박시설 : 해당 특정소방대상물의 종사자 수에 숙박시설 바닥면적의 합계를 3[m²]로 나누어 얻은 수를 합한 수
(2) (1) 외의 특정소방대상물
  ① 강의실·교무실·상담실·실습실·휴게실 용도로 쓰이는 특정소방대상물 : 해당 용도로 사용하는 바닥면적의 합계를 1.9[m²]로 나누어 얻은 수
  ② 강당, 문화 및 집회시설, 운동시설, 종교시설 : 해당 용도로 사용하는 바닥면적의 합계를 4.6[m²]로 나누어 얻은 수(관람석이 있는 경우 고정식 의자를 설치한 부분은 그 부분의 의자 수로 하고, 긴 의자의 경우에는 의자의 정면너비를 0.45[m]로 나누어 얻은 수로 한다)
  ③ 그 밖의 특정소방대상물 : 해당 용도로 사용하는 바닥면적의 합계를 3[m²]로 나누어 얻은 수

55 화재의 예방 및 안전관리에 관한 법률에서 일반음식점에서 음식조리를 위해 불을 사용하는 설비를 설치하는 경우 지켜야 하는 사항으로 틀린 것은?

① 주방시설에는 동물 또는 식물의 기름을 제거할 수 있는 필터 등을 설치할 것

② 열을 발생하는 조리기구는 반자 또는 선반으로부터 0.6[m] 이상 떨어지게 할 것

③ 주방설비에 부속된 배출덕트는 0.2[mm] 이상의 아연도금강판으로 설치할 것

④ 열을 발생하는 조리기구로부터 0.15[m] 이내의 거리에 있는 가연성 주요구조부는 단열성이 있는 불연재료로 덮어 씌울 것

해설

음식조리를 위하여 설치하는 설비(영 별표 1)

• 주방설비에 부속된 배출덕트(공기배출통로)는 0.5[mm] 이상의 아연도금강판 또는 이와 같거나 그 이상의 내식성 불연재료로 설치할 것

• 주방시설에는 동물 또는 식물의 기름을 제거할 수 있는 필터 등을 설치할 것

• 열을 발생하는 조리기구는 반자 또는 선반으로부터 0.6[m] 이상 떨어지게 할 것

• 열을 발생하는 조리기구로부터 0.15[m] 이내의 거리에 있는 가연성 주요구조부는 단열성이 있는 불연재료로 덮어 씌울 것

56 소방기본법령상 소방업무의 응원에 대한 설명 중 틀린 것은?

① 소방본부장이나 소방서장은 소방활동을 할 때에 긴급한 경우에는 이웃한 소방본부장 또는 소방서장에게 소방업무의 응원을 요청할 수 있다.

② 소방업무의 응원 요청을 받은 소방본부장 또는 소방서장은 정당한 사유 없이 그 요청을 거절해서는 안 된다.

③ 소방업무의 응원을 위하여 파견된 소방대원은 응원을 요청한 소방본부장 또는 소방서장의 지휘에 따라야 한다.

④ 시·도지사는 소방업무의 응원을 요청하는 경우를 대비하여 출동 대상지역 및 규모와 필요한 경비의 부담 등에 관하여 필요한 사항을 대통령령으로 정하는 바에 따라 이웃하는 시·도지사와 협의하여 미리 규약으로 정해야 한다.

해설

시·도지사는 소방업무의 응원을 요청하는 경우를 대비하여 출동 대상지역 및 규모와 필요한 경비의 부담 등에 관하여 필요한 사항을 행정안전부령으로 정하는 바에 따라 이웃하는 시·도지사와 협의하여 미리 규약으로 정해야 한다(법 제11조).

57 소방시설공사업령상 소방공사감리업을 등록한 자가 수행해야 할 업무가 아닌 것은?

① 완공된 소방시설 등의 성능시험
② 소방시설 등 설계변경 사항의 적합성 검토
③ 소방시설 등의 설치계획표의 적법성 검토
④ 소방용품 형식승인 및 제품검사의 기술기준에 대한 적합성 검토

해설

감리업자의 업무(법 제16조)
• 소방시설 등의 설치계획표의 적법성 검토
• 소방시설 등 설계도서의 적합성(적법성과 기술상의 합리성) 검토
• 소방시설 등 설계변경 사항의 적합성 검토
• 소방용품의 위치·규격 및 사용 자재의 적합성 검토
• 공사업자가 한 소방시설 등의 시공이 설계도서와 화재안전기준에 맞는지에 대한 지도·감독
• 완공된 소방시설 등의 성능시험
• 공사업자가 작성한 시공 상세도면의 적합성 검토
• 피난시설 및 방화시설의 적법성 검토
• 실내장식물의 불연화(不燃化)와 방염 물품의 적법성 검토

58 소방시설공사업령상 소방시설업에 대한 행정처분기준에서 1차 행정처분 사항으로 등록취소에 해당하는 것은?

① 거짓이나 그 밖의 부정한 방법으로 등록한 경우
② 소속 소방기술자를 공사현장에 배치하지 않거나 거짓으로 한 경우
③ 화재안전기준 등에 적합하게 설계·시공을 하지 않거나, 법에 따라 적합하게 감리를 하지 않은 경우
④ 등록을 한 후 정당한 사유 없이 1년이 지날 때까지 영업을 시작하지 않거나 계속하여 1년 이상 휴업한 때

해설

행정처분의 기준(규칙 별표 1)

위반사항	행정처분기준		
	1차	2차	3차
거짓이나 그 밖의 부정한 방법으로 등록한 경우	등록 취소	–	–
소속 소방기술자를 공사현장에 배치하지 않거나 거짓으로 한 경우	경고 (시정 명령)	영업 정지 1개월	등록 취소
화재안전기준 등에 적합하게 설계·시공을 하지 않거나, 법에 따라 적합하게 감리를 하지 않은 경우	영업 정지 1개월	영업 정지 3개월	등록 취소
등록을 한 후 정당한 사유 없이 1년이 지날 때까지 영업을 시작하지 않거나 계속하여 1년 이상 휴업한 때	경고 (시정 명령)	등록 취소	–

59 다음 중 소방기본법령상 한국소방안전원의 업무가 아닌 것은?

① 소방기술과 안전관리에 관한 교육 및 조사·연구
② 위험물탱크 성능시험
③ 소방기술과 안전관리에 관한 각종 간행물 발간
④ 화재예방과 안전관리의식 고취를 위한 대국민 홍보

해설
한국소방안전원의 업무(법 제41조)
• 소방기술과 안전관리에 관한 교육 및 조사·연구
• 소방기술과 안전관리에 관한 각종 간행물 발간
• 화재예방과 안전관리의식 고취를 위한 대국민 홍보
• 소방업무에 관하여 행정기관이 위탁하는 업무
• 소방안전에 관한 국제협력
• 그 밖의 회원에 대한 기술지원 등 정관으로 정하는 사항

60 위험물안전관리법령상 제조소 등이 아닌 장소에서 지정수량 이상의 위험물 취급에 대한 설명으로 틀린 것은?

① 임시로 저장 또는 취급하는 장소에서의 저장 또는 취급의 기준은 시·도의 조례로 정한다.
② 필요한 승인을 받아 지정수량 이상의 위험물을 120일 이내의 기간동안 임시로 저장 또는 취급하는 경우 제조소 등이 아닌 장소에서 지정수량 이상의 위험물을 취급할 수 있다.
③ 제조소 등이 아닌 장소에서 지정수량 이상의 위험물을 취급할 경우 관할 소방서장의 승인을 받아야 한다.
④ 군부대가 지정수량 이상의 위험물을 군사목적으로 임시로 저장 또는 취급하는 경우 제조소 등이 아닌 장소에서 지정수량 이상의 위험물을 취급할 수 있다.

해설
위험물의 임시저장기간(법 제5조) : 관할 소방서장의 승인을 받아 지정수량 이상의 위험물을 90일 이내

61 소화기구 및 자동소화장치의 화재안전기술기준상 대형소화기의 정의 중 다음 (   )안에 알맞은 것은?

화재 시 사람이 운반할 수 있도록 운반대와 바퀴가 설치되어 있고 능력단위가 A급 (㉠)단위 이상, B급 (㉡)단위 이상인 소화기를 말한다.

① ㉠ 20, ㉡ 10
② ㉠ 10, ㉡ 20
③ ㉠ 10, ㉡ 5
④ ㉠ 5, ㉡ 10

해설
대형소화기 : 화재 시 사람이 운반할 수 있도록 운반대와 바퀴가 설치되어 있고 능력단위가 A급 10단위 이상, B급 20단위 이상인 소화기

62 분말소화설비의 화재안전기술기준상 분말소화약제의 가압용 가스 또는 축압용 가스의 설치 기준으로 틀린 것은?

① 가압용 가스에 질소가스를 사용하는 것의 질소가스는 소화약제 1[kg]마다 40[L](35[℃]에서 1기압의 압력 상태로 환산한 것) 이상으로 할 것
② 가압용 가스에 이산화탄소를 사용하는 것의 이산화탄소는 소화약제 1[kg]에 대하여 20[g]에 배관의 청소에 필요한 양을 가산한 양 이상으로 할 것
③ 축압용 가스에 질소가스를 사용하는 것의 질소가스는 소화약제 1[kg]에 대하여 40[L](35[℃]에서 1기압의 압력 상태로 환산한 것) 이상으로 할 것
④ 축압용 가스에 이산화탄소를 사용하는 것의 이산화탄소는 소화약제 1[kg]에 대하여 20[g]에 배관의 청소에 필요한 양을 가산한 양 이상으로 할 것

해설
축압용 가스에 질소가스를 사용하는 것의 질소가스는 소화약제 1[kg]에 대하여 10[L](35[℃]에서 1기압의 압력 상태로 환산한 것) 이상으로 할 것

63 포소화설비의 화재안전기술기준상 포소화설비의 자동식 기동장치에 화재감지기를 사용하는 경우 화재감지기 회로의 발신기 설치기준 중 ( ) 안에 알맞은 것은?(단, 자동화재탐지설비의 수신기가 설치된 장소에 상시 사람이 근무하고 있고, 화재 시 즉시 해당 조작부를 작동시킬 수 있는 경우는 제외한다)

> 특정소방대상물의 층마다 설치하되, 해당 특정소방대상물의 각 부분으로부터 수평거리가 (㉠)[m] 이하가 되도록 할 것. 다만, 복도 또는 별도로 구획된 실로서 보행거리가 (㉡)[m] 이상일 경우에는 추가로 설치해야 한다.

① ㉠ 25, ㉡ 30

② ㉠ 25, ㉡ 40

③ ㉠ 15, ㉡ 30

④ ㉠ 15, ㉡ 40

해설

화재감지기 회로에 발신기 설치기준

- 조작이 쉬운 장소에 설치하고, 스위치는 바닥으로부터 0.8[m] 이상 1.5[m] 이하의 높이에 설치할 것
- 특정소방대상물의 층마다 설치하되, 해당 특정소방대상물의 각 부분으로부터 수평거리가 25[m] 이하가 되도록 할 것. 다만, 복도 또는 별도로 구획된 실로서 보행거리가 40[m] 이상일 경우에는 추가로 설치해야 한다.
- 발신기의 위치를 표시하는 표시등은 함의 상부에 설치하되, 그 불빛은 부착 면으로부터 15° 이상의 범위에서 부착지점으로부터 10[m] 이내의 어느 곳에서도 쉽게 알아볼 수 있는 적색등으로 할 것

64 특별피난계단의 계단실 및 부속실 제연설비의 화재안전기술기준상 급기풍도 단면의 긴변 길이가 1,300[mm]인 경우 강판의 두께는 최소 몇 [mm] 이상이어야 하는가?

① 0.6   ② 0.8

③ 1.0   ④ 1.2

해설

풍도의 크기에 따른 강판의 두께

풍도단면의 긴변 또는 직경의 크기	강판 두께
450[mm] 이하	0.5[mm]
450[mm] 초과 750[mm] 이하	0.6[mm]
750[mm] 초과 1,500[mm] 이하	0.8[mm]
1,500[mm] 초과 2,250[mm] 이하	1.0[mm]
2,250[mm] 초과	1.2[mm]

65 옥외소화전설비의 화재안전기술기준상 옥외소화전설비에서 성능시험배관의 유량측정장치는 펌프 정격토출량의 최소 몇 [%] 이상까지 측정할 수 있는 성능이 있어야 하는가?

① 175[%]   ② 150[%]

③ 75[%]   ④ 50[%]

해설

유량측정장치는 펌프 정격토출량의 175[%] 이상까지 측정할 수 있는 성능이 있을 것

66 할론소화설비의 화재안전기술기준상 자동차 차고나 주차장에 할론 1301 소화약제로 전역방출방식의 소화설비를 설치한 경우 방호구역의 체적 1[m³]당 얼마의 소화약제가 필요한가?

① 0.32[kg] 이상 0.64[kg] 이하
② 0.36[kg] 이상 0.71[kg] 이하
③ 0.40[kg] 이상 1.10[kg] 이하
④ 0.60[kg] 이상 0.71[kg] 이하

해설

체적 1[m³]당 소화약제량

소방대상물 또는 그 부분		소화약제의 종류	체적1[m³]당 소화약제량
차고, 주차장, 전기실, 통신기기실, 전산실, 기타 이와 유사한 전기설비가 설치되어 있는 부분		할론 1301	0.32[kg] 이상 0.64[kg] 이하
특수 가연물을 저장·취급하는 소방대상물 또는 그 부분	가연성고체류, 가연성액체류	할론 2402	0.40[kg] 이상 1.10[kg] 이하
		할론 1211	0.36[kg] 이상 0.71[kg] 이하
		할론 1301	0.32[kg] 이상 0.64[kg] 이하
	면화류, 나무껍질, 대팻밥, 넝마, 종이부스러기, 사류, 볏짚류 등 목재가공품 및 나무부스러기를 저장·취급하는 것	할론 1211	0.60[kg] 이상 0.71[kg] 이하
		할론 1301	0.52[kg] 이상 0.64[kg] 이하
	합성수지류를 저장·취급하는 것	할론 1211	0.36[kg] 이상 0.71[kg] 이하
		할론 1301	0.32[kg] 이상 0.64[kg] 이하

67 소화기구 및 자동소화장치의 화재안전기술기준상 타고 나서 재가 남는 일반화재에 해당하는 일반가연물로 옳은 것은?

① 고 무
② 타 르
③ 솔벤트
④ 유성도료

해설

일반화재(A급 화재) : 나무, 섬유, 종이, 고무, 플라스틱류와 같은 일반가연물이 타고 나서 재가 남는 화재를 말한다. 일반화재에 대한 소화기의 적응 화재별 표시는 'A'로 표시한다.

68 특별피난계단의 계단실 및 부속실 제연설비의 화재안전기술기준상 차압 등에 관한 기준으로 옳은 것은?

① 제연설비가 가동되었을 경우 출입문의 개방에 필요한 힘은 150[N] 이하로 해야 한다.
② 제연구역과 옥내와의 사이에 유지해야 하는 최소 차압은 옥내에 스프링클러설비가 설치된 경우에는 40[Pa] 이상으로 해야 한다.
③ 계단실과 부속실을 동시에 제연하는 경우 부속실의 기압은 계단실과 같게 하거나 계단실의 기압보다 낮게 할 경우에는 부속실과 계단실의 압력 차이는 3[Pa] 이하가 되도록 해야 한다.
④ 제연구역의 출입문이 일시적으로 개방되는 경우 개방되지 않은 제연구역과 옥내와의 차압은 기준에 따른 차압의 70[%] 이상이어야 한다.

해설

차압 등에 관한 기준
• 제연설비가 가동되었을 경우 출입문의 개방에 필요한 힘은 110[N] 이하로 해야 한다.
• 제연구역과 옥내와의 사이에 유지해야 하는 최소 차압은 40[Pa] (옥내에 스프링클러설비가 설치된 경우에는 12.5[Pa]) 이상으로 해야 한다.
• 계단실과 부속실을 동시에 제연하는 경우 부속실의 기압은 계단실과 같게 하거나 계단실의 기압보다 낮게 할 경우에는 부속실과 계단실의 압력 차이는 5[Pa] 이하가 되도록 해야 한다.
• 제연구역의 출입문이 일시적으로 개방되는 경우 개방되지 않은 제연구역과 옥내와의 차압은 기준에 따른 차압의 70[%] 이상이어야 한다.

69 스프링클러설비의 화재안전기술기준상 고가수조를 이용한 가압송수장치의 설치기준 중 고가수조에 설치하지 않아도 되는 것은?

① 수위계
② 배수관
③ 압력계
④ 오버플로우관

해설
압력계 : 압력수조에 설치

70 상수도소화용수설비의 화재안전기술기준상 소화전은 특정소방대상물의 수평투영면의 각 부분으로부터 최대 몇 [m] 이하가 되도록 설치해야 하는가?

① 100
② 120
③ 140
④ 150

해설
상수도소화용수설비의 설치기준
• 호칭지름 75[mm] 이상의 수도배관에 호칭지름 100[mm] 이상의 소화전을 접속할 것
• 소화전은 소방자동차 등의 진입이 쉬운 도로변 또는 공지에 설치할 것
• 소화전은 특정소방대상물의 수평투영면의 각 부분으로부터 140[m] 이하가 되도록 설치할 것
• 지상식 소화전의 호스접결구는 지면으로부터 높이가 0.5[m] 이상 1[m] 이하가 되도록 설치할 것

71 상수도소화용수설비의 화재안전기술기준상 상수도 소화용수설비 소화전의 설치기준 중 다음 (   ) 안에 알맞은 것은?

> 호칭지름 (㉠)[mm] 이상의 수도 배관에 호칭지름 (㉡)[mm] 이상의 소화전을 접속할 것

① ㉠ 65, ㉡ 120
② ㉠ 75, ㉡ 100
③ ㉠ 80, ㉡ 90
④ ㉠ 100, ㉡ 100

해설
호칭지름 75[mm] 이상의 수도 배관에 호칭지름 100[mm] 이상의 소화전을 접속할 것

72 구조대의 형식승인 및 제품검사의 기술기준상 경사강하식 구조대의 구조 기준으로 틀린 것은?

① 연속하여 활강할 수 있는 구조로 안전하고 쉽게 사용할 수 있어야 한다.
② 경사구조대 본체는 강하방향으로 봉합부가 설치되지 않아야 한다.
③ 입구틀 및 고정틀의 입구는 지름 40[cm] 이상의 구체가 통과할 수 있어야 한다.
④ 본체의 포지는 하부지지장치에 인장력이 균등하게 걸리도록 부착해야 하며 하부지지장치는 쉽게 조작할 수 있어야 한다.

해설
경사강하식 구조대의 구조(구조대의 형식승인 및 제품검사의 기술기준 제3조)
• 연속하여 활강할 수 있는 구조로 안전하고 쉽게 사용할 수 있어야 한다.
• 입구틀 및 고정틀의 입구는 지름 60[cm] 이상의 구체가 통과할 수 있어야 한다.
• 포지는 사용 시에 수직 방향으로 현저하게 늘어나지 않아야 한다.
• 포지, 지지틀, 고정틀, 그 밖의 부속장치 등은 견고하게 부착되어야 한다.
• 경사구조대 본체는 강하방향으로 봉합부가 설치되지 않아야 한다.
• 경사구조대 본체의 활강부는 낙하방지를 위해 포를 이중구조로 하거나 또는 망목의 변의 길이가 8[cm] 이하인 망을 설치해야 한다. 다만, 구조상 낙하방지의 성능을 갖고 있는 경사구조대의 경우에는 그렇지 않다.
• 본체의 포지는 하부지지장치에 인장력이 균등하게 걸리도록 부착해야 하며 하부지지장치는 쉽게 조작할 수 있어야 한다.
• 손잡이는 출구부근에 좌우 각 3개 이상 균일한 간격으로 견고하게 부착해야 한다.
• 경사구조대 본체의 끝부분에는 길이 4[m] 이상, 지름 4[mm] 이상의 유도선을 부착해야 하며, 유도선 끝에는 중량 3[N] 이상의 모래주머니 등을 설치해야 한다.
• 땅에 닿을 때 충격을 받는 부분에는 완충장치로서 받침포 등을 부착해야 한다.

73 분말소화설비의 화재안전기술기준상 차고 또는 주차장에 설치하는 분말소화설비의 소화약제는?

① 제1종 분말
② 제2종 분말
③ 제3종 분말
④ 제4종 분말

해설

차고, 주차장 : 제3종 분말

74 피난사다리의 형식승인 및 제품검사의 기술기준상 피난사다리의 일반구조 기준으로 옳은 것은?

① 피난사다리는 2개 이상의 횡봉으로 구성되어야 한다. 다만, 고정식사다리인 경우에는 종봉의 수를 1개로 할 수 있다.
② 피난사다리(종봉이 1개인 고정식사다리는 제외한다)의 종봉의 간격은 최외각 종봉 사이의 안치수가 15[cm] 이상이어야 한다.
③ 피난사다리의 횡봉은 지름 15[mm] 이상 25[mm] 이하의 원형인 단면이거나 또는 이와 비슷한 손으로 잡을 수 있는 형태의 단면이 있는 것이어야 한다.
④ 피난사다리의 횡봉은 종봉에 동일한 간격으로 부착한 것이어야 하며, 그 간격은 25[cm] 이상 35[cm] 이하이어야 한다.

해설

일반구조(피난사다리의 형식승인 및 제품검사의 기술기준 제3조)
• 안전하고 확실하며 쉽게 사용할 수 있는 구조이어야 한다.
• 피난사다리는 2개 이상의 종봉(내림식사다리에 있어서는 이에 상당하는 와이어로프 · 체인, 그 밖의 금속제의 봉 또는 관) 및 횡봉으로 구성되어야 한다. 다만, 고정식사다리인 경우에는 종봉의 수를 1개로 할 수 있다.
• 피난사다리(종봉이 1개인 고정식사다리는 제외)의 종봉의 간격은 최외각 종봉 사이의 안치수가 30[cm] 이상이어야 한다.
• 피난사다리의 횡봉은 지름 14[mm] 이상 35[mm] 이하의 원형인 단면이거나 또는 이와 비슷한 손으로 잡을 수 있는 형태의 단면이 있는 것이어야 한다.
• 피난사다리의 횡봉은 종봉에 동일한 간격으로 부착한 것이어야 하며, 그 간격은 25[cm] 이상 35[cm] 이하이어야 한다.
• 피난사다리 횡봉의 디딤면은 미끄러지지 않는 구조이어야 한다.

75 간이스프링클러설비의 화재안전기술기준상 간이스프링클러설비의 배관 및 밸브 등의 설치 순서로 맞는 것은?

① 상수도직결형은 수도용계량기, 급수차단장치, 개폐표시형밸브, 체크밸브, 압력계, 유수검지장치, 2개의 시험밸브의 순으로 설치할 것
② 펌프 설치 시 수원, 연성계 또는 진공계, 펌프 또는 압력수조, 압력계, 체크밸브, 개폐표시형밸브, 유수검지장치, 2개의 시험밸브의 순으로 설치할 것
③ 가압수조를 이용 시에는 수원, 가압수조, 압력계, 체크밸브, 개폐표시형밸브, 유수검지장치, 1개의 시험밸브의 순으로 설치할 것
④ 캐비닛형인 경우 수원, 펌프 또는 압력수조, 압력계, 체크밸브, 연성계 또는 진공계, 개폐표시형밸브 순으로 설치할 것

해설

간이스프링클러설비의 배관 및 밸브 등의 설치 순서
• 상수도 직결형
수도용계량기, 급수차단장치, 개폐표시형밸브, 체크밸브, 압력계, 유수검지장치(압력스위치 등 유수검지장치와 동등 이상의 기능과 성능이 있는 것을 포함), 2개의 시험밸브의 순서로 설치할 것
• 펌프 등의 가압송수장치
수원, 연성계 또는 진공계(수원이 펌프보다 높은 경우를 제외), 펌프 또는 압력수조, 압력계, 체크밸브, 성능시험배관, 개폐표시형밸브, 유수검지장치, 시험밸브의 순서로 설치할 것
• 가압수조를 가압송수장치
배관 및 밸브 등을 설치하는 경우에는 수원, 가압수조, 압력계, 체크밸브, 성능시험배관, 개폐표시형밸브, 유수검지장치, 2개의 시험밸브의 순서로 설치할 것
• 캐비닛형의 가압송수장치
수원, 연성계 또는 진공계(수원이 펌프보다 높은 경우를 제외), 펌프 또는 압력수조, 압력계, 체크밸브, 개폐표시형밸브, 2개의 시험밸브의 순서로 설치할 것

76 스프링클러설비의 화재안전기술기준상 스프링클러헤드 설치 시 살수가 방해되지 않도록 벽과 스프링클러헤드 간의 공간은 최소 몇 [cm] 이상으로 해야 하는가?

① 60 ② 30
③ 20 ④ 10

해설
벽과 헤드 간의 이격거리 : 10[cm] 이상

77 물분무소화설비의 화재안전기술기준상 차고 또는 주차장에 설치하는 물분무소화설비의 배수설비 기준으로 틀린 것은?

① 차량이 주차하는 바닥은 배수구를 향하여 100분의 2 이상의 기울기를 유지할 것
② 차량이 주차하는 장소의 적당한 곳에 높이 5[cm] 이상의 경계턱으로 배수구를 설치할 것
③ 배수설비는 가압송수장치의 최대송수능력의 수량을 유효하게 배수할 수 있는 크기 및 기울기로 할 것
④ 배수구에는 새어나온 기름을 모아 소화할 수 있도록 길이 40[m] 이하마다 집수관·소화피트 등 기름분리장치를 설치할 것

해설
물분무소화설비(차고, 주차장)의 배수설비 설치기준
• 차량이 주차하는 장소의 적당한 곳에 높이 10[cm] 이상의 경계턱으로 배수구를 설치할 것
• 배수구에는 새어나온 기름을 모아 소화할 수 있도록 길이 40[m] 이하마다 집수관·소화피트 등 기름분리장치를 설치할 것
• 차량이 주차하는 바닥은 배수구를 향하여 100분의 2 이상의 기울기를 유지할 것
• 배수설비는 가압송수장치의 최대송수능력의 수량을 유효하게 배수할 수 있는 크기 및 기울기로 할 것

78 미분무소화설비의 화재안전기술기준상 용어의 정의 중 다음 ( )안에 알맞은 것은?

"미분무"란 물만을 사용하여 소화하는 방식으로 최소설계압력에서 헤드로부터 방출되는 물입자 중 99[%]의 누적체적분포가 (㉠)[μm] 이하로 분무되고 (㉡)급 화재에 적응성을 갖는 것을 말한다.

① ㉠ 400, ㉡ A, B, C
② ㉠ 400, ㉡ B, C
③ ㉠ 200, ㉡ A, B, C
④ ㉠ 200, ㉡ B, C

해설
미분무 : 물만을 사용하여 소화하는 방식으로 최소설계압력에서 헤드로부터 방출되는 물입자 중 99[%]의 누적체적분포가 400[μm] 이하로 분무되고 A, B, C급 화재에 적응성을 갖는 것을 말한다.

79 포소화설비의 화재안전기술기준상 포소화설비의 자동식 기동장치에 폐쇄형 스프링클러헤드를 사용하는 경우에 대한 설치기준 중 다음 ( )안에 알맞은 것은?(단, 자동화재탐지설비의 수신기가 설치된 장소에 상시 사람이 근무하고 있고, 화재 시 즉시 해당 조작부를 작동시킬 수 있는 경우는 제외한다)

> • 표시온도가 (㉠)[℃] 미만인 것을 사용하고, 1개의 스프링클러헤드의 경계면적은 (㉡)[m²] 이하로 할 것
> • 부착면의 높이는 바닥으로부터 (㉢)[m] 이하로 하고, 화재를 유효하게 감지할 수 있도록 할 것

① ㉠ 60, ㉡ 10, ㉢ 7
② ㉠ 60, ㉡ 20, ㉢ 7
③ ㉠ 79, ㉡ 10, ㉢ 5
④ ㉠ 79, ㉡ 20, ㉢ 5

해설

폐쇄형 스프링클러헤드를 사용하는 경우 설치기준
• 표시온도가 79[℃] 미만인 것을 사용하고, 1개의 스프링클러헤드의 경계면적은 20[m²] 이하로 할 것
• 부착면의 높이는 바닥으로부터 5[m] 이하로 하고, 화재를 유효하게 감지할 수 있도록 할 것
• 하나의 감지장치 경계구역은 하나의 층이 되도록 할 것

80 할론소화설비의 화재안전기술기준상 할론소화약제 저장용기의 설치기준 중 다음 ( )안에 알맞은 것은?

> 축압식 저장용기의 압력은 온도 20[℃]에서 할론 1301을 저장하는 것은 (㉠)[MPa] 또는 (㉡)[MPa]이 되도록 질소가스로 축압할 것

① ㉠ 2.5, ㉡ 4.2
② ㉠ 2.0, ㉡ 3.5
③ ㉠ 1.5, ㉡ 3.0
④ ㉠ 1.1, ㉡ 2.5

해설

축압식 저장용기의 압력기준

약제종류	축압가스	할론 1301	할론 1211
저장용기의 압력	질 소	2.5[MPa] 또는 4.2[MPa]	1.1[MPa] 또는 2.5[MPa]

제1과목 소방원론

01 목조건축물의 화재특성으로 틀린 것은?

① 습도가 낮을수록 연소 확대가 빠르다.
② 화재진행속도는 내화건축물보다 빠르다.
③ 화재최성기의 온도는 내화건축물보다 낮다.
④ 화재성장속도는 횡방향보다 종방향이 빠르다.

해설
목조건축물은 화재최성기일 때의 온도는 약 1,100[℃]로서 내화건축물보다 높다.

02 물이 소화약제로서 사용되는 장점이 아닌 것은?

① 가격이 저렴하다.
② 많은 양을 구할 수 있다.
③ 증발잠열이 크다.
④ 가연물과 화학반응이 일어나지 않는다.

해설
물소화약제의 장점
• 구하기 쉽다.
• 가격이 저렴하다.
• 비열과 증발잠열이 크다.

03 정전기로 인한 화재를 줄이고 방지하기 위한 대책 중 틀린 것은?

① 공기 중 습도를 일정 값 이상으로 유지한다.
② 기기의 전기 절연성을 높이기 위하여 부도체로 차단공사를 한다.
③ 공기 이온화 장치를 설치하여 가동시킨다.
④ 정전기 축적을 막기 위해 접지선을 이용하여 대지로 연결작업을 한다.

해설
정전기 방지법
• 접지할 것
• 상대습도를 70[%] 이상으로 할 것
• 공기를 이온화할 것

04 프로페인 가스의 최소점화에너지는 일반적으로 약 몇 [mJ] 정도 되는가?

① 0.25[mJ]　　② 2.5[mJ]
③ 25[mJ]　　④ 250[mJ]

해설
최소점화에너지 : 어떤 물질이 공기와 혼합하였을 때 점화원으로 발화하기 위하여 최소한 에너지

종 류	최소점화에너지[mJ]
메테인	0.28
프로페인	0.25
에틸렌	0.096
아세틸렌, 수소, 이황화탄소	0.019

05 목재 화재 시 다량의 물을 뿌려 소화할 경우 기대되는 주된 소화효과는?

① 제거효과

② 냉각효과

③ 부촉매효과

④ 희석효과

해설

냉각효과 : 목재 화재 시 다량의 물을 뿌려 발화점 이하로 낮추어 소화하는 방법

06 물질의 연소 시 산소공급원이 될 수 없는 것은?

① 탄화칼슘

② 과산화나트륨

③ 질산나트륨

④ 압축공기

해설

산소공급원(제1류 위험물, 제6류 위험물)

종 류	탄화칼슘	과산화 나트륨	질산 나트륨	압축공기
유 별	제3류 위험물	제1류 위험물	제1류 위험물	산 소

07 다음 물질 중 공기 중에서의 연소범위가 가장 넓은 것은?

① 뷰테인   ② 프로페인

③ 메테인   ④ 수 소

해설

연소범위

종 류	뷰테인	프로페인	메테인	수 소
연소 범위	1.8~8.4[%]	2.1~9.5[%]	5.0~15.0[%]	4.0~75[%]

08 이산화탄소 20[g]은 약 몇 [mol]인가?

① 0.23

② 0.45

③ 2.2

④ 4.4

해설

이산화탄소(CO_2)의 분자량 : 44

$$mol(몰) = \frac{무게}{분자량} = \frac{20[g]}{44[g/g-mol]} = 0.45[g-mol]$$

09 플래시 오버(Flash Over)에 대한 설명으로 옳은 것은?

① 도시가스의 폭발적 연소를 말한다.

② 휘발유 등 가연성 액체가 넓게 흘러서 발화한 상태를 말한다.

③ 옥내화재가 서서히 진행하여 열 및 가연성 기체가 축적되었다가 일시에 연소하여 화염이 크게 발생하는 상태를 말한다.

④ 화재층의 불이 상부층으로 올라가는 현상을 말한다.

해설

플래시 오버(Flash Over) : 옥내화재가 서서히 진행하여 열 및 가연성 기체가 축적되었다가 일시에 연소하여 화염이 크게 발생하는 상태를 말하며 성장기에서 최성기로 넘어가는 단계에서 발생한다.

10 제4류 위험물의 성질로 옳은 것은?

① 가연성 고체

② 산화성 고체

③ 인화성 액체

④ 자기반응성 물질

해설

위험물의 성질

유 별	성 질
제1류 위험물	산화성 고체
제2류 위험물	가연성 고체
제3류 위험물	자연발화성 및 금수성 물질
제4류 위험물	인화성 액체
제5류 위험물	자기반응성 물질
제6류 위험물	산화성 액체

11 할론소화설비에서 Halon 1211 약제의 분자식은?

① CBr_2ClF

② CF_2ClBr

③ CCl_2BrF

④ BrC_2ClF

해설

할론소화약제

종류 구 분	할론 1301	할론 1211	할론 2402	할론 1011
분자식	CF_3Br	CF_2ClBr	$C_2F_4Br_2$	CH_2ClBr

12 다음 중 가연물의 제거를 통한 소화방법과 무관한 것은?

① 산불의 확산방지를 위하여 산림의 일부를 벌채한다.

② 화학반응기의 화재 시 원료 공급관의 밸브를 잠근다.

③ 전기실 화재 시 IG-541 약제를 방출한다.

④ 유류탱크 화재 시 주변에 있는 유류탱크의 유류를 다른 곳으로 이동시킨다.

해설

전기실 화재 시 IG-541 약제를 방출하면 질식소화하여 소화한다.

13 내화건축물의 표준시간-온도곡선에서 화재 발생 후 1시간이 경과할 경우 내부온도는 약 몇 [℃] 정도 되는가?

① 125[℃]　　　　② 325[℃]

③ 640[℃]　　　　④ 925[℃]

해설

내화건축물의 내부온도

시 간	30분 후	1시간 후	2시간 후	3시간 후
온 도	840[℃]	950[℃]	1,010[℃]	1,050[℃]

※ 1시간 후 : 950[℃](925[℃])로서 자료마다 약간의 차이가 있다.

14 위험물안전관리법령상 위험물로 분류되는 것은?

① 과산화수소

② 압축산소

③ 프로페인 가스

④ 포스겐

해설

과산화수소 : 제6류 위험물

15 연기에 의한 감광계수가 0.1[m⁻¹], 가시거리가 20 ~30[m]일 때의 상황으로 옳은 것은?

① 건물 내부에 익숙한 사람이 피난에 지장을 느낄 정도
② 연기감지기가 작동할 정도
③ 어두운 것을 느낄 정도
④ 앞이 거의 보이지 않을 정도

해설

연기농도와 가시거리

감광계수[m⁻¹]	가시거리[m]	상 황
0.1	20~30	연기감지기가 작동할 때의 정도
0.3	5	건물 내부에 익숙한 사람이 피난에 지장을 느낄 정도
0.5	3	어두침침한 것을 느낄 정도
1	1~2	거의 앞이 보이지 않을 정도
10	0.2~0.5	화재 최성기 때의 정도
30	-	출화실에서 연기가 분출될 때의 연기농도

16 물질의 취급 또는 위험성에 대한 설명 중 틀린 것은?

① 용해열은 점화원이다.
② 질산은 물과 반응 시 발열반응하므로 주의를 해야 한다.
③ 네온, 이산화탄소, 질소는 불연성물질로 취급한다.
④ 암모니아를 충전하는 공업용 용기의 색상은 백색이다.

해설

용해열, 기화열은 점화원이 아니다.

17 Fourier법칙(전도)에 대한 설명으로 틀린 것은?

① 이동열량은 전열체의 단면적에 비례한다.
② 이동열량은 전열체의 두께에 비례한다.
③ 이동열량은 전열체의 열전도도에 비례한다.
④ 이동열량은 전열체 내·외부의 온도차에 비례한다.

해설

푸리에법칙(전도)

$$q = kA\frac{dt}{dl}[\text{kcal/h}]$$

여기서, k : 열전도도[kcal/m·h·℃]
  A : 열전달면적[m²]
  dt : 온도차[℃]
  dl : 미소거리[m]
※ 이동열량은 전열체의 미소거리에 반비례한다.

18 자연발화가 일어나기 쉬운 조건이 아닌 것은?

① 열전도율이 클 것
② 적당량의 수분이 존재할 것
③ 주위의 온도가 높을 것
④ 표면적이 넓을 것

해설

열전도율이 크면 자연발화가 일어나기 어렵다.

19 분말소화약제 중 탄산수소칼륨(KHCO₃)과 요소[CO(NH₂)₂]의 반응물을 주성분으로 하는 소화약제는?

① 제1종 분말

② 제2종 분말

③ 제3종 분말

④ 제4종 분말

해설

분말소화약제의 종류

종 류	주성분	착 색	적응 화재
제1종 분말	탄산수소나트륨($NaHCO_3$)	백 색	B, C급
제2종 분말	탄산수소칼륨($KHCO_3$)	담회색	B, C급
제3종 분말	제일인산암모늄($NH_4H_2PO_4$)	담홍색	A, B, C급
제4종 분말	탄산수소칼륨 + 요소 ($KHCO_3$ + $(NH_2)_2CO$)	회 색	B, C급

20 폭굉(Detonation)에 관한 설명으로 틀린 것은?

① 연소속도가 음속보다 느릴 때 나타난다.

② 온도의 상승은 충격파의 압력에 기인한다.

③ 압력상승은 폭연의 경우보다 크다.

④ 폭굉의 유도거리는 배관의 지름과 관계가 있다.

해설

폭굉은 음속보다 빠를 때 나타난다.

21 2[MPa], 400[℃]의 과열 증기를 단면확대 노즐을 통하여 20[kPa]로 분출시킬 경우 최대 속도는 약 몇 [m/s]인가?(단, 노즐입구에서 엔탈피는 3,243.3[kJ/kg]이고, 출구에서 엔탈피는 2,345.8[kJ/kg]이며, 입구속도는 무시한다)

① 1,340   ② 1,349

③ 1,402   ④ 1,412

해설

노즐에서의 분출속도

개방계에서 정상유동에 대한 에너지방정식

$$h_1 + \frac{u_1^2}{2} + gz_1 + q = h_2 + \frac{u_2^2}{2} + gz_2 + w_t$$

노즐을 통과하는 유동은 가열량(q), 위치에너지($z_1 - z_2$), 외부에 한 일(w_t)를 무시할 수 있으며 출구속도와 입구속도는 $u_2 \gg u_1$ 이므로 입구속도(u_1)는 무시한다.

에너지방정식 $h_1 = h_2 + \dfrac{u_2^2}{2}$ 에서

출구속도 $u_2 = \sqrt{2(h_1 - h_2)}$ [m/s]

$\therefore$ 출구속도 $u_2 = \sqrt{2(h_1 - h_2)}$

$\qquad\qquad = \sqrt{2 \times (3,243.3 \times 10^3 - 2,345.8 \times 10^3)[\text{J/kg}]}$

$\qquad\qquad = 1,339.78[\text{m/s}] \fallingdotseq 1,340[\text{m/s}]$

22 원형 물탱크의 안지름이 1[m]이고, 아래쪽 옆면에 안지름 100[mm]인 송출관을 통해 물을 수송할 때의 순간 유속이 3[m/s]이었다. 이때 탱크 내 수면이 내려오는 속도는 몇 [m/s]인가?

① 0.015   ② 0.02

③ 0.025   ④ 0.03

해설

속 도

연속방정식 $Q = A_1 u_1 = A_2 u_2$ 에서

$$Q = \left(\frac{\pi}{4} \times d_1^2\right)u_1 = \left(\frac{\pi}{4} \times d_2^2\right)u_2$$

$\therefore$ 탱크 내 수면이 내려오는 속도

$$u_1 = u_2 \times \left(\frac{d_2}{d_1}\right)^2 = 3[\text{m/s}] \times \left(\frac{0.1[\text{m}]}{1[\text{m}]}\right)^2 = 0.03[\text{m/s}]$$

23 지름 5[cm]인 구가 대류에 의해 열을 외부공기로 방출한다. 이 구는 50[W]의 전기히터에 의해 내부에서 가열되고 있고 구 표면과 공기 사이의 온도차가 30[℃]라면 공기와 구 사이의 대류 열전달계수는 약 몇 [W/m² · ℃]인가?

① 111 ② 212
③ 313 ④ 414

해설
대류 열전달계수
총 열전달률 $q = h A \Delta t$ [W]
여기서, h : 대류 열전달계수
　　　　Δt : 온도차
　　　　$A = 4\pi r^2$
　　　　[열전달의 방향에 수직인 구의 면적 = $4 \times \pi \times (0.025[\text{m}])^2$]
$\therefore h = \dfrac{q}{A \Delta t} = \dfrac{50}{(4\pi \times 0.025^2) \times 30} = 212.21 [\text{W/m}^2 \cdot \text{℃}]$

24 소화펌프의 회전수가 1,450[rpm]일 때 양정이 25[m], 유량이 5[m³/min]이었다. 펌프의 회전수를 1,740[rpm]으로 높일 경우 양정[m]과 유량[m³/min]은?(단, 완전상사가 유지되고, 회전차의 지름은 일정하다)

① 양정 : 17, 유량 : 4.2
② 양정 : 21, 유량 : 5
③ 양정 : 30.2, 유량 : 5.2
④ 양정 : 36, 유량 : 6

해설
펌프의 상사법칙

• 전양정(수두) $H_2 = H_1 \times \left(\dfrac{N_2}{N_1}\right)^2 \times \left(\dfrac{D_2}{D_1}\right)^2$
　　　　　　　　$= 25[\text{m}] \times \left(\dfrac{1,740}{1,450}\right)^2 = 36[\text{m}]$

• 유 량
　$Q_2 = Q_1 \times \dfrac{N_2}{N_1} \times \left(\dfrac{D_2}{D_1}\right)^3 = 5[\text{m}^3/\text{min}] \times \dfrac{1,740}{1,450} = 6[\text{m}^3/\text{min}]$

　여기서 N : 회전수[rpm]
　　　　D : 내경[mm]

25 다음 중 이상기체에서 폴리트로픽 지수(n)가 1인 과정은?

① 단열 과정
② 정압 과정
③ 등온 과정
④ 정적 과정

해설
폴리트로픽 변화
$PV^n = $ 정수(C)
여기서, $n = 0$이면 정압(등압) 변화
　　　　$n = 1$이면 등온 변화
　　　　$n = k$이면 단열 변화
　　　　$n = \infty$이면 정적 변화

26 정수력에 의해 수직평판의 힌지(Hinge)점에 작용하는 단위폭당 모멘트를 바르게 표시한 것은?(단, ρ는 유체의 밀도, g는 중력가속도이다)

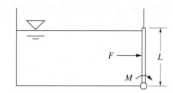

① $\dfrac{1}{6}\rho g L^3$　　　② $\dfrac{1}{3}\rho g L^3$

③ $\dfrac{1}{2}\rho g L^3$　　　④ $\dfrac{2}{3}\rho g L^3$

해설

힌지점에 작용하는 단위폭당 모멘트(M/b)

• 수직 수문에 작용하는 힘 $F = \gamma\bar{h}A = \gamma\left(\dfrac{L}{2}\right)(L\times b) = \dfrac{1}{2}\gamma L^2 b$

• 압력 중심 $y_p = \dfrac{I_C}{\bar{y}A} + \bar{y} = \dfrac{\dfrac{b\times L^3}{12}}{\dfrac{L}{2}\times(L\times b)} + \dfrac{L}{2} = \dfrac{L}{6} + \dfrac{L}{2} = \dfrac{2}{3}L$

• 힌지점에 작용하는 모멘트($M = L\times F_H$)

$L\times F_H - (L - y_p)F = 0$

$M - \left(L - \dfrac{2}{3}L\right)\dfrac{1}{2}\gamma L^2 b = 0$

$M - \dfrac{1}{3}L\times\dfrac{1}{2}\gamma L^2 b = 0$

$M = \dfrac{1}{6}\gamma L^3 b$

∴ 단위폭당 모멘트 $\dfrac{M}{b} = \dfrac{1}{6}\gamma L^3 = \dfrac{1}{6}\rho g L^3$

　여기서, 비중량 $\gamma = \rho g$

　　　　ρ : 밀도

　　　　g : 중력가속도

27 그림과 같은 중앙부분에 구멍이 뚫린 원판에 지름 20[cm]의 원형 물제트가 대기압 상태에서 5[m/s]의 속도로 충돌하여, 원판 뒤로 지름 10[cm]의 원형 물제트가 5[m/s]의 속도로 흘러나가고 있을 때, 원판을 고정하기 위한 힘은 약 몇 [N]인가?

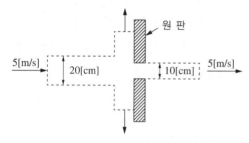

① 589
② 673
③ 770
④ 893

해설

원판이 받는 힘

운동량방정식 $F = \rho QV = \rho AV = \rho\times\left(\dfrac{\pi}{4}\times D^2\right)\times V^2$을 적용하여 계산한다.

• 힘의 평형

$\rho\times\left(\dfrac{\pi}{4}\times D^2\right)\times V^2 = F + \rho\times\left\{\dfrac{\pi}{4}\times\left(\dfrac{D}{2}\right)^2\right\}\times V^2$에서

$\dfrac{1}{4}\rho\pi V^2 D^2 = F + \dfrac{1}{16}\rho\pi D^2 V^2$

• 원판이 받는 힘

$F = \dfrac{1}{4}\rho\pi D^2 V^2 - \dfrac{1}{16}\rho\pi D^2 V^2$

$\quad = \dfrac{4}{16}\rho\pi D^2 V^2 - \dfrac{1}{16}\rho\pi D^2 V^2$

$\quad = \dfrac{3}{16}\rho\pi D^2 V^2$

∴ $F = \dfrac{3}{16}\rho\pi D^2 V^2$

$\quad = \dfrac{3}{16}\times 1,000[\text{kg/m}^3]\times\pi\times(0.2[\text{m}])^2\times(5[\text{m/s}])^2$

$\quad = 589.05[\text{N}]$

※ 단위 환산

$\left[\dfrac{\text{kg}}{\text{m}^3}\times\dfrac{\text{m}^2}{1}\times\dfrac{\text{m}^2}{\text{s}^2}\right] = [\text{kg}\cdot\text{m/s}^2] = [\text{N}]$

28 펌프의 공동현상(Cavitation)을 방지하기 위한 방법이 아닌 것은?

① 펌프의 설치 위치를 되도록 낮게 하여 흡입양정을 짧게 한다.
② 펌프의 회전수를 크게 한다.
③ 펌프의 흡입 관경을 크게 한다.
④ 단흡입 펌프보다는 양흡입 펌프를 사용한다.

해설
공동 현상의 방지 대책
• Pump의 흡입 측 수두(양정), 마찰손실, Impeller 속도(회전수)를 적게 한다.
• Pump 흡입 관경을 크게 한다.
• Pump 설치 위치를 수원보다 낮게 해야 한다.
• Pump 흡입 압력을 유체의 증기압보다 높게 한다.
• 양흡입 Pump를 사용해야 한다.
• 양흡입 Pump로 부족 시 펌프를 2대로 나눈다.

29 물을 송출하는 펌프의 소요축동력이 70[kW], 펌프의 효율이 78[%], 전양정이 60[m]일 때, 펌프의 송출유량은 약 몇 [m³/min]인가?

① 5.57
② 2.57
③ 1.09
④ 0.093

해설
송출유량

$$P[\text{kW}] = \frac{r \times Q \times H}{\eta}$$

여기서, P : 동력(70[kW])
　　　　r : 물의 비중량(9.8[kN/m³])
　　　　Q : 유량([m³/s])
　　　　H : 전양정(60[m])
　　　　η : Pump 효율(78[%]=0.78)

$$\therefore \ Q = \frac{P \times \eta}{r \times H} = \frac{70 \times 0.78}{9.8 \times 60} = 0.093[\text{m}^3/\text{s}]$$

$0.093[\text{m}^3/\text{s}] \rightarrow [\text{m}^3/\text{min}]$ 로 환산하면
$$= 0.093 \times 60 = 5.57[\text{m}^3/\text{min}]$$

30 그림에 표시된 원형 관로로 비중이 0.8, 점성계수가 0.4[Pa · s]인 기름이 층류로 흐른다. ㉠ 지점의 압력이 111.8[kPa]이고, ㉡ 지점의 압력이 206.9[kPa]일 때 유체의 유량은 약 몇 [L/s]인가?

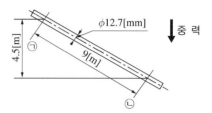

① 0.0149
② 0.0138
③ 0.0121
④ 0.0106

해설
유량
(1) 베르누이 방정식을 적용하여 마찰손실수두(h_L)를 계산한다.
　• 원형 관로의 유체는 압력이 높은 ㉡ 지점에서 ㉠ 지점으로 흐른다.
　• ㉠ 지점과 ㉡ 지점의 관경이 같기 때문에 유속 $u_1 = u_2$이다.

$$\frac{P_1}{\gamma} + \frac{u_1^2}{2g} + z_1 + h_L = \frac{P_2}{\gamma} + \frac{u_2^2}{2g} + z_2 \text{에서}$$

$$\frac{P_1}{s\gamma_w} + \frac{u_1^2}{2g} + z_1 + h_L = \frac{P_2}{s\gamma_w} + \frac{u_2^2}{2g} + z_2$$

$$\therefore \ h_L = \left(\frac{P_2}{s\gamma_w} - \frac{P_1}{s\gamma_w} \right) + (z_2 - z_1)$$

$$= \left(\frac{206.9[\text{kPa}]}{0.8 \times 9.8[\text{kN/m}^3]} - \frac{111.8[\text{kPa}]}{0.8 \times 9.8[\text{kN/m}^3]} \right)$$

$$+ (0[\text{m}] - 4.5[\text{m}])$$

$$= 7.63[\text{m}]$$

(2) 층류 유동일 경우 유량(Q)

$$Q = \frac{\Delta P \pi d^4}{128 \mu L} = \frac{\gamma h_L \pi d^4}{128 \mu L} [\text{m}^3/\text{s}]$$

$$\therefore \ Q = \frac{\gamma h_L \pi d^4}{128 \mu L}$$

$$= \frac{(0.8 \times 9,800[\text{N/m}^3]) \times 7.63[\text{m}] \times \pi \times (0.0127[\text{m}])^4}{128 \times 0.4[\text{Pa} \cdot \text{s}] \times 9[\text{m}]}$$

$$= 1.061 \times 10^{-5}[\text{m}^3/\text{s}]$$

$$= 1.061 \times 10^{-5} \left[\frac{\text{m}^3}{\text{s}} \right] \times \left[\frac{100\text{cm}}{1\text{m}} \right]^3$$

$$= 10.61[\text{cm}^3/\text{s}]$$

$$= 10.61 \left[\frac{\text{cm}^3}{\text{s}} \right] \times \left[\frac{1\text{L}}{1,000\text{cm}^3} \right] = 0.01061[\text{L/s}]$$

※ 단위 환산
　　$1[\text{L}] = 1,000[\text{cm}^3]$

31 다음 중 점성계수 μ의 차원은 어느 것인가?(단, M : 질량, L : 길이, T : 시간의 차원이다)

① $ML^{-1}T^{-1}$
② $ML^{-1}T^{-2}$
③ $ML^{-2}T^{-1}$
④ $M^{-1}L^{-1}T$

해설
점성계수 : $ML^{-1}T^{-1}$[g/cm · s]

32 20[℃]의 이산화탄소 소화약제가 체적 4[m³]의 용기 속에 들어있다. 용기 내 압력이 1[MPa]일 때 이산화탄소 소화약제의 질량은 약 몇 [kg]인가? (단, 이산화탄소의 기체상수는 189[J/kg · K]이다)

① 0.069
② 0.072
③ 68.9
④ 72.2

해설
소화약제의 질량

$PV = WRT$, $W = \dfrac{PV}{RT}$

여기서, P : 압력(1[MPa] = 1,000,000[N/m²])
V : 체적(4[m³])
R : 기체상수(189[J/kg · K] = 189[N · m/kg · K])
T : 절대온도(273+20[℃] = 293[K])

$\therefore W = \dfrac{PV}{RT} = \dfrac{1,000,000 \times 4}{189 \times 293} = 72.23$[kg]

※ 단위 환산
[J] = [N · m]

33 압축률에 대한 설명으로 틀린 것은?

① 압축률은 체적탄성계수의 역수이다.
② 압축률의 단위는 압력의 단위인 [Pa]이다.
③ 밀도와 압축률의 곱은 압력에 대한 밀도의 변화율과 같다.
④ 압축률이 크다는 것은 같은 압력변화를 가할 때 압축하기 쉽다는 것을 의미한다.

해설
압축률 : 체적탄성계수의 역수로서 단위는 $[Pa]^{-1}$이다.

34 밸브가 장치된 지름 10[cm]인 원관에 비중 0.8인 유체가 2[m/s]의 평균속도로 흐르고 있다. 밸브 전후의 압력차이가 4[kPa]일 때, 이 밸브의 등가길이는 몇 [m]인가?(단, 관의 마찰계수는 0.020이다)

① 10.5
② 12.5
③ 14.5
④ 16.5

해설
밸브의 등가길이

• 밸브 전후의 압력차(압력손실, ΔP)

$\Delta P = \gamma h_L = s \gamma_w h_L$[kPa]

여기서, s : 유체의 비중
γ_w : 물의 비중량(9,800[N/m³] = 9.8[kN/m³])
ΔP : 압력차(4[kPa] = 4[kN/m²])

∴ 마찰손실수두

$h_L = \dfrac{\Delta P}{s \gamma_w} = \dfrac{4[kN/m^2]}{0.8 \times 9.8[kN/m^3]} = 0.51$[m]

• 밸브에서 마찰손실수두(h_L)

$h_L = K\dfrac{u^2}{2g}$[m]

∴ 부차적 손실계수

$K = \dfrac{2gh_L}{u^2} = \dfrac{2 \times 9.8[m/s^2] \times 0.51[m]}{(2[m/s])^2} = 2.499$

• 밸브의 등가길이(L_e)

$h_L = K\dfrac{u^2}{2g} = f\dfrac{L_e}{d}\dfrac{u^2}{2g}$[m]

$\therefore L_e = \dfrac{Kd}{f} = \dfrac{2.499 \times 0.1[m]}{0.02} = 12.495$[m]

35 그림과 같이 물이 수조에 연결된 원형 파이프를 통해 분출하고 있다. 수면과 파이프의 출구 사이에 총 손실수두가 200[mm]라고 할 때 파이프에서의 방출유량은 약 몇 [m³/s]인가(단, 수면 높이의 변화 속도는 무시한다)

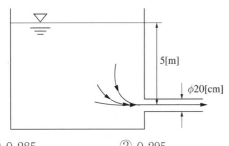

① 0.285
② 0.295
③ 0.305
④ 0.315

해설
방출유량

$$Q = uA = \sqrt{2gH} \times \frac{\pi}{4} d^2$$
$$= \sqrt{2 \times 9.8[\text{m/s}^2] \times (5 - 0.2)[\text{m}]} \times \frac{\pi}{4}(0.2[\text{m}])^2$$
$$= 0.305[\text{m}^3/\text{s}]$$

36 유체의 흐름에 적용되는 다음과 같은 베르누이 방정식에 관한 설명으로 옳은 것은?

$$\frac{P}{\gamma} + \frac{V^2}{2g} + Z = C \,(\text{일정})$$

① 비정상 상태의 흐름에 대해 적용된다.
② 동일한 유선상이 아니더라도 흐름 유체의 임의점에 대해 항상 적용된다.
③ 흐름 유체의 마찰효과가 충분히 고려된다.
④ 압력수두, 속도수두, 위치수두의 합이 일정함을 표시한다.

해설
베르누이 방정식
• 적용되는 조건
  – 비압축성 흐름
  – 정상 상태의 흐름
  – 마찰이 없는 흐름
• 압력수두, 속도수두, 위치수두의 합이 일정함을 표시한다.

37 유체의 흐름 중 난류 흐름에 대한 설명으로 틀린 것은?

① 원관 내부 유동에서는 레이놀즈수가 약 4,000 이상인 경우에 해당한다.
② 유체의 각 입자가 불규칙한 경로를 따라 움직인다.
③ 유체의 입자가 갖는 관성력이 입자에 작용하는 점성력에 비하여 매우 크다.
④ 원관 내 완전 발달 유동에서는 평균속도가 최대속도의 $\frac{1}{2}$ 이다.

해설
유체의 흐름

구 분	층 류	난 류
평균속도	$u = 0.5u_{\max}$	$u = 0.8u_{\max}$

38 어떤 물체가 공기 중에서 무게는 588[N]이고, 수중에서 무게는 98[N]이었다. 이 물체의 체적(V)과 비중(S)은?

① $V = 0.05[\mathrm{m}^3]$, $S = 1.2$

② $V = 0.05[\mathrm{m}^3]$, $S = 1.5$

③ $V = 0.5[\mathrm{m}^3]$, $S = 1.2$

④ $V = 0.5[\mathrm{m}^3]$, $S = 1.5$

> **해설**
> 힘의 평형도를 고려하면
> $98[\mathrm{N}] + F_B = 588[\mathrm{N}]$, $F_B = 490[\mathrm{N}]$
> $F_B = \gamma V = 9,800 V$에서 체적 $V = \dfrac{490}{9,800} = 0.05[\mathrm{m}^3]$
> 물체의 비중량 $\gamma = \dfrac{W}{V} = \dfrac{588}{0.05} = 11,760[\mathrm{N/m}^3]$
> 비중 $S = \dfrac{\gamma}{\gamma_w} = \dfrac{11,760}{9,800} = 1.2$

39 유체에 관한 설명 중 옳은 것은?

① 실제유체는 유동할 때 마찰손실이 생기지 않는다.

② 이상유체는 높은 압력에서 밀도가 변화하는 유체이다.

③ 유체에 압력을 가하여 체적이 줄어드는 유체는 압축성 유체이다.

④ 압력을 가해도 밀도변화가 없으며 점성에 의한 마찰손실만 있는 유체가 이상유체이다.

> **해설**
> 유체 : 아주 작은 전단력이 존재하면 연속적으로 변형되는 물질
> • 압축성 유체 : 유체에 압력을 가하여 체적이 줄어드는 유체
> • 비압축성 유체 : 유체에 압력을 가하여 체적이 줄어들지 않는 유체

40 그림에서 물과 기름의 표면은 대기에 개방되어 있고 물과 기름 표면의 높이가 같을 때 h는 약 몇 [m]인가?(단, 기름의 비중은 0.8, 액체 A의 비중은 1.6이다)

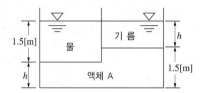

① 1

② 1.1

③ 1.125

④ 1.25

> **해설**
> **압력**
> $P = \gamma h = s\gamma_w h[\mathrm{Pa}]$
> 여기서, s : 비중
> γ_w : 물의 비중량[$9,800[\mathrm{N/m}^3]$]
> h : 높이[m]
>
>
>
> $P_1 = P_2$
> $\gamma_w \times 1.5[\mathrm{m}] + (1.6 \times \gamma_w) \times h[\mathrm{m}]$
> $= (0.8 \times \gamma_w) \times h[\mathrm{m}] + (1.6 \times \gamma_w) \times 1.5[\mathrm{m}]$
> $1.5[\mathrm{m}] + 1.6h[\mathrm{m}] = 0.8h[\mathrm{m}] + 2.4[\mathrm{m}]$
> $0.8[\mathrm{m}] \times h[\mathrm{m}] = 0.9[\mathrm{m}]$
> $\therefore h[\mathrm{m}] = \dfrac{0.9[\mathrm{m}]}{0.8[\mathrm{m}]} = 1.125[\mathrm{m}]$

41 다음은 소방기본법령상 소방본부에 대한 설명이다. ( )에 알맞은 내용은?

> 소방업무를 수행하기 위하여 ( ) 직속으로 소방본부를 둔다.

① 경찰서장
② 시·도지사
③ 행정안전부장관
④ 소방청장

해설
시·도에서 소방업무를 수행하기 위하여 시·도지사 직속으로 소방본부를 둔다(법 제3조).

42 위험물안전관리법령상 제4류 위험물을 저장·취급하는 제조소에 "화기엄금"이란 주의사항을 표시하는 게시판을 설치할 경우 게시판의 색상은?

① 청색바탕에 백색문자
② 적색바탕에 백색문자
③ 백색바탕에 적색문자
④ 백색바탕에 흑색문자

해설
주의사항을 표시한 게시판

위험물의 종류	주의사항	게시판의 색상
제1류 위험물 중 알카리금속의 과산화물 제3류 위험물 중 금수성물질	물기엄금	청색바탕에 백색문자
제2류 위험물(인화성 고체는 제외)	화기주의	적색바탕에 백색문자
제2류 위험물 중 인화성 고체 제3류 위험물 중 자연발화성 물질 제4류 위험물 제5류 위험물	화기엄금	적색바탕에 백색문자

43 소방시설공사업법령상 소방시설업의 등록을 하지 않고 영업을 한 자에 대한 벌칙 기준으로 옳은 것은?

① 1년 이하의 징역 또는 1,000만원 이하의 벌금
② 2년 이하의 징역 또는 2,000만원 이하의 벌금
③ 3년 이하의 징역 또는 3,000만원 이하의 벌금
④ 5년 이하의 징역 또는 5,000만원 이하의 벌금

해설
소방시설업의 등록을 하지 않고 영업을 한 자의 벌칙 : 3년 이하의 징역 또는 3,000만원 이하의 벌금(법 제35조)

44 위험물안전관리법령상 유별을 달리하는 위험물을 혼재하여 저장할 수 있는 것으로 짝지어진 것은?

① 제1류-제2류
② 제2류-제3류
③ 제3류-제4류
④ 제5류-제6류

해설
위험물 운반 시 혼재 가능

위험물의 구분	제1류	제2류	제3류	제4류	제5류	제6류
제1류		×	×	×	×	○
제2류	×		×	○	○	×
제3류	×	×		○	×	×
제4류	×	○	○		○	×
제5류	×	○	×	○		×
제6류	○	×	×	×	×	

45 소방기본법령상 상업지역에 소방용수시설 설치 시 소방대상물과의 수평거리 기준은 몇 [m] 이하인가?

① 100   ② 120

③ 140   ④ 160

해설
소방용수시설의 설치기준(규칙 별표 3)
• 주거지역 · 상업지역 및 공업지역 : 소방대상물과 수평거리 100[m] 이하가 되도록 할 것
• 그 외의 지역 : 소방대상물과 수평거리 140[m] 이하가 되도록 할 것

46 소방시설 설치 및 관리에 관한 법률상 종합점검 실시 대상이 되는 특정소방대상물의 기준 중 다음 ( ) 안에 알맞은 것은?

> 물분무 등 소화설비[호스릴(Hose Reel) 방식의 물분무 등 소화설비만을 설치한 경우는 제외]가 설치된 연면적 ( )[m²] 이상인 특정소방대상물(위험물 제조소 등은 제외)

① 2,000   ② 3,000

③ 4,000   ④ 5,000

해설
종합점검 대상(규칙 별표 3)
• 특정소방대상물의 소방시설 등이 신설된 경우(최초 점검)
• 스프링클러설비가 설치된 특정소방대상물
• 물분무 등 소화설비[호스릴(Hose Reel) 방식의 물분무 등 소화설비만을 설치한 경우는 제외]가 설치된 연면적 5,000[m²] 이상인 특정소방대상물(위험물 제조소 등은 제외)
• 단란주점영업, 유흥주점영업, 영화상영관, 비디오물감상실업, 복합영상물제공업, 노래연습장업, 산후조리업, 고시원업, 안마시술소의 다중이용업의 영업장이 설치된 특정소방대상물로서 2,000[m²] 이상인 것
• 제연설비가 설치된 터널
• 공공기관으로서 연면적 1,000[m²] 이상으로서 옥내소화전설비 또는 자동화재탐지설비가 설치된 것

47 다음 소방기본법령상 용어 정의에 대한 설명으로 옳은 것은?

① 소방대상물이란 건축물, 차량, 선박(항구에 매어둔 선박은 제외) 등을 말한다.
② 관계인이란 소방대상물의 점유예정자를 포함한다.
③ 소방대란 소방공무원, 의무소방원, 의용소방대원으로 구성된 조직체이다.
④ 소방대장이란 화재, 재난 · 재해, 그 밖의 위급한 상황이 발생한 현장에서 소방대를 지휘하는 사람(소방서장은 제외)이다.

해설
용어 정의(법 제2조)
• 소방대상물 : 건축물, 차량, 선박(항구에 매어둔 선박만 해당한다), 선박 건조 구조물, 산림, 그 밖의 인공 구조물 또는 물건
• 관계인 : 소방대상물의 소유자 · 관리자 또는 점유자
• 소방대(消防隊) : 화재를 진압하고 화재, 재난 · 재해, 그 밖의 위급한 상황에서 구조 · 구급 활동 등을 하기 위하여 다음의 사람으로 구성된 조직체를 말한다.
  – 소방공무원
  – 의무소방원(義務消防員)
  – 의용소방대원(義勇消防隊員)
• 소방대장(消防隊長) : 소방본부장 또는 소방서장 등 화재, 재난 · 재해, 그 밖의 위급한 상황이 발생한 현장에서 소방대를 지휘하는 사람

48 화재의 예방 및 안전관리에 관한 법률상 관리의 권원별로 소방안전관리자를 선임해야 하는 특정소방대상물 중 복합건축물은 지하층을 제외한 층수가 최소 몇 층 이상인 건축물만 해당되는가?

① 6층

② 11층

③ 20층

④ 30층

해설

관리의 권원별로 소방안전관리자를 선임해야 하는 대상(법 제35조)

• 복합건축물(지하층을 제외한 11층 이상 또는 연면적이 30,000 [m²] 이상인 건축물)

• 지하가(지하의 인공구조물 안에 설치된 상점 및 사무실, 그 밖에 이와 비슷한 시설이 연속하여 지하도에 접하여 설치된 것과 그 지하도를 합한 것을 말한다)

49 화재의 예방 및 안전관리에 관한 법률상 특수가연물의 저장 및 취급의 기준 중 ( )에 들어갈 내용으로 옳은 것은?(단, 석탄·목탄류는 발전용으로 저장하는 경우는 제외한다)

> 쌓는 높이는 (㉠)[m] 이하가 되도록 하고, 쌓는 부분의 바닥면적은 (㉡)[m²] 이하가 되도록 할 것

① ㉠ 15, ㉡ 200

② ㉠ 15, ㉡ 300

③ ㉠ 10, ㉡ 30

④ ㉠ 10, ㉡ 50

해설

특수가연물의 저장 및 취급의 기준(영 별표 3)(단, 석탄·목탄류는 발전용으로 저장하는 경우는 제외한다)

• 품명별로 구분하여 쌓을 것

• 쌓는 기준

구 분	살수설비를 설치하거나 방사능력 범위에 해당 특수가연물이 포함되도록 대형수동식소화기를 설치하는 경우	그 밖의 경우
높 이	15[m] 이하	10[m] 이하
쌓는 부분의 바닥면적	200[m²] (석탄·목탄류의 경우에는 300[m²]) 이하	50[m²] (석탄·목탄류의 경우에는 200[m²]) 이하

• 실외에 쌓아 저장하는 경우 쌓는 부분과 대지경계선 또는 도로, 인접 건축물과 최소 6[m] 이상 간격을 둘 것 다만, 쌓은 높이보다 0.9[m] 이상 높은 내화구조 벽체를 설치한 경우는 그렇지 않다.

• 실내에 쌓아 저장하는 경우 주요구조부는 내화구조이면서 불연재료여야 하고, 다른 종류의 특수가연물과 같은 공간에 보관하지 않을 것 다만, 내화구조의 벽으로 분리하는 경우 그렇지 않다.

• 쌓는 부분의 바닥면적 사이는 실내의 경우 1.2[m] 또는 쌓는 높이의 1/2 중 큰 값 이상으로 간격을 두어야 하며, 실외의 경우 3[m] 또는 쌓는 높이 중 큰 값 이상으로 간격을 둘 것

50 소방시설 설치 및 관리에 관한 법률상 자동화재탐지설비를 설치해야 하는 특정소방대상물의 기준으로 틀린 것은?

① 공장 및 창고시설로서 화재의 예방 및 안전관리에 관한 법률 시행령에서 정하는 수량의 500배 이상의 특수가연물을 저장·취급하는 것

② 지하가(터널은 제외한다)로서 연면적 600[m²] 이상인 것

③ 숙박시설이 있는 수련시설로서 수용인원 100명 이상인 것

④ 장례시설 및 복합건축물로서 연면적 600[m²] 이상인 것

자동화재탐지설비를 설치해야 하는 특정소방대상물(영 별표 4)
(1) 공동주택 중 아파트 등·기숙사 및 숙박시설의 경우에는 모든 층
(2) 층수가 6층 이상인 건축물의 경우에는 모든 층
(3) 근린생활시설(목욕장은 제외한다), 의료시설(정신의료기관 또는 요양병원은 제외), 위락시설, 장례시설 및 복합건축물로서 연면적 600[m²] 이상인 경우에는 모든 층
(4) 근린생활시설 중 목욕장, 문화 및 집회시설, 종교시설, 판매시설, 운수시설, 운동시설, 업무시설, 공장, 창고시설, 위험물 저장 및 처리 시설, 항공기 및 자동차 관련 시설, 교정 및 군사시설 중 국방·군사시설, 방송통신시설, 발전시설, 관광휴게시설, 지하가(터널은 제외)로서 연면적 1,000[m²] 이상인 경우에는 모든 층
(5) 교육연구시설(교육시설 내에 있는 기숙사 및 합숙소를 포함한다), 수련시설(수련시설 내에 있는 기숙사 및 합숙소를 포함하며, 숙박시설이 있는 수련시설은 제외), 동물 및 식물 관련 시설(기둥과 지붕만으로 구성되어 외부와 기류가 통하는 장소는 제외), 자원순환 관련 시설, 교정 및 군사시설(국방·군사시설은 제외) 또는 묘지 관련 시설로서 연면적 2,000[m²] 이상인 경우에는 모든 층
(6) 노유자 생활시설의 경우에는 모든 층
(7) (6)에 해당하지 않는 노유자시설로서 연면적 400[m²] 이상인 노유자시설 및 숙박시설이 있는 수련시설로서 수용인원 100명 이상인 경우에는 모든 층
(8) 의료시설 중 정신의료기관 또는 요양병원으로서 다음의 어느 하나에 해당하는 시설
  ① 요양병원(의료재활시설은 제외)
  ② 정신의료기관 또는 의료재활시설로 사용되는 바닥면적의 합계가 300[m²] 이상인 시설
  ③ 정신의료기관 또는 의료재활시설로 사용되는 바닥면적의 합계가 300[m²] 미만이고, 창살(철재·플라스틱 또는 목재 등으로 사람의 탈출 등을 막기 위하여 설치한 것을 말하며, 화재 시 자동으로 열리는 구조로 되어 있는 창살은 제외)이 설치된 시설
(9) 판매시설 중 전통시장
(10) 지하가 중 터널로서 길이가 1,000[m] 이상인 것
(11) 지하구
(12) (3)에 해당하지 않는 근린생활시설 중 조산원 및 산후조리원
(13) (4)에 해당하지 않는 공장 및 창고시설로서 화재의 예방 및 안전관리에 관한 법률 시행령 별표 2에서 정하는 수량의 500배 이상의 특수가연물을 저장·취급하는 것
(14) (4)에 해당하지 않는 발전시설 중 전기저장시설

51 위험물안전관리법령에서 정하는 제3류 위험물에 해당하는 것은?

① 나트륨
② 염소산염류
③ 무기과산화물
④ 유기과산화물

위험물의 분류

종 류	나트륨	염소산염류	무기과산화물	유기과산화물
유 별	제3류 위험물	제1류 위험물	제1류 위험물	제5류 위험물

52 소방시설 설치 및 관리에 관한 법률상 방염성능기준 이상의 실내장식 등의 목적으로 설치해야 하는 특정소방대상물이 아닌 것은?

① 방송국
② 종합병원
③ 11층 이상의 아파트
④ 숙박이 가능한 수련시설

해설

방염성능기준 이상의 실내장식물 등을 설치해야 하는 특정소방대상물(영 제30조) : 층수가 11층 이상인 것(아파트 등은 제외)

53 소방시설 설치 및 관리에 관한 법률상 무창층으로 판정하기 위한 개구부가 갖추어야 할 요건으로 틀린 것은?

① 크기는 지름 30[cm] 이상의 원이 통과할 수 있을 것
② 해당 층의 바닥면으로부터 개구부 밑부분까지 높이가 1.2[m] 이내일 것
③ 도로 또는 차량이 진입할 수 있는 빈터를 향할 것
④ 화재 시 건축물로부터 쉽게 피난할 수 있도록 창살이나 그 밖의 장애물이 설치되지 않을 것

해설

무창층의 요건(영 제2조)

지상층 중 아래 요건을 모두 갖춘 개구부의 1/30 이하가 되는 층

• 크기는 지름 50[cm] 이상의 원이 통과할 수 있을 것
• 해당 층의 바닥면으로부터 개구부 밑부분까지의 높이가 1.2[m] 이내일 것
• 도로 또는 차량이 진입할 수 있는 빈터를 향할 것
• 화재 시 건축물로부터 쉽게 피난할 수 있도록 창살이나 그 밖의 장애물이 설치되지 않을 것
• 내부 또는 외부에서 쉽게 부수거나 열 수 있을 것

54 소방시설공사업법령상 일반 소방시설설계업(기계분야)의 영업범위에 대한 기준 중 ( )에 알맞은 내용은?(단, 공장의 경우는 제외한다)

> 연면적 ( )[m²] 미만의 특정소방대상물(제연설비가 설치되는 특정소방대상물은 제외한다)에 설치되는 기계분야 소방시설의 설계

① 10,000
② 20,000
③ 30,000
④ 50,000

해설

소방시설설계업의 영업범위(영 별표 1)

업종별 \ 항목		기술인력	영업범위
전문소방시설설계업		• 주된 기술인력 : 소방기술사 1명 이상 • 보조 기술인력 : 1명 이상	모든 특정소방대상물에 설치되는 소방시설의 설계
일반소방시설설계업	기계분야	• 주된 기술인력 : 소방기술사 또는 기계분야의 소방설비기사 1명 이상 • 보조 기술인력 : 1명 이상	• 아파트에 설치되는 기계분야 소방시설(제연설비는 제외한다)의 설계 • 연면적 3만[m²](공장의 경우에는 1만[m²]) 미만의 특정소방대상물(제연설비가 설치되는 특정소방대상물은 제외한다)에 설치되는 기계분야 소방시설의 설계 • 위험물제조소 등에 설치되는 기계분야 소방시설의 설계
	전기분야	• 주된 기술인력 : 소방기술사 또는 전기분야의 소방설비기사 1명 이상 • 보조 기술인력 : 1명 이상	• 아파트에 설치되는 전기분야 소방시설의 설계 • 연면적 3만[m²](공장의 경우에는 1만[m²]) 미만의 특정소방대상물에 설치되는 전기분야 소방시설의 설계 • 위험물제조소 등에 설치되는 전기분야 소방시설의 설계

55 소방시설 설치 및 안전관리에 관한 법령상 건축허가 등을 할 때 미리 소방본부장 또는 소방서장의 동의를 받아야 하는 건축물 등의 범위기준이 아닌 것은?

① 노유자시설 및 수련시설로서 연면적 100[m²] 이상인 건축물

② 지하층 또는 무창층이 있는 건축물로서 바닥면적이 150[m²] 이상인 층이 있는 것

③ 차고·주차장으로 사용되는 바닥면적이 200[m²] 이상인 층이 있는 건축물이나 주차시설

④ 장애인 의료재활시설로서 연면적 300[m²] 이상인 건축물

해설
노유자시설, 수련시설로서 200[m²] 이상인 것은 건축허가 동의 대상이다(영 제7조).

56 다음 중 소방기본법령에 따라 화재예방상 필요하다고 인정되거나 화재위험경보 시 발령하는 소방신호의 종류로 옳은 것은?

① 경계신호

② 발화신호

③ 경보신호

④ 훈련신호

해설
소방신호의 종류(규칙 제10조)
• 경계신호 : 화재예방상 필요하다고 인정되거나 화재예방법 제20조의 규정에 의한 화재위험경보 시 발령
• 발화신호 : 화재가 발생한 때 발령
• 해제신호 : 소화활동이 필요없다고 인정되는 때 발령
• 훈련신호 : 훈련상 필요하다고 인정되는 때 발령

57 화재의 예방 및 안전관리에 관한 법률상 보일러 등의 위치·구조 및 관리와 화재예방을 위하여 불의 사용에 있어서 지켜야 하는 사항 중 보일러에 경유·등유 등 액체연료를 사용하는 경우에 연료탱크는 보일러 본체로부터 수평거리 최소 몇 [m] 이상의 간격을 두어 설치해야 하는가?

① 0.5

② 0.6

③ 1

④ 2

해설
경유·등유 등 액체연료를 사용하는 경우 지켜야 하는 사항(영 별표 1)
• 연료탱크는 보일러 본체로부터 수평거리 1[m] 이상의 간격을 두어 설치할 것
• 연료탱크에는 화재 등 긴급상황이 발생하는 경우 연료를 차단할 수 있는 개폐밸브를 연료탱크로부터 0.5[m] 이내에 설치할 것
• 연료탱크 또는 보일러 등에 연료를 공급하는 배관에는 여과장치를 설치할 것
• 사용이 허용된 연료 외의 것을 사용하지 않을 것
• 연료탱크가 넘어지지 않도록 받침대를 설치하고, 연료탱크 및 연료탱크 받침대는 건축법 시행령 제2조 제10호에 따른 불연재료로 할 것

58 화재의 예방 및 안전관리에 관한 법률상 소방본부장 또는 소방서장은 특정소방대상물의 관계인에게 불시에 소방훈련과 교육을 실시할 수 있는 대상에 해당되지 않는 것은?

① 의료시설
② 교육연구시설
③ 노유자시설
④ 업무시설

해설
불시 소방훈련·교육의 대상(영 제39조)
- 의료시설
- 교육연구시설
- 노유자시설
- 그 밖에 화재 발생 시 불특정 다수의 인명피해가 예상되어 소방본부장 또는 소방서장이 소방훈련·교육이 필요하다고 인정하는 특정소방대상물

59 소방시설 설치 및 안전관리에 관한 법령상 제조 또는 가공 공정에서 방염처리를 한 물품 중 방염대상물품이 아닌 것은?

① 카 펫
② 전시용 합판
③ 창문에 설치하는 커튼류
④ 두께가 2[mm] 미만인 종이벽지

해설
두께가 2[mm] 미만인 종이벽지는 제조 또는 가공 공정에서 방염처리를 한 방염대상물품에서 제외된다(영 제31조).

60 위험물안전관리법령상 관계인이 예방규정을 정해야 하는 위험물 제조소 등에 해당하지 않는 것은?

① 지정수량 10배의 특수인화물을 취급하는 일반취급소
② 지정수량 20배의 휘발유를 고정된 탱크에 주입하는 일반취급소
③ 지정수량 40배의 제3석유류를 용기에 옮겨 담는 일반취급소
④ 지정수량 15배의 알코올을 버너에 소비하는 장치로 이루어진 일반취급소

해설
예방규정을 정해야 하는 위험물 제조소(영 제15조)
- 지정수량의 10배 이상의 위험물을 취급하는 제조소
- 지정수량의 100배 이상의 위험물을 저장하는 옥외저장소
- 지정수량의 150배 이상의 위험물을 저장하는 옥내저장소
- 지정수량의 200배 이상의 위험물을 저장하는 옥외탱크저장소
- 지정수량의 10배 이상의 위험물을 취급하는 일반취급소
  다만, 제4류 위험물(특수인화물은 제외)만을 지정수량의 50배 이하로 취급하는 일반취급소(제1석유류, 알코올류의 취급량이 지정수량의 10배 이하인 경우에 한한다)로서 다음의 어느 하나에 해당하는 것을 제외한다.
  − 보일러, 버너 또는 이와 비슷한 것으로서 위험물을 소비하는 장치로 이루어진 일반취급소
  − 위험물을 용기에 옮겨 담거나 차량에 고정된 탱크에 주입하는 일반취급소

61 할론소화설비의 화재안전기술기준에 따른 할론소화설비의 수동식 기동장치의 설치기준으로 틀린 것은?

① 국소방출방식은 방호대상물마다 설치할 것
② 기동장치의 방출용스위치는 음향경보장치와 개별적으로 조작될 수 있는 것으로 할 것
③ 전기를 사용하는 기동장치에는 전원표시등을 설치할 것
④ 조작부는 바닥으로부터 높이 0.8[m] 이상 1.5[m] 이하의 위치에 설치할 것

해설
할론소화설비의 수동식 기동장치의 설치기준
• 전역방출방식은 방호구역마다, 국소방출방식은 방호대상물마다 설치할 것
• 해당 방호구역의 출입구 부근 등 조작을 하는 자가 쉽게 피난할 수 있는 장소에 설치할 것
• 기동장치의 조작부는 바닥으로부터 높이 0.8[m] 이상 1.5[m] 이하의 위치에 설치하고, 보호판 등에 따른 보호장치를 설치할 것
• 기동장치 인근의 보기 쉬운 곳에 "할론소화설비 수동식 기동장치"라고 표시한 표지를 할 것
• 전기를 사용하는 기동장치에는 전원표시등을 설치할 것
• 기동장치의 방출용스위치는 음향경보장치와 연동하여 조작될 수 있는 것으로 할 것

62 미분무소화설비의 화재안전기술기준에 따라 최저사용압력이 몇 [MPa]을 초과할 때 고압 미분무소화설비로 분류하는가?

① 1.2　　　　　　② 2.5
③ 3.5　　　　　　④ 4.2

해설
사용압력에 따른 미분무소화설비
• 저압 미분무소화설비 : 최고사용압력이 1.2[MPa] 이하인 미분무소화설비
• 중압 미분무소화설비 : 사용압력이 1.2[MPa]을 초과하고 3.5[MPa] 이하인 미분무소화설비
• 고압 미분무소화설비 : 최저사용압력이 3.5[MPa]을 초과하는 미분무소화설비

63 피난기구의 화재안전기술기준에 따른 피난기구의 설치 및 유지에 관한 사항 중 틀린 것은?

① 피난기구를 설치하는 개구부는 서로 동일 직선상의 위치에 있을 것
② 설치장소에는 피난기구의 위치를 표시하는 발광식 또는 축광식표지와 그 사용방법을 표시한 표지를 부착할 것
③ 피난기구는 특정소방대상물의 기둥·바닥·보 기타 구조상 견고한 부분에 볼트조임·매입·용접 기타의 방법으로 견고하게 부착할 것
④ 피난기구는 계단·피난구 기타 피난시설로부터 적당한 거리에 있는 안전한 구조로 된 피난 또는 소화활동상 유효한 개구부에 고정하여 설치할 것

해설
피난기구를 설치하는 개구부는 서로 동일 직선상이 아닌 위치에 있을 것. 다만, 피난교·피난용트랩·간이완강기·아파트에 설치되는 피난기구(다수인 피난장비는 제외한다) 기타 피난상 지장이 없는 것에 있어서는 그렇지 않다.

64 이산화탄소소화설비의 화재안전기술기준에 따라 케이블실에 전역방출방식으로 이산화탄소소화설비를 설치하고자 한다. 방호구역 체적은 750[m³], 개구부의 면적은 3[m²]이고, 개구부에는 자동폐쇄장치가 설치되어 있지 않다. 이때 필요한 소화약제의 양은 최소 몇 [kg] 이상인가?

① 930

② 1,005

③ 1,230

④ 1,530

해설

심부화재 방호대상물(종이, 목재, 석탄, 섬유류, 합성수지류 등)
• 전역방출방식의 소요가스양

방호대상물	소요가스양	설계 농도
유압기기를 제외한 전기설비, 케이블실	1.3[kg/m³]	50[%]
체적 55[m³] 미만의 전기설비	1.6[kg/m³]	50[%]
서고, 전자제품창고, 목재가공품창고, 박물관	2.0[kg/m³]	65[%]
고무류·면화류창고, 모피창고, 석탄창고, 집진설비	2.7[kg/m³]	75[%]

• 약제저장량

∴ 저장량 = 방호구역 체적[m³] × 소요가스양[kg/m³] + 개구부 면적[m²] × 가산량(10[kg/m²])

= 750[m³] × 1.3[kg/m³] + 3[m²] × 10[kg/m²]

= 1,005[kg]

65 다음 중 피난기구의 화재안전기술기준에 따라 의료시설에 구조대를 설치해야 할 층은?

① 지하 2층

② 지하 1층

③ 지상 1층

④ 지상 3층

해설

설치장소별 피난기구의 적응성

장소＼층별	1층	2층	3층	4층 이상 10층 이하
노유자시설	미끄럼대, 구조대, 피난교, 다수인 피난장비, 승강식 피난기	미끄럼대, 구조대, 피난교, 다수인 피난장비, 승강식 피난기	미끄럼대, 구조대, 피난교, 다수인 피난장비, 승강식 피난기	구조대[1], 피난교, 다수인 피난장비, 승강식 피난기
의료시설·근린생활시설 중 입원실이 있는 의원·접골원·조산원	–	–	미끄럼대, 구조대, 피난교, 피난용 트랩, 다수인 피난장비, 승강식 피난기	구조대, 피난교, 피난용 트랩, 다수인 피난장비, 승강식 피난기
다중이용업소의 안전관리에 관한 특별법 시행령 제2조에 따른 다중이용업소로서 영업장의 위치가 4층 이하인 다중이용업소	–	미끄럼대, 피난사다리, 구조대, 완강기, 다수인 피난장비, 승강식 피난기	미끄럼대, 피난사다리, 구조대, 완강기, 다수인 피난장비, 승강식 피난기	미끄럼대, 피난사다리, 구조대, 완강기, 다수인 피난장비, 승강식 피난기
그 밖의 것	–	–	미끄럼대, 피난사다리, 구조대, 완강기, 피난교, 피난용 트랩, 간이완강기[2], 공기안전매트[3], 다수인 피난장비, 승강식 피난기	피난사다리, 구조대, 완강기, 피난교, 간이완강기[2], 공기안전매트[3], 다수인 피난장비, 승강식 피난기

[비고] 구조대[1]의 적응성은 장애인 관련 시설로서 주된 사용자 중 스스로 피난이 불가한 자가 있는 경우 추가로 설치하는 경우에 한한다.

간이완강기[2]의 적응성은 숙박시설의 3층 이상에 있는 객실에, 공기안전매트[3]의 적응성은 공동주택에 추가로 설치하는 경우에 한한다.

66 화재안전기준상 물계통의 소화설비 중 펌프의 성능시험배관에 사용되는 유량측정장치는 펌프의 정격토출량의 몇 [%] 이상 측정할 수 있는 성능이 있어야 하는가?

① 65[%] ② 100[%]
③ 120[%] ④ 175[%]

해설
유량측정장치는 펌프의 정격토출량의 175[%] 이상 측정할 수 있는 성능이 있을 것

67 피난기구의 화재안전기술기준상 근린생활시설에 적응성이 있는 피난기구는?(단, 근린생활시설 중 입원실이 있는 의원ㆍ접골원ㆍ조산원에 한한다)

① 지상 3층 - 구조대
② 지상 2층 - 미끄럼대
③ 지상 1층 - 피난교
④ 지상 2층 - 완강기

해설
문제 65번 참조

68 제연설비의 화재안전기술기준에 따른 배출풍도의 설치기준 중 다음 (   ) 안에 알맞은 것은?

배기기의 흡입 측 풍도 안의 풍속은 (㉠)[m/s] 이하로 하고 배출 측 풍속은 (㉡)[m/s] 이하로 할 것

① ㉠ 15, ㉡ 10
② ㉠ 10, ㉡ 15
③ ㉠ 20, ㉡ 15
④ ㉠ 15, ㉡ 20

해설
배기기의 흡입 측 풍도 안의 풍속은 15[m/s] 이하로 하고 배출 측 풍속은 20[m/s] 이하로 할 것

69 스프링클러헤드에서 이융성 금속으로 융착되거나 이융성 물질에 의하여 조립된 것은?

① 프레임(Frame)
② 디플렉터(Deflector)
③ 유리벌브(Glass Bulb)
④ 퓨지블링크(Fusible Link)

해설
퓨지블링크 : 이융성 금속으로 융착되거나 이융성 물질에 의하여 조립된 것

70 포소화설비의 화재안전기술기준상 특수가연물을 저장ㆍ취급하는 공장 또는 창고에 적응성이 없는 포소화설비는?

① 고정포방출설비
② 포소화전설비
③ 압축공기포소화설비
④ 포워터스프링클러설비

해설
특수가연물을 저장ㆍ취급하는 공장 또는 창고 : 포워터스프링클러설비ㆍ포헤드설비 또는 고정포방출설비, 압축공기포소화설비

71 분말소화설비의 화재안전기술기준상 자동화재탐지설비의 감지기의 작동과 연동하는 분말소화설비 자동식 기동장치의 설치기준 중 다음 ( ) 안에 알맞은 것은?

> • 전기식 기동장치로서 (㉠)병 이상의 저장용기를 동시에 개방하는 설비는 2병 이상의 저장용기에 전자개방밸브를 부착할 것
> • 가스압력식 기동장치의 기동용 가스용기 및 해당 용기에 사용하는 밸브는 (㉡)[MPa] 이상의 압력에 견딜 수 있는 것으로 할 것

① ㉠ 3, ㉡ 2.5
② ㉠ 7, ㉡ 2.5
③ ㉠ 3, ㉡ 25
④ ㉠ 7, ㉡ 25

해설

분말소화설비의 자동식 기동장치의 설치기준
• 자동식 기동장치에는 수동으로도 기동할 수 있는 구조로 할 것
• 전기식 기동장치로서 7병 이상의 저장용기를 동시에 개방하는 설비는 2병 이상의 저장용기에 전자개방밸브를 부착할 것
• 가스압력식 기동장치는 다음의 기준에 따를 것
  − 기동용 가스용기 및 해당 용기에 사용하는 밸브는 25[MPa] 이상의 압력에 견딜 수 있는 것으로 할 것
  − 기동용 가스용기에는 내압시험압력의 0.8배부터 내압시험압력 이하에서 작동하는 안전장치를 설치할 것
  − 기동용 가스용기의 체적을 1[L] 이상으로 하고, 해당 용기에 저장하는 이산화탄소의 양은 0.6[kg] 이상으로 하며, 충전비는 1.5 이상으로 할 것
• 기계식 기동장치는 저장용기를 쉽게 개방할 수 있는 구조로 할 것

72 분말소화설비의 화재안전기술기준상 분말소화약제의 가압용 가스용기에 대한 설명으로 틀린 것은?

① 가압용 가스용기를 3병 이상 설치한 경우에는 2개 이상의 용기에 전자개방밸브를 부착할 것
② 가압용 가스용기에는 2.5[MPa] 이하의 압력에서 조정이 가능한 압력조정기를 설치할 것
③ 가압용 가스에 질소가스를 사용하는 것의 질소가스는 소화약제 1[kg]마다 20[L](35[℃]에서 1기압의 압력 상태로 환산한 것) 이상으로 할 것
④ 축압용 가스에 질소가스를 사용하는 것의 질소가스는 소화약제 1[kg]에 대하여 10[L](35[℃]에서 1기압의 압력 상태로 환산한 것) 이상으로 할 것

해설

분말소화약제의 가압용 가스용기
• 가압용 가스용기를 3병 이상 설치한 경우에는 2개 이상의 용기에 전자개방밸브를 부착할 것
• 가압용 가스용기에는 2.5[MPa] 이하의 압력에서 조정이 가능한 압력조정기를 설치할 것
• 가압용 가스에 질소가스를 사용하는 것의 질소가스는 소화약제 1[kg]마다 40[L](35[℃]에서 1기압의 압력 상태로 환산한 것) 이상으로 할 것
• 축압용 가스에 질소가스를 사용하는 것의 질소가스는 소화약제 1[kg]에 대하여 10[L](35[℃]에서 1기압의 압력 상태로 환산한 것) 이상으로 할 것

73 화재조기진압용 스프링클러설비의 화재안전기술기준상 천장의 높이가 9.1[m] 이상 13.7[m] 이하인 경우 가지배관의 헤드 사이의 거리 기준으로 옳은 것은?

① 3.1[m] 이하
② 3.7[m] 이하
③ 8.5[m] 이하
④ 9.3[m] 이하

해설

화재조기진압용 스프링클러설비 헤드기준
• 헤드 하나의 방호면적은 6.0[m²] 이상 9.3[m²] 이하로 할 것
• 가지배관의 헤드 사이의 거리
  − 천장의 높이가 9.1[m] 미만 : 2.4[m] 이상 3.7[m] 이하
  − 천장의 높이가 9.1[m] 이상 13.7[m] 이하 : 3.1[m] 이하

74 포소화설비에서 펌프의 토출관에 압입기를 설치하여 포소화약제 압입용 펌프로 포소화약제를 압입시켜 혼합하는 방식은?

① 라인 프로포셔너

② 펌프 프로포셔너

③ 프레셔 프로포셔너

④ 프레셔 사이드 프로포셔너

혼합방식
- 펌프 프로포셔너 방식 : 펌프의 토출관과 흡입관 사이의 배관 도중에 설치한 흡입기에 펌프에서 토출된 물의 일부를 보내고, 농도조정밸브에서 조정된 포소화약제의 필요량을 포소화약제 저장탱크에서 펌프 흡입 측으로 보내어 이를 혼합하는 방식
- 라인 프로포셔너 방식 : 펌프와 발포기의 중간에 설치된 벤투리관의 벤투리작용에 따라 포소화약제를 흡입·혼합하는 방식
- 프레셔 프로포셔너 방식 : 펌프와 발포기의 중간에 설치된 벤투리관의 벤투리작용과 펌프 가압수의 포소화약제 저장탱크에 대한 압력에 따라 포소화약제를 흡입·혼합하는 방식
- 프레셔 사이드 프로포셔너 방식 : 펌프의 토출관에 압입기를 설치하여 포소화약제 압입용 펌프로 포소화약제를 압입시켜 혼합하는 방식

75 스프링클러설비의 화재안전기술기준상 스프링클러설비의 배관 내 사용압력이 몇 [MPa] 이상일 때 압력배관용 탄소강관을 사용해야 하는가?

① 0.1   ② 0.5

③ 0.8   ④ 1.2

스프링클러설비의 배관 설치기준
- 배관 내 사용압력이 1.2[MPa] 미만일 경우에는 다음의 어느 하나에 해당하는 것
  - 배관용 탄소강관(KS D 3507)
  - 이음매 없는 구리 및 구리합금관(KS D 5301). 다만, 습식의 배관에 한한다.
  - 배관용 스테인리스강관(KS D 3576) 또는 일반배관용 스테인리스강관(KS D 3595)
  - 덕타일 주철관(KS D 4311)
- 배관 내 사용압력이 1.2[MPa] 이상일 경우에는 다음의 어느 하나에 해당하는 것
  - 압력배관용 탄소강관(KS D 3562)
  - 배관용 아크용접 탄소강강관(KS D 3583)

76 지하구의 화재안전기술기준에 따라 연소방지설비 전용헤드를 사용할 때 배관의 구경이 65[mm]인 경우 하나의 배관에 부착하는 살수헤드의 최대 개수로 옳은 것은?

① 2   ② 3

③ 5   ④ 6

연결살수설비 전용헤드 수별 급수관의 구경

하나의 배관에 부착하는 연결살수설비 전용헤드의 개수	배관의 구경[mm]
1개	32
2개	40
3개	50
4개 또는 5개	65
6개 이상 10개 이하	80

77 지하구의 화재안전기술기준에 따른 지하구의 통합감시시설 설치기준을 틀린 것은?

① 소방관서와 지하구의 통제실 간에 화재 등 소방활동과 관련된 정보를 상시 교환할 수 있는 정보통신망을 구축할 것

② 수신기는 방재실과 공동구의 입구 및 연소방지설비 송수구가 설치된 장소(지상)에 설치할 것

③ 정보통신망(무선통신망 포함)은 광케이블 또는 이와 유사한 성능을 가진 선로일 것

④ 수신기는 화재신호, 경보, 발화지점 등 수신기에 표시되는 정보가 기준에 적합한 방식으로 119상황실이 있는 관할 소방관서의 정보통신장치에 표시되도록 할 것

지하구의 통합감시시설 설치기준
(1) 소방관서와 지하구의 통제실 간에 화재 등 소방활동과 관련된 정보를 상시 교환할 수 있는 정보통신망을 구축할 것
(2) (1)의 정보통신망(무선통신망을 포함한다)은 광케이블 또는 이와 유사한 성능을 가진 선로일 것
(3) 수신기는 지하구의 통제실에 설치하되 화재신호, 경보, 발화지점 등 수신기에 표시되는 정보가 기준에 적합한 방식으로 119상황실이 있는 관할 소방관서의 정보통신장치에 표시되도록 할 것

78 소화수조 및 저수조의 화재안전기술기준에 따라 소화용수설비에 설치하는 채수구의 설치기준은?

① 0.3[m] 이상 1[m] 이하

② 0.3[m] 이상 1.5[m] 이하

③ 0.5[m] 이상 1[m] 이하

④ 0.5[m] 이상 1.5[m] 이하

해설

채수구의 설치기준 : 지면으로부터 높이가 0.5[m] 이상 1[m] 이하

79 다음은 물분무소화설비의 화재안전기술기준에 따른 수원의 저수량 기준이다. ( )에 들어갈 내용으로 옳은 것은?

> 특수가연물을 저장 또는 취급하는 특정소방대상물 또는 그 부분에 있어서 수원의 저수량은 그 바닥면적 1[m²]에 대하여 (ⓛ)[L/min]로 20분간 방수할 수 있는 양 이상으로 할 것

① 10

② 12

③ 15

④ 20

해설

물분무소화설비의 토출량과 수원

특정소방 대상물	펌프의 토출량 [L/min]	수원의 양[L]
특수가연물 저장, 취급	바닥면적(50[m²] 이하 는 50[m²]로) × 10[L/min · m²]	바닥면적(50[m²] 이하는 50[m²]로) × 10[L/min · m²] × 20[min]
차고, 주차장	바닥면적(50[m²] 이하는 50[m²]로) × 20[L/min · m²]	바닥면적(50[m²] 이하는 50[m²]로) × 20[L/min · m²] × 20[min]
절연유 봉입변압기	표면적(바닥부분 제외) × 10[L/min · m²]	표면적(바닥부분 제외) 10[L/min · m²] × 20[min]
케이블 트레이, 케이블 덕트	투영된 바닥면적 × 12[L/min · m²]	투영된 바닥면적 × 12[L/min · m²] × 20[min]
컨베이어 벨트	벨트 부분의 바닥 면적 × 10[L/min · m²]	벨트 부분의 바닥면적 × 10[L/min · m²] × 20[min]

80 제연설비의 화재안전기술기준상 제연구역 구획기준으로 틀린 것은?

① 하나의 제연구역의 면적은 1,000[m²] 이내로 할 것

② 하나의 제연구역은 직경 60[m] 원 내에 들어갈 수 있을 것

③ 하나의 제연구역은 3 이상의 층에 미치지 않도록 할 것

④ 통로상의 제연구역은 보행중심선의 길이가 60 [m]를 초과하지 않을 것

해설

하나의 제연구역은 2 이상의 층에 미치지 않도록 할 것. 다만, 층의 구분이 불분명한 부분은 그 부분을 다른 부분과 별도로 제연 구획 해야 한다.

※ 2022년 4회부터는 CBT(컴퓨터 기반 시험)로 진행되어 수험자의 기억에 의해 문제를 복원하였습니다. 실제 시행문제와 일부 상이할 수 있음을 알려드립니다.

제1과목 소방원론

01 불연재료가 아닌 것은?

① 기 와
② 석고보드
③ 유 리
④ 콘크리트

해설
불연재료 : 콘크리트, 기와, 유리, 석재, 벽돌, 석면판, 철강, 알루미늄, 모르타르 등

02 액화가스 저장탱크의 누설로 부유 또는 확산된 액화가스가 착화원과 접촉하여 액화가스가 공기 중으로 확산, 폭발하는 현상은?

① 프로스오버(Froth Over)
② 블레비(BLEVE)
③ 스롭오버(Slop Over)
④ 보일오버(Boil Over)

해설
블레비(BLEVE) 현상 : 액화가스 저장탱크의 누설로 부유 또는 확산된 액화가스가 착화원과 접촉하여 액화가스가 공기 중으로 확산, 폭발하는 현상

03 가연성 액체의 농도를 저하시키는 방법을 이용하여 소화하였을 경우, 이것은 어느 소화원리를 이용한 것인가?

① 가연물 제거
② 산소공급원 차단
③ 열원 제거
④ 연쇄반응 차단

해설
제거소화(가연물 제거) : 가연성 액체의 농도를 저하시키는 방법

04 내화건축물의 표준시간－온도곡선에서 화재발생 후 30분 경과 시의 내부온도는 약 몇 [℃]인가?

① 500[℃]
② 840[℃]
③ 950[℃]
④ 1,010[℃]

해설
내화건축물의 내부온도

시 간	30분 후	1시간 후	2시간 후	3시간 후
온 도	840[℃]	950[℃]	1,010[℃]	1,050[℃]

05 다음 중 자연발화의 형태가 다른 것은?

① 퇴 비
② 석 탄
③ 고무분말
④ 건성유

해설
자연발화의 종류
• 분해열에 의한 발화 : 셀룰로이드, 나이트로셀룰로스
• 산화열에 의한 발화 : 석탄, 건성유, 고무분말
• 미생물에 의한 발화 : 퇴비, 먼지
• 흡착열에 의한 발화 : 목탄, 활성탄

06 갑작스런 화재 발생 시 인간의 피난 특성으로 틀린 것은?

① 무의식 중에 평상시 사용하는 출입구를 사용한다.

② 최초로 행동을 개시한 사람을 따라서 움직인다.

③ 공포감으로 인해서 빛을 피하여 어두운 곳으로 몸을 숨긴다.

④ 무의식 중에 발화 장소의 반대쪽으로 이동한다.

해설

화재 시 인간의 피난 행동 특성

• 귀소본능 : 평소에 사용하던 출입구나 통로 등 습관적으로 친숙해 있는 경로로 도피하려는 본능

• 지광본능 : 화재 발생 시 연기와 정전 등으로 가시거리가 짧아져 시야가 흐리면 밝은 방향으로 도피하려는 본능

• 추종본능 : 화재 발생 시 최초로 행동을 개시한 사람에 따라 전체가 움직이는 본능(많은 사람들이 달아나는 방향으로 무의식적으로 안전하다고 느껴 위험한 곳임에도 불구하고 따라가는 경향)

• 퇴피본능 : 연기나 화염에 대한 공포감으로 화원의 반대 방향으로 이동하려는 본능

• 좌회본능 : 좌측으로 통행하고 시계의 반대 방향으로 회전하려는 본능

07 분진폭발의 위험이 없는 것은?

① 알루미늄분 　　② 황

③ 생석회 　　④ 적 린

해설

생석회(CaO), 시멘트분은 분진폭발의 위험이 없다.

08 가연물의 연소형태를 잘못 짝지은 것은?

① 표면연소 : 석탄

② 분해연소 : 목재

③ 증발연소 : 황

④ 내부연소 : 셀룰로이드

해설

분해연소 : 석탄, 종이, 목재, 플라스틱의 연소

09 플래시오버에 영향을 미치는 것이 아닌 것은?

① 내장재료의 종류

② 화원(火源)

③ 실의 개구율(開口率)

④ 열원(熱源)의 종류

해설

플래시오버에 미치는 영향

• 개구부의 크기

• 내장재료

• 화원의 크기

• 가연물의 종류

• 실내의 표면적

10 인화점이 영하 20[℃]에서 영상 40[℃]의 사이에 있는 여러 종류의 액체위험물을 보관하는 창고의 화재 위험성과 관련한 판단 중 옳은 것은?

① 여름철에 창고 안이 더워질수록 위험성이 커진다고 판단하는 것이 합리적이다.

② 겨울철에 창고 안이 추워질수록 위험성이 커진다고 판단하는 것이 합리적이다.

③ 위험성은 계절의 온도와는 상관없다고 판단하여도 무방하다.

④ 같은 인화점의 액체들이라도 비중의 크기에 따라 위험 관리의 집중도를 결정할 필요가 있다.

해설

창고 안이 더워지면 온도가 올라가므로 화재 위험성은 커진다.

11 알킬알루미늄의 소화에 적합한 소화제는?

① 마른모래
② 분무상의 물
③ 할 론
④ 이산화탄소

해설
알킬알루미늄의 소화제 : 마른모래, 팽창질석, 팽창알루미늄

12 다음 중 2차 안전구획에 속하는 것은?

① 복 도
② 계단부속실(계단전실)
③ 계 단
④ 피난층에서 외부와 직면한 현관

해설
피난시설의 안전구획

안전구획	1차 안전구획	2차 안전구획	3차 안전구획
구 분	복 도	계단부속실(전실)	계 단

13 화재의 종류에서 급수는 C급이며 전기화재인 화재의 표시색은?

① 백 색　　　② 황 색
③ 무 색　　　④ 청 색

해설
화재의 종류 및 색상

화재종류	A급	B급	C급	D급
색 상	백 색	황 색	청 색	무 색

14 이산화탄소 소화약제의 소화효과와 관계가 없는 것은?

① 질식효과
② 냉각효과
③ 가압소화
④ 화염에 대한 피복작용

해설
이산화탄소 소화효과 : 질식효과, 냉각효과, 피복효과

15 연기의 이동과 관계없는 것은?

① 굴뚝효과
② 비중차
③ 공조설비
④ 적설량

해설
연기의 이동요인
• 굴뚝효과
• 비중차
• 공조설비
• 외부에서의 풍력

16 중앙코너방식으로 피난자의 집중으로 패닉현상이 일어날 우려가 있는 형태는?

① T형 ② X형
③ Z형 ④ H형

피난방향 및 경로

구 분	구 조	특 징
T형		피난자에게 피난경로를 확실히 알려주는 형태
X형		양방향으로 피난할 수 있는 확실한 형태
H형		중앙코너방식으로 피난자의 집중으로 패닉현상이 일어날 우려가 있는 형태
Z형		중앙복도형 건축물에서의 피난경로로서 코너식 중 제일 안전한 형태

17 열복사에 관한 슈테판–볼츠만의 법칙을 바르게 설명한 것은?

① 열복사량은 복사체의 절대온도에 정비례한다.
② 열복사량은 복사체의 절대온도의 제곱에 비례한다.
③ 열복사량은 복사체의 절대온도의 3승에 비례한다.
④ 열복사량은 복사체의 절대온도의 4승에 비례한다.

Stefan–Boltzman법칙 : 복사열은 절대온도의 4제곱에 비례하고 열전달 면적에 비례한다.

$$Q = aAF(T_1^4 - T_2^4)$$

여기서, Q : 복사열[kcal/h]
$\quad\quad a$: 슈테판–볼츠만 상수
$\quad\quad A$: 단면적
$\quad\quad F$: 기하학적 Factor
$\quad\quad T_1$: 고 온
$\quad\quad T_2$: 저 온

18 내력벽, 기둥, 바닥, 보, 지붕틀 및 주계단을 무엇이라 하는가?

① 내화구조부
② 건축설비부
③ 보조구조부
④ 주요구조부

주요구조부 : 내력벽, 기둥, 바닥, 보, 지붕틀 및 주계단

19 제4류 위험물은 어느 물질에 속하는가?

① 환원성 물질
② 폭발성 물질
③ 산화성 물질
④ 인화성 물질

위험물의 성질

유 별	성 질
제1류 위험물	산화성 고체
제2류 위험물	가연성 고체
제3류 위험물	자연발화성 및 금수성 물질
제4류 위험물	인화성 액체
제5류 위험물	자기반응성 물질
제6류 위험물	산화성 액체

20 다음 중 기계열에 해당하는 것은?

① 유도열
② 정전기열
③ 마찰스파크열
④ 유전열

기계열 : 압축열, 마찰열, 마찰스파크열

21 펌프 입구의 연성계 및 출구의 압력계 지침이 흔들 리고 송출유량도 주기적으로 변화하는 이상현상은?

① 공동현상(Cavitation)

② 수격작용(Water Hammering)

③ 맥동현상(Surging)

④ 언밸런스(Unbalance)

해설

맥동현상 : 펌프 입구의 연성계 및 출구의 압력계 지침이 흔들리고 송출유량도 주기적으로 변화하는 현상

22 국소대기압이 102[kPa]인 곳의 기압을 비중 1.59, 증기압 13[kPa]인 액체를 이용한 기압계로 측정하면 기압계에서 액주의 높이는?

① 5.71[m] ② 6.55[m]

③ 9.08[m] ④ 10.4[m]

해설

액주의 높이 $H = \dfrac{P}{\gamma}$

여기서,

$P = 102 - 13 = 89[\text{kPa}] = 89,000[\text{Pa}](\text{N/m}^2)$

$\gamma = 1.59 \times 9,800[\text{N/m}^3]$

$\quad = 15,582[\text{N/m}^3]$

$\therefore\ H = \dfrac{P}{\gamma} = \dfrac{89,000[\text{N/m}^2]}{15,582[\text{N/m}^3]} = 5.71[\text{m}]$

23 다음 중 뉴턴의 점성법칙을 기초로 한 점도계는?

① 맥마이클(MacMichael) 점도계

② 오스트발트(Ostwald) 점도계

③ 낙구식 점도계

④ 세이볼트(Saybolt) 점도계

해설

점도계
- 맥마이클(MacMichael) 점도계 : 뉴턴의 점성법칙
- 오스트발트, 세이볼트 점도계 : 하겐-포아젤법칙
- 낙구식 점도계 : 스토크스법칙

24 수직으로 세워진 노즐에서 30[℃]의 물이 15[m/s] 의 속도로 15[℃]의 공기 중에 뿜어 올려진다면 물은 얼마나 올라가겠는가?(단, 외부와의 마찰에 의한 에너지 손실은 없다)

① 약 5.8[m]

② 약 0.8[m]

③ 약 23.0[m]

④ 약 11.5[m]

해설

$H = \dfrac{u^2}{2g} = \dfrac{(15[\text{m/s}])^2}{2 \times 9.8[\text{m/s}^2]} = 11.48[\text{m}]$

25 유동하는 기체의 속도를 측정할 수 있는 것은?

① 슐리렌 측정기

② 간섭계

③ 열선 유속계

④ 섀도우그래프

해설

열선 유속계 : 유동하는 기체의 속도를 측정

26 다음 중 동점성계수의 차원을 옳게 표현한 것은?
(단, 질량 M, 길이 L, 시간 T로 표시한다)

① $ML^{-1}T^{-1}$ ② L^2T^{-1}

③ $ML^{-2}T^{-2}$ ④ $ML^{-1}T^{-2}$

해설
동점성계수의 단위 : $L^2T^{-1}[cm^2/s]$

27 어떤 액체가 0.01[m³]의 체적을 갖는 강체 실린더 속에서 50[kPa]의 압력을 받고 있다. 이 때 압력이 100[kPa]로 증가되었을 때 액체의 체적이 0.0099[m³]으로 축소되었다면, 이 액체의 체적탄성계수 K는 몇 [kPa]인가?

① 500[kPa]

② 5,000[kPa]

③ 50,000[kPa]

④ 500,000[kPa]

해설
체적탄성계수

$$K = -\frac{\Delta P}{\frac{\Delta V}{V}} = -\frac{100-50}{\frac{0.0099-0.01}{0.01}} = 5,000[kPa]$$

28 소방 펌프차가 화재 현장에 출동하여 그곳에 설치되어 있는 수조에서 물을 흡입하였다. 이 때 진공계가 45[cmHg]을 표시하였다면 손실을 무시할 때 수면에서 펌프까지의 높이는 약 몇 [m]인가?

① 6.12[m]   ② 0.61[m]

③ 5.42[m]   ④ 0.54[m]

해설
$$\frac{45[cmHg]}{76[cmHg]} \times 10.332[mH_2O] = 6.12[m]$$

29 그림에서 두 피스톤의 지름이 각각 30[cm]와 5[cm]이다. 큰 피스톤에 무게 500[N]을 놓아서 1[cm]만큼 움직이면, 작은 피스톤에는 얼마의 힘이 발생되며 몇 [cm]나 움직이겠는가?

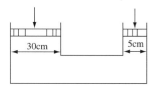

① 1[N], 1[cm]   ② 5[N], 5[cm]

③ 10[N], 30[cm]   ④ 13.9[N], 36[cm]

해설
• 작은 피스톤에 작용하는 힘
파스칼의 원리를 적용하면 $P_1 = P_2$이다.

$\frac{F_1}{A_1} = \frac{F_2}{A_2}$ 이므로

$$\therefore \; F_2 = F_1 \frac{A_2}{A_1} = 500[N] \times \frac{\frac{\pi}{4} \times (0.05[m])^2}{\frac{\pi}{4} \times (0.3[m])^2} = 13.9[N]$$

• 큰 피스톤이 움직인 거리 S_1, 작은 피스톤이 움직인 거리 S_2라 하면
$A_1 S_1 = A_2 S_2$

$$\therefore \; S_2 = S_1 \times \frac{A_1}{A_2} = 1[cm] \times \frac{\frac{\pi}{4}(30[cm])^2}{\frac{\pi}{4}(5[cm])^2} = 36[cm]$$

30 동일 펌프 내에서 회전수를 변경시켰을 때 유량과 회전수의 관계로서 옳은 것은?

① 유량은 회전수에 비례한다.

② 유량은 회전수 제곱에 비례한다.

③ 유량은 회전수 세제곱에 비례한다.

④ 유량은 회전수 제곱근에 비례한다.

해설
유 량

$$Q_2 = Q_1 \times \frac{N_2}{N_1} \times \left(\frac{D_2}{D_1}\right)^3$$

여기서 N : 회전수[rpm]

D : 내경[mm]

∴ 유량은 회전수에 비례한다.

31 다음 중 ΔP, L, ρ, Q를 결합했을 때 무차원식이 되는 것은?(단, ΔP : 압력차, ρ : 밀도, L : 길이, Q : 유량)

① $\dfrac{\rho Q}{\Delta P L^2}$　　② $\dfrac{\rho L}{\Delta P Q^2}$

③ $\dfrac{\Delta P L Q}{\rho}$　　④ $\sqrt{\dfrac{\rho}{\Delta P}}\,\dfrac{Q}{L^2}$

해설

ΔP : 압력차$[\mathrm{kg/m \cdot s^2}]$
L : 길이$[\mathrm{m}]$
ρ : 밀도$[\mathrm{kg/m^3}]$
Q : 유량$[\mathrm{m^3/s}]$

$\therefore \sqrt{\dfrac{\rho}{\Delta P}}\,\dfrac{Q}{L^2} = \sqrt{\dfrac{[\mathrm{kg/m^3}]}{[\mathrm{kg/m \cdot s^2}]}} \times \dfrac{[\mathrm{m^3/s}]}{[\mathrm{m}]^2} = [-] 무차원$

32 온도계를 이용하여 온도를 측정하는 것과 가장 관련 있는 것은?

① 열역학 제0법칙
② 열역학 제1법칙
③ 열역학 제2법칙
④ 열역학 제3법칙

해설

열역학 제0법칙 : 물체 간 또는 물체의 각 부분 간에 열적인 평형을 이룬 상태. 즉, 서로 간의 열적인 교환을 할 수 있도록 연락된 몇 개의 물체 또는 한 물체의 어느 부분에서나 열이 이동하지 않고 상의 변화가 일어나지 않는 상태이다. 그러므로 물체의 온도를 온도계로 측정하는 것은 열역학 제0법칙을 이용한 것이다.

33 동일한 조건으로 관 내를 흐르는 완전 난류 유동에서의 손실수두는?

① 속도에 비례한다.
② 속도에 반비례한다.
③ 속도의 제곱에 반비례한다.
④ 속도의 제곱에 비례한다.

해설

난류에서 손실수두 : 유속의 제곱에 비례한다.

34 피스톤-실린더로 구성된 용기 안에 온도 638.5[K], 압력 1,372[kPa] 상태의 공기(이상기체)가 들어있다. 정적과정으로 이 시스템을 가열하여 최종 온도가 1,200[K]가 되었다. 공기의 최종압력은 약 몇 [kPa]인가?

① 730　　② 1,372
③ 1,730　　④ 2,579

해설

최종압력

$$P_2 = P_1 \times \dfrac{T_2}{T_1}$$

$$= 1,372[\mathrm{kPa}] \times \dfrac{1,200[\mathrm{K}]}{638.5[\mathrm{K}]} = 2,578.5[\mathrm{kPa}]$$

35 관 마찰계수가 0.022인 지름 50[mm] 관에 물이 흐르고 있다. 이 관에 부차적 손실계수가 각각 10, 1.8인 밸브와 티[Tee]가 결합되어 있을 경우 관의 상당길이는 몇 [m]인가?

① 24.3[m]
② 24.9[m]
③ 25.4[m]
④ 26.8[m]

해설

상당길이 $= \dfrac{Kd}{f} = \dfrac{(10 + 1.8) \times 0.05[\mathrm{m}]}{0.022} = 26.8[\mathrm{m}]$

36 Carnot사이클이 800[K]의 고온 열원과 500[K]의 저온 열원 사이에서 작동한다. 이 사이클에 공급하는 열량이 사이클당 800[kJ]이라 할 때 한 사이클당 외부에 하는 일은 약 몇 [kJ]인가?

① 200   ② 300

③ 400   ④ 500

해설

카르노사이클의 효율

$$\eta = \frac{W}{Q_H} = \frac{T_H - T_L}{T_H}$$

∴ 외부에 하는 일 $W = Q_H \times \dfrac{T_H - T_L}{T_H}$

$$= 800[\text{kJ}] \times \frac{800[\text{K}] - 500[\text{K}]}{800[\text{K}]}$$

$$= 300[\text{kJ}]$$

37 지름 5[cm]인 구가 대류에 의해 열을 외부공기로 방출한다. 이 구는 50[W]의 전기히터에 의해 내부에서 가열되고, 구 표면과 공기 사이의 온도차가 30[℃]라면 공기와 구 사이의 대류 열전달계수 [W/m² · ℃]는 얼마인가?

① 111[W/m² · ℃]

② 212[W/m² · ℃]

③ 313[W/m² · ℃]

④ 414[W/m² · ℃]

해설

대류 열전달계수

총 열전달률 $q = hA\Delta t[\text{W}]$

여기서, h : 대류 열전달계수

       ΔT : 온도차

       $A = 4\pi r^2$

[열전달의 방향에 수직인 구의 면적 $= 4 \times 3.14 \times (0.025[\text{m}])^2$]

$$\therefore h = \frac{q}{A\Delta t} = \frac{50[\text{W}]}{4\pi \times (0.025[\text{m}])^2 \times 30[\text{℃}]}$$

$$= 212.21[\text{W/m}^2 \cdot \text{℃}]$$

38 10[kW]의 전열기를 3시간 사용하였다. 전 방열량은 몇 [kJ]인가?

① 12,810[kJ]

② 16,170[kJ]

③ 25,800[kJ]

④ 108,000[kJ]

해설

방열량 = [watt] × [s]

          $= 10[\text{kW}] \times 3[\text{h}] \times \dfrac{3,600[\text{s}]}{1[\text{h}]}$

          $= 108,000[\text{kJ}]$

※ [kJ] = [kW · s]

39 유체에 대한 설명 중 가장 옳은 것은?

① $PV = RT$의 관계식을 만족시키는 물질

② 아무리 작은 전단력에도 변형을 일으키는 물질

③ 용기의 모양에 따라 충만하는 물질

④ 높은 곳에서 낮은 곳으로 흐를 수 있는 물질

해설

유체의 정의

• 아무리 작은 전단력에도 변형을 일으키는 물질

• 전단응력이 물질 내부에 생기면 정지상태로 있을 수 없는 물질

40 베르누이 방정식을 적용할 수 있는 조건으로 구성된 것은?

① 비압축성 흐름, 점성 흐름, 정상 유동

② 압축성 흐름, 비점성 흐름, 정상 유동

③ 비압축성 흐름, 비점성 흐름, 비정상 유동

④ 비압축성 흐름, 비점성 흐름, 정상 유동

해설

베르누이 방정식의 적용 조건

• 비압축성 흐름

• 비점성 흐름

• 정상 유동

41 소방용수시설의 설치기준과 관련된 소화전의 설치 기준에서 소방용 호스와 연결하는 소화전의 연결 금속구의 구경은 몇 [mm]로 해야 하는가?

① 45[mm]

② 50[mm]

③ 65[mm]

④ 100[mm]

해설

소화전의 연결금속구의 구경(소방기본법 규칙 별표 3) : 65[mm]

42 소방시설 설치 및 관리에 관한 법률에서 방염처리를 해야 하는 대상으로서 옳지 않은 것은?

① 종합병원

② 숙박시설이 가능한 수련시설

③ 아파트로서 6층 이상인 것

④ 다중이용업의 영업장

해설

방염처리 대상물품 설치장소(영 제30조)

• 근린생활시설 중 의원, 조산원, 산후조리원, 체력단련장, 공연장, 종교집회장

• 건축물의 옥내에 있는 문화 및 집회시설, 종교시설, 운동시설(수영장은 제외)

• 의료시설

• 교육연구시설 중 합숙소

• 노유자시설

• 숙박이 가능한 수련시설

• 숙박시설

• 방송통신시설 중 방송국 및 촬영소

• 다중이용업소의 영업소

• 위의 전체에 해당하지 않는 것으로 층수가 11층 이상인 것(아파트는 제외)

43 화재의 예방 및 안전관리에 관한 법률에서 화재안전조사위원회의 위원이 될 수 없는 사람은?

① 소방기술사

② 소방시설관리사

③ 소방 관련 석사 이상 학위를 취득한 사람

④ 소방 관련 법인 또는 단체에서 소방 관련 업무에 3년 이상 종사한 사람

해설

화재안전조사위원회의 위원(영 제11조)

• 과장급 직위 이상의 소방공무원

• 소방기술사

• 소방시설관리사

• 소방 관련 분야의 석사 이상 학위를 취득한 사람

• 소방 관련 법인 또는 단체에서 소방 관련 업무에 5년 이상 종사한 사람

44 소방시설 설치 및 관리에 관한 법률에서 정하는 개구부의 요건으로 옳은 것은?

① 크기는 지름 60[cm] 이상의 원이 통과할 수 있을 것

② 해당 층의 바닥면으로부터 개구부 밑부분까지의 높이가 1.2[m] 이내일 것

③ 도로 또는 차량이 진입할 수 있는 빈터를 향하지 않을 것

④ 내부 또는 외부에서 쉽게 부수거나 또는 열 수 없을 것

해설

무창층의 요건(영 제2조)

지상층 중 아래 요건을 모두 갖춘 개구부의 1/30 이하가 되는 층

• 크기는 지름 50[cm] 이상의 원이 통과할 수 있을 것

• 해당 층의 바닥면으로부터 개구부 밑부분까지의 높이가 1.2[m] 이내일 것

• 도로 또는 차량이 진입할 수 있는 빈터를 향할 것

• 화재 시 건축물로부터 쉽게 피난할 수 있도록 개구부에 창살이나 그 밖의 장애물이 설치되지 않을 것

• 내부 또는 외부에서 쉽게 부수거나 열 수 있을 것

45 화재의 예방 및 안전관리에 관한 법률에서 소방안전관리업무를 하지 않은 경우의 과태료 부과기준으로 틀린 것은?

① 1회 위반 시 : 100만원

② 2회 위반 시 : 200만원

③ 3회 위반 시 : 300만원

④ 4회 위반 시 : 500만원

해설

과태료 부과기준(영 별표 9)

위반행위	과태료 금액(단위 : 만원)		
	1차 위반	2차 위반	3차 이상 위반
소방안전관리업무를 하지 않은 경우	100	200	300

46 소방시설 설치 및 관리에 관한 법률에서 방염대상물품을 사용해야 하는 특정소방대상물에 사용하는 물품이 아닌 것은?

① 전시용 섬유판
② 암막, 무대막
③ 무대용 합판
④ 비닐제품

해설

방염대상물품(영 제31조)

• 제조 또는 가공 공정에서 방염처리해야 하는 방염대상물품
  - 창문에 설치하는 커튼류(블라인드 포함)
  - 카 펫
  - 벽지류(두께 2[mm] 미만인 종이벽지는 제외)
  - 전시용 합판·목재 또는 섬유판, 무대용 합판·목재 또는 섬유판
  - 암막·무대막(영화상영관에 설치하는 스크린과 가상체험 체육시설업에 설치하는 스크린을 포함)
  - 섬유류 또는 합성수지류 등을 원료로 하여 제작된 소파·의자(단란주점영업, 유흥주점영업, 노래연습장업의 영업장에 설치하는 것으로 한정한다)

• 건축물 내부의 천장이나 벽에 부착하거나 설치하는 다음의 것
  - 종이류(두께 2[mm] 이상인 것)·합성수지류 또는 섬유류를 주원료로 한 물품
  - 합판이나 목재
  - 공간을 구획하기 위하여 설치하는 간이칸막이
  - 흡음재(흡음용 커튼 포함)
  - 방음재(방음용 커튼 포함)

47 소방시설공사업자가 소방시설공사를 하고자 할 때에는 누구에게 착공신고를 해야 하는가?

① 시·도지사
② 경찰서장
③ 소방본부장이나 소방서장
④ 한국소방안전협회장

해설

소방시설공사의 착공신고(공사업법 제13조) : 소방본부장이나 소방서장

48 상주공사감리를 해야 할 대상으로 옳은 것은?

① 16층 이상으로서 300세대 이상인 아파트에 대한 소방시설의 공사

② 16층 이상으로서 500세대 이상인 아파트에 대한 소방시설의 공사

③ 지하층을 포함한 16층 이상으로서 300세대 이상인 아파트에 대한 소방시설의 공사

④ 지하층을 포함한 16층 이상으로서 500세대 이상인 아파트에 대한 소방시설의 공사

해설

상주공사감리 대상(공사업법 영 별표 3)

• 연면적 30,000[m²] 이상의 특정소방대상물(아파트는 제외)에 대한 소방시설의 공사
• 지하층을 포함한 층수가 16층 이상으로서, 500세대 이상인 아파트에 대한 소방시설의 공사

49 다음 중 저수조의 설치기준으로 틀린 것은?

① 지면으로부터의 낙차가 4.5[m] 이하일 것

② 흡수부분의 수심이 0.5[m] 이상일 것

③ 흡수관의 투입구가 사각형인 경우에는 한 변의 길이가 60[cm] 이하일 것

④ 저수조에 물을 공급하는 방법은 상수도에 연결하여 자동으로 급수되는 구조일 것

50 화재의 예방 및 안전관리에 관한 법률에서 2급 소방안전관리자의 선임대상자로 부적합한 사람은?

① 소방공무원으로 1년 이상 근무한 경력이 있는 자

② 위험물기능장 자격을 가진 사람

③ 위험물산업기사 자격을 가진 사람

④ 위험물기능사 자격을 가진 사람

51 다음 중 소방시설관리업자에게 연 1회 이상 종합점검을 받아야 하는 대상으로 맞는 것은?

① 5층 이상인 특정소방대상물

② 기숙사로서 연면적이 3,000[m²] 이상인 특정소방대상물

③ 옥내소화전설비가 설치된 특정소방대상물

④ 스프링클러설비가 설치된 특정소방대상물

52 방염처리업을 하고자 하는 자는 누구에게 등록을 해야 하는가?

① 소방방재청장

② 시 · 도지사

③ 대통령

④ 소방본부장 · 소방서장

해설
- 소방시설업의 등록 : 시 · 도지사(공사업법 제4조)
- 소방시설업 : 소방시설설계업, 소방시설공사업, 소방공사감리업, 방염처리업(공사업법 제2조)

53 위험물로서 제1석유류에 속하는 것은?

① 이황화탄소

② 휘발유

③ 다이에틸에터

④ 클로로벤젠

해설
위험물의 분류(위험물법 영 별표 1)

종 류	이황화탄소	휘발유	다이에틸에터	클로로벤젠
분 류	특수인화물	제1석유류	특수인화물	제2석유류

54 위험물안전관리법령에서 위험물 간이저장탱크에 대한 설명으로 맞는 것은?

① 통기관은 지름 40[mm] 이상으로 한다.

② 간이저장탱크의 용량은 600[L] 이하이어야 한다.

③ 옥외에 설치하는 경우에는 탱크의 주위에 너비 1.5[m] 이상의 공지를 두어야 한다.

④ 수압시험은 50[kPa]의 압력으로 10분간 실시하여 새거나 변형되지 않아야 한다.

해설
간이탱크저장소의 기준(규칙 별표 9)
- 통기관의 지름은 25[mm] 이상으로 한다.
- 간이저장탱크의 용량은 600[L] 이하이어야 한다.
- 옥외에 설치하는 경우에는 탱크의 주위에 너비 1[m] 이상의 공지를 두어야 한다.
- 수압시험은 70[kPa]의 압력으로 10분간의 수압시험을 실시하여 새거나 변형되지 않아야 한다.

55 방열복, 방화복, 인공소생기, 공기호흡기를 설치해야 할 특정소방대상물은?

① 지하층을 제외한 11층 이상인 아파트

② 지하층을 포함한 층수가 7층 이상인 관광호텔

③ 5층 이상인 무도학원 및 7층 이상인 영화관

④ 5층 이상인 오피스텔 및 관광휴게시설

해설
특정소방대상물의 용도 및 장소별로 설치해야 할 인명구조기구 (소방시설법 영 별표 4)

종 류	설치 대상
방열복, 방화복(안전모, 보호장갑, 안전화 포함), 인공소생기, 공기호흡기	지하층을 포함한 7층 이상인 것 중 관광호텔 용도로 사용하는 층
방열복, 방화복, 공기호흡기	지하층을 포함한 5층 이상인 것 중 병원 용도로 사용하는 층
공기호흡기	• 수용인원 100명 이상인 문화 및 집회시설인 영화상영관 • 판매시설 중 대규모점포 • 운수시설 중 지하역사 • 지하가 중 지하상가 • 이산화탄소소화설비 설치해야 하는 특정소방대상물

56 소방시설 설치 및 관리에 관한 법률에서 형식승인을 받아야 할 소방용품에 속하지 않는 것은?

① 가스누설경보기
② 미분무소화약제
③ 소방호스
④ 완강기

해설

소방용품(영 별표 3)
• 소화설비를 구성하는 제품 또는 기기
  – 소화기구(소화약제 외의 것을 이용한 간이소화용구는 제외한다)
  – 자동소화장치
  – 소화설비를 구성하는 소화전, 관창(菅槍), 소방호스, 스프링클러헤드, 기동용 수압개폐장치, 유수제어밸브 및 가스관선택밸브
• 경보설비를 구성하는 제품 또는 기기
  – 누전경보기 및 가스누설경보기
  – 경보설비를 구성하는 발신기, 수신기, 중계기, 감지기 및 음향장치(경종만 해당한다)
• 피난구조설비를 구성하는 제품 또는 기기
  – 피난사다리, 구조대, 완강기(지지대를 포함), 간이완강기(지지대를 포함)
  – 공기호흡기(충전기를 포함한다)
  – 피난구유도등, 통로유도등, 객석유도등 및 예비 전원이 내장된 비상조명등
• 소화용으로 사용하는 제품 또는 기기
  – 소화약제(상업용 주방자동소화장치, 캐비닛형 자동소화장치와 물분무·미분무소화설비를 제외한 물분무 등 소화설비용만 해당한다)
  – 방염제(방염액·방염도료 및 방염성 물질을 말한다)
• 그 밖에 행정안전부령으로 정하는 소방 관련 제품 또는 기기

57 화재를 진압하고, 화재·재난·재해 그 밖의 위급한 상황에서의 구조·구급활동을 위하여 소방공무원, 의무소방원, 의용소방대원으로 구성된 조직체를 무엇이라 하는가?

① 구조, 구급대
② 의무소방대
③ 소방대
④ 의용소방대

해설

소방대(소방기본법 제2조) : 소방공무원, 의무소방원, 의용소방대원으로 구성된 조직체

58 위험물제조소에 설치하는 경보설비의 종류가 아닌 것은?

① 자동화재탐지설비
② 비상경보설비
③ 무선통신보조설비
④ 확성장치

해설

지정수량의 배수가 10배 이상인 제조소 등의 경보설비(위험물법 규칙 별표 17)
• 자동화재탐지설비
• 비상경보설비
• 비상방송설비
• 확성장치
※ 무선통신보조설비 : 소화활동설비

59 화재의 예방 및 안전관리에 관한 법률에서 소방안전관리업무를 하지 않은 소방안전관리자의 벌금 규정은?

① 100만원 이하의 과태료
② 200만원 이하의 과태료
③ 300만원 이하의 과태료
④ 500만원 이하의 과태료

해설

소방안전관리업무를 하지 않은 소방안전관리자(법 제52조) : 300만원 이하의 과태료

60 위험물저장소를 승계한 사람은 며칠 이내에 승계 사항을 신고해야 하는가?

① 7일
② 14일
③ 30일
④ 60일

해설

제조소 등의 지위승계(위험물법 제10조) : 승계한 날부터 30일 이내에 시·도지사에게 신고

61 연결살수설비의 화재안전기술기준상 배관 시공에 관한 설명 중 옳지 않은 것은?

① 개방형 헤드를 사용하는 연결살수설비에 있어서의 수평주행 배관은 헤드를 향하여 상향으로 100분의 1 이상의 기울기로 설치한다.

② 가지배관 또는 교차배관을 설치하는 경우, 가지배관의 배열은 토너먼트 방식이어야 한다.

③ 가지배관은 교차배관 또는 주배관에서 분기되는 지점을 기점으로 한쪽 가지배관에 설치되는 헤드의 개수는 8개 이하로 해야 한다.

④ 연결살수설비의 배관은 전용으로 한다.

해설
가지배관 또는 교차배관을 설치하는 경우에는 가지배관의 배열은 토너먼트 방식이 아니어야 한다.

62 건축물의 연결살수설비헤드로서 스프링클러헤드를 설치할 경우 천장 또는 반자의 각 부분으로부터 하나의 헤드까지의 수평거리는 몇 [m] 이하이어야 하는가?

① 3.7[m] 이하 ② 3.3[m] 이하
③ 2.7[m] 이하 ④ 2.3[m] 이하

해설
연결살수설비헤드의 설치기준
천장 또는 반자의 각 부분으로부터 하나의 살수헤드까지의 수평거리
• 연결살수설비 전용헤드 : 3.7[m] 이하
• 스프링클러헤드 : 2.3[m] 이하
• 살수헤드의 부착면과 바닥과의 높이가 2.1[m] 이하인 부분은 살수헤드의 살수분포에 따른 거리로 할 수 있다.

63 건식 스프링클러설비 유수검지장치의 정상기능 상태 여부를 점검하기 위한 시험배관은 어디에 설치해야 하는가?

① 교차관 끝부분에 설치

② 유수검지장치에서 가장 먼 거리에 위치한 가지배관 끝부분에 설치

③ 유수검지장치와 가지배관 사이에 설치

④ 유수검지장치에서 가장 가까운 거리에 위치한 가지배관 끝부분에 설치

해설
건식 스프링클러설비인 경우 시험배관 : 유수검지장치에서 가장 먼 거리에 위치한 가지배관의 끝으로부터 연결하여 설치할 것

64 간이헤드의 작동온도는 실내의 최대주위 천장온도가 0[℃] 이상 38[℃] 이하인 경우 공칭작동온도는 얼마의 것을 사용해야 하는가?

① 39[℃] 이상 66[℃] 이하의 것
② 57[℃] 이상 77[℃] 이하의 것
③ 79[℃] 이상 109[℃] 이하의 것
④ 79[℃] 이상 109[℃] 이하의 것

해설
간이헤드의 작동온도는 실내의 최대주위 천장온도가 0[℃] 이상 38[℃] 이하인 경우 공칭작동온도가 57[℃]에서 77[℃]의 것을 사용하고, 39[℃] 이상 66[℃] 이하인 경우에는 공칭작동온도가 79[℃]에서 109[℃]의 것을 사용할 것

65 폐쇄형 스프링클러헤드의 표시온도(감열체가 작동하는 온도)와 유리벌브 액체의 색별이 틀린 것은?

① 68[℃] - 오렌지

② 79[℃] - 노 랑

③ 93[℃] - 초 록

④ 141[℃] - 파 랑

해설

표시온도(스프링클러헤드의 형식승인 및 제품검사의 기술기준 제12조의6)

유리벌브형		퓨지블링크형	
표시온도[℃]	액체의 색별	표시온도[℃]	프레임의 색별
57	오렌지	77 미만	색 표시안함
68	빨 강	78~120	흰 색
79	노 랑	121~162	파 랑
93	초 록	163~203	빨 강
141	파 랑	204~259	초 록
182	연한 자주	260~319	오렌지
227 이상	검 정	320 이상	검 정

66 다음 중 피난기구의 설치완화 조건이 아닌 것은?

① 층별 구조에 의한 감소

② 계단수에 의한 감소

③ 건널 복도에 의한 감소

④ 비상용 엘리베이터에 의한 감소

해설

비상용 엘리베이터에 의한 감소는 피난기구의 설치완화 조건이 아니다.

67 임펠러의 회전속도가 1,700[RPM]일 때 토출압 0.5 [MPa], 토출압 1,000[L/min]의 성능을 보여주는 어떤 원심펌프를 3,400[RPM]으로 작동시켜 주었다고 하면 그 토출압과 토출량은 각각 얼마가 될 것인가?

① 2[MPa] 및 2,000[L/min]

② 1[MPa] 및 2,000[L/min]

③ 1[MPa] 및 1,000[L/min]

④ 0.5[MPa] 및 2,000[L/min]

해설

• 토출압(양정) $H_2 = H_1 \times \left(\dfrac{N_2}{N_1}\right)^2 = 0.5 \times \left(\dfrac{3,400}{1,700}\right)^2 = 2[\text{MPa}]$

• 토출량 $Q_2 = Q_1 \times \dfrac{N_2}{N_1} = 1,000[\text{L/min}] \times \dfrac{3,400}{1,700}$

$\qquad = 2,000[\text{L/min}]$

68 층별 바닥면적이 2,000[m²]인 5층 백화점 건물에 폐쇄형 스프링클러 설비가 되어 있을 때 스프링클러설비에 필요한 수원의 양은 얼마인가?

① 16[m³]　　　② 24[m³]

③ 32[m³]　　　④ 48[m³]

해설

수 원

= 헤드 수×1.6[m³]

= 30개×1.6[m³]

= 48[m³](백화점의 헤드 수 30개)

69 옥내소화전이 하나의 층에는 6개, 또 다른 층에는 3개, 나머지 모든 층에는 4개씩 설치되어 있다. 수원의 최소 수량[m³] 기준은?

① 2.6 ② 5.2
③ 7.8 ④ 10.4

해설
옥내소화전설비의 수원 = 소화전수(최대 2개) × 2.6[m³]
$$= 2 \times 2.6[m^3]$$
$$= 5.2[m^3]$$

70 전기전자기기실 등에 방사 후 이물질로 인한 피해를 방지하기 위해서 사용하는 소화기는 무엇인가?

① 분말소화기 ② 포말소화기
③ 강화액소화기 ④ 이산화탄소소화기

해설
전기시설 : 이산화탄소소화기, 할론소화기

71 소방대상물 내의 보일러실에 제1종 분말소화약제를 사용하여 전역방출방식인 분말소화설비를 설치할 때 필요한 약제량[kg]으로서 맞는 것은?(단, 방호체적 120[m³], 개구면적 20[m²]이다)

① 97.2[kg] ② 64.8[kg]
③ 120.0[kg] ④ 162.0[kg]

해설
소화약제량
약제량 = 방호체적[m³] × 소화약제량[kg/m³] + 개구부 면적[m²] × 가산량[kg/m²]
$$= 120[m^3] \times 0.6[kg/m^3] + 20[m^2] \times 4.5[kg/m^2]$$
$$= 162[kg]$$

72 분말소화설비에 적합하지 않은 설비방식은?

① 전역방출방식
② 국소방출방식
③ 호스릴 방출방식
④ 확산방출방식

해설
분말소화설비의 방식 : 전역방출방식, 국소방출방식, 호스릴 방출방식

73 위락시설, 문화 및 집회시설로 사용되는 층에 있어서는 그 층의 바닥면적이 몇 [m²]마다 피난기구 1개 이상을 설치해야 하는가?

① 300[m²] ② 500[m²]
③ 800[m²] ④ 1,000[m²]

해설
피난기구의 개수 설치기준
층마다 설치하되 아래 기준에 의하여 설치해야 한다.

소방대상물	설치기준(1개 이상)
의료시설, 노유자시설, 숙박시설	바닥면적 500[m²]마다
위락시설·문화 및 집회시설, 운동시설, 판매시설	바닥면적 800[m²]마다
계단실형 아파트	각 세대마다
그 밖의 용도의 층	바닥면적 1,000[m²]마다

※ 숙박시설(휴양콘도미니엄은 제외)은 추가로 객실마다 완강기 또는 2 이상의 간이완강기를 설치할 것

74 체적 100[m³]의 면화류 저장창고(개구부에 자동폐쇄장치가 부착되어 있음)에 전역방출방식의 이산화탄소소화설비를 설치하는 경우 소화약제는 몇 [kg] 이상 저장해야 하는가?

① 12[kg]
② 27[kg]
③ 120[kg]
④ 270[kg]

소화약제량 = 방호체적[m³] × 소요가스양[kg/m³]
= 100[m³] × 2.7[kg/m³] = 270[kg]

75 상수도소화용수설비의 소화전은 구경이 얼마 이상의 상수도용 배관에 접속해야 하는가?

① 50[mm] 이상
② 75[mm] 이상
③ 85[mm] 이상
④ 100[mm] 이상

호칭지름 75[mm] 이상의 수도 배관에 호칭지름 100[mm] 이상의 소화전을 접속할 것

76 대형소화기의 능력단위 기준 및 보행거리 배치기준이 적절하게 표시된 항목은?

① A급 화재 : 10단위 이상, B급 화재 : 20단위 이상, 보행거리 : 30[m] 이내
② A급 화재 : 20단위 이상, B급 화재 : 20단위 이상, 보행거리 : 30[m] 이내
③ A급 화재 : 10단위 이상, B급 화재 : 20단위 이상, 보행거리 : 40[m] 이내
④ A급 화재 : 20단위 이상, B급 화재 : 20단위 이상, 보행거리 : 40[m] 이내

대형소화기의 능력단위 기준 및 보행거리 배치기준
• A급 화재 : 10단위 이상
• B급 화재 : 20단위 이상
• 보행거리 : 30[m] 이내

77 소방대상물 중 전역방출방식의 할론소화설비를 설치할 경우 소방대상물 단위체적당 가장 많은 양의 소화약제를 필요로 하는 곳은?

① 차고 또는 주차장
② 면화류, 나무껍질 및 대팻밥, 넝마 및 종이부스러기
③ 합성수지류를 저장·취급하는 장소
④ 가연성 고체류, 가연성 액체류

단위체적당 할론소화약제량

소방대상물 또는 그 부분		소화약제의 종별	방호구경의 체적 1[m³]당 소화약제 양
차고·주차장·전기실·통신기기실·전산실 기타 이와 유사한 전기설비가 설치되어 있는 부분		할론 1301	0.32[kg] 이상 0.64[kg] 이하
특수가연물을 저장·취급하는 소방대상물 또는 그 부분	가연성 고체류, 가연성 액체류	할론 2402	0.40[kg] 이상 1.1[kg] 이하
		할론 1211	0.36[kg] 이상 0.71[kg] 이하
		할론 1301	0.32[kg] 이상 0.64[kg] 이하
	면화류·나무껍질 및 대팻밥·넝마 및 종이부스러기·사류·볏집류·목재가공품 및 나무부스러기를 저장·취급하는 것	할론 1211	0.60[kg] 이상 0.71[kg] 이하
		할론 1301	0.52[kg] 이상 0.64[kg] 이하
	합성수지류를 저장·취급하는 것	할론 1211	0.36[kg] 이상 0.71[kg] 이하
		할론 1301	0.32[kg] 이상 0.64[kg] 이하

78 바닥면적 500[m²]인 사무실에 소형소화기를 설치하는 경우, 설치해야 하는 소화기의 개수는 몇 개인가?(단, 추가 및 면제는 없으며 소방대상물의 각 부분이 보행거리 20[m] 이내에 있다고 가정한다)

① 2개
② 3개
③ 4개
④ 5개

> **해설**
> 사무실의 바닥면적 200[m²]마다 능력단위 1 이상을 설치해야 하므로 500[m²] ÷ 200[m²] = 2.5개 ⇒ 3개

79 소화설비에서 성능시험 배관의 설치기준으로 틀린 것은?

① 펌프의 토출 측에서 설치된 개폐밸브 이전에서 분기할 것
② 펌프의 성능은 정격토출압력의 150[%]로 운전 시 정격토출압력의 65[%] 이상이 되어야 한다.
③ 펌프의 성능은 체절운전 시 펌프토출압력의 140 [%]를 초과하지 말 것
④ 펌프의 정격토출량의 150[%] 이상을 측정할 수 있는 유량측정장치를 설치할 것

> **해설**
> 펌프의 정격토출량의 175[%] 이상을 측정할 수 있는 유량측정장치를 설치할 것

80 송풍기 등을 사용하여 건축물 내부에 발생한 연기를 배연구획까지 풍도를 설치하여 강제로 제연하는 방식은?

① 밀폐제연방식
② 자연제연방식
③ 강제제연방식
④ 스모크 타워 제연방식

> **해설**
> **강제제연방식** : 건축물 내부에 발생한 연기를 배연구획까지 풍도를 설치하여 강제로 제연하는 방식

2023년 제**1**회

제1과목 소방원론

01 소화원리(消化原理)에 대한 것이 아닌 것은?

① 질식(窒息)소화

② 가압(加壓)소화

③ 제거(除去)소화

④ 냉각(冷却)소화

> **해설**
> 소화원리 : 질식, 냉각, 제거, 부촉매, 희석, 피복, 유화소화

02 다음 중 인화점이 가장 낮은 것은?

① 에틸알코올

② 등 유

③ 경 유

④ 다이에틸에터

> **해설**
> 제4류 위험물의 인화점
>
> | 종 류 | 구 분 | 인화점 |
> |---|---|---|
> | 에틸알코올 | 알코올류 | 13[℃] |
> | 등 유 | 제2석유류 | 39[℃] 이상 |
> | 경 유 | 제2석유류 | 41[℃] 이상 |
> | 다이에틸에터 | 특수인화물 | -40[℃] |

03 건물내부에서 연소 확대 방지를 위한 수단이 아닌 것은?

① 방화구획

② 날개벽 설치

③ 방화문 설치

④ 건축설비의 연소방지 조치

> **해설**
> 연소 확대 방지 : 방화구획, 방화문 설치, 건축설비의 연소방지 조치 등

04 건물화재에 대비하는 것으로 가장 중요시하는 것은?

① 인명의 피난

② 시설의 보호

③ 소방대원의 진입

④ 화재부하의 대소

> **해설**
> 인명의 피난은 건물화재 시 가장 중요하다.

05 인체의 폐에 가장 큰 자극을 주는 기체는?

① CO_2

② H_2

③ CO

④ N_2

> **해설**
> 불완전 연소 시 발생하는 일산화탄소(CO)는 인체에 가장 큰 피해를 준다.

06 다음 물질 중 물과 반응하여 가연성 기체를 발생하지 않는 것은?

① 칼 륨
② 인화아연
③ 산화칼슘
④ 탄화알루미늄

해설

물과의 반응식
- $2K + 2H_2O \rightarrow 2KOH + H_2$
- $Zn_3P_2 + 6H_2O \rightarrow 3Zn(OH)_2 + 2PH_3$
- $CaO + H_2O \rightarrow Ca(OH)_2 + Q\,kcal$
- $Al_4C_3 + 12H_2O \rightarrow 4Al(OH)_3 + 3CH_4$
※ 수소(H_2), 포스핀(PH_3), 메테인(CH_4) : 가연성 가스

07 연소점, 인화점 및 발화점에 관한 내용으로 옳지 않은 것은?

① 연소점, 인화점, 발화점 순으로 온도가 높다.
② 인화점은 외부에너지(점화원)에 의해 발화하기 시작되는 최저온도를 말한다.
③ 발화점은 점화원 없이 스스로 발화할 수 있는 최저온도를 말한다.
④ 연소점은 외부에너지(점화원)를 제거해도 연소가 지속되는 최저온도를 말한다.

해설

연소점, 인화점 및 발화점
- 온도 : 발화점 > 연소점 > 인화점
- 인화점 : 외부에너지(점화원)에 의해 발화하기 시작하는 최저온도
- 발화점 : 점화원 없이 스스로 발화할 수 있는 최저온도
- 연소점 : 외부에너지(점화원)를 제거해도 연소가 지속되는 최저온도로서 인화점보다 10[℃] 정도 높다.

08 다음 중 자연발화성을 일으키기 가장 쉬운 것은?

① 사염화탄소
② 휘발유
③ 등 유
④ 아마인유

해설

아마인유는 동식물유류의 건성유로서 자연발화하기 쉽다.

09 건축물 화재 시 2차 안전구획은?

① 복 도
② 전 실
③ 지 상
④ 계 단

해설

피난시설의 안전구획

안전구획	1차 안전구획	2차 안전구획	3차 안전구획
구 분	복 도	계단부속실 (전실)	계 단

10 연소의 4요소로 옳은 것은?

① 가연물 – 열 – 산소 – 발열량
② 가연물 – 발화온도 – 산소 – 반응속도
③ 가연물 – 열 – 산소 – 순조로운 연쇄반응
④ 가연물 – 산화반응 – 발열량 – 반응속도

해설

연소의 4요소 : 가연물, 산소공급원, 점화원, 순조로운 연쇄반응

11 피난계획에 관한 설명으로 옳지 않은 것은?

① 계단의 배치는 집중화를 피하고 분산한다.
② 피난동선에는 상용의 통로, 계단을 이용토록 한다.
③ 방화구획은 단순 명확하게 하고 적절히 세분화한다.
④ 계단은 화재 시 연도로 되기 쉽기 때문에 직통계단으로 하지 않는 것이 좋다.

해설
직통계단은 피난으로 이용한다.

12 가연성 기체의 폭발한계범위에서 위험도가 가장 높은 것은?

① 수 소
② 에틸렌
③ 아세틸렌
④ 에테인

해설
위험도

종 류	하한값[%]	상한값[%]
수 소	4.0	75.0
에틸렌	2.7	36.0
아세틸렌	2.5	81.0
에테인	3.0	12.4

• 위험도 계산식

$$위험도(H) = \frac{U-L}{L} = \frac{폭발상한값 - 폭발하한값}{폭발하한값}$$

• 위험도 계산

- 수 소 $H = \frac{75.0 - 4.0}{4.0} = 17.75$

- 에틸렌 $H = \frac{36.0 - 2.7}{2.7} = 12.33$

- 아세틸렌 $H = \frac{81.0 - 2.5}{2.5} = 31.4$

- 에테인 $H = \frac{12.4 - 3.0}{3.0} = 3.13$

∴ 위험도 크기 : 아세틸렌 > 수 소 > 에틸렌 > 에테인

13 플래시오버(Flash Over)란?

① 건물 화재에서 가연물이 착화하여 연소하기 시작하는 단계이다.
② 건물 화재에서 발생한 가연가스가 일시에 인화하여 화염이 확대되는 단계이다.
③ 건물 화재에서 화재가 쇠퇴기에 이른 단계이다.
④ 건물 화재에서 가연물의 연소가 끝난 단계이다.

해설
플래시오버 : 건물 화재에서 발생한 가연가스가 일시에 인화하여 화염이 확대되는 단계

14 출화는 화재를 말하는데, 옥외출화의 시기를 나타낸 것은?

① 천장 속이나 벽에 발염 착화한 때
② 창이나 출입구 등에 발염 착화한 때
③ 화염이 외부를 완전히 뒤덮을 때
④ 화재가 건물의 외부에서 발생해서 내부로 번질 때

해설
옥외출화
• 창이나 출입구 등에 발염 착화한 때
• 목재 가옥에서 벽, 추녀 밑의 판자나 목재에 발염 착화할 때

15 유류를 저장한 상부 개방탱크의 화재에서 일어날 수 있는 특수한 현상들에 속하지 않는 것은?

① 플래시오버(Flash Over)
② 보일오버(Boil Over)
③ 슬롭오버(Slop Over)
④ 프로스오버(Froth Over)

해설
플래시오버 : 건축물의 화재 시 나타나는 성상

16 과산화물질을 취급할 경우의 주의사항으로 가장 관계가 먼 내용은?

① 가열, 충격, 마찰을 피한다.
② 가연 물질과의 접촉을 피한다.
③ 용기에 옮길 때는 개방용기를 사용한다.
④ 환기가 잘되는 차가운 장소에 보관한다.

해설
알칼리금속의 과산화물(Na₂O₂, K₂O₂)은 밀봉용기를 사용하고 제6류 위험물인 과산화수소(H₂O₂)는 개방용기를 사용해야 한다.

17 1[g]의 물체를 1[℃]만큼 온도를 상승시키는 데 필요한 열량을 나타내는 것은?

① 잠 열
② 복사열
③ 비 열
④ 열용량

해설
비열 : 1[g]의 물체를 1[℃]만큼 온도를 상승시키는 데 필요한 열량[cal/g・℃]

18 다음은 화재하중을 구하는 공식이다. 여기에서 화재하중 Q의 단위에 해당되는 것은?

$$Q = \frac{\sum (G_t \times H_t)}{H \times A}$$

① $[\text{kg/m}^2]$
② $[\text{kcal/m}^2]$
③ $[\text{kg} \cdot \text{kcal/m}^2]$
④ $[\text{kcal} \cdot \text{m}^2/\text{kg}]$

해설
하재하중(Q)

$$Q = \frac{\sum (G_t \times H_t)}{H \times A} = \frac{Q_t}{4,500 \times A}$$

여기서, Q : 하재하중[kg/m²]
G_t : 가연물의 질량[kg]
H_t : 가연물의 단위발열량[kcal/kg]
H : 목재의 단위발열량(4,500[kcal/kg])
A : 화재실의 바닥면적[m²]
Q_t : 가연물의 전발열량[kcal]

19 화재가 발생했을 때 초기 진화나 확대방지를 위한 대책이 아닌 것은?

① 스프링클러설비
② 연결송수관설비
③ 자동화재탐지설비
④ 옥내소화전설비

해설
연결송수관설비 : 소화활동설비로서 2차적인 소화방법

20 폭발의 종류와 해당 폭발이 일어날 수 있는 물질의 연결이 옳은 것은?

① 산화폭발 – 가연성 가스
② 분진폭발 – 사이안화수소
③ 중합폭발 – 아세틸렌
④ 분해폭발 – 염화바이닐

해설

폭발의 종류

종 류	정 의	해당 물질
산화폭발	가스가 공기 중에 누설 또는 인화성 액체탱크에 공기가 유입된 경우 탱크 내에 점화원이 유입되어 폭발하는 현상	가연성 가스
분진폭발	공기 속을 떠다니는 아주 작은 고체 알갱이(분진 : 75[μm] 이하의 고체입자로서 공기 중에 떠 있는 분체)가 적당한 농도 범위에 있을 때 불꽃이나 점화원으로 인하여 폭발하는 현상	알루미늄분말, 마그네슘분말, 아연분말, 농산물, 플라스틱, 석탄, 황
중합폭발	단량체가 일정 온도와 압력으로 반응이 진행되어 분자량이 큰 중합체가 되어 폭발하는 현상	사이안화수소
분해폭발	분해하면서 폭발하는 현상	아세틸렌, 산화에틸렌, 하이드라진

21 어떤 액체의 비중을 측정하기 위하여 납으로 만든 추(무게 4[N], 체적 1.29 × 10⁻⁴[m³])를 액체 중에 넣고 무게를 재었더니 2.97[N]이었다. 이 액체의 비중은 얼마인가?(단, 공기의 비중량(γ_w)은 9,800 [N/m³]이다)

① 8.15   ② 4.08
③ 1.63   ④ 0.815

해설

물체에 의해 배제된 유체의 무게는 같다. 즉, 힘의 평형을 고려하여 계산하면 다음과 같다.

• 힘의 평형 : $2.97[N] = 4[N] - W$
• 액체의 무게 : $W = 4 - 2.97 = 1.03[N]$
• 액체의 비중량 : $\gamma = \dfrac{W}{V} = \dfrac{1.03}{1.29 \times 10^{-4}} = 7,984.5[N/m^3]$

∴ 액체의 비중 : $\gamma = \dfrac{\gamma}{\gamma_w} = \dfrac{7,984.5}{9,800} = 0.815$

22 10[kW]의 전열기를 2시간 사용하였다. 이때 전방 열량은 몇 [kJ]인가?

① 10,780
② 17,200
③ 45,276
④ 72,000

해설

열량[J] = 일률[W] × 시간[s]
= 10 × 10³[W] × (2[h] × 3,600[s/h])
= 72,000 × 10³[J]
= 72,000[kJ]

23 어떤 액체의 동점성계수가 0.002[m²/s], 비중이 1.1일 때 이 액체의 점성계수[N · s/m²]는 얼마인가?(단, 중력가속도는 9.8[m/s²], 물의 단위중량은 9.8[kN/m³]이다)

① 2.2　　　　② 6.8

③ 10.1　　　　④ 15.7

해설

점성계수

$$\nu = \frac{\mu}{\rho}$$

여기서, μ : 점성계수[N · s/m²]

　　　ρ : 밀도(1.1×1,000[N · s²/m⁴])

$\therefore \mu = \upsilon \times \rho$

$= 0.002[\text{m}^2/\text{s}] \times (1.1 \times 1,000[\text{N} \cdot \text{s}^2/\text{m}^4])$

$= 2.2[\text{N} \cdot \text{s/m}^2]$

25 온도 30[℃], 최초 압력 98.67[kPa]인 공기 1[kg]을 단열적으로 986.7[kPa]까지 압축한다. 압축일은 몇 [kJ]인가?(단, 공기의 비열비는 1.4, 기체상수 $R = 0.287$[kJ/kg · k]이다)

① −100.23　　　　② −187.43

③ −202.34　　　　④ −321.84

해설

압축일

$$W_{12} = \frac{GR}{k-1}(T_1 - T_2)$$

단열과정에서 $\dfrac{T_2}{T_1} = \left(\dfrac{P_2}{P_1}\right)^{\frac{k-1}{k}}$ 이므로

$T_2 = T_1 \times \left(\dfrac{P_2}{P_1}\right)^{\frac{k-1}{k}}$ 이다.

압축 후의 온도 $T_2 = 303 \times \left(\dfrac{986.7}{98.67}\right)^{\frac{1.14-1}{1.4}} = 585$[K]

$\therefore$ 압축일 $W_{12} = \dfrac{1[\text{kg}] \times 0.287[\text{kJ/kg} \cdot \text{K}]}{1.4 - 1} \times (303 - 585)$[K]

$= -202.335$[kJ]

$≒ -202.34$[kJ]

24 초기온도, 비체적이 각각 T_1, V_1인 이상기체 1[kg]을 압력 P로 일정하게 유지한 채로 가열하여 온도를 $4T_1$까지 상승시킨다. 이상기체가 한 일은 얼마인가?

① PV_1　　　　② $2PV_1$

③ $3PV_1$　　　　④ $4PV_1$

해설

등압과정이므로 $\dfrac{T_2}{T_1} = \dfrac{V_2}{V_1}$ 이다.

따라서, $\dfrac{4T_1}{T_1} = \dfrac{V_2}{V_1}$, $V_2 = 4V_1$ 이다.

외부에 한 일은

$\therefore W_{12} = P(V_2 - V_1) = P(4V_1 - V_1) = 3PV_1$

26 펌프에 대한 설명 중 틀린 것은?

① 회전식 펌프는 대용량에 적합하며 고장 수리가 간단하다.

② 기어펌프는 회전식 펌프의 일종이다.

③ 플런저 펌프는 왕복식펌프이다.

④ 터빈펌프는 고양정, 대용량에 적합하다.

해설

회전식 펌프는 소용량에 적합하다.

27 그림과 같이 수조에 붙어 있는 상하 두 노즐에서 물이 분출하여 한 점(A)에서 만나려고 하면 어떤 관계식이 성립되어야 하는가?(단, 공기저항과 노즐의 손실은 무시한다)

① $h_1 y_1 = h_2 y_2$　　② $h_1 y_2 = h_2 y_1$

③ $h_1 h_2 = y_1 y_2$　　④ $h_1 y_1 = 2h_2 y_2$

해설

토리첼리 공식에서 유속 V는 $V_1 = \sqrt{2gh_1}$, $V_2 = \sqrt{2gh_2}$이다.

자유낙하 높이는 $y_1 = \frac{1}{2}gt^2$, 시간 $t = \sqrt{\frac{2y_1}{g}}$이고

$x = V_1 t$이므로

$x_1 = \sqrt{2gh_1} \cdot \sqrt{\frac{2y_1}{g}}$이다.

$y_2 = \frac{1}{2}gt^2$, 시간 $t = \sqrt{\frac{2y_2}{g}}$이고 $x = V_2 t$이므로

$x_2 = \sqrt{2gh_2} \cdot \sqrt{\frac{2y_2}{g}}$이다.

∴ $x_1 = x_2$이므로

$\sqrt{2gh_1} \cdot \sqrt{\frac{2y_1}{g}} = \sqrt{2gh_2} \cdot \sqrt{\frac{2y_2}{g}}$ (양변을 제곱하면)

$2gh_1 \cdot \frac{2y_1}{g} = 2gh_2 \cdot \frac{2y_2}{g}$

∴ $h_1 y_1 = h_2 y_2$

28 한계산소농도($[\%]O_2$)를 알 경우에 이산화탄소의 이론적 최소 소화농도($[\%]CO_2$)를 구하는 식으로 맞는 것은?

① $[\%]CO_2 = \dfrac{(O_2 - 21)}{21} \times 100[\%]$

② $[\%]CO_2 = \dfrac{(21 - O_2)}{21} \times 100[\%]$

③ $[\%]CO_2 = \dfrac{(O_2 + 21)}{21} \times 100[\%]$

④ $[\%]CO_2 = \dfrac{(21 + O_2)}{O_2} \times 100[\%]$

해설

이산화탄소의 이론적 최소 소화농도

$[\%]CO_2 = \dfrac{(21 - O_2)}{21} \times 100[\%]$

29 기체상태의 할론 1301은 공기보다 몇 배 무거운가?(단, 할론 1301의 분자량은 149이고, 공기는 79[%]의 질소, 21[%]의 산소로만 구성되어 있다고 한다)

① 약 4.55배

② 약 4.90배

③ 약 5.17배

④ 약 5.55배

해설

• 공기의 평균분자량 = $(28 \times 0.79) + (32 \times 0.21) = 28.84$

• 증기비중 = 분자량 / 공기의 평균분자량 = 149 / 28.84 = 5.17

30 U자관에서 어느 액체의 25[cm]와 수은 4[cm] 높이가 서로 평행을 이루고 있다면 이 액체의 비중은?

① 1.176

② 2.176

③ 3.176

④ 4.176

해설

액체의 비중

$S_1 H_1 = S_2 H_2$

여기서, S_1 : 수은의 비중(13.6)

　　　　S_2 : 액체의 비중

∴ $S_2 = S_1 \times \dfrac{H_1}{H_2} = 13.6 \times \dfrac{4}{25} = 2.176$

31 점성계수의 단위로는 포아즈(Poise)를 사용하는데 포아즈는 어떤 것인가?

① $[m^2/s]$
② $[N \cdot s/m^2]$
③ $[dyne/cm \cdot s]$
④ $[dyne \cdot s/cm^2]$

해설
$1[poise] = 1[g/cm \cdot s]$
$\therefore [dyne \cdot s/cm^2] = [g \cdot cm/s^2] \times [s/cm^2]$
$\qquad\qquad\qquad\quad = [g/cm \cdot s]$
$\qquad\qquad\qquad\quad = [poise]$

32 그림과 같이 물이 수조에 연결된 파이프를 통해 분출하고 있다. 수면과 파이프의 출구 사이에 총손실 수두가 200[mm]이다. 이때 파이프에서 방출유량은 몇 $[m^3/s]$인가?

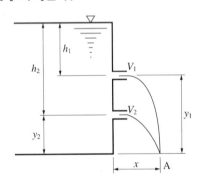

① 0.285
② 0.295
③ 0.305
④ 0.315

해설
• 베르누이 방정식을 적용
$$\frac{P_1}{\gamma} + \frac{V_1^2}{2g} + z_1 = \frac{P_2}{\gamma} + \frac{V_2^2}{2g} + z_2 + h_l$$
여기서, $h = z_1 - z_2 = 5[m]$
$\qquad\qquad V_1 = 0$
$\qquad\qquad P_1 = P_2 = 1[atm]$
$\qquad\qquad d = 20[cm] = 0.2[m]$
$\qquad\qquad h_l = 200[mm] = 0.2[m]$ (손실수두)
$\therefore V_2 = \sqrt{2g(h-h_l)} = \sqrt{2 \times 9.8 \times 4.8} = 9.7[m/s]$
• 연속방정식을 적용
$$Q = AV = \frac{\pi}{4} \times 0.2^2 \times 9.7 = 0.305[m^3/s]$$

33 12층 건물의 지하 1층에 제연설비용 배연기를 설치하였다. 이 배연기의 풍량은 500$[m^3/min]$이고, 풍압은 30[mmAq]였다. 이때 배연기의 동력은 몇 [kW]로 해주어야 하는가?(단, 배연기의 효율은 60[%]이고, 여유율은 10[%]이다)

① 4.08
② 4.49
③ 5.55
④ 6.11

해설
배출기의 용량
$$동력[kW] = \frac{Q \times Pr}{6,120 \times \eta} \times K$$
여기서, Q : 용량$[m^3/min]$
$\qquad\quad Pr$: 풍압[mmAq]
$\qquad\quad K$: 전달계수(여유율, 1.1)
$\qquad\quad \eta$: 효율(60[%] = 0.6)
$\therefore 동력[kW] = \frac{500 \times 30}{6,120 \times 0.6} \times 1.1 = 4.49[kW]$

34 부차 손실계수가 $K = 5$인 밸브를 관 마찰계수 $f = 0.025$, 지름 2[cm]인 관으로 환산한다면 등가길이는?

① 2[m]
② 2.5[m]
③ 4[m]
④ 5[m]

해설
등가길이(L_e)
$$L_e = \frac{Kd}{f} = \frac{5 \times 0.02[m]}{0.025} = 4[m]$$

35 낙구식 점도계는 어떤 법칙을 이론적 근거로 하는가?

① Stokes의 법칙

② Newton의 점성법칙

③ Hagen-Poiseuille의 법칙

④ Boyle의 법칙

해설
낙구식 점도계 : Stokes의 법칙의 근거

36 판의 절대온도 T가 시간 t에 따라 $T=Ct^{1/4}$로 변하고 있다. 여기서 C는 상수이다. 이 판의 흑체방사도는 시간에 따라 어떻게 변하는가?(단, σ는 Stefan-Boltzman 상수이다)

① σC

② σC^4

③ $\sigma C^4 t$

④ $\sigma^4 C^4 t$

해설
흑체방사도 $= \sigma C^4 t$

37 내경 10[cm]인 배관 내에 비중 0.9인 유체가 평균속도 10[m/s]로 흐를 때 질량유량은 몇 [kg/s]인가?

① 7.07

② 70.7

③ 3.53

④ 35.3

해설
질량유량
$$\overline{m} = Au\rho = \frac{\pi}{4}d^2 \times u \times \rho$$
$$= \frac{\pi}{4}(0.1[\text{m}])^2 \times 10[\text{m/s}] \times 900[\text{kg/m}^3]$$
$$= 70.68[\text{kg/s}] \fallingdotseq 70.7[\text{kg/s}]$$

38 원관 속의 흐름에서 관의 직경, 유체의 속도, 유체의 밀도, 유체의 점성계수가 각각 D, V, ρ, μ로 표시될 때 층류 흐름의 마찰계수 f는 어떻게 표현될 수 있는가?

① $\dfrac{64\mu}{DV\rho}$

② $\dfrac{64\rho}{DV\mu}$

③ $\dfrac{64\mu\rho}{DV}$

④ $\dfrac{64\mu\rho}{DV^2}$

해설
층류일 때 관 마찰계수
$$f = \frac{64}{Re} = \frac{64}{\dfrac{DV\rho}{\mu}} = \frac{64\mu}{DV\rho}$$

39 할론 1211의 구성 원소들 중 어떤 원소가 소화작용에 주도적인 역할을 하는가?

① 탄 소

② 브로민

③ 플루오린

④ 염 소

해설
할론 1211(CF_2ClBr)은 브로민(Br)이 소화작용에 주도적인 역할을 한다.

40 원추 확대관에서 손실계수를 최소로 하는 원추각도는?

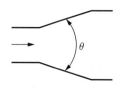

① 60° 근방

② 45° 근방

③ 15° 근방

④ 7° 근방

해설
원추 확대관에서 손실계수를 최소로 하는 원추각도 : 7° 근방

41 소방대상물의 방염처리업 등록의 영업정지 또는 취소대상에 해당하지 않는 것은?

① 거짓이나 그 밖의 부정한 방법으로 등록을 한 경우

② 정당한 사유 없이 계속하여 6개월간 휴업한 경우

③ 다른 자에게 등록증 또는 등록수첩을 빌려준 경우

④ 등록을 한 후 정당한 사유없이 1년이 지나도록 영업을 개시하지 않은 경우

해설

등록취소와 영업정지 등(공사업법 제9조)
등록을 한 후 정당한 사유 없이 1년 지날 때까지 영업을 시작하지 않거나 계속하여 1년 이상 휴업한 때

42 위험물제조소 등에 옥외소화전을 설치하려고 한다. 옥외소화전을 5개 설치 시 필요한 수원의 양은 얼마인가?

① 14$[m^3]$ 이상 ② 35$[m^3]$ 이상

③ 36$[m^3]$ 이상 ④ 54$[m^3]$ 이상

해설

옥외소화전의 수원 = N(소화전의 수, 최대 4개)$\times 13.5[m^3]$
$= 4 \times 13.5[m^3] = 54[m^3]$ 이상

※ 일반건축물과 위험물제조소 등과 소화설비의 비교(위험물법 규칙 별표 17)

구 분	항 목	방사량 [L/min]	방사압력 [MPa]	토출량
옥내 소화전 설비	건축물	130	0.17	N(최대 2개) $\times 130[L/min]$
	위험물	260	0.35	N(최대 5개) $\times 260[L/min]$
옥외 소화전 설비	건축물	350	0.25	N(최대 2개) $\times 350[L/min]$
	위험물	450	0.35	N(최대 4개) $\times 450[L/min]$
스프링클 러설비	건축물	80	0.1	헤드수 $\times 80[L/min]$
	위험물	80	0.1	헤드수 $\times 80[L/min]$

구 분	항 목	수 원	비상전원
옥내 소화전 설비	건축물	N(최대 2개) $\times 2.6[m^3]$ (130[L/min] $\times$ 20[min])	20분
	위험물	N(최대 5개) $\times 7.8[m^3]$ (260[L/min] $\times$ 30[min])	45분
옥외 소화전 설비	건축물	N(최대 2개) $\times 7[m^3]$ (350[L/min] $\times$ 20[min])	–
	위험물	N(최대 4개) $\times 13.5[m^3]$ (450[L/min] $\times$ 30[min])	45분
스프링클 러설비	건축물	헤드수 $\times 1.6[m^3]$ (80[L/min] $\times$ 20[min])	20분
	위험물	헤드수 $\times 2.4[m^3]$ (80[L/min] $\times$ 30[min])	45분

41 ② 42 ④ 정답

43 특수가연물을 쌓아 저장하는 기준이 아닌 것은? (단, 석탄·목탄류를 발전용으로 저장하는 경우는 제외한다. 그리고 살수설비가 설치되어 있다)

① 품명별로 구분하여 쌓을 것

② 쌓는 높이는 20[m] 이하가 되도록 할 것

③ 석탄·목탄류의 쌓는 부분의 바닥면적은 300[m²] 이하가 되도록 할 것

④ 쌓는 부분의 바닥면적 사이는 실내의 경우 1.2[m] 이상이 되도록 할 것

해설

특수가연물의 저장 및 취급의 기준(화재예방법 영 별표 3)(석탄·목탄류를 발전용으로 저장하는 경우는 제외한다.)

• 품명별로 구분하여 쌓을 것
• 쌓는 기준

구 분	살수설비를 설치하거나 방사능력 범위에 해당 특수가연물이 포함되도록 대형수동식소화기를 설치하는 경우	그 밖의 경우
높 이	15[m] 이하	10[m] 이하
쌓는 부분의 바닥면적	200[m²] (석탄·목탄류의 경우에는 300[m²]) 이하	50[m²] (석탄·목탄류의 경우에는 200[m²]) 이하

• 실외에 쌓아 저장하는 경우 쌓는 부분과 대지경계선 또는 도로, 인접 건축물과 최소 6[m] 이상 간격을 둘 것. 다만, 쌓은 높이보다 0.9[m] 이상 높은 내화구조 벽체를 설치한 경우는 그렇지 않다.
• 실내에 쌓아 저장하는 경우 주요구조부는 내화구조이면서 불연재료여야 하고, 다른 종류의 특수가연물과 같은 공간에 보관하지 않을 것. 다만, 내화구조의 벽으로 분리하는 경우 그렇지 않다.
• 쌓는 부분의 바닥면적 사이는 실내의 경우 1.2[m] 또는 쌓는 높이의 1/2 중 큰 값 이상으로 간격을 두어야 하며, 실외의 경우 3[m] 또는 쌓는 높이 중 큰 값 이상으로 간격을 둘 것

44 소방안전관리대상물 중 불특정 다수인이 이용하는 특정소방대상물의 근무자 등에게 불시에 소방훈련과 교육을 실시할 수 있는 대상이 아닌 것은?

① 근린생활시설

② 의료시설

③ 노유자시설

④ 교육연구시설

해설

불시 소방훈련·교육의 대상(화재예방법 제37조, 영 제39조)

• 실시권자 : 소방본부장 또는 소방서장
• 훈련과 교육대상 특정소방대상물
  – 의료시설
  – 교육연구시설
  – 노유자시설
  – 그 밖에 화재 발생 시 불특정 다수의 인명피해가 예상되어 소방본부장 또는 소방서장이 소방훈련·교육이 필요하다고 인정하는 특정소방대상물

45 예방규정을 정해야 하는 제조소 등의 관계인은 예방규정을 정하여 언제까지 시·도지사에게 제출해야 하는가?

① 제조소 등의 착공신고 전

② 제조소 등의 완공신고 전

③ 제조소 등의 사용시작 전

④ 제조소 등의 탱크안전성능시험 전

해설

예방규정 : 제조소 등의 사용시작 전에 시·도지사에게 제출(위험물법 제17조)

46 제4류 위험물의 지정수량 연결이 잘못된 것은?

① 아세톤 – 400[L]

② 휘발유 – 200[L]

③ 등유 – 1,000[L]

④ 초산메틸 – 400[L]

해설

제4류 위험물의 지정수량(위험물법 영 별표 1)

종 류	아세톤	휘발유	등 유	초산메틸
구 분	제1석유류 (수용성)	제1석유류 (비수용성)	제2석유류 (비수용성)	제1석유류 (비수용성)
지정수량	400[L]	200[L]	1,000[L]	200[L]

47 자동화재탐지설비의 설치대상으로 틀린 것은?

① 근린생활시설로서 연면적 600[m²] 이상인 것

② 교육연구시설로서 연면적 2,000[m²] 이상인 것

③ 지하구

④ 길이 500[m] 이상의 터널

해설

지하가 중 터널로서 길이가 1,000[m] 이상인 것은 자동화재탐지설비를 설치해야 한다(소방시설법 영 별표 4).

48 소화난이도등급Ⅲ의 알킬알루미늄을 저장하는 이동탱크저장소에 자동차용 소화기 2개 이상을 설치한 후 추가로 설치해야 할 마른모래는 몇 [L] 이상인가?

① 50[L] 이상

② 100[L] 이상

③ 150[L] 이상

④ 200[L] 이상

해설

소화난이도등급Ⅲ의 알킬알루미늄을 저장하는 이동탱크저장소
(위험물법 규칙 별표 17)
• 자동차용 소화기 2개 이상을 설치한 후
• 추가로 설치
 – 마른모래 150[L] 이상
 – 팽창질석, 팽창진주암 : 640[L] 이상

49 둘 이상의 특정소방대상물이 구조의 복도 또는 통로(연결통로)로 연결된 경우에는 이를 하나의 소방대상물로 보는데 해당하지 않는 것은?

① 내화구조가 아닌 연결통로로 연결된 경우

② 지하보도, 지하상가, 지하가로 연결된 경우

③ 내화구조로 된 연결통로가 벽이 없는 구조로서 그 길이가 10[m] 이하인 경우

④ 지하구로 연결된 경우

해설

복도 또는 통로(연결통로)로 연결된 경우 하나의 소방대상물로 보는 경우(영 별표 2)
• 내화구조로 된 연결통로가 다음의 어느 하나에 해당되는 경우
 – 벽이 없는 구조로서 그 길이가 6[m] 이하인 경우
 – 벽이 있는 구조로서 그 길이가 10[m] 이하인 경우. 다만, 벽 높이가 바닥에서 천장 높이까지의 높이의 1/2 이상인 경우에는 벽이 있는 구조로 보고, 벽 높이가 바닥에서 천장 높이까지의 높이의 1/2 미만인 경우에는 벽이 없는 구조로 본다.
• 내화구조가 아닌 연결통로로 연결된 경우
• 컨베이어로 연결되거나 플랜트설비의 배관 등으로 연결되어 있는 경우
• 지하보도, 지하상가, 지하가로 연결된 경우
• 자동방화셔터 또는 60분+방화문이 설치되지 않은 피트(전기설비 또는 배관설비 등이 설치되는 공간)로 연결된 경우
• 지하구로 연결된 경우

50 일반 소방시설설계업의 기계분야의 영업범위는 연면적 몇 [m²] 미만의 특정소방대상물에 대한 소방시설의 설계인가?

① 10,000[m²]　　② 20,000[m²]

③ 30,000[m²]　　④ 50,000[m²]

해설

일반 소방시설설계업(기계, 전기)의 영업범위(공사업법 영 별표 1)
: 연면적 30,000[m²] 미만

51 건축허가 동의대상물이 아닌 것은?

① 연면적 600[m²]인 대중음식점

② 연면적 1,800[m²]인 교회

③ 항공기 격납고

④ 연면적 300[m²]인 목조주택

해설

연면적이 400[m²] 이상인 건축물이나 시설은 건축허가 동의 대상이다(소방시설법 영 제7조).

52 소방대상물이 연면적이 33[m²]가 되지 않아도 소화기를 설치해야 하는 곳은?

① 유흥음식점　　② 국가유산

③ 영화관　　　　④ 교육시설

해설

소화기구의 설치기준(소방시설법 영 별표 4)
• 연면적 33[m²] 이상인 것
• 가스시설, 발전시설 중 전기저장시설 및 국가유산
• 터 널
• 지하구

53 특정소방대상물 중 노유자시설에 속하지 않는 것은?

① 정신의료기관

② 장애인관련시설

③ 아동복지시설

④ 장애인직업재활시설

해설

정신의료기관 : 의료시설(소방시설법 영 별표 2)

54 소방안전관리의 취약성 등을 고려하여 소방시설정보관리시스템 구축·운영할 수 있는 대상이 아닌 것은?

① 문화 및 집회시설

② 판매시설

③ 근린생활시설

④ 노유자시설

해설

소방시설정보관리시스템 구축·운영할 수 있는 대상(소방시설법 영 제12조)

• 문화 및 집회시설	• 종교시설
• 판매시설	• 의료시설
• 노유자시설	• 숙박이 가능한 수련시설
• 숙박시설	• 업무시설
• 공 장	• 창고시설
• 위험물 저장 및 처리시설	• 지하가
• 지하구	

55 다음 중 소방시설관리업의 보조기술인력으로 등록할 수 없는 자는?

① 소방설비기사
② 산업안전기사
③ 소방설비산업기사
④ 소방공무원으로 3년 이상 근무 경력자로 소방기술 인정 자격수첩을 교부받은 자

해설
산업안전기사는 소방시설관리업의 보조기술인력으로 등록할 수 없다.

56 다음 중 화재예방강화지구의 지정대상 지역이 아닌 곳은?

① 시장지역
② 공장·창고가 밀집한 지역
③ 주택이 밀집한 지역
④ 위험물의 저장 및 처리시설이 밀집한 지역

해설
화재예방강화지구의 지정대상 지역(화재예방법 제18조)
• 시장지역
• 공장·창고가 밀집한 지역
• 목조건물이 밀집한 지역
• 노후·불량건축물이 밀집한 지역
• 위험물의 저장 및 처리시설이 밀집한 지역

57 화재를 진압하고 화재, 재난·재해 등 위급한 상황에서의 구조·구급활동 등을 하기 위하여 소방공무원, 의무소방원, 의용소방대원으로 편성된 조직체를 무엇이라 하는가?

① 소방대원
② 구급구조대
③ 소방대
④ 의용소방대

해설
소방대(소방기본법 제2조) : 화재를 진압하고 화재, 재난·재해 등 위급한 상황에서의 구조·구급활동 등을 하기 위하여 소방공무원, 의무소방원, 의용소방대원으로 편성된 조직체

58 소방안전관리업무를 수행하지 않은 특정소방대상물의 관계인의 벌칙은?

① 200만원 이하의 과태료
② 200만원 이하의 벌금
③ 300만원 이하의 과태료
④ 300만원 이하의 벌금

해설
소방안전관리자의 업무태만 : 300만원 이하의 과태료(화재예방법 제52조)

59 화재의 예방 및 안전관리에 관한 법률에 따른 화재안전조사의 의무를 가진 자는?

① 시·도지사

② 행정안전부장관

③ 소방본부장 또는 소방서장

④ 관할 경찰서장

해설

화재안전조사권자(법 제7조) : 소방관서장(소방청장, 소방본부장 또는 소방서장)

60 위험물탱크 안전성능시험자가 되고자 하는 자는?

① 행정안전부장관의 지정을 받아야 한다.

② 시·도지사에게 등록해야 한다.

③ 시·도 소방본부장의 지정을 받아야 한다.

④ 소방서장에게 등록해야 한다.

해설

위험물탱크 안전성능시험자가 되고자 하는 자(위험물법 제16조)
: 시·도지사에게 등록

61 제연구역과 옥내와의 사이에 유지해야 하는 최소 차압은 몇 [Pa] 이상으로 해야 하는가?

① 50[Pa]　　　② 40[Pa]

③ 30[Pa]　　　④ 20[Pa]

해설

제연구역과 옥내와의 사이에 유지해야 하는 최소 차압은 40[Pa] (옥내에 스프링클러설비가 설치된 경우에는 12.5[Pa]) 이상으로 해야 한다.

62 급기가압방식으로 실내를 가압할 때, 가압용의 유입공기량에 대한 설명 중 옳은 것은?

① 실내 외의 틈새면적에 정비례한다.

② 실내 외의 기압차에 정비례한다.

③ 실내 외의 틈새면적에 반비례한다.

④ 실내 외의 기압차에 반비례한다.

해설

급기풍량은 실내 외의 틈새면적에 정비례한다.

$$Q = 0.827 \times A \times P^{\frac{1}{n}}$$

여기서, Q : 급기풍량[m³/s]

A : 틈새면적[m²]

P : 실내 외의 기압차[Pa]

n : 누설면적상수(일반출입문 : 2, 창문 : 1.6)

63 연소할 우려가 있는 부분에 드렌처설비를 하였다. 한 개 회로에 드렌처헤드 5개씩 2개 회로를 설치하였을 경우에 드렌처설비에 필요한 수원의 양은 얼마인가?

① 2[m³]   ② 4[m³]

③ 8[m³]   ④ 16[m³]

해설
수원 = 헤드수 × 1.6[m³] = 5 × 1.6[m³] = 8[m³]

64 그림의 CO_2 전역방출방식에서 선택밸브의 위치로서 적당한 곳은?

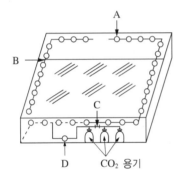

① A   ② B

③ C   ④ D

해설
이산화탄소소화설비의 전역방출방식의 선택밸브는 방호구역마다, 방호구역 외의 장소에 설치해야 한다.

65 포소화설비에서 약제용 가압장치를 따로 가지고 있는 방식은?

① 라인 프로포셔너 방식

② 프레셔 사이드 프로포셔너 방식

③ 프레셔 프로포셔너 방식

④ 펌프 프로포셔너 방식

해설
압입혼합방식(프레셔 사이드 프로포셔너 방식) : 약제용 가압장치를 따로 가지고 있는 방식

66 분말소화설비에서 가압용 가스로 이산화탄소를 사용하는 것에 있어서 이산화탄소는 소화약제 1[kg]에 대해 배관의 청소에 필요한 양 몇 [g]을 가산한 양 이상으로 하는가?

① 10[g]   ② 20[g]

③ 30[g]   ④ 40[g]

해설
가압용 가스용기로 이산화탄소 사용 시 소화약제 1[kg]당 배관청소량 : 20[g]

67 물분무소화설비의 가압송수장치 압력수조의 압력을 산출할 때 필요한 압력이 아닌 것은?

① 낙차의 환산수두압

② 배관의 마찰손실수두압

③ 호스의 마찰손실수두압

④ 분무헤드의 설계압력

해설
물분무소화설비의 압력수조의 압력
필요한 압력 $P = P_1 + P_2 + P_3$
여기서, P_1 : 물분무헤드의 설계압력[MPa]
            P_2 : 배관의 마찰손실수두압[MPa]
            P_3 : 낙차의 환산수두압[MPa]

68 물분무소화설비의 가압송수장치의 설치기준 중 틀린 것은?(단, 전동기 또는 내연기관에 따른 펌프를 이용하는 가압송수장치이다)

① 기동용 수압개폐장치를 기동장치로 사용할 경우에 설치하는 충압펌프의 토출압력은 가압송수장치의 정격토출압력과 같게 한다.

② 가압송수장치가 기동되는 경우에는 자동으로 정지되도록 한다.

③ 기동용 수압개폐장치(압력챔버)를 사용할 경우 그 용적은 100[L] 이상으로 한다.

④ 수원의 수위가 펌프보다 낮은 위치에 있는 가압송수장치에는 물올림장치를 설치한다.

해설
가압송수장치가 기동된 경우에는 자동으로 정지되지 않도록 해야 한다. 다만, 충압펌프의 경우에는 그렇지 않다.
• 주펌프 : 자동정지 안 됨(수동정지)
• 충압펌프 : 자동정지 됨

69 폐쇄형 스프링클러헤드를 사용하는 스프링클러설비의 급수배관 중 구경이 50[mm]인 배관에는 스프링클러헤드를 몇 개까지 설치할 수 있는가?(단, 헤드는 반자 아래에만 설치한다)

① 3개   ② 5개

③ 10개   ④ 12개

해설
폐쇄형 스프링클러설비의 급수배관 중 구경이 50[mm]인 배관에는 스프링클러헤드를 10개까지 설치할 수 있다.

70 다음은 호스릴 이산화탄소소화설비의 설치기준이다. 옳지 않은 것은?

① 노즐은 20[℃]에서 하나의 노즐마다 60[kg/min] 이상이어야 한다.

② 소화약제 저장용기는 호스릴 2개마다 1개 이상 설치해야 한다.

③ 소화약제 저장용기의 가장 가까운 보기 쉬운 곳에 표시등을 설치해야 한다.

④ 소화약제 저장용기의 개방밸브는 호스릴의 설치장소에서 수동으로 개폐할 수 있어야 한다.

해설
소화약제 저장용기는 호스릴을 설치하는 장소마다 할 것

71 상수도소화용수설비의 소화전에 설치되는 부속장치가 아닌 것은?

① 제수변(제어밸브)   ② 소화전 배수밸브

③ 소화전 전용호스함   ④ 제수변 맨홀

해설
소화전 전용호스함 : 옥내소화전설비, 옥외소화전설비의 부속장치

72 옥내소화전설비의 가압수송장치에는 체절운전 시 수온의 상승을 방지하기 위하여 무엇을 설치해야 하는가?

① 순환배관   ② 시험배관

③ 수압개폐장치   ④ 물올림장치

해설
순환배관 : 체절운전 시 수온의 상승 방지

73 옥외소화전설비 및 급수관로가 노후하여 성능시험(유량/압력)을 한 결과, 0.25[MPa] 압력에서 300[L/min] 용량이 방출되는 것으로 확인되었다. 법정 최소방사량인 350[L/min] 용량을 방사하고자 할 경우에 요구되는 소화전 방수압력[MPa]은?

① 0.28[MPa]

② 0.3[MPa]

③ 0.32[MPa]

④ 0.34[MPa]

해설

방사량(Q)

$Q = K\sqrt{10P}$

$300[\text{L/min}] = K\sqrt{10 \times 0.25}$

$K = 190$이므로

$350[\text{L/min}] = 190\sqrt{10P}$

∴ $P = 0.339[\text{MPa}]$

74 제연설비 설치의 설명 중 제연구역의 구획으로서 그 기준에 옳지 않은 것은?

① 거실과 통로는 각각 제연구획할 것

② 하나의 제연구역의 면적은 600[m²] 이내로 할 것(단, 구조상 부득이한 경우는 1,000[m²] 이내로 할 수 있다)

③ 하나의 제연구역은 직경 60[m] 원 내에 들어갈 수 있을 것

④ 하나의 제연구역은 2 이상의 층에 미치지 않도록 할 것

해설

하나의 제연구역의 면적 : 1,000[m²] 이내

75 가연성 가스의 저장·취급시설에 설치하는 연결살수설비의 헤드 설치기준이 아닌 것은?

① 연결살수설비의 전용헤드인 개방형 헤드를 설치할 것

② 헤드 상호 간의 거리는 3.7[m] 이하일 것

③ 가스저장탱크·가스홀더 및 가스발생기 주위에 설치할 것

④ 헤드의 살수범위는 가스저장탱크·가스홀더 및 가스발생기의 몸체 아래 부분이 포함되도록 할 것

해설

헤드의 살수범위는 가스저장탱크·가스홀더 및 가스발생기의 몸체 중간 윗부분의 모든 부분이 포함되도록 해야 하고, 살수된 물이 흘러내리면서 살수범위에 포함되지 않는 부분에도 모두 적셔질 수 있도록 할 것

76 옥외소화전이 60개 설치되어 있을 때 소화전함 설치개수는 몇 개인가?

① 5개

② 11개

③ 20개

④ 30개

해설

옥외소화전함의 설치기준

소화전의 개수	소화전함의 설치기준
10개 이하	옥외소화전마다 5[m] 이내의 장소에 1개 이상 설치
11개 이상 30개 이하	11개 이상의 소화전함을 각각 분산하여 설치
31개 이상	옥외소화전 3개마다 1개 이상 설치

∴ 60 ÷ 3 = 20개

77 주요구조부가 내화구조이고 건널 복도에 설치된 층에 피난기구 수의 산출방법으로 적당한 것은?

① 원래의 수에서 1/2을 감소한다.

② 원래의 수에서 건널 복도 수를 더한 수로 한다.

③ 원래의 수에서 건널 복도 수의 2배에 해당하는 수를 뺀 수로 한다.

④ 피난기구를 설치하지 않을 수 있다.

피난기구의 감소
주요구조부가 내화구조이고 다음 기준에 적합한 건널 복도에 설치되어 있는 층에는 피난기구의 수에서 해당 건널 복도 수의 2배의 수를 뺀 수로 한다.
• 내화구조 또는 철골조로 되어있을 것
• 건널 복도 양단의 출입구에 자동폐쇄장치를 한 60분 + 방화문 또는 60분 방화문(자동방화셔터를 제외한다)이 설치되어 있을 것
• 피난·통행 또는 운반의 전용 용도일 것

78 상수도소화용수설비의 소화전은 소방대상물의 수평투영면의 각 부분으로부터 몇 [m]가 되도록 설치하는가?

① 200[m]

② 140[m]

③ 100[m]

④ 70[m]

상수도소화용수설비의 소화전은 소방대상물의 수평투영면의 각 부분으로부터 140[m]가 되도록 설치할 것

79 할론 1301설비 고압식 저장용기의 경우, 21[℃]에서 얼마의 압력으로 축압되어야 하는가?

① 2[MPa]

② 3.5[MPa]

③ 4.2[MPa]

④ 5.2[MPa]

축압식 저장용기의 압력

구 분	약 제 할론 1301	할론 1211
저압식	2.5[MPa]	1.1[MPa]
고압식	4.2[MPa]	2.5[MPa]

80 연결송수관설비에 관한 설명 중 틀린 것은?

① 송수구는 쌍구형으로 하고 소방차가 쉽게 접근할 수 있는 위치에 설치할 것

② 송수구의 부근에는 체크밸브를 설치할 것

③ 주배관의 구경은 65[mm] 이상으로 할 것

④ 지면으로부터의 높이가 31[m] 이상인 특정소방대상물에 있어서는 습식설비로 할 것

주배관의 구경 : 100[mm] 이상

제1과목   **소방원론**

01 Stefan-Boltzmann의 법칙에서 복사열은 절대온도의 몇 제곱에 비례하는가?

① 2제곱   ② 3제곱

③ 4제곱   ④ 5제곱

해설
복사열은 절대온도의 4제곱에 비례한다.

02 가연성이 있는 것은?

① 질 소   ② 이산화탄소

③ 아황산가스   ④ 일산화탄소

해설
일산화탄소(CO)는 가연성 가스이고, 이산화탄소(CO_2)는 불연성 가스이다.

03 연소와 관계 깊은 화학반응은?

① 중화반응   ② 치환반응

③ 환원반응   ④ 산화반응

해설
연소 : 가연물이 산소와 반응하여 열과 빛을 동반하는 급격한 산화반응

04 가연물 등의 연소 시 건축물의 붕괴 등을 고려하여 무엇을 설계해야 하는가?

① 연소하중   ② 내화하중

③ 화재하중   ④ 파괴하중

해설
화재하중은 단위면적당 저장하는 가연물의 양을 계산하는 데 이용한다.

특정소방대상물	주택, 아파트	사무실	창 고	시 장
화재하중 [kg/m^2]	30~60	30~150	200~1,000	100~200

05 내장재의 발화시간에 영향을 주는 요소가 아닌 것은?

① 열전도율   ② 발화점

③ 화염확산 속도   ④ 복사플럭스

해설
발화시간의 영향 인자
• 열전도율
• 발화점
• 복사플럭스

06 목재인 가연물이 착화에너지가 충분하지 못하여 연소하지 못하고 분해가스만 방출하는 현상을 무엇이라 하는가?

① 탄화현상 ② 경화현상
③ 조해현상 ④ 풍해현상

해설
탄화현상 : 가연물이 착화에너지가 충분하지 못하여 연소하지 못하고 분해가스만 방출하는 현상

07 다음 설명 중 가장 옳은 것은?

① 가연성 물질의 연소에 필요한 산화제의 역할을 할 수 있는 것으로 오존, 불소, 네온이 있다.
② 아르곤은 산화, 분해, 흡착반응에 의해 자연발화를 일으킬 수 있다.
③ 활성화 에너지의 값이 작을수록 연소가 잘 이루어진다.
④ 인화온도가 낮은 것은 연소온도가 높다.

해설
• 오존, 불소, 네온은 불연성(조연성) 물질이다.
• 아르곤은 0족 원소인 불활성 기체이다.
• 활성화 에너지가 작을수록 연소가 잘 이루어진다.
• 연소점은 인화점보다 약 10[℃] 높다.

08 연소 시 불완전 연소하여 짙은 연기를 생성하게 될 때는 어떤 때인가?

① 온도가 낮을 때
② 온도가 높을 때
③ 공기가 부족할 때
④ 공기가 충분할 때

해설
공기가 부족하면 불완전 연소하여 짙은 연기를 생성하게 된다.

09 표면연소만 일어나는 것은?

① 목 재 ② 합성수지
③ 숯 ④ 섬유질

해설
표면연소 : 목탄, 코크스, 숯, 금속분 등 열분해에 의하여 물질 자체가 연소하는 현상

10 가연성 액체에 점화원을 가져가서 인화된 후에 점화원을 제거하여도 가연물이 계속 연소되는 최저온도를 무엇이라 하는가?

① 인화점 ② 폭발온도
③ 연소점 ④ 자동발화점

해설
연소점 : 인화된 후 점화원을 제거하여도 가연물이 계속 연소되는 최저온도

11 연쇄반응과 관계가 없는 것은?

① 증발연소 ② 분해연소
③ 작열연소 ④ 불꽃연소

해설
작열연소는 응축상태의 연소로서 연쇄반응과 관계가 없다.

12 건물화재 시 연기가 건물 밖으로 이동하는 주된 요인이 아닌 것은?

① 굴뚝효과

② 건물 내부의 냉방 작동

③ 온도 상승에 따른 기체의 팽창

④ 기후조건

해설
연기의 이동요인
• 굴뚝(연돌)효과
• 외부에서의 풍력
• 온도 상승에 따른 기체의 팽창
• 기후조건
• 공기유동의 영향

13 가연물질이 열분해 되어 생성된 가스 중 독성이 가장 큰 것은?

① 일산화탄소   ② 염화수소

③ 이산화탄소   ④ 포스겐가스

해설
포스겐은 사염화탄소가 공기, 이산화탄소, 수분과 접촉 시 발생하는 가스로서 독성이 매우 크다.

14 다음 중 할론소화기를 설치할 수 있는 장소는?

① 사무실   ② 무창층

③ 지하층   ④ 환기가 잘 되는 실내

해설
할론소화기 설치 제외 장소
• 지하층
• 무창층
• 밀폐된 거실로서 바닥면적이 20[m²] 미만인 장소

15 다음 중 자연발화 조건이 아닌 것은?

① 열전도율이 클 것

② 발열량이 클 것

③ 주위의 온도가 높을 것

④ 표면적이 넓을 것

해설
자연발화의 조건
• 열전도율이 작을 것
• 발열량이 클 것
• 주위의 온도가 높을 것
• 표면적이 넓을 것

16 제1류 위험물로서 그 성질이 산화성 고체인 것은?

① 아염소산염류

② 과염소산

③ 금속분

④ 셀룰로이드

해설
위험물의 분류

종 류	아염소산염류	과염소산	금속분	셀룰로이드
유 별	제1류 위험물	제6류 위험물	제2류 위험물	제5류 위험물
성 질	산화성 고체	산화성 액체	가연성 고체	자기반응성 물질

17 물에 황산을 넣어 묽은 황산을 만들 때 발생되는 열은?

① 연소열
② 분해열
③ 용해열
④ 자연발열

해설
물에 황산을 넣으면 용해열이 발생한다.

18 경유화재가 발생할 때 주수소화가 부적당한 이유는?

① 경유는 물보다 비중이 가벼워 물 위에 떠서 화재 확대의 우려가 있으므로
② 경유는 물과 반응하여 유독가스를 발생하므로
③ 경유의 연소열로 인하여 산소가 방출되어 연소를 돕기 때문에
④ 경류가 연소할 때 수소가스를 발생하여 연소를 돕기 때문에

해설
경유화재 시 주수소화하면 물보다 비중이 가벼워 물 위에 떠서 화재면을 확대하므로 부적당하다.

19 화학소화 중 연쇄반응 억제에 의한 소화방법으로 가장 옳은 것은?

① 화학반응으로 탄산가스가 발생하여 소화한다.
② 불꽃연소에 주로 적용되는 소화방법이다.
③ 금속화재, 화약화재 등에 적용되는 소화방법이다.
④ 할로겐화물인 경우 할로겐 원자수의 비율이 작을수록 소화효과가 크다.

해설
불꽃연소 : 연쇄반응 억제에 의한 소화

20 다음 중 설명하는 현상으로 옳은 것은?

> 가연성 가스를 액화시켜 저장한 저장탱크 내의 액화가스가 누설되어 저장탱크 상부에 부유 또는 확산하여 있다가 착화원과 접촉할 경우 폭발을 일으키며, 이것으로 인하여 저장탱크 또는 저장용기가 파열되어 그 내부에 있던 액화가스가 공중으로 확산하면서 화구 형태의 폭발현상을 보여줄 때를 말한다.

① 플래시오버
② 보일오버
③ 블레비현상
④ 폭굉현상

해설
블레비(BLEVE) 현상 : 액화가스가 누설되어 점화원과 접촉하여 용기가 파열되어 화구 형태의 폭발현상

21 모세관 점도계에서 일정량의 액체(뉴턴유체)가 수직 모세관을 통하여 흘러내리는 데 걸리는 시간은?

① 점도에 반비례한다.

② 점도의 제곱근에 반비례한다.

③ 점도의 제곱근에 비례한다.

④ 점도에 비례한다.

해설

뉴턴유체가 수직 모세관을 통하여 흘러내리는 데 걸리는 시간은 점도에 비례한다.

22 안지름 240[mm]인 관속을 흐르고 있는 공기의 평균 풍속이 25[m/s]이면 공기는 매초 몇 [kg]이 흐르겠는가?(단, 관속의 정압은 2.45×10^5[Pa·abs], 온도는 15[℃], 공기의 기체상수 $R = 287$[J/kg·K]이다)

① 2.48

② 3.35

③ 4.48

④ 1.35

해설

• 밀 도

$$\rho = \frac{P}{RT} = \frac{2.45 \times 10^5}{287 \times (273+15)} = 2.96 [\text{kg/m}^3]$$

• 질량유량

$$\overline{m} = Au\rho = \frac{\pi}{4}(0.24[\text{m}])^2 \times 25[\text{m/s}] \times 2.96[\text{kg/m}^3]$$

$$= 3.35[\text{kg/s}]$$

※ [N·m] = [J], [Pa] = [N/m²]

23 수압기에서 피스톤의 지름이 각각 10[mm], 50[mm]이고 큰 피스톤에 1,000[N]의 하중을 올려놓으면 작은 쪽 피스톤에 얼마의 힘이 작용하게 되는가?

① 40[N]

② 400[N]

③ 25,000[N]

④ 245,000[N]

해설

$$\frac{W_1}{A_1} = \frac{W_2}{A_2}$$

$$\frac{1,000[\text{N}]}{\frac{\pi}{4}(50[\text{mm}])^2} = \frac{W_2}{\frac{\pi}{4}(10[\text{mm}])^2}$$

$$\therefore W_2 = 40[\text{N}]$$

24 어떤 밸브가 장치된 지름 20[cm]인 원관에 4[℃]의 물이 2[m/s]의 평균속도로 흐르고 있다. 밸브의 앞과 뒤에서의 압력 차이가 7.6[kPa]일 때 이 밸브의 부차적 손실계수(K)와 등가길이(L_e)는?(단, 관 마찰계수(f)는 0.02이다)

① $K = 3.8$, $L_e = 38$[m]

② $K = 7.6$, $L_e = 38$[m]

③ $K = 38$, $L_e = 3.8$[m]

④ $K = 38$, $L_e = 7.6$[m]

해설

베르누이 방정식

• 부차적 손실계수(K)

$$\frac{7.6[\text{kPa}]}{101.325[\text{kPa}]} \times 10.332[\text{m}] = K\frac{(2[\text{m/s}])^2}{2 \times 9.8[\text{m/s}^2]}$$

$$\therefore K = 3.8$$

• 등가길이(L_e)

$$L_e = \frac{Kd}{f} = \frac{3.8 \times 0.2[\text{m}]}{0.02} = 38[\text{m}]$$

25 스프링클러헤드의 방수압이 현재보다 4배가 되는 경우 방수량은 몇 배가 되는가?

① $\sqrt{2}$ 배

② 2배

③ 4배

④ 8배

해설

방수량(Q)

$$Q = K\sqrt{P}$$

$$= \sqrt{4} = 2배$$

26 액체가 일정한 유량으로 파이프를 흐를 때 유체속도에 대한 설명으로 틀린 것은?

① 관 단면적에 반비례한다.
② 관 반지름의 제곱에 반비례한다.
③ 관 지름에 반비례한다.
④ 관 지름의 제곱에 반비례한다.

해설

$Q = UA$

$U = \dfrac{Q}{A} = \dfrac{Q}{\dfrac{\pi}{4}d^2} = \dfrac{4Q}{\pi d^2}$

∴ 유체속도는 단면적과 관 지름의 제곱에 반비례, 유량에 비례한다.

※ d(지름) $= 2r$(반지름)

27 다음 중 국부유속을 측정할 수 있는 장치는?

① 오리피스(Orifice)
② 벤투리(Venturi)미터
③ 피토(Pitot)관
④ 위어(Weir)

해설

피토관 : 국부속도 측정

28 원형 단면을 가진 관 내에 유체가 완전 발달된 비압축성 정상유동으로 흐를 때 전단응력은?

① 중심에서 0이고, 중심선으로부터 거리에 비례하여 변한다.
② 관벽에서 0이고, 중심선에서 최대이며 선형분포한다.
③ 중심에서 0이고, 중심선으로부터 거리의 제곱에 비례하여 변한다.
④ 전 단면에 걸쳐 일정하다.

해설

비압축성 정상유동일 때 전단응력 : 중심선에서 0이고, 중심선으로부터 거리에 비례하여 변한다.

29 다음 중 열전달 매질이 없어도 열이 전달되는 형태는?

① 전 도
② 복 사
③ 자연대류
④ 강제대류

해설

복사 : 열전달 매질이 없어도 열이 전달되는 형태

30 원심식 송풍기에서 회전수를 변화시킬 때 동력변화를 구하는 식으로 맞는 것은?(단, 변화 전후의 회전수를 각각 N_1, N_2, 동력을 L_1, L_2로 표시한다)

① $L_2 = L_1 \times \left(\dfrac{N_1}{N_2}\right)^3$

② $L_2 = L_1 \times \left(\dfrac{N_1}{N_2}\right)^2$

③ $L_2 = L_1 \times \left(\dfrac{N_2}{N_1}\right)^3$

④ $L_2 = L_1 \times \left(\dfrac{N_2}{N_1}\right)^2$

해설

동 력

$L_2 = L_1 \times \left(\dfrac{N_2}{N_1}\right)^3$

31 다음 중 점도의 단위가 아닌 것은?

① [g/cm · s]

② [poise]

③ [dyne · s/cm^2]

④ [dyne · s/cm]

점도의 단위
- 1[poise] = 1[g/cm · s] = 100[cP] = 0.1[kg/m · s]
- 1[cP(centipoise)] = 0.01[g/cm · s] = 0.001[kg/m · s]
- 1[stokes] = 1[cm^2/s]

※ [dyne] = [g · cm/s^2]

$$[dyne \cdot s/cm^2] = \left[\frac{\frac{g \cdot cm}{s^2} \times s}{cm} \right] = \left[\frac{g}{cm \cdot s} \right]$$

32 손바닥을 비비면 열이 나지만 반대로 손바닥에 열을 가한다고 해서 손바닥이 비벼지지 않는다. 이 현상을 설명하는 열역학 법칙은?

① 제0법칙   ② 제1법칙

③ 제2법칙   ④ 제3법칙

손바닥을 비비면 열이 나지만 반대로 열을 가하면 손바닥이 비벼지지 않는 것은 열역학 제2법칙이다.

33 물의 미립자가 기름의 연소면을 두드려서 표면을 유화상으로 하여 가연성 증기의 발생을 억제함으로써 기름의 연소성을 상실시키는 효과를 무엇이라 하는가?

① 냉각효과   ② 질식효과

③ 유화효과   ④ 파괴효과

유화효과 : 물의 미립자가 연소면을 덮어 유화층을 형성하여 가연성증기 발생을 억제하여 기름의 연소를 상실시키는 효과

34 동점성계수가 0.6 × 10^{-6}[m^2/s]인 유체가 내경 30 [cm]인 파이프 속을 평균유속 3[m/s]로 흐른다면 이 유체의 레이놀즈수는 얼마인가?

① 1.5 × 10^6 ② 2.0 × 10^6

③ 2.5 × 10^6 ④ 3.0 × 10^6

$$Re = \frac{Du}{\nu} = \frac{0.3[m] \times 3[m/s]}{0.6 \times 10^{-6}[m^2/s]} = 1.5 \times 10^6$$

35 직경 50[cm]의 배관 내에서 유속 0.06[m/s]의 속도로 흐르는 물의 유량은 약 몇 [L/min]인가?

① 153   ② 255

③ 338   ④ 707

유량
$$Q = uA$$
$$= 0.06[m/s] \times \frac{\pi}{4}(0.5[m])^2$$
$$= 0.01178[m^3/s]$$
$$= 706.8[L/min]$$

36 표면적이 2[m^2]이고 표면 온도가 60[℃]인 고체 표면을 20[℃]의 공기로 대류 열전달에 의해서 냉각한다. 평균 대류 열전달계수가 30[W/m^2 · K]라고 할 때 고체 표면의 열손실은 몇 [W]인가?

① 600   ② 1,200

③ 2,400   ④ 3,600

열손실
$$q = hA\Delta T$$
여기서, $T_1 = 20[℃] = 273 + 20 = 293[K]$
$T_2 = 60[℃] = 273 + 60 = 333[K]$
$$\therefore \ q = 30\left[\frac{W}{m^2 \cdot K} \times 2m^2 \right] \times (333 - 293)[K]$$
$$= 2,400[W]$$

37 공기 중에서 무게가 900[N]인 돌이 물속에서의 무게가 400[N]일 때, 이 돌의 비중은?

① 1.4　　　　　② 1.6

③ 1.8　　　　　④ 2.25

해설

돌의 비중 = $\dfrac{\text{공기 중에서의 무게}}{\text{공기 중에서의 무게} - \text{물속에서의 무게}}$

$= \dfrac{900}{900 - 400} = 1.8[N]$

38 길이가 1[km]인 직관에 130[m³/h]의 물이 흐르고 있다. 이때 손실수두를 25[m]로 한정하기 위해 필요한 최소 관경은 몇 [mm]인가?(단, 관 마찰계수는 0.03이다)

① 167　　　　　② 223

③ 250　　　　　④ 334

해설

길이 $l = 1{,}000[m]$, 손실수두 $H_L = 25[m]$, 관 마찰계수 $f = 0.03$, 유량 $Q = 130[\text{m}^3/\text{hr}] = 0.0361[\text{m}^3/\text{s}]$

연속방정식을 적용하면

유량 $Q = \dfrac{\pi}{4}d^2 V$ 에서 $V = \dfrac{4Q}{\pi d^2}[\text{m/s}]$

손실수두 $H_L = f\dfrac{l}{d} \times \dfrac{V^2}{2g}[\text{m}]$ 에서

$H_L = f\dfrac{l}{d} \times \dfrac{\left(\dfrac{4Q}{\pi d^2}\right)^2}{2 \times g}$　→　$H_L = f\dfrac{l}{d^5} \times \dfrac{16 \times Q^2}{2g\pi^2}$

$d^5 = f\dfrac{l}{H_L} \times \dfrac{16 \times Q^2}{2g\pi^2}$　→　$d = \left(f\dfrac{l}{H_L} \times \dfrac{16 \times Q^2}{2g\pi^2}\right)^{1/5}$

$\therefore\ d = \left(0.03 \times \dfrac{1{,}000}{25} \times \dfrac{16 \times 0.0361^2}{2 \times 9.8 \times \pi^2}\right)^{1/5}$

$= 0.1668[\text{m}] \fallingdotseq 167[\text{mm}]$

39 온도 20[℃], 압력 5[bar]에서 비체적이 0.2[m³/kg]인 이상기체가 있다. 이 기체의 기체상수는 몇 [kJ/kg·K]인가?

① 0.341　　　　② 3.41

③ 34.1　　　　④ 341

해설

완전기체 상태방정식

$PVs = RT$

$R = \dfrac{PVs}{T} = \dfrac{\left(\dfrac{5[\text{bar}]}{1.013[\text{bar}]} \times 10{,}332[\text{kg}_f/\text{m}^2]\right) \times 0.2[\text{m}^3/\text{kg}]}{(273 + 20)[\text{K}]}$

$= 34.81[\text{kg}_f \cdot \text{m/kg} \cdot \text{K}]$

이것을 환산하면

$34.81[\text{kg}_f \cdot \text{m/kg} \cdot \text{K}] = 34.81 \times 9.8[\text{N} \cdot \text{m/kg} \cdot \text{K}]$

$= 34.81 \times 9.8 \times 10^{-3}[\text{kJ/kg} \cdot \text{K}]$

$= 0.341[\text{kJ/kg} \cdot \text{K}]$

※ 단위 환산

$[\text{N} \cdot \text{m}] = [\text{J}]$

40 안지름 25[cm]인 파이프 속으로 물이 5[m/s]의 유속으로 흐른다. 하류에서 파이프의 안지름이 10[cm]로 축소되었다면 이 부분에서의 유속은 몇 [m/s]인가?

① 5.5　　　　　② 12.5

③ 25.25　　　　④ 31.25

해설

유 속

$\dfrac{U_2}{U_1} = \left(\dfrac{D_1}{D_2}\right)^2$

$\therefore\ U_2 = U_1 \times \left(\dfrac{D_1}{D_2}\right)^2 = 5[\text{m/s}] \times \left(\dfrac{25[\text{cm}]}{10[\text{cm}]}\right)^2 = 31.25[\text{m/s}]$

41 다음 중 건축허가 동의대상물이 아닌 것은?

① 연면적 400[m²] 이상인 건축물이나 시설

② 차고·주차장으로 사용되는 층 중에서 바닥면적이 200[m²] 이상인 층이 있는 시설

③ 항공기 격납고, 관망탑, 항공관제탑, 방송용 송수신탑

④ 지하층 또는 무창층이 있는 건축물로 바닥면적 100[m²] 이상인 층이 있는 것

해설
지하층 또는 무창층이 있는 건축물로 바닥면적이 150[m²](공연장은 100[m²]) 이상인 층이 있는 것은 건축허가 등의 동의대상물이다(소방시설법 영 제7조).

42 소방용수시설 및 지리조사의 실시 횟수는 어느 정도가 적당한가?

① 주 1회 이상

② 주 2회 이상

③ 월 1회 이상

④ 분기별 1회 이상

해설
소방용수시설 및 지리조사(소방기본법 규칙 제7조)
• 조사권자 : 소방본부 또는 소방서장
• 시기 : 월 1회 이상

43 제1종 판매취급소의 위험물을 배합하는 실의 기준으로 맞는 것은?

① 바닥면적은 5[m²] 이상 10[m²] 이하일 것

② 출입구 문턱의 높이는 바닥면으로부터 0.1[m] 이상으로 할 것

③ 바닥은 위험물이 침투하지 않는 구조로 하고 경사를 두지 말 것

④ 내부에 체류한 가연성의 증기는 벽면에 있는 창문으로 방출할 것

해설
제1종 판매취급소의 배합실의 기준(위험물법 규칙 별표 14)
• 바닥면적은 6[m²] 이상 15[m²] 이하일 것
• 출입구 문턱의 높이는 바닥면으로부터 0.1[m] 이상으로 할 것
• 내화구조 또는 불연재료로 된 벽으로 구획할 것
• 바닥은 위험물이 침투하지 않는 구조로 하여 적당한 경사를 두고 집유설비를 할 것
• 출입구에는 수시로 열 수 있는 자동폐쇄식의 60분＋방화문 또는 60분 방화문을 설치할 것
• 내부에 체류한 가연성의 증기 또는 가연성의 미분을 지붕 위로 방출하는 설비를 할 것

44 방염처리업에 대한 영업정지를 명하는 경우로서 영업정지처분에 갈음하여 과징금을 부과할 수 있는 바, 과징금의 한도액은 얼마인가?

① 5,000만원 이하

② 1억원 이하

③ 1억5천만원 이하

④ 2억원 이하

해설
소방시설업(소방시설설계업, 소방시설공사업, 소방공사감리업, 방염처리업)에 대한 영업정지 처분에 갈음하는 과징금(공사업법 제10조) : 2억원 이하의 과징금

45 소방기술민원센터의 설치·운영권자는 누구인가?

① 소방청장 또는 소방본부장

② 시·도지사

③ 소방본부장 또는 소방서장

④ 한국소방안전원장

해설

소방기술민원센터의 설치·운영권자 : 소방청장 또는 소방본부장 (소방기본법 영 제1조의2)

46 화재예방강화지구의 지정대상지역으로 적당하지 않은 것은?

① 목조건물이 밀집한 지역

② 공장·창고가 밀집한 지역

③ 노후·불량건축물이 밀집한 지역

④ 소방시설·소방용수시설 또는 소방출동로가 부족한 지역

해설

소방시설, 소방용수시설, 소방출동로가 없는 지역은 화재예방강화지구의 지정대상이다(화재예방법 제18조).

47 다음 중 제3류 자연발화성 및 금수성 위험물이 아닌 것은?

① 적 린

② 황 린

③ 금속의 수소화물

④ 칼 륨

해설

위험물의 구분(위험물법 영 별표 1)

종 류	적 린	황린, 금속의 수소화물, 칼륨
유 별	제2류 위험물	제3류 위험물
성 질	가연성 고체	자연발화성 및 금수성 물질

48 관계인의 승낙이 있어야 화재안전조사를 할 수 있는 장소는?

① 여인숙　　　　② 연립주택

③ 기숙사　　　　④ 호 텔

해설

개인의 주거(실제 주거용도로 사용되는 경우에 한정)에 대한 화재안전조사는 관계인의 승낙이 있거나 화재 발생의 우려가 뚜렷하여 긴급한 필요가 있는 때에 한정한다(화재예방법 제7조).

49 다음 중 특수가연물에 해당되지 않는 것은?

① 면화류 200[kg] 이상

② 나무껍질 및 대팻밥 400[kg] 이상

③ 넝마 및 종이부스러기 500[kg] 이상

④ 사류(絲類) 1,000[kg] 이상

해설

넝마 및 종이부스러기 1,000[kg] 이상은 특수가연물이다(화재예방법 영 별표 2).

50 2급 소방안전관리대상에 대한 설명 중 틀린 것은?

① 스프링클러설비 또는 물분무 등 소화설비를 설치해야 하는 특정소방대상물

② 옥내소화전설비를 설치해야 하는 특정소방대상물

③ 가스제조설비를 갖추고 도시가스사업의 허가를 받아야 하는 시설 또는 가연성 가스를 100[t] 이상 3,000[t] 미만 저장·취급하는 시설

④ 지하구

해설

2급 소방안전관리대상물 : 가연성 가스 100[t] 이상 1,000[t] 미만을 저장·취급하는 시설(화재예방법 영 별표 4)

51 다음 중 소방대에 속하지 않는 조직체는?

① 소방공무원

② 소방안전관리자

③ 의무소방원

④ 의용소방대원

해설

소방대(소방기본법 제2조) : 소방공무원, 의무소방원, 의용소방대원

52 다음 중 예방규정을 정해야 하는 제조소 등의 기준이 아닌 것은?

① 지정수량의 10배 이상의 위험물을 취급하는 제조소

② 지정수량의 100배 이상의 위험물을 저장하는 일반취급소

③ 지정수량의 150배 이상의 위험물을 저장하는 옥내저장소

④ 암반탱크저장소

해설

예방규정을 정해야 하는 제조소 등(위험물법 영 제15조)

• 지정수량의 10배 이상의 위험물을 취급하는 제조소, 일반취급소

• 지정수량의 100배 이상의 위험물을 저장하는 옥외저장소

• 지정수량의 150배 이상의 위험물을 저장하는 옥내저장소

• 지정수량의 200배 이상의 위험물을 저장하는 옥외탱크저장소

• 암반탱크저장소

• 이송취급소

53 다음 중 소방기본법상의 소방대상물에 포함되지 않는 것은?

① 산 림

② 항해 중인 선박

③ 선 박

④ 선박건조구조물

해설

소방대상물(소방기본법 제2조)

• 건축물

• 차 량

• 선박(항구에 매어 둔 선박만 해당)

• 선박건조구조물

• 산 림

※ 항해 중인 선박, 운항 중인 항공기 : 소방대상물이 아님

54 화재 발생 시 소방서는 소방본부의 종합상황실에, 소방본부는 소방청의 종합상황실에 보고해야 하는 바, 사상자가 얼마 이상일 경우 이에 해당되는가?

① 사상자가 5명 이상 발생한 화재

② 사상자가 7명 이상 발생한 화재

③ 사상자가 10명 이상 발생한 화재

④ 사상자가 20명 이상 발생한 화재

해설

상황보고(소방기본법 규칙 제3조)

• 보고절차 : 소방서 → 소방본부의 종합상황실, 소방본부의 종합상황실 → 소방청의 종합상황실

• 보고해야 하는 화재

– 사망자가 5인 이상, 사상자가 10인 이상 발생한 화재

– 이재민이 100인 이상 발생한 화재

– 재산피해액이 50억원 이상 발생한 화재

– 관공서, 학교, 정부미도정공장, 국가유산(문화재), 지하철, 지하구의 화재 등

55 소방시설공사업자는 소방시설을 하고자 하는 경우 소방시설공사를 하려면 누구에게 신고해야 하는가?

① 시·도지사
② 행정안전부장관
③ 소방본부장이나 소방서장
④ 대통령

소방시설공사 착공신고 : 소방본부장이나 소방서장(공사업법 제13조)

56 소방시설공사업법령상 상주공사감리 대상 기준 중 다음 ( ) 안에 알맞은 것은?

- 연면적 (㉠)[m²] 이상의 특정소방대상물(아파트는 제외)에 대한 소방시설의 공사
- 지하층을 포함한 층수가 (㉡)층 이상으로서 (㉢) 세대 이상인 아파트에 대한 소방시설의 공사

① ㉠ 10,000, ㉡ 11, ㉢ 600
② ㉠ 10,000, ㉡ 16, ㉢ 500
③ ㉠ 30,000, ㉡ 11, ㉢ 600
④ ㉠ 30,000, ㉡ 16, ㉢ 500

상주공사감리 대상 기준(영 별표 3)
- 연면적 30,000[m²] 이상의 특정소방대상물(아파트는 제외)에 대한 소방시설의 공사
- 지하층을 포함한 층수가 16층 이상으로서 500세대 이상인 아파트에 대한 소방시설의 공사

57 위험물제조소 등에 대한 설명으로 틀린 것은?

① 제조소 등을 설치하고자 하는 자는 대통령령이 정하는 바에 따라 그 설치 장소를 관할하는 시·도지사의 허가를 받아야 한다.
② 지정수량의 배수를 변경하고자 하는 자는 변경하고자 하는 날의 1일 전까지 행정안전부령이 정하는 바에 따라 시·도지사에게 신고해야 한다.
③ 군사용 위험물시설을 설치하고자 하는 군부대의 장이 관할 시·도지사와 협의한 경우에는 규정에 따른 허가를 받은 것으로 본다.
④ 위험물탱크 안전성능시험은 위험물탱크 안전성능시험자만이 할 수 있다.

위험물탱크 안전성능시험 신청서는 소방서장, 한국소방산업기술원 또는 탱크 안전성능시험자에게 신청을 해야 하므로 이 기관은 안전성능시험을 할 수 있다(위험물법 규칙 제18조).

58 연 1회 이상 소방시설관리업자 또는 소방안전관리자로 선임된 소방시설관리사, 소방기술사가 종합점검을 의무적으로 실시하는 특정소방대상물은?

① 옥내소화전설비가 설치된 연면적 1,000[m²] 이상
② 간이스프링클러설비가 설치된 특정소방대상물
③ 스프링클러설비가 설치된 특정소방대상물
④ 물분무소화설비가 설치된 연면적 2,000[m²] 이상

종합점검 대상(소방시설법 규칙 별표 3)
- 점검대상
- 특정소방대상물의 소방시설 등이 신설된 경우(최초 점검)
  - 스프링클러설비가 설치된 특정소방대상물
  - 물분무 등 소화설비(호스릴 방식은 제외)가 설치된 연면적 5,000[m²] 이상인 특정소방대상물
  - 단란주점영업, 유흥주점영업, 영화상영관, 비디오물감상실업, 복합영상물제공업, 노래연습장업, 산후조리원, 고시원업, 안마시술소로서 연면적이 2,000[m²] 이상인 것
  - 제연설비가 설치된 터널
  - 공공기관으로서 연면적이 1,000[m²] 이상인 것으로서 옥내소화전설비 또는 자동화재탐지설비가 설치된 것
- 점검자 : 소방시설관리업자, 소방안전관리자로 선임된 소방시설관리사·소방기술사

59 다음 방염처리 대상물품에 대한 설명 중 틀린 것은? (단, 제조 또는 가공 공정에서 방염한 물품이다)

① 창문에 설치하는 커튼류(블라인드를 포함한다)

② 두께가 3[mm] 미만인 종이벽지는 제외한다.

③ 전시용 합판·목재 또는 섬유판, 무대용 합판· 목재 또는 섬유판

④ 암막·무대막

해설
카펫, 벽지류(두께가 2[mm] 미만인 종이벽지는 제외한다)는 방염 처리 대상물품이다(소방시설법 영 제31조).

제4과목 소방기계시설의 구조 및 원리

61 다음은 이산화탄소 또는 이산화탄소소화설비의 특징을 설명한 것으로 옳지 않은 것은?

① 가스 비중이 1.53이므로 심부화재 소화에도 유효하다.

② 표준설계농도는 34[%]이지만 방호대상물에 따라 설계농도를 34[%] 미만으로 할 수 있다.

③ 전기절연성의 공기의 1.2배이므로 가동 중인 고압의 기계장치에도 소화활동이 가능하다.

④ 자체압력이 15[℃]에서 5.3[MPa]이므로 별도의 가압장치가 필요하지 않다.

해설
설계농도가 34[%] 이상인 방호대상물의 소화약제량은 기본 소화 약제량에 보정계수를 곱하여 산출해야 한다. 따라서, 설계농도 34[%] 미만은 없다.

---

60 소방대상물의 화재안전조사 결과에 따른 필요한 조치명령으로 옳지 않은 것은?

① 소방대상물의 용도변경

② 소방대상물의 개수

③ 소방대상물의 이전

④ 소방대상물의 사용의 금지

해설
소방대상물의 화재안전조사에 따른 조치명령(화재예방법 제14조)
• 개 수
• 이 전
• 제 거
• 사용의 금지 또는 제한
• 사용폐쇄
• 공사의 정지 또는 중지

---

62 할론 1301 소화약제의 저장용기에 관한 사항으로 적당하지 않은 것은?

① 축압식 용기의 경우에는 20[℃]에서 2.5[MPa] 또는 4.2[MPa]의 압력이 되도록 질소가스로 축압할 것

② 저압용기의 개방밸브는 안전장치가 부착된 것으로 하며 수동으로 개방되지 않도록 할 것

③ 저장용기의 충전비는 0.9 이상 1.6 이하로 할 것

④ 동일 집합관에 접속되는 용기의 충전비는 같도록 할 것

해설
할론소화약제 저장용기의 개방밸브는 전기식, 가스압력식, 기계 식에 따라 자동으로 개방되고, 수동으로도 개방되는 것으로서 안 전장치가 부착된 것으로 해야 한다.

63 지하구의 화재안전기준에서 연소방지설비의 배관에 관한 기준 중 틀리는 것은?

① 수평주행배관에는 행거를 4.5[m] 이내마다 1개 이상 설치할 것
② 개방형 스프링클러헤드의 경우에는 헤드 간의 수평거리는 1.5[m] 이하로 한다.
③ 연소방지설비전용의 헤드만을 사용해야 한다.
④ 연소방지설비 전용헤드의 경우에는 헤드 간의 수평거리는 2.0[m] 이하로 한다.

해설
연소방지설비의 방수헤드는 전용헤드와 개방형 스프링클러헤드를 사용한다.

64 아파트에 연결송수관설비를 설치할 때 방수구는 몇 층부터 설치할 수 있는가?

① 3층
② 4층
③ 5층
④ 7층

해설
아파트에는 연결송수관설비의 방수구를 3층부터 설치한다.

65 소화펌프 토출 측 배관과 부대장치에 관한 설명 중 옳지 않은 것은?

① 가압송수장치의 체절운전 시 수온의 상승을 방지하기 위하여 체크밸브와 펌프 사이에서 분기한 구경 20[mm] 이상의 배관에 체절압력 미만에서 개방되는 릴리프밸브를 설치할 것
② 토출구와 체크밸브 사이에서 분기하여 펌프 내의 수온상승방지를 위한 순환밸브를 설치한다.
③ 유량계의 최대측정용량은 펌프의 정격토출량과 같아야 한다.
④ 성능시험배관은 펌프 토출 측의 개폐밸브 이전에서 분기하여 직선으로 설치한다.

해설
유량측정장치는 펌프의 정격토출량의 175[%] 이상 측정할 수 있는 성능이 있을 것

66 통신기기실에 비치하는 소화기로 가장 적합한 것은?

① 포소화기
② 이산화탄소소화기
③ 강화액소화기
④ 산·알칼리소화기

해설
통신기기실 : 이산화탄소, 할로겐화합물소화기

정답 63 ③ 64 ① 65 ③ 66 ②

67 자동차 차고에 설치하는 물분무소화설비의 펌프의 1분당 토출량은 얼마나 되어야 하는가?

① 바닥면적$[m^2] \times 10[L/min \cdot m^2]$
② 바닥면적$[m^2] \times 15[L/min \cdot m^2]$
③ 바닥면적$[m^2] \times 20[L/min \cdot m^2]$
④ 바닥면적$[m^2] \times 30[L/min \cdot m^2]$

해설
물분무소화설비의 토출량
• 특수가연물 : 바닥면적$[m^2] \times 10[L/min \cdot m^2]$
• 차고, 주차장 : 바닥면적$[m^2] \times 20[L/min \cdot m^2]$

68 바닥면적 400$[m^2]$ 이상의 대규모 화재실의 제연효과에 부합되지 않는 것은?

① 거주자의 피난루트 형성
② 화재진압대원의 진입루트 형성
③ 인접실로의 연기확산지연
④ 구획물의 내화성 증진

해설
구획물의 내화성 증진은 대규모 화재실의 제연효과에 부합되지 않는다.

69 이산화탄소소화기의 소화능력이 가장 부적합한 소방대상물은 어느 것인가?

① 가연성 액체류
② 가연성 고체
③ 알칼리금속
④ 합성수지류

해설
알칼리금속(Li, Ca)은 물과 반응하면 수소가스가 발생하므로 이산화탄소소화기는 부적합하다.

70 다음은 연결송수관설비의 배관에 관하여 설명한 것이다. 옳은 것은?

① 주배관의 구경은 80[mm] 이상으로 할 것
② 지상 11층 이상의 건물에는 반드시 습식으로 설치해야 한다.
③ 지면으로부터의 건물 높이가 30[m] 이상인 경우에는 반드시 습식으로 설치해야 한다.
④ 지상 10[m] 이하의 건물에는 주배관을 65[mm]로 할 수 있다.

해설
연결송수관설비의 배관
• 주배관의 구경은 100[mm] 이상으로 할 것
• 지상 11층 이상, 높이 31[m] 이상인 소방대상물에는 습식설비로 할 것
• 주배관의 구경이 100[mm] 이상인 옥내소화전설비와 겸용할 수 있다.

71 분말소화설비의 가압식 저장용기에 설치하는 안전밸브의 최대작동압력은 몇[MPa]인가?(단, 내압시험압력은 25[MPa], 최고사용압력은 5[MPa]로 한다)

① 4
② 9
③ 13.9
④ 20

해설
분말소화설비의 안전밸브의 작동압력
• 가압식 : 최고사용압력의 1.8배 이하
• 축압식 : 내압시험압력의 0.8배 이하
∴ 안전밸브의 작동압력 = 최고사용압력 × 1.8
　　　　　　　　　　 = 5[MPa] × 1.8
　　　　　　　　　　 = 9[MPa]

72 포소화설비의 자동식 기동장치는 폐쇄형 스프링클러헤드를 사용할 경우 부착면의 높이[m] 및 헤드 1개의 경계면적[m²]은 얼마가 적당한가?

① 높이 4[m] 이하, 경계면적 18[m²] 이하

② 높이 4[m] 이하, 경계면적 20[m²] 이하

③ 높이 5[m] 이하, 경계면적 18[m²] 이하

④ 높이 5[m] 이하, 경계면적 20[m²] 이하

해설
포소화설비의 자동식 기동장치는 폐쇄형 스프링클러헤드를 사용할 경우
• 부착면의 높이 : 5[m] 이하
• 경계면적 : 20[m²] 이하

73 옥내소화전함의 재질을 합성수지 재료로 할 경우 두께는 몇 [mm] 이상이어야 하는가?

① 1.5[mm] ② 2[mm]

③ 3[mm] ④ 4[mm]

해설
옥내소화전함의 재질
• 강판 : 1.5[mm] 이상
• 합성수지 : 4[mm] 이상

74 펌프와 발포기의 배관 도중에 벤투리관을 설치하여 벤투리작용에 의해 포소화약제를 혼합하는 방식은?

① 석션 프로포셔너 방식(Suction Proportioner)

② 프레셔 프로포셔너 방식(Pressure Proportioner)

③ 워터모터 프로포셔너 방식(Water Motor Proportioner)

④ 라인 프로포셔너 방식(Line Proportioner)

해설
라인 프로포셔너 방식의 설명이다.

75 스프링클러설비의 고가수조에 설치하지 않는 것은?

① 수위계 ② 배수관

③ 오버플로관 ④ 압력계

해설
압력계는 압력수조에 설치한다.

76 옥외소화전설비의 배관 공사에 관해서 적합하지 않은 것은?

① 연약한 곳에 매설하는 배관에 대해서는 관 접속부의 이탈 또는 파손을 방지하기 위한 특별 조치를 해야 한다.

② T자관 등의 매설공사에서는 수격작용 및 기타 충격으로 인한 이탈을 방지하기 위한 조치를 해야 한다.

③ 소화전과 접속하는 입상관의 지지는 견고히 고정해야 한다.

④ 배관은 수격작용을 고려해서 직선으로 시공하는 것은 좋지 않다.

해설
옥외소화전설비의 배관은 마찰손실을 적게 하기 위하여 직선으로 시공한다.

77 제1종 분말(탄산수소나트륨) 전역방출 방식의 분말소화설비를 한 방호구역의 체적이 500[m³]이고, 자동폐쇄장치를 설치하지 않은 개구부의 면적이 20[m²]인 경우 소화약제의 저장량은?

① 350[kg] 이상

② 380[kg] 이상

③ 390[k]g 이상

④ 400[kg] 이상

해설

분말소화약제 저장량
= (방호구역의 체적[m³] × 필요약제량[kg/m³]) + (개구부 면적[m²] × 가산량[kg/m²])
= (500[m³] × 0.60[kg/m³]) + (20[m²] × 4.5[kg/m²])
= 390[kg] 이상

78 물소화설비 헤드 또는 노즐 중 선단에서의 방수압이 가장 높아야 하는 것은?

① 옥내소화전의 노즐

② 스프링클러의 헤드

③ 옥외소화전의 노즐

④ 위험물 옥외저장탱크 보조포소화전의 노즐

해설

방사압력
• 옥내소화전의 노즐 : 0.17[MPa]
• 스프링클러헤드 : 0.1[MPa]
• 옥외소화전의 노즐 : 0.25[MPa]
• 위험물 옥외저장탱크의 보조포소화전의 노즐 : 0.35[MPa](위험물 세부기준 제133조)

79 완강기의 속도조절기가 견고한 커버로 피복되어 있는 이유로서 가장 적당한 것은?

① 화재 시 화열에 직접 쪼이는 것을 방지하기 위하여

② 기능에 이상이 생기게 하는 모래나 기타 이물질이 쉽게 들어가는 것을 방지하기 위하여

③ 화재 시 주수에 의하여 직접 물이 들어가는 것을 방지하기 위하여

④ 쉽게 고장이 나는 것을 방지하기 위하여

해설

속도조절기에 모래나 기타 이물질이 쉽게 들어가는 것을 방지하기 위하여 커버로 피복한다.

80 노유자시설의 3층에 설치해야 할 피난기구의 종류로 부적절한 것은?

① 미끄럼대

② 피난교

③ 구조대

④ 간이완강기

해설

설치장소별 피난기구의 적응성

구 분 층별	1층, 2층, 3층	4층 이상 10층 이하
노유자시설	미끄럼대, 구조대, 피난교, 다수인피난장비, 승강식 피난기	구조대, 피난교, 다수인피난장비, 승강식 피난기

과년도 기출복원문제

제1과목 **소방원론**

01
목재와 같이 일반가연물 연소 시 생성하는 가스 중 가스 자체는 인체에 해가 없으나 공기보다 무겁고 많은 양을 흡입하면 질식의 우려가 있는 가스는?

① CO_2

② CH_4

③ CO

④ HCN

해설

이산화탄소(CO_2) 가스 자체는 인체에 대한 독성이 없으나 공기보다 $1.52\left(=\dfrac{44}{29}\right)$배 무겁고 실내에서 많은 양을 흡입하면 질식의 우려가 있다.

02
플래시오버(Fash Over)에 대한 설명으로 가장 타당한 것은?

① 에너지가 느리게 집적되는 현상

② 가연성 가스가 방출되는 현상

③ 가연성 가스가 분해되는 현상

④ 급격히 화염이 확대되는 현상

해설

플래시오버(Flash Over) : 급격히 화염이 확대되는 현상으로 폭발적인 착화 현상

03
연기에 의한 감광계수가 0.1[m^{-1}], 가시거리가 20~30[m]일 때 상황을 바르게 설명한 것은?

① 건물 내부에 익숙한 사람이 피난에 지장을 느낄 정도

② 연기감지기가 작동할 정도

③ 어둠침침한 것을 느낄 정도

④ 거의 앞이 보이지 않을 정도

해설

감광계수에 따른 가시거리

감광계수 [m^{-1}]	가시거리 [m]	상 황
0.1	20~30	연기감지기가 작동할 때의 정도
0.3	5	건물 내부에 익숙한 사람이 피난에 지장을 느낄 정도
0.5	3	어둠침침한 것을 느낄 정도
1	1~2	거의 앞이 보이지 않을 정도
10	0.2~0.5	화재 최성기 때의 정도
30	–	출화실에서 연기가 분출될 때의 연기 농도

04
다음의 파라핀계 탄화수소 중 발열량이 가장 큰 것은?

① 메테인

② 프로페인

③ 헵테인

④ 데케인

해설

파라핀계 탄화수소는 분자량이 클수록 발열량이 크다.
분자식
• 메테인 : CH_4
• 에테인 : C_2H_6
• 헵테인 : C_7H_{16}
• 데케인 : $C_{10}H_{22}$

---

05 인화성 액체의 연소점, 인화점, 발화점의 온도 순서로 옳은 것은?

① 연소점 > 인화점 > 발화점
② 인화점 > 발화점 > 연소점
③ 인화점 > 연소점 > 발화점
④ 발화점 > 연소점 > 인화점

해설
- 인화점(Flash Point)
  - 휘발성 물질에 불꽃을 접하여 발화될 수 있는 최저의 온도
  - 가연성 증기를 발생할 수 있는 최저의 온도
- 발화점(Ignition Point)
  가연성 물질에 점화원을 접하지 않고도 불이 일어나는 최저의 온도
- 연소점(Fire Point) : 어떤 물질이 연소 시 연소를 지속할 수 있는 온도로서 인화점보다 10[℃] 높다.
∴ 온도의 순서 : 발화점 > 연소점 > 인화점
※ 아세톤 : 발화점(465[℃]) > 연소점(인화점 + 10[℃] 이상) > 인화점(−18.5[℃])

06 연소의 3요소 중 점화원(발화원)의 분류로서 기계적 점화원으로만 되어 있는 것은?

① 충격, 마찰, 기화열
② 고온표면, 열방사선
③ 단열압축, 충격, 마찰
④ 나화, 자연발열, 단열압축

해설
열원의 종류
- 화학열
  - 연소열 : 어떤 물질이 완전히 산화되는 과정에서 발생하는 열
  - 분해열 : 어떤 화합물이 분해할 때 발생하는 열
  - 용해열 : 어떤 물질이 액체에 용해될 때 발생하는 열(질산과 물의 혼합)
  - 자연발화
- 전기열
  - 저항열 / 유전열 / 유도열 / 아크열
  - 정전기열 : 정전기가 방전할 때 발생하는 열

- 기계열
  - 마찰열 : 두 물체를 마주대고 마찰시킬 때 발생하는 열
  - 압축열 : 기체를 압축할 때 발생하는 열
  - 마찰 스파크열 : 금속과 고체 물체가 충돌할 때 발생하는 열
  - 단열압축

07 다음은 연료의 발열량에 대한 설명이다. 잘못된 것은?

① 연소 시 생성되는 수증기 증발잠열의 포함 여부에 따라 고발열량과 저발열량으로 나눈다.
② 일반적으로 표시하는 단위는 [kJ/kg], [kcal/kg], [kcal/mol] 등이다.
③ 기체의 발열량은 단위체적을 일정하게 하기 위하여 일반적으로 25[℃], 1[atm]의 부피를 기준으로 한다.
④ 수증기의 증발잠열을 포함하지 않는 저발열량은 진발열량이라고도 한다.

해설
발열량(Heating Value)은 단위중량의 물질이 완전 연소하는 경우에 발생되는 열량을 말하며 0[℃], 1[atm]의 부피를 기준으로 한다.

08 자연발화성 물질이라고 볼 수 없는 것은?

① 황 린

② 칼 륨

③ 트라이에틸알루미늄

④ 벤 젠

09 소화분말의 주성분이 제1인산암모늄인 분말소화약제는?

① 제1종 분말소화약제

② 제2종 분말소화약제

③ 제3종 분말소화약제

④ 제4종 분말소화약제

10 위험물질의 위험성을 나타내는 성질에 대한 설명으로 옳지 않은 것은?

① 알킬알루미늄, 수소화나트륨 및 탄화칼슘은 금수성 물질이다.

② 황은 가연성 고체인 제2류 위험물이다.

③ 알코올류라 함은 탄소수가 1개에서 3개까지인 포화 1가 알코올류를 의미한다.

④ 황린은 가연성 고체로서 제2류 위험물에 속한다.

11 제3류 위험물 중 자연발화성만 있고 금수성이 없기 때문에 물속에 보관하는 물질은?

① 알킬리튬

② 황 린

③ 칼 륨

④ 알루미늄 탄화물류

12 다음 중 분진폭발의 위험성이 없는 것은?

① 소석회

② 어 분

③ 석탄분말

④ 밀가루

13 할론(Halon) 1301의 분자식은?

① CH_2ClBr

② CH_3Br

③ CHF_2Cl

④ CF_3Br

해설

할로겐화합물소화약제

종류 구분	할론 1301	할론 1211	할론 2402	할론 1011
분자식	CF_3Br	CF_2ClBr	$C_2F_4Br_2$	CH_2ClBr
분자량	148.95	165.4	259.8	129.4

14 연소 시 발생하는 생성물이 인체에 유해한 영향을 미치는 것에 대한 설명으로 옳은 것은?

① 암모니아는 냉매로 사용되고 있으므로, 누출 시 동해(凍害)의 위험은 있으나 자극성은 없다.

② 황화수소 가스는 무자극성이나, 조금만 호흡해도 감지능력을 상실케 한다.

③ 일산화탄소는 산소와의 결합력이 극히 강하여 질식작용에 의한 독성을 나타낸다.

④ 아크로레인은 독성이 약하나 화학제품의 연소 시 다량 발생하므로 쉽게 치사농도에 이르게 한다.

해설

연소생성물의 특성

• 암모니아(NH_3)는 냉매로 사용하며 자극성이 있다.

• 황화수소(H_2S) 가스는 달걀 썩는 냄새가 나고 자극적이며 조금만 호흡해도 감지능력을 상실케 한다.

• 아크로레인(CH_2CHCHO)은 맹독성이며 석유화학제품의 연소 시 발생한다.

15 다음 화학물질 중 금수성이 가장 큰 물질은?

① 철 분   ② 구리분

③ 황   ④ 나트륨

해설

• 철분, 구리분 : 제2류 위험물

• 황린 : 제3류 위험물이며, 물속에 저장

• 나트륨 : 제3류 위험물이며, 금수성 물질

16 에스터와 알칼리 작용으로 가수분해되어 알코올과 산의 알칼리염이 되는 반응은?

① 수소화 분해반응   ② 탄화반응

③ 비누화반응   ④ 할로겐화반응

해설

비누화반응 : 에스터에 알칼리(NaOH, KOH)를 반응시켜 카복시산염과 알코올을 생성하는 반응

$CH_3COOC_2H_5 + NaOH \rightarrow CH_3COONa + C_2H_5OH$

17 건축물의 화재 시 피난자들의 집중으로 패닉현상이 일어날 수 있는 피난방향은?

해설

피난방향 및 경로

구 분	구 조	특 징
T형		피난자에게 피난경로를 확실히 알려 주는 형태
X형		양방향으로 피난할 수 있는 확실한 형태
H형		중앙코어방식으로 피난자의 집중으로 패닉현상이 일어날 우려가 있는 형태
Z형		중앙복도형 건축물에서의 피난경로로서 코어식 중 제일 안전한 형태

13 ④ 14 ③ 15 ④ 16 ③ 17 ① **정답**

18 할로겐화합물 소화약제의 특성으로 옳지 않은 것은?

① 비점이 낮다.

② 할로겐원소의 부촉매효과는 염소가 제일 크다.

③ 기화되기 쉽다.

④ 공기보다 무겁고 불연성이다.

할로겐화합물 소화약제의 특성(구비조건)
• 저비점 물질로서 기화되기 쉬울 것
• 공기보다 무겁고 불연성일 것
• 증발 잔유물이 없을 것

19 화재의 원인이 되는 정전기 예방대책 중 잘못된 것은?

① 접지시설을 한다.

② 비전도체 물질을 사용한다.

③ 공기 중의 상대습도를 높인다.

④ 공기를 이온화한다.

정전기 예방대책
• 접지를 한다.
• 공기 중의 상대습도를 70[%] 이상으로 한다.
• 공기를 이온화한다.

20 다음 물질 중 분자 내부에 산소를 함유하지 않는 액체 탄화수소에 보관해야 하는 것은?

① 황화인   ② 황 린

③ 적 린   ④ 나트륨

저장 방법
• 칼륨, 나트륨 : 석유, 등유 등 액체 탄화수소에 저장
• 황린, 이황화탄소 : 물속에 저장
• 나이트로셀룰로스(NC) : 물 또는 아이소프로필알코올에 저장

제2과목 소방유체역학

21 수직으로 세워진 노즐에서 30[℃]의 물이 15[m/s]의 속도로 15[℃]의 공기 중에 뿜어 올려진다면 물은 약 몇 [m] 올라가겠는가?(단, 외부와 마찰에 의한 에너지 손실은 없다)

① 5.8[m]   ② 0.8[m]

③ 23.0[m]   ④ 11.5[m]

$$H = \frac{U^2}{2g} = \frac{(15[\mathrm{m/s}])^2}{2 \times 9.8[\mathrm{m/s^2}]} = 11.48[\mathrm{m}]$$

22 물이 파이프 속을 꽉 차서 흐를 때 정전 등의 원인으로 유속이 급격히 변하면서 물에 심한 압력변화가 생기고 큰 소음이 발생하는 현상을 무엇이라 하는가?

① 수격작용   ② 서 징

③ 캐비테이션   ④ 실 속

수격작용(Water Hammering)
• 정의 : 유체가 감속되어 운동에너지가 압력에너지로 변하여 유체 내의 고압이 발생하고 유속이 급변화하면서 압력변화를 가져와 큰 소음이 발생하는 현상
• 수격 현상의 발생원인
 – Pump의 운전 중에 정전에 의해서
 – 밸브를 차단할 경우
 – Pump의 정상 운전일 때의 액체의 압력변동이 생길 때
• 수격현상의 방지대책
 – 관로의 관경을 크게 하고 유속을 낮게 해야 한다.
 – 압력강하의 경우 Fly Wheel을 설치해야 한다.
 – 조압수조(Surge Tank) 또는 수격방지기(Water Hammering Cusion)를 설치해야 한다.
 – Pump 송출구 가까이 송출밸브를 설치하여 압력상승 시 압력을 제어해야 한다.

23 다음 설명 중 바른 것은?

① 계기압력은 절대압력에서 대기압을 뺀 값과 같다.

② 계기압력은 절대압력과 대기압을 합한 값과 같다.

③ 정지한 유체에서는 수평 방향으로의 압력이 가장 크게 나타낸다.

④ 물속에 잠긴 물체의 부력에서 수중에서의 물체의 무게를 빼면 물체의 공기 중에서의 무게를 예측할 수 있다.

해설
• 절대압력 = 대기압력 + 계기압력
• 계기압력 = 절대압력 − 대기압력

24 두께 4[mm]의 강판에서 고온 측면의 온도가 100[℃]이고 저온 측면의 온도가 80[℃]이며 단위면적(1[m²])에 대해 매분 30,000[kJ]의 전열을 한다고 하면 이 강판의 열전도율은 몇 [W/m · ℃]인가?

① 100

② 105

③ 110

④ 115

해설
푸리에 법칙

$$\frac{dQ}{d\theta} = kA\frac{dt}{dl}$$

여기서, $\dfrac{dQ}{d\theta}$: 단위시간당 전달되는 열량

(30,000 × 1,000[J] / 60[s] × 0.004[m]
= 2,000[J · m/s])

k : 열전도율(열전도도, [W/m · ℃], [kcal/m · hr · ℃])

A : 열전달면적[m²]

$\dfrac{dt}{dl}$: 단위길이당 온도차(온도구배, [℃])

2,000[J · m/s] = k × 1[m²] × (100 − 80)[℃]

∴ k = 100 [W/m · ℃]

※ [W] = [J/s]

25 평균속도 4[m/s], 지름 75[mm]인 관로 내 물이 흐르고 있을 때 중량유량은 몇 [N/s]인가?

① 165.1

② 169.1

③ 173.1

④ 176.1

해설
중량 유량

$G = Au\gamma$[N/s]

여기서, A : 면적[m²]

u : 유속[m/s]

γ : 비중량(9,800[N/m³])

∴ $G = \dfrac{\pi}{4}d^2 \times u \times \gamma$

$= \dfrac{\pi}{4}(0.075[\text{m}])^2 \times 4[\text{m/s}] \times 9,800[\text{N/m}^3]$

$= 173.1[\text{N/s}]$

26 20[℃]의 기름을 비중계로 측정할 때 0.83을 얻었다. 비중량은 단위[N/m³]로 얼마인가?(단, 20[℃] 물의 밀도는 998.2[kg/m³]이고 중력가속도는 9.806[m/s²]이다)

① 828.5

② 830

③ 8,124.3

④ 8,139.0

해설
기름의 비중량

$\gamma = \rho g = 0.83 \times 998.2[\text{kg/m}^3] \times 9.806[\text{m/s}^2]$

$= 8,124.33[\text{N/m}^3]$

※ 단위 환산

$[\text{N}] = \left[\text{kg} \times \dfrac{\text{m}}{\text{s}^2}\right]$

27 체적 2,000[L]의 용기 내에서 압력 0.4[MPa], 온도 55[℃]의 혼합기체의 체적비가 각각 메테인(CH_4) : 35[%], 수소(H_2) : 40[%], 질소(N_2) : 25[%]이다. 이 혼합기체의 질량은 몇 [kg]인가?

① 3.65[kg] ② 3.73[kg]
③ 3.83[kg] ④ 3.94[kg]

해설

이상기체 상태방정식

$$PV = \frac{W}{M} RT$$

여기서, P : 압력($\frac{0.4[\text{MPa}]}{0.101325[\text{MPa}]} \times 1[\text{atm}] = 3.95[\text{atm}]$)

V : 부피(2,000[L] = 2[m^3])

W : 질량[kg]

M : 분자량 × 농도
   = (16 × 0.35) + (2 × 0.4) + (28 × 0.25)
   = 13.4

[분자량]		
CH_4 : 16,	H_2 : 2,	N_2 : 28

R : 기체상수(0.08205[$m^3 \cdot$ atm]/[kg-mol · K])

T : 절대온도(273 + [℃] = 273 + 55 = 328[K])

$$\therefore W = \frac{PVM}{RT} = \frac{3.95 \times 2 \times 13.4}{0.08205 \times 328} = 3.93[\text{kg}]$$

28 Carnot 사이클이 1,000[K]의 고온 열원과 400[K]의 저온 열원 사이에서 작동할 때 사이클의 열효율은 얼마인가?

① 20[%]
② 40[%]
③ 60[%]
④ 80[%]

해설

Carnot 사이클의 열효율

$$\eta = 1 - \frac{T_2}{T_1} = \frac{1 - 400[\text{K}]}{1,000[\text{K}]} = 0.6 = 60[\%]$$

29 온도 15[℃], 압력 180[kPa]에서 수소가 질량유량 0.02[kg/s], 속도 60[m/s]로 움직이려면 관로의 안지름은 몇 [mm]로 해야 하는가?(단, 수소의 기체상수는 4,157[N·m/kg·K]이다)

① 53.1[mm] ② 55.1[mm]
③ 57.1[mm] ④ 59.2[mm]

해설

밀도를 먼저 구하여 질량유량일 때 유속을 구한다.

$$\rho = \frac{P}{RT}$$

여기서, P : 압력(180[kPa](= 180 × 1,000[N/m^2])

R : 기체상수(4,157[N·m/kg·K]

T : 절대온도(273 + [℃] = 273 + 15 = 288[K])

밀도를 구하면 $\rho = \frac{180 \times 1,000}{4,157 \times 288} = 0.15[\text{kg/m}^3]$

질량유량 $\overline{m} = Au\rho = \frac{\pi}{4} d^2 u \rho$

$$d^2 = \frac{4\overline{m}}{\pi u \rho}$$

$$\therefore d = \sqrt{\frac{4 \times \overline{m}}{\pi \times u \times \rho}} = \sqrt{\frac{4 \times 0.02}{\pi \times 60 \times 0.15}}$$
$$= 0.0531[\text{m}] = 53.1[\text{mm}]$$

30 내경 27[mm]의 배관 속을 정상류의 물이 매분 150[L] 흐를 때 속도수두는 몇 [m]인가?

① 1.11[m] ② 0.97[m]
③ 0.87[m] ④ 0.66[m]

해설

속도수두

$$H = \frac{u^2}{2g}$$

$$u(\text{유속}) = \frac{Q}{A} = \frac{Q}{\frac{\pi}{4} d^2} = \frac{0.15[\text{m}^3]/60[\text{s}]}{\frac{\pi}{4} (0.027[\text{m}])^2} = 4.37[\text{m/s}]$$

$$\therefore H = \frac{(4.37[\text{m/s}])^2}{2 \times 9.8[\text{m/s}^2]} = 0.97[\text{m}]$$

31 다음 중 수평원관 속의 층류 유동에서 마찰손실수두를 나타내는 식은?(단, f : 관 마찰계수, L : 관길이, V : 유속, D : 관지름, Re : 레이놀즈수, K : 손실계수, Q : 유량, μ : 점성계수, γ : 비중량)

① $\dfrac{2fLV^2}{gD}$

② $\dfrac{64}{Re}$

③ $\dfrac{KD}{f}$

④ $\dfrac{128\mu LQ}{\gamma\pi D^4}$

해설

층류와 난류의 비교표

구 분	층 류	난 류
Re	2,100 이하	4,000 이상
흐 름	정상류	비정상류
전단응력	$\tau = -\dfrac{dp}{dl}\cdot\dfrac{r}{2}$ $= \dfrac{P_A - P_B}{l}\cdot\dfrac{r}{2}$	$\tau = \eta\dfrac{du}{dy}$
평균속도	$u = \dfrac{1}{2}u_{\max}$	$u = 0.8u_{\max}$
손실수두	Hagen-Poiseulle's Law $H = \dfrac{128\mu l Q}{r\pi d^4}$	Fanning's Law $H = \dfrac{2flu^2}{gD}$
속도분포식	$u = u_{\max}\left[1-\left(\dfrac{r}{r_o}\right)^2\right]$	–
관 마찰계수	$f = \dfrac{64}{Re}$	$f = 0.3164 Re^{-\frac{1}{4}}$

32 열전도도가 0.08[W/m·K]인 단열재의 내부면의 온도(고온)가 75[℃], 외부면의 온도(저온)가 20[℃]이다. 단위면적당 열손실을 200[W/m²]으로 제한할 때 단열재의 두께는?

① 22.0[mm] ② 45.5[mm]

③ 55.0[mm] ④ 80.0[mm]

해설

열손실 $q = \dfrac{\lambda}{l}\Delta t$ 에서

단열재의 두께 $l = \dfrac{\lambda}{q}\Delta t = \dfrac{0.08}{200}\times(75-20)$

$\qquad\qquad\qquad = 0.022[\mathrm{m}]$

$\qquad\qquad\qquad = 22[\mathrm{mm}]$

33 펌프에 의하여 유체에 실제로 주어지는 동력은? (단, L_W : 동력[kW], r : 물의 비중량[N/m³], Q : 토출량[m³/min], H : 전양정[m], g : 중력가속도 [m/s²])

① $L_W = \dfrac{\gamma Q H}{102 \times 60}$

② $L_W = \dfrac{\gamma Q H}{1,000 \times 60}$

③ $L_W = \dfrac{\gamma Q H g}{102 \times 60}$

④ $L_W = \dfrac{\gamma Q H g}{1,000 \times 60}$

해설

전동기 용량

$P[\text{kW}] = \dfrac{r \times Q \times H}{102 \times \eta} \times K$

여기서, r : 물의 비중량[kgf/m³]

$\quad\quad Q$: 방수량[m³/s]

$\quad\quad H$: 펌프의 양정[m]

$\quad\quad K$: 전달계수(여유율)

$\quad\quad \eta$: Pump의 효율

$P[\text{kW}] = \dfrac{r \times Q \times H}{102 \times 9.8 \times 60 \times \eta} \times K = \dfrac{r \times Q \times H}{1,000 \times 60 \times \eta} \times K$

여기서, r : 물의 비중량[N/m³]

$\quad\quad$ 1[kgf]=9.8[N]

$\quad\quad Q$: 방수량[m³/min]

$\quad\quad H$: 펌프의 양정[m]

$\quad\quad K$: 전달계수(여유율)

$\quad\quad \eta$: Pump의 효율

$P[\text{kW}] = \dfrac{0.163 \times Q \times H}{\eta} \times K$

여기서, $0.163 = \dfrac{1,000}{102 \times 60}$

$\quad\quad Q$: 방수량[m³/min]

$\quad\quad H$: 펌프의 양정[m]

$\quad\quad K$: 전달계수(여유율)

$\quad\quad \eta$: 펌프의 효율

• 축동력 : 전달계수를 무시하는 동력

$P[\text{kW}] = \dfrac{r \times Q \times H}{102 \times \eta}$

여기서, r : 물의 비중량(1,000[kgf/m³])

$\quad\quad Q$: 방수량[m³/s]

$\quad\quad H$: 펌프의 양정[m]

$\quad\quad \eta$: Pump의 효율

• 수동력 : 전달계수와 펌프의 효율을 무시하는 동력

$P[\text{kW}] = \dfrac{r \times Q \times H}{102}$

여기서, r : 물의 비중량(1,000[kgf/m³])

$\quad\quad Q$: 방수량[m³/s]

$\quad\quad H$: 펌프의 양정[m]

※ 단위 변환

$\quad$ 1[kW] = 102[kgf·m/s]

$\quad$ 1[HP] = 76[kgf·m/s]

$\quad$ 1[Ps] = 75[kgf·m/s]

$\quad$ 1[HP] = 0.745[kW]

34 층류 저층이란?

① 점성이 작은 유체가 만드는 10^{-6}[m] 이하의 얇은 층류 경계층을 특별히 구별해서 부르는 말이다.

② 난류 경계층 속 벽면에 인접해서 존재하는 얇은 층류 지역이다.

③ 표면조도 사이에 끼여 있는 유체층을 말한다.

④ 층류 경계층 속에 물체 표면과 접촉되어 있는 정지 상태의 막이다

해설

층류 저층 : 난류 경계층 속 벽면에 인접해서 존재하는 얇은 층류 지역

35 다음 중 기체유동의 국소속도를 측정하는 것은?

① 위 어   ② 오리피스

③ 열선유속계   ④ 로터미터

36 프루드(Froude)수의 물리적인 의미는?

① $\dfrac{관성력}{탄성력}$ ② $\dfrac{관성력}{중력}$

③ $\dfrac{압축력}{관성력}$ ④ $\dfrac{관성력}{점성력}$

해설

무차원수

명 칭	무차원식	물리적 의미
레이놀즈수	$Re = \dfrac{du\rho}{\mu} = \dfrac{du}{\nu}$	$Re = \dfrac{관성력}{점성력}$
오일러수	$Eu = \dfrac{\Delta P}{\rho u^2}$	$Eu = \dfrac{압축력}{관성력}$
웨버수	$We = \dfrac{\rho l u^2}{\sigma}$	$We = \dfrac{관성력}{표면장력}$
코시수	$Ca = \dfrac{\rho u^2}{K}$	$Ca = \dfrac{관성력}{탄성력}$
프루드수	$Fr = \dfrac{u}{\sqrt{gl}}$	$Fr = \dfrac{관성력}{중력}$

37 용량 1,000[L]의 탱크차가 만수상태로 화재 현장에 출동하여 노즐압력 294.3[kPa], 노즐 구경 21[mm]를 사용하여 방수한다면 탱크차 내의 물을 전부 방사하는 데 몇 분이나 소요되겠는가?(단, 모든 손실은 무시한다)

① 1.7분

② 2분

③ 2.3분

④ 2.7분

해설

옥내소화전의 방수량

$Q = 0.6597 C D^2 \sqrt{10P}$

여기서, Q : 방수량[L/min]

         C : 유량계수

         D : 관경[mm]

         P : 방수압력[MPa]

$Q = 0.6597 \times (21[\text{mm}])^2 \times \sqrt{10 \times 0.2943} = 499.09[\text{L/min}]$

∴ 소요시간 $= 1,000[\text{L}] \div 499.09[\text{L/min}] = 2.00[\text{min}]$

38 구조상 상사한 2대의 펌프에서 유동상태가 상사할 경우 2대의 펌프 사이에 성립하는 상사법칙이 아닌 것은?(단, 비압축성 유체인 경우이다)

① 유량에 관한 상사법칙

② 전양정에 관한 상사법칙

③ 축동력에 관한 상사법칙

④ 밀도에 관한 상사법칙

해설

펌프의 상사법칙

• 유 량 $Q_2 = Q_1 \times \dfrac{N_2}{N_1} \times \left(\dfrac{D_2}{D_1}\right)^3$

• 전양정(수두) $H_2 = H_1 \times \left(\dfrac{N_2}{N_1}\right)^2 \times \left(\dfrac{D_2}{D_1}\right)^2$

• 동 력 $P_2 = P_1 \times \left(\dfrac{N_2}{N_1}\right)^3 \times \left(\dfrac{D_2}{D_1}\right)^5$

여기서, N : 회전수[rpm], D : 내경[mm]

39 지름 150[mm]인 원 관에 비중이 0.85, 동점성계수가 1.33×10^{-4}[m²/s]인 기름이 0.01[m³/s]의 유량으로 흐르고 있다. 이때 관 마찰계수는 약 얼마인가?

① 0.1　　　　② 0.12

③ 0.14　　　　④ 0.16

해설

관 마찰계수

먼저 레이놀즈수를 구하여 층류와 난류를 구분하여 관 마찰계수를 구한다.

$Re = \dfrac{Du}{\nu}$ [무차원]

여기서, D : 관의 내경(0.15[m])

$$u = \frac{Q}{A} = \frac{4Q}{\pi D^2} = \frac{4 \times 0.01 [\text{m}^3/\text{s}]}{\pi \times (0.15 [\text{m}])^2} = 0.57 [\text{m/s}]$$

ν : 동점도계수(1.33×10^{-4}[m²/s])

$\therefore Re = \dfrac{Du}{\nu} = \dfrac{0.15 \times 0.57}{1.33 \times 10^{-4}} = 642.86$(층류)

그러므로 층류일 때 관 마찰계수

$$f = \frac{64}{Re} = \frac{64}{642.86} = 0.099 = 0.1$$

40 진공압력이 40[mmHg]일 경우 절대압력은 몇 [kPa]인가?

① 5.33　　　　② 106.6

③ 96　　　　　④ 3.94

해설

절대압력 = 대기압력 − 진공압력

$$= 101.325 [\text{kPa}] - \left(\frac{40 [\text{mmHg}]}{760 [\text{mmHg}]} \times 101.325 [\text{kPa}] \right)$$

$$= 95.99 [\text{kPa}]$$

$$= 96 [\text{kPa}]$$

제3과목 **소방관계법규**

41 산화성 고체이며 제1류 위험물에 해당하는 것은?

① 황화인

② 적 린

③ 마그네슘

④ 염소산염류

해설

위험물의 분류

종 류	황화인	적 린	마그네슘	염소산염류
품 명	제2류 위험물	제2류 위험물	제2류 위험물	제1류 위험물
성 질	가연성 고체	가연성 고체	가연성 고체	산화성 고체

42 방염처리업자가 사망하거나 그 영업을 양도한 때 방염처리업자의 지위를 승계한 자의 법적 절차는?

① 시·도지사에게 신고해야 한다.

② 시·도지사에게 허가를 받는다.

③ 시·도지사에게 인가를 받는다.

④ 시·도지사에게 통지한다.

해설

소방시설업(공사업법 제4조, 제7조)

• 소방시설업의 등록 : 시·도지사에게 등록

• 소방시설업의 지위승계 : 시·도지사에게 신고

※ 소방시설업 : 소방시설설계업, 소방시설공사업, 소방공사감리업, 방염처리업

43 소방시설공사업자가 착공신고서에 첨부해야 할 서류가 아닌 것은?

① 설계도서
② 건축허가서
③ 기술관리를 하는 기술인력의 기술등급을 증명하는 서류 사본
④ 소방시설공사업 등록증 사본

해설
착공신고 시 제출서류(공사업법 규칙 제12조)
• 공사업자의 소방시설공사업 등록증 사본 및 등록수첩 사본 1부
• 해당 소방시설공사의 책임시공 및 기술관리를 하는 기술인력의 기술등급을 증명하는 서류 사본 1부
• 소방시설공사 계약서 사본 1부
• 설계도서(설계설명서 포함) 1부
• 소방시설공사를 하도급하는 경우에 필요한 서류

44 특정소방대상물의 의료시설 중 병원에 해당되는 것은?

① 마약진료소
② 정신의료기관
③ 전염병원
④ 요양병원

해설
의료시설(소방시설법 영 별표 2)
• 병원(종합병원, 병원, 치과병원, 한방병원, 요양병원)
• 격리병원(전염병원, 마약진료소)
• 정신의료기관
• 장애인 의료재활시설

45 건축허가 등을 함에 있어서 미리 소방본부장이나 소방서장의 동의를 받아야 하는 건축물 등의 범위가 아닌 것은?

① 차고ㆍ주차장으로 사용되는 층 중에서 바닥면적이 200[m²] 이상인 층이 있는 시설
② 승강기 등 기계장치에 의한 주차시설로서 자동차 10대 이상을 주차할 수 있는 시설
③ 항공기 격납고, 관망탑, 항공관제탑, 방송용 송수신탑
④ 지하층 또는 무창층이 있는 건축물로서 바닥면적이 150[m²] 이상인 층이 있는 것

해설
건축허가 등의 동의대상물의 범위(소방시설법 영 제7조)
• 차고ㆍ주차장 또는 주차 용도로 사용되는 시설로서 다음의 어느 하나에 해당하는 것
  – 차고ㆍ주차장으로 사용되는 바닥면적이 200[m²] 이상인 층이 있는 건축물이나 주차시설
  – 승강기 등 기계장치에 의한 주차시설로서 자동차 20대 이상을 주차할 수 있는 시설
• 항공기 격납고, 관망탑, 항공관제탑, 방송용 송수신탑
• 지하층 또는 무창층이 있는 건축물로서 바닥면적이 150[m²](공연장의 경우에는 100[m²]) 이상인 층이 있는 것

46 다음 중 소방활동구역에 출입할 수 있는 자는?

① 소방활동구역 밖에 있는 소방대상물의 소유자ㆍ관리자 또는 점유자
② 한국소방 산업기술원에 종사하는 자
③ 의사ㆍ간호사, 그 밖의 구조ㆍ구급업무에 종사하는 자
④ 수사업무에 종사하지 않는 검찰 공무원

해설
소방활동구역의 출입자(소방기본법 영 제8조)
• 소방활동구역 안에 있는 소방대상물의 소유자ㆍ관리자 또는 점유자
• 전기ㆍ가스ㆍ수도ㆍ통신ㆍ교통의 업무에 종사하는 자로서 원활한 소방활동을 위하여 필요한 자
• 의사ㆍ간호사, 그 밖의 구조ㆍ구급업무에 종사하는 자
• 취재인력 등 보도업무에 종사하는 자
• 수사업무에 종사하는 자
• 그 밖에 소방대장이 소방활동을 위하여 출입을 허가한 자

47 소방기관이 소방업무를 수행하는 데 필요한 인력과 장비 등에 관한 기준은 어느 것으로 정하는가?

① 대통령령
② 행정안전부령
③ 시·도의 조례
④ 행정안전부 고시

해설
소방력의 기준(소방기본법 제8조)
• 소방업무를 수행하는 데 필요한 인력과 장비 등(소방력, 消防力)에 관한 기준 : 행정안전부령
• 관할 구역의 소방력을 확충하기 위하여 필요한 계획의 수립·시행권자 : 시·도지사

48 화재예방강화지구의 지정대상이 아닌 것은?

① 시장지역
② 위험물의 저장 및 처리시설이 밀집한 지역
③ 공장·창고가 밀집한 지역
④ 소방출동로가 있는 지역

해설
화재예방강화지구의 지정지역(화재예방법 제18조)
• 시장지역
• 공장·창고가 밀집한 지역
• 목조건물이 밀집한 지역
• 노후·불량건축물이 밀집한 지역
• 위험물의 저장 및 처리시설이 밀집한 지역
• 석유화학제품을 생산하는 공장이 있는 지역
• 산업단지
• 소방시설·소방용수시설 또는 소방출동로가 없는 지역
• 물류단지

49 소방설비산업기사 자격을 취득한 후 최소 몇 년 이상 소방실무 경력이 있어야 소방시설관리사 응시자격이 주는가?

① 7년   ② 5년
③ 4년   ④ 3년

해설
소방시설관리사의 응시 자격(소방시설업 영 부칙)[26.12.31까지]
• 소방기술사, 위험물기능장, 건축사, 건축기계설비기술사, 건축전기설비기술사, 공조냉동기계기술사
• 소방설비기사 취득 후 실무경력 2년 이상
• 소방설비산업기사 취득 후 실무경력 3년 이상
• 위험물기능사, 위험물산업기사 취득 후 실무경력 3년 이상
• 소방공무원으로 실무경력 5년 이상
• 10년 이상 소방 실무경력자
• 산업안전기사 취득 후 실무경력 3년 이상
• 소방안전공학 분야 석사학위 이상 취득하거나 실무경력 2년 이상

50 한국소방안전원의 업무가 아닌 것은?

① 소방기술과 안전관리에 관한 교육 및 조사·연구
② 소방시설 및 위험물 안전에 관한 조사·연구
③ 소방기술과 안전관리에 관한 각종 간행물 발간
④ 화재예방과 안전관리의식 고취를 위한 대국민 홍보

해설
한국소방안전원의 업무(소방기본법 제41조)
• 소방기술과 안전관리에 관한 교육 및 조사·연구
• 소방기술과 안전관리에 관한 각종 간행물 발간
• 화재예방과 안전관리의식 고취를 위한 대국민 홍보
• 소방업무에 관하여 행정기관이 위탁하는 업무
• 소방안전에 관한 국제협력

51 특정소방대상물의 소방안전관리자는 다른 법령에 따른 전기·가스·위험물 등의 안전관리자의 업무를 겸할 수 없는 대상물은?

① 1급 소방안전관리대상물
② 2급 소방안전관리대상물
③ 3급 소방안전관리대상물
④ 소방안전관리대상물 전부

해설

소방안전관리자 겸직 불가능 대상(화재예방법 영 제26조)
• 특급 소방안전관리대상물
• 1급 소방안전관리대상물

52 다음 중 위험물 임시 저장기간으로 맞은 것은?

① 90일 이내
② 80일 이내
③ 70일 이내
④ 60일 이내

해설

위험물 임시 저장기간 : 90일 이내(위험물법 제5조)

53 건축물 등의 증축·개축·재축 또는 용도변경 또는 대수선의 신고를 수리할 권한이 있는 행정기관은 그 신고를 수리하면 그 건축물 등의 시공지 또는 소재지를 관할하는 소방본부장이나 소방서장에게 며칠 이내에 그 사실을 알려야 하는가?

① 15일
② 7일
③ 지체없이
④ 30일

해설

건축허가 등의 동의(소방시설법 제6조)

건축물 등의 증축·개축·재축 또는 용도변경 또는 대수선의 신고를 수리할 권한이 있는 행정기관은 그 신고를 수리하면 그 건축물 등의 시공지 또는 소재지를 관할하는 소방본부장이나 소방서장에게 지체없이 그 사실을 알려야 한다.

54 대지경계선 안에 2 이상의 건축물이 있는 경우 연소 우려가 있는 구조로 볼 수 있는 것은?

① 1층 외벽으로부터 수평거리 6[m] 이상이고 개구부가 설치되지 않은 구조
② 2층 외벽으로부터 수평거리 10[m] 이상이고 개구부가 설치되지 않은 구조
③ 2층 외벽으로부터 수평거리 6[m]이고 개구부가 다른 건축물을 향하여 설치된 구조
④ 1층 외벽으로부터 수평거리 10[m]이고 개구부가 다른 건축물을 향하여 설치된 구조

해설

연소 우려가 있는 건축물의 구조(소방시설법 규칙 제17조)
• 건축물대장의 건축물 현황도에 표시된 대지경계선 안에 둘 이상의 건축물이 있는 경우
• 각각의 건축물이 다른 건축물의 외벽으로부터 수평거리가 1층의 경우에는 6[m] 이하, 2층 이상의 층의 경우에는 10[m] 이하인 경우
• 개구부가 다른 건축물을 향하여 설치되어 있는 구조

55 지방소방기술심의 위원회의 심의사항은?

① 화재안전기준에 관한 사항
② 소방시설의 구조와 원리 등에 있어서 공법이 특수한 설계 및 시공에 관한 사항
③ 소방시설공사의 하자를 판단하는 기준에 관한 사항
④ 소방시설에 하자가 있는지의 판단에 관한 사항

해설

소방기술심의위원회(소방시설법 제18조)
• 중앙소방기술심의위원회(중앙위원회)의 심의 내용
 – 화재안전기준에 관한 사항
 – 소방시설의 구조와 원리 등에 있어서 공법이 특수한 설계 및 시공에 관한 사항
 – 소방시설의 설계 및 공사감리의 방법에 관한 사항
 – 소방시설공사의 하자를 판단하는 기준에 관한 사항
 – 신기술·신공법 등 검토·평가에 고도의 기술이 필요한 경우로서 중앙위원회에 심의를 요청한 사항
 – 그 밖에 소방기술 등에 관하여 대통령령이 정하는 사항
• 지방소방기술심의위원회(지방위원회)의 심의 내용
 – 소방시설에 하자가 있는지의 판단에 관한 사항
 – 그 밖에 소방기술 등에 관하여 대통령령이 정하는 사항

56 건축물 내부의 천장이나 벽에 부착하는 두께가 최소 몇 [mm] 이상의 종이류가 방염대상인가?

① 1 　　　　　　② 2

③ 3 　　　　　　④ 4

해설
건축물 내부의 천장이나 벽에 부착하거나 설치하는 방염대상물품
(소방시설법 영 제31조)
가구류(옷장, 찬장, 식탁, 식탁용의자, 사무용책상, 사무용의자, 계산대)와 너비 10[cm] 이하인 반자돌림대 등과 내부 마감재료는 제외한다.
• 종이류(두께가 2[mm] 이상인 것)・합성수지류 또는 섬유류를 주원료로 한 물품
• 합판이나 목재
• 공간을 구획하기 위하여 설치하는 간이칸막이(접이식 등 이동 가능한 벽체나 천장 또는 실내에 접하는 부분까지 구획하지 않는 벽체)
• 흡음을 위하여 설치하는 흡음재(흡음용 커튼을 포함)
• 방음을 위하여 설치하는 방음재(방음용 커튼을 포함)

57 다음 중 소방기본법의 목적과 거리가 먼 것은?

① 화재를 예방・경계하고 진압하는 것

② 건축물의 안전한 사용을 통하여 안락한 국민생활을 보장해 주는 것

③ 화재, 재난・재해로부터 구조・구급 활동하는 것

④ 공공의 안녕 및 질서유지와 복리증진에 기여하는 것

해설
소방기본법의 목적(소방기본법 제1조)
• 화재를 예방・경계・진압
• 화재, 재난・재해로부터 구조・구급 활동
• 국민의 생명・신체 및 재산 보호
• 공공의 안녕 및 질서유지와 복리증진에 이바지

58 제조소 중 위험물을 취급하는 건축물의 구조는 특별한 경우를 제외하고 어떻게 해야 하는가?

① 지하층이 없는 구조이어야 한다.

② 지하층이 있는 구조이어야 한다.

③ 지하층이 있는 1층 이내의 건축물이어야 한다.

④ 지하층이 있는 2층 이내의 건축물이어야 한다.

해설
제조소는 특별한 경우를 제외하고 지하층이 없는 구조이어야 한다(위험물법 규칙 별표 4).

59 다음 중 농예용・축산용 또는 수산용으로 필요한 난방시설을 위해 사용하는 위험물의 경우 시・도지사의 허가를 받지 않을 수 있는 지정수량은?

① 20배 이하

② 30배 이상

③ 40배 이상

④ 100배 이하

해설
허가 또는 신고사항이 아닌 경우(위험물법 제6조)
• 주택의 난방시설(공동주택의 중앙난방시설을 제외한다)을 위한 저장소 또는 취급소
• 농예용・축산용 또는 수산용으로 필요한 난방시설 또는 건조시설을 위한 지정수량 20배 이하의 저장소

60 다음 용어의 정의 중 틀린 것은?

① "소방대상물"이란 건축물, 차량, 선박(모든 선박), 선박건조구조물, 산림, 그 밖의 인공구조물 또는 물건을 말한다.

② "관계지역"이란 소방대상물이 있는 장소 및 그 이웃 지역으로서 화재의 예방·경계·진압, 구조·구급 등의 활동에 필요한 지역을 말한다.

③ "관계인"이란 소방대상물의 소유자·관리자 또는 점유자를 말한다.

④ "소방대장"이란 소방본부장이나 소방서장 등 화재, 재난·재해, 그 밖의 위급한 상황이 발생한 현장에서 소방대를 지휘하는 자를 말한다.

해설
소방대상물(소방기본법 제2조) : 건축물, 차량, 선박(항구에 메어둔 선박만 해당), 선박건조구조물, 산림, 그 밖의 인공구조물 또는 물건

제4과목 소방기계시설의 구조 및 원리

61 스프링클러설비의 점검정비에 관한 사항 중 부적절한 것은?

① 정비작업을 마친 후 30분 이후에 급수를 재개한다.

② 헤드 주위에 필요한 방수공간을 갖는지 확인한다.

③ 헤드는 규정의 일정간격을 유지하고 있는지 확인한다.

④ 설치장소의 최고 주위온도에 맞는 표시온도 헤드를 사용한다.

해설
스프링클러설비의 정비를 한 후 급수재개 시기는 시간제한이 없다.

62 상수도소화용수설비에 대한 설명 중 옳지 않은 것은?

① 소방기본법의 규정에 의한 기준에 따른다.

② 소화전은 소방차의 진입이 용이한 도로변 또는 공지에 설치한다.

③ 소화전은 특정소방대상물의 수평투영면의 각 부분으로부터 100[m] 이하가 되도록 설치한다.

④ 호칭지름 75[mm] 이상의 수도배관에 호칭지름 100[mm] 이상의 소화전을 접속한다.

해설
상수도소화용수설비의 설치기준
• 호칭지름 75[mm] 이상의 수도배관에 호칭지름 100[mm] 이상의 소화전을 접속할 것
• 소화전은 소방자동차 등의 진입이 쉬운 도로변 또는 공지에 설치할 것
• 소화전은 특정소방대상물의 수평투영면의 각 부분으로부터 140[m] 이하가 되도록 설치할 것
• 지상식 소화전의 호스접결구는 지면으로부터 높이가 0.5[m] 이상 1[m] 이하가 되도록 설치할 것

63 연결살수설비 전용헤드를 사용하는 연결살수설비에서 천장 또는 반자의 각 부분으로부터 하나의 살수헤드까지의 수평거리를 얼마 이하로 해야 하는가?

① 2.1[m] 이하   ② 2.3[m] 이하
③ 2.7[m] 이하   ④ 3.7[m] 이하

해설
연결살수설비헤드
• 천장 또는 반자의 실내에 면하는 부분에 설치할 것
• 천장 또는 반자의 각 부분으로부터 하나의 살수헤드까지의 수평거리
  – 연결살수설비 전용헤드의 경우 : 3.7[m] 이하
  – 스프링클러헤드의 경우 : 2.3[m] 이하

64 대형소화기를 설치할 때에 특정소방대상물의 각 부분으로부터 1개의 대형소화기까지의 보행거리가 얼마 이내가 되도록 배치해야 하는가?

① 20[m] 이내
② 25[m] 이내
③ 30[m] 이내
④ 40[m] 이내

해설
특정소방대상물의 각 부분으로부터 1개의 소화기까지의 보행거리가 소형소화기의 경우에는 20[m] 이내, 대형소화기의 경우에는 30[m] 이내가 되도록 배치할 것. 다만, 가연성 물질이 없는 작업장의 경우에는 작업장의 실정에 맞게 보행거리를 완화하여 배치할 수 있다.

65 연결송수관설비의 송수구 설치기준 중 옳은 것은?

① 송수구의 부근에 설치하는 자동배수밸브 및 체크밸브는 습식의 경우 송수구, 자동배수밸브, 체크밸브, 자동배수밸브 순으로 설치한다.
② 지면으로부터 0.5[m] 이상 0.8[m] 이하의 위치에 설치한다.
③ 동파되지 않도록 전용함 내에 설치한다.
④ 소방차가 쉽게 접근할 수 있고, 노출된 장소에 설치한다.

해설
연결송수관설비의 송수구 설치기준
• 소방차가 쉽게 접근할 수 있고 노출된 장소에 설치할 것
• 지면으로부터 높이가 0.5[m] 이상 1[m] 이하의 위치에 설치할 것
• 송수구로부터 연결송수관설비의 주배관에 이르는 연결배관에 개폐밸브를 설치한 때에는 그 개폐상태를 쉽게 확인 및 조작할 수 있는 옥외 또는 기계실 등의 장소에 설치할 것
• 구경 65[mm]의 쌍구형으로 할 것
• 송수구에는 그 가까운 곳의 보기 쉬운 곳에 송수압력범위를 표시한 표지를 할 것
• 송수구의 부근에 자동배수밸브 및 체크밸브의 설치 순서
  – 습식의 경우에는 송수구 · 자동배수밸브 · 체크밸브의 순으로 설치할 것
  – 건식의 경우에는 송수구 · 자동배수밸브 · 체크밸브 · 자동배수밸브의 순으로 설치할 것

66 내림식 사다리에 있어서 돌자의 거리는 얼마 이상의 거리가 유지되어야 하는가?

① 5[cm] 이상
② 10[cm] 이상
③ 12[cm] 이상
④ 15[cm] 이상

해설
사용 시 소방대상물로부터 10[cm] 이상의 거리를 유지하기 위한 유효한 돌자를 횡봉의 위치마다 설치해야 한다(피난사다리의 형식승인 및 제품검사의 기술기준 제6조).

67 분말소화설비에 사용하는 압력조정기의 사용 목적은?

① 분말 용기에 도입되는 압력을 감압시키기 위해서
② 분말 용기에 나오는 압력을 증폭시키기 위해서
③ 가압용 가스의 압력을 증대시키기 위해서
④ 방사되는 분말을 일정하게 분사하기 위해서

해설
분말 용기에 도입되는 압력을 감압시키기 위하여 압력조정기를 설치한다.

68 바닥면적이 500[m²]인 지하주차장에 50[m²]씩 10개 구역으로 나누어 물분무소화설비를 설치하려고 한다. 물분무헤드의 표준방사량이 분당 80[L]일 때 1개 구역당 설치해야 할 헤드수는 몇 개 이상이어야 하는가?

① 7개   ② 10개
③ 13개   ④ 20개

해설
물분무소화설비(차고, 주차장)의 방사량
바닥면적(50[m²] 이하는 50[m²]) × 20[L/min · m²]
= 50[m²] × 20[L/min · m²] = 1,000[L/min]

$$\therefore \ 헤드수 = \frac{1,000[L/min]}{80[L/min]} = 12.5 \coloneqq 13개$$

69 제연설비에 사용되는 배연구의 방식과 관계없는 것은?

① 회전식
② 낙하식
③ 미닫이식
④ 투입식

해설
배연구의 방식 : 회전식, 낙하식 미닫이식

70 아파트에 설치하는 주거용 주방자동소화장치의 설치기준 중 부적합한 것은?

① 소화약제 방출구는 환기구의 청소부분과 분리되어 있어야 할 것
② 감지부는 형식승인 받은 유효한 높이 및 위치에 설치할 것
③ 가스차단장치는 주방배관의 개폐밸브로부터 1[m] 이하의 위치에 설치할 것
④ 탐지부는 수신부와 분리하여 설치하되, 공기보다 가벼운 가스를 사용하는 경우에는 천장면으로부터 30[cm] 이하의 위치에 설치해야 한다.

해설
주거용 주방자동소화장치의 설치기준
• 소화약제 방출구는 환기구(주방에서 발생하는 열기류 등을 밖으로 배출하는 장치)의 청소부분과 분리되어 있어야 하며, 형식승인 받은 유효설치 높이 및 방호면적에 따라 설치할 것
• 감지부는 형식승인 받은 유효한 높이 및 위치에 설치할 것
• 차단장치(전기 또는 가스)는 상시 확인 및 점검이 가능하도록 설치할 것
• 가스용 주방자동소화장치를 사용하는 경우 탐지부는 수신부와 분리하여 설치하되, 공기보다 가벼운 가스를 사용하는 경우에는 천장면으로부터 30[cm] 이하의 위치에 설치하고, 공기보다 무거운 가스를 사용하는 장소에는 바닥면으로부터 30[cm] 이하의 위치에 설치할 것
• 수신부는 주위의 열기류 또는 습기 등과 주위온도에 영향을 받지 않고 사용자가 상시 볼 수 있는 장소에 설치할 것

71 옥외소화전설비의 노즐에서 규정된 방수압과 방수량은 얼마인가?

① 0.17[MPa] 이상, 130[L/min] 이상

② 0.25[MPa] 이상, 350[L/min] 이상

③ 0.1[MPa] 이상, 80[L/min] 이상

④ 0.35[MPa] 이상, 350[L/min] 이상

해설

규정 방수압과 방수량

소화설비의 종류	방수압	방수량
옥내소화전설비	0.17[MPa] 이상	130[L/min] 이상
옥외소화전설비	0.25[MPa] 이상	350[L/min] 이상
스프링클러설비	0.1[MPa] 이상	80[L/min] 이상

72 6층 무대부에 3개 회로로 분기하여 개방형 스프링클러헤드를 각 회로당 20개씩 설치하였을 경우에 소요되는 펌프의 분당 토출량 및 수원의 양은 얼마 이상이어야 하는가?

① 1,600[L], 32[m³]

② 3,200[L], 32[m³]

③ 3,200[L], 48[m³]

④ 1,600[L], 48[m³]

해설

스프링클러헤드가 20개씩 설치되어 있으므로

- 토출량 = 헤드수 × 80[L/min] = 20 × 80[L/min]
  = 1,600[L/min]
- 수원의 양 = 헤드수 × 1.6[m³] = 20 × 1.6[m³] = 32[m³]

73 제연구획에 관한 설명 중 적합하지 않은 것은?

① 하나의 제연구획 면적은 1,000[m²] 이내로 한다.

② 제연설비를 설치해야 할 해당 층에 실내 마감재가 불연재로 된 경우에는 하나의 제연구획을 1,500[m²]까지 할 수 있다.

③ 통로상의 제연구획은 보행중심선의 길이가 60[m]를 초과하지 않을 것

④ 거실과 통로는 각각 제연구획할 것

해설

제연구획의 구획기준

- 하나의 제연구역의 면적은 1,000[m²] 이내로 할 것
- 거실과 통로(복도를 포함한다)는 각각 제연구획할 것
- 통로상의 제연구역은 보행중심선의 길이가 60[m]를 초과하지 않을 것
- 하나의 제연구역은 직경 60[m] 원 내에 들어갈 수 있을 것
- 하나의 제연구역은 2개 이상 층에 미치지 않도록 할 것. 다만, 층의 구분이 불분명한 부분은 그 부분을 다른 부분과 별도로 제연구획해야 한다.

74 이산화탄소소화설비 배관에 관한 사항으로 옳지 않은 것은?

① 강관의 경우 고압 저장방식에서는 압력배관용 탄소강관 스케줄 80 이상을 사용한다.

② 강관의 경우 저압 저장방식에서는 압력배관용 탄소강관 스케줄 40 이상을 사용한다.

③ 동관의 경우 고압 저장방식에서는 내압 15[MPa] 이상을 사용한다.

④ 동관의 경우 저압 저장방식에서는 내압 3.75[MPa] 이상을 사용한다.

해설

이산화탄소소화설비의 배관 설치기준

- 배관은 전용으로 할 것
- 강관을 사용하는 경우의 배관은 압력배관용 탄소강관(KS D 3562) 중 스케줄 80(저압식에 있어서는 스케줄 40) 이상의 것 또는 이와 동등 이상의 강도를 가진 것으로 아연도금 등으로 방식처리된 것을 사용할 것. 다만, 배관의 호칭구경이 20[mm] 이하인 경우에는 스케줄 40 이상인 것을 사용할 수 있다.
- 동관을 사용하는 경우의 배관은 이음이 없는 동 및 동합금관(KS D 5301)으로서 고압식은 16.5[MPa] 이상, 저압식은 3.75[MPa] 이상의 압력에 견딜 수 있는 것을 사용할 것
- 고압식의 1차 측(개폐밸브 또는 선택밸브 이전) 배관 부속의 최소사용설계압력은 9.5[MPa]로 하고, 고압식의 2차 측과 저압식의 배관부속의 최소사용설계압력은 4.5[MPa]로 할 것

75 옥내소화전설비의 펌프 토출 측 배관에 설치되는 부속장치 중에서 펌프와 체크밸브(또는 개폐밸브) 사이에 연결되는 것이 아닌 것은?

① 펌프의 성능시험배관
② 펌프기동용 압력탱크배관
③ 물올림장치
④ 펌프의 체절운전 시 수온의 상승을 방지하기 위한 릴리프밸브배관

해설
압력탱크배관은 펌프 토출 측에 설치된 개폐밸브 이후의 배관에 연결해야 한다.

77 소화펌프의 토출관 관지름이 150[mm]이고 매초 3[m]의 속도로 물이 흐르고 있다. 펌프의 토출량은 약 얼마인가?(단, 마찰손실은 무시한다)

① 3.2[m³/min] ② 4.3[m³/s]
③ 2.7[m³/min] ④ 3.8[m³/s]

해설
$$Q = u \times \frac{\pi}{4} D^2$$
$$= 3[m/s] \times \frac{\pi}{4}(0.15[m])^2$$
$$= 0.053[m^3/s]$$
$$= 0.053[m^3/s] \times 60[s/min]$$
$$= 3.18[m^3/min]$$
$$\fallingdotseq 3.2[m^3/min]$$

76 소화설비의 지하수조에 소화설비용 펌프의 풋밸브 위에 일반급수 펌프의 풋밸브가 설치되어 있을 때 소화에 필요한 유효수량을 옳게 나타낸 것은?

① 지하수조의 바닥면과 일반급수용 펌프의 풋밸브 사이의 수량
② 일반급수용 펌프의 풋밸브와 옥내소화전용 펌프의 풋밸브 사이의 수량
③ 소화설비용 펌프의 풋밸브와 지하수조 상단 사이의 수량
④ 지하수조의 바닥면과 상단 사이의 전체 수량

해설
소화설비용 펌프와 일반급수용 펌프가 설치되어 있을 때 유효수량 : 일반급수용 펌프의 풋밸브와 옥내소화전용 펌프의 풋밸브 사이의 수량

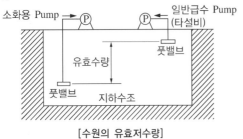

[수원의 유효저수량]

78 수성막포의 용도에 관한 사항 중 틀린 것은?

① 물보다 가벼운 가연성 액체의 소화에 적합하다.
② 액화뷰테인, 액화부타디엔, 액화프로페인 등과 같은 가스화재에 적합하지 않다.
③ 금속 나트륨(Na), 금속 칼륨(K)의 소화에는 적합하지 않다.
④ 수용성 또는 극성용제(Polar Solvent)의 소화에 적합하다.

해설
수성막포
• 물보다 가벼운 액체(물과 혼합되지 않는 액체)에 적합하다.
• 수용성인 액체는 알코올 포소화약제가 적합하다.

75 ② 76 ② 77 ① 78 ④ **정답**

79 방호구역이 3구역인 어느 소방대상물에 할론소화설비를 설치한 경우 저장용기와 집합관 연결배관에 설치해야 할 것은?

① 릴리프밸브

② 자동냉동장치

③ 압력계

④ 체크밸브

해설

할론소화설비에는 저장용기와 집합관을 연결하는 연결배관에는 체크밸브를 설치해야 한다. 단, 저장용기가 하나의 방호구역만을 담당하는 경우에는 그렇지 않다.

80 특수가연물인 톱밥 및 대팻밥을 800,000[kg] (2,000배)를 저장 또는 취급하고 있다. 다음의 포소화설비 중 적용할 수 없는 설비는?

① 포워터 스프링클러설비

② 포헤드설비

③ 고정포방출설비

④ 호스릴 포소화설비

해설

특수가연물을 저장·취급하는 공장 또는 창고

• 설치 가능한 포설비 : 포워터 스프링클러설비, 포헤드설비, 고정포방출설비, 압축공기포소화설비

• 수 원

– 포워터 스프링클러설비, 포헤드설비(포워터 스프링클러헤드 포헤드 : 포헤드(바닥면적이 200[m²]를 초과한 층에 있어서는 바닥면적 200[m²] 이내에 설치된 포헤드를 말한다)에서 동시에 표준방사량으로 10분간 방사할 수 있는 양 이상

– 고정포방출설비 : 고정포방출구가 가장 많이 설치된 방호구역 안의 고정포방출구에서 표준방사량으로 10분간 방사할 수 있는 양 이상

– 압축공기포소화설비를 설치하는 경우에는 방수량은 설계 사양에 따라 방호구역에 최소 10분간 반사할 수 있어야 한다.

제1과목 **소방원론**

01 플래시오버(Flash Over)에 대한 설명으로 가장 타당한 것은?

① 에너지가 느리게 집적되는 현상

② 가연성 가스가 방출되는 현상

③ 가연성 가스가 분해되는 현상

④ 폭발적인 착화현상

해설
플래시오버(Flash Over) : 폭발적인 착화현상, 순발적인 화재확대 현상

02 화재하중의 단위로 옳은 것은?

① [kcal/kg]

② [℃/m²]

③ [kg/m²]

④ [kg/kcal]

해설
화재하중
• 정의 : 단위면적당 가연성 수용물의 양으로서 건물 화재 시 발열량 및 화재의 위험성을 나타내는 용어이고, 화재의 규모를 결정하는 데 사용된다.
• 화재하중 계산(Q)

$$Q = \frac{\sum(G_t \times H_t)}{H \times A} = \frac{Q_t}{4,500 \times A} \, [\text{kg/m}^2]$$

여기서, G_t : 가연물의 질량[kg]

H_t : 가연물의 단위발열량[kcal/kg]

H : 목재의 단위발열량(4,500[kcal/kg])

A : 화재실의 바닥면적[m²]

Q_t : 가연물의 전발열량[kcal]

03 연기감지기가 작동할 정도의 연기농도는 감광계수로 얼마 정도인가?

① 1.0[m⁻¹]

② 2.0[m⁻¹]

③ 0.1[m⁻¹]

④ 10[m⁻¹]

해설
연기농도와 가시거리

감광계수[m⁻¹]	가시거리[m]	상 황
0.1	20~30	연기감지기가 작동할 때의 정도
0.3	5	건물내부에 익숙한 사람이 피난에 지장을 느낄 정도
0.5	3	어두침침한 것을 느낄 정도
1	1~2	거의 앞이 보이지 않을 정도
10	0.2~0.5	화재 최성기 때의 정도

04 아세틸렌가스를 저장할 때 사용되는 물질은?

① 벤 젠

② 톨루엔

③ 아세톤

④ 에틸알코올

해설
아세틸렌가스의 충전
• 용제 : 아세톤, 다이메틸폼아마이드(DMF)
• 희석제 : 질소, 메테인, 일산화탄소, 에틸렌 등

05 초기 소화용으로 사용되는 소화설비가 아닌 것은?

① 옥내소화전설비

② 물분무설비

③ 분말소화설비

④ 연결송수관설비

해설
연결송수관설비 : 본격적인 소화활동설비

06 다음 중 온도가 일정할 때 기체의 부피는 압력에 반비례하는 법칙은?

① 스테판-볼츠만 법칙

② 보일의 법칙

③ 보일-샤를의 법칙

④ 패닝의 법칙

해설

법칙의 종류

• 보일의 법칙 : 온도가 일정할 때 기체의 부피는 압력에 반비례한다.

$$PV = k(일정)$$

• 샤를의 법칙 : 압력이 일정할 때 일정량의 기체가 차지하는 부피는 온도가 1[℃] 증가함에 따라 0[℃] 때 부피의 1/273씩 증가한다. 즉 압력이 일정할 때 기체가 차지하는 부피는 절대온도에 비례한다.

$$\frac{V}{T} = k$$

• 보일-샤를의 법칙 : 기체가 차지하는 부피는 압력에 반비례하며, 절대온도에 비례한다.

$$V_2 = V_1 \times \frac{P_1}{P_2} \times \frac{T_2}{T_1}$$

07 분말소화설비에 있어 분말소화약제의 가압용 가스로 가장 많이 쓰이는 것은?

① 산 소

② 염 소

③ 아르곤

④ 질 소

해설

분말소화약제의 가압용 가스 : 질소(N_2)

08 다음 중 전산실, 통신기기실 등의 소화에 가장 적절한 것은?

① 스프링클러설비

② 옥내소화전설비

③ 간이스프링클러설비

④ 할론소화설비

해설

전산실, 통신기기실, 발전실 등 전기설비의 소화설비 : 이산화탄소소화설비, 할론소화설비

09 연소의 형태 중 표면연소를 일으키는 물질이 아닌 것은?

① 숯

② 메테인

③ 목 탄

④ 금속분

해설

고체연소의 종류

• 표면연소 : 목탄, 코크스, 숯, 금속분 등이 열분해에 의하여 가연성가스를 발생하지 않고 그 물질 자체가 연소하는 현상

• 분해연소 : 석탄, 종이, 목재, 플라스틱 등의 연소 시 열분해에 의해 발생된 가스와 공기가 혼합하여 연소하는 현상

• 증발연소 : 황, 나프탈렌, 왁스, 파라핀 등과 같이 고체를 가열하면 열분해는 일어나지 않고 고체가 액체로 되어 일정온도가 되면 액체가 기체로 변화하여 기체가 연소하는 현상

• 자기연소(내부연소) : 제5류 위험물인 나이트로셀룰로스, 질화면 등 그 물질이 가연물과 산소를 동시에 가지고 있는 가연물이 연소하는 현상

10 화재의 소화원리에 따른 소화방법의 적용이 잘못된 것은?

① 냉각소화 : 스프링클러설비

② 질식소화 : 이산화탄소소화설비

③ 제거소화 : 포소화설비

④ 억제소화 : 할론소화설비

해설

제거소화는 소화설비가 이용되지 않고 화재 현장에서 가연물을 제거하는 방법이다.

※ 포소화설비 : 질식효과, 냉각효과

11 화재가 일정 이상 진행되어 문틈으로 연기가 새어 들어오는 화재를 발견할 때 일반적인 안전대책으로 잘못된 것은?

① 빨리 문을 열고 복도로 대피한다.
② 바닥에 엎드려 숨을 짧게 쉬면서 대피 대책을 세운다.
③ 문을 열지 않고 수건 등으로 문틈을 완전히 밀폐한 후 창문을 열고 화재를 알린다.
④ 창문으로 가서 외부에 자신의 구원을 요청한다.

해설
화재 발생 시 안전대책
• 바닥에 엎드려 숨을 짧게 쉬면서 대피 대책을 세운다.
• 문을 열지 않고 수건 등으로 문틈을 완전히 밀폐한 후 창문을 열고 화재를 알린다.
• 창문으로 가서 외부에 자신의 구원을 요청한다.
※ 화재 시 문을 열고 복도로 대피하면 연기나 유독가스가 방 전체로 확산되면서 대형 질식사의 우려가 있다.

12 포소화설비의 화재 적응성이 가장 낮은 대상물은?

① 건축물
② 가연성 고체류
③ 가연성 가스
④ 가연성 액체류

해설
포소화설비는 물과 포원액이 혼합하여 포를 방출하는 설비로 가연성 가스에는 적응성이 낮다.

13 분말소화약제의 소화효과가 아닌 것은?

① 냉각효과
② 부촉매효과
③ 제거효과
④ 발생한 불연성 가스에 의한 질식효과

해설
분말소화약제의 소화효과
• 칼륨염, 나트륨염에 의한 부촉매효과
• 발생한 불연성 가스에 의한 질식효과
• 흡수열 또는 열분해에 의한 냉각효과

14 분해폭발을 일으키며 연소하는 가연성 가스는?

① 염화바이닐
② 사이안화수소
③ 아세틸렌
④ 포스겐

해설
분해폭발 : 아세틸렌, 산화에틸렌과 같이 분해하면서 폭발하는 현상
※ 사이안화수소(HCN) : 제4류 위험물(제1석유류), 인화성 액체로 중합폭발을 일으킴

15 목재, 종이 등의 일반적인 가연물의 화재 시 물을 주수하고 기화열을 이용하여 열을 흡수해서 소화하는 소화의 종류는?

① 냉각소화   ② 질식소화
③ 제거소화   ④ 화학소화

해설
소화방법의 종류
- 냉각소화 : 화재 현장에 물을 주수하고 기화열을 이용하여 발화점 이하로 온도를 낮추어 소화하는 방법
- 질식소화 : 공기 중의 산소의 농도를 21[%]에서 15[%] 이하로 낮추어 소화하는 방법
  ※ 질식소화 시 산소의 유효한계농도 : 10~15[%]
- 제거소화 : 화재현장에서 가연물을 없애주어 소화하는 방법
- 화학소화(부촉매효과) : 연쇄반응을 차단하여 소화하는 방법
- 희석소화 : 알코올, 에터, 에스터, 케톤류 등 수용성 물질에 다량의 물을 방사하여 가연물의 농도를 낮추어 소화하는 방법
- 유화효과 : 물분무소화설비를 중유에 방사하는 경우 유류 표면에 엷은 막으로 유화층을 형성하여 화재를 소화하는 방법
- 피복효과 : 이산화탄소 소화약제 방사 시 가연물의 구석까지 침투하여 피복하므로 연소를 차단하여 소화하는 방법

16 열복사에 관한 스테판–볼츠만의 법칙을 옳게 설명한 것은?

① 열복사량은 복사체의 절대온도에 정비례한다.
② 열복사량은 복사체의 절대온도의 제곱에 비례한다.
③ 열복사량은 복사체의 절대온도의 3승에 비례한다.
④ 열복사량은 복사체의 절대온도의 4승에 비례한다.

해설
스테판–볼츠만 법칙 : 복사열은 절대온도차의 4제곱에 비례하고 열전달면적에 비례한다.
$$Q = aAF(T_1^4 - T_2^4)[\text{kcal/h}]$$
$$Q_1 : Q_2 = (T_1 + 273)^4 : (T_2 + 273)^4$$

17 피난로의 안전구획 중 2차 안전구획에 속하는 것은?

① 복 도
② 계단부속실(전실)
③ 계 단
④ 피난층에서 외부와 직면한 현관

해설
피난시설의 안전구획

구 분	1차 안전구획	2차 안전구획	3차 안전구획
대 상	복 도	계단부속실 (전실)	계 단

18 다음 중 연소효과와 관계가 없는 것은?

① 뷰테인가스 라이터에 불을 붙였다.
② 황린을 공기 중에 방치하였더니 불이 붙었다.
③ 알코올 램프에 불을 붙였다.
④ 공기 중에 노출된 쇠못이 붉게 녹이 슬었다.

해설
공기 중에 노출된 쇠못이 붉게 녹슨 것은 서서히 산화된 것이므로 연소라 할 수 없다.
연소 : 가연물이 공기 중에서 산소와 반응하여 열과 빛을 동반하는 급격한 산화현상

19 화재 발생 시 건축물의 화재를 확대시키는 주요인이 아닌 것은?

① 흡착열에 의한 발화
② 비 화
③ 복사열
④ 화염의 접촉(접염)

해설
건축물의 화재 확대요인
• 접염 : 화염 또는 열의 접촉에 의하여 불이 옮겨 붙은 것
• 복사열 : 복사파에 의하여 열이 고온에서 저온으로 이동하는 것
• 비화 : 화재현장에서 불꽃이 날아가 먼 지역까지 발화하는 현상

20 할로겐화합물소화약제의 공통적인 특성 중 틀린 것은?

① 전기절연성이 크다.
② 변질, 분해되지 않는다.
③ 금속에 대한 부식성이 적다.
④ 소화 시 열분해가 일어나지 않으며 인체에 대한 독성이 없다.

해설
할로겐화합물소화약제의 특성
• 변질, 분해가 없고 전기절연성이 크다.
• 금속에 대한 부식성이 적다.
• 연소 억제작용으로 부촉매효과가 훌륭하다.
• 값이 비싸다는 단점이 있다.
• 소화 시 열분해가 일어나며 인체에 대한 독성이 있다.

21 일률(시간당 에너지)의 차원을 기본 차원인 M(질량), L(길이), T(시간)로 옳게 표시한 것은?

① $\dfrac{L^2}{T^2}$ ② $\dfrac{M}{T^2L}$

③ $\dfrac{ML^2}{T^2}$ ④ $\dfrac{ML^2}{T^3}$

해설
일률 : 단위시간당 한 일이나 에너지를 전달하는 비율로서 단위는 일(또는 에너지)을 단위시간으로 나눈 것으로 $\dfrac{ML^2}{T^3}$ 이다.

22 비중량이 9.806[N/m³]인 유체를 전양정 95[m]에 70[m³/min]의 유량으로 송수하려고 한다. 이때 소요되는 펌프의 수동력은 약 몇 [kW]인가?

① 1.054   ② 1.063
③ 1.071   ④ 1.087

해설
수동력[kW]
$$P = \frac{\gamma QH}{\eta} = \frac{9.806[\text{N/m}^3] \times 70[\text{m}^3]/60[\text{s}] \times 95[\text{m}]}{1}$$
$$= 1,086.83[\text{W}] = 1.087[\text{kW}]$$

23 공동현상(Cavitation) 발생 원인과 가장 관계가 없는 것은?

① 펌프의 흡입수두가 클 때

② 관 내의 수온이 높을 때

③ 관 내 물의 정압이 증기압보다 낮을 때

④ 펌프의 설치 위치가 수원보다 낮을 때

[해설]
공동현상의 발생 원인
- Pump의 흡입 측 수두, 마찰손실, Impeller 속도(회전수)가 클 때
- Pump의 흡입관경이 작을 때
- Pump 설치 위치가 수원보다 높을 때
- 관 내의 유체가 고온일 때
- Pump의 흡입압력이 유체의 증기압보다 낮을 때

24 그림과 같이 밑면이 2[m] × 2[m]인 탱크에 비중이 0.8인 기름과 물이 각각 2[m]씩 채워져 있다. 기름과 물이 벽면 AB에 작용하는 힘은 약 몇 [kN]인가?

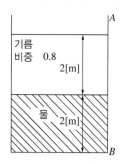

① 39

② 70

③ 102

④ 133

[해설]
각 부분의 중심에서 압력

$P_1 = \gamma_{기름}\overline{h_1} = 0.8 \times 9,800 \times 1 = 7,840[\text{N/m}^2]$

$P_2 = \gamma_{기름}h + \gamma_{물}(\overline{h_2} - 2) = 0.8 \times 9,800 \times 2 + 9,800 \times (3 - 2)$

$\quad = 25,480[\text{N/m}^2]$

- 각 부분에 작용하는 힘

$F_1 = P_1 A_1 = 7,840 \times (2 \times 2) = 31,360[\text{N}]$

$F_2 = P_2 A_2 = 25,480 \times (2 \times 2) = 101,920[\text{N}]$

- AB 면에 작용하는 힘

$F = F_1 + F_2 = 31,360 + 101,920 = 133,280[\text{N}]$

$\quad = 133.3[\text{kN}]$

25 유체의 흐름 중 난류 흐름에 대한 설명으로 틀린 것은?

① 레이놀즈수(R_e)가 4,000 이상인 원관 내부 유체의 흐름

② 유체의 각 입자가 불규칙한 경로를 따라 움직이면서 흐르는 흐름

③ 유체의 입자가 갖는 관성력이 입자에 작용하는 점성력에 비하여 매우 크게 작용하는 흐름

④ 유체의 입자가 갖는 관성력에 비하여 입자에 작용하는 점성력이 크게 작용하는 흐름

[해설]
난류(Turbulent Flow)
- 유체 입자들이 불규칙하게 운동하면서 흐르는 흐름

레이놀즈수	$R_e < 2,100$	$2,100 < R_e < 4,000$	$R_e > 4,000$
유체의 흐름	층 류	전이영역(임계영역)	난 류

- 유체의 입자가 갖는 관성력이 입자에 작용하는 점성력에 비하여 매우 크게 작용하는 흐름

26 원심펌프의 비속도(N_s)를 표현한 식으로 맞는 것은?(단, Q는 유량, N은 펌프의 분당 회전수, H는 전양정이다)

① $N_s = \dfrac{N\sqrt{H}}{Q^{\frac{3}{4}}}$

② $N_s = \dfrac{N\sqrt{Q}}{H^{\frac{4}{3}}}$

③ $N_s = \dfrac{Q\sqrt{N}}{H^{\frac{3}{4}}}$

④ $N_s = \dfrac{N\sqrt{Q}}{H^{\frac{3}{4}}}$

[해설]
비속도, 비교회전도(Specific Speed)

$N_s = N \cdot \dfrac{Q^{1/2}}{\left(\dfrac{H}{n}\right)^{3/4}} = \dfrac{N\sqrt{Q}}{H^{\frac{3}{4}}}$

여기서, N : 회전수[rpm] Q : 유량[m³/min]

$\quad\quad\quad H$: 양정[m] n : 단수

27 동점성계수가 0.6×10^{-6}[m²/s]인 유체가 내경 30 [cm]인 파이프 속을 평균유속 3[m/s]로 흐른다면 이 유체의 레이놀즈수는 얼마인가?

① 1.5×10^6 ② 2.0×10^6

③ 2.5×10^6 ④ 3.0×10^6

해설

레이놀즈수 $Re = \dfrac{Du}{\nu} = \dfrac{0.3[\text{m}] \times 3[\text{m/s}]}{0.6 \times 10^{-6}[\text{m}^2/\text{s}]} = 1.5 \times 10^6$

28 그림과 같이 노즐에서 분사되는 물의 속도가 $V=12$ [m/s]이고, 분류에 수직인 평판은 속도 $u=4$[m/s] 로 움직일 때, 평판이 받는 힘은 몇 [N]인가?(단, 노즐(분류)의 단면적은 0.01[m²]이다)

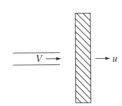

① 640 ② 960

③ 1,280 ④ 1,440

해설

평판이 받는 힘

$F = Q\rho\Delta V$

$\quad = 0.08[\text{m}^3/\text{s}] \times 1,000[\text{N} \cdot \text{s}^2/\text{m}^4] \times (12-4)[\text{m/s}]$

$\quad = 640[\text{N}]$

여기서, Q(유량) $= A(V-u) = 0.01 \times (12-4) = 0.08[\text{m}^3/\text{s}]$

ρ(밀도) $= 1,000[\text{N} \cdot \text{s}^2/\text{m}^4]$

29 열전도도가 0.08[W/m · K]인 단열재의 내부면의 온도(고온)가 75[℃], 외부면의 온도(저온)가 20 [℃]이다. 단위면적당 열손실을 200[W/m²]으로 제한하려면 단열재의 두께는?

① 22.0[mm] ② 45.5[mm]

③ 55.0[mm] ④ 80.0[mm]

해설

열손실 $q = \dfrac{\lambda}{l}\Delta t$ 에서

단열재의 두께 $l = \dfrac{\lambda}{q}\Delta t = \dfrac{0.08}{200} \times (75-20) = 0.022[\text{m}]$

$\qquad\qquad\qquad = 22[\text{mm}]$

30 파이프 단면적이 2.5배로 급격하게 확대되는 구간 을 지난 후의 유속이 1.2[m/s]이다. 부차적 손실계 수가 0.36이라면 급격확대로 인한 손실수두는 몇 [m]인가?

① 0.0264 ② 0.0661

③ 0.165 ④ 0.331

해설

손실수두(H)

$H = K\dfrac{u^2}{2g}$

$\quad = \dfrac{0.36 \times (1.2[\text{m/s}] \times 2.5)^2}{2 \times 9.8[\text{m/s}^2]} = 0.165[\text{m}]$

31 다음 중 부속품 중 일정 속도로 흐르는 유량에 대하 여 마찰손실이 가장 큰 것은?(단, 구경과 관마찰계 수는 모두 동일하다고 본다)

① 45°엘보 ② 90°엘보

③ 90°티(직류) ④ 90°티(분류)

해설

마찰손실 헤드에 상당하는 직관길이(호칭경 50[mm])

부속품	45°엘보	90°엘보	90°티 (직류)	90°티 (분류)
마찰손실	1.2	2.1	0.60	3.0

32 경사진 관로의 유체흐름에서 수력기울기선(HGL ; Hydraulic Grade Line)의 위치로 옳은 것은?

① 언제나 에너지선보다 위에 있다.

② 에너지선보다 속도수두만큼 아래에 있다.

③ 항상 수평이 된다.

④ 개수로의 수면보다 속도수두만큼 위에 있다.

해설

수력구배선(수력기울기선)은 항상 에너지선보다 속도수두$\left(\dfrac{u^2}{2g}\right)$ 만큼 아래에 있다.

• 전수두선 : $\dfrac{P}{r} + \dfrac{u^2}{2g} + Z$를 연결한 선

• 수력구배선 : $\dfrac{P}{r} + Z$을 연결한 선

33 유체 속에 잠겨진 물체에 작용되는 부력은?

① 물체의 중량보다 크다.

② 그 물체에 의하여 배제된 액체의 무게와 같다.

③ 물체의 중력과 같다.

④ 물체의 비중량과 관계가 있다.

해설

유체 속에 잠겨진 물체에 작용되는 부력은 그 물체에 의하여 배제된 액체의 무게와 같다.

34 카르노사이클에서 고온 열저장소에서 받은 열량이 Q_H이고 저온 열저장소에서 방출된 열량이 Q_L일 때 카르노사이클의 열효율(η)은?

① $\eta = \dfrac{Q_L}{Q_H}$

② $\eta = \dfrac{Q_H}{Q_L}$

③ $\eta = 1 - \dfrac{Q_L}{Q_H}$

④ $\eta = 1 - \dfrac{Q_H}{Q_L}$

해설

카르노사이클의 열효율

$\eta = 1 - \dfrac{Q_L}{Q_H}$

35 수평원관으로 일정량의 물이 층류상태로 흐를 때 관 직경을 2배로 하면 손실수두는 얼마가 되는가?

① $\dfrac{1}{4}$

② $\dfrac{1}{8}$

③ $\dfrac{1}{16}$

④ $\dfrac{1}{32}$

해설

층류상태일 때 손실수두(하겐-포아젤 법칙)

$H = \dfrac{\Delta P}{\gamma} = \dfrac{128\mu l\, Q}{r\pi d^4}$

$\therefore$ 손실수두 $H = \dfrac{1}{d^4} = \dfrac{1}{2^4} = \dfrac{1}{16}$

36 수두 100[mmAq]로 표시되는 압력은 몇 [Pa]인가?

① 0.098

② 0.98

③ 9.8

④ 981

해설

표준대기압

1[atm] = 760[mmHg] = 760[cmHg] = 29.92[inHg](수은주 높이)
= 1,033.2[cmH₂O] = 10.332[mH₂O]([mAq])(물기둥의 높이)
= 1.0332[kg/cm²] = 10,332[kg/m²] = 14.7[psi]([lbf/in²])
= 1.013[bar] = 101,325[Pa]([N/m²]) = 101.3[kPa]([kN/m²])
= 0.1013[MPa]([MN/m²])

$\therefore \dfrac{100[\text{mmAq}]}{10{,}332[\text{mmAq}]} \times 101{,}325[\text{Pa}] = 980.69[\text{Pa}]$

37 뉴턴(Newton)의 점성법칙을 이용한 회전원통식 점도계는?

① 세이볼트(Saybolt) 점도계

② 오스트발트(Ostwald) 점도계

③ 레드우드(Redwood) 점도계

④ 스토머(Stormer) 점도계

해설

점도계

• 맥마이클(Macmichael) 점도계, 스토머(Stormer) 점도계 : 뉴턴(Newton)의 점성법칙

• 오스트발트(Ostwald) 점도계, 세이볼트(Saybolt) 점도계 : 하겐-포아젤 법칙

• 낙구식 점도계 : 스토크스 법칙

38 압력 $P_1 = 100$[kPa], 온도 $T_1 = 400$[K], 체적 $V_1 = 1.0$[m³]인 밀폐계(Closed System)의 이상기체가 $PV^{1.4} = $정수($C$)인 폴리트로픽 과정(Polytropic Process)을 거쳐 압력 $P_2 = 400$[kPa]까지 압축된다. 이 과정에서 기체가 한 일은 약 몇 [kJ]인가?

① −100   ② −120

③ −140   ④ −160

해설

일

• $\dfrac{T_2}{T_1} = \left(\dfrac{P_2}{P_1}\right)^{\frac{k-1}{k}}$

• $W = \dfrac{P_1 V_1}{n-1}\left(1 - \dfrac{T_2}{T_1}\right) = \dfrac{P_1 V_1}{n-1}\left(1 - \left(\dfrac{P_2}{P_1}\right)^{\frac{k-1}{k}}\right)$

여기서, $n = k$

∴ $W = \dfrac{100 \times 1}{1.4 - 1}\left(1 - \left(\dfrac{400}{100}\right)^{\frac{1.4-1}{1.4}}\right) = -121.5$[kJ]

39 그림에서 $P_1 - P_2$는 몇 [kN/m²]인가?(단, h의 단위는 [m], 수은의 비중은 13.5, 물의 비중은 1, 비중량은 9,800[N/m³]이다)

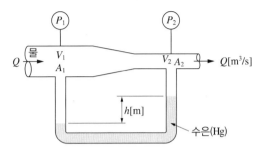

① $1,355,000h$ [kN/m²]

② $122,500h$ [kN/m²]

③ $135.5h$ [kN/m²]

④ $122.5h$ [kN/m²]

해설

압력

$P_1 - P_2 = (\gamma_{Hg} - \gamma)h = (13.5 - 1) \times 9.8$[kN/m³] $\times h$[m]

$= 122.5h$[kN/m²]

40 그림에서 d_1, d_2는 각각 300[mm], 200[mm]이고, l_1, l_2는 600[m], 900[m]이며 마찰계수 f_1, f_2가 0.03, 0.02라고 할 때, 직경 d_1인 관 길이 l_1을 직경 d_2인 관으로 환산한 등가길이(L_e)는 몇 [m]인가?

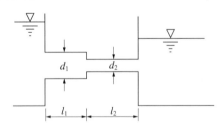

① 118.5   ② 121.2

③ 134.2   ④ 142.3

해설

등가길이 $L_e = l_1 \times \left(\dfrac{f_1}{f_2}\right) \times \left(\dfrac{d_2}{d_1}\right)^5 = 600 \times \left(\dfrac{0.03}{0.02}\right) \times \left(\dfrac{0.2}{0.3}\right)^5$

$= 118.5$[m]

41　다음 중 소방기본법의 목적과 거리가 먼 것은?

① 풍수재해의 예방·경계, 진압에 관한 계획, 예산의 지원활동

② 화재, 재난, 재해 그 밖의 위급한 상황에서의 구급·구조활동

③ 국민의 생명, 신체, 재산의 보호

④ 공공의 안녕 및 질서유지

해설

소방기본법의 목적(기본법 제1조)
- 화재를 예방·경계·진압
- 화재, 재난, 재해 그 밖의 위급한 상황에서의 구급·구조활동
- 국민의 생명·신체, 재산의 보호
- 공공의 안녕 및 질서유지와 복리증진에 이바지함

42　다음 중 소방대상물이 아닌 것은?

① 산 림

② 항해 중인 선박

③ 건축물

④ 차 량

해설

소방대상물 : 건축물, 차량, 선박(항구 안에 매어둔 선박), 선박건조구조물, 산림 그 밖의 인공구조물 또는 물건(기본법 제2조)

43　단독경보형감지기를 설치해야 하는 특정소방대상물에 속하지 않는 것은?

① 연면적 600[m²] 미만의 유치원

② 수련시설 내에 있는 연면적 2,000[m²] 미만의 기숙사

③ 숙박시설이 있는 수련시설

④ 교육연구시설 내에 있는 연면적 3,000[m²] 미만의 합숙소

해설

단독경보형감지기를 설치해야 하는 특정소방대상물(소방시설법 영 별표 4)
- 교육연구시설 내에 있는 기숙사 또는 합숙소로서 연면적 2,000[m²] 미만인 것
- 수련시설 내에 있는 기숙사 또는 합숙소로서 연면적 2,000[m²] 미만인 것
- 숙박시설이 있는 수련시설
- 연면적 600[m²] 미만인 유치원
- 공동주택 중 연립주택 및 다세대주택

44　옥외소화전설비를 설치해야 할 소방대상물은 지상 1층 및 2층의 바닥면적의 합계가 몇 [m²] 이상인 것인가?

① 5,000　　　　② 7,000

③ 8,000　　　　④ 9,000

해설

옥외소화전설비의 설치 대상물(소방시설법 영 별표 4)
- 지상 1층 및 2층의 바닥면적의 합계가 9,000[m²] 이상
- 보물 또는 국보로 지정된 목조건축물

45 국가가 시·도의 소방업무에 필요한 경비의 일부를 보조하는 국고보조 대상이 아닌 것은?

① 소방용수시설   ② 소방전용통신설비

③ 소방자동차   ④ 소방헬리콥터

해설

국고보조 대상(기본법 영 제2조)
• 소방활동장비 및 설비
  – 소방자동차
  – 소방헬리콥터 및 소방정
  – 소방전용통신설비 및 전산설비
  – 그 밖의 방화복 등 소방활동에 필요한 소방장비
• 소방관서용 청사의 건축

46 위험물제조소의 환기설비 중 급기구의 크기는? (단, 급기구의 바닥면적은 150[cm²]이다)

① 150[cm²] 이상으로 한다.

② 300[cm²] 이상으로 한다.

③ 450[cm²] 이상으로 한다.

④ 800[cm²] 이상으로 한다.

해설

제조소의 환기설비 중 급기구의 크기(위험물법 규칙 별표 4)
• 환기 : 자연배기방식
• 급기구는 해당 급기구가 설치된 실의 바닥면적 150[m²]마다 1개 이상으로 하되 급기구의 크기는 800[cm²] 이상으로 할 것. 다만, 바닥면적이 150[m²] 미만인 경우에는 다음의 크기로 해야 한다.

바닥면적	급기구의 면적
60[m²] 미만	150[cm²] 이상
60[m²] 이상 90[m²] 미만	300[cm²] 이상
90[m²] 이상 120[m²] 미만	450[cm²] 이상
120[m²] 이상 150[m²] 미만	600[cm²] 이상

47 소방시설업자의 관계인에 대한 통보의무사항이 아닌 것은?

① 지위를 승계한 때

② 등록취소 또는 영업정지 처분을 받은 때

③ 휴업 또는 폐업한 때

④ 주소지가 변경된 때

해설

소방시설업자의 관계인에 대한 통보의무사항(공사업법 제8조)
• 소방시설업자의 지위를 승계한 경우
• 소방시설업의 등록취소 처분 또는 영업정지 처분을 받은 경우
• 휴업하거나 폐업한 경우

48 소방시설 설치 및 관리에 관한 법령에 따른 소방안전관리대상물의 관계인 및 소방안전관리자를 선임해야 하는 공공기관의 장은 작동점검을 실시한 경우 며칠 이내에 소방시설 등 작동점검 실시결과 보고서를 소방본부장 또는 소방서장에게 제출해야 하는가?

① 7일   ② 15일

③ 30일   ④ 60일

해설

자체점검 결과보고서 제출과정(규칙 제23조)
• 배치신고 : 자체점검이 끝난 날부터 5일 이내
• 소방시설업자가 점검을 한 경우 : 자체점검이 끝난 날부터 10일 이내에 소방시설 자체점검 실시결과 보고서에 소방시설 등 점검표를 첨부하여 관계인에게 제출
• 소방서 보고 : 관계인은 자체점검이 끝난 날부터 15일 이내에 아래 서류를 첨부하여 소방본부장 또는 소방서장에게 보고해야 한다.
  – 점검인력 배치확인서(관리업자가 점검하는 경우)
  – 소방시설 등의 자체점검 결과 이행계획서

49 제4류 위험물로서 제1석유류인 수용성 액체의 지정수량은 몇 [L]인가?

① 100
② 200
③ 300
④ 400

해설

제4류 위험물의 종류 및 지정수량(위험물법 영 별표 1)

위별	성질	품 명		위험등급	지정수량
제4류	인화성 액체	1. 특수인화물		I	50[L]
		2. 제1석유류	비수용성 액체	II	200[L]
			수용성 액체	II	400[L]
		3. 알코올류		II	400[L]
		4. 제2석유류	비수용성 액체	III	1,000[L]
			수용성 액체	III	2,000[L]
		5. 제3석유류	비수용성 액체	III	2,000[L]
			수용성 액체	III	4,000[L]
		6. 제4석유류		III	6,000[L]
		7. 동식물유류		III	10,000[L]

50 면적에 관계없이 건축허가 동의를 받아야 하는 소방대상물에 해당되는 것은?

① 근린생활시설
② 위락시설
③ 방송용 송수신탑
④ 업무시설

해설

건축허가 등의 동의대상물의 범위(소방시설법 영 제7조)
- 연면적이 400[m²] 이상
  - 학교시설 : 100[m²] 이상
  - 노유자시설 및 수련시설 : 200[m²] 이상
  - 정신의료기관(입원실이 없는 정신건강의학과 의원은 제외) : 300[m²]) 이상
  - 장애인 의료재활시설 : 300[m²] 이상
- 지하층 또는 무창층이 있는 건축물로서 바닥면적이 150[m²] 이상(공연장은 1,000[m²])인 층이 있는 것
- 차고·주차장 또는 주차 용도로 사용되는 시설
  - 차고·주차장으로 사용되는 바닥면적이 200[m²] 이상인 층이 있는 건축물이나 주차시설
  - 승강기 등 기계장치에 의한 주차시설로서 자동차 20대 이상을 주차할 수 있는 시설
- 층수가 6층 이상인 건축물
- 항공기 격납고, 관망탑, 항공관제탑, 방송용 송수신탑
- 의원(입원실이 있는 것으로 한정한다)·조산원·산후조리원, 위험물 저장 및 처리시설, 풍력발전소·전기저장시설, 지하구
- 요양병원

51 특정소방대상물에 소방안전관리자를 선임하지 않은 자에 대한 벌칙으로 맞는 것은?

① 200만원 이하의 과태료
② 100만원 이하의 벌금
③ 200만원 이하의 벌금
④ 300만원 이하의 벌금

해설

300만원 이하의 벌금(화재예방법 제50조)
- 화재안전조사를 정당한 사유 없이 거부·방해 또는 기피한 자
- 화재예방 조치명령을 정당한 사유 없이 따르지 않거나 방해한 자
- 소방안전관리자, 총괄소방안전관리자 또는 소방안전관리보조자를 선임하지 않은 자
- 소방시설·피난시설·방화시설 및 방화구획 등이 법령에 위반된 것을 발견하였음에도 필요한 조치를 할 것을 요구하지 않은 소방안전관리자
- 소방안전관리자에게 불이익한 처우를 한 관계인

52 소방대상물의 화재안전조사에 관한 설명 중 옳지 않은 것은?

① 개인의 주거(실제 주거용도로 사용되는 경우에 한정한다)에 대한 화재안전조사는 관계인의 승낙이 있거나 화재발생의 우려가 뚜렷하여 긴급한 필요가 있는 때에 한정한다.

② 화재가 자주 발생하였거나 발생할 우려가 뚜렷한 곳에 대한 조사가 필요한 경우에 화재안전조사를 실시할 수 있다.

③ 소방청장 또는 소방서장은 명령으로 인하여 손실을 입은 자가 있는 경우에는 대통령령으로 정하는 바에 따라 보상해야 한다.

④ 화재안전조사의 연기를 신청하려는 관계인은 화재안전조사 시작 3일 전까지 필요한 서류를 첨부하여 소방청장, 소방본부장 또는 소방서에게 제출해야 한다.

> **해설**
> 소방청장 또는 시·도지사는 명령으로 인하여 손실을 입은 자가 있는 경우에는 대통령령으로 정하는 바에 따라 보상해야 한다(화재예방법 제15조).

53 소방안전관리대상물의 관계인은 소방안전관리자의 정보를 게시해야 한다. 다음 중 게시 내용이 아닌 것은?

① 소방안전관리대상물의 명칭 및 등급
② 소방안전관리자의 성명 및 교육일자
③ 소방안전관리자의 연락처
④ 소방안전관리자의 근무 위치

> **해설**
> 소방안전관리자의 정보 게시 내용(화재예방법 규칙 제15조)
> • 소방안전관리대상물의 명칭 및 등급
> • 소방안전관리자의 성명 및 선임일자
> • 소방안전관리자의 연락처
> • 소방안전관리자의 근무 위치(화재수신기 또는 종합방재실을 말한다)

54 다음 중 한국소방안전원의 업무에 해당하지 않는 것은?

① 소방기술과 안전관리에 관한 교육 및 조사·연구와 각종 간행물 발간
② 화재예방과 안전관리의식의 고취를 위한 대국민 홍보
③ 소방업무에 관하여 행정기관이 위탁하는 업무
④ 소방시설에 관한 연구 및 기술 지원

> **해설**
> 한국소방안전원의 업무(기본법 제41조)
> • 소방기술과 안전관리에 관한 교육 및 조사·연구
> • 소방기술과 안전관리에 관한 각종 간행물 발간
> • 화재예방과 안전관리의식의 고취를 위한 대국민 홍보
> • 소방업무에 관하여 행정기관이 위탁하는 업무

55 지정수량 10배의 하이드록실아민을 취급하는 제조소의 안전거리는 몇 [m] 이상으로 해야 하는가? (단, 소수점 이하는 버리는 것으로 계산한다)

① 10 ② 110
③ 170 ④ 240

> **해설**
> 하이드록실아민을 취급하는 제조소의 안전거리(위험물법 규칙 별표 4)
> $$D = 51.1\sqrt[3]{N}$$
> 여기서, D : 안전거리[m]
> N : 지정수량의 배수
> $$\therefore D = 51.1\sqrt[3]{10} = 110$$

56 소방안전관리대상물의 관계인이 소방안전관리자를 선임한 경우 선임한 날부터 며칠 이내에 신고해야 하는가?

① 14일 이내   ② 20일 이내

③ 28일 이내   ④ 30일 이내

해설
관계인이 소방안전관리자 또는 소방안전관리보조자를 선임한 경우 선임한 날부터 14일 이내에 소방본부장 또는 소방서장에게 신고해야 한다(화재예방법 제26조).

57 다음 중 소방시설에 대한 분류로 옳지 않은 것은?

① 소화설비 : 옥내소화전설비, 옥외소화전설비

② 소화활동설비 : 비상콘센트설비, 제연설비, 연결송수관설비

③ 피난구조설비 : 자동식사이렌, 구조대, 완강기

④ 경보설비 : 자동화재탐지설비, 누전경보기, 자동화재속보설비

해설
피난구조설비(소방시설법 영 별표 1)
• 피난기구(피난사다리, 구조대, 완강기, 간이완강기, 미끄럼대, 피난교, 피난용트랩, 다수인피난장비, 승강식피난기)
• 방열복, 방화복(안전모, 보호장갑, 안전화를 포함), 공기호흡기, 인공소생기
• 유도등(피난유도선, 피난구유도등, 통로유도등, 객석유도등, 유도표지)
• 비상조명등 및 휴대용 비상조명등
 ※ 자동식사이렌 : 비상경보설비

58 다음 중 1급 소방안전관리대상물이 아닌 것은?

① 지하구

② 연면적 1만 5천[m²] 이상인 것

③ 특정소방대상물로서 층수가 11층 이상인 복합건축물

④ 가연성 가스를 1천[t] 이상 저장, 취급하는 시설

해설
소방안전관리대상물(화재예방법 영 별표 4)
• 1급 소방안전관리대상물
 − 30층 이상(지하층은 제외)이거나 지상으로부터 높이가 120[m] 이상인 아파트
 − 연면적 15,000[m²] 이상인 특정소방대상물(아파트 및 연립주택은 제외)
 − 지상층의 층수가 11층 이상(아파트는 제외)
 − 가연성 가스를 1,000[t] 이상 저장·취급하는 시설
• 2급 소방안전관리대상물
 − 옥내소화전설비, 스프링클러설비, 물분무 등 소화설비(호스릴방식은 제외)를 설치하는 특정소방대상물
 − 가스제조설비를 갖추고 도시가스사업 허가를 받아야 하는 시설 또는 가연성 가스를 100[t] 이상 1,000[t] 미만 저장·취급하는 시설
 − 지하구
 − 공동주택(옥내소화전설비 또는 스프링클러설비가 설치된 공동주택으로 한정한다)
 − 보물 또는 국보로 지정된 목조건축물

59 소방기본법령상 소방신호의 종류가 아닌 것은?

① 발화신호 ② 경계신호

③ 출동신호 ④ 훈련신호

소방신호의 종류(규칙 제10조)

신호종류	발령 시기	타종신호	사이렌 신호
경계신호	화재예방상 필요하다고 인정 또는 화재위험 경보 시 발령	1타와 연2타를 반복	5초 간격을 두고 30초씩 3회
발화신호	화재가 발생한 때 발령	난 타	5초 간격을 두고 5초씩 3회
해제신호	소화활동의 필요 없다고 인정되는 때 발령	상당한 간격을 두고 1타씩 반복	1분간 1회
훈련신호	훈련상 필요하다고 인정되는 때 발령	연 3타 반복	10초 간격을 두고 1분씩 3회

60 소방시설공사의 하자보수 보증기간이 옳은 것은?

① 유도등 : 1년

② 자동소화장치 : 3년

③ 자동화재탐지설비 : 2년

④ 상수도소화용수설비 : 2년

하자보수 보증기간(공사업법 영 제6조)

보증기간	해당 소방시설
2년	피난기구, 유도등, 유도표지, 비상경보설비, 비상조명등, 비상방송설비 및 무선통신보조설비
3년	자동소화장치, 옥내소화전설비, 스프링클러설비, 간이스프링클러설비, 물분무 등 소화설비, 옥외소화전설비, 자동화재탐지설비, 상수도소화용수설비, 소화활동설비(무선통신보조설비 제외)

제4과목 소방기계시설의 구조 및 원리

61 소형소화기 설치기준으로 가장 적절한 것은?

① 각 층마다 설치하되, 특정소방대상물의 각 부분으로부터 1개의 소화기까지의 보행거리가 소형소화기의 경우 20[m] 이상이 되도록 배치한다.

② 각 층마다 설치하되, 특정소방대상물의 각 부분으로부터 1개의 소화기까지의 보행거리가 소형소화기의 경우 20[m] 이내가 되도록 배치한다.

③ 각 층마다 설치하되, 특정소방대상물의 각 부분으로부터 1개의 소화기까지의 보행거리가 소형소화기의 경우 30[m] 이상이 되도록 배치한다.

④ 각 층마다 설치하되, 특정소방대상물의 각 부분으로부터 1개의 소화기까지의 보행거리가 소형소화기의 경우 30[m] 이내가 되도록 배치한다.

소화기는 특정소방대상물의 각 층마다 설치하되, 특정소방대상물의 각 부분으로부터 1개의 소화기까지의 보행거리가 소형소화기의 경우에는 20[m] 이내, 대형소화기의 경우에는 30[m] 이내가 되도록 배치할 것

62 습식 스프링클러설비 또는 부압식 스프링클러설비 외의 설치에는 헤드를 향하여 상향으로 수평주행배관 기울기를 최소 얼마 이상으로 해야 하는가? (단, 배관의 구조상 기울기를 줄 수 없는 경우는 제외한다)

① $\dfrac{1}{100}$ ② $\dfrac{1}{200}$

③ $\dfrac{1}{300}$ ④ $\dfrac{1}{500}$

습식 스프링클러설비 또는 부압식 스프링클러설비 외의 설비 배관의 기울기

- 수평주행배관의 기울기 : $\dfrac{1}{500}$ 이상

- 가지배관의 기울기 : $\dfrac{1}{250}$ 이상

63 포소화설비의 비상전원의 기준으로서 틀린 것은?

① 상용전원 중단 시 자동으로 비상전원이 공급되도록 할 것

② 포소화설비를 유효하게 30분 이하 작동할 수 있도록 할 것

③ 비상전원을 실내에 설치할 때에는 비상조명등을 설치할 것

④ 점검에 편리하고 화재 및 침수 피해가 없는 장소에 설치할 것

해설
포소화설비의 비상전원의 설치기준
• 점검에 편리하고 화재 및 침수 등의 재해로 인한 피해를 받을 우려가 없는 곳에 설치할 것
• 포소화설비를 유효하게 20분 이상 작동할 수 있도록 할 것
• 상용전원으로부터 전력의 공급이 중단된 때에는 자동으로 비상전원으로부터 전력을 공급받을 수 있도록 할 것
• 비상전원의 설치장소는 다른 장소와 방화구획할 것. 이 경우 그 장소에는 비상전원의 공급에 필요한 기구나 설비 외의 것(열병합발전설비에 필요한 기구나 설비는 제외한다)을 두어서는 안 된다.
• 비상전원을 실내에 설치하는 때에는 그 실내에 비상조명등을 설치할 것

64 예상제연구역의 각 부분으로부터 하나의 배출구까지의 수평거리는 몇 [m] 이내가 되어야 하는가?

① 5 ② 10
③ 15 ④ 20

해설
예상제연구역의 각 부분으로부터 하나의 배출구까지의 수평거리는 10[m] 이내가 되도록 해야 한다.

65 용적이 360[m³]이고, 개구부의 합계 면적이 20[m²]인 방호대상물에 전역방출방식의 분말소화설비를 설치할 때 필요한 최소한의 분사헤드 개수는?(단, 방호대상물 용적 1[m³]당 필요한 분말약제의 양은 0.6[kg], 개구부 면적 1[m²]당 필요한 분말약제의 양은 최소 4.5[kg], 분사헤드의 표준방사량은 1분당 9[kg], 분말약제의 방사시간은 30초, 자동폐쇄장치를 설치하지 않은 경우이다)

① 17개 ② 28개
③ 34개 ④ 68개

해설
분사헤드 개수
• 소화약제의 양
  = 방호체적[m³] × 필요가스량 + 개구부 면적[m²] × 가산량
  = 360[m³] × 0.6[kg/m³] + 20[m²] × 4.5[kg/m²]
  = 306[kg]
• 분사헤드의 수 = 306[kg] ÷ 9[kg/min] × 2 = 68개
※ 소화약제는 30[s] 이내 방출해야 하는데 문제 단위는 [min]이므로 2를 곱한다.

66 옥외소화전을 방수시험을 하니까 노즐선단(노즐구경 20[mm])에서 방수압력이 0.3[MPa]이었다. 분당 방수량은 약 얼마인가?

① 261[L/min] ② 452[L/min]
③ 630[L/min] ④ 692[L/min]

해설
분당방수량
$Q = 0.653D^2\sqrt{10P} = 0.653 \times (20)^2 \times \sqrt{10 \times 0.3}$
$= 452.4[L/min]$

67 12층 건물에 설치하는 스프링클러설비에 있어서 필요한 소화 펌프에 직결시킬 전동기 용량[kW]으로 적절한 것은?(단, 방수량는 2.4[m³/min], 펌프의 전양정은 70[m], 효율은 0.6, 전달계수는 1.1이다)

① 20[kW] ② 30[kW]
③ 40[kW] ④ 50[kW]

해설
전동기의 용량

$$P[\text{kW}] = \frac{r \times Q \times H}{\eta} \times K$$

여기서, r : 물의 비중량(9.8[kN/m³])

Q : 유량[m³/s] = 2.4[m³/min] = 2.4[m³]/60[s]
$\qquad = 0.04[\text{m}^3/\text{s}]$

H : 펌프의 전양정(70[m])

K : 전달계수(1.1)

η : 펌프의 효율(0.6)

$\therefore P[\text{kW}] = \dfrac{r \times Q \times H}{\eta} \times K = \dfrac{9.8 \times 0.04 \times 70}{0.6} \times 1.1$
$\qquad\qquad = 50.31[\text{kW}]$

68 소화기의 본체용기에 표시하지 않아도 되는 사항은?

① 비치장소 ② 사용온도범위
③ 약제 주성분 ④ 형식승인번호

해설
소화기 본체용기에 표시사항
• 종별 및 형식
• 형식승인번호
• 제조연월 및 제조번호, 내용연한(분말소화약제를 사용하는 소화기에 한함)
• 제조업체명 또는 상호, 수입업체명(수입품에 한함)
• 사용온도범위
• 소화능력단위
• 충전된 소화약제의 주성분 및 중(용)량
• 방사시간, 방사거리
• 소화기 가압용 가스용기의 가스종류 및 가스량(가압식 소화기에 한함)
• 충중량
• 취급상의 주의사항
  – 유류화재 또는 전기화재에 사용해서는 안 되는 소화기는 그 내용
  – 기타 주의사항
• 적응화재별 표시사항은 일반화재용 소화기의 경우 "A(일반화재용)", 유류화재용 소화기의 경우에는 "B(유류화재용)", 전기화재용 소화기의 경우 "C(전기화재용)", 주방화재용 소화기의 경우 "K(주방화재용)"으로 표시해야 한다.
• 사용방법
• 품질보증에 관한 사항(보증기간, 보증내용, A/S방법, 자체검사필 등)
• 소화기의 원산지
• 소화 가능한 가연성 금속재료의 종류 및 형태, 중량, 면적(D급 화재용 소화기에 한함)

69 소화용 설비 중 비상전원을 필요로 하지 않는 것은?

① 옥내소화전설비 ② 스프링클러설비
③ 연결살수설비 ④ 포소화설비

해설
비상전원 설치대상 : 옥내소화전설비, 스프링클러설비, 물분무소화설비, 미분무소화설비, 포소화설비

70 연결살수설비의 살수전용헤드가 천장 또는 반자의 각 부분으로부터 하나의 살수헤드까지의 수평거리 적용기준은?

① 2.1[m] 이하 　　② 2.3[m] 이하
③ 2.7[m] 이하 　　④ 3.7[m] 이하

연결살수설비헤드의 설치기준
천장 또는 반자의 각 부분으로부터 하나의 살수헤드까지의 수평거리
• 연결살수설비 전용헤드 : 3.7[m] 이하
• 스프링클러헤드 : 2.3[m] 이하
• 살수헤드의 부착면과 바닥과의 높이가 2.1[m] 이하인 부분은 살수헤드의 살수분포에 따른 거리로 할 수 있다.

71 연결송수관설비에서 주배관의 구경은 몇 [mm] 이상으로 해야 하는가?

① 65[mm] 이상 　　② 80[mm] 이상
③ 100[mm] 이상 　　④ 150[mm] 이상

연결송수관설비의 주배관 : 100[mm] 이상

72 스프링클러설비의 교차배관에서 분기되는 기점으로 한쪽 가지배관에 설치하는 헤드 수는 몇 개 이하가 적당한가?

① 8 　　② 10
③ 12 　　④ 15

스프링클러설비의 한쪽 가지배관에 설치하는 헤드 수 : 8개 이하

73 물분무소화설비의 수원 설치기준으로 틀린 것은?

① 특수가연물을 저장, 취급하는 소방대상물의 바닥면적 1[m²]에 대하여 10[L/min]으로 20분간 방사할 수 있는 양 이상일 것
② 차고, 주차장의 바닥면적 1[m²]에 대하여 20[L/min]으로 20분간 방사할 수 있는 양 이상일 것
③ 케이블 트레이, 케이블 덕트 등의 투영된 바닥면적 1[m²]에 대하여 12[L/min]으로 20분간 방사할 수 있는 양 이상일 것
④ 컨베이어 벨트 등은 벨트 부분의 바닥면적 1[m²]에 대하여 20[L/min]으로 20분간 방사할 수 있는 양 이상일 것

펌프의 토출량과 수원의 양

특정소방대상물	펌프의 토출량 [L/min]	수원의 양[L]
특수가연물 저장, 취급	바닥면적(50[m²] 이하는 50[m²]로) × 10[L/min · m²]	바닥면적(50[m²] 이하는 50[m²]로) × 10[L/min · m²] × 20[min]
차고, 주차장	바닥면적(50[m²] 이하는 50[m²]로) × 20[L/min · m²]	바닥면적(50[m²] 이하는 50[m²]로) × 20[L/min · m²] × 20[min]
절연유 봉입변압기	표면적(바닥부분 제외)×10[L/min · m²]	표면적(바닥부분 제외) 10[L/min · m²] × 20[min]
케이블 트레이, 케이블 덕트	투영된 바닥면적 ×12[L/min · m²]	투영된 바닥면적×12 [L/min · m²] × 20[min]
컨베이어 벨트	벨트 부분의 바닥면적×10[L/min · m²]	벨트 부분의 바닥면적× 10[L/min · m²] × 20[min]

74 분말소화설비의 저장용기 내부압력이 설정압력이 될 때 주밸브를 개방하는 것은?

① 한시계전기   ② 지시압력계

③ 압력조정기   ④ 정압작동장치

해설

정압작동장치 : 분말소화설비의 저장용기 내부압력이 설정압력이 될 때 주밸브를 개방하는 장치
- 압력스위치에 의한 방식 : 약제탱크 내부의 압력에 의해서 움직이는 압력스위치를 설치하여 일정한 압력에 도달했을 때 압력스위치가 닫혀 전자밸브를 개방하여 주밸브 개방용의 가스를 보내는 방식
- 기계적인 방식 : 약제탱크의 내부의 압력에 부착된 밸브의 코크를 잡아당겨서 가스를 열어서 주밸브 개방용의 가스를 보내는 방식
- 시한릴레이 방식 : 약제탱크의 내부압력이 일정한 압력에 도달하는 시간을 추정하여 기동과 동시에 시한릴레이를 움직여 일정시간 후에 릴레이가 닫혔을 때 전자밸브를 열어 주밸브 개방용의 가스를 보내는 방식

75 송수구가 부설된 옥내소화전을 설치한 특정소방대상물로서 연결송수관설비의 방수구를 설치하지 않을 수 있는 층의 기준 중 다음 ( ) 안에 알맞은 것은?(단, 집회장·관람장·백화점·도매시장·소매시장·판매시설·공장·창고시설 또는 지하가를 제외한다)

- 지하층을 제외한 층수가 (㉠)층 이하이고 연면적이 (㉡)[m²] 미만인 특정소방대상물의 지상층의 용도로 사용되는 층
- 지하층의 층수가 (㉢) 이하인 특정소방대상물의 지하층

① ㉠ 3, ㉡ 5,000, ㉢ 3

② ㉠ 4, ㉡ 6,000, ㉢ 2

③ ㉠ 5, ㉡ 3,000, ㉢ 3

④ ㉠ 6, ㉡ 4,000, ㉢ 2

해설

연결송수관설비의 방수구 설치제외 대상
- 아파트의 1층 및 2층
- 소방차의 접근이 가능하고 소방대원이 소방차로부터 각 부분에 쉽게 도달할 수 있는 피난층
- 송수구가 부설된 옥내소화전을 설치한 특정소방대상물(집회장·관람장·백화점·도매시장·소매시장·판매시설·공장·창고시설 또는 지하가를 제외한다)로서 다음의 어느 하나에 해당하는 층
  - 지하층을 제외한 층수가 4층 이하이고 연면적이 6,000[m²] 미만인 특정소방대상물의 지상층
  - 지하층의 층수가 2 이하인 특정소방대상물의 지하층

76 팽창비에 의한 고발포와 저발포의 설명으로 맞는 것은?

① 팽창비가 120배 이상 1,200배 미만의 것을 고발포라고 한다.

② 팽창비가 1,000배 이상의 것을 고발포라고 한다.

③ 팽창비가 20배 이상 80배 미만의 것은 저발포라고 한다.

④ 팽창비가 20배 이하인 것은 저발포라고 한다.

해설

발포배율에 따른 분류

구 분	팽창비	
저발포용	6배 이상 20배 이하	
고발포용	제1종 기계포	80배 이상 250배 미만
	제2종 기계포	250배 이상 500배 미만
	제3종 기계포	500배 이상 1,000배 미만

77 국소방출방식의 할론소화설비의 분사헤드 설치기준 중 다음 ( ) 안에 알맞은 것은?

분사헤드의 방출압력은 할론 2402를 방출하는 것은 (㉠)[MPa] 이상, 할론 2402를 방출하는 분사헤드는 해당 소화약제가 (㉡)으로 분무되는 것으로 해야 하며, 기준저장량의 소화약제를 (㉢)초 이내에 방사할 수 있는 것으로 할 것

① ㉠ 0.1 ㉡ 무상 ㉢ 10

② ㉠ 0.2 ㉡ 적상 ㉢ 10

③ ㉠ 0.1 ㉡ 무상 ㉢ 30

④ ㉠ 0.2 ㉡ 적상 ㉢ 30

해설

국소방출방식의 할론소화설비의 분사헤드 기준

• 소화약제의 방출에 따라 가연물이 비산하지 않는 장소에 설치할 것

• 할론 2402를 방출하는 분사헤드는 해당 소화약제가 무상으로 분무되는 것으로 할 것

• 분사헤드의 방출압력은 할론 2402를 방출하는 것은 0.1[MPa] 이상, 할론 1211을 방출하는 것은 0.2[MPa] 이상, 할론 1301을 방출하는 것은 0.9[MPa] 이상으로 할 것

• 기준저장량의 소화약제를 10초 이내에 방출할 수 있는 것으로 할 것

78 이산화탄소소화설비의 적용범위 사항 중 옳지 않은 것은?

① 종이, 목재, 섬유류 등의 보통화재

② 유압기기를 제외한 전기설비, 케이블실

③ 체적 55[m³] 미만의 전기설비

④ 물로 소화가 불가능한 나트륨, 칼륨, 칼슘 등 활성금속의 화재

해설

심부화재 방호대상물(종이, 목재, 석탄, 섬유류, 합성수지류 등)

방호대상물	소요가스양	설계농도
유압기기를 제외한 전기설비, 케이블실	1.3[kg/m³]	50[%]
체적 55[m³] 미만의 전기설비	1.6[kg/m³]	50[%]
서고, 전자제품창고, 목재가공품창고, 박물관	2.0[kg/m³]	65[%]
고무류·면화류창고, 모피창고, 석탄창고, 집진설비	2.7[kg/m³]	75[%]

79 다음 장치 중 소화설비 배관 내에 압력변동을 감지하여 자동적으로 펌프를 기동 및 정지시키는 장치는?

① 물올림장치

② 유수검지장치

③ 기동용 수압개폐장치

④ 가압송수장치

해설

기동용 수압개폐장치 : 소화설비 배관 내에 압력변동을 감지하여 자동적으로 펌프를 기동 및 정지시키는 것으로 압력챔버 또는 기동용 압력스위치 등을 말한다.

80 할론소화설비에서 NFTC가 규정한 기준저장량의 소화약제 방출시간은?

① 60초 이내

② 30초 이내

③ 10초 이내

④ 5초 이내

해설

할론소화설비의 소화약제 방출시간 : 10초 이내

제1과목 소방원론

01 화재 발생 시 피난기구로 직접 활용할 수 없는 것은?

① 완강기
② 무선통신보조설비
③ 피난사다리
④ 구조대

해설
무선통신보조설비 : 소화활동설비

02 화재 표면온도가 2배로 되면 복사에너지는 몇 배로 증가되는가?

① 2
② 4
③ 8
④ 16

해설
복사에너지는 절대온도의 4승에 비례한다($2^4 = 16$).

03 제1류 위험물로 그 성질이 산화성 고체인 것은?

① 황 린
② 아염소산염류
③ 금속분
④ 황

해설
위험물의 분류

종 류	황 린	아염소산염류	금속분	황
유 별	제3류 위험물	제1류 위험물	제2류 위험물	제2류 위험물
성 질	자연발화성 물질	산화성 고체	가연성 고체	가연성 고체

04 물의 소화력을 보강하기 위해 첨가하는 약제로서 물의 표면장력을 감소시켜 침투효과를 높이기 위한 첨가제로 옳은 것은?

① 증점제
② 강화액
③ 침투제
④ 유화제

해설
물의 소화성능을 향상시키기 위해 첨가하는 첨가제 : 침투제, 증점제, 유화제
• 침투제 : 물의 표면장력을 감소시켜서 침투성을 증가시키는 Wetting Agent
• 증점제 : 물의 점도를 증가시키는 Viscosity Agent
• 유화제 : 기름의 표면에 유화(에멀전)효과를 위한 첨가제(분무 주수)

05 자연발화의 예방을 위한 대책으로 옳지 않은 것은?

① 통풍이나 환기로 열의 축적을 방지한다.
② 주위 온도를 낮게 하여 반응계에 이상이 생기지 않도록 한다.
③ 열전도율을 낮게 한다.
④ 칼륨 등 석유 중에 보관하는 물질은 용기가 파손되지 않도록 한다.

해설
자연발화의 방지대책
- 습도를 낮게 할 것(습도를 낮게 해야 한 지점의 열의 확산을 잘 시킨다)
- 주위(저장실)의 온도를 낮출 것
- 통풍을 잘 시킬 것
- 불활성 가스를 주입하여 공기와 접촉을 피할 것
- 열전도율을 크게 한다.

06 건물 화재 시 패닉(Panic)의 발생원인과 직접적인 관계가 없는 것은?

① 연기에 의한 시계제한
② 유독가스에 의한 호흡장애
③ 외부와 단정되어 고립
④ 건물의 불연 내장재

해설
패닉(Panic)의 발생원인
- 연기에 의한 시계제한
- 유독가스에 의한 호흡장애
- 외부와 단정되어 고립
※ 패닉(Panic)현상 : 화재가 발생하여 실내 전체가 연기와 화염으로 충만한 상태

07 연소를 이루기 위한 열원으로서 전기에너지가 아닌 것은?

① 아크열
② 유도열
③ 마찰열
④ 저항열

해설
열원의 종류
- 화학열
  - 연소열 : 어떤 물질이 완전히 산화되는 과정에서 발생하는 열
  - 분해열 : 어떤 화합물이 분해할 때 발생하는 열
  - 용해열 : 어떤 물질이 액체에 용해될 때 발생하는 열(질산과 물의 혼합)
  - 자연발화
- 전기열
  - 저항열
  - 유전열
  - 유도열
  - 아크열
  - 정전기열 : 정전기가 방전할 때 발생하는 열
- 기계열
  - 마찰열 : 두 물체를 마주대고 마찰시킬 때 발생하는 열
  - 압축열 : 기체를 압축할 때 발생하는 열
  - 마찰스파크열 : 금속과 고체 물체가 충돌할 때 발생하는 열

08 제2종 분말소화약제가 열분해되었을 때 생성되는 물질이 아닌 것은?

① CO_2
② H_2O
③ H_3PO_4
④ K_2CO_3

해설
제2종 분말소화약제의 열분해 반응식
$2KHCO_3 \rightarrow K_2CO_3 + CO_2 + H_2O$

09 플래시오버(Flash Over)를 가장 바르게 표현한 것은?

① 소화현상이다.

② 건물 외부에서 연소가스의 폭발적인 방출현상이다.

③ 폭발적인 화재 확대현상이다.

④ 폭발 및 건물의 붕괴현상이다.

해설
플래시오버 : 폭발적인 화재 확대현상

10 황린과 적린이 서로 동소체라는 것을 증명하는 데 가장 효과적인 실험은?

① 비중을 비교한다.

② 착화점을 비교한다.

③ 유기용제에 대한 용해도를 비교한다.

④ 연소생성물을 확인한다.

해설
동소체 : 같은 원소로 되어 있으나 성질과 모양이 다른 것으로 연소생성물을 확인한다.

원 소	동소체	연소생성물
탄소(C)	다이아몬드, 흑연	이산화탄소(CO_2)
황(S)	사방황, 단사황, 고무상황	이산화황(SO_2)
인(P)	적린, 황린	오산화인(P_2O_5)
산소(O)	산소, 오존	–

11 소화(消火)의 원리에 해당하지 않는 것은?

① 산소공급원의 농도를 낮춰서 연소가 지속될 수 없도록 한다.

② 가연성 물질을 발화점 이하로 냉각시킨다.

③ 가열원을 계속 공급한다.

④ 화학적인 방법으로 연쇄반응을 억제시킨다.

해설
소화는 연소의 3요소 중 한 가지를 없애주는 것인데 가열원(점화원)을 계속 공급하면 연소는 계속된다.

12 공기의 평균분자량이 29라 할 때 이산화탄소의 증기비중은 약 얼마인가?

① 1.44

② 1.52

③ 2.88

④ 3.24

해설
증기비중 = 분자량 / 29 = 44/29 = 1.517
※ 이산화탄소(CO_2)의 분자량 : 44

13 그림에서 내화구조 건축물의 화재온도 및 시간의 표준곡선은?

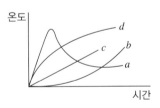

① a

② b

③ c

④ d

해설
• 내화구조 건축물 : 저온장시간(d)
• 목조건축물 : 고온단시간(a)

14 다음 중 알코올 중 위험물에 속하지 않는 것은?

① 에틸알코올 ② 부틸알코올

③ 메틸알코올 ④ 프로필알코올

해설

위험물에서 알코올은 C_1~C_3까지의 포화 1가 알코올이며 종류로는 메틸알코올, 에틸알코올, 프로필알코올이 있다.

15 순수한 액화석유가스(LPG)의 일반적인 성질에 대한 설명으로 잘못된 것은?

① 휘발유 등 유기용매에 녹는다.

② 액화하면 물보다 가볍다.

③ 액화석유가스 증기는 공기보다 무겁다.

④ 무색으로 독특한 냄새가 있다.

해설

LPG(액화석유가스, Liquefied Petroleum Gas)의 특성
- 무색무취(가정용은 누설 시 냄새를 감지하기 위하여 메르캅탄이라는 부취제를 주입하므로 독특한 냄새가 난다)이다.
- 물에 녹지 않고, 유기용제에 녹는다.
- 석유류, 동식물류, 천연고무를 잘 녹인다.
- 공기 중에서 쉽게 연소 폭발한다.
- 액체상태에서 기체로 될 때 체적은 약 250배로 된다.
- 액체상태에서는 물보다 가볍고(약 0.5배), 기체상태는 공기보다 무겁다(약 1.5 ~ 2.0배).

16 제1종 분말소화약제인 중탄산나트륨은 어떤 색으로 착색되어 있는가?

① 백 색 ② 담회색

③ 담홍색 ④ 회 색

해설

분말소화약제의 성상

종 류	주성분	착 색	적응 화재
제1종 분말	탄산수소나트륨($NaHCO_3$)	백 색	B, C급
제2종 분말	탄산수소칼륨($KHCO_3$)	담회색	B, C급
제3종 분말	제일인산암모늄($NH_4H_2PO_4$)	담홍색	A, B, C급
제4종 분말	탄산수소칼륨 + 요소 $[KHCO_3 + (NH_2)_2CO]$	회 색	B, C급

종 류	열분해 반응식
제1종 분말	$2NaHCO_3 \rightarrow Na_2CO_3 + CO_2 + H_2O$
제2종 분말	$2KHCO_3 \rightarrow K_2CO_3 + CO_2 + H_2O$
제3종 분말	$NH_4H_2PO_4 \rightarrow HPO_3 + NH_3 + H_2O$
제4종 분말	$2KHCO_3 + (NH_2)_2CO \rightarrow K_2CO_3 + 2NH_3 + 2CO_2$

17 페놀수지, 멜라민수지 등이 연소될 때 발생되며 눈, 코, 인후 및 폐에 매우 자극적이고 유독성이 큰 가스는?

① CO_2 ② SO_2
③ HBr ④ NH_3

연소생성물

가 스	현 상
CO_2 (이산화탄소)	연소가스 중 가장 많은 양을 차지, 완전연소 시 생성
CO (일산화탄소)	불완전연소 시 다량 발생, 혈액 중의 헤모그로빈(Hb)과 결합하여 혈액 중의 산소운반 저해하여 사망
$COCl_2$ (포스겐)	매우 독성이 강한 가스로서 연소 시 거의 발생하지 않으나 사염화탄소 약제 사용 시 발생
CH_2CHCHO (아크롤레인)	석유제품이나 유지류가 연소할 때 생성
SO_2 (아황산가스)	황을 함유하는 유기화합물이 완전연소 시 발생
H_2S (황화수소)	황을 함유하는 유기화합물이 불완전연소 시 발생 달걀 썩는 냄새가 나는 가스
NH_3 (암모니아)	페놀수지, 멜라민수지 등이 연소될 때 발생되며 눈, 코, 인후 및 폐에 매우 자극성이 큰 유독성 가스
HCl (염화수소)	PVC와 같이 염소가 함유된 물질의 연소 시 생성

18 다음 중 연소범위가 가장 넓은 물질로 옳은 것은?

① 아세틸렌 ② 에틸렌
③ 이황화탄소 ④ 메테인

공기 중의 연소범위

가 스	하한계[%]	상한계[%]
아세틸렌(C_2H_2)	2.5	81.0
에틸렌(C_2H_4)	2.7	36.0
이황화탄소(CS_2)	1.0	50.0
메테인(CH_4)	5.0	15.0

19 표준상태에서 11.2[L]의 기체질량이 22[g]이었다면 이 기체의 분자량은 얼마인가?(단, 이상기체라고 생각한다)

① 22 ② 35
③ 44 ④ 56

기체의 분자량
• 풀이방법 I
표준상태에서 어떤 기체 1[g-mol]이 차지하는 부피는 22.4[L]이므로

$$\therefore \frac{22.4[L]}{11.2[L]} \times 22[g] = 44(분자량 : 44이다)$$

• 풀이방법 II (이상기체 상태방정식)

$$PV = nRT = \frac{W}{M}RT$$

여기서, P : 압력
V : 부피
n : [mol]수(무게/분자량)
W : 무게
M : 분자량
R : 기체상수(0.08205[L·atm/g-mol·K])
T : 절대온도(273 + [℃])

$$\therefore M = \frac{WRT}{PV} = \frac{22[g] \times 0.08205 \times 273}{1 \times 11.2[L]} = 44$$

20 화재의 종류에서 급수는 C급이며 전기화재인 화재의 표시색으로 옳은 것은?

① 백 색 ② 황 색
③ 무 색 ④ 청 색

화재의 분류

등 급	A급	B급	C급	D급
화재의 종류	일반화재	유류화재	전기화재	금속화재
표시색상	백 색	황 색	청 색	무 색

21 비중량이 9,980[N/m³]인 유체가 소화설비 배관 내를 분당 50[kN]씩 흐른다. 관경이 150[mm]라면 평균유속[m/s]은 얼마인가?

① 3.1   ② 4.73

③ 83.3   ④ 283.8

해설

유 량

$G = Au\gamma[\text{N/s}]$

여기서, G(유량) $= 50[\text{kN/min}] = 50 \times 1{,}000[\text{N}]/60[\text{s}]$
$= 833.33[\text{N/s}]$

A(면적) $= \dfrac{\pi}{4}d^2 = \dfrac{\pi}{4}(0.15[\text{m}])^2 = 0.01766[\text{m}^2]$

u(유속, [m/s])
γ(비중량) $= 9{,}980[\text{N/m}^3]$

$\therefore u = \dfrac{G}{A\gamma} = \dfrac{833.33}{0.01766 \times 9{,}980} = 4.73[\text{m/s}]$

22 전체높이가 2[m]인 수조에서 밑면으로부터 높이가 10[cm]인 옆면에 지름 16[mm]의 구멍을 뚫었다. 이 구멍으로부터 물이 2[m/s]의 속도로 분출되고 있다면 이 순간 수조 내의 수면의 높이는 밑면으로부터 몇 [m]인가?(단, 이 구멍에서의 속도계수는 0.97이다)

① 0.217   ② 0.293

③ 0.305   ④ 0.317

해설

$u = C_V\sqrt{2gH}$

$H = \left(\dfrac{u}{C_V}\right)^2 \times \left(\dfrac{1}{2g}\right) = \left(\dfrac{2}{0.97}\right)^2 \times \left(\dfrac{1}{2 \times 9.8}\right) \fallingdotseq 0.217[\text{m}]$

구멍 기준하여 상부길이가 0.217[m]이므로
바닥을 기준으로 하면 0.217 + 0.1[m] = 0.317[m]

23 물을 0.025[m³/s]의 유량으로 퍼 올리고 있는 펌프가 있다. 흡입 측 계기압력은 3[kPa]이고 이보다 100[m] 위에 위치한 곳의 계기압력은 100[kPa]이었다. 배관에서 발생하는 마찰손실이 14[m]라 할 때 펌프가 물에 가해야 할 동력은 약 몇 [kW]인가?(단, 흡입, 송출 측 관지름은 모두 100[mm]이고 물의 밀도는 $\rho = 1{,}000[\text{kg/m}^3]$이다)

① 10.3   ② 16.7

③ 21.8   ④ 30.5

해설

동 력

$P[\text{kW}] = \dfrac{\gamma \times Q \times H}{\eta} \times K$

여기서, γ : 물의 비중량(9.8[kN/m³])
Q : 유량(0.025[m³/s])
H : 전양정[m]

$= \left(\dfrac{3[\text{kPa}]}{101.325[\text{kPa}]} \times 10.332[\text{m}]\right) + 100[\text{m}]$
$+ \left(\dfrac{100[\text{kPa}]}{101.325[\text{kPa}]} \times 10.332[\text{m}]\right) + 14[\text{m}]$
$= 124.5[\text{m}]$

K : 전달계수(여유율)
η : 펌프 효율

$\therefore P = \dfrac{9.8[\text{kN/m}^3] \times 0.025[\text{m}^3/\text{s}] \times 124.5[\text{m}]}{1}$
$= 30.50[\text{kW}]$

24 폴리트로픽 변화의 일반식($PV^n =$ 정수)에서 $n = 0$이면 어느 변화에 해당하는가?

① 등압변화   ② 등온변화

③ 단열변화   ④ 폴리트로픽 팽창

해설

폴리트로픽 변화

$PV^n =$ 정수(C)

• $n = 0$이면 정압(등압)변화
• $n = 1$이면 등온변화
• $n = k$이면 단열변화
• $n = \infty$이면 정적변화

25 물의 체적을 2[%] 축소시키는 데 필요한 압력[MPa]은?(단, 체적탄성계수는 2.08[GPa]이다)

① 32.1 ② 41.6
③ 45.4 ④ 52.5

해설
체적탄성계수
$$K = -\frac{\Delta P}{\Delta V / V}$$
∴ $\Delta P = -K \times \Delta V / V = -(2.08 \times 1,000)[\text{MPa}] \times (-0.02)$
$\quad\quad = 41.6[\text{MPa}]$

26 다음 중 비압축성 유체에 대한 설명으로 틀린 것은?

① 밀도가 압력에 의해 변하지 않는 유체이다.
② 굴뚝 둘레를 흐르는 공기 흐름이다.
③ 정지된 자동차 주위의 공기 흐름이다.
④ 음속보다 빠른 비행체 주위의 공기 흐름이다.

해설
비압축성 유체는 큰 압력에 대하여 체적변화, 즉 밀도 변화가 없는 유체이다.

27 일반적으로 베르누이 방정식을 적용할 수 있는 조건으로 구성된 것은?

① 비압축성 흐름, 점성 흐름, 정상 유동
② 압축성 흐름, 비점성 흐름, 정상 유동
③ 비압축성 흐름, 비점성 흐름, 비정상 유동
④ 비압축성 흐름, 비점성 흐름, 정상 유동

해설
베르누이 방정식을 적용할 수 있는 조건
• 비압축성 흐름
• 비점성 흐름
• 정상 유동

28 베르누이의 식 $\left(\dfrac{P}{\gamma} + \dfrac{V^2}{2g} + Z = C \right)$에서 $\dfrac{V^2}{2g}$은 무엇을 표시하며 단위는 무엇인가?

① 압력수두, [m/s] ② 속도수두, [m]
③ 위치수두, [m] ④ 동압, [N/m²]

해설
수 두
• 속도수두(Velocity Head) $H = \dfrac{u^2}{2g}$, 단위 : [m]
• 압력수두(Pressure Head) $H = \dfrac{p}{\gamma}$, 단위 : [m]
• 위치수두(Potential Head) $H = Z$, 단위 : [m]

29 다음 중 점성계수의 차원은?(단, F는 힘, L은 길이, T는 시간의 차원이다)

① $FT^{-1}L^{-2}$ ② $FT^{-2}L^{-3}$
③ FTL^{-2} ④ FTL^{-1}

해설
점성계수의 차원 $= FTL^{-2} = [\text{dyne/cm}^2]$

30 동점성계수 1×10^{-6}[m²/s]인 유체가 지름 2[cm] 의 원관 속을 흐르고 있다. 원관 내 유체의 평균속 도가 5[cm/s]라면 관마찰계수는?

① 0.064 ② 0.64

③ 0.032 ④ 0.32

해설
레이놀즈수

$$R_e = \frac{Du}{\nu} = \frac{0.02[\text{m}] \times 0.05[\text{m/s}]}{1 \times 10^{-6}[\text{m}^2/\text{s}]} = 1,000(층류)$$

∴ 층류일 때 관마찰계수 $f = \frac{64}{R_e} = \frac{64}{1,000} = 0.064$

31 표준대기압(101.3[kPa]) 상태인 어떤 지방의 호수 에서 지름이 d[cm]인 공기의 기포가 수면으로 올 라오면서 지름이 2배로 팽창하였다. 이때 최초의 기포 위치는 수면으로부터 몇 [m]인가?(단. 기포 내의 공기는 Boyle의 법칙에 따른다)

① 62.1 ② 72.3

③ 82.7 ④ 93.0

해설
초기 기포의 지름이 d라고 하면 $V_1 = \frac{4}{3}\pi d^3$

수면에서 기포의 지름은 $V_2 = \frac{4}{3}\pi (2d)^3 = 8V_1$

Boyle 법칙을 적용하면 $P_1 V_1 = P_2 V_2$에서 $P_1 = 8P_2$
수면의 압력 $P_0 (= P_2)$, 지름이 d[cm]인 공기의 기포의 수심을 h라 하면
$P_1 = P_0 + \gamma h = 8P_0$

$$\therefore h = \frac{7P_0}{\gamma}$$

$$= \frac{7\left(13.6 \times 1,000[\text{kg/m}^3] \times \frac{101.3[\text{kPa}]}{101.3[\text{kPa}]} \times 0.76[\text{mHg}]\right)}{1,000}$$

$$= 72.35[\text{m}]$$

32 온도 20[℃], 100[kPa] 압력 하의 공기를 가역단 열과정으로 압축하여 체적을 30[%]로 줄였을 때 압력은 몇 [kPa]인가?(단, 공기의 비열비는 1.4이다)

① 263.9 ② 324.5

③ 403.5 ④ 539.5

해설
가역단열과정

$$\left(\frac{V_1}{V_2}\right)^{k-1} = \left(\frac{P_2}{P_1}\right)^{\frac{k-1}{k}}$$

$$\left(\frac{1}{0.3}\right)^{1.4-1} = \left(\frac{P_2}{100}\right)^{\frac{1.4-1}{1.4}}$$

$$\therefore P_2 = 539.5[\text{kPa}]$$

33 양정 220[m], 유량 0.025[m³/s], 회전수 2,900 [rpm]인 4단 원심펌프의 비교회전도(비속도)는 얼 마인가?

① 176 ② 167

③ 45 ④ 23

해설
비교회전도(Specific Speed)

$$N_s = \frac{N \cdot Q^{1/2}}{\left(\frac{H}{n}\right)^{3/4}}$$

여기서, N : 회전수[rpm] Q : 유량[m³/min]
   H : 양정[m] n : 단 수

$$\therefore N_s = \frac{2,900 \times (0.025 \times 60[\text{m}^3/\text{min}])^{1/2}}{\left(\frac{220}{4}\right)^{3/4}} = 175.86$$

34 간극에 액체가 채워진 동심 2중 원통의 안쪽 원통을 도르래와 낙하하는 추에 의하여 회전시킬 때 액체의 점성에 의한 토크와 낙하 추의 토크가 균형을 이루는 각속도를 측정하여 액체의 점도를 측정하는 것이 회전원통 점도계다. 이 점도계에서 점도(점성계수)와 각속도의 관계는?

① 점도는 각속도의 제곱에 반비례한다.
② 점도는 각속도의 반비례한다.
③ 점도는 각속도의 제곱근에 비례한다.
④ 점도는 각속도의 비례한다.

해설
맥마이클 점도계의 점성계수를 구하는 식

$$\mu = \frac{T}{\pi\,\omega\,r_1^2\left(\frac{2Lr_2}{b} + \frac{r_1^2}{2a}\right)}$$

∴ 따라서 점성계수(μ)와 각속도(ω)는 반비례한다.

35 견고한 밀폐용기 안에 어떤 물질 1[kg]이 압력 2[MPa], 온도 250[℃] 상태에 있으며 압축인자(Z) 값은 0.9232이다. 이 물질의 기체상수가 0.4615[kJ/kg·K]일 때 용기의 체적은 약 몇 [m³]인가?

① 0.0532
② 0.0577
③ 0.1114
④ 0.1207

해설
용기의 체적
$PV = ZWRT$
여기서, P : 압력(2[MPa] = 2,000[kPa] = 2,000[kN/m²])
  V : 체적[m³]
  Z : 압축인자(0.9232)
  W : 무게(1[kg])
  R : 기체상수(0.4615[kJ/kg·K] = 0.4615[kN·m/kg·K])
  T : 온도(273 + 250 = 523[K])

∴ $V = \frac{ZWRT}{P}$

$= \frac{0.9232 \times 1[\text{kg}] \times 0.4615[\text{kN·m/kg·K}] \times 523[\text{K}]}{2,000[\text{kN/m}^2]}$

$= 0.1114[\text{m}^3]$

36 직경 25[cm]의 매끈한 원 관을 통해서 물을 초당 100[L]를 수송하고 있다. 관의 길이 5[m]에 대한 손실수두는?(관 마찰계수(f)는 0.03이다)

① 약 0.013[m]
② 약 0.13[m]
③ 약 1.3[m]
④ 약 13[m]

해설
다르시-바이스바흐 방정식

$$h = \frac{flu^2}{2gD}[\text{m}]$$

여기서, h : 마찰손실[m]
  f : 관의 마찰계수(0.03)
  l : 관의 길이 5[m]
  D : 관의 내경 0.25[m]
  u : 유체의 유속 $= \frac{Q}{A} = \frac{0.1[\text{m}^3/\text{s}]}{\frac{\pi}{4}(0.25[\text{m}])^2} = 2.04[\text{m/s}]$

∴ $h = \frac{flu^2}{2gD} = \frac{0.03 \times 5 \times (2.04)^2}{2 \times 9.8 \times 0.25} = 0.127[\text{m}]$

37 원심펌프의 공동현상(Cavitation) 방지대책과 거리가 먼 것은?

① 펌프의 설치위치를 낮춘다.
② 펌프의 회전수를 높인다.
③ 흡입관의 관경을 크게 한다.
④ 단흡입 펌프는 양흡입 펌프로 바꾼다.

해설
공동현상의 방지대책
• Pump의 흡입 측 수두, 마찰손실, Impeller 속도(회전수)를 적게 한다.
• Pump 흡입관경을 크게 한다.
• Pump 설치위치를 수원보다 낮게 해야 한다.
• Pump 흡입압력을 유체의 증기압보다 높게 한다.
• 양흡입 Pump를 사용해야 한다.
• 양흡입 Pump로 부족 시 펌프를 2대로 나눈다.

38 무게가 90[N]으로 측정된 돌이 물에 잠기면 무게가 50[N]으로 측정된다. 이 돌의 체적과 비중은 각각 얼마인가?

① 0.004[m³], 2.25 　　② 0.01[m³], 1.0

③ 0.007[m³], 2.25 　　④ 0.07[m³], 3.75

해설

체적과 비중

• 돌의 체적 : 자유 물체도에서 $90 = 50 + 9,800\,V$

$$\therefore V = \frac{90 - 50}{9,800} = 0.0041[\text{m}^3]$$

• 돌의 비중 $= \dfrac{\text{공기 중의 무게}}{\text{공기 중의 무게} - \text{물속의 무게}}$

$$= \frac{90[\text{N}]}{90[\text{N}] - 50[\text{N}]} = 2.25$$

39 원통형 탱크(지름 3[m])에 물이 3[m] 깊이로 채워져 있다. 물의 비중을 1이라 할 때 물에 의해 탱크 밑면에 받는 힘은 약 몇 [kN]인가?

① 62.9 　　② 102

③ 165 　　④ 208

해설

탱크 밑면에 받는 힘

• 탱크 밑면에 받는 압력

$P = \gamma h = (9,800 \times 10^{-3})[\text{kN/m}^3] \times 3[\text{m}] = 29.4[\text{kN/m}^2]$

• 탱크 밑면에 작용하는 힘

$F = PA = 29.4[\text{kN/m}^2] \times \dfrac{\pi}{4}(3[\text{m}])^2 = 207.7[\text{kN}]$

40 관로의 다음과 같은 변화 중 부차적인 손실에 속하지 않는 것은?

① 관로의 급격한 확대

② 부속품 설치

③ 관로의 급격한 축소

④ 관로의 마찰

해설

관로의 마찰손실은 주손실이다.

제3과목 소방관계법규

41 공사업자가 소방시설공사를 마친 때에는 누구에게 완공검사를 받는가?

① 소방본부장이나 소방서장

② 군 수

③ 시·도지사

④ 소방청장

해설

소방시설공사의 완공검사권자 : 소방본부장, 소방서장(공사업법 제14조)

42 방염업자가 소방관계법령을 위반하여 방염업의 등록증을 다른 자에게 빌려주었을 때 부과할 수 있는 과징금의 최고 금액으로 옳은 것은?

① 3천만원 　　② 5천만원

③ 1억원 　　④ 2억원

해설

소방시설업의 과징금(공사업법 제10조)

• 과징금 처분사유 : 등록의 취소 또는 영업정지를 명하는 경우로서 그 영업정지가 이용자에게 불편을 주거나 공익을 해칠 우려가 있는 경우

• 과징금 처분권자 : 시·도지사

• 과징금의 금액 : 2억원 이하

※ 소방시설업 : 소방시설설계업, 소방시설공사업, 소방공사감리업, 방염처리업

43 위험물의 제조소 등을 설치하고자 할 때 설치장소를 관할하는 누구의 허가를 받아야 하는가?

① 행정안전부장관
② 소방청장
③ 특별시장·광역시장 또는 도지사
④ 기초 지방 자치 단체장

해설
위험물의 제조소 등을 설치하고자 하는 자는 그 설치장소를 관할하는 특별시장·광역시장·특별자치시장·도지사 또는 특별자치도지사(이하 "시·도지사"라 한다)의 허가를 받아야 한다(위험물법 제6조).

44 다음 중 상주공사감리 대상 기준에 대한 설명으로 알맞은 것은?

① 연면적 30,000[m²] 이상의 특정소방대상물에 대한 소방시설의 공사
② 지하층을 제외한 층수가 16층 이상인 건축물에 대한 소방시설의 공사
③ 지하층을 제외한 700세대 이상인 아파트에 대한 소방시설의 공사
④ 지하층을 제외한 층수가 16층 이상으로 900세대 이상인 아파트에 대한 소방시설의 공사

해설
상주공사감리 대상(공사업법 영 별표 3)
• 연면적이 30,000[m²] 이상인 특정소방대상물(아파트는 제외)에 대한 소방시설의 공사
• 지하층을 포함한 층수가 16층 이상으로 500세대 이상인 아파트에 대한 소방시설의 공사

45 소방대에 해당되지 않는 사람은?

① 소방공무원
② 의무소방원
③ 자체소방대원
④ 의용소방대원

해설
소방대(消防隊) : 화재를 진압하고 화재, 재난·재해 그 밖의 위급한 상황에서의 구조·구급활동 등을 하기 위하여 구성된 조직체(기본법 제2조)
※ 소방대 : 소방공무원, 의무소방원, 의용소방대원

46 소방기술자는 동시에 몇 개의 사업체에 취업이 가능한가?

① 1개
② 2개
③ 3개
④ 4개

해설
소방기술자는 동시에 둘 이상의 업체에 취업해서는 안 된다(공사업법 제27조).

47 제4류 위험물을 저장하는 위험물제조소의 주의사항을 표시한 게시판의 내용으로 적합한 것은?

① 물기주의
② 물기엄금
③ 화기주의
④ 화기엄금

해설
위험물제조소 등의 주의사항

위험물의 종류	주의사항	게시판의 색상
제1류 위험물 중 알카리금속의 과산화물 제3류 위험물 중 금수성 물질	물기엄금	청색바탕에 백색문자
제2류 위험물(인화성 고체는 제외)	화기주의	적색바탕에 백색문자
제2류 위험물 중 인화성 고체 제3류 위험물 중 자연발화성 물질 제4류 위험물 제5류 위험물	화기엄금	적색바탕에 백색문자
제1류 위험물의 알카리금속의 과산화물 외의 것과 제6류 위험물	별도의 표시를 하지 않는다.	

48 다음 용어의 정의에 대한 설명 중 바르지 못한 것은?

① 피난층이란 곧바로 지상으로 갈 수는 없지만 출입구가 있는 층을 의미한다.

② 비상구란 화재 발생 시 지상 또는 안전한 장소로 피난할 수 있는 가로 75[cm] 이상, 세로 150[cm] 이상 크기의 출입구를 의미한다.

③ 무창층이란 개구부의 면적의 합계가 해당 층의 바닥면적의 30분의 1 이하가 되는 층을 말한다.

④ 실내장식물이란 건축물 내부의 천장 또는 벽에 설치하는 것으로서 가구류를 제외한다.

해설
피난층 : 곧바로 지상으로 갈 수 있는 출입구가 있는 층(소방시설법 영 제2조)

49 화재예방을 위한 예방규정을 정해야 할 옥외저장소는 지정수량의 몇 배 이상의 위험물을 저장할 때인가?

① 10배　　　　　② 100배

③ 150배　　　　　④ 200배

해설
예방규정을 정해야 할 제조소 등(위험물법 영 제15조)
• 지정수량의 10배 이상의 위험물을 취급하는 제조소
• 지정수량의 10배 이상의 위험물을 취급하는 일반취급소
• 지정수량의 100배 이상의 위험물을 저장하는 옥외저장소
• 지정수량의 150배 이상의 위험물을 저장하는 옥내저장소
• 지정수량의 200배 이상의 위험물을 저장하는 옥외탱크저장소
• 암반탱크저장소
• 이송취급소

50 옥외소화전설비를 설치해야 할 소방대상물은 지상 1층 및 2층의 바닥면적의 합계가 몇 [m²] 이상인 것인가?

① 5,000　　　　　② 7,000

③ 8,000　　　　　④ 9,000

해설
옥외소화전설비의 설치 대상물
• 지상 1층 및 2층의 바닥면적의 합계가 9,000[m²] 이상
• 보물 또는 국보로 지정된 목조건축물

51 위험물제조소 표지의 바탕색은?

① 청 색　　　　　② 적 색

③ 흑 색　　　　　④ 백 색

해설
위험물제조소 표지의 색상 : 백색바탕에 흑색문자

52 화재예방강화지구의 지정대상 지역으로서 거리가 먼 것은?

① 백화점과 대형 판매시설이 있는 지역

② 시장지역 및 공장·창고가 밀집한 지역

③ 석유화학제품을 생산하는 공장이 있는 지역

④ 소방시설·소방용수시설 또는 소방출동로가 없는 지역

해설
화재예방강화지구의 지정지역(화재예방법 영 제18조)
• 시장지역
• 공장·창고가 밀집한 지역
• 목조건물이 밀집한 지역
• 위험물의 저장 및 처리시설이 밀집한 지역
• 노후·불량건축물이 밀집한 지역
• 석유화학제품을 생산하는 공장이 있는 지역
• 소방시설·소방용수시설 또는 소방출동로가 없는 지역

53 자동화재탐지설비를 설치해야 할 특정소방대상물로서 옳지 않은 것은?

① 숙박시설로서 연면적 600[m²] 이상인 것
② 의료시설로서 연면적 600[m²] 이상인 것
③ 지하구
④ 길이 500[m] 이상의 터널

해설
자동화재탐지설비의 설치 대상물(소방시설법 영 별표 4)
- 공동주택 중 아파트 등·기숙사 및 숙박시설의 경우에는 모든 층
- 층수가 6층 이상인 건축물의 경우에는 모든 층
- 근린생활시설(목욕장은 제외), 의료시설(정신의료기관 및 요양병원은 제외), 위락시설, 장례시설, 복합건축물로서 연면적 600[m²] 이상인 경우에는 모든 층
- 지하가 중 터널로서 길이가 1,000[m] 이상인 것
- 지하구
- 조산원, 산후조리원

54 다음 중 방염업의 종류가 아닌 것은?

① 섬유류 방염업
② 합성수지류 방염업
③ 실내장식물 방염업
④ 합판·목재류 방염업

해설
방염업의 종류(공사업법 영 별표 1)
- 섬유류 방염업
- 합성수지류 방염업
- 합판·목재류 방염업

55 무창층에서 개구부라 함은 해당 층의 바닥면으로부터 개구부 밑부분까지의 높이가 몇 [m] 이내여야 하는가?

① 1.0[m] 이내
② 1.2[m] 이내
③ 1.5[m] 이내
④ 1.7[m] 이내

해설
무창층 : 지상층 중 다음 요건을 갖춘 개구부의 면적의 합계가 해당 층의 바닥면적의 1/30 이하가 되는 층(소방시설법 영 제2조)
- 크기는 지름 50[cm] 이상의 원이 통과할 수 있을 것
- 해당 층의 바닥면으로부터 개구부 밑부분까지의 높이가 1.2[m] 이내일 것
- 도로 또는 차량이 진입할 수 있는 빈터를 향할 것
- 화재 시 건축물로부터 쉽게 피난할 수 있도록 창살이나 그 밖의 장애물이 설치되지 않을 것
- 내부 또는 외부에서 쉽게 부수거나 열 수 있을 것

56 중앙소방기술심의원회의 심의사항에 해당하지 않는 것은?

① 화재안전기준에 관한 사항
② 소방시설공사의 하자를 판단하는 기준에 관한 사항
③ 소방시설의 설계 및 공사감리의 방법에 관한 사항
④ 소방기술 등에 관하여 소방청장이 정하는 사항

해설
소방기술심의원회의 심의사항(소방시설법 제18조, 영 제20조)
(1) 중앙소방기술심의위원회(중앙위원회)
　① 소속 : 소방청
　② 심의 내용
　　㉠ 화재안전기준에 관한 사항
　　㉡ 소방시설의 구조와 원리 등에 있어서 공법이 특수한 설계 및 시공에 관한 사항
　　㉢ 소방시설의 설계 및 공사감리의 방법에 관한 사항
　　㉣ 소방시설공사의 하자를 판단하는 기준에 관한 사항
　　㉤ 그 밖에 소방기술 등에 관하여 대통령령으로 정하는 사항
　　　- 연면적 10만[m²] 이상의 특정소방대상물에 설치된 소방시설의 설계·시공·감리의 하자유무에 관한 사항
　　　- 새로운 소방시설과 소방용품 등의 도입 여부에 관한 사항
　　　- 그 밖에 소방기술과 관련하여 소방청장이 소방기술심의위원회의 심의에 부치는 사항

(2) 지방소방기술심의위원회(지방위원회)
 ① 소속 : 시·도
 ② 심의 내용
  ㉠ 소방시설에 하자가 있는지의 판단에 관한 사항
  ㉡ 그 밖에 소방기술 등에 관하여 대통령령이 정하는 사항
   – 연면적 10만[m²] 미만의 특정소방대상물에 설치된 소방시설의 설계·시공·감리의 하자유무에 관한 사항
   – 소방본부장 또는 소방서장이 제조소 등의 시설기준 또는 화재안전기준의 적용에 관하여 기술 검토를 요청하는 사항
   – 그 밖에 소방기술과 관련하여 시·도지사가 소방기술심의위원회의 심의에 부치는 사항
(3) 중앙위원회 및 지방위원회의 구성 및 운영 등에 필요한 사항 : 대통령령

57 다음 중 소방대상물이 아닌 것은?

① 산 림
② 항해 중인 선박
③ 건축물
④ 차 량

해설
소방대상물 : 건축물, 차량, 선박(항구 안에 매어둔 선박), 선박건조구조물, 산림 그 밖의 인공구조물 또는 물건(기본법 제2조)

58 화재 발생 우려가 크거나 화재가 발생하는 경우 피해가 클 것으로 예상되는 지역으로서 대통령령으로 정하는 지역으로 옳은 것은?

① 화재예방강화지구
② 화재경계지구
③ 방화경계지구
④ 재난재해지구

해설
시·도지사는 화재 발생 우려가 크거나 화재가 발생하는 경우 피해가 클 것으로 예상되는 지역에 대하여 화재의 예방 및 안전관리를 강화하기 위해 지정·관리하는 지역을 화재예방강화지구로 지정할 수 있다(화재예방법 제2조).

59 건축허가 등의 동의대상물로서 옳지 않은 것은?

① 연면적이 400[m²] 이상인 건축물
② 노유자시설로서 연면적 100[m²] 이상인 것
③ 지하층 또는 무창층이 있는 건축물로서 바닥면적이 150[m²] 이상인 층이 있는 것
④ 방송용 송수신탑

해설
건축허가 등의 동의대상물
• 연면적이 400[m²] 이상인 건축물
• 노유자시설 및 수련시설 : 연면적 200[m²] 이상인 것
• 지하층 또는 무창층이 있는 건축물로서 바닥면적이 150[m²](공연장의 경우에는 100[m²]) 이상인 층이 있는 것
• 항공기격납고, 관망탑, 항공관제탑, 방송용 송수신탑

60 소화활동을 원활히 수행하기 위해 화재현장에 출입을 통제하기 위하여 설정하는 것은?

① 화재경계지구 지정
② 소방활동구역 설정
③ 발화제한구역 설정
④ 화재통제구역 설정

해설
소방활동구역의 설정(기본법 제23조)
• 화재, 재난·재해 그 밖의 위급한 상황이 발생한 현장에 소방활동구역을 정하여 소방활동에 필요한 사람으로서 대통령령으로 정하는 사람 외에는 그 구역의 출입하는 것을 제한할 수 있다.
• 소방활동구역 설정권자 : 소방대장

61 연결송수관설비에 관한 설명 중 옳은 것은?

① 송수구는 단구형으로 하고, 소방펌프자동차가 쉽게 접근할 수 있는 위치에 설치할 것

② 송수구의 부근에는 체크밸브만 설치할 것(단, 건식 설비의 경우는 제외한다).

③ 주배관의 구경은 65[mm] 이상으로 할 것

④ 지면으로부터의 높이가 31[m] 이상인 특정소방대상물에 있어서는 습식 설비로 할 것

해설

연결송수관설비의 송수구 등의 설치기준

• 소방차가 쉽게 접근할 수 있고 잘 보이는 장소에 설치할 것
• 지면으로부터 높이가 0.5[m] 이상 1[m] 이하의 위치에 설치할 것
• 구경 65[mm]의 쌍구형으로 할 것
• 송수구에는 그 가까운 곳의 보기 쉬운 곳에 송수압력 범위를 표시한 표지를 할 것
• 송수구는 연결송수관의 수직배관마다 1개 이상을 설치할 것
• 송수구의 부근에는 자동배수밸브 또는 체크밸브를 다음의 기준에 따라 설치할 것
  - 습식의 경우에는 송수구·자동배수밸브·체크밸브의 순으로 설치할 것
  - 건식의 경우에는 송수구·자동배수밸브·체크밸브·자동배수밸브의 순으로 설치할 것
• 송수구에는 가까운 곳의 보기 쉬운 곳에 "연결송수관설비 송수구"라고 표시한 표지를 설치할 것
• 주배관의 구경은 100[mm] 이상의 것으로 할 것. 다만, 주배관의 구경이 100[mm] 이상인 옥내소화전설비의 배관과는 겸용할 수 있다.
• 지면으로부터의 높이가 31[m] 이상인 특정소방대상물 또는 지상 11층 이상 특정소방대상물에 있어서는 습식 설비로 할 것

62 연결송수관설비의 방수구 및 방수기구함 설치기준에 대한 설명 중 틀린 것은?

① 아파트의 1층 및 2층, 소방대원 및 소방차 접근이 용이한 피난층은 방수구를 설치하지 않을 수 있다.

② 송수구가 부설된 옥내소화전이 설치된 관람장, 집회장, 공장, 창고 등은 방수구를 설치하지 않을 수 있다.

③ 방수구의 호스접결구는 바닥으로부터 높이 0.5[m] 이상 1[m] 이하의 위치에 설치한다.

④ 방수기구함은 피난층과 가장 가까운 층을 기준으로 하여 3개 층마다 설치하되, 그 층의 방수구마다 보행거리 5[m] 이내가 되도록 한다.

해설

연결송수관설비의 방수구의 설치기준

• 연결송수관설비의 방수구는 그 소방대상물의 층마다 설치할 것. 다만, 다음에 해당하는 층에는 설치하지 않을 수 있다.
  - 아파트의 1층 및 2층
  - 소방차의 접근이 가능하고 소방대원이 소방차로부터 각 부분에 쉽게 도달할 수 있는 피난층
  - 송수구가 부설된 옥내소화전을 설치한 특정소방대상물(집회장·관람장·백화점·도매시장·소매시장·판매시설·공장·창고시설 또는 지하가를 제외한다)로서 다음에 해당하는 층
    ㉠ 지하층을 제외한 층수가 4층 이하이고 연면적이 6,000[m²] 미만인 특정소방대상물의 지상층
    ㉡ 지하층의 층수가 2 이하인 특정소방대상물의 지하층
• 11층 이상의 부분에 설치하는 방수구는 쌍구형으로 할 것. 다만, 다음에 해당하는 층에는 단구형으로 설치할 수 있다.
  - 아파트의 용도로 사용되는 층
  - 스프링클러설비가 유효하게 설치되어 있고 방수구가 2개소 이상 설치된 층
• 방수구의 호스접결구는 바닥으로부터 높이 0.5[m] 이상 1[m] 이하의 위치에 설치할 것
• 방수구는 연결송수관설비의 전용방수구 또는 옥내소화전방수구로서 구경 65[mm]의 것으로 설치할 것
• 방수기구함은 피난층과 가장 가까운 층을 기준하여 3개 층마다 설치하되, 그 층의 방수구마다 보행거리 5[m] 이내에 설치할 것

63 바닥면적 500[m²]인 사무실에 능력단위 2인 소형 소화기를 설치하는 경우에 설치해야 하는 소화기의 개수는?(단, 추가 및 면제는 없으며 소방대상물의 각 부분이 보행거리 20[m] 이내에 있다고 가정한다)

① 2개　　　　　② 3개
③ 4개　　　　　④ 5개

해설
사무실의 바닥면적 200[m²]마다 능력단위 1단위 이상을 설치해야 하므로
500[m²] ÷ 200[m²] = 2.5개 ≒ 3개

64 옥내소화전설비 비상전원의 용량은 몇 분 이상이어야 하는가?(단, 29층인 건축물이다)

① 1시간　　　　② 50분
③ 30분　　　　④ 20분

해설
옥내소화전설비의 비상전원 : 20분 이상(30층 이상 49층 이하 : 40분 이상, 50층 이상 : 60분 이상)

65 호스릴 분말소화설비의 소화약제 저장량을 산정함에 있어서 하나의 노즐에 대하여 필요한 분말소화약제의 종류와 양으로 가장 적합한 것은?

① 제4종 분말 : 40[kg] 이상
② 제3종 분말 : 30[kg] 이상
③ 제2종 분말 : 20[kg] 이상
④ 제1종 분말 : 10[kg] 이상

해설
호스릴 방식의 약제 저장량

소화약제의 종별	소화약제의 양
제1종 분말	50[kg]
제2종 또는 제3종 분말	30[kg]
제4종 분말	20[kg]

66 포소화설비의 펌프 양정이 70[m], 토출량이 분당 1,400[L], 효율이 60[%]이고 전동기 직결방식으로 펌프를 설치할 때 전동기 용량은 약 몇 [kW]인가?

① 22[kW]　　　　② 29[kW]
③ 37[kW]　　　　④ 55[kW]

해설
전동기의 용량
$$P[\text{kW}] = \frac{\gamma QH}{\eta} \times K$$
여기서, γ : 물의 비중량(9.8[kN/m³])
　　　　Q : 유량[m³/s]
　　　　　　(1,400[L/min] = 1.4[m³]/60[s] = 0.023[m³/s])
　　　　H : 펌프의 전양정(70[m])
　　　　K : 전달계수(1.1)
　　　　E : 펌프의 효율(0.6)
$$\therefore \ P[\text{kW}] = \frac{9.8 \times 0.023 \times 70}{0.6} \times 1.1 = 28.93[\text{kW}]$$

67 대형소화기에서 A급 소화기의 능력단위는 어느 것인가?

① 10단위 이상　　　② 15단위 이상
③ 20단위 이상　　　④ 30단위 이상

해설
소화기의 분류
- 소형소화기 : 능력단위 1단위 이상이면서 대형소화기의 능력단위 이하인 소화기
- 대형소화기 : 능력단위가 A급 화재는 10단위 이상, B급 화재는 20단위 이상인 것으로서 소화약제 충전량은 표에 기재한 이상인 소화기

종 별	소화약제의 충전량
포	20[L]
강화액	60[L]
물	80[L]
분 말	20[kg]
할 론	30[kg]
이산화탄소	50[kg]

68 다음 중 소방시설에서 피난기구라 할 수 없는 것은?

① 구조대

② 미끄럼대

③ 인명구조용 헬리콥터

④ 다수인피난장비

해설

피난구조설비 : 화재가 발생한 때에 피난하기 위하여 사용하는 기구 또는 설비

• 피난기구 : 미끄럼대, 피난사다리, 구조대, 완강기, 간이완강기, 피난교, 다수인 피난장비, 승강식피난기

• 인명구조기구 : 방열복, 방화복, 공기호흡기, 인공소생기

• 유도등 : 피난유도선, 피난구유도등, 통로유도등, 객석유도등, 유도표지

• 비상조명등 및 휴대용 비상조명등

69 전기실, 발전기실 등에 방출 후 이물질로 인한 피해를 방지하기 위해서 사용하는 소화기는 무엇인가?

① 분말소화기   ② 포말소화기

③ 강화액소화기   ④ 이산화탄소소화기

해설

전기실, 발전기실 소화약제 : 이산화탄소소화기, 할론소화기

70 폐쇄형 스프링클러헤드 표시온도와 설치장소의 최고 온도 사이 관계에서 옳은 것은?

① 최고 온도보다 높은 것을 선택

② 최고 온도보다 낮은 것을 선택

③ 최고 온도와 같은 것을 선택

④ 최고 온도와는 관계없다.

해설

폐쇄형 스프링클러헤드의 표시온도는 설치장소의 최고 온도보다 높은 것을 선택한다.

71 주차장에 필요한 소화분말약제 120[kg]을 저장하려고 한다. 이때 필요한 저장용기의 내용적[L]으로서 맞는 것은?

① 96   ② 120

③ 150   ④ 180

해설

차고, 주차장에 설치하는 분말약제는 제3종 분말이고 충전비 1.0이다.

$$충전비 = \frac{용기의\ 내용적}{약제의\ 중량}$$

$$\therefore\ 내용적 = 충전비 \times 약제의\ 중량$$
$$= 1.0[L/kg] \times 120[kg] = 120[L]$$

72 할론소화설비의 배관 시공방법으로 틀린 것은?

① 배관은 전용으로 한다.

② 동관을 사용하는 경우 이음이 없는 것을 사용한다.

③ 배관 부속 및 밸브류는 강관 또는 동관과 동등 이상의 강도 및 내식성이 있는 것을 사용한다.

④ 배관은 반드시 스케줄 20 이상의 압력배관용 탄소강관을 사용한다.

해설

배 관

• 전용으로 할 것

• 강관을 사용하는 경우의 배관은 압력배관용 탄소강관(KS D 3562) 중 이음이 없는 스케줄 40 이상의 것 또는 이와 동등 이상의 강도를 가진 것으로 아연도금 등에 따라 방식처리된 것을 사용할 것

• 동관을 사용하는 경우에는 이음이 없는 동 및 동합금관(KS D 5301)의 것으로서 고압식은 16.5[MPa] 이상, 저압식은 3.75[MPa] 이상의 압력에 견딜 수 있는 것을 사용할 것

• 배관 부속 및 밸브류는 강관 또는 동관과 동등 이상의 강도 및 내식성이 있는 것으로 할 것

73 습식 또는 건식 스프링클러설비에서 가압송수장치로부터 최고 위치, 최대 먼 거리에 설치된 가지배관의 말단에 시험배관을 설치하는 목적으로 가장 적합한 것은?

① 배관 내의 부식 및 이물질의 축적여부을 진단하기 위해서다.
② 펌프의 성능시험을 하기 위해서다.
③ 유수경보장치의 기능을 수시 확인하기 위해서다.
④ 평상시 배관 내의 물의 배수가 잘되는지 확인하기 위해서다.

해설
시험배관은 평상시 유수경보장치의 기능을 수시 확인하기 위해서 설치한다.

74 옥내소화전설비를 설계할 때에 가압송수장치의 압력이 얼마를 초과하는 경우 호스접결구의 인입 측에 감압장치를 설치해야 하는가?

① 0.5[MPa] ② 0.6[MPa]
③ 0.7[MPa] ④ 0.8[MPa]

해설
가압송수장치의 압력이 0.7[MPa] 이상이면 호스접결구 인입 측에 감압장치를 설치해야 한다.

75 스프링클러설비에 있어서 지하층을 제외한 건축물의 층수가 11층 이상의 업무용 건물에 설치하는 펌프의 방수량은 얼마 이상이어야 하는가?

① 1,000[L/min] ② 1,200[L/min]
③ 2,400[L/min] ④ 3,000[L/min]

해설
11층 이상의 소방대상물은 헤드의 수가 30개이므로
Q = 헤드 수 × 80[L/min] = 30 × 80[L/min] = 2,400[L/min]

76 제연설비가 설치된 부분의 거실 바닥면적이 400[m^2] 이상이고 수직거리가 2[m] 이하일 때, 예상제연구역이 직경 40[m]인 원의 범위를 초과한다면 예상제연구역의 배출량은 얼마 이상이어야 하는가?

① 25,000[m^3/h] ② 30,000[m^3/h]
③ 40,000[m^3/h] ④ 45,000[m^3/h]

해설
제연구역의 배출량
• 거실의 바닥면적이 400[m^2] 미만으로 구획된 경우
  – 바닥면적 1[m^2]당 1[m^3/min] 이상으로 하되 예상제연구역에 대한 최소 배출량은 5,000[m^3/h] 이상으로 할 것
• 거실의 바닥면적이 400[m^2] 이상인 거실의 제연구역의 배출량
  – 예상제연구역이 직경 40[m]인 원의 범위 안에 있을 경우에는 배출량이 40,000[m^3/h] 이상으로 할 것
  – 예상제연구역이 직경 40[m]인 원의 범위를 초과할 경우에는 배출량이 45,000[m^2/h] 이상으로 할 것

77 이산화탄소소화설비에 사용하는 용기를 상온에 설치할 때 내용적 68[L]인 용기에 충전할 수 있는 이산화탄소의 양으로 적당한 것은?(단, 충전비는 1.5임)

① 60[kg] ② 55[kg]
③ 45.3[kg] ④ 30[kg]

해설
이산화탄소의 양

• 충전비 $= \dfrac{용기의\ 내용적}{약제의\ 중량}$

• 약제의 중량 $= \dfrac{용기의\ 내용적}{충전비} = \dfrac{68}{1.5} = 45.3[kg]$

78 특수가연물의 저장하는 창고에 설치된 물분무소화설비의 수원은 그 바닥면적(50[m²]를 초과할 경우 50[m²]) 1[m²]에 대하여 분당 몇 [L]로 20분간 방사할 수 있는 양 이상이어야 하는가?

① 5[L] ② 10[L]
③ 15[L] ④ 20[L]

해설
펌프의 토출량과 수원의 양

특정소방 대상물	펌프의 토출량 [L/min]	수원의 양[L]
특수가연물 저장, 취급	바닥면적(50[m²] 이하는 50[m²]로) ×10[L/min·m²]	바닥면적(50[m²] 이하는 50[m²]로)×10[L/min·m²] ×20[min]
차고, 주차장	바닥면적(50[m²] 이하는 50[m²]로) ×20[L/min·m²]	바닥면적(50[m²] 이하는 50[m²]로)×20[L/min·m²] ×20[min]
절연유 봉입변압기	표면적(바닥부분 제외)×10[L/min· m²]	표면적(바닥부분 제외) 10[L/min·m²]×20[min]
케이블 트레이, 케이블 덕트	투영된 바닥면적 ×12[L/min·m²]	투영된 바닥면적× 12[L/min·m²]×20[min]
컨베이어 벨트	벨트 부분의 바닥 면적×10[L/min· m²]	벨트 부분의 바닥면적× 10[L/min·m²]×20[min]

79 피난기구 중 의료시설에 피난교를 설치해야 할 층은?

① 지하 1층 ② 지상 1층
③ 지상 2층 ④ 지상 3층

해설
의료시설에 설치해야 하는 피난기구(구조대, 피난교, 피난용트랩, 다수인피난장비, 승강식피난기)는 지상 3층 이상 10층 이하에 설치한다.

80 옥외소화전설비에서 가압송수장치로 압력수조를 이용한 최소 압력은?

① $P = P_1 + P_2 + P_3 + \cdots + 1.7$
② $P = P_1 + P_2 + P_3 + \cdots + 2.5$
③ $P = P_1 + P_2 + P_3 + \cdots + 1.0$
④ $P = P_1 + P_2 + P_3 + \cdots + 1.3$

해설
옥외소화전설비의 양정 및 압력
- 지하수조(펌프 방식)
  $H = h_1 + h_2 + h_3 + 25$
- 고가수조
  $H = h_1 + h_2 + 25$
- 압력수조
  $P = P_1 + P_2 + P_3 + \cdots + 2.5$

78 ② 79 ④ 80 ② **정답**

제1과목 소방원론

01 가연물이 연소가 잘되기 위한 조건 중 옳지 않은 것은?

① 표면적이 넓어야 한다.
② 산소와 친화력이 좋아야 한다.
③ 열전도율이 커야 한다.
④ 열축적이 잘되어야 한다.

> **해설**
> 가연물의 구비 조건
> • 열전도율이 작을 것
> • 발열량이 클 것
> • 표면적이 넓을 것
> • 산소와 친화력이 좋을 것
> • 활성화에너지가 작을 것

02 화재 발생 시 피난하기 위하여 사용하는 기구가 아닌 것은?

① 비상콘센트설비　② 완강기
③ 구조대　④ 공기안전매트

> **해설**
> 피난구조설비 : 완강기, 구조대, 공기안전매트, 피난사다리, 다수인피난장비, 승강식피난기 등
> ※ 비상콘센트설비 : 소화활동설비

03 다음 중 가연성 가스가 아닌 것은?

① 일산화탄소　② 프로페인
③ 수 소　④ 아르곤

> **해설**
> 불연성 가스 : 아르곤, 이산화탄소, 질소 등

04 일반적인 자연발화를 방지하기 위한 조치로 옳지 않은 것은?

① 저장실의 주위온도를 낮게 유지할 것
② 저장실의 습도를 높게 유지할 것
③ 수납 시 열의 축적을 방지할 것
④ 저장실의 통풍을 양호하게 유지할 것

> **해설**
> 자연발화의 방지법
> • 습도를 낮게 할 것(습도를 낮게 해야 한 지점의 열의 확산을 잘 시킨다)
> • 주위(저장실)의 온도를 낮출 것
> • 통풍을 잘 시킬 것
> • 불활성 가스를 주입하여 공기와 접촉을 피할 것

05 목탄, 코크스, 금속분 등의 연소는 주로 어떤 형태의 연소에 해당되는가?

① 증발연소　② 분해연소
③ 표면연소　④ 자기연소

> **해설**
> 고체의 연소
> • 표면연소 : 목탄, 코크스, 숯, 금속분 등이 열분해에 의하여 가연성가스를 발생하지 않고 그 물질 자체가 연소하는 현상
> • 분해연소 : 석탄, 종이, 목재, 플라스틱 등의 연소 시 열분해에 의해 발생된 가스와 공기가 혼합하여 연소하는 현상
> • 증발연소 : 황, 나프탈렌, 왁스, 파라핀 등과 같이 고체를 가열하면 열분해는 일어나지 않고 고체가 액체로 되어 일정온도가 되면 액체가 기체로 변화하여 기체가 연소하는 현상
> • 자기연소(내부연소) : 제5류 위험물인 나이트로셀룰로스, 질화면 등 그 물질이 가연물과 산소를 동시에 가지고 있는 가연물이 연소하는 현상

06 다음 중 내화구조에 해당되는 것은?

① 두께 1.2[cm] 이상의 석고판 위에 석면 시멘트판을 붙인 것

② 철근콘크리트의 벽으로서 두께가 10[cm] 이상인 것

③ 철망모르타르로서 그 바름 두께가 2[cm] 이상인 것

④ 심벽에 흙으로 맞벽치기한 것

해설

• 내화구조 : 철근콘크리트조, 연와조, 석조 그리고 표와 같이 내화성능을 가진 것

내화구분		내화구조의 기준
벽	모든 벽	• 철근콘크리트조 또는 철골·철근콘크리트조로서 두께가 10[cm] 이상인 것 • 골구를 철골조로 하고 그 양면을 두께 4[cm] 이상의 철망모르터로 덮은 것 • 두께 5[cm] 이상의 콘크리트 블록·벽돌 또는 석재로 덮은 것 • 철재로 보강된 콘크리트블록조·벽돌조 또는 석조로서 철재에 덮은 콘크리트 블록 등의 두께가 5[cm] 이상인 것
	외벽 중 비내력벽	• 철근콘크리트조 또는 철골·철근콘크리트조로서 두께가 7[cm] 이상인 것 • 골구를 철골조로 하고 그 양면을 두께 3[cm] 이상의 철망모르타르로 덮은 것 • 두께 4[cm] 이상의 콘크리트 블록·벽돌 또는 석재로 덮은 것 • 무근콘크리트조·콘크리트블록조·벽돌조 또는 석조로서 두께가 7[cm] 이상인 것
기둥 (작은 지름이 25[cm] 이상인 것)		• 철근콘크리트조 또는 철골·철근콘크리트조 • 철골을 두께 6[cm] 이상의 철망모르타르로 덮은 것 • 철골을 두께 7[cm] 이상의 콘크리트 블록·벽돌 또는 석재로 덮은 것 • 철골을 두께 5[cm] 이상의 콘크리트로 덮은 것
바 닥		• 철근콘크리트조 또는 철골·철근콘크리트조로서 두께가 10[cm] 이상인 것 • 철재로 보강된 콘크리트블록조·벽돌조 또는 석조로서 철재에 덮은 두께가 5[cm] 이상인 것 • 철재의 양면을 두께 5[cm] 이상의 철망모르타르 또는 콘크리트로 덮은 것

내화구분	내화구조의 기준
보	• 철근콘크리트조 또는 철골·철근콘크리트조 • 철골을 두께 6[cm] 이상의 철망모르타르로 덮은 것 • 철골을 두께 5[cm] 이상의 콘크리트로 덮은 것

• 방화구조

구조 내용	방화구조의 기준
철망모르타르 바르기	바름 두께가 2[cm] 이상인 것
• 석고판 위에 시멘트 모르타르, 회반죽을 바른 것 • 시멘트 모르타르 위에 타일을 붙인 것	두께의 합계가 2.5[cm] 이상인 것
심벽에 흙으로 맞벽치기한 것	그대로 모두 인정됨

07 다음 중 소화약제로서 물을 사용하는 주된 이유는?

① 질식작용　　　　② 증발잠열

③ 연소작용　　　　④ 제거작용

해설

물은 비열과 증발(기화)잠열이 크기 때문에 소화약제로 사용한다.

• 물의 비열 : 1[ca/g·℃]

• 물의 증발잠열 : 539[cal/g]

08 기체나 액체, 고체에서 나오는 분해가스의 농도를 묽게 하여 소화하는 방법은?

① 냉각소화

② 제거소화

③ 부촉매소화

④ 희석소화

해설

희석소화 : 가연물에서 나오는 가스나 액체의 농도를 묽게 하여 소화하는 방법

09 다음 중 인화성 물질이 아닌 것은?

① 기어유

② 질 소

③ 이황화탄소

④ 에 터

해설

이황화탄소, 에터, 기어유는 제4류 위험물로서 인화성 액체이다.
※ 질소, 이산화탄소 : 불연성 가스

10 다음 중 물속에 저장해야 하는 것으로 옳게 표현한 것은?

① 나트륨, 칼륨

② 칼륨, 이황화탄소

③ 이황화탄소, 황린

④ 황린, 나트륨

해설

위험물별 저장방법
• 이황화탄소(제4류), 황린(제3류) : 물속에 저장
• 나트륨, 칼륨 : 등유(석유) 속에 저장

11 제4류 위험물에서 위험성의 기준이 되는 것은?

① 인화점

② 착화점

③ 비등점

④ 연소범위

해설

제4류 위험물의 위험성 기준 : 인화점

12 제3종 분말소화약제의 열분해 시 생성되는 물질과 관계가 없는 것은?

① NH_3

② HPO_3

③ H_2O

④ CO_2

해설

제3종 분말소화약제 열분해 반응식
$NH_4H_2PO_4 \rightarrow HPO_3 + NH_3 + H_2O$

13 플래시오버(Flash Over)를 옳게 설명한 것은?

① 도시가스의 폭발적인 연소를 말한다.

② 휘발유 등 가연성 액체가 넓게 흘러서 발화한 상태를 말한다.

③ 옥내 화재가 서서히 진행하여 열 및 가연성 기체가 축적되었다가 일시에 연소하여 화염이 크게 발생한 상태를 말한다.

④ 화재 층의 불이 상부층으로 올라가는 현상을 말한다.

해설
플래시오버(Flash Over) : 옥내 화재가 서서히 진행하여 열 및 가연성 기체가 축적되었다가 일시에 연소하여 화염이 크게 발생한 상태

14 가연성 증기를 발생하는 액체가 공기와 혼합하여 기상부에 다른 불꽃이 닿았을 때 연소가 일어나는 최저의 온도를 무엇이라고 하는가?

① 발화점   ② 인화점
③ 연소점   ④ 착화점

해설
인화점(Flash Point)
• 휘발성 물질에 불꽃을 접하여 발화될 수 있는 최저의 온도
• 가연성 증기를 발생할 수 있는 최저의 온도

15 다음 각 물질의 저장방법 중 잘못된 것은?

① 황은 정전기가 축적되지 않도록 하여 저장한다.

② 마그네슘은 건조하면 부유하여 분진폭발의 위험이 있으므로 물에 적셔 보관한다.

③ 적린은 인화성 물질로부터 격리하여 저장한다.

④ 황화인은 산화제와 혼합되지 않게 저장한다.

해설
마그네슘은 물과 반응하면 가연성 가스인 수소를 발생하므로 위험하다.

16 다음 중 분자식이 CF_2ClBr인 할론소화약제는?

① Halon 1301   ② Halon 1211
③ Halon 2402   ④ Halon 2021

해설
화학식

종류 구분	할론 1301	할론 1211	할론 2402	할론 1011
분자식	CF_3Br	CF_2ClBr	$C_2F_4Br_2$	CH_2ClBr
분자량	148.95	165.4	259.8	129.4

17 다음 중 불연재료가 아닌 것은?

① 기 와   ② 아크릴
③ 유 리   ④ 콘크리트

해설
불연재료 : 콘크리트, 석재, 벽돌. 기와, 석면판, 철강, 유리, 알루미늄, 시멘트모르타르, 회 등 불에 타지 않는 성질을 가진 재료

18 대기 중에 산소는 약 몇 [%]를 차지하는가?

① 10

② 13

③ 17

④ 21

해설

공기는 산소 21[%], 질소 78[%], 아르곤, 이산화탄소 등 1[%]로 구성되어 있다.

19 화재 발생 시 물을 소화약제로 사용할 수 있는 위험물은?

① 탄화칼슘

② 무기과산화물

③ 마그네슘분말

④ 염소산염류

해설

소화방법

항 목 \ 종 류	탄화칼슘	무기 과산화물	마그네슘 분말	염소산 염류
유 별	제3류 위험물	제1류 위험물	제2류 위험물	제1류 위험물
물과 반응 시 발생하는 가스	아세틸렌	산 소	수 소	녹는다.
소화방법	질식소화	질식소화	질식소화	냉각소화

20 화재의 경우 불연성 가스를 그 연소물에 덮으면 그로 인하여 산소가 희석 또는 차단되면서 연소한다. 이때 소화효과만 고려하였을 경우 사용될 수 있는 기체가 아닌 것은?

① 탄산가스

② 아세틸렌

③ 사염화탄소

④ Halon 1301

해설

소화약제 : 탄산가스, 사염화탄소, Halon 1301

21 다음 그림과 같이 매끄러운 유리관에 물이 채워져 있다. 조건을 참고하여 상승높이(h)는 약 몇 [cm]인가?

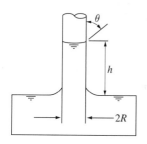

┤조건├

- 표면장력 $\sigma = 0.073$[N/m]
- $R = 1$[mm]
- 매끄러운 유리관의 접촉각 $\theta \approx 0$[°]

① 0.007[m]

② 0.015[m]

③ 0.07[m]

④ 0.15[m]

해설

상승높이(h)

$$h = \frac{4\sigma\cos\theta}{\gamma d}$$

여기서, σ : 표면장력[N/m]

　　　　θ : 각 도

　　　　γ : 비중량(9,800[N/m³])

　　　　d : 직경[m]

$$\therefore h = \frac{4 \times 0.073[\text{N/m}] \times \cos 0°}{9,800[\text{N/m}^3] \times 0.002[\text{m}]} = 0.0149[\text{m}]$$

22 마찰계수가 0.032인 내경 65[mm]의 배관에 물이 흐르고 있다. 이 배관에 관 부속품인 구형밸브(손실계수 $K_1 = 10$)와 티(손실계수 $K_2 = 1.6$)가 결합되어 있을 경우 이 배관의 상당길이(L_e)는 몇 [m]인가?

① 13.56　　　　② 23.56

③ 33.56　　　　④ 43.56

해설
관의 상당길이

$$L_e = \frac{Kd}{f} = \frac{(10+1.6) \times 0.065}{0.032} = 23.56[\text{m}]$$

23 지름이 40[cm]인 수평 원관 속을 유체가 유속 8[m/s]로 1,000[m] 거리를 층류로 유동하였을 때 압력손실은 몇 [kPa]인가?(단, 유체의 점성계수는 0.1[Pa · s]이다)

① 98　　　　② 121

③ 159　　　　④ 980

해설
층류일 때 압력손실

$$\Delta P = \frac{32 \mu u l}{g D^2} = \frac{32 \times 0.1 \times 8 \times 1,000}{9.8 \times (0.4)^2} = 16,326.53 [\text{kg/m}^2]$$

이것을 [kPa]로 환산하면

$$\frac{16,326.53[\text{kg/m}^2]}{10,332[\text{kg/m}^2]} \times 101.3[\text{kPa}] = 160[\text{kPa}]$$

※ 점성계수

$$\mu = 0.1[\text{Pa} \cdot \text{s}] = \frac{[\text{N}]}{[\text{m}^2]} \cdot [\text{s}] = \frac{[\text{kg}] \times \frac{[\text{m}]}{[\text{s}^2]}}{[\text{m}^2]} \cdot [\text{s}]$$

24 다음 중 공동현상(Cavitation) 방지대책으로 잘못된 것은?

① 양흡입 펌프를 사용한다.

② 펌프의 설치위치를 수원보다 낮게 한다.

③ 펌프의 마찰손실을 작게 한다.

④ 펌프의 회전수를 크게 한다.

해설
공동현상의 방지대책
• Pump의 흡입 측 수두, 마찰손실, Impeller 속도(회전수)를 작게 한다.
• Pump 흡입관경을 크게 한다.
• Pump 설치위치를 수원보다 낮게 해야 한다.
• Pump 흡입압력을 유체의 증기압보다 높게 한다.
• 양흡입 Pump를 사용해야 한다.
• 양흡입 Pump로 부족 시 펌프를 2대로 나눈다.

25 10[kW]의 전열기를 3시간 사용하였다. 전 발열량은 몇 [kJ]인가?

① 12,810　　　　② 16,170

③ 25,600　　　　④ 108,000

해설
방열량[kJ] = [kW] × [s] = 10[kW] × (3 × 3,600)[s]
　　　　　 = 108,000[kJ]
※ 단위 변환
　　[kJ] = [kW] × [s]

26 그림과 같이 곡면판이 제트를 받고 있다. 제트 속도 V[m/s], 유량 Q[m³/s], 밀도 ρ[kg/m³], 유출방향 θ라 하면 곡면판이 받는 x방향 힘을 나타내는 식은?

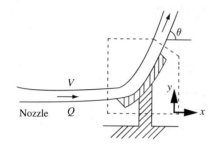

① $\rho Q V 2 \cos \theta$

② $\rho Q V \cos \theta$

③ $\rho Q V 2 \sin \theta$

④ $\rho Q V (1 - \cos \theta)$

해설

힘

• x방향 $F_x = \rho Q V (1 - \cos \theta)$

• y방향 $F_y = \rho Q V \sin \theta$

27 그림과 같은 U자관 차압 액주계에서 A와 B에 있는 유체는 물이고 그 중간에 유체는 수은(비중 13.6)이다. 또한 그림에서 $h_1 = 20$[cm], $h_2 = 30$[cm], $h_3 = 15$[cm]일 때 A의 압력(P_A)와 B의 압력(P_B)의 차이($P_A - P_B$)는 약 몇 [kPa]인가?

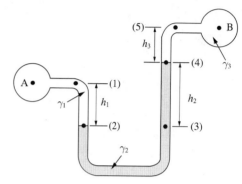

① 35.4 ② 39.5

③ 44.7 ④ 49.8

해설

$$P_A - P_B = \gamma_2 h_2 + \gamma_3 h_3 - \gamma_1 h_1$$
$$= (13.6 \times 9.8 [\text{kN/m}^3] \times 0.3[\text{m}]) + (1 \times 9.8 [\text{kN/m}^3]$$
$$\times 0.15[\text{m}]) - (1 \times 9.8 [\text{kN/m}^3] \times 0.2[\text{m}])$$
$$= 39.49 [\text{kN/m}^2]$$
$$= 39.49 [\text{kPa}]$$

28 안지름 65[mm]의 관 내를 유량 0.24[m³/min]의 물이 흘러간다면 평균유속은 약 몇 [m/s]인가?

① 1.2 ② 2.4

③ 3.4 ④ 4.8

해설

평균유속

$$Q = uA$$

$$\therefore u = \frac{Q}{A} = \frac{0.24[\text{m}^3] / 60[\text{s}]}{\frac{\pi}{4}(0.065[\text{m}])^2} = 1.20 [\text{m/s}]$$

29 어느 화학약품 공장에서 화재가 발생하여 타다 남은 물질을 수거하여 질량 분석한 결과 C : 39.9[%], H : 6.7[%], O : 53.4[%]이었다. 다음 중 이 물질로 추정되는 화학물질의 분자식은?

① C_2H_4O 　　　　② $C_2H_4O_2$

③ C_2H_6O 　　　　④ $C_3H_8O_2$

해설
각각의 원자량은 C : 12, H : 1, O : 16이므로
$$C : H : O = \frac{39.9}{12} : \frac{6.7}{1} : \frac{53.4}{16}$$
$$= 3.33 : 6.7 : 3.33$$
$$= 1 : 2 : 1$$
그러므로 실험식은 CH_2O이고 분자식은 $C_2H_4O_2$이다.

30 그림과 같은 액주계에서 $h_1 = 380[mm]$, $h_3 = 150$ [mm]일 때 압력 $P_A = P_B$가 되는 h_2는 몇 [mm]인가?(단, 각각의 비중은 $S_1 = 0.82$, $S_2 = 13.6$, $S_3 = 0.82$이다)

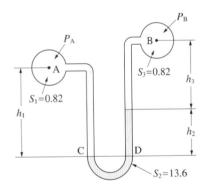

① 11.4 　　　　② 13.9

③ 22.7 　　　　④ 31.9

해설
압력을 구하는 식에서 h_2를 구하면
$$P_A + r_1 h_1 = P_B + r_2 h_2 + r_3 h_3$$
$$P_A - P_B = r_2 h_2 + r_3 h_3 - r_1 h_1$$
$P_A = P_B$이므로
$0 = (13.6 \times 1,000[kg/m^3] \times h_2) + (0.82 \times 1,000[kg/m^3] \times 0.15[m])$
$\quad - (0.82 \times 1,000[kg/m^3] \times 0.38[m])$
$13,600 h_2 = 311.6 - 123$
$\therefore h_2 = 0.01386[m] = 13.86[mm]$

31 어떤 팬이 1,750[rpm]으로 회전할 때의 전압은 155[mmAq], 풍량은 240[m³/min]이다. 이것과 상사한 팬을 만들어 1,650[rpm], 전압 200[mmAq]로 작동할 때, 풍량은 약 몇 [m³/min]인가?(단, 비속도는 같다)

① 356 　　　　② 368

③ 386 　　　　④ 396

해설
풍량(Q)
비속도 $N_s = N \times \dfrac{Q^{1/2}}{H^{3/4}} = 1,750 \times \dfrac{240^{1/2}}{155^{3/4}} = 617.16$

$\therefore Q = \left(H^{3/4} \times \dfrac{N_s}{N} \right)^2 = \left(200^{3/4} \times \dfrac{617.16}{1,650} \right)^2$
$\qquad = 395.7[m^3/min]$

32 소화전 배관에 물이 9.0[m/s]로 흐르고 이때의 압력이 150[kPa]이었다. 소화전 배관을 기준면으로부터 4[m] 위에 있다면 전수두는 몇 [m]인가?

① 23.4 　　　　② 19.4

③ 4 　　　　④ 2.34

해설
전수두(H)
$$H = \frac{u^2}{2g} + \frac{P}{\gamma} + Z$$

$$= \frac{(9[m/s])^2}{2 \times 9.8[m/s^2]} + \frac{(150[kPa]/101.3[kPa]) \times 10,332[kg/m^2]}{1,000[kg/m^3]} + 4[m]$$
$$= 23.43[m]$$

33 냉동실로부터 300[K]의 대기로 열을 배출하는 가역 냉동기의 성능계수가 4이다. 냉동실의 온도는?

① 225[K]　　　　② 240[K]

③ 250[K]　　　　④ 270[K]

> **해설**
> 냉동기의 성능계수
> $$\varepsilon = \frac{T_2}{T_1 - T_2}$$
> $$4 = \frac{T_2}{300 - T_2}$$
> $$\therefore \ T_2 = 240[K]$$

34 펌프의 양수량 0.8[m³/min], 관로의 전손실수두 5[m]인 펌프의 중심으로부터 4[m] 지하에 있는 물을 25[m]의 송출액면에 양수하고자 할 때 펌프의 축동력은 몇 [kW]인가?(단, 펌프의 효율은 80[%]이다)

① 4.09　　　　② 4.74

③ 5.55　　　　④ 6.95

> **해설**
> 축동력
> $$P[\text{kW}] = \frac{\gamma \, Q H}{\eta}$$
> $$= \frac{9.8[\text{kN/m}^3] \times 0.8[\text{m}^3]/60[\text{s}] \times (5+4+25)[\text{m}]}{0.8}$$
> $$= 5.55[\text{kW}]$$

35 온도 20[℃], 100[kPa] 압력 하의 공기를 가역단열과정으로 압축하여 체적을 30[%]로 줄였을 때 압력은 몇 [kPa]인가?(단, 공기의 비열비는 1.40이다)

① 263.9　　　　② 324.5

③ 403.5　　　　④ 539.5

> **해설**
> 가역단열과정
> $$\left(\frac{V_1}{V_2}\right)^{k-1} = \left(\frac{P_2}{P_1}\right)^{\frac{k-1}{k}}$$
> $$\left(\frac{1}{0.3}\right)^{1.4-1} = \left(\frac{P_2}{100}\right)^{\frac{1.4-1}{1.4}}$$
> $$\therefore \ P_2 = 539.5[\text{kPa}]$$

36 유체의 점성에 대한 설명으로 틀린 것은?

① 질소 기체의 동점성계수는 온도 증가에 따라 감소한다.
② 물(액체)의 점성계수는 온도 증가에 따라 감소한다.
③ 점성은 유동에 대한 유체의 저항을 나타낸다.
④ 뉴턴유체에 작용하는 전단응력은 속도기울기에 비례한다.

> **해설**
> 액체의 점성은 온도 상승에 따라 감소하고 기체의 점성은 온도 증가에 따라 증가한다.

37 다음 중 동점성계수의 차원을 옳게 표현한 것은? (단, 질량 M, 길이 L, 시간 T로 표시한다)

① $ML^{-1}T^{-1}$　　　　② L^2T^{-1}

③ $ML^{-2}T^{-2}$　　　　④ $ML^{-1}T^{-2}$

> **해설**
> 동점도
> $$\nu = \frac{\mu}{\rho} \, ([\text{cm}^2/\text{s}], \ L^2/T = L^2 T^{-1})$$

38 등엔트로피 과정에 해당하는 것은?

① 가역단열과정
② 가역등온과정
③ 비가역단열과정
④ 비가역등온과정

해설
가역단열과정 : 등엔트로피 과정

39 레이놀즈수가 1,200인 유체가 매끈한 원관 속을 흐를 때 관마찰계수(f)는 얼마인가?

① 0.0254   ② 0.00128
③ 0.0059   ④ 0.053

해설
레이놀즈수(R_e)
R_e가 1,200이면 층류이므로
$$\therefore \ f = \frac{64}{R_e} = \frac{64}{1,200} = 0.0533$$

40 수면의 수직하부(H)에 위치한 오리피스에서 유출하는 물의 속도수두는 어떻게 표시되는가?(단, 속도계수는 C_v이고, 오리피스에서 나온 직후의 유속은 $V = C_v\sqrt{2gH}$로 표시된다)

① $C_v H$ ② $C_v H_2$
③ $C_v^2 H$ ④ $2 C_v H$

해설
속도수두
$$H = \frac{V^2}{2g} = \frac{(C_v\sqrt{2gH})^2}{2g} = C_v^2 H$$

제3과목 소방관계법규

41 소방시설 설치 및 관리에 관한 법령상 분말형태의 소화약제를 사용하는 소화기의 내용연수로 옳은 것은?(단, 소방용품의 성능을 확인받아 그 사용기한을 연장하는 경우는 제외한다)

① 3년
② 5년
③ 7년
④ 10년

해설
소화기의 내용연수 : 10년(영 제19조)

42 소방시설관리업자가 점검을 하지 않은 경우 1차 행정처분은?

① 등록취소
② 영업정지 3개월
③ 영업정지 1개월
④ 영업정지 6개월

해설
소방시설관리업자가 점검을 하지 않은 경우의 행정처분(소방시설법 규칙 별표 8)
• 1차 위반 : 영업정지 1개월
• 2차 위반 : 영업정지 3개월
• 3차 이상 위반 : 등록취소

43 성능위주설계를 해야 하는 특정소방대상물에 해당되지 않는 것은?

① 연면적 10만[m²] 이상인 특정소방대상물(아파트 등은 제외한다)

② 50층 이상(지하층은 제외한다)이거나 지상으로부터 높이가 200[m] 이상인 아파트 등

③ 하나의 건축물에 영화상영관이 10개 이상인 특정소방대상물

④ 터널 중 수저(水底)터널 또는 길이가 5천[m] 이상인 것

해설
성능위주설계 대상(소방시설법 영 제9조)
• 연면적 20만[m²] 이상인 특정소방대상물(아파트 등은 제외한다)
• 50층 이상(지하층은 제외한다)이거나 지상으로부터 높이가 200[m] 이상인 아파트 등
• 30층 이상(지하층을 포함한다)이거나 지상으로부터 높이가 120[m] 이상인 특정소방대상물(아파트 등은 제외한다)
• 연면적 3만[m²] 이상인 특정소방대상물로서 다음 어느 하나에 해당하는 특정소방대상물
• 철도 및 도시철도 시설
• 공항시설
• 창고시설 중 연면적 10만[m²] 이상인 것 또는 지하층의 층수가 2개 층 이상이고 지하층의 바닥면적의 합계가 3만[m²] 이상인 것
• 하나의 건축물에 영화상영관이 10개 이상인 특정소방대상물
• 지하연계 복합건축물에 해당하는 특정소방대상물
• 터널 중 수저(水底)터널 또는 길이가 5천[m] 이상인 것

44 화재의 예방 및 안전관리에 관한 법령상 300만원 이하의 벌금에 해당하지 않는 것은?

① 화재안전조사를 정당한 사유 없이 거부·방해 또는 기피한 자

② 소방안전관리자 또는 소방안전관리보조자를 선임하지 않은 자

③ 총괄소방안전관리자를 선임하지 않은 자

④ 소방훈련 및 교육을 하지 않은 자

해설
300만원 이하의 벌금(법 제50조)
• 화재안전조사를 정당한 사유 없이 거부·방해 또는 기피한 자
• 화재예방 조치명령을 정당한 사유 없이 따르지 않거나 방해한 자
• 소방안전관리자, 총괄소방안전관리자 또는 소방안전관리보조자를 선임하지 않은 자
• 소방시설·피난시설·방화시설 및 방화구획 등이 법령에 위반된 것을 발견하였음에도 필요한 조치를 할 것을 요구하지 않은 소방안전관리자
• 소방안전관리자에게 불이익한 처우를 한 관계인
• 업무를 수행하면서 알게 된 비밀을 이 법에서 정한 목적 외의 용도로 사용하거나 다른 사람 또는 기관에 제공하거나 누설한 자
※ 소방훈련 및 교육을 하지 않은 자 : 300만원 이하의 과태료

45 다음 중 소방기본법에서 사용하는 용어 정의로 옳지 않은 것은?

① 소방대장이란 소방본부장이나 소방서장 등 화재, 재난·재해 그 밖의 위급한 상황이 발생한 현장에서 소방대를 지휘하는 사람을 말한다.

② 관계지역이란 소방대상물이 있는 장소 및 그 이웃지역으로서 화재의 예방·경계·진압, 구조·구급 등의 활동에 필요한 지역을 말한다.

③ 소방대상물이란 건축물, 차량, 항해하는 선박, 선박건조구조물, 산림 그 밖의 인공구조물 또는 물건을 말한다.

④ 소방본부장이란 특별시·광역시·특별자치시·도 또는 특별자치도에서 화재의 예방·경계·진압·조사 및 구조·구급 등의 업무를 담당하는 부서의 장을 말한다.

해설
소방대상물(법 제2조) : 건축물, 차량, 선박(항구 안에 매어둔 선박만 해당), 선박건조구조물, 산림 그 밖의 인공구조물 또는 물건

46 다음 중 방염대상물에 해당되지 않는 것은?

① 암막·무대막

② 창문에 설치하는 커튼류

③ 두께가 2[mm] 미만인 종이벽지류

④ 전시용 합판

해설

방염처리대상 물품(화재예방법 영 제31조)

· 창문에 설치하는 커튼류(블라인드 포함)

· 카 펫

· 벽지류(두께가 2[mm] 미만인 종이벽지는 제외한다)

· 전시용 합판·목재 또는 섬유판, 무대용 합판 또는 섬유판

· 암막·무대막(영화상영관에 설치하는 스크린과 가상체험체육시설업에 설치하는 스크린을 포함)

· 섬유류 또는 합성수지류 등을 원료로 하여 제작된 소파·의자(단란주점영업, 유흥주점영업 및 노래연습장업의 영업장에 설치하는 것으로 한정)

47 이상기상(異常氣相)의 예보나 특보가 있을 때 화재 위험을 알리는 소방신호로 알맞은 것은?

① 훈련신호　　　　② 해제신호

③ 발화신호　　　　④ 경계신호

해설

소방신호의 종류와 방법(기본법 규칙 제10조, 별표 4)

신호종류	발령 시기	타종신호	사이렌 신호
경계신호	화재예방상 필요하다고 인정 또는 화재위험 경보 시 발령	1타와 연2타를 반복	5초 간격을 두고 30초씩 3회
발화신호	화재가 발생한 때 발령	난 타	5초 간격을 두고 5초씩 3회
해제신호	소화활동의 필요 없다고 인정되는 때 발령	상당한 간격을 두고 1타씩 반복	1분간 1회
훈련신호	훈련상 필요하다고 인정되는 때 발령	연 3타 반복	10초 간격을 두고 1분씩 3회

48 특수가연물의 저장 및 취급기준으로 옳지 않은 것은?(단, 살수설비가 설치되어 있고, 석탄, 목탄류는 제외)

① 물질별로 구분하여 쌓을 것

② 쌓는 부분의 바닥면적 사이는 실내의 경우에는 1.5[m] 이상이 되도록 할 것

③ 석탄 쌓는 부분의 바닥면적은 200[m²] 이하로 한다.

④ 쌓는 높이는 15[m] 이하로 한다.

해설

특수가연물의 저장 및 취급기준(화재예방법 영 별표 3)

· 품명별로 구분하여 쌓을 것

구 분	살수설비를 설치하거나 방사능력 범위에 해당 특수가연물이 포함되도록 대형수동식소화기를 설치하는 경우	그 밖의 경우
높 이	15[m] 이하	10[m] 이하
쌓는 부분의 바닥면적	200[m²] (석탄·목탄류의 경우에는 300[m²]) 이하	50[m²] (석탄·목탄류의 경우에는 200[m²]) 이하

· 쌓는 부분 바닥면적 사이는 실내의 경우 1.2[m] 또는 쌓는 높이의 1/2 중 큰 값 이상으로 간격을 두어야 하며 실외의 경우 3[m] 또는 쌓는 높이 중 큰 값 이상으로 간격을 둘 것

49 동의를 요구한 기관이 그 건축허가 등을 취소했을 때에는 취소한 날부터 며칠 이내에 그 사실을 관할 소방본부장에게 통보해야 하는가?

① 3일　　　　② 5일

③ 7일　　　　④ 10일

해설

건축허가 취소 시 통보 : 7일 이내(소방시설법 규칙 제3조)

50 화재 예방을 위하여 보일러 본체와 벽·천장과 최소 몇 [m] 이상의 거리를 두어야 하는가?

① 0.5 　　② 0.6
③ 1 　　④ 1.5

화재 예방을 위하여 보일러 본체와 벽·천장 사이의 거리는 0.6[m] 이상 되도록 해야 한다(화재예방법 영 별표 1).

51 1급 소방안전관리대상물의 범위로 옳지 않은 것은?

① 지하층을 포함한 30층 이상 특정소방대상물
② 지상으로부터 높이가 120[m] 이상인 아파트
③ 연면적 1만5천[m²] 이상인 특정소방대상물(아파트 및 연립주택은 제외한다)
④ 가연성 가스를 1천[t] 이상 저장·취급하는 시설

1급 소방안전관리대상물(화재예방법 영 별표 4)
• 30층 이상(지하층은 제외한다)이거나 지상으로부터 높이가 120[m] 이상인 아파트
• 연면적 1만5천[m²] 이상인 특정소방대상물(아파트 및 연립주택은 제외한다)
• 지상층의 층수가 11층 이상 특정소방대상물(아파트는 제외한다)
• 가연성 가스를 1천[t] 이상 저장·취급하는 시설

52 위험물안전관리법령상 지정수량 미만인 위험물의 저장 또는 취급에 관한 기술상의 기준은 무엇으로 정하는가?

① 대통령령 　　② 국무총리령
③ 시·도의 조례 　　④ 행정안전부령

지정수량 미만인 위험물 : 시·도의 조례(법 제4조)

53 위험물안전관리법령상 위험물을 취급함에 있어서 정전기가 발생할 우려가 있는 설비에 설치할 수 있는 정전기 제거설비 방법이 아닌 것은?

① 접지에 의한 방법
② 공기를 이온화하는 방법
③ 자동적으로 압력의 상승을 정지시키는 방법
④ 공기 중의 상대습도를 70[%] 이상으로 하는 방법

정전기 방지법(위험물법 규칙 별표 4)
• 접지에 의한 방법
• 공기를 이온화하는 방법
• 공기 중의 상대습도를 70[%] 이상으로 하는 방법

54 다음 중 소방시설별 하자보수 보증기간이 옳은 것은?

① 피난기구 : 2년
② 비상방송설비 및 무선통신보조설비 : 3년
③ 스프링클러설비 : 2년
④ 자동화재탐지설비 : 2년

소방시설공사의 하자보수 보증기간(공사업법 영 제6조)
• 2년 : 피난기구, 유도등, 유도표지, 비상경보설비, 비상조명등, 비상방송설비 및 무선통신보조설비
• 3년 : 자동소화장치, 옥내소화전설비, 스프링클러설비, 간이스프링클러설비, 물분무 등 소화설비, 옥외소화전설비, 자동화재탐지설비, 상수도 소화용수설비, 소화활동설비(무선통신보조설비 제외)

55 다음 중 위험물 유별 성질로서 옳지 않은 것은?

① 제1류 위험물 : 산화성 고체

② 제2류 위험물 : 가연성 고체

③ 제4류 위험물 : 인화성 액체

④ 제6류 위험물 : 인화성 고체

해설

제6류 위험물 : 산화성 액체(위험물법 영 별표 1)

56 화재의 예방 및 안전관리에 관한 법령상 1급 소방안전관리대상물의 소방안전관리자 선임대상 기준으로 틀린 것은?(단, 소방안전관리자 자격증을 발급받은 사람이다)

① 소방설비기사의 자격이 있는 사람

② 소방설비산업기사의 자격이 있는 사람

③ 소방공무원으로 5년 이상 근무한 경력이 있는 사람

④ 소방청장이 실시하는 특급 소방안전관리대상물의 소방안전관리에 관한 시험에 합격한 사람

해설

1급 소방안전관리대상물의 소방안전관리자 선임자격(영 별표 4)
아래에 해당하는 사람으로서 1급 소방안전대상물에 소방안전관리자 자격증을 발급받은 사람
• 특급 소방안전대상물의 소방안전관리자 자격증을 발급받은 사람
• 소방설비기사 또는 소방설비산업기사의 자격이 있는 사람
• 소방공무원으로 7년 이상 근무한 경력이 있는 사람
• 소방청장이 실시하는 1급 소방안전관리대상물의 소방안전관리에 관한 시험에 합격한 사람

57 다음 중 위험물과 그 지정수량의 조합으로 옳은 것은?

① 황린 : 20[kg]

② 염소산염류 : 30[kg]

③ 과염소산 : 200[kg]

④ 알킬리튬 : 100[kg]

해설

지정수량(위험물법 영 별표 1)

종류	황 린	염소산염류	과염소산	알킬리튬
유 별	제3류 위험물	제1류 위험물	제6류 위험물	제3류 위험물
지정수량	20[kg]	50[kg]	300[kg]	10[kg]

58 위험물안전관리법령상 정기점검의 대상인 제조소 등의 기준으로 틀린 것은?

① 지하탱크저장소

② 이동탱크저장소

③ 지정수량의 10배 이상의 위험물을 취급하는 제조소

④ 지정수량의 100배 이상의 위험물을 저장하는 옥외탱크저장소

해설

정기점검의 대상인 제조소 등(법 영 제15조)
• 예방규정 대상에 해당하는 제조소 등
  – 지정수량의 10배 이상의 위험물을 취급하는 제조소
  – 지정수량의 10배 이상의 위험물을 취급하는 일반취급소
  – 지정수량의 100배 이상의 위험물을 저장하는 옥외저장소
  – 지정수량의 150배 이상의 위험물을 저장하는 옥내저장소
  – 지정수량의 2,000배 이상의 위험물을 저장하는 옥외탱크저장소
• 지하탱크저장소
• 이동탱크저장소
• 위험물을 취급하는 탱크로서 지하에 매설된 탱크가 있는 제조소 · 주유취급소 또는 일반취급소

59 소방시설관리업자가 자체점검을 실시한 경우에는 그 점검이 끝난 날부터 며칠 이내에 소방시설 등 자체점검 실시결과 보고서에 소방청장이 정하여 고시하는 소방시설 등 점검표를 첨부하여 관계인에게 제출해야 하는가?

① 7일 　② 10일

③ 15일 　④ 30일

해설

소방시설관리업자가 점검한 경우(소방시설법 규칙 제23조)
관리업자는 점검이 끝난 날부터 10일 이내에 자체점검 실시결과 보고서와 소방시설 등 점검표를 첨부하여 관계인에게 제출해야 한다.

60 시공능력평가의 방법 중 시공능력평가액의 산정방식으로 알맞은 것은?

① 실적평가액 + 실질자본금평가액 + 개발투자평가액 + 경력평가액 + 신인도평가액

② 실적평가액 + 자본금평가액 + 기술력평가액 + 겸업비율평가액 + 신인도평가액

③ 실적평가액 + 자본금평가액 + 기술력평가액 + 경력평가액 + 신인도평가액

④ 실적평가액 + 실질자본금평가액 + 개발투자평가액 + 겸업비율평가액 + 신인도평가액

해설

산정방식(공사업법 규칙 별표 4)
시공능력평가액 = 실적평가액 + 자본금평가액 + 기술력평가액 + 경력평가액 ± 신인도평가액

61 할론소화설비의 국소방출방식 소화약제 산출방식에 관련된 공식 $Q = X - Y\dfrac{a}{A}$의 설명으로 옳지 않은 것은?

① Q는 방호공간 $1[m^3]$에 대한 할론소화약제량이다.

② a는 방호대상물 주위에 설치된 벽면적의 합계이다.

③ A는 방호공간의 벽면적의 합계이다.

④ X는 개구부의 면적이다.

해설

국소방출방식 약제량

$$Q = X - Y\dfrac{a}{A}$$

여기서, Q : 방호공간 $1[m^3]$에 대한 할론소화약제의 양$[kg/m^3]$
　　　a : 방호대상물 주위에 설치된 벽면적의 합계$[m^2]$
　　　A : 방호공간의 벽면적(벽이 없는 경우에는 벽이 있는 것으로 가정한 해당 부분의 면적)의 합계$[m^2]$
　　　X, Y의 수치

소화약제의 종별	X의 수치	Y의 수치
할론 2402	5.2	3.9
할론 1211	4.4	3.3
할론 1301	4.0	3.0

62 포소화설비의 화재안전기준에서 포소화설비에 소방용 합성수지배관을 설치할 수 있는 경우로 틀린 것은?

① 배관을 지하에 매설하는 경우
② 다른 부분과 내화구조로 구획된 덕트 또는 피트의 내부에 설치하는 경우
③ 동결방지조치를 하거나 동결의 우려가 없는 경우
④ 천장과 반자를 불연재료 또는 준불연재료로 설치하고 소화배관 내부에 항상 소화수가 채워진 상태로 설치하는 경우

해설
소방용 합성수지배관을 설치할 수 있는 경우
• 배관을 지하에 매설하는 경우
• 다른 부분과 내화구조로 구획된 덕트 또는 피트의 내부에 설치하는 경우
• 천장(상층이 있는 경우에는 상층바닥의 하단을 포함한다)과 반자를 불연재료 또는 준불연재료로 설치하고 소화배관 내부에 항상 소화수가 채워진 상태로 설치하는 경우

63 개방형 스프링클러설비에서 하나의 방수구역의 경우 담당하는 헤드 개수는 몇 개 이하로 해야 하는가?

① 60
② 50
③ 40
④ 30

해설
개방형 스프링클러설비에서 하나의 방수구역의 경우 담당하는 헤드 : 50개 이하

64 폐쇄형 스프링클러설비가 설치되어 있는 10층 이하의 시장 건물에 설치해야 할 스프링클러 전용 수원의 양은 얼마 이상으로 해야 하는가?

① 16[m³]
② 24[m³]
③ 32[m³]
④ 48[m³]

해설
수원의 양
10층 이하의 시장, 백화점은 헤드의 수가 30개이므로
∴ 수원 = 헤드 수 × 1.6[m³] = 30 × 1.6[m³] = 48[m³]

65 5층 건물에 옥내소화전이 1층에 3개, 2층 이상에 각각 2개씩 총 11개가 설치되어 있을 경우 수원의 수량 산출방법으로 옳은 것은?

① 3개 × 2.6[m³] = 7.8[m³]
② 2개 × 2.6[m³] = 5.2[m³]
③ 11개 × 2.6[m³] = 28.6[m³]
④ 5개 × 2.6[m³] = 13.0[m³]

해설
수원의 수량 산출방법
수원 = 소화전 수(최대 2개) × 2.6[m³]
     = 2개 × 2.6[m³]
     = 5.2[m³]

66 포소화설비에서 펌프의 토출관에 압입기를 설치하여 포소화약제 압입용 펌프로 포소화약제를 압입시켜 혼합하는 방식은?

① 프레셔 사이드 프로포셔너방식
② 펌프 프로포셔너방식
③ 프레셔 프로포셔너방식
④ 라인 프로포셔너방식

해설

포소화약제의 혼합장치

• 펌프 프로포셔너방식(Pump Proportioner, 펌프혼합방식) : 펌프의 토출관과 흡입관 사이의 배관 도중에 설치한 흡입기에 펌프에서 토출된 물의 일부를 보내고 농도조정밸브에서 조정된 포소화약제의 필요량을 포소화약제 탱크에서 펌프 흡입 측으로 보내어 약제를 혼합하는 방식

• 라인 프로포셔너방식(Line Proportioner, 관로혼합방식) : 펌프와 발포기의 중간에 설치된 벤투리관의 벤투리 작용에 따라 포소화약제를 흡입·혼합하는 방식

• 프레셔 프로포셔너방식(Pressure Proportioner, 차압혼합방식) : 펌프와 발포기의 중간에 설치된 벤투리관의 벤투리작용과 펌프 가압수의 포소화약제 저장탱크에 대한 압력에 따라 포소화약제를 흡입 혼합하는 방식

• 프레셔 사이드 프로포셔너방식(Pressure Side Proportioner, 압입혼합방식) : 펌프의 토출관에 압입기를 설치하여 포소화약제 압입용 펌프로 포소화약제를 압입시켜 혼합하는 방식

67 연결송수관설비의 설치 목적이 아닌 것은?

① 소화펌프 작동 정지에 대응
② 소화 수원의 고갈에 대응
③ 소화펌프의 가동 시 송출 수량을 보충하기 위하여
④ 소방차에서의 직접 살수 시 도달 높이 및 장애물의 한계극복

해설

연결송수관설비의 설치 목적

• 소화펌프 작동 정지에 대응
• 소화 수원의 고갈에 대응(자체수원으로 화재를 진압하지 못할 때)
• 소방차에서의 직접 살수 시 도달 높이 및 장애물의 한계극복

68 옥외소화전설비의 소화전함에 대한 설명 중 틀린 것은?

① 옥외소화전설비에는 옥외소화전마다 그로부터 5[m] 이내의 장소에 소화전함을 설치해야 한다.
② 옥외소화전함이 10개 이하 설치된 때에는 옥외소화전마다 5[m] 이내의 장소에 1개 이상의 소화전함을 설치해야 한다.
③ 옥외소화전이 11개 이상 30개 이하 설치된 때에는 11개 이상의 소화전함을 각각 분산하여 설치해야 한다.
④ 옥외소화전이 31개 이상 설치된 때에는 옥외소화전 5개마다 1개 이상의 소화전함을 각각 분산하여 설치해야 한다.

해설

옥외소화전의 소화전함

• 옥외소화전함의 설치 : 5[m] 이내의 장소
• 옥외소화전함의 설치기준

소화전의 개수	설치기준
10개 이하	옥외소화전마다 5[m] 이내에 1개 이상
11개 이상 30개 이하	11개 이상의 소화전함을 각각 분산하여 설치
31개 이상	옥외소화전 3개마다 1개 이상

69 제연설비에서 가동식의 벽, 제연경계벽, 댐퍼 및 배출기의 작동은 무엇과 연동되어야 하며, 예상제연구역 및 제어반에서 어떤 기동이 가능하도록 해야 하는가?

① 화재감지기, 자동기동
② 화재감지기, 수동기동
③ 비상경보설비, 자동기동
④ 비상경보설비, 수동기동

해설

제연설비에서 가동식의 벽, 제연경계벽, 댐퍼 및 배출기의 작동은 화재감지기와 연동되어야 하며, 예상제연구역(또는 인접장소) 및 제어반에서 수동으로 기동이 가능하도록 해야 한다.

70 대형소화기의 능력단위 기준 및 보행거리 배치기준이 적절하게 표시된 항목은?

① A급 화재 : 10단위 이상, B급 화재 : 20단위 이상, 보행거리 : 30[m] 이내

② A급 화재 : 20단위 이상, B급 화재 : 20단위 이상, 보행거리 : 30[m] 이내

③ A급 화재 : 10단위 이상, B급 화재 : 20단위 이상, 보행거리 : 40[m] 이내

④ A급 화재 : 20단위 이상, B급 화재 : 20단위 이상, 보행거리 : 40[m] 이내

해설
대형소화기의 기준
• 능력단위 기준
  – A급 화재 : 10단위 이상
  – B급 화재 : 20단위 이상
• 설치기준 : 보행거리 30[m] 이내마다 설치

71 전역방출방식 고발포용 고정포방출구의 설비기준으로 옳은 것은?

① 해당 방호구역의 관포체적 1[m³]에 대한 1분당 포수용액 방출량은 1[L] 이상으로 할 것

② 고정포방출구는 바닥면적 600[m²]마다 1개 이상으로 할 것

③ 포방출구는 방호대상물의 최고 부분보다 낮은 위치에 설치할 것

④ 개구부에 자동폐쇄장치를 설치할 것

해설
전역방출방식 고발포용 고정포방출구의 설비기준
• 특정소방대상물 및 포의 팽창비에 따른 종별에 따라 해당 방호구역의 관포체적 1[m³]에 대한 1분당 포수용액 방출량은 각각 다르다.
• 고정포방출구는 바닥면적 500[m²]마다 1개 이상으로 하여 방호대상물의 화재를 유효하게 소화할 수 있도록 할 것
• 포방출구는 방호대상물의 최고 부분보다 높은 위치에 설치할 것
• 개구부에 자동폐쇄장치를 설치할 것

72 옥외소화전설비에 설치하는 압력챔버의 설명으로 가장 적합한 것은?

① 배관 내의 낙차압력을 알기 위하여

② 헤드의 일정한 압력을 유지하기 위하여

③ 배관 내 압력변동을 검지하여 자동적으로 펌프를 기동 및 정지시키기 위하여

④ 밸브의 개폐로 배관 내의 압력을 조절하기 위하여

해설
압력챔버 : 배관 내 압력변동을 검지하여 자동적으로 펌프를 기동 및 정지시키기 위하여 설치한다.

73 소화기구 및 자동소화장치의 화재안전기술기준상 건축물의 주요구조부가 내화구조이고, 벽 및 반자의 실내에 면하는 부분이 불연재료로 된 바닥면적이 800[m²]인 노유자시설에 필요한 소화기구의 능력단위는 최소 얼마 이상으로 해야 하는가?

① 2단위   ② 3단위

③ 4단위   ④ 6단위

해설
능력단위
노유자시설은 해당 용도의 바닥면적 100[m²]마다 능력단위 1단위 이상(주요구조부가 내화구조이고, 벽 및 반자의 실내에 면하는 부분이 불연재료·준불연재료로 된 경우에는 기준면적의 2배로 한다)으로 해야 한다.

$$\therefore \ 능력단위 = \frac{바닥면적}{기준면적 \times 2} = \frac{800[m^2]}{100[m^2] \times 2} = 4단위$$

74 상수도 소화용수설비는 호칭지름 75[mm] 이상의 수도 배관에서 호칭지름 몇 [mm] 이상의 소화전에 접속해야 하는가?

① 50　　　　　　② 80

③ 100　　　　　　④ 125

해설

상수도 소화용수설비의 설치기준

• 호칭지름 75[mm] 이상의 수도 배관에 호칭지름 100[mm] 이상의 소화전을 접속할 것
• 소화전은 소방자동차 등의 진입이 쉬운 도로변 또는 공지에 설치할 것
• 소화전은 소방대상물의 수평투영면의 각 부분으로부터 140[m] 이하가 되도록 설치할 것
• 지상식 소화전의 호스접결구는 지면으로부터 높이가 0.5[m] 이상 1[m] 이하가 되도록 설치할 것

75 아파트의 주방에 설치하는 주거용 주방자동소화장치의 설치기준에 적합하지 않은 항목은?

① 감지부는 형식승인 받은 유효한 높이 및 위치에 설치할 것

② 탐지부는 수신부와 분리하여 설치할 것

③ 공기보다 가벼운 가스를 사용하는 경우에는 바닥면으로부터 30[cm] 이하의 위치에 설치할 것

④ 수신부는 열기류 또는 습기 등과 주위온도에 영향을 받지 않은 장소에 설치할 것

해설

주거용 주방자동소화장치

• 설치장소 : 아파트 등 및 오피스텔의 모든 층
• 설치기준
　– 소화약제 방출구는 환기구(주방에서 발생하는 열기류 등을 밖으로 배출하는 장치)의 청소부분과 분리되어 있어야 하며, 형식승인 받은 유효설치 높이 및 설치 방호면적에 따라 설치할 것
　– 감지부는 형식승인 받은 유효한 높이 및 위치에 설치할 것
　– 차단장치(전기 또는 가스)는 상시 확인 및 점검이 가능하도록 설치할 것

– 탐지부는 수신부와 분리하여 설치하되, 공기보다 가벼운 가스(LNG)를 사용하는 경우에는 천장면으로부터 30[cm] 이하의 위치에 설치하고, 공기보다 무거운 가스(LPG)를 사용하는 장소에는 바닥면으로부터 30[cm] 이하의 위치에 설치할 것
– 수신부는 주위의 열기류 또는 습기 등과 주위온도에 영향을 받지 않고 사용자가 상시 볼 수 있는 장소에 설치할 것

76 연결송수관설비에 대한 설명 중 옳지 않은 것은?

① 송수구는 연결송수관의 수직 배관마다 1개 이상을 설치할 것

② 주배관의 구경은 100[mm] 이상의 것으로 할 것

③ 지면으로부터 높이가 31[m] 이상인 소방대상물에 있어서는 건식 설비로 할 것

④ 습식의 경우에는 송수구, 자동배수밸브, 체크밸브의 순으로 설치할 것

해설

연결송수관설비의 설치기준

• 송수구는 소화설비에 소화용수를 보급하기 위하여 건물 외벽 또는 구조물의 외벽에 설치하는 건으로 구경은 65[mm]의 나사의 쌍구형으로 할 것
• 송수구는 연결송수관의 수직 배관마다 1개 이상을 설치할 것
• 주배관의 구경은 100[mm] 이상의 것으로 할 것
• 습식 설비는 송수구로부터 층마다 설치된 방수구까지의 배관 내에 물이 항상 들어있는 방식으로서 높이 31[m] 이상인 특정소방대상물 또는 11층 이상의 특정소방대상물에 설치한다.
• 송수구의 부근에 자동배수밸브 또는 체크밸브를 설치 순서
　– 습식 : 송수구 → 자동배수밸브 → 체크밸브
　– 건식 : 송수구 → 자동배수밸브 → 체크밸브 → 자동배수밸브

77 분말소화설비의 가압용 가스로 질소 가스를 사용하는 것에 있어서 소화약제가 25[kg]라면 이에 필요한 질소 가스의 양은 최소 몇 [L] 정도인가?(단, 35[℃]에서 1기압의 압력상태로 환산한다)

① 800
② 1,000
③ 1,200
④ 1,400

해설
가압용 또는 축압용 가스의 설치기준

가스 종류	질소(N_2)	이산화탄소(CO_2)
가압용	40[L/kg] 이상	약제 1[kg]에 대하여 20[g]에 배관 청소 필요량을 가산한 양 이상
축압용	10[L/kg] 이상	약제 1[kg]에 대하여 20[g]에 배관 청소 필요량을 가산한 양 이상

∴ 질소 가스양 = 25[kg] × 40[L/kg] = 1,000[L]

78 다음 중 스프링클러설비의 경보와 직접 관계있는 장치는 어느 것인가?

① 수압개폐장치
② 유수검지장치
③ 물올림장치
④ 일제개방밸브장치

해설
경보장치 : 유수검지장치(알람체크밸브)

79 이산화탄소소화약제의 저장용기 설치기준에 적합하지 않은 것은?

① 온도가 60[℃] 이상인 장소
② 직사광선 및 빗물이 침투할 우려가 없는 곳
③ 방호구역 외의 장소에 설치할 것
④ 온도 변화가 작은 곳에 설치할 것

해설
저장용기의 설치장소 기준
• 방호구역 외의 장소에 설치할 것(단, 방호구역 내에 설치할 경우 조작이 용이하도록 피난구 부근에 설치)
• 온도가 40[℃] 이하이고, 온도 변화가 작은 곳에 설치할 것
• 직사광선 및 빗물이 침투할 우려가 없는 곳에 설치할 것
• 방화문으로 구획된 실에 설치할 것
• 용기의 설치장소에는 해당 용기가 설치된 곳임을 표시하는 표지를 할 것
• 용기 간의 간격은 점검에 지장이 없도록 3[cm] 이상의 간격을 유지할 것
• 저장용기와 집합관을 연결하는 연결배관에는 체크밸브를 설치할 것(단, 저장용기가 하나의 방호구역만을 담당하는 경우에는 예외)

80 송풍기 등을 사용하여 건축물 내부에 발생한 연기를 배연구획까지 풍도를 설치하여 강제로 제연하는 방식은?

① 밀폐제연방식
② 자연제연방식
③ 강제제연방식
④ 스모그타워제연방식

해설
강제제연방식 : 송풍기 등을 사용하여 건축물 내부에 발생한 연기를 배연구획까지 풍도를 설치하여 강제로 제연하는 방식

EBS Win-Q 소방설비기사 기계편 필기 단기합격

개정4판1쇄 발행	2025년 01월 10일(인쇄 2024년 08월 28일)
초 판 발 행	2021년 07월 05일(인쇄 2021년 05월 26일)
발 행 인	박영일
책 임 편 집	이해욱
편 저	이덕수
편 집 진 행	윤진영, 남미희
표지디자인	권은경, 길전홍선
편집디자인	정경일, 심혜림
발 행 처	(주)시대고시기획
출 판 등 록	제10-1521호
주 소	서울시 마포구 큰우물로 75[도화동 538 성지 B/D] 9F
전 화	1600-3600
팩 스	02-701-8823
홈 페 이 지	www.sdedu.co.kr

I S B N	979-11-383-7455-2(13500)
정 가	34,000원

TECH BIBLE

한눈에 이해할 수 있도록
체계적으로 정리한 핵심이론

철저한 시험유형 파악으로
만든 필수확인문제

국가직 · 지방직 등
최신 기출문제와 상세 해설

기술직 공무원 건축계획
별판 | 30,000원

기술직 공무원 전기이론
별판 | 23,000원

기술직 공무원 전기기기
별판 | 23,000원

기술직 공무원 생물
별판 | 20,000원

기술직 공무원 임업경영
별판 | 20,000원

기술직 공무원 조림
별판 | 20,000원